W0259271

HANDBUCH DER MEDIZINISCHEN RADIOLOGIE

ENCYCLOPEDIA OF MEDICAL RADIOLOGY

HERAUSGEGEBEN VON · EDITED BY

L. DIETHELM
MAINZ

F. HEUCK
STUTTGART

O. OLSSON
LUND

K. RANNIGER
RICHMOND

F. STRNAD
FRANKFURT/M.

H. VIETEN
DÜSSELDORF

A. ZUPPINGER
BERN

BAND/VOLUME X

TEIL/PART 2 a

SPRINGER-VERLAG BERLIN · HEIDELBERG · NEW YORK 1977

RÖNTGENDIAGNOSTIK DES HERZENS UND DER GEFÄSSE

TEIL 2a

ROENTGEN DIAGNOSIS OF THE HEART AND BLOOD VESSELS

PART 2a

VON · BY

K. H. BIGALKE · G. BREITHARDT · H. H. DAHM
H. GILLMANN · U. GLEICHMANN · R. M. JUNGBLUT
W. KRELHAUS · H. KUHN · F. LOOGEN
J. SCHOENMACKERS · L. SEIPEL · H. VIETEN

REDIGIERT VON · EDITED BY

H. VIETEN
DÜSSELDORF

MIT 214 ABBILDUNGEN (439 EINZELDARSTELLUNGEN)
WITH 214 FIGURES (439 SEPARATE ILLUSTRATIONS)

SPRINGER-VERLAG BERLIN · HEIDELBERG · NEW YORK 1977

ISBN-13:978-3-642-81133-3 e-ISBN-13:978-3-642-81132-6
DOI: 10.1007/978-3-642-81132-6

Library of Congress Cataloging in Publication Data (Revised). Vieten, Heinz, 1915 — Röntgendiagnostik des Herzens und der Gefäße (Handbuch der medizinischen Radiologie, Bd. 10) German or English. Includes bibliographies. 1. Cardiovascular system — Radiography. I. Title. II. Title: Roentgen diagnosis of the heart and blood vessels. RC 78.H 295 vol. 10 616.1'07'572 64-17392

Softcover reprint of the hardcvoer 1st edition 1977

2122/3120-543210

Vorwort

Hiermit liegt nun auch der erste Teil (a) des Handbuchbandes X/2 vor, nachdem der zweite Teil (b) bereits vor 3 Jahren erschienen war.

Nach pathologisch-anatomischen Vorbemerkungen von SCHOENMACKERS bzw. SCHOENMACKERS, DAHM, BIGALKE behandelt dieser Teilband als zentrales Thema in einem umfangreichen Beitrag von LOOGEN/SEIPEL/GLEICHMANN und VIETEN die erworbenen Herzfehler. Es folgen, von KUHN/LOOGEN/BREITHARDT/SEIPEL und KRELHAUS bearbeitet, die Kardiomyopathien. Schließlich werden noch die Myokarditis und Perikarditis von GILLMANN und JUNGBLUT besprochen.

Auf den genannten Gebieten sind in den letzten 10 Jahren so viele neue, auch für die Röntgendiagnostik wichtige Erkenntnisse gewonnen worden, daß das verhältnismäßig späte Erscheinen dieses Teilbandes des Handbuches der Medizinischen Radiologie keineswegs zu bedauern ist. Zu einem wesentlich früheren Zeitpunkt hätten z.B. Spätergebnisse operativer Herzkorrekturen kaum berücksichtigt werden können.

Allen Autoren sei herzlich gedankt.

Preface

Following the appearance three years ago of the second part (b) of Volume X/2 of this handbook, we are now able to publish the first part (a).

After some preliminary remarks on pathology and anatomy by SCHOENMACKERS, respectively SCHOENMACKERS, DAHM, BIGALKE the cetral theme of this part of the volume is discussed at length by LOOGEN/SEIPEL/GLEICHMANN and VIETEN: congenital cardiac defects. This is followed first by a discussion of the cardiomyopathies by KUHN/LOOGEN/BREITHARDT/SEIPEL and KRELHAUS, and finally by a discussion of myocarditis and pericarditis by GILLMANN and JUNGBLUT.

In the last ten years so much new knowledge has come to light in the fields dealt with in this volume, knowledge that is also important for roentgen diagnosis, that the relatively late appearance of this volume is by no means to be regretted. Had the book appeared much earlier, late results of surgical correction of cardiac defects, for example, could not have been taken into account.

My warmest thanks to all authors.

Düsseldorf, September 1977 HEINZ VIETEN

Inhaltsverzeichnis — Contens

Mitarbeiter von Band X/2a — Contributers to Volume X/2a

Dr. K. H. BIGALKE, RWTH Abteilung Pathologie der Medizinischen Fakultät, Goethestr. 27–29, D-5100 Aachen

Dr. G. BREITHARDT, Medizinische Klinik B der Universität, Moorenstr. 5, D-4000 Düsseldorf

Dr. H. H. DAHM, RWTH Abteilung Pathologie der Medizinischen Fakultät, Goethestr. 27–29, D-5100 Aachen

Professor Dr. H. GILLMANN, Städtische Krankenanstalten, I. Medizinische Klinik, D-6700 Ludwigshafen/Rhein

Professor Dr. U. GLEICHMANN, Gollwitzer-Meier Institut, Herforder Straße, D-4970 Bad Oeynhausen

Professor Dr. R. M. JUNGBLUT, Klinische Anstalten der Universität, I. Medizinische Klinik A, Moorenstr. 5, D-4000 Düsseldorf

Dr. W. KRELHAUS, I. Medizinische Klinik B der Universität, Moorenstraße 5, D-4000 Düsseldorf

Privatdozent Dr. H. KUHN, I. Medizinische Klink B der Universität, Moorenstr. 5, D-4000 Düsseldorf

Professor Dr. F. LOOGEN, I. Medizinische Klinik B der Universität, Moorenstr. 5, D-4000 Düsseldorf

Professor Dr. J. SCHOENMACKERS, RWTH Abteilung Pathologie der Medizinischen Fakultät, Goethestr. 27–29, D-51 Aachen

Professor Dr. L. SEIPEL, 2. Medizinische Klinik B der Universität, Moorenstraße 5, D-4000 Düsseldorf

Professor Dr. H. VIETEN, Institut und Klinik für Medizinische Strahlenkunde der Universität, Moorenstr. 5, D-4000 Düsseldorf

Erkrankungen des Herzens I

I. Zur Pathologie der Endokarditis und Pathogenese des Klappenfehlers

Von

J. Schoenmackers

Mit 13 Abbildungen

a) Allgemeine Pathologie

Endokarditis im weiteren Sinne ist jede Entzündung des Endokards; im Sprachgebrauch dagegen versteht man unter Endokarditis fast immer nur eine Entzündung der Herzklappen.

In diesem Rahmen sollen die verschiedenen Endokarditisformen nur insoweit besprochen werden, als sie für die Entstehung von Klappenfehlern eine Rolle spielen. Unsere Darstellung wird sich vorwiegend mit der Veränderung der Klappen und ihrer Form beschäftigen, die nosologische Stellung der einzelnen Endokarditisformen nur gelegentlich streifen.

Man sollte im Sprachgebrauch die Bezeichnungen „Endokarditis", „Herzklappenfehler" und „Herzklappenfehler mit Rezidiv einer Endokarditis" sehr streng trennen, da es sich bei fast jeder Endokarditis um einen Entzündungsprozeß mit mehr oder weniger schneller Progredienz handelt, der Klappenfehler dagegen wesentlich stationärer ist. Endokarditis bedeutet noch nicht Klappenfehler. Die Endokarditis kann als Allgemeinkrankheit mit schweren Symptomen, die auf der Entzündung beruhen, einhergehen. Klappenfehler sind im allgemeinen auf der Basis einer Endokarditis entstanden. Der Klappenfehler macht sich vorwiegend durch seine hämodynamische Rückwirkung bemerkbar.

Die Nomenklatur der Endokarditis ist verwirrend. Das empfindet man nicht so sehr, wenn man die Namen der einzelnen Endokarditisformen nur hört oder liest. Die Verwirrungen, Unklarheiten und Mißverständnisse liegen nicht allein darin begründet, daß die eine Bezeichnung dem makroskopischen Bilde — wie E. verrucosa —, die andere dem histologischen Bilde — wie E. serosa oder fibrinosa — entlehnt worden ist, oder weil z.B. das Bild der E. lenta auf der Basis des klinischen Bildes entstanden ist. Die Ursache liegt auch darin, daß viele Autoren mit einem *morphologischen* Endokarditisbilde — E. verrucosa — den Begriff Rheumatismus verbinden, während andere nur für einen Teil der Fälle mit E. verrucosa annehmen, sie gehörten zum Rheumatismus. Verruköse Klappenveränderungen kommen auch im Anfangsstadium von Endokarditisformen vor, die nichts mit E. verrucosa oder Rheumatismus zu tun haben. Für viele ist E. lenta identisch mit einer Streptococcus viridans-Infektion, obwohl ihre Embolien meist nicht infiziert sind und der Nachweis dieser Streptokokken nur in einem geringen Prozentsatz der Fälle gelingt.

Deutung und Auslegung der einzelnen Bezeichnungen wären einfach und erlernbar, wenn alle Autoren mit der gleichen Bezeichnung auch den gleichen Inhalt verbinden würden. Das ist aber leider nicht der Fall. Wir wollen deswegen in dieser Darstellung der Endokarditis alle Bezeichnungen nur *morphologisch* verstanden wissen, ohne jede ätiologische, pathogenetische oder bakteriologische Nebenbedeutung.

Bei jeder Betrachtung einer Endokarditis sind mehrere Gesichtspunkte zu berücksichtigen. An der Spitze stehen die Veränderungen an den Klappen, sei es, daß sie mit oder ohne Zerstörung von Klappengewebe einhergehen. Ob die Endokarditis hämodynamische Folgen hat, hängt von der Größe der Auflagerungen und der Menge und Wertigkeit des zerstörten Klappenmaterials ab. Es kann sehr wohl sein, daß eine Endokarditis lange Zeit keinerlei Einfluß auf die Hämodynamik hat und erst ihre Narben in die Hämodynamik eingreifen. Es ist dabei wichtig, daran zu denken, daß auch Endokarditisformen, die ohne jeden Verlust an Klappenmaterial einhergehen, Klappenfehler hervorrufen können.

Als letztes ist die klinische Wertigkeit der Endokarditis in Rechnung zu setzen, ob sie primär, also das Grundleiden, sekundär entstanden oder Teil einer Systemkrankheit ist, oder ob sie nicht selbst, sondern erst über ihre Komplikationen — wie Embolien — klinisch wirksam wird. Die letzte Frage wird uns nur am Rande zu beschäftigen haben.

α) Lebensalter und Endokarditis

Die Endokarditis kommt in allen Altersklassen vor. Jedoch haben wir nach unserem Material den Eindruck, daß sie im Kindesalter nicht so häufig ist wie bei Erwachsenen. Zumindest sind Todesfälle an Endokarditis im Kindesalter, wenn wir von Herzfehlern, die angeboren sind, absehen, ausgesprochen selten. Eine Endokarditis kann sicherlich schon im Kindesalter auftreten; erst im Erwachsenenalter wird der Klappenfehler klinisch manifest.

Das Alter kann für die Lokalisation und die Art der Endokarditis eine wesentliche Rolle spielen. Intrauterin entwickelt sich fast ausschließlich eine seröse Endokarditis, außerdem vorwiegend an den Klappen der rechten Herzhälfte, also an den Trikuspidal- und Pulmonalklappen. Auch später gibt es immer wieder Fälle mit seröser Endokarditis. Sie führen jedoch nur selten und meist sehr langsam zu einem Klappenfehler.

Im Gegensatz dazu ist die Endokarditis bei Kindern und Erwachsenen wesentlich häufiger an den Klappen der linken Herzhälfte lokalisiert. Nur Trikuspidalfehler in Kombination mit Mitralfehlern, seltener als isolierte Endokarditis mit sekundärem Klappenfehler, können auch postnatal häufiger auftreten (LOOGEN und SCHAUB 1959; RUDOLPH und BLÖMER).

β) Ätiologie

Über die Ätiologie der Endokarditis herrschen heute noch sehr unterschiedliche Auffassungen. Einige Autoren glauben, für einzelne Endokarditisformen sei eine bakteriologische Ursache gesichert, während andere meinen, die meisten Erreger, die man aus dem Blut oder von den Klappen züchtet, seien nur der Ausdruck einer Sekundärinfektion. Viele Autoren sehen in einzelnen Endokarditisformen, besonders in der E. verrucosa, ein allergisches Phänomen. Häufig wird für die E. verrucosa eine rheumatische Genese angenommen.

Man kann auch zwischen primärer und sekundärer Endokarditis, z. B. auf dem Boden einer Allgemeininfektion, unterscheiden; andererseits kann aber die Endokarditis zuerst aufgetreten sein, und in ihrem Gefolge hat sich dann die Allgemeininfektion entwickelt.

Humorale Faktoren (Serotonin) spielen sicher für die Entstehung von Klappenfehlern über eine seröse Endokarditis beim Vorliegen eines metastasierenden Karzinoids eine Rolle (LANGER, 1954; LOSH, 1959).

Welche Einflüsse jeweils für die Entstehung einer Endokarditis verantwortlich sind, ist heute noch so unübersichtlich, daß wir an dieser Stelle auf die Diskussion dieser Frage verzichten müssen.

γ) Pathogenese

Es herrschen nicht nur über die Fragen der Ätiologie sondern auch über die Fragen der Pathogenese unterschiedliche, ja gegensätzliche Auffassungen. Einige Autoren nehmen an, daß die Endokarditis in der Klappe entsteht und das oberflächliche Endothel zunächst intakt bleibt. Andere sind der Meinung, jeder Endokarditis gehe ein Defekt des endothelialen Klappenüberzuges voraus, oder der Verlust des Deckendothels stehe am Anfang. Man wird wohl mit STAEMMLER einen vermittelnden Standpunkt einnehmen müssen, und zwar in der Richtung, daß die seröse Endokarditis praktisch immer ohne Endotheldefekt beginnt und ohne Endothelschaden abläuft, während beispielsweise bei der E. ulcerosa und polyposa primär am Endothel Defekte entstehen, wenn sich diese Endokarditisformen nicht einer serösen Endokarditis aufpfropfen (STAEMMLER et al., 1955).

Im Ablauf der Endokarditis kann sich auch ihre morphologische Erscheinungsform wandeln. So sieht man in einem Teil der Fälle eindeutig, daß es sich primär um eine E. serosa, später aber eindeutig um eine E. verrucosa oder sogar ulcerosa gehandelt hat.

Für unsere Betrachtung muß noch unterstrichen werden, daß jede Endokarditisform zu einem Klappenfehler führen kann, aber nicht zwangsläufig zu einer Schlußstörung der Klappe führen muß. Es scheint so zu sein, daß die Form des Klappenfehlers in gewissem Grade vom Typ der Endokarditis abhängig ist. Das gilt zumindest für die seröse Endokarditis, die praktisch nur zu Stenosen, und von der ulzerösen Endokarditis, die fast nur zur Insuffizienz der Klappen führt.

Für die klinische Betrachtung eines Herzklappenfehlers ist noch darauf hinzuweisen, daß eine Endokarditis mit einer Myokarditis, manchmal sogar mit einer Perikarditis einhergehen kann. Es wird also immer differentialdiagnostisch zu klären sein, auf welcher Basis eine Herzdilatation entstanden ist.

b) Spezielle Patholgie

α) Häufigkeit und Lokalisation der Endokarditis im Herzen und im Bereich der Klappen

Jede Form der Endokarditis kann theoretisch an allen Herzklappen vorkommen.

Konnatal ist die Pulmonalklappe häufiger als die Trikuspidalklappe betroffen. Später — schon in der Kindheit — und erst recht beim Erwachsenen steht der Befall der Mitralklappe an erster Stelle. Dann folgen Aorten- und Trikuspidalklappe. In fast allen Fällen spielt sich die Endokarditis an mehreren Klappen (Mitral- und Aortenklappe oder Mitral- und Trikuspidalklappe) ab, einen Klappenfehler hinterläßt sie aber in der Mehrzahl der Fälle nur an einer Klappe. Während die Kombination eines Mitral- und Aortenfehlers geläufig ist, scheint die Kombination von Mitral- und Trikuspidalklappenfehler häufiger vorzukommen, als man allgemein annimmt (LOOGEN und SCHAUB, 1959).

Fast jede Endokarditis beginnt in der Nähe der Schließungsränder oder der Schließungsleisten der Klappe, das sind jene Stellen, die sich beim Klappenschluß berühren, und an denen das Blut vorbeiströmt. Sie kann sich dann auf und in der Klappe beliebig ausbreiten. Sie bleibt aber fast immer auf der Durchflußseite schwerer als auf der dem Blutfluß abgewandten Seite. Diese Tatsache ist besonders deshalb bemerkenswert, weil sich die Endokarditis gerade an den Stellen entwickelt und ausbreitet, an denen der Blutstrom schnell vorbeifließt, sozusagen „gequetscht" wird. An der „Rückseite" der Klappen, wo das Blut länger verweilt und die Kontaktzeit zwischen Blut und Klappe größer als sonstwo ist, findet man den Beginn von endokarditischen Klappenveränderungen nur selten. Diesen Befund darf man dahingehend auslegen, daß die Mechanik der Beanspruchung für die Lokalisation einer Endokarditis wichtiger ist, als die Berührungszeit mit dem Blute.

Die Lokalisation der serösen Endokarditis innerhalb der Klappe und ihrer Nachbarschaft hat insofern eine Besonderheit, als sie sehr häufig über die Klappe hinausgreift und die Klappenbasis befällt, also die Stelle, die wir als Basisring bezeichnen dürfen

(SCHOENMACKERS, 1959). Diese Lokalisation hat natürlich auf die Entstehung und Entwicklung des Klappenfehlers einen besonderen Einfluß, weil bei der serösen Endokarditis auch die Basis der Klappe vernarbt.

Bei jeder Endokarditis können sich die endokarditischen Veränderungen über die Klappen hinaus bis auf das Endokard der anschließenden Herzhöhle ausbreiten. Gerade bei konnatalen Herz- und Herzklappenfehlern spielt die parietale seröse Entzündung eine wesentliche Rolle. Sie kann sich im rechten Infundibulum und in der linken Ausflußbahn zuerst entwickeln, ohne daß Pulmonal- und Aortenklappe beteiligt sein müssen. Im Laufe der Zeit gibt es infolge der Vernarbung des serösen endokarditischen „Exsudates" auch an dieser Stelle Stenosen (s. angeborene Herzfehler).

β) Die einzelnen Endokarditisformen

1. Seröse Endokarditis (Abb. 1). Bei der serösen Endokarditis bleibt die Oberfläche der Klappe glatt, auch wenn sie gefaltet oder gebuckelt erscheint. Der Endothelüberzug ist kontinuierlich erhalten. Das Klappenvolumen nimmt gleichförmig oder ganz unregelmäßig an der ganzen Klappe oder nur in einzelnen Streifen oder Herden zu. Dieser Volumenzunahme liegt ein Ödem zugrunde. Dieses hat die besondere Eigenschaft, daß es nicht nur die einzelnen anatomischen Bauelemente in der Klappe auseinanderdrängt, sondern Faser- und Kernmaterial auflösen kann. Das Ödem beginnt meist in den subendothelialen Schichten und greift auf die elastische Lamelle und zuletzt auf die breite kollagene Membran der Klappe über. Die befallenen Klappenbezirke erscheinen makroskopisch gallertig.

2. Verruköse Endokarditis (Abb. 2). Wir bezeichnen in diesem Zusammenhang jede Endokarditis als verrukös, bei der sich kleinere oder größere Wärzchen auf den Klappen nachweisen lassen. Diese Wärzchen können einzeln stehen, aber auch so eng angeordnet sein, daß sie als schmale Leiste erscheinen. Die Größe dieser Knöpfchen kann von Fall zu Fall, aber auch im Bereich einer Klappe wechseln. Manche sind so klein, daß sie mit bloßem Auge kaum sichtbar sind, andere können fast die Größe eines Ziersted-nadelkopfes erreichen.

Histologisch handelt es sich meist um ein seröses, ein serofibrinöses oder ein rein fibrinöses Exsudat. Das Endothel der Oberfläche dieser Knöpfchen kann erhalten oder stellenweise abgestoßen sein.

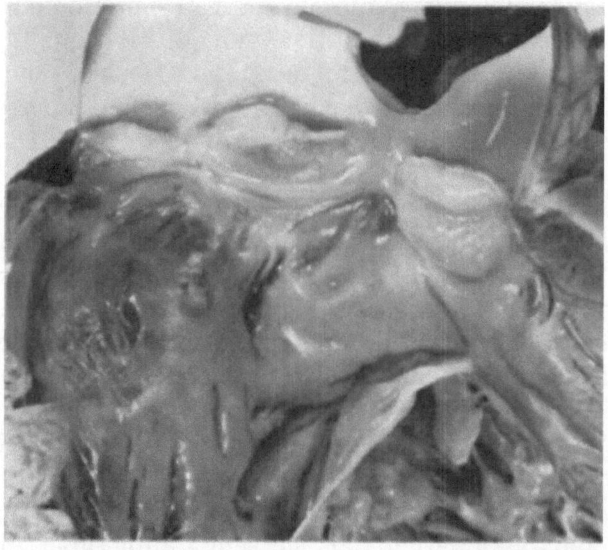

Abb. 1. Typische seröse Endokarditis der Pulmonalklappe

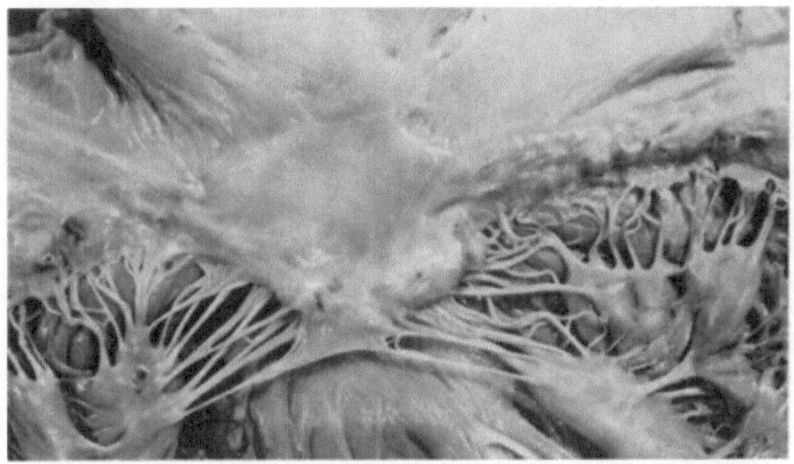

Abb. 2. Beginnende verruköse Endokarditis. Leichte alte Vernarbung der Mitralklappe und vereinzelte Verwachsungen der Sehnenfäden

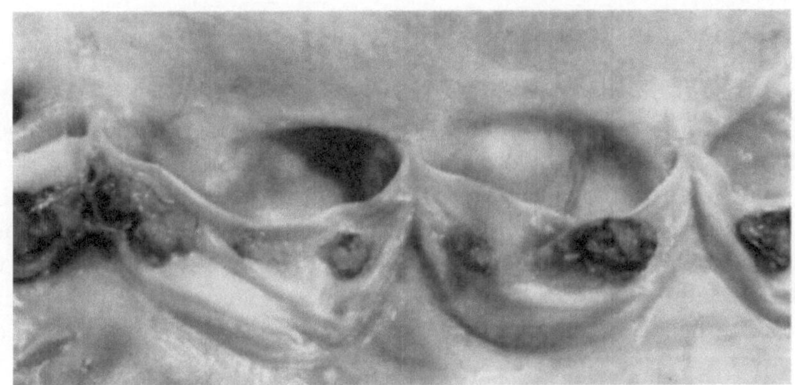

Abb. 3. Endokarditis Libman-Sacks

Als Sonderform der verrukösen Endokarditis ist die Endokarditis Libman-Sacks (Abb. 3) zu erwähnen. Die Knötchen sind im allgemeinen größer als bei der verrukösen Endokarditis. Man findet sie oft an mehreren, gelegentlich an allen Herzklappen. Im Gesamtkrankheitsbild können neben der Endokarditis, die klinisch fast symptomlos verlaufen kann, Myokarditis und Periarteriitis nodosa eine größere Rolle spielen. Die Endokarditis Libman-Sacks trifft man auch im Rahmen der Sklerodermie und des Lupus erythematodes.

Die makroskopische Untersuchung läßt keine sichere Unterscheidung zwischen verruköser Endokarditis und Endokarditis Libman-Sacks zu. Histologisch lassen sie sich dadurch differenzieren, daß bei der Endokarditis Libman-Sacks keine Aschoffschen Knötchen nachweisbar sind.

Die E. verrucosa begegnet uns aber auch, wenn vorher eine Endokarditis abgelaufen und vernarbt war, im Rahmen der Tuberkulose, der zerfallenen Karzinome, bei Allgemeininfektionen usw. Sie bietet das gleiche morphologische Bild wie die E. verrucosa, muß aber in ihrer nosologischen Stellung anders beurteilt werden.

3. Ulzeröse Endokarditis (Abb. 4). Während die echte verruköse Endokarditis fast niemals mit einer gröberen Zerstörung von Klappengewebe einhergeht, ist die ulzeröse Endokarditis immer mit einer Zerstörung von Klappengewebe verbunden. Wenn aber die verruköse Endokarditis nur ein Vorläufer einer anderen Endokarditisform ist, bleibt die Klappendestruktion, wenigstens so lange wie die Endokarditis wärzchenförmig ist, funktionell ohne Bedeutung.

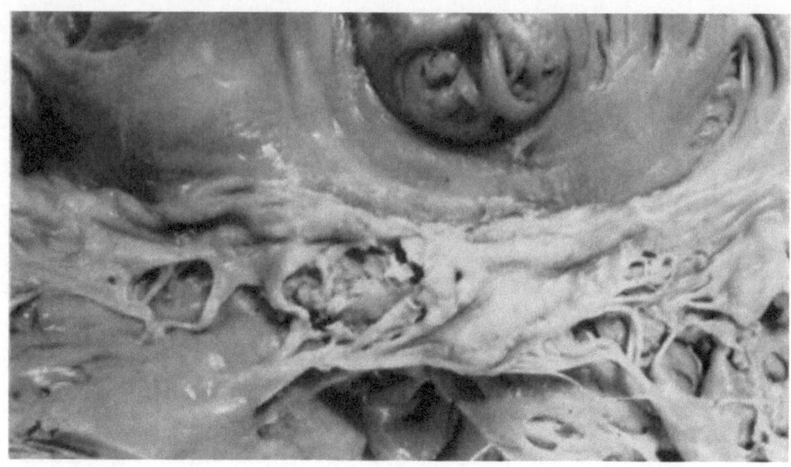

Abb. 4. Ulzeröse Endokarditis der Trikuspidalklappe mit beginnender Perforation

Eine ulzeröse Endokarditis geht nicht zwangsläufig mit einer Zerstörung aller Klappenschichten einher. Sie kann sich flächenhaft auf einer Herzklappe ausbreiten, ohne daß sich in diesem Stadium der Verlust von Klappengewebe hämodynamisch bemerkbar macht. Je nach ihrer Lokalisation im Bereich der Klappe geht zunächst nur der Rand verloren, oder aber es kommt, besonders in jenen Fällen, bei denen sich die ulzeröse Endokarditis auf der Klappe ausbreitet, zu Klappenperforationen, die manchmal so groß sind, daß nur noch der Klappenrand stehen bleibt. Die Perforationsstelle ist von morschem Gewebe umgeben, das histologisch aus zerfallenem Klappenmaterial, thrombotischen Ablagerungen aus dem Blute, Leukozyten und gelegentlich auch aus Erregern besteht. In den Randgebieten bildet sich nach einiger Zeit Granulationsgewebe, das in die E. ulcerosa einbezogen werden kann.

4. Polypöse Endokarditis (Abb. 5 und 6). Die E. polyposa gehört häufig zum Bilde der E. ulcerosa, weil sich die „Polypen" am Rande ulzeröser Prozesse entwickeln können. Die „Polypen" bestehen aus Fibrin, Gewebsdetritus, thrombotischem Material. Sie enthalten oft Erreger. Unter den polypösen Auflagerungen kann der Zerstörungsprozeß an den Klappen weitergehen. Die hämodynamischen Folgen einer polypösen Endokarditis sind fast die gleichen wie die einer ulzerösen Endokarditis.

Das polypöse Material kann manchmal, besonders wenn es Klappentaschen ausfüllt und dort organisiert wird, eine Klappenstenose nach sich ziehen.

Im Verlaufe der E. polyposa wird oft abgerissenes polypöses Material abgeschwemmt und führt in Organen, wie Gehirn, Milz und Nieren, sowie oft auch in Extremitäten zu Infarkten. Das organisierte Material der Klappen neigt zur Verkalkung. Es resultiert dann die typische verkalkte Klappenstenose. Im Rahmen der E. lenta, einem mehr klinischen Bilde, spielt die E. ulcerosa und polyposa als morphologische Endokarditisform die Hauptrolle.

Bei der schweren polypösen Endokarditis bleibt die Endokarditis nicht immer auf die Klappen beschränkt. Sie kann auf das Endokard und auf Sehnenfäden übergreifen.

5. Fibröse oder fibroplastische Endokarditis. Bei dieser Endokarditis handelt es sich sicherlich um eine Sonderform. Sie muß intravalvulär verlaufen. Das Endothel der Oberfläche muß entweder unbeteiligt bleiben oder sich regeneriert haben. Zu Auflagerungen kommt es im allgemeinen nicht. Da der hervorstechende Zug dieser Endokarditis eine Vernarbung ist, haben wir sie bei der Entwicklung der Klappenfehler besprochen.

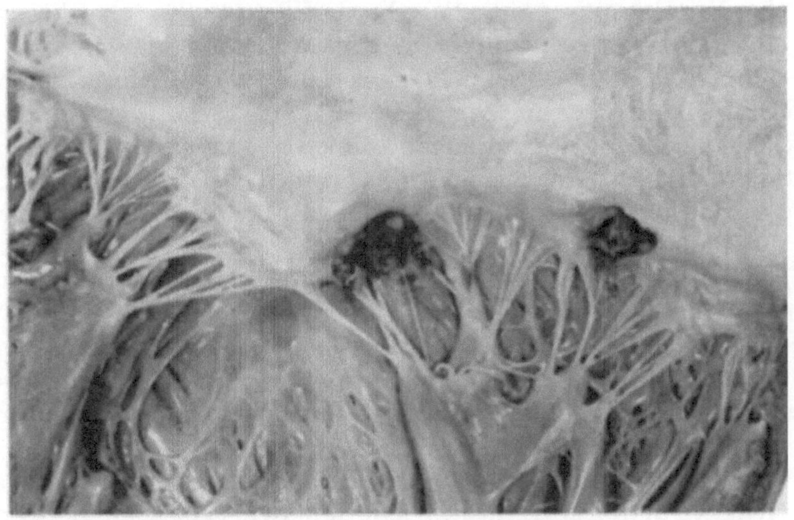

Abb. 5. Polypöse Endokarditis der Mitralis

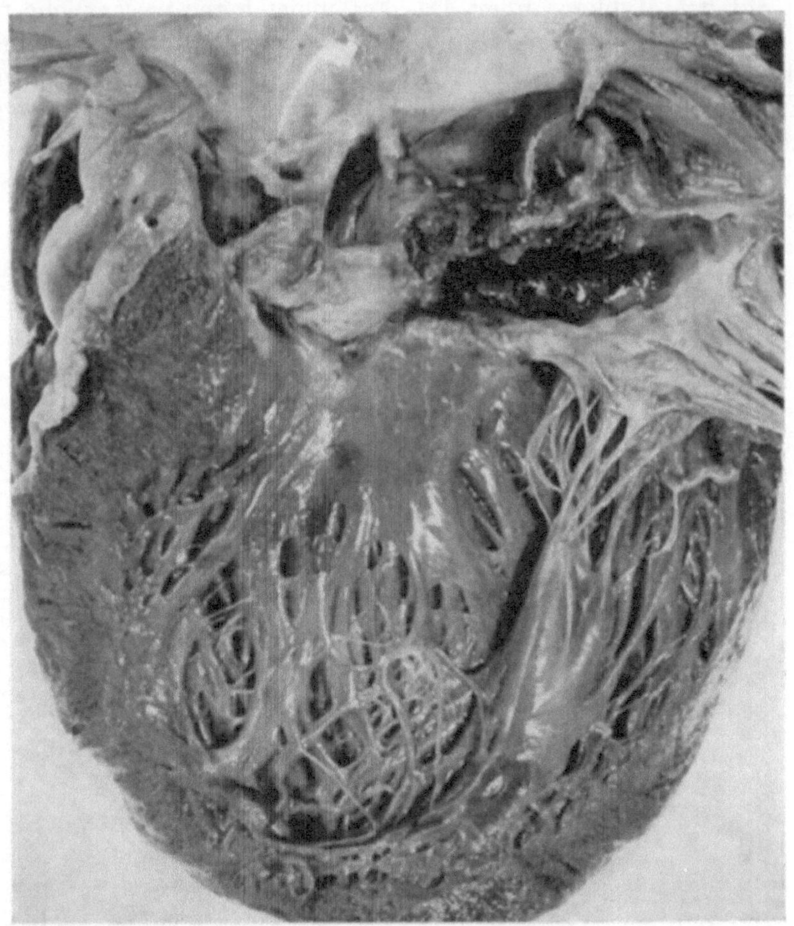

Abb. 6. Polypös-ulzeröse Endokarditis der Aortenklappe. Ältere, weitgehende Vernarbung der Mitralis mit Verdickung der Sehnenfäden

6. Löfflersche Endokarditis (Abb. 7). Die Löfflersche Endokarditis spielt sich fast nur am parietalen Endokard und hier meistens auf der rechten Seite ab. Die Endokarditis trifft man in Form einer schmalen oder breiten wulstförmigen Verdickung des Endokards oder als mehr oder weniger dicke Pakete, die die Wand eines oder beider Ventrikel auskleiden, an. Die Veränderungen können so dick werden, daß sie fast den ganzen Ventrikel ausfüllen. Die Papillarmuskeln werden in die endokarditischen Auflagerungen eingeschlossen, so daß die Sehnenfäden in diesen Auflagerungen zu entspringen scheinen. Die Funktion des Papillarmuskels ist behindert, das Spiel der Sehnenfäden eingeschränkt oder ganz aufgehoben. So läßt sich erklären, warum die parietale Endokarditis so häufig mit einer extravalvulären Insuffizienz der Segelklappen einhergeht.

Die äußere Form des Herzens kann unverändert bleiben. Demgegenüber wird die innere Form des Herzens von der Lokalisation und Höhe der Endokarditis bestimmt. Oft finden wir sie in der Kammerspitze, deren Lichtung fast ganz von den endokarditischen Auflagerungen verzehrt wird.

Auf der linken Seite führt sie, neben der Verminderung des Fassungsvermögens der Kammer, zu extravalvulärer Mitralinsuffizienz mit den typischen Lungenveränderungen und der Hypertrophie der rechten Herzhälfte, wie wir sie von der Mitralstenose kennen. Ist dagegen die rechte Seite befallen, hypertrophiert der rechte Vorhof, die Schlußfähigkeit der Trikuspidalklappe geht verloren. Die funktionelle Rückwirkung erstreckt sich auf den venösen Schenkel des großen Kreislaufs, es entsteht häufig eine Stauungszirrhose der Leber. — Dieses Krankheitsbild geht übrigens nicht selten mit asthmatischen Beschwerden einher oder kann ein echtes Asthma imitieren.

Auf die Dauer beschränkt sich die Löfflersche Endokarditis nicht auf das Endokard, sondern greift auf das Myokard über. Das hat meist keine wesentliche funktionelle Bedeutung, da sich die schwersten Myokardveränderungen im allgemeinen in den Abschnitten finden, in denen die endokarditischen Auflagerungen verhältnismäßig hoch sind und die Funktion des Myokards sowieso aufgehoben ist. Greift allerdings die Myokarditis auf das ganze Herz über oder auf jene Klappenteile, die noch die Restfunktion der Kammer gewährleisten, dann erlangt die Myokarditis neben der Endokarditis eine eigene funktionelle Bedeutung.

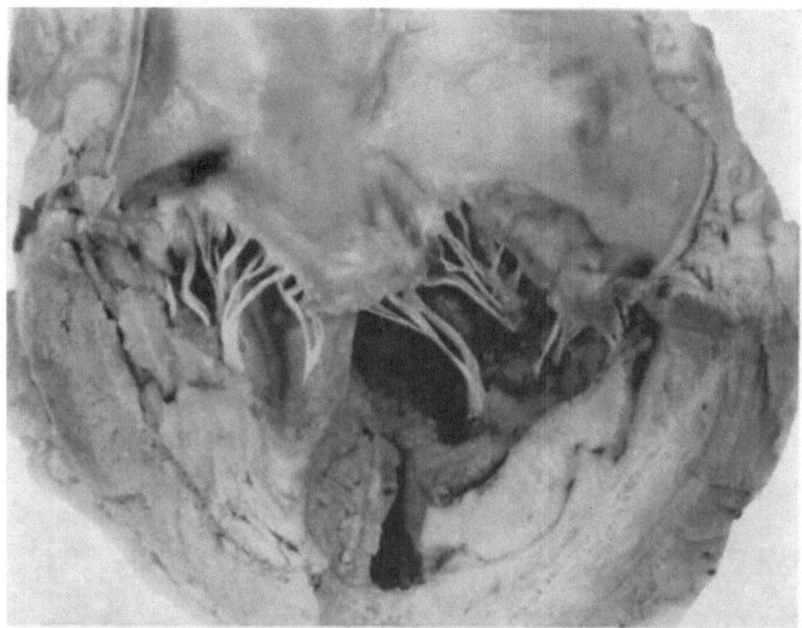

Abb. 7. Endokarditis Löffler mit hohem Polster im linken Ventrikel. Die Papillarmuskeln sind fast ganz in die endokarditischen Auflagerungen eingeschlossen

Als Komplikationen sieht man neben Embolien immer wieder begleitende Entzündungen von Arterien in Form der Peri- oder Endarteriitis. Es kann ohne weiteres diskutiert werden, ob es sich nicht an Herz und Gefäßen um ein einheitliches Krankheitsbild handelt.

Differentialdiagnostisch muß man besonders bei angiographischen Untersuchungen des linken Ventrikels daran denken, daß auch parietale Wandthromben, wie sie auf Nekrosen entstehen, so hoch werden können, daß sie einen Teil der Ventrikellichtung verlegen. Das gilt im allgemeinen wesentlich mehr für den linken als für den rechten Ventrikel.

7. Blastomatöse Endokarditis. Wir kennen auch Auflagerungen auf Herzklappen im Rahmen von metastasierenden malignen Blastomen. Sie gehören natürlich nicht zum Bilde der Endokarditis, sondern sind Metastasen und können gelegentlich zu Klappenzerstörungen führen. Wir haben Fälle beobachtet, bei denen es von diesen Blastomknoten auf und in den Herzklappen zu Embolien gekommen ist, die man als Folge einer Endokarditis angesehen hat. Die blastomatösen Wucherungen in und auf den Klappen sieht man fast nur an der Trikuspidalis. Man wird bei entsprechenden Fällen an diese Metastasen der Herzklappen denken müssen.

γ) Verlauf der Endokarditis

Eine Endokarditis, die ohne Zerstörung von Klappengewebe einhergeht, kann ausheilen, ohne daß sich mit bloßem Auge sichere Veränderungen der Klappen in Form von Narben nachweisen lassen. Histologisch trifft man kleine Narben, sie lassen sich oft nur an geringen Veränderungen der Klappenarchitektur erkennen. Wenn aber der endokarditische Prozeß weitergeht und weitergegangen ist, wird fast immer Klappengewebe zerstört. Die Zerstörung kann manchmal ohne wesentliche Auflagerungen erfolgen; die Klappen werden sozusagen „weggefressen“. Auf diesem Wege können ganze Klappenteile verschwinden oder ihren Zusammenhang mit den Sehnenfäden verlieren. Die Sehnenfädenstümpfe hängen oder flottieren an den Papillarmuskeln. Da solche Abrisse von Sehnenfäden plötzlich auftreten und zu schweren hämodynamischen Veränderungen führen, kann das klinische Krankheitsbild eine plötzliche und wesentliche Verschlimmerung zeigen, obwohl der morphologische Prozeß nur unerheblich fortgeschritten ist. Das gleiche gilt für die plötzliche Klappenperforation, besonders wenn sie mehr aufgrund der Klappenbeanspruchung als infolge der Endokarditis eintritt. Wir dürfen also klinische Symptome und morphologisches Endokarditisbild nicht unbedingt gleichsetzen.

Jede Endokarditis, selbst wenn sie zur Zerstörung von Klappengewebe und zu Narben geführt hat, kann zum Stillstand kommen. Ob ein Klappenfehler zurückbleibt, ist von Fall zu Fall verschieden. Die Klappennarbe unterscheidet sich, besonders bei leichter Endokarditis, von Narben anderer Lokalisation, weil die Herzklappen gefäßlos sind. Bei längerem Verlauf der Endokarditis wachsen Gefäße von der Klappenbasis in Richtung auf den endokarditischen Herd. Erst jetzt kann die Endokarditis über Granulationsgewebe vernarben, wie wir es auch sonst im Organismus kennen. Auf die gefäßfreie Vernarbung werden wir noch einmal eingehen.

Das Narbengewebe kann zwar einen Klappendefekt begrenzen, aber kein Klappengewebe ersetzen. Einer Zerstörung von Klappengewebe folgt fast immer eine Defektheilung. In einzelnen Fällen besteht dennoch die Möglichkeit, daß die hämodynamische Wirkung der Defektheilung über die Klappenschrumpfung, die sich an jede Vernarbung anschließt, wenigstens zum Teil ausgeglichen werden kann. Die Klappenzerstörung kann sich auf einzelne Klappenschichten beschränken. Wenn nur eine Schicht der Klappe zerstört war, vernarbt sie meist unter Verdickung des Klappengewebes und ohne funktionelle Rückwirkung.

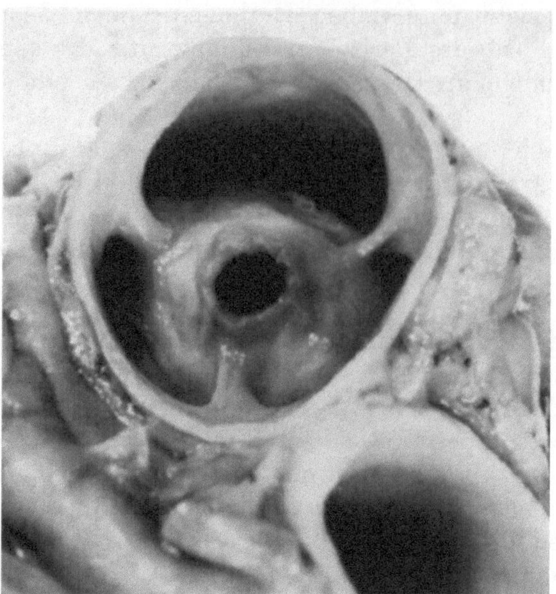

Abb. 8. Trichterförmige membranöse Pulmonalstenose nach seröser Endokarditis

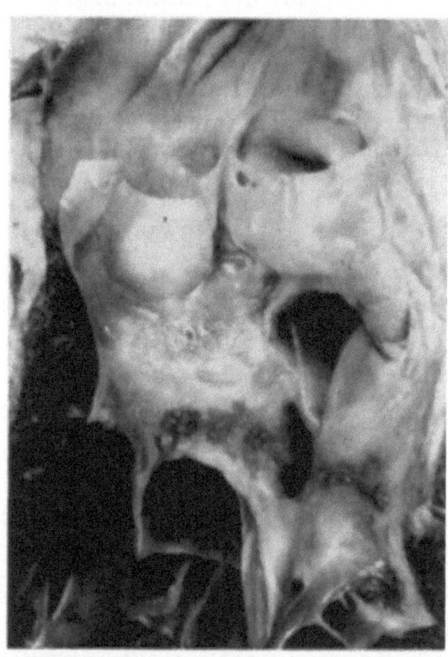

Abb. 9. Leichte vernarbte seröse Endokarditis der Pulmonalklappen und der rechten Ausflußbahn mit fibrinösem Rezidiv

Narben nach seröser Endokarditis (Abb. 8 und 9) unterscheiden sich von denen nach anderen Endokarditisformen nicht nur, weil sie praktisch immer gefäßlose Narben nach sich ziehen. Nachdem das intravalvuläre Ödem zuerst das Klappengewebe aufgelöst hat, folgt in der Narbenphase die Bildung eines derben fibrillären oder afibrillären Kollagens. Das Wesentliche an der Vernarbung einer serösen Endokarditis ist für unsere Betrachtung die Tatsache, daß das Volumen des primären Ödems auch zur Zeit der Narbe fast ganz erhalten bleibt. Die Narben innerhalb der Klappen sind also wesentlich voluminöser als normales Klappengewebe. Das bedeutet, daß nach seröser Endokarditis praktisch nur Stenosen entstehen können. In Ausnahmefällen, besonders bei konnatalen Klappenfehlern oder nach Verwachsung der Kommissuren ohne wesentliche Verdickung der Klappenmembranen, kann die Klappe vom Blutstrom in Richtung auf das abgehende Gefäß gedehnt und trichterförmig ausgezogen werden. So entstehen, vom Ventrikel her gesehen, trichterförmige Membranstenosen mit unterschiedlich großer Restlichtung.

Wir finden aber auch sonst Klappennarben, ohne daß anscheinend eine Zerstörung von Klappenmaterial vorangegangen ist. Man gewinnt den Eindruck, daß es sich bei diesen Fällen, die auch bei Erwachsenen vorkommen, um eine seröse Endokarditis gehandelt hat oder zumindest um eine Endokarditis, die innerhalb der Klappe abgelaufen ist. Solche Narben können über die Schrumpfung des Narbengewebes zu Klappenfehlern führen. Wir finden sie meist in Form von Stenosen der Mitralis.

δ) Klappennarben

Wir möchten hier noch einmal unterstreichen, daß nicht jede Endokarditis, auch wenn sie zu schwereren klinischen Symptomen geführt hat, einen Klappenfehler nach sich ziehen muß. Besteht aber ein Klappenfehler, so hängt es von Art und Schwere des endokarditischen Prozesses und den Eigenschaften seiner Narbe ab, ob eine Stenose oder Insuffizienz resultiert.

Jede vernarbte Herzklappe verliert funktionelle Eigenschaften. Die Herzklappen werden nämlich derb und unelastisch und können sich sehr häufig in dem kurzen Zeitraum zwischen Systole und Diastole nicht genügend schnell oder nicht ausreichend genug zum Klappenschluß formieren. Verdickungen der Klappen, ohne wesentliche Veränderungen ihres Profils, können genügen, um einen leichten Klappenfehler hervorzurufen.

Für den hämodynamischen Effekt der Narbenschrumpfung ist es nicht gleichgültig, ob Taschen- oder Segelklappen befallen sind.

Die Segelklappen stehen durch breitere und schmälere Gewebsbrücken miteinander in Verbindung und sind an ihrem freien Ende durch ihre Sehnenfäden an den Papillarmuskeln fixiert. Geht an solchen Segelklappen die Narbenschrumpfung in Richtung vom Vorhof zur Kammerspitze, bzw. in Blutstromrichtung, dann werden die Klappen kürzer. Während sich sonst die einzelnen Segel in der Kammersystole flächenhaft aneinanderlegen, werden sie durch die Schrumpfung für diese Verschlußform zu kurz. Der Klappenschluß in der Systole bleibt aus. Es entsteht eine Insuffizienz. Das gleiche gilt für Klappen, die zwar nicht kürzer geworden sind, aber aufgrund einer schwieligen Vernarbung schwer beweglich sind und ihre Plastizität verloren haben.

Wenn demgegenüber die Schrumpfungsrichtung vorwiegend zirkulär ist, werden zwar die Klappen auch schlechter beweglich, die Klappenöffnung wird aber gleichzeitig enger. Es entsteht also eine Stenose. Verläuft die Schrumpfung gleichzeitig in beiden Richtungen, können in Ausnahmefällen die Symptome eines Klappenfehlers ausbleiben. Sonst wird, je nach dem Überwiegen der einen oder anderen Schrumpfungsrichtung, ein Klappenfehler entstehen, bei dem Stenose oder Insuffizienz den Charakter des Fehlers bestimmen. Eine stenosierte Klappe kann sich fast niemals ganz schließen entweder weil die Klappenanteile zu hart sind, oder aber weil sie einen derben unelastischen Ring bilden. Deswegen sind fast alle Klappenstenosen mit einer mehr oder weniger schweren Insuffizienz kombiniert. Diese Insuffizienz ist bei engen und starren Stenosen hämodynamisch sogar erforderlich, damit überhaupt noch Blut durch die Klappenöffnung fließen kann. Ob sich eine solche Insuffizienz, die morphologisch ohne Zweifel besteht, auch hämodynamisch auswirkt, ist von der jeweiligen hämodynamischen Situation abhängig und kann durch Änderung der Innenform der Kammer kompensiert werden (Abb. 10).

Stenosen haben morphologisch eine sehr unterschiedliche Form. Die übriggebliebene Lichtung kann schlitzförmig, zackig oder rund sein.

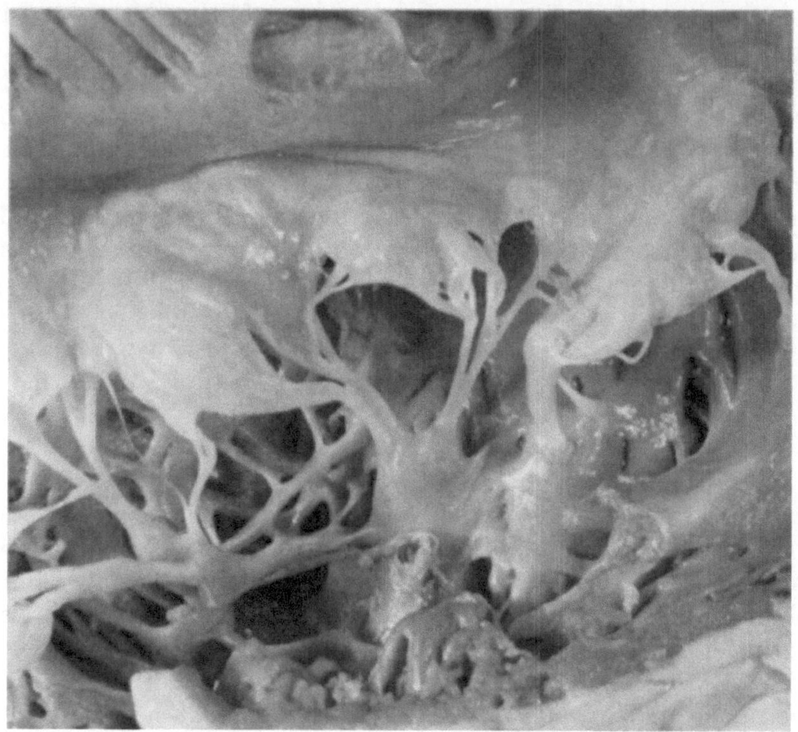

Abb. 10. Endocarditis fibroplastica mit diffuser Vernarbung der Segel- und Sehnenfäden

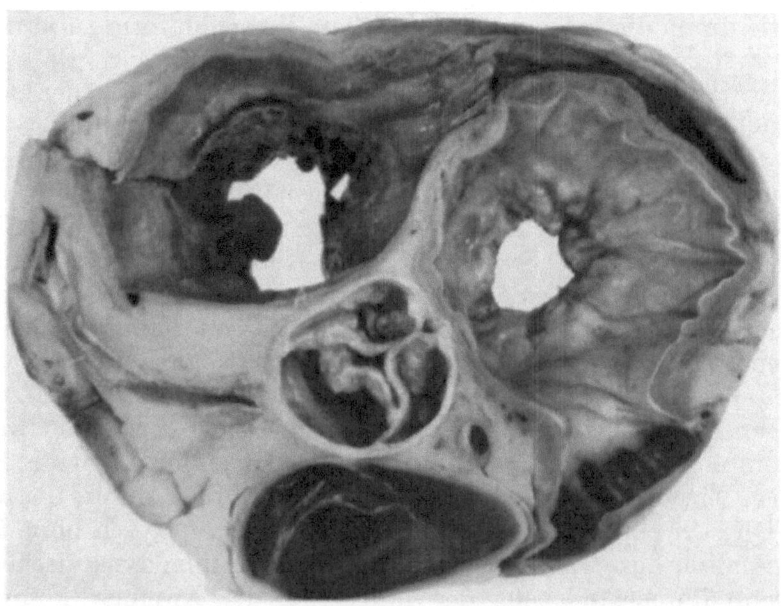

Abb. 11. Verkalkte Aortenstenose — wahrscheinlich nach polypöser Endokarditis. Trichterförmige Mitralstenose (mit leichter Insuffizienz) und Rezidiv einer Endokarditis unmittelbar neben der Aorta

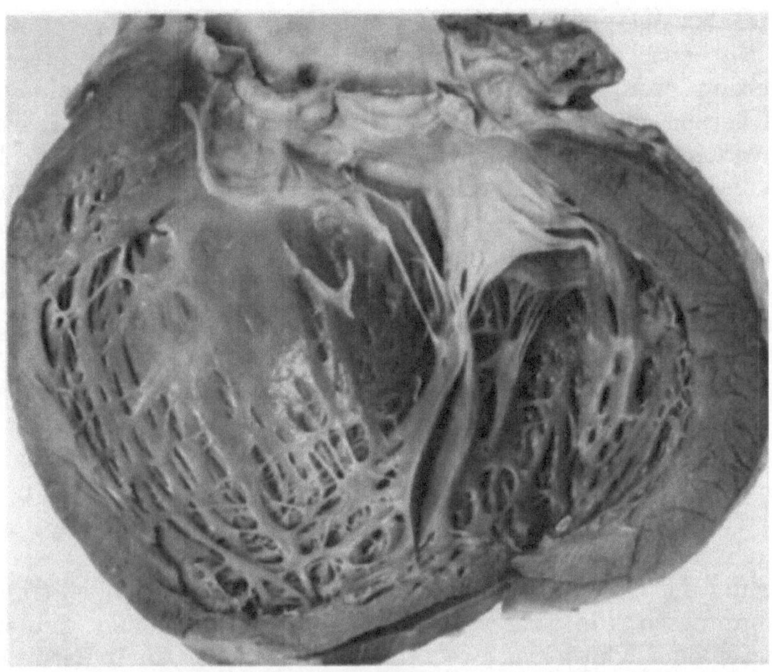

Abb. 12. Leichte Vernarbung der Mitralis und schwerere Vernarbung der Aortenklappe — leichte Aorteninsuffizienz. Fibröse Insuffizienzzeichen, teils mit „Klappenform“ an der Wand des linken Ventrikels. Aberrierende Sehnenfäden

Manchmal, besonders wenn die Segel selbst nicht oder nicht mehr verdickt sind und einen Teil ihrer Elastizität behalten haben, bildet sich ein elastischer Trichter, dessen untere Öffnung fast bis in die Spitze des Ventrikels reichen kann. Die Segelklappe hat dann eine Wein- oder Sektglasform (Abb. 11).

In anderen Fällen entwickelt sich in der Vorhofkammerebene eine fast waagerechte derbe Platte, die in der Mitte oder seitlich eine kleine Restlichtung aufweist. Solche Klappen sind meist zusätzlich verkalkt, dadurch wird ihre Ober- und Unterseite höckerig. Wenn die deckende Endothelschicht verloren geht, liegen kleine Kalkkörner frei im Blutstrom (Kalkembolie!) (Abb. 11 u. 12).

Solche Stenosen sind steinhart und ohne jede Plastizität. Sie haben ihre Adaptationsfähigkeit verloren. Auf Röntgenaufnahmen kann man häufig die Kalkschatten solcher Klappen erkennen; man muß sie allerdings von den schmäleren oder breiteren sichelförmigen Verkalkungen unterscheiden, wie sie sich an der Basis der Mitralis bilden können, ohne daß eine wesentliche Funktionsbehinderung dieser Herzklappe zu beweisen wäre.

Die Verkalkung der Mitralklappe hat auch deshalb noch eine besondere Bedeutung, weil sie die Adaptation der Herzkammer an die Mitralstenose behindert.

Zwischen den einzelnen Formen von Klappenstenosen gibt es zahlreiche Übergänge. Ein besonderes Wort muß noch der schwersten Form der Stenose — der Atresie — gewidmet werden. Wenn man nämlich sog. atretische Herzklappen histologisch untersucht, so findet man in vielen Fällen doch noch eine Restlichtung; sie sind also keine Atresie im engeren Sinne, sondern nur eine subtotale Stenose, die allerdings einer Atresie funktionell gleichzusetzen ist. Atresien entwickeln sich naturgemäß am leichtesten, solange die Lichtung der Klappe noch eng ist. Zu dieser Zeit genügen schon relativ geringe Verdickungen der Klappen, um die an sich noch enge Lichtung zu verschließen. Andererseits sind zu dieser Zeit auch noch die fetalen Blutwege offen, oder aber der intraventrikuläre Druck reicht noch nicht aus, um einen völligen endokarditischen Verschluß der Klappenöffnung oder den sekundären Verschluß der Klappenöffnung durch Narbenschrumpfung zu verhindern. Aus einer subtotalen Stenose kann eine Atresie werden, wenn die Klappenabschnitte, welche fest aneinanderliegen, ihren endothelialen Überzug verlieren, miteinander verkleben und verwachsen. Selbst dann kann man mikroskopisch die Klappen noch an ihren Resten erkennen. Daneben gibt es echte Atresien bei angeborenen Herzfehlern, die man als Fehlbildungen ansehen muß. Man findet weder makroskopisch noch mikroskopisch ein Klappenostium, sondern lediglich eine muskulär-bindegewebige Membran.

Wenn während einer floriden Endokarditis so viel Klappenmaterial verlorengeht, daß eine Insuffizienz entsteht, so ist es dennoch nicht unbedingt notwendig, daß diese Insuffizienz dauernd bestehen bleibt. Wenn sich ein Klappensegel durch die Schrumpfung der Narbenbezirke verkürzt und sich in Richtung auf die Klappenebene anhebt, kann im Laufe der Zeit sogar aus einer Insuffizienz eine Stenose werden. Es gibt aber noch einen anderen Weg, auf dem eine Insuffizienz später zur Stenose werden kann. Im Kindesalter können Insuffizienzen, die mit einer intensiven Vernarbung der Klappen einhergehen, auf die Dauer zu Stenosen werden, weil die narbigen Klappen kaum noch synchron mit dem Herzen wachsen können.

Diese Änderung des Charakters eines Herzfehlers erklärt vielleicht auch, warum man in einzelnen Anamnesen, die über einen langen Zeitraum gehen, zuerst eine Klappeninsuffizienz, später eine Klappenstenose angegeben findet. Auch Perforationsstellen von Herzklappen können im Laufe der Zeit auf der Basis einer Narbenschrumpfung so klein werden, daß sie funktionell ihre Bedeutung verlieren.

SCHOENMACKERS (1965) konnte zeigen, daß bei der physikalischen Prüfung der Klappen mehrere Gruppen von Insuffizienzen erkennbar sind.

1. Absolute Insuffizienzen. — Holosystolische und holodiastolische Insuffizienz.

2. Früh- oder spätsystolische bei den Segel- bzw. entsprechende diastolische Insuffizienzen bei den Taschenklappen.

3. Früh- und spätsystolische bei den Segel- bzw. entsprechende diastolische Insuffizienzen bei den Taschenklappen.

Diese funktionell unterschiedlichen Formen der Insuffizienz könnten vielleicht die unterschiedliche Verteilung und Intensität der Herzgeräusche während der Systole bei der Segelklappeninsuffizienz und während der Diastole bei der Taschenklappeninsuffizienz erklären.

Im Gegensatz zu den Segelklappen, die breite Verbindungen untereinander haben, berühren sich die Taschenklappen nur im Bereich ihres oberen Ansatzes. Sie stoßen an dieser Stelle praktisch nur aneinander.

An Taschenklappen spielt jede Verdickung eine größere Rolle als an Segelklappen. Verdickte Klappen engen fast immer die Lichtung ein. Der Grad der Stenose wird von der Quantität des Volumenzuwachses sowie vom Verhältnis zwischen Klappenvolumen und Gefäßlichtung bestimmt. Verdickte Klappen führen praktisch nur zu Stenosen.

Nach seröser Endokarditis entstehen wegen der beträchtlichen Volumenzunahme der Klappe nur Stenosen. Sonst führt die Narbenschrumpfung an Taschenklappen zu Stenosen, weil auch die Kommissuren in den endokarditischen Prozeß einbezogen sind. Werden nur die Kommissuren befallen, bekommt die Lichtung der Stenose auf die Dauer die Form eines Dreiecks. Dabei ist es nicht immer so, daß die Spitzen des Dreiecks auf die Kommissuren zeigen.

Bei jenen Endokarditisformen, die mit einer Zerstörung von Klappenmaterial einhergehen, hängen Grad und Form des Klappenfehlers von der Menge des zerstörten Klappenmaterials ab. Manchmal bleibt der Rand einer Klappe stehen, während die Klappenmembran zerstört wird und perforiert. Es entsteht dann eine Insuffizienz, für die nur der Verlust der Klappenmembran verantwortlich ist. Fälle mit schwerer Insuffizienz beruhen meist auf der partiellen oder vollständigen Zerstörung aller Taschenklappen, die bis auf ihre Ansatzstelle schwinden können.

Für die formale Genese von Klappenstenosen spielt also bei den Segelklappen die Schrumpfung, an den Taschenklappen die Volumenvermehrung, gemeinsam mit der Schrumpfung die Hauptrolle. Die morphologische Form der Stenosen ist, abgesehen vom Grade der Verkalkung, für die Hämodynamik nicht so wichtig wie die Größe der Restlichtung.

ε) Rezidive der Endokarditis

Fast jeder Klappenfehler entsteht, wie wir gesehen haben, auf dem Boden einer Endokarditis. Obwohl die primäre Endokarditis vollständig ausgeheilt und vernarbt sein kann, besteht immer die Gefahr eines Rezidivs, das nach kürzerem oder längerem freien Intervall auftreten und wieder unter Zurücklassung neuer Narben abheilen kann.

Man muß also bei jedem Klappenfehler mit dem Rezidiv einer Endokarditis rechnen, ohne daß man einen zeitlich definierbaren Rhythmus von Endokarditis bzw. freiem Intervall angeben könnte. Viele Fälle mit Klappenfehlern bleiben das ganze Leben lang rezidivfrei. Nur die sog. fibröse Endokarditis scheint fast immer einen schleichend-progredienten Verlauf zu haben. Die Entwicklungsgeschwindigkeit kann von Zeit zu Zeit wechseln.

Es ist nicht notwendig, daß das Rezidiv einer Endokarditis der primären Endokarditisform entspricht. Es kann sich später nach einer serösen Endokarditis eine fibrinöse oder polypöse entwickeln.

Klinisch kann jedes Rezidiv unter dem gleichen Krankheitsbilde, aber auch mit ganz anderen Symptomen ablaufen wie die primäre Endokarditis. Manchmal führt erst der zweite Schub der Endokarditis zum Klappenfehler, während vom ersten nur unbedeutende Narben übriggeblieben sind.

ζ) Lebensalter und Klappenfehler

Auf die Bedeutung des Lebensalters für Art und Schwere eines Klappenfehlers müssen wir noch einmal kurz eingehen.

Wenn sich intrauterin oder im Verlaufe des Körperwachstums ein Klappenfehler bildet, kann die Endokarditis und ihre Narbe, besonders nach seröser Endokarditis, über die Klappen hinaus auf deren Basis übergreifen. Die Narben, die nun nicht nur die Klappen selbst einnehmen, sondern sich auf die Klappenbasis fortsetzen, können das Wachstum des Klappenringes hemmen oder sogar ganz verhindern. Die narbenbedingte Wachstumshemmung ist dann wohl der Hauptgrund dafür, daß sich intrauterin und während des Wachstums, von Ausnahmefällen abgesehen, nur Stenosen bilden. Selbst wenn zu Anfang eine Insuffizienz vorhanden gewesen sein sollte, wird sie dadurch, daß das Herzwachstum die Vergrößerung des Klappenostiums „überholt", zur Stenose. Bei Herzen von Erwachsenen ist das anders. Wenn bei ihnen die Endokarditis oder ihre Narben über die Klappe hinausgreifen, hat das auf die Funktion der Klappenbasis praktisch keinen Einfluß.

η) Komplikationen der Endokarditis

Wir können an dieser Stelle von der Frage der primären oder sekundären Endokarditis absehen. Endokarditische Auflagerungen können, wie Thromben oder Kalkstückchen, aus vernarbten Klappen mit dem Blutstrom verschleppt werden und in den zugehörigen Kreislaufabschnitt gelangen. Parietale Thromben auf symptomlosen Herzmuskelnekrosen oder bei Myokarditis können gelegentlich über Embolien das Bild der Endokarditis imitieren. Die Folgen jeder einzelnen Embolie sind von mehreren Faktoren abhängig. Die Größe des Embolus und ihr Verhältnis zum Gefäßquerschnitt bestimmen, gemeinsam mit der Wertigkeit des verstopften Gefäßes, in das der Embolus gelangt ist, ob es zu einem Infarkt kommt oder nicht. Wenn *sofort* genügend Kollateralen zur Verfügung stehen, bleibt der Infarkt unter Umständen aus. Die zweite wesentliche Frage ist die, ob der endokarditische Embolus Erreger enthält oder nicht.

Emboli können sich ihrerseits durch appositionelle Thromben vergrößern. So kommt es immer wieder vor, daß der Embolus selbst ohne Folgen für das Versorgungsgebiet des verstopften Gefäßes geblieben ist und die nachfolgende appositionelle Thrombose erst zu Durchblutungsstörungen führt. Aber selbst bei einer eindeutigen Endokarditis müssen die Emboli nicht zwangsläufig von den Herzklappen stammen. Wenn im Ablauf einer Endokarditis, besonders wenn sie mit einer Myokarditis kombiniert ist, eine Herzinsuffizienz auftritt, entstehen Thromben in den Herzohren, die in den Kreislauf abgeschwemmt werden können.

Über Myokarditis und Perikarditis werden wir an anderer Stelle berichten.

ϑ) Relative (extravalvuläre) Klappenfehler

Obwohl extravalvuläre Klappenfehler keine endokarditische Genese haben, und z.B. im Gefolge eines Myokardinfarktes auftreten können, müssen wir sie an dieser Stelle abhandeln, da sie in der Differentialdiagnose sowohl ihrer Ätiologie und Pathogenese als auch ihrer funktionellen Rückwirkungen nach von echten Klappenfehlern abgegrenzt werden müssen. Fast alle extravalvulären Klappenfehler zeigen das Bild der Insuffizienz. Sie sind an Taschenklappen wesentlich seltener als an Segelklappen.

An Taschenklappen entstehen sie, gemeinsam mit der Erweiterung der Klappenbasis, beispielsweise bei einer Mesaortitis luica. An Segelklappen sind die Ursachen bei extravalvulärer Insuffizienz mannigfaltig.

Die Klappenbasis kann nach Myokarditis oder Herzmuskelnekrosen gedehnt werden oder aber einfach einer hämodynamischen Belastung nachgeben. Extravalvuläre Insuffizienzen von Mitralis und Trikuspidalis treffen wir besonders häufig im Rahmen der Links- oder Rechtsinsuffizienz.

Besonders schnell können sich extravalvuläre Klappenfehler der Mitralis im Anschluß an Nekrosen ihrer Papillarmuskeln, die auf der Basis der Koronarinsuffizienz entstanden sind, entwickeln. Eine seltene, aber doch immer wieder zu beobachtende Ursache einer plötzlichen Mitralinsuffizienz sind Abrisse von Sehnenfäden nach lokalen Nekrosen der Papillarmuskelspitze. Auch im Verlaufe des Hochdruckleidens treten mit dem Übergang von der konzentrischen zur exzentrischen Hypertrophie immer wieder Störungen der Schlußfähigkeit der Mitralklappe auf.

Damit ist die Liste aller Ursachen extravalvulärer Klappenfehler noch nicht vollständig.

Extravalvuläre Stenosen entstehen nach Kompression großer Gefäße, so in einem Fall, bei dem ein kugelförmiges Aneurysma des Bulbus aortae die Lungenschlagader komprimierte und eine echte Pulmonalstenose vortäuschte. Das klinische Bild einer Klappenstenose kann aber auch durch Thromben und Myxome der Vorhöfe imitiert werden (Abb. 13).

Ganz selten sieht man Thromben in den herznahen Abschnitten von Pulmonalis oder Aorta, die das klinische Bild der Klappenstenose hervorgerufen haben.

Die Pericarditis constructiva ist imstande, das Bild verschiedener Klappenfehler vorzutäuschen. Nach Kompression und Einschnürung des ganzen oder von Teilen des rechten Ventrikels entsteht das Bild der Trikuspidalstenose; nach Kompression und Umschwielung des linken Ventrikels können die Symptome einer Mitralstenose auftreten.

Bei ringförmiger Verkalkung der zirkulären Koronarfurche können „Mitral- und Trikuspidalfehler“ entstehen.

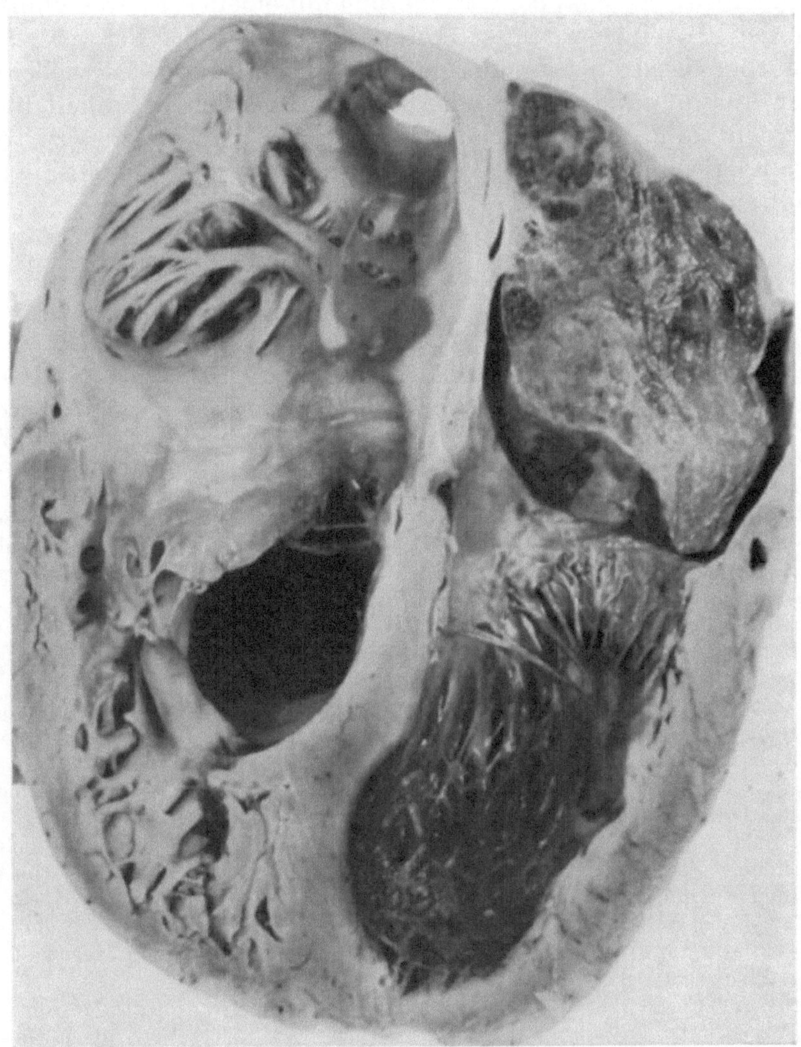

Abb. 13. Vorhofthrombus links mit dem Effekt einer „Mitralstenose"

Herzklappenfehler haben gelegentlich Muskelveränderungen zur Grundlage, die man zu den diffusen Rhabdomyomen des Herzmuskels zählen muß. Bei Verdickung des Kammerseptums kann dann ein „Pulmonalklappenfehler" (Bernheim-Syndrom) entstehen.

Nicht so selten sieht man nach Aneurysmen in Infarkten des Septums kugelförmige Vorwölbungen des unteren und mittleren Septums in die rechte Herzkammer. Diese inneren infarktbedingten Aneurysmen der linken Kammer vermindern das Volumen und verändern die Form der Ein- und Ausflußbahn des rechten Ventrikels. Sie können zu einer Einflußstörung in den rechten Ventrikel führen, die sich funktionell als Trikuspidalfehler auswirken kann. Bei diesen Pseudofehlern kann es zu einer so schweren Stauung im venösen Schenkel des großen Kreislaufs kommen, wie man sie sonst nur bei schweren Trikuspidalfehlern sieht. Die Lunge bleibt völlig unbeteiligt.

c) Endokarditis und klinisches Bild

Wenn man klinische und autoptische Befunde miteinander vergleicht, läßt sich gerade bei der Endokarditis sehr häufig eine Diskrepanz zwischen morphologischem und klinischem Befund feststellen. In der ersten Gruppe ist eine morphologisch leichte und wenig umfangreiche endokarditische Klappenveränderung mit einem schweren klinischen Krankheitsbilde verbunden. In einer weiteren Gruppe entspricht die Schwere des klinischen Bildes der der morphologischen Veränderung. Die dritte Gruppe ist vielleicht die wichtigste, weil weder Anamnese noch klinischer Befund irgendeinen Anhalt für eine Endokarditis, selbst wenn sie morphologisch äußerst schwer ist, bieten. Oft weist erst die Entstehung eines Klappenfehlers oder lenken die ersten Symptome eines Klappenfehlers den Gedanken auf eine Endokarditis.

Literatur

Angeborene Herzfehler: Verh. Dtsch. Ges. Kreislaufforsch., S. 23—177, Darmstadt 1957

BÄCKER, F., HEINRICH, H.: Zur Bang-Endocarditis. Münch. med. Wschr. **101**, 2264 (1959)

BARTHEL, H.: Mißbildungen des menschlichen Herzens. Stuttgart 1960

BEISCH, K.: Über die Bedeutung der fibrinösen Gewebsentzündung für die Entstehung endocarditischer Exkreszenzen. Verh. dtsch. Ges. Path. **1951**, 247

BODEN, E., LOOGEN, F.: Zur Therapie der Endocarditis lenta. Dtsch. med. Wschr. **1950**, 422

BÖHMIG, R.: Untersuchungen über seröse Endocarditis. Verh. dtsch. Ges. Path. **1951**, 244

BÖHMIG, R., KLEIN, P.: Pathologie und Bakteriologie der Endokarditis. Berlin-Göttingen-Heidelberg: Springer 1953

BÜCHNER, F.: Allgemeine Pathologie. München u. Berlin: Urban & Schwarzenberg 1955

DOERR, W.: Mißbildungen des Herzens und der großen Gefäße. In: KAUFMANN/STAEMMLER, Lehrbuch der speziellen pathologischen Anatomie, Bd. 1. Berlin: W. de Gruyter & Co. 1955

DOERR, W., GROSSE-BROCKHOFF, F., LOOGEN, F.: Angeborene Herz- und Gefäßmißbildungen — Durchblutungsstörungen des Herzmuskels. In: Handbuch der inneren Medizin, Teil 3, Bd. 9. Berlin-Göttingen-Heidelberg: Springer 1960

EDWARDS, J. E.: An atlas of acquired diseases of the heart and great vessels. London: W. B. Saunders Co. 1961

FAIVRE, G., RAUBER, G., LAMY, P., LARCAN, A.: Sarcoidose de Besnier-Boeck-Schaumann avec endocardite mitro-aortique. Étude anatomo-clinique. Arch. Mal. Cœur **49**, 1147 (1956)

FRIEDBERG, CH. K.: Erkrankungen des Herzens. Stuttgart: Thieme 1959

GABELE, A.: Endocarditis lenta mit sekundärem Herztod. Z. Kreisl.-Forsch. **39**, 18 (1950)

GERMER, W. D.: Endocarditis lenta. Ergebn. inn. Med. Kinderheilk., N.F. **2**, 296 (1951)

GOULD, S. E.: Pathology of the heart. Springfield (Ill.): Ch. C. Thomas 1953

HARTLEB, O., NÖCKER, J.: Das Krankheitsbild der Endocarditis lenta. Dtsch. Gesundh.-Wes. **14**, 1365 (1959)

Die Herzfehler: Nauheimer Fortbildungslehrgänge, Bd. 22. Darmstadt 1957

HEUER, J.: Vergleichende Untersuchungen über Häufigkeit, Art, Ausgänge und Komplikationen der Endokarditis in der Vor- und Nachkriegszeit nach Sektionsergebnissen. Neue med. Welt **1950**, 50

HOLZMANN, M., GROSSE-BROCKHOFF, F., KAISER, K., SCHÖLMERICH, P., LOOGEN, F., SCHAEDE, A.: Rhythmus- und Leitungsstörungen — Traumatische Herzschädigungen — Erkrankungen des Endokard, Myokard, Perikard — Spezielle Kardiologische Untersuchungsmethoden — Erworbene Herzklappenfehler. In: Handbuch der inneren Medizin, Bd. 9, Teil 2. Berlin-Göttingen-Heidelberg: Springer 1960

JANSEN, H. H.: Herzdurchschuß und Endocarditis lenta. Beitr. path. Anat. **119** (1958)

KIRCHSTEIN, R.L., SIDRANSKY, H.: Mycotic endocarditis of the tricuspid valve due to Aspergillus flavus. Arch. Path. **62**, 103 (1956)

KLINGE, F.: Das Gewebsbild des fieberhaften Rheumatismus. Virchows Arch. path. Anat. **279**, 1, 16 (1931)

LANGE, J., MUNDT, F.: Die Endokarditis des kongenital unausgebildeten Herzens. Z. Kreisl.-Forsch. **44**, 441 (1954)

LANGER, E.: Beitrag zur Endocarditis parietalis fibroblastica (Löffler). Verh. dtsch. Ges. Kreisl.-Forsch. **20**, 242 (1954)

LANGER, E.: Morphologische Befunde bei zwei Fällen von malignem Carcinoid. Zbl. allg. Path. path. Anat. **98**, 217 (1958)

LETTERER, E.: Die Allgemeingesetzlichkeit der chronischen Infektionskrankheit am Beispiel der Tuberkulose. Medizinische **1953**, 1

LETTERER, E.: Allgemeine Pathologie. Stuttgart: Georg Thieme 1959

LIBMAN, E.: Charakterization of various forms of endocarditis. J. amer. med. Ass. **80**, 813 (1923)

LIEBEGOTT, G.: Herzgeschwulst und plötzlicher Tod. Zbl. allg. Path. path. Anat. **100**, 280 (1959)

LOOGEN, F.: Diagnostik der angeborenen Pulmonalstenose. Thoraxchirurgie **7**, 212 (1950)

LOOGEN, F., SCHAUB, W.: Zur Klinik und Hämodynamik der Tricuspidalstenose. Dtsch. med. Wschr. **84**, 409 (1959)

LOSH, J.: Carcinoid heart disease. Brit. Heart J. **21**, 369 (1959)

MEESSEN, H.: Pathologische Anatomie des M. caeruleus. Langenbecks Arch. klin. Chir. **279**, 474 (1954)

MEESSEN, H.: Zur Pathogenese, Progredienz und Adaptation der angeborenen Herz- und Gefäßfehler. Verh. dtsch. Ges. Kreisl.-Forsch. **23**, 188 (1957)

MEESSEN, H.: Die Morphologie der Pulmonalstenose. Thoraxchirurgie **7**, 290 (1959)

MEESSEN, H., SCHOENMACKERS, J.: Beitrag zur pathologischen Anatomie der Fallotschen Tetralogie. Minerva cardioangiol. europ. **9**, 15 (1961)

RUSTED, I. E., SCHEIFLEY, CH. H., EDWARDS, J. E.: Studies of the mitral valve. I. Anatomic features of the normal mitral valve and associated structures. Circulation **6**, 825 (1952)

SAPHIR, O.: Das Herz. Angeborene Herzleiden. Das Gefäßsystem. Das Atmungssystem. Das Mediastinum. Das Harnsystem. Das weibliche Geschlechtsorgan. Hermaphroditismus und Pseudohermaphroditismus. Das männliche Genitalsystem. Das blutbildende System. Stuttgart: Georg Thieme 1961

SCHAUB, F.: Zur Prognose der subakuten bakteriellen Endokarditis. Dtsch. med. Wschr. **85**, 769 (1960)

SCHOENMACKERS, J.: Über Herzklappenfehler bei angeborenen Herz- und Gefäßfehlern. Z. Kreisl.-Forsch. **47**, 107 (1958)

SCHOENMACKERS, J.: Zur Stenose und Hypoplasie des Pulmonalostiums. Minerva cardioangiol. europ. **7**, 80 (1959)

SCHOENMACKERS, J.: Pathologische Anatomie des insuffizienten Herzklappenapparates. Verh. dtsch. Ges. Kreisl.-Forsch., Tagg 1965. Darmstadt: Steinkopff (im Druck).

SCHOENMACKERS, J., ADEBAHR, G.: Die Morphologie der Herzklappen bei angeborenen Herz- und Gefäßfehlern und die Bedeutung einer serösen Endokarditis für Form und Entstehung spezieller Herz- und Gefäßfehler. Arch. Kreisl.-Forsch. **23**, 193 (1955)

SPANG, K., GABELE, A.: Die Nachkriegsendokarditis und ihre Begutachtung. Dtsch. med. Wschr. **74**, 1453 (1949)

SPANG, K., GABELE, A.: Über die Nachkriegsendokarditis, eine Sonderform der Endocarditis lenta. Arch. Kreisl.-Forsch. **16**, 52 (1950)

SPANG, K., MEIER, U.: Erfahrungen und Ergebnisse bei der Behandlung bei Endocarditis lenta. Dtsch. Arch. klin. Med. **198**, 728 (1951)

STAEMMLER, M.: Die Kreislauforgane. In: KAUFMANN-STAEMMLER, Lehrbuch für spezielle pathologische Anatomie, Bd. 1. Berlin: de Gruyter 1955

ZANCHI, M., STIVAL, L.: Étude statistique de l'étiologie des endocardites valvulaires. Acta cardiol. (Brux.) **7**, 524 (1952)

II. Spezielle Morphologie der erworbenen Herzklappenfehler

Von

J. Schoenmackers

Mit 10 Abbildungen

a) Funktioneller Umbau des Herzens nach Herzklappenfehlern

Klappenfehler des Herzens wirken sich auf die Hämodynamik aus. Die Adaptation der Herzform, die eine Resultante aus der Lichtungs- und Wandform sowie Wanddicke ist, an veränderte hämodynamische Bedingungen des Herzklappenfehlers ist ein dynamisches und kein statisches Problem. Erst wenn sich der Klappenfehler nicht mehr ändert und die höhere Beanspruchung einer oder mehrerer Herzhöhlen – oft mit Einschluß des kleinen Kreislaufs – konstant bleibt, kann die Herzform über längere Zeit unverändert bleiben (Schoenmackers, 1949, 1955, 1958; Linzbach, 1947, 1950).

Wenn aber Rezidive einer Endokarditis (s. Bd. X) auftreten oder sich im Lauf der Zeit eine funktionell wirksame Koronarsklerose entwickelt, kann sich die Herzform erneut ändern.

Der funktionelle Umbau verläuft nach allgemeinpathologischen Gesetzen. Dennoch ist er von Fehler zu Fehler verschieden, schon deshalb, weil die Wand des vorgeschalteten Herz-Gefäßabschnitts von unterschiedlicher anatomischer Zusammensetzung und Struktur ist und entsprechend seines normal-anatomischen Aufbaus verschieden reagiert. Wenn man alle diese Faktoren berücksichtigt, kann man aus der pathologischen Herzform, dem Ergebnis des funktionellen Umbaus, auf die Art des Herzklappenfehlers, manchmal auch auf seine Schwere schließen.

Im Rahmen des funktionellen Umbaus ist es wichtig, zwischen Erweiterung der Herzhöhle mit und ohne Hypertrophie der Herzwand zu unterscheiden. Das gilt auch für die Gefäße. Die Hypertrophie hat deshalb eine große Bedeutung, weil sich mit ihr Herzform, Funktion und Leistungsfähigkeit einer Höhlenwand ändern. Eine schwere Hypertrophie einer Kammerwand kann nicht ohne Einfluß auf Größe und Geschwindigkeit der Amplitude bleiben. Es wird im Röntgenbild immer schwer bleiben zu differenzieren, in welchem Grad Hypertrophie der Wand oder Erweiterung der Höhle zur Vergrößerung einer Kammer oder eines Vorhofs beigetragen haben. Selbst bei der äußeren Betrachtung eines Herzens läßt sich der jeweilige Anteil von Hypertrophie und Erweiterung an der Vergrößerung einer Herzhöhle nicht immer sicher festlegen.

Jeder Klappenfehler hat seine individuelle Wirkungsgröße, seinen Wirkungsort, Richtung und Wirkungsfeld. Der anatomische Aufbau des Wirkungsfeldes ist für Verlauf und Prognose von besonderer Bedeutung, weil – je nach der Topographie des Fehlers – Herzkammern, Vorhöfe, Arterien und Venen, aber auch Organparenchym im Wirkungsfeld liegen können. Die Wirkungszeit eines Fehlers steht manchmal im Mittelpunkt des klinischen Bildes, weil die Entwicklungsgeschwindigkeit eines Klappenfehlers oder des Rezidivs einer Endokarditis die Wirkungsgröße des Fehlers entscheidend beeinflussen kann. Trotz langer Wirkungszeit kann zwar die Adaptation des Myokards an den Fehler optimal bleiben, wenn sich aber mit zunehmendem Lebensalter eine Koronarsklerose einstellt, wird von dieser Seite aus die Kompensation des Fehlers fraglich.

Zunahme der Wirkungsgröße und Verlängerung der Wirkungszeit eines Klappenfehlers vergrößern meist auch sein Wirkungsfeld, so daß auf die Dauer nicht nur das „Ufer“ der

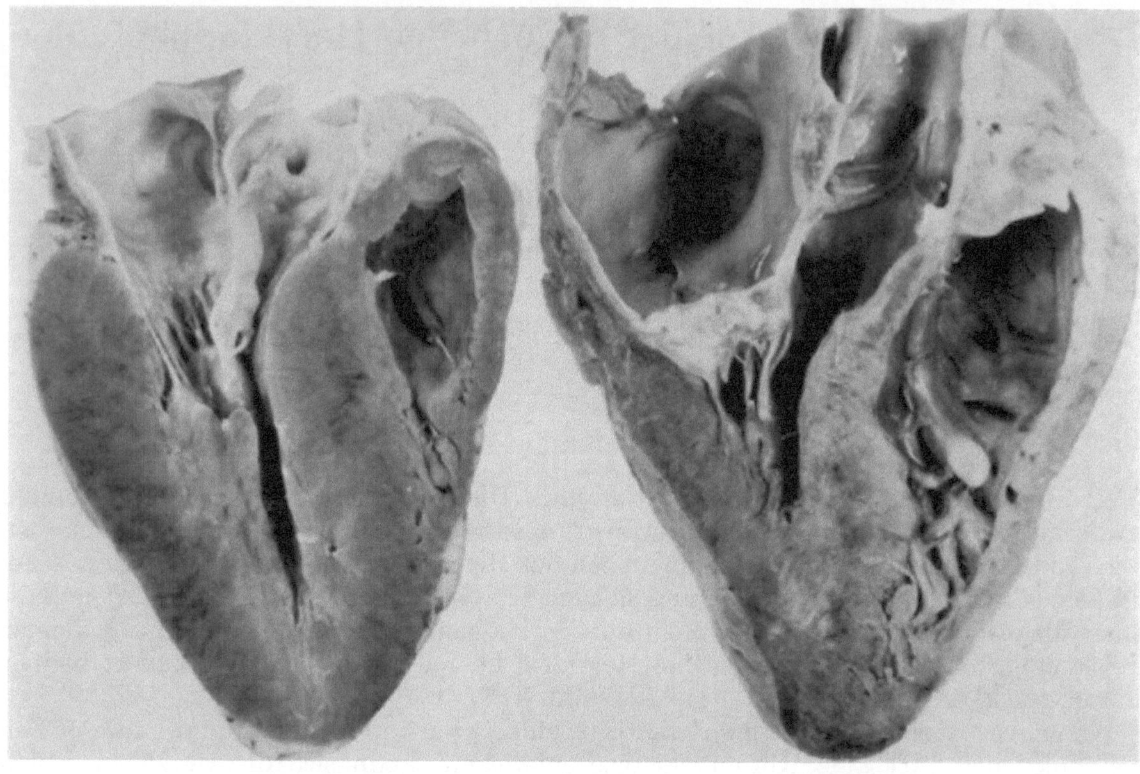

Abb. 1. (a) Querschnitt durch Mitral- und Aortenklappen, linkem und rechtem Ventrikel eines normalen Herzens. (b) Formveränderungen eines Herzens mit verkalkter Mitralstenose: Erweiterung und Hypertrophie des linken Vorhofs, tiefergetretene Mitralklappe, röhrenförmige linke Ausflußbahn mit Verdünnung des oberen Anteils vom Ventrikelseptum. Hypertrophie und fixierte Dilatation des rechten Ventrikels

Strombahn, sondern auch das Parenchym der Nachbarschaft in Mitleidenschaft gezogen wird. Das ist besonders am kleinen Kreislauf und an der Leber zu beobachten.

Hinter der Wirkungszeit eines Klappenfehlers verbergen sich also mehrere Zeitfaktoren: Lebensalter des Patienten, Dauer des Befalls, Geschwindigkeit der Progression.

Wenn man die Folgen eines Klappenfehlers betrachtet, so sind sie das Resultat aller dieser Faktoren, die in verschiedenem Grad neben- und nacheinander wirksam werden können. Oft ist ein Faktor vorherrschend und bleibt es im ganzen Ablauf des Klappenfehlers. Der Wirkungsmechanismus eines Klappenfehlers ist aber in jedem Fall aus vielen Faktoren zusammengesetzt. Einzelne Faktoren und ihre Wirkung lassen sich oft auch pathologisch-anatomisch nicht sicher isolieren oder analysieren.

In der folgenden Erörterung des funktionellen Umbaus werden Stenose und Insuffizienz getrennt besprochen.

Die Wirkungsgröße einer *Klappenstenose* (Abb. 1) ist von der Weite der Restlichtung, aber auch von der funktionellen Beschaffenheit der vernarbten Klappe abhängig. Ihr Wirkungsort versteht sich aus der Lokalisation des Fehlers. Stenosen wirken hauptsächlich stromaufwärts durch Erhöhung des Blutdrucks und Vergrößerung des Blutvolumens. Poststenotisch kann eine Verminderung des Blutdrucks und eine Verringerung der strömenden Blutmenge vorhanden sein. Ob es poststenotisch zu morphologischen Veränderungen kommt, hängt vom Lebensalter, in dem der Klappenfehler erworben wird, ab (SCHOENMACKERS, Hdb. Radiol. – Angeb. Herzfehler; SCHOENMACKERS, 1958).

Morphologisch stehen Stromaufwärts-Hypertrophien mit oder ohne Erweiterung der Herzhöhlen sowie der Gefäße im Vordergrund. Die Erweiterung, sofern sie vorhanden ist, entspricht aber nicht der einfachen Dilatation, weil gleichzeitig die Herzwand hypertrophiert. Es handelt sich vielmehr um eine Vergrößerung des Fassungsvermögens, die man als Adaptation an die vergrößerte Blutmenge deuten muß, während die Hypertrophie eine Anpassung an die erhöhte Belastung darstellt.

Wenn Kapillargebiete in das Wirkungsfeld eines Fehlers fallen, wird die Kapillarwand im allgemeinen dicker, und es kommt zu Veränderungen des Organparenchyms. Das Wirkungsfeld kann aber das Kapillargebiet selbst überschreiten, wie wir es von der Rechtshypertrophie nach Mitralstenosen kennen, so daß auch jenseits des Kapillargebiets der Lungen der funktionelle Umbau weitergehen kann (GOULD, 1953; STAEMMLER, 1955; LETTERER, 1959; FRIEDBERG, 1959; SAPHIR, 1958, 1961; EDWARDS, 1961).

Auf die Progredienz eines Klappenfehlers folgt so lange eine morphologische Adaptation, wie die Gefäßversorgung des betroffenen Herzabschnitts ausreichend, z.B. nicht durch Koronarsklerose eingeschränkt oder der obere Grenzwert einer Herzmuskelhypertrophie noch nicht überschritten ist.

Die Wirkungsgröße einer *Klappeninsuffizienz* versteht sich ebenfalls aus der Schwere und dem Grad der Schlußunfähigkeit einer Herzklappe.

Die Wirkungsrichtung einer Insuffizienz (Abb. 6, 9) unterscheidet sich von der Stenose im wesentlichen dadurch, daß sie stromauf- *und* stromabwärts zum funktionellen Umbau führt. Jede Klappeninsuffizienz genügenden Grades geht mit Pendelblut einher, das, in der Systole ausgeworfen, in der Diastole wieder zurückfließt. Schon das Pendelblut allein belastet das Herz und kann zur Hypertrophie der betroffenen Herzabschnitte führen. Wenn ausreichend Blut zur Verfügung stehen soll, muß bei jeder Herzaktion mehr Blut verlagert werden, als in der Peripherie benötigt wird. Diese Mehrarbeit lastet auf der Wand der Herz- und Gefäßräume proximal und distal der Klappeninsuffizienz, so daß die beiden Abschnitte der Blutbahn hypertrophieren müssen. Diese Herzhöhlen und auch die entsprechenden Gefäße müssen gleichzeitig ein größeres Fassungsvermögen als normale Herzen haben, um das Pendelblut unterzubringen. Es folgt also einer Insuffizienz fast zwangsläufig eine Vergrößerung der Hohlräume (fixierte Dilatation!).

Bei kombinierten Herzklappenfehlern entsprechen Ort, Richtung und Feld ihrer Rückwirkung der Kombination von Stenose und Insuffizienz. Je nachdem, welche Eigenschaft des Fehlers überwiegt, werden die Veränderungen stromauf- oder stromabwärts im Vordergrund oder gleichwertig nebeneinander stehen (SCHOENMACKERS u. a., 1969; RICHTER, 1975).

Heute spielt der funktionelle Umbau des Herzens nach operativer Korrektur von Stenosen, Verschluß von Scheidewanddefekten des Herzens eine besondere Rolle. Theoretisch kann nach einem erfolgreichen operativen Eingriff die Herzform zur Norm zurückkehren. Dabei darf man aber nicht vergessen, daß sich der Fehler weiterhin unter einer normalen Herzform verbergen kann.

Die Rückkehr zur normalen Herzform und -größe ist nach unseren bisherigen Erfahrungen praktisch nur möglich, wenn die operative Korrektur während des Wachstums vorgenommen wird. An wachsenden Herzen kann nämlich ein vor der Operation hypertrophierter und erweiterter Herz- und Gefäßabschnitt im Wachstum „so lange stehen bleiben", bis die übrigen Herzhöhlen eine adäquate Größe erreicht haben. Erst dann wächst diese Höhle mit dem ganzen Herzen weiter.

Die Herzgröße und Herzform werden bei äußerer morphologischer Betrachtung wie auch im Nativröntgenbild keine verbindliche Auskunft darüber geben können, welchen Anteil am Herzschatten Herzwand und Herzhöhle haben. So können manchmal Herzen mit dünner Wand und großer Höhle äußerlich genau so aussehen und auch genau so groß sein wie ein Herz mit kleinem Lumen, aber stark verdickter Wand. Das ist besonders deshalb so wichtig, weil Teile der Herzhöhle durch parietale Thromben oder beispielsweise durch eine parietale Endokarditis Löffler (LANGER, 1954) verzehrt sein können.

Die sog. relativen oder wohl besser *extravalvulären Klappenfehler* sind fast ausschließlich *Insuffizienzen*. Der funktionelle Umbau, der durch extravalvuläre Klappenfehler hervorgerufen wird, entspricht praktisch dem bei der echten Klappeninsuffizienz, nur ist im allgemeinen der Grad des funktionellen Umbaus geringer als nach echten Klappenfehlern (SCHOENMACKERS, ADLER u. REUL, 1968; SCHOENMACKERS u. REUL, 1971).

Auch für *extravalvuläre Stenosen*, beispielsweise durch Gefäßkompression oder durch Verlegung einer ganzen Herzhöhle durch Thromben oder durch Myxome (COULTER, 1950; SOULIÉ, 1961), muß mit dem gleichen funktionellen Umbau wie bei echten Klappenfehlern gerechnet werden. Manchmal kann allerdings die Stenose im Bereich einer Klappe völlig fehlen. Auch hier ist die funktionelle Rückwirkung von der Lokalisation des extravalvulären Fehlers abhängig.

Aufgrund dieser Überlegungen dürfen wir für die meisten echten und extravalvulären Klappenfehler eine Richtform für das Herz angeben, die so lange erhalten bleibt, als ein Gleichgewicht zwischen Fehler und morphologischer Adaptation besteht. Dennoch können durch die gleichen Fehler verschiedene Herzformen hervorgerufen werden.

Die Herzform wird aber nicht allein durch den Klappenfehler bestimmt, der klinisch das Bild beherrscht. Es gibt noch eine Reihe anderer Möglichkeiten, die zu einer sekundären Formveränderung des Herzens führen können. Da sich dem primären und wesentlichen Klappenfehler andere echte oder extravalvuläre Fehler anderer Klappen zugesellen können, kann die Herzform nach dem funktionellen Umbau durch den primären Klappenfehler infolge eines zweiten Fehlers, der direkt oder indirekt vom Primärfehler abhängig sein kann, wesentlich umgestaltet werden. Bei einer Aortenklappenstenose ist beispielsweise, solange eine konzentrische Hypertrophie des linken Ventrikels besteht, der linke Vorhof im allgemeinen nicht oder kaum vergrößert. Wenn aber nach Dilatation des linken Ventrikels eine extravalvuläre Mitralinsuffizienz entsteht, wird der linke Vorhof größer und es kann sogar eine Rechtshypertrophie wie bei Mitralfehlern entstehen.

Unter dem Einfluß einer begleitenden *Myokarditis*, die länger bestehen kann als die Endokarditis, können die Herzhöhlen weiter werden. Die Myokarditis muß nicht schon während des ersten endokarditischen Schubes, der zum Klappenfehler geführt hat, so schwer sein, daß eine Dilatation des Herzens auftritt. Sie wird oft erst während eines endokarditischen Rezidivs so schwer, daß eine Höhlendilatation folgt.

Wenn Herzklappen in das Wirkungsfeld eines Klappenfehlers fallen, besonders wenn es sich um Stenosen handelt, kann sich ihr Basisring, gemeinsam mit der Herzhöhle und den Herzhöhlen, erweitern. Die Klappe wird insuffizient. Solche extravalvulären Klappenfehler greifen von sich aus wieder in den funktionellen Umbau ein und können Herzformen hervorrufen, die für den Primärfehler uncharakteristisch sind.

Es ist nun aber nicht so, daß nur der Klappenfehler selbst einen Einfluß auf sein Wirkungsfeld hat. Umgekehrt kann das Wirkungsfeld von sich aus zu funktionellen Veränderungen und zum funktionellen Umbau vorgeschalteter Herzklappen und Herzhöhlen führen.

Wir haben oben schon auseinandergesetzt, daß nicht nur Organe und deren Gefäße in das Wirkungsfeld eines Fehlers fallen, sondern daß auch Gefäßveränderungen, die vom Klappenfehler abhängig sind, so schwer werden können, daß sie von sich aus in den funktionellen Umbau des Herzens eingreifen. Dafür ein Beispiel:

Jede Mitralstenose ist mit einer Rechtshypertrophie des Herzens verbunden. Wenn die vom Mitralfehler abhängige Pulmonalarteriensklerose aus anderen Gründen schwerer wird, als es dem Grad des Mitralfehlers entspricht, oder sich sogar ein Bild entwickelt, das der Arteriitis pulmonalis nahe steht, so nimmt die Rechtshypertrophie wesentlich zu, ohne daß der Mitralfehler sich ändert. Die Herzform kann unter diesen Bedingungen sogar in einem Maß von der Rechtshypertrophie beherrscht werden, daß man ohne Kenntnis der Vorgeschichte und des klinischen Bildes von seiten der Herzform allein keinen verbindlichen Schluß auf einen Mitralfehler ziehen kann. Das gilt besonders für Fälle, bei denen sich noch eine Trikuspidalinsuffizienz entwickelt.

Es gibt aber nicht nur direkte und indirekte Folgen von Klappenfehlern, die zur Umformung des Herzens führen können.

Herzklappenfehler schließen das Auftreten eines *Hochdrucks* nicht aus. Die Kombination von Hochdruck und Mitralstenose scheint verhältnismäßig häufig zu sein. Wenn auf die Herzform bei Mitralstenose der funktionelle Umbau durch den Hochdruck trifft, so verliert die Herzform oft ein typisches Merkmal der Mitralstenose: die relative Verkleinerung des linken Ventrikels. Auch die Betonung des rechten Ventrikels tritt dann gegenüber der Hypertrophie des linken Ventrikels etwas zurück. Wir haben manchmal Herzformen gesehen, die äußerlich auf einen Klappenfehler unverdächtig waren oder aber bei Mitralstenose der Herzform glichen, wie sie sich nach Hochdruck und extravalvulärer Mitralinsuffizienz entwickelt.

Unter vielen Fällen, bei denen der Herzfehler bei älteren Leuten vorhanden oder aufgetreten ist, sind Fälle zu beachten, bei denen die *Koronarsklerose* (SCHOENMACKERS, Hdb. Radiol.) und die durch sie hervorgerufene Koronarinsuffizienz Einfluß auf die Herzform gewinnt. Wenn wir in diesem Zusammenhang von Herzmuskelinfarkten und Papillarmuskelnekrosen, die zu schwerer extravalvulärer Mitralinsuffizienz und zur Herzinsuffizienz führen können, absehen, spielt die relative und absolute Koronarinsuffizienz – besonders bei Herzfehlern mit schwerer Hypertrophie – eine entscheidende Rolle (Abb. 4a).

Die Koronararterien und ihre Ostien wachsen nämlich nur bis zu einem Herzgewicht von 500 g, so daß oberhalb dieses Herzgewichts, das fast jeder Aortenklappenfehler erreicht oder überschreitet, auch ohne Koronarsklerose, die Gefahr einer Koronarinsuffizienz besteht. Sie muß nicht sofort zu einer Herzinsuffizienz führen, kann aber über den schleichenden Untergang von Herzmuskelfasern im Lauf der Zeit eine Herzinsuffizienz nach sich ziehen. Das ändert natürlich die Herzform (SCHOENMACKERS, Koronarsklerose, Hdb. Radiol.).

Die Herzform ist also, wenn man diese Einflüsse auf die Herzform berücksichtigt, nicht immer nur das Ergebnis des funktionellen Umbaus durch den Klappenfehler allein, sondern kann aus zahlreichen anderen Gründen, von denen nur die wichtigsten angeführt wurden, Veränderungen erfahren, die eine spezielle Diagnose eines Klappenfehlers aufgrund der Herzform erschweren, manchmal sogar unmöglich machen.

b) Die speziellen Herzklappenfehler

α) Mitralfehler

Die häufigsten Klappenfehler sind *Mitralstenosen*. Über die Veränderungen an den Klappen und ihre verschiedenen Formen haben wir schon berichtet (Abb. 1, 3a u. b, 4a u. b, 5 u. 7) (ASCENZI u. MORGENTI, 1956; HOLZMAN, GROSSE-BROCKHOFF, KAISER, SCHÖLMERICH, LOOGEN u. SCHAEDE, 1960).

Die Mitralstenose – fast immer verbunden mit einer leichten Insuffizienz – führt zur Hypertrophie und Erweiterung des linken Vorhofs mit seinem Herzohr. Hypertrophie und Erweiterung können sich unabhängig voneinander und sogar vom Grade der Stenose völlig unterschiedlich entwickeln. Das hängt nicht nur mit der Stenose und der Beanspruchung der Vorhofwand, sondern auch mit sekundären entzündlichen Veränderungen der Vorhofwand zusammen. Sicherlich vergrößert sich im allgemeinen das linke Herzohr. Die Größe des Herzohrs ist aber kein verläßliches Maß für die Weite des Vorhofs, da es thrombosiert oder nach Thrombose vernarbt sein kann. Es kann auf die Dauer sogar kleiner als ein normales Herzohr sein (MCKEOWN, 1953).

Während die Hypertrophie des linken Vorhofs die Entleerung dieser Herzhöhle entscheidend fördern kann, werden bei der Erweiterung zwei Befunde nebeneinander angetroffen. Der Vorhof ist ganz mit Muskulatur umkleidet, die auch als funktionsfähig angesehen werden darf. Das gilt aber meist nur bis zu einem Fassungsvermögen von etwa 500 ccm. Wird dieses Fassungsvermögen überschritten, so wird die Vorhofwand dünn und besteht an einzelnen Stellen nur noch aus den unmittelbar aufeinander liegenden Blättern von Epi- und Endokard. Die Muskulatur findet man dann in Form schmälerer und breiterer Streifen, deren Zusammenhang untereinander verlorengegangen sein kann. Man darf diese Vorhofwand als praktisch funktionslos betrachten. Sehr häufig ist aber auch das

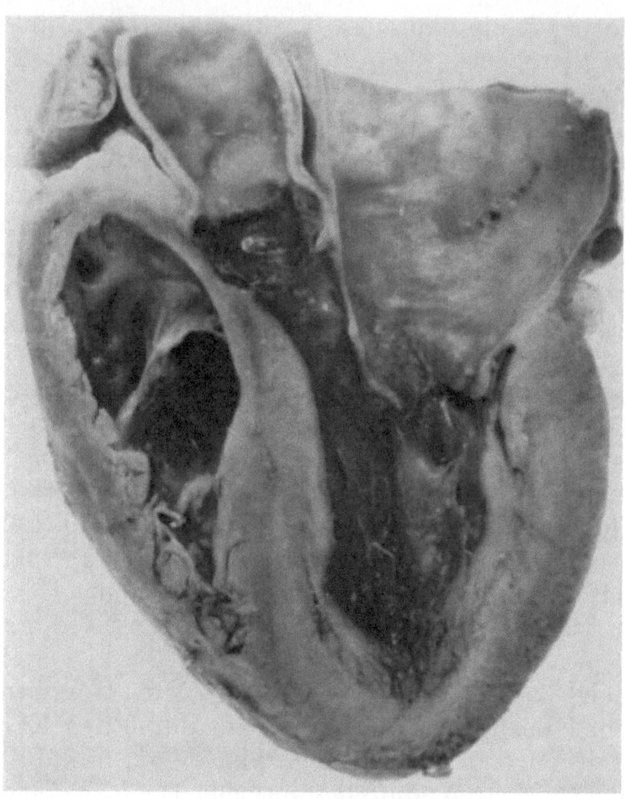

Abb. 2. Mitralinsuffizienz. Ausweitung des linken Ventrikels, geringere Erweiterung der linken Ausflußbahn durch Abflachung des oberen Septumanteils, Dilatation des linken Vorhofs, Hypertrophie des rechten Ventrikels und des rechten Vorhofs (nach sekundärer Trikuspidalinsuffizienz)

Endokard des Vorhofs stark verdickt und fast schwielig, so daß auch aus diesem Grund die Funktion des Vorhofs eingeschränkt oder aufgehoben sein kann.

Die Rückwirkungen einer Mitralstenose müßten normalerweise zur Erweiterung von Lungenvenen führen. Diese bleibt jedoch in einem größeren Prozentsatz von Mitralstenosen aus. Das liegt unserer Meinung nach daran, daß das Blut, das sich vor der Mitralstenose staut und deshalb vom linken Ventrikel nicht abgenommen wird, über Bronchialvenen zu den venösen Schenkeln des großen Kreislaufs geleitet werden kann (SCHOENMACKERS, 1960).

Häufige Komplikation der Mitralstenose sind parietale Thromben im linken Herzohr und auf der Vorhofwand.

Fast jede Mitralstenose zieht auf die Dauer die Lunge in ihr Wirkungsfeld. Für die arteriellen Lungengefäße bedeutet das eine Hypertrophie mit oder ohne Erweiterung, während im Kapillarabschnitt zwar keine Adaptation in Form der Hypertrophie möglich ist, aber eine Fibrose entsteht. Außerdem kommt es immer wieder zu Blutungen, wahrscheinlich aus kleinen Bronchialvenen, so daß in der Lunge bei Mitralstenose, neben der Fibrose, eine Hämosiderose gefunden wird. Die Hypertrophie und Druckerhöhung im Bereich der Lungenarterien führt in dem Augenblick, wo sie schwerere Grade erreicht oder längere Zeit besteht, zur Sklerose dieser Arterien und stromaufwärts zur Hypertrophie der rechten Herzhälfte. Dabei geht die Hypertrophie der rechten Herzhälfte im allgemeinen mit einer Erweiterung dieser Höhlen einher. Wenn auf die Dauer die Belastung der rechten Kammer ansteigt, wird die rechte Herzhälfte so weit, daß sich eine extravalvuläre Trikuspidalinsuffizienz entwickelt. Breitet sich das Wirkungsfeld des stenotischen Mitralostiums noch weiter stromaufwärts aus, kommt die Leber in das Wirkungsfeld, und es entsteht eine chronische Stauung mit zunehmender Vernarbung (Cirrhose cardiaque).

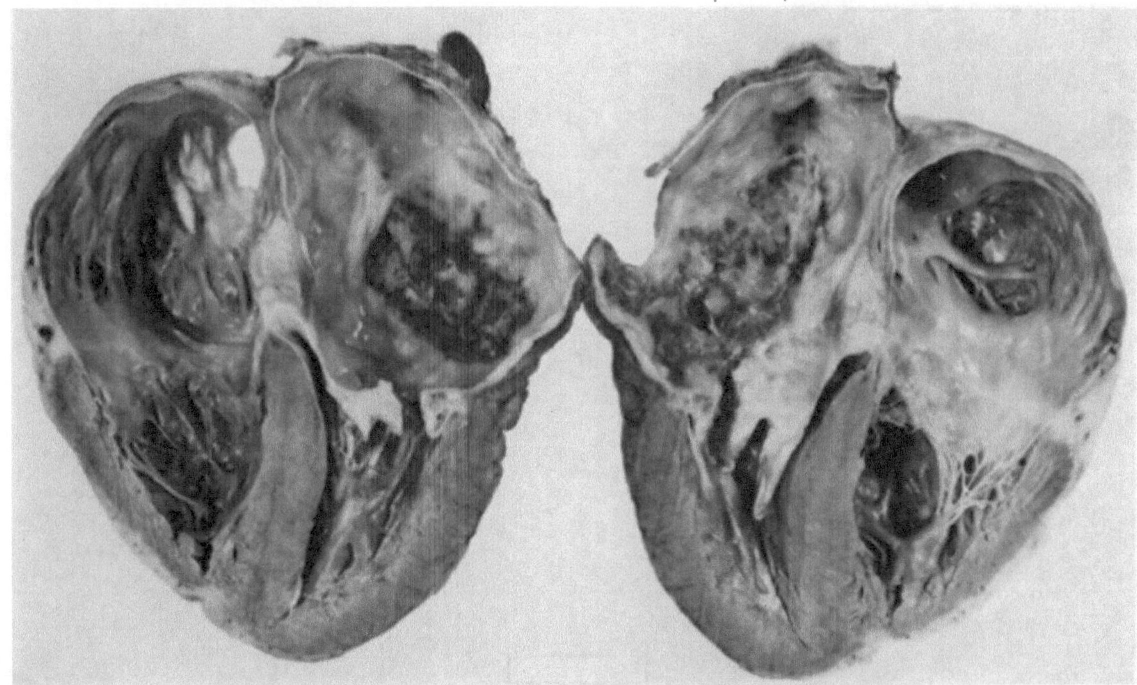

(a)

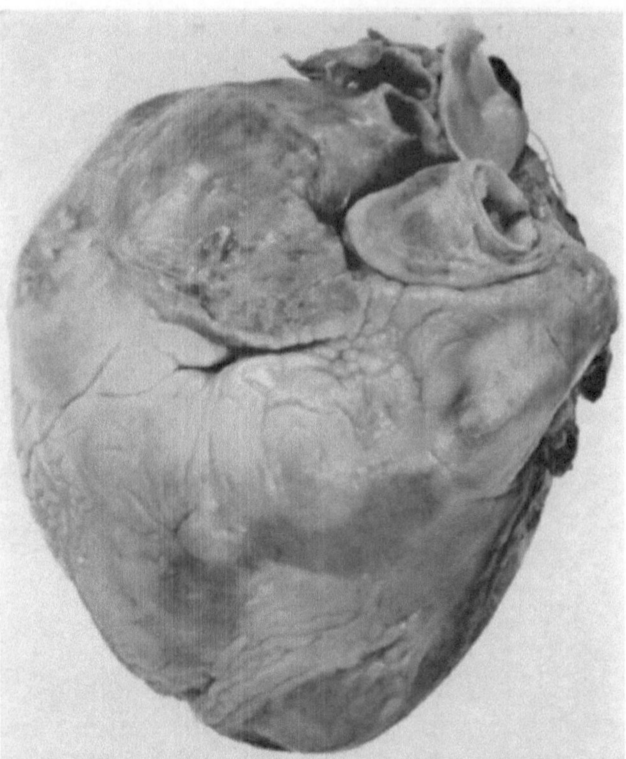

(b)

Abb. 3. (a) Schwere verkalkte Mitralstenose mit Erweiterung des linken Vorhofs und Verlust fast der ganzen Vorhofmuskulatur. Parietale Vorhofthrombose. (Die Verformung der linken Ausflußbahn ist wesentlich geringer als sonst, auch ist die Schnittführung etwas anders.) Schwere extravalvuläre Trikuspidalinsuffizienz. Hypertrophie des rechten Ventrikels (teils Folge der Mitralstenose), Dilatation und Hypertrophie des rechten Vorhofs. (b) Blick auf das geschlossene Herz des gleichen Falles wie (a). Ausgesprochen schwere Vorwölbung der rechten Vorhofkammerfurche, weitgehende Einbeziehung des rechten Herzohrs in den hypertrophierten rechten Vorhof

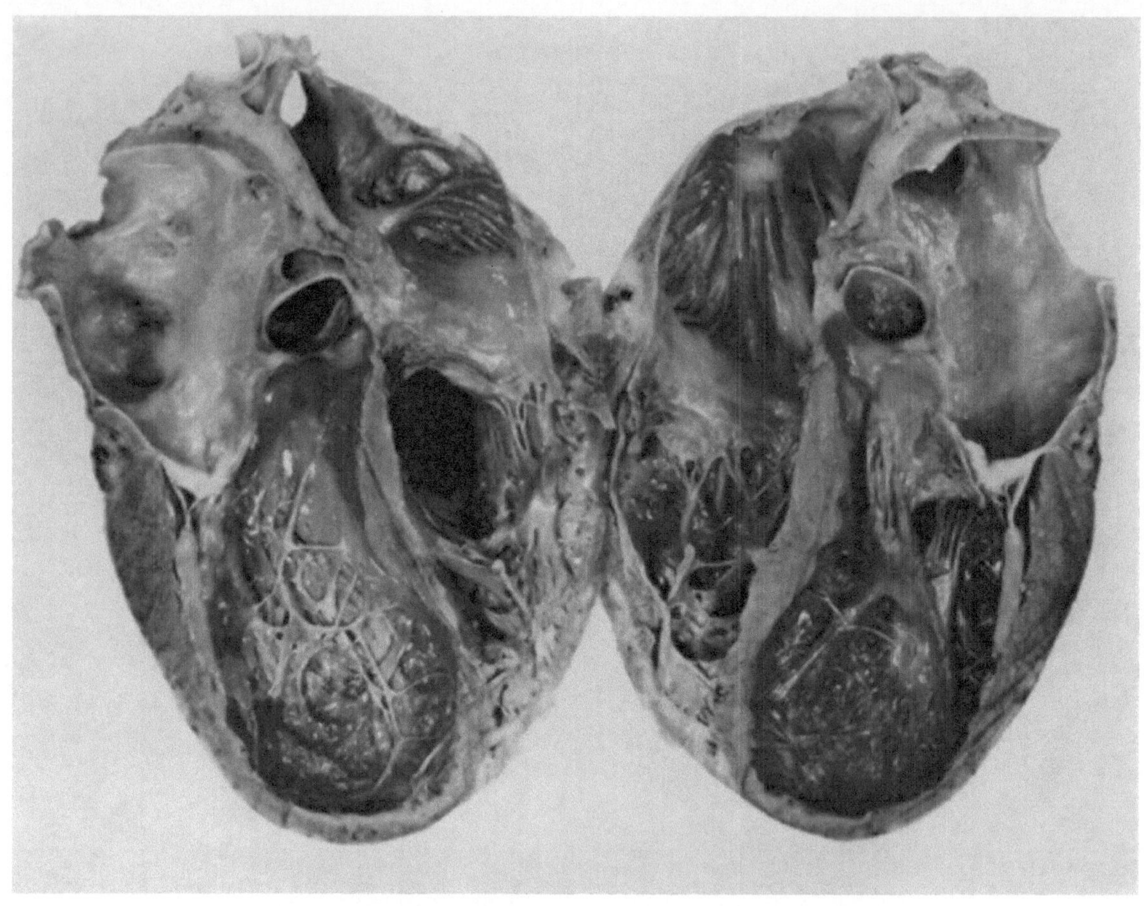

(a)

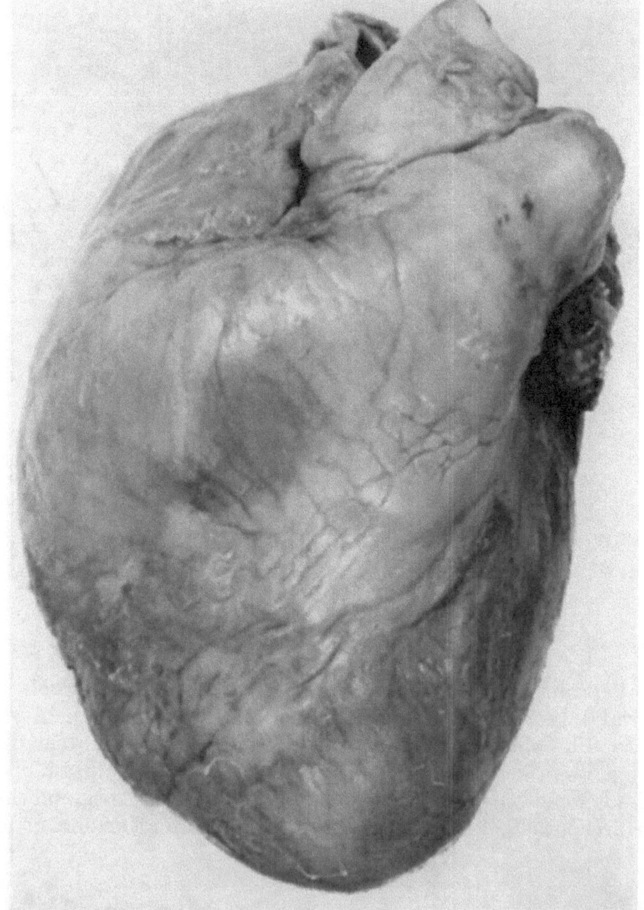

(b)

Wurde oben gesagt, daß sich die Wirkung einer Stenose vorwiegend stromaufwärts richtet, so kann das nicht bedeuten, daß die Form der poststenotischen Herzkammer normal bleibt. Das hat zum Teil hämodynamische, zum Teil innenarchitektonische Gründe.

Die Erweiterung des linken Vorhofs geht nicht allein auf Kosten des Vorhofs, sondern die Mitralklappe tritt, wenn sie trichterförmig ist, tiefer in den linken Ventrikel. Manchmal hat man den Eindruck, die Mitralklappe werde durch verdickte und vernarbte Sehnenfäden, die geschrumpft sind, in die linke Kammer hineingezogen. Sicherlich sind oft beide Mechanismen nebeneinander wirksam.

Wenn die Mitralklappe, von den Fällen abgesehen, in denen sie eine derbe Platte mit Verkalkungen in der Vorhofkammerebene bildet, tiefer in den linken Ventrikel rückt, muß die Einflußbahn der linken Kammer kürzer und die Ausflußbahn des linken Vorhofs länger werden. Doch wird auch die Ausflußbahn der linken Kammer weiter und oft etwas länger. Die Erweiterung der Ausflußbahn entsteht natürlich zu einem Teil dadurch, daß sich das große Segel der Mitralis nicht mehr in der Diastole an das Kammerseptum legen kann, sondern unbeweglich oder kaum beweglich in Diastole und Systole verharrt. Bei der Mitralstenose bleibt deshalb die Ausflußbahn des linken Ventrikels in ihrer groben Form erhalten. Eine Kompensation ist natürlich möglich, indem sich das Septum in Richtung auf die starre Mitralklappe bewegt oder vorbuchtet. Der linke Ventrikel kann durch diese innere Verformung kleiner erscheinen und die Rechtshypertrophie noch unterstreichen. Es kommt zu einem erheblichen Umbau der Kammer; im Vergleich mit normalen Herzen wird das Septum der Kammer unmittelbar unter der Aorta dünner, und es entsteht eine röhrenförmige Ausflußbahn durch „Schwund eines Teils des Septums". Im Gegensatz dazu kann sich die laterale Wand vorbuchten (Abb. 1).

Wenn zusätzlich ein Hochdruck auftritt, werden Ein- und Ausflußbahn länger, da die Herzspitze tiefer tritt. Außerdem wird die Einflußbahn etwas breiter.

Die funktionellen Rückwirkungen einer *Mitralinsuffizienz* (Abb. 2 u. 9) sind stromaufwärts prinzipiell die gleichen wie nach einer Mitralstenose, im allgemeinen aber wesentlich leichter.

Insuffiziente Klappen bilden oft nur eine kleine derbe Rolle unmittelbar unterhalb der Vorhofkammerebene. Die Segel können aber auch verlängert und verdickt sein und fast starr der Wand der Einflußbahn des linken Ventrikels anliegen. Größe und Innenform des linken Ventrikels sind oft beträchtlich verändert. Die Einflußbahn ist weit, der Spitzenbereich der linken Kammer kann, je nach dem Grad der Hypertrophie und der Leistungsfähigkeit ihres Myokards, ausgebuchtet sein.

Die Ausflußbahn kann durch ein großes und starres Mitralsegel eher eng bleiben und aufgrund des Verlustes jeglicher Plastizität bei Systole und Diastole nur ganz geringe Größen- und Formänderungen erfahren.

Die Form der linken Ausflußbahn wird vorwiegend durch Größe, Lage und Form des großen Mitralsegels bestimmt.

Die äußere Herzform läßt eine Vergrößerung der linken Herzhälfte verschiedenen Grades erkennen. Die rechte Herzhälfte ist zwar auch vergrößert und hypertrophiert, aber die Rechtsbetonung des Herzens ist nicht so deutlich wie nach Mitralstenose, da bei der Insuffizienz auch der linke Ventrikel formbildend bleibt.

Es gibt natürlich Herzformen und Grade der Hypertrophie, besonders unter der Einwirkung sekundärer Lungen- und Lungengefäßveränderungen, bei denen sich die Herzformen von Stenose und Insuffizienz überschneiden können. Hier spielt natürlich die

Abb. 4. (a) Mitralstenose mit Erweiterung des linken Vorhofs und Hypertrophie seiner Wand. Schwere Dilatation des linken Ventrikels aufgrund multipler Narben und Nekrosen bei Koronarsklerose. Leichtere Rechtshypertrophie, schwere extravalvuläre Trikuspidalinsuffizienz, Dilatation des rechten Ventrikels (ebenfalls auf der Basis koronarsklerotischer Narben). Schwere Hypertrophie des rechten Vorhofs, evtl. als Kompensation gegenüber dem Muskelverlust des rechten Ventrikels. (b) Vorderseite dieses Herzens. Deutliche Vorwölbung der rechten Vorhofkammerfurche. Perikarditis aufgrund der frischen Herzmuskelnekrosen

Bestandsdauer eine Rolle. Man wird aber immer klären müssen, ob bei einer Mitralinsuffizienz die Rechtshypertrophie nicht andere Ursachen, beispielsweise eine protrahierte Lungenembolie, haben kann.

Die äußere Herzform bei kombinierten Fehlern der V. mitralis versteht sich also aus dem funktionellen Umbau von Stenose und Insuffizienz dieser Klappe. Je nach der Qualität des Fehlers überwiegt die Form der Mitralstenose oder die der Insuffizienz.

Bei Mitralstenosen muß man differentialdiagnostisch an Blastome und Pseudoblastome des linken Vorhofs denken (COULTER, 1950; VON MEYENBURG, 1951; VÉCSEI u. BIRÔ, 1958; DERRA u. Mitarb., 1959; SOULIÉ, 1961).

β) Aortenklappenfehler

Während den Mitralfehlern nur eine Herzhöhle vorgeschaltet ist, sind es bei Aortenklappenfehlern zwei. Der endokarditisch vernarbten Klappe folgt das hochelastische Rohr der Aorta. Wir werden sehen, daß diese Stellung zwischen zwei morphologisch so verschieden gebauten Abschnitten des Kreislaufs für den funktionellen Umbau, aber auch für die Prognose des Aortenfehlers von Bedeutung sein kann (Abb. 5, 6, 7). Für die Aortenklappenstenose spielt das eine geringere Rolle als für die Aorteninsuffizienz (Abb. 6, 7) (HOLZMANN u. Mitarb., 1960).

Vor der *Aortenstenose* kommt es stromaufwärts zu einer schweren Hypertrophie des linken Ventrikels, die – solange die Adaptationsfähigkeit des Myokards ausreicht, um die erhöhte Arbeit zu leisten und solange eine ausreichende Koronarversorgung (SCHOENMACKERS, Koronarsklerose – in diesem Band) garantiert ist – konzentrisch bleibt und morphologisch kein Restvolumen erkennen läßt. Distal der Stenose sind keine sicheren morphologischen Veränderungen nachweisbar, wenn die Aortenklappenstenose aufgetreten ist, nachdem das Herz fast oder ganz ausgewachsen war. Manchmal können allerdings die Veränderungen auch bei angeborenen Fehlern auf die Klappen beschränkt bleiben, ohne die Klappenbasis in Mitleidenschaft zu ziehen. Dann kann sich bei angeborenen Fehlern der Basisring der Klappe erweitern.

Dem hypertrophierten Ventrikel drohen zwei Hauptgefahren, die sich auf die Herzform auswirken können. Aus dem vergrößerten Herzen mit hypertrophiertem linken Ven-

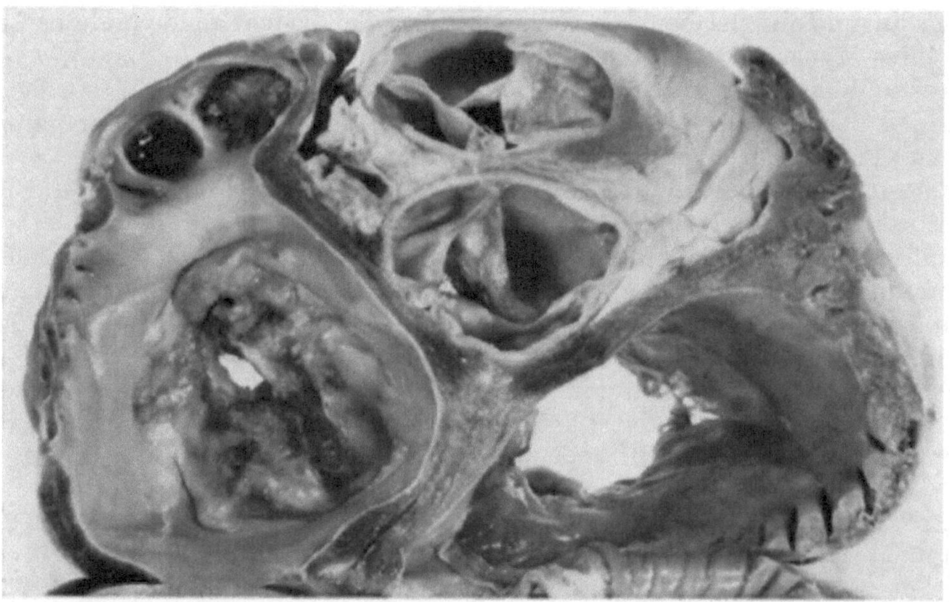

Abb. 5. Sehr schwere trichterförmige, aber fleckig verkalkte Mitralstenose. Hypertrophie des linken Vorhofs. Kugelförmige Herzohrthromben. Schwere verkalkte Aortenklappenstenose, äußerst schwere Hypertrophie des rechten Vorhofs bei extravalvulärer Trikuspidalinsuffizienz

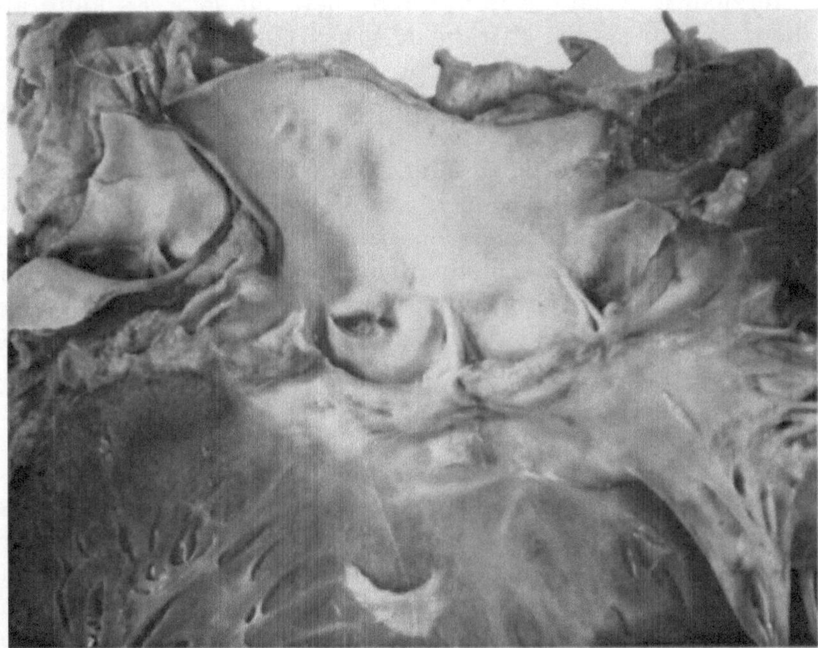

Abb. 6. Aorteninsuffizienz mit walzenförmigen vernarbten Klappenresten. Taschenförmige sog. Insuffizienzzeichen auf dem Endokard des linken Ventrikels. Leichtere Mitralstenose (an der rechten Kante des Bildes)

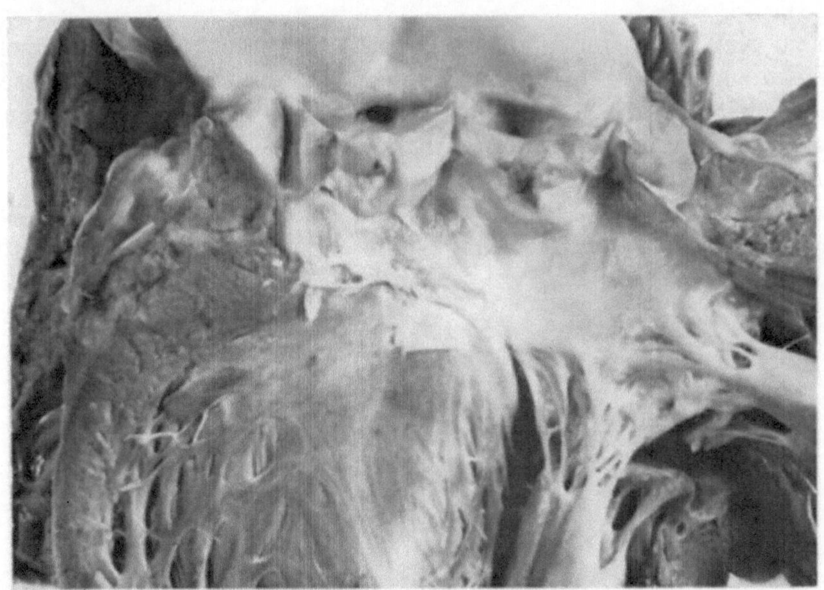

Abb. 7. Aortenklappenstenose mit fast normal aussehenden Klappen, aber außerordentlich starker Vernarbung. Parietale Narben auf dem Endokard unterhalb der Klappen, z.T. auf der Basis einer leichten Begleitinsuffizienz. Stenosierte Mitralstenose mit Verkürzung, Verdickung und Vernarbung der Sehnenfäden

trikel, der dem Herzen eine spitzkegelige Form gibt, wird in dem Augenblick ein seitlich ausladender linker Ventrikel, wenn eine Herz- oder Koronarinsuffizienz auftritt. Nach der Gefügedilatation des linken Ventrikels (LINZBACH, 1947, 1950) kann sich die *Aortenklappenstenose mit* einer *extravalvulären Mitralinsuffizienz* kombinieren. Diese Mitralinsuffizienz führt von sich aus zur Erweiterung und Hypertrophie des linken Vorhofs und der rechten Herzhälfte. Auch die Lunge kann beteiligt sein. Es kann also u.U. eine Herzform entstehen, wie wir sie bei Mitralfehlern mit Hochdruck kennen. Lunge, Leber, Milz und Nieren sowie das Gehirn rücken in das Wirkungsfeld des Aortenklappenfehlers, der natürlich hämodynamisch einen beträchtlichen Einfluß auf die Wirksamkeit der extravalvulären Mitralinsuffizienz gewinnen kann.

Aortenklappenstenosen kommen nicht selten kombiniert *mit Aortenisthmusstenosen* vor (SCHOENMACKERS, in diesem Band: Angeb. Herzfehler). Die Linkshypertrophie, allein schon durch die Isthmusstenose hervorgerufen, wird u.U. durch die Aortenklappenstenose noch verstärkt. Die Herzform selbst bietet nicht immer genügende Hinweise auf eine Aortenklappenstenose, da sie durch die Isthmusstenose genügend geklärt erscheint. Auch bei dieser Kombination von Aortenklappen- und Isthmusstenose kommen sekundäre Insuffizienzen der Mitralklappe vor. Nach unserem Material scheint das verhältnismäßig selten zu sein.

Nach Zerstörung, Perforation oder Vernarbung mit schwerer Schrumpfung von Aortenklappen entsteht eine Insuffizienz. Proximal der *Aorteninsuffizienz*, also im Bereich des linken Ventrikels, entwickelt sich eine beträchtliche Hypertrophie. Die Hypertrophie ist meist nicht so streng konzentrisch oder so lange konzentrisch wie nach Aortenklappenstenose. Die spitze Kegelform des linken Ventrikels und damit oft des ganzen Herzens ist nicht so ausgeprägt. Da es infolge der Aorteninsuffizienz verhältnismäßig früh zu einer exzentrischen Hypertrophie kommt, ist die Gefahr einer *sekundären Mitralinsuffizienz* größer als bei Aortenklappenstenose.

Indessen gibt es einen grundsätzlichen Unterschied zwischen Stenose und Insuffizienz der Aortenklappe. Nach allen Angaben der Literatur und nach den allgemeinen Erfahrungen ist die *Prognose* einer Aorteninsuffizienz bedeutend schlechter als einer Aortenstenose (SNELLEN, 1958).

Es ist nun zu fragen, ob morphologisch ein Anhalt für diesen Unterschied besteht, oder ob das Wirkungsfeld der Aorteninsuffizienz für die ungünstige Prognose verantwortlich gemacht werden kann. Das Hauptwirkungsfeld einer Aortenklappenstenose liegt stromaufwärts im Bereich des linken Ventrikels. Die Hypertrophie der linken Herzkammer bestimmt praktisch, ob dieser Fehler kompensiert werden kann oder nicht.

Das Wirkungsfeld einer Aorteninsuffizienz erstreckt sich stromaufwärts auf den linken Ventrikel und stromabwärts auf den Bulbus aortae bzw. den ganzen sog. Windkessel. Wie

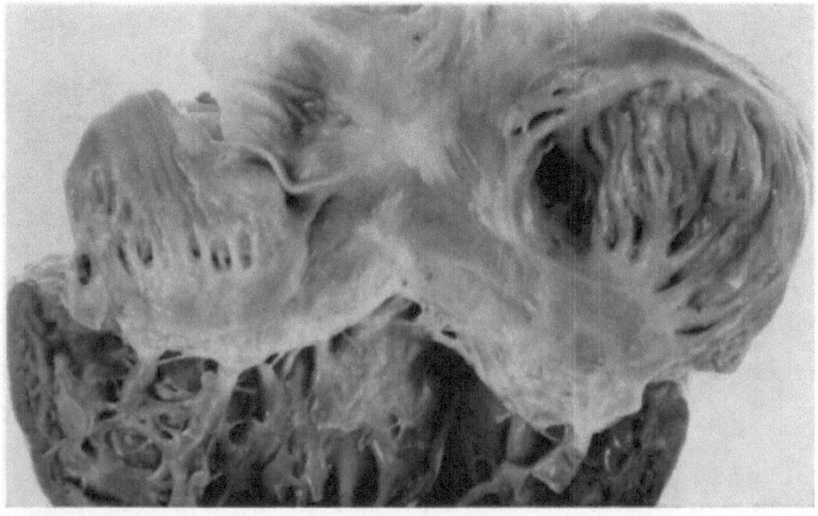

Abb. 8. Trikuspidalinsuffizienz auf der Basis einer Vernarbung der Trikuspidalklappen mit Verkürzung und stellenweise völligem Schwund der Sehnenfäden (im Rahmen des Flush-Syndroms). Hypertrophie des rechten Ventrikels, vorwiegend in trabekulärer Form. Dilatation und Hypertrophie des rechten Vorhofs mit diffuser und fleckiger Endokardfibrose

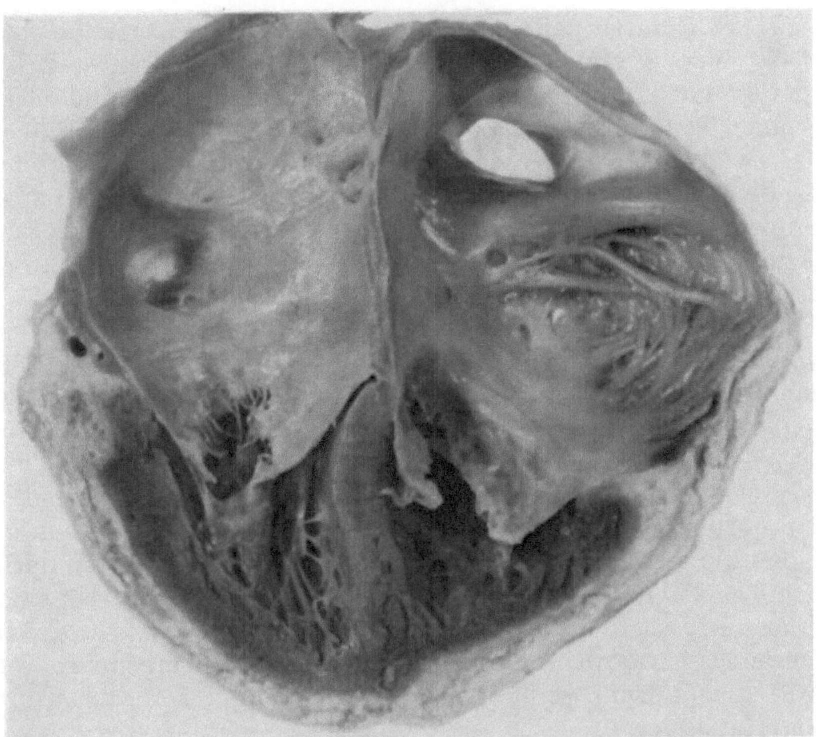

Abb. 9. Trikuspidal- und Mitralinsuffizienz mit Erweiterung beider Vorhöfe, stärkerer Hypertrophie des rechten als des linken Vorhofs, weitgehender Muskelschwund des linken Vorhofs. Ausgesprochen kleiner Kammerkomplex mit nur geringer Rechtshypertrophie

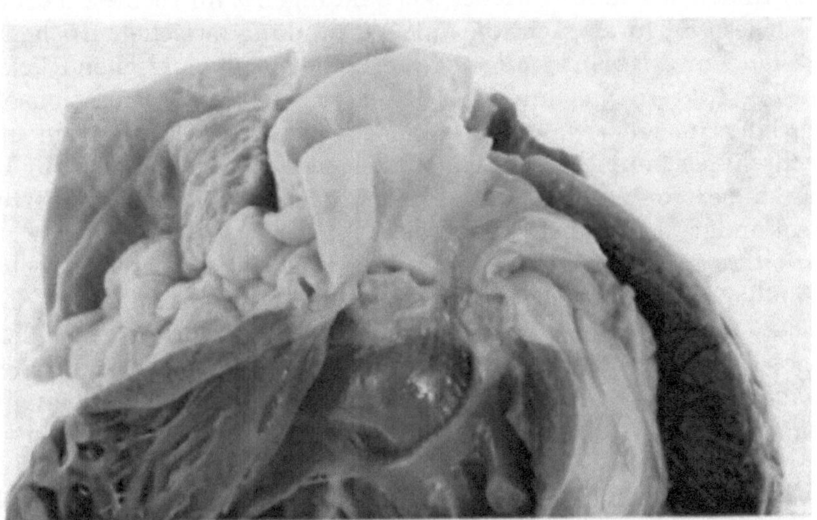

Abb. 10. Erworbene Pulmonalklappenstenose bei Flush-Syndrom. Hypertrophie des rechten Ventrikels, kombiniert mit fixierter Dilatation

bei jeder Insuffizienz gibt es natürlich auch bei der Aorteninsuffizienz ein Pendelblut, das nach jeder Systole in den linken Ventrikel zurückkehrt.

Wenn Pendelblut zwischen zwei Herzhöhlen hin und her bewegt wird, muß diese zusätzliche Arbeit auf beiden Seiten der insuffizienten Klappe vom Myokard bewältigt werden. Das Myokard hat jedoch beiderseits der Klappe etwa den gleichen Arbeitsrhythmus mit Dehnungs-, Erholungs- und Anspannungsphase. Die Verhältnisse liegen bei der Aorteninsuffizienz ganz anders, weil auf der einen Seite der Insuffizienz das Myokard der linken Kammer, auf der anderen Seite das Rohr der elastischen Aorta die Nachbarschaft bilden. Nachdem der linke Ventrikel in seiner Systole die Aorta unter Erhöhung ihrer Wandspannung gefüllt hat, kann die elastische Aorta *sofort* nach Ende der Systole des linken Ventrikels einen Teil des Bluts, das sie soeben erhalten hat, in den linken Ventrikel zurückwerfen, und zwar gerade in der Zeit, in der das Myokard seine einzelnen Phasen, von denen die Erholungsphase in diesem Zusammenhang die wichtigste ist, durchlaufen muß, um wieder optimal arbeitsfähig zu werden. Die elastische Wand der Aorta kennt solche Phasen nicht.

Wir dürfen daraus folgern, daß die schlechtere Prognose einer Aorteninsuffizienz u.a. darauf beruht, daß ihr Wirkungsfeld aus anatomisch und funktionell so unterschiedlichen Geweben wie Myokard und elastischer Gefäßwand aufgebaut ist. Die Dilatation des linken Ventrikels mit nachfolgender Mitralinsuffizienz, die man oft sehr früh beobachtet, gehört deshalb wohl zu den Folgen der unterschiedlichen morphologischen und funktionellen Eigenschaften des Wirkungsfeldes einer Aorteninsuffizienz.

Die Prognose einer Aorteninsuffizienz kann noch aus anderem Grund ungünstiger werden als bei der Aortenstenose. Eine *Koronarsklerose*, die man jenseits des 40. Lebensjahres, besonders bei hypertrophierten Herzen, in vielen Fällen erwarten darf, wirkt sich natürlich bei der hohen Beanspruchung des Herzens schwerer aus als bei einer normalen Belastung. Da Herzen mit Aorteninsuffizienz in fast allen Fällen das kritische Herzgewicht von 500 g überschreiten, ist die Koronarinsuffizienz immer einzurechnen, wenn man zur Prognose einer Aorteninsuffizienz Stellung nehmen will (SCHOENMACKERS, Koronarerkrankungen, in diesem Handbuch).

Nach ulzeröser und polypöser Endokarditis beobachtet man gelegentlich *Klappenperforationen*, die in zwei Richtungen gehen können. Die Perforation einer Aortenklappe allein führt zu einer akuten Insuffizienz mit plötzlicher Überlastung des linken Ventrikels. Bei Perforationen des Sinus Valsalvae (LEVI u. ZORZI, 1949; PELTZER u. PIROTH, 1959; KARÁCSONY, 1961) finden wir immer wieder Verbindungen zum rechten Vorhof und zum rechten Ventrikel. Diese Perforationen, die eine Verbindung zwischen Hoch- und Niederdruckgebiet herstellen, hinterlassen im allgemeinen keine morphologischen Rückwirkungen, da sie schnell zum Tod führen. Nur unter der Bedingung, daß die Perforationsöffnung sehr klein ist und sich langsam entwickelt, kann gelegentlich nach Perforation in die rechte Kammer eine Rechtshypertrophie auftreten. In diesem Falle addiert sich zur Linkshypertrophie eine Rechtshypertrophie. Die äußere Herzform läßt bei Rechtshypertrophie auch an eine schwere sekundäre Mitralinsuffizienz denken.

Die *Kombination von Aorten- und Mitralstenose* muß gesondert besprochen werden, da sie verhältnismäßig häufig ist. Die Fälle unterscheiden sich manchmal dadurch, daß einmal die Mitralstenose, zum anderen die Aortenstenose der schwerere Fehler ist.

Die Mitralstenose ist in ihrer funktionellen Rückwirkung oft schwerer, als dem morphologischen Bilde nach zu erwarten ist, da unter dem Einfluß der begleitenden Mitralinsuffizienz die Rückstauung von Blut bei dieser Fehlerkombination schwerer sein kann als bei isolierter Mitralstenose.

Das Herz weist bei diesen beiden Fehlern eine Linkshypertrophie nach der Aortenklappenstenose, eine Erweiterung und Hypertrophie des linken Vorhofs sowie des rechten Ventrikels auf der Basis der Mitralstenose auf. Die Lunge ist fast in allen Fällen mit Stauungssklerose, Hämosiderose und Pulmonalsklerose in das Wirkungsfeld der Klappenfehler einbezogen. Die Herzform zeichnet sich oft durch eine besondere Breite der Kammerbasis aus, das Herz wird zur Spitze hin zwar schmäler, aber aufgrund der Rechtshypertrophie entsteht im allgemeinen ein stumpfer Kegel des Kammerkomplexes. Ähnliche Herzformen gibt es nach Mitralstenosen mit Hochdruck und Linksinsuffizienz.

Literatur

ASCENZI, A., MORGANTI, P.: Versuch einer Biometrie der normalen Mitralklappe und der erworbenen Mitralstenose. Sci. med. ital. (dtsch. Ausgabe) **5**, 266 (1956).

COULTER, W. W., Jr.: Myxoma of the heart (left auricle). Arch. Path. **49**, 612 (1950).

DERRA, E., LOOGEN, F., FAHUNG, A. R.: Über Tumoren der linken Herzhälfte und ihre Exstirpation. Dtsch. med. Wschr. **84**, 308 (1959).

EDWARDS, J. E.: An atlas of acquired diseases of the heart and great vessels. London: W. B. Saunders Comp. 1961.

FRIEDBERG, CH. K.: Erkrankungen des Herzens. Stuttgart: Thieme 1959.

GOULD, S. E.: Pathology of the heart. Springfield, Illinois: Charles C. Thomas 1953.

HOLZMANN, M., GROSSE-BROCKHOFF, F., KAISER, K., SCHÖLMERICH, P., LOOGEN, F., SCHAEDE, A.: Rhythmus- und Leitungsstörungen – Traumatische Herzschädigungen – Erkrankungen des Endokard, Myokard, Perikard – Spezielle kardiologische Untersuchungsmethoden – Erworbene Herzklappenfehler. Handbuch der inneren Medizin, Teil 2, Bd. 9. Berlin-Göttingen-Heidelberg: Springer 1960.

KARÁCSONY, G., et al.: Ruptur eines angeborenen Aneurysmas des Sinus Valsalvae. Dtsch. med. Wschr. **86**, 435 (1961).

LANGER, E.: Beitrag zur Endocarditis parietalis fibroplastica (Löffler). Verh. dtsch. Ges. Kreisl.-Forsch. **20**, 242 (1954).

LANGER, E.: Morphologische Befunde bei zwei Fällen von malignem Carcinoid. Zbl. Path. **98**, 217 (1958).

LETTERER, E.: Allgemeine Pathologie. Stuttgart: Thieme 1959.

LEVI, G., ZORZI, M.: Étude anatomo-clinique de deux cas d'anévrisme communicant aorto-ventriculaire droit (anévrismes du sinus de Valsalva). Cardiologia (Basel) **15**, 1 (1949).

LINZBACH, A. J.: Mikrometrische und histologische Analyse hypertropher menschlicher Herzen. Virchows Arch. path. Anat. **314**, 534 (1947).

LINZBACH, A. J.: Die Muskelfaserkonstante und das Wachstumsgesetz der menschlichen Herzkammern. Virchows Arch. path. Anat. **318**, 575 (1950).

LINZBACH, A. J.: Über das Längenwachstum der Herzmuskelfasern und ihrer Kerne in Beziehung zur Herzdilatation. Virchows Arch. path. Anat. **328**, 165 (1965)

LOSH, J.: Carcinoid heart disease. Brit. Heart J. **21**, 369 (1959).

MCKEOWN, F.: The left auricular appendage in mitral stenosis. Brit. Heart J. **15**, 433 (1953).

MEYENBURG, H. VON: Zur Frage der Herzpolypen. Schweiz. Z. allg. Path. **14**, 463 (1951).

PELTZER, F., PIROTH, M.: Zur Klinik und Pathologie der idiopathischen Aneurysmen des Sinus valsalvae. Z. Kreisl.-Forsch. **48**, 475 (1959).

REINER, L., SILBERG, N. R.: Studies on hamartomas. I. Cavernous hemangioma of the epicardium. Amer. J. Path. **29**, 1133 (1953).

RICHTER, H.: Biomechanische Untersuchung der Aorta in einem Kreislaufsimulator. Sitzung der Arbeitsgemeinschaft Rhein-Westf. Pathologen, Dortmund, November 1975. Zbl. Path. (im Druck).

SAPHIR, O.: A text on systematic pathology, Vol. I. New York-London: Grune & Shatton, Inc. 1958.

SCHOENMACKERS, J.: Die Herzkranzschlagadern bei der arteriokardialen Hypertrophie. Z. Kreisl.-Forsch. **38**, 321 (1949).

SCHOENMACKERS, J.: Die arterio-kardiale Hypertrophie, ein morphologisches Substrat der Hypertonie. Verh. dtsch. Ges. Kreisl.-Forsch. **15**, 124 (1949).

SCHOENMACKERS, J.: Vergleichende quantitative Untersuchungen über den Faserbestand des Herzens bei Herz- und Herzklappenfehlern sowie Hochdruck. Virchows Arch. path. Anat. **331**, 3 (1958).

SCHOENMACKERS, J.: Über Herzklappenfehler bei angeborenen Herz- und Gefäßfehlern. Z. Kreisl.-Forsch. **47**, 107 (1958).

SCHOENMACKERS, J.: Über Bronchialvenen und ihre Stellung zwischen großem und kleinem Kreislauf. Arch. Kreisl.-Forsch. **32**, 1—86 (1960).

SCHOENMACKERS, J.: Morphologie der Koronarerkrankungen. In diesem Band, Handb. med. Radiol. X, 2b, 79 (1974).

SCHOENMACKERS, J., ADEBAHR, G.: Die Morphologie der Herzklappen bei angeborenen Herz- und Gefäßfehlern und die Bedeutung einer serösen Endokarditis für Form und Entstehung spezieller Herz- und Gefäßfehler. Arch. Kreisl.-Forsch. **23**, 193 (1955).

SCHOENMACKERS, J., ADLER, E., REUL, H.: Zur Bedeutung der Chordae tendineae für die Schlußfähigkeit der Mitralklappe. Arch. Kreisl.-Forsch. **57**, 128 (1968).

SCHOENMACKERS, J., ADLER, E., REUL, H., GERLING, P. E.: Die normale Mechanik der Mitralklappe und der Einfluß von experimentellen Segelläsionen auf die Schlußfähigkeit. Arch. Kreisl.-Forsch. **60**, 17 (1969).

SCHOENMACKERS, J., REUL, H.: Experimentelle Simulation der Mitralklappenmechanik. Z. Kreisl.-Forsch. **60**, 119 (1971).

SNELLEN, H. A.: Aortastenose. Ned. T. Geneesk. **102**, 2529 (1958).

SOULIÉ, P.: Lex myxomes de l'oreillette droite. Arch. Mal. Cœur Vaisseaux **54**, 3, 241 (1961).

STAEMMLER, M.: Die Kreislauforgane. In: KAUFMANN, Lehrbuch der speziellen pathologischen Anatomie, Bd. I. Berlin: de Gruyter 1955.

VÉCSEI, A., BIRÓ, I.: Primärgeschwülste des Endokardiums. Zbl. Path. **98**, 253 (1958).

Morphologie und Pathologie der Trikuspidalklappe

Von

J. Schoenmackers, H. H. Dahm und K. H. Bigalke

Mit 11 Abbildungen

a) Trikuspidalfehler

Die Trikuspidalklappe lenkt pathologisch-anatomisch nicht oft die Aufmerksamkeit auf sich, da isolierte Trikuspidalfehler relativ selten sind. Ihre morphologischen Veränderungen sind zumeist kombiniert mit Fehlern anderer Klappen und stehen dann im Gesamtkrankheitsbild im Hintergrund.

Morphologie und Pathophysiologie der Klappe scheinen nicht immer übereinzustimmen. Es ist deshalb praktisch unmöglich, allein anhand der Morphologie der Klappe Aussagen über ihren Einfluß auf die Hämodynamik zu machen, wenn nicht quantitative Veränderungen der Vorhof- und Kammermuskulatur oder aber Stauungsveränderungen der Organe im venösen Schenkel des großen Kreislaufs vorliegen. So treten nach Entfernung der Trikuspidalklappe experimentell und klinisch oft keine wesentlichen Störungen der Kreislauffunktion auf (Arbulu u. Mitarb., 1971; Robin u. Mitarb., 1975).

Daraus darf man andererseits schließen, daß für die Entstehung eines Trikuspidalfehlers neben der Morphologie auch funktionelle Faktoren verantwortlich sein müssen (Schoenmackers, 1967; Schoenmackers u. Mitarb., 1969). Zu diesen funktionellen Faktoren gehören die Lage der Klappe im Niederdruckgebiet, Vorhofdruck und -form sowie Schlagvolumen und Druck in der A. pulmonalis (Keller u. Mitarb., 1970).

Ob Trikuspidalfehler wegen eines günstigeren Verhältnisses zwischen Muskelmasse und Druck im rechten Ventrikel leichter kompensierbar sind als im linken Ventrikel, scheint noch unentschieden. Der linke Ventrikel mit einem Gewicht von 100 g (ohne Septum) muß nämlich Drucke bis zu 200 mm Hg und mehr aufbringen, während der rechte Ventrikel mit 50 g (ohne Septum) nur einen Druck von 20—40 mm Hg aufzubringen hat. Der Quotient von Druck und Herzmuskelgewicht beträgt also links 0,5, rechts jedoch 2,5—1,25; es steht also primär rechts wesentlich mehr Muskulatur zur Kompensation von Herzklappenfehlern zur Verfügung als links (Schoenmackers, 1967).

Anatomie der Klappe

Ebenso wie die übrigen Klappen ist auch die Trikuspidalklappe in einem fibroelastischen Faserring – dem Anulus fibrosus – verankert, der jedoch von allen Anuli fibrosi am schwächsten entwickelt ist. Der dünne zirkuläre Anulus fibrosus der Trikuspidalklappe liegt am Grunde des Sulcus coronarius dexter. Dadurch lassen sich Umfang und Form der Klappenebene angiographisch angenähert darstellen (Abb. 1).

Etwa um die Länge des Conus pulmonalis steht die Trikuspidalklappe „tiefer“ als die Pulmonalklappe. Die beiden Klappenebenen der rechten Seite stehen senkrecht zueinander, wobei die Pulmonalklappenebene horizontal liegt (Abb. 2) (Silver u. Mitarb., 1971; Deloche u. Mitarb., 1974; McAlpine, 1975).

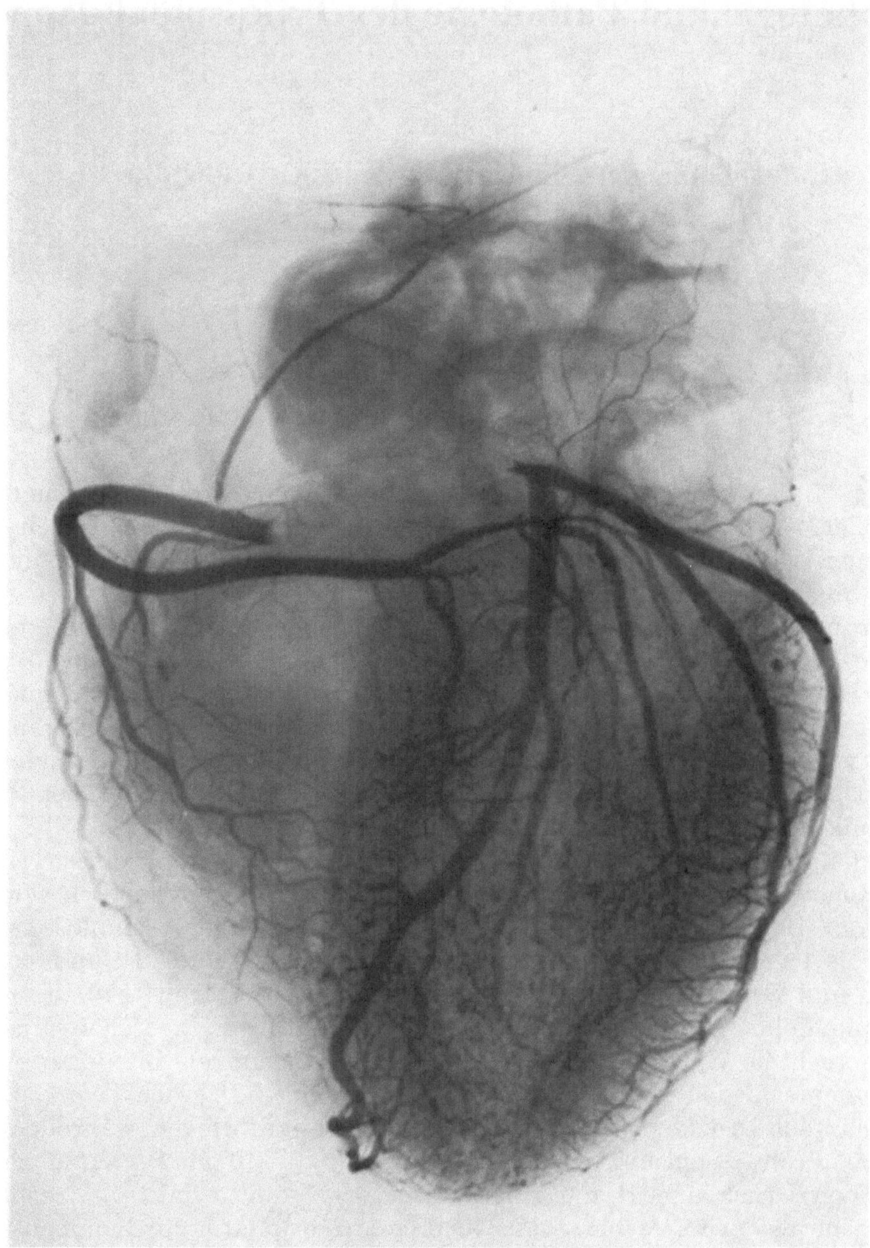

Abb. 1. (a) Postmortales Koronarogramm. Die rechte Koronararterie umzieht die Trikuspidalöffnung in weitem Bogen.

Die Segel der Trikuspidalklappe, die sich zumeist unscharf in ein anteriores, septales und posteriores Segel trennen lassen, werden außer durch die Fixierung an der Basis über Sehnenfäden durch 2—3 Papillarmuskeln gehalten (Abb. 3a). Man sieht viele Varianten an Zahl und Größe der Papillarmuskeln. Neben den Sehnenfäden, die von den Papillarmuskeln kommen und am freien Rand zweier Segel ansetzen können, also die Kommissuren überbrücken (Abb. 3a und 4), gibt es andere, die an der unteren Fläche der Segel inserieren (vgl. Abb. 2), und solche, die unmittelbar zur Basis der Segel ziehen (Abb. 2, 4 und 9). Auch die Sehnenfäden haben also an Form, Zahl und Ansatzstellen eine sehr große

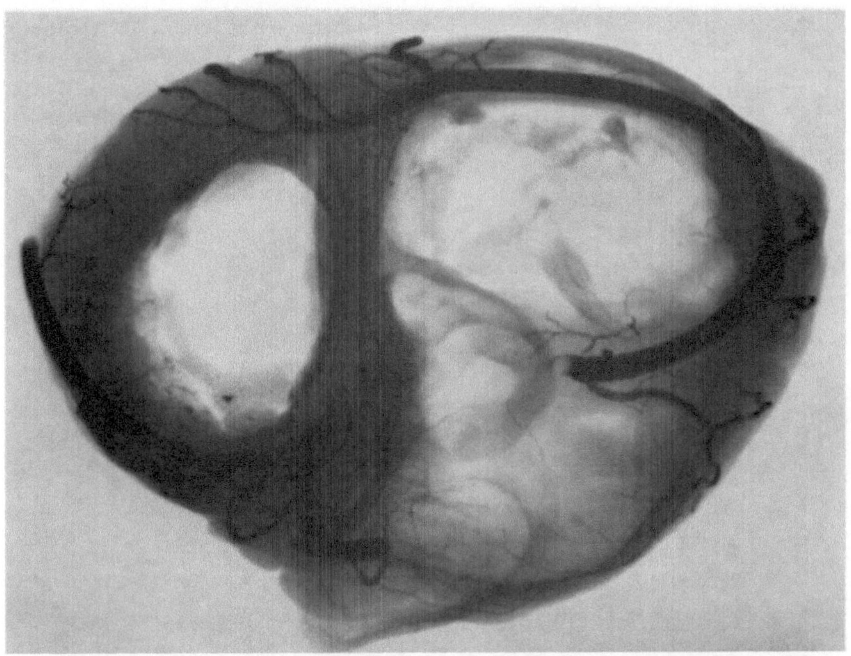

Abb. 1. (b) Horizontalschnitt auf Höhe des Sulcus coronarius. Der offene Bogen der rechten Koronararterie umschließt die freien Teile der Trikuspidalklappe, nicht ihren septalen Anteil

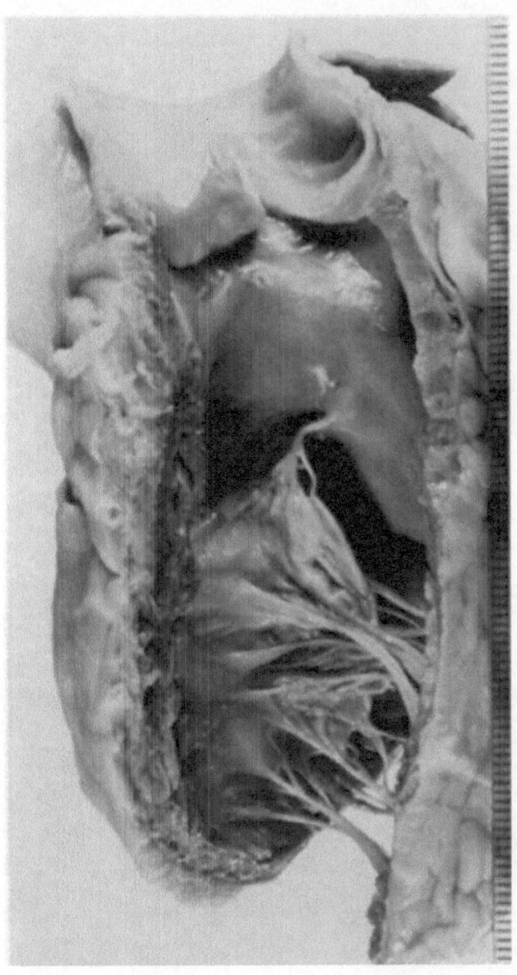

Abb. 2. Eröffneter rechter Ventrikel. Nahezu rechter Winkel von Trikuspidal- und Pulmonalklappe. Ansatz von Sehnenfäden in der Ausflußbahn. Sehnenfäden zur Basis der Klappe ziehend

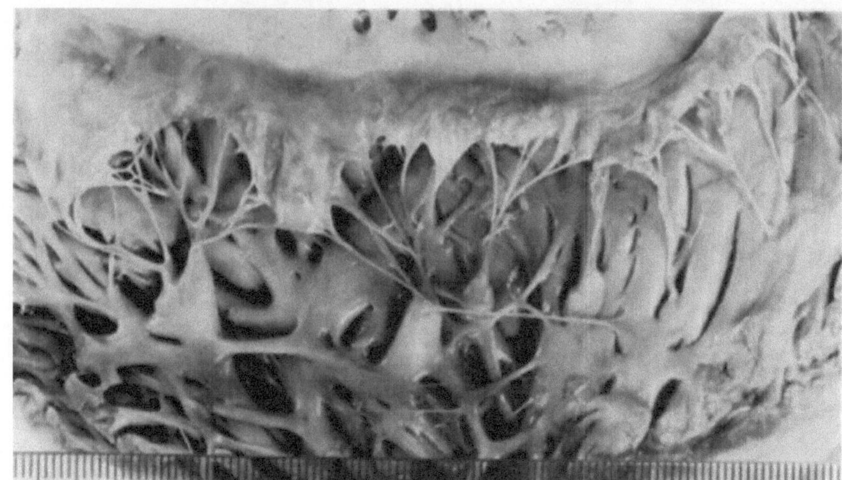

a)

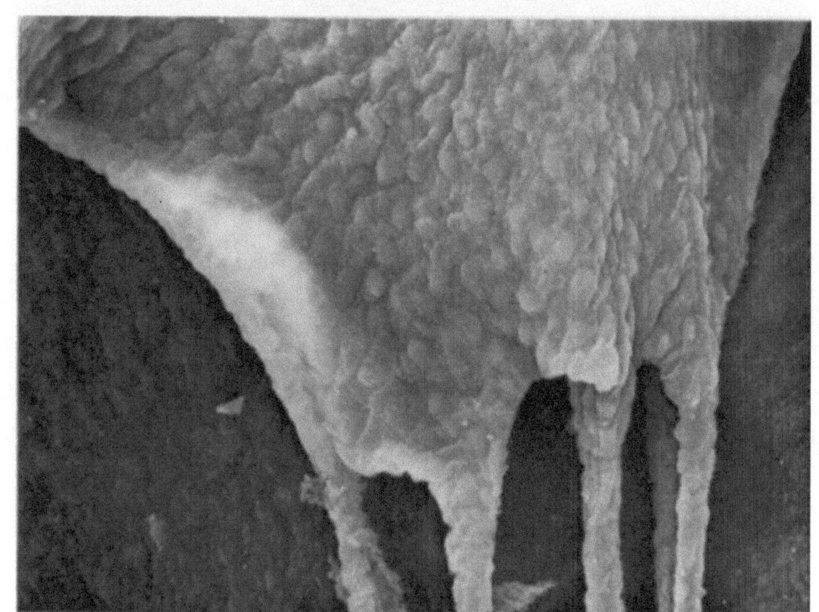

b)

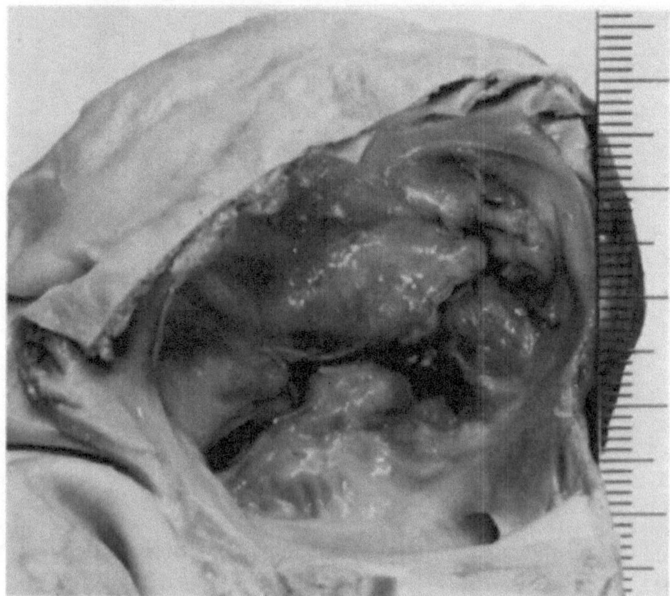

c)

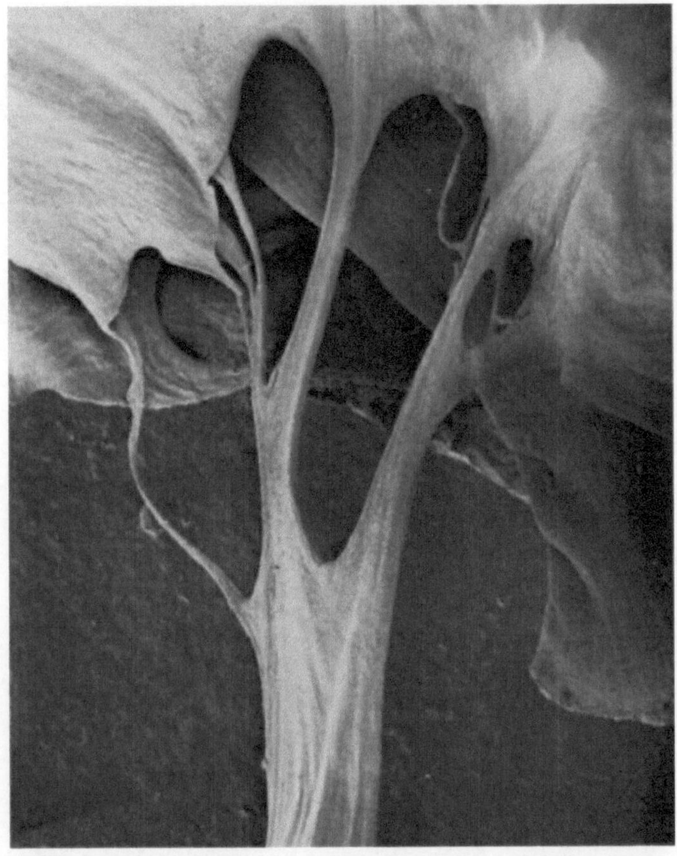

Abb. 4. Rasterelektronenmikroskopische Aufnahme. Sehnenfäden mit Ansatz an 2 Segeln (vgl. Abb. 3a). Vergr. 35:1 (Kaninchen)

Variabilität, so daß man insgesamt nur eine grobe Systematik der normalen Anatomie angeben kann (DELOCHE u. Mitarb., 1974; MCALPINE, 1975).

Die Sehnenfäden entwickeln sich z.T. aus der Spitze kleiner Papillarmuskeln; manche davon sind eher als kleine Ausziehungen der trabekulären Muskulatur anzusehen. Histologisch stehen sie manchmal wie kleine Pfähle im Endokard und werden auf größerer Strecke vom Endokard umschlossen und gehalten (Abb. 5). Andere solche Sehnenfäden strahlen fächerförmig in das Endokard der Nachbarschaft ein und verlieren sich hier (Abb. 6). Wieder andere gehen in das Endokard über, strahlen aber gleichzeitig auch in das Stützgewebe des Myokards ein und sind hier verankert. Zwischen ihnen bestehen teilweise Querverbindungen (BUSS u. Mitarb., 1973).

Eine weitere Reihe von Sehnenfäden kann an der Basis der Segel ansetzen (Abb. 7); sie haben entweder kleine Papillarmuskeln oder neben ihnen ziehen retrovalvulär Papillarmuskeln, der Wand der rechten Kammer aufliegend, unmittelbar zur Basis der Segel und setzen hier an (SCHOENMACKERS, 1967).

Abb. 3. (a) Ausgebreitete Trikuspidalklappe. Brücken zwischen den Sehnenfäden. Sehnenfäden von einem Papillarmuskel zu 2 Segeln ziehend. (b) Rasterelektronenmikroskopische Aufnahme. Ausschnitt aus einer Trikuspidalklappe. Die Oberflächenstrukturen mit Ausrichtung der Endothelzellkerne. Vergr. 300:1 (Kaninchen). (c) Aufsicht auf die geschlossene Trikuspidalklappe. Unterteilung der Segel durch mehrere größere und kleinere Kommissuren

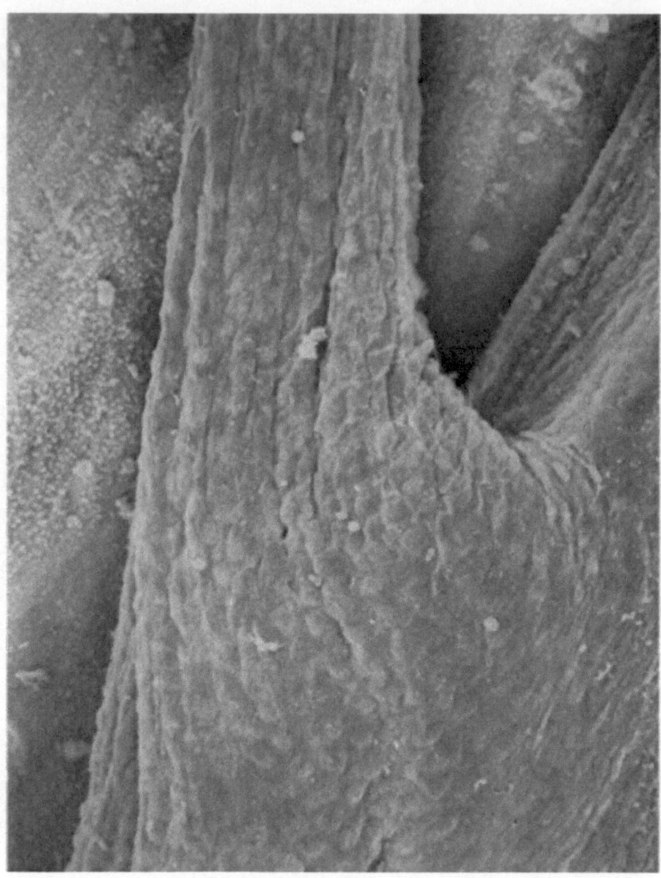

Abb. 5. Rasterelektronenmikroskopische Aufnahme. Ursprung eines Sehnenfadens im Endokard. Vergr. 300:1 (Kaninchen)

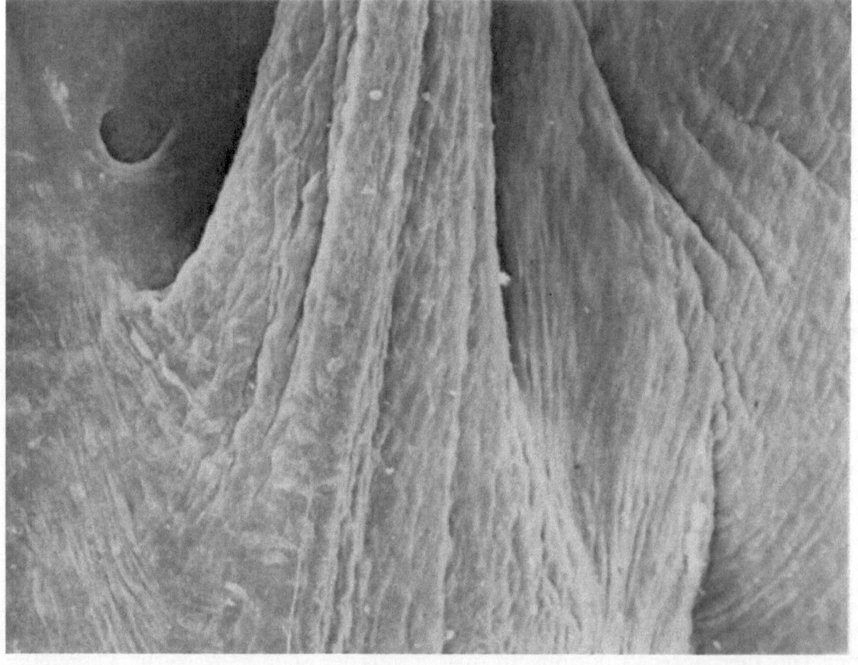

Abb. 6. Rasterelektronenmikroskopische Aufnahme. Fächerförmige Ausstrahlung eines Sehnenfadens in das Endokard der Nachbarschaft. Vergr. 300:1 (Kaninchen)

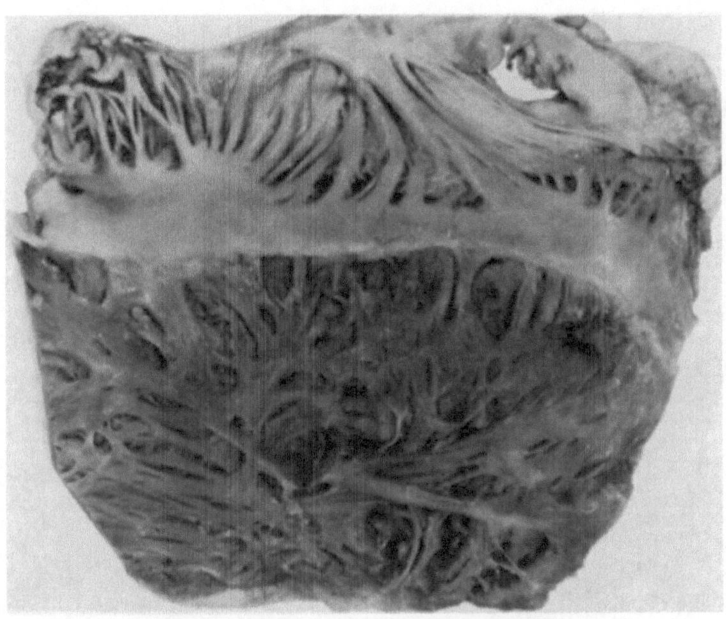

Abb. 7. Eröffnete Trikuspidalklappe. Segel und Sehnenfäden sind reseziert. Zahlreiche Papillarmuskeln aus dem trabekulären System ziehen zur Basis der Trikuspidalklappe. Zusätzlicher Halteapparat

Eine Reihe von Sehnenfäden, besonders des anterioren Segels, setzen in der Abflußbahn, manchmal unmittelbar auf dem Septum an (vgl. Abb. 2). Sie können sogar kleine Papillarmuskeln haben. Ob ihre Ansatzstellen für die Funktion der Abflußbahn eine Bedeutung haben, läßt sich nicht eindeutig entscheiden.

Das große anteriore Segel der Trikuspidalklappe nimmt Einfluß auf Form und Größe des Einflußtrichters zur rechten Ausflußbahn, indem es Ein- und Ausflußbahn der rechten Kammer voneinander trennt (Deloche u. Mitarb., 1974; McAlpine, 1975).

Während an normalen Herzen die muskuläre Ausflußbahn ausgesprochen lang und schlank ist, wird sie bei einem Cor pulmonale weiter und kürzer, so daß Pulmonal- und Trikuspidalklappe näher aneinanderrücken; Topographie und Winkel der Klappen sind dadurch verändert (Knese, 1963).

Die Segel der Trikuspidalklappe sind dünner und durchscheinender als die der Mitralklappe. Wenn man die Trikuspidalklappe in einem Simulator oder statisch unter Druck setzt, so hat sie erstaunlicherweise in situ die gleiche Belastungsfähigkeit wie die Mitralklappe; man kann sie bis zu 300 mm Hg belasten (Adler u. Mitarb., 1969).

Klinisch können die Beziehungen des Reizleitungssystems zur Trikuspidalklappe von Bedeutung sein. Das Hiss'sche Bündel tritt im Bereich der antero-septalen Kommissur, also zwischen anteriorem und septalem Segel, vom rechten Vorhof in den rechten Ventrikel über (Abb. 8). Ein wenig distal gibt es auf der Höhe des Septum membranaceum den Schenkel für die linke Kammer ab. Der rechte Schenkel verläuft von dort schräg in Richtung auf den Conus pulmonalis, unterkreuzt die Sehnenfäden des anterioren Segels und zieht dann geradlinig zur Spitze des rechten Ventrikels (Schiebler und Doerr, 1963).

Häufig wird die Meinung vertreten, daß man aus der Umfangvergrößerung der Trikuspidalklappe verbindliche Rückschlüsse auf die Schlußfähigkeit der Klappe ziehen könne. Dabei geht man jedoch von einer falschen Voraussetzung aus. Jede Klappe hat nämlich eine Reserve, um funktionell erforderliche Erweiterungen der Klappenostien aufzufangen. Unter experimentellen Bedingungen ist die Reserve einer normalen Segelklappe so groß, daß sie bei Erweiterung des Ostiums um das 2,5fache noch schlußfähig ist (Adler u. Mitarb., 1969; Rahlf u. Mitarb., 1975).

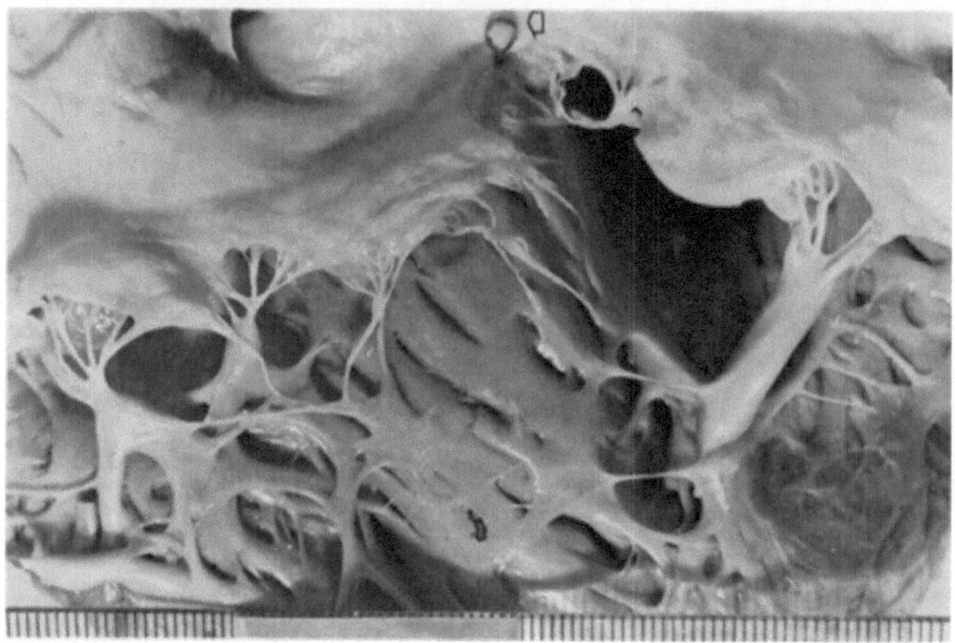

Abb. 8. Markierte Durchtrittsstelle des Hiss'schen Bündels in der antero-septalen Kommissur (Pfeil)

Zusätzlich scheinen die Klappen imstande zu sein, sich adaptiv zu vergrößern (SCHOENMACKERS, 1965). Für die Adaptation der Klappen an die Vergrößerung ihres Ostiums sind Volumen und Druck des Bluts und im besonderen der Faktor Zeit von Bedeutung. Plötzliche Veränderungen der Ostienweite sind natürlich durch eine adaptive Vergrößerung nicht aufzufangen. Praktisch bedeutet das: Die Größe des Bogens der A. coronaria dextra im Angiogramm ist zwar ein Maß für Größe und Form des Trikuspidalostiums, aber kein Beweis für eine Insuffizienz. Die Größe der Trikuspidalklappe ist darüber hinaus keine einfache Funktion des Herzgewichts.

Klappenfehler

Angeborene Trikuspidalklappenfehler sind ausgesprochen selten. So macht die Trikuspidalklappenatresie nur etwa 1—2% aller angeborenen Herzfehler aus (MITCHELL u. Mitarb., 1971).

Unter den erworbenen Klappenfehlern gewinnt die bakterielle Endokarditis zunehmend an Bedeutung, einmal durch diagnostische und therapeutische Eingriffe, zum anderen durch intravenöse Applikation im Rahmen des Drogenabusus. Hier sind Änderungen der Keimbesiedelung bemerkenswert (BÖHMIG und KLEIN, 1953; ALBERTINI, 1963; SPAIN, 1968; MOGINN und ZIPES, 1972; ROBERTS und BUCHBINDER, 1972).

Für die operative Behandlung von Trikuspidalfehlern und Herzklappenfehlern überhaupt ist es wichtig, daß die Endokarditis über die Klappen hinausgeht, und daß Vorhof- und Kammerendokard, sogar die Venenwand befallen werden können. Außerdem greift sie auf die Klappenbasis über, ergreift sogar die angrenzende Muskulatur. Nach Resektion der Klappe kann noch ein Rest der Endokarditis in der Klappenbasis oder im Myokard der Nachbarschaft bleiben (ARBULU u. Mitarb., 1971; SCHOENMACKERS u. Mitarb., 1972).

Weitere Ursachen von Trikuspidalfehlern sind traumatische Klappenperforationen und Abrisse von Sehnenfäden (TATTERSFIELD, 1968; SHAH und EDELSTEIN, 1973; FALLEN u. Mitarb., 1974) sowie Papillarmuskelrupturen nach Infarkten. Weiterhin zu erwähnen sind

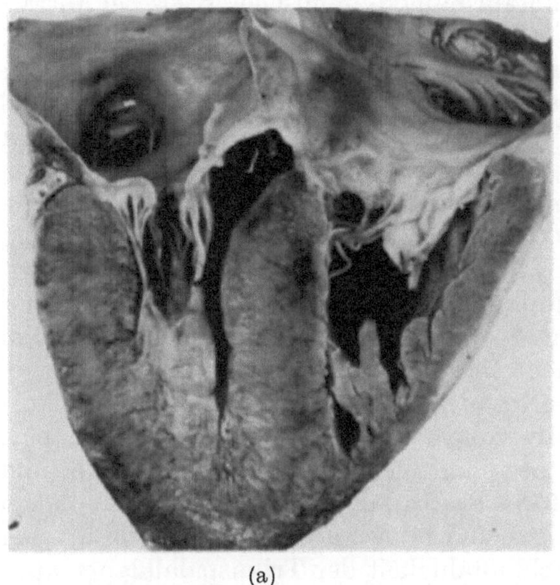
(a)

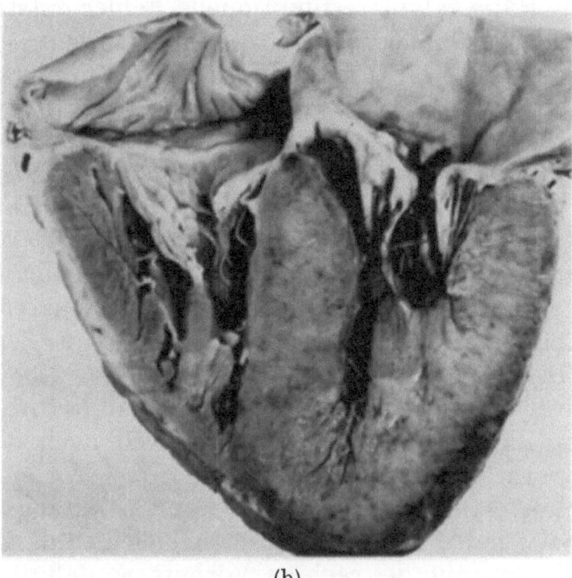
(b)

Abb. 9. Rheumatisch bedingte, postendokarditische Mitral- und Trikuspidalklappenstenose. (a) Blick in die anteriore Herzhälfte. (b) Blick in die posteriore Herzhälfte

Karzinoidsyndrom, Vorhofmyxome und angeborene metabolische Störungen des Bindegewebes (ISLER und HEDINGER, 1953; BATES und CLARK, 1963; HALLEN, 1964; FLUCK und LOPEZ-BESCOS, 1968; CARPENA u. Mitarb., 1973; ZAGER u. Mitarb., 1973; WOLFSON u. Mitarb., 1974).

Die rheumatische Endokarditis der Trikuspidalklappe tritt praktisch nur im Rahmen des Befalls mehrerer Klappen auf (Abb. 9) (CLAWSON, 1940; COOKE und WHITE, 1941; STAEMMLER, 1955; BAGGENSTOSS und TITUS, 1968; BRAIMBRIDGE u. Mitarb., 1970; APPELBAUM u. Mitarb., 1973).

Quantitativ-morphologisch steht bei den postendokarditischen Fehlern im Rahmen eines Rheumas die Kombination von Stenose und Insuffizienz im Vordergrund. Funktionell scheint dabei die Insuffizienz die größere Bedeutung zu haben (DELZANT u. Mitarb., 1968; TAGUCHI und MATSUURA, 1968; MORGAN u. Mitarb., 1971; GUERON u. Mitarb., 1972; ISMAIL u. Mitarb., 1972; FINNEGAN und ABRAMS, 1973; SBAR u. Mitarb., 1973).

Eine mögliche Erklärung dafür, warum Trikuspidalinsuffizienzen häufiger als Stenosen sind, ist, daß die Trikuspidalklappe von der Endokarditis zu einer Zeit befallen wird, zu der auch schon Klappenfehler der linken Seite hämodynamisch wirksam sein können. Da die Fehler des linken Herzens im Lauf der Zeit fast ausnahmslos zur Erhöhung des pulmonalen Druckes sowie zur Blutabnahmestörung aus dem kleinen Kreislauf führen, resultiert fast immer eine zusätzliche extravalvuläre Insuffizienz der Trikuspidalklappe.

In diesem Zusammenhang ist die schwache Struktur des Anulus fibrosus von Bedeutung, da sich das Klappenostium ohne weiteres durch eine Dilatation des rechten Ventrikels verformen kann. Im Septumbereich ist die Dehnungsfähigkeit des Ostiums natürlich viel geringer als im Bereich des anterioren und posterioren Segels (CARPENTIER u. Mitarb., 1974; DELOCHE u. Mitarb., 1974; CARPENTIER, 1976; DEVEGA u. Mitarb., 1976).

Durch Narben verdickte Klappen können wahrscheinlich im Niederdruckgebiet ihre Funktionsfähigkeit früher und stärker einbüßen als im Hochdruckgebiet (Abb. 10). Die verdickten Klappen schließen sich langsamer; es entsteht eine frühsystolische Insuffizienz (SCHOENMACKERS, 1967, 1969). Zu dünne und zu große Klappen können hingegen durchschlagen und zu einer spätsystolischen Insuffizienz führen (SCHOENMACKERS, 1965; AINSWORTH u. Mitarb., 1973).

Extravalvuläre funktionelle Fehler entstehen auf hämodynamischer Basis bei Mitral- und Aortenfehlern (BRAND und RUDOLPH, 1967; HANSING und ROWE, 1972; KAWASHIMA u. Mitarb., 1974), Linksinsuffizienz, pulmonalem Hochdruck (BRAND und RUDOLPH, 1967; BRAUNWALD, 1969; KELLER u. Mitarb., 1970; ISMAIL u. Mitarb., 1972) oder durch Myokarditis, durch Vernarbung der Muskulatur des Vorhofs und natürlich auch – wenn auch selten – im Rahmen einer Koronarinsuffizienz mit diffuser Myokardverschwielung (LINZBACH, 1962; SCHOENMACKERS, 1965). Wichtiger als diese Verschwielung ist jedoch die Lipomatosis cordis (SCHOENMACKERS und WILLMEN, 1963), weil sie oft zur Schwächung und Leistungsminderung des rechten Ventrikels führt.

Weiterhin können einer extravalvulären funktionellen Insuffizienz Änderungen der äußeren und inneren Herzform zugrunde liegen. So wird der linke Vorhof z.B. bei einem Mitralfehler stark vergrößert und das „schwache Skelett“ der Trikuspidalklappe eingedrückt. Die Klappenebene wird dadurch so verformt, daß eine Insuffizienz der Trikuspidalklappe entstehen kann. Auch nach der Korrektur eines Mitralfehlers durch eine Prothese kann die Erweiterung des Vorhofes bestehen bleiben (Abb. 11) (WOLTER und HASSENSTEIN, 1967; AINSWORTH u. Mitarb., 1973). Starre künstliche Klappen der linken Seite haben normalerweise eine leichte Insuffizienz und führen deshalb gleichfalls zu einer Verformung des rechten Vorhofs, so daß die Schlußfähigkeit der Trikuspidalklappe auch hierdurch eingeschränkt werden kann (Abb. 11) (TAGUCHI und MATSUURA, 1968).

Aortenklappenfehler können ebenfalls mit Verformung des Vorhofs einhergehen, so daß *auch* auf diesem Wege eine relative Insuffizienz entstehen kann.

Angeborene Herzfehler mit veränderter innerer Herzform sind zum Teil nach Korrektur des Fehlers mit einer Insuffizienz der Trikuspidalklappe belastet (SCHOENMACKERS, 1958; FISHER u. Mitarb., 1973; MALLAMO und CARLSSON, 1974).

Die Fehler der Trikuspidalklappe können zu einer extremen Ausziehung und Gefügedilatation der Vorhofmuskulatur führen, die funktionell ähnlich wirkungslos ist wie eine diffuse Fibrose. Ein solcher funktionsloser Vorhof wird zu einem Sammelbecken von Blut; das kann die Pathohämodynamik eines Trikuspidalfehlers deutlich verstärken (vgl. Abb. 9).

Relativ selten sind Verkalkungen des Anulus fibrosus der Trikuspidalklappe. Sie sind wesentlich geringer als entsprechende Verkalkungen der Mitralklappen. Auch funktionell scheinen diese kleinen Verkalkungen keine Rolle zu spielen (ROGERS u. Mitarb., 1969; GOULD u. Mitarb., 1971; BEREGOVICH und REICHER-REISS, 1973).

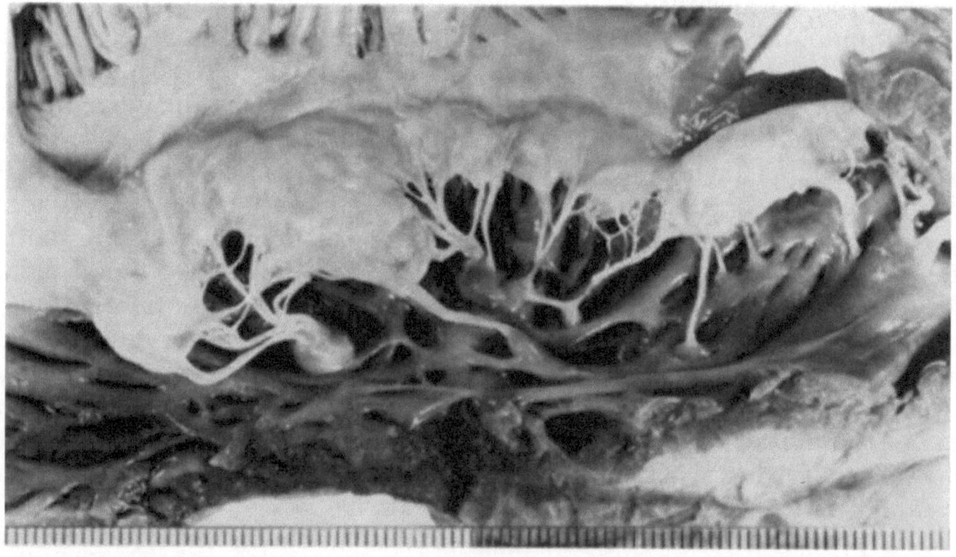

Abb. 10. Diffuse Verdickung der Trikuspidalklappensegel, entsprechend der langsamen Klappe mit frühsystolischer Insuffizienz.

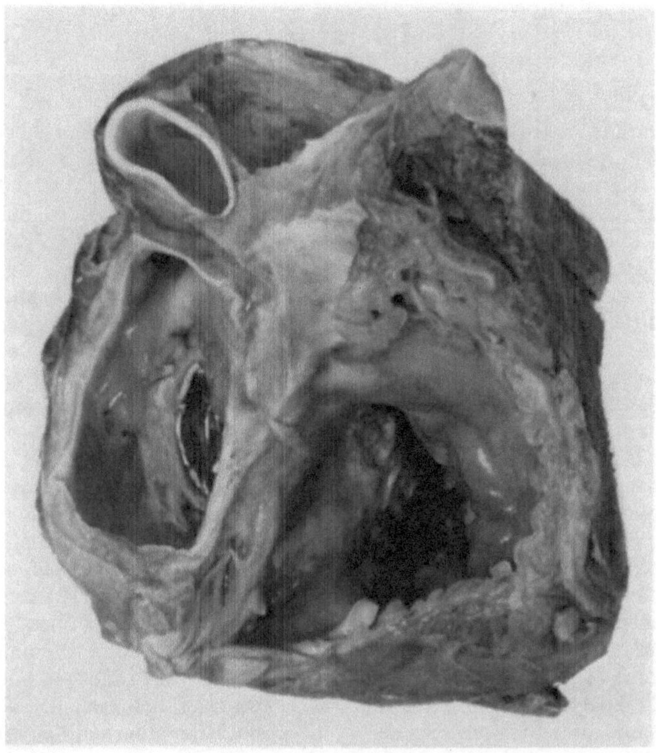

Abb. 11. Mitralklappenersatz. Erweiterung des linken Vorhofs. Leichte Vorwölbung der Implantationszone in den rechten Vorhof

Klinisch tritt die Trikuspidalinsuffizienz mit einer Blutstauung im venösen Schenkel des großen Kreislaufs auf. Immer wahrnehmbar ist eine Vergrößerung der Leber mit systolischer Leberpulsation. Daneben bestehen Aszites, Pleuraergüsse und Beinödeme (Loogen und Schaub, 1959; Grosse-Brockhoff u. Mitarb., 1960).

b) Pulmonalklappenfehler

Die Fehler der Pulmonalklappe sind als erworbene Klappenfehler ausgesprochen selten. Auf Pulmonalstenosen wird bei der Besprechung der angeborenen Herzfehler eingegangen (Schoenmackers, 1959; und in diesem Handbuch, Holzmann u. a., 1960).

Die Pulmonalinsuffizienz entsteht vorwiegend postnatal, während fast alle Pulmonalstenosen konnatal entstanden sind. Sie können gelegentlich auf der Basis endokarditischer Rezidive mit progredienter Verengung der Klappenlichtung erst im Erwachsenenalter zu klinisch faßbaren Symptomen führen und einen echten erworbenen Pulmonalklappenfehler vortäuschen. Man trifft die Pulmonalstenose ab und zu im Rahmen des Flush-Syndroms (Langer, 1958, Losh, 1959).

Pulmonalstenose und -insuffizienz führen zur Hypertrophie des rechten Ventrikels, oft auch des rechten Vorhofs. Nach Stenosen ist die Hypertrophie schwerer als nach Insuffizienz. In jedem Fall kann sich eine *sekundäre extravalvuläre Trikuspidalinsuffizienz* bilden. Das Wirkungsfeld der Pulmonalstenose, seltener der Insuffizienz, erstreckt sich später auf den venösen Schenkel des großen Kreislaufs, auf die Leber und das Pfortadergebiet.

Die Pulmonalinsuffizienz hat nicht die besonderen Aspekte, wie sie für die Aorteninsuffizienz auseinandergesetzt wurden, da die Druckdifferenz zwischen rechtem Ventrikel und Lungenschlagader nur gering ist und die Elastizität der Pulmonalis nicht an die der Aorta heranreicht.

Literatur

Adler, E., Reul, H., Gerling, P. E., Schoenmackers, J.: Experimentelle extravalvuläre Mitralinsuffizienz durch Klappenringdilatation. Untersuchungen über die Klappenreserve (Postmortale Untersuchungen an Schweineherzen). Arch. Kreisl.-Forsch. **59**, 29—35 (1969)

Ainsworth, R. P., Hartmann, A. F. Jr., Aker, U., Schad, N.: Tricuspid valve prolapse with late systolic tricuspid insufficiency. Radiology **107**, 309—311 (1973)

Albertini, A. von: Pathologie des Endokard. In: Bargmann, W., W. Doerr, Das Herz des Menschen. Stuttgart: Thieme 1963

Appelbaum, A., Freund, U., Stern, S., Aviad, I., Pessachowicz, B., Borman, J. B.: Multiple valve replacement in children with rheumatic heart disease. Israel J. med. Sci. **9**, 19—26 (1973)

Arbulu, A., Thoms, N. W. Chiscano, A., Wilson, R. F.: Total tricuspid valvulectomy without replacement in the treatment of pseudomonas endocarditis. Surg. Forum **22**, 162—164 (1971)

Baggenstoss, A. H., Titus, J. L.: Rheumatic and collagen disorders at the heart. In: Gould, S. E., Pathology of the heart and blood vessels. Springfield, Ill.: Thomas 1968

Bates, H. R., Jr., Clark, K. F.: Observations on the pathogenesis of carcinoid heart disease and the tanning of fluorescent fibrin by 5-hydroxytryptamine and ceruloplasmin. Amer. J. clin. Path. **39**, 46—53 (1963)

Beregovich, J., Reicher-Reiss, H.: Calcification of the tricuspid valve. Case report. Vasc. Surg. **7**, 200—205 (1973)

Böhmig, R., Klein, P.: Pathologie und Bakteriologie der Endokarditis. Berlin-Göttingen-Heidelberg: Springer 1953

Braimbridge, M. V., Sarin, C. L., Yalav, E., Clement, A. J., Mendel, D.: Tricuspid valve replacement in rheumatic heart disease. Brit. med. J. **12**, 629—631 (1970)

Brand, E., Rudolph, W.: Auftreten und postoperative Rückbildung der relativen Trikuspidalinsuffizienz bei Mitralfehlern. Verh. dtsch. Ges. inn. Med. **73**, 741—746 (1967)

Braunwald, E.: Mitral regurgitation. Physiologic, clinical and surgical considerations. New Engl. J. Med. **281**, No. 4, 425—433 (1969)

Buss, H., Dahm, H. H., Lindenfelser, R.: Die Oberfläche des Endothels des Rattenherzens. Rasterelektronenmikroskopische Untersuchungen. Beitr. Path. **148**, 340—359 (1973)

Carpena, C., Kay, J. H., Mendez, A. M., Redington, J. V., Zubiate, P., Zucker, R.: Carcinoid heart disease. Surgery for tricuspid and pulmonary valve lesions. Amer. J. Cardiol. **32**, 229—233 (1973)

Carpentier, A.: Results in tricuspid valvular surgery. 5. Jahrestagung Dtsch. Ges. Thorax-, Herz- und Gefäßchir., Bad Nauheim, 19.—21. 2. 1976

Carpentier, A., Deloche, A., Hanania, G., Forman, J., Sellier, Ph., Piwnica, A., Dubost, Ch.: Surgical management of acquired tricuspid valve disease. J. thorac. cardiovasc. Surg. **67**, No. 1, 53—65 (1974)

Clawson, B. J.: Rheumatic heart disease; analysis of 796 cases. Amer. Heart J. **20**, 454—475 (1940)

Cooke, W. P., White, P. D.: Tricuspid stenosis with particular reference to diagnosis and prognosis. Brit. Heart J. **3**, 142 (1941)

Deloche, A., Guérinon, J., Fabiani, J. N., Morillo, F., Caramanian, M., Carpentier, A., Maurise, P., Dubost, Ch.: Étude anatomique des valvulopathies rhumatismales tricuspidiennes. Application à l'étude critique des différentes méthodes d'annuloplastie. Arch. Mal Cœur **67**, 497—506 (1974)

Delzant, J.-F., Forman, J., Machado, G., Calisti, G.: Insuffisance tricuspidienne fonctionelle et organique. (A propos de 60 cas étudiés par cathétérisme et phonocardiographie intracavitaire.) Arch. Mal Cœur **60**, 305—332 (1968)

Fallen, H., Dittrich, H., Emde, J. von der, Rosellen, E., Lang, K., Just, H.: Akute Trikuspidalinsuffizienz infolge Sehnenfadenruptur. Münch. med. Wschr. **116**, 803—806 (1974)

Finnegan, P., Abrams, L. D.: Isolated tricuspid stenosis. Brit. Heart J. **35**, 1207—1210 (1973)

Fisher, R. D., Brawley, R. K., Neill, C. A., Donahoo, J. S., Haller, J. A., Rowe, R. D., Gott, V. L.: Severe tricuspid regurgitation after repair of ventricular septal defect. J. thorac. cardiovasc. Surg. **65**, 702—707 (1973)

Fluck, D. C., Lopez-Bescos, L.: Calcified right atrial myxoma producing tricuspid incompetence. Proc. roy. Soc. Med. **61**, 1115—1118 (1968)

Gould, L., Zahir, M., Demartino, A., Gomprecht, R. F., Hayt, D.: Extensive calcification of the tricuspid valve in rheumatic heart disease. Angiology **22**, 529—532 (1971)

Grosse-Brockhoff, F., Kaiser, K., Loogen, F.: Erworbene Herzklappenfehler. In: Handbuch der inneren Medizin, Bd. IX, Teil 2. Berlin-Göttingen-Heidelberg: Springer 1960

Gueron, M., Hirsch, M., Borman, J., Appelbaum, A.: Isolated tricuspid valvular stenosis. The pathology and merits of surgical treatment. J. thorac. cardiovasc. Surg. **63**, 760—764 (1972)

Hallen, A.: Fibrosis in the carcinoid syndrome. Lancet **1964 I**, 746—747

Hansing, C. E., Rowe, G. G.: Tricuspid insufficiency. A study of hemodynamics and pathogenesis. Circulation **45**, 793—799 (1972)

Isler, P., Hedinger, Ch.: Metastasierendes Dünndarmcarcinoid. Schweiz. med. Wschr. **83**, 4 (1953)

Ismail, M. B., Hamida, A. B., Bousser, P., Daoud, M., Fourati, M., Ghariani, M., Bareiss, P.: Insuffisance tricuspidienne et commissurotomie mitrale. Arch. Mal. Cœur **65**, 235—247 (1972)

Kawashima, Y., Nakano, S., Manabe, H.: Tricuspid insufficiency. A study of hemodynamics. Amer. J. Physiol. **74**, 853—859 (1974)

Keller, B. D., Boal, B. H., Lewin, A., Kaltman, A. J.: Development of tricuspid valvular regurgitation during the course of chronic cor pulmonale. Chest **57**, 196—199 (1970)

KNESE, K.-H.: Topographie des Herzens. In: BARGMANN, W., und W. DOERR, Das Herz des Menschen. Stuttgart: Thieme 1963

LINZBACH, A. J.: Umbauvorgänge des Herzens bei Belastung durch Herzfehler. Verh. dtsch. Ges. inn. Med. **67**, 8 (1962)

LOOGEN, F., SCHAUB, W.: Zur Klinik und Hämodynamik der Tricuspidalstenose. Dtsch. med. Wschr. **84**, 409 (1959)

MALLAMO, J. T., CARLSSON, E.: Organic tricuspid valvular insufficiency in children. Acta radiol. (Stockh.) **15**, 83—92 (1974)

MCALPINE, W. A.: Heart and coronary arteries. An anatomical atlas for clinical diagnosis, radiological investigation, and surgical treatment. Berlin-Heidelberg-New York: Springer 1975

MITCHELL, S. C., SELLMANN, A. H., WESTPHAL, M. C., PARK, J.: Etiologic correlates in study of congenital heart disease in 56109 births. Amer. J. Cardiol. **28**, 653 (1971)

MOGINN, J. S., ZIPES, D. P.: Constrictive pericarditis causing tricuspid stenosis. Arch. intern. Med. **129**, 487—490 (1972)

MORGAN, J. R., FORKER, A. D., COATES, J. R., MYERS, W. S.: Isolated tricuspid stenosis. Circulation **44**, 729—732 (1971)

RAHLF, G., BINDER, R., MEIER-CILLIEN, A.: Das Problem der relativen Insuffizienz der Mitral- und Trikuspidalklappe. Verh. dtsch. Ges. Path. **59**, 580 (1975)

ROBERTS, W. C., BUCHBINDER, N. A.: Right-sided valvular infective endocarditis. Amer. J. Med. **53**, 7—19 (1972)

ROBIN, E., THOMS, N. W., ARBULU, A., GANGULY, S. N., MAGNISALIS, K.: Hemodynamic consequences of total removal of the tricuspid valve without prostetic replacement. Amer. J. Cardiol. **35**, 481—486 (1975)

ROGERS, J. V., Jr., CHANDLER, N. W., FRANCH, R. H.: Calcification of the tricuspid annulus. Amer. J. Roentgenol. **106**, 550—557 (1969)

SBAR, S., DAICOFF, G., NIGHTINGALE, D., RAMSEY, H. W., SWANICK, E.: Chronic tricuspid insufficiency. South. med. J. **66**, 917—920 (1973)

SCHIEBLER, TH. H., DOERR, W.: Orthologie des Reizleitungssystems. In: BARGMANN, W., und W. DOERR, Das Herz des Menschen. Stuttgart: Thieme 1963

SCHOENMACKERS, J.: Über Herzklappenfehler bei angeborenen Herz- und Gefäßfehlern. Z. Kreisl.-Forsch. **47**, 107—118 (1958)

SCHOENMACKERS, J.: Zur Stenose und Hypoplasie des Pulmonalostiums. Minerva cardioangiol. Europea, **7**, 2, 80 (1959)

SCHOENMACKERS, J.: Pathologische Anatomie des insuffizienten Herzklappenapparates. Verh. dtsch. Ges. Kreisl.-Forsch. **31**, 15—29 (1965)

SCHOENMACKERS, J.: Zur Herzklappeninsuffizienz. Experimentelle Prüfung der Schlußfähigkeit von Herzklappen. Arch. Kreisl.-Forsch. **55**, 283—301 (1967)

SCHOENMACKERS, J.: Pulmonalklappenfehler. Im Kapitel: Angeborene Herzfehler. In diesem Band, Handb. med. Radiol. X/2a

SCHOENMACKERS, J., ADLER, E., REUL, H., GERLING, P. E.: Die normale Mechanik der Mitralklappe und der Einfluß von experimentellen Segelläsionen auf die Schlußfähigkeit. – Untersuchungen mit einem Kreislaufsimulator an Schweineherzen. Arch. Kreisl.-Forsch. **60**, 17—33 (1969)

SCHOENMACKERS, J., LINDENFELSER, R., REUL, H.: Pathogenese und pathologische Anatomie erworbener Herzklappenfehler. Radiologe **12**, 113—121 (1972)

SCHOENMACKERS, J., WILLMEN, H. R.: Über Lipomatosis cordis, ihre Beziehungen zur Leistungsfähigkeit und Insuffizienz des rechten Ventrikels. Arch. Kreisl.-Forsch. **40**, 251—283 (1963)

SHAH, A. R., EDELSTEIN, J.: Traumatic tricuspid regurgitation. Case report of a subtile clinical diagnosis. Ohio St. med. J. **69**, 450—452 (1973)

SILVER, M. D., LAM, J. H. C., RANGANATHAN, N., WIGLE, E. D.: Morphology of the human tricuspid valve. Circulation **43**, 333—348 (1971)

SPAIN, D. M.: Endokarditis. In: GOULD, S. E., Pathology of the heart and blood vessels, 3. ed. Springfield, Ill.: Thomas 1968

STAEMMLER, M.: In: KAUFMANN, E., M. STAEMMLER, Lehrbuch der Speziellen Pathologischen Anatomie. Berlin: W. de Gruyter & Co. 1955

TAGUCHI, K., MATSUURA, Y.: Surgical treatment of tricuspid insufficiency. Experience with 25 patients. Dis. Chest **53**, 599—604 (1968)

TATTERSFIELD, A. E.: Tricuspid incompetence due to right ventricular papillary muscle dysfunction. Postgrad med. J. **44**, 254—256 (1968)

VEGA, N. G. DE, RAWAGO, G. DE, MORINO, T., FRAILE, J., AZPITARTE, J.: The surgical treatment of tricuspid valve disease. Our results in 190 cases treated by an original technique. 5. Jahrestagung Dtsch. Ges. Thorax-, Herz- und Gefäßchir., 19. bis 21. 2. 1976 Bad Nauheim

WOLFSON, P. M., BASTA, L. L., SNOGRASS, R. P., KIOSCHOS, J. M.: Diastolic blood flow into the pulmonary artery in carcinoid heart disease. Amer. J. Cardiol. **33**, 685—688 (1974)

WOLTER, H. H., HASSENSTEIN, P.: „Trikuspidalstenose“ durch extreme Dilatation des linken Vorhofes. Radiologe **7**, 334—338 (1967)

ZAGER, J., SMITH, J. O., GOLDSTEIN, S., FRANCH, R. H.: Tricuspid and pulmonary valve obstruction relieved by removal of a myxoma of the right ventricle. Amer. J. Cardiol. **32**, 101—104 (1973)

IV. Erworbene Herzklappenfehler

Von

F. Loogen, L. Seipel, U. Gleichmann und H. Vieten

Mit 110 Abbildungen in 305 Einzeldarstellungen

Für die Entstehung eines erworbenen Herzklappenfehlers kommen zahlreiche ätiologische Faktoren in Frage. Zahlenmäßig überwiegen die rheumatischen und bakteriellen Endokarditiden.

Wenn auch festzustellen ist, daß das rheumatische Fieber in den letzten Jahrzehnten wesentlich seltener geworden ist, so sind doch die rheumatischen Klappenfehler heute keineswegs eine Seltenheit. Zu dem Rückgang der rheumatischen Erkrankungen hat zweifellos die wirksame Prophylaxe durch Antibiotika entscheidend beigetragen. Darüber hinaus spielen auch die besseren sozialen Verhältnisse der Industrieländer eine wichtige Rolle, zumal festgestellt werden konnte, daß eine Abnahme der Morbidität an rheumatischem Fieber schon vor Einführung der Sulfonamide eingesetzt hatte. In Ländern, die solche Voraussetzungen nicht haben, ist die Morbidität der rheumatischen Erkrankungen unverändert hoch. So ist auch zu erklären, daß rheumatische Herzklappenfehler unter Gastarbeitern häufiger sind, als bei der einheimischen Bevölkerung.

Daß die rheumatischen Herzklappenfehler auch in den Industrieländern nicht völlig ausgemerzt werden konnten, ist nicht verwunderlich, wenn man berücksichtigt, daß bei epidemiologischen Untersuchungen von Patienten mit rheumatischen Herzklappenfehlern in einem nennenswerten Prozentsatz eine ,,leere“ Anamnese gefunden wurde.

Im Gegensatz zur rheumatischen Endokarditis ist die bakterielle Herzklappenerkrankung, wenn man die ersten Nachkriegsjahre ausklammert, nicht wesentlich zurückgegangen. Dies ist darauf zurückzuführen, daß eine gezielte Antibiotika-Prophylaxe wegen der Vielzahl der möglichen Erreger nicht durchführbar ist.

Neben den rheumatischen und bakteriellen Endokarditiden spielen andere ätiologische Faktoren, wie die Syphilis, Kollagenosen, degenerative Veränderungen u. a. eine nur untergeordnete Rolle.

Die durch Traumen und Tumoren bedingten Klappenfehler werden an anderer Stelle besprochen.

1. Mitralfehler

a) Mitralstenose

Definition und historische Daten. Bei der Mitralstenose handelt es sich um eine Verkleinerung der Mitralklappenöffnungsfläche mit Erschwerung des diastolischen Bluteinstroms in die linke Kammer.

Eine der ersten pathologisch-anatomischen Beschreibungen stammt von MAYOW (1674). Der typische Auskultationsbefund wurde erstmals von CORVISART (1806) und etwas später von LAENNEC (1819) mitgeteilt. Erste Versuche einer klinischen Einteilung erfolgten 1886 von BROADBAND, der 3 Stadien unterschied: 1. Präsystolisches Geräusch und gedoppelter 2. Herzton bei guter Kompensation; 2. Stadium an der Grenze der Kompensation; 3. Endstadium der Dekompensation, in welchem das präsystolische Geräusch verschwunden ist. Erst 20 Jahre später wurde von MACKENZIE der Übergang vom Sinusrhythmus in Vorhofflimmern als Ursache hierfür festgestellt. Ausführliche historische Angaben finden sich bei ROLLESTON (1941) und GROSSE-BROCKHOFF u. Mitarb. (1960).

Ätiologie und pathologische Anatomie. Die erworbene Mitralstenose ist praktisch immer die Folge einer rheumatischen Endokarditis. Infektiöse Endokarditiden sind nur als Einzelfälle beschrieben worden (FRIEDBERG, 1966; ROBERTS u. Mitarb., 1967). Das Vollbild der Mitralstenose ist in der Regel erst ein bis zwei Jahrzehnte nach rheumatischer Ersterkrankung zu beobachten (WOOD, 1954; OLESEN, 1955; MEIER u. REINDELL, 1970). Es ist pathologisch-anatomisch durch 3 Faktoren charakterisiert (BAGGENSTOSS u. TITUS, 1968; POMERANCE, 1972; SCHOENMACKERS u. Mitarb., 1972):

1. Verformung und Verdickung des Klappenapparates mit vermehrter Vaskularisierung;

2. mehr oder weniger ausgeprägte Verklebungen der Kommissuren mit Verkürzung der Sehnenfäden. Daraus resultiert ein deformierter, in seiner Beweglichkeit eingeschränkter Klappenapparat mit Verkleinerung der Mitralöffnungsfläche.

3. Verkalkung des fibrös verquollenen Klappenapparates im fortgeschrittenen Stadium.

Die Drucksteigerung im linken Vorhof und im Lungenkreislauf verursacht weitere charakteristische pathologisch-anatomische Veränderungen. Die Erhöhung des linksatrialen Mitteldruckes führt zu einer mehr oder weniger ausgeprägten Dilatation des linken Vorhofs mit Wandhypertrophie. Die Dilatation des linken Vorhofs steht nur in loser Korrelation zum Schweregrad der Klappeneinengung (LUTEMBACHER, 1950; GROSSE-BROCKHOFF u. ISEKEN, 1954; WOOD, 1954; LOOGEN u. Mitarb., 1956; PECH u. Mitarb., 1968; KENNEDY u. Mitarb., 1970). Für die Vorhofvergrößerung ist nämlich nicht nur die linksatriale Drucksteigerung, sondern auch die karditische Schädigung der Vorhofmuskulatur verantwortlich. Durch den vergrößerten linken Vorhof werden der Oesophagus nach dorsal verdrängt und der linke Hauptbronchus nach kranial verlagert, mit konsekutiver „Spreizung“ der Trachealbifurkation. Zusätzlich kann es zu einer Kompression des linken Hauptbronchus mit Atelektase und nachfolgender Bronchopneumonie kommen (GROSSE-BROCKHOFF u. Mitarb., 1960).

Die pulmonale Drucksteigerung führt zur Erweiterung der venösen und arteriellen Lungengefäße. Zusätzlich kommt es zu Umbauvorgängen im Bereich der Gefäße und des Lungenparenchyms (Alveolen). Zu den Umbauvorgängen gehören Intimahypertrophie und Mediaverdickung, die bis zur Sklerosierung reichen können. In kleinen Gefäßen kann dadurch eine völlige Obliteration des Lumens erfolgen. Die Alveolarwände sind fibrös verdickt. Das fibrinöse Exsudat in den Alveolarräumen kann organisiert werden. Durch Ruptur kleiner Gefäße und Mikroblutungen kommt es zu Hamosiderinablagerungen. Die Lymphgefäße der Lunge und Pleura sind dilatiert. Die chronische Drucksteigerung im kleinen Kreislauf führt außerdem zu einer Hypertrophie des rechten Ventrikels und im Endstadium zu einer Dilatation mit „Trikuspidalisation“. Als besondere Komplikation ist eine Spontanruptur der A. pulmonalis beschrieben worden (KLOS, 1969).

Wie schon erwähnt, vergehen meist ein bis zwei Jahrzehnte zwischen der rheumatischen Ersterkrankung und der klinischen Manifestation der Mitralstenose. Als Erklärung für diesen zeitlichen Ablauf werden pathogenetisch verschiedene Mechanismen diskutiert:

1. Die Theorie der rheumatischen Rezidive geht von der Vorstellung aus, daß es nach der Ersterkrankung wiederholt zur Aktivierung des rheumatischen Prozesses an der Klappe kommt. Diese Aktivierung soll durch erneuten Kontakt des Organismus mit β-hämolysierenden Streptokokken ausgelöst werden, da es jedesmal zu einer Immunreaktion kommt (MEIER u. REINDELL, 1970). Für die Theorie der chronischen bzw. chronisch rezidivierenden Entzündung des Klappenprozesses ohne klinischen Anhalt für ein rheumatisches Rezidiv spricht, daß in einem hohen Prozentsatz der Fälle mit Mitralstenose (Operationsmaterial oder Sektionsgut) ASCHOFFsche Knötchen gefunden werden (ASCHOFF, 1905; LIBMAN, 1923; CLAWSON, 1940; MEESSEN, 1953; FASSBENDER, 1955). Von einigen Autoren wird allerdings die Ansicht vertreten, daß der Nachweis Aschoffscher Knötchen nicht unbedingt der Ausdruck eines spezifischen rheumatischen Prozesses zu sein braucht. Darüber hinaus ist fraglich, ob solche histologischen Veränderungen für eine noch floride Entzündung beweisend sind

(CLAWSON, 1941; FASSBENDER u. RUCKES, 1954; HARTVEIT u. WAALER, 1961; von ALBERTINI, 1963; BAGGENSTOSS u. TITUS, 1968).

2. Außerdem wird diskutiert, daß die Erkrankung zunächst durch den Kontakt mit β-hämolysierenden Streptokokken in Gang gesetzt wird. Der Prozeß läuft aber dann als selbständige Autoimmunerkrankung auch ohne erneuten Kontakt mit dem Antigen ab. Die Theorie der Autoimmunerkrankung des Herzens wird durch den Nachweis zirkulierender Autoantikörper gestützt. Der Nachweis solcher Antikörper beweist allerdings noch nicht, daß die kardialen Veränderungen damit kausal zusammenhängen (KUNKEL u. TAN, 1964; BAGGENSTOSS u. TITUS, 1968; KAPLAN u. FRENGLEY, 1969; BACHMANN, 1971).

3. Nach anderer Vorstellung werden die Klappen durch die Entzündung im Rahmen der rheumatischen Ersterkrankung verändert. Auch wenn im weiteren Verlauf dieser rheumatische Prozeß nicht mehr aufflammt, kommt es zu Fibrin- und Thrombozytenablagerungen an diesen veränderten Klappen, die zur weiteren Verdickung und Verklebung der Segel führen (MAGAREY, 1951). Eine zusätzliche Rolle kann die durch den erkrankten Klappenapparat veränderte Hämodynamik spielen. Die unphysiologische Belastung der einmal veränderten Klappe (Wirbelbildung) führt zu weiteren degenerativen Veränderungen (HADFIELD u. GARROD, 1947; DEKKER u. Mitarb., 1968; DUBIN u. Mitarb., 1971; SELZER u. COHN, 1972; REICHEK u. Mitarb., 1973). Diese Pathogenese wird besonders dann diskutiert, wenn Zeichen einer rheumatischen Aktivität histologisch fehlen (TWEEDY, 1956; ROSENMANN u. Mitarb., 1963).

Pathophysiologie. Die Pathophysiologie der Mitralstenose wird entscheidend durch das Strombahnhindernis an der Mitralklappe bestimmt. Da bei normalen Klappenverhältnissen der Durchfluß um das Fünffache gesteigert werden kann, ohne daß eine Druckdifferenz an der Klappe auftritt, ist verständlich, daß bei Mitralstenosen eine hämodynamische Rückwirkung unter Ruhebedingungen erst bei einer Einengung der Klappenöffnungsfläche um mehr als 50% zu erwarten ist. Während geringe Stenosen nur unter Belastungsbedingungen mit gesteigertem Herzzeitvolumen eine Druckdifferenz aufweisen, muß bei starker Stenosierung schon zur Aufrechterhaltung des normalen Herzzeitvolumens in Ruhe der Druck im linken Vorhof konstant erhöht werden.

Bei normalen Drucken im linken Vorhof und im linken Ventrikel würde die Ostiumstenose eine Verminderung des diastolischen Einstromvolumens in den linken Ventrikel bewirken. Ein normales Herzzeitvolumen kann daher nur durch eine Erhöhung des Mitteldruckes in den der Stenose vorgeschalteten Kreislaufabschnitten erreicht werden. Nach bisherigen Befunden fließen bei normalen Klappenverhältnissen $^{2}/_{3}$ bis $^{3}/_{4}$ des gesamten Einstromvolumens im ersten Drittel der Diastole durch die Mitralklappe in den linken Ventrikel (NOLAN u. Mitarb., 1969; WILLIAMS u. Mitarb., 1970(b)). Daraus resultiert, daß bei einer Mitralstenose die Druckdifferenz in der frühen Diastole am größten ist. Bei leichter Mitralstenose ist sie sogar ausschließlich auf die frühe Diastole beschränkt; bei schweren Mitralstenosen besteht auch enddiastolisch noch eine nennenswerte Druckdifferenz. Nach Untersuchungen von STOTT u. Mitarb. (1970) bleibt das Verhältnis von früh- zu spätdiastolischem Einflußvolumen auch beim Vorliegen einer Mitralstenose erhalten. Solange noch ein Sinusrhythmus besteht, wird in der Phase der Vorhofkontraktion die Druckdifferenz zwischen Vorhof und Ventrikel noch einmal mehr oder weniger ausgeprägt erhöht, wodurch die hohe Vorhofkontraktionswelle bzw. a-Welle bei Mitralstenosen zustande kommt. Nach HEIDENREICH u. Mitarb. (1969) kommt bei Stenosierung der Mitralklappe der Phase der Vorhofkontraktion eine größere Bedeutung als bei Normalpersonen zu, besonders bei kurzen Diastolen. Nach Untersuchungen von WERKÖ (1964) ist das Herzzeitvolumen bei Vorhofflimmern gegenüber einem frequenz-vergleichbaren Sinusrhythmus kleiner. Besonders ungünstig sind die tachykarden Formen des Vorhofflimmerns, da mit ansteigender Frequenz die Ventrikelfüllung abnimmt und parallel hierzu der Vorhof- und Pulmonalarteriendruck ansteigt (WOOD, 1954; ARANI u. CARLETON, 1967; COBBS, 1970; TSAGARIS u. THORNE, 1970; MACHANDA u. Mitarb., 1974).

Bei Mitralstenosen leichteren Schweregrades beschränkt sich die präsystolische Druckerhöhung zunächst auf den linken Vorhof und die Lungenvenen. Eine stärkere Stenosierung führt darüber hinaus zu einer Steigerung des Mitteldrucks (über 20 mm Hg) in der Pulmonalarterie. Da bei leichten bis mittelgradigen Stenosen ohne nennenswerte Drucksteigerung noch keine anatomischen Veränderungen des Lungenkapillarsystems vorzuliegen brauchen, kann es in diesen Fällen durch passagere Drucksteigerung (über 35 mm Hg) zu einem Lungenödem kommen. Dies ist besonders dann der Fall, wenn das Herzzeitvolumen unter Belastung gesteigert werden muß, was nach dem Gesagten nur durch eine Erhöhung der Druckdifferenz zwischen linkem Vorhof und Ventrikel möglich ist. Eine hämodynamisch bedeutsame Mitralstenose führt nach einiger Zeit zu Veränderungen in der Wand der Lungenkapillaren; in diesem Falle tritt bei gleicher Drucksteigerung kein Lungenödem mehr auf, obwohl der Mitteldruck in der Pulmonalarterie dauerhaft auf Werte über 35 mm Hg erhöht sein kann (LOOGEN u. Mitarb., 1956; GROSSE-BROCKHOFF u. Mitarb., 1960; SCHLANT, 1970).

Bei hämodynamisch bedeutsamen Mitralstenosen kann die Steigerung des Druckes in der Pulmonalarterie so erheblich sein, daß die Druckwerte über denen des großen Kreislaufs liegen. Dann ist der Mitteldruck im Lungenkreislauf stärker gesteigert, als es dem Mitteldruck im linken Vorhof entspricht. Dies ist darauf zurückzuführen, daß durch die chronische Drucksteigerung sklerotische Veränderungen der Lungengefäße mit Lumeneinengung entstehen, die ihrerseits einer Stenose gleichzusetzen ist. Die Steigerung des pulmonalen Widerstandes bekommt damit einen selbständigen Krankheitswert im Sinn einer „zweiten Stenose" (KNIPPING u. Mitarb., 1960), die der eigentlichen Mitralstenose vorgeschaltet ist. Die anatomischen Veränderungen der Lungenkapillaren und der Alveolen bedingen zusätzlich eine Diffusionsstörung, die im fortgeschrittenen Stadium zu einer arteriellen Untersättigung führt (BAYER u. Mitarb., 1957).

Die pulmonale Drucksteigerung sowie die dadurch entstehende Gefahr des Lungenödems kann teilweise durch aufrechte Körperhaltung kompensiert werden. Bei einem Mitteldruck von 25 bis 30 mm Hg im linken Vorhof kann durch aufrechte Körperhaltung der Druck in den oberen Lungenabschnitten auf 5 bis 10 mm Hg reduziert werden. Wegen des niedrigen Pulmonalkapillardruckes in den oberen Lungenabschnitten wird verständlich, daß das interstitielle Ödem in den basalen Lungenabschnitten auftritt, die einem höheren Druck ausgesetzt sind. Entsprechend finden sich Kerleysche Linien als röntgenologisches Äquivalent des interstitiellen Ödems nur in den basalen Lungenabschnitten.

Durch die Anpassungsvorgänge (Drucksteigerungen im linken Vorhof und im vorgeschalteten Ventrikelbereich) werden bei leichten Mitralstenosen noch physiologische Minutenvolumenwerte unter Ruhebedingungen ermöglicht. Bei höhergradigen Stenosen ist das Herzzeitvolumen aber mehr oder weniger stark vermindert. Unter Belastung findet man bei leichten Stenosen eine gute Steigerungsmöglichkeit des Herzzeitvolumens, während dies bei schweren Formen aus den dargelegten Gründen nicht oder nur sehr begrenzt möglich ist.

Eine Verminderung der kardialen Auswurfleistung wird durch eine erhöhte periphere Ausschöpfung (erhöhte arteriovenöse Sauerstoffdifferenz) kompensiert.

Für die Abnahme des Herzzeitvolumens werden zwei Mechanismen diskutiert: Die Auswurfleistung des linken Ventrikels wird einmal durch den infolge der Stenose verminderten diastolischen Einstrom limitiert. Dies dürfte der entscheidende Faktor sein. Myokardiale Faktoren können möglicherweise zusätzlich eine Rolle spielen (HARVEY u. Mitarb., 1955; FLEMING u. WOOD, 1959; SCHEUER, 1972). Diese Autoren nehmen an, daß die Verminderung des Herzzeitvolumens auf einer Dysfunktion der Ventrikelkontraktion mit Störung des Kontraktionsablaufs im postero-basalen Ventrikelabschnitt bedingt ist. Als Erklärung für diese Funktionsstörung wird das Übergreifen entzündlicher Veränderungen vom Klappenbasisring auf die angrenzende Muskulatur diskutiert. Dies kann u.U. unbefriedigende Ergebnisse auch nach ausreichender operativer Klappenerweiterung erklären (KASALICKÝ u. Mitarb., 1968; HELLER u. CARLETON, 1970; BITTAR u. Mitarb., 1971; CURRY u. Mitarb., 1972; HILDNER u. Mitarb., 1972; HORWITZ u. Mitarb., 1973).

Allerdings fanden SIGWART u. REID (1976), daß die Funktion des linken Ventrikels bei Patienten mit Mitralstenose nicht beeinträchtigt ist.

Eine typische Komplikation der Mitralstenose ist das Auftreten von Embolien vorwiegend im großen, aber auch im kleinen Kreislauf. Als wesentliche Ursache für die intravasale Thrombose gilt die verminderte Blutströmung in den dilatierten Vorhöfen und dem Lungenstrombett. Lokale Entzündungen können zusätzlich eine Rolle spielen. Da beim Auftreten von Vorhofflimmern durch die fehlende Vorhofkontraktion die Blutströmung weiter abnimmt und „tote Zonen" im Vorhof entstehen, wird verständlich, daß die Emboliehäufigkeit mit Einsetzen der Rhythmusstörung erheblich zunimmt. Die Lungenembolien führen zu einer weiteren Einengung der pulmonalen Strombahn und damit zu einer Steigerung der pulmonalen Hypertonie (WALSTON u. Mitarb., 1973). Pathologisch-anatomisch sind diese Embolien im Endstadium häufig nicht von Lungenarterienthrombosen zu unterscheiden. Klinisch bleiben diese Prozesse häufig unerkannt. Arterielle Embolien führen dagegen meist zu dramatischen klinischen Symptomen. Eine Nierenembolie kann sich allerdings erst durch das Auftreten eines arteriellen Hypertonus klinisch manifestieren.

Häufigkeit und Beschwerdebild. In etwa 80—90% der Fälle mit einem fieberhaften Gelenkrheumatismus kommt es zu einer Beteiligung des Herzens (BLAND u. JONES, 1951; KÖTTGEN u. CALLENSEE, 1959; WILSON, 1962). In 60—80% aller rheumatischen Klappenfehler ist die Mitralklappe betroffen. Dabei überwiegt die reine Mitralstenose (CLAWSON, 1940; EDSTRÖM u. GEDDA, 1954; GROSSE-BROCKHOFF u. ISEKEN, 1954). Da die rheumatischen Ersterkrankungen in den letzten Jahrzehnten zurückgegangen sind, nehmen auch die rheumatischen Vitien ab (Joint Report AHA, 1965; MARKOWITZ, 1970; ANSCHÜTZ u. WIPPERFÜRTH, 1972). Wieweit hiervon auch die 40—50% der erworbenen Mitralfehler ohne rheumatische Anamnese betroffen sind, ist noch nicht sicher entschieden (VENDSBORG u. Mitarb., 1968). Im heutigen Krankengut dominieren daher die Patienten mit lange zurückliegender Ersterkrankung, bei denen oft eine oder mehrere Kommissurotomien vorgenommen wurden. Entsprechend sind in diesem Krankengut reine Mitralstenosen relativ selten, und es überwiegen die kombinierten Vitien (LOOGEN u. Mitarb., 1972). Das weibliche Geschlecht dominiert bei Stenosen im Verhältnis 2:1 bis 3:1 (WOOD, 1954; OLESEN, 1955; LOOGEN u. Mitarb., 1956).

Im Vordergrund des *Beschwerdebildes* steht die unterschiedlich ausgeprägte Dyspnoe. In leichten Fällen besteht sie nur bei Belastung; bei hochgradigen Stenosen fällt auch schon in Ruhe eine Dyspnoe auf. Die Atemnot als besonders charakteristischer Befund der Mitralstenose ist ein wichtiges Kriterium für die klinische Einteilung der Schweregrade (BAYER u. Mitarb., 1954(b); LOOGEN u. Mitarb., 1956). Einen Überblick über diese Einteilung zeigt Tabelle I.

Bei leichten Mitralstenosen (Schweregrad I) liegen, von extremen Belastungen abgesehen, keine Beschwerden vor. Die Leistungsfähigkeit ist normal. Bei dieser Patientengruppe fällt nur der Auskultationsbefund auf. Die Patienten des II. Schweregrades haben

Tabelle I. Beziehungen der Schweregrade der Mitralstenose zur Häufigkeit des Vorkommens und der Ausprägung der verschiedenen Allgemeinsymptome, wobei dieser Einteilung klinische Gesichtspunkte zugrunde gelegt sind (nach BAYER, LOOGEN und WOLTER, 1954)

Schweregrad	Leistungseinschränkung	Dyspnoe	Lungenödem	Hämoptysen	„Mitrales Aussehen"	Zyanose
I	keine	keine	kein	keine	kein	keine
II	gering (nur bei stärkeren Belastungen)	nur bei stärkeren Belastungen	kein	keine	kein	keine
III	stark (schon bei geringen Belastungen)	schon bei geringen Belastungen	paroxysmal (bei stärkeren Belastungen)	selten (dann geringe Blutbeimengungen bei Belastungen)	angedeutet	evtl. gering
IV	völlig (an Bett und Stuhl gefesselt)	schon in Ruhe	chronisch präödematöser Zustand (zuweilen ausgeprägt)	gehäuft (massive Hämoptysen)	ausgeprägt	mäßig

in Ruhe und bei leichter Belastung ebenfalls keine Beschwerden. Bei stärkerer körperlicher Anstrengung ist jedoch Atemnot nachweisbar. Bei stärkerer körperlicher Belastung können unter Umständen Lungenödem oder Hämoptoe auftreten. Patienten des III. Schweregrades weisen in den meisten Fällen anamnestisch ein Lungenödem oder eine Hämoptoe auf. Sie geben schon bei leichter Belastung Dyspnoe an. Es besteht oft Orthopnoe. Ihre Leistungsfähigkeit ist dementsprechend eingeschränkt. Für den IV. Schweregrad ist die Ruhedyspnoe charakteristisch. Gleichzeitig sind in der Regel die Zeichen der Rechtsherz-Insuffizienz nachweisbar.

Embolien können in jedem Stadium der Erkrankung auftreten. Sie sind manchmal das erste Zeichen des Mitralfehlers (BANNISTER, 1960). Meistens treten sie allerdings erst bei höheren Schweregraden und länger bestehender Erkrankung mit Vorhofflimmern auf (LOOGEN u. SEIPEL, 1967).

Klinische Befunde. Im typischen Fall mit hämodynamisch bedeutsamer Mitralstenose ist eine periphere Zyanose nachweisbar. Sie kommt durch vermehrte Sauerstoffausschöpfung des Gewebes zustande mit erhöhter arteriovenöser Sauerstoffdifferenz ($AVDO_2$) des Blutes. Sie ist eine wesentliche Ursache für das Auftreten der sog. Facies mitralis mit blauroter Wangenverfärbung und Lippenzyanose. Die „Facies mitralis" ist allerdings nicht pathognomonisch für eine Mitralstenose, sondern kann auch bei anderen Erkrankungen mit vermindertem Herzzeitvolumen und erhöhter AVD_{O_2} auftreten. Die Zyanose kann noch ausgeprägter werden, wenn zur peripheren vermehrten Ausschöpfung noch eine Lungendiffusionsstörung aufgrund der sekundären Lungenveränderungen mit einer zentralen Sauerstoffuntersättigung hinzukommt.

Bei der *Palpation* findet sich an typischer Stelle ein kurz anschlagender Spitzenstoß, der in seiner Intensität etwas vermindert sein kann. Das zeigt auch das Apexkardiogramm, das dann einen schmalen systolischen Gipfel aufweist. Bei funktionell bedeutsamen Mitralstenosen kann man manchmal über der Spitze Schwirren tasten. Präkordiale Pulsationen sind der Ausdruck einer vermehrten Aktivität des rechten Ventrikels. Sie sind bedingt durch eine Druckerhöhung im kleinen Kreislauf, u.U. mit zusätzlicher Volumenbelastung bei gleichzeitiger Trikuspidalinsuffizienz. Eine relative Trikuspidalinsuffizienz als Folge einer chronischen Mehrbelastung des rechten Ventrikels führt zu Zeichen einer oberen und unteren Einflußstauung (Stauung der Halsvenen, Lebervergrößerung).

Auskultation und Phonokardiographie. Die Diagnose einer Mitralstenose ist in der Regel durch den charakteristischen Auskultationsbefund möglich. Das Punctum maximum des

Geräusches liegt im Bereich der Herzspitze. Man hört einen deutlich betonten (paukenden) I. Ton, einen Mitralöffnungston im Anschluß an den II. Ton sowie ein niederfrequentes protodiastolisches Geräusch, das bei Sinusrhythmus in ein ,,präsystolisches" Kreszendogeräusch übergeht. Bei Vorhofflimmern ist das diastolische Geräusch in Abhängigkeit von der vorangehenden Diastolendauer unterschiedlich laut.

Das diastolische Geräusch entsteht als Strömungsgeräusch an der Mitralis bei erhöhter Druckdifferenz zwischen linkem Vorhof und linkem Ventrikel. Bei hämodynamisch bedeutsamen Mitralstenosen ist es in der Regel laut. Seine Intensität wird jedoch, neben dem Stenosegrad bzw. dem Druck im linken Vorhof auch von zusätzlichen Faktoren (Emphysem, Adipositas, Schwingungsfähigkeit des Klappenapparates u.a.) beeinflußt. Das präsystolische Geräusch entsteht durch die Vorhofkontraktionswelle, die erneut zu einem Anstieg der Druckdifferenz zwischen linkem Vorhof und Ventrikel in der späten Diastole führt. Dementsprechend fehlt das präsystolische Geräusch normalerweise bei Vorhofflimmern. CRILEY u. Mitarb. (1971) haben festgestellt, daß das präsystolische Geräusch erst nach der Vorhofkontraktionswelle auftritt, wenn sich die Mitralklappen aus ihrer vollen Öffnungsstellung in eine mittlere Position vor dem Klappenschluß bewegen. Hierdurch treten Strömungsgeräusche an den Klappensegeln auf. Die Vorhofkontraktion wäre dann nur insofern von Bedeutung, als sie die Schließungsbewegung der Mitralklappe beeinflußt (DALEY u. Mitarb., 1955; SARNOFF u. Mitarb., 1962; SKINNER u. Mitarb., 1964; GOULD u. Mitarb., 1965). In diesem Zusammenhang ist erwähnenswert, daß auch bei Vorhofflimmern präsystolische Geräusche beschrieben worden sind, die auf Strömungsgeräusche an den sich schließenden Mitralklappen bezogen werden (CRILEY u. HERMER, 1971; LAKIER u. Mitarb., 1972; TOUTOUZAS u. Mitarb., 1974). Möglicherweise sind allerdings diese ,,präsystolischen" Geräusche vor dem I. Ton bei Vorhofflimmern durch Schwingungen des Klappenapparats und der Muskulatur zu Beginn der Ventrikelkontraktion bedingt (LOOGEN u. Mitarb., 1956).

Phonokardiographisch läßt sich nachweisen, daß der I. Herzton gegenüber der Norm (normalerweise bis 0,06 sec nach Beginn des QRS-Komplexes) verspätet auftritt. Die Verspätung des I. Tons ist proportional der enddiastolischen Druckhöhe im linken Vorhof (HAGER u. Mitarb., 1965(b); ORESHKOV, 1967). Diese Korrelation ist dadurch zu erklären, daß der enddiastolische Vorhofdruck vom Ventrikeldruck um so später überschritten wird, je höher er liegt. Die Verspätung des I. Tons kann daher zur Beurteilung der enddiastolischen Druckhöhe im linken Vorhof und damit auch zur Beurteilung des Schweregrades der Stenose herangezogen werden (WELLS, 1954; CRAIGE, 1957; PY u. BARDET, 1966).

Hinweise auf den Schweregrad ergeben sich auch aus dem Intervall zwischen Aortenklappenschlußton und dem Mitralöffnungston unter Berücksichtigung der Herzfrequenz. Je höher der Vorhofdruck ist, desto früher wird er vom abfallenden Ventrikeldruck nach Aortenklappenschluß unterschritten. Dementsprechend erfolgt auch die Mitralklappenöffnung früher. Der Mitralklappenöffnungston entsteht, wenn im Augenblick der Öffnung sich die veränderten Mitralsegel plötzlich anspannen (SCHÖLMERICH u. GEHL, 1951; BAYER u. Mitarb., 1956; LOOGEN u. Mitarb., 1956; DAVIES, 1967; HULTGREN u. Mitarb., 1967; WOOLEY u. Mitarb., 1968; THOMPSON u. Mitarb., 1970). Bei stark verkalkten, unbeweglichen Klappen kann der Mitralöffnungston fehlen (PY u. BARDET, 1966). Hochgradige Mitralstenosen weisen ein Intervall zwischen Aortenklappenschlußton und Mitralöffnungston von 0,04—0,06 sec auf, mittelgradige Stenosen von 0,07—0,09 sec. In diesen Fällen können differentialdiagnostische Schwierigkeiten gegenüber einem III. Herzton entstehen. Eine Differenzierung ist mit Hilfe des Apexkardiogramms (ACG) möglich. Bei einem simultan registrierten ACG fällt der III. Herzton immer mit der schnellen Füllungswelle zusammen, während der Mitralöffnungston mehr oder weniger zuverlässig mit dem Punkt 0 übereinstimmt.

Bei pulmonaler Drucksteigerung ist das pulmonale Segment des II. Tons betont. Ein hochfrequentes diastolisches Geräusch im Anschluß an den II. Ton mit Punctum maximum über der Herzbasis kann als Ausdruck einer Pulmonalinsuffizienz bei pulmonaler Hypertonie auftreten. Dieses Geräusch wird oft als Graham-Steell-Geräusch bezeichnet (COHN u. HULTGREN, 1966; LUISADA, 1968). LOOGEN u. Mitarb. (1956) konnten unter 600 Fällen mit Mitralstenose nur 20mal ein solches Geräusch beobachten. Sehr viel häufiger findet sich ein diastolisches Geräusch im 3. bis 4. ICR links parasternal infolge einer begleitenden Aorteninsuffizienz (20—25%). Bezüglich der Zuordnung eines begleitenden diastolischen Geräusches zu einer Pulmonal- oder Aorteninsuffizienz sei auf die entsprechenden Röntgenbefunde verwiesen.

Elektrokardiographie. Das Elektrokardiogramm ist bei leichten Mitralstenosen meist unauffällig; es braucht aber auch bei funktionell bedeutsamer Mitralklappeneinengung keinen sicher pathologischen Befund zu zeigen. In Fällen mit Sinusrhythmus findet sich meistens ein mehr oder weniger deutliches P-sinistrokardiale. In einem großen Teil der Fälle mit hämodynamisch bedeutsamer Stenose (30—60%) ist Vorhofflimmern nachweisbar (LOGAN u. TURNER, 1953; WOOD, 1954; BELCHER u. SOMMERVILLE, 1955; LOOGEN u. SEIPEL, 1967). Das Vorhofflimmern ist allerdings nicht pathognomonisch für eine hochgradige Stenose, da neben der Vorhofüberdehnung noch zusätzliche Faktoren, z.B. Karditis, für die Rhythmusstörung verantwortlich zu machen sind (LOOGEN u. PANAYOTOPOYLOS, 1963). Andererseits können auch deutliche Mitralstenosen noch einen Sinusrhythmus haben (KAPLAN u. Mitarb., 1969).

Die vermehrte Rechtsherzbelastung bei Anstieg des pulmonalarteriellen Mitteldrucks führt elektrokardiographisch zu den Zeichen der rechtsventrikulären Hypertrophie und Dilatation: Drehung des Hauptvektors von QRS in der Frontalebene nach rechts, inkompletter Rechtsschenkelblock und Zunahme der R-Amplitude in den rechtspräkordialen Ableitungen. Bei ausgeprägter pulmonaler Drucksteigerung kann das Vollbild des pathologischen Rechtstyps mit Diskordanz der Kammerendteile in den genannten Ableitungen vorliegen. Ein kompletter Rechtsschenkelblock ist sehr selten (BAYER u. EFFERT, 1952; LOOGEN u. Mitarb., 1956; So, 1967; MÜLLER u. RICHTER, 1968; HAMER, 1970; GIEGLER, 1971).

Zeichen der Linksherzbelastung sind nicht typisch für das Elektrokardiogramm der Mitralstenose. Eine Zunahme der R-Amplitude in den linkspräkordialen Ableitungen ist verdächtig auf zusätzliche Belastung des linken Ventrikels (Aortenfehler, Hypertonie). In vielen Fällen mit Mitralstenose finden sich linkspräkordial uncharakteristische Kammerendteilveränderungen mit ST-Senkungen und präterminal negativem T; sie können der Ausdruck einer karditischen Schädigung sein (RITTER u. Mitarb., 1974). Auch an eine Glykosidwirkung sollte dabei gedacht werden.

Ultraschallkardiographie. Mit der Ultraschallkardiographie kann man den Mitralstenosegrad zuverlässig erfassen (EDLER u. HERTZ, 1956; EFFERT, 1959; KAINDL u. Mitarb., 1965; SCHMITT u. Mitarb., 1967; WINTERS u. Mitarb., 1967; EINERT, 1968; ZAKY u. Mitarb., 1968; FRIEDMAN, 1970; DUCHAK u. Mitarb., 1972; FEIGENBAUM, 1972; JOHNSON u. Mitarb., 1972; JOYNER, 1972; SCHNEIDER u. Mitarb., 1972; LAYTON u. Mitarb., 1973; MARY u. Mitarb., 1973). Nachteilig ist, daß eine gleichzeitig bestehende Mitralinsuffizienz und die hämodynamischen Rückwirkungen auf den Lungenkreislauf und das rechte Herz mit dieser Methode nicht zu beurteilen sind. Daher ist die Ultraschallkardiographie kein Ersatz für die intravasale Druckmessung im Lungenkreislauf.

Dagegen ist diese Methode zur Aufdeckung raumfordernder Prozesse im linken Vorhof (Vorhofmyxome oder große Thromben) mitunter sogar der Kontrastmitteluntersuchung überlegen (EFFERT u. DOMANING, 1959; SCHATTENBERG, 1968; WOLFE u. Mitarb., 1969; POPP u. HARRISON, 1969; KOSTIS u. MOGHADAM, 1970; BENDER u. Mitarb., 1971; SPENCER u. Mitarb., 1971; TRINKLE u. Mitarb., 1971; NASSER u. Mitarb., 1972(b); BASS u. SHARRATT, 1973; GUSTAFSON u. Mitarb., 1973; SRIVASTAVA u. FLETCHER, 1973; MARTINEZ u. Mitarb., 1974).

Röntgenbefunde. *Herzfernaufnahmen* von Patienten mit Mitralstenose sind gekennzeichnet durch die Vergrößerung des linken Vorhofs und die chronische Lungenstauung. Durch die Vergrößerung des linken Vorhofs und durch eine Erweiterung des Pulmonalbogens ist in der p.-a.-Aufnahme die Herztaille verstrichen; das linke Herzohr kann sich isoliert aus der linken Herzkontur vorwölben. Der vergrößerte linke Vorhof bedingt häufig am rechten Herzrand eine sog. Doppelkontur. Außerdem kann im Sagittalbild – namentlich auf Hartstrahlaufnahmen – der linke Vorhof besonders kontrastreich hervortreten. In ausgeprägten Fällen ist der linke Vorhof rechts randbildend. Verstrichene Herztaille, rechtsseitige Doppelkontur und „zurücktretender“ linker Ventrikel bedingen die *Mitralkonfiguration* des Herzens (Abb. 1a u. b). Der vergrößerte linke Vorhof führt zur *Spreizung der Trachealbifurkation* (Abb. 2) (EDWARDS, 1961; THURN, 1968); sie wird teilweise als indirektes Maß für die Beurteilung des Schweregrades einer Mitralstenose herangezogen. Die Größe

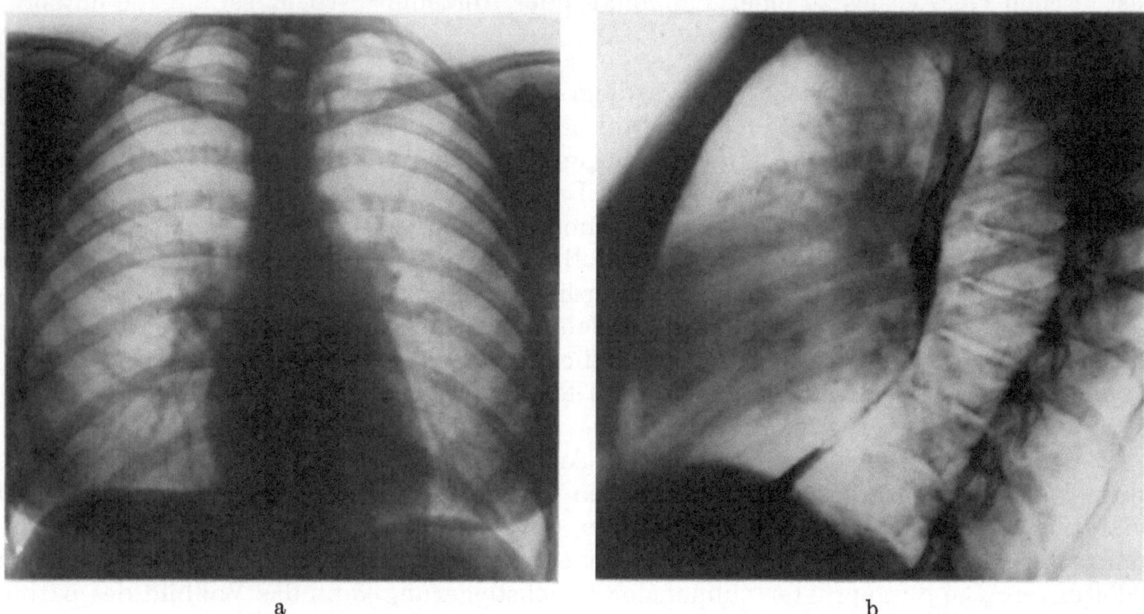

Abb. 1a u. b. Typische Mitralkonfiguration des Herzens. (a) Sagittale Herzfernaufnahme: Steil abfallende linke Herzbegrenzung. Verstrichene Herztaille. Flache Vorwölbung des Pulmonalbogens. Doppelkontur am rechten Herzrand durch vergrößerten linken Vorhof. Dichte Hili beiderseits. (b) Seitenbild: Verdrängung des kontrastmittel-gefüllten Oesophagus nach hinten in Höhe des vergrößerten linken Vorhofs

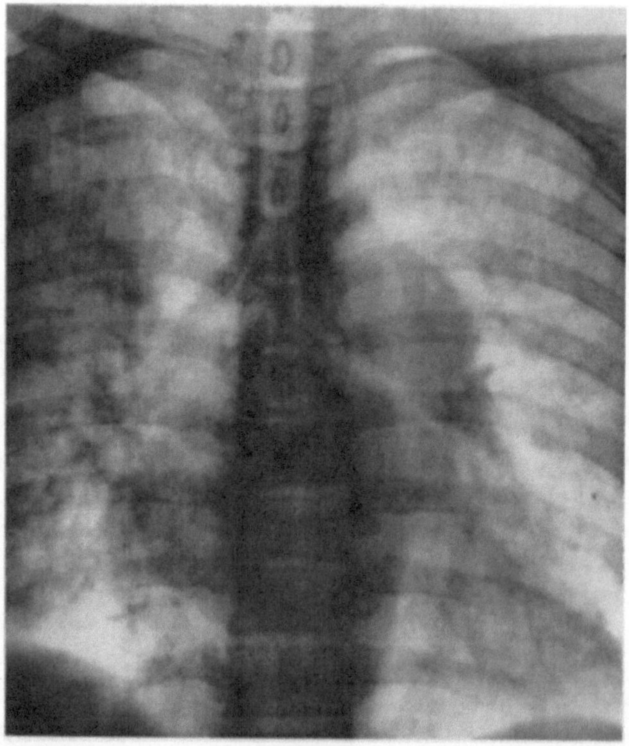

Abb. 2. Spreizung der Trachealbifurkation bei Mitralstenose (45-jähriger Pat.). Auf der Hartstrahlaufnahme ist der vergrößerte linke Vorhof auch im Sagittalbild kontrastreich zu erkennen

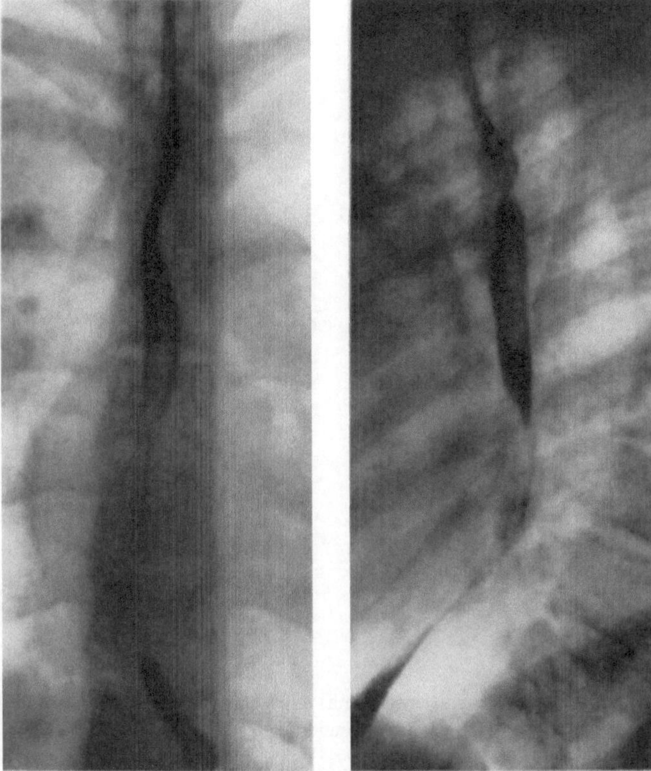

Abb. 3. Mitralstenose bei einem 28jährigen Pat. Verdrängung des kontrastmittel-gefüllten Oesophagus nach hinten und nach rechts

des linken Vorhofs ist aber nicht nur durch den Stenosegrad, sondern auch durch zusätzliche Faktoren, z.B. karditische Schädigung, bedingt. Es besteht keine strenge Beziehung zwischen Stenosegrad und Vorhofgröße (STAUFFER u. CURRY, 1954; LOOGEN u. Mitarb., 1956; SOLOFF u. Mitarb., 1957; PECH u. Mitarb., 1968; BERNSMEIER u. Mitarb., 1970; KENNEDY u. Mitarb., 1970). Die Größe des Vorhofs zeigt zudem eine deutliche Abhängigkeit vom Herzrhythmus: Patienten mit Vorhofflimmern weisen bei vergleichbarem Schweregrad des Vitiums in der Regel eine stärkere Dilatation des linken Vorhofs auf als Patienten mit Sinusrhythmus (SOSMAN, 1939; CHEN u. Mitarb., 1968; THURN, 1968; PROBST u. Mitarb., 1973). Daher korreliert der Winkel, den die beiden Hauptbronchien miteinander bilden, zwar mit der Größe des linken Vorhofs, aber nicht mit der Schwere der Mitralstenose. In extremen Fällen kann es zur Kompression des linken Hauptbronchus kommen.

In der Seitenaufnahme führt die Vergrößerung des linken Vorhofs zu einer isolierten Einengung des Herzhinterraums in Vorhofhöhe mit Verdrängung des Oesophagus nach hinten (vgl. Abb. 1b). Andere Autoren bevorzugen den ersten schrägen Durchmesser zur Beurteilung der linken Vorhofgröße (SOSMAN, 1939; MÜLLER u. RICHTER, 1968; THURN, 1968; BARON, 1971(a—c)). Im Sagittalbild ist eine Verdrängung der Speiseröhre nach rechts, in seltenen Fällen nach links, nachweisbar (Abb. 3a u. b). In der Mehrzahl der Fälle mit reiner Mitralstenose findet sich röntgenologisch in p.-a.-Projektion keine faßbare Vergrößerung des rechten Herzens. Im seitlichen Bild kann der Retrosternalraum durch die Ausflußbahn des rechten Ventrikels eingeengt sein. Bei ausgeprägter pulmonaler Drucksteigerung kann die Vergrößerung des rechten Ventrikels aufgrund der Rechtsherzbelastung im Sagittalbild zu einer Verbreiterung der Herzsilhouette nach links führen, da der linke Ventrikel nach links und hinten verdrängt wird. Diese Verdrängung des linken

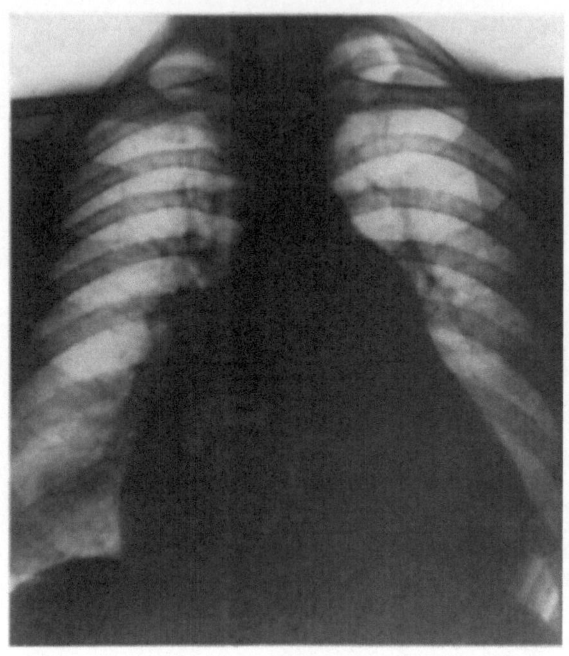

a

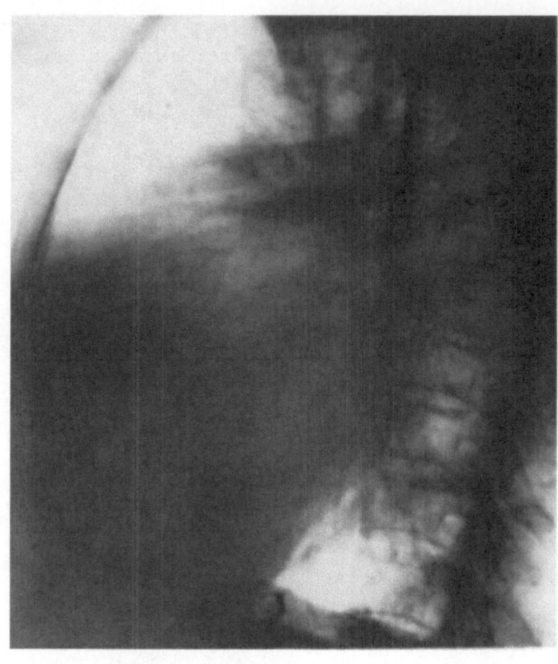

b

Abb. 4a u. b. Mitralstenose mit ausgeprägter pulmonaler Hypertonie und relativer Trikuspidalinsuffizienz. (a) Sagittale Herzfernaufnahme: Herz beiderseits, vorwiegend nach links deutlich verbreitert. Verstrichene Herztaille. Starke Vorwölbung des Pulmonalbogens. Verstärkte Lungengefäßzeichnung. (b) Seitenbild: Herzhinterraum sowohl im Vorhof- als auch im Kammerbereich ausgefüllt. Deutliche Verlängerung der Ausstrombahn der rechten Kammer. Einengung des Retrosternalraums

Ventrikels nach hinten kann auch ohne seine Vergrößerung zu einer Einengung des Herzhinterraums in Ventrikelhöhe führen. Daher ist eine Verbreiterung des Herzschattens nach links und eine mäßige Einengung des Retrosternalraums in Ventrikelhöhe kein sicheres differentialdiagnostisches Kriterium gegenüber der Mitralinsuffizienz. Kommt es durch die chronische Mehrbelastung des rechten Ventrikels zur Dekompensation, so führt dies zur Trikuspidalinsuffizienz mit Vergrößerung des rechten Vorhofs und dadurch zu einer Verbreiterung der Herzsilhouette nach rechts (Abb. 4). In solchen Fällen kann es nach dem Nativbild unmöglich sein, die Größenverhältnisse des rechten und linken Ventrikels zuverlässig zu beurteilen. Hierzu bedarf es zusätzlicher Untersuchungsmethoden, wobei die kineangiographische Beurteilung des linken Ventrikels besondere Bedeutung hat.

Bei einem großen Prozentsatz der Patienten mit Mitralstenose sind *Verkalkungen* des Mitralklappenapparats nachweisbar (Abb. 5) (EPSTEIN, 1940; GEILL, 1950; SIMON u. LIU, 1954; STAUFER u. CURRY, 1954; HEMLEY, 1964; MAURER u. LOHMEYER, 1970; WOOLEY u. Mitarb., 1974). Sie sind bei Männern häufiger als bei Frauen (OLESEN u. Mitarb., 1965). Verkalkungen sind häufig bereits im Seitenbild auf der Herzfernaufnahme zu erkennen. Im Gegensatz zur Verkalkung der Aortenklappen sind sie nur selten ringförmig ausgebildet. Aus der Lokalisation der Verkalkungen kann man nicht mit Sicherheit auf ihre Zugehörigkeit zu einer bestimmten Klappe schließen. Unter Berücksichtigung der unterschiedlichen Exkursionen der Aorten- und Mitralklappenebenen kann aber bei Bewegungsdarstellung eine Zuordnung einer Verkalkung zur Aorten- oder Mitralklappe erfolgen: Während sich Verkalkungen in der Aortenklappe mehr in kranio-kaudaler Richtung bewegen, zeigen Verkalkungen in Mitralklappen eine mehr dorso-ventrale Verschiebung.

Klappenverkalkungen werden aber ohne spezielle Untersuchungstechnik leicht übersehen. Ihr Nachweis gelingt am besten bei der Fernseh-Durchleuchtung (SOLOFF u. Mitarb., 1954; JORGENS u. Mitarb., 1960; EDLING, 1961; THURN, 1968). Durch kurzzeitig belichtete Zielaufnahmen kann der Befund dokumentiert werden.

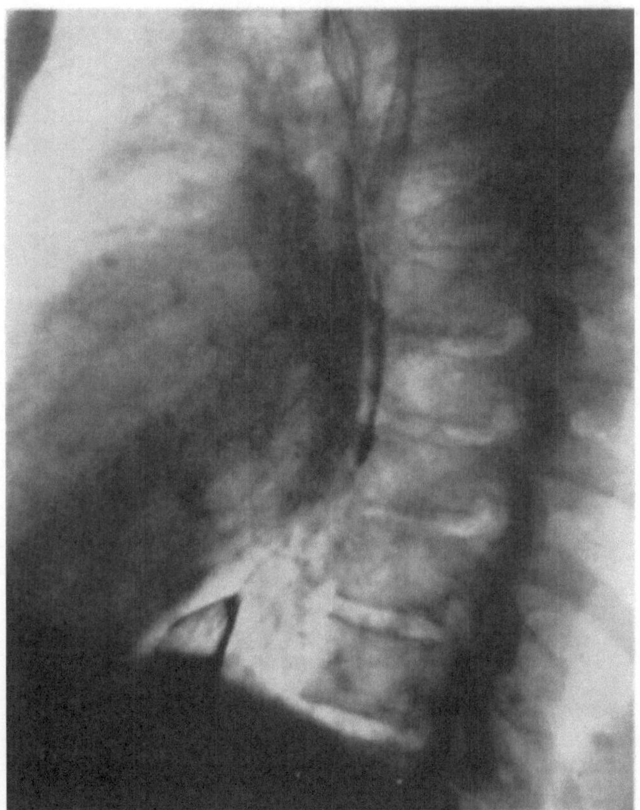

Abb. 5. Mitralstenose bei einer 33jährigen Pat. Deutliche Kalkablagerungen im Bereich des Mitralostiums

Tomogramme sind wegen der langen Belichtungszeiten zur Erfassung von Klappenverkalkungen wenig geeignet.

Zusammenfassend können die verschiedenen Methoden zum Nachweis von Klappenkalk folgendermaßen beurteilt werden:

1. Die Herzfernaufnahme in 2 Ebenen mit Hartstrahltechnik hat sich als unzulänglich erwiesen, da mehr als die Hälfte selbst stärkerer Kalkeinlagerungen nicht erkannt werden können.
2. Mit der gezielten Hartstrahlaufnahme in 2 Ebenen im Durchleuchtungsgerät lassen sich schwere Verkalkungen in etwa 75% der Fälle nachweisen, dagegen ist die Fehlerquote bei mittelschweren und leichten Verkalkungen erheblich.
3. Als überlegene Methode hat sich die Bildverstärker-Fernseh-Durchleuchtung erwiesen. Schwere und mittelschwere Kalkablagerungen sind mit dieser Technik praktisch immer zu erkennen, Versager sind auf die leichten, oft nur punktförmigen Kalkeinlagerungen, die operativ meist auch belanglos sind, begrenzt.
4. Die Tomographie ist aufgrund der langen Belichtungszeit zur Erkennung von Kalkeinlagerungen in Herzklappen ungeeignet.

Die Exkursionen der Verkalkungen können kymographisch erfaßt werden (Soloff u. Mitarb., 1954; Alexander, 1970(b)). Sie geben aber keine Aussage über die Beweglichkeit des Klappenapparats, da sich die gesamte Ventilebene während der Herzaktion bewegt.

In seltenen Fällen sind Verkalkungen der Vorhofwand (Abb. 6) oder wandständiger Thromben nachweisbar (Wieland, 1961; Hemley u. Mitarb., 1963; Thurn, 1968; Doliopoulos u. Boudioukos, 1972; Kempmann u.a., 1975). Es kann schwierig sein, diese von Verkalkungen des Klappenapparats abzugrenzen. Im Seitenbild projizieren sie

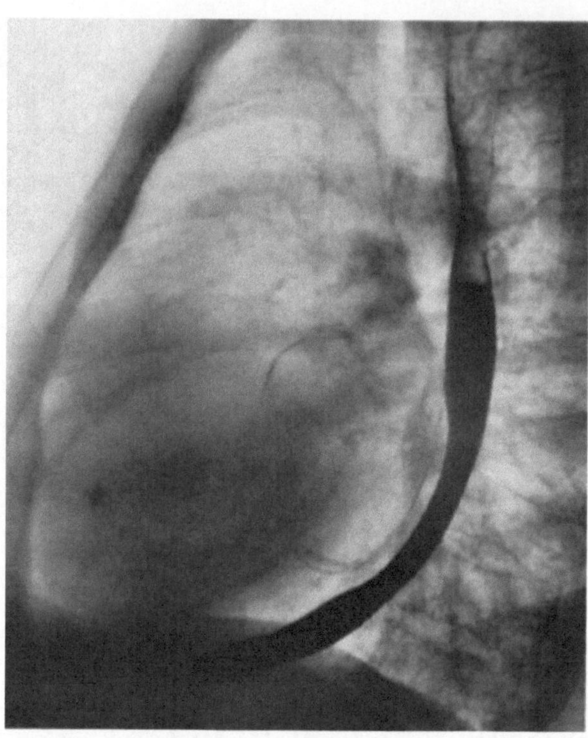

Abb. 6. Operierte Mitralstenose. Schalenartige Kalkablagerungen in der Wand des linken Vorhofs

sich jedoch meist an den hinteren und oberen Anteil des linken Vorhofs. Der Nachweis von Klappenverkalkungen bzw. verkalkten Vorhofthromben ist für den Chirurgen eine wichtige Information.

Die Drucksteigerung im kleinen Kreislauf führt zu röntgenologisch faßbaren *Veränderungen der Lungenarterien und Lungenvenen.* Je nach Schweregrad und Dauer des Leidens lassen sich zwei Formen unterscheiden:

1. Die Drucksteigerung im linken Vorhof führt zunächst zu einer Erweiterung der Lungenvenen, naturgemäß besonders in den vorhofnahen Abschnitten. Daraus resultiert eine Zunahme der parahilären Lungengefäßzeichnung, die sich streifenförmig mit langsam abnehmendem Kaliber bis in die Lungenperipherie fortsetzt (Abb. 7a—c). Im Schichtbild sollen die Lungenvenen in den oberen Lungenpartien stärker dilatiert erscheinen als in den basalen Lungenabschnitten (STEINBACH u. Mitarb., 1955; ORMOND u. POZNANSKI, 1960; GREMMEL u. SCHULTE-BRINKMANN, 1962; LAVENDER u. Mitarb., 1962; CHEN u. Mitarb., 1968; STENDER u. Mitarb., 1968; THURN, 1968; CHANG, 1969; SIMON, 1972).

2. Bei längerer Dauer einer pulmonalen Drucksteigerung kommt es zu einer Erweiterung des Pulmonalarterienstammes und der zentralen Lungenarterien. Dies führt in vielen Fällen zu einer Vorwölbung des Pulmonalbogens oberhalb des linken Herzohrs im Sagittalbild (Abb. 8a). Das Seitenbild zeigt, daß der Retrosternalraum zusätzlich neben der Hypertrophie und Dilatation der Ausflußbahn des rechten Ventrikels durch die ektatische Pulmonalis ausgefüllt wird (Abb. 8b). Es gibt jedoch Fälle, bei denen die Erweiterung des Pulmonalarterienstammes in der Herzfernaufnahme nicht zu erkennen ist, sondern nur angiographisch nachgewiesen werden kann. Vergleichende hämodynamische und röntgenologische Befunde haben gezeigt, daß eine stärkere Vorwölbung des Pulmonalbogens fast immer für eine deutliche Druckerhöhung in der Pulmonalarterie spricht (Tabelle 2).

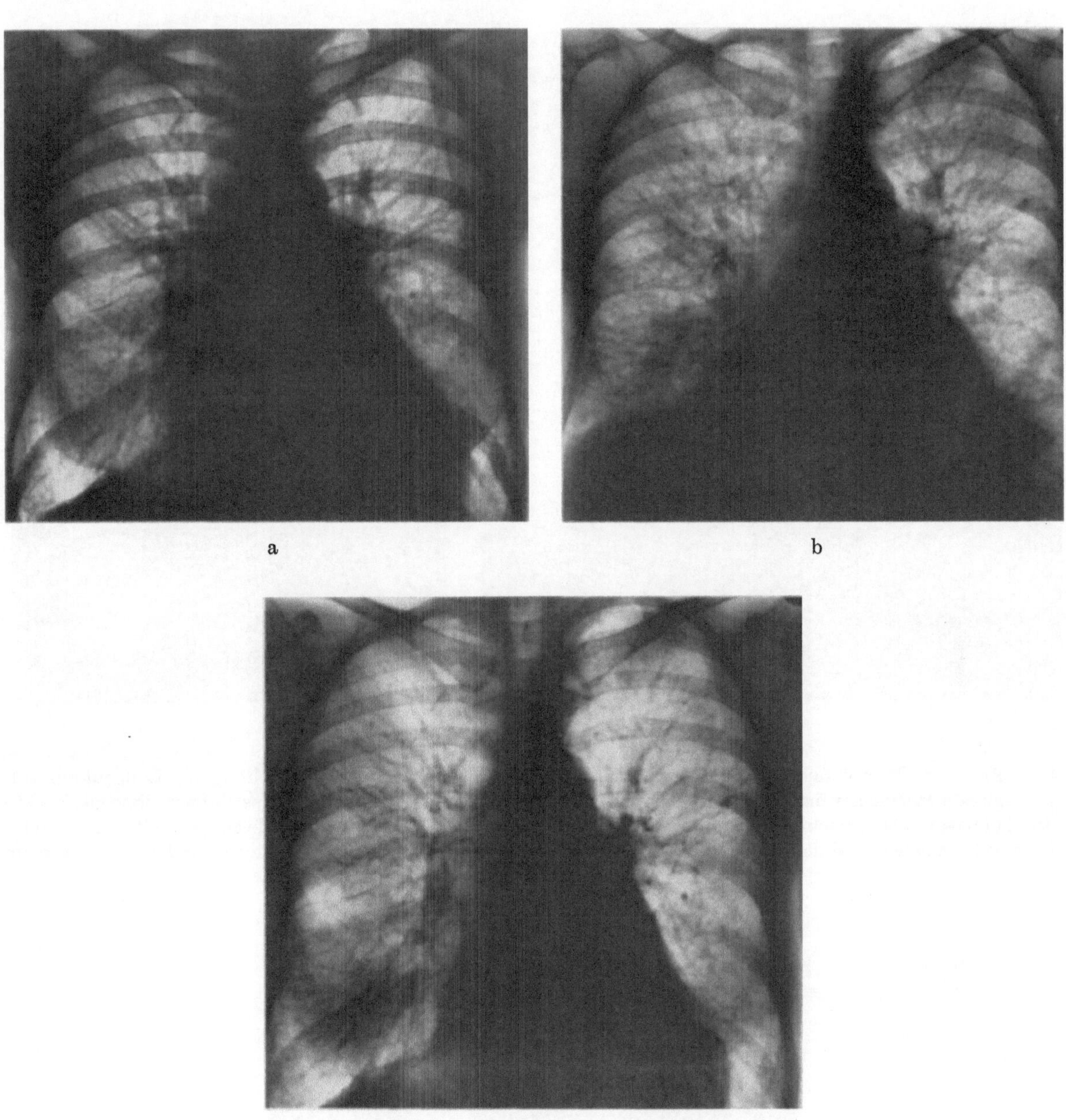

a b c

Abb. 7a—c. Mitralstenose bei einer 57jährigen Pat. (B. Me.). (a) Typische Mitralkonfiguration des Herzens. Dichte Hili beiderseits. Weite Lungengefäße bis in die Peripherie. Interlobärspalt rechts sichtbar. (b) 4 Wochen später: Zunahme der Stauungszeichen in den unteren Lungenabschnitten, teils konfluierend. Zwerchfellrippenwinkel beiderseits verschattet. Kerleysche Linien, vor allem rechts. (c) 5 Tage später: Nach stationärer Behandlung deutliche Rückbildung der Stauungszeichen

Tabelle 2. Beziehung zwischen Mitteldruck in der Pulmonalarterie und Form des Pulmonalbogens bei Patienten mit Mitralstenose

Pulmonal-arterien-Mitteldruck (mmHg)	Pulmonalbogen nicht vorgewölbt	mäßig vorgewölbt	stark vorgewölbt
> 80	—	11	17
40—80	10	58	33
< 40	24	24	5

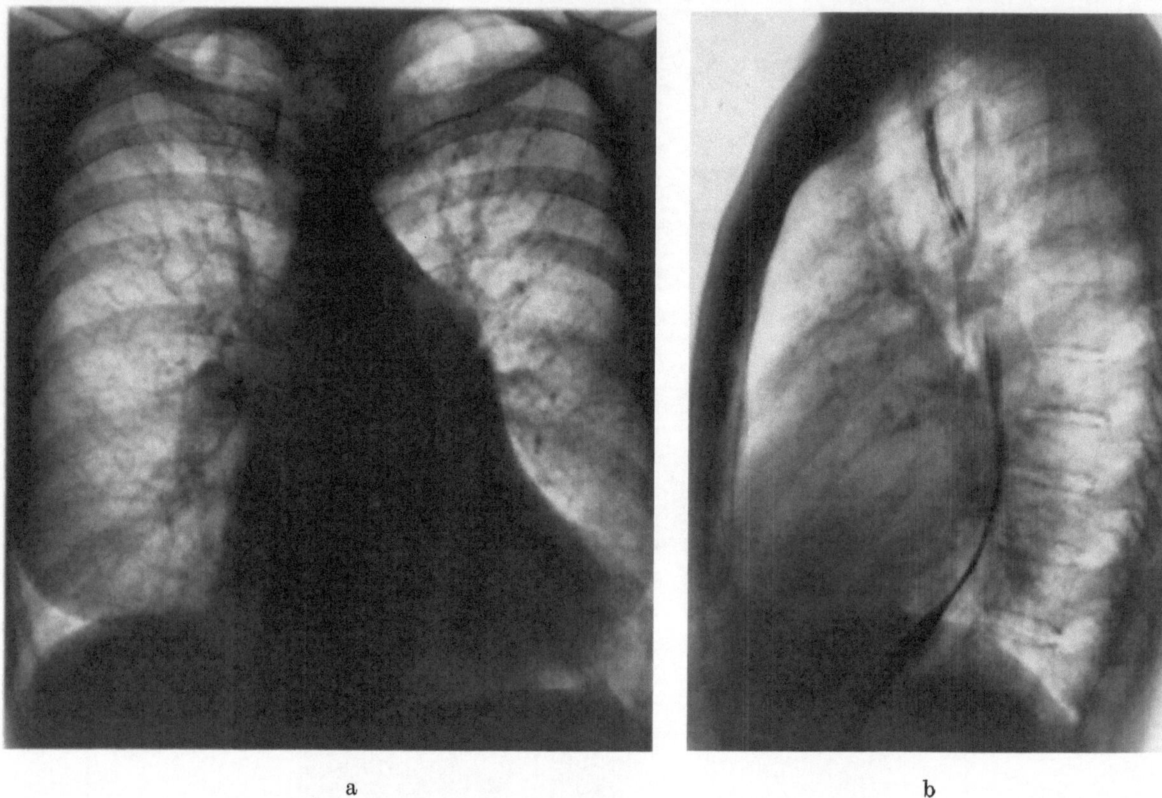

a b

Abb. 8a u. b. Mitralstenose bei einer 58jährigen Pat. (W. Ge.) mit Druckerhöhung im Lungenkreislauf. (a) Sagittale Herzfernaufnahme: Herz nach links verbreitert. Starke Vorwölbung des Pulmonalbogens. Dichte Hili beiderseits. Feinfleckige Zeichnung, besonders in den Mittel- und Unterfeldern. (b) Seitenbild: Herzhinterraum sowohl im linken Vorhof- als auch im Kammerbereich eingeengt. Verlängerung der Ausstrombahn der rechten Kammer

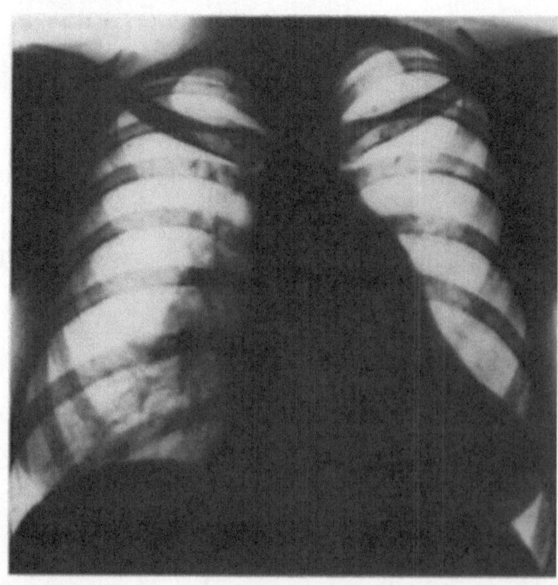

Abb. 9. Sagittale Herzfernaufnahme einer Mitralstenose bei einer 35jährigen Pat. (A. Ne.): Hochgradige Pulmonalsklerose. Gefäßarme Lungenperipherie. Dichte Hili

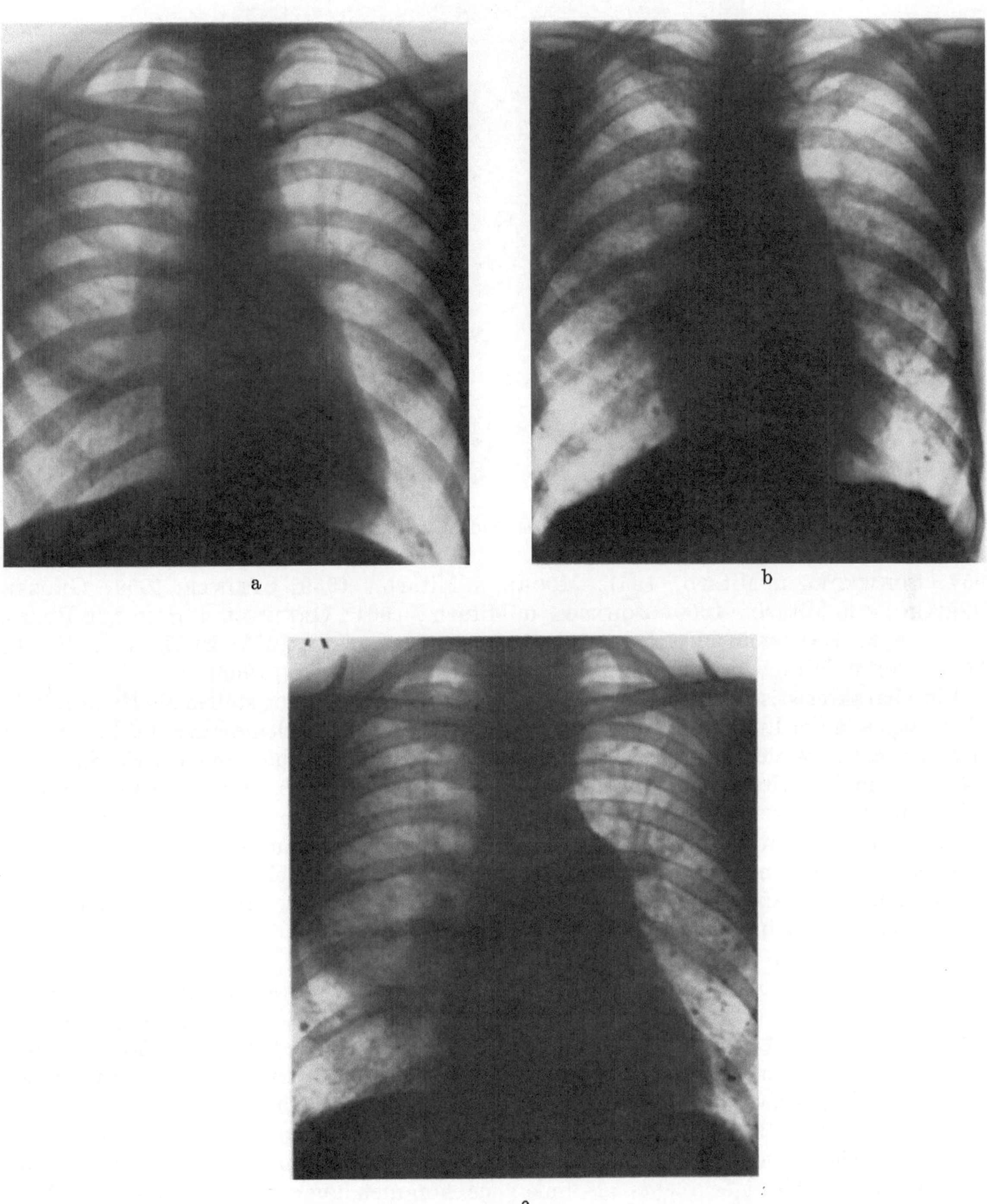

Abb. 10a—c. Hämosiderinablagerungen in der Lunge bei Mitralstenose. (a) Kleinfleckige Hämosiderinablagerungen, symmetrisch in beiden Lungen. (b) Klein- bis grobfleckige Hämosiderinablagerungen in beiden Lungen mit Bevorzugung der perihilären Bezirke in den Mittelfeldern. (c) Ausgeprägte Hämosiderose mit vereinzelten groben Fleckschatten (tuberöse Knochenbildung)

Der Umbau der kleinen Lungengefäße mit Einengung ihres Lumens führt bei länger bestehender pulmonaler Hypertonie zu einem Kalibersprung zwischen zentralen und peripheren Lungengefäßabschnitten. Im Gegensatz zur ersten Form mit vorwiegend venöser Lungenstauung ist dann die Lungenperipherie eher strukturarm (Abb. 9) (SOSMAN, 1939; STAUFER u. CURRY, 1954; SHORT, 1955; LOOGEN u. Mitarb., 1956; JACOBSON u. Mitarb.,

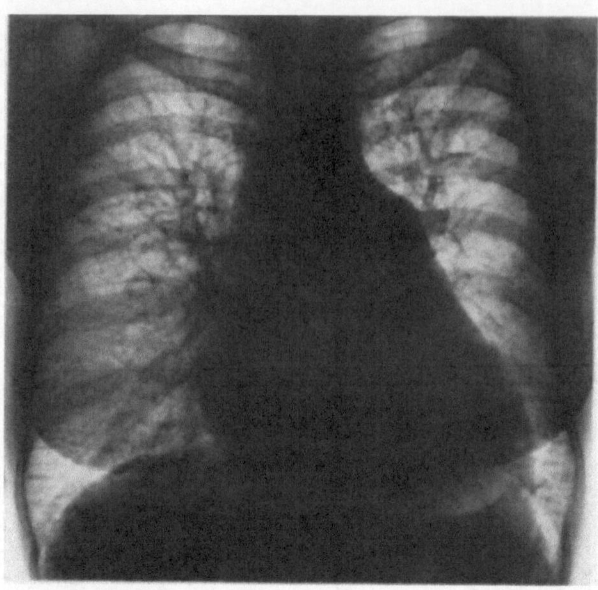

Abb. 11. Kerleysche Linien bei Mitralstenose beiderseits, vor allem rechts deutlich zu erkennen

1957; SCHWEDEL u. Mitarb., 1957; MOORE u. Mitarb., 1959; STEINER, 1959; GROSSE-BROCKHOFF u. Mitarb., 1960; JOHNSON u. Mitarb., 1961; GREMMEL u. SCHULTE-BRINKMANN, 1962; DAVIES u. Mitarb., 1963; DOBEK u. TYBORSKI, 1963; BRAHMS u. Mitarb., 1964; CHEN u. Mitarb., 1968; STENDER u. Mitarb., 1968; THURN, 1968).

Ein charakteristisches Zeichen der chronischen Lungenstauung stellen die *Hämosiderinablagerungen* in der Lunge dar (Abb. 10a—c). Sie erscheinen als kleine hirse- bis kirschkerngroße Knoten, die sich kontrastreich vom Lungengewebe abheben und vorwiegend parahilär sowie in den Mittel- und Unterfeldern lokalisiert sind (PENDERGRASS, 1949; LENDRUM u. Mitarb., 1950; ESPOSITO, 1955; HANUSCH, 1956; GROSSE-BROCKHOFF u. Mitarb., 1960). Durch Verkalkungen kann die Schattendichte erheblich zunehmen. Diese Verkalkungen kommen nur in einem kleinen Prozentsatz der Fälle vor und stehen nicht in strenger Beziehung zum Ausmaß der pulmonalen Drucksteigerung (JANKER, 1936; HAUBRICH, 1954; GALLOWAY u. Mitarb., 1961). Die Veränderungen scheinen bevorzugt das männliche Geschlecht zu betreffen (LOOGEN u. Mitarb., 1956).

Ein weiteres, besonders bei Mitralstenosen beobachtetes röntgenologisches Zeichen der Lungenstauung sind die *kostophrenischen Septumlinien (Kerleyschen B-Linien)* (KERLEY, 1933; WHITAKER u. LODGE, 1953; CARMICHAEL u. Mitarb., 1954; BRUWER u. Mitarb., 1955; LEVIN, 1955; ESCH u. THURN, 1957; EVANS u. SHORT, 1957; DIHLMANN, 1958; GREMMEL u. SCHULTE-BRINKMANN, 1962; BENDER, 1967; CHEN u. Mitarb., 1968; STENDER u. Mitarb., 1968; CHAIT, 1972; MESZAROS, 1973). Der Nachweis dieser 1—3 cm langen und 2—3 mm breiten horizontalen Strichschatten 5—10 cm oberhalb des kostophrenischen Winkels gelingt häufiger rechts als links; sie kommen auch beiderseits vor (Abb. 11, s. auch Abb. 7b). Sie sind Folgen einer venösen Lungendrucksteigerung mit Stauungen der Lymphbahnen in den interlobären Septen. Der Befund ist allerdings nicht pathognomonisch für die Mitralstenose; er wird auch bei anderen Formen der Linksherzinsuffizienz mit venöser Stauung nachgewiesen. Sie fehlen in Fällen mit reiner pulmonalarterieller Drucksteigerung ohne venösen Rückstau (z.B. bei primärer pulmonaler Hypertonie). Bei der Mitralstenose sind sie meist ein Zeichen einer hochgradigen Einengung der Klappe. Allerdings schließt ihr Fehlen eine hochgradige Mitralstenose keineswegs aus.

Die beschriebenen Röntgenbefunde sind in erster Linie durch die Hämodynamik bestimmt. Die Änderungen der Herzkonfiguration können aber auch durch zusätzliche Faktoren beeinflußt werden. Bei jüngeren Patienten sind es vorwiegend rheumatisch-entzündliche, bei älteren Patienten degenerative Erkrankungen.

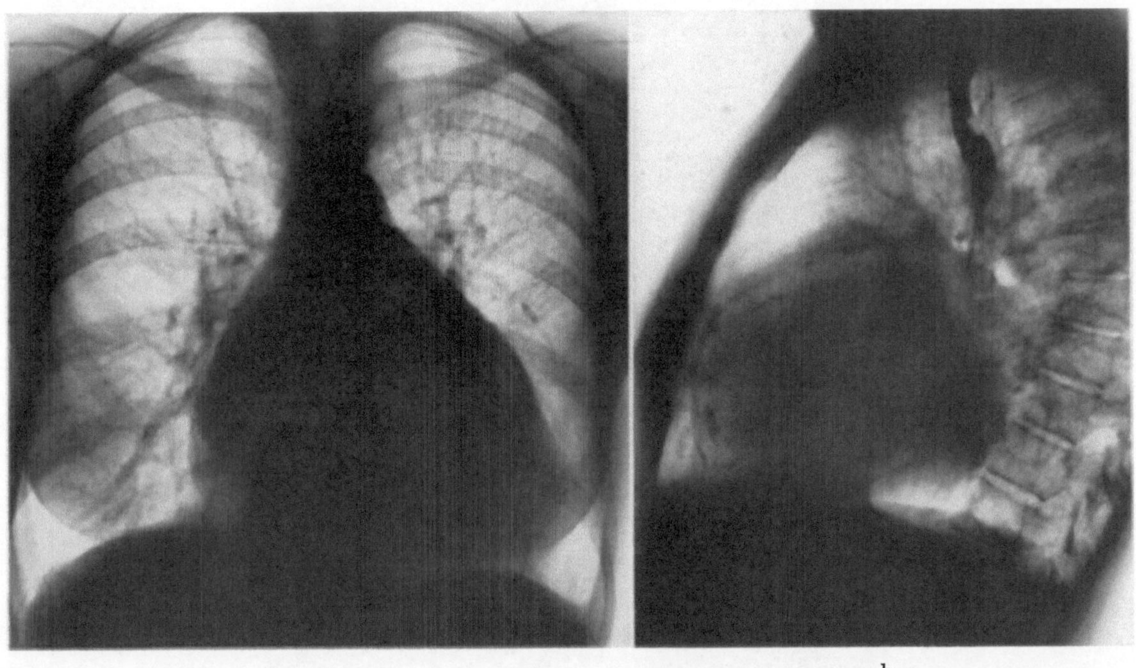

Abb. 12a u. b. Mitralstenose des Schweregrades II bei einer 47jährigen Pat. (I. Me.) mit gleichzeitig bestehender Pericarditis calcarea. Die Konfiguration des Herzens läßt auf eine abgelaufene Perikarditis schließen. (a) Sagittale Herzfernaufnahme: Herz beiderseits verbreitert. Großer linker Vorhof mit Vorwölbung am linken Herzrand und Doppelkontur rechts. Hili etwas verdichtet. (b) Seitenbild: Herzhinterraum im Vorhof- und Kammerbereich ausgefüllt. Kalkschatten im Bereich des Perikards

Beide Faktoren können erhebliche Diskrepanzen zwischen Schweregrad der Stenose und Röntgenbefund bewirken (Abb. 12a u. b).

Kymographie. Kymographische Untersuchungsmethoden haben keine entscheidende Bedeutung für die Diagnose der Mitralstenose. Die *Flächenkymographie* bietet allerdings die Möglichkeit der Abgrenzung der verschiedenen Herz- und Gefäßabschnitte, welche die linke Herzbucht ausfüllen (Abb. 13). In linker Schrägstellung (2. schräger Durchmesser) ist die Grenze zwischen der Bewegung des dilatierten linken Vorhofs gegenüber der Kammerbewegung abgrenzbar, wobei sich die verschiedenen Pulsationen der beiden Herzanteile im Oesophaguskymogramm gut markieren (Abb. 14). Der hochgeschobene und dilatierte Conus pulmonalis ist an entsprechenden Kammerbewegungen zu erkennen (ALEXANDER, 1970(a)).

Mitgeteilte Bewegungen der großen Lungengefäße sind zu trennen von „Eigenpulsationen", die bei Mitralstenose nur in sehr seltenen Ausnahmefällen nachgewiesen wurden (GROSSE-BROCKHOFF u. Mitarb., 1960). Andere Autoren konnten niemals echte Eigenbewegungen registrieren (THURN, 1968). Bei stärkerer Vergrößerung des linken Vorhofs nach rechts können mitgeteilte Pulsationen der Hilusgefäße Eigenbewegungen vortäuschen (RÖSLER, 1929; THURN, 1968).

Die *Elektrokymographie* ergibt keine entscheidenden differentialdiagnostischen Hinweise. Am häufigsten sieht man in der Ventrikelsystole ein dorsales Kurvenplateau an der Vorhofhinterwand, das von einer prä- und protosystolischen Senkung unterbrochen wird. Diese Kurve ist aber nicht pathognomonisch für die Mitralstenose (LUISADA u. FLEISCHNER, 1948; DEUTSCH u. Mitarb., 1951; FLEISCHNER u. Mitarb., 1954; GADERMANN, 1954; HAUBRICH, 1955; SCHMIDT u. ZEITLER, 1968).

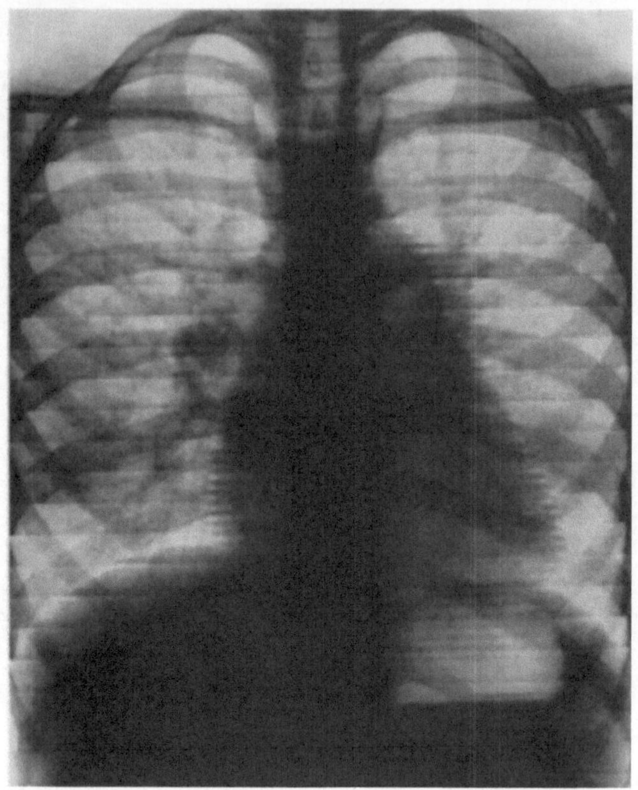

Abb. 13. Kymogramm bei Mitralstenose: An der linken Herzkontur im oberen Abschnitt Gefäßpulsation entsprechend dem Bereich des Pulmonalbogens. Darunter eine kurze „stumme“ Zone (linkes Herzohr). Dann Ventrikelpulsationen. An der rechten Herzkontur keine Besonderheiten im Kymogramm

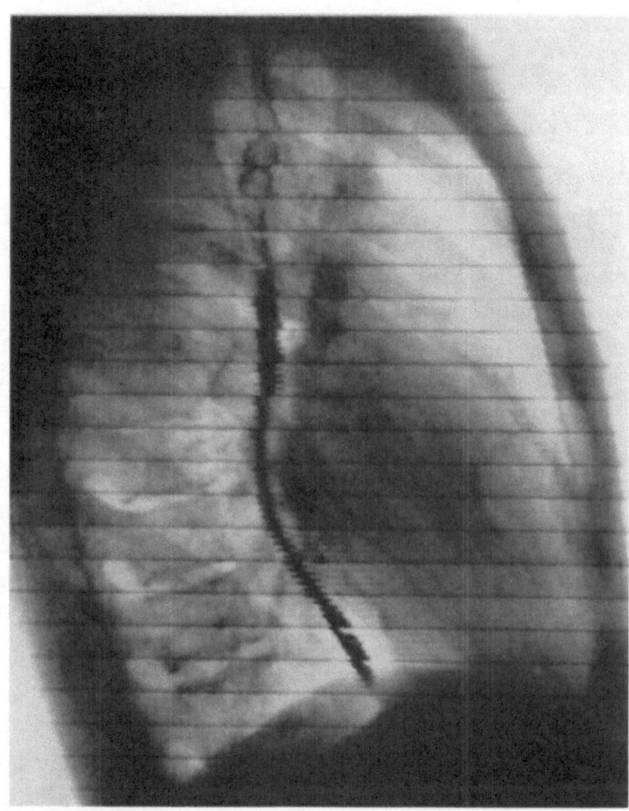

Abb. 14. Seitliches Oesophaguskymogramm bei Mitralstenose: Im Bereich des linken Vorhofs werden dessen Bewegungen auf den Oesophagus übertragen

Lungenszintigraphie und Radiokardiographie. Mit der Lungenszintigraphie läßt sich die abnorme Lungendurchblutung bei Mitralstenose gut demonstrieren. Bei Normalpersonen ist im Liegen eine gleichmäßige Aktivitätsverteilung nach intravenöser Injektion radioaktiver Substanzen, z.B. ^{131}J-Humanalbumin, nachweisbar. Im Stehen besteht eine Aktivitätsanreicherung in den basalen Lungenpartien. Bei Patienten mit Mitralstenose kommt es zu einer Aktivitätsanreicherung in den oberen Lungenpartien, die auch im Stehen persistiert (DOERR u. Mitarb., 1967; HOFFMANN, 1969; BJURE u. Mitarb., 1971; CELLERINO u. Mitarb., 1971; KRISHNAMURTHY u. Mitarb., 1972; WAGNER u. RHODES, 1972; LUTHER u. Mitarb., 1973; SIMON u. Mitarb., 1973; BASTA u. Mitarb.,1975). Insgesamt ist das pulmonale Blutvolumen vermehrt (PERÄSALO u. HEISKAMEN, 1971). Zur Differenzierung extra- und intravasaler Flüssigkeitsvolumina werden Doppelisotopenmethoden eingesetzt (McCREDIE, 1967). Mit radiokardiographischen Methoden werden verlängerte Transitzeiten in den der Stenose vorgeschalteten Kreislaufabschnitten gemessen (MEGAHED u. SENNA, 1967; DIMATTEO u. Mitarb., 1969; MATIN u. KRISS, 1970; FEINENDEGEN u. Mitarb., 1971; SCHICHA u. Mitarb., 1971).

Herzkatheteruntersuchung. Obwohl im typischen Fall schon aus den klinischen Befunden eine Beurteilung des Schweregrades der Mitralstenose möglich ist, wird zur exakten Festlegung der Operationsindikation in den meisten Fällen eine Herzkatheteruntersuchung zusätzlich durchgeführt. Im einzelnen dient diese Untersuchung der Ermittlung folgender Größen:

1. Bestimmung der diastolischen Druckdifferenz zwischen linkem Vorhof und linkem Ventrikel.
2. Bestimmung des Pulmonalarteriendruckes bzw. der Druckrelation zwischen linkem Vorhof und Pulmonalarterie („zweite Stenose").
3. Bestimmung des Herzzeitvolumens und des Widerstandes im kleinen Kreislauf sowie der Klappenöffnungsfläche.
4. Nachweis oder Ausschluß einer arteriellen Untersättigung als Folge einer Lungendiffusionsstörung.
5. Ausschluß bzw. Nachweis zusätzlicher Vitien, z.B. Trikuspidalinsuffizienz.
6. Durch die Bestimmung dieser Parameter in Ruhe kann in einem Teil der Fälle die Indikation zur Operation nicht mit genügender Sicherheit gestellt werden. Dann ist zusätzlich die Untersuchung unter Belastungsbedingungen angezeigt (KASALICKÝ u. Mitarb., 1968; SCHMUTZLER, 1969). Dafür bietet sich besonders die Einschwemmkatheter-Untersuchung an.

Die *transseptale* Herzkatheteruntersuchung ist die Methode der Wahl zur Bestimmung der Druckdifferenz zwischen linkem Vorhof und linkem Ventrikel. In der Mehrzahl der Fälle gelingt es mit dieser Technik, die verengte Mitralklappe vom Vorhof aus zu passieren und aus der Rückzugskurve die diastolische Druckdifferenz zwischen linkem Vorhof und linkem Ventrikel zu bestimmen. In einem Teil der Fälle ist es jedoch bei ausgeprägten Stenosen bzw. stark dilatiertem Atrium schwierig oder unmöglich, den linken Ventrikel auf diese Weise zu sondieren. Dann kann u.U. der linke Ventrikel mit einem dünnen Einschwemmkatheter erreicht werden, der durch den transseptal im linken Vorhof liegenden Katheter vorgeschoben wird. Wenn dies nicht gelingt, kann zusätzlich eine retrograde Katheterisierung des linken Ventrikels zur Bestimmung der diastolischen Druckdifferenz erforderlich sein. Dieses Vorgehen ist besonders dann indiziert, wenn der Verdacht auf eine Funktionsstörung des linken Ventrikels besteht.

Von einigen Arbeitsgruppen wird dem transseptalen Vorgehen die retrograde Katheterisierung in Verbindung mit der Bestimmung des sog. Pulmonalkapillardruckes (PC) vorgezogen. Dies setzt allerdings voraus, daß der PC einwandfrei registriert werden kann. Bei korrekter Registrierung entspricht der Pulmonalkapillardruck sowohl in seiner Form als auch in seinen Absolutwerten weitgehend dem linken Vorhofdruck (HELLEMS u. Mitarb., 1949; LAGERLÖFF u. WERKÖ, 1949; CALAZEL u. Mitarb., 1951; GORLIN u. Mitarb., 1951; WOLTER

u. Mitarb., 1953). Bei Patienten mit starker pulmonaler Druckerhöhung und entsprechenden Gefäßveränderungen kann es jedoch schwierig oder unmöglich sein, eine korrekte Pulmonalkapillardurckkurve zu erhalten (BAYER u. Mitarb., 1967). Die formale Beurteilung des PC wird durch Vorhofflimmern zusätzlich erschwert.

Die linksatriale Druckkurve zeigt bei der Mitralstenose nach der Mitralklappenöffnung einen verzögerten Druckabfall. Es besteht eine frühdiastolische Druckdifferenz zwischen linkem Vorhof und linkem Ventrikel. Bei Sinusrhythmus mit guter Vorhofkontraktion findet sich eine hohe a-Welle, die präsystolisch noch einmal zu einer Erhöhung der Druckdifferenz zwischen Vorhof und Ventrikel führt. Bei funktionell bedeutsamer Mitralstenose ist während der gesamten Diastole der Druck im Vorhof höher als im Ventrikel. Bei Vorhofflimmern fehlt natürlich die Vorhofkontraktionswelle. Da die Dauer der Diastole bei Vorhofflimmern unterschiedlich ist, ist auch der linksatriale Druck den unterschiedlichen Intervallen entsprechend hoch oder niedriger (BAYER u. Mitarb., 1954(b); WOOLEY u. Mitarb., 1970).

Die Druckdifferenz zwischen linkem Vorhof und linkem Ventrikel ist allein noch nicht entscheidend für den Schweregrad des Klappenfehlers. Zusätzlich ist die Kenntnis des Herzzeitvolumens erforderlich. Sinkt es bei Herzinsuffizienz ab, besteht auch bei hochgradigen Stenosen nur eine geringe Druckdifferenz. Die Berechnung des Herzzeitvolumens erfolgt nach dem Fickschen Prinzip aus der Sauerstoffsättigung oder durch Indikatorverdünnungsmethoden. Eine grobe Abschätzung des Herzzeitvolumens erlaubt die arteriovenöse Sauerstoffdifferenz. Ist das Herzzeitvolumen bekannt, kann mit den simultan registrierten linksatrialen Drucken die Klappenöffnungsfläche annähernd ermittelt werden (GORLIN u. GORLIN, 1951; BAYER u. Mitarb., 1952; LEQUIME u. Mitarb., 1953; HAMMERMEISTER u. Mitarb., 1973).

Bei einer mittelschweren Mitralstenose (Schweregrad II) ist eine diastolische Druckdifferenz zwischen linkem Vorhof und linkem Ventrikel von 5—10 mm Hg unter Ruhebedingungen mit normalem Herzindex nachweisbar. Bei Stenosen des III. Schweregrades beträgt die Druckdifferenz maximal 30—40 mm Hg. Im Zustand der Herzinsuffizienz (Schweregrad IV) kann die Druckdifferenz durch Abnahme des Herzzeitvolumens wieder kleiner werden.

Der Druck in der Pulmonalarterie ist bei Mitralstenosen des I. Schweregrades normal, bei Mitralstenosen des Schweregrades II liegt er im Bereich der oberen Normgrenze. Bei Stenosen des III. Schweregrades ist er stets deutlich erhöht. Von besonderer Bedeutung ist der diastolische Druck in der Pulmonalarterie. Wenn keine stärkeren Veränderungen der Pulmonalarterie mit Einengung ihres Lumens vorliegen, entspricht er dem linksatrialen Mitteldruck. Diese Korrelation ist allerdings nicht mehr gegeben, wenn die Gefäßveränderungen eine „zweite Stenose" im Bereich der Lungenstrombahn präpapillär bedingen (s. Pathophysiologie). Entsprechend dem systolischen Druck in der Pulmonalarterie ist auch der Druck im rechten Ventrikel erhöht. Druckmessungen im rechten Ventrikel lassen zwar eine Aussage über die pulmonale Drucksteigerung zu, doch sind bei fehlendem diastolischen pulmonalarteriellen Druck Rückschlüsse auf die linksatrialen Druckwerte bzw. die pulmonalen Gefäßveränderungen nicht möglich. Bei vermehrter Druckbelastung des rechten Ventrikels und entsprechender Muskelzunahme zeigt die rechte Vorhofdruckkurve eine erhöhte Vorhofkontraktionswelle. Kommt es im Rahmen der Dilatation des rechten Ventrikels zu einer Trikuspidalinsuffizienz, sind die entsprechenden typischen formalen Veränderungen in der rechtsatrialen Druckkurve nachweisbar (s. Trikuspidalinsuffizienz).

In den Fällen mit geringer Druckdifferenz zwischen linkem Vorhof und linkem Ventrikel ohne deutliche Druckerhöhung in der Pulmonalarterie unter Ruhebedingungen ist eine Druckmessung mit gleichzeitiger Bestimmung des Herzzeitvolumens unter Belastung erforderlich, um den Schweregrad sicher beurteilen zu können (KASALICKÝ u. Mitarb., 1968; NAKHJAVAN, 1969; SCHMUTZLER, 1969). Erst diese Untersuchung ermöglicht in vielen Fällen die Beurteilung der Operationsindikation.

Der arterielle Sauerstoffgehalt ist im allgemeinen auch bei bedeutsamen Mitralstenosen normal. Eine erniedrigte arterielle Sauerstoffsättigung ist auf eine Diffusionsstörung bei sekundären Lungengefäßveränderungen zurückzuführen oder es liegen zusätzliche Lungenerkrankungen bzw. Anomalien vor.

Kontrastmitteldarstellung. Eine *Dextro-* oder *Lävographie* gehört bei vielen Arbeitsgruppen nicht zum Routineprogramm in der Diagnostik der reinen Mitralstenose. Wenn sie aber durchgeführt wird, dann gelten die folgenden Fragestellungen:

1. Differentialdiagnostische Abgrenzung der Mitralstenose von Vorhoftumoren oder Cor triatriatum sinistrum.
2. Nachweis von großen intraatrialen Thromben bei bestehender Mitralstenose.
3. Beurteilung der Lungenstrombahn bei pulmonaler Hypertonie.
4. Beurteilung der morphologischen Veränderungen und Beweglichkeit der Mitralklappen.
5. Beurteilung des linksventrikulären Kontraktionsablaufs.

Der Kontrastmitteluntersuchung kommt für die differentialdiagnostische Abklärung der Mitralstenose gegenüber einem Vorhoftumor entscheidende Bedeutung zu. Besteht aufgrund der klinischen Befunde der Verdacht auf einen solchen Tumor, ist die Indikation

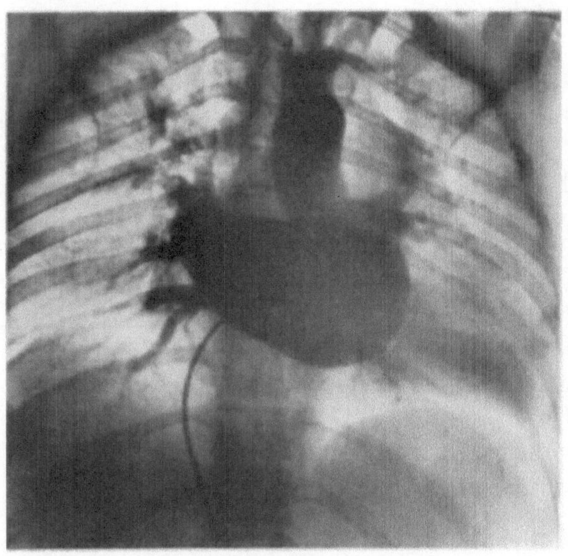

a

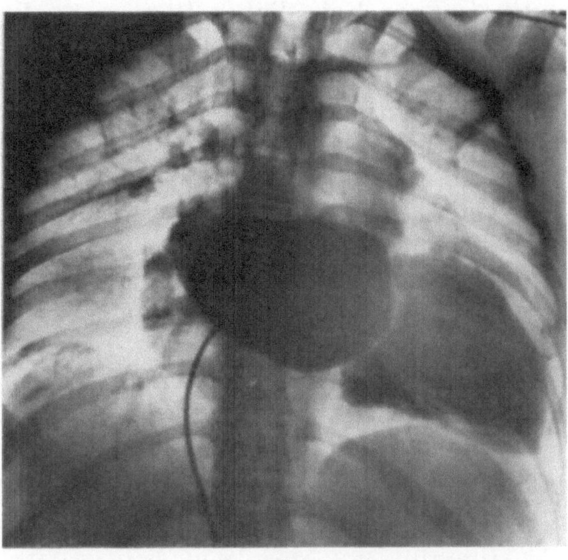

b

Abb. 15a u. b. Kontrastmittelinjektion in den linken Vorhof bei einer 36jährigen Pat. (D. Kl.) mit Mitralstenose des Schweregrades III. (a) Systolische Phase. (b) Diastolische Phase. Linker Vorhof vergrößert. Kontrastmittelpersistenz. Mitralklappen verdickt, unregelmäßig konturiert, vor allem in (b). Einschränkung der Beweglichkeit erkennbar an der praktisch unveränderten Lage in Systole und Diastole. Normales enddiastolisches und endsystolisches Volumen des linken Ventrikels. Keine erkennbare Störung der Ventrikelfunktion

für dieses Vorgehen immer gegeben (Bayer u. Mitarb., 1954; Arvidsson, 1958; Bauer u. Mitarb., 1968; Degeorges u. Calisti, 1971). Auch beim Vorliegen einer Mitralstenose kann der angiographische Nachweis großer Vorhofthromben das operative Vorgehen entscheidend beeinflussen. Die Beurteilung der Morphologie und Beweglichkeit der Klappen sowie der Lage des Restostiums gelingt besonders mit röntgenkinematographischer Technik (Soulié u. Mitarb., 1963; Chaillet, 1965; Demany u. Mitarb., 1966; McCall u. Price, 1967; Bernhard u. Mitarb., 1970; Bernsmeier u. Mitarb., 1970; Thompson u. Mitarb., 1970; Baron, 1971(a); Criley u. Mitarb., 1971; Bittar u. Sosa, 1972; Eie u. Mitarb., 1972; Thurn u. Thelen, 1972). Darüber hinaus kann die Größe des linken Vorhofs angiographisch genau bestimmt werden (Soloff, 1957(a); Björk u. Lodin, 1959; Hall u. Mitarb., 1961; Ormond u. Mitarb., 1964; Pech u. Münster, 1968; Kennedy u. Mitarb., 1970; Yutaka, 1971). Diese Befunde haben meist keinen Einfluß auf das Operationsverfahren. Daher werden diese Untersuchungen auch nur von einigen Arbeitsgruppen routinemäßig durchgeführt. Einige Untersucher machen allerdings vom Befund des Klappenzustandes die Entscheidung zur offenen oder geschlossenen Operation der Mitralstenose abhängig (Steinhart u. Mitarb., 1963; Lipchik u. Mitarb., 1966; Bernhard u. Mitarb., 1971; Bernsmeier u. Mitarb., 1970; Nordmann u. a., 1973).

Zur Darstellung der Mitralklappen wird von einigen Autoren das Kontrastmittel in den linken Vorhof injiziert (Abb. 15) (Kjelberg u. Mitarb., 1961; Bernhard u. Mitarb., 1970). Mit dieser Technik können auch Vorhoftumoren nachgewiesen werden (Niedermeyer u. Mitarb., 1966). Eine Gefahr dieses Vorgehens besteht darin, daß durch die Injektion in den linken Vorhof Thromben abgelöst werden und zu gefährlichen arteriellen Embolien führen können (Pindyck u. Mitarb., 1972). Daher wird bei Verdacht auf Vorhofthromben von anderen Autoren die Kontrastmittelinjektion in die Pulmonalarterie vorgezogen (Bayer u. Mitarb., 1954; Arvidsson, 1958; Bauer u. Mitarb., 1968; Degeorges u. Calisti, 1971). Auf diese Weise können auch sekundäre Lungengefäßveränderungen am besten dargestellt werden (Goodwin u. Mitarb., 1952; Bolt u. Mitarb., 1957; Friedenberg u. Mitarb., 1966; Sidd u. Mitarb., 1967). Selbstverständlich ist die Detailbeurteilbarkeit im Bereich des linken Herzens bei Injektion in die Pulmonalarterie schlechter als bei direkter Injektion in den linken Vorhof.

Für die Beurteilung des linksventrikulären Kontraktionsablaufs kann neben der Kontrastmittelinjektion in den linken Vorhof auch eine direkte Injektion in den linken Ventrikel erforderlich sein. Von einigen Autoren wurde bei Mitralstenosen ein abnormer Kontraktionsablauf in den posterobasalen und anterobasalen Bezirken der linken Ventrikelwand nachgewiesen. Die Ursache der Kontraktionsstörung des linken Ventrikels blieb dabei ungeklärt. Es wird angenommen, daß entzündliche Veränderungen der Papillarmuskeln zu einer Einschränkung der Wandbewegung der linken Kammer führen (KASALICKÝ u. Mitarb., 1968; HELLER u. CARLETON, 1970; CURRY u. Mitarb., 1972; HILDNER u. Mitarb., 1972; HOLZER u. Mitarb., 1973). In jüngster Zeit ist von anderen Autoren darauf hingewiesen worden, daß der Kontraktionsvorgang des linken Ventrikels bei Mitralstenose nicht beeinträchtigt ist (SIGWART u. REID, 1976).

Die Indikation zu einer Ventrikulographie ist natürlich dann gegeben, wenn durch eine Koronarographie stenosierende Gefäßveränderungen nachgewiesen wurden.

Koronarographie. Da stärkere pektanginöse Beschwerden nicht zum typischen Bild einer Mitralstenose gehören, muß bei einer entsprechenden Anamnese an das Vorliegen einer koronaren Herzerkrankung gedacht werden. Von einigen Autoren wird eine Koronarsklerose bei Mitralvitien seltener beobachtet als bei Aortenvitien. Unter Berücksichtigung von Geschlechts- und Altersdifferenzen dieser beiden Gruppen bestehen allerdings keine signifikanten Unterschiede zwischen den einzelnen Klappenvitien hinsichtlich der koronaren Veränderungen. Insgesamt zeigen aber die Angaben über die Häufigkeit von koronarsklerotischen Veränderungen bei Mitralstenose erhebliche Diskrepanz (GARDNER u. WHITE, 1949; CHASNOFF u. SILVER, 1951; BEVERUNGEN u. DÜX, 1966; PFISTER u. Mitarb., 1966; BJÖRK u. CULLHED, 1969; COLEMANN u. SOLOFF, 1970; LOEW u. Mitarb., 1972; LUXEREAU u. Mitarb., 1972; MANCHESTER u. Mitarb., 1972). In neuerer Zeit ist deswegen gefordert worden, vor einer Klappenoperation bei Männern jenseits des 40. und bei Frauen jenseits des 45. Lebensjahres eine Koronarographie durchzuführen. Der Nachweis von koronarsklerotischen Veränderungen bei Mitralstenose ist insofern von Bedeutung, als u.U. ein koronarchirurgisches Vorgehen erwogen werden muß (EFFLER u. MARCUS, 1973). Darüber hinaus kann die Operationsindikation zur Kommissurotomie hierdurch beeinflußt werden, wenn die Lebenserwartung durch die Koronarsklerose stärker eingeschränkt ist als durch das Vitium. Für die Kommissurotomie haben die koronaren Veränderungen nicht die Bedeutung wie bei der Klappenimplantation, sofern keine extrakorporale Zirkulation erforderlich ist, weil dann der Eingriff insgesamt eine geringere kardiale Belastung bedeutet.

Zusammenfassende Beurteilung der Methoden. In den meisten Fällen sind die Diagnose und auch die Beurteilung des Schweregrades einer Mitralstenose durch Anamnese und klinische Befunde, einschließlich der unblutigen Untersuchungsmethoden, mit ausreichender Sicherheit möglich, wie Herzkatheteruntersuchungen bestätigt haben.

Wenn dennoch in der Regel bei Mitralstenosen präoperativ Herzkatheteruntersuchungen durchgeführt werden, so hat das mehrere Gründe:

1. Bestätigung der Diagnose und Beurteilung des Schweregrades in klinisch zweifelhaften Fällen.
2. Erfassung der hämodynamischen Verhältnisse im Lungenkreislauf, besonders im Hinblick auf die operativ erzielte Besserung.
3. Aufdeckung von Funktionsstörungen beider Ventrikel.
4. Erfassung der Verhältnisse an der Trikuspidalklappe.

Liegt hinsichtlich der Operationsindikation ein Grenzfall vor, ist ein Belastungsversuch mit Druckmessung im kleinen Kreislauf und Bestimmung des Herzzeitvolumens erforderlich. Dies kann auch mit der Einschwemmkatheter-Methode geschehen.

Die *Kontrastmitteldarstellung* dient entweder der Beurteilung des linken und rechten Ventrikels, der Erkennung von raumfordernden Prozessen oder der Beurteilung von Lungengefäßveränderungen.

Von einigen Arbeitsgruppen wird die Kontrastmitteldarstellung auch zur Beurteilung der Mitralklappe selbst eingesetzt.

Bei älteren Patienten wird, wie bereits gesagt, von mancher Seite routinemäßig präoperativ eine Koronarographie gefordert.

Natürlich brauchen alle genannten Methoden kaum je bei einem Patienten durchgeführt zu werden. Die Indikation zu jedem Verfahren wird nicht zuletzt von den Erfahrungen des jeweiligen Untersuchers mitbestimmt.

Da alle invasiven Methoden auch ihre Gefahren haben, sollte in jedem Einzelfall ihr Einsatz wohl abgewogen erfolgen, und zwar nicht nur hinsichtlich der Anwendung überhaupt, sondern auch hinsichtlich ihrer Prävalenz.

Differentialdiagnose. Im *typischen* Fall ist das klinische Bild der Mitralstenose so eindeutig, daß sich keine differentialdiagnostischen Schwierigkeiten ergeben. Trotzdem muß man differentialdiagnostisch an einen Vorhoftumor (Abb. 16a u. b) (gestieltes Myxom, flottierender Thrombus) oder an ein Cor triatriatum sinistrum denken (Abb. 17a u. b). Das ist besonders wichtig, wenn der Auskultationsbefund, insbesondere bei Lageänderung, wechselt. Verdächtig sind auch vorübergehende Synkopen, die der Ausdruck eines passageren Verschlusses des Ostiums sein können, und Embolien bei Sinusrhythmus. Der Verdacht kann durch den Nachweis von Verkalkungen im Vorhof erhärtet werden, zumal das Röntgenbild sich nicht von dem charakteristischen Bild der Mitralstenose unterscheiden muß (Derra u. Mitarb., 1959) (s. Abb. 16).

In manchen Fällen kann auch die Ultraschallkardiographie einen weiteren diagnostischen Hinweis geben. Die endgültige Klärung erfolgt mittels Herzkatheteruntersuchung und Kontrastmitteldarstellung.

Sehr fortgeschrittene Formen der Mitralstenose sind gelegentlich so *atypisch*, daß sie klinisch nicht mit ausreichender Sicherheit zu erkennen sind – dies besonders dann, wenn der Auskultationsbefund im Stich läßt. Früher wurden solche Formen als „stumme" Mitralstenosen bezeichnet.

Verkalkungen der Mitralklappe, die bei so weit fortgeschrittenen Fällen röntgenologisch praktisch immer zu sehen sind, weisen natürlich auf die Mitralstenose hin. Wenn Verkalkungen nicht nachzuweisen sind, kann röntgenologisch und klinisch durch eine primär vaskuläre pulmonale Hypertonie eine Mitralstenose vorgetäuscht werden (Abb. 18a u. b).

Erhebliche differentialdiagnostische Schwierigkeiten können sich ergeben bei Patienten im 4.—6. Lebensjahrzehnt mit Vorhofflimmern. Insbesondere kann der oft betonte I. Herzton eine Mitralstenose vortäuschen, wenn röntgenologisch eine Vergrößerung des linken Vorhofs besteht (Abb. 19a u. b).

Ein Vorhofseptumdefekt kann ebenfalls eine Mitralstenose vortäuschen. Beiden Fehlern können gemeinsam sein: ein betonter I. Herzton, vermehrte Lungengefäßzeichnung und röntgenologisch eine Vorwölbung des Pulmonalbogens. Eine Verwechslung ist besonders leicht, wenn bei älteren Patienten mit Vorhofseptumdefekt neben Vorhofflimmern eine leichte Zyanose der Lippen und Wangen sowie Atemnot auftreten. In solchen Fällen gibt röntgenologisch die Diskrepanz zwischen verstärkter Lungengefäßzeichnung und nicht vergrößertem linken Vorhof den entscheidenden Hinweis. Wenn trotzdem der Retrokardialraum eingeengt wird, ergeben sich größte differentialdiagnostische Schwierigkeiten (Abb. 20a u. b).

Verlauf und Prognose ohne Operation. Über den natürlichen Verlauf der Mitralstenose liegen zahlreiche Arbeiten aus früherer Zeit vor (Grant, 1933; de Graff u. Lingg, 1934; Bland u. Jones, 1951; Wood, 1954; Donzelot u. Mitarb., 1957; Rowe u. Mitarb., 1960; Hall ,1961; Olesen, 1962). Die Ergebnisse dieser Untersuchungen können jedoch nicht ohne weiteres als verbindlich für die derzeitige Beurteilung der Prognose dieses Vitiums

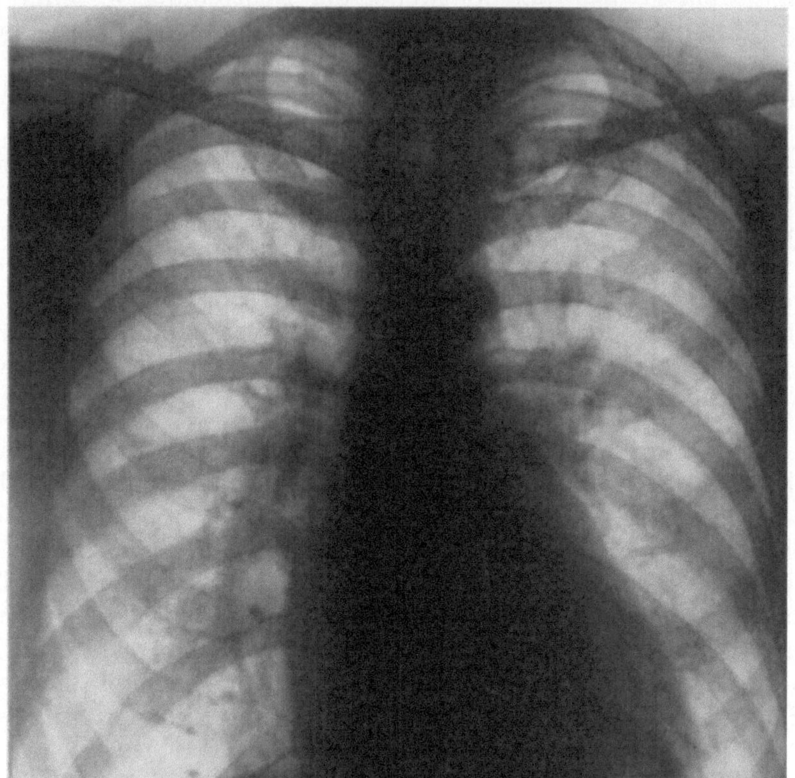

a

b

Abb. 16a u. b. „Mitralkonfiguriertes“ Herz bei einer 44jährigen Pat. (E. Rr.) mit operativ und histologisch gesichertem Myxom des linken Vorhofs. (a) Sagittale Herzfernaufnahme: Geringe Verbreiterung des Herzens nach links. Verstrichene Herztaille. Dichte Hili. Verstärkte Lungengefäßzeichnung. (b) Seitenbild: Einengung des Retrokardialraums im Bereich des linken Vorhofs

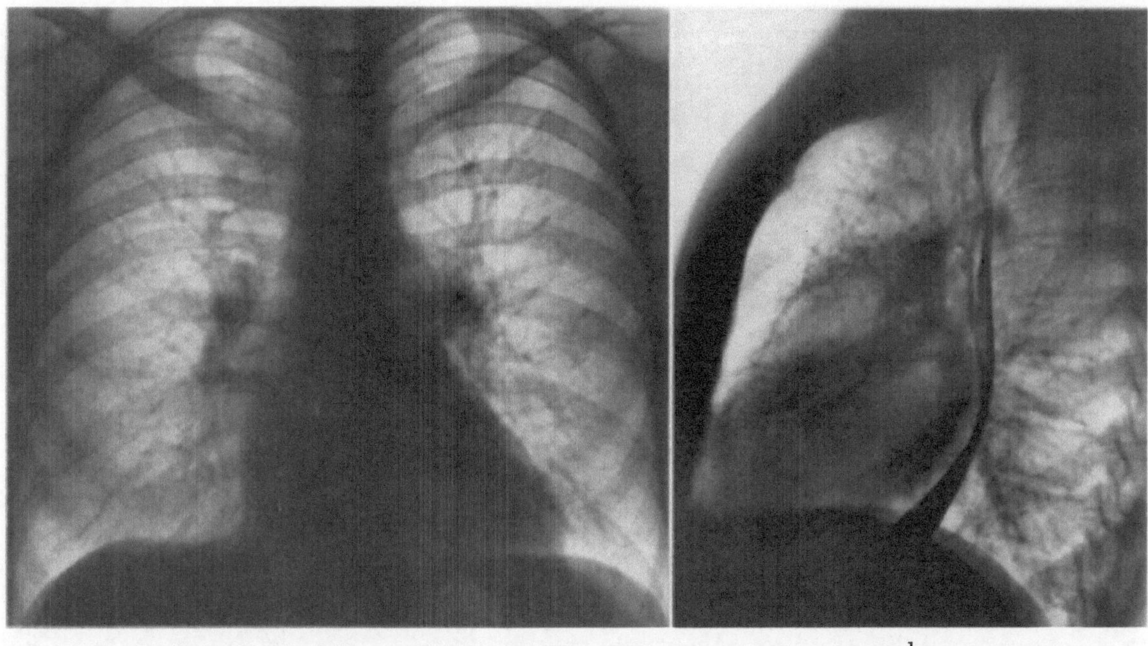

a b

Abb. 17a u. b. „Mitralkonfiguriertes“ Herz bei einer 24jährigen Pat. (R. Jo.) mit einem Cor triatriatum sinistrum (operativ bestätigt). (a) Sagittale Herzfernaufnahme: Herz gering nach links verbreitert. Flache Vorwölbung des Pulmonalbogens. Dichte Hili. Vermehrte Lungengefäßzeichnung. (b) Seitenbild: Einengung des Retrokardialraums durch vergrößerten linken Vorhof

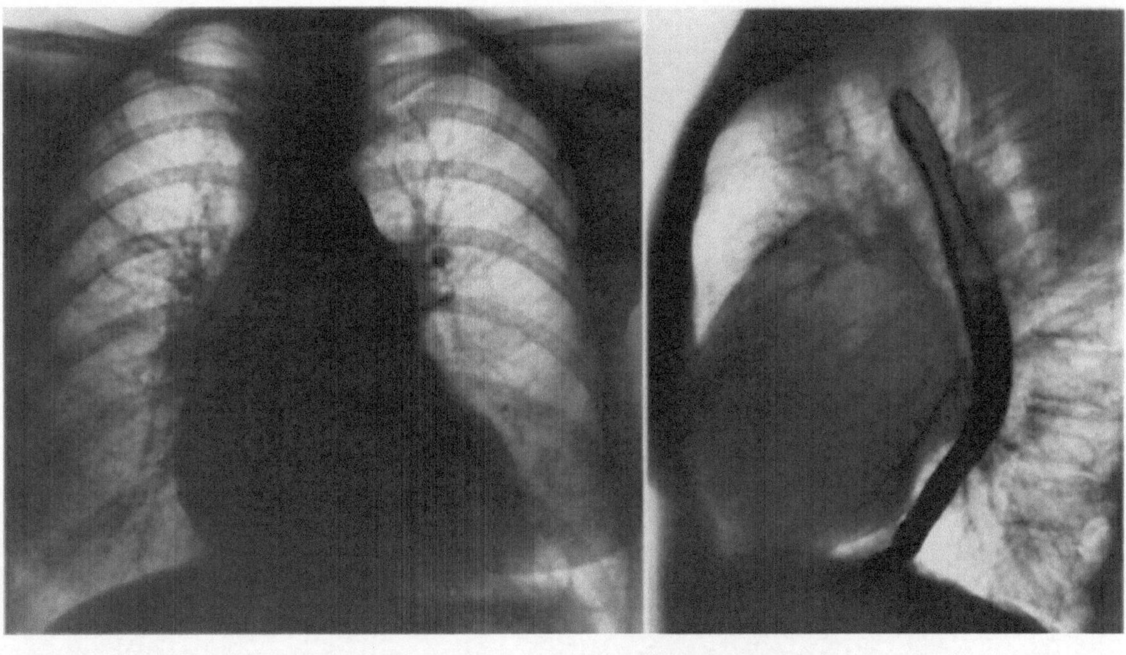

a b

Abb. 18a u. b. Primär vaskuläre pulmonale Hypertonie bei einer 55jährigen Pat. (A. Ot.). Histologisch gesichert. (a) Herzfernaufnahme: Linksbetontes Herz. Vorwölbung des Pulmonalbogens. Hili vergrößert. Lungenperipherie eher gefäßarm. (b) Seitenbild: Einengung des Herzhinterraums in Höhe des linken Vorhofs. Oesophagus in diesem Abschnitt nach dorsal verlagert

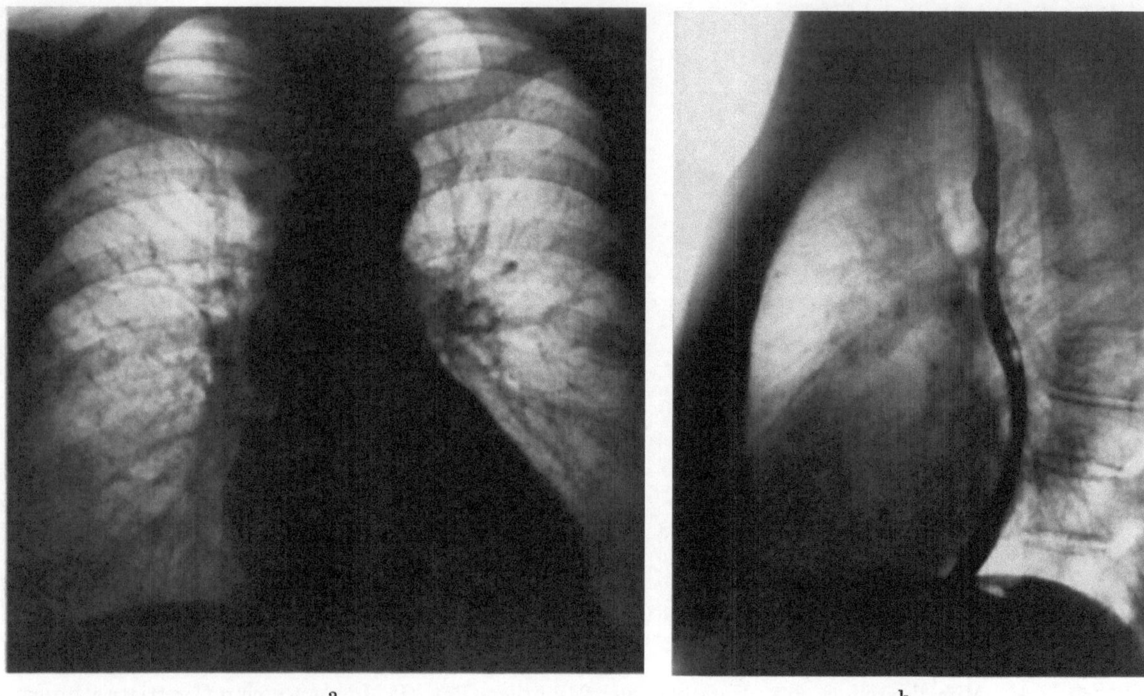

Abb. 19a u. b. Vorhofflimmern, röntgenologisch eine Mitralstenose vortäuschend. 55jährige Pat. (M. St.). (a) Sagittale Herzfernaufnahme: Geringe Linksverbreiterung. Flache Vorwölbung in Höhe des linken Herzohrs. Ektasie der aufsteigenden Aorta. Vorspringender Aortenknopf. Dichte Hili beiderseits. (b) Seitenbild: Deutliche Einengung des Retrokardialraums mit Verdrängung des Oesophagus

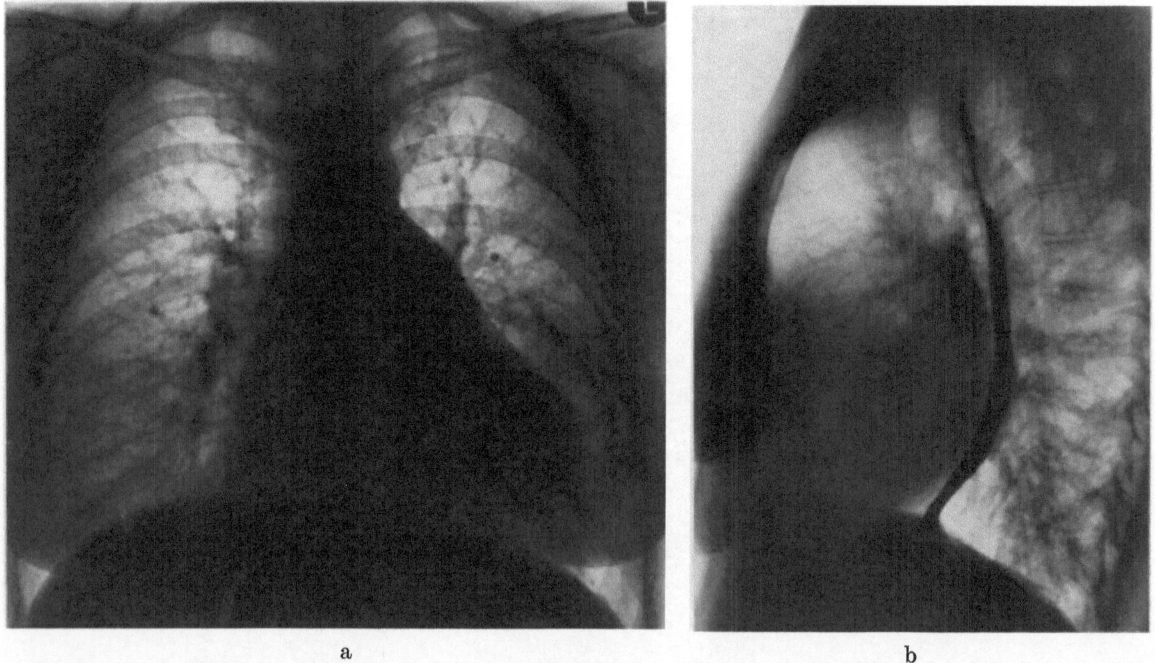

Abb. 20a u. b. Vorhofseptumdefekt bei einer 56jährigen Pat. (H. Fl.). (a) Sagittale Herzfernaufnahme: Herz linksverbreitert. Vorwölbung des Pulmonalbogens. Dichte Hili. Lungengefäßzeichnung verstärkt. Keine Kerleyschen Linien. (b) Seitenbild: Einengung des Retrokardialraums in Höhe des linken Vorhofs

Tabelle 3. Änderung des klinischen Schweregrades bei erworbenen Herzklappenfehlern. Berücksichtigt sind nur solche Fälle, die mehrmals ambulant kontrolliert wurden und bei denen nur eine Herzklappe befallen war

Art des Herzfehlers	Zahl der Patienten	Mittlerer Beobachtungs-zeitraum (Jahre)	Verlauf				Operation	
			unverändert		verändert			
			Absolut-zahl	%	Absolut-zahl	%	Absolut-zahl	%
Aorten-stenose	31	5,8	28	90	3	10	2	6
Aorten-insuffizienz	53	5,1	42	79	11	21	6	11
Mitral-stenose	36	5,7	24	67	12	33	7	19
Mitral-insuffizienz	34	6,0	34	100	0	0	0	0

angesehen werden. Die Untersuchungen beziehen sich nämlich auf einen Zeitraum, als wesentliche konservative Therapiemittel (Antibiotika, Antikoagulantien) noch nicht bekannt waren. Heute ist eine solche Verlaufsbeobachtung aber nicht mehr möglich, da bei allen Patienten mit schwerwiegenden Stenosen eine Operation durchgeführt wird. Daher ist es sehr schwierig, die Prognose zuverlässig zu beurteilen (HEIDEL u. Mitarb., 1967; ROY u. GOPINATH, 1968; DUBIN u. Mitarb., 1971; SELZER u. COHN, 1972; REICHEK u. Mitarb., 1973; RAPAPORT,1975; BLÖMER u. Mitarb., 1977).

Patienten mit leichter Mitralstenose (Schweregrad I, I—II) haben vom Schweregrad des Herzfehlers her dann eine gute Prognose, wenn die Stenose nicht zunimmt. Im allgemeinen ist aber bei den rheumatischen Vitien mit einer Progredienz des Fehlers zu rechnen (Tabelle 3). Sie kann auf eine weitere Stenosierung oder auf andersartige Veränderungen der Klappen zurückzuführen sein. Klinisch faßbare rheumatische Rezidive brauchen dabei nicht aufzutreten. Die Zunahme der Klappenveränderungen hängt wahrscheinlich neben möglichen entzündlichen Destruktionen auch mit der abnormen Belastung der Klappe bei veränderter Hämodynamik zusammen. So kann es zur fortschreitenden Klappenfibrose mit Verkalkung kommen. Liegt eine hämodynamisch bedeutsame Stenose vor, ist im Laufe der Jahre eine Verschlechterung durch sekundäre Veränderungen der Lungenstrombahn zu befürchten. Im Endstadium dieses Prozesses kommt es dann zu einer Rechtsherzinsuffizienz.

Der Verlauf des Leidens wird bei Patienten aller Schweregrade durch das Auftreten von Vorhofflimmern wesentlich beeinflußt. Einmal kommt es durch die veränderte Hämodynamik zu einer Reduzierung der körperlichen Leistungsfähigkeit, die von den Patienten meist als deutlicher Leistungsknick empfunden wird. Darüber hinaus ereignet sich bei etwa $^1/_3$ aller Patienten mit Vorhofflimmern eine Thromboembolie (DALEY u. Mitarb., 1951; TABER u. LAM, 1960; DEVERALL u. Mitarb., 1968; COULSHED u. Mitarb., 1970; CALKINS, 1972; LOOGEN u. Mitarb., 1972). Demgegenüber ist das Embolierisiko bei Sinusrhythmus selbst bei hämodynamisch bedeutsamen Stenosen gering. Neben den häufig lebensbedrohlichen arteriellen Thromboembolien kann auch in einem Teil der Fälle als Zeichen einer Nierenembolie ein Hypertonus auftreten, der seinerseits wiederum die Prognose verschlechtert (WETZELS u. HERMS, 1959; DAVIES, 1966; LOOGEN u. SEIPEL, 1967; LAURIE, 1968).

Wenn auch eine exakte Prognose im Einzelfall nicht möglich ist, so ist doch die Lebenserwartung von Patienten mit hämodynamisch bedeutsamer Mitralstenose deutlich reduziert.

Operationsindikation. Die Operationsmethode der Wahl ist für unkomplizierte Mitralstenosen noch immer die geschlossene Kommissurotomie, d.h. eine digitale oder instrumentale Klappensprengung (IRMER u. Mitarb., 1960; ELLIS u. HARKEN, 1964; COX u. FISHER, 1968; REED, 1968; GLENN u. Mitarb., 1969; GOBEL u. Mitarb., 1969; BRYANT u. TRINKLE, 1971; KEITH u. FOWLER, 1972; MULLIN u. Mitarb., 1972; SELZER u. COHN, 1972). Von einigen Arbeitsgruppen wird demgegenüber die Operation unter Sicht des Auges mit Einsatz der Herz-Lungen-Maschine befürwortet (CARTER u. Mitarb., 1961; KAY u. Mitarb., 1964; CALATAYUD u. Mitarb., 1968; GALL u. Mitarb., 1969; BORMAN u. Mitarb., 1970; RODEWALD u. Mitarb., 1970; GERAMI u. Mitarb., 1971; ROE u. Mitarb., 1971; FINNEGAN u. Mitarb., 1974; ISRINGHAUS u. STAPENHORST, 1976; KREITMANN u. Mitarb., 1976). Die letzte Entscheidung hierüber ist noch nicht gefallen. Unabhängig von der operativen Technik stellt der Eingriff nur eine Palliativmaßnahme dar, da eine Restitutio ad integrum des Klappenapparats unmöglich ist. Daher ist die Klappe neben den Rezidiven unverändert pathologischen Strömungsbelastungen ausgesetzt, so daß es postoperativ im weiteren Verlauf durch Verhärtung und Einschränkung der Beweglichkeit gesprengter Klappen wieder zu einer Verschlechterung kommen kann (LOOGEN, 1962(a); LOWTHER u. TURNER, 1962; COELHO u. Mitarb., 1966; HAUCH u. Mitarb., 1967; DAHL u. Mitarb., 1967; HEIDEL u. Mitarb., 1967; ARAVANIS u. Mitarb., 1968; DECKER u. Mitarb., 1968; BLÖMER u. Mitarb., 1969; GLENN u. Mitarb., 1969; HARKEN u. ELLIS, 1970; HIGGS u. Mitarb., 1970; MEIER u. REINDELL, 1970; LOOGEN u. Mitarb., 1971).

Eine eindeutige Operationsindikation besteht für den Schweregrad III, meist auch für den Schweregrad IV. Die zeitweise propagierte frühzeitige Operation leichter Stenosen (Schweregrad I und II) (ELLIS u. Mitarb., 1959; BANNISTER, 1960) wurde inzwischen wieder fallen gelassen, da die Prognose durch den Eingriff nicht sicher verbessert wird. Schwierig kann die Entscheidung über die Operationsindikation in den Fällen mit mittelgradiger Mitralstenose (Schweregrad II—III) sein. In diesen Fällen ist das Druckverhalten im kleinen Kreislauf unter Belastung ein wichtiges Kriterium für die Operationsindikation.

Klappenverkalkungen, Vorhofflimmern und höheres Lebensalter verschlechtern zwar das Operationsergebnis, stellen aber keine Gegenindikation dar (KITCHIN u. TURNER, 1967; ELLIS u. Mitarb., 1968; SAKAKIBARA, 1968; GLENN u. Mitarb., 1969; BRAMWELL u. Mitarb., 1970; LOOGEN u. Mitarb., 1970; SMITH u. BELCHER, 1970; OLINGER u. Mitarb., 1971). Trotzdem wird man in einem Alter über 60 Jahren mit der Operationsindikation zurückhaltend sein und die Entscheidung weitgehend vom biologischen Alter abhängig machen. Bei starken Klappenverkalkungen kann durch die blinde Sprengung oft kein hämodynamisch befriedigendes Ergebnis erzielt werden, so daß eine offene Operation, u.U. mit Implantation einer Klappenprothese erforderlich ist. Heute bedarf es kaum noch einer besonderen Erwähnung, daß jeder Eingriff an der Mitralklappe a priori unter Bereitstellung der Herz-Lungen-Maschine durchzuführen ist.

Postoperative Befunde. Besondere Bedeutung hat die Röntgenuntersuchung auch für die Beurteilung der Operationsergebnisse.

Die röntgenologisch faßbaren Veränderungen gegenüber dem präoperativen Befund erstrecken sich auf das Herz und die Lungenstrombahn und bei Klappenersatz auf die Funktion der künstlichen Klappe.

Bei der Beurteilung der Herzkonfiguration ist zu berücksichtigen, daß die postoperativen Veränderungen nicht allein Ausdruck der hämodynamischen Umstellung sind. So können z.B. chirurgische Eingriffe die Herzkonfiguration unmittelbar ändern. Durch *Resektion des linken Herzohrs* wird oft die präoperativ verstrichene Herztaille „wiederhergestellt". Die so entstandene „röntgenologische Besserung" erlaubt natürlich keinerlei Rückschluß auf ein hämodynamisch positives Ergebnis.

Konfigurationsänderungen sind aber trotzdem auch infolge der verbesserten Hämodynamik nach erfolgreicher Klappensprengung zu erwarten. Da hierdurch linker Vorhof und Lungenstrombahn entlastet werden und damit die diastolische Füllung des linken

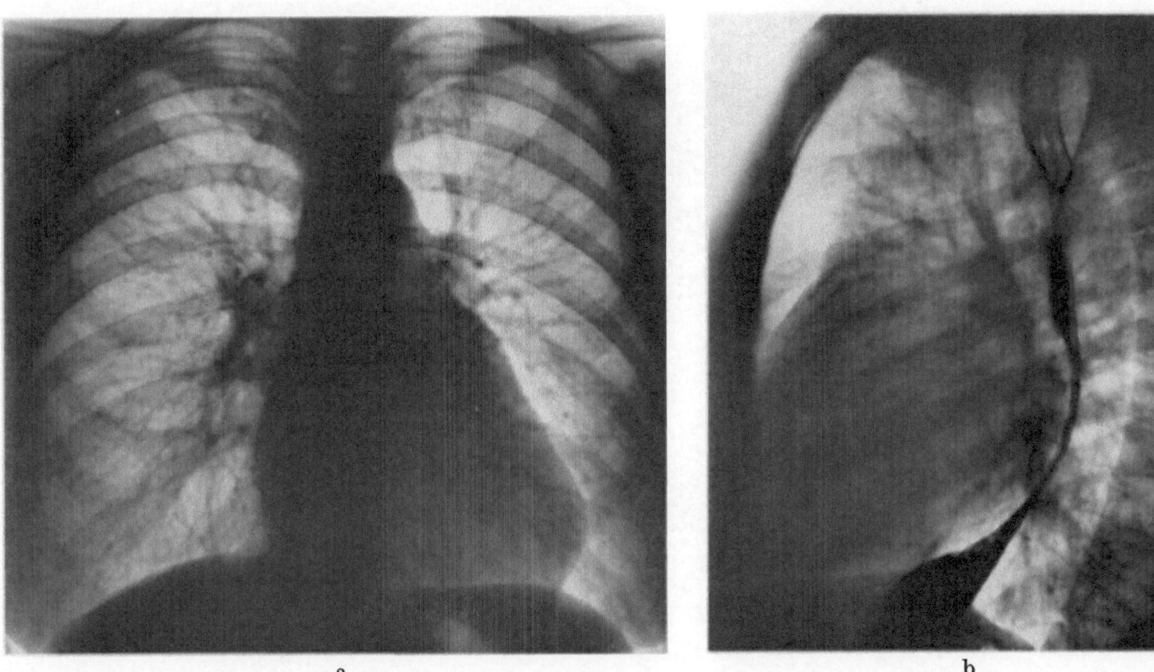

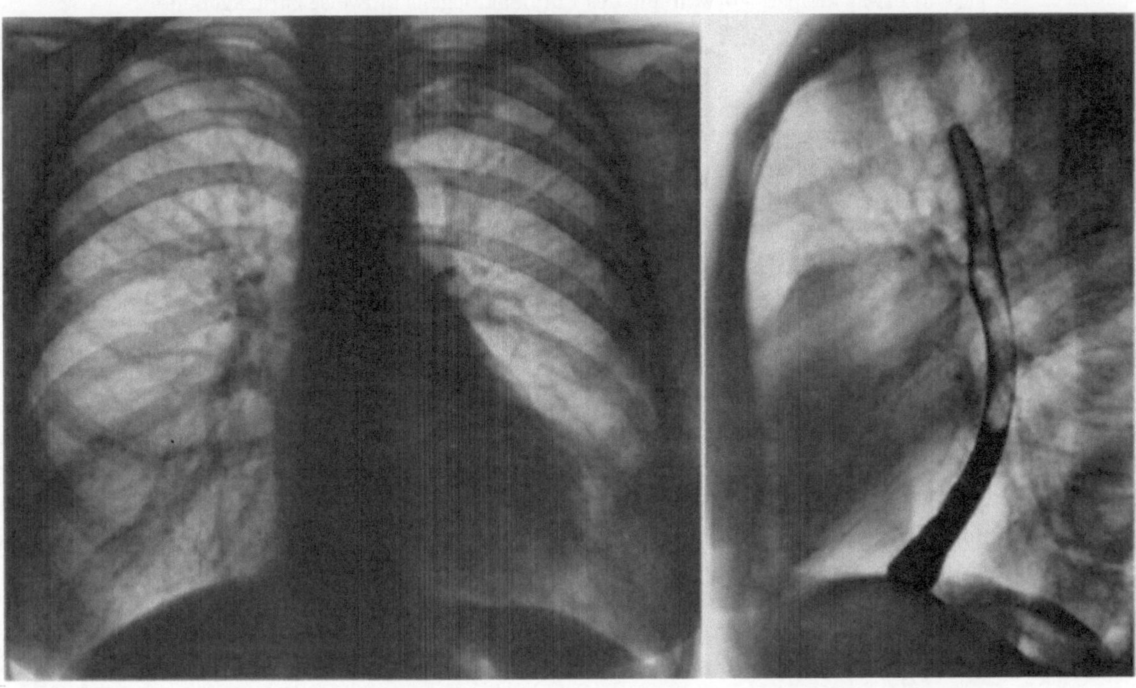

Abb. 21a—d. Prä- und postoperative Befunde bei einer 48jährigen Pat. (G. Pi.) mit Mitralstenose. (a) und (b) Präoperativ: in der sagittalen Herzfernaufnahme (a) Herz gering nach links verbreitert. Vorwölbung der linken Herzkontur in Höhe des linken Herzohrs. Vermehrte Hilus- und Lungengefäßzeichnung. Im Seitenbild (b) Einengung des Retrokardialraums durch den vergrößerten linken Vorhof. (c) und (d) 1 Jahr nach Operation: In der sagittalen Herzfernaufnahme (c) etwas verstärkte Rundung der linken unteren Herzkontur gegenüber präoperativ. Die präoperativ erkennbare Vorwölbung in Höhe des linken Herzohrs nicht mehr vorhanden. Verstrichene Herztaille. Hilus- und Lungengefäßzeichnung normal. Im Seitenbild (d) keine isolierte Einengung des Retrokardialraums mehr erkennbar

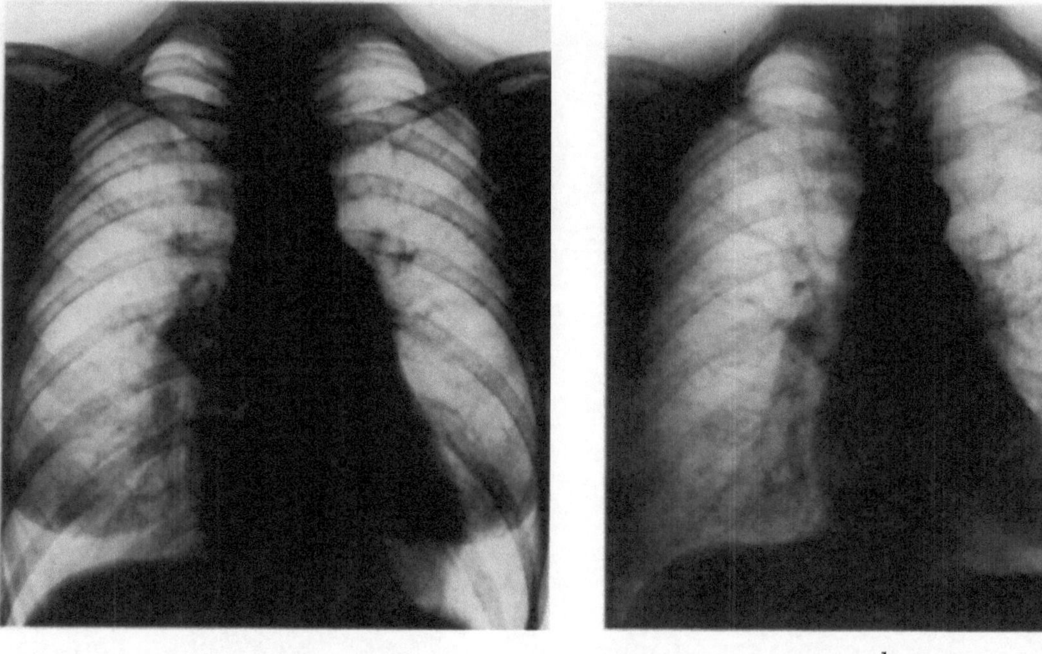

Abb. 22a u. b. Prä- und postoperative Befunde bei einer 38jährigen Pat. (E. Bi.) mit Mitralstenose und relativer Pulmonalinsuffizienz. Druckwerte präoperativ: Pulmonalarterie 160/70 mm Hg; 1 Jahr postoperativ 30/15 mm Hg. (a) Präoperative sagittale Herzfernaufnahme: Starke Vorwölbung des Pulmonalbogens und Erweiterung der zentralen Lungengefäße. (b) Sagittale Herzfernaufnahme 1 Jahr nach Operation: Herz insgesamt etwas kleiner. Vorwölbung des Pulmonalbogens teilweise zurückgebildet

Ventrikels verbessert wird, tritt im Idealfall postoperativ der linke Ventrikel stärker in Erscheinung, während die Größe des linken Vorhofs und die Zeichen der Lungenstauung zurückgehen (Abb. 21a—d).

Das trifft aber nur auf wenige Fälle zu. Im allgemeinen erfolgt vielmehr auch bei gutem Operationsergebnis keine Rückbildung des vergrößerten linken Vorhofs zur Norm. Das gilt auch für die Vorwölbung des Pulmonalbogens, die trotz Normalisierung der Druckverhältnisse im kleinen Kreislauf mit entsprechender Rückbildung der Lungenstauung postoperativ bestehen bleibt (Abb. 22a u. b).

Die fehlende Normalisierung dürfte darauf zurückzuführen sein, daß infolge der chronischen Druckbelastung irreversible morphologische Veränderungen mit Elastizitätsverlust eingetreten sind. Daher kann eine Verkleinerung des linken Vorhofs im postoperativen Röntgenbild als Zeichen für ein gutes Operationsergebnis gewertet werden, eine gegenüber dem präoperativen Befund unveränderte Vorhofgröße schließt aber ein gutes Resultat nicht aus (McAFEE u. BIOUDETTI, 1957; THURN, 1968; SENINGEN u. Mitarb., 1971).

Das postoperative Röntgenbild des linken Ventrikels hängt wesentlich von der hämodynamischen Ausgangssituation ab. Bei hochgradiger Mitralstenose mit Reduzierung des Schlag- und Minutenvolumens ist nach einer guten Klappenerweiterung eine Vergrößerung des linken Ventrikels zu erwarten. Manchmal kann es in den ersten postoperativen Tagen durch die plötzliche Volumenmehrbelastung zu einer starken Vergrößerung des linken Ventrikels mit Insuffizienz kommen, die sich im weiteren Verlauf zurückbildet (Abb. 23a—c).

Bei Stenosen mit weitgehend normalem Herzzeit- und -schlagvolumen in Ruhe ist postoperativ und auch bei gutem Operationsergebnis mit keiner Vergrößerung des linken Ventrikels zu rechnen.

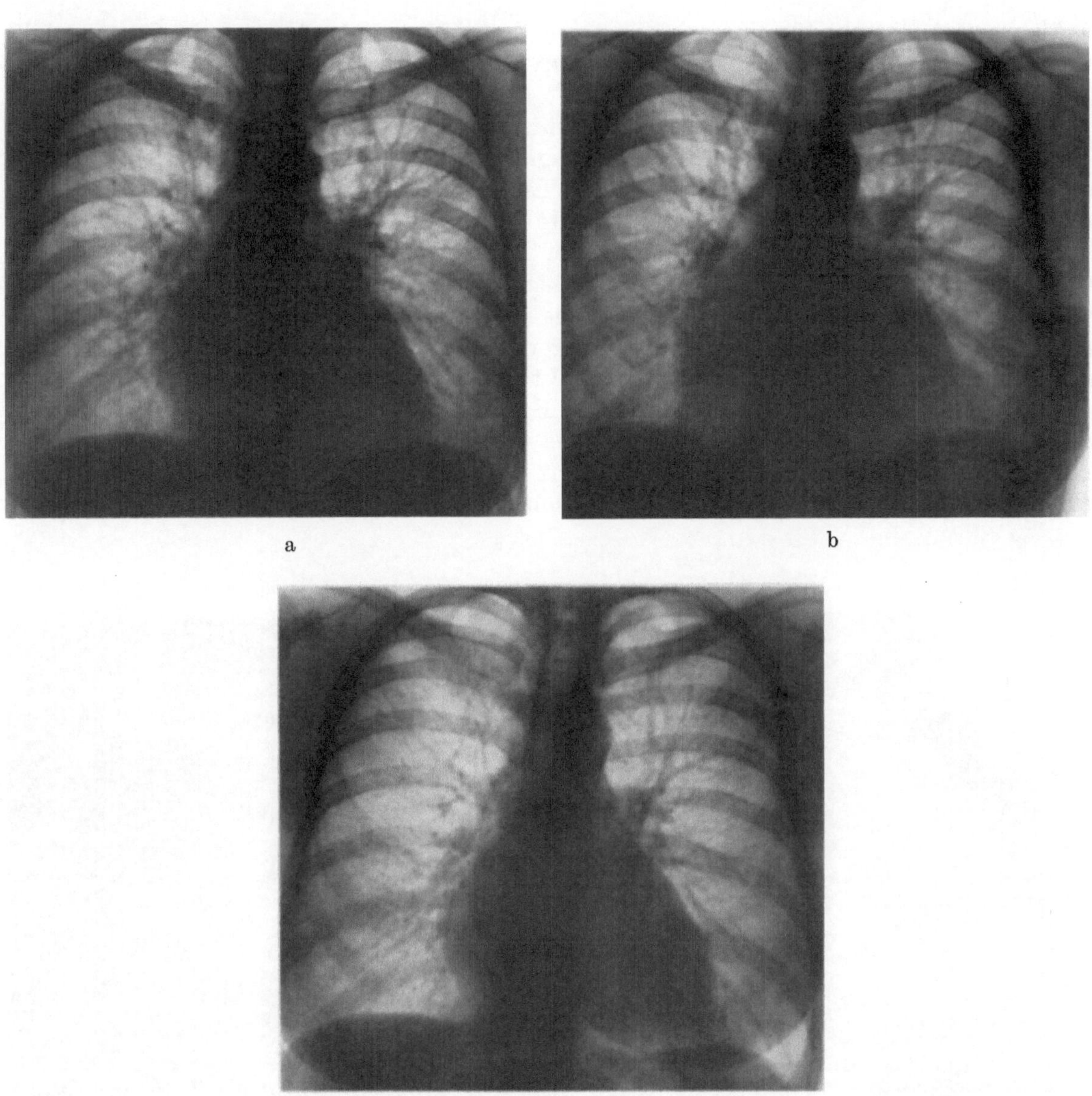

Abb. 23a—c. Prä- und postoperative Befunde bei einer 36jährigen Pat. (C. Sz.) mit Mitralstenose. (a) Präoperative sagittale Herzfernaufnahme: Deutliche Rechtsverbreiterung des Herzens. Doppelkontur am rechten Herzrand. Verstrichene Herztaille. Dichte Hili; vermehrte Lungengefäßzeichnung. (b) Sagittale Herzfernaufnahme 3 Wochen nach Kommissurotomie: Deutliche Vergrößerung des Herzens, vor allem nach rechts, aber auch nach links. Zunahme der Lungengefäßzeichnung. Druckwerte: Linker Vorhof 66/18 mm Hg, Pulmonalarterie 66/20 mm Hg. Der hohe Vorhofdruck ist bedingt durch eine erhebliche Mitralregurgitation. (c) Sagittale Herzfernaufnahme 9 Monate später: Deutliche Größenabnahme des Herzens und Rückbildung der Lungengefäßzeichnung. Druckwerte: Pulmonalkapillardruck 12/5 mm Hg; Pulmonalarterie 20/10 mm Hg

Postoperative Vergrößerungen des linken Ventrikels infolge verbesserter Hämodynamik nach Kommissurotomie sind praktisch immer nur gering. Stärkere Größenzunahmen haben im allgemeinen andere Ursachen:

Nicht selten ist es eine operativ entstandene *Mitralinsuffizienz*, die zu einer Vergrößerung des linken Ventrikels und des linken Vorhofs führt. In solchen Fällen kann die präoperative Vergrößerung des linken Vorhofs unverändert bleiben oder sogar noch zunehmen.

Eine Größenzunahme des linken Ventrikels kann auch durch eine *Aorteninsuffizienz* bedingt sein, die sich nach Beseitigung der Mitralstenose stärker auswirkt.

Als weitere Ursache für eine postoperative Vergrößerung des Herzens im Röntgenbild ist eine postoperative Karditis zu nennen (Harvey u. Mitarb., 1955; Thurn, 1968; Maurer u. Mitarb., 1969; Gleichmann, 1971).

Ein wichtiges Kriterium für die Beurteilung des Operationsergebnisses ist die *Rückbildung der Lungenstauung* (vgl. Abb. 21). Im günstigen Falle sieht man eine Rückbildung der präoperativen Dilatation der zentralen Lungengefäße und der Kerleyschen Linien (McAfee u. Bioudetti, 1957; Thurn, 1968; Seningen u. Mitarb., 1971). Diese Rückbildung nach erfolgreicher Operation ist bei Patienten mit präoperativ mittelgradiger Druckerhöhung besonders auffällig, da noch keine stärkeren Umbauvorgänge am Lungenparenchym abgelaufen sind. Bestehen infolge einer stärkeren, länger dauernden pulmonalen Hypertonie ausgeprägte Veränderungen der Lungengefäße und des Lungenparenchyms (Hämosiderose), so bilden sich diese trotz erfolgreicher Klappensprengung nicht oder nur teilweise zurück (Zener u.a., 1972; Baedeker u.a., 1973). Dann ist eine röntgenologische Beurteilung des Operationserfolges kaum möglich. Auch bei hämodynamisch bedeutsamer postoperativer Mitralinsuffizienz kann es infolge der Abnahme des Mitteldruckes in der Pulmonalarterie durch die Beseitigung der Stenose dennoch zu einer Rück-

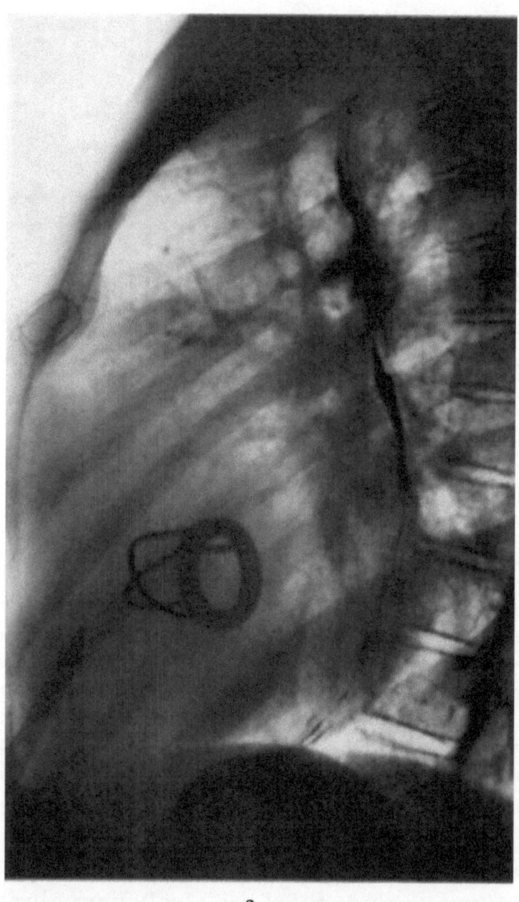

a

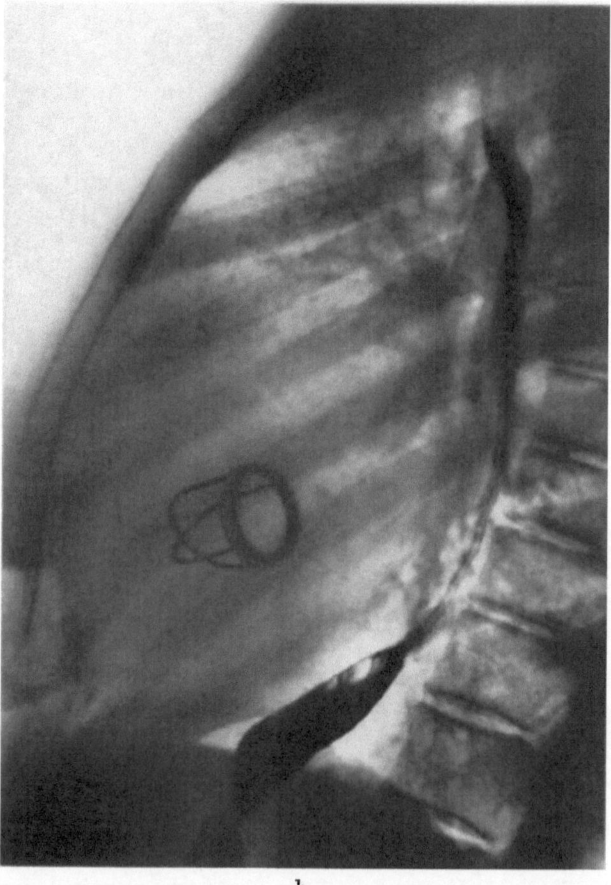

b

Abb. 24a—h. Verschiedene Klappenprothesen in Mitralposition (Seitenbilder). (a) Starr-Edwards-Ballklappe Typ 6000; Größe M 3. (b) Starr-Edwards-Ballklappe Typ 6120; Größe M 3. (c) Starr-Edwards-Scheibenklappe Typ 6500; Größe M 2, (α) ventrikeldiastolisch, (β) ventrikelsystolisch. (d) Starr-Edwards-Scheibenklappe Typ 6520; Größe M 3. Im Gegensatz zu Abb. (c) Scheibe nicht imprägniert und deswegen nicht sichtbar. (e) Smeloff-Cutter-Kugelklappe. Größe M 9. Charakteristisch doppelter nicht geschlossener Fangkorb. (f) Cooley-Bloodwell-Linsenklappe. Größe M 31. Ähnlich wie Starr-Edwards-Scheibenklappe, aber ohne geschlossenen Fangkorb. (g) Björk-Shiley-Linsenklappe; Größe M 27. (h) Lillehei-Kaster-Linsenklappe; Größe M 22, α) 2. schräger Durchmesser, β) seitlich

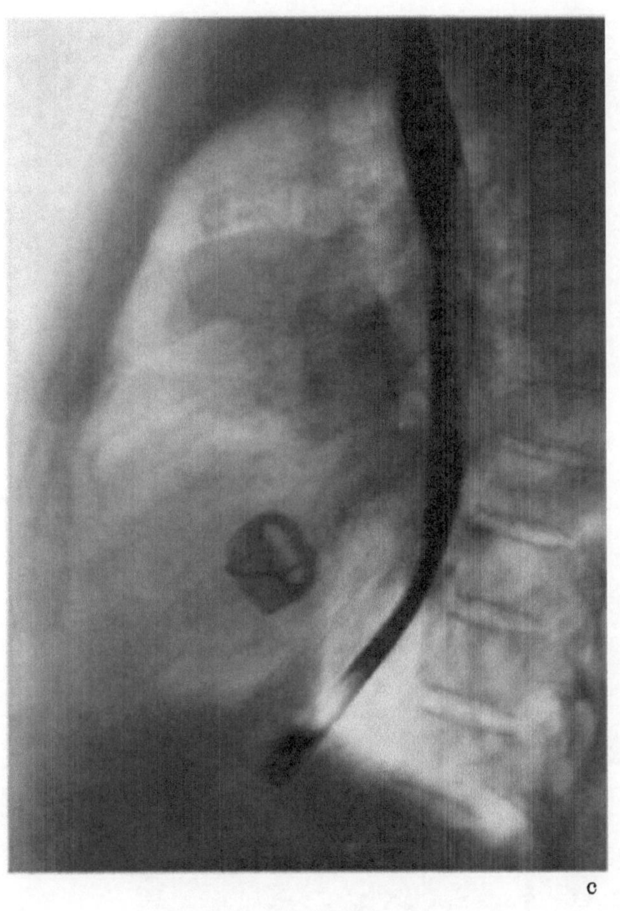

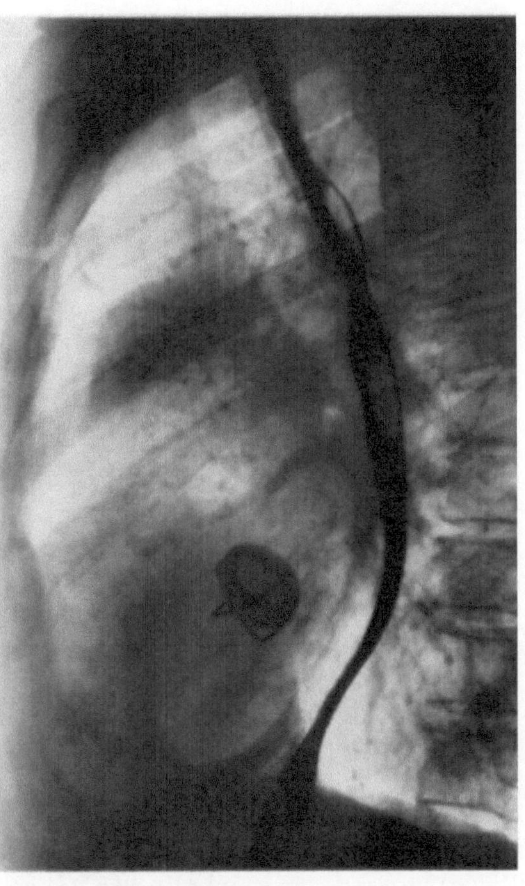

c

α β

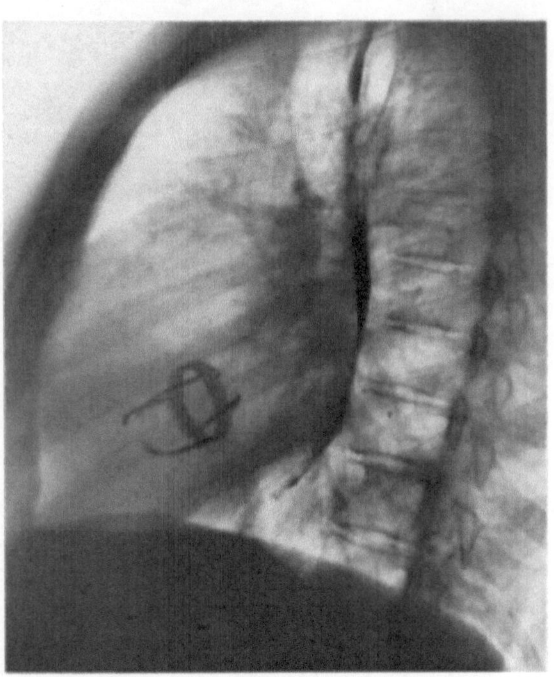

d e

Abb. 24 (Legende s. S. 82)

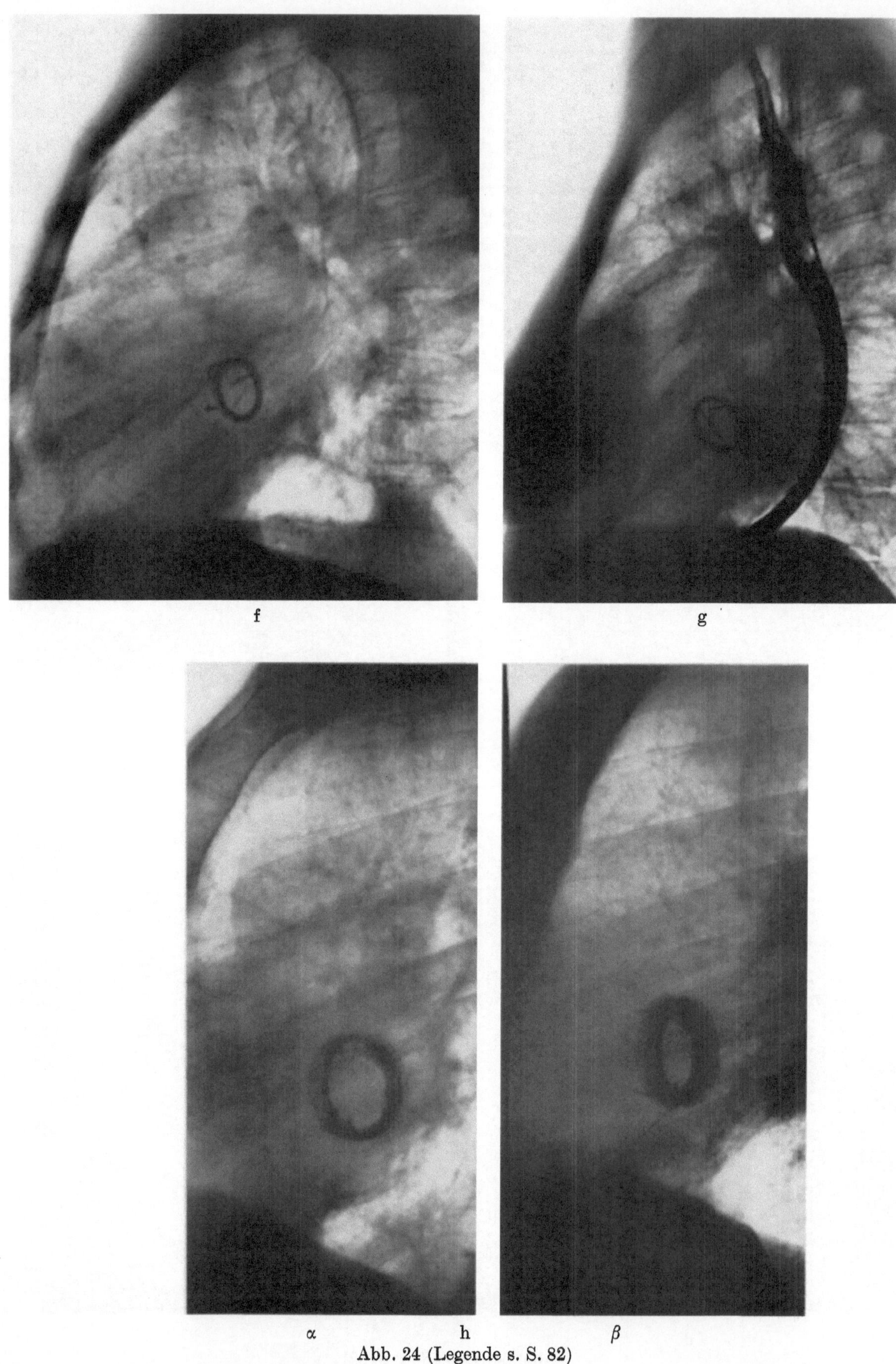

Abb. 24 (Legende s. S. 82)

bildung der Lungenstauung im Röntgenbild kommen, obwohl ein unbefriedigendes Operationsergebnis vorliegt.

Die postoperative Beurteilung der Größe des rechten Herzens ist im Röntgennativbild sehr schwierig. Nur bei starker präoperativer Vergrößerung dieses Herzabschnittes läßt sich nach erfolgreicher Operation, d.h. bei Abnahme des Druckes im rechten Ventrikel, im Sagittalbild eine Rückbildung der Vorwölbung des rechten Herzrandes nachweisen; im Seitenbild kann man dann eine Rückbildung der Prominenz der rechtsventrikulären Ausstrombahn sehen.

Die postoperativen Röntgenbefunde nach *Klappenersatz* unterscheiden sich hinsichtlich Herzform und Veränderung der Lungenstrombahn nicht von den Veränderungen nach Kommissurotomie.

Röntgendurchleuchtung und Aufnahmen ohne Kontrastmittelanwendung erlauben zunächst einmal eine Beurteilung des verwendeten Klappentyps (Ballklappe, Linsenklappe u.a.) (Abb. 24a—h).

Aussagen über Störungen der Klappenfunktion sind nur selten und selbst dann nur mit großer Zurückhaltung möglich.

Wenn die systolisch-diastolischen Bewegungen der Klappenprothese von der Norm abweichen, muß der Verdacht auf ein Randleck entstehen, besonders wenn die Patienten sonst nicht erklärbare stärkere Beschwerden haben. In solchen Fällen ist eine Kontrastmittelinjektion in den linken Ventrikel angezeigt. Ein Randleck zeigt sich dann als Kontrastmittelregurgitation in den linken Vorhof (Abb. 25a u. b). Dabei ist aber zu berücksichtigen, daß frühsystolisch auch ohne Randleck eine sehr geringe Regurgitation stattfindet.

Andere Funktionsstörungen von Klappenprothesen sind im Röntgennativbild nur dann erkennbar, wenn es sich um ein schattengebendes Ventil (Ball oder Scheibe) handelt. Dann können u.U. Deformierungen der künstlichen Klappe oder eine Behinderung ihrer Bewegung (z.B. durch Thromben) erkannt werden.

Homöo- oder heteroplastische Transplantate sind natürlich im Nativbild nicht erkennbar. Zur röntgenologischen Beurteilung ihrer Funktion ist immer eine Kontrastmitteldarstellung erforderlich.

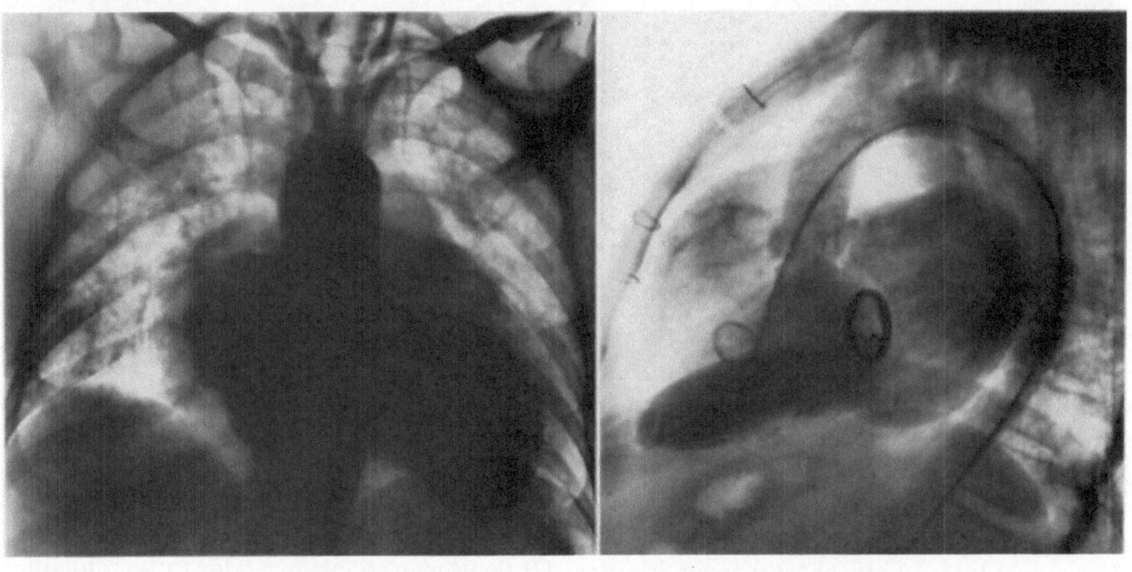

Abb. 25a u. b. Angiokardiographie mit Kontrastmittelinjektion in den linken Ventrikel bei Zustand nach Mitralklappenersatz (Björk-Shiley-Linsenklappe) bei operativ gesichertem Randleck – 38jährige Pat. (B. Ga.). (a) Sagittalbild: Großer linker Ventrikel. Gleich starke Kontrastmittelfärbung von linkem Ventrikel *und* linkem Vorhof, der stark nach rechts ausládt. (b) Seitenbild: Deutliche Vergrößerung des linken Vorhofs

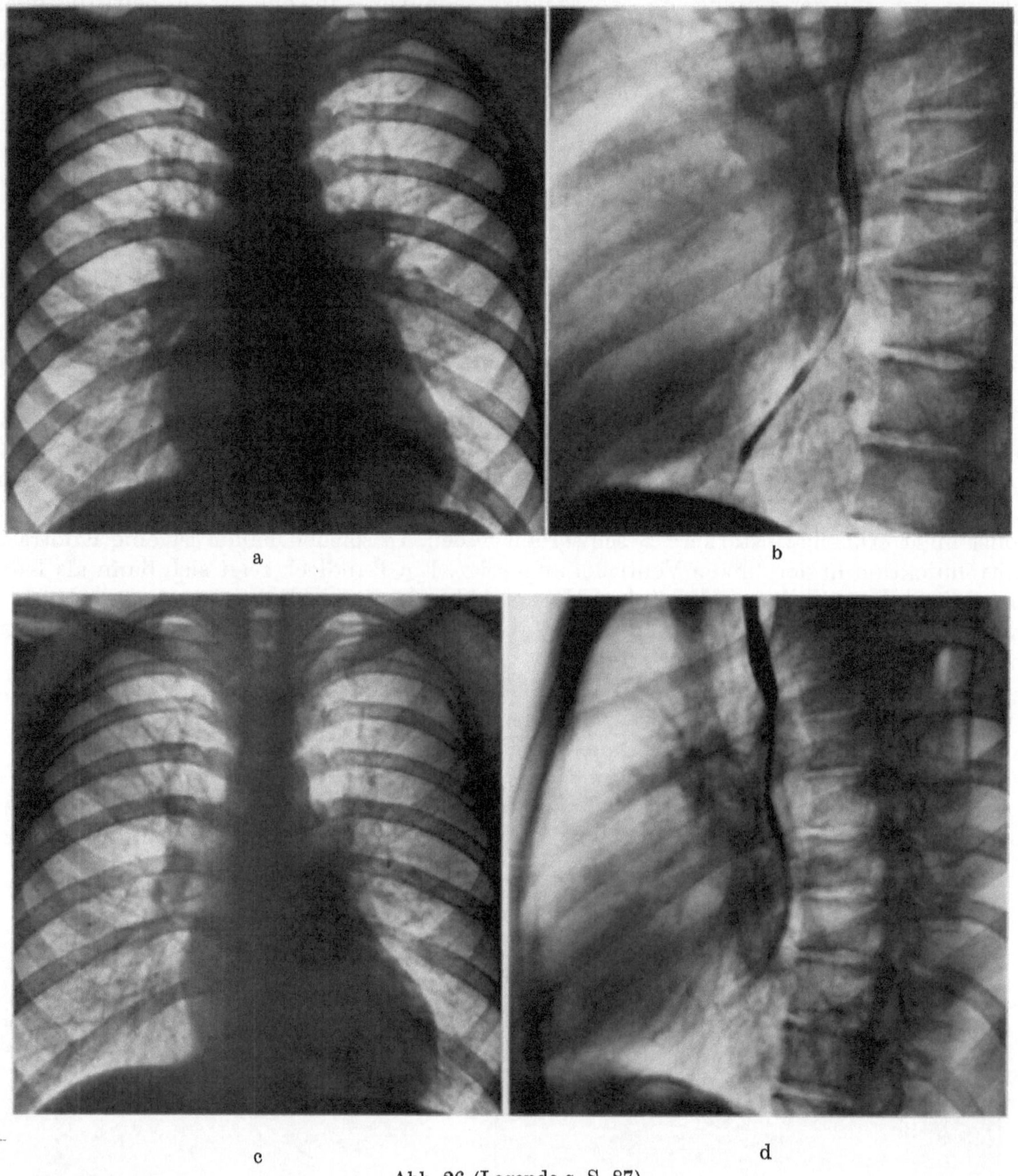

Abb. 26 (Legende s. S. 87)

Postoperative Langzeitergebnisse. Aus postoperativen Beobachtungen über mehr als 20 Jahre ist bekannt, daß bei gutem Operationsergebnis mehr als 50% der Patienten anhaltend gebessert bleiben (Loogen u. Mitarb., 1971; Ellis u. Mitarb., 1973; Munoz u. Mitarb., 1975; Fraser u. Mitarb., 1976).

Von Langzeitergebnissen sollte man natürlich erst dann sprechen, wenn die Anpassungsvorgänge an die durch die Operation geschaffene neue hämodynamische Situation als abgeschlossen betrachtet werden können. Unter Berücksichtigung der unterschiedlichen Ausgangssituationen und der ebenfalls verschiedenen Operationsresultate kann der Zeitraum der Anpassungsvorgänge von Fall zu Fall sehr variieren. Im allgemeinen kann man aber sagen, daß nach 12 Monaten nennenswerte Veränderungen durch Anpassung kaum noch zu erwarten sind.

Das beinhaltet, daß weder für das unmittelbare postoperative Resultat noch definitionsgemäß für die Langzeitergebnisse röntgenologische Befundänderungen am Ende der

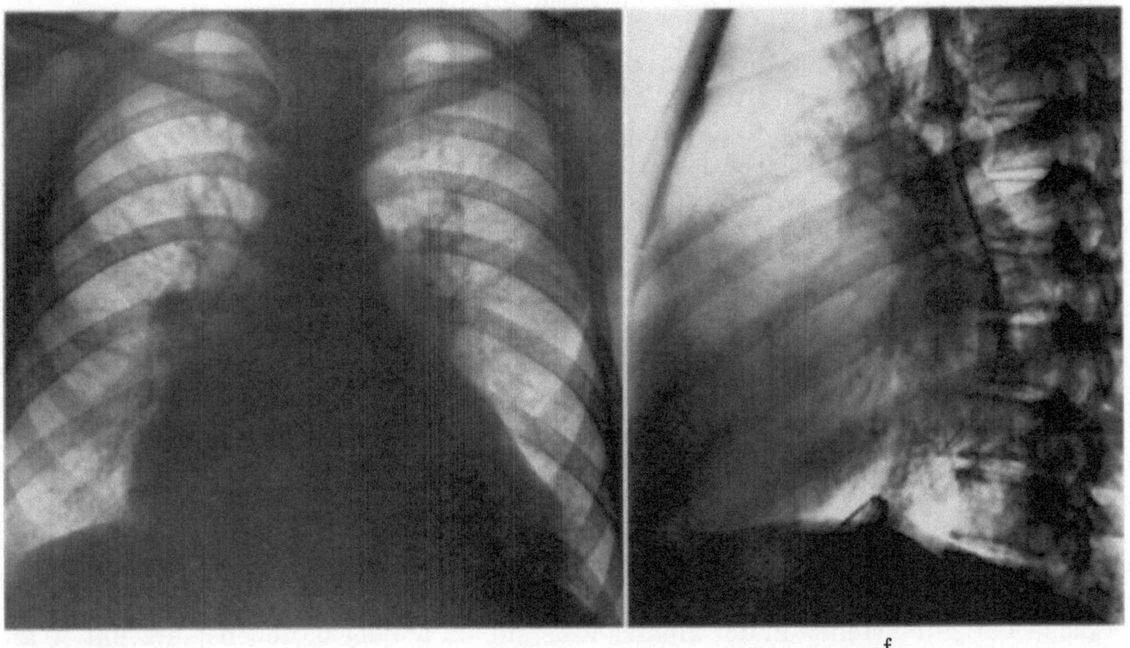

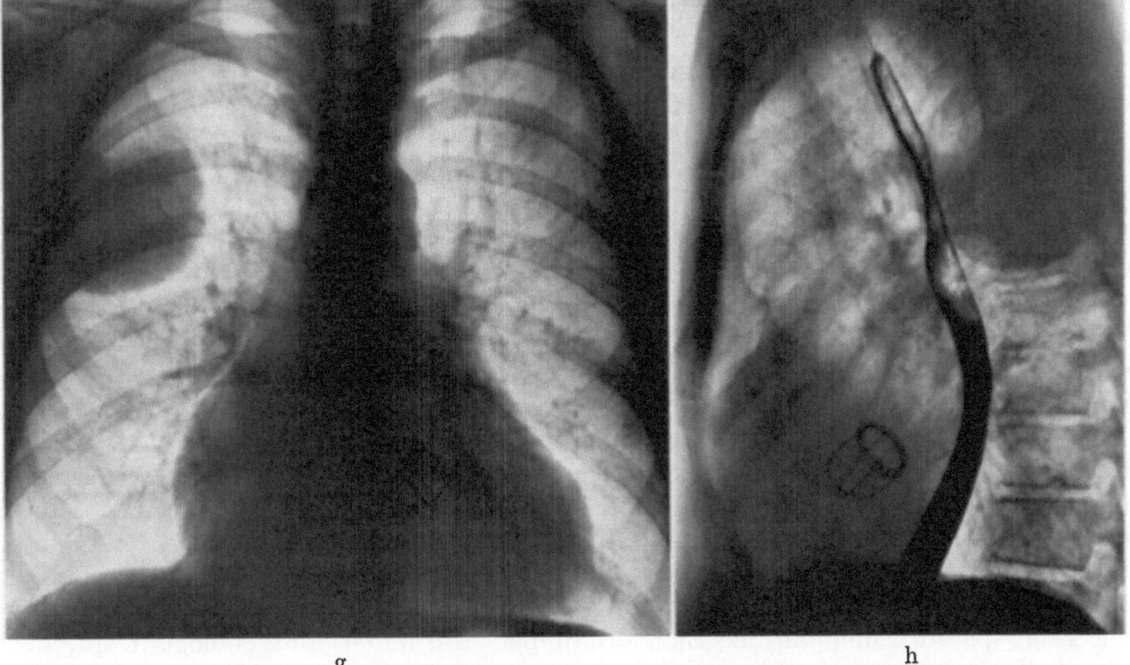

Abb. 26a—h. Langzeitverlauf einer operierten Mitralstenose über 21 Jahre (R. Kl.). (a) Sagittale Herzfernaufnahme: Präoperativ 1953 im Alter von 23 Jahren. Betonter rechter Herzbogen. Verstrichene Herztaille mit flacher Vorwölbung in Höhe des linken Herzohres und des Pulmonalbogens. Beiderseits dichte Hili. Angedeutete Kerleysche Linien beiderseits, rechts mehr als links. (b) Seitenbild: Vergrößerung des linken Vorhofs. (c) und (d) Zustand 2 Monate nach Kommissurotomie. Nach Bettruhe röntgenologisch scheinbar gutes Operationsergebnis, (c) Sagittale Herzfernaufnahme. Stärkere Rundung der linken unteren Herzkontur. Abnahme der Rechtsverbreiterung. Vorwölbung an der linken Herzkontur durch Resektion des linken Herzohrs verschwunden. Deutlicher Rückgang der Hilus- und Lungengefäßzeichnung, (d) Seitenbild: Vergrößerung des linken Vorhofs erscheint stärker als präoperativ. (e) und (f) Zustand 10 Jahre nach Kommissurotomie. Links- und Rechtsinsuffizienz infolge der operationsbedingten Mitralinsuffizienz, (e) Sagittale Herzfernaufnahme: Herz beiderseits stark verbreitert. Dichte Hili. Erneut verstärkte Hilus- und Lungengefäßzeichnung. Kleiner Winkelerguß rechts, (f) Seitenbild: Retrokardialraum im Vorhofbereich völlig ausgefüllt, im Ventrikelbereich eingeengt. (g) und (h) Zustand 8 Jahre nach Klappenersatz mit einer Starr-Edwards-Ballprothese. Röntgenologisch praktisch unveränderter Zustand seit der Operation, (g) Sagittale Herzfernaufnahme: Herz beiderseits mäßig verbreitert, deutlich weniger als vor Klappenersatz. Hilus- und Lungengefäßzeichnung normal. Rechts oben wandständiger, wahrscheinlich organisierter Ergußschatten, (h) Seitenbild: Retrokardialraum nur noch wenig eingeengt

stationären Behandlung für die Beurteilung des endgültigen Operationsergebnisses zugrunde gelegt werden können (Abb. 26a—h).

Bei der röntgenologischen Beurteilung der Langzeitergebnisse gelten im Prinzip die gleichen Gesichtspunkte, wie bei den frühen postoperativen Befunden besprochen.

Zusätzliche Befundänderungen können natürlich im Laufe der Jahre eintreten durch entzündliche oder degenerative kardiale Prozesse, durch einen arteriellen Hochdruck und durch zusätzliche Lungenveränderungen, z.B. Emphysem.

Veränderungen der Herzkonfiguration im weiteren postoperativen Verlauf können demnach so unterschiedlich bedingt sein, daß eine ätiologische Zuordnung kaum möglich ist. So kann z.B. trotz einer operativ entstandenen Mitralinsuffizienz der Patient sich über viele Jahre gebessert fühlen und sogar relativ leistungsfähig sein. Entwickelt sich aber – meist zunächst unbemerkt – ein arterieller Hochdruck oder eine degenerative Herzerkrankung, so wird es früher oder später zu einer klinischen Verschlechterung kommen. Sieht man dann röntgenologisch eine Vergrößerung des Herzens (links, rechts oder beiderseits), so ist aufgrund dieses Befundes alleine nicht zu entscheiden, ob die Ursache der Klappenfehler selbst oder eine zusätzliche Erkrankung ist. Auch eine Myokarditis könnte das gleiche bewirkt haben.

Solche Patienten stehen in der Mehrzahl bereits im 5. oder 6. Lebensjahrzehnt. Während bei jugendlichen Patienten mit Mitralstenose meist nur die durch den Klappenfehler veränderte Hämodynamik zu den beschriebenen röntgenologischen Veränderungen führt, spielt in dem genannten Lebensalter der Zustand des Myokards eine wesentlich entscheidendere Rolle. Seine Beurteilung ist aber röntgenologisch nur durch Darstellung der Ventrikelfunktion möglich. Sie erfolgt durch gezielte Kontrastmittelinjektion in den linken (manchmal auch in den rechten) Ventrikel mit cineangiographischen Aufnahmen.

Diese Untersuchungen werden im allgemeinen im Hinblick auf die Möglichkeit einer Zweitoperation durchgeführt, die nach früherer Kommissurotomie dann meist eine Klappenprothese bedeutet (vgl. Abb. 26). Entsprechend dem im Kapitel über die präoperative Diagnostik (Koronarographie) aufgestellten Postulat müssen also auch in solchen Fällen zur Stellung der Operationsindikation die Koronararterien dargestellt werden.

Die genannten Komplikationen bleiben, wie ebenfalls bereits gesagt, in ca. 50% der Fälle über 10—15 Jahre aus. Über den gleichen Zeitraum verändert sich dann auch der nach Abschluß der Anpassungsvorgänge erhobene Röntgenbefund im wesentlichen nicht.

Die gleichbleibende Herzkonfiguration schließt allerdings eine sog. Restenosierung des Mitralostiums mit entsprechender klinischer Verschlechterung nicht aus. Obgleich man dann röntgenologisch wenigstens eine Zunahme der Lungengefäßzeichnung erwarten sollte, kann es im Einzelfalle sehr schwer sein, diese Zunahme als solche zu erkennen. Selbst in Fällen mit gutem Operationslangzeitergebnis kann nämlich eine Normalisierung der Lungengefäßzeichnung wegen bereits eingetretener irreversibler Veränderungen ausbleiben. Eine spätere Zunahme der Lungenstauung kann daher röntgenologisch durch die „alten" Veränderungen verborgen bleiben.

b) Mitralinsuffizienz

Definition und historische Daten. Unter einer Mitralinsuffizienz versteht man eine Schlußunfähigkeit der Mitralklappe, die zu einem systolischen Rückstrom des Blutes in den linken Vorhof führt.

Corvisart (1806) und Laennec (1819) haben schon auskultatorische Phänomene beschrieben, die sie als Zeichen einer Mitralklappenerkrankung ansahen, ohne daß eine sichere Zuordnung zu den Phasen des Herzzyklus erfolgte. Hope (1832) ordnete das Geräusch der Systole zu und interpretierte es als Ausdruck der Regurgitation bei Mitralklappeninsuffizienz. Die Meinung, daß ein systolisches Geräusch über der Herzspitze einer Mitralinsuffizienz zuzuordnen ist, fand erst mit Beginn dieses Jahrhunderts allgemeine Anerkennung (Gee,

1893; STEELL, 1906; MACKENZIE, 1916; CABOT, 1926; LEWIS, 1933). Weitere historische Einzelheiten sind der Arbeit von BRIGDEN und LEATHAM (1953) zu entnehmen.

Ätiologie und pathologische Anatomie. Die erworbene Mitralinsuffizienz kann entzündlicher oder nichtentzündlicher Genese sein. Bei der entzündlichen Mitralinsuffizienz kann eine rheumatische von einer bakteriellen Ätiologie unterschieden werden. Der Ablauf der rheumatischen Endokarditis an der Mitralklappe entspricht grundsätzlich den schon bei der Mitralstenose beschriebenen Prozessen. Durch die rheumatische Klappenentzündung kommt es zur Schrumpfung der Mitralsegel. Hat die Schrumpfung ein gewisses Ausmaß erreicht, kann die Klappe das Mitralostium systolisch nicht mehr völlig verschließen, und es resultiert eine Regurgitation. Wenn es zusätzlich zur Verschmelzung der Kommissuren im Rahmen des entzündlichen Prozesses kommt, resultiert ein kombiniertes Mitralvitium. Manchmal können die Klappensegel bis auf geringe Reste schrumpfen. Die histologischen Veränderungen entsprechen prinzipiell den bei der Mitralstenose besprochenen Befunden. Durch rheumatische Prozesse können auch Papillarmuskeldysfunktionen bzw. Schrumpfungen der Sehnenfäden entstehen (BAGGENSTOSS u. TITUS, 1968; ROBERTS u. PERLOFF, 1972; SCHOENMACKEPS u. Mitarb., 1972).

Eine Mitralinsuffizienz kann auch durch eine bakterielle Endokarditis hervorgerufen werden. Hierbei handelt es sich pathologisch-anatomisch meistens um Klappendefekte, z.T. in Form von Spalt- und Lochbildungen oder um Zerstörungen der ganzen Klappe. Außerdem können im Rahmen der bakteriellen Endokarditis Sehnenfäden abreißen, wodurch eine Mitralinsuffizienz resultiert bzw. verstärkt wird (OSMUNDSON u. Mitarb., 1958; LEVY u. EDWARDS, 1962; BARRATT-BOYES, 1963; CHILDRESS u. Mitarb., 1966; MEEK u. Mitarb., 1966; WILSON u. Mitarb., 1970; SANDERS u. Mitarb., 1971; SOULIÉ u. Mitarb., 1971; BUCHBINDER u. ROBERTS, 1972; LITTLER u. Mitarb., 1973).

Für die nichtentzündliche Mitralinsuffizienz können zahlreiche Faktoren von Bedeutung sein. Fast alle diese Formen können auf 7 Grundursachen zurückgeführt werden, die allein oder in Kombination miteinander zur Klappenschlußunfähigkeit führen (LEVY u. EDWARDS, 1962; GERBODE u. Mitarb., 1968; COBBS, 1970; SANDERS u. Mitarb., 1971; ROBERTS u. PERLOFF, 1972; KREMKAU u. Mitarb., 1973):

1. Abriß eines Papillarmuskels bzw. Sehnenfadens,
2. Verlängerung von Sehnenfäden,
3. Dysfunktion des Papillarmuskels,
4. Überdehnung des Ventrikels bzw. Klappenbasisringes,
5. direkte Substanzdefekte bzw. Einrisse in den Klappensegeln,
6. Verkalkungen des Mitralanulus (fraglich),
7. degenerative Klappenveränderungen.

Der Abriß eines Papillarmuskels kann traumatisch bedingt sein, etwa durch stumpfe oder scharfe Gewalteinwirkung (BIRCKS u. Mitarb., 1966; ROBERTS u. Mitarb., 1966; GERBODE u. Mitarb., 1968; LITTLER u. Mitarb., 1973; LOOGEN, 1973), Solche Papillarmuskelabrisse werden auch im Rahmen operativer Eingriffe, z.B. nach Kommissurotomie, beobachtet (BJÖRK u. MALER, 1963; BIRCKS, 1967). Eine relativ häufige Ursache für einen Papillarmuskelabriß ist eine ischämische Läsion im Rahmen eines Herzinfarkts (HEIKKILÄ, 1967; BENAIM u. Mitarb., 1970; DUBOISSET u. Mitarb., 1971; FORRESTER u. Mitarb., 1971; CHENG u. Mitarb., 1972; FALKONE u. Mitarb., 1972; RAWKINS u. Mitarb., 1972; ROBERTS u. PERLOFF, 1972; BAXLEY u. Mitarb., 1973; CAVES u. Mitarb., 1973; FLEMING, 1973; BOUVRAIN u. Mitarb., 1974; DUGALL u. Mitarb., 1974). In einigen Fällen sind auch spontane Rupturen der Chordae tendineae beobachtet worden, ohne daß sich hierfür eine sichere Ursache angeben ließ. Sie scheinen bei Männern häufiger aufzutreten und betreffen praktisch immer das posteriore Mitralsegel. Bei diesen idiopathischen Abrissen ließen sich manchmal degenerative Veränderungen der Sehnenfäden histologisch nachweisen (OSMUNDSON u. Mitarb., 1958; BURCH u. Mitarb., 1963; ROBERTS u. Mitarb., 1966; CHILDRESS u. Mitarb., 1966; MARCHAND u. Mitarb., 1966; SELZER u. Mitarb., 1967; HOLLOWAY u. Mitarb., 1968; SANDERS u. Mitarb., 1971; ROBERTS u. PERLOFF, 1972; SINGH u. Mitarb., 1972; UENO u. Mitarb., 1972; KREMKAU u. Mitarb., 1973; LITTLER u. Mitarb., 1973).

Dysfunktionen eines Papillarmuskels können auch durch koronare Herzerkrankungen hervorgerufen werden (HUMPHRIES u. MCKUSICK, 1962; BARLOW u. Mitarb., 1963; BURCH u. Mitarb., 1963; PHILLIPS u. Mitarb., 1963; HOLLOWAY u. Mitarb., 1968; LOOGEN u. Mitarb., 1970; STEELMAN u. Mitarb., 1971; CHENG, 1972). Die Dysfunktion des Papillarmuskels bei koronarer Herzerkrankung kann durch Kontraktionsschwäche des gesamten Muskels, durch Nekrose einzelner, insbesondere basaler Anteile und durch Strikturen oder Dilatation des Ventrikels bedingt sein. Häufig sind diese Faktoren miteinander kombiniert, z.B. beim Herzinfarkt (Burch u. Mitarb., 1963; Shelbourne u. Mitarb., 1968; Perloff u. Roberts, 1972; Roberts u. Cohen, 1972). Eine weitere Möglichkeit ist die Dysfunktion des posterioren Papillarmuskels bei obstruktiver und nichtobstruktiver Myokardiopathie (siehe diese) und bei Endomyokardfibrose (Fowler u. Somers, 1968; Ainger, 1971; Hanania u. Mitarb., 1972; Roberts u. Perloff, 1972). In vielen Fällen ist eine sichere ätiologische Klärung der Papillarmuskeldysfunktion nicht möglich. Die Papillarmuskeldysfunktion ist häufig dadurch charakterisiert, daß eine Schlußunfähigkeit der Mitralklappe nur in bestimmten Anteilen der Systole vorliegt. Im typischen Falle resultiert nur spätsystolisch ein Reflux.

Dysfunktionen des Papillarmuskels können auch bei abnormem Erregungsablauf des Herzens auftreten. Ein typisches Beispiel hierfür ist die Mitralinsuffizienz bei Extrasystolie, z.B. bei Injektion von Kontrastmittel in den Ventrikel. Als weitere funktionelle Störung des Mitralklappenschlußes wird von einigen Autoren das Vorhofflimmern angesehen. Im Normalfalle mit Sinusrhythmus kommt es nach der Vorhofkontraktionswelle zu einer Umkehr der Druckdifferenz zwischen Vorhof und Ventrikel, wodurch der AV-Klappenschluß schon vor Beginn der Ventrikelkontraktion eintritt. Beim Fehlen der Vorhofkontraktionswelle soll eine geringe Insuffizienz der AV-Klappen resultieren. Da es sehr schwierig ist, solche minimalen Regurgitationen zweifelsfrei nachzuweisen bzw. auszuschließen, sind diese Fragen bisher nicht eindeutig geklärt (Daley u. Mitarb., 1955; Skinner u. Mitarb., 1964; Gould u. Mitarb., 1965; Aram, 1970).

Eine akute oder chronische Dilatation des linken Ventrikels kann eine Überdehnung des Mitralklappenringes zur Folge haben. Diese Überdehnung hat zunächst nur funktionellen Charakter. Gelingt es, die Herzerweiterung zu beseitigen, ist auch die „relative" Mitralinsuffizienz reversibel. Bei Ventrikeldilatation kommt es allerdings nicht nur zu einer Überdehnung des Klappenringes, sondern zusätzlich zu einer Stellungsänderung der Papillarmuskeln, wodurch eine Papillarmuskeldysfunktion resultiert, die eine Mitralinsuffizienz verstärkt. Neben der Ventrikelüberdehnung wird auch eine Überdehnung des Vorhofs als Ursache der Mitralinsuffizienz diskutiert. Hierbei wird folgender Mechanismus angenommen: Durch die Dilatation des Vorhofs wird das posteriore Mitralsegel, das an der Hinterwand des Vorhofs ansetzt, unter Zug gesetzt und u.U. disloziert, so daß der normale Klappenschluß behindert wird (Edwards, 1958).

Kardiale Tumoren können auf verschiedene Weise zu einer Klappeninsuffizienz führen; einmal kann eine Papillarmuskeldysfunktion resultieren, zum anderen der Klappenschluß direkt durch den Tumor behindert werden. Eine weitere Möglichkeit ist die Zerstörung der Klappe durch flottierende Tumoren, insbesondere wenn diese verkalkt sind (Goodwin, 1963; Penny u. Mitarb., 1967; Pitt u. Mitarb., 1967; McVaugh u. Joyner, 1971).

Ätiologisch stehen bei der hämodynamisch bedeutsamen Mitralinsuffizienz die rheumatischen und endokarditischen Klappenfehler ganz im Vordergrund. Mitralinsuffizienzen durch Spontanabrisse von Sehnenfäden sind dagegen selten, traumatische Mitralinsuffizienzen eine Rarität (Bircks u. Mitarb., 1966; Marchand u. Mitarb., 1966; Roberts u. Mitarb., 1966; Selzer u. Mitarb., 1967; Gerbode u. Mitarb., 1968; Manhas u. Mitarb., 1971; Soulié u. Mitarb., 1971; Caves und Paneth, 1972; Selmonosky und Ellison, 1972; Singh u. Mitarb., 1972; Littler u. Mitarb., 1973).

Anatomische Veränderungen der Mitralklappen selbst oder ihres Halteapparates können eine Mitralregurgitation zur Folge haben, die auch als „Klick"-Syndrom bezeichnet wird. Typisch für diese Form sind ein Klappenprolaps, eine myxomatöse Degeneration des Bindegewebes in der deformierten Klappe und oft eine Verlängerung der Sehnenfäden. Das Ballooning-Syndrom findet sich oft auch in Kombination mit dem Marfan-Syndrom (McKusik, 1955; Gremmel u. Mitarb., 1964; Raghib u. Mitarb., 1965; Bowers, 1969; Cheng, 1969; Pomerance, 1969; Trent u. Mitarb., 1970; Davies u. Mitarb., 1971; Hutter u. Mitarb., 1971).

Pathophysiologie. Die Mitralinsuffizienz ist gekennzeichnet durch einen systolischen Blutrückfluß aus der linken Herzkammer in den linken Vorhof. Die Regurgitation beginnt bereits vor der Aortenklappenöffnung, weil der Druck im linken Vorhof niedriger als der diastolische Aortendruck ist. Da die systolische Druckdifferenz zwischen linkem Vorhof und Ventrikel relativ groß ist, kann es schon bei einer kleinen anatomischen Rückflußfläche der Mitralklappe zu einem relativ großen Rückflußvolumen kommen. Entscheidend für das Verhältnis zwischen dem effektiven weiterbeförderten Herzzeitvolumen und dem Pendelblutvolumen ist die Relation zwischen dem Austreibungs- und dem Regurgitationswiderstand. So wird durch eine arterielle Druckerhöhung oder eine Aortenstenose der Mitralrückfluß verstärkt (Grosse-Brockhoff u. Mitarb., 1960; Jose u. Mitarb., 1964; Bayer u. Mitarb., 1967). Das Regurgitationsvolumen in den linken Vorhof kann sogar die Größe der in die Aorta ausgeworfenen Blutmenge erreichen oder übersteigen (Jose und Bernstein, 1962; Günther, 1968; Cobbs, 1970). Die Mitralinsuffizienz bedeutet für linken Ventrikel und linken Vorhof eine Volumenmehrbelastung. Der linke Ventrikel muß nämlich zu dem effektiven, in die Aorta auszuwerfenden Blutvolumen auch das Regurgitationsvolumen fördern; der linke Vorhof muß zusätzlich zu dem aus den

Lungenvenen einströmenden Blut das Rückflußvolumen aufnehmen. Dies führt zur Dilatation und Wandhypertrophie von linkem Ventrikel und Vorhof.

Solange der linke Ventrikel voll kompensiert ist, ist auch bei starker Mitralinsuffizienz das Herzzeitvolumen in Ruhe weitgehend normal. Der Druck in den Lungenvenen wird durch den Druck der Regurgitationswelle erhöht. Da diese relativ schmal ist, wird der Mitteldruck im linken Vorhof und in den Lungenvenen weniger stark angehoben als bei vergleichbaren Mitralstenosen. Die Regurgitationswelle fällt frühdiastolisch steil auf annähernd 0 mm Hg ab. Während der übrigen Diastole steigt der Vorhofdruck durch den normalen Lungenveneneinstrom im Normalbereich an. Das bedeutet, daß die linke Herzkammer die Mitralinsuffizienz voll kompensiert, daß also die systolisch zurückgeworfene Pendelblutmenge ohne enddiastolische Drucksteigerung vom linken Ventrikel wieder aufgenommen wird. Die hierzu notwendige Anpassung erreicht das Herz durch eine Volumenhypertrophie (LINZBACH, 1961). Dadurch ist das Herz in der Lage, die Volumenmehrbelastung lange zu tolerieren und das Herzzeitvolumen bei Belastung zu vergrößern.

Kommt es zur Linksherzdekompensation, erhöht sich der enddiastolische Ventrikeldruck. Dann kommt es zu einer stärkeren Mitteldrucksteigerung im linken Vorhof und im Lungenkapillargebiet. Die daraus resultierende Druckerhöhung im pulmonal-arteriellen Bereich bedeutet für den rechten Ventrikel eine vermehrte Druckbelastung. Da der rechte Ventrikel im Gegensatz zur Mitralstenose nicht angepaßt ist, folgt der Kompensation der Mitralinsuffizienz schon bald eine Insuffizienz des rechten Herzens (HERBERT, 1971).

Häufigkeit. Die Angaben über die relative Häufigkeit der Mitralinsuffizienz unter den Mitralklappenfehler schwanken sehr. Die Unterschiede sind einmal durch methodische Ursachen bedingt (klinische oder pathologisch-anatomische Diagnostik). Zum anderen handelt es sich um eine Frage der Definition. Entscheidend ist hierbei, ob man unter „Mitralinsuffizienz" nur die „reinen" Formen versteht oder auch kombinierte Vitien mit deutlichem Insuffizienzanteil hinzuzählt. Während WILSON und LIM (1957) die Diagnose einer Mitralinsuffizienz häufiger stellten als die einer Mitralstenose, macht nach GROSSE-BROCKHOFF u. Mitarb. (1960) die reine Mitralinsuffizienz nur etwa 3–5% der Mitralfehler aus. Rechnet man noch die Mitralfehler mit ganz überwiegender Mitralinsuffizienz hinzu, so kann die relative Häufigkeit der Mitralinsuffizienz mit 20% der Mitralfehler angegeben werden. Dies entspricht auch pathologisch-anatomischen Untersuchungen (GROSSE-BROCKHOFF u. ISEKEN, 1954; ROBERTS u. PERLOFF, 1972).

Auffällig ist, daß in einigen Statistiken das männliche Geschlecht überwiegt (CABOT, 1926; WHITE, 1951; BRIGDEN u. LEATHAM, 1953). In anderen Statistiken ist das Geschlechtsverhältnis ausgewogen oder gering zugunsten des weiblichen Geschlechts verschoben, allerdings nicht so ausgeprägt wie bei der Mitralstenose (ABELMANN u. Mitarb., 1953; ROSS u. Mitarb., 1958; PERLOFF u. HARVEY, 1962; ROBERTS u. PERLOFF, 1972).

Anamnese und Beschwerdebild. Die Beschwerden des Patienten sind abhängig vom Schweregrad der Erkrankung. Die Mehrzahl der Patienten mit leichter Mitralinsuffizienz ist völlig beschwerdefrei, und die Diagnose wird zufällig gestellt. Selbst hämodynamisch bedeutsame Mitralinsuffizienzen verursachen jahrelang nur geringe Beschwerden. Der Grund dafür ist die fehlende oder nur mäßige Drucksteigerung im kleinen Kreislauf. Der linke Ventrikel kann die Volumenbelastung lange Zeit tolerieren. Als Frühsymptom der vermehrten Volumenbelastung kann starkes Herzklopfen angegeben werden. Im fortgeschrittenen Stadium tritt Belastungsdyspnoe auf. Im Endstadium kommt es im Rahmen einer Linksherzinsuffizienz zu einer pulmonalen Drucksteigerung und folgender Rechtsherzinsuffizienz.

Die *akute* Mitralinsuffizienz kann traumatisch (z.B. stumpfes Thoraxtrauma) bedingt sein oder bei einem Herzinfarkt auftreten. Die traumatische Mitralinsuffizienz bedingt praktisch immer ein äußerst ernstes Krankheitsbild mit starker Dyspnoe und meist auch Lungenödem (BIRCKS u. Mitarb., 1966; CHILDRESS u. Mitarb., 1966; SELZER u. Mitarb., 1967; CAVES u. PANETH, 1972). Die Zusammenhangsfrage bereitet hier keine Schwierigkeiten. Anders bei akuten Mitralinsuffizienzen im Zusammenhang mit einem Herzinfarkt. Dieses nicht ganz seltene Ereignis ist meist Folge einer Papillarmuskelnekrose. Die auftretende Atemnot muß aber nicht Folge der Mitralinsuffizienz sein. Die Entscheidung, ob die Atemnot Folge der Linksinsuffizienz oder des Klappenschadens ist, kann oft sehr schwer fallen, ist aber für die Therapie von erheblicher Bedeutung.

Tabelle 4. Schweregradeinteilung der Mitralinsuffizienz

Schweregrad	Beschwerden	Auskultation	EKG	Herzfernaufnahme	Herzkatheter	Lävokardiographie
I	keine	leises systolisches Geräusch	o.B.	o.B.	keine Druckveränderung	systolisch geringe klappennahe Regurgitation
II	Herzklopfen, geringe Leistungseinschränkung	mittellautes holosystolisches Geräusch u.U. III. HT	o.B. u.U. Linkshypertrophie	verstrichene Herztaille, Herz links betont	LA-Druck: erhöhte V-Welle, x-Tal weitgehend erhalten, Mitteldruck normal	komplette Vorhoffüllung systolisch-diastolisch
III	stark eingeschränktes Leistungsvermögen	mittellautes bis lautes holosystolisches Geräusch, III. HT, protodiastolisches Geräusch	Linkshypertrophie, Linksschädigung (u.U. Vorhofflimmern)	Herz links verbreitert, li. Vorhof dilatiert	x-Tal verstrichen bzw. positiv erhöhter Mitteldruck	systolisch-diastolische Vorhoffüllung, Kontrastmittelregurgitation bis in die Lungenvenen
IV	Befunde wie III, zusätzlich Herzinsuffizienz					

Klinische Befunde. Die Mitralinsuffizienz wird, ähnlich wie die Mitralstenose, in 4 Schweregrade eingeteilt. Eine Übersicht über diese Einteilungsprinzipien gibt Tabelle 4.

Im Gegensatz zur Mitralstenose ist das Allgemeinbefinden der Patienten auch bei hämodynamisch bedeutsamer Mitralinsuffizienz häufig unauffällig. Eine periphere Zyanose mit typischer Facies mitralis ist erst bei kardialer Insuffizienz zu erwarten. In fortgeschrittenen Fällen kann ein schnellender Puls auffallen. Er beruht auf dem relativ großen Blutauswurf in der frühen Systole (ELKINS u. Mitarb., 1967; GOULD u. Mitarb., 1968). Der Blutdruck ist unauffällig. Bei der traumatischen Mitralinsuffizienz imponiert meist das Bild einer akuten Links- und Rechtsherzinsuffizienz.

Palpation und Mechanokardiographie. Der Herzspitzenstoß ist bei der bedeutsamen Mitralinsuffizienz in Abhängigkeit von der Dilatation des linken Ventrikels hebend, verbreitert und häufig auch nach lateral, u.U. bis in die Axillarlinie verlagert. Der Spitzenstoß kann dabei über zwei Interkostalräume zu tasten sein. Zusätzlich ist in ausgeprägten Fällen die verstärkte schnelle Füllungswelle fühlbar (BLÖMER, 1969; COBBS, 1970; LITTLER u. Mitarb., 1973). Präkardiale Pulsationen gehören nicht zum typischen Bild, sie treten nur bei pulmonaler Druckerhöhung auf.

Entsprechend dem verbreiterten und hebenden Herzspitzenstoß ist im linksventrikulären Apexkardiogramm der systolische Gipfel häufig verbreitert. Im typischen Falle findet sich ein spätsystolisches Maximum. Wichtige Hinweise ergeben sich aus dem diastolischen Kurvenanteil; typisch ist die deutlich betonte schnelle Füllungswelle. Die a-Welle ist meist unauffällig, kann aber auch im Gegensatz zur Mitralstenose deutlich ausgeprägt sein (SUTTON u. Mitarb., 1967; GLEICHMANN u. Mitarb., 1968; LOOGEN, 1968; FLEMING, 1969; LITTLER u. Mitarb., 1973).

Auskultation und Phonokardiographie. Der Auskultationsbefund hat entscheidende Bedeutung für die klinische Diagnose der Mitralinsuffizienz. Der I. Herzton kann unauffällig sein; bei schwerer Mitralinsuffizienz ist er im allgemeinen abgeschwächt (LOOGEN, 1965). Manchmal wird auch ein betonter I. Ton gefunden (PERLOFF u. HARVEY, 1962; GOULD u. Mitarb., 1968). Ein betonter I. Ton ist jedoch immer verdächtig auf ein kombiniertes Mitralvitium. Mit p.m. über der Herzspitze ist ein hochfrequentes systolisches Geräusch nachweisbar, das in typischer Weise bis in die Axilla zu hören ist. In manchen

Fällen kann der Befund auch über der Herzbasis gut zu hören sein. Dieser Befund wird besonders bei Regurgitationen im Bereich des posterioren Mitralsegels erhoben, da der Reflux in Richtung der Aortenbasis verläuft (OSMUNDSON u. Mitarb., 1958; HUMPHRIES u. MCKUSICK, 1962; PERLOFF u. HARVEY, 1962; SLEEPER u. Mitarb., 1962; ARAVANIS u. MICHAELIDES, 1967; SELZER u. Mitarb., 1967; GERBODE u. Mitarb., 1968; SCHLESINGER u. Mitarb., 1970; LITTLER u. Mitarb., 1973). Das Geräusch ist nicht sicher vom I. Herzton abzugrenzen. Bei hämodynamisch bedeutsamer Mitralinsuffizienz ist es meist laut und füllt die ganze Systole aus. Nicht selten reicht es bis über den Aortenklappenschlußton hinaus (PERLOFF u. HARVEY, 1962; LOOGEN, 1965). In leichteren Fällen kann es als frühsystolisches Dekreszendogeräusch mit geringer Lautstärke auftreten. Andere Formen der leichten Mitralregurgitation zeigen ein spätsystolisches Geräusch. In diesen Fällen kann auch ein mesosystolischer Klick bestehen (EVANS, 1943; LEATHAM, 1958; BARLOW u. Mitarb., 1963; SEGAL u. LIKOFF, 1964; KESTELOOT u. van HOUTE, 1956; TAVEL u. Mitarb., 1965; LEIGHTON u. Mitarb., 1966; LINHART u. TAYLOR, 1966; LUCARDIE u. DURRER, 1967; MOREYRA u. Mitarb., 1969; REID, 1969; LOOGEN u. Mitarb., 1970; STEELMAN u. Mitarb., 1971; CHENG, 1972).

In einem Teil der Fälle ist eine Spaltung des II. Tons zu hören. Dies wird auf einen vorzeitigen Aortenklappenschluß infolge des Lecks zum linken Vorhof zurückgeführt (BRIGDEN u. LEATHAM, 1953; PERLOFF u. HARVEY, 1962; BLÖMER, 1969; COBBS, 1970). Diese Annahme einer verkürzten Systolendauer ist allerdings nicht unbestritten (NIXON u. WOOLEN, 1962). Bei großem Pendelvolumen ist im allgemeinen ein Füllungston im Sinne eines III. Herztons festzustellen (ABELMANN u. Mitarb., 1953; ROSS u. Mitarb., 1958; NIXON, 1961; PERLOFF u. HARVEY, 1962). Im Gegensatz zum Mitralöffnungston tritt der III. Herzton frühestens 0,12 sec nach Beginn des Aortenklappenschlußtons auf und fällt bei Simultanregistrierung mit dem ACG mit der schnellen Füllungswelle zusammen (GLEICHMANN u. Mitarb., 1968; FLEMING, 1969; TRICOT u. Mitarb., 1974). Bei Sinusrhythmus kann auch ein IV. Herzton auftreten (BRIGDEN u. LEATHAM, 1953; PERLOFF u. HARVEY, 1962; COHEN u. Mitarb., 1967; RONAN u. Mitarb., 1971; LITTLER u. Mitarb., 1973). Auch bei der reinen Mitralinsuffizienz kann ein Mitralöffnungston registriert werden. Er wird auf eine „relative“ Mitralstenose bezogen (NIXON u. Mitarb., 1959; BLÖMER, 1961; PERLOFF u. HARVEY, 1962; LOOGEN, 1965; COBBS, 1970). Im Gegensatz zur organischen Mitralstenose ist der Abstand zwischen Aortenklappenschlußton und Mitralöffnungston bei der Mitralinsuffizienz kaum von der Diastolendauer abhängig (WOLTER, 1963).

Bei hämodynamisch bedeutsamer Mitralinsuffizienz werden auch kurze diastolische Geräusche beobachtet. Sie beginnen meist mit einem Mitralöffnungston und haben ihr Maximum im Bereich des III. Tones, liegen also mesodiastolisch und werden durch eine relative Mitralstenose bei großem Pendelvolumen erklärt. Auch frühdiastolische Geräusche können beobachtet werden. Sie werden darauf zurückgeführt, daß nach Aortenklappenschluß entsprechend der Druckdifferenz zwischen linkem Vorhof und linkem Ventrikel ein Rückstrom in den Vorhof fortbesteht, bis der Ventrikeldruck den linksatrialen Druck unterschreitet (WIGGERS u. FEIL, 1921; HUBHARD u. Mitarb., 1959; GROSSE-BROCKHOFF u. Mitarb., 1960; PERLOFF u. HARVEY, 1962; LOOGEN, 1965; REICHEK u. Mitarb., 1973).

„Stumme“ Mitralinsuffizienzen werden nach Papillarmuskelriß beschrieben (FORRESTER u. Mitarb., 1971; FALCONE u. Mitarb., 1972).

Zum Nachweis des „Ballooning“ ist die Echokardiographie von Bedeutung (DILLON u. Mitarb., 1971; KERBER u. Mitarb., 1971; FRANKL u. Mitarb., 1972; TALLURY u. Mitarb., 1972; VAISRUB, 1975; WEISS u. Mitarb., 1975; PROCACCI u. Mitarb., 1976; RINKE u. Mitarb., 1977).

Elektrokardiographie. Bei leichter Mitralinsuffizienz (Schweregrad I–II) zeigt das EKG keine typischen Veränderungen. Ein P-sinistrokardiale stellt häufig den ersten elektrokardiographischen Hinweis auf eine hämodynamisch bedeutsame Mitralinsuffizienz dar. Während bei der leichten Mitralregurgitation praktisch immer Sinusrhythmus besteht

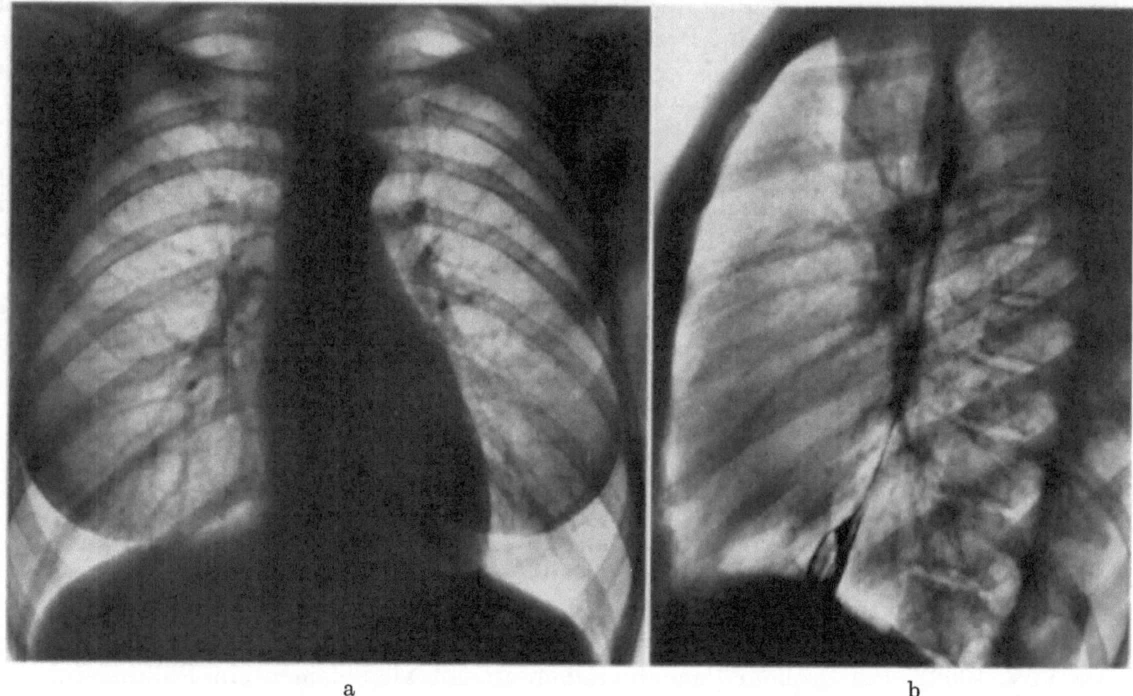

a b

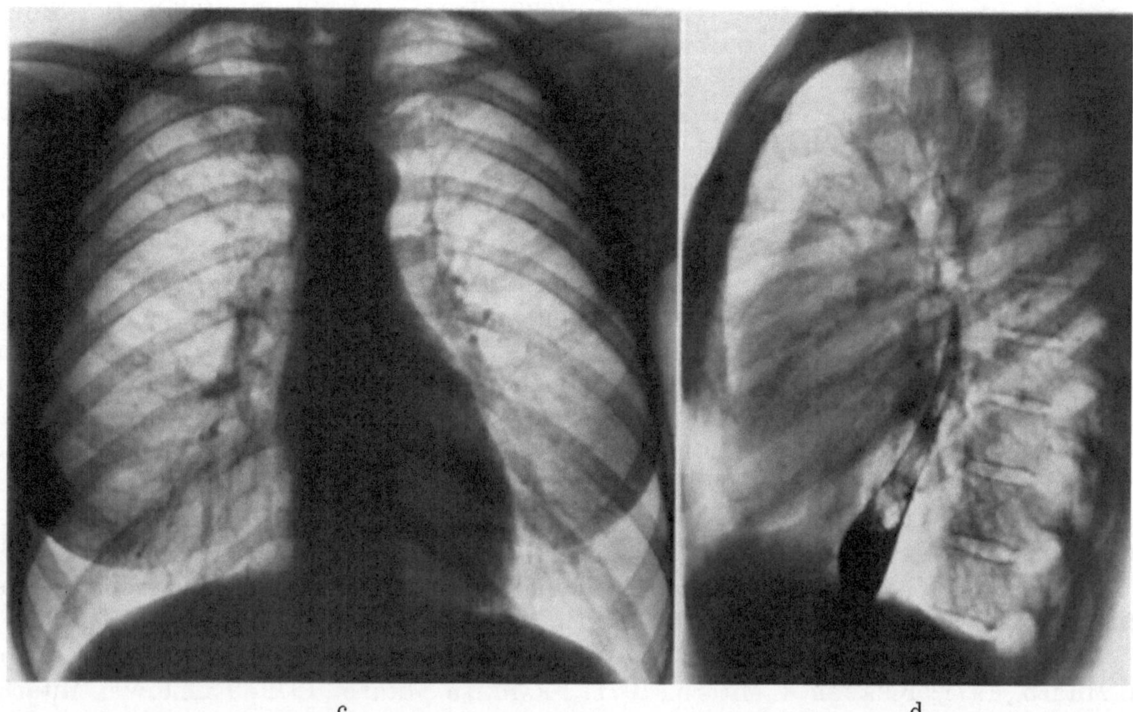

c d

Abb. 27a—f. Mitralinsuffizienz des Schweregrades II bei einer 33jährigen Patientin (R. No.). (a) Sagittale Herzfernaufnahme (31. 1. 69): Herz von normaler Größe. Vorwölbung der Herzkontur in Höhe des linken Herzohres. Lungengefäßzeichnung normal. (b) Seitenbild: Keine Vorwölbung des linken Vorhofs in den Retrokardialraum. (c) Sagittale Herzfernaufnahme 4 Jahre später (4. 12. 72): Doppelkontur am rechten Herzrand deutlicher. Sonst unverändert. (d) Seitenbild: Leichte Vorwölbung des linken Vorhofs in den Retrokardialraum, möglicherweise infolge geringer Projektionsdifferenz. (e) Sagittale Herzfernaufnahme nach weiteren 2 Jahren (16. 1. 75): Unveränderter Befund. (f) Seitenbild: Unveränderter Befund gegenüber (b)

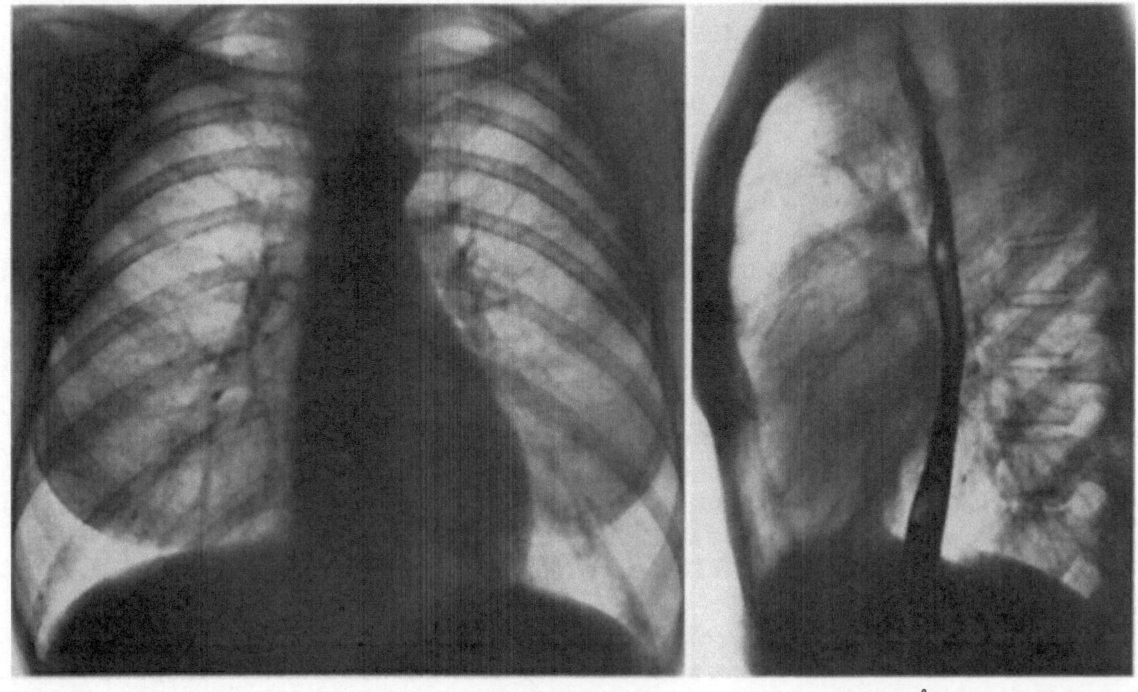

Abb. 27 (Legende s. S. 94)

(LOOGEN u. PANAYOTOPOYLOS, 1963), ist bei hämodynamisch bedeutsamen rheumatischen Mitralinsuffizienzen Vorhofflimmern ein typischer Befund (BENTIVOGLIO u. Mitarb., 1958; GROSSE-BROCKHOFF u. Mitarb., 1960; LOGAN u. Mitarb., 1967; ELLIS und RAMIREZ, 1969; COBBS, 1970). Bei der akuten Mitralinsuffizienz besteht dagegen normalerweise Sinusrhythmus, auch wenn sie hämodynamisch bedeutsam ist (COHEN u. Mitarb., 1967; SELZER u. Mitarb., 1967; RONAN u. Mitarb., 1971; LITTLER u. Mitarb., 1973).

Der Hauptvektor von QRS ist eher norm- bis linkstypisch als rechtstypisch. Bei länger bestehender Volumenbelastung des linken Herzens entwickeln sich zunehmend die Zeichen der Linkshypertrophie und Innenschichtschädigung linkspräkordial, ohne daß diese Veränderungen pathognomonisch für eine Mitralinsuffizienz sind. Ein Linksschenkelblock gehört nicht zum typischen Bild der Mitralinsuffizienz, auch wenn sie hämodynamisch bedeutsam ist. Daher ist das Auftreten eines Schenkelblocks immer verdächtig auf zusätzliche Schädigungen des Reizleitungssystems (Kardiomyopathie) (KUHN u. Mitarb., 1974). Zeichen der Rechtshypertrophie sind, entsprechend der normalerweise fehlenden Drucksteigerung im kleinen Kreislauf, für die Mitralinsuffizienz nicht typisch; sie können aber im Endstadium auftreten (BRIGDEN u. LEATHAM, 1953; BENTIVOGLIO u. Mitarb., 1961; LOOGEN, 1965; SO, 1967).

Röntgenbefunde. Wenn man von der Hämodynamik bei Mitralinsuffizienz ausgeht, betreffen die röntgenologischen Veränderungen in erster Linie den linken Ventrikel und linken Vorhof. Veränderungen der Lungenstrombahn sind nur bei starker Mitralinsuffizienz zu erwarten.

Die röntgenologisch faßbaren Veränderungen am linken Herzen sind allerdings nicht ausschließlich hämodynamisch bedingt. Entzündliche Myokarderkrankungen können die Herzform ebenso mitbestimmen wie degenerative Vorgänge. Schließlich spielt auch der Zeitfaktor eine Rolle. Dies kann sehr eindrucksvoll am Beispiel der traumatischen Mitralinsuffizienz gezeigt werden.

Das breite Spektrum des Ausmaßes der Insuffizienz spiegelt sich im Röntgenbild wider.

So zeigen Herzfernaufnahmen in verschiedenen Projektionsrichtungen (vorwiegend sagittal und seitlich) bei *leichter* Mitralinsuffizienz (*Schweregrad I*) keine charakteristischen Abweichungen von der Norm. Allenfalls kann man bei der Durchleuchtung verstärkte Pulsationsbewegungen im Bereich des linken Vorhofs und eventuell des linken Ventrikels sehen. Das setzt allerdings voraus, daß man aufgrund klinischer Befunde bereits auf die Wahrscheinlichkeit einer Mitralinsuffizienz hingewiesen wurde.

Bei diesem Schweregrad des Fehlers sind Veränderungen der Lungengefäßzeichnung noch nicht zu erwarten.

Bei *mittelschwerer* Mitralinsuffizienz (*Schweregrad II*) ist die Vergrößerung des linken Vorhofs im allgemeinen zu erkennen. Dabei kann sie einmal im Sagittalbild deutlicher als Vorwölbung an der linken Herzkontur (Abb. 27a) oder als Doppelkonturen am rechten Herzrand (Abb. 27c) erscheinen, ohne im Seitenbild besonders aufzufallen (Abb. 27b). Oft genügen aber geringe Unterschiede der dargestellten Herzphase, um auch im Seitenbild bei dem gleichen Patienten eine Prominenz des linken Vorhofs zu zeigen (Abb. 27). Bei solchen Schweregraden (II) sieht man bei der Durchleuchtung natürlich verstärkte Pulsationen des linken Vorhofs und linken Ventrikels. Auch dann sind Veränderungen der Lungengefäßzeichnung noch nicht zu erwarten.

Fehler der Schweregrade I und II bleiben im allgemeinen viele Jahre, selbst Jahrzehnte stationär (Abb. 27a–f).

Bei Mitralinsuffizienzen des *Schweregrades III* besteht entsprechend der erheblichen Volumenmehrbelastung auch eine stärkere Vergrößerung des linken Vorhofs und linken Ventrikels (Abb. 28a—d). Oft betrifft die Vergrößerung einigermaßen gleichmäßig beide

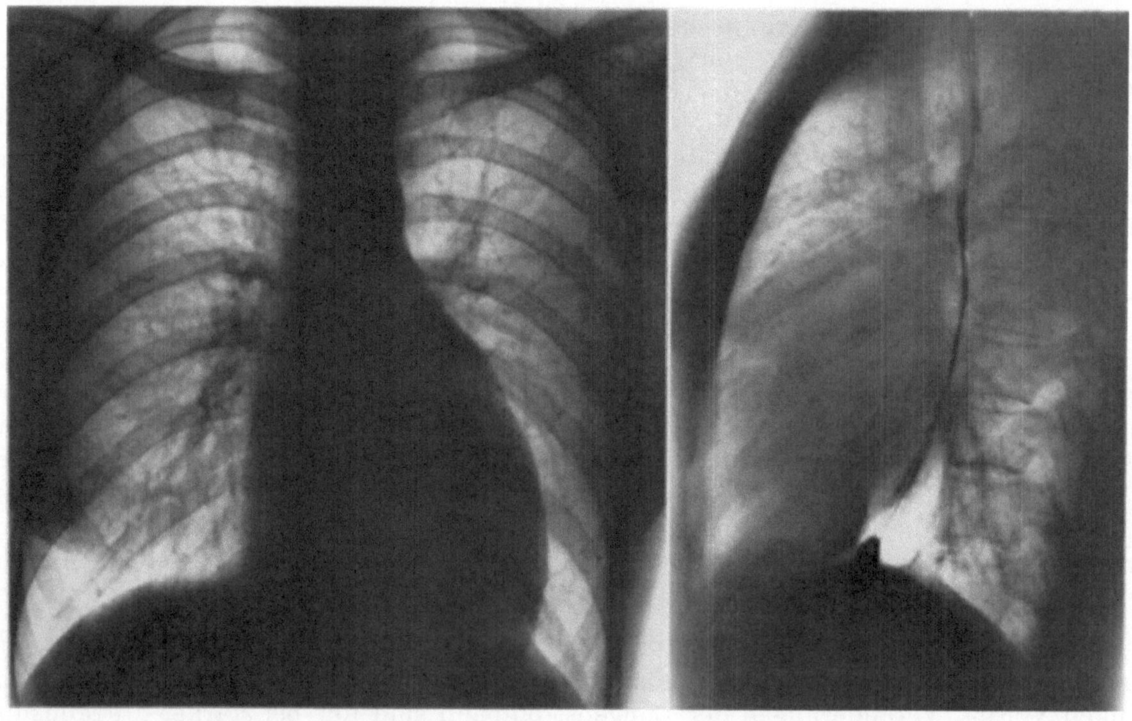

a b

Abb. 28a—f. Mitralinsuffizienz des Schweregrades III bei einer 21jährigen Patientin (I. Fr.). (a) Sagittale Herzfernaufnahme: Herz gleichmäßig im Vorhof- und Kammerbereich linksverbreitert. Lungengefäßzeichnung gering verstärkt. (b) Seitenbild: Retrokardialraum ausgefüllt. (c) und (d) 8 Jahre später, (c) Sagittale Herzfernaufnahme: Insgesamt Zunahme der Herzvergrößerung. Besondere Zunahme der Vergrößerung des linken Vorhofs. Ebenfalls Zunahme der Lungengefäßzeichnung, (d) Seitenbild: Hinterer Herzrand überschreitet jetzt die vordere Wirbelsäulenbegrenzung. (e) und (f) Zustand nach Mitralklappen-Ersatzoperation (Björk-Shiley-Klappe), (e) Sagittale Herzfernaufnahme: Weitgehende Normalisierung der Herzgröße. Verstrichene Herztaille, (f) Seitenbild: Nur noch geringe Einengung des Retrokardialraums in Vorhofhöhe

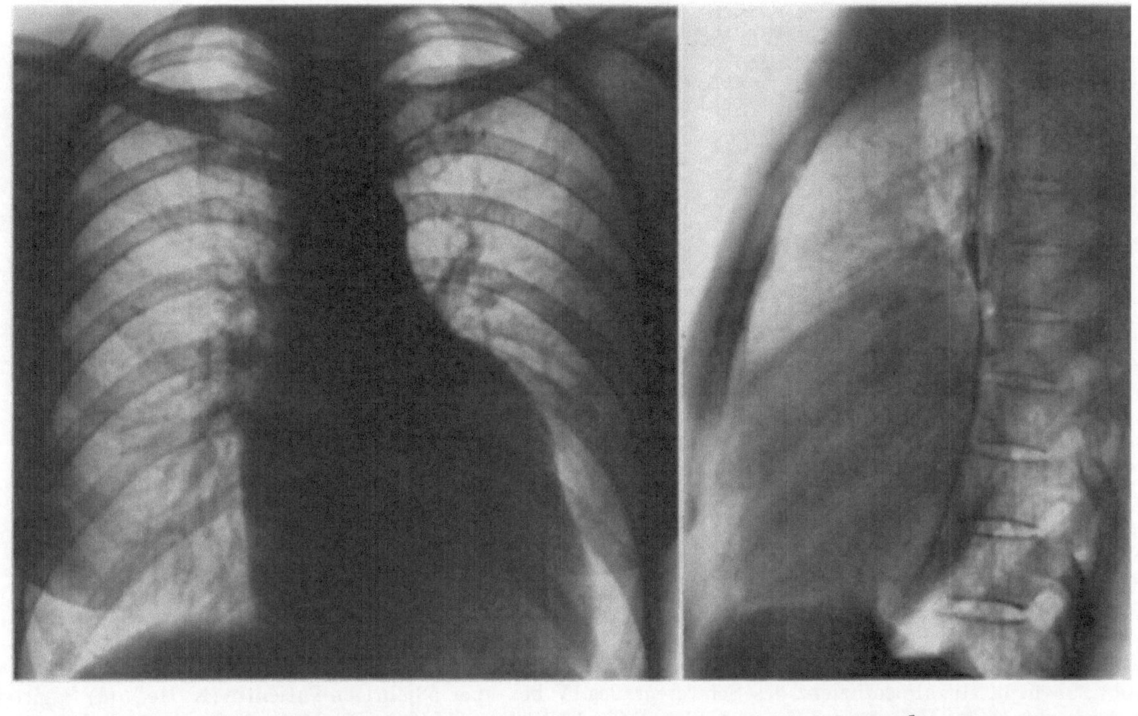

c d

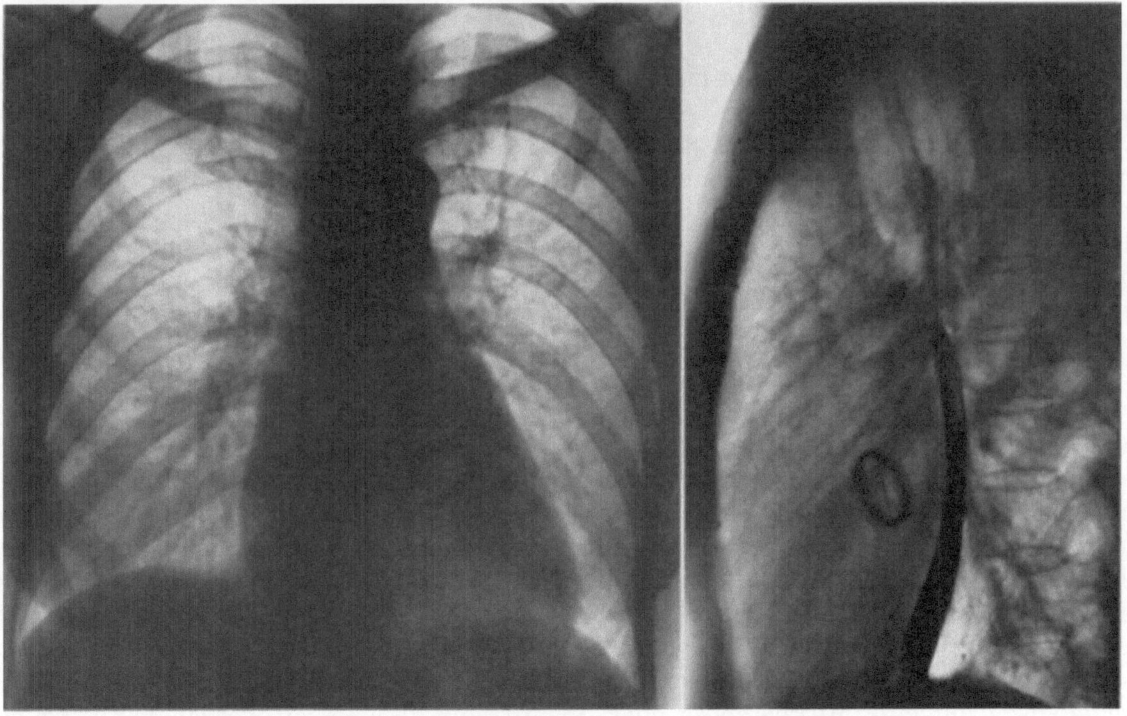

e Abb. 28 (Legende s. S. 96) f

Herzhöhlen (Abb. 28a u. b). Nicht selten erscheint aber der linke Vorhof von der Vergrößerung besonders betroffen (Abb. 28c u. d). Wie die Abbildungen, die vom gleichen Patienten stammen, zeigen, kann eine derartige Änderung im natürlichen Verlauf der Krankheit auftreten. Diese Entwicklung kann durch mehrere Faktoren bewirkt werden: stärkere Dehnbarkeit der Vorhofsmuskulatur, entzündliche oder degenerative Veränderungen und schließlich auch Übergang vom Sinusrhythmus zum Vorhofflimmern.

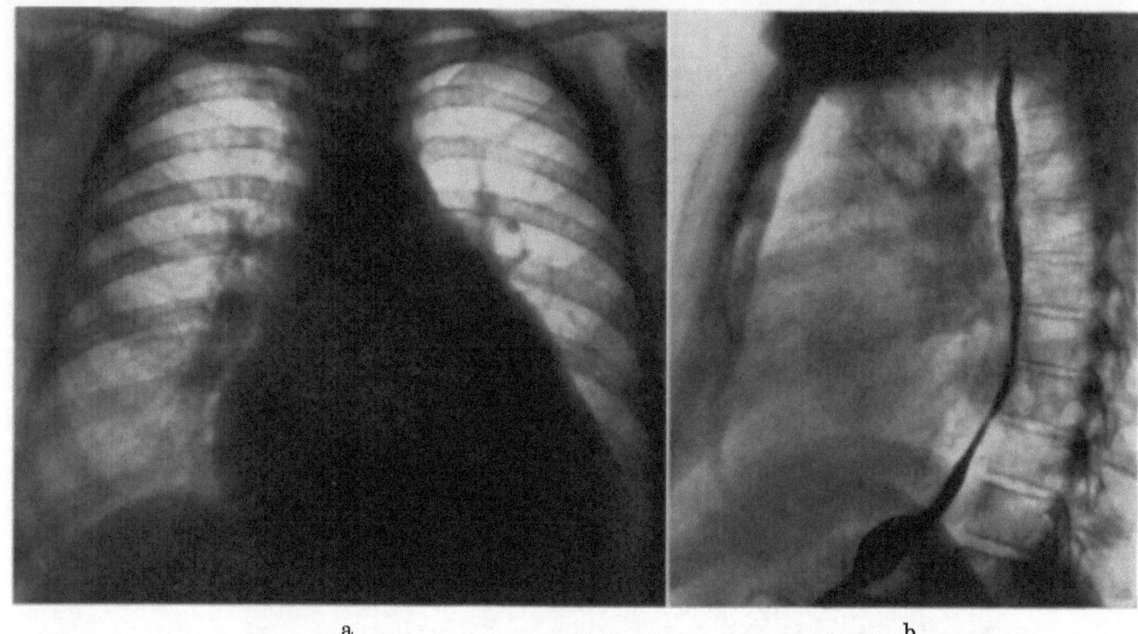

a b

Abb. 29a u. b. Mitralinsuffizienz des Schweregrades IV bei einer 58jährigen Patientin (K. He.). (a) Sagittale Herzfernaufnahme: Herz beiderseits, vor allem links deutlich verbreitert. Flache Vorwölbung der linken Herzkontur in Höhe des linken Vorhofs. Breite Hili. Verstärkte Lungengefäßzeichnung. (b) Seitenbild: Herzhinterraum völlig ausgefüllt im Vorhof und Ventrikelbereich

Beim Schweregrad III findet man oft bereits eine Zunahme der Lungengefäßzeichnung (Abb. 28a u. c).

Bei Mitralinsuffizienzen des *Schweregrades IV* besteht definitionsgemäß infolge der erheblichen Volumenmehrbelastung eine Insuffizienz des linken Ventrikels; dadurch kommt es zu einer über das Maß der Volumenmehrbelastung hinausgehenden Dilatation der linken Herzkammer. Röntgenologisch zeigt sich dies in einer oft massiven Verbreiterung des Herzens nach links und schließlich auch nach rechts. Nicht selten reicht dann der linke Herzrand bis an die Thoraxwand (Abb. 29a). Der Herzhinterraum ist dann völlig ausgefüllt (Abb. 29b). In diesem Stadium ist die Lungengefäßzeichnung immer verstärkt; auch der Pulmonalbogen kann vorgewölbt sein.

Nach dem bisher Gesagten kann man bis zu einem gewissen Grad aus der Vergrößerung des linken Vorhofs und linken Ventrikels, unter Berücksichtigung des Verhaltens der Lungengefäße, die Schwere einer Mitralinsuffizienz röntgenologisch beurteilen (REINDELL u. Mitarb., 1973). Selbstverständlich gibt es zwischen den einzelnen Schweregraden fliessende Übergänge. Schwierig ist nicht die Beurteilung der leichten und ganz schweren Formen, sondern die der mittleren Schweregrade. Da aber gerade für diese Gruppen die Frage des therapeutischen Vorgehens im Vordergrund steht, wird man auf zusätzliche Untersuchungen meist nicht verzichten können.

Die Literatur über die Diskussion, in wieweit aus der Größe des linken Vorhofs röntgenologisch auf eine Mitralstenose oder -insuffizienz geschlossen werden kann, ist sehr umfangreich (ABELMANN u. Mitarb., 1953; PRIEST u. Mitarb., 1962; ZDANSKY, 1962; STEINER u. Mitarb., 1963; ELLIS u. RAMIREZ, 1969; COBBS, 1970; THURN u. Mitarb., 1962; ROBERTS u. Mitarb., 1966). Das ist eigentlich erstaunlich, wenn es nur um die *reine* Mitralinsuffizienz geht! Immerhin handelt es sich bei der Unterscheidung von Stenose und Insuffizienz um zwei hämodynamisch und für das Röntgenbild relevant verschiedene Klappenfehler. Im einen Fall ist nämlich ausschließlich der Vorhof, im anderen auch der Ventrikel beteiligt (LOOGEN, 1965; KÜBLER u. Mitarb., 1972). Die differentialdiagnostischen Schwierigkeiten beginnen eigentlich erst, wenn es sich um kombinierte Mitralvi-

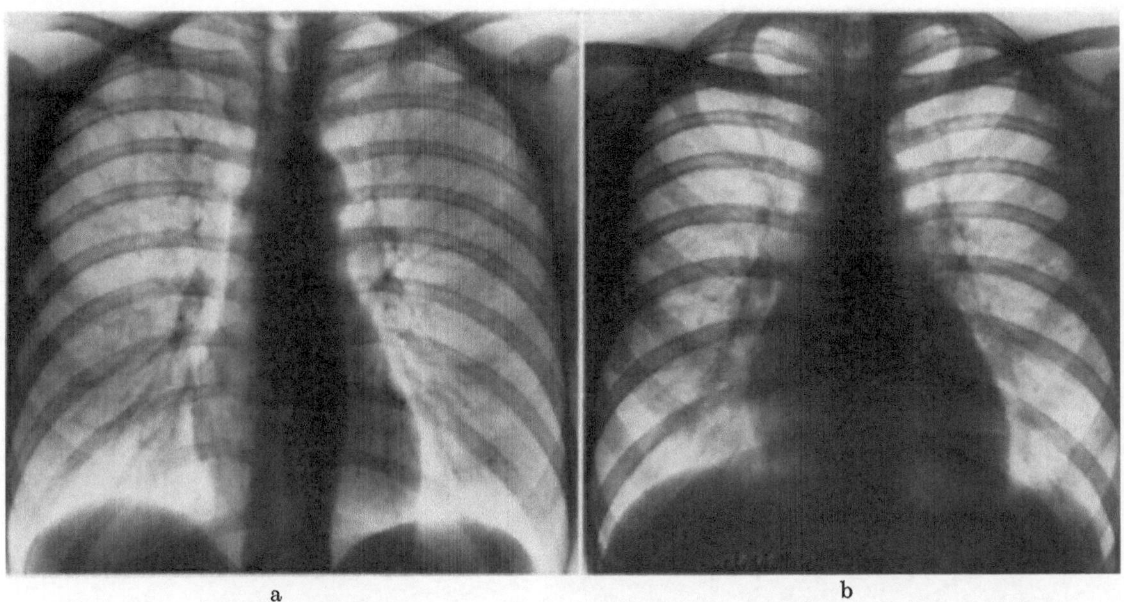

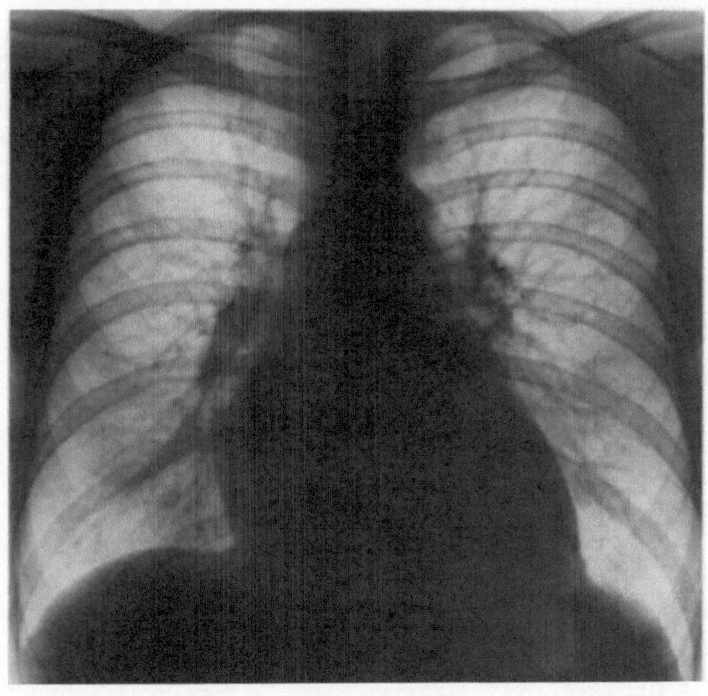

Abb. 30a—g. Traumatische Mitralinsuffizienz bei einem 22jährigen Patienten (K. Br.). (a) Sagittale Herzfernaufnahme 1 Tag nach dem Unfall: Herz nach Lage, Größe und Form unauffällig. Lungengefäßzeichnung nicht verstärkt. (b) 6 Wochen später (nach zwischenzeitlicher Entlassung aus dem Krankenhaus): Deutliche Vergrößerung des Herzens. Beiderseits verbreiterte Hili und vermehrte Lungengefäßzeichnung. (c) Weitere 2 Monate später: Zunahme der Herzvergrößerung und der Lungengefäßzeichnung. (d) Weitere 2 Monate später, also fast $^1/_2$ Jahr nach dem Unfall: Herz beiderseits stark vergrößert. Zunahme der Lungengefäßzeichnung. (e) Seitenbild zu (d): Herzhinterraum im Vorhof- und Kammerbereich fast völlig ausgefüllt. (f) und (g) 2 Monate nach Operation (Reinsertion des abgerissenen hinteren Papillarmuskelkopfes und Wooler-Plastik wegen überdehnten Mitralringes), (f) Sagittale Herzaufnahme: Herz praktisch von normaler Form und Größe. Hili noch etwas verdichtet, (g) Seitenbild zu (f): Retrokardialraum frei

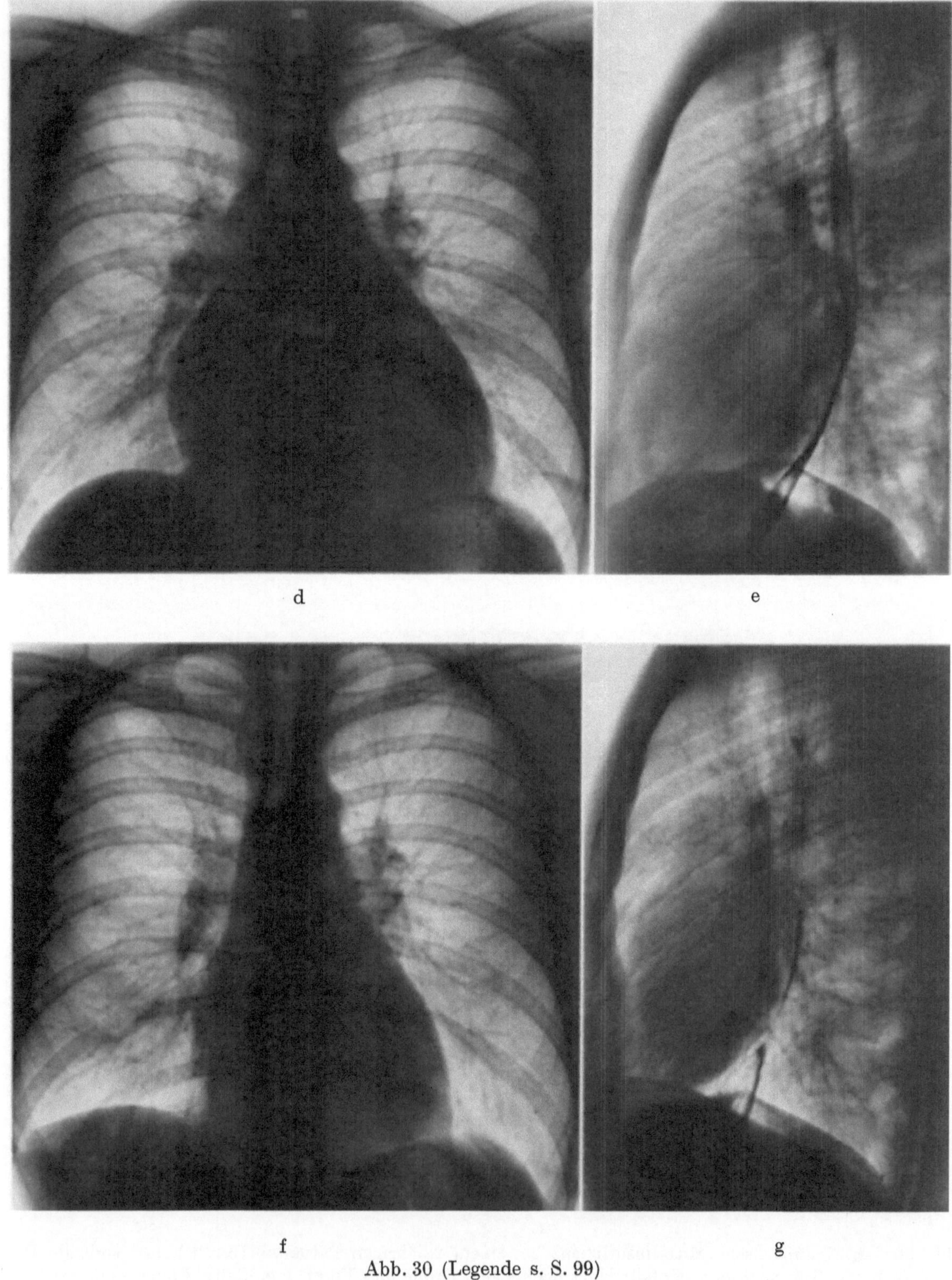

Abb. 30 (Legende s. S. 99)

tien handelt, bei denen der Anteil der einen oder anderen Komponente aus dem Röntgenbild abgeschätzt werden soll.

Die *traumatische* Mitralinsuffizienz ist in mehrfacher Hinsicht als Sonderfall zu betrachten. Die plötzlich entstandene Insuffizienz führt zu einer akuten Volumenbelastung des darauf nicht vorbereiteten linken Vorhofs und linken Ventrikels. Außerdem handelt es sich praktisch immer um eine erhebliche, wenn nicht sogar um eine totale Klappeninsuffizienz.

Besonders wichtig ist, daß trotz der erheblichen Volumenmehrbelastung des linken Herzens in den ersten Stunden nach dem Trauma eine röntgenologisch faßbare Vergrößerung des linken Vorhofs und Ventrikels fehlen kann. Erst später bilden sich die Herzkonfigurationsänderungen aus, die dem Schweregrad der Insuffizienz entsprechen (vgl. Abb. 30 c u. d) (Bircks u. Mitarb., 1966; Milledge u. Mitarb., 1967; Kübler u. Mitarb., 1972). Bei traumatischer Mitralinsuffizienz ist die Diskrepanz zwischen dem normal großen Herzen und der starken Lungenstauung, die bis zum Lungenödem gehen kann, ein charakteristischer röntgenologischer Befund (Roberts u. Mitarb., 1966; Milledge u. Mitarb., 1967; Selzer u. Mitarb., 1967; Cobbs, 1970; Baron, 1971c; Ronan u. Mitarb., 1971; Caves und Paneth, 1972; Littler u. Mitarb., 1973).

Die traumatische Mitralinsuffizienz braucht aber nicht immer zeitlich unmittelbare Unfallfolge zu sein. Gelegentlich kommt es zum Abriß des Papillarmuskels erst Stunden oder Tage nach dem Unfall (zweizeitige Ruptur). Wenn in einem solchen Fall eine Röntgenuntersuchung vor der kompletten Ruptur erfolgt, ist das Röntgenbild sowohl hinsichtlich der Herzgröße als auch der Lungenzeichnung unauffällig (Abb. 30).

Der Vollständigkeit wegen sei erwähnt, daß es natürlich auch bei einer Vorhofvergrößerung infolge einer Mitralinsuffizienz zu einer *Spreizung der Karina* und zu einer *Verdrängung des Ösophagus* nach hinten kommt.

Eine *Pulmonalektasie* besteht im allgemeinen nicht; bei länger bestehender pulmonaler Druckerhöhung ist allerdings eine Prominenz des Pulmonalbogens zu sehen.

Verkalkungen der Mitralklappen sind im Gegensatz zur Mitralstenose bei der reinen Insuffizienz äußerst selten. Ihr röntgenologischer Nachweis ist daher suspekt auf einen kombinierten Mitralfehler.

Kymographie. Bei der Durchleuchtung sind im typischen Falle Auswärtsbewegungen der linken Vorhofkontur zu erkennen. Zusätzlich bestehen deutliche Pulsationen im Bereich des linken Ventrikels.

Diese vermehrten Vorhof- und Ventrikelpulsationen lassen sich auch kymographisch erfassen. Die Vorhofexkursionen sind von mehreren Faktoren abhängig. So bewirkt z.B. ein bestimmtes Rückflußvolumen in einem kleinen Vorhof große und in einem großen Vorhof kleine Pulsationen (Loogen, 1965; Kübler u. Mitarb., 1972). Es besteht daher keine gesicherte Beziehung zwischen dem Ausmaß der Randpulsationen und der Regurgitation (Abelmann u. Mitarb., 1953; Brigden u. Leatham, 1953; McKusick, 1954; Schmidt u. Zeitler, 1968; Thurn, 1968; Alexander, 1970b). Elkin u. Mitarb. (1952) fanden in 40% ihrer untersuchten Fälle systolische Auswärtsbewegungen des Vorhofs, ohne daß bei der Operation eine Mitralinsuffizienz bestätigt werden konnte. Auf der anderen Seite fehlte das Symptom in 20% der Fälle mit hämodynamisch bedeutsamer Mitralinsuffizienz. In Einzelfällen werden auch die Lungenarterien herzsynchron mitbewegt. Diese Mitbewegungen müssen von Eigenpulsationen der Gefäße abgetrennt werden (Brigden u. Leatham, 1953; Thurn, 1968).

Herzkatheteruntersuchung. Die Herzkatheteruntersuchung ist für die genaue Festlegung des Schweregrades der Mitralinsuffizienz und damit für eine mögliche Operationsindikation von großer Bedeutung. Entscheidend ist hierfür neben der Höhe des Drucks im linken Vorhof die Formanalyse der Druckkurve. Die Katheterisierung des linken Vorhofs erfolgt transseptal. Bei der Sondierung des kleinen Kreislaufs kann durch die sog. Pulmonalkapillardruckkurve eine Information über den linksatrialen Druck gewonnen werden, wenn eine einwandfreie Registrierung gelingt. Die Beurteilung ist bei Vorhofflimmern erschwert (Wolter u. Mitarb., 1953). Durch die Regurgitation in der Systole aus dem linken Ventrikel kommt es in dieser Herzphase zu einem Druckanstieg im linken Vorhof. Dies führt zu einer charakteristischen Veränderung der linksatrialen Druckkurve: Bei leichter Mitralinsuffizienz findet sich zwar noch ein systolischer Druckabfall (x-Tal), die zweite Welle der Vorhofdruckkurve (v-Welle) tritt aber deutlicher als normal in Erscheinung. Mit zunehmender Größe der Regurgitation wird der systolische Druckabfall im linken Vorhof geringer, so daß es zu einer Nivellierung des x-Tals kommt. Bei erheblichen Insuffizienzen resultiert direkt im Anschluß an die a-Welle mit Beginn der Ventrikelkontraktion ein weiterer Druckanstieg, der in die v-Welle übergeht. Diese positive systolische Welle weist ein spätsystolisches Maximum auf. In ausgeprägten Fällen kann es zur „Ventrikularisierung" der Vorhofdruckkurve kommen. Bei der Beurteilung der linken Vorhofdruckkurve muß berücksichtigt werden, daß das Ausmaß der systolischen Drucksteigerung nicht nur vom Regurgitationsvolumen, sondern auch von der Größe und der Dehnbarkeit des linken Vorhofs abhängt (LOOGEN, 1965; BAYER u. Mitarb., 1967). Daher können auch erhebliche Mitralinsuffizienzen mit nur mäßigen Veränderungen des linksatrialen Drucks einhergehen. In diesen Fällen ist ein exzessives Vorhofvolumen nachweisbar (BRAUNWALD u. AWE, 1963; HARMJANZ u. Mitarb., 1966; ALDOR u. HEEGER, 1968). Umgekehrt resultiert bei der akuten Mitralinsuffizienz mit kleinem Atrium ein hoher Vorhofdruck (ROBERTS u. Mitarb., 1966; BARTLE u. HERMANN, 1967; KLUGHAUPT u. Mitarb., 1969; RONAN u. Mitarb., 1971; LITTLER u. Mitarb., 1973). Wenn nach Aortenklappenschluß der Ventrikeldruck frühdiastolisch den Vorhofdruck unterschreitet, kommt es mit der Mitralklappenöffnung zu einem schnellen Druckabfall im linken Vorhof. Ein verzögerter Druckabfall weist auf eine begleitende Mitralstenose hin. Aus dem linksatrialen Druckablauf ist verständlich, daß selbst bei stark erhöhter systolischer Welle (30—50 mg Hg) der Mitteldruck im linken Vorhof weniger stark erhöht ist als bei einer Mitralstenose vergleichbaren Schweregrades.

Entsprechend der geringen Steigerung des linksatrialen Mitteldruckes sind die Drucke im kleinen Kreislauf meist nur gering bis mäßig erhöht (GORLIN u. Mitarb., 1952; BAYER u. Mitarb., 1954). In manchen Fällen kann sich die linksatriale v-Welle in die pulmonalarterielle Druckkurve fortpflanzen, was zu einem zweiten Druckanstieg nach dem ersten systolischen Gipfel führt (HERBERT, 1971; SPRING u. ROWE, 1971).

Bei starker Steigerung der rechtsventrikulären Drucke kann zusätzlich eine Trikuspidalinsuffizienz mit entsprechender Veränderung der rechtsarteriellen Druckkurve resultieren.

Die quantitative Bestimmung der Mitralregurgitation ist sehr problematisch. Zur Bestimmung des Rückflußvolumens aus den Druckkurven und der Sauerstoffsättigung ist eine direkte intraoperative Messung der Größe des Einstromfläche erforderlich (GORLIN u. Mitarb., 1952). Selbst dann ist diese Methode nicht sehr zuverlässig (BAYER u. Mitarb., 1954). Eine weitere Möglichkeit stellen Indikatorverdünnungsmethoden dar. Es wurde versucht, nach Injektion des Indikators in eine periphere Vene oder in den rechten Vorhof durch Analyse der mittels Ohroxymeter oder direkt arteriell gewonnenen Farbstoffverdünnungskurve auf die Größe der Mitralregurgitation zu schließen. Prinzipiell ist hierbei eine Abflachung und Verlängerung der Kurve zu beobachten (KORNER u. SCHILLINGFORT, 1955; KEYS u. Mitarb., 1956; LANGE u. HECHT, 1958; HEGGLIN u. Mitarb., 1962; HILGER und WACKERBAUER, 1965; BACHOUR u. Mitarb., 1972). Wegen der zahlreichen Fehlermöglichkeiten bei dieser Art der Messung haben andere Untersucher zunächst experimentell und später auch bei Patienten den Indikator direkt in den linken Ventrikel injiziert und außer in der Arterie auch im linken Vorhof gemessen (KEYS u. Mitarb., 1956; WOOD u. Mitarb., 1956; WOODWARD u. Mitarb., 1957; LACY u. Mitarb., 1959; MCCLURE u. Mitarb., 1959; JOSE u. Mitarb., 1960; YU u. Mitarb., 1960; LEVINSON u. Mitarb., 1961; NEWCOMBE u. Mitarb., 1961; GORELICK u. Mitarb., 1962; BECK u. Mitarb., 1965; LÜTHY u. Mitarb., 1965b; PORSTMANN u. Mitarb., 1965; SAMET u. Mitarb., 1966; FRANK u. Mitarb., 1967; WERF v. d., 1975). Hierbei kann aus dem Flächenvergleich der linksatrialen Regurgitationskurve und der arteriellen Verdünnungskurve der relative Anteil von Rückfluß und Vorwärtsfluß berechnet werden. Mit Hilfe des Herzzeitvolumens (Aortenkurve) kann approximativ die „absolute" Größe des effektiven Schlagvolumens angegeben werden. Diese sehr aufwendige Methode ist in ihrem Aussagewert durch verschiedene Fehlermöglichkeiten, insbesondere die fehlende komplette Indikatordurchmischung im linken Vorhof eingeschränkt. In tierexperimentellen Untersuchungen lassen sich erhebliche Fehlmessungen mit dieser Methode nachweisen (WILLIAMS u. Mitarb., 1970b). CONN u. Mitarb. (1957) benutzten als Indikator Radioisotopen, die kontinuierlich in den linken Ventrikel injiziert wurden. Dieses Verfahren wird in neuerer Zeit häufiger angewandt (LYNGBORG u. Mitarb., 1965; MCLOUGHLIN und MORCH, 1971; MORCH u. Mitarb., 1972).

Auf die Verwendung von Röntgenkontrastmittel als Indikator zur quantitativen Bestimmung des Regurgitationsvolumens wird im folgenden Kapitel eingegangen.

Kontrastmitteldarstellung. *Ventrikulographie.* Die Röntgenkontrastmitteluntersuchung bei der Mitralinsuffizienz wird in erster Linie zur Beurteilung des Regurgitationsvolumens und damit des Schweregrades durchgeführt. Darüber hinaus sind Schlüsse auf die Größe und den Kontraktionsablauf des linken Vorhofs und Ventrikels sowie auf die anatomische Situation des Klappenapparates möglich (SMITH u. Mitarb., 1956; DAVILA, 1958; GILMAN u. Mitarb., 1958; MARSHALL u. Mitarb., 1958; AMPLATZ u. Mitarb., 1959; URICCHIO u. Mitarb., 1959; TORI u. GARUSI, 1960; KHALAF u. Mitarb., 1962; PITON u. Mitarb., 1962; ROSS u. CRILEY, 1962; MALERS, 1963; STEINER u. Mitarb., 1963; FUCHS u. STAMPBACH, 1964; LOOGEN, 1965; PORSTMANN u. Mitarb., 1965; LANSING u. Mitarb., 1966; HASHIMOTO, 1968; THURN u. THELEN, 1972). Hierbei ist für die Injektion des Kontrastmittels in den linken Ventrikel das retrograde Vorgehen am besten geeignet. Im Gegensatz zur Injektion über den transseptalen Katheter werden weniger Extrasystolen ausgelöst, und die Klappenfunktion wird durch den Katheter selbst nicht beeinträchtigt. Außerdem kann bei der Kontrastmittelinjektion durch den transseptalen Katheter dieser in den Vorhof zurückschlagen und damit die Beurteilung der Mitralinsuffizienz erschweren bzw. unmöglich machen. Zusätzlich ist bei der retrograden Injektion mit endständig geschlossenem Katheter das Risiko einer intramyokardialen Kontrastmittelapplikation geringer als beim transseptalen Vorgehen.

Eine weitere Möglichkeit ist die Ventrikelpunktion (LOOGEN u. Mitarb., 1963), die aber praktisch zur Diagnostik der Mitralinsuffizienz kaum noch eine Rolle spielen dürfte.

Hinsichtlich der Aufnahmetechniken sei auf Bd. X/1 verwiesen.

Kinematographische Aufnahmen erlauben in einem Teil der Fälle eine Unterscheidung rheumatischer und nicht rheumatischer Mitralinsuffizienzen wegen der besseren Beurteilung des Klappenapparates, des Kontrastmittelrückstroms und des Kontraktionsablaufs der Herzkammern. Manchmal kann ein „schlagendes" Mitralsegel bei Abriß eines Sehnenfadens dargestellt werden (ROSS u. CRILEY, 1962; SELZER u. Mitarb., 1967; WEXLER u. Mitarb., 1971; LITTLER u. Mitarb., 1973). Für das sog. Ballooning-Syndrom ist der systolische Prolaps des hinteren Mitralsegels mit Regurgitation, deren Maximum spätsystolisch liegt, ein typischer Befund (Abb. 31a u. b) (CRILEY u. Mitarb., 1966; STANNARD u. Mitarb., 1967; MÄURER u. MERTENS, 1970; EDWARDS, 1971; JERESATY, 1971; RANGANATHAN u. Mitarb., 1973; SUTTON u. Mitarb., 1973).

Wenn nicht die Möglichkeit von Simultanaufnahmen in verschiedenen Projektionsrichtungen besteht, ist der seitliche Strahlengang zu bevorzugen, da hierbei die Regurgitation am besten zu beurteilen ist. Einige Autoren untersuchen im linken oder rechten schrägen Durchmesser (THURN, 1968; BARON, 1971c). Eine simultane EKG-Registrierung erlaubt die Beurteilung der Herzphase und die Eliminierung von extrasystolischen Kammerreaktionen, die zur funktionellen Mitralinsuffizienz führen.

Für die Beurteilung des Schweregrades einer Mitralinsuffizienz werden folgende Kriterien herangezogen (GILMAN u. Mitarb., 1958; BJÖRK u. Mitarb., 1960; THURN u. Mitarb., 1962; GRAY u. Mitarb., 1963; HONEY u. Mitarb., 1969; BARON, 1971c; MCLOUGHLIN und MORCH, 1971; DEGEORGES, 1974):

1. Dichte und Ausdehnung der rückläufigen Kontrastierung des linken Vorhofs,
2. Zeitpunkt der Füllung des linken Vorhofs im zeitlichen Vergleich mit der Ventrikel- und Aortenfüllung,
3. Entleerungszeit des linken Vorhofs und des linken Ventrikels,
4. Größe des linken Vorhofs und des linken Ventrikels.

Bei leichter Mitralinsuffizienz kommt es ausschließlich ventrikelsystolisch zu einer umschriebenen Kontrastmittelanfärbung im klappennahen Vorhofabschnitt. In einem Teil der Fälle ist ein Kontrastmittel-„Jet" durch die Klappe in den linken Vorhof zu beobachten (Abb. 32). Diastolisch ist keine Kontrastierung des linken Vorhofs nachweisbar. Bei stärkerer Regurgitation kommt es zur Anfärbung des gesamten Vorhofs, in hämody-

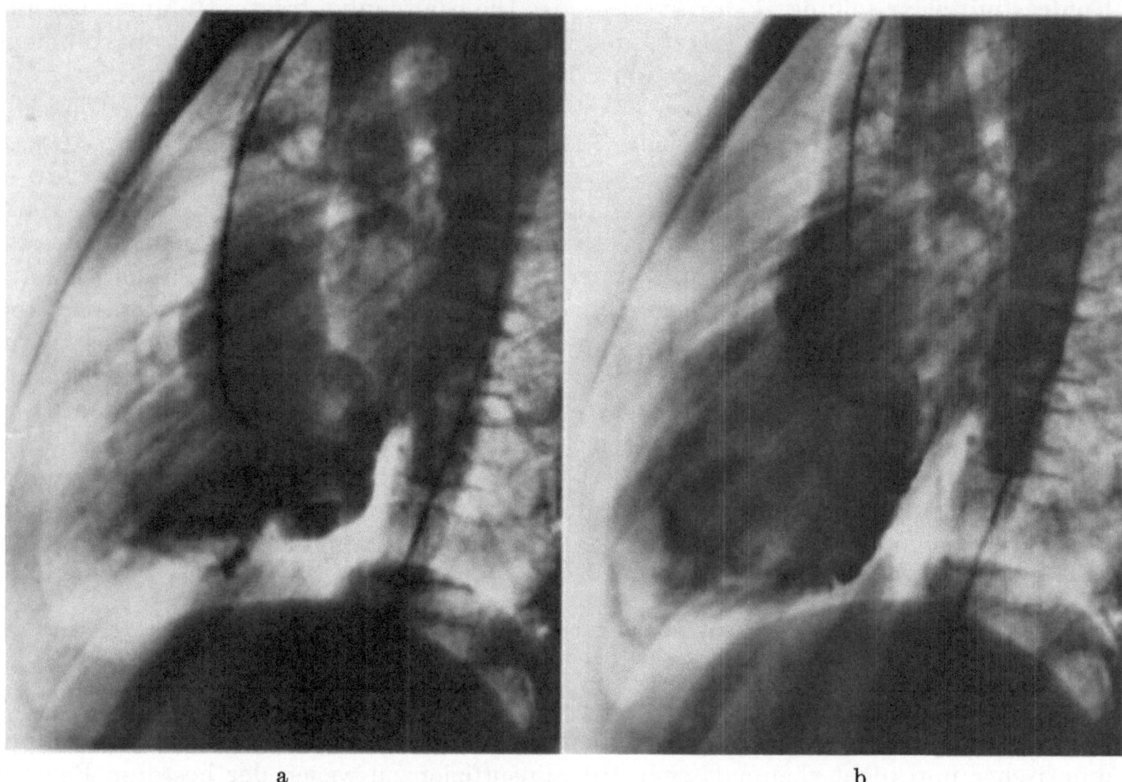

Abb. 31a u. b. „Ballooning"-Syndrom bei einem 12jährigen Patienten (M. Wi.). Kontrastmittelinjektion in den linken Ventrikel nach retrograder Sondierung. (a) Systolische Phase: Ballonförmige Vorwölbung des hinteren Mitralsegels. Gleichzeitige Kontrastmittelanfärbung des linken Vorhofs. (b) Diastolische Phase: Weitgehende Kontrastmittelentleerung des linken Vorhofs. Keine ballonartige Vorwölbung mehr

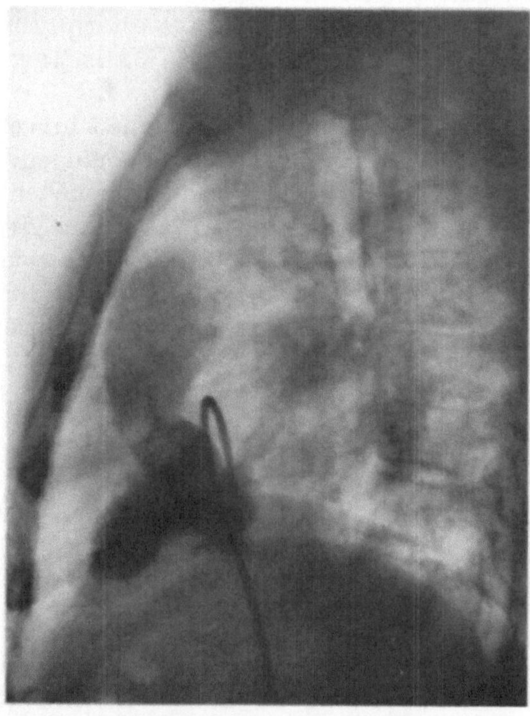

Abb. 32. Mitralinsuffizienz des Schweregrades II bei einer 39jährigen Patientin (I. De.). Seitliches Angiokardiogramm mit Kontrastmittelinjektion in den linken Ventrikel. Während der Systole „jet"-förmiger Kontrastmittelstrahl in den linken Vorhof

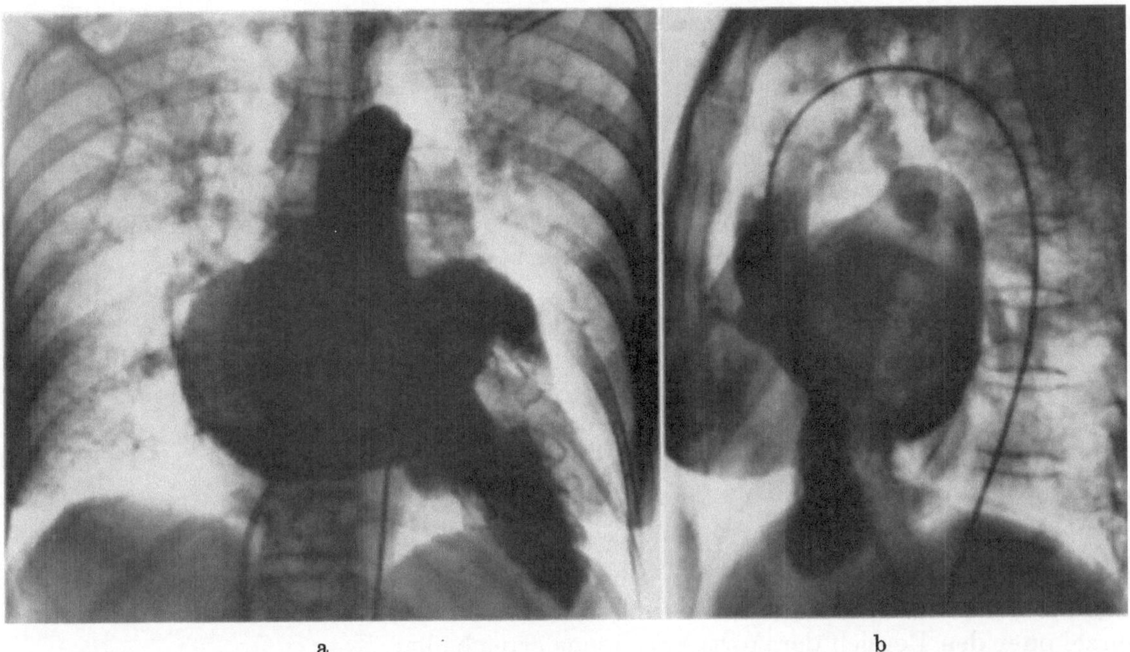

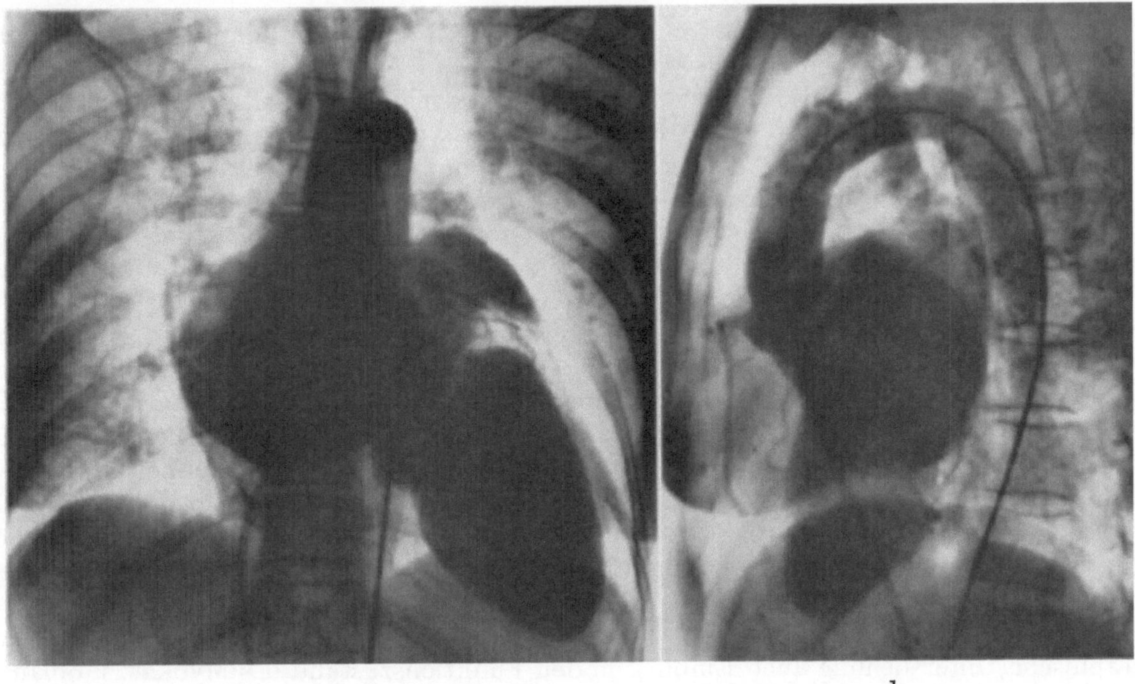

Abb. 33a—d. Mitralinsuffizienz des Schweregrades III bei einer 56jährigen Patientin (L. Ra.). Retrograde Kontrastmittelinjektion in den linken Ventrikel. (a) Systolische Phase (sagittal): Muskelkräftiger linker Ventrikel mit normalem endsystolischen Volumen. Stark vergrößerter kontrastmittelgefüllter linker Vorhof. Erweitertes linkes Herzohr. Kontrastmittel in den vorhofnahen Lungenvenen, vor allem rechts. Nebenbefund: ein zweiter Katheter zur Druckmessung transseptal im linken Vorhof (keine Kontrastmittelinjektion). (b) Systolische Phase (seitlich): breite Kontrastmittelstraße vom linken Ventrikel in den stark vergrößerten linken Vorhof. (c) Diastolische Phase (sagittal): vergrößertes enddiastolisches Volumen des linken Ventrikels. Persistierende Kontrastmittelfüllung des vergrößerten linken Vorhofs auch während der diastolischen Phase. Aorta unauffällig. (d) Diastolische Phase: Seitenbild zu (c)

namisch bedeutsamen Fällen sogar zu einer Regurgitation bis in die Lungenvenen (Abb. 33). Dies ist besonders bei der akuten Mitralinsuffizienz der Fall. Das Kontrastmittel wird dann diastolisch nicht mehr ganz ausgeschwemmt, so daß die Kontrastmitteldichte während der Injektion von Schlag zu Schlag zunimmt.

Je größer der Reflux in den Vorhof ist, umso früher wird nach Injektionsbeginn das Maximum der Kontrastmitteldichte im Vorhof erreicht. Hierbei spielt jedoch die Größe des linken Vorhofs eine erhebliche Rolle. Bei gleichem Regurgitationsvolumen wird das Kontrastmittel in einem großen Vorhof stärker verdünnt, so daß eine geringere Kontrastmitteldichte resultiert (THURN, 1968; BARON, 1971c; MCLOUGHLIN u. MORCH, 1971).

Entsprechend dem gleichzeitigen Auswurf des Blutes vom linken Ventrikel in den linken Vorhof und die Aorta kommt es zur gleichzeitigen Kontrastierung des linken Vorhofs und der aszendierenden Aorta. Der zeitliche Verlauf von Aortenfüllung im Vergleich zur Vorhoffüllung (Verhältnis von antegradem zu retrogradem Fluß) wird daher zur röntgenologischen Beurteilung des Schweregrades herangezogen. BJÖRK u. Mitarb., (1960) haben hierfür folgende Einteilung vorgeschlagen:

1. Hochgradige Insuffizienz. Der linke Vorhof ist komplett gefüllt, bevor die Kontrastmittelfront in der Aorta den Aortenbogen ereicht hat. Diese Gruppe läßt sich weiter unterteilen, je nachdem ob bei Kontrastierung des Vorhofs das Kontrastmittel erst die Aortenwurzel oder den Bereich der Aorta ascendens erreicht hat.
2. Mittelgradige Insuffizienz. Zum Zeitpunkt der kompletten Vorhoffüllung hat die Kontrastmittelfront in der Aorta den mittleren Abschnitt der Aorta descendens erreicht.
3. Leichte Insuffizienz. Eine komplette Vorhoffüllung ist erst erreicht, wenn die gesamte Aorta angefärbt ist.

Bei noch geringerer Regurgitation kommt es gar nicht mehr zur kompletten Auffüllung des linken Vorhofs, wie bereits erwähnt.

Bei dieser röntgenologischen Einteilung der Mitralinsuffizienz ist aber zu berücksichtigen, daß hierbei ein ungestörter Abfluß des Kontrastmittels in die Aorta vorausgesetzt wird. Beim Vorliegen eines Aortenklappenfehlers sind daher die Kriterien nicht mehr anwendbar. Das gleiche gilt für eine Linksherzinsuffizienz.

Erwähnt sei noch, daß aufgrund der röntgenologischen Untersuchungen Vorhofflimmern die Regurgitation nicht wesentlich zu beeinflussen scheint (THURN u. Mitarb., 1962; HONEY u. Mitarb., 1969; MCLOUGHLIN u. MORCH, 1971).

Trotz dieser Kriterien ist auch für einen erfahrenen Untersucher die röntgenologische Einteilung des Schweregrades schwierig, da subjektive Fehler bei der Beurteilung nicht auszuschalten sind und andere Faktoren, die nicht direkt mit dem Regurgitationsvolumen korrelieren, z.B. die Größe des linken Vorhofs, eine Rolle spielen. Die Probleme sind prinzipiell die gleichen wie bei anderen Indikatorverdünnungsverfahren. Sie können auch durch röntgendensitometrische Methoden nicht sicher gelöst werden (HONEY u. Mitarb., 1969; TYRRELL u. Mitarb., 1970; MCLOUGHLIN u. MORCH, 1971). Daher muß der angiokardiographische Befund im Zusammenhang mit den übrigen hämodynamischen und klinischen Daten beurteilt werden.

Neben der Beurteilung des Ausmaßes der Mitralregurgitation gibt die ventrikulographische Untersuchung auch Einblick in den Funktionszustand des Myokards. Solange die Mitralinsuffizienz durch die Volumenhypertrophie des linken Ventrikels kompensiert ist, findet man eine Vergrößerung des enddiastolischen Volumens, ein praktisch normales endsystolisches Volumen und demzufolge eine Vergrößerung der Ejektionsfraktion. Die Dekompensation des linken Ventrikels zeigt sich vor allem in der Vergrößerung des endsystolischen Volumens bei Abnahme der Ejektionsfraktion.

Koronarographie. Koronare Herzerkrankungen treten bei Patienten mit rheumatischen Mitralfehlern in der gleichen Häufigkeit wie bei Patienten mit Aortenfehlern auf, wenn man die Alters- und Geschlechtsunterschiede berücksichtigt (LOEW u. Mitarb., 1972;

MANCHESTER u. Mitarb., 1972). Das häufigere Auftreten von Angina pectoris bei Aorteninsuffizienz gegenüber der Mitralinsuffizienz hängt möglicherweise mit dem unterschiedlichen Perfusionsdruck zusammen (BERNSMEIER, 1965). Bei der Indikationsstellung zur Koronarographie ist zu berücksichtigen, daß die Operation bei Mitralinsuffizienz im Gegensatz zur Mitralstenose nur „offen" erfolgen kann, d.h. mit der Herz-Lungen-Maschine. Hierbei ist der Zustand der Herzkranzgefäße von größerer Bedeutung als bei einer „geschlossenen" Mitralkommissurotomie. Darüber hinaus ist auch nach erfolgreicher Klappenimplantation der Zustand der Herzkranzgefäße für den weiteren Verlauf von großer Bedeutung. In einem Teil der nach Klappenimplantation verstorbenen Patienten konnte bei der Sektion eine Koronarsklerose als Ursache gesichert werden (JOASSIN u. EDWARDS, 1973). Bei Patienten mit entsprechenden Beschwerden und/oder Risikofaktoren sollte die Koronarographie zur Abschätzung des Operationsrisikos und der Beurteilung der Möglichkeit zusätzlicher koronarchirurgischer Maßnahmen durchgeführt werden (BONCHEK u. Mitarb., 1973a). Wie bereits bei der Mitralstenose besprochen, wird heute von den meisten Operateuren eine präoperative Koronarographie bei Frauen jenseits des 45. und bei Männern jenseits des 40. Lebensjahres gefordert.

Wenn eine Mitralinsuffizienz infolge einer koronaren Herzerkrankung auftritt, etwa durch eine Papillarmuskeldysfunktion oder durch eine Papillarmuskelnekrose im Rahmen eines Infarkts, steht die Frage des koronarchirurgischen Eingriffs und damit die Koronarographie mit Ventrikulographie ohnehin meist im Vordergrund.

In Einzelfällen muß aber auch hier zusätzlich zum koronarchirurgischen Eingriff eine Klappenoperation durchgeführt werden (HEIKKILÄ, 1967; SPENZER u Mitarb., 1967; AUSTEN u. Mitarb., 1968; FORRESTER u. Mitarb., 1971; CHENG u. Mitarb., 1972; FALCONE u. Mitarb., 1972).

Zusammenfassende Beurteilung der Methoden. Im allgemeinen ist aus den klinischen Befunden einschließlich der unblutigen Untersuchungsverfahren (EKG, PKG, Röntgennativaufnahme) die Diagnose zu stellen und eine Schweregradeinteilung annäherungsweise möglich. Die Herzkatheteruntersuchung und die Lävokardiographie dienen zu einer besseren Beurteilung des Schweregrades und damit der Operationsindikation. In Fällen mit geringer Mitralinsuffizienz ist die Lävokardiographie häufig die einzige Methode, um die Diagnose zu beweisen. In diesem Falle hat das Verfahren große differentialdiagnostische Bedeutung.

Besonders wichtig ist die Herzkatheteruntersuchung und Lävokardiographie bei der traumatischen Mitralinsuffizienz, bei der die klinischen Befunde nicht dem klassischen Bild der chronischen Mitralinsuffizienz entsprechen. Hierbei kann trotz erheblicher Regurgitation das Geräusch leise sein und eine wesentliche Vergrößerung des linken Herzens fehlen. Dabei ist aber der Druck im kleinen Kreislauf stark erhöht, und es liegt meist das Bild der Links-, oft auch der Rechtsinsuffizienz vor. Eine Klärung der hämodynamischen Situation und letztlich die Sicherung der Diagnose erfordern dann fast immer Herzkatheteruntersuchung und Lävokardiographie. Der Druck im kleinen Kreislauf ist im Gegensatz zur rheumatischen Insuffizienz stark gesteigert, so daß das Bild einer Links-Rechtsherzinsuffizienz vorliegt. In diesen Fällen ist für die Sicherung der Diagnose und des Schweregrades eine Herzkatheteruntersuchung und Lävokardiographie unerläßlich.

Differentialdiagnose. Wenn die Befunde der Mitralinsuffizienz in typischer Weise bestehen, ergeben sich meist keine differentialdiagnostischen Schwierigkeiten. In einzelnen Fällen kann aber die Abgrenzung gegenüber einem Ventrikelseptumdefekt, einer idiopathischen hypertrophischen subaortalen Stenose (IHSS) bzw. einer hypertrophischen obstruktiven Kardiomyopathie (HOCM), einer Trikuspidalinsuffizienz und sogar einer Aortenstenose schwierig sein. Die Situation wird dadurch erschwert, daß diese Fehler auch in Kombination miteinander vorkommen können.

Der *Ventrikelseptumdefekt* weist, wie die Mitralinsuffizienz, ein hochfrequentes systolisches Geräusch im Anschluß an den I. Ton auf. Auch beim Ventrikelseptumdefekt können protodiastolische Geräusche auftreten. Im Gegensatz zur Mitralinsuffizienz liegt das Geräuschmaximum parasternal, kann sich allerdings auch zur Spitze hin, aber nicht bis in die vordere Axillarlinie verfolgen lassen. Differentialdiagnostische Schwierigkeiten ergeben sich dann, wenn das Vitium hämodynamisch nicht bedeutsam ist, so daß weitere elektrokardiographische und röntgenologische Befunde keinen zusätzlichen Hinweis für die Diagnose geben können. Eine endgültige Klärung ist oft nur durch spezielle Untersuchungsmethoden (Herzkatheteruntersuchung, Indikatormethode) möglich.

Auch bei der *IHSS* bzw. *HOCM* liegt das Geräuschmaximum zwischen Herzspitze und -basis. Die Situation wird dadurch erschwert, daß bei der obstruktiven Myokardiopathie zusätzlich eine Mitralinsuffizienz vorliegen kann. Das Austreibungsgeräusch ist allerdings in typischer Weise vom I. Herzton abgesetzt (s. Kapitel Kardiomyopathie).

Das Geräuschmaximum der *Trikuspidalinsuffizienz* liegt mehr parasternal, kann aber auch über der Herzspitze nachweisbar sein. Typisch für die Trikuspidalinsuffizienz ist eine inspiratorische Zunahme bzw. unveränderte Lautstärke des Geräusches. Hierbei steht häufig weniger die Differentialdiagnose zwischen Mitral- und Trikuspidalinsuffizienz zur Diskussion, als die Frage einer zusätzlichen Trikuspidalinsuffizienz bei einem Mitralvitium (SCHILDER und HARVEY, 1957; LOEW u. Mitarb., 1972). Weitere Hinweise geben bei stärkerer Trikuspidalinsuffizienz die klinische Untersuchung (Venenpuls) sowie die elektrokardiographischen und röntgenologischen Zeichen der Rechtsherzbelastung.

Das Geräuschmaximum der *Aortenstenose* liegt normalerweise im Bereich der Herzbasis parasternal mit Fortleitung in die Karotiden. Das Geräusch wird aber auch über das „linksventrikuläre Feld" zur Herzspitze hin fortgeleitet. Umgekehrt ist auch eine Mitralinsuffizienz in manchen Fällen an der Herzbasis nachweisbar. Das trifft vor allem auf eine Regurgitation im Bereich des posterioren Mitralsegels zu. Die differentialdiagnostisch wichtige Abgrenzung zwischen Aortenstenose- und Mitrainsuffizenzgeräusch gelingt durch gleichzeitige Aufzeichnung des Geräusches mit der Karotispulskurve. Bei der Mitralinsuffizienz beginnt das systolische Geräusch vor dem Steilanstieg der Karotispulskurve, während der Geräuschbeginn der Aortenstenose mit dem Steilanstieg zusammenfällt.

Für die Differentialdiagnose ist röntgenologisch der Durchleuchtungsbefund von Bedeutung. Im Zweifelsfall spricht der Nachweis einer Dilatation im suprabulbären Bereich der Aorta für eine Aortenstenose, vor allem wenn der linke Vorhof nicht vergrößert ist.

Verlauf und Prognose ohne Operation. Die Literaturangaben über den natürlichen Verlauf der Mitralinsuffizienz sind außerordentlich widersprüchlich. Dies beruht z.T. darauf, daß die Angaben in vielen Fällen pauschal ohne nähere Differenzierung des Krankenguts erfolgen. Ohne eine Aufgliederung in Schweregrade kann aber keine sichere Aussage über die Prognose der Mitralinsuffizienz gemacht werden. Außerdem werden in prognostischen Studien häufig kombinierte Mitralvitien und reine Mitralinsuffizienzen zusammengefaßt, wodurch das Bild ebenfalls verfälscht wird. Soweit sich in der Literatur Angaben über die Diagnose und die schweregradmäßige Einteilung machen lassen, können zwei Hauptgruppen unterschieden werden: leichte Mitralinsuffizienz (Schweregrad I und II) sowie hämodynamisch bedeutsame Mitralinsuffizienz (Schweregrad III und IV). Patienten mit leichter Mitralinsuffizienz haben eine günstige Prognose. Ihre Lebenserwartung ist nicht oder nicht wesentlich eingeschränkt (LEVINE, 1951; MAGIDA und STREITFELD, 1957; WILSON und LIM 1957; JHAVERI u. Mitarb., 1960; SCHÖLMERICH, 1965(b); FRIEDBERG, 1972; RUSER, 1973). Voraussetzung dafür ist allerdings, daß die Mitralinsuffizienz nicht durch weitere entzündliche Prozesse rheumatischer oder bakterieller Natur verstärkt wird (BLAND und JONES, 1951; BRIGDEN u. LEATHAM, 1963; JOHNSON u. Mitarb., 1960). Über die Häufigkeit einer derartigen Verschlechterung durch sekundäre entzündliche Prozesse liegen keine verbindlichen Angaben vor (COBBS, 1970). Langzeitbeobachtungen von Patienten mit Mitralinsuffizienz haben ergeben, daß die Gefahr der Zunahme des Schweregrades einer Mitralinsuffizienz gering ist (ELLIS u. Ramirez, 1969; KÜBLER und Mitarb., 1972; LOOGEN, 1973).

Bei schwerer Mitralinsuffizienz (III und IV) ist die Lebenserwartung deutlich eingeschränkt (Ross u. Mitarb., 1958; Loogen, 1970; Tyrrell u. Mitarb., 1970; Rapaport, 1975). Bei autoptisch kontrollierten Fällen konnte retrospektiv folgender Verlauf festgestellt werden (Schölmerich, 1965b): Vom Zeitpunkt des rheumatischen Fiebers bis zur Diagnosestellung vergingen 8,8 Jahre; von der Diagnosestellung bis zur Leistungsminderung 7,7 Jahre; von der Leistungsminderung bis zur Dekompensation 6,5 Jahre; von der Dekompensation bis zum Tod 3,2 Jahre. Innerhalb eines Zeitraums von 3 Jahren nach Dekompensation waren 70% der Patienten verstorben. Die akute Mitralinsuffizienz zeigt, soweit sie hämodynamisch bedeutsam ist, in kurzer Zeit eine lebensbedrohliche Verschlechterung (Bircks u. Mitarb., 1966; Ellis u. Ramirez, 1969; Manhas u. Mitarb., 1971).

Nicht immer ist die Prognose so eindeutig zu beurteilen, wie es für die beiden hier skizzierten Patientengruppen angegeben wurde. Daß auch eine bedeutsame Mitralinsuffizienz über viele Jahre bestehen kann, ohne zu dekompensieren, zeigt der in Abb. 34a—d dargestellte Fall.

Operationsindikation. Für die Operationsindikation der erworbenen Mitralinsuffizienz ist neben dem Schweregrad des Klappenfehlers auch die Ätiologie bzw. die anatomische Situation von entscheidender Bedeutung. Folgende Formen sind zu unterscheiden:

1. die rheumatisch endokarditisch entstandene,
2. die bakteriell endokarditisch entstandene Form,
3. die Mitralinsuffizienz vom sog. Dilatationstyp,
4. das Mitralklappenprolaps-Syndrom („Ballooning"),
5. die traumatische Mitralinsuffizienz.

Die Korrektur einer rheumatisch endokarditischen Mitralinsuffizienz erfordert in den meisten Fällen eine Klappenimplantation. Valvuloplastische Maßnahmen sind nur in einzelnen Fällen zur Wiederherstellung einer schlußfähigen Klappe geeignet (Ellis u Mitarb., 1966; Klinner, 1968; Loogen, 1968; Penther u. Mitarb., 1970; Carpentier u. Mitarb., 1971; Christides u. Mitarb., 1972; Gattiker u. Mitarb., 1972; Bircks, 1973).

Zur Korrektur einer bakteriell endokarditisch entstandenen Mitralinsuffizienz ist immer ein Klappenersatz notwendig wegen der Substanzverluste an den Mitralsegeln – ausgenommen die seltenen Fälle, bei denen sich der Substanzverlust auf eine Perforation in einem sonst erhaltenen Mitralsegel beschränkt.

Demgegenüber sind in der Mehrzahl der Fälle von Mitralinsuffizienz des Dilatationstyps und bei der traumatischen Form valvuloplastische Maßnahmen eher möglich (Abb. 35a—d). Nach heutigen Erfahrungen ist die Valvuloplastik bei der Mitralinsuffizienz vom Dilatationstyp um so eher anwendbar, je jünger die Patienten sind (Loogen, 1968; Reed, 1973; Sulayman, u. Mitarb. 1975; Stevenson, 1975).

Bei prothetischem Klappenersatz ist zu berücksichtigen, daß unabhängig von der Art der benutzten Klappenprothese der Eingriff ein nicht geringes Risiko darstellt (Meisner u. Mitarb., 1967; Schire u. Barnard, 1970; Dubost, 1971; Fishman u. Mitarb., 1971; Kerth u. Mitarb., 1971; Robijns, 1972; Behrendt u. Austen, 1973; Bircks, 1973; Levine u. Mitarb., 1973). Das betrifft nicht nur die Operationsmortalität, sondern auch die postoperativen Komplikationen. Trotz wesentlicher Verbesserungen der Klappenprothesen gibt es noch keine ideale Prothese (Selzer, 1976). Daher ist für die Beurteilung der Operationsindikation ein sorgfältiges Abwägen der Prognose ohne Operation gegenüber dem operativen und postoperativen Risiko notwendig. Beim derzeitigen Stand der chirurgischen Technik und den z.Zt. verwendeten Klappenprothesen können in etwa folgende Richtlinien für die Operationsindikation angegeben werden:

Für den Patienten des I. und II. Schweregrades besteht keine Operationsindikation, da die Prognose ohne Operation gut ist. Auch Mitralvitien des Schweregrades II — III stellen normalerweise keine Operationsindikation dar. Sie wäre nur in den Fällen gegeben,

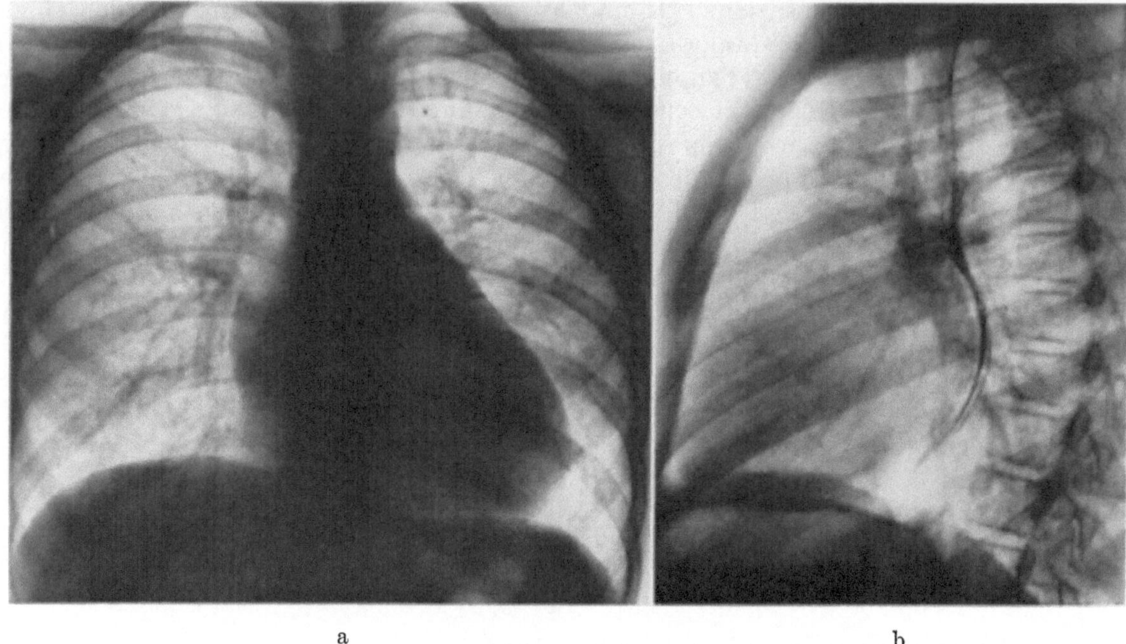

a b

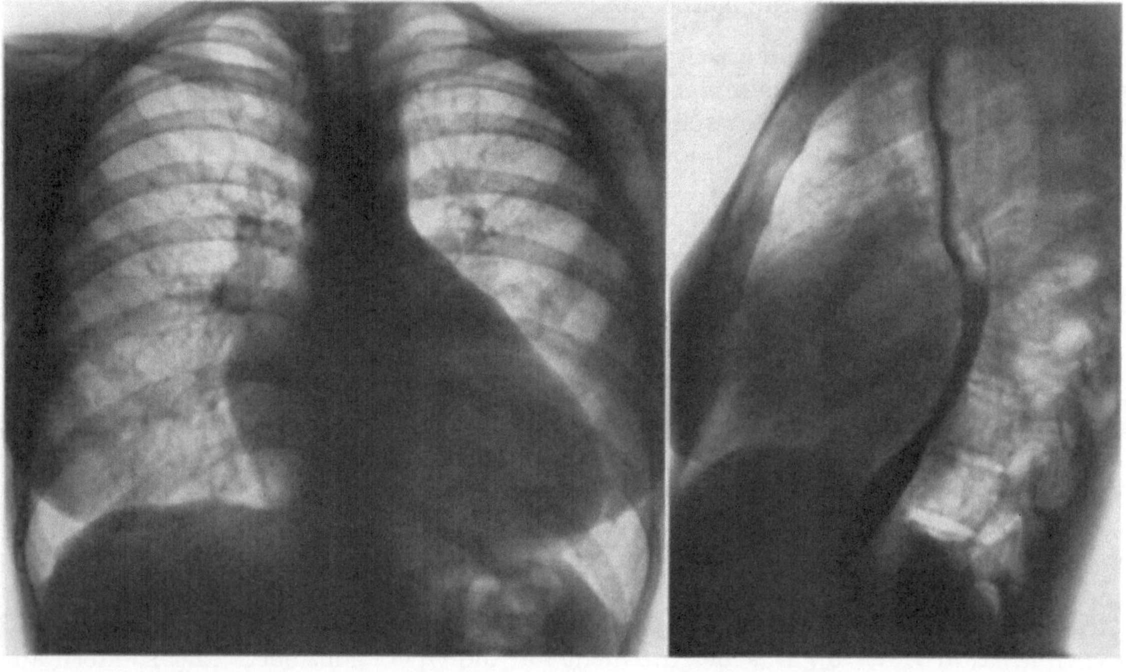

c d

Abb. 34a—d. Reine Mitralinsuffizienz des Schweregrades II—III bei einer 1960 6jährigen Patientin (M. Do.). 1976 Schweregrad III. 1960 Herzkatheteruntersuchung: Druck in der Pulmonalarterie 60/20 mm Hg, im rechten Ventrikel 40/0 mm Hg, im rechten Vorhof 4/0 mm Hg. (a) Sagittale Herzfernaufnahme: Herz nach links verbreitert. Verstrichene Herztaille. Verstärkte Vorwölbung im Bereich des rechten Vorhofbogens. Lungengefäßzeichnung gering verstärkt. (b) Seitenbild: Deutliche Einengung des Herzhinterraums, vor allem in Höhe des linken Vorhofs. (c) 1976. Sagittale Herzfernaufnahme: Stärkere Größenzunahme des Herzens nach links und rechts. Flache Vorwölbung durch das linke Herzohr. Schmales Gefäßband. Hili verbreitert und dicht. Lungengefäßzeichnung vor allem in den Oberfeldern etwas verstärkt. (d) Seitenbild: Herzhinterraum im Vorhof- und Kammerbereich ausgefüllt

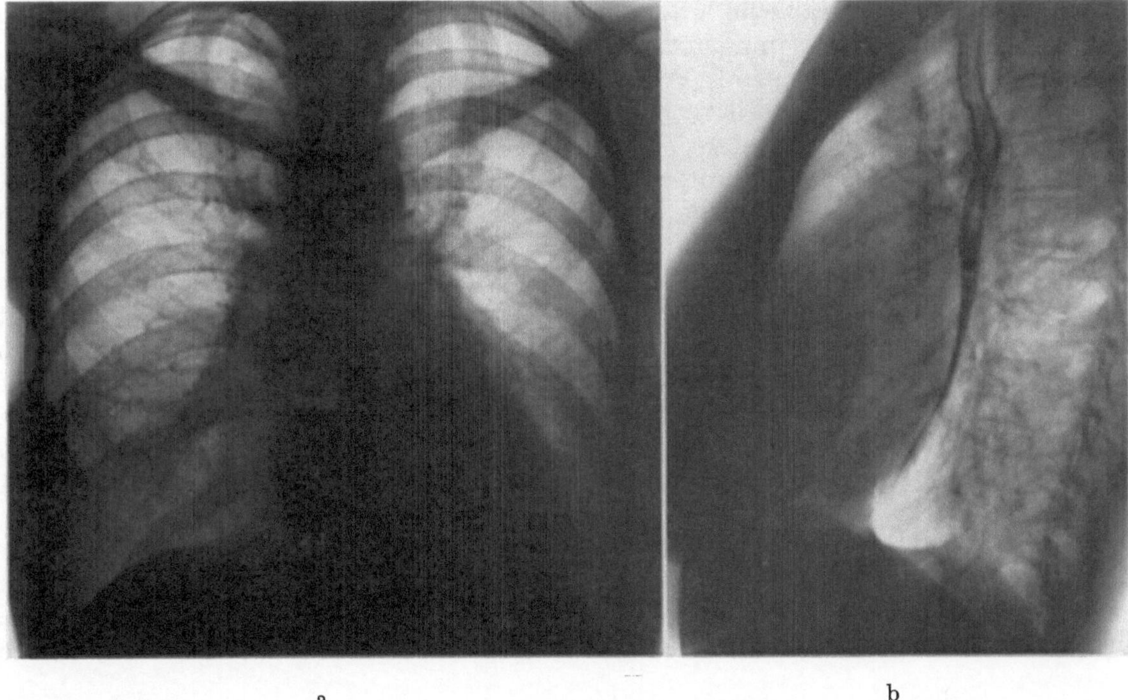

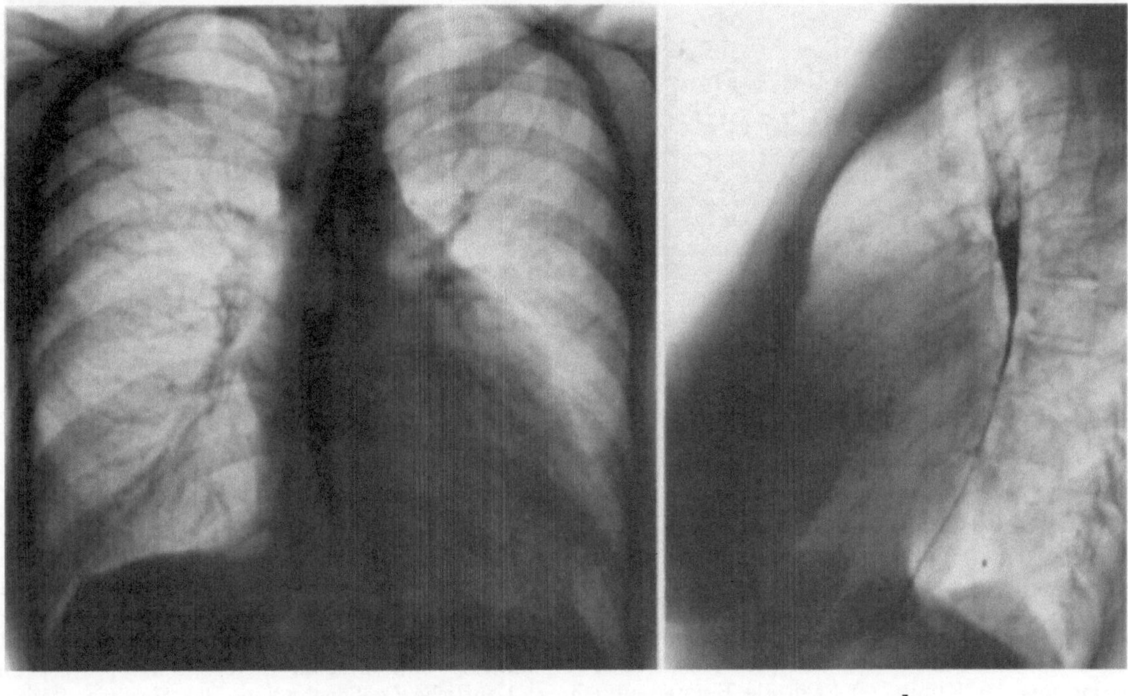

Abb. 35a—d. Mitralinsuffizienz III (sog. Dilatationstyp) bei einer 25jährigen Patientin (T. Ts.). (a) Präoperativ: Starke Verbreiterung des Herzens nach links. Besonders starke Vergrößerung des linken Vorhofs, der sich über die rechte Herzkontur vorwölbt. Nur geringe Verstärkung der Lungengefäßzeichnung. Winkelerguß links. (b) Seitenbild: Deutliche Einengung des Herzhinterraums im Bereich des linken Vorhofs und Ventrikels. (c) und (d) 3 Jahre nach klappenerhaltender Operation (Wooler-Plastik): Herz praktisch normal groß. Herzhinterraum frei

in denen man sicher ist, daß eine Valvuloplastik durchgeführt werden kann. Dies ist allerdings mit letzter Sicherheit nur intraoperativ zu entscheiden. Daher ist zu fordern, daß in solchen Fällen der Eingriff als Probatoria abgebrochen wird, wenn sich herausstellt, daß eine effektive Valvuloplastik nicht möglich ist (Loogen, 1970). Für den Schweregrad III ist in der Regel die Operationsindikation gegeben. Im Einzelfall ist es aber auch in dieser Gruppe zu rechtfertigen, unter strenger ärztlicher Kontrolle den Operationstermin hinauszuzögern. Dies gilt für solche Patienten, bei denen trotz hämodynamisch bedeutsamer Mitralregurgitation noch eine relativ gute Leistungsfähigkeit besteht (s. Beispiel der Abb. 34). Für die Patienten der Gruppe IV ist die Operationsindikation prinzipiell immer gegeben. In Fällen mit stärkerer myokardialer Schädigung ist allerdings das erhöhte operative Risiko zu berücksichtigen (Bolooki u. Kaiser, 1976). Dann ist immer eine längere präoperative stationäre Behandlung zur Verbesserung des kardialen Zustandes notwendig. Eine prinzipielle Altersgrenze für die Operation existiert nicht (Morrow u. Mitarb., 1967; Harken u. Collins, 1969; Loogen, 1970; Kay u. Mitarb., 1964; Bircks, 1973; Kirklin u. Pacifico, 1973; Bran u. Denolin, 1974; Matteo, di u. Heulin, 1974).

Eine gesonderte Gruppe stellen die Patienten mit Mitralinsuffizienz auf dem Boden einer koronaren Herzerkrankung bzw. nach Herzinfarkt dar. Hier stehen die Fragen der koronarchirurgischen Maßnahmen bzw. der Aneurysmaresektion in vielen Fällen im Vordergrund. Falls an der Mitralis ein operativer Eingriff nötig ist, z.B. bei Papillarmuskelriß, kann die Korrektur häufig ohne Implantation einer Klappenprothese erfolgen

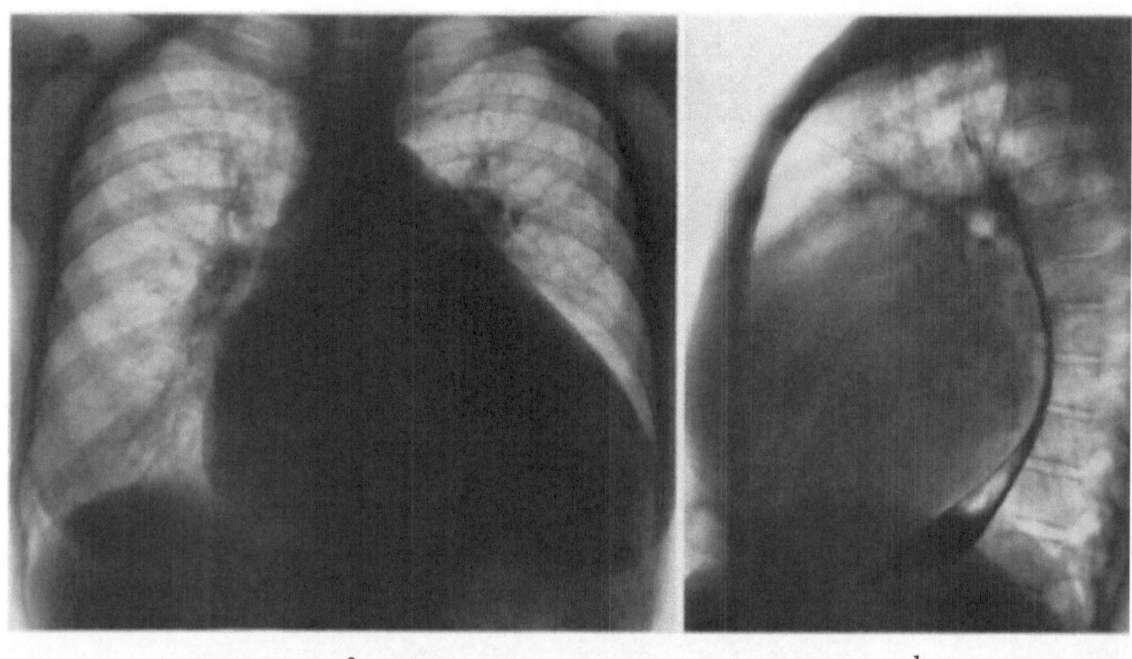

a b

Abb. 36a—f. Mitralinsuffizienz des Schweregrades III—IV bei einer 38jährigen Patientin (W.Wo.). (a) Präoperative sagittale Herzfernaufnahme: Herz beiderseits, vor allem links stark verbreitert. Vorwölbung des Pulmonalbogens. Verbreiterte Hili. Normale Lungengefäßzeichnung. (b) Seitenbild: Retrokardial- und Retrosternalraum voll ausgefüllt. Kraniale Vorwölbung durch Elongation der rechten Kammer. Verdrängung des Oesophagus nach hinten. (c) und (d) 1 Monat nach Implantation einer Smeloff-Cutter-Ballklappe. Vor Entlassung aus der Klinik, (c) Sagittale Herzfernaufnahme: Deutliche Größenabnahme des Herzens. Dadurch stärker erscheinende Vorwölbung des Pulmonalbogens. Parakardial zum rechten Herzrand pulmonale Infiltration(?) Lungengefäßzeichnung nicht verstärkt, (d) Seitenbild: Ebenfalls Größenabnahme des Herzens. Geringe Prominenz der Ausstrombahn des rechten Herzens. Künstliche Mitralklappe erkennbar. (e) und (f) 8 Jahre nach Operation. Klinische Verschlechterung. Linksinsuffizienz. Druck im linken Ventrikel 150/10 bis 15 mm Hg, in der Pulmonalarterie 65/30 mm Hg, im rechten Ventrikel 65/0—6 mm Hg, im rechten Vorhof 7/0 mm Hg. Leichte relative Trikuspidalinsuffizienz, Linksventrikulographie: Großes enddiastolisches und endsystolisches Volumen, keine Mitralregurgitation. (e) Sagittale Herzfernaufnahme, (f) Seitenbild

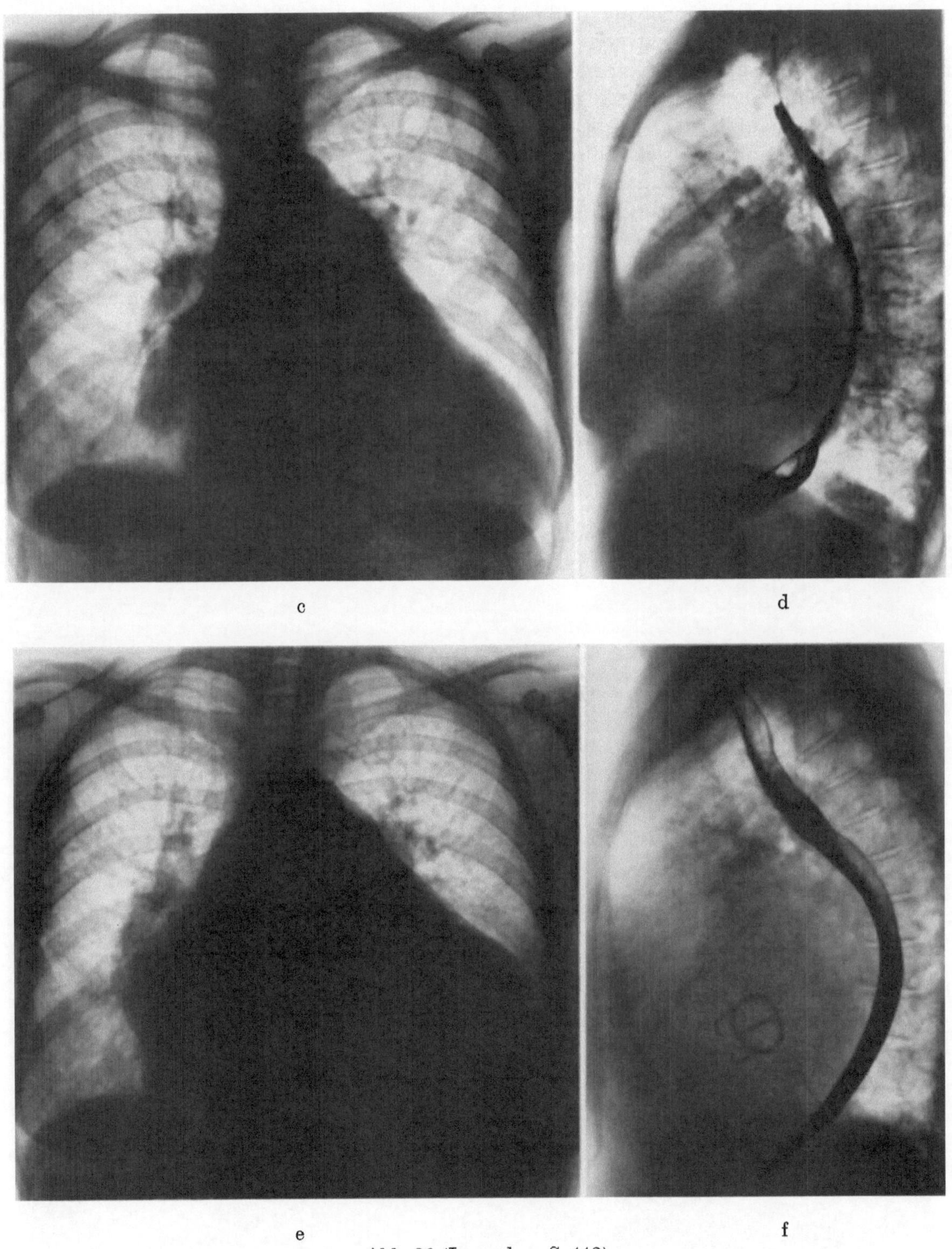

Abb. 36 (Legende s. S. 112)

(GLANCY u. Mitarb., 1973; MERIN u. Mitarb., 1973). Manchmal ist allerdings eine Klappenimplantation mit oder ohne zusätzlichen koronarchirurgischen Eingriff nicht zu umgehen (SPENCER u. Mitarb., 1967; AUSTEN u. Mitarb., 1968).

Postoperative Befundänderung. Neben dem Ergebnis der klinischen Untersuchung einschließlich Elektrokardiogramm und Phonokardiographie sind die röntgenologischen Befunde für die Beurteilung des Operationserfolges nach Mitralklappenimplantation besonders wichtig. Im Röntgen-Nativbild sind Herzform und -größe sowie Lungenzeichnung im Vergleich zu den präoperativen Aufnahmen wichtige Kriterien. Dieser Vergleich mit dem Vorbefund ist unbedingt erforderlich (vgl. Abb. 28).

Eine Abnahme der Herzgröße im Röntgenbild ist ein wichtiges Zeichen für einen Operationserfolg nach Mitralklappenimplantation. Die Größenabnahme in der Zeit der postoperativen stationären Behandlung muß aber mit einem gewissen Vorbehalt gewertet werden. Die körperliche Inaktivität an sich bewirkt nämlich schon eine Größenabnahme des Herzens. Nach Mobilisierung des Patienten findet man dann nicht ganz selten wieder eine Zunahme der Herzgröße (Abb. 36a—f).

Im Idealfall betrifft die Verkleinerung des Herzens sowohl den Ventrikel als auch den Vorhof (Abb. 37a—d). Andererseits muß eine fehlende Verkleinerung des Herzens keineswegs ein hämodynamisch gutes Operationsergebnis ausschließen. Kommt es postoperativ nicht zu einer Verkleinerung der Herzgröße, muß zunächst festgestellt werden, in welchem Maß linker und rechter Ventrikel an der persistierenden Herzvergrößerung beteiligt sind. Das ist oft nur durch eine Ventrikulographie zu differenzieren. Ist der linke Ventrikel Ursache der fehlenden Größenabnahme, müssen folgende Ursachen diskutiert werden (LOGAN u. Mitarb., 1967; PETERSON u. Mitarb., 1967; GLEICHMANN, 1971; SALZMANN u. Mitarb., 1972):

1. Mangelnde Rückbildungsfähigkeit des Myokards infolge fibrösen Umbaus (karditisch oder koronarsklerotisch) trotz einwandfreier Klappenfunktion;

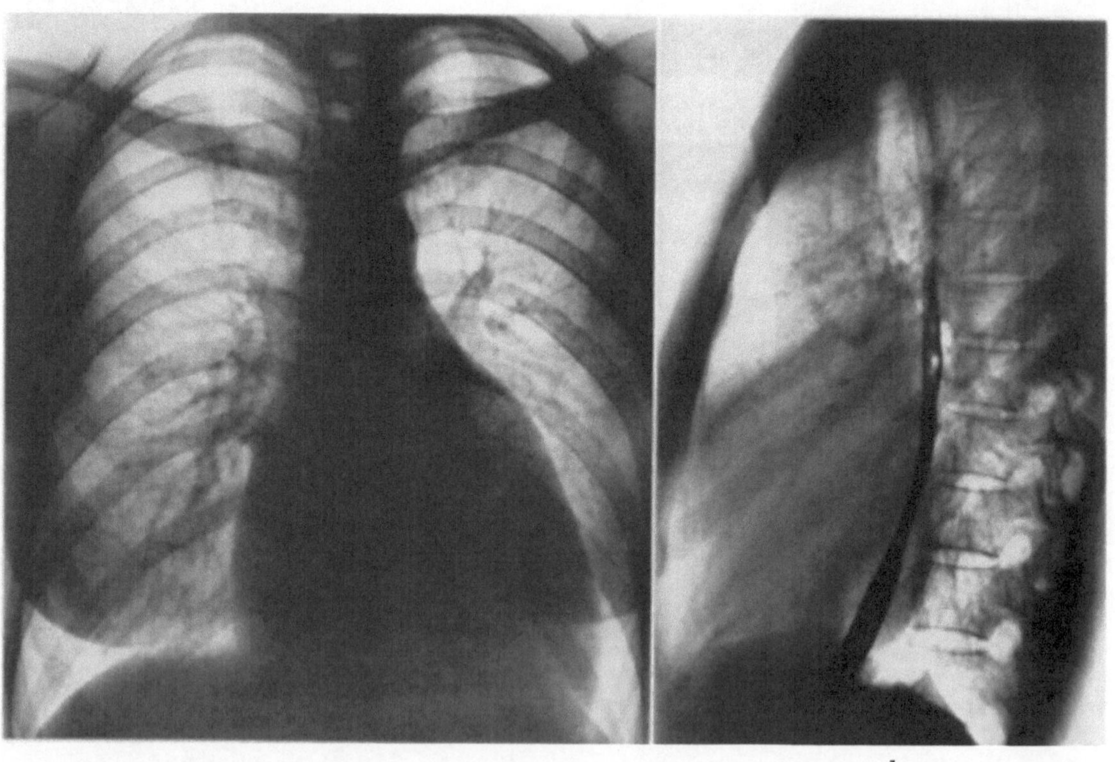

Abb. 37a—d. Mitralinsuffizienz des Schweregrades III bei einer 28jährigen Patientin (J. Ri.). (a) Präoperative Herzfernaufnahme: Herz linksverbreitert. Deutliche Vorwölbung der linken Herzkontur durch vergrößerten linken Vorhof. Schmales Gefäßband. Hilus- und Lungengefäßzeichnung nicht verstärkt. (b) Seitenbild: Retrokardialraum im Vorhof- und Kammerbereich völlig ausgefüllt. Oesophagus liegt nicht der hinteren Herzkontur an, er muß deswegen zur Seite verdrängt sein. (c) und (d) Postoperativ: Weitgehende Normalisierung des Herzens hinsichtlich Größe und Form. Björk-Shiley-Klappe gut erkennbar. Noch geringe Vergrößerung des linken Vorhofs. Lungengefäßzeichnung normal

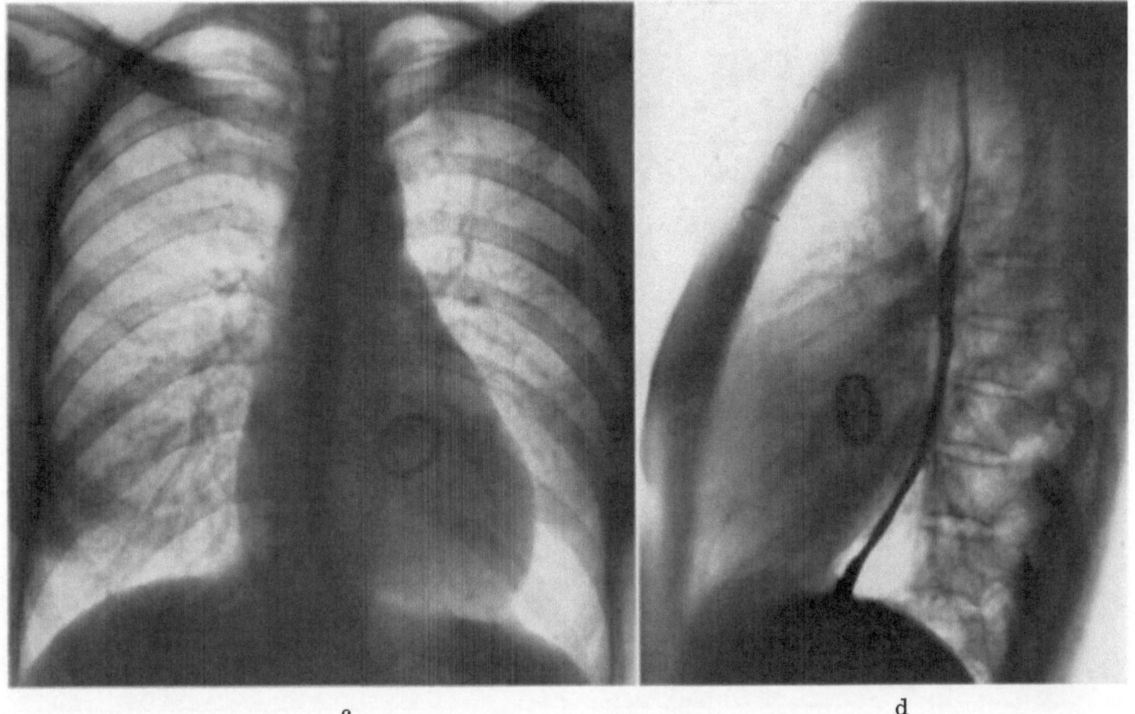

c d

Abb. 37 (Legende s. S. 114)

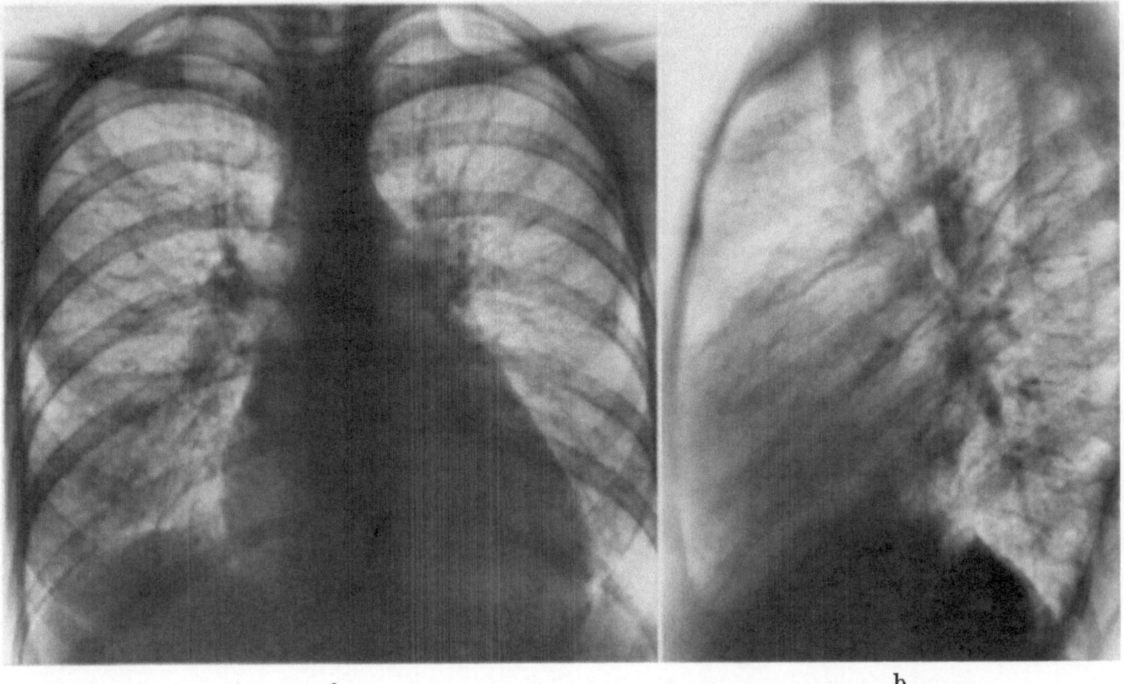

a b

Abb. 38a—f. Mitralinsuffizienz des Schweregrades III—IV bei einer 27jährigen Patientin (M. Br.). (a) Sagittale Herzfernaufnahme: Herz beiderseits, vor allem links mäßig verbreitert. Verstrichene Herztaille. Verstärkte Lungengefäßzeichnung. Druck in der Pulmonalarterie 70/40 mm Hg, im linken Vorhof 70/15 mm Hg, im linken Ventrikel 100/15 mm Hg. (b) Seitenbild: Insgesamt nur etwas eingeengter Retrokardialraum. (c) und (d) 7 Monate nach Operation (Mitralklappenersatz mit Starr-Edwards-Kugelprothese), (c) Sagittale Herzfernaufnahme: Gegenüber präoperativ Größenzunahme des Herzens und stärkere Lungengefäßzeichnung. Druck in der Pulmonalarterie 80/35 mm Hg, ,,PC"m 35 mm Hg, im linken Ventrikel 120/18 mm Hg, (d) Seitenbild: Einengung des Retrokardialraums, vor allem im Ventrikelbereich. (e) und (f) 1 Jahr nach Zweitoperation wegen eines Randlecks, (e) Sagittale Herzfernaufnahme: Deutliche Größenzunahme des Herzens und Rückbildung der Lungengefäßzeichnung, (f) Seitenbild: Herzhinterraum nicht mehr eingeengt

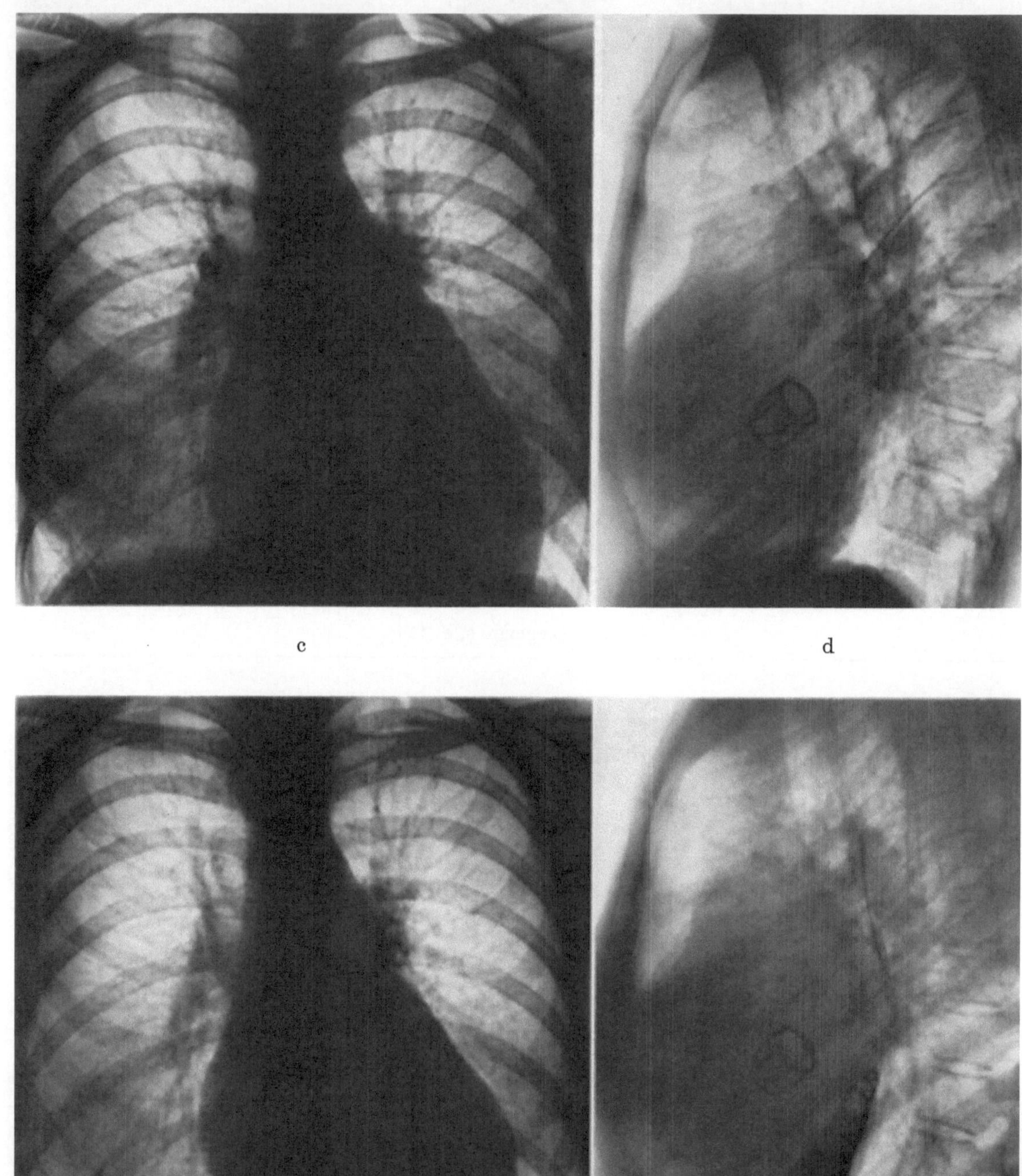

c d

e Abb. 38 (Legende s. S. 115) f

2. Dysfunktion der Prothese meist in Form von Randinsuffizienzen oder (seltener) starken Stenosierungen, z.B. durch Thrombose oder mechanische Störungen der Ventilfunktion (Abb. 38a—f);

3. hämodynamisch bedeutsame, nicht korrigierte Begleitfehler, z.B. Aortenvitien, oder auch eine arterielle Hypertonie;

4. postoperative Herzinsuffizienz, wobei ursächlich insbesondere an den frischen Schub einer Karditis gedacht werden muß.

Trotz weitgehender Rückbildung der Größe des linken Herzens kann insgesamt röntgenologisch das Herz vergrößert bleiben, wenn eine vor der Operation vorhandene Trikuspidalinsuffizienz auch postoperativ bestehen bleibt mit entsprechender Volumenmehrbelastung des rechten Herzens (Abb. 39a—f). Andere Faktoren können intraoperative myokardiale Schädigung oder eine Störung der Ventrikelfunktion durch die Klappenprothese sein (MALONEY u. Mitarb., 1975).

Zusammenfassend kann man sagen, daß eine postoperative Größenabnahme des Herzens im Röntgenbild ein gutes Operationsergebnis erwarten läßt. Eine unveränderte Herzgröße erfordert aber zur Klärung möglicher Ursachen weitere Untersuchungen (RASTELLI u. Mitarb., 1966; PETERSEN u. Mitarb., 1967; SALZMANN u. Mitarb., 1972). Eindeutig postoperative Verkleinerungen des Herzens sind bei gutem Operationsergebnis immer dann zu erwarten, wenn keine entzündlichen oder degenerativen Veränderungen vorgelegen haben und zwischen dem Krankheitsbeginn und der Operation nur kurze Zeit verstrichen ist. Als typisches Beispiel hierfür sei die traumatische Mitralinsuffizienz genannt. Bei der rheumatischen Mitralinsuffizienz ist eine völlige Normalisierung der Herzgröße eher die Ausnahme (RASTELLI u. Mitarb., 1966; MORROW u. Mitarb., 1967; BAIDYA u. Mitarb., 1972; POKORNY u. Mitarb., 1972). Wenn präoperativ eine starke Drucksteigerung im Lungenkreislauf mit entsprechenden röntgenologischen Veränderungen der Hilus- und Lungengefäßzeichnung nachweisbar war, können sich diese Veränderungen bei gutem Operationserfolg weitgehend zurückbilden (vgl. Abb. 38). Eine fehlende Normalisierung der Lungenzeichnung schließt allerdings eine gute Klappenfunktion nicht mit Sicherheit aus (SALZMANN u. Mitarb., 1972)

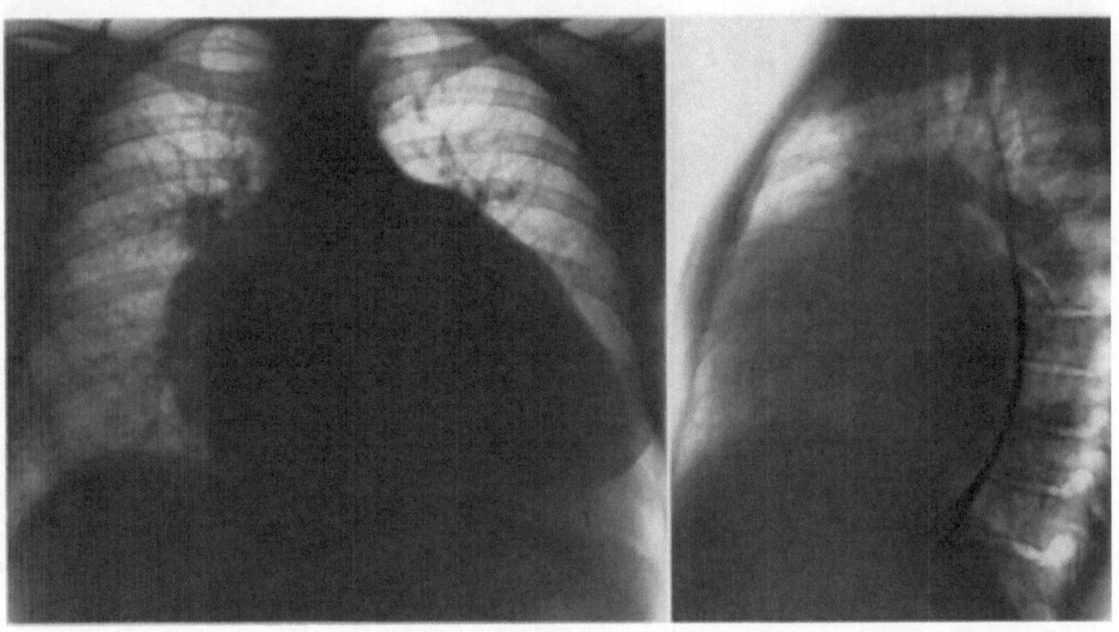

a b

Abb. 39a—f. Mitralinsuffizienz des Schweregrades IV mit pulmonaler Druckerhöhung und Trikuspidalinsuffizienz bei einer 40jährigen Patientin (I. Mo.). (a) Präoperative sagittale Herzfernaufnahme: Herz beiderseits stark verbreitert. Vorwölbung des Pulmonalbogens. Verstärkte Hilus- und Lungengefäßzeichnung. (b) Seitenbild: Hinterer Herzrand überschreitet die vordere Wirbelsäulenkontur. Starke Vorwölbung kranialwärts durch Erweiterung der Ausstrombahn des rechten Ventrikels. (c) und (d) 1 Jahr nach Implantation einer Smeloff-Cutter-Klappe: (c) Sagittale Herzfernaufnahme: Rückbildung der Ausdehnung des Herzens nach links und der Vorwölbung des Pulmonalbogens. Weitgehende Normalisierung der Lungengefäßzeichnung. Starke Vorwölbung der rechten Herzkontur aber unverändert, (d) Seitenbild: Trotz Rückbildung Retrokardialraum noch ausgefüllt. Vorwölbung der Ausstrombahn der rechten Kammer nicht völlig normalisiert. Smeloff-Cutter-Klappe in Mitralposition. (e) und (f) 6 Jahre nach Operation: (e) Sagittale Herzfernaufnahme: Gegenüber 1 Jahr nach Operation noch stärkere Vorwölbung und Verlängerung des rechten Herzbogens, (f) Seitenbild: wie 1 Jahr nach Operation

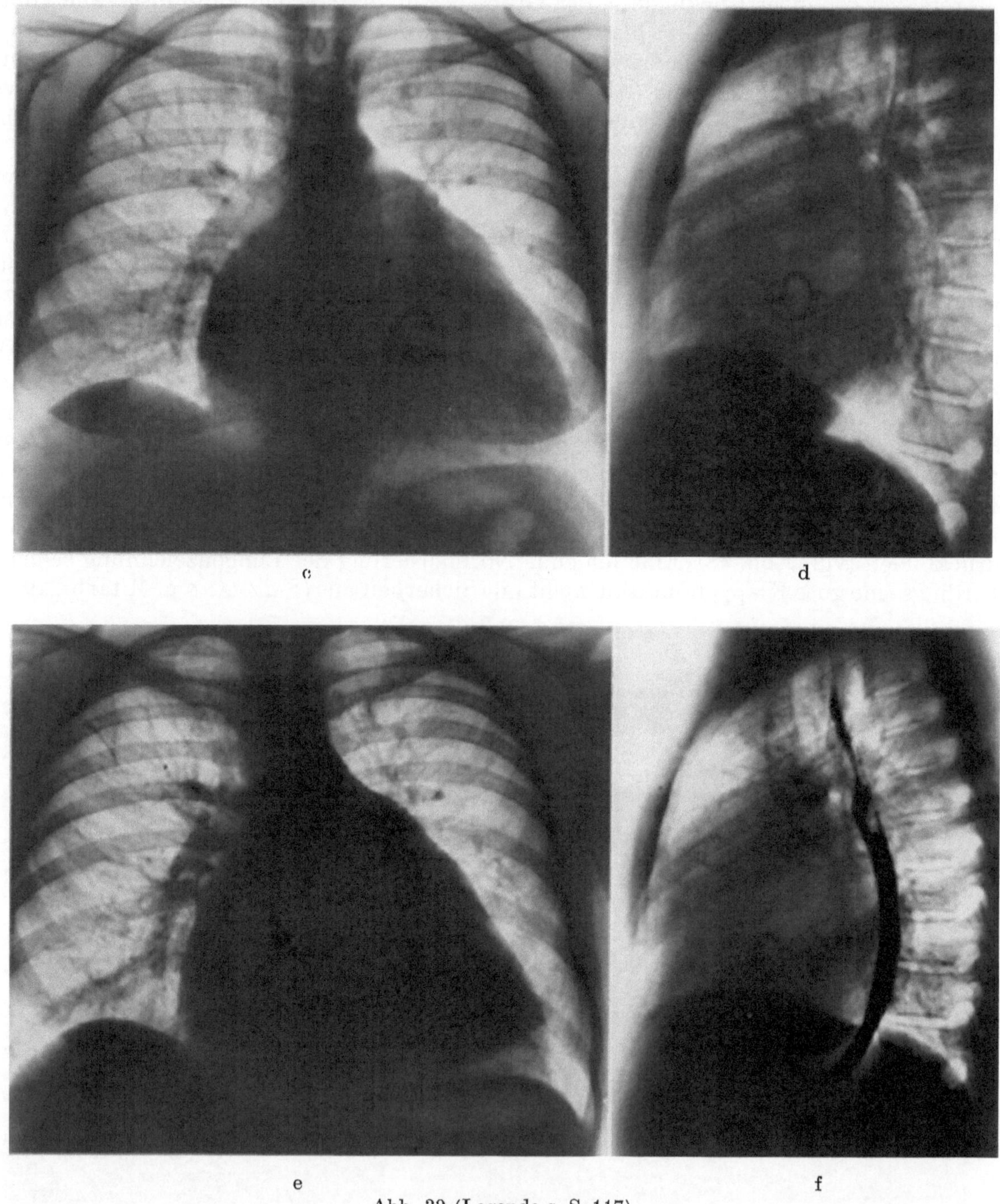

Abb. 39 (Legende s. S. 117)

Die heute meist verwendeten Klappenprothesen können die Klappenfunktion nicht völlig ersetzen. Es resultiert praktisch immer eine geringe bis mäßige Stenosierung des Mitralostiums (MORGAN, 1967; HULTGREN u. Mitarb., 1968; GLANCY u. Mitarb., 1969; REID u. Mitarb., 1972; SCHOENMACKERS u. Mitarb., 1972; WRIGHT, 1972; HAWE u. Mitarb., 1973; ARIS u. Mitarb., 1974; BONCHEK u. STARR, 1975; BOTH u. Mitarb., 1975; BRAWLEY u. Mitarb., 1975; SCHMIDT u. Mitarb., 1975; HAERTEN u. Mitarb., 1976).

Alle derzeitigen Klappenprothesen haben den Nachteil, daß Komplikationen auftreten können.

Am wichtigsten sind die Thrombembolien. Daher ist eine Langzeitbehandlung mit Antikoagulantien erforderlich (VIDNE u. Mitarb., 1973; BARNHORST u. Mitarb., 1976).

Weitere Komplikationen betreffen Dysfunktionen des Klappenventils (Ball oder Linse) (HIPONA u. Mitarb., 1971; PENTHER u. Mitarb., 1971; BARCLAY u. Mitarb., 1972; HYLEN, 1972; POKORNY u. Mitarb., 1972; KIRKLIN und PACIFICO, 1973; LOOGEN, 1973), die mechanische Hämolyse (GEHRMANN u. LOOGEN, 1964; LUTHER u. RASTETTER, 1973) und die Gefahr einer infektiösen Endokarditis (KHICHA u. Mitarb., 1972; LEVIN u. Mitarb., 1972; SCHELBERT u. MÜLLER, 1972; SODONY, 1972; EDWARDS, 1973).

Wurde eine künstliche Klappenprothese implantiert, so kann bereits aus dem Nativbild auf die Art der verwendeten Prothese zurückgeschlossen werden (BONCHEK u. Mitarb., 1973b). Neben den Ballprothesen werden in Mitralposition häufig Linsenklappen verschiedenster Konstruktionen verwendet. Die verschiedenen Arten der Kugel- und Linsenprothesen sind im Seitenbild ohne weiteres an der charakteristischen Form des jeweiligen Metallkäfigs und Basisrings zu unterscheiden (vgl. Abb. 24).

Die üblicherweise verwendeten Kunststoffventile sind auf Nativaufnahmen nicht zu erkennen. Man sieht aber z.B. eine Kugel bei der Durchleuchtung, ohne daß man an ihr leichtere Veränderungen erkennen könnte. Daher hat man versucht, die Ventile mit entsprechenden Substanzen zu imprägnieren und dadurch eine gute Röntgen-Darstellbarkeit erzielt.

Dann kann man die Öffnungs- und Schließungsbewegungen dieser Ventile röntgenkinematographisch analysieren (LANSING, 1967; HAMMERMEISTER u. Mitarb., 1969; CRAIGE u. Mitarb., 1970; METZGER u. Mitarb., 1971; MOND u. Mitarb., 1972; OLIVA u. Mitarb., 1973; SHARMA u. Mitarb., 1973;). Dieses Verfahren ist auch dazu geeignet, pathologische Schleuderbewegungen des Klappenringes bei Randinsuffizienz von normalen Bewegungen der Ventilebene während der Herzaktion zu differenzieren (GIMENEZ u. Mitarb., 1965; KÖHLER u. Mitarb., 1965; FEIST u. MANGOVER, 1967; WILSON u. Mitarb., 1967; KITTREDGE u. MCCORD, 1969; MAHRINGER u. HANSEN, 1970; HIPONA u. Mitarb., 1971; BERENDT u. AUSTEN, 1973; WHITE u. Mitarb., 1973).

Ein wichtiges Problem bei der postoperativen Untersuchung der Patienten mit Mitralklappenprothese ist der Ausschluß bzw. Nachweis einer Mitralklappeninsuffizienz. Diese Insuffizienz ist bei Verwendung von Ball- oder Linsenprothesen praktisch immer eine Randinsuffizienz (MÄURER u Mitarb., 1971); sie kann auch durch Einklemmung eines gequollenen Balls in Öffnungsposition oder durch Schlußunfähigkeit thrombotischer Genese zustande kommen (KITTREDGE und MCCORD, 1969; HIPONA u. Mitarb., 1971). Bei Verwendung von Fascia-lata-Prothesen oder Klappentransplantaten entsteht die Klappeninsuffizienz durch Schrumpfung der implantierten Klappe (GIANELLY u. Mitarb., 1968; ROSE, 1972; ROSS, 1972; SOMERVILLE u. Mitarb., 1972; BERNHARD u. Mitarb., 1973; LUCKMANN u. Mitarb., 1973; PETCH u. Mitarb., 1974; TAYLOR u. Mitarb., 1975).

Eine Mitralinsuffizienz ist immer in Erwägung zu ziehen, wenn Allgemeinbefinden und Leistungsfähigkeit des Patienten sich postoperativ nicht bessern, auch wenn die klappenbezogenen Befunde unauffällig sind. Selbst bei einer bedeutsamen Randinsuffizienz kann das systolische Geräusch an der Herzspitze leise sein (LANSING, 1967; MÄURER u. Mitarb., 1971; WILLERSON u. Mitarb., 1972). Dies ist einmal durch das große Leck (geringe Turbulenz), zum anderen durch das Fehlen eines schwingungsfähigen Mitralklappenapparats nach Prothesenimplantation zu erklären. Andererseits müssen zusätzliche Fehler, z.B. Trikuspidalinsuffizienz, natürlich als Ursache des Geräuschbefundes ausgeschlossen werden. Kennzeichnend für eine Klappendysfunktion sind Veränderungen der Schallphänomene, wie ein verkürzter Abstand des Intervalls zwischen Aortenklappenschlußton und Mitralöffnungston bzw. ein fehlender Mitralöffnungsklick, sowie eine Abschwächung des I. Herztones (KLEIN, 1969; CRAIGE u. Mitarb., 1970; DEMANY u. ZIMMERMANN, 1970; LEE u. Mitarb., 1970b; STERZ u. Mitarb., 1970; METZGER u. Mitarb., 1971; SCHLUGER u. Mitarb., 1971; STROSS u. Mitarb., 1971; WISE u. Mitarb., 1971; HYLEN 1972; PFEIFER u. Mitarb., 1972; WILLERSON u. Mitarb., 1972; LOOGEN, 1973). Allerdings muß eine Intensitätsabnahme der Klappentöne sehr kritisch beurteilt werden, da sie auch bei normaler Klappenfunktion, z. B. bei Änderung des Herzrhythmus, vorkommen kann (BROWN, 1973).

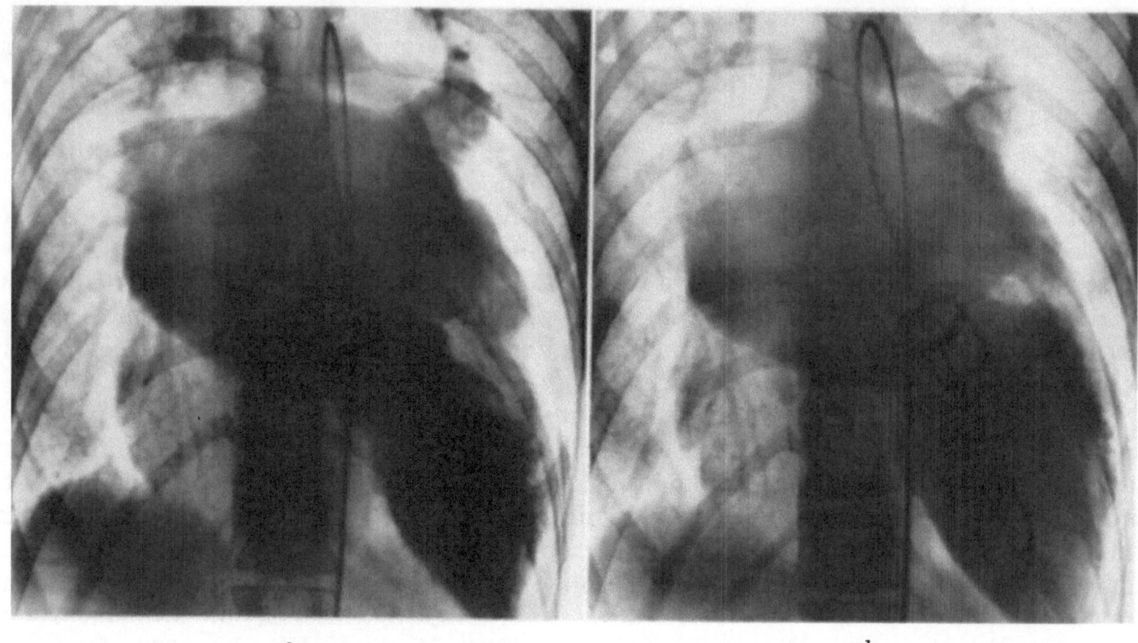

a b

Abb. 40a u. b. Ventrikulographie bei Randleck nach Mitralklappenersatz (Smeloff-Cutter). 23jährige Patientin (B. Schm.). (a) Systolische Phase: Vergrößertes endsystolisches Volumen des linken Ventrikels. Starke Vergrößerung des linken Vorhofs. Kontrastmittelrückstrom bis in die Lungenvenen. (b) Diastolische Phase: Vergrößertes enddiastolisches Volumen des linken Ventrikels. Kontrastmittelpersistenz im linken Vorhof

Zur Beurteilung der postoperativen Myokardfunktion des linken Ventrikels und der Klappenfunktion sind eine Herzkatheteruntersuchung mit simultaner Druckregistrierung im linken Ventrikel und im linken Vorhof bzw. in der Pulmonalarterie sowie eine kinematographische Kontrastmitteldarstellung des linken Ventrikels erforderlich. Bei Randinsuffizienz oder bei zentralem Reflux infolge Klappendysfunktion ist ein mehr oder weniger deutlicher Rückstrom des Kontrastmittels in den linken Vorhof zu beobachten (Abb. 40a u. b). Eine genaue Lokalisation des Lecks ist allerdings oft sehr schwierig (LANSING, 1967; WILSON u. Mitarb., 1967; THURN, 1968; KITTREDGE und MCCORD, 1969; HIPONA u. Mitarb., 1971; MÄURER u. Mitarb., 1971; SIGGERS u. Mitarb., 1971; WRIGHT, 1972; SCHÄFER u. Mitarb., 1977). Wie bereits ausgeführt, besagt ein geringer frühsystolischer Kontrastmittelreflux in den linken Vorhof keineswegs, daß tatsächlich eine Klappendysfunktion oder ein Randleck vorliegt. Dieser Reflux ist nämlich darauf zurückzuführen, daß mit Druckanstieg im linken Ventrikel eine geringe Menge Blut in den linken Vorhof zurückströmt, bevor der Ball bzw. das Linsenventil das Ostium dicht verschließen kann (WILSON u. Mitarb., 1967; HIPONA u. Mitarb., 1971; SIGGERS u. Mitarb., 1971). Eine Beurteilung der Funktion des linken Ventrikels wird möglich aus der Analyse des Kontraktionsablaufs sowie aus der Bestimmung der enddiastolischen und endsystolischen Volumina.

c) Kombinierte Mitralfehler

Die rheumatische Mitralklappenerkrankung führt meist sowohl zu einer Stenose als auch zu einer Insuffizienz. Bei 1883 sondierten Mitralvitien unserer Klinik fand sich 1024mal ein kombinierter Mitralfehler.

Eine Sonderform des kombinierten Mitralvitiums sind jene Fälle, bei denen durch eine Kommissurotomie eine Mitralstenose nicht ganz beseitigt und eine stärkere Insuffizienz erzeugt wurde.

Steht bei den kombinierten Mitralvitien die Stenosekomponente ganz im Vordergrund, unterscheiden sich diese Fälle nicht wesentlich von der reinen Mitralstenose. Im Folgenden sollen nur die kombinierten Klappenfehler besprochen werden, bei denen der Stenose- und Insuffizienzanteil gleichermaßen hämodynamisch bedeutsam sind. Diese Fehler machen etwa 1/3 aller Mitralvitien aus (GROSSE-BROCKHOFF u. Mitarb., 1960).

Eine Beschränkung der Besprechung auf diese Form erscheint unumgänglich, da die quantitative Verteilung auf Stenose- und Insuffizienzanteil naturgemäß zahllose Variationen zuläßt. Die Vielfalt der hämodynamischen Konstellationen spiegelt sich natürlich im klinischen und röntgenologischen Bild wider.

Pathologisch-anatomisch handelt es sich in den meisten Fällen um verdickte, unbewegliche Klappen mit verklebten Kommissuren und mehr oder weniger ausgeprägten Schrumpfungsprozessen. Klappenverkalkungen sind häufig (BAGGENSTOSS u. TITUS, 1968).

Pathophysiologisch handelt es sich sowohl um eine Druck- als auch um eine Volumenbelastung des linken Vorhofs sowie um eine Volumenbelastung des linken Ventrikels. Diese kombinierte Druck- und Volumenbelastung wirkt sich hämodynamisch ungünstiger auf den linken Vorhof aus als die reine Volumenbelastung bei Mitralinsuffizienz oder die reine Druckbelastung bei Mitralstenose. Im Gegensatz zur reinen Mitralstenose muß durch die verengte Klappe neben dem effektiven Schlagvolumen noch zusätzlich das Regurgitationsvolumen in den linken Ventrikel einströmen. Daher ist gegenüber einer reinen Mitralstenose mit gleicher Mitralöffnungsfläche eine größere Druckdifferenz zwischen linkem Vorhof und Ventrikel erforderlich, um dieses vermehrte Volumen durch die verengte Klappe in den linken Ventrikel zu befördern. Entsprechend der Drucksteigerung im linken Vorhof resultiert meist eine ausgeprägte Vorhofvergrößerung und eine deutliche Drucksteigerung im kleinen Kreislauf (GORLIN, 1954; BAYER u. Mitarb., 1954b; SCHLANT, 1970; REICHEK u. Mitarb., 1973).

Beschwerden und *klinische Symptomatik* dieser Patienten entsprechen häufig mehr einer Mitralstenose als einer Mitralinsuffizienz. In vielen Fällen besteht eine Facies mitralis. Für die klinische Diagnose ist der Auskultationsbefund entscheidend. Wie bei der reinen Mitralstenose ist der I. Herzton betont und verspätet. Häufig besteht ein Mitralöffnungston. Zusätzlich sind ein diastolisches Dekreszendogeräusch und bei Sinusrhythmus ein präsystolisches Geräusch zu hören. Außerdem findet sich aber ein systolisches Geräusch über der Herzspitze. In Fällen mit starker Destruktion und Immobilisation des Klappenapparates können der I. Ton allerdings abgeschwächt sein und der Mitralöffnungston fehlen. Ein III. Herzton bei fehlendem Mitralöffnungston spricht für eine ganz überwiegende Insuffizienz. Bei der Palpation des Herzens findet sich wie bei der Mitralinsuffizienz ein hebender und verbreiteter Herzspitzenstoß als Ausdruck der Volumenbelastung des linken Ventrikels. Elektrokardiographisch bestehen Zeichen der Linksbelastung und der Erregungsrückbildungsstörung links präkordial. Vorhofflimmern besteht häufig.

Röntgenbefunde. Röntgenologisch sind der pathologischen Hämodynamik entsprechend sowohl die Zeichen des druckbelasteten linken Vorhofs und der Lungenstauung als auch die Zeichen der Volumenbelastung des linken Ventrikels zu erwarten. Die Beachtung dieser Zusammenhänge macht die Röntgenuntersuchung oft zur entscheidenden Methode für die Differentialdiagnose und Abwägung der quantitativen Wertigkeit von Stenose und Insuffizienz (Abb. 41 u. 42).

Meist findet sich eine deutliche Vergrößerung des linken Vorhofs und linken Ventrikels sowie Zeichen der Lungenstauung (Abb. 43). Eine Linksverbreiterung des Herzens ist in diesen Fällen praktisch immer auf eine Vergrößerung des linken Ventrikels zurückzuführen. Der Herzhinterraum wird sowohl in Vorhof- als auch in Ventrikelhöhe eingeengt. Infolge der pulmonalen Druckerhöhung ist der Pulmonalbogen oft ektatisch; auch die Ausstrombahn des rechten Ventrikels ist stärker ausgedehnt, so daß der Retrosternalraum

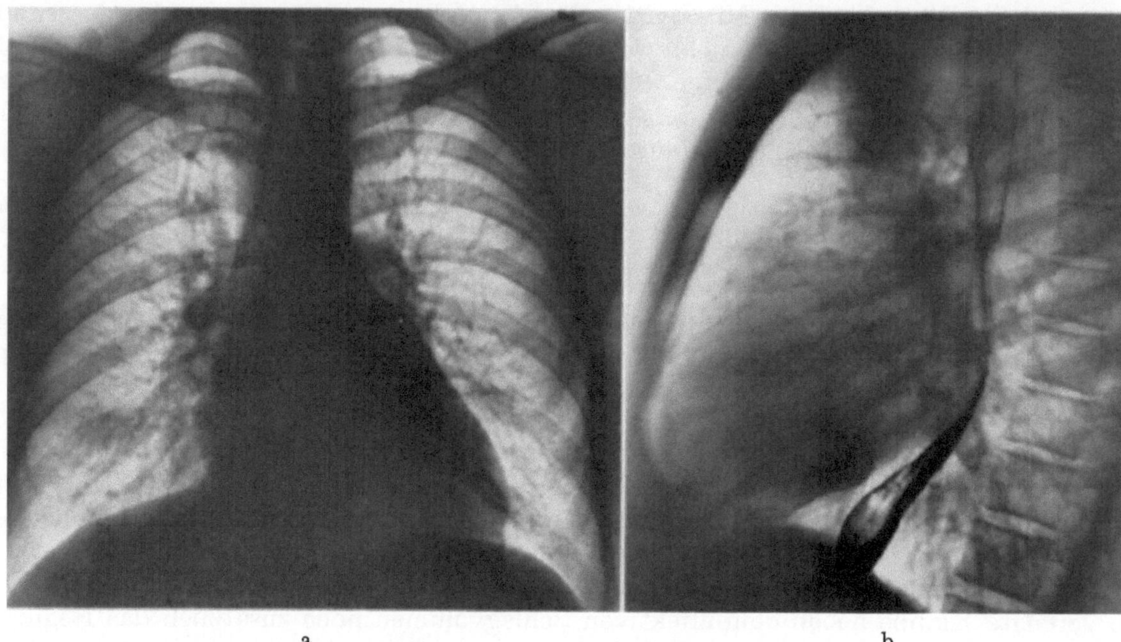

Abb. 41a u. b. Kombiniertes Mitralvitium mit überwiegendem Stenoseanteil bei einem 39jährigen Patienten (H.Vr.). (a) Sagittale Herzfernaufnahme: Herz gering linksverbreitert. Vorwölbung der linken Herzkontur in Höhe des linken Herzohrs. Verstärkte Hilus- und Lungengefäßzeichnung. (b) Seitenbild: Einengung des Retrokardialraums, vor allem in Höhe des vergrößerten linken Vorhofs

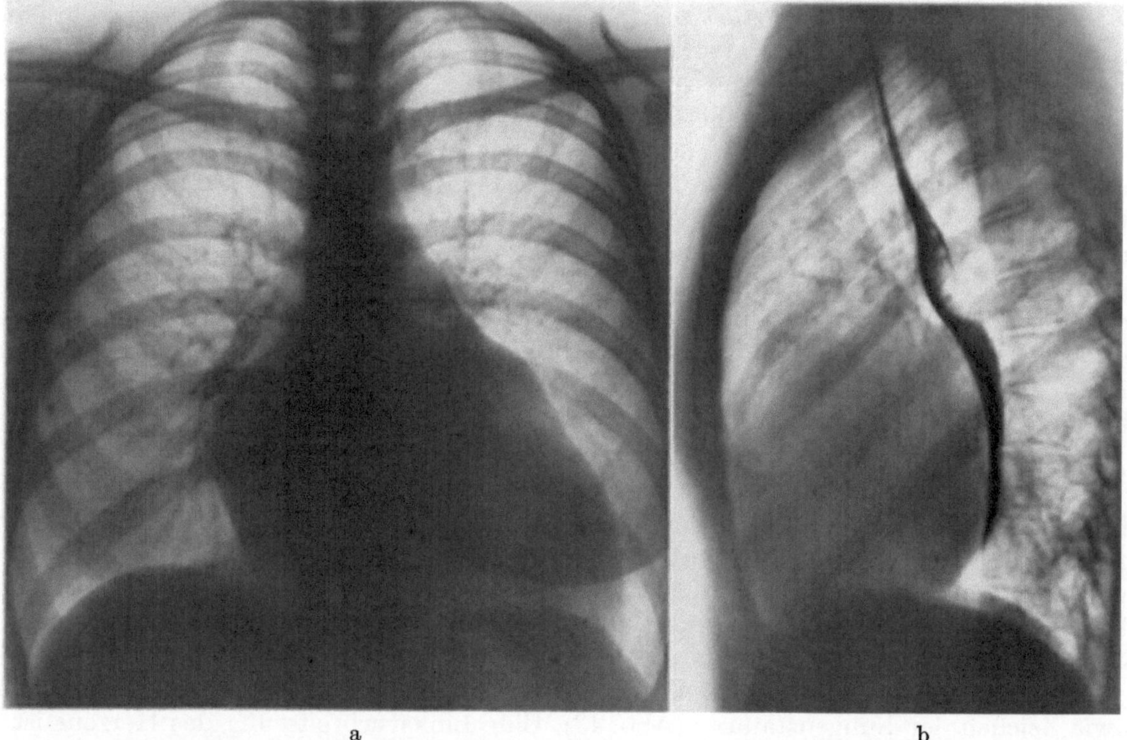

Abb. 42a u. b. Kombiniertes Mitralvitium mit überwiegendem Insuffizienzanteil bei einer 29jährigen Patientin (H. Ga.). (a) Sagittale Herzfernaufnahme: Herz beiderseits verbreitert. Vorwölbung der linken Herzkontur in Höhe des linken Vorhofs. Hilus- und Lungengefäßzeichnung nicht wesentlich verstärkt. b) Seitenbild: Retrokardialraum sowohl im Vorhof- als auch im Ventrikelbereich ausgefüllt

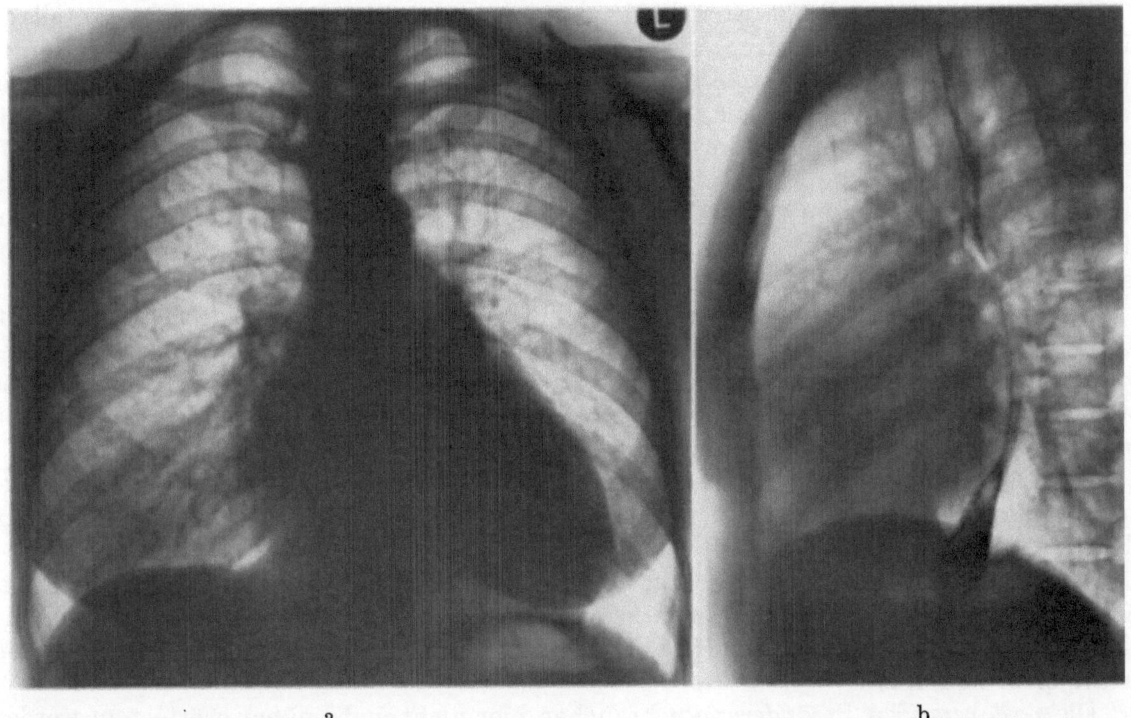

Abb. 43a u. b. Kombiniertes Mitralvitium mit deutlichem Stenose- und Insuffizienzanteil des Schweregrades III bei einer 30jährigen Patientin (A. Kr.). (a) Sagittale Herzfernaufnahme: Herz links verbreitert, verstrichene Herztaille, auch Prominenz der rechten Herzkontur. Verstärkte Lungengefäßzeichnung. (b) Seitenbild: Herzhinterraum im Vorhof- und Kammerbereich eingeengt

verschmälert wird. Bei der Durchleuchtung erkennt man verstärkte Pulsationen im Bereich des linken Ventrikels und des linken Vorhofs.

Trotz der Bedeutung des Röntgenbildes muß einschränkend gesagt werden, daß zur sicheren Diagnose auch die klinischen und hämodynamischen Befunde berücksichtigt werden müssen.

Differentialdiagnostisch ist zu bedenken, daß ein vergrößerter linker Ventrikel mit gleichzeitiger „Mitralkonfiguration“ auch bei Kombination von Mitralstenose mit Aortenfehlern oder arterieller Hypertonie vorkommen kann. Umgekehrt können dekompensierte Aortenfehler ein „mitralisiertes“ Herz im Röntgenbild zeigen. Zur Differenzierung, ob es sich um eine relative Mitralinsuffizienz handelt oder ein kombiniertes Mitralvitium vorliegt, ist besonders auf Verkalkungen im Bereich des Mitralostiums zu achten. Sie fehlen bei der relativen Mitralinsuffizienz, während sie bei kombinierten Mitralvitien außerordentlich häufig sind (Soloff u. Mitarb., 1955; Butter u. Mitarb., 1966; Thurn, 1968; Maurer u. Lohmeyer, 1970). Der spezielle röntgenologische Nachweis der Klappenverkalkungen wurde im Kapitel Mitralstenose abgehandelt.

Die **Herzkatheteruntersuchung** ist in Fällen mit kombinierten Herzklappenfehlern von großer Bedeutung, weniger zur Bestätigung der klinischen Diagnose als zur Feststellung des jeweiligen Stenose- und Insuffizienzanteils. Die linksatriale Druckkurve zeigt bei der transseptalen Sondierung einerseits eine deutliche systolische Regurgitationswelle, andererseits besteht der für die Mitralstenose typische verzögerte diastolische Druckabfall mit diastolischer Druckdifferenz zwischen Vorhof und Ventrikel. Der Mitteldruck im linken Vorhof und in der Pulmonalarterie ist entsprechend erhöht (Bayer u. Mitarb., 1954; Reichek u. Mitarb., 1973).

Kontrastmitteldarstellung. Entscheidend für die Beurteilung des Insuffizienzanteils ist die *Lävokardiographie* mit retrograder Injektion des Kontrastmittels in den linken Ventrikel. Hierbei ist ein Reflux in den linken Vorhof wie bei einer Mitralinsuffizienz nachweisbar. Zusätzlich besteht aber als Ausdruck der Mitralstenose eine lange Persistenz des regurgitierten Kontrastmittels im linken Vorhof. Im Gegensatz zur reinen Mitralinsuffizienz ist der verdickte und in seiner Beweglichkeit eingeschränkte Klappenapparat häufig gut zu erkennen (STAROBIN u. Mitarb., 1961; SOULIÉ u. Mitarb., 1963; STEINHART u. Mitarb., 1963a; THURN u. THELEN, 1971). In Fällen mit einem umschriebenen Leck kann es zu einem strahlförmigen Reflux („Jet") kommen.

Erfolgt die Injektion des Kontrastmittels in den linken Vorhof, zeigt sich der gestörte Abfluß in den linken Ventrikel. Zusätzlich können u.U. Vorhofthromben nachgewiesen werden. Allerdings ist in diesen Fällen die Injektion mit einem hohen Embolierisiko verbunden. Da bei der Operation in jedem Fall ein Klappenersatz durchgeführt werden muß, spielt die Anatomie des Klappenapparates für das operative Vorgehen keine Rolle.

Die Lävokardiographie gilt nicht nur der Klärung der anatomischen Veränderungen am Mitralostium, sondern ganz wesentlich auch der Beurteilung der Ventrikelfunktion (BOLOOKI u. KAISER., 1976).

Für die *Operationsindikation* gelten im Prinzip die gleichen Gesichtspunkte, die in den Kapiteln „Mitralstenose" und „-insuffizienz" besprochen wurden. Abweichend von der Mitralstenose ist allerdings zu berücksichtigen, daß praktisch in jedem Fall ein Klappenersatz erforderlich ist.

Die *postoperativen Veränderungen* brauchen hier nicht mehr näher erörtert zu werden, da sie bereits bei den reinen Mitralfehlern besprochen wurden und prinzipielle Unterschiede nicht bestehen.

2. Trikuspidalfehler

a) Trikuspidalstenose

Definition und historische Daten. Unter einer Trikuspidalstenose versteht man eine Einengung des Trikuspidalostiums, die zu einer Erschwerung des diastolischen Bluteinstroms vom rechten Vorhof in den rechten Ventrikel führt.

Schon CORVISART (1806), HOPE (1832) und BERTIN (1833) haben auf das diastolische Geräusch bei Trikuspidalstenose hingewiesen. DUROZIEZ (1868) berichtete über 10 autoptisch gesicherte Fälle, bei denen allerdings neben der Trikuspidalklappe auch Aorten- und Mitralklappen verändert waren. Der Autor wies gleichzeitig auf die Schwierigkeit der klinischen Diagnose hin. Die diagnostischen Schwierigkeiten wurden auch von MACKENZIE (1910) und CABOT (1926) betont. Weitere historische Einzelheiten sind den Arbeiten von KILLIP und LUKAS (1958) sowie GROSSE-BROCKHOFF u. Mitarb. (1960) zu entnehmen.

Ätiologie und pathologische Anatomie. Die Ätiologie der isolierten Trikuspidalstenose ist meist nicht zu klären. Auch eine angeborene Trikuspidalstenose kann erst im höheren Lebensalter klinisch manifest und diagnostiziert werden (STEELMAN u. Mitarb., 1973). Ätiologisch können neben rheumatischen Veränderungen – wenn auch sehr selten – bakterielle und Pilzendokarditiden in Frage kommen, wobei die entzündlichen Vegetationen das Lumen einengen (ROBERTS u. BUCHBINDER, 1972). Außerdem sind Trikuspidalstenosen beim Lupus erythematodes (GIBSON u. WOOD, 1955), beim Dünndarmkarzinoid (MILLAN, 1941; BLÖMER u. RUDOLPH, 1959; COBBS, 1970) und bei der Fibroelastose (DENNIS u. Mitarb., 1953) beschrieben worden. Selten kann eine symptomatische Trikuspidalstenose durch eine Pericarditis constrictiva oder durch Tumoren bewirkt werden (PADHI u. Mitarb., 1959; BARLOW u. Mitarb., 1962; SANNERSTEDT u. Mitarb., 1962; MORRISSEY u. Mitarb., 1963; MATSUSHITA u. Mitarb., 1968; PITT u. Mitarb., 1969; ZITNIK u. GUILIANI, 1970; MCGINN u. ZIPES, 1972; WAXLER u. Mitarb., 1972).

Entsprechend der Seltenheit des Krankheitsbildes liegen pathologisch-anatomische Untersuchungen der Klappen bei isolierter Trikuspidalstenose nur vereinzelt vor (COTTIN u. SALOZ, 1920; GROSSE-BROCKHOFF u. ISEKEN, 1954; GORDON u. Mitarb., 1957; SAPIRSTEIN u. BAKER, 1963; MORGAN u. Mitarb., 1971; GUERON u. Mitarb., 1972). In keinem Fall konnte durch die anatomische und histologische Untersuchung eine rheumatische Genese gesichert werden.

Die pathologisch-anatomischen Veränderungen der Klappen bei Trikuspidalstenosen im Rahmen rheumatischer Mehrklappenfehler unterscheiden sich prinzipiell nicht von den bei Mitralstenose beschriebenen Befunden. Es kommt zur Verdickung der Segel und Verklebung der Kommissuren. Die Druckerhöhung im rechten Atrium bedingt eine Hypertrophie und Dilatation des Vorhofs und des angeschlossenen Venensystems (DRESSLER u. FISCHER, 1929; ALTSCHULTE u. BUDNITZ, 1940; HOLLMANN, 1957; BAGGENSTOSS u. TITUS, 1968; EL-SHERIF, 1971).

Pathophysiologie. Das pathophysiologische Leitsymptom der Trikuspidalstenose ist die diastolische Druckdifferenz zwischen rechtem Vorhof und rechtem Ventrikel. Dies führt zu einer Erhöhung des Mitteldruckes im rechten Vorhof (BROFMAN, 1953; FERRER u. Mitarb., 1953; BAYER u. Mitarb., 1954b; KILLIP und LUKAS, 1957; LOOGEN u. SCHAUB, 1959; GROSSE-BROCKHOFF u. Mitarb., 1960; FRIEDBERG, 1972). Bei Sinusrhythmus findet sich die stärkste Druckerhöhung zur Zeit der Vorhofkontraktionswelle (überhöhte a-Welle). Bei leichter Trikuspidalstenose kann dies das einzige Zeichen in der Druckkurve sein. Liegt Vorhofflimmern vor, findet sich frühdiastolisch die höchste Druckdifferenz. Wie bei der Mitralstenose wird die Druckdifferenz durch das Ausmaß der Einengung der Öffnungsfläche und das pro Zeiteinheit einströmende Volumen bestimmt. Entsprechend steigt die Druckdifferenz bei vermehrtem Herzzeitvolumen unter Belastung (BAYER u. Mitarb., 1967). Die Drucke im kleinen Kreislauf sind unauffällig. Bei hochgradiger Stenose wurden auffallend niedrige Herzzeitvolumina gemessen (REALE u. Mitarb., 1956; YU u. Mitarb., 1956; KILLIP u. LUKAS, 1958; LOOGEN u. SCHAUB, 1959; SCHLANT, 1970).

Häufigkeit und Beschwerdebild. Die isolierte erworbene Verengung der Trikuspidalklappe ist extrem selten. Bei den meisten der in der Weltliteratur mitgeteilten Fällen ist nicht mit letzter Sicherheit auszuschließen, daß es sich um eine angeborene Klappenverengung handelt (COTTIN u. SALOZ, 1920; CLEMENTS, 1935; GROSSE-BROCKHOFF u. ISEKEN, 1954; GIBSON u. WOOD, 1955; GORDON u. Mitarb., 1957; DERRA u. Mitarb., 1958; SAPIRSTEIN u. BAKER, 1963; KEEFE u. Mitarb., 1970; GUERON u. Mitarb., 1972). In einem Fall von Trikuspidalstenose, der von MORGAN u. Mitarb. 1971 beschrieben wurde, entwickelte sich einige Jahre später ein Mitralvitium, das bei der Erstuntersuchung noch nicht nachweisbar war. Allerdings ist auch dies noch kein Beweis für die rheumatische Genese des Trikuspidalfehlers. Meist tritt die Trikuspidalstenose in Kombination mit anderen rheumatischen Klappenfehlern auf (s. mehrfache Klappenfehler).

Nennenswerte Beschwerden treten nur bei hochgradiger Trikuspidalstenose auf. Es handelt sich hierbei meist um periphere Ödeme und Leberstauung sowie Aszites als Ausdruck der Einflußerschwerung. Außerdem wird eine mäßige Belastungsdyspnoe angegeben. Eine Ruhedyspnoe kann bei starkem Aszites auftreten. Eine Orthopnoe fehlt bei der isolierten Trikuspidalstenose immer.

Klinischer Befund. Die Symptomatik der Trikuspidalstenose ist häufig so diskret, daß die klinische Diagnose nur in einem Teil der Fälle gestellt wird. Dies gilt sowohl für die isolierte Trikuspidalstenose als auch für die in Kombination mit anderen Fehlern auftretende Form (GARVIN, 1943; ACEVES u. CARRAL, 1947; BLÖMER u. RUDOLPH, 1959; SANDERS u. Mitarb., 1966; COBBS, 1970; EL-SHERIF, 1971). WOOD (1956) sowie PERLOFF und HARVEY (1960) glauben, daß bei sorgfältiger Untersuchung die Diagnose in den meisten Fällen gestellt werden kann. Auffälligstes Symptom sind die gestauten, pulsierenden Halsvenen. Bei gleichzeitiger Palpation der Arteria carotis kann festgestellt werden, daß die Venenpulsationen präsystolisch auftreten. Diese entsprechen der überhöhten a-Welle der Venenpulskurve. Der Befund ist in etwa 1/3 aller Fälle nachweisbar. Ein Fehlen der typischen Veränderung in der Venenpulskurve schließt daher eine Trikuspidalstenose nicht aus. Der Befund fehlt selbstverständlich immer, wenn Vorhofflimmern vorliegt (ACEVES u. CARRAL, 1947; MESSER u. Mitarb., 1950; MCCORD u. Mitarb., 1954;

Whitaker, 1955; Loogen u. Schaub, 1959; Grosse-Brockhoff u. Mitarb., 1960; Sanders u. Mitarb., 1966; Colman, 1970; Keefe u. Mitarb., 1970; El-Sherif, 1971; Lisa u. Tavel, 1971; Reichek u. Mitarb., 1973). Wenn es gelingt, ein rechtsventrikuläres Apexkardiogramm zu registrieren, ist eine fehlende schnelle Füllungswelle als Befund verwertbar (El-Sherif, 1971).

Eine Lebervergrößerung besteht bei hämodynamisch bedeutsamer Trikuspidalstenose praktisch immer. Palpatorisch ist ein Leberpuls festzustellen. Diese Leberpulsationen sind wie der Venenpuls präsystolisch zu tasten. Beide Phänomene entsprechen der Vorhofkontraktionswelle. Die Leberpulsationen können fehlen, wenn durch die Stauung eine Leberfibrose entstanden ist. Venen- und Leberpulsationen sind nicht pathognomonisch für die Trikuspidalstenose, sondern können bei allen Herzfehlern mit Einflußerschwernis und entsprechend erhöhter Vorhofkontraktionswelle vorkommen (Grishman u. Mitarb., 1950).

Weitere typische Merkmale sind im fortgeschrittenen Stadium Aszites und rezidivierende Beinödeme. Außerdem wird eine Zyanose aufgrund des verminderten Herzzeitvolumens und der stark erweiterten Venen beobachtet (Dressler u. Fischer. 1929; Blömer u. Rudolph, 1959; Aceves u. Carral, 1947). Zusätzlich kann ein Subikterus auftreten (Dressler u. Fischer, 1929; Grosse-Brockhoff u. Mitarb., 1960; Friedberg, 1972).

Auskultation und Phonokardiographie. Der typische Auskultationsbefund der isolierten Trikuspidalstenose ist ein protodiastolisches Geräusch mit Punctum maximum im 4. bis 5. ICR links parasternal. Das Geräusch kann u. U. auch rechts parasternal oder über der Herzspitze hörbar sein. Besteht ein Sinusrhythmus, ist zusätzlich ein präsystolisches Geräusch nachweisbar. Dieses präsystolische Geräusch hat phonokardiographisch häufig Spindelform im Gegensatz zum reinen Kreszendo bei der Mitralstenose. Dies ist darauf zurückzuführen, daß der rechte Vorhof sich früher als der linke kontrahiert; hierdurch kann der Dekreszendoanteil in Erscheinung treten, der bei der Mitralstenose durch den I. Ton überdeckt wird (Perloff u. Harvey, 1960; Bousvaros u. Stubington, 1964; Bayer u. Mitarb., 1967). Bei leichter Trikuspidalstenose kann nur dieses präsystolische Geräusch zu hören sein (Killip u. Lukas, 1958; Bousvaros u. Stubington, 1964; El-Sherif, 1971; Reichek u. Mitarb., 1973). Bei Vorhofflimmern ist auskultatorisch die Diagnose durch das Fehlen des präsystolischen Geräusches erschwert. Wenn keine hochgradige Stenose besteht, kann unter Ruhebedingungen das protodiastolische Geräusch sehr diskret sein (Grosse-Brockhoff u. Mitarb., 1960; Sanders u. Mitarb., 1966). Der I. Ton ist meist unauffällig, in anderen Fällen kann er etwas betont sein. Manchmal ist phonokardiographisch eine Doppelung des I. Herztons aufgrund der Verspätung des Trikuspidalklappenschlusses zu erfassen. Wie bei der Mitralstenose ein Mitralöffnungston, kann bei der Trikuspidalstenose ein Trikuspidalöffnungston auftreten (Gibson u. Wood, 1955; Loogen u. Schaub, 1959; Perloff u. Harvey, 1960; Blömer, 1969; El-Sherif, 1971). Im Gegensatz zur Mitralstenose nehmen die Geräuschphänomene bei Inspiration an Lautstärke zu (Rivero-Carvallo, 1950). Dieser für die Trikuspidalstenose pathognomonische Befund ist darauf zurückzuführen, daß es inspiratorisch zu einem vermehrten Bluteinstrom zum rechten Vorhof kommt. Hieraus resultiert eine erhöhte Druckdifferenz zwischen rechtem Vorhof und rechtem Ventrikel (Whitaker, 1955; Goodwin u. Mitarb., 1957; Pantridge u. Marshall, 1957; Loogen u. Schaub, 1959; Perloff u. Harvey, 1960; Kitchin u. Turner, 1964; Bayer u. Mitarb., 1967; Hultgren u. Mitarb., 1967, Blömer, 1969; El-Sherif, 1971; Lisa u. Tavel, 1972; Reichek u. Mitarb., 1973). Trotz dieses typischen Auskultationsbefundes kann insbesondere bei Vorhofflimmern auch eine funktionell bedeutsame Trikuspidalstenose unerkannt bleiben, besonders wenn sie im Zusammenhang mit anderen Fehlern auftritt (Dressler u. Fisher, 1929; Cooke u. White, 1941; Sanders u. Mitarb., 1966; Cobbs, 1970; El-Sherif, 1971; Reichek u. Mitarb., 1973).

Elektrokardiographie. Das Elektrokardiogramm ist in Fällen mit leichter Trikuspidalstenose meist unauffällig. Bei ausgeprägter Trikuspidalstenose findet sich ein P-dextrokardiale. Auffällig ist hierbei, daß gleichzeitig Zeichen der Belastung des rechten Ventrikels fehlen (FERRER u. Mitarb., 1953; MCCORD u. Mitarb., 1954; YU u. Mitarb., 1956; DERRA u. Mitarb., 1958; LOOGEN u. SCHAUB, 1959). Manchmal besteht ein AV-Block I. Grades. (BLÖMER, 1969). Die Diskrepanz zwischen den elektrokardiographischen Zeichen der Hypertrophie des rechten Vorhofs bei fehlenden Zeichen der Hypertrophie des rechten Ventrikels ist typisch für die Trikuspidalstenose. Vorhofflimmern ist bei der isolierten Trikuspidalstenose selten, es spricht meist für das Vorliegen zusätzlicher rheumatischer Klappenfehler (GROSSE-BROCKHOFF u. Mitarb., 1960).

Röntgenbefunde. Der röntgenologische Befund bei Trikuspidalstenose ist nicht immer eindrucksvoll. Entscheidend ist der Nachweis der Vergrößerung des rechten Vorhofs (HOLZMANN, 1932; SOSMAN, 1939; GIBSON u. WOOD, 1955; SEPULVEDA u. LUKAS, 1955; REALE u. Mitarb., 1956; DERRA u. Mitarb., 1958; KILLIP u. LUKAS, 1958; LOOGEN u. SCHAUB, 1959; TILLOTSON u. STEINBERG, 1962; SANDERS u. Mitarb., 1966; EL-SHERIF 1971; GUERON u. Mitarb., 1972). Er kann sich entsprechend seiner anatomischen Lage bei Größenzunahme nach rechts, begrenzt auch nach kranial, weniger nach dorsal ausdehnen (THURN, 1968). Demnach ist bei Vergrößerung des rechten Vorhofs eine mehr oder weniger deutliche Verbreiterung des Herzschattens nach rechts und eine Verlängerung der rechten Herzkontur nach kranial nachweisbar. Bei hochgradiger Trikuspidalstenose kann der rechte Vorhof den ganzen rechten Herzrand und, bis auf einen schmalen Saum am linken Herzrand, die gesamte Vorderfläche des Herzens einnehmen (DERRA u. Mitarb., 1958). Im Röntgen-Nativbild ist schwierig zu entscheiden, ob eine Vergrößerung des Herzens nach rechts isoliert dem rechten Vorhof zuzuschreiben ist, oder ob sie zusätzlich andere Herzabschnitte mitbetrifft. Im Seitenbild kann sich das rechte Herzohr in Höhe der Ventrikelausflußbahn nach vorne vorwölben, was differentialdiagnostisch nicht sicher gegen eine Elongation der rechtsventrikulären Ausflußbahn abgegrenzt werden kann. Dies gelingt auch nicht durch kymographische Untersuchungen. Zwischen dem Schweregrad der Stenose und der Vorhofvergrößerung besteht keine Korrelation. In einzelnen Fällen kann auch bei ausgeprägter Trikuspidalstenose eine Vergrößerung des Vorhofs fehlen oder nur sehr gering sein (Abb. 44a—d) (GROSSE-BROCKHOFF u. Mitarb., 1960; BOUSVAROS u. STUBINGTON, 1964; SANDERS u. Mitarb., 1966; THURN, 1968; COBBS, 1970).

Oft ist der Gefäßschatten durch die erweiterte und deutlich pulsierende Vena cava superior verbreitert (SOSMAN, 1939; THURN, 1968). Dieser Befund kann tomographisch und kymographisch dokumentiert werden (THURN, 1968). Auffällig ist bei reiner Trikuspidalstenose die normale Lungenzeichnung und die fehlende Pulmonalektasie (O'NEIL u. Mitarb., 1954; LOOGEN u. SCHAUB, 1959, THURN, 1968). Ist die Trikuspidalstenose mit anderen Klappenfehlern, z.B. Mitralvitien, kombiniert, wird das Röntgenbild meist so beeinflußt, daß der Trikuspidalfehler verdeckt wird. Röntgenologisch sichtbare Verkalkungen der Trikuspidalklappe sind nur in Einzelfällen beschrieben worden (GIBSON u. WOOD, 1955; ROGER u. Mitarb., 1969; ARNOLD u. Mitarb., 1971; GOULD u. Mitarb., 1971; BEREGOVICH u. REICHER-REIS, 1973; MORANO u. Mitarb., 1973).

Herzkatheteruntersuchung. Die klinische Verdachtsdiagnose einer Trikuspidalstenose muß in jedem Falle durch Herzkatheteruntersuchung gesichert werden. Mit dem Katheter läßt sich die Größe des rechten Vorhofs austasten. Bei der Druckmessung finden sich folgende typischen Befunde: stark erhöhte a-Welle bei normalem x-Tal und normaler V-Welle, Erhöhung des Mitteldrucks in Abhängigkeit vom Schweregrad. Bei Sinusrhythmus kann die a-Welle 20—30 mm Hg erreichen. Für die Diagnose ist jedoch der Nachweis einer diastolischen Druckdifferenz zwischen rechtem Vorhof und rechtem Ventrikel entscheidend. Diese Druckdifferenz erreicht nicht das Ausmaß einer Mitralstenose und kann daher in leichten Fällen sogar übersehen werden (BROFMAN, 1953; FERRER u. Mitarb., 1953; BAYER u. Mitarb., 1954b u. c; KILLIP u. LUKAS, 1957; LOOGEN u. SCHAUB, 1959; SAN-

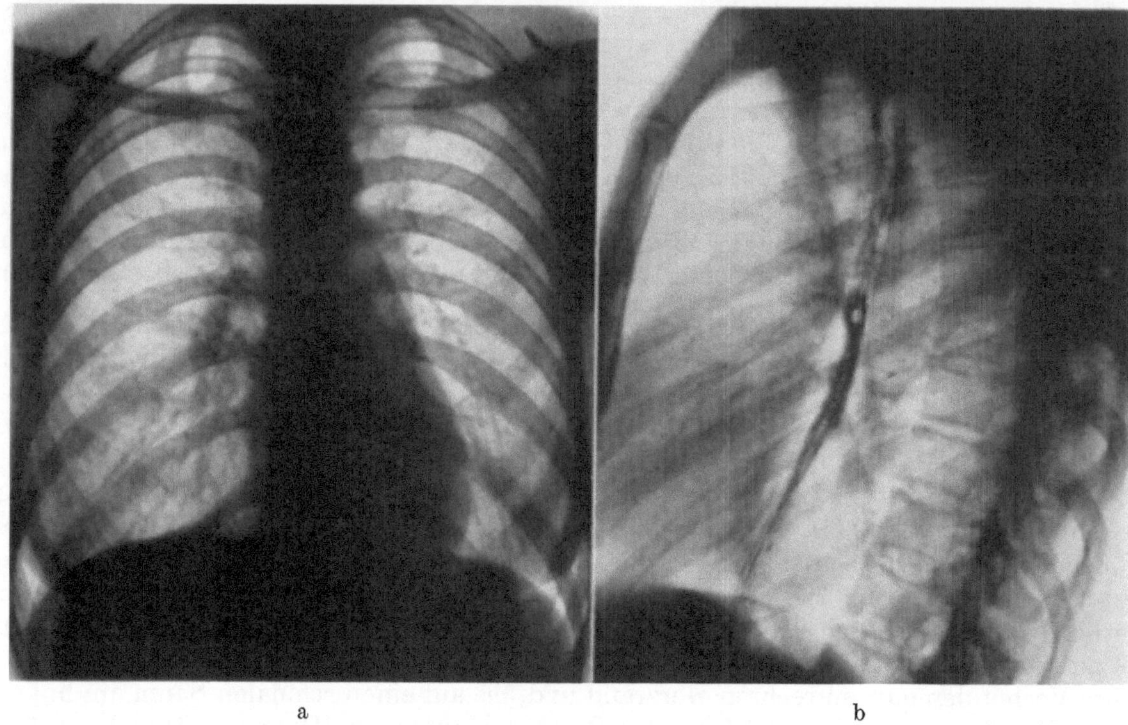

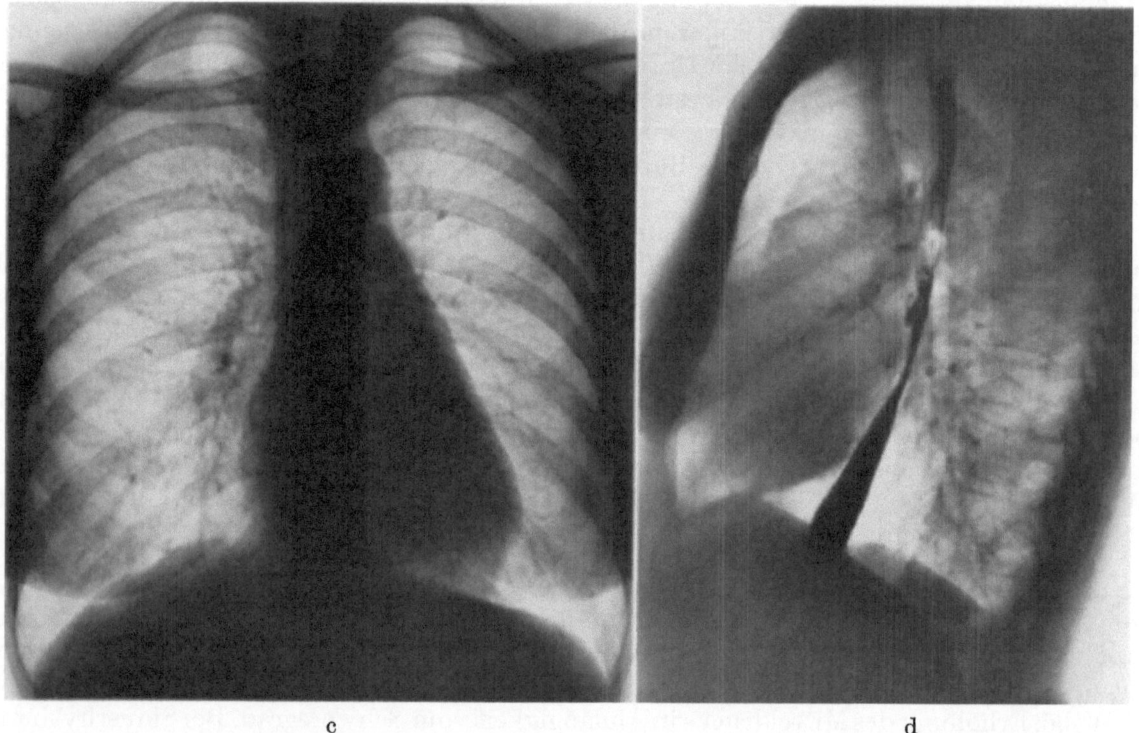

Abb. 44a—d. Isolierte Trikuspidalstenose bei einer 35jährigen Patientin (M. Ro.). (a) Sagittale Herzfernaufnahme: Mittelständiges, auffallend schlankes Herz. Verstrichene Herztaille. Gefäßband unauffällig. Helle Lungenfelder. (b) Seitenbild: Retrokardialraum nicht eingeengt. (c) und (d) 11 Jahre nach Kommissurotomie, (c) Sagittale Herzfernaufnahme: Herzgröße normal. Flache Vorwölbung des Pulmonalbogens. Hilus- und Lungengefäßzeichnung normal, (d) Seitenbild: Retrokardialraum nicht eingeengt

DERS u. Mitarb., 1966; KEEFE u. Mitarb., 1970; SCHLANT 1970). Die Druckdifferenz zwischen rechtem Vorhof und rechtem Ventrikel kann einmal aus der Rückzugskurve bestimmt werden. Eine weitere Möglichkeit ist die simultane Messung von Vorhof- und Ventrikeldruck mit einem doppellumigen Katheter (GORDON u. Mitarb., 1957; KILLIP u. LUKAS, 1958; PERLOFF u. HARVEY, 1960; KITCHIN u. TURNER, 1964; FRIEDBERG, 1972). Wenn unter Ruhebedingungen die Druckdifferenz nicht sicher zu registrieren ist, kann der Befund durch einen Belastungsversuch gesichert werden (BAYER u. Mitarb., 1967). Die Drucke im kleinen Kreislauf sind in der Regel normal.

Kontrastmitteldarstellung. Durch Kontrastmittelinjektion in die obere Hohlvene oder in den rechten Vorhof kann die Vorhofvergrößerung dargestellt werden. Bei schweren Stenosen ist der Kontrastmittelabfluß in den rechten Ventrikel verzögert. Es besteht eine deutliche Diskrepanz zwischen dem Kontrast im Vorhof und im Ventrikel (DERRA u. Mitarb., 1958; LOOGEN u. SCHAUB, 1959; THURN, 1968; KEEFE u. Mitarb., 1970; GUERON u. Mitarb., 1972). Wesentliche Aufschlüsse über den Klappenapparat sind bei geringer Bildfrequenz durch die Kontrastmittelinjektion meist nicht zu erreichen. Allenfalls können kinematographisch die Trikuspidalklappen sichtbar werden (GARUSI, 1962; KEEFE u. Mitarb., 1970; GUERON u. Mitarb., 1972). Die Untersuchung hat entscheidende Bedeutung für den Ausschluß eines raumfordernden Prozesses im rechten Vorhof (BAHNSON u. NEWMAN, 1953; BAYER u. Mitarb., 1954; LYONS u. Mitarb., 1958; MORRISSEY u. Mitarb., 1963; VAN DER HAUWAERT u. Mitarb., 1965; THURN, 1968; NAVRATIL u. Mitarb., 1970; MORGAN u. Mitarb., 1971; NASSER u. Mitarb., 1972a u. b).

Differentialdiagnose. Differentialdiagnostisch ist die Abgrenzung einer Trikuspidalstenose von einem Tumor des rechten Herzens entscheidend. Die klinische Untersuchung läßt häufig keine sichere Unterscheidung zu, es sei denn, der Auskultationsbefund wäre stark wechselnd. Auch der Nachweis von Kalk in einem beweglichen intrakardial gelegenen Gebilde kann ein wichtiger Hinweis sein (FLUCK u. LOPEZ-BESCOS, 1968; MARTIN u. Mitarb., 1969; FLEMING u. STOVIN, 1972; SANDMANN u. Mitarb., 1973). Ausschlaggebend ist die Kontrastmitteluntersuchung, wobei wegen des Auflösungsvermögens bei schnellem Bewegungsablauf flottierender Tumoren die röntgenkinematographische Technik besonders geeignet ist.

Wenn das Punctum maximum des diastolischen Geräusches mehr zur Herzspitze hin verlagert ist, gelingt eine Abgrenzung gegenüber einer Mitralstenose durch die Prüfung der Lautstärke des Geräusches in In- und Exspiration (RIVERO-CARVALLO, 1950; DERRA u. Mitarb., 1958; SANDERS u. Mitarb., 1966; EL-SHERIFF, 1971; MORGAN u. Mitarb., 1971). BOUSVAROS und STUBINGTON (1964) geben differentialdiagnostische Schwierigkeiten bei der Abgrenzung des Auskultationsbefundes gegenüber einer Aorteninsuffizienz an. Diese Abgrenzung ist aber aufgrund des unterschiedlichen Geräuschcharakters, von den anderen klinischen Befunden abgesehen, meistens möglich (EL-SHERIFF, 1971).

Verlauf und Prognose ohne Operation. Bei der kleinen Zahl isolierter Trikuspidalstenosen lassen sich keine gesicherten Aussagen über den Verlauf des Leidens machen. Bei der Kombination einer Trikuspidalstenose mit Aorten- und Mitralfehlern wird die Prognose meist durch den rheumatischen Grundprozeß und das Ausmaß der Erkrankung der Mitral- und Aortenklappen bestimmt. Im allgemeinen wird man davon ausgehen können, daß die isolierte Trikuspidalstenose eine relativ gute Prognose hat. Als besondere Komplikationen können Lungenembolien und eine Leberfibrose auftreten (GROSSE-BROCKHOFF u. Mitarb., 1960).

Operationsindikation. Verbindliche Richtlinien für die Operationsindikation lassen sich nicht geben. Ein operatives Vorgehen ist nur in schweren Fällen zu erwägen (STARR, 1969; KIRKLIN u. WALLACE, 1970; SPENCER, 1971; GUERON u. Mitarb., 1972; BEHRENDT u. AUSTEN, 1973). In jedem Fall sollte primär eine Kommissurotomie versucht werden (LOOGEN, 1970). In der Literatur ist sowohl über Klappensprengungen (HOLLMAN, 1956; GORDON u. Mitarb., 1957; DERRA u. Mitarb., 1958; KILLIP u. LUKAS, 1958; SAPIRSTEIN u.

BAKER, 1963; MORGAN u. Mitarb., 1971) als auch über Implantationen von Klappenprothesen berichtet worden (GUERON u. Mitarb., 1972; DIMICH u. Mitarb., 1973). Bei der Klappensprengung resultiert oft eine Trikuspidalinsuffizienz; bei der Implantation einer Trikuspidalklappenprothese bleibt eine Einflußerschwernis (KIRKLIN u. WALLACE, 1970; VAN DER VEER u. Mitarb., 1971; GUERON u. Mitarb., 1972). Außerdem besteht die Gefahr einer Klappenthrombose (VAN DER VEER u. Mitarb., 1971; BACHE u. Mitarb., 1972; BANKS, 1973). Langzeitergebnisse nach Trikuspidalklappenoperationen liegen noch nicht vor. Die Ergebnisse des chirurgischen Vorgehens sind nach den bisherigen Erfahrungen nicht sehr überzeugend (BARAGAN u. Mitarb., 1969; KEEFE u. Mitarb., 1970; GUERON u. Mitarb., 1972; BOTH u. Mitarb., 1976; MALCOLM u. Mitarb., 1976; SEIPEL u. Mitarb., 1976). Zum Problem des operativen Vorgehens bei der Kombination einer Trikuspidalstenose mit einem Mitralvitium s. Kapitel Multivalvuläre Klappenfehler.

Postoperative Befundänderung. Im Röntgenbild sind nach der Operation keine entscheidenden Befundänderungen zu erwarten (Abb. 44c u. d). Wurde eine Trikuspidalklappe implantiert, ist diese im Röntgenbild abgrenzbar. Wenn ein röntgendichtes Material verwendet wurde, können die Bewegung des Balles bei der Fernsehdurchleuchtung und Kinematographie analysiert und Dysfunktionen erkannt werden (KITTREDGE u. MCCORD, 1969).

b) Trikuspidalinsuffizienz

Definition und historische Daten. Unter Trikuspidalinsuffizienz versteht man eine Schlußunfähigkeit der Trikuspidalklappe, die zu einem systolischen Blutreflux in den rechten Vorhof führt.

LANCISI hat 1728 auf stark pulsierende, gestaute Halsvenen als Zeichen einer Schlußunfähigkeit der Trikuspidalklappe hingewiesen. 1749 führte SENAC Leberpulsationen auf eine Trikuspidalinsuffizienz zurück. HOPE beschrieb 1832 den typischen Auskultationsbefund und brachte ihn in Zusammenhang mit der Hämodynamik. KING (1837) glaubte, daß das Auftreten einer Trikuspidalinsuffizienz bei pulmonaler Druckerhöhung zu einer Entlastung der rechten Kammer führe. Zahlreiche Autoren haben später das klinische Bild der Trikuspidalinsuffizienz beschrieben (Einzelheiten s. MÜLLER und SHILLINGFORD, 1954). 1946 beobachtete RIVERO-CARVALLO die pathognomonische inspiratorische Zunahme der Lautstärke des Geräusches bei Trikuspidalinsuffizienz.

Ätiologie und pathologische Anatomie. Die Trikuspidalinsuffizienz kann verschiedene Ursachen haben:

1. *Rheumatische Endokarditis.* Sie ist als isolierte Trikuspidalendokarditis sehr selten. Die pathologisch-anatomischen Veränderungen entsprechen dabei den bei Mitralvitien besprochenen Befunden (EDSTRÖM u. GEDDA, 1954; GROSSE-BROCKHOFF u. ISEKEN, 1954; ANSCHÜTZ u. DRUBE, 1956; HOLLMANN, 1957; ZEH, 1959; HALL, 1961; ELIOT u. EDWARDS, 1970; SCHLANT, 1970; REICHEK u. Mitarb., 1973).

2. *Septische Endokarditis.* Als Ursachen kommen besonders Staphylokokken-Sepsis bei Verwendung unsteriler Spritzen zur Rauschmittelinjektion in Frage. Auch bei transvenösen Schrittmacherimplantationen und Vena-cava-Kathetern können solche Trikuspidalendokarditiden vorkommen. Der pathologisch-anatomische Befund entspricht den Veränderungen, die bei der bakteriellen Mitralendokarditis beschrieben wurden (HUSSAY u. KATZ, 1950; WILDER, 1957; SPAIN, 1968; DAVIS u. Mitarb., 1969; GLANCY u. Mitarb., 1969; RIOS u. Mitarb., 1969; SOULIÉ u. Mitarb., 1971; ARBULA u. Mitarb., 1972; HOFFMANN, 1972; ROBERTS u. BUCHBINDER, 1972; SCHOENMACKERS u. Mitarb., 1972; ALDERSON u. BERNHARDT, 1973; BANKS u. Mitarb., 1973; FALLEN u. Mitarb., 1974; NORRO u. Mitarb., 1974; BASHOUR u. LINDSAY, 1975).

3. Die *funktionelle* Trikuspidalinsuffizienz bei Überdehnung des rechten Ventrikels im Rahmen einer Rechtsherzinsuffizienz, z.B. bei pulmonaler Druckerhöhung. Pathologisch-anatomisch besteht eine Dilatation des Klappenbasisringes, die so erheblich ist, daß die Trikuspidalsegel das Ostium nicht mehr abdecken können. Darüber hinaus wird durch die

Vergrößerung des rechten Ventrikels die Stellung der Papillarmuskeln verändert, wodurch der Klappenschluß zusätzlich gestört ist (KING, 1837; STARR u. Mitarb., 1966; SCHLANT, 1970; REICHEK u. Mitarb., 1973).

4. Die *traumatische* Trikuspidalinsuffizienz. Bei Thoraxtraumen werden Abrisse vom Papillarmuskel und Klappeneinrisse beobachtet (OSBORN u. Mitarb., 1964; BRANDENBURG u. Mitarb., 1966; SALZER u. Mitarb., 1966; SHABETAI u. Mitarb., 1966; LIU u. Mitarb., 1970; TACHOVSKY u. Mitarb., 1970; CROXSON u. Mitarb., 1971; MORGAN u. FOKER, 1971; CAHILL u. Mitarb., 1972; MARVIN u. Mitarb., 1973; SAINT-PIERRE u. Mitarb., 1975; ULMER u. Mitarb., 1976). Als Rarität ist eine Trikuspidalklappendestruktion durch eine transvenöse Schrittmacherelektrode beschrieben worden (FISHENFELD u. LAMY, 1972). In diese Gruppe müssen auch die Trikuspidalinsuffizienzen durch Klappenzerstörung bei flottierenden Vorhoftumoren gerechnet werden (LEVINSON u. KINCAID, 1961; FLUCK u. LOPEZ-BESCOS, 1968; MARTIN u. Mitarb., 1969; SEIPEL u. Mitarb., 1972b; SANDMANN u. Mitarb., 1973; ZAGER u. Mitarb., 1973; WALPURGER u. Mitarb., 1975).

5. Trikuspidalinsuffizienz durch *Papillarmuskelriß* bei Herzinfarkt (EISENBERG u. SUYEMOTO, 1964; MCALLISTER u. Mitarb., 1976) oder spontan (DENIS u. Mitarb., 1975).

6. *Postoperative* Trikuspidalinsuffizienz durch Verziehung des Klappenringes, etwa nach Korrektur eines Ostium-primum-Defektes oder nach einer *Mustard*-Operation (TYNAN u. Mitarb., 1972).

7. Trikuspidalinsuffizienz im Rahmen einer Beteiligung des rechten Herzens bei *Dünndarmkarzinoid* (BJÖRCK u. Mitarb., 1952; SPAIN, 1955; COSH u. Mitarb., 1959; GROSSE-BROCKHOFF u. Mitarb., 1960; LIPCHIK, 1964; ROBERTS u. SJOERDSMA, 1964; WENGER, 1964; BAYER u. Mitarb., 1967; SCHLANT, 1970; WENGER, 1970; WOLFSON u. Mitarb., 1974).

8. Umstritten ist, ob *Vorhofflimmern* bei anatomisch intakten Klappen zu einer Trikuspidalinsuffizienz führen kann. Hierbei soll durch die Rhythmusstörung der normale Klappenschluß gestört werden, so daß eine geringe Insuffizienz der AV-Klappen resultiert (LITTLE, 1951; MÜLLER u. SHILLINGFORD, 1954; DALEY u. Mitarb., 1955; SEPULVEDA u. LUKAS, 1955; SKINNER u. Mitarb., 1964; GOULD u. Mitarb., 1965; ARAM, 1970; KALMANSON u. Mitarb., 1971). Allerdings ist der Nachweis einer geringen Trikuspidalregurgitation sehr problematisch, so daß die Frage nicht endgültig beantwortet werden kann. Stärkere Trikuspidalregurgitationen sind bei Vorhofflimmern ohne Klappenerkrankung jedenfalls nicht nachgewiesen (CAIRNS u. Mitarb., 1968; DELZANT u. Mitarb., 1968; HANSING u. ROWE, 1972).

Pathophysiologie. Durch die Trikuspidalregurgitation kommt es zu einer Volumenbelastung des rechten Vorhofs und des rechten Ventrikels. Dadurch führt jede hämodynamisch bedeutsame Trikuspidalinsuffizienz zu einer Dilatation dieser Herzabschnitte. Das Ausmaß des Regurgitationsvolumen wird bestimmt durch (SCHLANT, 1970):

1. Ausmaß der Schlußunfähigkeit, d.h. systolische „Klappenöffnungsfläche“;

2. Druckdifferenz zwischen rechtem Vorhof und rechtem Ventrikel. Bei gleicher systolischer „Klappenöffnungsfläche“ wird ein erhöhter rechtsventrikulärer Druck zu einer größeren Regurgitation führen. Da normalerweise die Druckdifferenz zwischen rechter Kammer und rechtem Vorhof geringer ist als im Bereich des linken Herzens, wird bei einer Trikuspidalinsuffizienz die Regurgitation geringer sein als bei einer Mitralinsuffizienz gleichen Ausmaßes (BAYER u. Mitarb., 1967).

3. Zusätzlich kann möglicherweise der Herzrhythmus (Sinusrhythmus oder Vorhofflimmern) einen Einfluß auf die Regurgitation haben.

Durch die systolische Regurgitation werden Vorhof- und Ventrikeldruckkurve in charakteristischer Weise verändert. In der Vorhofdruckkurve ist das systolische x-Tal mehr oder weniger verstrichen bzw. es resultiert eine positive systolische Welle. Diese tritt unter tiefer Inspiration (vermehrte Füllung des rechten Ventrikels) besonders deutlich hervor. Bei hämodynamisch schwerwiegender Trikuspidalinsuffizienz kann die systolische

Regurgitationskurve im rechten Vorhof sich der systolischen Druckwelle im rechten Ventrikel weitgehend angleichen („Ventrikularisation" der Vorhofdruckkurve). Das Ausmaß der systolischen Druckanhebung läßt nur bedingt Rückschlüsse auf das Regurgitationsvolumen zu. Hierbei ist von Bedeutung, daß der Blutrückfluß nicht nur in den Vorhof, sondern auch in die Hohlvenen erfolgt, d.h. in ein quasi offenes System (BENCHIMOL u. Mitarb., 1973). Zusätzlich kann die Größe und Dehnbarkeit des rechten Vorhofs noch eine Rolle spielen. Dadurch ist auch zu erklären, daß nur bei erheblicher Trikuspidalinsuffizienz der Mitteldruck im rechten Vorhof erhöht ist. Eine Mitteldruckerhöhung ist naturgemäß immer dann zu erwarten, wenn im Rahmen einer Rechtsherzinsuffizienz die enddiastolischen Drucke im rechten Ventrikel über die Norm erhöht sind (LITTLE, 1948; HEEGER u. POLZER, 1956; GROSSE-BROCKHOFF u. Mitarb., 1960; BAYER u. Mitarb., 1967). Ein weiterer den Druckablauf im rechten Vorhof bestimmender Faktor ist der Herzrhythmus. Bei Vorhofflimmern kann auch ohne Vorliegen einer Trikuspidalinsuffizienz das x-Tal etwas angehoben sein; umgekehrt kann bei Sinusrhythmus trotz Vorliegen einer Trikuspidalinsuffizienz die Druckkurve unauffällig sein (RUBEIZ u. Mitarb., 1964; CAIRNS u. Mitarb., 1968).

Durch eine hämodynamisch bedeutsame Trikuspidalinsuffizienz wird auch der Druckablauf im rechten Ventrikel beeinflußt. Da schon zu Beginn der Kammerkontraktion Blut in den rechten Vorhof ausgeworfen wird, ist eine rein isometrische Kontraktion des Ventrikels nicht möglich. Der ansteigende Schenkel der systolischen Ventrikeldruckkurve ist daher abgeflacht mit spätsystolischem Maximum (BAYER u. Mitarb., 1954b).

Häufigkeit und Beschwerdebild. Isolierte Trikuspidalinsuffizienzen rheumatischer Genese sind selten; das gilt auch für die isolierte septische und traumatische Form. Dagegen werden relative Trikuspidalinsuffizienzen im Endstadium einer pulmonalen Druckerhöhung oder bei anderen entzündlichen oder degenerativen Myokarderkrankungen häufig beobachtet.

Die Patienten mit isolierter Trikuspidalinsuffizienz haben meist nur geringe Beschwerden und sind gut leistungsfähig, von den schweren Formen abgesehen. Eine Ausnahme machen die traumatischen Trikuspidalinsuffizienzen; bei ihnen kann es abprupt zur Abnahme der Leistungsfähigkeit mit Dyspnoe und Zyanose kommen (LUI u. Mitarb., 1970; TACHOVSKY u. Mitarb., 1970; MORGAN u. FORKER, 1971).

In Fällen mit schwerwiegender Trikuspidalinsuffizienz kann es infolge Aszitesbildung mit Zwerchfellhochstand zur Dyspnoe bzw. Orthopnoe kommen. In ausgeprägten Fällen können durch das verminderte Herzzeitvolumen sogar Zyanose mit Trommelschlegelbildung an Fingern und Zehen auftreten (GROSSE-BROCKHOFF u. Mitarb., 1960).

Klinische Befunde. Ein typischer Befund bei Patienten mit hämodynamisch bedeutsamer Trikuspidalinsuffizienz sind gestaute und pulsierende Halsvenen. Bei starker Erhöhung des Venendrucks können die Pulsationen allerdings auch fehlen (SCHLANT, 1970). Als besonderes Symptom der Trikuspidalinsuffizienz bei Heroinsüchtigen sind pulsierende Armvenen beschrieben worden, da durch die intravenöse Injektion mit folgender Thrombose die Venenklappen am Arm insuffizient sind (ALI, 1973).

Häufig ist die Leber vergrößert. Bei der Palpation ist sie von weicher Konsistenz und zeigt deutliche systolische Pulsationsbewegungen (positiver Leberpuls). In ausgeprägten Fällen resultiert schließlich eine Leberfibrose mit entsprechender Konsistenzzunahme. Bei starker Drucksteigerung im rechten Vorhof und im Venensystem kann es zu Aszites, Pleuraerguß und peripheren Ödemen kommen. Dann besteht auch eine periphere Zyanose. Sie wird einmal auf eine erhöhte arteriovenöse O_2-Differenz bei vermindertem Herzzeitvolumen zurückgeführt; zusätzlich werden Anastomosen zwischen rechtem Vorhof und Lungenvenen angenommen (SCHOENMACKERS, 1960). Bei länger bestehender Erkrankung kann auch ein Ikterus auftreten (SEPULVEDA u. LUKAS, 1955; GROSSE-BROCKHOFF u. Mitarb., 1960; SCHLANT, 1970). Manchmal tritt bei länger bestehender Trikuspidalinsuffizienz ein enteraler Eiweißverlust auf (STROBER u. Mitarb., 1968).

Über dem Herzen können präkordiale Pulsationen getastet werden. Manchmal ist sogar systolisches Schwirren zu fühlen (GROSSE-BROCKHOFF u. Mitarb., 1960; SCHLANT, 1970).

Die Venenpulskurve zeigt einen systolischen Druckanstieg, der mit entsprechender zeitlicher Verzögerung den Druckanstieg im Vorhof widerspiegelt (MESSER u. Mitarb., 1950; HARTMAN, 1960; FEEDER und CHERRY, 1963; BORY u. Mitarb., 1967; REICHEK u. Mitarb., 1973). Dieser Druckanstieg entspricht einem Rückfluß des Bluts vom Ventrikel in den Vorhof und die Peripherie (MÜLLER u. SHILLINGFORD, 1955; BRAWLEY u. Mitarb., 1966; KALMANSON u. Mitarb., 1970; MAHLER u. Mitarb., 1971; SEIPEL u. Mitarb., 1975). Zusätzlich wird eine hohe a-Welle auch in Fällen mit reiner Trikuspidalinsuffizienz beschrieben (SCHLANT 1970). Allerdings ist die Venenpulskurve nur in ausgeprägten Fällen ein sicheres diagnostisches Kriterium. Bei einer hämodynamisch leichten Trikuspidalinsuffizienz ist der Druckablauf weitgehend von Herzrhythmus abhängig: Bei Sinusrhythmus kann trotz Trikuspidalinsuffizienz das x-Tal deutlich ausgeprägt sein, bei Vorhofflimmern wird dagegen leicht eine Regurgitation durch das verstrichene x-Tal vorgetäuscht (RIEHL, 1906; HALMAGGI u.

Mitarb., 1954; HEEGER u. POLZER, 1956; COELHO, 1959; HARTMANN, 1960; RUBEIZ u. Mitarb., 1964; CAIRNS. u. Mitarb., 1968; SERRADIMIGNI u. Mitarb., 1968; DOMANICH u. KOENKER, 1971; HEINZ u. LUCKMANN, 1971).

Auskultation und Phonokardiographie. Neben den Venenpulsationen ist der Auskultationsbefund das klinische Leitsymptom der Trikuspidalinsuffizienz. Im Anschluß an den I. Ton ist ein hochfrequentes systolisches Geräusch zu hören, dessen Maximum im 4. oder 5. ICR links oder auch rechts parasternal, manchmal sogar im epigastrischen Winkel liegt; es kann auch bis zur Herzspitze hörbar sein. Im typischen Fall nimmt die Lautstärke des Geräusches bei Inspiration zu (RIVERO-CARVALLO, 1946). Dies entspricht dem stärkeren systolischen Reflux nach vermehrtem Zustrom zum rechten Ventrikel. Bei Vorhofflimmern variiert die Lautstärke in Abhängigkeit von der vorangehenden Diastolendauer. Zusätzlich können diastolische Geräusche als Ausdruck einer relativen Trikuspidalstenose auftreten, da das diastolische Einstromvolumen durch das ,,Pendelblut" vermehrt ist. Auskultatorisch ist dieses diastolische Geräusch nicht sicher von dem eines kombinierten Trikuspidalvitiums abzugrenzen. Außerdem können auch III. und IV. Herztöne auftreten (BOROS, 1943; MÜLLER u. SHILLINGFORD, 1954; ZEH, 1959; BAYER u. Mitarb., 1967; HULTGREN u. Mitarb. 1967; DELZANT u. Mitarb., 1968; SERRADIMIGNI u. Mitarb., 1968; BLÖMER, 1969; RIOS u. Mitarb., 1969; MORGAN u. FORKER, 1971; FRIEDBERG, 1972; REICHEK u. Mitarb., 1973). Ähnlich wie bei der Mitralinsuffizienz sind auch kurze, hochfrequente systolische Geräusche (,,Mövenschrei", ,,Whoop") beschrieben worden (KEENAN u. SCHARTZ, 1973; UPSHAW, 1975). Das Geräusch kann aber auch sehr diskret sein und leicht überhört werden (SEPULVEDA u. LUKAS, 1955; BAYER u. Mitarb., 1967; RIOS u. Mitarb., 1969; DELZANT u. Mitarb., 1968). Die typische Atemabhängigkeit der Lautstärke kann fehlen (MÜLLER u. SHILLINGFORD, 1954; SCHLANT, 1970).

Elektrokardiographie. Elektrokardiographisch bestehen Zeichen der Rechtsherzbelastung. Als Ausdruck der rechtsventrikulären Dilatation findet sich ein inkompletter Rechtsschenkelblock. Die Hypertrophie der Kammermuskulatur zeigt sich in hohen R-Zacken rechtspräkordial. Der Hauptvektor von QRS in der Frontalebene ist rechtstypisch. Meist besteht Sinusrhythmus, in einigen Fällen mit AV-Block 1. Grades. Die P-Wellen können überhöht sein (MÜLLER u. SHILLINGFORT, 1954; SEPULVEDA u. LUKAS, 1955; GROSSE-BROCKHOFF u. Mitarb., 1960; BAYER u. Mitarb., 1967; COBBS, 1970; MORGAN u. FORKER, 1971). Liegt Vorhofflimmern vor, besteht der Verdacht auf eine Trikuspidalinsuffizienz im Rahmen eines rheumatischen Mehrklappenfehlers (SEPULVEDA u. LUKAS, 1955; DELZANT u. Mitarb., 1968).

Röntgenbefunde. Im Röntgen-Nativbild ist die Herzkonfiguration bei isolierter Trikuspidalinsuffizienz gekennzeichnet durch eine Vergrößerung des rechten Vorhofs und – im Gegensatz zur Trikuspidalstenose – auch des rechten Ventrikels (Abb. 45a u. b). Der vergrößerte rechte Vorhof bewirkt eine verstärkte Vorwölbung des rechten Herzrandes. In ausgeprägten Fällen ist das Herz deutlich nach rechts verbreitert, mitunter bis zur rechten Medioklavikularlinie (SOSMAN, 1939). Der rechte Herzrand kann dabei sowohl durch den rechten Vorhof als auch durch den rechten Ventrikel gebildet werden. Daher korreliert die Rechtsverbreiterung des Herzschattens nicht mit der Größe des Vorhofs (SEPULVEDA u. LUKAS, 1955; THURN, 1968; BARON, 1971c). Bei starker Dilatation der rechten Kammer kann der Herzschatten im Sagittalbild auch nach links verbreitert sein, wobei im Extremfalle der rechte Ventrikel links randbildend wird.

Im Seitenbild lehnt sich der vergrößerte Vorhof an die vordere Thoraxwand an. Dabei ist die Vorwölbung des rechten Herzohres in den Retrosternalraum gegenüber einer Elongation der rechtsventrikulären Ausflußbahn und Pulmonalektasie schwierig zu differenzieren. Der Retrokardialraum ist in der Regel nicht eingeengt, bei ausgeprägten Fällen aber infolge der Verdrängung des linken Ventrikels durch die rechte Kammer nach hinten verschmälert (GROSSE-BROCKHOFF u. Mitarb., 1960; BAYER u. Mitarb., 1967; THURN, 1968; BARON, 1971c). Der Oesophagus kann im supradiaphragmalen Bereich durch den rechten Vorhof gering nach dorsal verdrängt werden (THURN, 1968).

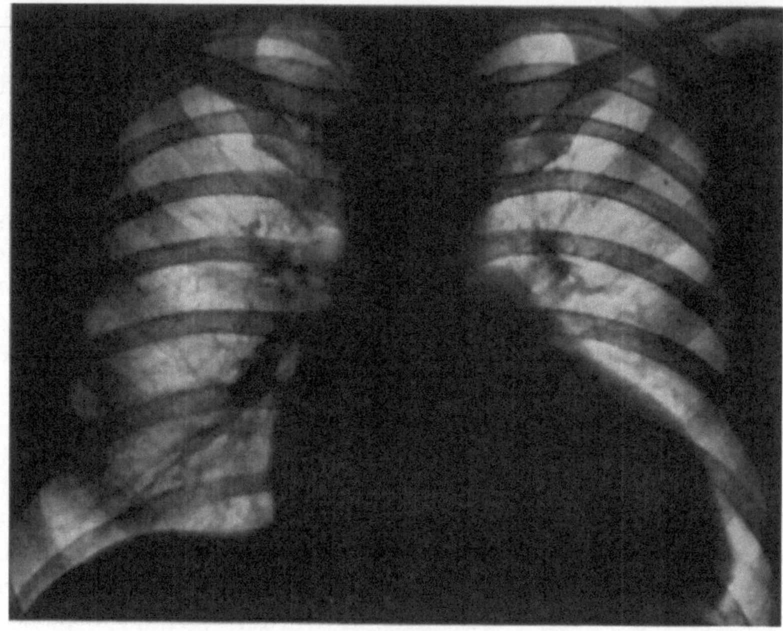

a

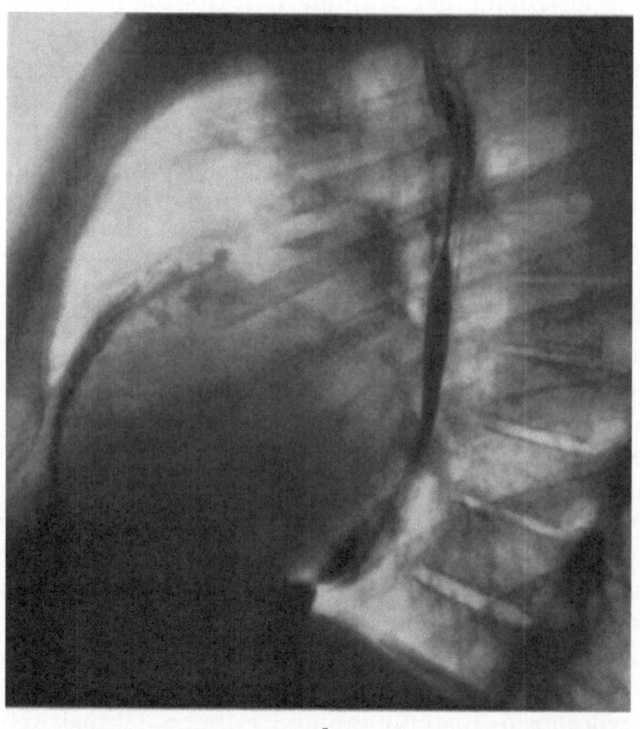

b

Abb. 45a u. b. Isolierte Trikuspidalinsuffizienz mit Pericarditis constrictiva bei einem 34jährigen Patienten (O. Ne.). (a) Sagittale Herzfernaufnahme: Herz beiderseits, vor allem links verbreitert. Betonung und Verlängerung des rechten Herzbogens. Unauffälliges Gefäßband. Hilus- und Lungengefäßzeichnung nicht verstärkt. (b) Seitenbild: Retrosternalraum eingeengt. Ausstrombahn des rechten Ventrikels nicht vorgewölbt. Retrokardialraum *nicht* eingeengt. Kalkschale im Perikard

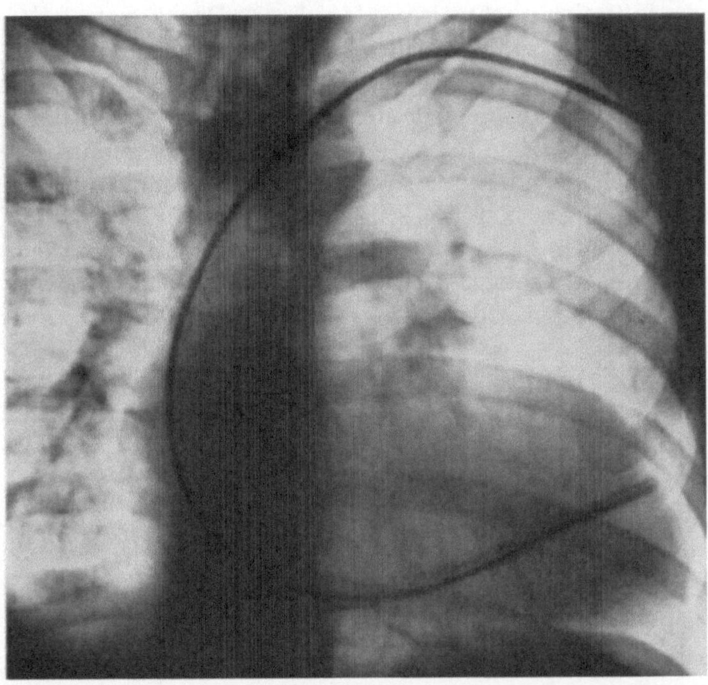

Abb. 46. Herzkatheteruntersuchung mit Größenbestimmung des rechten Ventrikels bei dem Patienten der Abb. 45: Spitze des Katheters am linken Herzrand, d.h. rechter Ventrikel links randbildend

Trikuspidalklappen*verkalkungen* sind sehr selten (CLARKE, 1972). Sie sind meist nicht sehr ausgeprägt, so daß sie röntgenologisch schwer nachweisbar sind. Sie projizieren sich in der Sagittalaufnahme in den Wirbelsäulenschatten und in der Seitenaufnahme in die Zwerchfellkuppel (THURN, 1968).

Ein typischer Befund bei hämodynamisch bedeutsamer Trikuspidalinsuffizienz ist die Erweiterung der oberen Hohlvene. Sie zeigt sich in der Sagittalaufnahme in einer Verbreiterung des Gefäßbandes nach rechts. Dieser Befund wird auf Schichtaufnahmen besonders deutlich.

Bei der isolierten Trikuspidalinsuffizienz sind der Pulmonalbogen und die Lungenzeichnung unauffällig. Dies ist von differentialdiagnostischer Bedeutung, etwa zur Abgrenzung der Trikuspidalinsuffizienz bei pulmonaler Hypertonie.

Die Lebervergrößerung bewirkt einen Zwerchfellhochstand rechts (SOSMAN, 1939; GROSSE-BROCKHOFF u. Mitarb., 1960; THURN, 1968; FRIEDBERG, 1972).

Kymographisch lassen sich bei der Trikuspidalinsuffizienz im Gegensatz zur Trikuspidalstenose deutliche Ventrikelpulsationen registrieren. Sie sind Folge der großen Volumenschwankung durch das Pendelblut. Systolische Pulsationen sind auch an der erweiterten oberen Hohlvene nachweisbar; dieser Befund ist allerdings nicht obligat (MÜLLER u. SHILLINGFORD, 1954; GROSSE-BROCKHOFF u. Mitarb., 1960; THURN, 1968).

Herzkatheteruntersuchung. Bei der Herzkatheteruntersuchung läßt sich die Vergrößerung des rechten Vorhofs und des rechten Ventrikels durch die Austastung der Herzhöhlen mit dem Katheter dokumentieren (Abb. 46). Bei großem Vorhof und starker Regurgitation kann es aber schwierig sein, den rechten Ventrikel und die Pulmonalarterie zu sondieren bzw. den Katheter in der rechten Kammer zu halten.

Die Druckkurve des rechten Atriums und der Hohlvenen sind in der oben besprochenen Weise verändert (BLOOMFIELD u. Mitarb., 1946; MCCORD u. BLOUNT, 1972; DOTTER u. Mitarb., 1953; MÜLLER u. SHILLINGFORD, 1954; SEPULVEDA u. LUKAS, 1955; BAYER u. Mitarb., 1967; DELZANT u. Mitarb., 1968; MORGAN u. FORKER, 1971): aufgehobenes x-Tal; positive systolische Welle bis zur Ventrikularisation der Vorhofdruckkurve.

Mit Flowkathetern läßt sich nachweisen, daß dieser Druckanstieg der systolischen Regurgitation vom rechten Ventrikel zum rechten Vorhof entspricht (KALMANSON u. Mitarb., 1971; NOLAN u. Mitarb., 1971; BENCHIMOL u. Mitarb., 1972). Während die Veränderungen der Druckkurve bei hämodynamisch bedeutsamer Trikuspidalinsuffizienz nicht zu übersehen sind, bestehen bei der Diagnostik der leichten Trikuspidalregurgitation aus der Druckkurve erhebliche Schwierigkeiten. In diesen Fällen ist der Herzrhythmus von Bedeutung. Bei Sinusrhythmus wird eine Trikuspidalinsuffizienz in der Druckkurve eher maskiert, bei Vorhofflimmern kann auch ohne Trikuspidalinsuffizienz eine systolische Kurvenanhebung nachweisbar sein (RUBEIZ u. Mitarb., 1964; CAIRNS u. Mitarb., 1968). Besteht keine zusätzliche Trikuspidalstenose, fällt der Druck nach der v-Welle mit Beginn der Diastole steil ab.

Die rechtsventrikuläre Druckkurve ist häufig normal. In schweren Fällen resultiert durch den Rückstrom in den rechten Vorhof ein verzögerter Druckanstieg mit spätsystolischem Maximum. Die Drucke in der Pulmonalarterie sind bei isolierter Trikuspidalinsuffizienz unauffällig.

Zum Ausschluß eines *Ebstein*-Syndroms kann eine Ableitung des intrakardialen Elektrokardiogramms bei simultaner Druckregistrierung durchgeführt werden. Allerdings sind hiermit rudimentäre Formen mit geringer Dystopie des Trikuspidalklappenansatzes nicht immer sicher zu fassen.

Mittels intrakardialer Phonokardiographie kann dokumentiert werden, daß das systolische Geräusch an der Trikuspidalklappe entsteht (LÉON u. Mitarb., 1965; LUISADA, 1968; DELZANT u. Mitarb., 1968).

Die Quantifizierung der Trikuspidalregurgitation mit Indikatorverdünnungsmethoden ist sehr problematisch. KORNER und SHILLINGFORD (1955) sowie BOUCHARD und BICAL (1969) haben arterielle Verdünnungskurven bei Injektion des Indikators in den rechten Vorhof und rechten Ventrikel registriert. Andere Autoren injizieren den Indikator in den rechten Ventrikel und messen im rechten Vorhof (BAJEC u. Mitarb., 1958; COLLINS u. Mitarb., 1959; LÜTHY, 1962; SKELTON u. CORDAY, 1963; SOBOL u. Mitarb., 1964; GOULD, 1965; CAIRNS u. Mitarb., 1968; RIOS u. Mitarb., 1969; ARAM, 1970; HANSING u. ROWE, 1972; KAWASIMA u. Mitarb., 1974). Hierbei kann allerdings der Klappenschluß durch den Katheter behindert werden, so daß der Nachweis geringer Trikuspidalinsuffizienzen sehr problematisch ist. Eine quantitative Bestimmung des Regurgitationsvolumens ist jedenfalls nicht möglich (SOBOL u. Mitarb., 1964; HANSING u. ROWE, 1972).

Kontrastmitteldarstellung. Durch Kontrastmittelinjektion kann die Größe des rechten Vorhofs und rechten Ventrikels dargestellt werden. Bei Injektion in den rechten Vorhof verweilt das Kontrastmittel dort lange. Manchmal entsteht zu Beginn der Injektion durch den massiven Reflux von kontrastmittelfreiem Blut in den rechten Vorhof ein Spüleffekt. In späteren Phasen fließt dann das mit Kontrastmittel vermischte Blut systolisch aus dem rechten Ventrikel bis in die Lebervenen zurück (DOTTER u. Mitarb., 1953; SEPULVEDA u. LUKAS, 1955; THURN, 1968; BARON, 1971a—c; FRIEDBERG, 1972). Wird das Kontrastmittel in den rechten Ventrikel injiziert, kann der systolische Rückstrom in den Vorhof direkt dargestellt werden (Abb. 47). Die Injektion sollte in die Spitze des rechten Ventrikels erfolgen, um ein Zurückschlagen des Katheters in den Vorhof zu verhindern. Wie bei anderen Indikatorverdünnungsmethoden ist der Nachweis oder Ausschluß geringer Regurgitationen dadurch eingeschränkt, daß durch den Katheter die Klappenfunktion behindert sein kann und daher eine geringe frühsystolische Trikuspidalinsuffizienz resultiert (SOBOL u. Mitarb., 1964; CAIRNS u. Mitarb., 1968; BARON 1971c). Beweisend ist nur ein holosystolischer Reflux in Phasen ohne Extrasystolen (BOGREN u. Mitarb., 1972; SIMON u. LICHTLEN, 1976). Es gibt sogar analog zum Ballooning-Syndrom der Mitralinsuffizienz eine besondere Form der spätsystolischen Trikuspidalregurgitation bei Trikuspidalklappenprolaps (AINSWORTH u. Mitarb., 1973).

Die Trikuspidalklappe läßt sich selbst mit schneller Bildfolge nur unvollkommen darstellen (GARUSI, 1962; BARON, 1971c; AINSWORTH u. Mitarb., 1973). Bei bedeutsamer Trikuspidalinsuffizienz ist die Trikuspidalklappe durch die Dilatation des rechten Ventrikels rotiert, wobei der vordere Klappenanteil nach lateral „verdreht“ ist (BARON, 1971c).

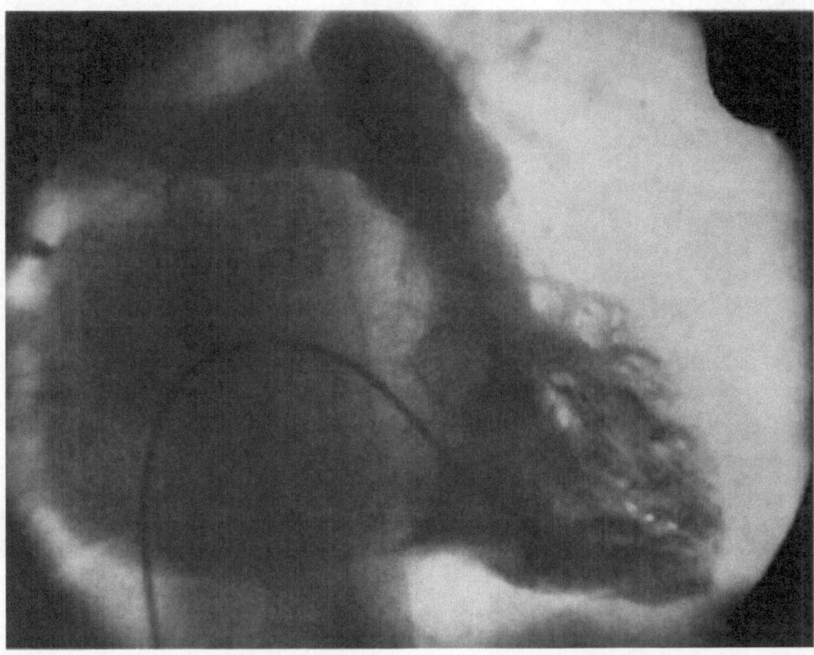

Abb. 47. Trikuspidalinsuffizienz bei einer 50jährigen Patientin (J. Co.). Bei Kontrastmittelinjektion in den rechten Ventrikel sieht man im Cineangiogramm ein Rückströmen des Kontrastmittels in den stark vergrößerten rechten Vorhof. Dort persistiert das Kontrastmittel auch während der Diastole

Bei der Kontrastmitteldarstellung kann u.U. ein flottierender Vorhoftumor nachgewiesen werden, der die Trikuspidalklappe zerstört hat.

Differentialdiagnose. Differentialdiagnostisch muß bei einer isolierten Trikuspidalinsuffizienz vor allem an eine Klappendystopie gedacht werden. Zur Abgrenzung ist bei der Herzkatheteruntersuchung neben der Simultanregistrierung von intrakardialem EKG und Druckkurve eine Kontrastmitteldarstellung erforderlich; sie dient auch zum Nachweis eines flottierenden Vorhoftumors mit Trikuspidalinsuffizienz durch Klappenzerstörung (Abb. 48a—c).

Das Röntgen-Nativbild bei Trikuspidalinsuffizienz kann u.U. einem Perikarderguß ähneln. Durch die übrigen Befunde werden aber kaum differentialdiagnostische Schwierigkeiten auftreten.

Bei der Auskultation können sich Zweifel ergeben, ob das systolische Geräusch durch eine Trikuspidal- oder Mitralinsuffizienz bedingt ist, zumal die inspiratorische Zunahme der Lautstärke des Geräusches auch bei Trikuspidalinsuffizienz fehlen kann. Diese Differentialdiagnose stellt sich allerdings weniger bei der isolierten Trikuspidalinsuffizienz als vielmehr beim Vorliegen eines kombinierten Mitralfehlers.

Verlauf und Prognose ohne Operation. Die Prognose der sekundären (relativen) Trikuspidalinsuffizienz wird durch das Grundleiden bestimmt.

Fälle mit isolierter Trikuspidalregurgitation sind so selten, daß bis heute nicht genügend Verlaufsbeobachtungen vorliegen können. Einzelbeobachtungen zeigen allerdings, daß diese Erkrankung auch über Jahrzehnte gut toleriert werden kann (Grosse-Brockhoff u. Mitarb., 1960; Schölmerich, 1965b; Tachovsky u. Mitarb., 1970; Morgan u. Forker, 1971). Selbst komplette Exzisionen der Trikuspidalklappe bei bakterieller Endokarditis ohne Klappenersatz können mit einem langen Leben vereinbar sein (Arbula u. Mitarb., 1972). Auch traumatische Trikuspidalinsuffizienzen mit Papillarmuskelabriß sind im Einzelfall über Jahrzehnte beobachtet worden (Croxson u. Mitarb., 1971; Cahill u. Mitarb., 1972). Allerdings sind auch akute Todesfälle bei traumatischer Trikuspidalinsuffizienz beschrieben worden (Morgan u. Forker, 1971).

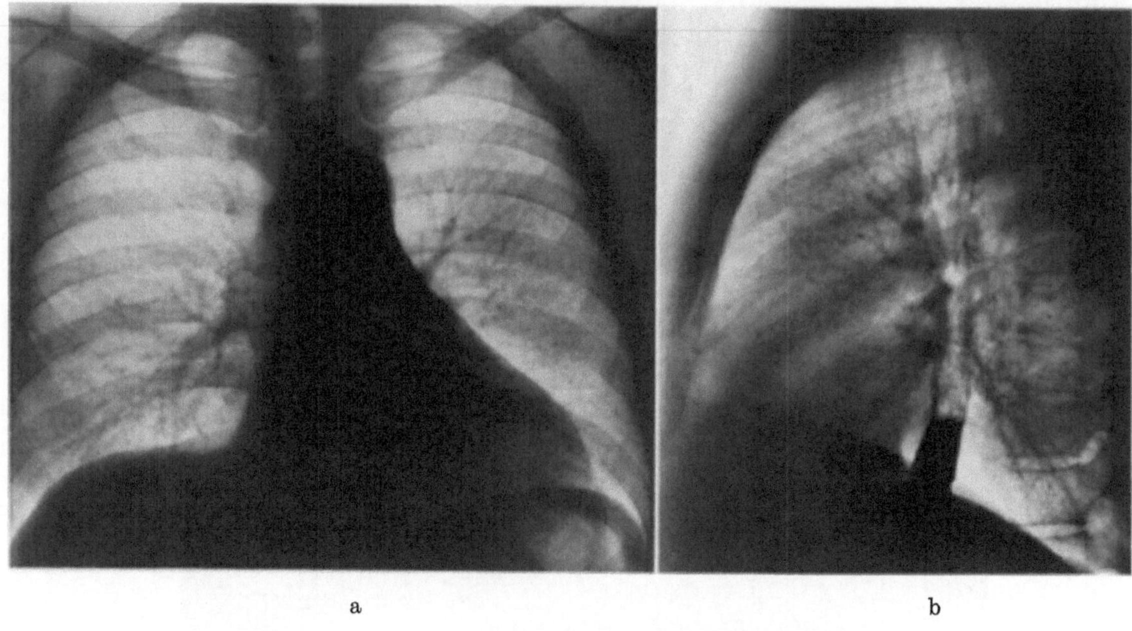

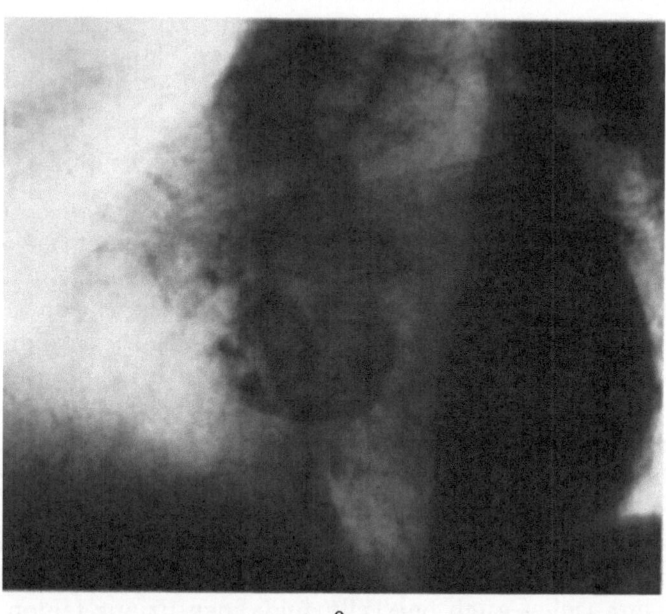

Abb. 48a—e. Isolierte Trikuspidalinsuffizienz infolge eines flottierenden verkalkten Vorhofmyxoms bei einem 41jährigen Patienten (W. Br.). (a) Sagittale Herzfernaufnahme: Herz linksverbreitert. Verstrichene Herztaille. Hilus- und Lungengefäßzeichnung unauffällig. (b) Seitenbild: Retrokardialraum nicht eingeengt. (c) Gezielte Hartstrahlaufnahme im 1. schrägen Durchmesser: In Trikuspidalposition verkalkter Rundschatten. (d) und (e) 3 Jahre nach Operation: (d) Sagittale Herzfernaufnahme: Herz noch links verbreitert. Keine wesentliche Änderung gegenüber präoperativ, (e) Seitenbild: Starr-Edwards-Klappe (Typ 6120) in Trikuspidalposition. Retrokardialraum frei

Operationsindikation. Eine sichere Operationsindikation ist nur für die Patienten mit traumatischer Trikuspidalinsuffizienz gegeben. Hierbei können häufig rekonstruktive Klappenoperationen durchgeführt werden (TACHOVSKY u. Mitarb., 1970; MORGAN u. FORKER, 1971). Meist sind aber die hämodynamischen Folgen der akuten Trikuspidalinsuffizienz so schwer, daß auch eine Klappenimplantation notwendig ist (BJÖRK, 1965; SALZER u. Mitarb., 1966; SHABETAI u. Mitarb., 1966; LIU u. Mitarb., 1970; TACHOVSKY u. Mitarb., 1970). Auch bei Klappenzerstörung durch flottierende Vorhoftumoren kann prothetischer

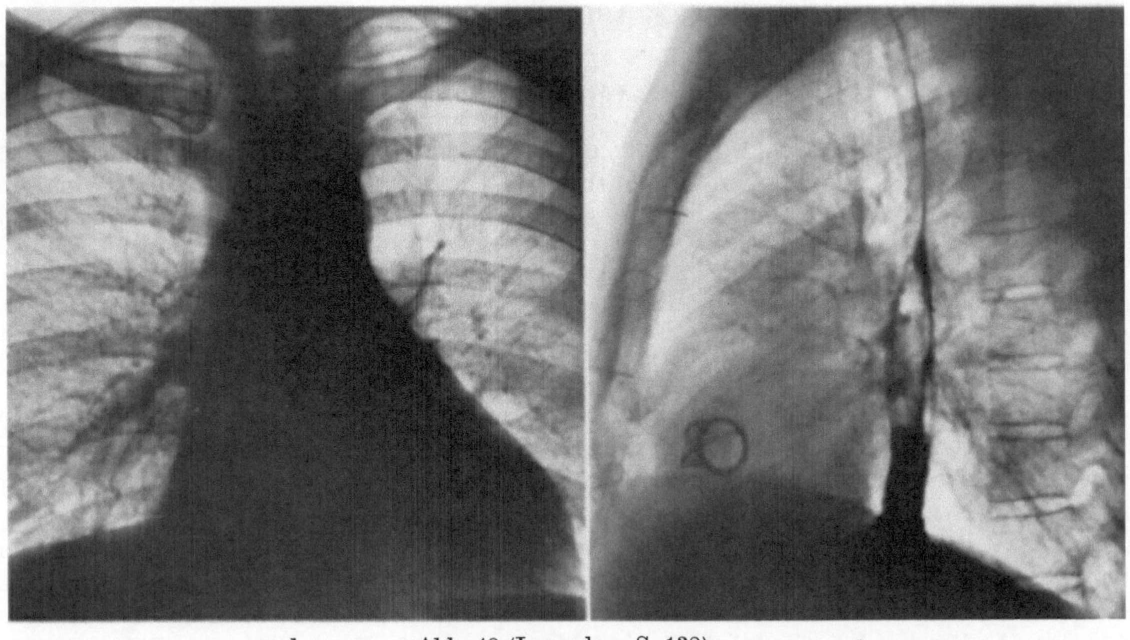

d Abb. 48 (Legende s. S. 138) e

Klappenersatz erforderlich werden (LEVINSON u. KINCAID, 1961; FLUCK u. LOPEZ-BESCOS, 1968; MARTIN u. Mitarb., 1969; SANDMANN u. Mitarb., 1973). Bei den restlichen isolierten Trikuspidalinsuffizienzen wird die Indikation zur Operation nur mit größter Zurückhaltung gestellt (BERENDT u. AUSTEN, 1973; KIRKLIN u. PACIFICO, 1973). Klappenerhaltende Eingriffe, z.B. auch die DEVEGA-Plastik, sind häufig nicht möglich, darüber hinaus sind die bisherigen Langzeitergebnisse rekonstruktiver Trikuspidalklappenoperationen nicht befriedigend (HENRY u. Mitarb., 1968; PLUTH u. ELLIS, 1969; ACAR, 1970), wenn auch günstiger als bei Klappenprothesenimplantation (BOYED u. Mitarb., 1974; FOURNIER u. Mitarb., 1975; GRODIN u. Mitarb., 1975). Die Implantation einer Klappenprothese im Niederdrucksystem ist problematisch; häufig wird die hämodynamische Situation nicht entscheidend gebessert (GRONDIN u. Mitarb., 1967; BIGELOW u. Mitarb., 1968; BARAGAN u. Mitarb., 1969; BOYED u. Mitarb., 1974; REED u. Mitarb., 1975; MALCOLM u. Mitarb., 1976; SEIPEL u. Mitarb., 1976; HAERTEN u. Mitarb., 1977). In einzelnen Fällen ist aber die Trikuspidalinsuffizienz so bedeutsam, daß man sich zu einer Trikuspidalklappenimplantation entschließen muß (CACHERA u. Mitarb., 1972; BERENDT u. AUSTEN, 1973; FALLEN u. Mitarb., 1974). Einige Autoren ziehen es daher nach Trikuspidalendokarditis vor, die Klappe zu resezieren ohne Klappenersatz (SIMBERKOFF u. Mitarb., 1974; ROBIN u. Mitarb., 1974).

Postoperative Befunde. Nach Trikuspidalklappenplastik oder Implantation einer Trikuspidalklappenprothese kann eine Verkleinerung des Herzschattens eintreten. Das ist besonders bei der traumatischen Trikuspidalinsuffizienz der Fall (LIU u. Mitarb., 1970). Nach Implantation einer Klappenprothese ist die Klappe im Röntgen-Nativbild sichtbar (vgl. Abb. 48e). Wurde eine kontrastgebende Linse oder ein Klappenball verwendet, kann bei der Durchleuchtung oder kinematographisch die Ventilbewegung analysiert werden.

c) Kombinierte Trikuspidalfehler

Ein isoliertes kombiniertes Trikuspidalvitium ist unseres Wissens bisher nicht beschrieben worden. Ein flottierender Vorhoftumor kann u.U. durch die Klappenzerstörung eine Trikuspidalinsuffizienz bewirken und gleichzeitig diastolisch das Ostium verlegen, so daß ein kombiniertes Trikuspidalvitium vorgetäuscht wird.

3. Aortenfehler

a) Aortenstenose

Definition und historische Daten. Bei der erworbenen Aortenstenose handelt es sich praktisch immer um eine Aortenklappenstenose. Die sog. idiopathische hypertrophische subaortale Stenose (IHSS, muskuläre Aortenstenose, obstruktive Kardiomyopathie, HOCM) ist eigentlich kein erworbener Herzfehler.

Frühe Beschreibungen der valvulären Aortenstenose stammen von RIVIERE (1674), DITTRICH (1849) und MORGAGNI (1761). MÖNCKEBERG beschrieb 1904 die primär kalzifizierende Form der Aortenstenose, die sog. Sclerosis anularis valvarum.

Ätiologie und pathologische Anatomie. Nach bisher allgemein anerkannter Auffassung ist die erworbene Aortenstenose praktisch immer durch eine rheumatische Karditis bedingt. Der Prozeß beginnt als Endomyokarditis und greift vom Klappenring auf die Kommissuren über. Es kommt zur ödematösen Quellung, Kapillarisierung und Fibrosierung, später zu Kalkeinlagerungen in die Klappe. Das Ergebnis sind verdickte Segel mit verklebten Kommissuren, narbiger Schrumpfung und eingerollten Klappenrändern. Der kalzifizierende Prozeß muß nicht auf den Klappenapparat beschränkt bleiben, er kann auch angrenzende Myokardpartien einbeziehen (MÜLLER, 1957; BAGGENSTOSS u. TITUS, 1968; SOLUIÉ u. Mitarb., 1969; ELIOT u. EDWARDS, 1970; GROHME, 1971; SCHOENMACKERS u. Mitarb., 1972).

In jüngerer Zeit wird die ausschließlich rheumatische Genese der erworbenen Aortenstenose in Zweifel gezogen (BURCH u. Mitarb., 1970; ROBERTS, 1970; POMERANCE, 1972). In pathologisch-anatomischen Untersuchungen an einer großen Zahl von Fällen mit erworbenen Aortenstenosen konnten keine oder nur selten „rheumatische“ Veränderungen nachgewiesen werden, wie sie bei erworbenen Mitralstenosen fast immer zu finden sind. In einem großen Prozentsatz waren dagegen angeborene Anomalien der Klappe nachweisbar (z.B. bikuspidale Klappe); diese bedingen an sich noch keine hämodynamisch bedeutsamen Stenosen, sie führen aber leicht zu stärkeren degenerativen Veränderungen (Fibrose und Verkalkung) und damit zu einer Stenosierung (HULTGREN, 1948; MÜLLER, 1957; DEGEORGES u. CARAMANIAN, 1968; BAGGENSTOSS u. TITUS, 1968; ROBERTS, 1970; BRANDY u. VOGEL, 1971; POMERANCE, 1972a). In zunehmendem Maße wird auch die Bedeutung von Viruserkrankungen diskutiert; sie können ebenso eine Endokarditis wie eine Myokarditis bewirken (DEPASQUALE u. Mitarb., 1966; BLAILOCK u. Mitarb., 1967; BURCH u. COLCOLOUGH, 1969; BURCH u. GIBS, 1972). Klappenstenosen infolge einer bakteriellen oder Pilzendokarditis sind Raritäten (PEERY u. EVANS, 1958; ROBERTS u. Mitarb., 1967).

MÖNCKEBERG hat 1904 eine primär sklerotisch-kalzifizierende Aortenstenose beschrieben und diese von der sekundär kalzifizierenden Aortenstenose abgegrenzt. Im Gegensatz zu den Verkalkungen infolge einer Endokarditis beginnt der Verkalkungsprozeß bei der Mönckbergschen Form an der Klappenbasis, während die Klappenränder lange Zeit freibleiben. Entsprechend dem Grundleiden treten die Veränderungen erst im höheren Alter auf (POMERANCE, 1968; SOULIÉ u. Mitarb., 1969; ROBERTS u. Mitarb., 1971). Ihre hämodynamische Bedeutung ist im allgemeinen gering.

Wird die Aortenstenose im jugendlichen Alter entdeckt, ist häufig nicht sicher zu entscheiden, ob es sich um ein angeborenes oder erworbenes Vitium handelt. Man wird einen erworbenen Herzfehler im allgemeinen dann diskutieren, wenn eine hämodynamisch bedeutsame Aortenstenose erstmals jenseits des 15. Lebensjahres festgestellt wird. Das gilt auch, wenn die Anamnese hinsichtlich einer rheumatischen Erkrankung oder eines Virusinfekts (z.B. Coxsackie) leer ist, da die Endokarditis bei banalen Infekten der oberen Luftwege abgelaufen sein kann (VENDSBORG u. Mitarb., 1968).

Das Ausmaß der Stenose hängt davon ab, in wieweit der entzündliche Prozeß zur Verklebung aller drei Kommissuren führt; ist nur eine Kommissur betroffen, resultiert ein erworbener bivalvulärer Klappenapparat, welcher keine erhebliche Stenose zu bedingen braucht (ELIOT u. EDWARDS, 1970; ROBERTS, 1970).

Pathophysiologie. Als Folge einer Einengung der Ausstromöffnung des linken Ventrikels kommt es zu einer systolischen Druckdifferenz zwischen den prä- und poststenotischen Kreislaufabschnitten. Wie tierexperimentelle Untersuchungen gezeigt haben (WIGGERS u. Mitarb., 1954), tritt eine nennenswerte Druckdifferenz in Ruhe allerdings erst auf, wenn der Durchmesser des Ostiums um ein Drittel seines Normalwertes eingeengt ist. Ein systolisches Geräusch ist aber schon bei wesentlich geringerer Stenosierung nachweisbar. Bei hochgradiger Einengung können Druckdifferenzen von 200 mm Hg und mehr gemessen werden. Bis zu einem gewissen Grad ist der linke Ventrikel in der Lage, seinen Druck entsprechend dem Stenosegrad zu steigern und so ein normales Schlagvolumen zu fördern. Bei hochgradigen Stenosen kann die Fähigkeit des Ventrikels, seinen Druck zu erhöhen, hinter dem Stenosegrad zurückbleiben; dadurch kommt es dann zu einer Abnahme des Schlagvolumens. Daß das Herzzeitvolumen durch Frequenzsteigerung trotzdem normal gehalten wird, ist denkbar (LOOGEN u. Mitarb., 1969; LINHART, 1972). Die systolische Druckdifferenz ist ein zuverlässiges Maß für die Abschätzung des Stenosegrades. Eine präzise Beurteilung ist jedoch nur dann möglich, wenn neben der Druckdifferenz auch das Fördervolumen bekannt ist. So kann eine leichte oder mittelschwere Aortenstenose mit normalem Herzzeitvolumen eine höhere Druckdifferenz haben als eine schwere Stenose mit kleinem Fördervolumen bei Myokardinsuffizienz. Während nach GORLIN und GORLIN (1951), BAYER u. Mitarb. (1967), LEE u. Mitarb. (1970a) die Kenntnis des Herzzeitvolumens für die Berechnung der Klappenöffnungsfläche vorausgesetzt wird, beziehen sich andere Formeln bei der Berechnung dieses Wertes nur auf die Druckwerte (TOBIN u. Mitarb., 1967; BACHE u. Mitarb., 1972). Untersuchungen dieser Parameter unter Belastung haben ergeben, daß auch bei stenosierten Aortenklappen die Öffnungsfläche in gewissen Grenzen eine variable Größe ist (ANDERSON u. Mitarb., 1969; BACHE u. Mitarb., 1971; STEIN u. MUNTER, 1971). Diese Befunde konnten allerdings von ETTINGER u. Mitarb. (1972) nicht bestätigt werden.

Unter Belastung ist bei leichten und mittelschweren Aortenstenosen noch eine Steigerung des Herzzeitvolumens durch Erhöhung des systolischen Druckes möglich. Diese Fähigkeit ist allerdings abhängig vom Schweregrad gegenüber der Norm reduziert (ANDERSON u. Mitarb., 1969; LEE u. Mitarb., 1970a; BACHE u. Mitarb., 1971; ETTINGER u. Mitarb., 1972; JELINEK u. Mitarb., 1974).

Über den Druckablauf im linken Ventrikel bei Aortenstenosen liegen unterschiedliche Befunde vor. Tierexperimentellle Untersuchungen haben ergeben, daß die Druckanstiegzeit verkürzt ist bei verlängerter Gesamtsystole; d.h. die Verlängerung betrifft ausschließlich die Zeit des reduzierten Auswurfs (WIGGERS u. Mitarb., 1954). Beim Menschen wurde dagegen eine Verlängerung der Anstiegzeit gemessen (GORDON u. Mitarb., 1961). Auch über das Verhalten der isovolumetrischen Kontraktion gibt es keine einheitliche Auffassung. Es wurden sowohl verkürzte als auch normale Werte gemessen (BLUMENBERGER, 1942; FLEMING u. GIBSON, 1957). Dieselben Diskrepanzen bestehen bei anderen „Kontraktilitätsparametern“ (LEVINE u. Mitarb., 1970; SIMON u. Mitarb., 1970; DEGENRING u. Mitarb., 1971; GRAHAM u. Mitarb., 1971). Die Austreibungszeit bei schweren Stenosen ist meist verlängert (BENCHIMOL u. MATSUO, 1971; PARISI u. Mitarb., 1971).

Der enddiastolische Druck im linken Ventrikel ist auch bei suffizientem Myokard erhöht und zeigt eine lose Korrelation zur Druckdifferenz. Die große Streuung in der Korrelation ist darauf zurückzuführen, daß zwar eine Abhängigkeit des enddiastolischen Drucks von der Hypertrophie besteht, die Hypertrophie aber nicht nur von den Druckdifferenzen, sondern auch von der Dauer des Fehlers und zusätzlicher Myokardbelastung abhängig ist.

Der erhöhte Füllungsdruck des linken Ventrikels erfordert eine verstärkte Kontraktion des linken Vorhofs. Hierdurch kommt es aber nur zu einem geringen Anstieg des mittleren Vorhofdruckes (STEWART u. Mitarb., 1968; SCHLANT, 1970; STOTT u. Mitarb., 1970). Deshalb sind starke Drucksteigerungen im Lungenkreislauf bei suffizientem linken Ventrikel nicht zu erwarten. Druckerhöhungen im kleinen Kreislauf bei Aortenstenose sind suspekt auf eine Dekompensation des linken Ventrikels, sofern zusätzliche Fehler sicher ausgeschlossen werden können.

Solange bei Aortenstenosen noch ein normales Schlagvolumen gefördert wird, sind nennenswerte Veränderungen in der Höhe und der Amplitude des zentralen Aortendruckes nicht zu erwarten. Bei Stenosen mit vermindertem Schlagvolumen kann es zu einer Abnahme des systolischen Drucks und zur Amplitudenverkleinerung kommen. Die Form des arteriellen Druckverlaufs ist aber häufig bereits bei leichten Stenosen in typischer Weise verändert (FARRAR u. GRAY, 1965). Der gegenüber der Norm verlangsamte Auswurf des Schlagvolumens durch die Stenose bewirkt einen verzögerten Druckanstieg mit einem verspäteten Maximum. Allerdings bestehen keine strengen Beziehungen zwischen der Aortendruckkurve und dem Schweregrad der Stenose (WOOD, 1958; COSBY u. Mitarb., 1962). Bei hämodynamisch bedeutsamer Aortenstenose findet man keine oder nur eine geringe Überhöhung des peripheren arteriellen Druckes. Auch kann die dikrote Welle abgeflacht sein oder fehlen, ohne daß eine zusätzliche Aorteninsuffizienz besteht. Beides wird auf geringe Reflexionswellen bei verzögertem Druckanstieg in der Aorta zurückgeführt (LOOGEN u. Mitarb., 1969).

Die *Koronardurchblutung* ist bei Aortenstenosen oft für die vermehrte Druckbelastung des linken Ventrikels unzureichend. Mehrere Faktoren sind hierfür verantwortlich: die Muskelhypertrophie mit einem vergrößerten Sauerstoffbedarf, die Verlängerung der Systole und die dadurch bedingte verkürzte diastolische Durchblutungszeit und der erhöhte enddiastolische Druck. Bei stärkeren Stenosen mit Abfall des Herzzeitvolumens kommt außerdem noch eine Verminderung des mittleren koronaren Perfusionsdruckes hinzu. Hierdurch kann es zur Myokardhypoxie mit disseminierten Nekrosen kommen (VINCENT u. Mitarb., 1974; MARON u. Mitarb., 1975). Manchmal löst die Hypoxie, z.B. bei körperlicher Anstrengung, akuten Herztod durch Kammerflimmern aus. Möglicherweise spielen hierbei auch andere Mechanismen, z.B. reflektorische Vagotonie, eine Rolle (SCHWARTZ u. Mitarb., 1969; JOHNSON, 1971; LOOGEN u. Mitarb., 1975).

Hinsichtlich Kammervolumina bei Aortenstenosen siehe unter Ventrikulographie.

Häufigkeit und Beschwerdebild. In der Literatur wird die relative Häufigkeit des Befalls der Aortenklappen bei Patienten mit erworbenen Herzklappenfehlern mit 40–45% angegeben (CLAWSON u. Mitarb., 1938; EDSTRÖM u. GEDDA, 1954; GROSSE-BROCKHOFF u. ISEKEN, 1954; MÜLLER, 1957). Im eigenen Untersuchungsgut fanden sich unter 1980 Fällen mit erworbenen Herzklappenfehlern in 660 Fällen (33%) ein Aortenvitium, davon 84 Fälle mit reiner Aortenstenose (LOOGEN u. Mitarb., 1969). Dabei überwog das männliche Geschlecht mit 4:1.

Anamnestisch wird von den Patienten mit erworbenen Aortenstenosen sehr viel seltener eine rheumatische Erkrankung angegeben als von Patienten mit Mitralfehlern (ROBERTS, 1970c). Selbst bei deutlichen Druckdifferenzen können die Patienten bis ins 4. Jahrzehnt beschwerdefrei und in ihrer Leistung nicht wesentlich eingeschränkt sein (BLONDEAU u. Mitarb., 1969). Typische Angaben der Patienten sind pektanginöse Beschwerden und Schwindelanfälle bis zur völligen Bewußtlosigkeit infolge zerebraler Mangeldurchblutung während oder nach körperlicher Belastung (FLAMM u. Mitarb., 1967). Stärkere Atembeschwerden, nicht selten in Form von Asthma cardiale-Anfällen, treten erst mit der Linksherzinsuffizienz auf. Dagegen ist starkes und unangenehm empfundenes Herzklopfen ein Frühsymptom des Herzfehlers.

Bei Männern über 40 Jahren ist häufig nicht zu entscheiden, ob eine Angina pectoris ausschließlich die Folge des Herzklappenfehlers ist, oder ob zusätzlich eine koronare Herzerkrankung vorliegt.

Klinische Befunde. Im Gegensatz zur Aorteninsuffizienz gibt das klinische Bild der Aortenstenose zu wenig zuverlässige Befunde, um eine Einteilung in Schweregrade allein nach klinischen Gesichtspunkten vorzunehmen. In der Regel gelingt es zwar, eine leichte Stenose von einer schweren zu unterscheiden; es gibt jedoch keine strengen Korrelationen zwischen Klinik und Hämodynamik. Die Einteilung in 4 Schweregrade zur Klärung des therapeutischen Vorgehens bezieht sich vorwiegend auf die hämodynamischen Meßwerte der Herzkatheteruntersuchung.

Bei der Palpation fällt meistens die verstärkte Aktion des linken Ventrikels auf. Der Herzspitzenstoß ist, von leichten Formen abgesehen, verbreitert und hebend bei weitgehend normaler Lokalisation. Das Fehlen eines hebenden Spitzenstoßes spricht nicht unbedingt gegen eine schwere Aortenstenose, da eine verstärkte Wölbung des Thorax, ein Lungenemphysem oder (und) eine Adipositas das Bild verwischen können. Oft fühlt man systolisches Schwirren im 1.—3. ICR rechts parasternal, im Jugulum und über den Karotiden. Es kann auch bis zur Stelle des Herzspitzenstoßes fortgeleitet sein. Die Pulsqualität ist in Ruhe meist nicht verändert; der Blutdruck ist normal. Eine arterielle Hypertonie schließt eine funktionell bedeutsame Aortenstenose allerdings nicht aus (FORKER u. Mitarb., 1970; ROBERTS u. Mitarb., 1971).

Auskultation und Phonokardiographie. Charakteristischer Befund der valvulären Aortenstenosen ist das systolische Geräusch, dessen Maximum im 1.—2. ICR rechts parasternal liegt. Das Geräusch wird einerseits in Strömungsrichtung in die Karotiden fortgeleitet, andererseits kann es sich aber auch nach links über das linksventrikuläre Feld bis zur Herzspitze fortleiten (GILLMANN u. LOOGEN, 1960; LUISADA u. SHAH, 1963; OAKLEY u. HALLIDIE-SMITH, 1967).

Das Geräusch ist oft „rauh" und zeigt phonokardiographisch eine Spindelform. Es beginnt mit der Aortenklappenöffnung. Die Lage des Geräuschmaximums zeigt eine gewisse Abhängigkeit vom Schweregrad der Stenose. Bei leichten Stenosen liegt es in der Mesosystole, bei schweren Stenosen kann es in die spätsystolische Phase verlagert sein (GROSSE-BROCKHOFF u. LOOGEN, 1961; BRAUNWALD u. Mitarb., 1963; STORSTEIN u. EFSKIND, 1966; OAKLEY u. HALLIDIE-SMITH, 1967). Das Geräusch endet kurz vor dem Aortenklappenschlußton. Es besteht eine gewisse Korrelation zwischen dem Schweregrad der Stenose und der Lautstärke des Geräusches. Bei hämodynamisch bedeutsamen Fehlern ist das Geräusch meist mittellaut bis sehr laut ($^4/_6$ bis $^6/_6$ AHA-Norm). Dies setzt allerdings voraus, daß noch ein normales Schlagvolumen gefördert wird. Im Zustand der Herzinsuffizienz kann selbst bei hochgradigen Stenosen nur ein leises Geräusch nachweisbar sein.

Der I. Ton zeigt keine diagnostisch verwertbaren Besonderheiten. Über seine Lautstärke bestehen widersprüchliche Angaben (REINHOLD u. Mitarb., 1955; MICHEL, 1965), die möglicherweise methodisch bedingt sind. Bei Registrierung der Geräusche an der Herzspitze findet sich ein normal lauter, nicht selten betonter I. Herzton. Bei Registrierung über der Herzbasis ist der I. Ton hier meist abgeschwächt (LOOGEN u. Mitarb., 1969). Nicht selten findet sich ein frühsystolischer Klick. Seine Entstehung ist nicht völlig geklärt. Wahrscheinlich handelt es sich um Schwingungen der veränderten Aortenklappe; es kann sich aber auch um einen Dehnungston der Aorta handeln (HANCOCK, 1966; DONELLY u. VANDENBERG, 1967; WHITTAKER u. Mitarb., 1969). Der Aortenklappenschlußton kann sowohl in seiner Lautstärke als auch in seiner Beziehung zum Pulmonalklappenschlußton verändert sein. Im allgemeinen ist er bei schweren Stenosen abgeschwächt, ohne daß eine enge Beziehung zum Stenosegrad besteht (GILLMANN u. LOOGEN 1960; STORSTEIN u. EFSKIND 1966; KUNAR u. LUISADA 1971). Bei hochgradigen Stenosen liegt das aortale Segment des II. Herztons später; es kann mit dem pulmonalen Segment zusammenfallen oder ausnahmsweise dem pulmonalen Segment nachfolgen. Dann spricht man von einer paradoxen Spaltung des II. Tons. Nicht selten findet sich ein Vorhofton als Ausdruck der verstärkten Vorhofkontraktion in Folge des erhöhten Füllungsdrucks des hypertrophierten linken Ventrikels.

Karotispulskurve und Apexkardiogramm. In der Registrierung der Karotispulskurve und des Apexkardiogrammes stehen zwei einfache unblutige Verfahren zur Verfügung, die bis zu einem gewissen Grade Rückschlüsse auf den Schweregrad einer Aortenstenose erlauben. Bei schweren Stenosen zeigt die Karotispulskurve typische Veränderungen: Verzögerung des Steilanstiegs und sägezahnähnliche Verformungen des in der Regel verspätet liegenden systolischen Gipfels (Hahnenkammphänomen). Bei leichten Stenosen treten anakrote Wellen auf (FARRAR u. GRAY, 1965). Häufig kann die dikrote Welle abgeflacht sein auch ohne begleitende Aorteninsuffizienz. Die Beziehung zwischen der Verzögerung des Steilanstiegs (ausgedrückt in der halben Pulskurvenanstiegszeit) und dem Schweregrad des Vitiums sind nur lose (REINHOLD u. Mitarb., 1955; ARANI u. CARLETON, 1967; GIULIANI u. GOULD, 1969; KAINDL u. Mitarb., 1970; LYLE u. Mitarb., 1971); BONNER u. Mitarb., 1973; STARR u. Mitarb., 1973; RENGGLI, 1974). Im Apexkardiogramm findet sich meist eine deutlich erhöhte a-Welle als Ausdruck des erhöhten Füllungsdruckes des linken Ventrikels (GLEICHMANN u. Mitarb., 1967; EPSTEIN u. Mitarb., 1968). Allerdings bestehen keine strengen Beziehungen zwischen der Vorhofskontraktionswelle und der Höhe der a-Welle im ACG (FLEMING, 1968). Die systolische Welle zeigt einen verlangsamten Anstieg. Nach der Klappenöffnung steigt die systolische Welle im Gegensatz zum Normalfall weiter an, so daß ein spätsystolisches Maximum resultiert.

Elektrokardiographie. Die elektrokardiographischen Veränderungen bei Aortenstenosen sind abhängig vom Schweregrad und vom Alter des Herzfehlers. Daraus ergibt sich, daß bei Erwachsenen die EKG-Veränderungen eine bessere Korrelation zum Schweregrad der Stenose erkennen lassen als bei Jugendlichen (FRIEDMAN u. Mitarb., 1971).

Die EKG-Veränderungen betreffen vorwiegend die Kammergruppen. Solange keine myokardiale Dekompensation vorliegt, besteht praktisch immer Sinusrhythmus. Vorhofflimmern kann im Endstadium auftreten (MYLER u. SANDERS, 1968). Die Vorhofpotentiale zeigen gelegentlich Zeichen vermehrter Linksbelastung, sog. P-sinistrocardiale (So, 1967). Störungen der AV-Überleitung sind selten (PARTAIN u. SYDNOR, 1968; BLONDEAU u. Mitarb., 1969). Die Lage des QRS-Hauptvektors in der Frontalebene ist bei Aortenstenosen nicht charakteristisch. Unabhängig vom Schweregrad wird ein Linkstyp nur in 20—30% der Fälle beobachtet (GROSSE-BROCKHOFF u. Mitarb., 1960; GILLMANN u. LOOGEN, 1960). In den meisten Fällen ist ein norm- bis steiltypischer „Lagetyp" nachweisbar. Zeichen der Linkshypertrophie sind in den Brustwandableitungen manchmal schon bei leichten Stenosen vorhanden, bei schweren Stenosen fehlen sie nur selten (FORKER u. Mitarb., 1970). Schenkelblockbilder sind selten (STORSTEIN u. EFSKIND, 1966). Sie finden sich häufiger bei der Dekompensation des linken Ventrikels, können allerdings auch selten durch eine karditische oder zusätzlich degenerative Schädigung des Reizleitungssystems bedingt sein.

Den zuverlässigsten elektrokardiographischen Hinweis auf den Stenosegrad liefert das Verhalten der ST-Strecken und T-Wellen. Das Auftreten von ST-Senkungen zeigt eine gute Beziehung zum Stenosegrad. Bei Druckdifferenzen unter 40 mm Hg werden sie nur ausnahmsweise beobachtet, bei einer Differenz über 60 mm Hg sind sie praktisch immer nachweisbar. Die ST-Senkung ist Ausdruck einer Innenschichtsschädigung, die durch das Mißverhältnis zwischen Muskelhypertrophie und koronarer Durchblutung bedingt ist. Ähnliche Beziehungen bestehen zwischen den Veränderungen der T-Welle und dem Stenosegrad. Bei leichten Stenosen ist nur vereinzelt ein negatives T nachweisbar, bei Druckdifferenzen über 60 mm Hg wird eine T-Negativität nur selten vermißt. Hochgradige Stenosen mit einer Differenz über 100 mm Hg zeigen eine präterminal negative T-Welle meist schon in V_4 (GILLMANN u. LOOGEN, 1960).

Röntgenbefunde. Die Druckbelastung des linken Ventrikels führt zu einer konzentrischen Hypertrophie (s. Ventrikulographie). Trotz starker Zunahme der Muskelmasse braucht daher röntgenologisch eine Vergrößerung des Herzens nicht sichtbar zu werden. Erst bei einer hochgradigen Stenose mit Schädigung der Arbeitsmuskulatur kommt es zu einer Dilatation des linken Ventrikels. Diese führt dann im dorso-ventralen Strahlengang zur ausgeprägten Linksverbreiterung mit starker Rundung der Herzspitze und deutlicher Herztaille, d.h. der sog. Aortenkonfiguration (SOSMAN, 1939). Es muß aber schon eine erhebliche Vergrößerung der Kammervolumina vorliegen, um eine von der Norm abweichende Änderung der röntgenologischen Herzgröße herbeizuführen. Dementsprechend finden sich bei Patienten mit Aortenstenosen alle Übergänge von einer normalen Herzgröße und -konfiguration bis zur starken Linksverbreiterung.

Die normale Herzgröße ist – von ganz leichten Stenosen abgesehen – meist nur scheinbar. Durch Kontrastmitteluntersuchung des linken Ventrikels kann nachgewiesen werden, daß die Massenverteilung des Herzens zugunsten des linken Ventrikels verschoben ist (LEVINE u. Mitarb., 1963; KENNEDY u. Mitarb., 1968; GRAHAM u. Mitarb., 1970; SIMON u. Mitarb., 1970). Dieser Befund ist auch durch anatomische Untersuchungen belegt (BAGGENSTOSS u. TITUS, 1968). Da jede Vergrößerung des linken Ventrikels, gleichgültig ob sie Folge einer Dilatation oder einer Hypertrophie ist, zunächst und vornehmlich nach hinten erfolgt, kann das Sagittalbild ein normales Herz vortäuschen (THURN, 1968; LEWIS u. Mitarb., 1971; LOOGEN, 1971). Bei den funktionell ins Gewicht fallenden Stenosen ist aber eine verstärkte Rundung der Herzspitze festzustellen. Die Massenverteilung zu-

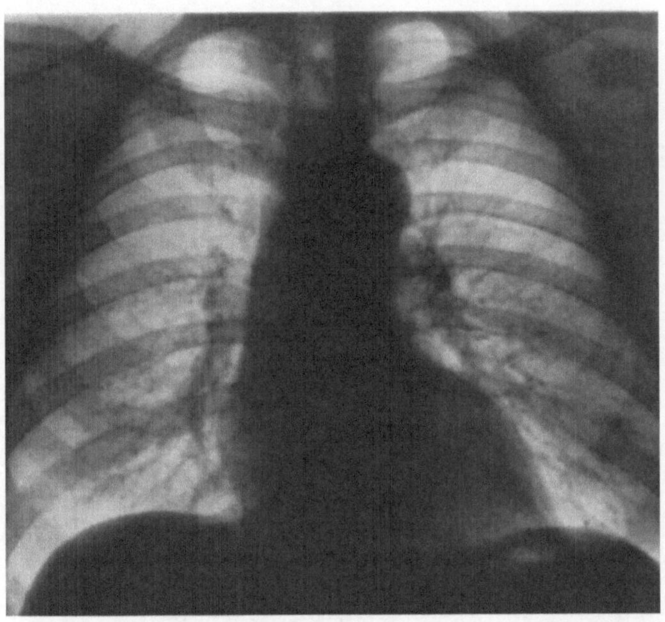

a

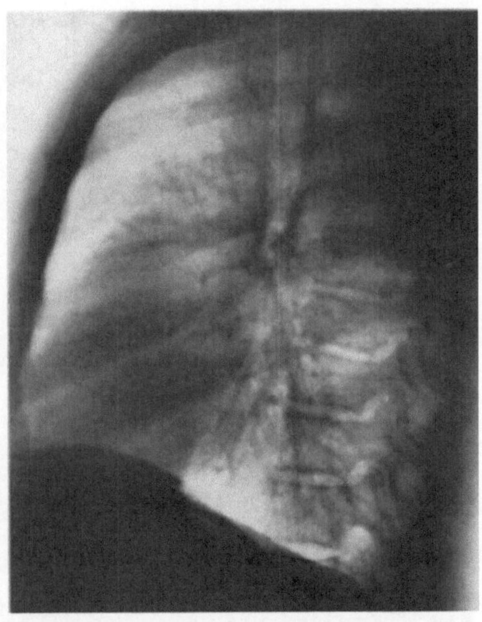

b

Abb. 49a u. b. Valvuläre Aortenstenose vom Schweregrad I bei einem 49jährigen Patienten (H. Kr.). Systolische Druckdifferenz linker Ventrikel / Aorta 5 mm Hg. (a) Sagittale Herzfernaufnahme: Linksbetontes Herz mit verstärkter Rundung der Herzspitze. Breites Gefäßband mit Ektasie der aufsteigenden Aorta. Mäßig vorspringender Aortenknopf. Hilus- und Lungengefäßzeichnung normal. (b) Seitenbild: Keine Einengung des Herzhinterraums und des Retrosternalraums

gunsten des linken Ventrikels läßt sich im allgemeinen bei der Untersuchung in der linken Schrägstellung (2. schräger Durchmesser) bzw. im seitlichen Strahlengang, auch ohne Zuhilfenahme spezieller Untersuchungsmethoden, nachweisen. Bei kompensierter Aortenstenose ergeben sich aus der Größe des Herzens keine Rückschlüsse auf den Schweregrad des Herzfehlers (Gillmann u. Loogen, 1960; Oakley u. Hallidie-Smith, 1967; Batson u. Mitarb., 1972) (Abb. 49—51).

Wie schon erwähnt, tritt die typische Aortenkonfiguration des Herzens im Röntgenbild erst mit Dilatation des linken Ventrikels auf (Abb. 52a u. b). Diese Konfiguration ist nicht gleichbedeutend mit einer hochgradigen Stenose; sie kann nämlich auch durch zusätzliche entzündliche oder degenerative Schädigung der Arbeitsmuskulatur der linken Kammer bedingt sein. Daher ist eine Zunahme der Herzgröße im Verlauf einer Aortenstenose nicht gleichbedeutend mit einer weiteren Verkleinerung der Klappenöffnungsfläche. Dies macht noch einmal deutlich, daß aus der Herzfernaufnahme allein keine Beurteilung des Schweregrades des Klappenfehlers möglich ist.

Wie bei der Aorteninsuffizienz ist nach unseren Erfahrungen die Dilatation des linken Ventrikels im Seitenbild durch Einengung des Herzhinterraums gut zu beurteilen (Abb. 53). Wir bevorzugen auch deswegen die seitliche Projektion, weil sie am ehesten reproduzierbare Verhältnisse bei der Verlaufskontrolle bietet. Andere Autoren halten Aufnahmen in linker Schrägstellung für die Beurteilung des linken Ventrikels besonders geeignet. Durch die verstärkte Ausladung des linken Herzens nach dorsal ist dabei ebenfalls eine Zunahme des Tiefendurchmessers festzustellen (Thurn, 1968).

Der linke Vorhof ist bei der Aortenstenose zunächst nicht vergrößert (Takekawa u. Mitarb., 1966). Seine Vergrößerung ist suspekt auf eine zusätzliche Mitralinsuffizienz oder auf eine relative Schlußunfähigkeit der Mitralklappen bei dekompensierter Aortenstenose. Diese relative Mitralinsuffizienz entsteht durch Überdehnung des Klappenrings infolge Erweiterung des linken Ventrikels. Die Vergrößerung des linken Vorhofs kommt in sagittaler

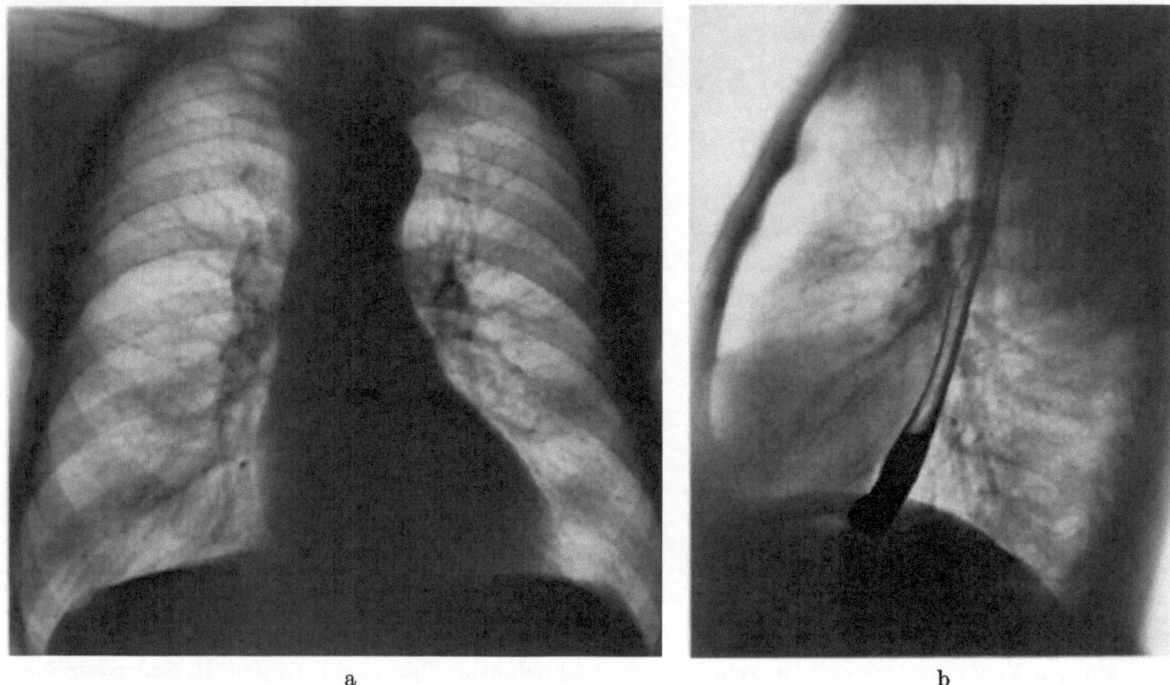

Abb. 50a u. b. Valvuläre Aortenstenose vom Schweregrad II bei einem 58jährigen Patienten (W. Ot.): Systolische Druckdifferenz linker Ventrikel / Aorta 35 mm Hg. (a) Sagittale Herzfernaufnahme: Normalgroßes Herz. Umschriebene supravalvuläre Ektasie der aufsteigenden Aorta. Vorspringender Aortenknopf. Hilus- und Lungengefäßzeichnung normal. (b) Seitenbild: Keine Einengung des Herzhinter- und Retrosternalraums

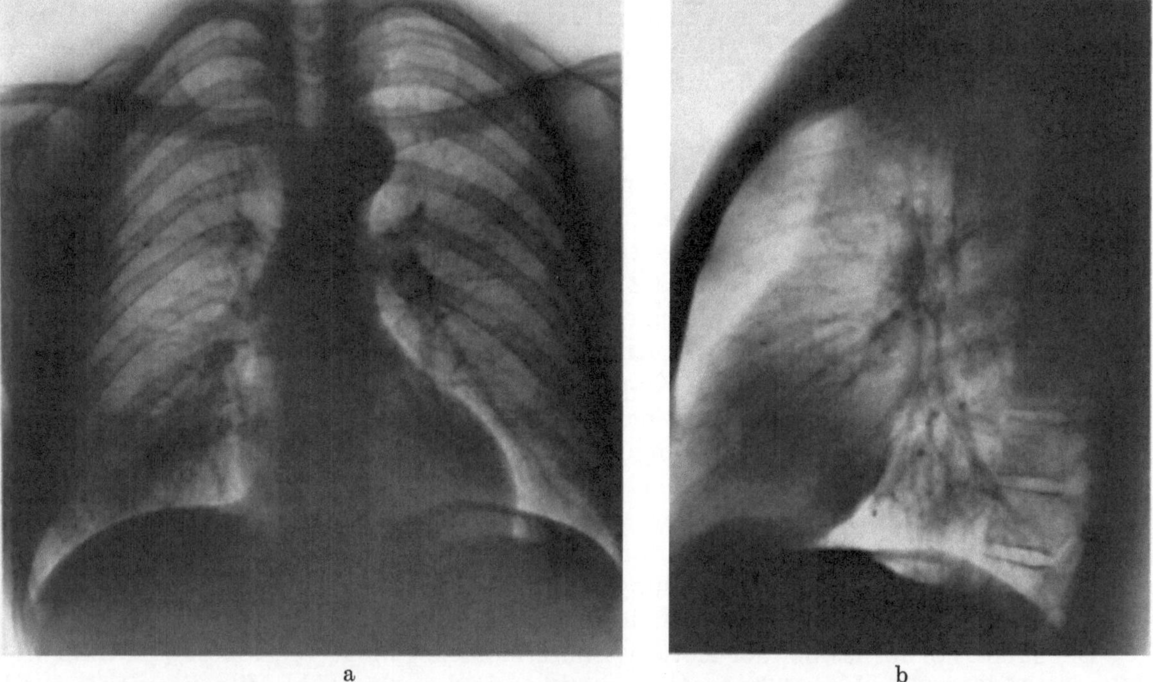

Abb. 51a u. b. Valvuläre Aortenstenose vom Schweregrad III bei einem 45jährigen Patienten (J. Pa.): Systolische Druckdifferenz linker Ventrikel / Aorta 90 mm Hg. (a) Sagittale Herzfernaufnahme: Normalgroßes Herz mit verstärkter Rundung der Herzspitze. Stärkere supravalvuläre Ektasie der aufsteigenden Aorta. Stark vorspringender Aortenknopf. Hilus- und Lungengefäßzeichnung normal. (b) Seitenbild: Keine Einengung des Herzhinter- und Retrokardialraums

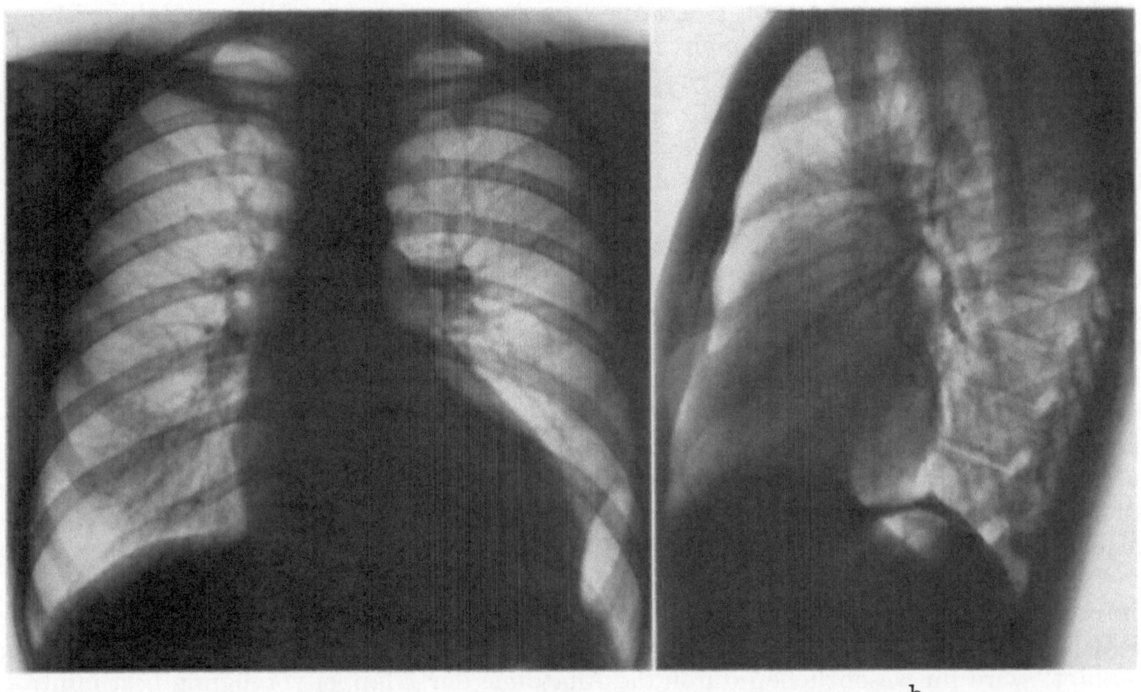

Abb. 52a u. b. Valvuläre Aortenstenose (Schweregrad III—IV) bei einem 33jährigen Patienten (B. He.): Systolische Druckdifferenz linker Ventrikel / Aorta 120 mm Hg. (a) Sagittale Herzfernaufnahme: Linksverbreitertes Herz; verstrichene Herztaille; breites Gefäßband; flache Vorwölbung des Pulmonalbogens. Breite Hili. Normale Lungenperipherie (b) Seitenbild: Starke Einengung des Herzhinterraums, vor allem im Bereich des linken Ventrikels

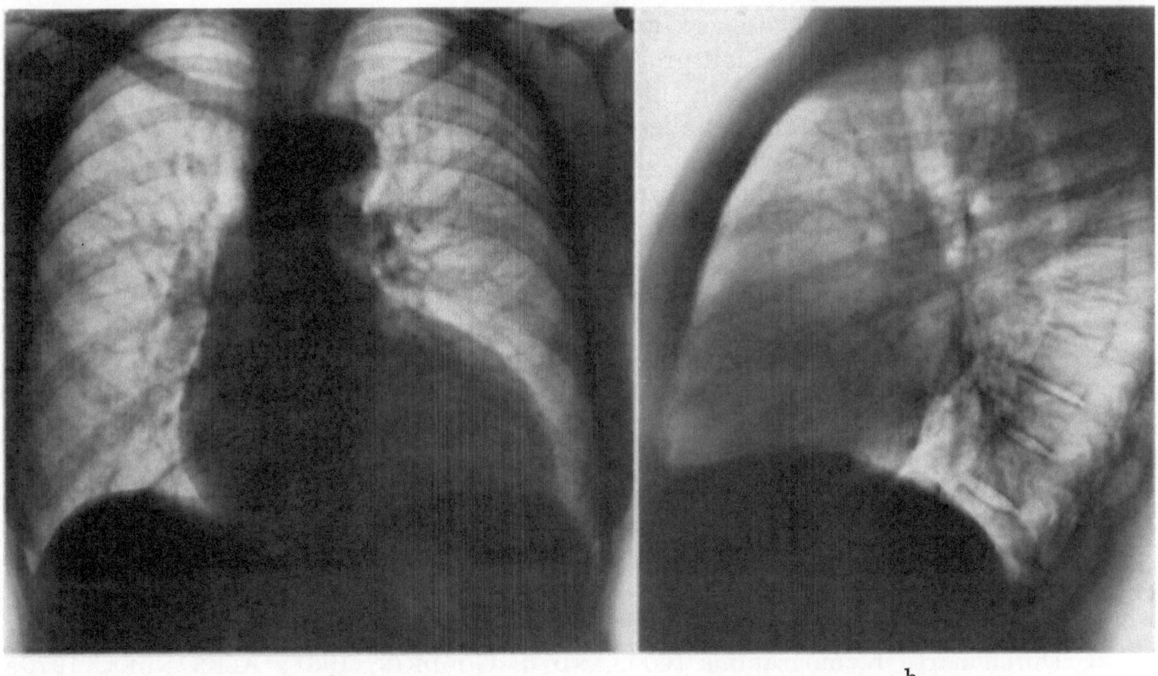

Abb. 53a u. b. Dekompensierte valvuläre Aortenstenose vom Schweregrad IV bei einer 46jährigen Patientin (A. Da.): Systolische Druckdifferenz linker Ventrikel / Aorta 80 mm Hg. (a) Sagittale Herzfernaufnahme: Starke Verbreiterung des Herzens nach links. Ektasie der aufsteigenden Aorta. Vorspringender Aortenknopf. „Aortenkonfiguration". Hilus- und Lungengefäßzeichnung erscheint etwas verstärkt. (b) Seitenbild: Deutliche Ausladung des linken Ventrikels in den Herzhinterraum

Projektion in einer verstrichenen Herztaille zum Ausdruck. In der Seitenaufnahme ist der Herzhinterraum in diesen Fällen meist nicht sehr stark durch den linken Vorhof eingeengt. Es gibt allerdings keine sicheren Kriterien, um eine relative Mitralinsuffizienz von einem organischen Mitralklappenfehler abzugrenzen. Eine relative Insuffizienz ist am ehesten dann anzunehmen, wenn bei Verlaufsbeobachtungen mit klinischer Verschlechterung eine „Mitralkonfiguration" auftritt, ohne daß ein Anhalt für ein entzündliches Rezidiv mit Beteiligung der Mitralklappe besteht.

Ein weiterer charakteristischer röntgenologischer Befund bei der valvulären Aortenstenose ist die Dilatation der Aorta, die im Gegensatz zur Aorteninsuffizienz oder Aortensklerose bei arterieller Hypertonie auf den Aszendensanteil beschränkt ist. Gelegentlich ist die Dilatation im suprabulbären Aortenabschnitt besonders stark ausgeprägt (s. Abb. 51). Die Aortendilatation ist in linker Schrägstellung oder in seitlicher Projektion häufig besser sichtbar zu machen. Bei Kontrastmittelfüllung läßt sich zeigen, daß die Konfigurationsänderung der Aorta nicht nur auf eine Dilatation, sondern auch auf einen abnormen Verlauf zurückzuführen ist. Die Aorta läuft bogenförmig nach vorne und nach rechts (Kjellberg u. Mitarb., 1959). Auch bei einer Aortenstenose mit geringer Druckdifferenz kann eine erhebliche Aortendilatation vorliegen. Das Ausmaß der Erweiterung läßt daher keine Rückschlüsse auf den Schweregrad des Klappenfehlers zu (Loogen, 1961; Batson u. Mitarb., 1972). Die Dilatation der aufsteigenden Aorta hängt wahrscheinlich von der Richtung des Blutstrahls gegen die Aortenwand und der Wirbelbildung ab. Die Richtung des „Jet" wird im wesentlichen durch die Anatomie der Klappenverengung bestimmt.

Eine Vergrößerung des rechten Ventrikels ist bei der Aortenstenose selten. Sie tritt allenfalls bei länger dekompensierter Aortenstenose auf. Typische Merkmale des Versagens des linken Herzens sind normalerweise die röntgenologischen Zeichen der Lungenstauung und die „Mitralisation" der Herzkonfiguration. Störungen der Lungendurchblutung bei Aortenvitien lassen sich jedoch schon in einem Stadium nachweisen, in dem klinisch und röntgenologisch noch keine manifeste Linksvergrößerung mit Lungenstauung besteht (Goodenday u. Mitarb., 1970).

Ein wichtiger röntgenologischer Befund sind *Klappenverkalkungen*, weil damit die Lokalisation der Aortenstenose mit großer Wahrscheinlichkeit möglich ist (Abb. 54). Sie werden bei erworbenen Stenosen in einem sehr hohen Prozentsatz gefunden (Sosman u. Wosika, 1933). Der Befund erlaubt allerdings keine ätiologischen Rückschlüsse, da sekundäre Klappenverkalkungen auch bei angeborenen valvulären Aortenvitien vorkommen oder Folge degenerativer Klappenprozesse sein können (Baggenstoss u. Titus, 1968; Degeorges u. Caramanian, 1968; Soulie u. Mitarb., 1969; Roberts 1970b u. c; Pomerance, 1972). Klappenverkalkungen sind vor dem 20. Lebensjahr selten (Hufnagel u. Conrad, 1962). Nur in Einzelfällen zeigen auch jüngere Patienten erhebliche Klappenverkalkungen (Campbell u. Kauntze, 1953; Loogen u. Mitarb., 1969); bei älteren Patienten sind sie dagegen die Regel (Bailey u. Likoff, 1957; Thurn, 1968; Finegan u. Mitarb., 1969; Batson u. Mitarb., 1972). Eine Verkalkung im Bereich der Aortenklappe beweist noch nicht, daß eine Aortenstenose vorliegt, da auch degenerative Verkalkungsprozesse an den Klappen ablaufen können, ohne daß es zu einer Stenosierung des Ostiums kommt. Bei Patienten mit Aortenklappenfehlern besteht keine Korrelation zwischen dem Ausmaß der Verkalkung und dem Grad der Stenose (Glancy u. Mitarb., 1969a). Batson u. Mitarb. (1972) fanden allerdings Verkalkungen vorwiegend bei stärkeren Stenosen. Der Nachweis von verkalkten Aortenklappen ist wesentlich leichter bei einer Untersuchung mit Bildverstärker und Fernsehkette (Thurn, 1968; Batson u. Mitarb., 1972; Kübler u. Mitarb., 1972). Durch harte Kymogramme (Gelland u. Goodkin, 1961; Alexander, 1970a) sind die Klappenverkalkungen zu objektivieren. Durch Schichtaufnahmen sind Verkalkungen der Klappen infolge der langen Belichtungszeiten meist nicht darstellbar.

Die Verkalkungen der Aortenklappen lokalisieren sich im p.-a.-Bild auf oder unmittelbar links neben die Wirbelsäure, in rechter Schrägstellung (1. schräger Durchmesser, s. Abb. 54) in das hintere und in linker Schrägstellung (2. schräger Durchmesser) in das

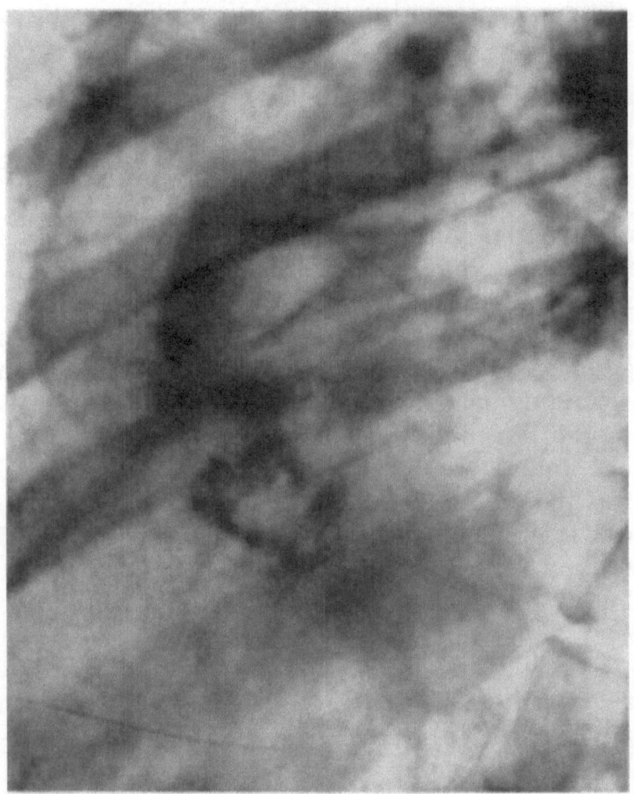

Abb. 54. Ringförmige Verkalkung im Bereich des Aortenostiums bei einem Patienten mit valvulärer Aortenstenose (Hartstrahlaufnahme im II. schrägen Durchmesser)

vordere Drittel des Herzens. Im seitlichen Strahlengang projiziert sich die Aortenklappe normalerweise oberhalb einer Verbindungslinie vom Lungenhilus zur Herzspitze. Die unterhalb dieser Hilfslinie liegenden Verkalkungen sind mit großer Wahrscheinlichkeit der Mitralis zuzuordnen. Außerdem bewegen sich die Aortenklappen mehr in kraniokaudaler Richtung, die Mitralklappen mehr in horizontal-schräger Richtung. Die Bewegungsamplitude der Verkalkungen gibt keine bindenden Hinweise über die Beweglichkeit des Klappenapparates, da Klappenebene und Bulbus aortae insgesamt während der Herzaktion verlagert werden.

Kymographie und Elektrokymographie. Im Gegensatz zur Aorteninsuffizienz spielt das Flächen- bzw. Elektrokymogramm keine diagnostisch bedeutsame Rolle. Die Befunde sind weniger charakteristisch, wenn auch durch normale Ventrikel- und Aortenpulsationen eine Stenose von einer hämodynamisch bedeutsamen Aorteninsuffizienz abzugrenzen ist (STUMPF, 1951; MARIOUS u. OEDMAN, 1959). Die systolischen Medianbewegungen des linken Ventrikels sind meist abgeflacht und abgeschrägt (SCHMIDT u. ZEITLER, 1968; ALEXANDER, 1970b). Verstärkte Pulsationen der poststenotisch dilatierten Aorta ascendens sind bei der valvulären Stenose relativ häufig. Sie sind Folge einer vermehrten Lateralbewegung und Ausbuchtung dieses Aortenabschnittes in der Systole durch den „Jet". Sie beweisen jedoch weder eine begleitende Klappeninsuffizienz, noch sind sie pathognomonisch für eine valvuläre Stenose; sie können z.B. auch bei arterieller Hypertonie gefunden werden (THURN, 1968).

Herzkatheteruntersuchung. Da die Bestimmung des Schweregrades der Aortenstenose mit den üblichen klinischen Untersuchungsmethoden nicht zuverläßig gelingt, kann auf spezielle Untersuchungen – von Notfällen abgesehen — nicht verzichtet werden.

Die Druckmessung in der Aorta und im linken Ventrikel zur Bestimmung der Druckdifferenz kann auf verschiedene Weise erfolgen:

1. transkutane Punktion des linken Ventrikels,
2. retrograde Sondierung des linken Ventrikels,
3. transseptale Sondierung des linken Herzens.

Die Technik dieser Verfahren wurde in Band X/1 dieses Handbuchs von LOOGEN und GLEICHMANN dargestellt. Die perkutane Ventrikelpunktion ist heute weitgehend verlassen und wird nur noch in den Fällen durchgeführt, in denen der antegrade oder retrograde Zugang zum linken Ventrikel nicht gelingt oder nicht möglich ist. Wenn bei der retrograden Katheteruntersuchung der linke Ventrikel erreicht wird, können neben der Druckdifferenz aus dem Druckkurvenverlauf auch die Stenoselokalisation ermittelt und die valvuläre Aortenstenose gegenüber anderen Formen abgegrenzt werden. Die Klappenstenose ist beim Rückzug aus dem linken Ventrikel daran zu erkennen, daß beim Übergang der Ventrikeldruckkurve auf den arteriellen Druck eine mehr oder weniger deutlich ausgeprägte systolische Druckdifferenz nachweisbar ist. Bei einem Teil der hämodynamisch bedeutsamen Aortenstenosen kann es jedoch schwierig oder unmöglich sein, den Katheter in den linken Ventrikel vorzuschieben. Außerdem können bei diesem Vorgehen Kalkstückchen von der Aortenklappe abgelöst werden und zu arteriellen Embolien führen. Zu bevorzugen ist deswegen die transseptale Sondierung des linken Ventrikels über den linken Vorhof. Sie hat den weiteren Vorzug, daß alle Herzabschnitte erreicht und dadurch zusätzliche Fehler (z.B. Mitralvitien) zuverlässig erfaßt werden können. Zur Bestimmung der Druckdifferenz wird gleichzeitig eine periphere Arterie punktiert. Die Höhe der Druckdifferenz ist ein wesentlicher Faktor für die Beurteilung des Schweregrades und damit der Operationsindikation. Die Schweregrade lassen sich wie folgt festsetzen (BAYER u. Mitarb., 1967):

Schweregrad I: Druckdifferenz bis 40 mm Hg
Schweregrad II: Druckdifferenz 40—70 mm Hg
Schweregrad III: Druckdifferenz $>$ 70 mm Hg

Diese Angaben gelten unter der Voraussetzung, daß ein normales Schlagvolumen vom linken Ventrikel gefördert wird. Ist das Herzvolumen bekannt, kann die Klappenöffnungsfläche berechnet werden (GORLIN u. GORLIN, 1951; LEE u. Mitarb., 1970a).

Kontrastmitteldarstellung. *Ventrikulographie.* Die gezielte Kontrastmitteldarstellung mit Injektion in den linken Ventrikel wird im allgemeinen zur Abgrenzung einer valvulären von anderen Stenoselokalisationen durchgeführt. Darüber hinaus können Rückschlüsse auf Anatomie des Klappenapparates (Abb. 55a u. b) sowie Kammervolumina und Wanddicke des linken Ventrikels gezogen werden (Abb. 56a—d). Lange Zeit war die Darstellung der Klappenverhältnisse eine wichtige Voraussetzung bei der Entscheidung zum operativen Vorgehen (STEINHART u. Mitarb., 1963; CHAILLET, 1965; TAKEKAWA u. Mitarb., 1966; BARON, 1971a). Bei gut beweglichen, zarten Klappen wurde in der Regel eine Kommissurotomie vorgenommen; bei verdickten, deformierten Klappen mit eingeschränkter Beweglichkeit war dagegen Klappenersatz unumgänglich. Die Kommissurotomie einer erworbenen Aortenklappenstenose wird heute nur noch in Ausnahmefällen durchgeführt. Für die Implantation einer Klappenprothese sind jedoch nicht der Klappenzustand, sondern die Weite des Klappenringes und die poststenotische Dilatation des Aortenrohres von Bedeutung (TAUBMANN u. Mitarb., 1966; BERNDT u. Mitarb., 1972). Im allgemeinen ist der Klappenring nicht verändert. In einzelnen Fällen ist aber ähnlich wie bei der valvulären Pulmonalstenose eine Hypoplasie bzw. Schrumpfung des Klappenringes vorhanden. Hierbei findet man in der Höhe des Klappenringes eine mehr oder weniger starke Einschnürung. Ob es sich dann allerdings wirklich um „erworbene" Klap-

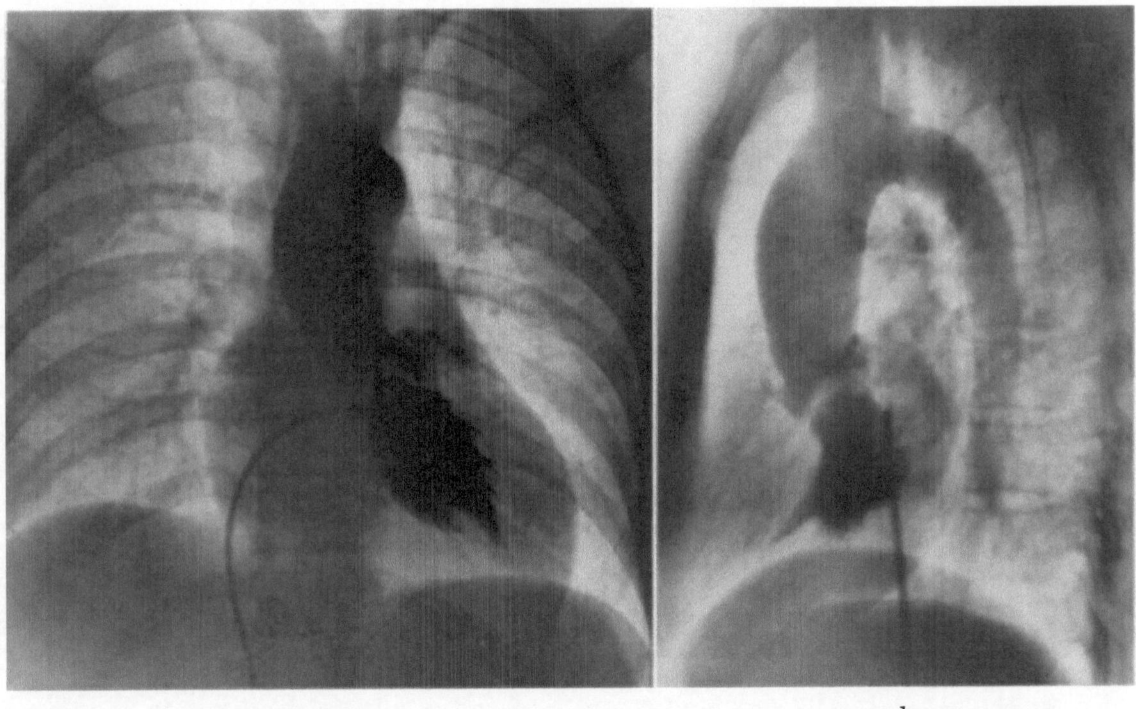

a b

Abb. 55a u. b. Kontrastmitteldarstellung des linken Ventrikels und der Aorta bei einer 44jährigen Patientin (E. He.) mit einer valvulären Aortenstenose. (a) Sagittal-, (b) Seitenbild: Vor allem im Seitenbild erkennt man in der systolischen Phase die bogenförmige Vorwölbung der deutlich verdickten und unregelmäßig konturierten Aortenklappe. Im Sagittalbild angedeuteter Kontrastmittel-„Jet"

penfehler handelt, ist noch zu diskutieren. Aus dem Ventrikulogramm kann durch spezielle Auswertungsverfahren die Klappenöffnungsfläche berechnet werden (STEIN, 1971,; SENINGEN u. Mitarb., 1974).

Die Kontrastmittelinjektion in die linke Kammer erfolgt nicht nur zur Darstellung der Aortenklappen und des Aortenrohres, sondern auch zur anatomischen und funktionellen Beurteilung des linken Ventrikels. Anatomisch findet sich dabei ein trabekelreicher, wandstarker Ventrikel. Im Gegensatz zur idiopathischen hypertrophischen subaortalen Stenose (IHSS bzw. HOCM) betrifft die Hypertrophie sämtliche Muskelbezirke, so daß keine umschriebenen Einengungen bzw. Abschnürungen resultieren (GLANCY u. EPSTEIN, 1971; THURN u. THELEN, 1972). Die schon im Nativbild feststellbare Verlagerung des linken Ventrikels nach hinten läßt sich hierbei eindeutig nachweisen. Das Aortenrohr verläuft im Gegensatz zur obstruktiven Kardiomyopathie in Richtung der Längsachse des linken Ventrikels.

Für die Funktionsbeurteilung sind Wanddicke, Kontraktionsablauf und Kammervolumina des linken Herzens von besonderer Bedeutung (s. Abb. 56). Die Bestimmung des enddiastolischen und endsystolischen Volumens wurde mit Hilfe der üblichen Verfahren unter Annahme einfacher geometrischer Verhältnisse aus den Ventrikulogrammen entwickelt. Wie oben erwähnt, ist zu erwarten, daß durch die muskuläre Hypertrophie bei reiner Aortenstenose die Kammervolumina abnehmen. Verschiedene Autoren fanden eine signifikante Abnahme des enddiastolischen Volumens bei jugendlichen Patienten mit Aortenstenose gegenüber Normalpersonen. Gleichzeitig bestand eine Verdickung der linksventrikulären Muskelmassen (EMMERICH u. Mitarb., 1966; KENNEDY u. Mitarb., 1968; GRAHAM u. Mitarb., 1970). Besonders interessant ist, daß auch bei Patienten mit erhöhten enddiastolischen Drucken normale Volumina vorkommen können (GRANT u.

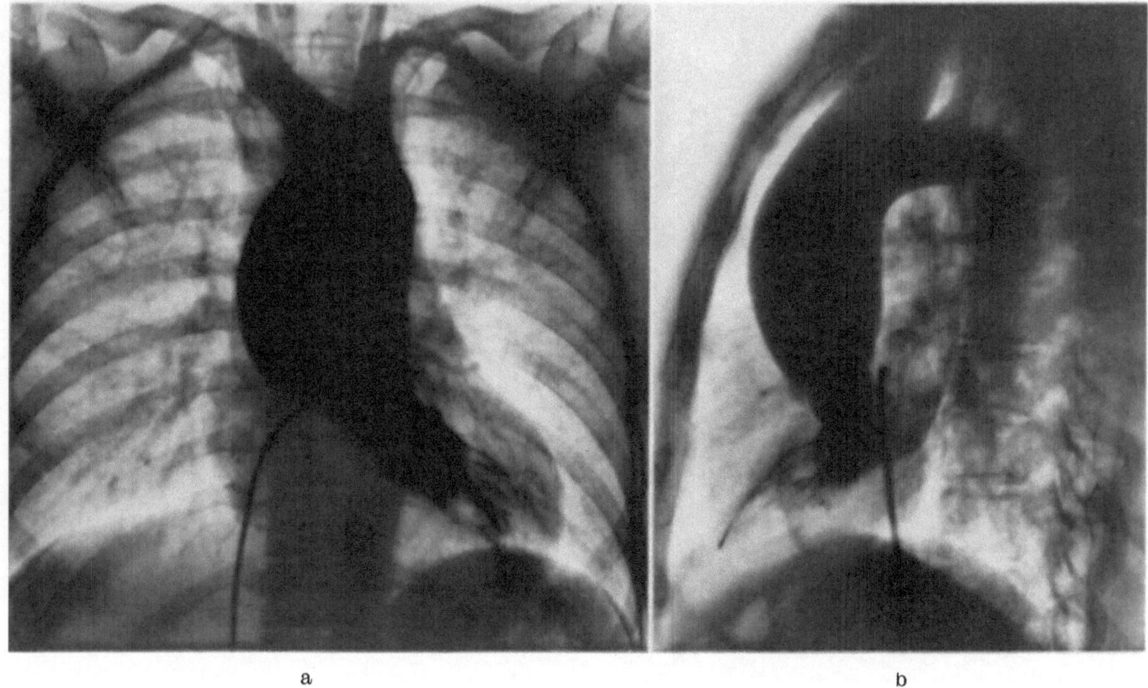

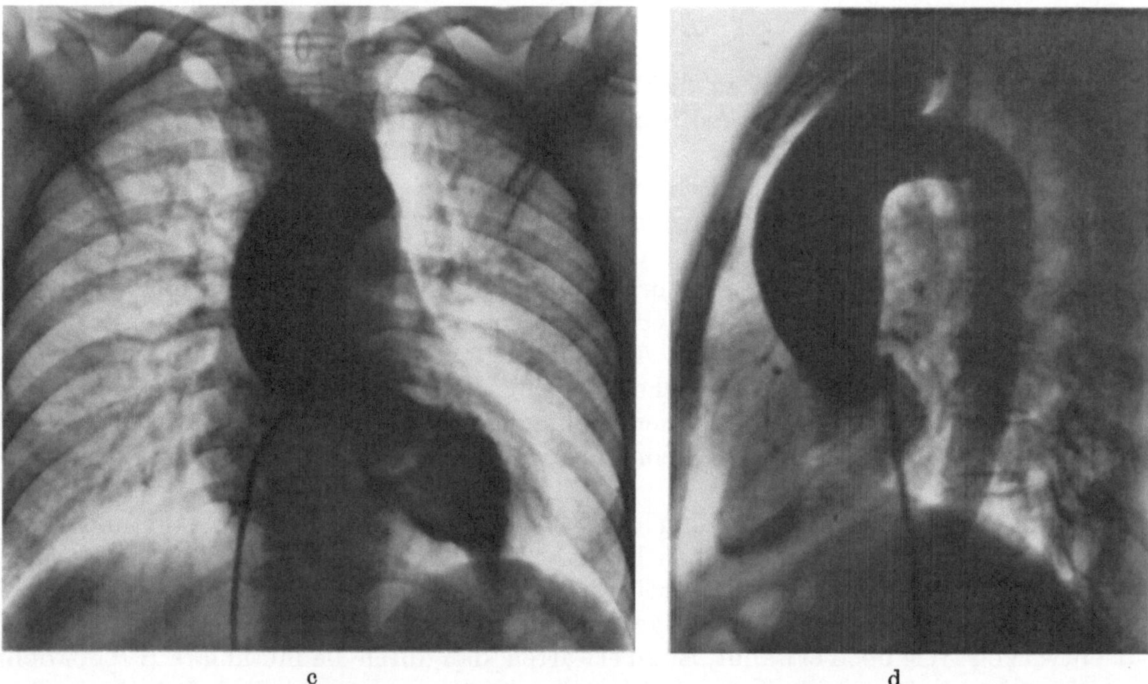

Abb. 56a—d. Kontrastmitteldarstellung des linken Ventrikels und der Aorta bei einer 39jährigen Patientin (M. To.) mit einer valvulären Aortenstenose. (a) und (b) (Die nach ventral und kaudal vorspringende Kontrastmittelstraße darf nicht mit dem Katheter vewechselt werden.) Systolische Phase: Bogenförmige Vorwölbung der nur gering verdickten Aortenklappe. Deutliche suprabulbäre Erweiterung der Aorta. Verstärkte Ausladung der aszendierenden Aorta nach rechts und vorne. Truncus brachiocephalicus erweitert. (c) und (d) Diastolische Phase: Lumen des linken Ventrikels relativ klein. Deutliche Dickenzunahme der Ventrikelwand

Mitarb., 1965; FLEMING u. HAMER, 1968; KENNEDY u. Mitarb., 1968; GRAHAM u. Mitarb., 1970). Andere Autoren fanden bei Jugendlichen mit reiner Aortenstenose ein vergrößertes enddiastolisches Volumen (TAKEKAWA u. Mitarb., 1966; CASTELLANOS u. Mitarb., 1967). LEWINE u. Mitarb. (1963) errechneten normale Volumina bei meist jugendlichen Patienten mit Aortenstenose. Bei älteren Patienten sind normale oder verkleinerte Volumina, trotz Zunahme der Muskelmasse, eher die Ausnahme. So fanden FLEMING u. HAMER (1968) nur in 6 von 26 Fällen mit Aortenstenose normale, in allen übrigen Fällen deutlich vergrößerte Volumina, ohne daß bei diesen Patienten eine Herzinsuffizienz bestand. Ähnliche Ergebnisse werden auch von anderen Untersuchern mitgeteilt (GORLIN u. Mitarb., 1964; JONES u. Mitarb., 1964; HUGENHOLTZ u. Mitarb., 1968; DODGE u. BAXLEY, 1969; LEE u. Mitarb., 1970; SIMON u. Mitarb., 1970; DEGENRING u. Mitarb., 1971; LIEDTKE u. Mitarb., 1976). Die unterschiedlichen Befunde können dadurch erklärt werden, daß bei länger bestehenden erworbenen Herzklappenfehlern die Kammervolumina nicht nur vom Ausmaß der Stenose, sondern auch vom Zustand des Myokards (Dauer der Druckbelastung, karditische Schädigung) und den Veränderungen der Herzkranzgefäße abhängen (EMMERICH u. Mitarb., 1966). Die röntgenologischen Messungen stimmen prinzipiell mit den Ergebnissen anderer Indikatorverdünnungsverfahren überein (FLEMING u. HAMER, 1968; HUGENHOLTZ u. Mitarb., 1968; SIMON u. Mitarb., 1970; SCHICHA u. Mitarb., 1971).

Koronarographie. Wie oben ausgeführt, bestehen bei einem großen Teil der Patienten mit hämodynamisch bedeutsamer Aortenstenose pektanginöse Beschwerden. Die Häufigkeit der Beschwerden nimmt mit dem Alter zu. Klinisch ist nicht zu entscheiden, ob eine solche Angina pectoris Ausdruck der Druckbelastung des linken Herzens an der Grenze der Kompensation mit Einschränkung der Koronarreserve ist (FALLEN u. Mitarb., 1967; RUDOLPH u. WICKLMAYER, 1969; SCHLANT, 1970; BONCHEK u. Mitarb., 1973), oder ob zusätzlich koronarsklerotische Veränderungen vorliegen. Die Frage einer stenosierenden Arteriosklerose der Herzkranzgefäße ist aber für die weitere Prognose mit und ohne Operation von großer Bedeutung. Der Zustand der Koronararterien ist ein wichtiger Faktor in der Beurteilung der Operationsindikation und des operativen Risikos. Außerdem kann hierdurch das operative Vorgehen beeinflußt werden (FALLEN u. Mitarb., 1967; BALTAXE, 1971; KÜBLER u. Mitarb., 1972; HEULIN u. Mitarb., 1973; BERNDT u. Mitarb., 1974).

Im einzelnen soll die Koronarographie vor dem Eingriff folgende Fragen klären:

1. Kann eine effektive Koronarperfusion während der Klappenimplantation durchgeführt werden?
2. Wie lange kann ggf. eine Myokardischämie ausgedehnt werden?
3. Muß ein koronarchirurgischer Eingriff zusätzlich durchgeführt werden?
4. Sind die Veränderungen der Herzkranzgefäße so schwer, daß hierdurch die Lebenserwartungen mehr eingeschränkt sind als durch den Klappenfehler?
5. Wie hoch ist das Operationsrisiko?

Bei der Operationsindikation muß allerdings berücksichtigt werden, daß durch eine erfolgreiche Klappenoperation das Mißverhältnis zwischen Koronardurchblutung und O_2-Bedarf des Myokards verbessert werden kann.

Verschiedene Autoren haben die Veränderungen der Herzkranzgefäße bei Patienten mit Aortenstenose untersucht (BEVERUNGEN u. DÜX, 1966; STORSTEIN u. EFSKIND, 1966; LINHART u. WHEAT, 1967; BJÖRK u. CULLHED, 1969; COLEMAN u. SOLOFF, 1970; BACHMANN u. Mitarb., 1971).

Aus Befunden von KIEFER u. Mitarb. (1967) geht hervor, daß sich der Koronarversorgungstyp bei Patienten mit Aortenvitien nicht von einem unausgewählten Sektionsgut unterscheidet. Dies bedeutet, daß die wahrscheinlich genetisch determinierte Koronarversorgung nicht durch eine pathologische Hämodynamik selbst im frühen Lebensabschnitt beeinflußt wird. Koronarsklerotische Veränderungen scheinen bei Aortenvitien häufiger zu sein als bei anderen Klappenfehlern, z.B. Mitralvitien (MÜLLER, 1957; LINHART u. WHEAT, 1967; COLEMAN u. SOLOFF, 1970; BACHMANN, 1971). Dies ist wahrscheinlich durch die Alters- und Geschlechtsunterschiede von Patienten mit Mitral- und Aortenvitien bedingt (LOEW u. Mitarb., 1972; LUXERAU u. Mitarb., 1972). Die Häufigkeit von Veränderungen an den Herzkranzgefäßen bei Aortenvitien wird sehr unterschiedlich angegeben. Diese Unterschiede hängen wahrscheinlich mit der Auswahl des Krankengutes zusammen (Sektions- bzw. Operationsfälle). Die Angaben schwanken zwischen 3% und 21% (GARDNER u. WHITE, 1949; KAUFMANN u. POLIAKOFF,

1950; Chasnoff u. Silver, 1951; Müller, 1957; Pfister u. Mitarb., 1960; Björk u. Cullhed, 1969; Coleman u. Soloff, 1970). Linhart und Wheat (1967) sowie Peterson u. Mitarb. (1967) konnten unter den Fällen mit Aortenstenose, die trotz gelungener Klappenimplantation keine klinische Besserung zeigten, in einem noch sehr viel höheren Prozentsatz Koronarerkrankungen nachweisen.

Veränderungen der Herzkranzgefäße sind mit selektiver Koronarographie am besten zu erfassen. Bei hämodynamisch bedeutsamen Aortenstenosen kann allerdings diese Untersuchung schwierig oder sogar unmöglich sein. Die Ursache für diese Schwierigkeit besteht unabhängig von der gewählten Technik (Judkins oder Sones) darin, daß die Katheterspitze durch den „Jet" des Blutstroms schwierig in die richtige Position am Koronarostium zu bringen und zu halten ist. So bleibt in einem Teil der Fälle nur die semiselektive Darstellung mit Injektion von Kontrastmittel in die Aortenwurzel.

Danach ergeben sich folgende Indikationen zur Koronarographie bei Patienten mit Aortenstenose (Hutchinson u. Mitarb., 1973; Paquay u. Mitarb., 1976).

1. Alle Patienten mit pektanginösen Beschwerden unabhängig von dem Schweregrad des Klappenfehlers und dem Alter.
2. Patienten über 40 Jahre, Patientinnen über 45 Jahre, die eine operationswürdige Aortenstenose aufweisen, auch ohne Angina pectoris.

Radiokardiographie. In den letzten Jahren wurde versucht, zusätzlich zu den konventionellen Untersuchungsmethoden nuklearmedizinische Techniken in der Diagnostik erworbener Vitien einzusetzen. Der Vorteil dieser Methoden liegt in der geringen Belästigung der Patienten und in der minimalen Strahlenbelastung bei Verwendung eines geeigneten Isotops. Verschiedene Meßverfahren werden zur Bewältigung unterschiedlicher Fragestellungen eingesetzt. Einige Arbeitsgruppen bemühen sich um eine möglichst gute optische Darstellung des Indikatordurchflusses durch das Herz (Burke u. Mitarb., 1969; Mason u. Mitarb., 1969; Graham u. Mitarb., 1970; Kriss u. Mitarb., 1971). Dabei ist es bisher allerdings nicht gelungen, die Bildqualität röntgenologischer Kontrastmitteldarstellungen zu erreichen.

Andererseits wird versucht, mit speziellen Detektoren ein möglichst gutes zeitliches Auflösungsvermögen zu bekommen, um kardiale Transitzeiten (mean or minimal transit time) zu bestimmen (Johnson u. Mitarb., 1964; Campione u. Steiner, 1968; Vyska u. Mitarb., 1971). Diese zentralen Transitzeiten zeigen typische Veränderungen bei Aortenvitien (Feinendegen u. Mitarb., 1971; Schicha u. Mitarb., 1971). Bei der Interpretation der Befunde werden (von dem Klappenfehler abgesehen) normale anatomische Verhältnisse vorausgesetzt. Eine Aussage über die Lokalisation (valvulär, supravalvulär) oder die Art (Stenose oder Insuffizienz) der Veränderungen kann dabei ebensowenig gemacht werden wie über den Anteil einer zusätzlichen myokardialen Insuffizienz. Möglicherweise können diese Methoden bei weiterer Entwicklung eine zusätzliche Information zu den konventionellen Untersuchungsmethoden liefern, insbesondere in der Verlaufsbeobachtung eines bekannten Vitiums.

Darüber hinaus werden Kammervolumina und Herzzeitvolumina von verschiedenen Autoren mit dieser Technik bestimmt (Kloster u. Mitarb., 1969; Mullins u. Mitarb., 1969; Sano u. Burdine, 1969; Razzak u. Mitarb., 1970; Burke u. Mitarb., 1971; Ishii u. MacIntyre, 1971; Myers u. Mitarb., 1971; Williams u. Deegan, 1971).

Zusammenfassende Beurteilung der Methoden zur Erfassung des Schweregrades. Im Gegensatz zur Aorteninsuffizienz kommt den speziellen kardiologischen Untersuchungsmethoden (Herzkatheter, Kontrastmitteldarstellung) bei der Diagnostik der Aortenstenose besondere Bedeutung für die Beurteilung des Schweregrades zu. Daher wird man nur in Notfällen eine Operationsindikation ohne diese Untersuchungen stellen. Die klinischen Befunde sind nicht immer zuverlässig. Systolisches Schwirren und ein lautes systolisches Geräusch mit spätsystolischem Maximum sind zwar für die hochgradige Aortenstenose charakteristisch; dieser Befund setzt jedoch voraus, daß noch ein normales Schlagvolumen gefördert wird. Beim Absinken des Herzzeitvolumens und damit einer Abnahme der systolischen

Druckdifferenz an der Klappe kann das Geräusch so leise sein, daß aufgrund des Auskultationsbefundes keine schwerwiegende Aortenstenose vermutet wird. Ebenso können die elektrokardiographischen Zeichen der Linkshypertrophie bei hochgradigen Stenosen nur mäßig ausgeprägt sein, bei leichten Stenosen andererseits ausgeprägte Erregungsrückbildungsstörungen linkspräkordial vorliegen, die durch karditische oder koronarsklerotische Myokardschädigung bedingt sind. Auch die röntgenologische Herzgröße in der Herzfernaufnahme läßt keine Rückschlüsse auf den Schweregrad des Vitiums zu. Hochgradige Stenosen können eine fast normale Herzgröße aufweisen, leichte Vitien aber durch myokarditische oder degenerative Prozesse ein vergrößertes Herz im Röntgenbild zeigen. Die systolische Druckdifferenz zwischen linkem Ventrikel und Aorta ist noch der beste Parameter für die Schweregradeinteilung. Voraussetzung hierfür ist jedoch die Kenntnis des Herzzeitvolumens.

Differentialdiagnose. Die Diagnose einer Aortenstenose und ihre Abgrenzung von anderen Fehlern ist in der Mehrzahl der Fälle mit den üblichen klinischen Untersuchungsmethoden möglich. Dies gilt insbesondere für Stenosen im Erwachsenenalter. Die im klinischen Teil beschriebenen Veränderungen des Phonokardiogramms, des Elektrokardiogramms, der Karotispulskurve, des Apexkardiogramms und des Röntgenbildes sind meist so charakteristisch, daß keine differentialdiagnostischen Schwierigkeiten auftreten. Gelegentlich kann aber eine atypische Lokalisation des Geräusches einen Ventrikelseptumdefekt oder eine Pulmonalstenose vortäuschen.

Da das Aortenstenosegeräusch nicht selten zur Herzspitze hin fortgeleitet wird und hier gelegentlich fast ebenso laut gehört wird wie über dem Aortenostium, ergeben sich differentialdiagnostische Schwierigkeiten auch gegenüber einer Mitralinsuffizienz. Diese Schwierigkeit ist deshalb so groß, weil tatsächlich bei schweren Aortenstenosen eine relative Mitralinsuffizienz entstehen kann.

Verlauf und Prognose der nicht operierten Aortenstenose. Die Prognose der nicht operierten Aortenstenose hängt in erster Linie vom Stenosegrad und dem Alter des Fehlers ab. Wenn man die valvuläre Aortenstenose aus der Sicht des Pathologen betrachtet, hat es den Anschein, daß ihre Prognose relativ günstig ist. Von verschiedenen Autoren wird eine mittlere Lebenserwartung von 55—62 Jahren angegeben (Clawson u. Mitarb., 1926; Olesen u. Warburg, 1958; Takeda u. Mitarb., 1963; Blondeau u. Mitarb., 1969). Dabei sind allerdings Alter und Schweregrad des Fehlers nicht berücksichtigt. Anders ist die Beurteilung, wenn man die Prognose in Beziehung zum Auftreten erster Beschwerden setzt. Die Lebenserwartung beträgt dann nach den oben genannten Autoren noch 4,7 bis 9 Jahre. Diese Betrachtungsweise wird der Klinik allerdings nicht gerecht. Leitet man nämlich die Prognose vom Schweregrad ab, ergibt sich für die mittleren und hochgradigen Stenosen (Grad III und IV) ein wesentlich ungünstigeres Bild (Matthews u. Mitarb., 1974; Rapaport, 1975; Blömer u. Mitarb., 1977). Nach dem Auftreten von pektanginösen Beschwerden ist in dieser Gruppe mit einer mittleren Lebenserwartung von 3,5 Jahren zu rechnen (Loogen, 1970). Diese Patienten sterben meistens plötzlich. Dem entspricht die Feststellung von Doerr u. Mitarb. (1965); sie haben die Lebenserwartung schwerer angeborener Aortenstenosen mit nicht mehr als zwei Jahrzehnten angegeben. Eine Zeitspanne von 2—3 Dezennien zwischen Entstehung und Tod wird man als mittlere Lebenserwartung für schwere erworbene Aortenstenosen annehmen können (Frank u. Mitarb., 1973). Leichte Aortenstenosen können eine normale Lebenserwartung haben.

Die Prognose der Aortenstenose aller Schweregrade kann sich durch komplizierende Faktoren verschlechtern. Eine besonders ernste Gefahr entsteht durch eine Endokarditis, wie sie nicht ganz selten bei Aortenstenosen beobachtet wird. Durch endokarditische Schübe kann der Grad der Stenose stark zunehmen. Andererseits können durch entsprechende körperliche Schonung die Lebenserwartung verlängert bzw. ein Teil der akuten Todesfälle vermieden werden.

Operationsindikation. Die Indikation zur operativen Behandlung der Aortenstenose hängt von mehreren Faktoren ab, insbesondere vom Stenosegrad, dem Alter des Patienten sowie den Veränderungen an Herzkranzgefäßen und am Myokard. Das Risiko mit und ohne Operation muß für jeden Patienten unter Berücksichtigung dieser Gesichtspunkte abgewogen werden. Trotz der Vielzahl dieser Faktoren lassen sich folgende allgemeine Richtlinien herausstellen:

Leichte Aortenstenosen (Schweregrad I) mit einer Druckdifferenz unter 40 mm Hg haben eine so gute Lebenserwartung, daß eine operative Behandlung unter Berücksichtigung der heute gegebenen chirurgischen Möglichkeiten nicht in Betracht kommt. Bei schweren Aortenstenosen (Grad III und IV) besteht praktisch immer eine Operationsindikation, sofern nicht zusätzliche Erkrankungen oder Komplikationen die Operation aussichtslos erscheinen lassen (LOOGEN, 1970). Ein weiter zu berücksichtigender Faktor ist selbstverständlich das Alter des Patienten, wobei aber weniger die Jahre als das biologische Alter entscheidend ist (HENZE, 1974).

Schwieriger ist die Situation beim heutigen Stand der chirurgischen Möglichkeiten bei mittelschweren valvulären Aortenstenosen mit einer Druckdifferenz zwischen 40 mm Hg und 70 mm Hg (Schweregrad II). Die Operationsindikation kann in diesen Fällen nicht allein von der Druckdifferenz abhängig gemacht werden (REPPERT, 1968; SELZER, 1976). Das Alter der Patienten ist wesentlich mitentscheidend. So wird man bei jugendlichen Patienten ohne Anhalt für Klappenverkalkung u.U. zur Kommissurotomie raten, da ein befriedigendes palliatives Ergebnis zunächst erzielt werden und ein Klappenersatz erst später erforderlich werden kann. Bei älteren Patienten mit gleich schwerer Stenose wird man mit der Operationsindikation zurückhaltender sein, da die Implantation einer künstlichen Klappe nicht zu umgehen ist. Bei diesen Patienten wird man den Operationstermin vor allem dann hinauszögern, wenn sie bei entsprechender körperlicher Schonung weitgehend be-

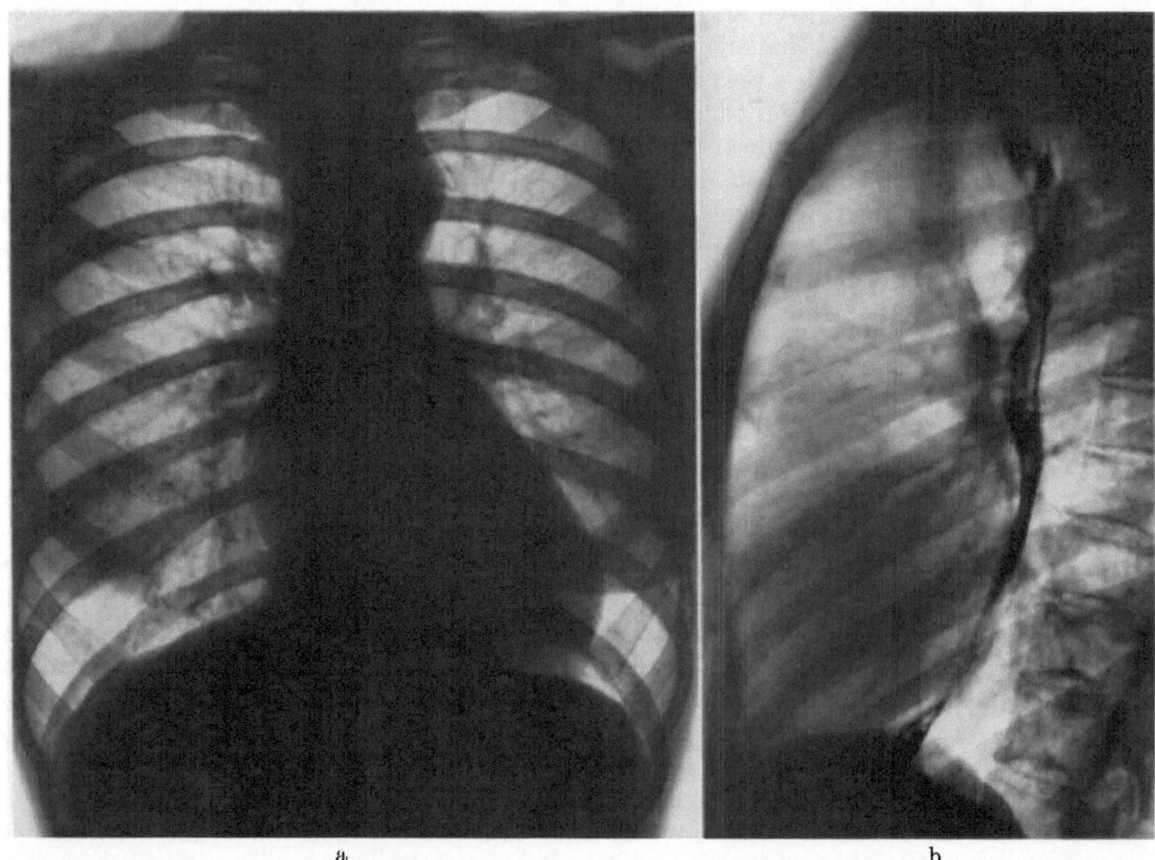

a b

Abb. 57a—f. Valvuläre Aortenstenose (Schweregrad III) bei einer 34jährigen Patientin (E. Ja.). Systolische Druckdifferenz linker Ventrikel / Aorta 95 mm Hg. (a) und (b) Präoperativ: im Sagittalbild (a) Herz deutlich linksbetont mit verstärkter Rundung der Herzspitze. Geringe Ektasie der aufsteigenden Aorta. Hilus- und Lungengefäßzeichnung normal. Im Seitenbild (b) Herzhinterraum insgesamt, besonders im Bereich des linken Ventrikels eingeengt (z.T. durch den flachen Thorax). (c) und (d) 4 Wochen postoperativ (Kommissurotomie): Klinisch jetzt kombiniertes Aortenvitium. Im Sagittalbild (c) Herz stark nach links verbreitert. Beginnende Aortenkonfiguration. Gefäßband erscheint breiter als vor der Operation. Hilus- und Lungengefäßzeichnung nicht sicher verstärkt. Im Seitenbild (d) stärkere Ausladung des linken Vorhofs und des linken Ventrikels in den Herzhinterraum. (e) und (f) 7 Jahre postoperativ: Kombiniertes Aortenvitium. Druckwerte: linker Ventrikel 150/1 mm Hg; Aorta 100/50 mm Hg. Im Sagittalbild (e) linksverbreitertes Herz mit starker Rundung seiner Spitze. Vorspringender Aortenknopf. Hilus- und Lungengefäßzeichnung nicht sicher verstärkt. Im Seitenbild (f) Herzhinterraum sowohl im Vorhof- als auch im Kammerbereich eingeengt

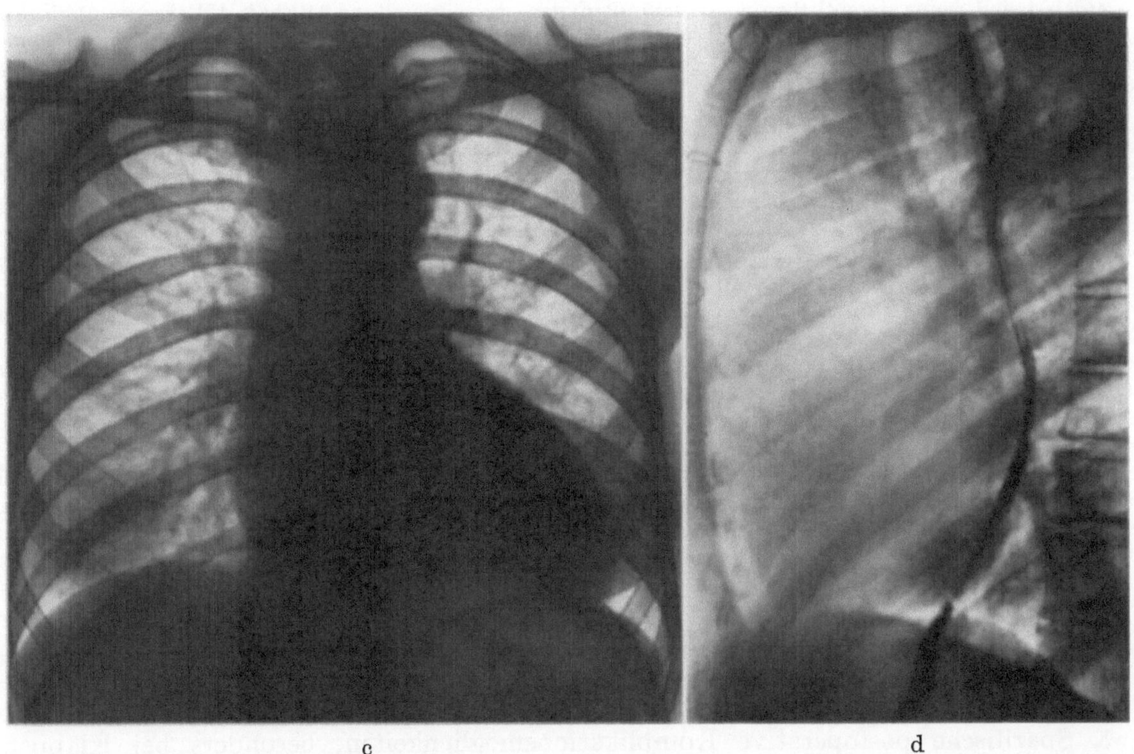

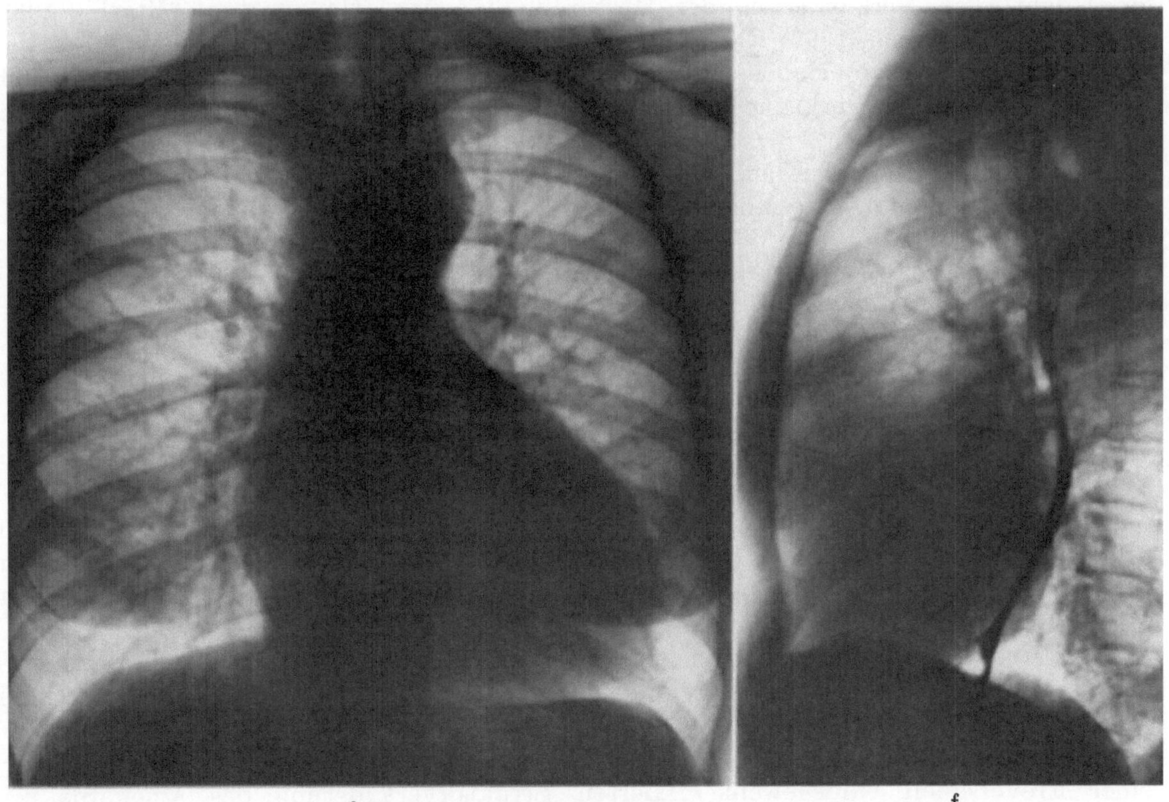

Abb. 57 (Legende s. S. 156)

schwerdefrei sind, keine wesentlichen EKG-Veränderungen bestehen und ihr Alter (3.–4. Dezennium) ein Abwarten ohne Zunahme des Operationsrisikos erlaubt. Bei schweren koronarsklerotischen Veränderungen ist das erhöhte Operationsrisiko bei der Indikationsstellung zu berücksichtigen, wenn dieser Befund auch keineswegs eine absolute Kontraktindikation ist.

Im allgemeinen wird heute bei der Operation einer valvulären Aortenstenose ein prothetischer Klappenersatz durchgeführt. Eine Komissurotomie der Klappe ist nur noch als Palliativeingriff bei jugendlichen Patienten mit angeborenen Aortenstenosen indiziert (Schölmerich, 1965a; Hurley u. Mitarb., 1967; Enright u. Mitarb., 1971). Dieses Operationsverfahren kommt daher für die Therapie der erworbenen Aortenvitien nur noch ausnahmsweise in Frage (Abb. 57a—f). Heute werden überwiegend künstliche Herzklappen implantiert (Mulder u. Mitarb., 1966; Fleming, 1970; Klinner, 1970; Morgans u. Mitarb., 1970; Bircks, 1971; Hodam u. Mitarb., 1971; Shean u. Mitarb., 1971; Russell u. Mitarb., 1972; Winter u. Mitarb., 1972; Bernhard u. Mitarb., 1973; Lee u. Mitarb., 1975). Als weitere operative Möglichkeiten kommen Homöotransplantate mit speziell vorbehandelten Leichenklappen (Paneth u. O'Brien, 1966; McDonald, 1967; Barratt-Boyes u. Mitarb., 1969; Wallace u. Mitarb., 1971; Baidya u. Mitarb., 1972; Pacifico u. Mitarb., 1972; Duvoisin u. McGoon, 1969; Ross u. Yacoub, 1969; Beach u. Mitarb., 1972), Autotransplantate mit oder ohne Stützung und Heterotransplantate (Senning, 1970; Ionescu u. Mitarb., 1970; Breckenridge u. Mitarb., 1971; Ross u. Mitarb., 1972; Joseph u. Mitarb., 1974; Wallace, 1975; Pipkin u. Mitarb., 1976) in Frage.

Die um 1960 verwendeten McGoon-Hufnagel- und Bahnson-Klappen haben heute praktisch nur noch historisches Interesse. Trotzdem sollte erwähnt werden, daß man mit diesen Prothesen in einzelnen Fällen über viele Jahre ausgezeichnete Ergebnisse erzielen konnte (Abb. 58a–d).

Postoperative Befunde. Die richtige Interpretation und klinische Bewertung des postoperativen Röntgenbildes setzt die Kenntnis folgender Punkte voraus:

1. Präoperativer Befund,
2. Art und Zeitpunkt der Operation,
3. Spezifische postoperative Komplikationsmöglichkeiten, besonders bei Klappenersatz,
4. Postoperative Begleitfehler.

In den Fällen, bei denen präoperativ eine Herzvergrößerung aufgrund des lange bestehenden Herzfehlers bzw. einer myokardialen Insuffizienz vorgelegen hat, kann es zu einer deutlichen Verkleinerung der Herzgröße kommen (Gotsman u. Mitarb., 1968; Hultgren u. Mitarb., 1969; Baidya u. Mitarb., 1972) (Abb. 59a—d). Als einfaches Maß für die Herzgröße kann dabei der Herz-Thoraxquotient benutzt werden. Eine fehlende röntgenologische Herzverkleinerung schließt dagegen ein gutes Operationsergebnis nicht aus.

Als Ursache für das Ausbleiben einer postoperativen Herzverkleinerung bzw. Größenzunahme kommen folgende Möglichkeiten in Frage:

1. Ein hämodynamisch schlechtes Operationsergebnis (Klappenstenose oder Insuffizienz bei künstlicher Prothese) (Abb. 60a—d);
2. funktionell bedeutsamer Begleitfehler, der nicht operativ angegangen wurde;
3. ein Zustand nach Myokarditis oder Perikarditis;
4. eine koronare Herzerkrankung;
5. irreversible Strukturveränderungen des Myokards.

Bestand präoperativ eine relative Mitralinsuffizienz („Mitralisation"), so kann auch ohne operative Maßnahme an der Mitralklappe eine Normalisierung der linken Vorhofgröße eintreten. Dann bilden sich auch die Zeichen der Lungenstauung zurück. Eine präoperativ bestehende Aortenektasie zeigt auch nach erfolgreicher Operation keine Veränderung.

Myokarditische Prozesse können selbst bei guter Klappenfunktion zu einer Herzinsuffizienz führen. Auch koronare Durchblutungsstörungen können das Operationsergebnis beeinflussen (Linhart u. Wheat, 1967; Peterson u. Mitarb., 1967; Hultgren u. Mitarb., 1969). Schließlich kann die fehlende Rückbildung der Herzvergrößerung auch Ausdruck einer irreversiblen bindegewebig fixierten Strukturveränderung des Myokards sein (Rastelli u. Mitarb., 1966; Peterson u. Mitarb., 1967).

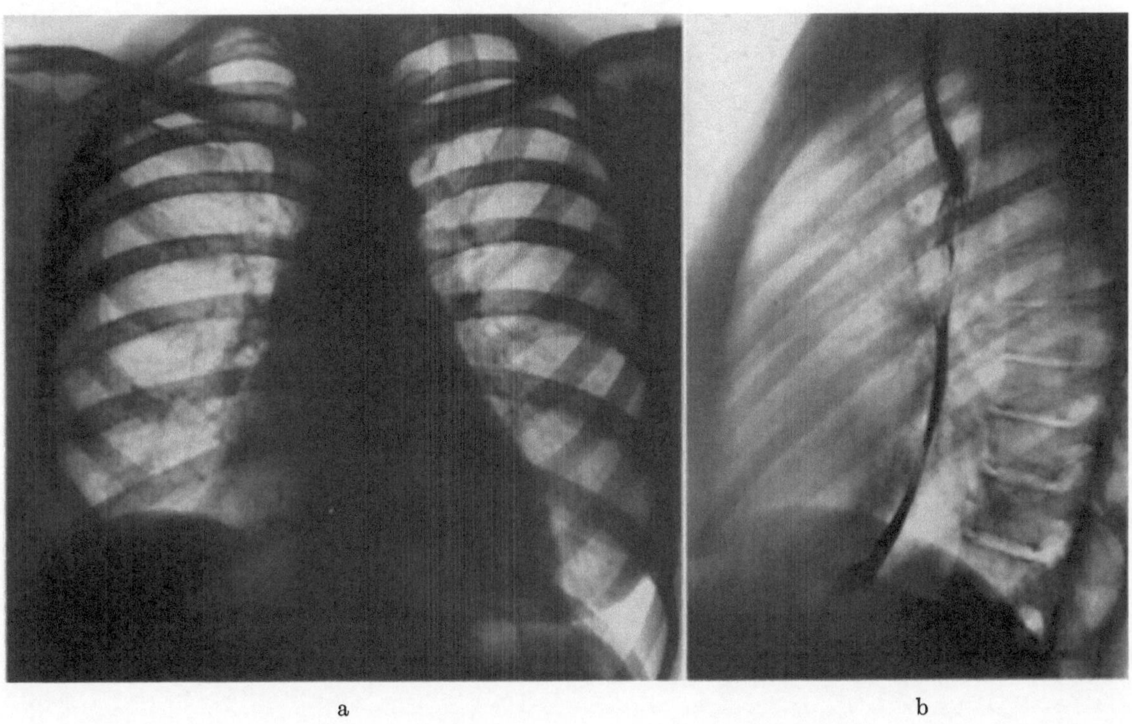

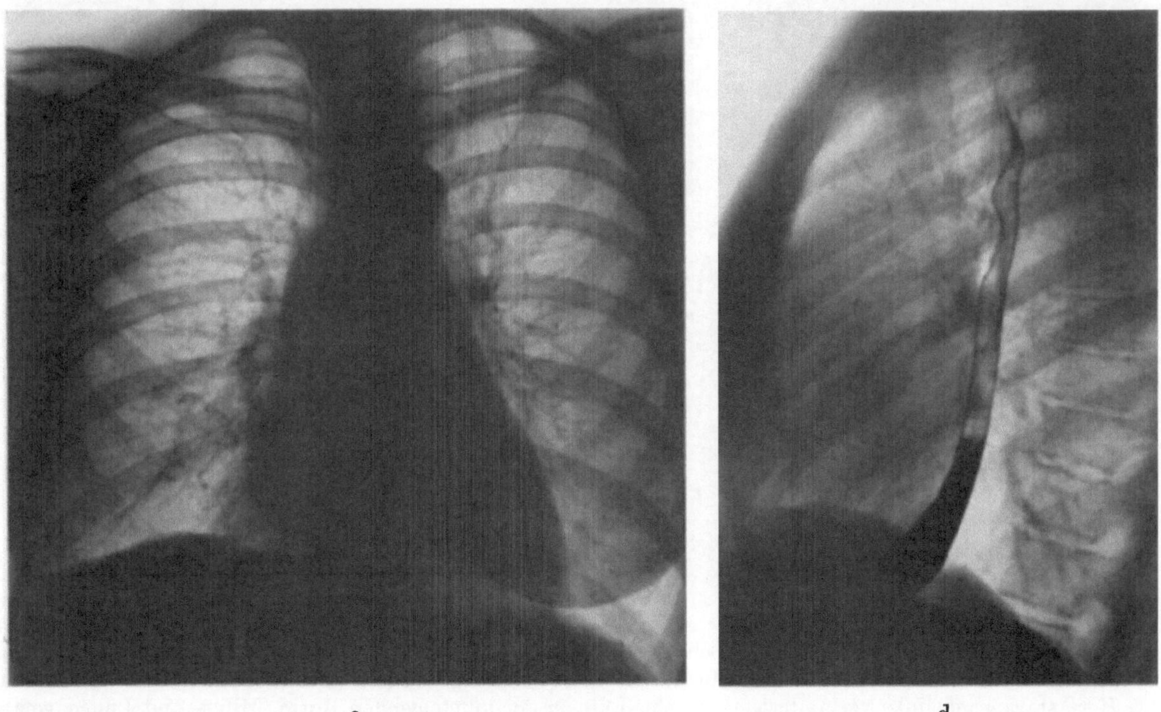

Abb. 58a—d. Zustand nach Implantation einer Bahnson-Prothese in Aortenposition bei einer 38jährigen Patientin (E. Li.) mit valvulärer Aortenstenose (Schweregrad III). Die Bahnson-Prothese selbst ist als Kunststoff-Klappe röntgenologisch nicht sichtbar, (a) und (b) 10 Monate nach Klappenimplantation. (c) und (d) 8 Jahre später: Keine Änderung der Herzgröße und -form. Klinisch weder Insuffizienz noch Stenose der „Aortenklappe"

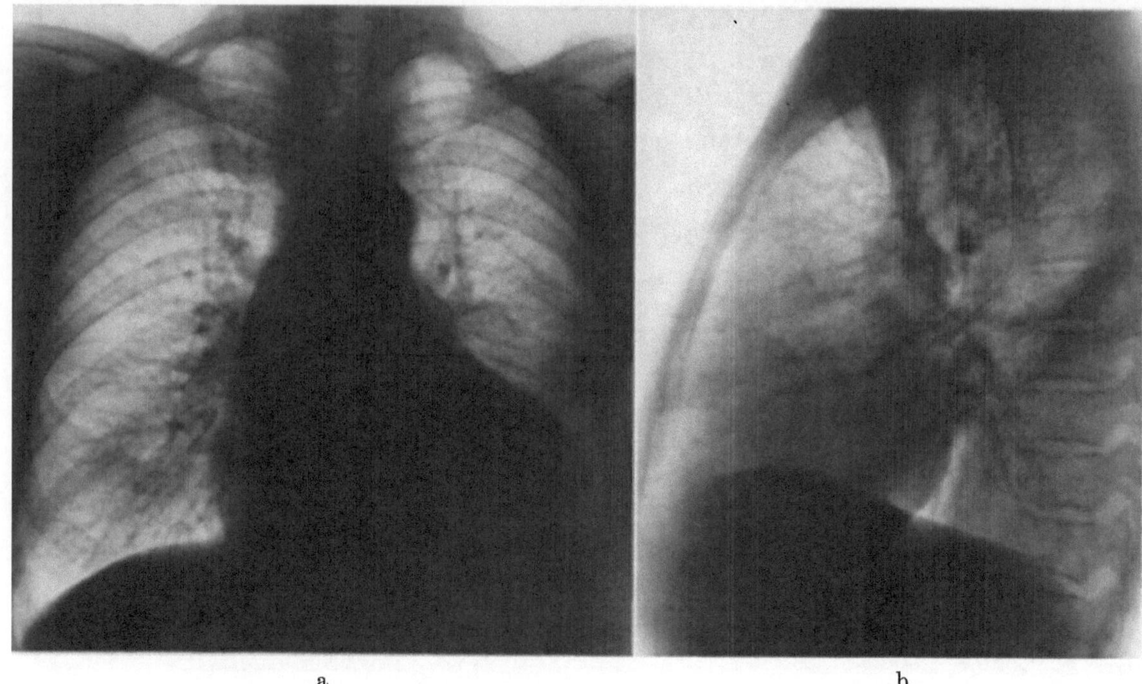

a b

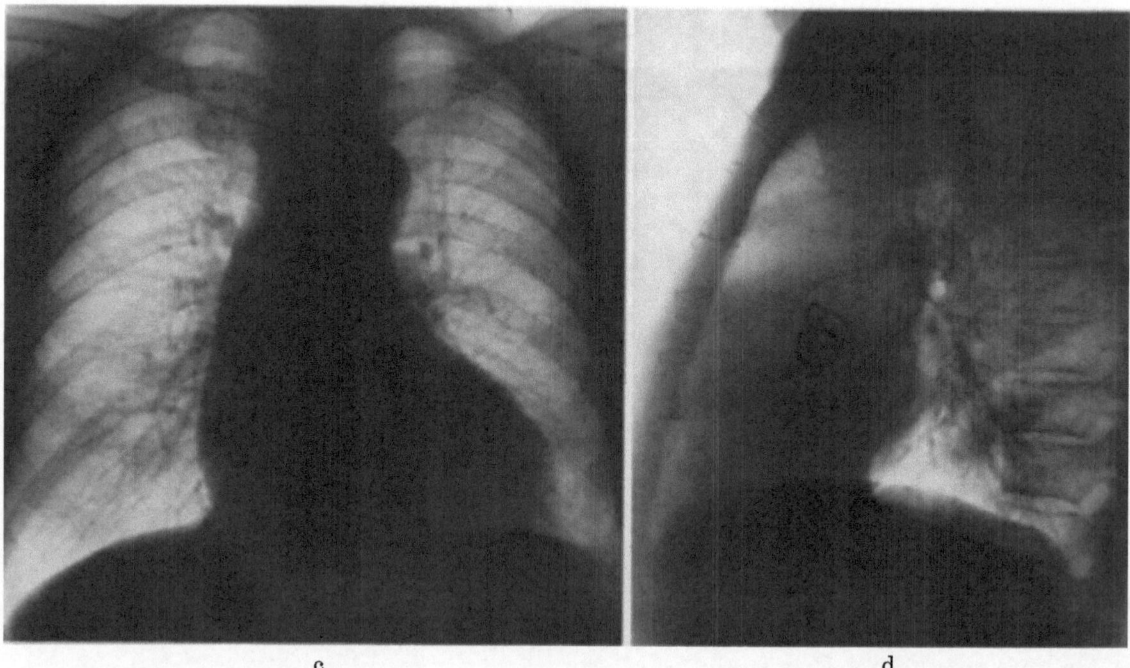

c d

Abb. 59a—d. Valvuläre Aortenstenose (Schweregrad IV) bei einem 56jährigen Patienten (S. Schu.). Druckwerte: linker Ventrikel 180/15—30 mm Hg; Aorta 105/70 mm Hg. (a) und (b) Präoperativ: Im Sagittalbild (a) Herz stark nach links verbreitert. Deutliche Ektasie der aufsteigenden Aorta. Hilus- und Lungengefäßzeichnung verstärkt. Homogene Verschattung im linken Lungenunterfeld (Pleuraerguß). Im Seitenbild (b) Ausladung des linken Ventrikels in den Herzhinterraum. Kalkablagerung im Bereich des Aortenostiums. (c) und (d) 6 Wochen nach Operation: Im Sagittalbild (c) deutliche Verkleinerung des Herzens. Pleuraerguß weitgehend verschwunden. Hilus- und Lungengefäßzeichnung normal. Im Seitenbild (d) erkennt man eine Starr-Edwards-Klappe in Aortenposition. Herzhinterraum nicht eingeengt

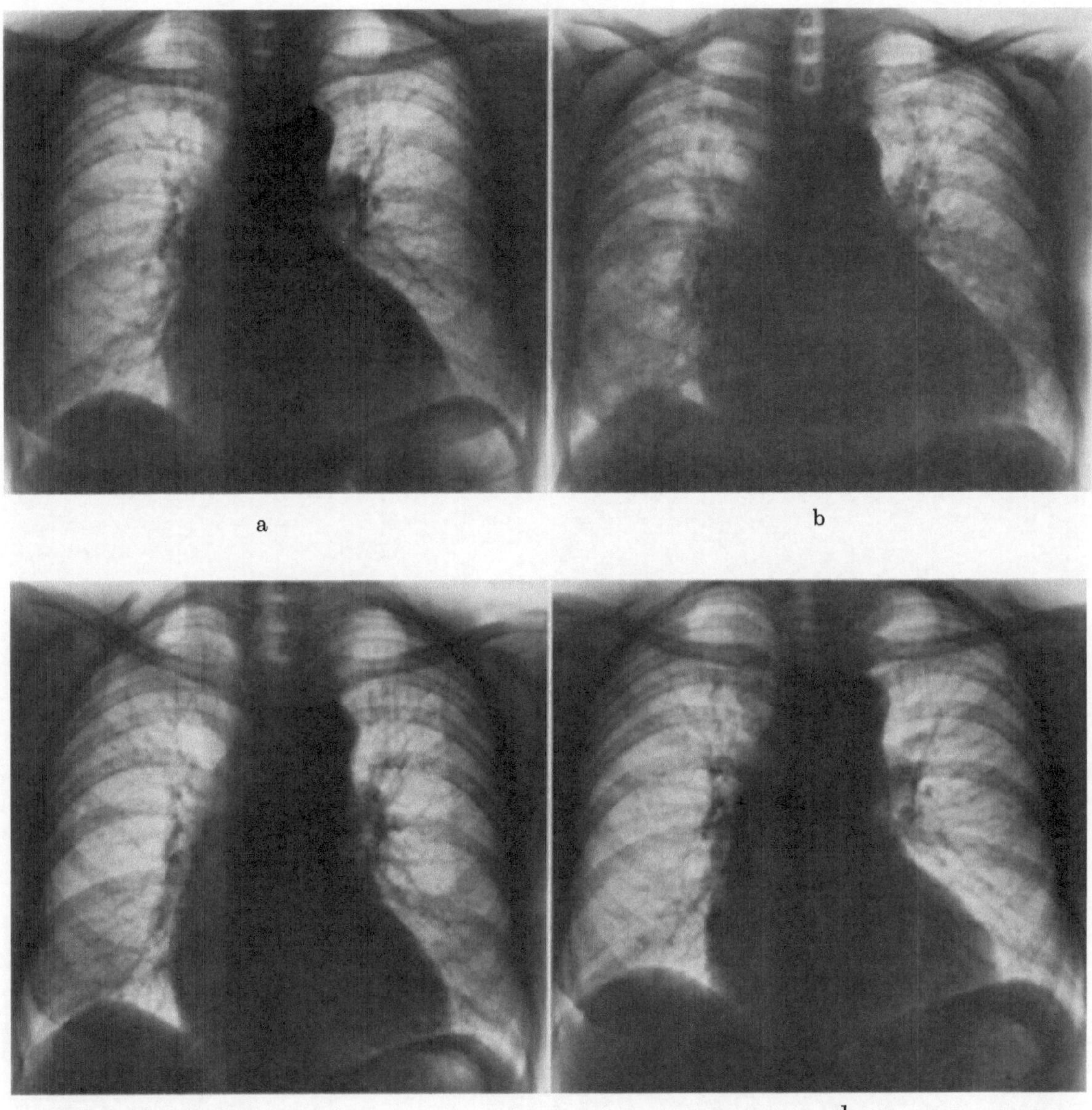

Abb. 60a—d. Valvuläre Aortenstenose (Schweregrad III) bei einer 52jährigen Patientin (M. So.). Systolische Druckdifferenz linker Ventrikel / Aorta 115 mm Hg. (a) Präoperatives Sagittalbild. (b) $1^1/_2$ Jahre nach Implantation einer Smeloff-Cutter-Klappe: Infolge Randinsuffizienz deutliche Größenzunahme des Herzens mit Lungenstauung. (c) 4 Wochen nach Korrektur der Randinsuffizienz. Deutliche Größenabnahme des Herzens und Rückbildung der Lungenstauung. (d) Nach weiteren 3 Jahren Befund gegenüber Abb. (c) praktisch unverändert

Da bei der Operation praktisch immer eine Klappenprothese implantiert wird, ist die Funktionsanalyse der Klappe für die postoperative Überwachung der Patienten von entscheidender Bedeutung. Der röntgenologische Nachweis der Klappenprothese hängt von den verwendeten Materialien ab. Bei den üblicherweise verwendeten Kunststoffprothesen ist in der Regel nur der metallene Klappenring im Röntgenbild sichtbar. Er kommt am besten in seitlicher Projektion zur Darstellung (Abb. 61a u. b vgl. Abb. 59c u. d). Bei besonderer Imprägnation sind auch Kuststoffbälle röntgenologisch abgrenzbar (Gimenez u. Mitarb., 1965; Hylen u. Mitarb., 1969; Hipona u. Mitarb., 1971; Metzger u. Mitarb., 1971). Wurde eine Prothese mit Metallball implantiert, ist dieser bereits in der Übersichtsaufnahme gut zu erkennen. Aus der Position des Balles ist zu ersehen, ob die Aufnahme

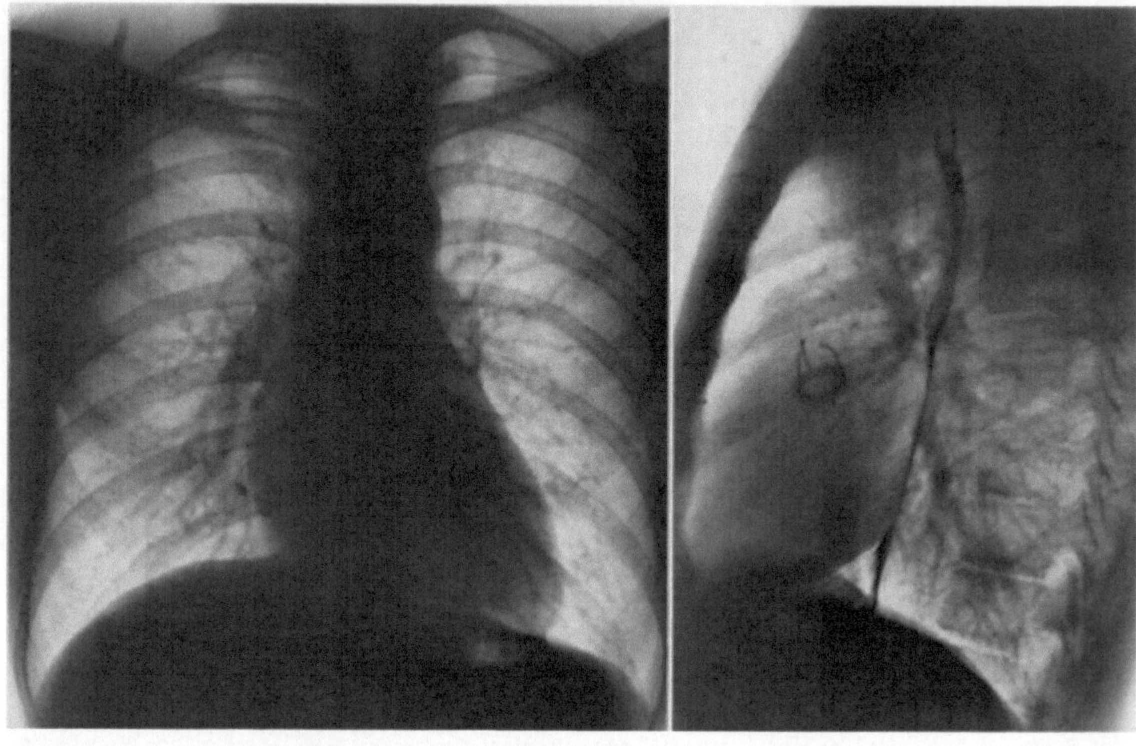

Abb. 61a u. b. Smeloff-Cutter-Klappe in Aortenposition. (a) Sagittalbild: Klappe bei normaler Aufnahmetechnik nicht erkennbar. (b) Im Seitenbild erkennt man diesen Klappentyp daran, daß der Hauptkorb im Gegensatz zur Starr-Edwards-Klappe (Abb. 59d) nicht verschlossen ist und ventrikelwärts ein zweiter, kleinerer Korb besteht

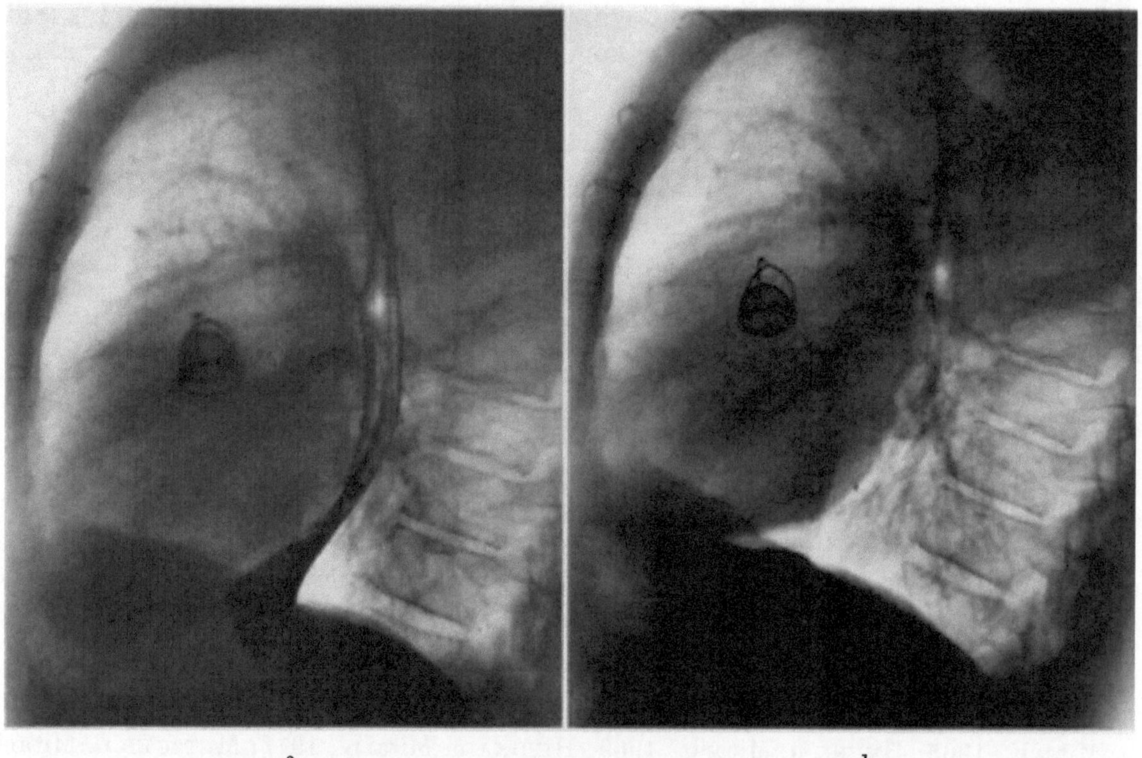

Abb. 62a u. b. Starr-Edwards-Klappe mit Metallball in Aortenposition. (a) Systolische Phase: Der Metallball hat sich vom Ring gelöst. Unscharfe Konturierung, da er im Korb mit dem Blutstrom „tanzt". (b) Diastolische Phase: Scharfe Darstellung des ruhig im Klappenring liegenden Balles

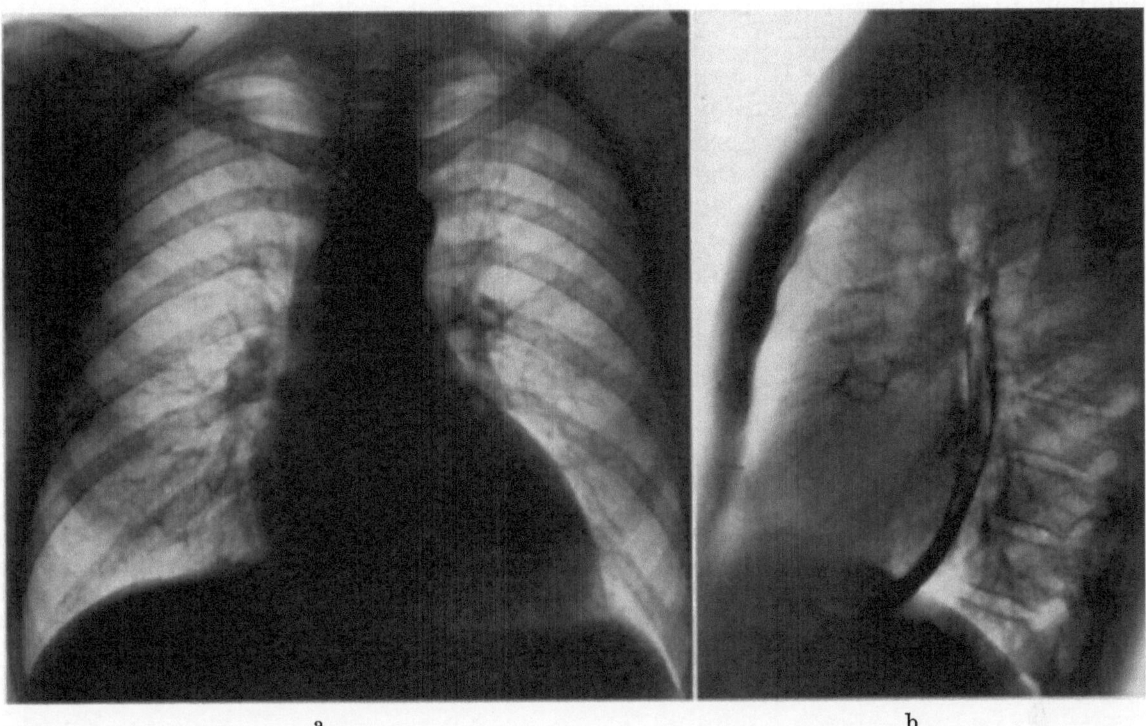

Abb. 63a u. b. Fascia-lata-Prothese mit Stützring in Aortenposition 2 Jahre nach der Operation bei einem 42jährigen Patienten (G. Li.) mit valvulärer Aortenstenose. (a) Sagittale Herzfernaufnahme: Herz mäßig linksverbreitert mit nach links unten ausladender Herzspitze als Folge einer postoperativ entstandenen Klappeninsuffizienz. Geringe Ektasie der aufsteigenden Aorta. Hilus- und Lungengefäßzeichnung nicht verstärkt. (b) Seitenbild: Man erkennt in Aortenposition den metallenen Stützring, auf dem die Fascia-lata-Prothese armiert ist

systolisch oder diastolisch gemacht wurde (Abb. 62a u. b). Eine Funktionsbeurteilung ist allerdings aus der Übersichtsaufnahme nicht möglich. Im Einzelfall können Veränderungen des Korbes nachgewiesen werden. Zur Analyse der Bewegung des Käfigs und des Klappenbasisrings ist Röntgenkinematographie erforderlich (Köhler u. Mitarb., 1965; Gimenez u. Mitarb., 1968; Hamby u. Mitarb., 1974). Stärkere Schleuderbewegungen des Klappenringes sind verdächtig auf Randablösung der Prothese (Stinson u. Mitarb., 1968; Sutton u. Wright, 1970; Hipona u. Mitarb., 1971; Thomas, 1971; White u. Mitarb., 1973). Deformierungen eines normalen Kunststoffballes können aber auf diese Weise nicht verifiziert werden. In seltenen Fällen ist es möglich, Balldeformierungen bei imprägnierten Kunststoffbällen festzustellen (Hylen u. Mitarb., 1969). Wenn ein Metallball oder ein radiopaker Kunststoffball implantiert wurde, kann bei entsprechender Bildfrequenz des Films oder Bildbandspeichers die Öffnungs- und Schließungsbewegung des Balls analysiert werden (Feist u. Magovern, 1967; Wilson u. Mitarb., 1967; Kittredge u. McCord, 1969; Hipona u. Mitarb., 1971). Bei Verwendung einer Fascia-lata-Prothese mit Stützring ist röntgenologisch nur der metallene Stützring zu beurteilen (Abb. 63a u. b). Bei den früher verwendeten Kunststoffprothesen ist das nicht der Fall (s. Abb. 58). Bei Homöotransplantaten können Verkalkungen der Klappe röntgenologisch gesichert werden (Brandt u. Mitarb., 1969; Beach u. Mitarb., 1972).

Der röntgenologische Nachweis einer Klappeninsuffizenz gelingt durch retrograde Katheterisierung mit Kontrastmittelinjektion in die Aortenwurzel (Linhart u. Wheat, 1966; Allen u. Robertson, 1967; Peterson u. Mitarb., 1967; Hipona u. Mitarb., 1971; Björk u. Mitarb., 1973; Hamby u. Mitarb., 1974). In den meisten Fällen ist dabei nicht sicher zu entscheiden, an welcher Stelle der Reflux zustande kommt. Erfahrungsgemäß handelt es sich meistens um eine Randinsuffizienz (Nahtinsuffizienz). Die röntgenologische

Beurteilung des Schweregrades der Regurgitation erfolgt nach den gleichen Kriterien wie bei der Aorteninsuffizienz. Bei der Beurteilung muß berücksichtigt werden, daß bestimmte Klappentypen (z.B. Smeloff Cutter) schon normalerweise eine geringe Regurgitation aufweisen (Padula u. Mitarb., 1970; Hipona u. Mitarb., 1971). Deformierungen des Klappenballs sind durch Kontrastmittelinjektion bisher nicht dargestellt worden (Hylen u. Mitarb., 1969). Die Aortographie ist auch geeignet, ein postoperativ entstandenes Aortenaneurysma darzustellen (Torre u. Mitarb., 1969; Hipona u. Mitarb., 1971).

Die Mehrzahl der künstlichen Aortenklappen verursacht eine systolische Druckdifferenz (meist 10—30 mm Hg) (Judson u. Mitarb., 1963; Messmer u. Mitarb., 1970; Olin, 1971; Carey u. Plested, 1972; Winter u. Mitarb., 1972; Sigwart u. Mitarb., 1976). Zur Bestimmung der Druckdifferenz ist eine Herzkatheteruntersuchung erforderlich.

Ultraschallkardiographie. Während die Beschallung der Aortenklappen bei Patienten mit Aortenstenose keine diagnostische Bedeutung hat, wird dieses Verfahren zur Überwachung der Klappenfunktion nach Implantation eingesetzt. Hierbei stehen zwei technisch unterschiedliche Verfahren zur Verfügung. Mit der Ultraschall-echo-Methode werden Klappen und Ballbewegungen analysiert. Außerdem können Veränderungen des Balldurchmessers erfaßt werden (Gimenez u. Mitarb., 1965; Winters u. Mitarb., 1967; Johnson u. Mitarb., 1970). Auch mit der Ultraschall-Doppler-Technik ist es möglich, die Bewegungen künstlicher Klappen zu analysieren (Abelson u. Mitarb., 1971; Gleichmann u. Mitarb., 1971). Auf diese Weise kann die Ballbewegungszeit direkt ermittelt werden (Seipel u. Mitarb., 1972). Die Bedeutung dieser Verfahren ist sehr umstritten (Feigenbaum, 1976).

b) Aorteninsuffizienz

Definition und historische Daten. Als Aorteninsuffizienz wird eine Schlußunfähigkeit der Aortenklappe bezeichnet. Infolge dieser Schlußunfähigkeit strömt in der Diastole Blut aus der Aorta in den linken Ventrikel zurück. Streng genommen müßte demnach von einer Aortenklappeninsuffizienz gesprochen werden.

Die wahrscheinlich erste ausführliche Beschreibung der Aorteninsuffizienz stammt von Cowper (1703). Neben der Morphologie erkannte er schon wichtige pathophysiologische und klinische Merkmale dieses Herzfehlers. Er erwähnt bei seinen zwei sezierten Fällen, daß der linke Ventrikel größer als der eines Ochsenherzens war. Vieussens, Arzt am Hofe Ludwigs XIV., beschrieb als erster (1715) die typische Pulsqualität und wies auf ihre Bedeutung für die Diagnosestellung hin. Weitere anatomische Beschreibungen der Aorteninsuffizienz stammen von Georgius, Greiselius und Morgagni (Lit. bei Mulcahy, 1962). In der ersten Hälfte des 19. Jahrhunderts erschienen ausführliche Darstellungen. So beschrieb Hodgkin (1828/29) pulsierende Karotiden und ein „double murmur". Corrigan (1832) unterschied anatomisch vier Insuffienztypen. Auch er wies auf die sichtbaren Halspulsationen hin und erwähnte ein systolisches und in schweren Fällen ein diastolisches Geräusch. Bei experimentellen Untersuchungen an Eseln zur Analyse des II. Herztons stellte Hope (1832) fest, daß anstelle des II. Herztons ein diastolisches Geräusch auftrat, wenn er den Klappenschluß verhinderte. Der Wasserhammerpuls verdankt seinen Namen der Ähnlichkeit mit einem Spielzeug der viktorianischen Epoche („waterhammer", Watson, 1843).

Die typischen Röntgenbefunde der Aorteninsuffizienz sind seit Anfang dieses Jahrhunderts bekannt (Groedel, 1909, 1912, 1921; Dietlen, 1913, 1923, 1924). Während Groedel bei der Beschreibung der typischen Herzkonfiguration von „liegender Eiform" bzw. „Walzenform" sprach, benutzte Dietlen bereits den Begriff des „Aortenherzens". Külbs (1914) bezeichnete die Aortenkonfiguration dagegen als „Schafsnasenherz".

Ätiologie und pathologische Anatomie. Die *erworbene Aorteninsuffizienz* ist in der Mehrzahl der Fälle Folge einer *rheumatischen Endokarditis*; dabei greift der entzündliche Prozeß vom Aortenring auf die Klappen über. Es kommt zur ödematösen Quellung, zur Bildung von Granulationsgewebe und zu narbiger Schrumpfung mit nachfolgender Schlußunfähigkeit der Klappen. Bei der Gleichheit der Grunderkrankung ist es nicht verwunderlich, daß die Kombination von Aortenstenose und Aorteninsuffizienz häufiger vorkommt als die isolierten Formen. Selten führt eine rheumatische Endokarditis, die eine starke Klappeninsuffizienz verursacht, gleichzeitig auch zu einer stärkeren Klappenstenose. Praktisch immer dominiert eine Komponente, entweder die Stenose oder die Insuffizienz.

Häufiger als bei anderen Klappenfehlern ist eine *bakterielle Endokarditis* Ursache der Aorteninsuffizienz. Die bakterielle Ansiedlung kann auf intakten Klappen erfolgen (SCHAUB, 1959), meist geht der bakteriellen Endokarditis aber eine rheumatische Schädigung voraus (SCHAUB, 1959; FRIEDBERG, 1966). Die bakterielle Endokarditis der Aortenklappen ist dadurch charakterisiert, daß sie neben der Destruktion der Klappenränder auch zu Perforationen der Klappen selbst führen kann (BUCHBINDER u. ROBERTS, 1972; BECKER 1974).

Die *syphilitische Aorteninsuffizienz* ist gegenüber früher heute selten (PREWITT, 1970). In einer neueren Statistik wurde unter 100 Patienten mit Aorteninsuffizienz 86mal eine rheumatische und 12mal eine syphilitische Genese angenommen (SEGAL u. Mitarb., 1956). In Europa dürfte sie sogar noch seltener sein. Im Gegensatz zur rheumatischen Endokarditis beschränkt sich die Lues auf die Kommissuren (Valvulitis luica der Kommissuren) und befällt nicht die übrigen Klappenanteile (HIRAOKA u. Mitarb., 1973). Die Klappeninsuffizienz ist Folge der Kommissurenerweiterung oder einer Dilatation des Klappenrings.

Die *angeborene Aorteninsuffizienz* ist isoliert sehr selten (NADAS, 1963). SEGAL u. Mitarb., (1956) fanden sie unter 1000 Fällen 4mal. Ursächlich kann es sich dabei um eine Fenestration einer Klappe (MARKUS u. Mitarb. 1963), eine bikuspidal angelegte Klappe oder um ein nicht rupturiertes Aneurysma eines Sinus Valsalvae handeln, das zu einer Dilatation des Klappenringes führt (CHIPPS, 1941; LONDON u. LONDON, 1961; BEUREN, 1965). Auch Verziehungen des Klappenrings beim gleichzeitigen Vorliegen einer subvalvulären Aortenstenose oder der Prolaps eines Klappensegels in einen begleitenden Ventrikelseptumdefekt können zu einer angeborenen Aorteninsuffizienz führen (BEUREN, 1965; CARLSON, 1965).

Eine gewisse Bedeutung hat auch die *traumatische Aorteninsuffizienz*, die sowohl durch stumpfe Brustwandtraumen als auch durch Fall aus großer Höhe entstehen kann. Nach allgemeiner Ansicht ist die Aorteninsuffizienz die weitaus häufigste traumatische Klappenverletzung. So fand LIVIERATO (1933) bei 100 Klappenverletzungen 62mal die Aortenklappen betroffen. Es kommt dabei meist zum Einriß einer Klappe, der auf die Aortenwand übergreifen kann (DAUPHIN u. DAUPHIN, 1965; NAJAFI, 1971). Nur in einzelnen Fällen kommt es zum Klappenabriß (HAYS u. BOGGAN, 1955).

Neben diesen unmittelbaren Schädigungen der Aortenklappe können alle Erkrankungen, die mit einer Erweiterung der aszendierenden Aorta, meist auf dem Boden einer *Aortitis* oder Medianekrose, einhergehen, zur Dehnung des Klappenbasisringes und damit zur Ausbildung einer Aorteninsuffizienz führen. Relativ häufig ist dies beim Marfan-Syndrom (STEINBERG, 1960). Unter 24 entsprechenden Fällen wurde sie von PERNOT u. Mitarb., (1966) 7mal beobachtet. Auch bei der Takayasuschen Erkrankung wurde mit 20—30 % ähnlich häufig eine Aorteninsuffizienz festgestellt (SCHRIRE u. ASHERSON, 1964; UEDA u. Mitarb., 1967). Eine rheumatische Aortitis kann ebenfalls ohne eigentliche Beteiligung der Aortenklappe über eine Erweiterung des Klappenbasisringes zur Aorteninsuffizienz führen (Übersicht über 20 Fälle bei CLARK u. Mitarb., 1957; CSONKA, 1961; WEBB u. Mitarb., 1970). Besonders häufig wurde diese Form der Aorteninsuffizienz in Kombination mit einer Spondylitis ankylopoetica (Morbus Bechterew) beobachtet (SCHILDER u. Mitarb., 1956; STORSTEIN u. WAALER, 1959; TOONE u. Mitarb., 1959;; LIU u. ALEXANDER, 1969). Eine Aorteninsuffizienz kann sich auch als Folge eines Aneurysmas des Sinus Valsalvae oder eines Aneurysmas dissecans der Aorta ascendens ausbilden (LEVY u. Mitarb., 1963; LEWIS, 1965). Gelegentlich kommt es schließlich zur Aorteninsuffizienz bei Aortendilatation infolge Aortensklerose, besonders in Verbindung mit einer arteriellen Hypertonie (FENICHEL, 1950).

Selten ist das *spontane Auftreten* einer Aorteninsuffizienz, ohne daß ein Trauma oder eine Medianekrose ursächlich vorausgehen (SAINANI u. SZATKOWSKI, 1969). Zwei solche Fälle beschrieben, bei denen intraoperativ eine myxödematöse Degeneration einer Aortenklappe festgestellt werden konnte, O'BRIEN u. Mitarb. (1968). Eine Medianekrose oder eine andere Form der Aortitis konnte in diesen Fällen ausgeschlossen werden. Die Ätiologie ist unbekannt.

Pathophysiologie. Bei Schlußunfähigkeit der Aortenklappen kommt es während der Diastole zu einem Rückstrom von Blut aus der Aorta in den linken Ventrikel. Die Größe des Rückflußvolumens ist von mehreren Faktoren abhängig:

1. von der Größe der Rückflußöffnung,
2. vom peripheren Widerstand,
3. von der Dauer der Diastole,
4. von der Dehnbarkeit des linken Ventrikels.

Ad 1.) Bei gegebener Druckdifferenz zwischen Aorta und linkem Ventrikel ist das Rückflußvolumen/Zeiteinheit abhängig vom Widerstand der Aortenklappe, d.h. von der Insuffizienzfläche. Bei schweren Aorteninsuffizienzen wurden Rückflußöffnungen bis zu 0,44 cm^2/m^2 Körperoberfläche beim Menschen errechnet, durch die sowohl nach direkten Messungen während der Operation (BRAUNWALD, 1965; BIRCKS u. Mitarb., 1967) als auch nach indirekten röntgenologischen Bestimmungen (ARCILLA, 1961; SANDLER u. Mitarb., 1963; HASHIMOTO, 1968; JEREB u. Mitarb., 1972) Mengen bis zu 80% des Schlagvolumens regurgitierten.

Ad 2.) Bei gegebener Insuffizienzfläche ist das Regurgitationsvolumen um so größer, je höher der periphere Widerstand ist. So bedingt z.B. eine arterielle Hypertonie bei gleichem Klappenwiderstand eine Vergrößerung des Regurgitationsvolumens. Die durch die Erhöhung des peripheren Widerstandes zusätzliche Steigerung der Blutdruckamplitude kann somit eine schwere Aortenklappeninsuffizienz vortäuschen.

Ad 3.) Da der Blutrückfluß aus der Aorta in den linken Ventrikel so lange andauert, wie ein Druckgefälle besteht, muß das Rückflußvolumen um so größer sein, je länger die Diastole dauert. Langsamere Herzfrequenzen bewirken daher – von wenigen Ausnahmen, auf die später eingegangen werden soll, abgesehen – ein größeres Regurgitationsvolumen (BRAWLEY u. MORROW, 1967; RUTISHAUSER u. Mitarb., 1967; LOOGEN u. Mitarb., 1969; LEVISON u. Mitarb., 1970; LEWIS u. Mitarb., 1970; JUDGE u. Mitarb., 1971; DE SEPIBUS u. Mitarb., 1972; WINK u. Mitarb., 1974).

Ad 4.) Die Dehnbarkeit des linken Ventrikels wird zum dominierenden Faktor, wenn die Zerstörung der Aortenklappe so hochgradig ist, daß kein nennenswerter diastolischer Klappenwiderstand mehr besteht. Wenn die Dehnbarkeit des Ventrikels gegenüber der Norm stärker herabgesetzt ist, kann sie auch schon bei noch nennenswertem Klappenwiderstand einen erheblichen Einfluß auf das Regurgitationsvolumen haben (LOOGEN u. Mitarb., 1965). Als Ursache für eine herabgesetzte Dehnbarkeit kommen mehrere Faktoren in Betracht: eine stärkere Hypertrophie bei gleichzeitigen Widerstandserhöhungen an der Aortenklappe oder im großen Kreislauf und stärkere Bindegewebseinlagerungen ins Endo-, Myo- oder Perikard. Zu diskutieren sind auch Elastizitätsänderungen der Muskelzellen.

Von diesen vier Faktoren bestimmt in der Mehrzahl der Fälle die Größe der Rückflußfläche das Ausmaß des Regurgitationsvolumens.

Während der Diastole füllt sich der linke Ventrikel einerseits auf normalem Wege vom linken Vorhof her, andererseits durch das Rückflußvolumen aus der Aorta. Dadurch entsteht eine Vergrößerung des enddiastolischen Volumens in Abhängigkeit von der Größe des Rückflußvolumens (LEWIS u. Mitarb., 1971). Entsprechend dieser Vergrößerung des enddiastolischen Volumens wirft der Ventrikel ein vergrößertes Schlagvolumen aus. Von diesem Volumen (reales oder totales Schlagvolumen) gelangt nur ein Teil (effektives Schlagvolumen) in die Peripherie.

Reales Schlagvolumen ist also gleich effektives Schlagvolumen + Regurgitationsvolumen (= Pendelvolumen). Im allgemeinen ist das Verhältnis reales Schlagvolumen: effektivem Schlagvolumen um so größer, je schwerer die Aorteninsuffizienz ist (in schweren Fällen 4:1). Die Größe des effektiven Schlagvolumens ist bei suffizienten Herzen unter Ruhebedingungen normal.

Der Rückstrom des Blutes aus der Aorta in den Ventrikel führt zu einer gegenüber dem normalen Verhalten beschleunigten Verkleinerung des arteriellen Gefäßvolumens. Dadurch sinkt der diastolische Arteriendruck in Abhängigkeit vom Regurgitationsvolumen mit entsprechend steilem diastolischen Druckabfall (LIBANOFF, 1973). Diese Abnahme ist in leichten Fällen so gering, daß der diastolische Druck noch im Normbereich liegt. In schweren Fällen haben wir blutig in der A. femoralis oder brachialis diastolische Arteriendruckwerte zwischen

30—50 mm Hg gemessen. Im Extrem kann der diastolische Arteriendruck sich dem enddiastolischen Ventrikeldruck angleichen, d.h. er kann nicht auf 0 mm Hg absinken.

Wie schon erwähnt, ist das Regurgitationsvolumen auch von der Diastolendauer abhängig. Dementsprechend muß der diastolische Druck bei geringer Herzfrequenz bzw. in einer postextrasystolischen Pause weiter abfallen. Dies gilt jedoch nur für die Fälle, in denen nicht bereits ein Druckangleich bei normaler Herzfrequenz besteht. Der diastolische Blutdruckabfall bedingt eine Vergrößerung der Blutdruckamplitude. Der systolische Ventrikel- und Aortendruck sind nicht oder nur unwesentlich erhöht. Dagegen ist der systolische Druck in den peripheren Arterien stärker angehoben (HILL u. Mitarb., 1909, 1911). In Übereinstimmung mit tierexperimentellen Untersuchungen von MOSCOVITZ und WILDER (1957) fanden LOOGEN u. Mitarb. (1969) bei schweren Aorteninsuffizienzen (Schweregrad III) bei 17 Patienten in der Femoralarterie einen um 17% höheren systolischen Druck als im linken Ventrikel.

Die Anhebung des systolischen Druckes in den peripheren Arterien über den systolischen Druck im linken Ventrikel und in der Aortenwurzel ist allerdings kein Charakteristikum der Aorteninsuffizienz. Dieser Befund ist auch beim Gesunden – wenngleich in deutlich geringerem Ausmaß – zu erheben. Er wird damit erklärt, daß sich durch Reflexion der Schlauchwelle in der Arterienperipherie eine stehende Welle ausbildet, deren Knotenpunkt meist im Bereich der thorakalen Aorta liegt (HAMILTON u. DOWE, 1939). Die stehende Welle wird der Grundschwingung, d.h. der Schlauchwelle, überlagert. Durch Addition bzw. Subtraktion dieser beiden Wellen ergeben sich an verschiedenen Punkten des Arteriensystems verschiedene systolische Druckmaxima. Der Mitteldruck bleibt dabei unverändert. Die hohen Maxima liegen in der Peripherie, die tiefen zentral des Knotenpunktes. Modifikationen in diesem schwingenden System können sich u.a. durch Änderung der Gefäßwandelastizität sowie des Gefäß- und Schlagvolumens ergeben.

Bei der Aorteninsuffizienz dürften vor allem die großen und schnellen Volumenänderungen für die Erhöhung des systolischen Druckes in der Arterienperipherie ausschlaggebend sein (ALEXANDER, 1949). Im Gegensatz hierzu stimmen die diastolischen Druckminima in der Peripherie und herznah weitgehend überein.

Das Absinken des diastolischen Aortendruckes unter die Norm muß die Koronardurchblutung entscheidend beeinträchtigen, weil diese ihr Maximum während der Diastole hat. Gleichzeitig ist der O_2-Bedarf des hypertrophierten und volumenbelasteten Herzens erhöht. Die O_2-Versorgung des linken Ventrikels ist also in zweifacher Hinsicht schlechter gestellt. Im Gegensatz zu diesen theoretischen Überlegungen fand BERNSHEIMER (1965) mit der Stickoxydulmethode bei mittelschweren Aorteninsuffizienzen eine Zunahme der Koronardurchblutung. Diese Diskrepanz ist so zu erklären, daß der niedrigere diastolische Durchströmungsdruck innerhalb gewisser Grenzen durch Vasodilatation kompensiert werden kann. So fanden GORLIN (1961) sowie BERNSMEIER (1965) den Koronarwiderstand bei Aorteninsuffizienz stark erniedrigt. Besonders ungünstig für die Durchblutung der innersten Myokardschichten wirkt sich ein frühzeitiger diastolischer Druckangleich zwischen Aorten- und Ventrikeldruck aus. Infolge dieses Druckangleiches besteht kein Druckgefälle zwischen dem Druck in den Koronararterien und dem intramuralen Druck, so daß ähnlich wie in der Systole die Durchblutung weitgehend zum Stillstand kommen muß. Dann muß sich eine Frequenzsteigerung durch Abkürzung der Diastole auf die Durchblutung günstig auswirken.

Der systolische Druck des linken Ventrikels ist trotz des größeren Schlagvolumens und trotz der größeren Ausgangsspannung nicht oder nur unwesentlich erhöht. Da der diastolische Aortendruck erniedrigt ist, ist auch die Zeit der isometrischen Kontraktion (Anspannungszeit) verkürzt. Bei schweren Aorteninsuffizienzen mit Angleich zwischen enddiastolischem Aorten- und Ventrikeldruck fehlt sie ganz. Durch die Verminderung oder das Fehlen der Anspannungszeit ist der systolische Druckanstieg der Ventrikeldruckkurve weniger steil als normal (DEGENRING, 1971). Die linksventrikuläre Ejektionszeit ist verlängert (LUOMANMAEKI u. HEIKILAE, 1970).

Der frühdiastolische Druck des linken Ventrikels bleibt normal, solange keine Myokardinsuffizienz besteht. Der enddiastolische Druck ist bei stärkeren Aorteninsuffizienzen im allgemeinen meßbar erhöht. Besonders deutlich ist der Druckanstieg zu erkennen, wenn infolge einer längeren Diastole ein entsprechend größeres Regurgitationsvolumen in den linken Ventrikel einströmt. Die Größe dieses Anstiegs hängt aber nicht allein vom Ausmaß des Regurgitatonsvolumens ab, sondern auch von der Dehnbarkeit des linken Ventrikels.

Bei herabgesetzter Dehnbarkeit können unverhältnismäßig hohe enddiastolische Druckerhöhungen schon bei kleineren Regurgitationsvolumina beobachtet werden. Dies ist z.B. bei stärkeren begleitenden Aortenstenosen oder bei arterieller Hypertonie der Fall. Vergrößertes enddiastolisches Volumen und herabgesetzte Dehnbarkeit des linken Ventrikels bedingen einen raschen Anstieg des diastolischen Ventrikeldruckes. Manchmal kommt es selbst bei kurzer Diastolendauer zu einem Druckangleich während der Diastole von Ventrikel und Aorta. Dadurch ist eine weitere Regurgitation bei suffizienter Mitralklappe nicht mehr möglich (LOOGEN u. Mitarb., 1965). Dies hat zur Folge, daß das Regurgitationsvolumen geringer sein kann, als es der Relation zwischen dem peripheren Widerstand und dem Klappenwiderstand entspricht. Der vorzeitige Mitralklappenschluß durch den raschen diastolischen Ventrikeldruckanstieg (vor oder spätestens zusammen mit dem Druckangleich) bedeutet, daß das maximale diastolische Kammervolumen bereits zum Zeitpunkt des Druckangleichs erreicht ist. Da Ventrikel und Aorta kommunizieren und weiter Blut in die Peripherie abströmt, kann das diastolische Kammervolumen in der weiteren Diastole wieder abnehmen, d.h. das enddiastolische Kammervolumen ist geringer als das maximale.

Durch den vorzeitigen Mitralklappenschluß kommt es bei suffizienter Mitralklappe in der Diastole zu einer Drucktrennung zwischen Vorhof und Kammer. Der Druck im linken Ventrikel kann durch die weitere Regurgitation nach dem Mitralklappenschluß den Vorhofdruck erheblich überschreiten. Nach Tierexperimenten von Welch u. Mitarb. (1957) kommt es im akuten Versuch bei offenem Thorax und konstant gehaltener Frequenz dann zum vorzeitigen Mitralklappenschluß, wenn mehr als die Hälfte des Schlagvolumens in den linken Ventrikel regurgitiert. Das entspricht den klinischen Befunden bei akut entstandener Aorteninsuffizienz (Meadows u. Mitarb., 1963; Wigle u. Labrosse, 1965; Spring u. Mitarb., 1972). Sie sind jedoch nicht ohne weiteres auf die Hämodynamik der chronischen Aorteninsuffizienz zu übertragen. Durch die Möglichkeit der Frequenzsteigerung und die veränderte Elastizität des chronisch belasteten Ventrikels ist es denkbar, daß ein vorzeitiger Mitralklappenschluß auch schon bei kleineren Regurgitationsvolumina eintreten kann. Das paradoxe Druckverhalten in der Diastole bedeutet, daß die Zeit der Ventrikelfüllung durch den linken Vorhof verkürzt ist. Um trotzdem ein ausreichendes Volumen zu verschieben, muß der Druck im linken Vorhof entsprechend erhöht sein. Als Versuch, den vorzeitigen Mitralklappenschluß zu verzögern, haben Colvez u. Mitarb., (1959) die in einem großen Prozentsatz der Aorteninsuffizienzen beobachtete Verlängerung der PQ-Zeit gedeutet. Von Welch u. Mitarb. (1957) ist erstmalig darauf hingewiesen worden, daß die intakte Mitralklappe bei diesen Formen der Aorteninsuffizienz eine Barriere darstellt, die den Lungenkreislauf vor zu starken Druckerhöhungen schützt.

Klinik. Die klinischen Befunde der Aorteninsuffizienz sind meist so eindeutig, daß neben der qualitativen Diagnose in der Mehrzahl der Fälle auch eine quantitative Beurteilung möglich ist. Im Gegensatz zur Aortenstenose gelingt es, die Aorteninsuffizienz anhand der klinischen Befunde in vier Schweregrade hinsichtlich Prognose, konservativer und operativer Behandlung zu unterteilen (Grosse-Brockhoff u. Loogen, 1965). Die folgende Darstellung stützt sich im wesentlichen auf diese Befunde.

Häufigkeit und Beschwerdebild. Eine Aorteninsuffizienz wurde in einer eigenen Untersuchungsreihe (Loogen u. Mitarb., 1969) von 1980 Patienten mit erworbenen Herzfehlern isoliert in 7% und in Kombination mit einer Aortenstenose ebenfalls in 7% gefunden. Besonders groß ist der Anteil von Aorteninsuffizienzen bei Mitralfehlern; er betrug 12%. Kombinierte Vitien sowohl der Mitralis als auch der Aorta fanden sich in weiteren 5%, so daß die Gesamtzahl der Aorteninsuffizienzen in dieser Untersuchungsreihe 27% ausmachte. Diese Zahlen stimmen mit Angaben von Bland und Wheeler (1957) überein, die funktionell bedeutsame Aorteninsuffizienzen unter 1322 Patienten mit rheumatischen Herzfehlern in 6,5% fanden. Das männliche Geschlecht ist etwa doppelt (Bland u. Wheeler, 1957) oder 3mal so häufig (Segal u. Mitarb., 1956) wie das weibliche betroffen.

Patienten mit leichter Aorteninsuffizienz (Schweregrad I) sind in der Regel beschwerdefrei. Der Fehler wird häufig zufällig festgestellt. Nur selten werden Atemnot bei stärkeren Belastungen und pektanginöse Beschwerden angegeben. In diesen Fällen bleibt es offen, ob und inwieweit diese Beschwerden ursächlich mit dem Herzfehler zusammenhängen oder ob es sich um Trainingsmangel oder um zusätzliche vaskuläre Veränderungen (z.B. stenosierende Koronarsklerose) handelt.

Bei den mittelschweren und schweren Insuffizienzen der Schweregrade II und III treten in der überwiegenden Mehrzahl der Fälle bei körperlichen Belastungen Atembeschwerden auf. Nach unseren Ermittlungen werden pektanginöse Beschwerden in etwa 25% der Fälle angegeben; nach Segal u. Mitarb. (1956) sowie Harvey u. Mitarb. (1957) fanden sie sich jedoch in etwa 50% der Fälle. Während Dyspnoe und pektanginöse Beschwerden bei den Schweregraden II und III etwa gleich häufig sind, wird eine Neigung zu Schweißausbrüchen und Schmerzen im Hals oder im Bauch von Patienten der Gruppe III häufiger angegeben. Bei diesen Patienten finden sich auch häufiger Klagen über unangenehmes Klopfen in Kopf und Hals (Folge der verstärkten Karotispulsationen).

Bei Aorteninsuffizienzen des Schweregrades IV bestehen Dyspnoe schon bei geringen Belastungen und pektanginöse Beschwerden praktisch immer. Ebenso fehlen praktisch nie Hyperhidrosis und unangenehmes Klopfen der Halsgefäße. Sehr häufig bestehen auch Schmerzen im Hals oder im Bauch, die als Dehnungsschmerzen der großen Arterien zu deuten sind.

Klinische Befunde. Die *Blutdruckamplitude* ist nach einem eigenen Kollektiv von 84 Patienten mit reiner Aorteninsuffizienz (Grosse-Brockhoff u. Loogen, 1965) bei Patienten des Schweregrades I im allgemeinen nicht oder nur gering vergrößert. Die Amplitudenvergrößerung kommt praktisch ausschließlich durch eine Erhöhung des systolischen Druckes zustande (s. Pathophysiologie). Die geringen oder fehlenden Änderungen des Blutdruckes erklären, daß in dieser Gruppe ein Pulsus celer et altus mit verstärkter

Pulsation der Karotiden nicht gefunden wird. Der Herzspitzenstoß liegt praktisch immer an normaler Stelle und ist von normaler Qualität.

Beim Schweregrad II findet sich eine mäßige Vergrößerung der Blutdruckamplitude (im Mittel 75 mm Hg), die vorwiegend durch eine Anhebung des systolischen Druckes und nur zu einem geringen Teil durch eine Abnahme des diastolischen Druckwertes zustande kommt. In dieser Gruppe findet man dementsprechend meist schon einen Pulsus celer et altus sowie verstärkte Pulsationen der Halsgefäße. Bei etwa der Hälfte ist der Herzspitzenstoß hebend.

Beim Schweregrad III ist die Blutdruckamplitude stark vergrößert (im Mittel 110 mm Hg). Im Gegensatz zu den Schweregraden I und II ist hier die Erhöhung der Blutdruckamplitude in stärkerem Maße auf einen Abfall des diastolischen Druckwertes zurückzuführen. Im Mittel findet man diastolische Druckwerte von 55 mm Hg. Ein Pulsus celer et altus bei verstärkten Pulsationen der Halsgefäße sowie ein hebender und verbreiterter Herzspitzenstoß bestehen immer.

Schweregrad IV unterscheidet sich hinsichtlich der Blutdruckamplitude, der Pulsationen und des Herzspitzenstoßes nicht sicher vom Schweregrad III.

Schon an dieser Stelle sei darauf hingewiesen, daß von allen Befunden und Symptomen für die Beurteilung des Schweregrades einer Aorteninsuffizienz nach unserer Erfahrung der *diastolische Blutdruck* die größte Bedeutung hat. Einerseits ist er mit Hilfe der üblichen Blutdruckmeßmethode nach Riva-Rocci einfach zu ermitteln, andererseits erlaubt er die zuverlässigste Aussage über die veränderte Hämodynamik (Judge u. Kennedy, 1970).

Wie im pathophysiologischen Teil gesagt, stimmt der diastolische, unblutig gemessene Druck mit dem diastolischen zentralen Blutdruck weitgehend überein, während die peripheren systolischen Drucke durch Summation von Schlauch- und Reflexionswellen höher als die zentralen sind.

Aus der Bedeutung des diastolischen Druckes ergibt sich, daß seine exakte Bestimmung besonders wichtig ist. Der diastolische Blutdruckwert wird abgelesen, wenn die Lautstärke des Korrotkovschen Tons erstmals abnimmt. Häufig kommt es bei einer Aorteninsuffizienz nicht zu einem völligen Verschwinden des Korrotkovschen Tons, so daß irrtümlicherweise diastolische Blutdruckwerte von 0 mm Hg angegeben werden. Da der diastolische Aortendruck nicht niedriger sein kann als der enddiastolische Ventrikeldruck, sind Werte um 0 mm Hg unmöglich (s. pathophysiologischer Teil). Nach Untersuchungen von Goldstein und Killip (1962) besteht bei Patienten mit Aorteninsuffizienzen eine gute Übereinstimmung zwischen dem blutig gemessenen diastolischen Blutdruck und dem Manschettendruck, bei dem sich die Lautstärke des Korrotkovschen Tons ändert.

Die *Blutdruckamplitude* erlaubt keine so exakte Beurteilung des Insuffizienzgrades wie der diastolische Druck. Die Größe der Blutdruckamplitude geht zwar im allgemeinen dem Schweregrad der Klappeninsuffizienz parallel, eine vergrößerte Blutdruckamplitude beweist aber nicht das Vorliegen einer schweren Aorteninsuffizienz. Ein normaler oder sogar erhöhter diastolischer Druck schließt eine schwere Aorteninsuffizienz aus, selbst bei einer deutlich gesteigerten Blutdruckamplitude. In diesen Fällen muß ein arterieller Hochdruck anderer Genese in Kombination mit einer leichten Aorteninsuffizienz angenommen werden.

Die *systolische Druckdifferenz* zwischen dem nach Riva-Rocci gemessenen Blutdruck am Oberarm und dem Druck am Oberschenkel ist nach Untersuchungen von Frank u. Mitarb. (1967a) dagegen ein gutes Maß für die Schwere der Aorteninsuffizienz. Bei Schweregrad I beträgt diese Druckdifferenz weniger als 20 mm Hg, bei Grad II 20—40 mm Hg und bei Grad III—IV mehr als 60 mm Hg. Voraussetzung für seine exakte Bestimmung ist jedoch die Verwendung von ausreichend breiten Manschetten (Arm: 13 cm breit; Bein: 19 cm breit) und möglichst simultane Messung (Frank u. Mitarb., 1967a).

Auskultation und Phonokardiogramm. Charakteristischer Auskultationsbefund der Aorteninsuffizienz ist ein diastolisches Dekreszendogeräusch, dessen Maximum im allgemeinen im 3. bis 5. ICR links vom Sternum liegt. Aus seiner Lautstärke und Dauer sowie aus dem Verhalten des Aortenklappenschlußtones und dem systolischen Begleitgeräusch sind gewisse Rückschlüsse auf den Insuffizienzgrad möglich.

Bei Aorteninsuffizienzen des Schweregrades I ist das diastolische Geräusch meist leise und nur selten bis zum nachfolgenden I. Herzton hörbar. Deshalb wird es leicht überhört. Erst durch Lageänderung (vorn übergebeugter Oberkörper, Seitenlage, Aufrichten des Oberkörpers und Heben der Arme) wird das Geräusch deutlich. Auskultatorisch imponiert es oft als hauchend und ist nur in der frühen Diastole zu hören.

Der Aortenklappenschlußton ist praktisch immer betont. Bei Ausschluß anderer Ursachen sollte deshalb ein betonter Aortenklappenschlußton immer Anlaß sein, besonders sorgfältig nach einer leichten Aorteninsuffizienz zu forschen. Der I. Herzton ist unauffällig. Meist findet sich ein frühsystolischer Extraton („Klick"), der mit dem Beginn des Steilanstiegs in der Karotispulskurve zusammenfällt und im allgemeinen als Aortendehnungston gedeutet wird. Auch bei der leichten Aorteninsuffizienz ist häufig ein frühsystolisches Begleitgeräusch zu hören, das nicht in die Karotiden fortgeleitet wird. Die Abgrenzung dieses Geräusches von einem organischen kann schwierig sein. Für ein Begleitgeräusch sprechen ein frühsystolisches Maximum, die fehlende Fortleitung in die Karotiden und die meist geringe Lautstärke.

Beim Schweregrad II ist das diastolische Geräusch nicht überhörbar und erstreckt sich meist über die gesamte Diastole. Auch in dieser Gruppe finden sich häufig ein frühsystolischer Extraton und ein akzentuierter Aortenklappenschlußton. Ein frühsystolisches Begleitgeräusch über dem 2. ICR rechts parasternal ist fast regelmäßig vorhanden.

Beim Schweregrad III füllt das diastolische Rückstromgeräusch praktisch immer die gesamte Diastole aus und ist meist lauter als beim Schweregrad II, ohne daß sich aus der Lautstärke zuverlässige Rückschlüsse auf den Schweregrad der Insuffizienz ziehen lassen. Im Phonokardiogramm zeigt sich, daß das diastolische Geräusch nicht ausschließlich Dekreszendoform hat, sondern seiner Form nach einer asymmetrischen Spindel mit kurzem Kreszendoanteil entspricht (DRESSLER u. RUBIN, 1966).

Ein frühsystolischer „Klick" findet sich in dieser Gruppe nur vereinzelt. Der Aortenklappenschlußton ist in der Mehrzahl der Fälle reduziert oder vom diastolischen Geräusch nicht abgrenzbar. Entsprechend dem vergrößerten Schlagvolumen ist ein frühsystolisches Begleitgeräusch als Ausdruck einer relativen Aortenstenose praktisch immer vorhanden. Der Auskultationsbefund bei Patienten des Schweregrades IV unterscheidet sich im allgemeinen nicht wesentlich von dem des Schweregrades III. Der Aortenklappenschlußton ist allerdings praktisch immer abgeschwächt. Im Gegensatz zum Schweregrad III endet das diastolische Geräusch manchmal deutlich vor dem I. Herzton und hat geringere Lautstärke. Das geräuschfreie Intervall in der späten Diastole ist Folge des Druckangleiches zwischen Aorta und Ventrikel (s. Pathophysiologie).

Neben diesen Auskultationsbefunden sind – vor allem bei schweren Insuffizienzen (III und IV) – gelegentlich diastolische Geräusche zu hören, die sich nach Lokalisation und Klangcharakter vom Aorteninsuffizienzgeräusch unterscheiden lassen. Ein diastolisches Geräusch im Bereich der Herzspitze wurde erstmals 1862 von FLINT beschrieben und auf eine relative Mitralstenose (schnelle Ventrikelfüllung infolge Regurgitation, dadurch Annäherung der Mitralsegel und erschwerter Bluteinstrom vom linken Vorhof in den linken Ventrikel) zurückgeführt. Diese Interpretation wurde in der Folgezeit von zahlreichen Autoren leicht modifiziert übernommen (LAUBRY u. PEZZI, 1926; WHITE, 1951; FRIEDBERG, 1966). Hämodynamische Untersuchungen mit simultaner Registrierung der Drucke im linken Vorhof, linken Ventrikel und in der Aorta haben jedoch gezeigt, daß während der Füllungszeit des linken Ventrikels kein Hinweis auf einen erhöhten Widerstand am Mitralostium besteht (LOOGEN u. Mitarb., 1965). Außerdem wurde nachgewiesen, daß das Geräusch den Zeitpunkt des Mitralklappenschlusses in den Fällen mit paradoxer Druckrelation zwischen linkem Ventrikel und linkem Vorhof überdauert. Diese Befunde sprechen gegen die Entstehung des Geräusches durch eine relative Mitralstenose. Gegen die Annahme, daß es sich um das zur Herzspitze hin fortgeleitete diastolische Aorteninsuffizienzgeräusch handelt, spricht die Feststellung, daß das Maximum des diastolischen Geräusches an der Herzspitze mesodiastolisch liegt und vorwiegend niederfrequente Schwingungen enthält. Das Austin-Flint-Geräusch kann als präsystolisches Geräusch bei schneller Herzfrequenz imponieren. Durch Frequenzverlangsamung (z.B. Karotissinusdruck) läßt sich aber feststellen, daß bei längerer Diastolendauer das Geräusch deutlich vor dem I. Herzton aufhört. Eine sichere Erklärung für die Entstehung des Austin-Flint-Geräusches gibt es bis heute nicht. Zu diskutieren sind eine Turbulenz durch das Zusammentreffen von einströmendem und rückströmendem Blut im Ventrikel, Schwingungen des aortalen Mitralsegels (UEDA u. Mitarb., 1967; WINSBERG u. Mitarb., 1970; PARKER u. Mitarb., 1971) sowie diastolischer Rückstrom von Blut aus dem linken Ventrikel in den linken Vorhof (JOLY u. Mitarb., 1965; OLIVER u. Mitarb., 1967; LINHART u. Mitarb., 1971; FORTUIN u. CRAIGE, 1972). Eine spätdiastolische Mitralregurgitation konnte von LOCHAYA u. Mitarb. (1967) sowie WONG (1969) bei drei Patienten mit schwerer Aorteninsuffizienz und Austin-Flint-Geräusch angiokinematographisch nachgewiesen werden. Schließlich ist es vorstellbar, daß das paradoxe Druckverhalten enddiastolisch durch die Vorhofkontraktion kurzfristig durchbrochen wird. Dies erscheint besonders dann möglich, wenn durch Blutabstrom in die Peripherie der enddiastolische Ventrikeldruck niedriger ist als zum Zeitpunkt des Druckangleichs. Ganz allgemein muß dahingestellt bleiben, ob die an der Herzspitze hörbaren Geräusche einen einheitlichen Entstehungsmechanismus haben (ARGANO u. LUISADA, 1972).

Karotispulskurve und Apexkardiogramm. In der Karotispulskurve und im Apexkardiogramm finden sich bei den Aorteninsuffizienzen charakteristische Veränderungen, die bis zu einem gewissen Grade Rückschlüsse auf die Schwere des Klappenfehlers erlauben. Durch den Pulsus celer et altus ergeben sich in der Karotispulskurve typische Veränderungen:

rascher Steilanstieg bis zu einem hohen Maximum,
oft anakrote Welle bzw. doppelter Gipfel,
Abflachung oder Fehlen der Inzisur und der dikroten Welle sowie steiler Kurvenabfall.

Das typische Apexkardiogramm zeigt folgende Formveränderungen:

überhöhte Vorhofkontraktionswelle (a-Welle),
rascher Steilanstieg zu einem breiten, plateauförmigen Kurvengipfel und steiler Kurvenabfall.

Diese Veränderungen der Karotispulskurve und des Apexkardiogramms finden sich voll ausgeprägt nur bei schweren Aorteninsuffizienzen (III und IV). Zu beachten ist allerdings, daß durch eine bestehende Myokardinsuffizienz (Gruppe IV) der rasche Steilanstieg fehlen kann. Beim Schweregrad I finden sich entsprechend dem praktisch normalen Pulsverhalten weder in der Karotiskurve noch im Apexkardiogramm Abweichungen von der Norm. Beim Schweregrad II sind die beschriebenen Veränderungen nicht vorhanden oder nur gering ausgeprägt. Die charakteristischen Veränderungen (rascher Steilanstieg, breites Gipfelplateau, rascher Steilabfall) lassen sich im Apexkardiogramm bereits nachweisen, wenn die Karotispulskurve noch eine deutliche Inzisur hat.

Elektrokardiogramm. Die Veränderungen im Elektrokardiogramm erstrecken sich vorwiegend auf die Kammerteile. Sie bestehen in Verbreiterung der QRS-Gruppe sowie in Hypertrophie- und in Schädigungszeichen. Zwischen der Schwere der EKG-Veränderungen und dem Insuffizienzgrad findet sich eine relativ gute Korrelation. Es ist allerdings zu berücksichtigen, daß größere Diskrepanzen durch zusätzliche myokardiale Prozesse und durch die unterschiedliche Dauer des Herzfehlers auftreten können. Weniger zuverlässig für die Beurteilung des Schweregrades der Aorteninsuffizienz ist die Richtung des

Hauptvektors von QRS in der Frontalebene. Man findet zwar bei schweren Insuffizienzformen bevorzugt einen Linkstyp, ein Norm- oder Steiltyp schließt aber eine schwere Aorteninsuffizienz nicht aus. Rhythmusstörungen in Form einer absoluten Arrhythmie bei Vorhofflimmern oder -flattern gehören nicht zum Bild der Aorteninsuffizienz. Das Vorliegen einer Flimmerarrhythmie ist deshalb suspekt auf einen begleitenden Mitralfehler oder eine zusätzliche Myokardschädigung. Beim Schweregrad I ist das Elektrokardiogramm im allgemeinen normal. Ein Linkstyp fand sich in unserem Krankengut in 25% der Fälle (LOOGEN u. Mitarb., 1969).

Aorteninsuffizienzen des Schweregrades II zeigen in den Brustwandableitungen unter Zugrundelegung des Sokolow-Lyon-Index ($SV_1 + RV_5 > 3{,}5$ mV) oft Hypertrophie – und nicht selten auch Schädigungszeichen linkspräkardial. In unserem Material war eine Hypertrophie bei zwei Drittel aller Patienten nachzuweisen. Schädigungszeichen (Senkung der ST-Strecken, T-Negativität) bestanden in etwa einem Drittel. Verbreiterungen von QRS und Verlängerungen der AV-Überleitungszeit kamen in dieser Gruppe nur vereinzelt vor. 40% aller Patienten hatten einen Linkstyp.

Beim Schweregrad III fehlten Linkshypertrophie- und Linksschädigungszeichen nur ausnahmsweise. Der Hauptvektor von QRS in der Frontalprojektion war vorwiegend linkstypisch. In unserem Krankengut hatten 52% aller Patienten dieser Gruppe einen Linkstyp. Nur einer von 44 Patienten hatte keine Hypertrophie- und keine Schädigungszeichen. 20% hatten eine Verlängerung der PQ-Zeit. Eine Verbreiterung von QRS war etwa ebenso häufig.

Beim Schweregrad IV sind Linkshypertrophie und ausgeprägte Schädigungszeichen obligat. 80% unserer Patienten hatten einen Linkstyp. In jeweils einem Drittel fanden sich eine Verlängerung von PQ bzw. eine Verbreiterung von QRS. In dieser Gruppe kommen nicht selten gehäuft Kammerextrasystolen vor. Auch werden höhere AV-Blockierungen beobachtet (JENSEN u. SIGURT, 1972).

Röntgenbefunde. Die typischen Röntgenbefunde bei Aorteninsuffizienz in den üblichen Projektionen sind schon seit Anfang des 20. Jahrhunderts bekannt und seitdem oft beschrieben und ergänzt worden (GROEDEL, 1909, 1913, 1921; DIETLEN, 1913, 1923, 1924; KÜLBS, 1914; VAQUEZ u. BORDET, 1916; SOSMAN, 1939; TESCHENDORF, 1952; SEGAL u. Mitarb., 1956; THURN, 1959, 1968; GROSSE-BROCKHOFF u. Mitarb., 1960; LOOGEN, 1961, 1965; AMPLATZ, 1962; COLAPINTO u. Mitarb., 1962; KLATTE u. Mitarb., 1962; ZDANSKY, 1962; STECKEN, 1964; GROSSE-BROCKHOFF u. LOOGEN, 1965; LOOGEN u. Mitarb., 1969; u.a.). Gegenüber den eingehenden früheren Untersuchungen konnten neuere Erkenntnisse besonders durch Herzkatheteruntersuchung und Kontrastmitteldarstellung gewonnen werden.

Die röntgenologischen Veränderungen der Aorteninsuffizienz erstrecken sich einmal auf den linken Ventrikel, zum anderen auf die Aorta. Hinzu kommen bei den schwereren Graden Veränderungen des linken Vorhofs und des Lungenkreislaufs. Der Volumenmehrbelastung entsprechend findet sich in Abhängigkeit vom Schweregrad, d.h. dem Regurgitationsvolumen und der Länge der Anamnese, eine Vergrößerung (Dilatation und Hypertrophie) des linken Ventrikels mit verstärkten Pulsationen. Das vergrößerte Schlagvolumen führt zu einer Dilatation und infolge der großen Volumenschwankungen auch zu verstärkten Pulsationen der Aorta. Die Vergrößerung des linken Ventrikels zeigt sich sowohl im Sagittalbild als auch in seitlicher bzw. schräger Projektion. Da es bei der Vergrößerung des linken Ventrikels auch zu einer zunehmenden Rechtsrotation des Herzens kommt, kann einerseits bei leichteren Schweregraden die Dilatation des linken Ventrikels in dorso-ventraler Richtung zu wenig in Erscheinung treten; durch die Verlagerung des rechten Ventrikels bei schweren Aorteninsuffizienzen kann andererseits eine zusätzliche Rechtsverbreiterung vorgetäuscht werden (THURN, 1968).

Ein Vergleich der Beziehungen zwischen röntgenologischen Befunden und klinischen Schweregraden der Aorteninsuffizienzen wurde von GROSSE-BROCKHOFF und

Loogen (1965) vorgenommen, den wir auch den folgenden Ausführungen zugrunde legen werden.

Bei Patienten des *Schweregrades I* findet sich in der Regel weder im dorso-ventralen noch im seitlichen oder schrägen Strahlengang eine röntgenologisch faßbare Vergrößerung des linken Ventrikels (Abb. 64a u. b und 65a u. b). Auch verstärkte Pulsationen sind im Ventrikelbereich häufig nicht nachzuweisen. Dagegen sind an der Aorta auch in dieser Gruppe meist schon röntgenologische Veränderungen zu erkennen. Sie bestehen in einer geringen bis mäßigen Ektasie der aufsteigenden Aorta und in verstärkten Pulsationen in diesem Gefäßbereich. Das Herz ist in mehr als 90% der Fälle normal groß, allenfalls linksbetont; in den übrigen Fällen findet sich bereits eine geringe Linksverbreiterung. Der Herzhinterraum ist praktisch nie eingeengt. Immer bestehen verstärkte Pulsationen der aufsteigenden Aorta; in 75% ist röntgenologisch eine Ektasie zu sehen. Gelegentlich (vgl. Abb. 65a u. b) ist das Röntgenbild ganz unauffällig. Aber auch dann erkennt man in geeigneter Projektion (meistens in linker vorderer Schrägstellung = *II.* schräger Durchmesser) verstärkte Pulsationen der Aorta ascendens.

Bei Patienten des *Schweregrades II* ist mit wenigen Ausnahmen das Herz gering bis mäßig linksverbreitert (Abb. 66a—c) und zeigt verstärkte Pulsationen. Gelegentlich ist der Herzhinterraum im Ventrikelbereich eingeengt. Eine Ektasie der aufsteigenden Aorta mit verstärkten Pulsationen ist immer nachzuweisen. Nur ausnahmsweise zeigt das Herz eine beginnende Aortenkonfiguration, und zwar dann, wenn der Herzfehler schon sehr lange besteht oder wenn zusätzliche Schädigungen des Herzmuskels vorliegen (Abb. 67a u. b). Zwerchfellhochstand bei Adipositas kann eine Aortenkonfiguration vortäuschen.

Beim *Schweregrad III* ist das Herz praktisch immer deutlich linksverbreitert. In etwa 60% findet sich die typische Aortenkonfiguration; sie ist durch eine deutliche Linksverbreiterung, ausgeprägte Herztaille mit nicht betontem Pulmonalbogen, abgerundete und verstärkt in das Zwerchfell eintauchende Herzspitze und deutliche Ektasie der aufsteigenden Aorta gekennzeichnet (Abb. 68a u. b). Als Ausdruck der allseitigen Dilatation

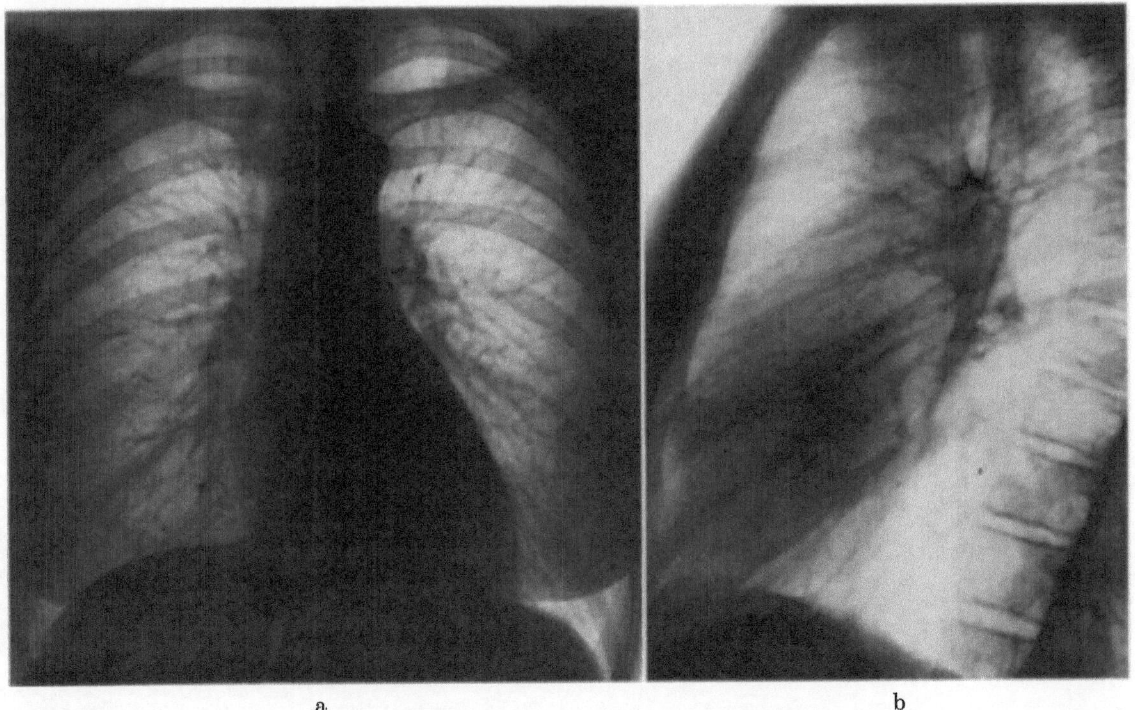

Abb. 64a u. b. Aorteninsuffizienz des klinischen Schweregrades I bei einer 27jährigen Patientin (J. Schu.). (a) Sagittale Herzfernaufnahme: Bei unauffälliger Herzkonfiguration leichte Ektasie der Aorta ascendens. (b) Seitenbild: Herzhinterraum nicht eingeengt

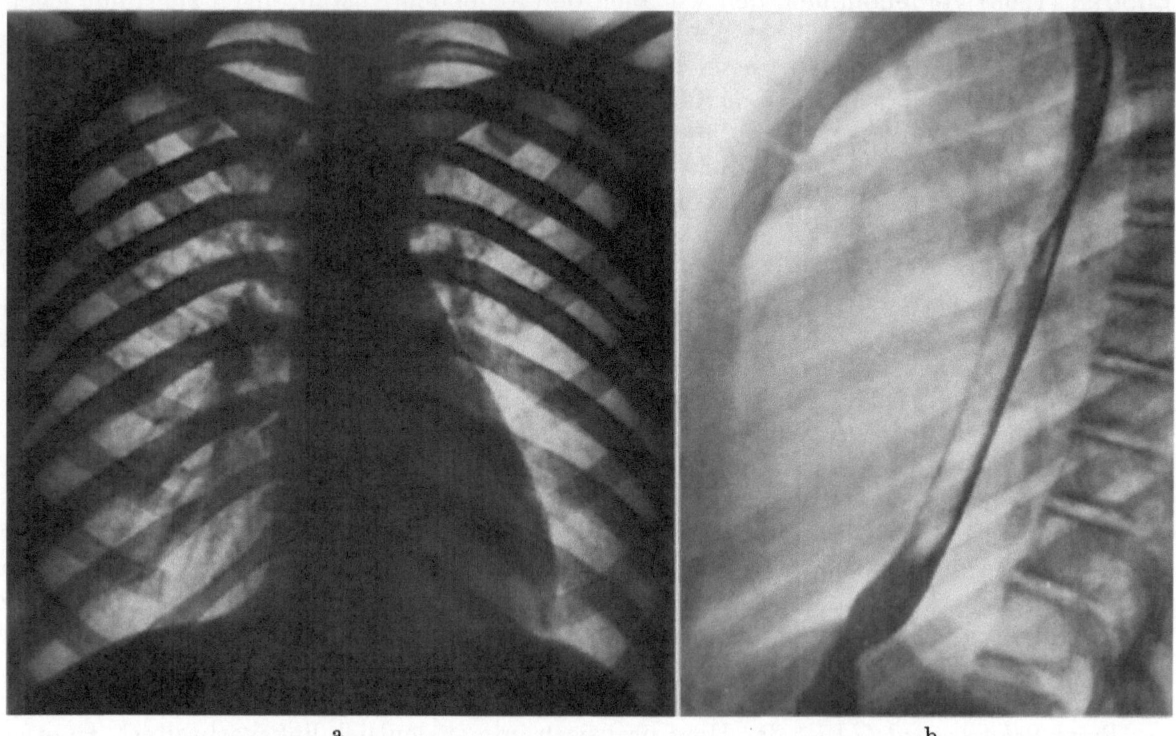

Abb. 65a u. b. Aorteninsuffizienz des klinischen Schweregrades I bei einer 26jährigen Patientin (T. Schl.) (a) Sagittale Herzfernaufnahme: Mittelständiges, nicht verbreitertes Herz. Verstrichene Herztaille. Keine Ektasie der aufsteigenden Aorta. (b) Seitenbild: Keine Einengung des Herzhinterraums

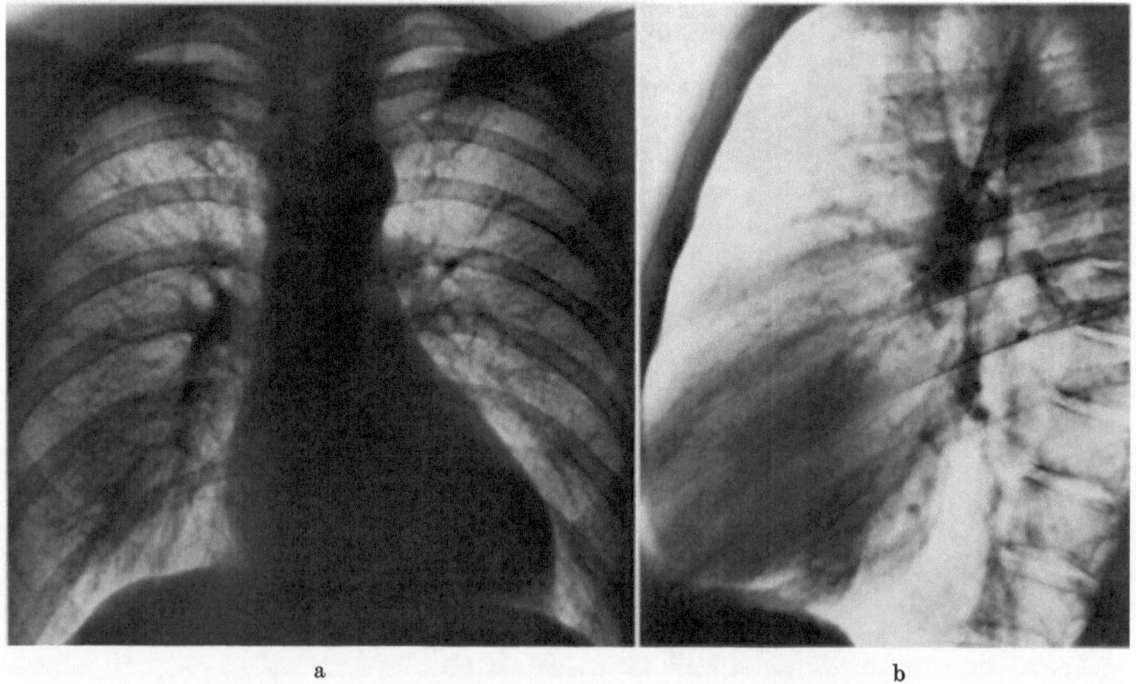

Abb. 66a—c. Aorteninsuffizienz des klinischen Schweregrades II bei einem 29jährigen Patienten (H. D. Kr.). (a) Sagittale Herzfernaufnahme: linksbetontes Herz, mäßige Ektasie der aufsteigenden Aorta. (b) Seitenbild: Leichte Vorwölbung des linken Ventrikels. (c) Linke vordere Schrägstellung: geringe Vorwölbung des linken Ventrikels

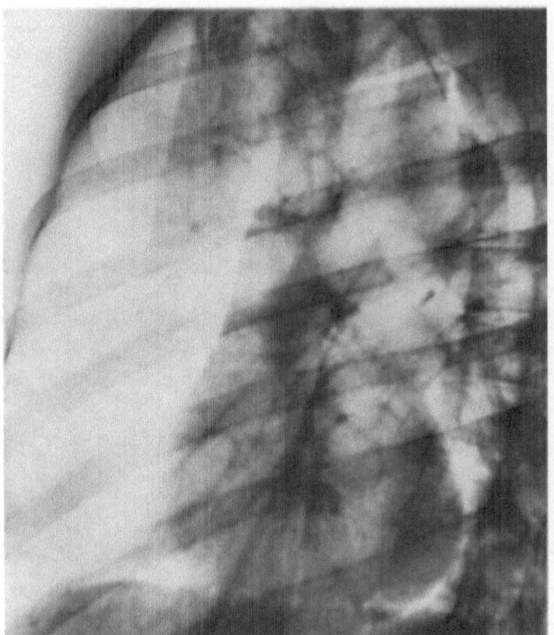

Abb. 66c (Legende s. S. 174)

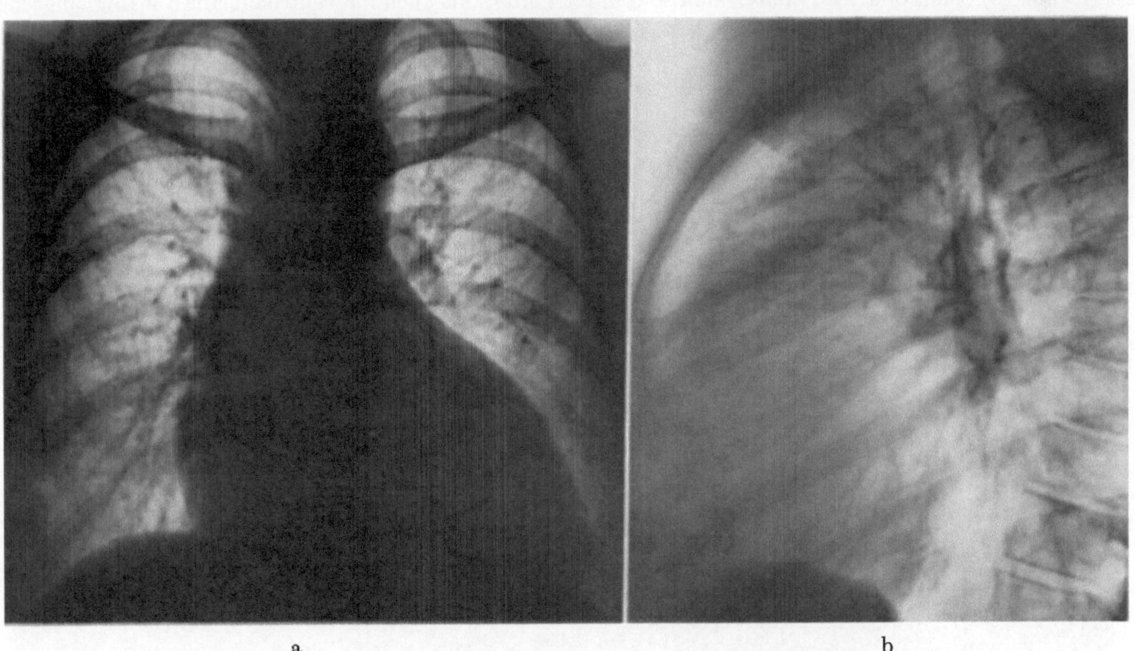

a b

Abb. 67a u. b. Aorteninsuffizienz des klinischen Schweregrades II bei einem 45jährigen Patienten (W. Ha.). (a) Sagittale Herzfernaufnahme: großes, linksverbreitertes Herz mit beginnender Aortenkonfiguration. (b) Seitenbild: Herzhinterraum im Ventrikelbereich eingeengt. Röntgenologisch entspricht das Bild dem Schweregrad III. Neben der Aorteninsuffizienz (Grad II) lag jedoch zusätzlich eine arterielle Hypertonie (RR 220/70 mm Hg) vor, so daß die Herzgröße auf eine kombinierte Druck-Volumen-Belastung zurückzuführen ist

des linken Ventrikels ist der Herzhinterraum fast immer im Kammerbereich eingeengt. Nicht selten findet sich auch eine Einengung im Vorhofbereich. Die Ektasie der aufsteigenden Aorta ist immer nachzuweisen. Die stets vorhandenen verstärkten Pulsationen erstrecken sich nicht nur auf den linken Ventrikel und die aszendierende Aorta, sondern in drei Viertel der Fälle auch auf den Aortenbogen und den Anfangsteil der deszendierenden

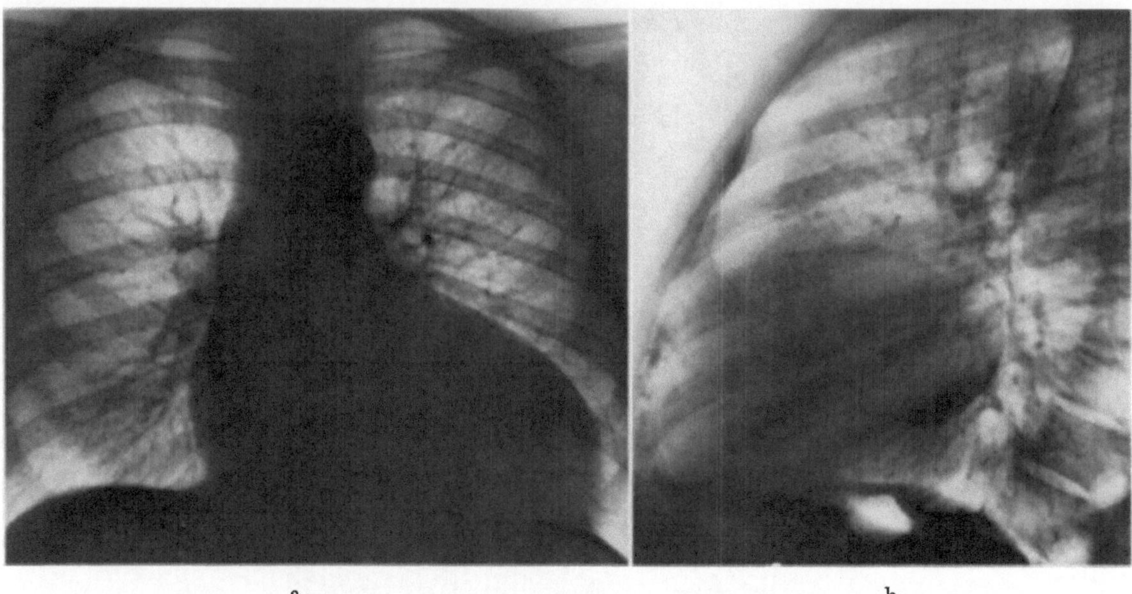

Abb. 68a u. b. Aorteninsuffizienz des klinischen Schweregrades III bei einem 29jährigen Patienten (J. Ja.). (a) Sagittale Herzfernaufnahme: erheblich linksverbreitertes Herz mit deutlicher Herztaille, abgerundeter Herzspitze und Ektasie der aufsteigenden Aorta (sog. Aortenkonfiguration); gering verstärkte Vorwölbung nach rechts. (b) Seitenbild: Herzhinterraum sowohl im Vorhof- als auch im Ventrikelbereich mäßig eingeengt. Kalkdichte Einlagerungen retrosternal im Herzschatten (Perikardverkalkungen)

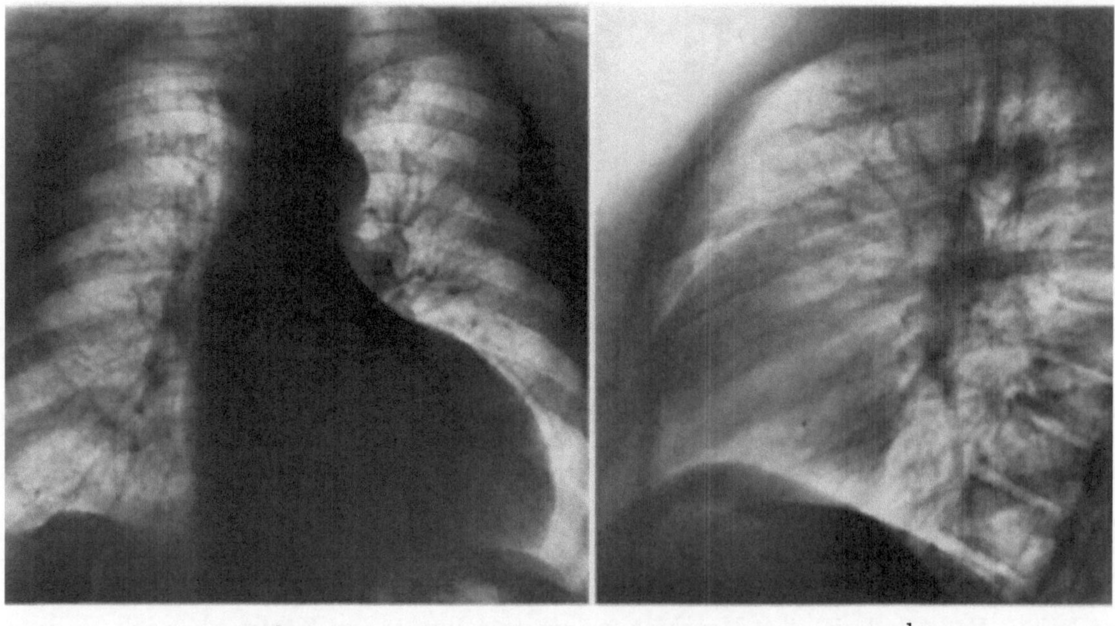

Abb. 69a u. b. Aortenkonfiguriertes Herz bei Zustand nach Myokarditis mit Dilatation des linken Ventrikels bei einer 17jährigen Patientin (D. Fa.). Kein Herzgeräusch. (a) Sagittale Herzfernaufnahme: stark linksverbreitertes Herz mit Ektasie der Aorta ascendens, betonter Aortenknopf. (b) Seitenbild: Herzhinterraum auffallenderweise nicht eingeengt

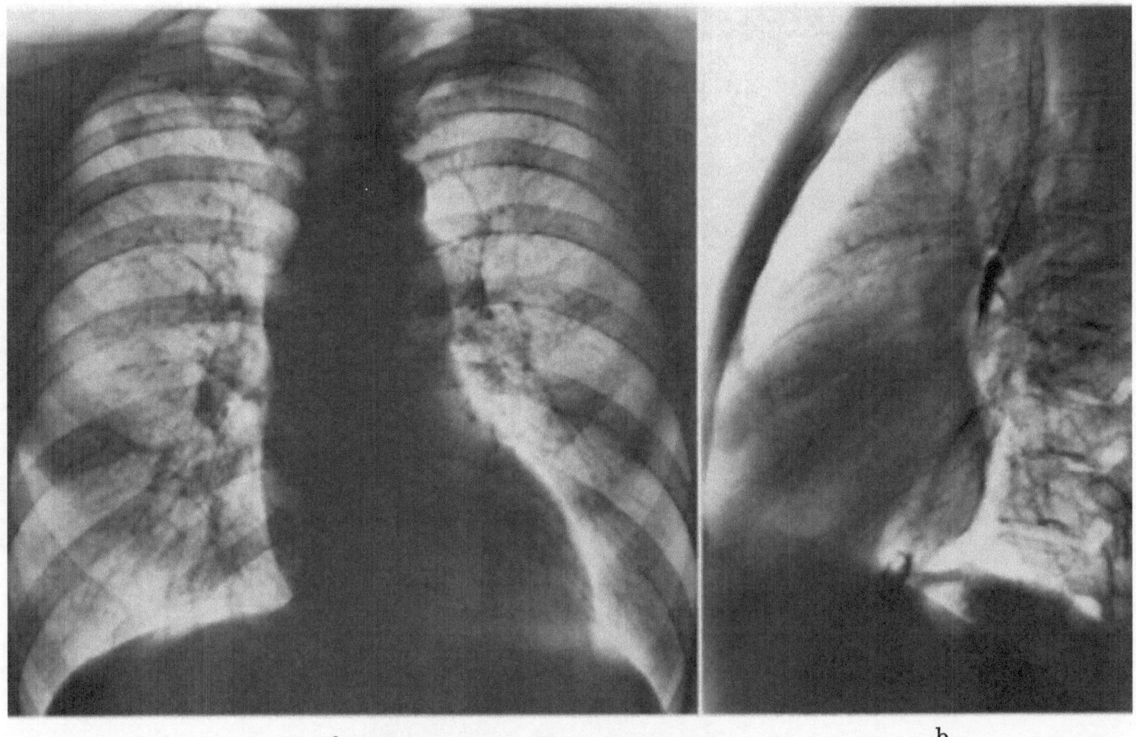

a b

Abb. 70a u. b. Aorteninsuffizienz des klinischen Schweregrades III bei einem 31jährigen Patienten (O. Ru.). (a) Sagittale Herzfernaufnahme: linksbetontes, nicht besonders verbreitertes Herz; Aorten- und Pulmonalektasie (Marfan?); keine Aortenkonfiguration. (b) Seitenbild: deutliche isolierte Einengung des Herzhinterraums im Ventrikelbereich

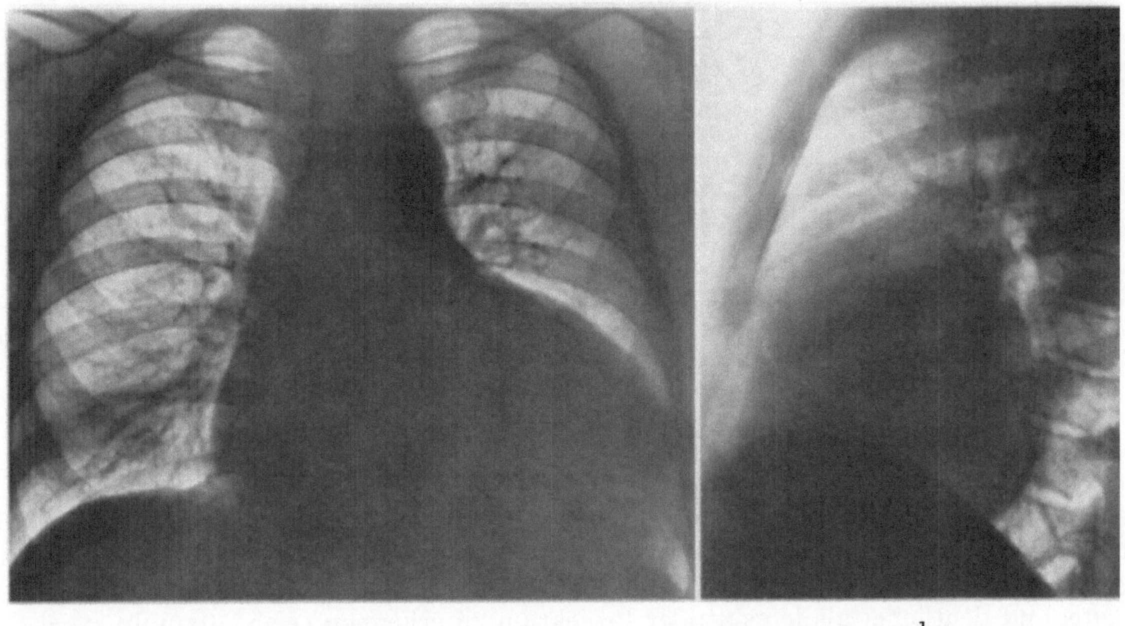

a b

Abb. 71a u. b. Aorteninsuffizienz des klinischen Schweregrades IV bei einem 39jährigen Patienten (E. Wi.). Wiederholt akute Linksinsuffizienz mit Lungenödem. Linksschenkelblock-Bild im EKG. (a) Sagittale Herzfernaufnahme: massive Verbreiterung des Herzens nach links; deutliche Verbreiterung nach rechts; Aortenektasie. (b) Seitenbild: Herzhinterraum sowohl im Ventrikel- als auch im Vorhofbereich völlig ausgefüllt

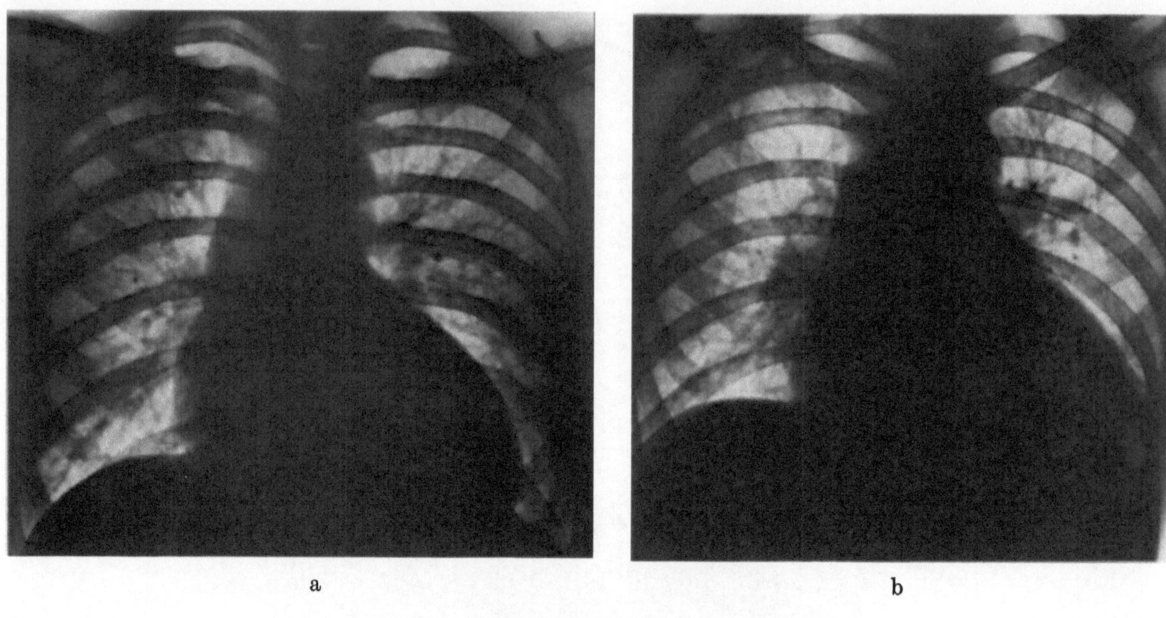

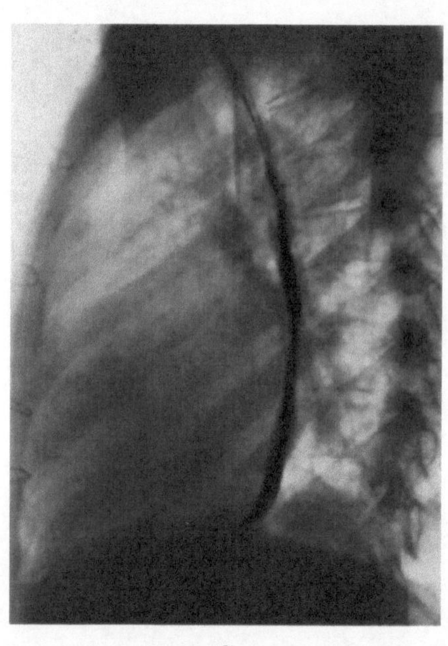

Abb. 72a—c. Aorteninsuffizienz bei einem 24jährigen Patienten (K. Go.). Übergang vom Schweregrad III (a) in den Schweregrad IV (b) u. (c). Zur Linksinsuffizienz kam es kurz nach erfolgloser Operation mit Versuch des Aortenklappenersatzes durch Hufnagel-Prothesen. Zunehmende Linksverbreiterung; Verstreichen der Herztaille; Zunahme der zentralen Hiluszeichnung; vollständige Einengung des Herzhinterraums („Mitralisation")

Aorta (s. kymographische Befunde). Die typische Aortenkonfiguration kann auch bei Dilatation des linken Ventrikels aus anderer Ursache (Myokarditis, Myokardiopathie) gefunden werden (Abb. 69a u. b). Gelegentlich ist die Dilatation des linken Ventrikels im Seitenbild deutlicher als in sagittaler Projektion zu erkennen (Abb. 70a u. b).

Bei Patienten des *Schweregrades IV* ist das Herz immer stark nach links verbreitert. Der Herzhinterraum ist in allen Fällen nicht nur im Kammer-, sondern auch im Vorhofbereich eingeengt (Abb. 71a u. b). Eine typische Aortenkonfiguration mit ausgeprägter Herztaille ist nicht die Regel, weil die Herztaille infolge der Vergrößerung des linken Vorhofs

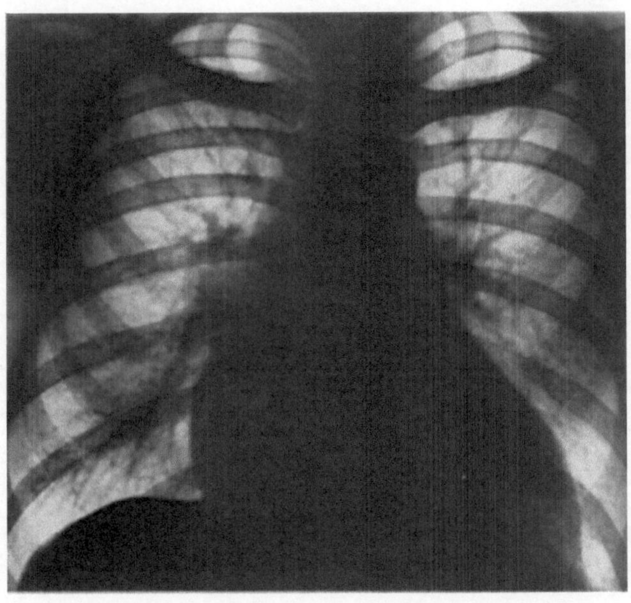

a

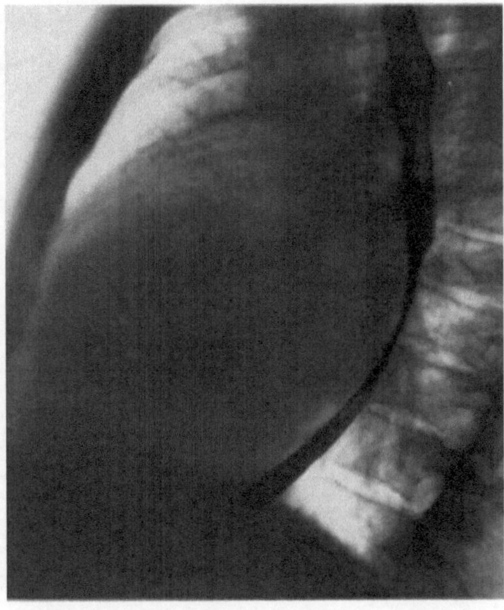

b

Abb. 73a u. b. Aorteninsuffizienz des klinischen Schweregrades III—IV (operativ gesichert) bei einem 27jährigen Patienten (L. Wi.). „Mitralisation“. (a) Sagittale Herzfernaufnahme: verstrichene Herztaille; vermehrte Hilus- und Lungengefäßzeichnung; geringe Vorwölbung des Pulmonalbogens; linker Vorhof rechts nicht randbildend. (b) Seitenbild: vollständige Einengung des Herzhinterraums

als Folge der Herzinsuffizienz ausgefüllt sein kann. Das Herz erscheint dann „mitralisiert“ (VAQUEZ u. BORDET, 1916) (Abb. 72a—c). Dieser Befund wurde von SEGAL u. Mitarb. (1956) bei funktionell schwerwiegender Aorteninsuffizienz in etwa 50 % der Fälle erhoben. Die aufsteigende Aorta ist stark ektatisch und zeigt schleudernde Pulsationen, sogar im Deszendensbereich. Gelegentlich kann eine „mitralisierte“ Aorteninsuffizienz von einem kombinierten Aorten-Mitralklappenfehler schwer abzugrenzen sein (Abb. 73a u. b) – dies besonders, wenn keine entsprechenden Verlaufsbeobachtungen vorliegen.

Differentialdiagnostisch geben folgende Befunde gewisse Hinweise: bei der mitralisierten Aorteninsuffizienz ist die Dilatation des linken Vorhofs meist weniger stark, so daß er in der Regel nicht rechts randbildend wird. Außerdem ist der Pulmonalbogen weniger prominent als bei einem Mitralfehler mit pulmonaler Drucksteigerung; Verkalkungen der Mitralklappen beweisen einen Mitralklappenfehler.

Die Vergrößerung des linken Vorhofs bei der „Mitralisation“ muß nicht immer auf eine relative Mitralinsuffizienz bei stark dilatiertem linken Ventrikel zurückgeführt werden, obgleich dies mitunter angenommen wird (THURN, 1959, 1968; STECKEN, 1964). Allein durch Ansteigen der diastolischen Druckwerte im linken Ventrikel kann es nämlich zur Vergrößerung des linken Vorhofs kommen (Abb. 74a u. b).

Die angeführten Röntgenbefunde sind in Tabelle 5 den oben besprochenen klinischen Befunden gegenübergestellt. Dabei ist zu berücksichtigen, daß nicht immer alle röntgenologischen Symptome dem Schweregrad zu entsprechen brauchen. So kann einmal eine relativ leichte Aorteninsuffizienz als Folge entzündlicher oder degenerativer Myokardveränderungen eine deutliche Herzvergrößerung haben, während andererseits das Herz bei hochgradiger Klappeninsuffizienz infolge verminderter Dehnbarkeit des linken Ventrikels vergleichsweise klein sein kann (vgl. Abb. 74). Deshalb ist die Zuordnung zu einem bestimmten Schweregrad aufgrund von Nativaufnahmen kaum möglich, sondern nur in Verbindung mit allen anderen klinischen Befunden.

Abschließend sei auf den seltenen röntgenologischen Nachweis einer Klappenverkalkung bei Aorteninsuffizienz hingewiesen (BEN-ZVI u. Mitarb., 1975).

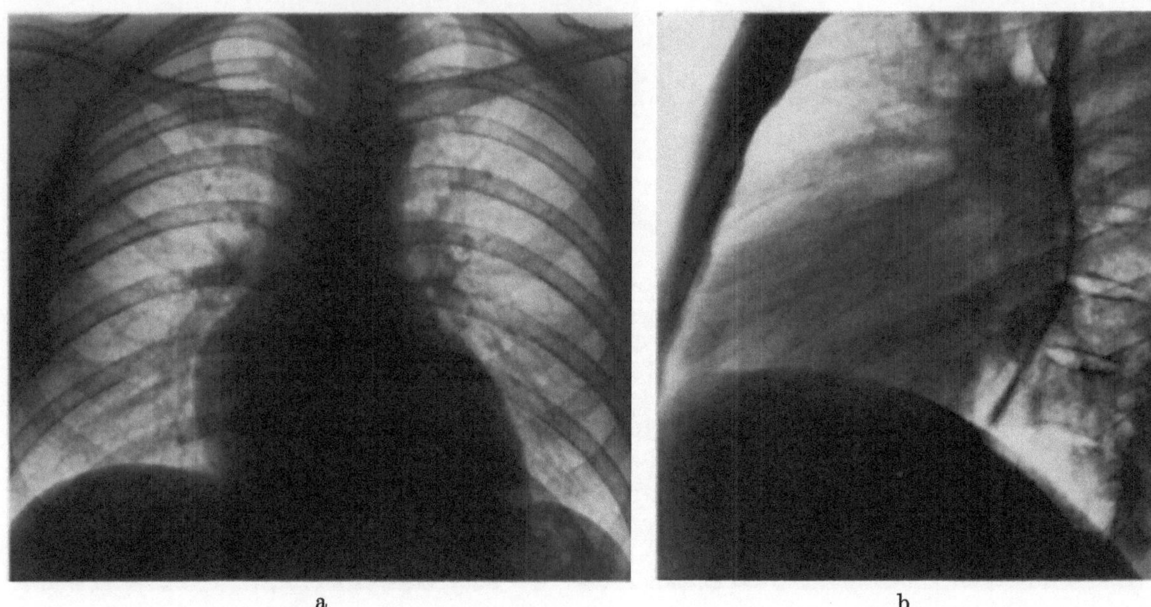

a b

Abb. 74a u. b. Aorteninsuffizienz des klinischen Schweregrades III bei einem 32jährigen Patienten (F. We.). Druck im linken Vorhof 40/0 mm Hg ohne Zeichen der Mitralregurgitation; diastolischer Druckangleich bei 40—45 mm Hg im linken Ventrikel. (a) Sagittale Herzfernaufnahme: nur mäßige Verbreiterung des Herzens nach links trotz Druckangleiches zwischen Aorta und Ventrikel in der Diastole (vorzeitiger Mitralklappenschluß) durch verminderte Dehnbarkeit des Ventrikels. (b) Seitenbild: Herzhinterraum im Vorhofbereich völlig eingeengt

Tabelle 5. Klinische Befunde bei Aorteninsuffizienz verschiedenen Schweregrades (nach GROSSE-BROCKHOFF u. LOOGEN, 1965)

Grad	Beschwerden	Auskultationsbefund	Blutdruck (Amplitude)	Karotispulskurve	Elektrokardiogramm	Röntgenbefund a) Herz, b) Aorta
I	meist keine	diastolisches Geräusch, deutlicher oder betonter Aortenklappenschlußton	normal, gering vergrößert	normal	meist normal	a) meist normal b) gering verstärkte Pulsationen
II	Herzklopfen, Leistungsvermögen gering eingeschränkt, Belastungsdyspnoe	deutliches diastolisches Geräusch, deutlicher oder betonter Aortenklappenschlußton	gering vergrößert	meist normal oder geringe Abflachung der Inzisur	meist Zeichen der Linkshypertrophie, oft leichte Schädigungszeichen	a) geringe Vergrößerung des linken Ventrikels b) erweitert, verstärkte Pulsationen
III	Herzklopfen, Leistungsvermögen stark eingeschränkt, Angina pectoris	deutliches diastolisches Geräusch, Aortenklappenschlußton meist abgeschwächt	deutlich vergrößert	Inzisur abgeflacht oder völlig aufgehoben	Linkshypertrophie und Linksschädigung	a) Vergrößerung des linken Ventrikels b) erweitert, verstärkte Pulsationen
IV	Hochgradige Einschränkung des Leistungsvermögens, Angina pectoris, Asthma cardiale	wie III Aortenklappenschlußton stets abgeschwächt	wie III	wie III	wie III	a) starke Vergrößerung des linken Ventrikels und oft des Vorhofs b) wie III
	Manifeste oder passagere Zeichen der Herzinsuffizienz					

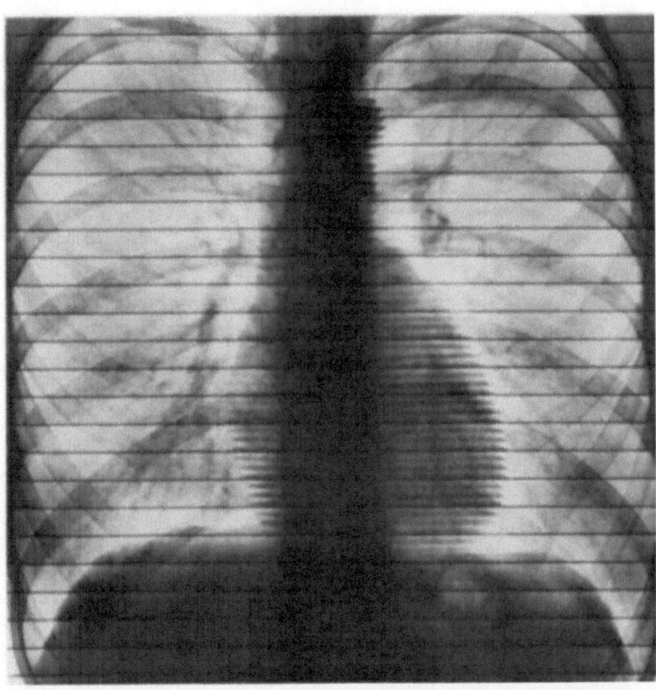

a

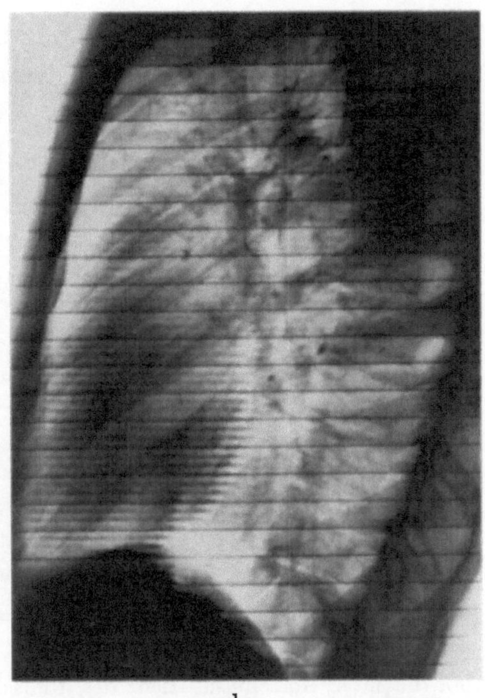

b

Abb. 75a u. b. Aorteninsuffizienz des klinischen Schweregrades I—II bei einem 21jährigen Patienten (H. La.). (a) Sagittales Kymogramm: verstärkte Randpulsationen im Bereich des linken oberen, aber auch des rechten unteren Herzrandes („diastolisches Rechtspendeln") sowie des Aortenknopfes. (b) Seitliches Kymogramm: deutliche Randpulsationen im Bereich des linken Ventrikels

Kymographische Befunde. Die bei der Durchleuchtung feststellbaren verstärkten Pulsationen der Aorta und des linken Ventrikels lassen sich im Flächenkymogramm objektivieren (Stumpf u. Mitarb., 1936; Stumpf, 1951; Kaiser u. Thurn, 1952; Teschendorf, 1952; Thurn, 1956, 1963, 1968; Zdansky, 1962; Stecken, 1964; Schmidt u. Zeitler, 1964). Bei jeder funktionell wirksamen Aorteninsuffizienz finden sich verstärkte Randpulsationen im gesamten Bereich der thorakalen Aorta und der vom Aortenbogen abgehenden großen Gefäße (Abb. 75 bis 77). Sie sind auf das vermehrte Schlagvolumen und auf die infolge der Aortenregurgitation bestehenden starken Volumenschwankungen der Aorta zurückzuführen. Quantitative Rückschlüsse auf die Größe des Schlagvolumens oder des Regurgitationsvolumens lassen sich aus dem Kymogramm jedoch nicht ziehen. Lage- bzw. Größenveränderungen der Aorta spielen bei der Entstehung der Randzacken eine untergeordnete Rolle.

Die verstärkten Pulsationen des linken Ventrikels können in linker vorderer Schrägstellung deutlicher zu erkennen sein (Stecken, 1964). Nach Ansicht einiger Autoren sollen bei Insuffizienz des linken Ventrikels diese Randpulsationen wieder kleiner werden und dann Ausdruck eines verkleinerten Schlagvolumens sein (Stecken, 1964; Schmidt u. Zeitler, 1968). Es ist jedoch vorstellbar, daß ein stark dilatierter linker Ventrikel trotz nur kleiner Randzackenbewegungen ein großes Schlagvolumen fördert. Untersuchungen über die Beziehung zwischen Größe des Schlag- und Regurgitationsvolumens sowie dem Ausmaß der kymographischen Veränderungen liegen unseres Wissens weder von klinischer noch von experimenteller Seite vor.

Auch am rechten Herzrand können verstärkte Pulsationen beobachtet werden. Sie sollen auf ein „diastolisches Rechtspendeln" zurückzuführen sein, das durch eine Verlagerung des Ventrikelseptums nach rechts zustande kommen soll (Thurn, 1963). Verstärkte Pulsationen der Aorta werden auch beim Ductus arteriosus apertus, bei der Isthmusstenose und der Fallotschen Tetralogie, dagegen nicht bei der arteriellen Hypertonie beob-

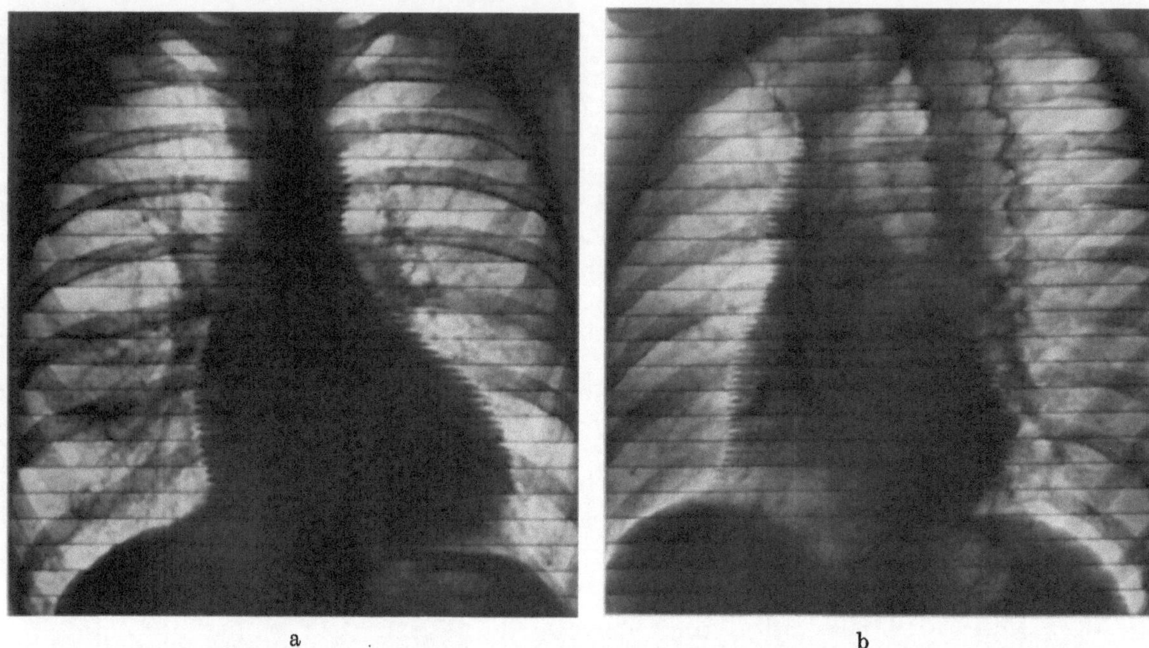

Abb. 76a u. b. Aorteninsuffizienz des klinischen Schweregrades II bei einer 34jährigen Patientin (E. Sch.). (a) Sagittales Kymogramm: verstärkte Randpulsationen im Bereich des linken Ventrikels und der Aorta. (b) Kymogramm im I. schrägen Durchmesser: verstärkte Pulsationen im Ventrikelbereich und am Aortenbogen

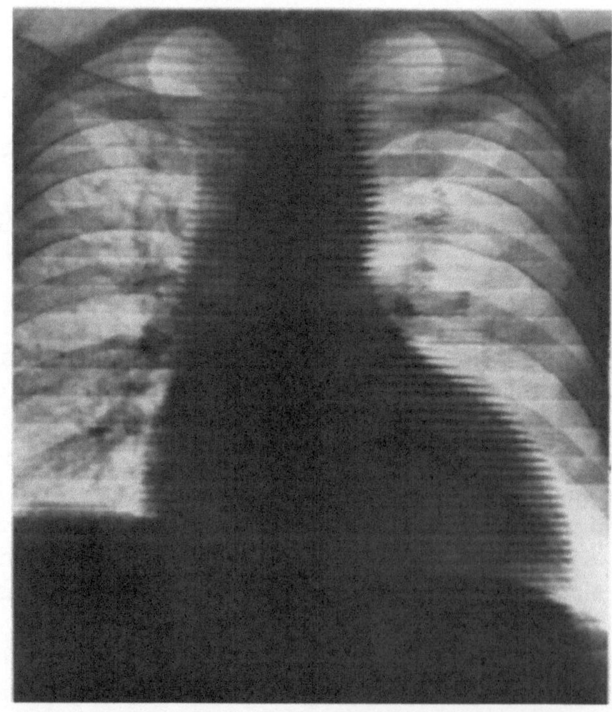

Abb. 77. Aorteninsuffizienz des klinischen Schweregrades III bei einem 32jährigen Patienten (E. Tö.). Sagittales Kymogramm: erhebliche Pulsationen im Bereich des linken Herzrandes, der Aorta und der von ihr abgehenden großen Gefäße

achtet (KAISER u. THURN, 1952; THURN, 1963). Hierbei sind die für diese Erkrankungen typischen übrigen röntgenologischen Befunde diagnostisch ausschlaggebend. Für die differentialdiagnostisch wichtige Abgrenzung der Aorteninsuffizienz von einem perforierten Sinus-Valsalvae-Aneurysma, einem aorto-pulmonalen Fenster oder einer Koronarfistel ergeben sich aus dem Kymogramm keine Hinweise.

Das *Elektrokymogramm* der Aorta zeigt bei der Aorteninsuffizienz ähnliche Befunde wie die Karotispulskurve. Es finden sich ein vorzeitiger Steilanstieg, eine vergrößerte Amplitude, ein spitzer Kurvengipfel und eine abgeflachte oder fehlende Inzisur (Übersicht bei HECKMANN, 1959 sowie HAUBRICH u. HECKMANN, 1969, Bd. X/1 dieses Handbuches).

Herzkatheteruntersuchung. Bei der Herzkatheteruntersuchung von Patienten mit Aorteninsuffizienz wird das technische Vorgehen weitgehend von der Fragestellung bestimmt. Geht es um die Klärung des Ausmaßes der Regurgitation, so kommt eine retrograde Sondierung mit Kontrastmittelinjektion in die Aortenwurzel in Frage. Bei diesem Vorgehen können andere Veränderungen, die eine Aorteninsuffizienz vortäuschen, z.B. perforiertes Valsalvae-Aneurysma oder Koronaranomalien, erkannt bzw. ausgeschlossen werden. Eine gleichzeitige Druckmessung in der Aorta und im linken Ventrikel ermöglicht die Erfassung einer zusätzlichen Stenosekomponente. Wenn neben der Aorteninsuffizienz zusätzlich der Verdacht auf einen Mitralfehler besteht, wird man neben dem retrograden Vorgehen eine venöse Herzkatheterisierung, u.U. auch eine transseptale Untersuchung durchführen. Die Ventrikulographie gibt Aufschluß über die Funktion des linken Ventrikels (Technik s. LOOGEN u. GLEICHMANN, Bd. X/1).

Zur *quantitativen* Bestimmung des Regurgitationsvolumens sind zahlreiche Modifikationen der Indikatorverdünnungsmethode mit einmaliger oder kontinuierlicher Injektion des Teststoffes angegeben worden. Die erheblichen methodischen Schwierigkeiten (u.a. Mischungsprobleme) schränken den Aussagewert dieser Verfahren allerdings deutlich ein. Ein brauchbares, semiquantitatives Verfahren ist die Messung der Regurgitationsstrecke (RUTISHAUSER u. Mitarb., 1967). Bei dieser Methode wird über einen retrograd in die deszendierende Aorta eingeführten Katheter Farbstoff injiziert. Durch ein am Ohrläppchen befestigtes Photometer kann der bis zum Abgang der A. carotis regurgitierende Farbstoff gemessen werden. Bestimmt wird die Katheterlage, bei der eben noch Farbstoff am Ohrphotometer ankommt. Diese maximale Regurgitationsstrecke ist ein Maß für die Schwere der Aorteninsuffizienz. Selbstverständlich ist es auch möglich, die Testsubstanz in die aszendierende Aorta zu injizieren und den Detektor in den linken Ventrikel zu legen. Auf ähnliche Weise ist die Messung der Strömungsgeschwindigkeit in der Aorta zur Festlegung der Regurgitationsstrecke geeignet (LOOGEN u. Mitarb., 1969).

Kontrastmitteldarstellung. Durch Injektion von Kontrastmittel in die Aortenwurzel unmittelbar distal der Aortenklappe ist es möglich, eine Aortenregurgitation röntgenologisch sichtbar zu machen. Aufnahmetechnisch stehen Serien direkter Großaufnahmen und die indirekte Angiokinematographie zur Verfügung. Über Vor- und Nachteile beider Methoden ist an anderer Stelle ausführlich berichtet (vgl. Bd. X/1, Beitrag LÖHR, GREMMEL, LOOGEN u. VIETEN). Welches Verfahren im Einzelfall zur Anwendung kommt, wird von der jeweiligen Einstellung und Erfahrung des Untersuchers, der spezifischen Fragestellung im Einzelfall und wahrscheinlich auch von der apparativen Ausstattung abhängig sein. Bei entsprechender Erfahrung können zweifellos mit beiden Verfahren gute Ergebnisse erzielt werden.

Mit beiden Verfahren ist eine *semiquantitative* Beurteilung des Ausmaßes einer Aortenregurgitation möglich. Nach THURN (1965, 1968) lassen sich auf diese Weise folgende drei Schweregrade unterscheiden:

Grad I: In der Diastole ist nur ein kleiner Reflux in dem klappennahen Anteil der Ausflußbahn der linken Kammer zu erkennen, der in der darauffolgenden Systole verschwindet (Abb. 78). Diese hämodynamisch geringgradige Aortenregurgitation ist in der Regel kinematographisch wegen der höheren Bildfrequenz zuverlässiger zu erkennen.

Grad II: Der Reflux in die Ausflußbahn ist stärker. Die Kontrastierung bleibt auch systolisch bestehen und nimmt bei kontinuierlicher Kontrastmittelinjektion an Ausdeh-

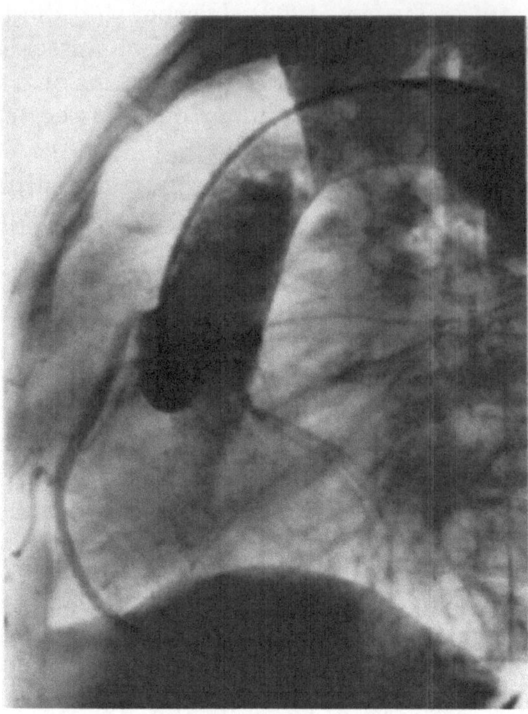

Abb. 78. Retrograde Aortographie einer leichten Aorteninsuffizienz (Grad I) mit kombiniertem Mitralvitium (Mitralinsuffizienz Grad III, Stenose Grad I) und pulmonaler Druckerhöhung bei einer 46jährigen Patientin (B. Ka.). Kontrastmittelreflux nur in die Ausflußbahn des linken Ventrikels. Gute Darstellung der Koronararterien

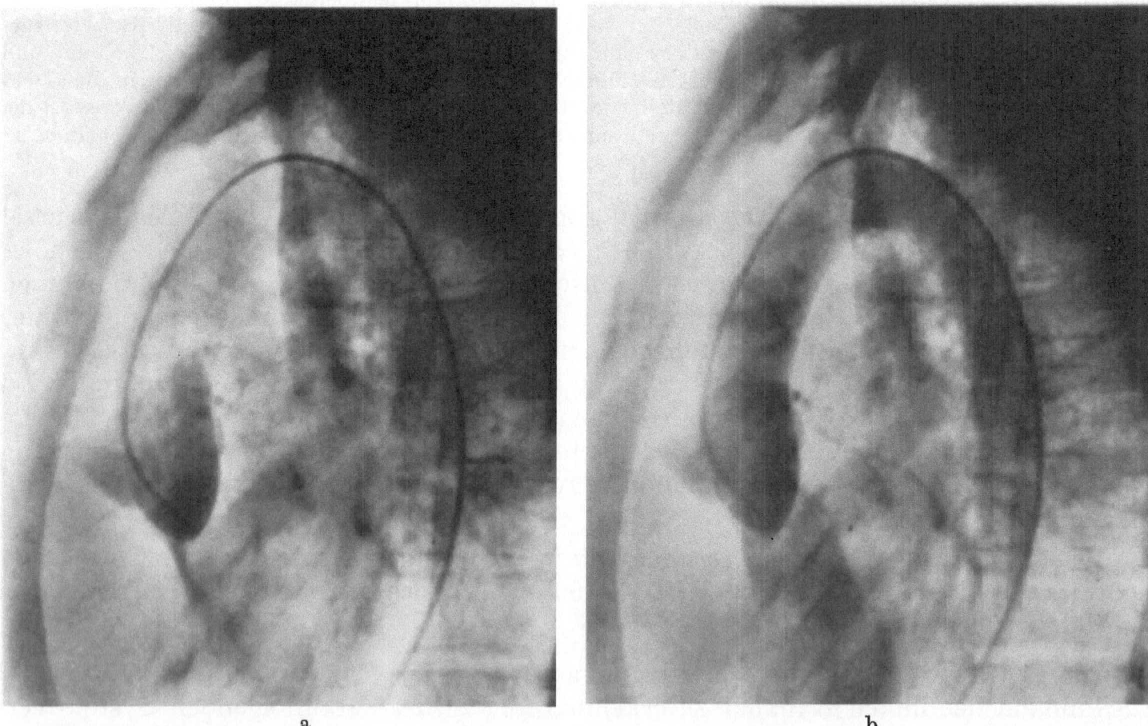

Abb. 79a u. b. Retrograde Aortographie einer Aorteninsuffizienz (Grad II) mit kombiniertem Mitralvitium (Stenose Grad III, Insuffizienz Grad I) und pulmonaler Druckerhöhung bei einem 45jährigen Patienten (K. Ki.). Zu Beginn der Kontrastmittelinjektion nur Regurgitation in die Ausflußbahn des linken Ventrikels (a), im weiteren Verlauf auch Darstellung des gesamten linken Ventrikels (b)

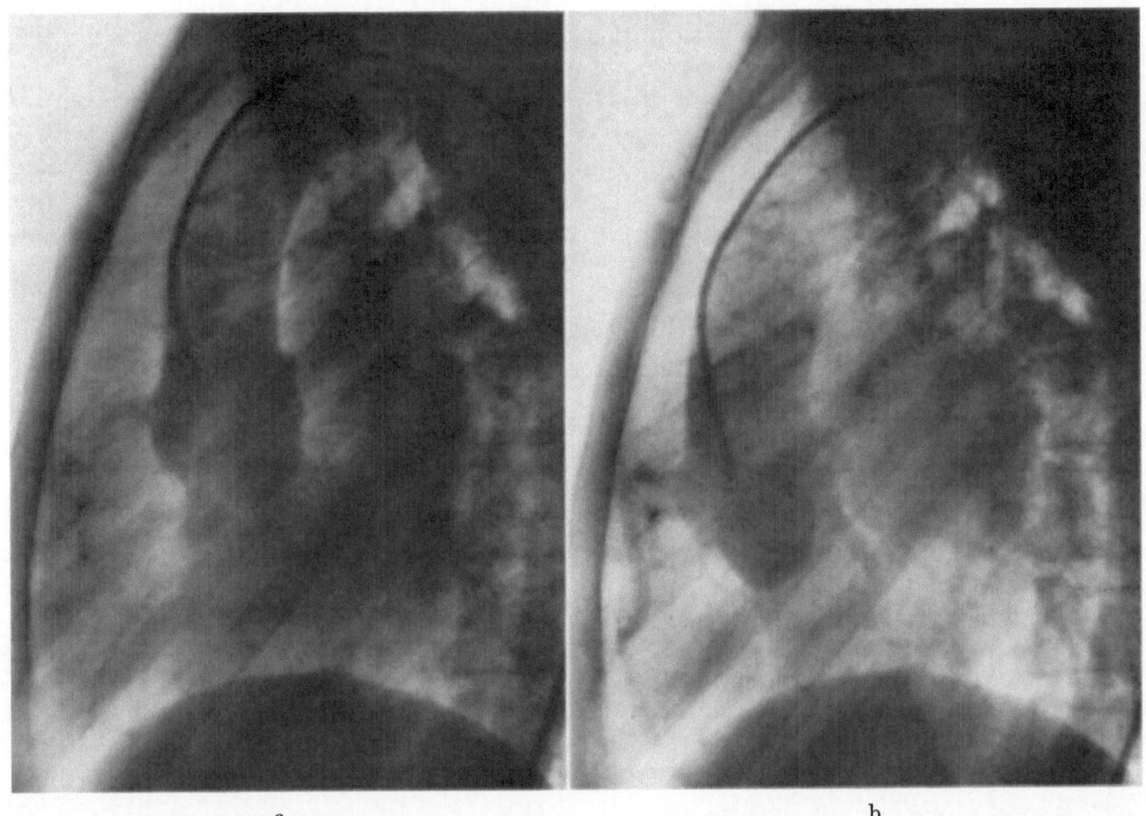

a b

Abb. 80a u. b. Retrograde Aortographie einer Aorteninsuffizienz (Grad II) und gleichzeitiger Mitralinsuffizienz (Grad II) bei einer 19jährigen Patientin (G. Po.). Kontrastmittelreflux in den linken Ventrikel und linken Vorhof (diastolische Phase) (a). Ventrikelsystolisch besonders deutliche Kontrastmittelfüllung des linken Vorhofs (b). Nur geringe systolische Volumenzunahme der Aorta

nung und Intensität zu (Abb. 79a u. b). Auch in diesen Fällen ist die Aorteninsuffizienz hämodynamisch noch relativ leicht, weil der Kontrast im linken Ventrikel in der Diastole inhomogen und wesentlich schwächer als in der Aorta ist; außerdem ist die systolische Volumenzunahme der Aorta gegenüber der Diastole gering. Bei zusätzlicher Mitralinsuffizienz kann das Kontrastmittel allerdings bereits bei diesem Schweregrad bis in den linken Vorhof gelangen (Abb. 80a u. b).

Grad III: Durch die Aortenregurgitation kommt es bereits während der ersten Herzaktionen zur vollständigen, zunehmenden Kontrastierung des gesamten dilatierten linken Ventrikels, die nach Injektionsende über mehrere Herzaktionen fortbesteht (Abb. 81a—d). Für eine schwere Aorteninsuffizienz sprechen außerdem folgende Befunde: der linke Ventrikel wird retrograd schneller mit Kontrastmittel gefüllt als antegrad der Aortenbogen; in der Diastole ist die Kontrastmitteldichte im linken Ventrikel größer als im Aortenbogen, sie hält nach Injektionsende über mehrere Herzaktionen an; es finden sich starke systolisch-diastolische Volumenschwankungen der Aorta und der von ihr abgehenden großen Gefäße, einschließlich der Koronararterien.

Ähnliche Einteilungen nach semiquantitativen Befunden stammen auch von anderen Autoren (Calderon, 1967); Sobbe u. Mitarb. (1968) haben darüber hinaus versucht, zusätzlich semiquantitative Angaben über das endsystolische Volumen (Restblutmenge) zu machen. Bei selektiver Injektion des Kontrastmittels in den linken Ventrikel können starke Volumenschwankungen auch bei leichterer Aorteninsuffizienz gut sichtbar gemacht und zur Bestimmung des totalen Schlagvolumens verwendet werden (Abb. 82a—d).

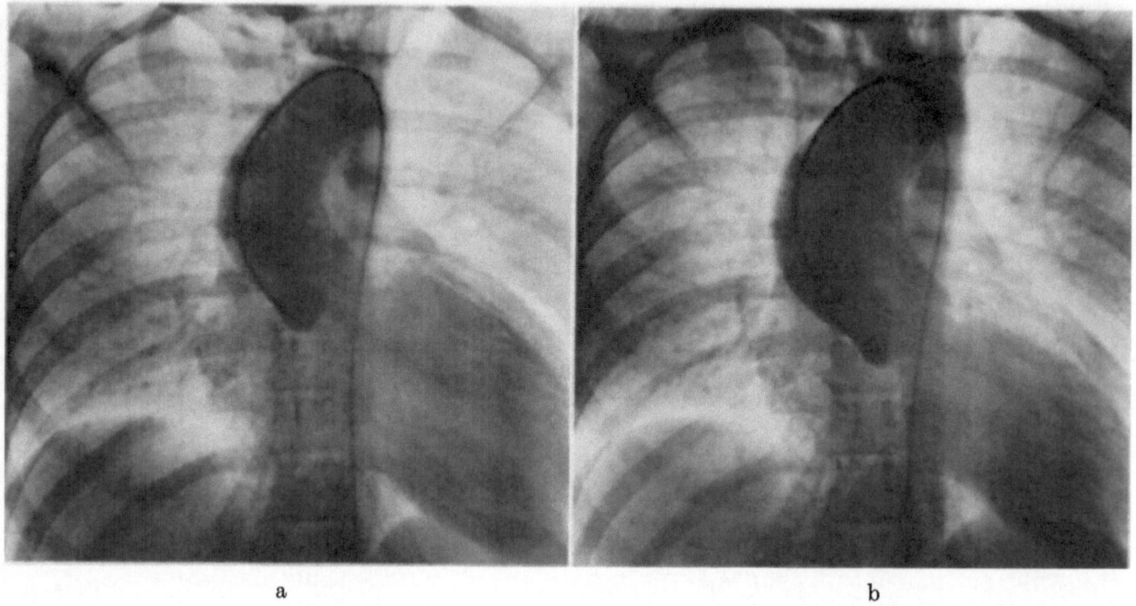

a b

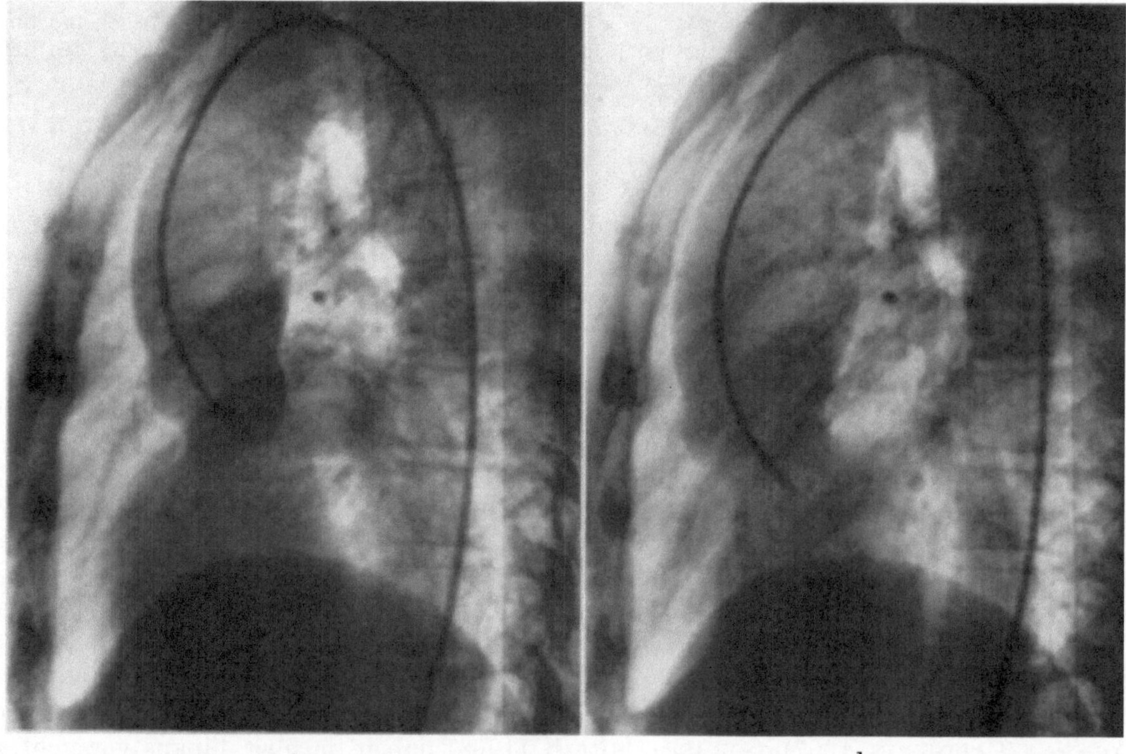

c d

Abb. 81 a—d. Retrograde Aortographie einer Aorteninsuffizienz des klinischen Schweregrades III bei einer 22jährigen Patientin (U. Sp.). Sehr frühzeitig vollständige Kontrastmitteldarstellung des linken Ventrikels, der stark dilatiert ist (a u. c) und ein vergrößertes enddiastolisches Volumen zeigt (b u. d). Deutliche systolische Volumenzunahme der aszendierenden Aorta (b u. d)

Quantitative Angaben über die Größe des Regurgitationsvolumens in Relation zum Schlagvolumen sind jedoch bei dieser einfachen Untersuchungstechnik nicht möglich.

Eine bessere quantitative Beurteilung der Größe des Regurgitationsvolumens ist dann möglich, wenn Kontrastmittel nur systolisch in die deszendierende thorakale Aorta injiziert wird. Aus der sich diastolisch zum Herzen hin verlagernden Kontrastmittelsäule und den Änderungen des Aortenquerschnittes lassen sich dann Angaben über die Größe des Regurgitationsvolumens errechnen und bei gleichzeitiger Bestimmung des Minutenvolumens mit dem Fickschen Prinzip oder mit Indikatorverdünnungsmethoden in Beziehung zum Schlagvolumen setzen. ARCILLA u. Mitarb. (1961) sowie TYRRELL u. Mitarb. (1970) errechneten so bei funktionell schweren Aorteninsuffizienzen ein Regurgitationsvolumen von 43—74 % des Schlagvolumens. Größenordnungsmäßig stimmt das gut mit intraoperativ mit Hilfe von elektromagnetischen Durchflußmessern direkt und quantitativ festgestellten Regurgitationsvolumen überein (s. unter Pathophysiologie). Sehr sorgfältige, allerdings auch sehr aufwendige Untersuchungen über die röntgenologische Bestimmbarkeit des Regurgitationsvolumens führten SANDLER u. Mitarb. (1963) durch. Sie errechneten aus Angiokardiogrammen in zwei Projektionsrichtungen das linksventrikuläre Schlagvolumen aus den Änderungen des Ventrikelkavums. Simultan wurde mit Farbstoffverdünnungsmethoden oder nach dem Fickschen Prinzip das Herzminutenvolumen bzw. das effektive Schlagvolumen bestimmt. Aus der Differenz der Werte errechnete sich das Regurgitationsvolumen. Die Autoren fanden dabei Maximalwerte von 75—80 % vom Gesamtschlagvolumen, was gut mit den angeführten direkten Messungen des Regurgitationsvolumens bei schwerer Aorteninsuffizienz übereinstimmt. Gleichartige Untersuchungen mit ähnlichen Ergebnissen wurden von ARVIDSSON und KARNELL (1964) durchgeführt. BÜRSCH und SIMON (1972), JEREB u. Mitarb. (1972) sowie BERNUTH u. Mitarb. (1973) ermittelten das Regurgitationsvolumen densitometrisch.

Einige Untersucher haben auf Grund angiographischer Untersuchungen bei Patienten mit Aorteninsuffizienz das enddiastolische Volumen bestimmt und in Beziehung zu den übrigen hämodynamischen Parametern gesetzt (MILLER u. Mitarb., 1965; GRANT u. Mitarb., 1965; DODGE u. Mitarb., 1966; KENNEDY u. Mitarb., 1968; THELEN, 1976). Diese Untersuchungen zeigten, daß die Vergrößerung des enddiastolischen Volumens proportional zur Größe des Regurgitationsvolumens ist.

COHN u. Mitarb. (1967) führten bei Patienten mit Mitralfehlern und Aorteninsuffizienzen Vergleichsuntersuchungen durch; sie bestimmten präoperativ angiokinematographisch den Schweregrad der Insuffizienz (Einteilung in 4 Grade) und verglichen ihn mit dem intraoperativ festgestellten Schweregrad, wobei die während des totalen Bypass in den linken Ventrikel regurgitierende Menge Blut als Maß zur Quantifizierung des Schweregrades benutzt wurde. Die intraoperative Aortenregurgitation wurde dabei ebenfalls in Schweregrade unterteilt und den angiokinematographisch festgestellten Schweregraden gegenübergestellt (Abb. 83). Es fand sich eine gute Übereinstimmung bei den Schweregraden III und IV, wenn auch in Einzelfällen dabei eine wesentlich leichtere Aorteninsuffizienz angenommen worden war. Bei den leichteren Schweregraden (I und II) wurde in einem Teil der Fälle angiokinematographisch keine, in anderen Fällen jedoch auch eine deutlich stärkere Aorteninsuffizienz angenommen. Bei 8 von 11 Patienten, bei denen präoperativ eine Aortenregurgitation des Grades I festgestellt worden war, fand sich intraoperativ keine Klappeninsuffizienz. Die Erfassung der Schwere der Aorteninsuffizienz mit Hilfe anderer klinischer Parameter (diastolischer Blutdruck, Größe der Blutdruckamplitude, Intensität des diastolischen Regurgitationsgeräusches) hatte jedoch keine bessere, sondern eher eine schlechtere Übereinstimmung erbracht. Ob die Schweregradbestimmung der Regurgitation unter den Bedingungen des totalen Bypass (weitgehend pulsloser Fluß, relativ niedriger arterieller Mitteldruck, fehlender diastolischer Ventrikeldruck, kontinuierliche systolisch-diastolische Regurgitation) repräsentativ für die wirklichen Verhältnisse war, muß allerdings offenbleiben. Direkte Messungen der Aortenregurgitation mit elektromagnetischen Durchflußmessern und Vergleiche dieser Werte mit den prä-

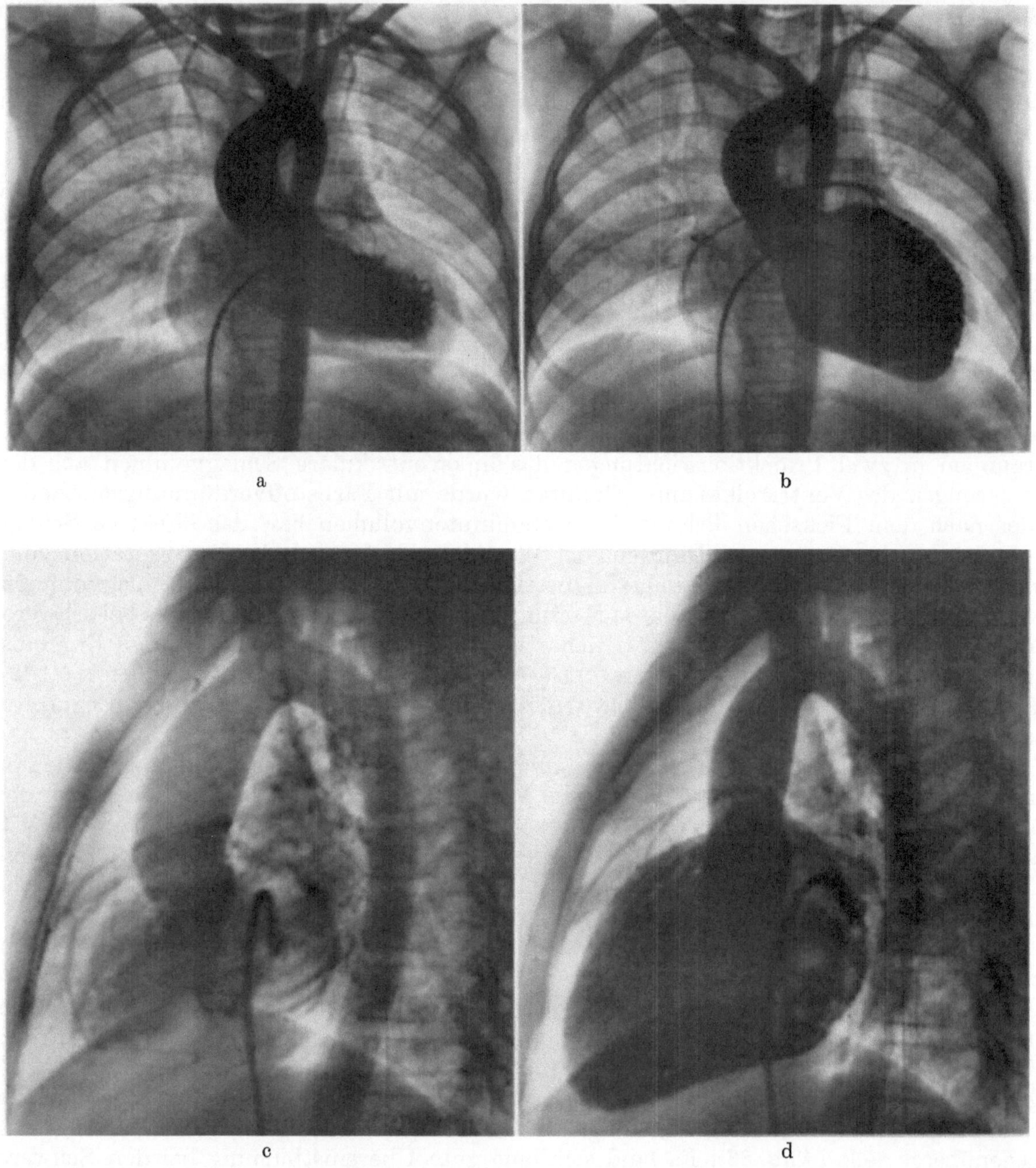

Abb. 82a—d. Transseptale Kontrastmittelinjektion in den linken Ventrikel bei einer leichten Aorteninsuffizienz des klinischen Schweregrades II (11jährige Patientin, S.We.). Starke systolisch-diastolische Volumenschwankungen. Systole (a u. c); Diastole (b u. d)

operativ gewonnenen Daten bei verschiedenen Schweregraden der Aorteninsuffizienz ergaben gewisse Diskrepanzen, die möglicherweise durch die Operationssituation bedingt sind (MENNEL u. Mitarb., 1972).

Bei der angiographischen Feststellung einer funktionell ganz leichten Aorteninsuffizienz wurde immer wieder die Frage erörtert, ob es auch bei intakten Aortenklappen zur Regurgitation kommen kann. Diese Frage wurde in zahlreichen experimentellen und klinischen Untersuchungen geprüft und unterschiedlich beantwortet. So konnten WILDER u. Mitarb. (1956, 1957) sowie RUNCO u. Mitarb. (1961) angiographisch keine Aorteninsuffizienz bei intakten Klappen nachweisen. Andere Autoren fanden dagegen bei den verschiedensten experimentellen oder klinischen Bedingungen trotz normaler Klappen mehr oder minder starke Regurgitationen durch die Aortenklappe (NELSON u. Mitarb., 1958, 1960; KJELLBERG u. Mitarb., 1961; FIGLEY u. Mitarb., 1962;

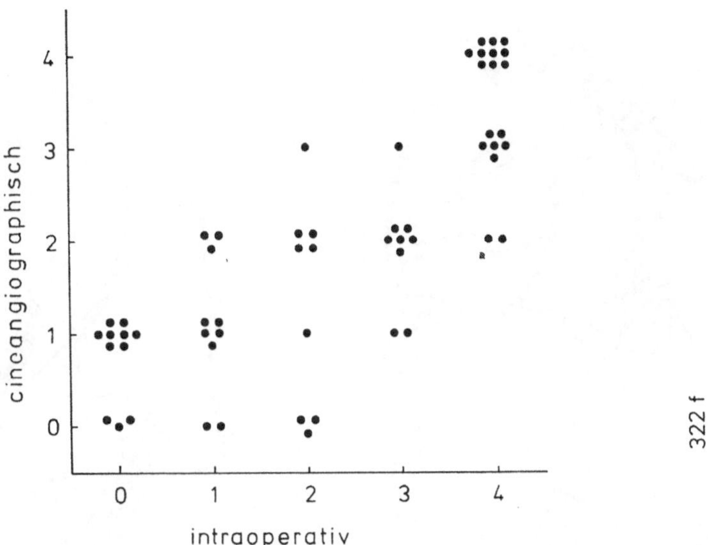

Abb. 83. Vergleich des Schweregrades der Aorteninsuffizienz nach röntgenkinematographischem Befund und dem intraoperativ festgestellten Schweregrad der Aortenregurgitation bei 57 Pat. (vgl. Text). (Nach COHN u. Mitarb., 1967)

AMPLATZ, 1962; ABRAMS, 1963; ROWE u. Mitarb., 1964; SEGAL u. Mitarb., 1964; MASSUMI, 1964; HERBERT, 1965; FABIAN u. ABRAMS, 1968). FABIAN und ABRAMS (1968) haben in einer systematischen und kritischen Studie auf Grund der Befunde der Literatur und ihrer eigenen Untersuchungen die Bedingungen festgelegt, unter denen es während einer Kontrastmittelinjektion trotz intakter Aortenklappe zu Regurgitationen kommen kann.

Geringer Einfluß auf den Reflux. Die Art des verwendeten Injektionskatheters und seine Lage in der Aortenwurzel. Es ist unwesentlich, ob die Katheterspitze in einem Sinus Valsalvae oder dicht oberhalb der Klappen liegt. Von Voruntersuchern war nämlich wiederholt angenommen worden, daß es allein durch Verwendung eines endständig offenen Katheters zu einem Reflux kommen könne (SLOMAN u. JEFFERSON, 1960; NELSON u. Mitarb., 1960; KJELLBERG u. Mitarb., 1961; THURN, 1965).

Deutlicher Einfluß auf den Reflux. Je größer die pro Zeiteinheit injizierte Kontrastmittelmenge ist, um so häufiger ist ein Reflux. Oberhalb einer Menge von 35 ml/sec wird jedoch keine Steigerung mehr beobachtet. Ein Reflux ist um so häufiger, je größer die Gesamtmenge des injizierten Kontrastmittels ist. Oberhalb einer Gesamtmenge von 0,5 ml/kg ist eine weitere Zunahme nicht mehr zu erwarten. Außerdem ist der Zeitpunkt der Injektion (Systole-Diastole) von Bedeutung (YOUSOF u. Mitarb., 1972).

Starker Einfluß auf den Reflux. Häufigkeit und Ausmaß der artifiziellen Regurgitation nehmen zu, je größer der intrabronchiale Druck ist. Zur intrabronchialen Drucksteigerung kommt es beim Valsalva-Manöver. Ursache ist wahrscheinlich eine Abnahme des Herzminutenvolumens während des Preßversuchs. Bei jeder Kontrastmittelinjektion besteht die Möglichkeit, daß der Patient unwillkürlich einen solchen Preßversuch ausführt. Neben der intrabronchialen Drucksteigerung führt natürlich auch eine dauernde oder kurzfristige Passage der Katheterspitze während der Injektion zu einem Kontrastmittelreflux.

In allen von FABIAN und ABRAMS (1968) beschriebenen Fällen fiel der Reflux in die Diastole. Im allgemeinen waren erste Kontrastmittelspuren unmittelbar bei oder nach Aortenklappenschluß in der frühen Diastole zu beobachten. Dies steht im Widerspruch zu den Angaben von THURN (1965), daß jeder diastolische Reflux Ausdruck einer organischen Klappeninsuffizienz ist und der artefizielle Reflux meist spätsystolisch festzustellen sei. FABIAN und ABRAMS folgern aus ihren Untersuchungen, daß man zur angiokardiographischen Abgrenzung einer hämodynamisch wirksamen, echten Aorteninsuffizienz von einer artifiziellen Insuffizienz folgende Kriterien verwenden soll: Während der gesamten Diastolendauer muß ein Reflux feststellbar sein; der Reflux sollte nicht nur einen schmalen Anteil der Ausflußbahn, sondern zumindest geringfügig auch den apikalen Anteil des linken Ventrikels erfassen und in mehreren aufeinanderfolgenden Herzaktionen erkennbar sein; wenn man die Aorteninsuffizienz angiographisch in 4 Schweregrade einteilen will,

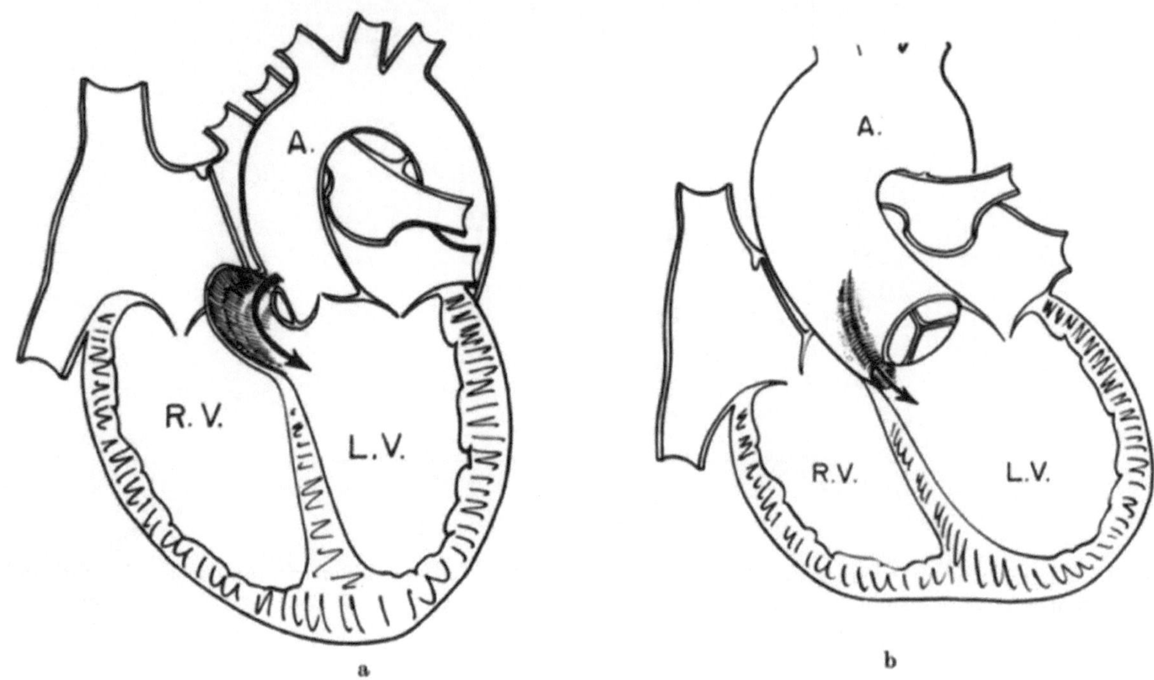

Abb. 84a u. b. Schematische Darstellung von zwei Formen, die differentialdiagnostisch von der Aorteninsuffizienz und von einem in den linken Ventrikel perforierten Sinus-Valsalvae-Aneurysma abzugrenzen sind (nach ELLIOTT u. ELIOT, 1966). (a) Mykotisches, in den linken Ventrikel perforiertes Aneurysma der Aorta. (b) Tunnelbildung zwischen Aorta und linkem Ventrikel

sollte der Reflux mindestens dem Schweregrad II zuzuordnen sein. Unter 190 im Experiment (an Hunden) bei intakten Aortenklappen durchgeführten Kontrastmittelinjektionen, beobachteten FABIAN u. ABRAMS in 35 % eine Regurgitation des Grades I und noch in 20 % eine Regurgitation des Grades II.

Diese Befunde erklären gut die oben angeführten Beobachtungen von COHN u. Mitarb. (1967), die bei 8 von 11 Patienten mit angiographisch diagnostiziertenAorteninsuffizienzen vom Schweregrad I intraoperativ keine Aorteninsuffizienz feststellen konnten.

Differentialdiagnose. Differentialdiagnostische Schwierigkeiten bestehen vor allem hinsichtlich der Abgrenzung von Anomalien mit vergleichbaren hämodynamischen Veränderungen. Dies gilt besonders für ein in den linken Ventrikel perforiertes Aneurysma eines Sinus Valsalvae (SOULIE u. Mitarb., 1964; MÖRL, 1965) und für die Kommunikation einer Koronararterie mit dem linken Ventrikel (GASUL u. Mitarb., 1960; NEUFELD u. Mitarb., 1961; LOOGEN u. Mitarb., 1969). Auch ein in den linken Ventrikel perforiertes mykotisches Aneurysma der Aorta (ELLIOTT u. ELIOT, 1966) oder eine Tunnelbildung zwischen Aorta und dem linken Ventrikel kann in seltenen Fällen eine Aorteninsuffizienz vortäuschen (LEVY u. Mitarb., 1963; ELLIOTT u. ELIOT, 1966). Die Tunnelbildung kann angeboren oder erworben sein und muß anatomisch von den perforierten Sinus-Valsalvae-Aneurysmen abgegrenzt werden (Abb. 84a u. b). In den wenigen pathologisch-anatomisch untersuchten Fällen ergaben sich keine Beziehungen zum Marfan-Syndrom (LEVY u. Mitarb., 1963). Die klinischen Befunde erlauben in allen diesen Fällen keine sichere Abgrenzung gegenüber der Aorteninsuffizienz. Manchmal gibt die Anamnese über ein infarktähnliches Ereignis mit Kollaps, retrosternalem Schmerz, Schweißausbruch usw., in Kombination mit einem für Aorteninsuffizienz typischen Auskultationsbefund, den entscheidenden Hinweis auf ein perforiertes Aneurysma des Sinus Valsalvae. Bei Kindern mit einem Insuffizienzgeräusch ohne rheumatische oder bakterielle Karditisanamnese muß immer an eine Koronaranomalie gedacht werden. In diesen Fällen kann die Diagnose nur durch eine retrograde Aortographie gesichert werden.

Wie bereits erwähnt wurde (s. Ätiologie), können alle Erkrankungen, die zu einer Erweiterung der aszendierenden Aorta führen (Aneurysma dissecans, Aortitis der unterschiedlichsten Genese, Arteriosklerose), über eine Dehnung des Klappenbasisringes eine Aorteninsuffizienz hervorrufen. Auch dann ist zur Abgrenzung gegen eine rheumatische oder bakterielle Aorteninsuffizienz eine retrograde Aortographie besonders erforderlich, wenn die Operationsindikation zur Debatte steht.

Schwierigkeiten bei der Abgrenzung gegenüber einer Aorteninsuffizienz können auch Fehler mit ähnlichen hämodynamischen Veränderungen im großen Kreislauf (große Blutdruckamplitude, niedriger diastolischer Blutdruck u.a.) machen, d.h. alle Formen mit Blutabstrom aus der Aorta in das Niederdrucksystem, wie Ductus arteriosus apertus, aortopulmonales Fenster, Perforation eines Sinus-Valsalvae-Aneurysma in das rechte Herz oder die Pulmonalarterie, Kommunikation einer Koronararterie mit dem linken Vorhof, der Pulmonalarterie oder dem rechten Herzen (Übersichten s. GROSSE-BROCKHOFF u. Mitarb., 1960; ELLIOTT u. ELIOT, 1966; LOOGEN u. Mitarb., 1969; HEIDENREICH u. Mitarb., 1969a; TAGUCHI u. Mitarb., 1969; CRAIGE u. MILLWARD, 1971). Aus dem Auskultationsbefund (kontinuierliches systolisch-diastolisches Geräusch), dem Röntgenbild (vermehrte Lungengefäßzeichnung) und eventuell vorhandenen Zeichen der vermehrten Rechtsbelastung im Elektrokardiogramm ist aber eine Abgrenzung gegen eine Aorteninsuffizienz in den meisten Fällen bereits mit den üblichen klinischen Untersuchungsmethoden möglich. Meist kann jedoch eine Sicherung der Diagnose nur durch Herzkatheteruntersuchung und Angiokardiographie erfolgen.

Von den Fehlern mit einem ähnlichen oder gleichartigen Auskultationsbefund, aber unterschiedlicher Hämodynamik muß besonders die Pulmonalinsuffizienz gegenüber der Aorteninsuffizienz abgegrenzt werden. Das macht bei der isolierten Pulmonalinsuffizienz ohne wesentliche Druckerhöhung im Lungenkreislauf noch die geringste Schwierigkeit. Lebhafte Pulsationen des weit vorspringenden Pulmonalbogens, Rechtsverspätung im EKG, Fehlen von elektrokardiographischen oder röntgenologischen Zeichen einer vermehrten Linksbelastung sowie das meist relativ kurze, vom II. Herzton abgesetzte Geräusch sind für diesen Fehler charakteristisch. Die relative Pulmonalinsuffizienz bei pulmonalem Hochdruck der unterschiedlichsten Genese ist auskultatorisch dagegen von einem Aorteninsuffizienzgeräusch nicht zu unterscheiden, zumal auch die Lokalisation beider Insuffizienzgeräusche weitgehend identisch ist. Aus der Gesamtheit der klinischen Befunde läßt sich aber oft das diastolische Geräusch der Aorten- oder Pulmonalklappe zuordnen. Wie bereits ausführlich erwähnt wurde, ist die Differenzierung dann schwierig oder sogar klinisch unmöglich, wenn ein Insuffizienzgeräusch bei einem Mitralfehler mit pulmonaler Druckerhöhung vorliegt. Einerseits ist nämlich die Aorteninsuffizienz ein häufiger Begleitfehler der Mitralvitien, andererseits ist eine relative Pulmonalinsuffizienz eine Komplikation bei Mitralfehlern. In diesen Fällen sind meist die speziellen Untersuchungsmethoden (Indikatorverdünnungsmethoden, retrograde Aortographie) für die Diagnose entscheidend (vgl. Abb. 78 und 79).

Spezielle Untersuchungsmethoden sind aus differentialdiagnostischen Gründen auch dann erforderlich, wenn eine Aorteninsuffizienz mit einem Ventrikelseptumdefekt kombiniert ist und von einem kombinierten Aortenvitium oder von einem Ventrikelseptumdefekt mit Ductus Botalli abzugrenzen ist.

Es muß außerdem darauf hingewiesen werden, daß ein Aorteninsuffizienzgeräusch andere Fehler so überlagern kann, daß diese sich der klinischen Erfassung entziehen. Dies gilt besonders für die Kombination einer Aorteninsuffizienz mit einer Mitralstenose, zumal man geneigt ist, ein diastolisches Geräusch an der Herzspitze in derartigen Fällen als „relative Mitralstenose“ (Austin-Flint-Geräusch) anzusehen. Wie bereits gesagt, gelingt eine sichere Abgrenzung nur durch eine transseptale Herzkatheteruntersuchung.

Tabelle 6. Dauer der Erkrankung und Schweregrad des Herzfehlers in Beziehung zum Alter bei Patienten mit Aorteninsuffizienz (nach LOOGEN u. Mitarb., 1969)

Schweregrad	Mittleres Alter der Patienten in Jahren zum Zeitpunkt der Untersuchung (Grenzbereiche)	Mittleres Alter des Herzfehlers in Jahren	Durchschnittliches Alter des Patienten in Jahren zum Zeitpunkt der Erkrankung	Gesamtzahl der Patienten
I	25 (10—40)	12,5	12,5	14
II	30 (19—43)	13	17	17
III	30 (14—49)	13,5	16,5	44
IV	26 (19—37)	8,5	17,5	9

Verlauf und Prognose der nichtoperierten Aorteninsuffizienz. Verlauf und Prognose hängen in erster Linie vom Schweregrad des Klappenfehlers ab. Prognostische Aussagen sind daher nur sinnvoll, wenn sie den Schweregrad berücksichtigen. Daneben müssen das Alter des Patienten und die Dauer des Herzfehlers beachtet werden. Aus Tabelle 6, die das Alter der Patienten und das „Alter" des Herzfehlers in Beziehung zum Schweregrad enthält, ist zu ersehen, daß die Entstehung des Herzfehlers für alle Schweregrade etwa gleich ist und durchschnittlich in die Mitte des 2. Lebensjahrzehnts fällt.

Für die Beurteilung des Krankheitsverlaufs spielen neben den anamnestischen Angaben über die Leistungsfähigkeit des Patienten und neben der klinischen Allgemeinuntersuchung röntgenologische und elektrokardiographische Kontrolluntersuchungen eine entscheidende Rolle.

Beobachtungen von Krankheitsverläufen, die sich auf einen Zeitraum von mehr als 10 Jahren erstrecken, haben für Patienten der Schweregrade I und II keine nennenswerten Änderungen der klinischen, röntgenologischen und hämodynamischen Befunde erkennen lassen. Trotz der relativ kurzen Beobachtungsdauer kann gefolgert werden, daß die Lebenserwartung der Patienten des Schweregrades I nicht und die des Schweregrades II nicht wesentlich eingeschränkt ist. Bei Patienten des Schweregrades III haben wir in dem gleichen Zeitraum häufiger eine Verschlechterung der Gesamtbefunde (Zunahme der Beschwerden, der Schädigungszeichen im EKG und der Herzgröße) beobachtet, ohne daß ein Anhalt für ein rheumatisches Rezidiv oder eine bakterielle Endokarditis bestand (Abb. 85a—d). Meist kündigte sich diese Entwicklung im Auftreten stärkerer pektangiöser Beschwerden oder nächtlicher Asthma-cardiale-Anfälle an. Mehrfach haben wir Patienten in dieser Entwicklungsphase des Krankheitsbildes verloren, bevor eine Operation durchgeführt werden konnte; dies stimmt mit den Angaben von BLAND und WHEELER (1957), TAYLOR u. Mitarb. (1958), SPANGNUOLO u. Mitarb. (1971), GOLDSCHLAGER u. Mitarb. (1973) sowie SMITH u. Mitarb. (1976) überein. Diese Autoren fanden nach dem Auftreten solcher Symptome bei ihren Patienten eine durchschnittliche Lebenserwartung von nur 1—2 Jahren. Daraus muß gefolgert werden, daß die Lebenserwartung der Gruppe IV ganz erheblich verkürzt ist und nur wenige Jahre beträgt. Auch für Patienten des Schweregrades III mit stärkeren Beschwerden und Zunahme der objektiven Krankheitszeichen muß eine ganz erheblich kürzere Lebenserwartung angenommen werden.

Der hier aufgezeichnete Krankheitsverlauf und die Prognose der Aorteninsuffizienz können natürlich durch komplizierende Faktoren (rheumatisches Rezidiv, bakterielle Endokarditis, Koronarsklerose u.a.) entscheidend beeinflußt werden.

Operationsindikation. Die Indikation zur Operation ist nicht allein von der Schwere des Herzfehlers abhängig. Da die Operation immer den Ersatz der Klappen durch künstliche Ventile oder Transplantate bedeutet,

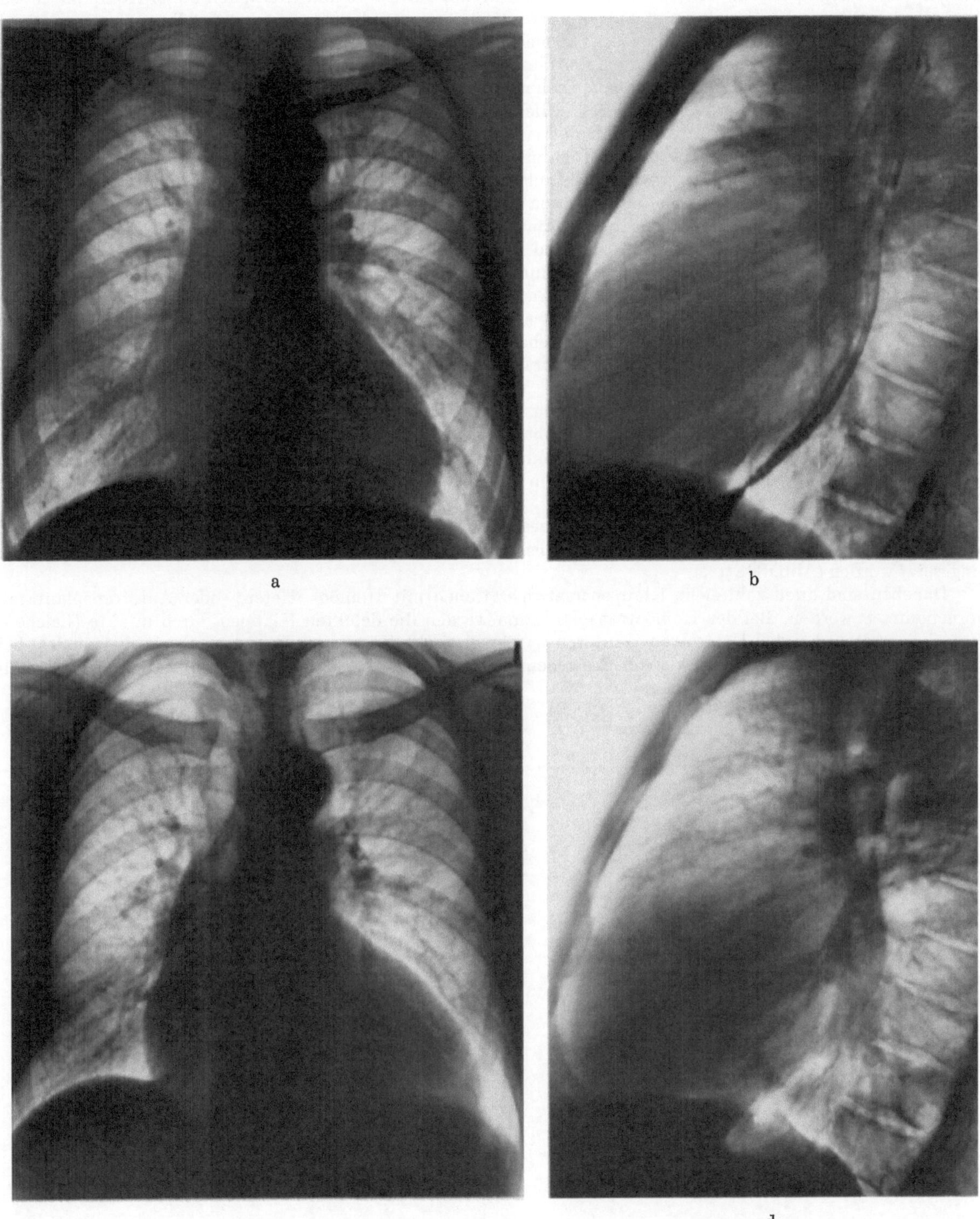

a b c d

Abb. 85a—d. Luische Aorteninsuffizienz des klinischen Schweregrades III während einer Beobachtungszeit von 3 Jahren bei einem 41- bzw. 44jährigen Patienten (E. Bl.). (a) 1965 deutlich linksverbreitertes Herz mit Aortenektasie. (b) Seitenbild zu (a). Herzhinterraum im Vorhofbereich mäßig eingeengt. (c) 1968 bei Kontrolluntersuchung: Auch bei Berücksichtigung der etwas weniger tiefen Inspiration Zunahme der Herzgröße, insbesondere der Linksverbreiterung. Tiefes Eintauchen der Herzspitze in den Zwerchfellschatten. Elektrokardiographisch Zunahme der Linksschädigungszeichen. Abfall des diastolischen Blutdruckes von 60 auf 45—50 mm Hg. (d) Seitenbild zu (c). Herzhinterraum im Vorhofbereich deutlicher eingeengt. Die Vergrößerung des linken Vorhofs muß als beginnende Mitralisation aufgefaßt werden, weil klinisch kein Anhalt für eine zusätzliche Mitralinsuffizienz vorlag

müssen, abgesehen vom unmittelbaren Operationsrisiko, die sich aus dem Klappenersatz ergebenden speziellen Komplikationsmöglichkeiten berücksichtigt werden. Durch die Schwere und Häufigkeit dieser Komplikationen (Embolien, mechanische Hämolyse, Klappenabrisse, Verkalkung und Schrumpfung des Transplantates) wird die Indikation eingeengt. Weiterhin ist zu berücksichtigen, daß die postoperativen Beobachtungen aller Operationsverfahren sich auf einen relativ kurzen Zeitraum (10–15 Jahre) erstrecken und daß über das Schicksal des Klappenersatzes über diesen Zeitraum hinaus noch nichts ausgesagt werden kann (SELZER, 1976).

Unter Berücksichtigung aller Faktoren, letztlich also der Prognose mit und ohne Operation, ergeben sich für die Operationsindikation folgende Richtlinien:

Bei Patienten der Schweregrade I und II ist eine operative Behandlung nicht angezeigt, weil ihre Lebenserwartung bei entsprechender Lebensweise nicht oder nur gering verkürzt ist.

Die Operationsindikation ist bei allen Patienten zu bejahen, die bei konservativer Behandlung eine schlechte Prognose mit stark eingeschränkter Lebenserwartung haben. Das sind einmal die Patienten des Schweregrades IV, sofern sie in einen operationsfähigen Zustand gebracht werden können, zum anderen die Patienten des Schweregrades III, bei denen befürchtet werden muß, daß ohne Operation im Laufe weniger Jahre eine myokardiale Insuffizienz eintreten wird. Das Alter der Patienten spielt für die Operationsindikation im allgemeinen keine entscheidende Rolle. Im Kindesalter stellt sich die Frage nur ausnahmsweise, da die endokarditische Grunderkrankung meist erst in der Mitte des 2. Lebensjahrzehnts auftritt. Auch bei Patienten in höherem Alter (60 Jahre und mehr) hat sich gezeigt, daß das Operationsrisiko nicht nennenswert über dem jüngerer Patienten liegt (BOWLES u. Mitarb., 1966; HENZE, 1974).

Operationsverfahren. Die operative Behandlung von Aortenfehlern hat im Laufe der Zeit zahlreiche Modifikationen erfahren. Intra- und postoperative Beobachtungen haben dazu geführt, daß eine Reihe von früher gebräuchlichen Methoden verlassen wurde, obwohl festzustellen ist, daß früher übliche Prothesen (McGoon-, Hufnagel-, Bahnson-Prothese) in einzelnen Fällen viele Jahre störungsfrei funktionieren können (BIRCKS u. LOOGEN, 1966).

Seit Anfang der 60er Jahre werden Kugelprothesen verwandt, so z.B. die Starr-Edwards-Klappen (Abb. 86a) oder Smeloff-Cutter-Klappen (Abb. 86b–d). In den letzten Jahren sind auch Scheiben- oder Linsenklappen eingesetzt worden (Abb. 86e u. f).

Daneben sind auch zahlreiche Klappenersatzoperationen mit Homöo-, Hetero- oder Autotransplantaten vorgenommen worden. Bei der Homöotransplantation werden die defekten Klappen durch intakte (Leichenmaterial) ersetzt; bei den Heterotransplantaten werden tierische Klappen, z.B. vom Schwein, verwendet; bei den Autotransplantationen wird aus körpereigenem Material, z.B. Fascia lata, ein Klappenapparat nachgebildet (Literatur s. Kap. Aortenstenose).

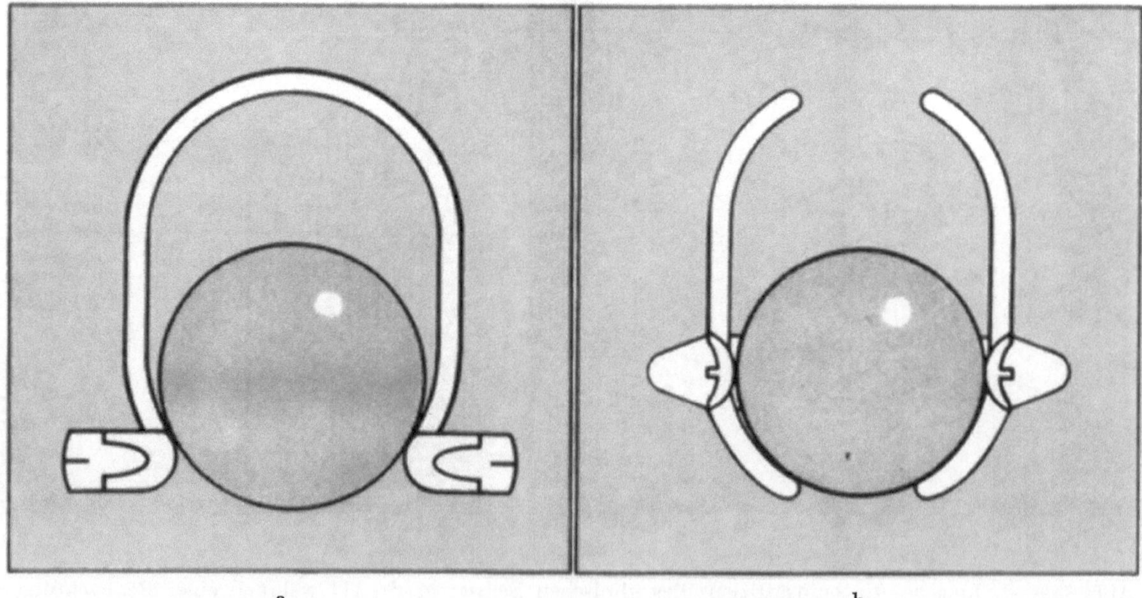

Abb. 86a—f. Gebräuchliche Kugelventile als Klappenersatz. (a) Starr-Edwards-Ventil in geschlossenem Zustand. Bei Öffnung wird die Kunststoffkugel nach oben in den Fangkorb gedrückt und gibt die Öffnung frei. Ventilsitz kleiner als der Durchmesser der Kugel. (b) Smeloff-Cutter-Ventil in geschlossenem Zustand. Öffnungsmechanismus wie bei (a). Die Kugel verschließt, im Gegensatz zu (a) mit ihrem größten Querschnitt die Öffnung (b). So kann bei gleicher Öffnungsfläche die Kugel kleiner gehalten werden. Ein Durchrutschen wird durch einen zweiten Fangkorb verhindert. (c) und (d) Smeloff-Cutter-Ventil: Original in geöffneter und geschlossener Stellung. (e) Björk-Shiley Linsenklappe geöffnet. (f) Lillehei-Kaster-Linsenklappe geöffnet

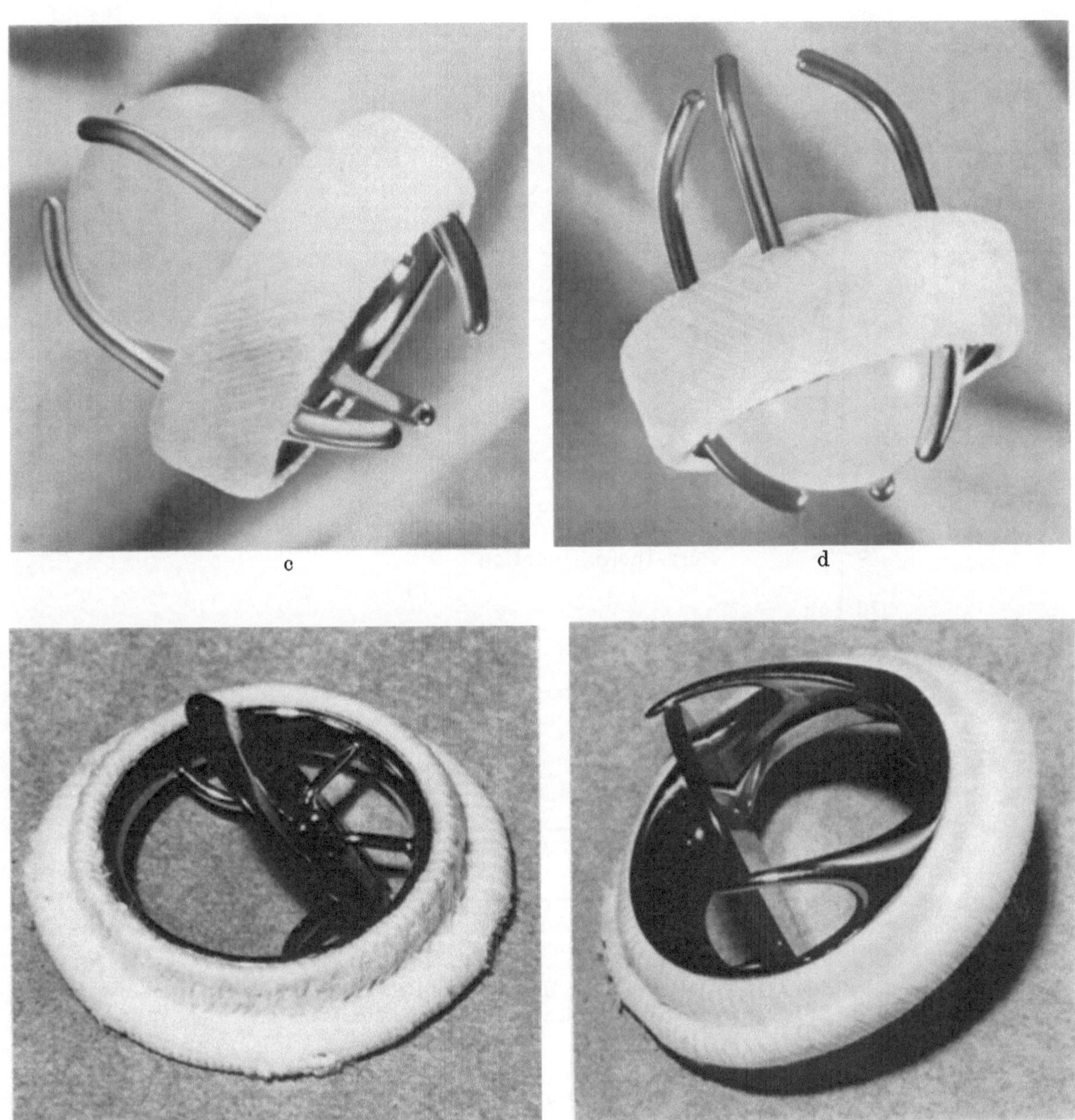

c d

e f

Abb. 86 (Legende s. S. 194)

Postoperative Befunde. Für die Beurteilung des Operationserfolges und für postoperative Verlaufsbeobachtungen kommt der Röntgenuntersuchung des Herzens eine wesentliche Bedeutung zu. Es muß jedoch betont werden, daß, ähnlich wie bei der präoperativen Beurteilung des Schweregrades, die Röntgenuntersuchung nur zusammen mit den klinischen Untersuchungsverfahren bewertet werden darf. Eine deutliche Verkleinerung der Herzgröße spricht zwar immer für ein gutes Operationsergebnis; eine nicht nachweisbare oder nur geringe Verkleinerung schließt aber ein zufriedenstellendes Ergebnis nicht aus.

Als einfaches Maß für eine semiquantitative Beurteilung von postoperativen Änderungen der Herzgröße hat sich uns und anderen Arbeitsgruppen die Ausmessung der Herz-Thorax-Relation (Herz-Thorax-Quotient) bewährt (Peterson u. Mitarb., 1967; Gotsman u. Mitarb., 1968; Loogen u. Mitarb., 1969). Nach Untersuchungen von Gotsman u. Mitarb. (1968) lassen sich aus diesem Quotienten gleichartige Rückschlüsse ziehen wie aus der aufwendigeren Bestimmung des Herzvolumens. Fast bei allen Patienten ist postoperativ eine

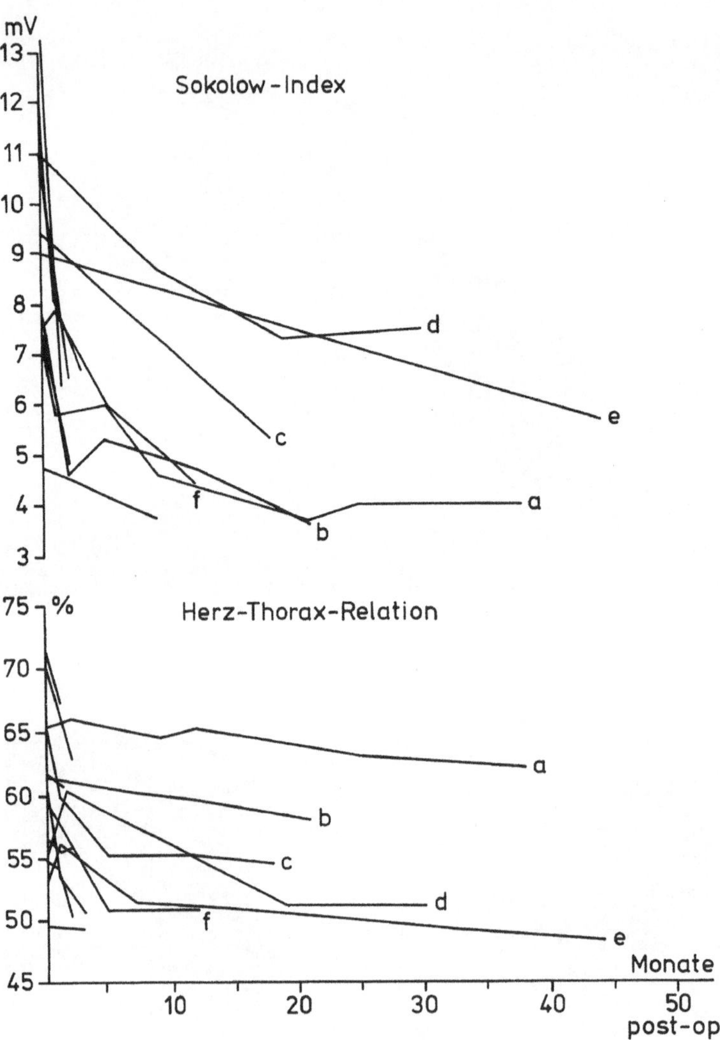

Abb. 87. Verhalten des Sokolow-Lyon-Index und der Herz-Thorax-Relation bei 15 Patienten nach Korrektur einer Aorteninsuffizienz (Erklärung s. Text)

mehr oder weniger deutliche Verkleinerung des Herzens festzustellen. Sie ist bei den Patienten mit der stärksten Linksverbreiterung meist am deutlichsten und findet im wesentlichen bereits während der ersten Wochen nach der Operation statt (Abb. 87 u. 88). Es kann jedoch auch erst wesentlich später zu einer Verkleinerung des Herzens kommen (Abb. 89 und 90). Im Mittel ergab sich in unserem Krankengut (LOOGEN u. Mitarb., 1969) aber nur eine Verkleinerung der Herz-Thorax-Relation von 58 % auf 54 %. In Einzelfällen kann die Verkleinerung allerdings erheblich stärker sein. In 33 % unserer Fälle lag der Herz-Thorax-Quotient postoperativ unter 50 %, d.h. im Normbereich. Hierbei hat es sich vorwiegend um jüngere Patienten gehandelt. Diese Angaben stimmen relativ gut mit den Zahlen von RASTELLI u. Mitarb. (1966) sowie GOTSMAN u. Mitarb. (1968) überein, obwohl von diesen Arbeitsgruppen keine Aufschlüsselung nach der Art des Aortenklappenfehlers vorgenommen wurde. Ähnliche Befunde, jedoch ohne zahlenmäßige Aufschlüsselung wurden von BRISTOW u. Mitarb. (1964), JUDSON u. Mitarb. (1964), BAIRD u. Mitarb. (1965), LEWIS u. Mitarb. (1965), MCGOON u. Mitarb. (1965), MULDER u. Mitarb. (1966), KLINNER u. Mitarb. (1968) u.a. mitgeteilt.

In unserem Krankengut fiel auf, daß die röntgenologisch faßbaren Rückbildungsvorgänge oft deutlich hinter der Rückbildung der elektrokardiographischen Hypertrophiezeichen (gemessen nach dem Sokolow-Lyon-Index) zurückblieben (vgl. Abb. 87). Für diese

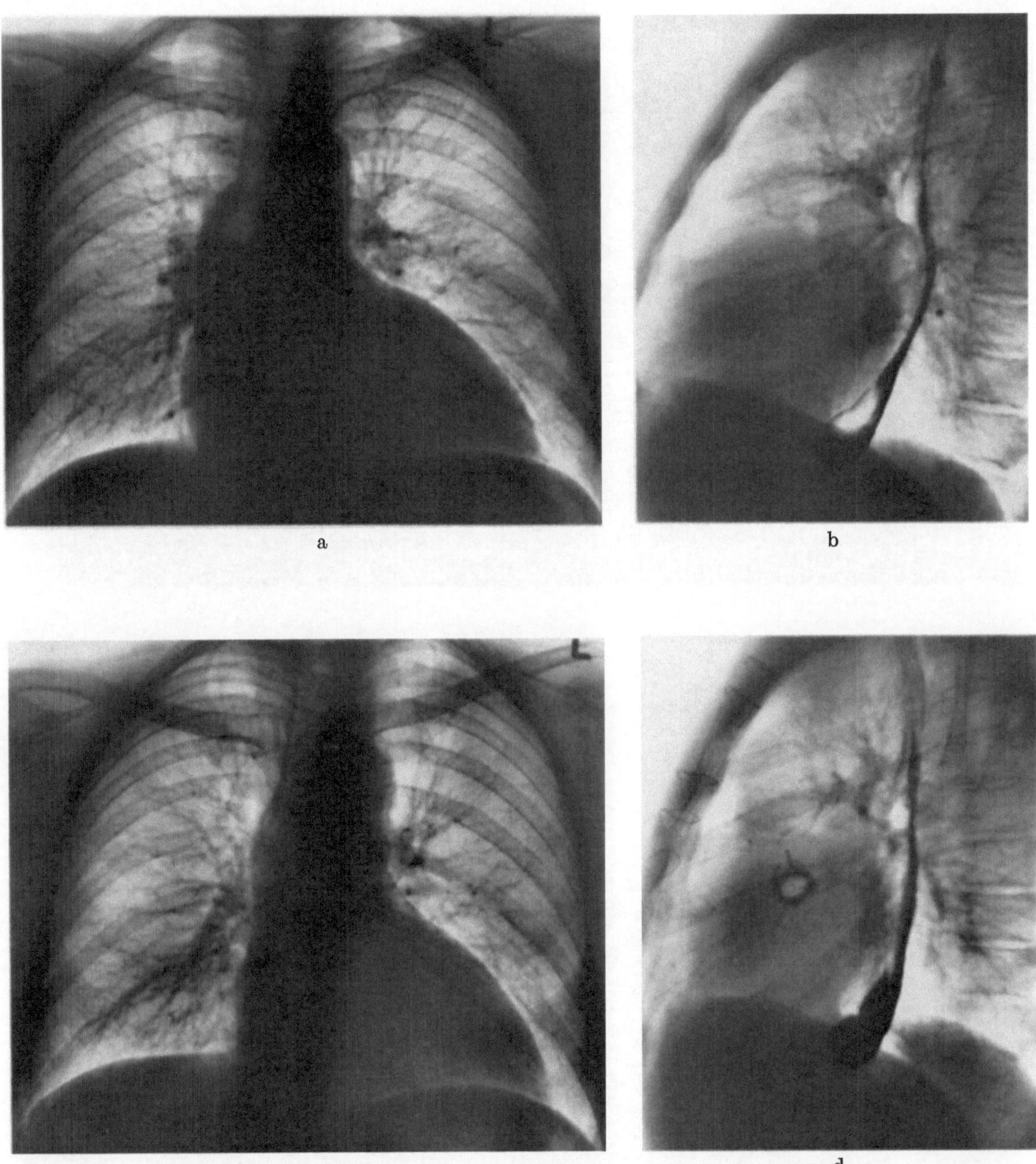

Abb. 88a—d. Aorteninsuffizienz des klinischen Schweregrades III vor (a u. b) und 6 Wochen nach erfolgreicher Operation (c u. d) mit Implantation eines künstlichen Kugelventils nach Smeloff-Cutter bei einem 38jährigen Patienten (W. Se.). Deutliche Verkleinerung des Herzens sowohl im sagittalen (a u. c) als auch im seitlichen Bild (b u. d). Aortenektasie durch Operation nicht beeinflußt. Im Seitenbild ist im Bereich des Aortenostiums der Korb der Kugelprothese deutlich zu erkennen

Diskrepanz bietet sich folgende Erklärung an: Man darf annehmen, daß der lange bestehende Klappenfehler zu Muskelzelluntergängen mit bindegewebigen Organisationen geführt hat, so daß eine restitutio ad integrum in vielen Fällen nicht mehr möglich ist (Bristow u. Mitarb., 1964; Lewis, 1965). Zwar kann sich nach der Korrektur die Hypertrophie der erhaltenen Muskelzellen wieder zurückbilden, die vermehrte Einlagerung von Bindegewebe verhindert aber eine Normalisierung der Herzgröße. So zeigt Abb. 87, daß sich

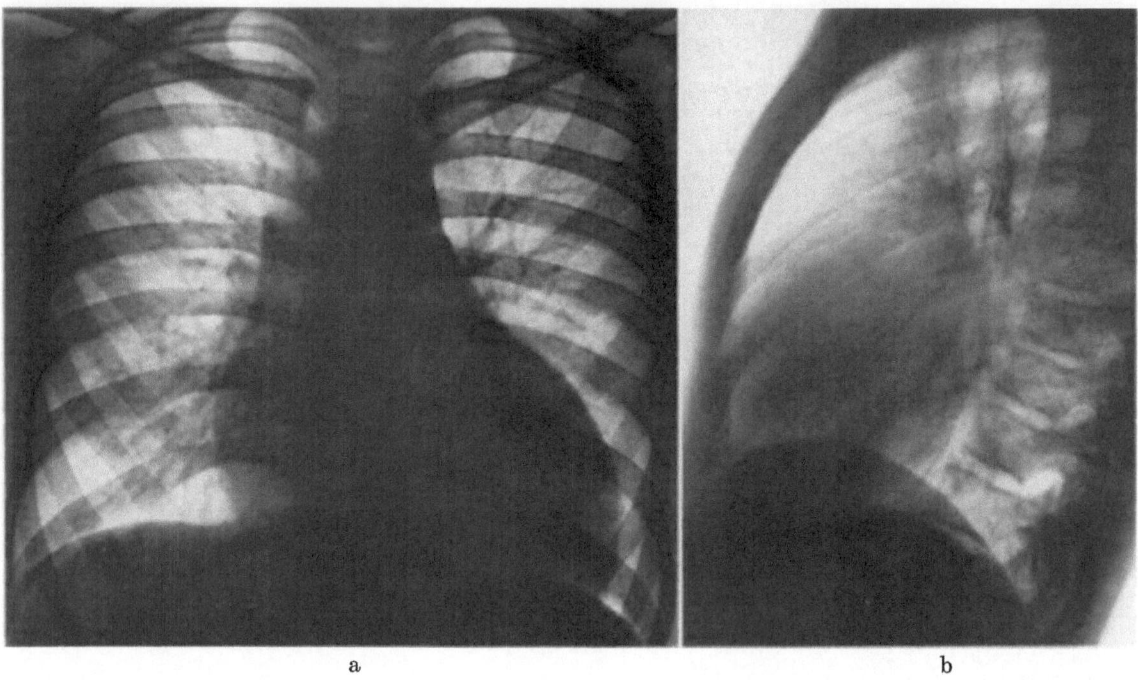

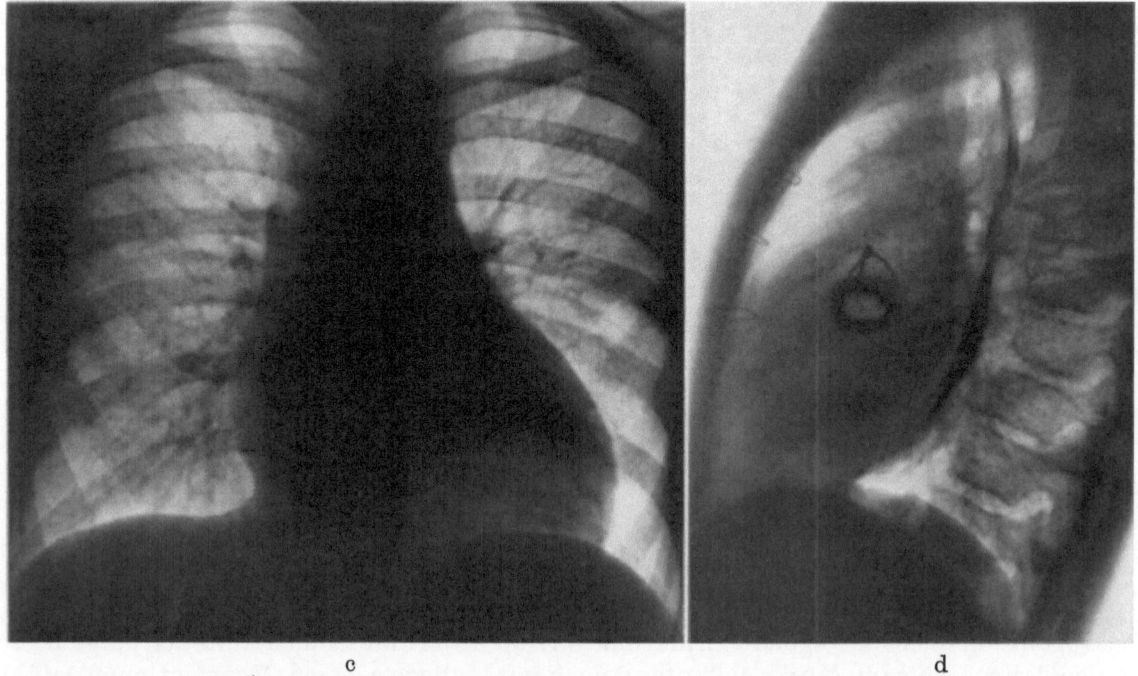

Abb. 89a—f. Aorteninsuffizienz des klinischen Schweregrades III vor (a u. b), 6 Wochen nach (c u. d) und 11 Monate (e u. f) nach erfolgreicher Implantation einer künstlichen Herzklappe (Kugelventil nach Starr-Edwards) bei einem 26jährigen Patienten (W. Ma.). Bereits nach 6 Wochen ist eine deutliche Verkleinerung des Herzens festzustellen (c u. d), die nach 11 Monaten noch ausgeprägter ist (e u. f). Kugelventil in Aortenposition gut abzugrenzen. Aortenektasie unverändert

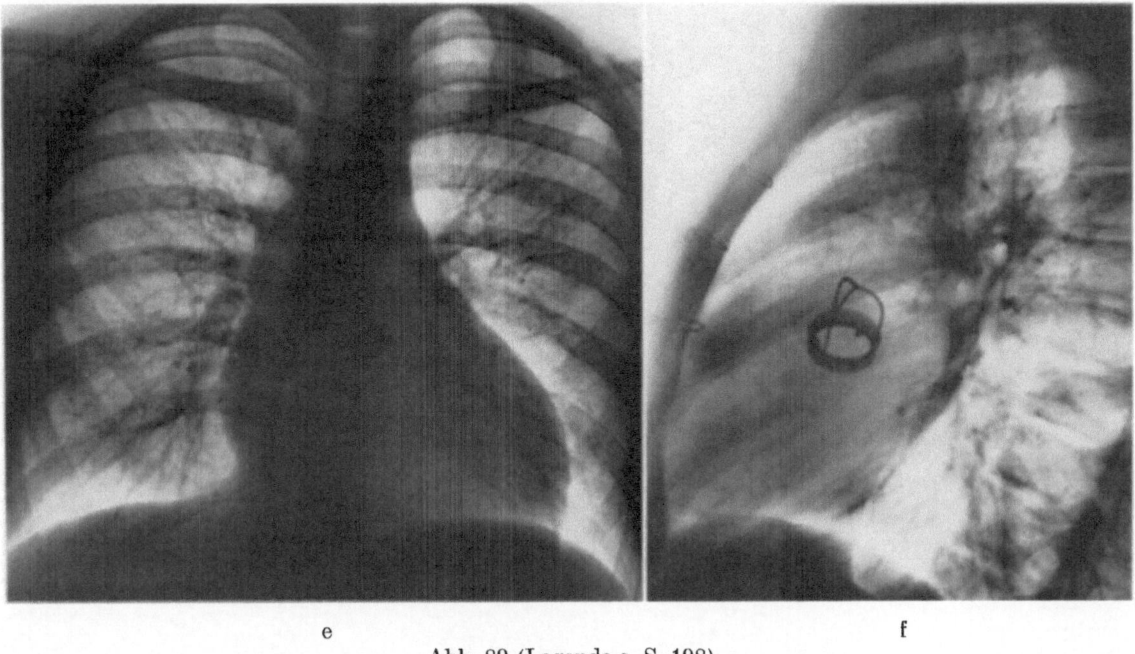

e f

Abb. 89 (Legende s. S. 198)

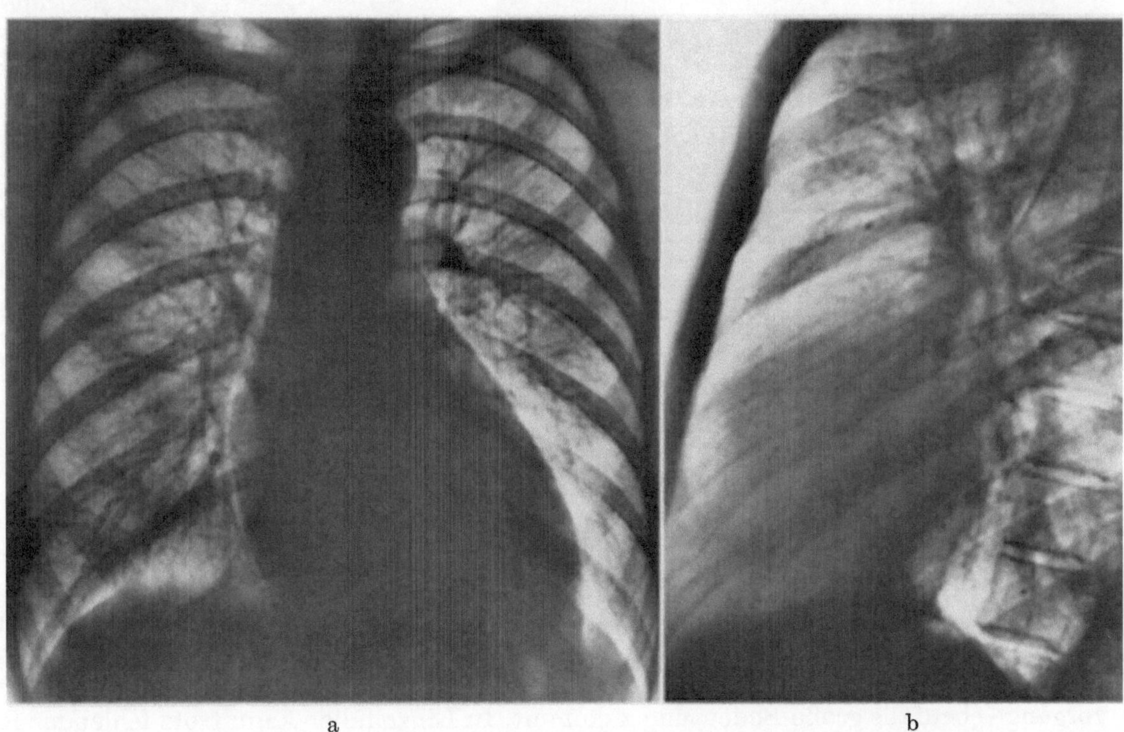

a b

Abb. 90a—e. Aorteninsuffizienz des klinischen Schweregrades III vor (a u. b), 7 Wochen nach (c) und $2^1/_2$ Jahre (d u. e) nach erfolgreicher Implantation einer Kugelprothese nach Smeloff-Cutter bei einem 25jährigen Patienten (K. Ni.). Die wesentliche Rückbildung der Herzgröße ist erst in der späteren Beobachtungszeit festzustellen. Aortenektasie unverändert. Kugelprothese deutlich zu erkennen. Im EKG Normalisierung

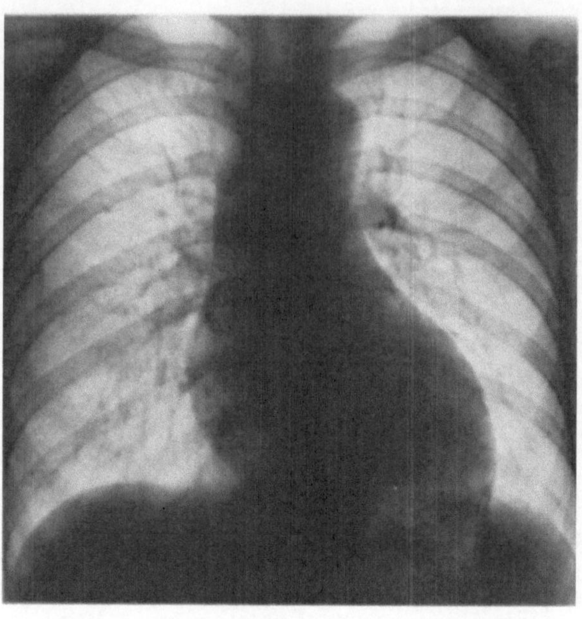

c

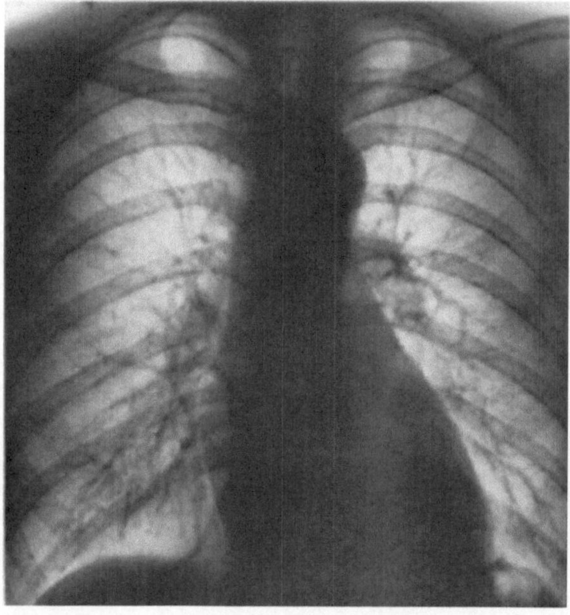

d

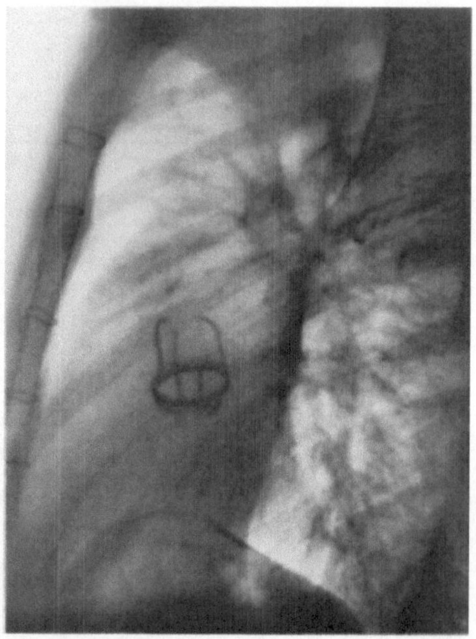

e

Abb. 90 (Legende s. S. 199)

in den Fällen a und b der Sokolow-Lyon-Index stark zurückgebildet hat, eine nennenswerte Verkleinerung des Herzens aber nicht eingetreten ist. Inwieweit neben der Bindegewebseinlagerung intraoperativ gesetzte Schäden bzw. entzündliche oder degenerative Veränderungen eine Rolle spielen können, muß offenbleiben. Da es besonders bei jungen Patienten zur völligen Normalisierung von Röntgenbild und EKG kommt (vgl. Abb. 89 und 90), muß angenommen werden, daß dem Alter des Patienten für die Rückbildungsvorgänge ebenfalls große Bedeutung zukommt. In Einzelfällen kann trotz fehlender Rückbildung der röntgenologischen und elektrokardiographischen Veränderungen funktionell ein gutes Operationsergebnis vorliegen, wobei die Verbesserung der hämodynamischen Situation durch eine Normalisierung der Blutdruckamplitude und eine Zunahme der körperlichen Leistungsfähigkeit gekennzeichnet ist. Eine mangelnde Rückbildung der

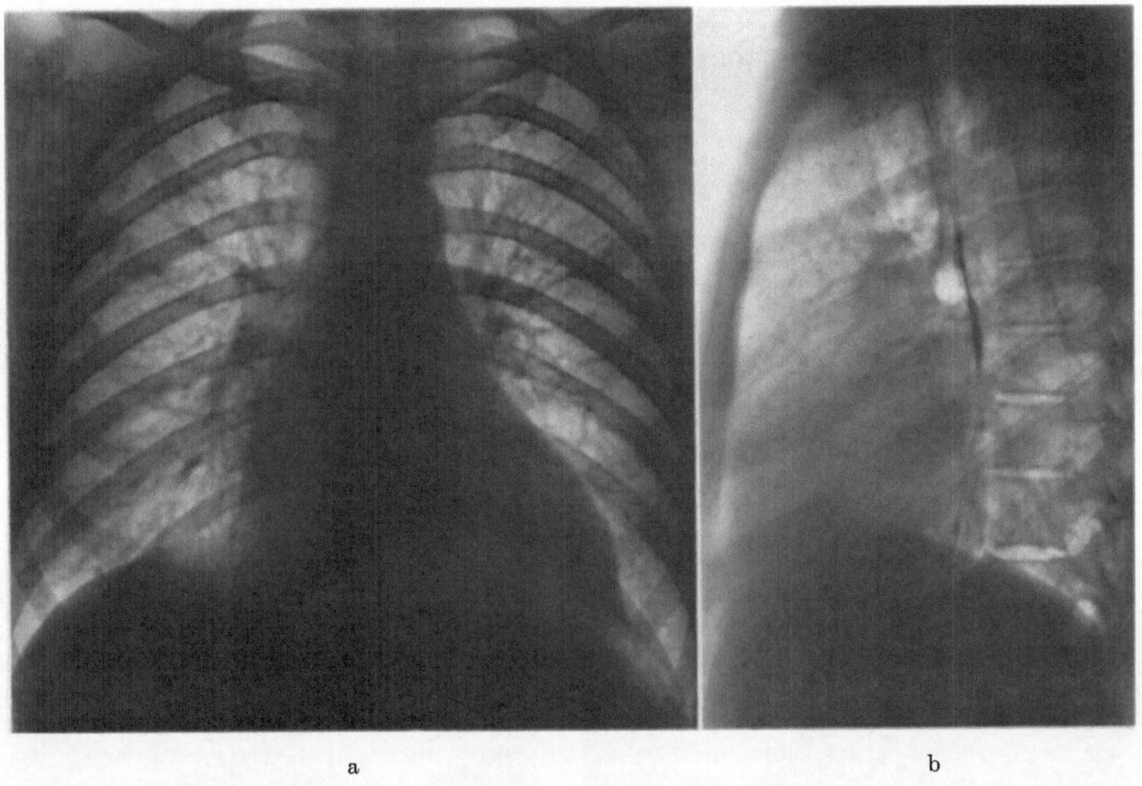

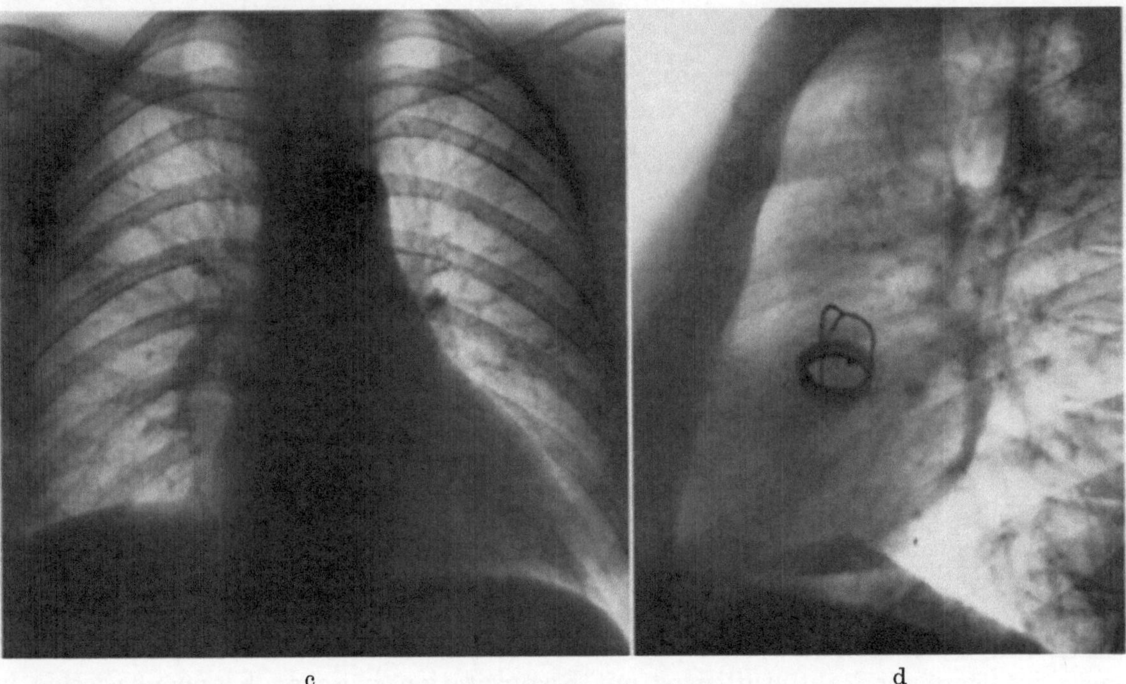

Abb. 91a—d. „Mitralisierte" Aorteninsuffizienz des klinischen Schweregrades III vor (a u. b) und $1^1/_2$ Jahre (c u. d) nach erfolgreicher Implantation eines Kugelventils nach Starr-Edwards bei einem 27jährigen Patienten (H.-D. Ba.). Präoperativ wurde durch Herzkatheteruntersuchung eine Mitralinsuffizienz festgestellt (Druck im linken Vorhof 30/20 mm Hg, im linken Ventrikel 120/0—20 mm Hg, A. femoralis 130/30 mm Hg). Intraoperativ konnten keine Veränderungen der Mitralklappe gefunden werden, es lag jedoch eine Dilatation des Klappenbasisringes mit „relativer" Mitralinsuffizienz vor. Postoperativ Normalisierung von Herzgröße (linker Ventrikel und Vorhof) und EKG; kein Anhalt mehr für Mitralinsuffizienz

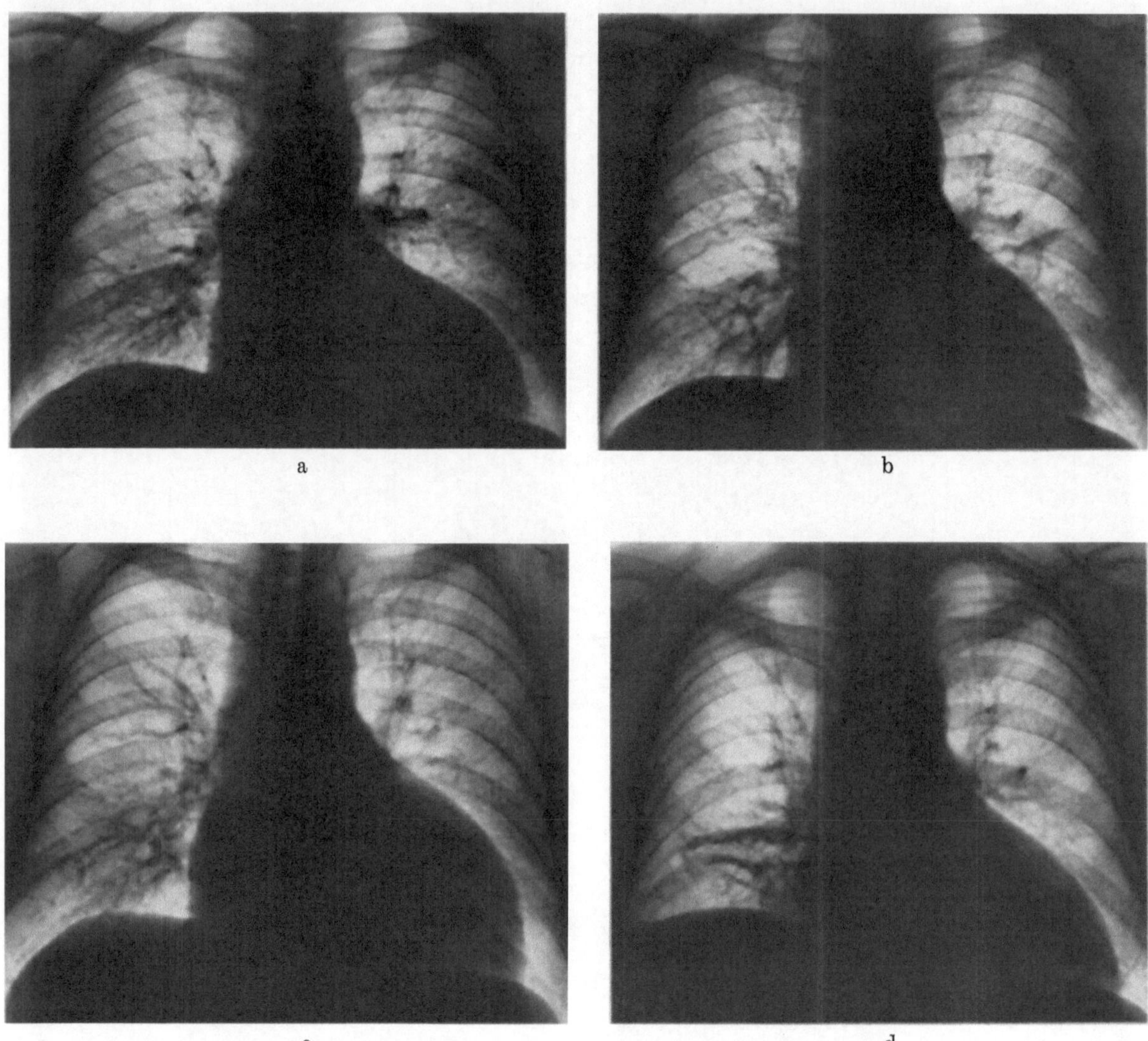

Abb. 92a—d. Aorteninsuffizienz des klinischen Schweregrades III vor (a), 4 Wochen nach (b) und 3 Monate (c) nach Implantation eines Kugelventils nach Smeloff-Cutter bei einem 31jährigen Patienten (E. Tö.). Bereits 4 Wochen nach der Operation deutliche Verkleinerung des Herzens. Klinisch kein Anhalt für Aorteninsuffizienz. 3 Monate nach Operation erneut Zunahme der Herzgröße. Klinisch: Erhebliche erneute Aorteninsuffizienz. Bei Re-Operation: Nahtinsuffizienz zwischen Klappenbasisring und Aorta. 3 Monate nach Re-Operation (d) erneute Abnahme der Herzgröße

Herzgröße kann auch durch eine postoperative Aorteninsuffizienz, durch eine stärkere Stenose im Bereich der künstlichen Klappe, durch eine Koronarinsuffizienz oder durch eine begleitende Mitralinsuffizienz bedingt sein. Nach erfolgreicher Operation bildet eine dann relative Mitralinsuffizienz sich in der Regel völlig zurück (Abb. 91). Eine Zunahme der Herzgröße im postoperativen Verlauf, in dem zunächst eine Verkleinerung zu beobachten war, ist ein Zeichen dafür, daß eine postoperativ aufgetretene Aorteninsuffizienz (meist infolge einer Nahtinsuffizienz mit Regurgitation zwischen Klappenbasisring und Aorta) hämodynamisch bedeutsam ist (Abb. 92).

Eine deutliche Rückbildung einer Aortenektasie wird nach übereinstimmenden Angaben der Literatur nicht beobachtet (vgl. Abb. 88). Eine Resektion der aszendierenden Aorta wegen aneurysmatischer Erweiterung mit prothetischem Ersatz des Gefäßrohres kann erforderlich werden, um überhaupt erst die Implantation einer künstlichen Klappe zu ermöglichen (Abb. 93).

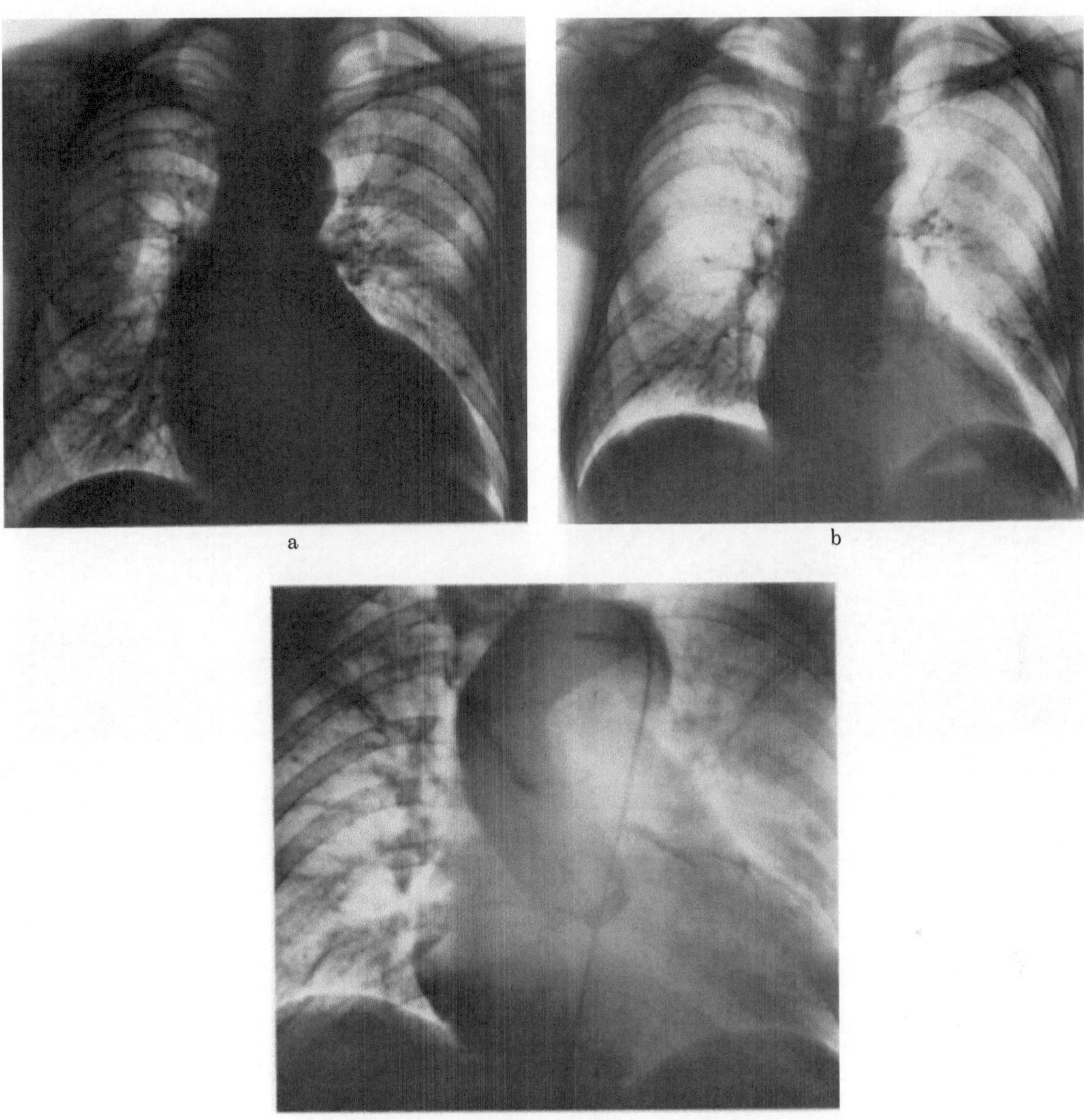

Abb. 93a—e. Retrograde Aortographie nach Implantation eines Starr-Edwards-Kugelventils wegen Aorteninsuffizienz des klinischen Schweregrades III bei Aortenaneurysma infolge Marfan-Syndroms (42jähriger Patient, B. Br.). Lange Dracon-Prothese der aszendierenden Aorta mit Implantation der Koronararterien in die Prothese (Prof. Bircks, Chirurg. Universitätsklinik, Düsseldorf). (a) Präoperatives Sagittalbild. (b) Postoperatives (3 Monate) Sagittalbild: Deutliche Verkleinerung des Herzens und Verschmälerung der Aorta. (c) Postoperative retrograde Aortographie (sagittal): Dracon-Prothese und Klappenkorb deutlich zu erkennen. Auch die linke Koronararterie ist im Anfangsteil gut abgrenzbar. Kein Kontrastmittelreflux in den linken Ventrikel. (d) und (e) Seitenbilder zu (c): Kontrastmittelaussparung durch die Kugel mit systolischer (d) und diastolischer (e) Lageänderung

Auf postoperativen Röntgenaufnahmen bei Patienten, bei denen eine Klappenprothese implantiert wurde, ist vor allem im Seitenbild der kontrastgebende Teil der Prothese deutlich zu erkennen (Abb. 94). Eine nicht speziell imprägnierte Ventilkugel aus Kunststoff läßt sich dagegen im allgemeinen nicht abgrenzen (Abb. 95). Bei Kontrastmittelfüllung der Aorta zur Klärung eines postoperativ bestehenden Rückstoßgeräusches kann das Ventil abgrenzbar werden (vgl. Abb. 93). Anders dagegen ist die Situation, wenn

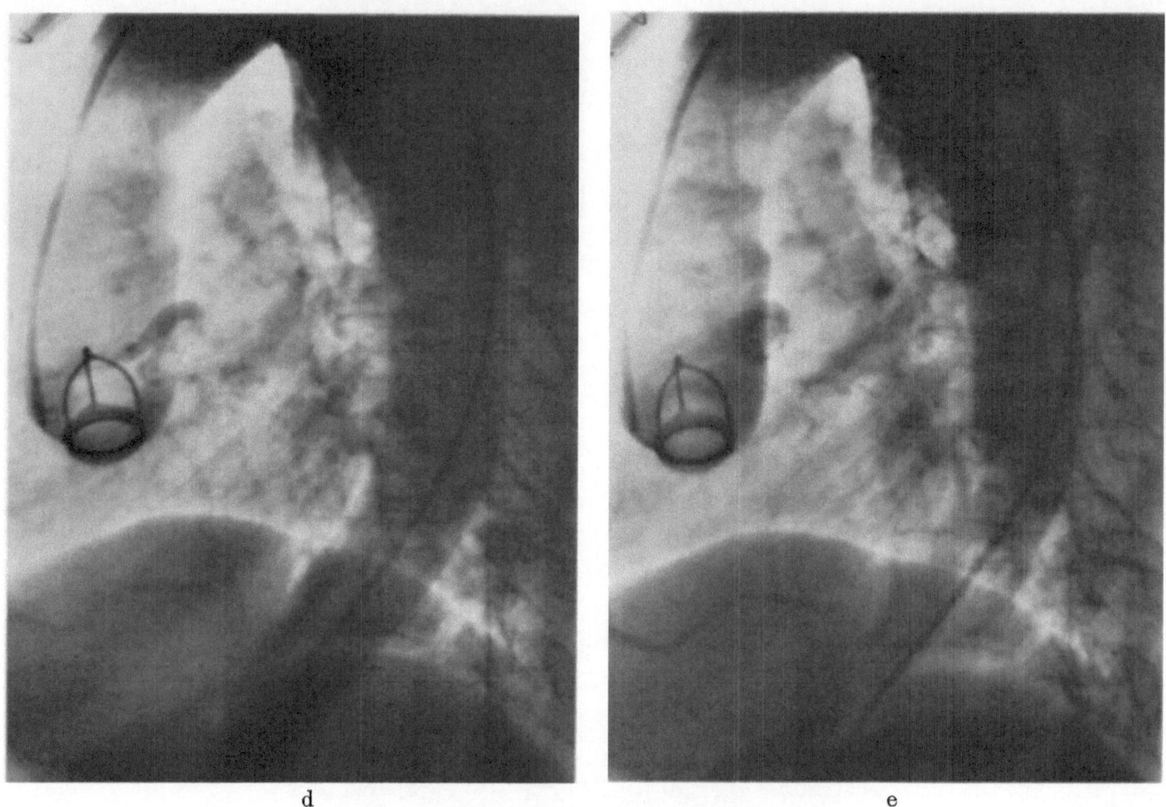

Abb. 93 (Legende s. S. 203)

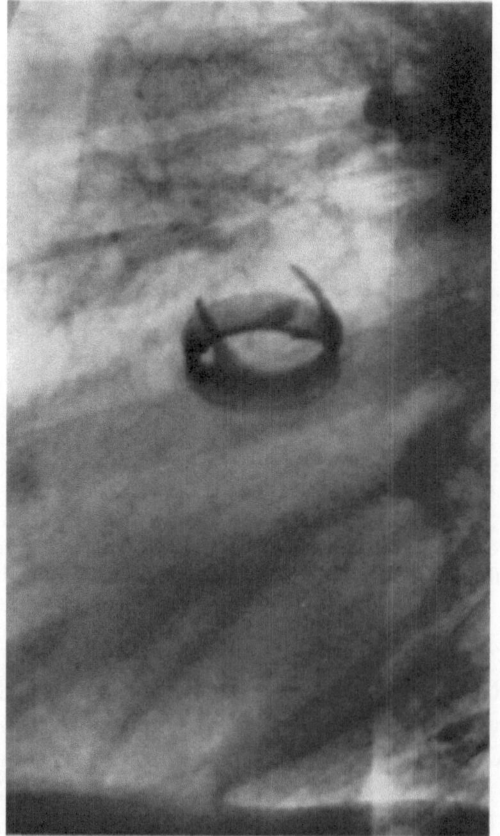

Abb. 94. Lillehei-Kaster-Klappe in Aortenposition

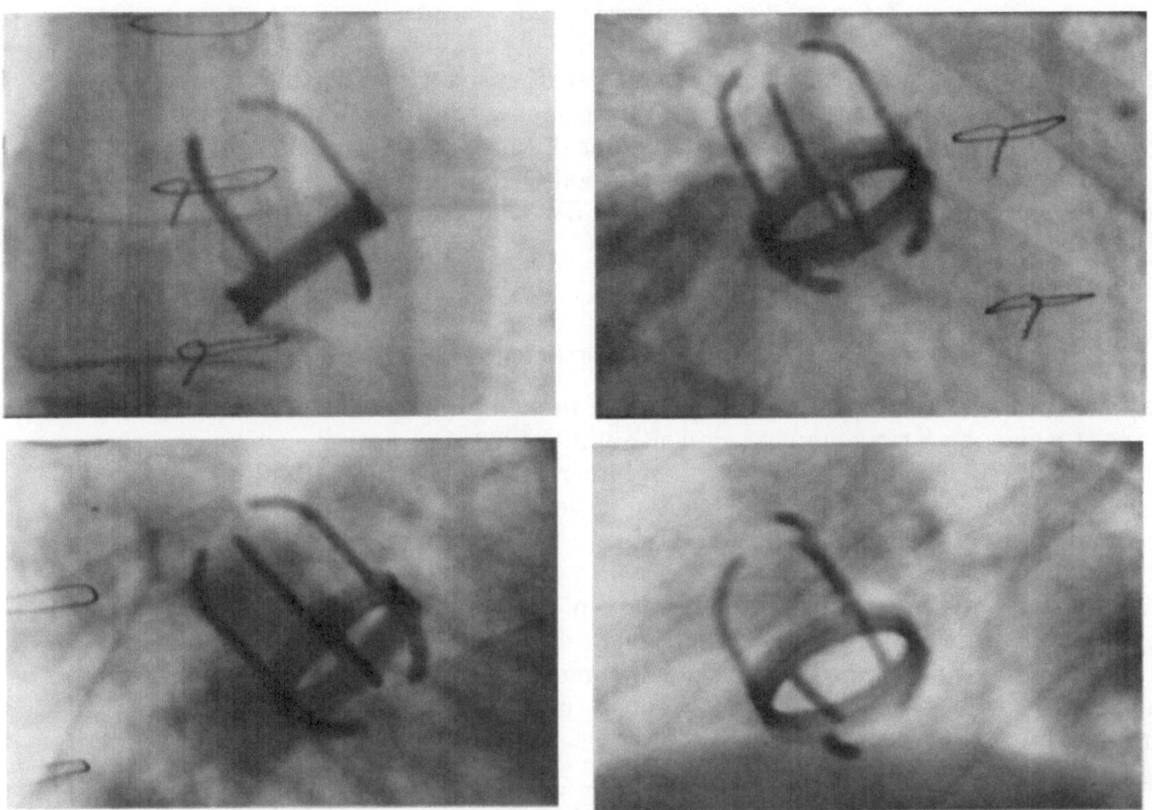

Abb. 95. Zielaufnahmen eines Kugelventils nach Smeloff-Cutter in sagittaler und linker schräger Projektion. „Korb“ der Prothese deutlich zu erkennen, nicht dagegen die nicht schattengebende Kugel

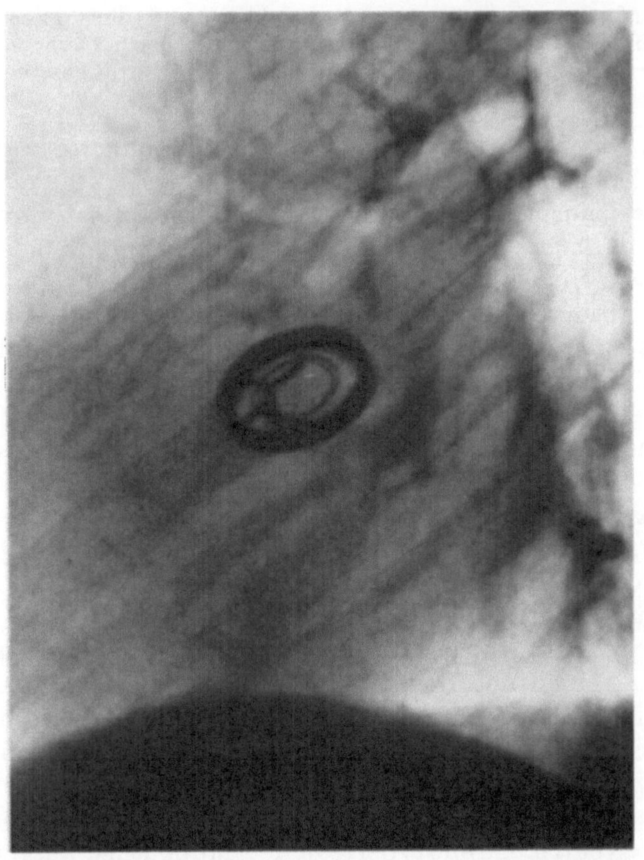

Abb. 96. Björk-Shiley-Klappe in Aortenposition. Ventil markiert durch einen schattengebenden Ring

das Ventil besonders imprägniert oder wenn in den Kunststoff ein Metallring eingelassen wurde (Abb. 96). Aussagen über die Ventilfunktion lassen sich aus den Übersichtsaufnahmen nicht machen. Für die Beurteilung der Funktion der künstlichen Klappe ist die Fernsehdurchleuchtung die überlegene Methode. Man erkennt dabei nämlich auch nicht speziell imprägnierte Kunststoffventile und die systolisch-diastolischen Bewegungen des Klappenringes.

c) Kombinierte Aortenfehler

Die kombinierten Aortenfehler machen einen nicht unerheblichen Anteil der Aortenvitien aus. Im eigenen Krankengut fanden sich unter 1980 rheumatischen Klappenerkrankungen 860 Aortenfehler. 213 hatten ein kombiniertes Aortenvitium (LOOGEN u. Mitarb., 1969). Diese Befunde stimmen weitgehend mit den Angaben anderer Autoren überein (CLAWSON u. Mitarb., 1926; EDSTRÖM u. GEDDA, 1954; GROSSE-BROCKHOFF u. ISEKEN, 1954).

Bei den meisten Patienten mit kombinierten Aortenvitien steht eine Komponente (Stenose oder Insuffizienz) im Vordergrund. Dann besteht praktisch kein Unterschied zur reinen Aortenstenose bzw. Aorteninsuffizienz. Eine gesonderte Besprechung ist daher nur für die Formen erforderlich, bei denen Stenose- und Insuffizienzkomponenten gleichermaßen hämodynamisch bedeutsam sind.

Die *hämodynamische* Besonderheit ist die Kombination von Druck- und Volumenbelastung des linken Ventrikels; d.h. der Ventrikel muß gegen einen erhöhten Widerstand ein vergrößertes Volumen fördern. Nach dem Gesetz von LAPLACE gilt, daß der Ventrikel bei einer Druckbelastung aus ökonomischen Gründen durch Verkleinerung des Durchmessers reagiert. Eine Volumenbelastung führt jedoch zu einer Vergrößerung des Durchmessers. Bei der Kombination beider Belastungsformen kann sich der Ventrikel nicht durch Verkleinerung des Durchmessers der Widerstandsbelastung anpassen: Bei vergrößertem enddiastolischem Volumen (bedingt durch die Volumenbelastung) muß er einen vergrößerten Auswurfwiderstand (bedingt durch die Stenose) überwinden. Dies bedeutet eine erhöhte Kraftentfaltung und einen erhöhten Sauerstoffverbrauch der Einzelfaser. Aus dem Gesagten muß gefolgert werden, daß die Situation am ungünstigsten ist, wenn Stenose- und Insuffizienzanteil etwa gleich stark ausgeprägt sind (LOOGEN u. Mitarb., 1969).

Im Vordergrund des *klinischen* Bildes stehen bei den kombinierten Vitien die Symptome, die auf die Insuffizienzkomponente zu beziehen sind: verstärkte Pulsation der Halsgefäße, Neigung zu Schweißausbrüchen; die Patienten klagen relativ früh über pektanginöse Beschwerden und Belastungsdyspnoe; das Herz ist nach links vergrößert mit hebendem und verbreitertem Herzspitzenstoß; der Blutdruck hat eine erhöhte Amplitude, die vorwiegend durch das Absinken des diastolischen Druckes zustande kommt. Auskultatorisch findet sich ein systolisches Geräusch. Im Gegensatz zum systolischen Begleitgeräusch bei Aorteninsuffizienz ist das Geräuschmaximum mesosystolisch. Es ist deutlich in die Karotiden fortgeleitet und oft von Schwirren begleitet (GROSSE-BROCKHOFF u. Mitarb., 1960; FRETEUR u. Mitarb., 1968). Der Aortenklappenschlußton ist häufig abgeschwächt oder er fehlt, da es sich bei diesen Fällen meist um einen starren Klappenapparat mit gleich großer Öffnungs- und Rückstromfläche handelt (ANDERSON u. Mitarb., 1969; ETTINGER u. Mitarb., 1972). Das diastolische Geräusch kann unterschiedlich ausgeprägt sein. Seine Amplitude und Dauer ist von zusätzlichen Faktoren, z.B. der Höhe des enddiastolischen Ventrikeldruckes, abhängig.

In der *Karotispulskurve* finden sich sowohl die Merkmale der Stenose (verzögerter Steilanstieg, Zähnelung) als auch der Insuffizienz (Abflachung der Inzisur). Im Apexkardiogramm kommt es nach Klappenöffnung zu einem weiteren Anstieg der systolischen Kurve als Ausdruck der Stenose. Der Steilabfall entspricht der Insuffizienz.

Im *Elektrokardiogramm* treten besonders frühzeitig Schädigungszeichen auf, entsprechend dem stark erhöhten Sauerstoffverbrauch bei relativ schlechter Koronardurchblutung. Die Zeichen der linksventrikulären Hypertrophie sind deutlich ausgeprägt. Das Verhalten des Hauptvektors von QRS in der Frontalebene entspricht weitgehend der reinen Aorteninsuffizienz.

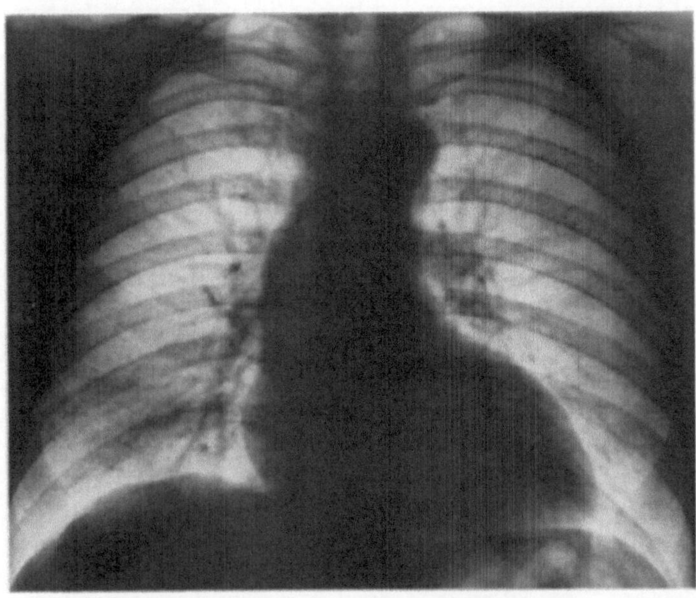

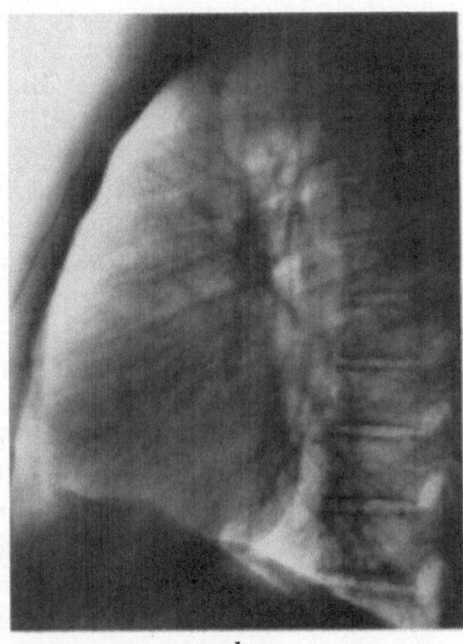

Abb. 97a u. b. Kombinierter Aortenfehler mit etwa gleich schwerem Stenose- und Insuffizienzanteil bei einem 41jährigen Patienten (F. Rö.). Druckwerte: Linker Ventrikel 190/4 mm Hg; Aorta 140/60 mm Hg. (a) Sagittale Herzfernaufnahme: Linksverbreitertes, aortenkonfiguriertes Herz. Stärkere suprabulbäre Ektasie der aufsteigenden Aorta. Hilus- und Lungengefäßzeichnung normal. (b) Seitenbild: Stärkere Ausladung des linken Ventrikels in den Herzhinterraum

Auch das *Röntgenbild* des Herzens wird bei den kombinierten Fehlern vorwiegend von der Insuffizienz bestimmt. Das Herz zeigt meist die typische Aortenkonfiguration mit ausgeprägter Herztaille und starker Rundung der Herzspitze (Abb. 97a). Die Vergrößerung des linken Ventrikels ist besonders gut im seitlichen Strahlengang durch die Einengung des Herzhinterraumes zu erkennen (Abb. 97b). Auffällig oft lassen sich in diesen Fällen Klappenverkalkungen nachweisen, die bei reiner Aorteninsuffizienz selten sind. Die Aorta ist in der Regel deutlich ektatisch, ohne daß sich hieraus Hinweise auf die Schwere des Stenose- oder Insuffizienzanteiles ergeben (Thurn, 1968). Kymographisch sind bei hämodynamisch bedeutsamem Insuffizienzanteil deutliche Pulsationen der Aorta und des linken Ventrikels nachweisbar (Stumpf, 1951; Alexander, 1970b). Bei Linksinsuffizienz ist eine Abnahme der Pulsationen zu beobachten. Wie bei einer Stenose oder Insuffizienz kann es zur ,,Mitralisation" der Herzkonfiguration kommen. In diesem Stadium sind dann auch die röntgenologischen Zeichen der Lungenstauung nachweisbar.

Hinsichtlich *Operationsindikation* und *postoperativem Verlauf* unterscheiden sich diese Fälle nicht von den reinen Aortenstenosen bzw. Insuffizienzen.

4. Pulmonalfehler

Isolierte erworbene Pulmonalklappenfehler sind sicher eine Rarität. Eine isolierte erworbene *Pulmonalstenose* ist unseres Wissens bisher überhaupt noch nicht beschrieben worden. Sie kann aber in seltenen Fällen durch intra- oder extrakardiale Tumoren vorgetäusch werden (Waldhausen u. Mitarb., 1959; Babcock u. Mitarb., 1962; Loogen, 1962; Gottsegen u. Mitarb., 1963; Liese u. Mitarb., 1963; Shaver u. Mitarb., 1965; Littler u. Mitarb., 1970; Drachler u. Willis, 1971; Zager u. Mitarb., 1973).

Eine *Pulmonalinsuffizienz* kann infolge einer pulmonalen Drucksteigerung, z.B. bei primärer pulmonaler Hypertonie auftreten. Bei Mitralfehlern (Graham-Steell-Geräusch)

ist sie schon im entsprechenden Kapitel besprochen worden. Pulmonalinsuffizienzen treten häufig nach Operation einer Pulmonalstenose auf; meist resultiert allerdings dann ein kombiniertes Pulmonalvitium (BLOUNT u. Mitarb., 1954; HANSON u. Mitarb., 1958; ROWE u. Mitarb., 1958; TALBERT u. Mitarb., 1963; LOOGEN u. Mitarb., 1964; BAYER u. Mitarb., 1967).

Die wenigen Fälle von isolierter Pulmonalinsuffizienz, die in der Literatur beschrieben wurden, waren meist angeboren (FORD u. Mitarb., 1956; COLLINS u. Mitarb., 1960; LANEVE u. Mitarb., 1962; MERTENS u. Mitarb., 1964; HAGER u. Mitarb., 1965a; JACOBY u. Mitarb., 1965; KELLY, 1965; SCHÖLMERICH, 1965; SLOMAN u. WEE, 1966; HOLMES, 1968). Von einigen Autoren wird auch die Möglichkeit einer erworbenen rheumatischen Pulmonalinsuffizienz angenommen (SCHAUB u. BÜHLMANN, 1957; EMMRICH u. STEIM, 1958; LOOGEN u. KREUZER, 1964). Die an sich schon sehr seltene rheumatische Pulmonalinsuffizienz tritt aber fast immer im Rahmen von Mehrklappenfehlern auf (MCGUIRE u. MCNAMARA, 1937; LÜTHY u. Mitarb., 1965a; VELA u. Mitarb., 1969). Manchmal kommt auch eine luische Genese vor (BAYER u. Mitarb., 1967; FRIEDBERG, 1972). Meistens ist die Ätiologie nicht sicher zu klären (FISH u. Mitarb., 1959; PRICE, 1961; MARSHALL u. JONES, 1964; SCHÖLMERICH, 1965b). Eindeutig sind dagegen bakteriell endokarditisch bedingte Pulmonalklappeninsuffizienzen (MCGUIRE u. MCNAMARA, 1937; LEVIN u. Mitarb., 1964; SCHÖLMERICH, 1965b; HOLMES u. Mitarb., 1968; SOULIÉ u. Mitarb., 1971; ROBERTS u. BUCHBINDER, 1972). VELA u. Mitarb. (1969) beschrieben eine Pulmonalinsuffizienz aufgrund der Klappenzerstörung durch einen kardialen Tumor. Eine besondere Form der Pulmonalinsuffizienz wurde beim Karzinoidsyndrom beobachtet (BEAN u. Mitarb., 1955; SPAIN, 1955; COSH u. Mitarb., 1959; WRIGHT u. MULDER, 1963; ROBERTS u. SJOERDSMA, 1964; WENGER, 1970).

Pathophysiologisch bedeutet die Schlußunfähigkeit der Pulmonalklappe eine diastolische Blutregurgitation in den rechten Ventrikel. Das führt zu einer Volumenbelastung. Durch das große Schlagvolumen kann bei hämodynamisch bedeutsamer Pulmonalinsuffizienz u.U. eine relative Pulmonalstenose entstehen. Der Pulmonalisdruck zeigt eine große Amplitude, wobei in Abhängigkeit vom Schweregrad der diastolische Druck sich dem rechtsventrikulären Druck mehr oder weniger angleicht. Neben der diastolischen Druckdifferenz zwischen Pulmonalarterie und dem rechten Ventrikel bzw. der Größe der Regurgitationsfläche ist die Diastolendauer für den Rückfluß von Bedeutung. In der Ventrikeldruckkurve sind Umformungszeit und Druckanstieg verkürzt entsprechend der verstärkten „passiven Vordehnung" einerseits und dem niedrigen diastolischen Pulmonalarteriendruck andererseits (LOOGEN u. KREUZER, 1964; BAYER u. Mitarb., 1967). Die Austreibungszeit kann verlängert sein (JACOBY u. Mitarb., 1965).

Beschwerden haben Patienten mit isolierter Pulmonalinsuffizienz ohne zusätzliche Begleiterkrankung im allgemeinen nicht (PRICE u. Mitarb., 1961; SLOMAN u. WEE, 1966).

Bei der *klinischen Untersuchung* fallen vermehrte präkordiale Pulsationen auf. In seltenen Fällen ist Schwirren nachweisbar (LOOGEN u. KREUZER, 1964; FRIEDBERG, 1972). Auskultatorisch ist im 3. ICR links parasternal ein diastolisches Geräusch festzustellen, das von einer Aorteninsuffizienz abgegrenzt werden muß. Solange keine pulmonale Hypertonie vorliegt, ist das Geräusch niederfrequent und wird als „rumpelnd" beschrieben. Das Geräusch beginnt mit dem Pulmonalsegment des gespaltenen II. Tons und kann phonokardiographisch neben der reinen Dekreszendoform auch Spindelform aufweisen. Zusätzlich können systolische Geräusche und ein frühsystolischer Klick nachweisbar sein (PRICE, 1961; LANEVE, 1962; RUNCO u. BOOTH, 1963; LOOGEN u. KREUZER, 1964; NEMICKAS u. Mitarb., 1964; HAGER u. Mitarb., 1965a; SCHWAB u. KILLOUGH, 1965; BAYER u. Mitarb., 1967; HOLMES u. Mitarb., 1968).

Das *Elektrokardiogramm* zeigt als Ausdruck der Dilatation und Hypertrophie des rechten Ventrikels einen inkompletten Rechtsschenkelblock (LOOGEN u. KREUZER, 1964; SCHÖLMERICH, 1965; BAYER u. Mitarb., 1967; HOLMES u. Mitarb., 1968).

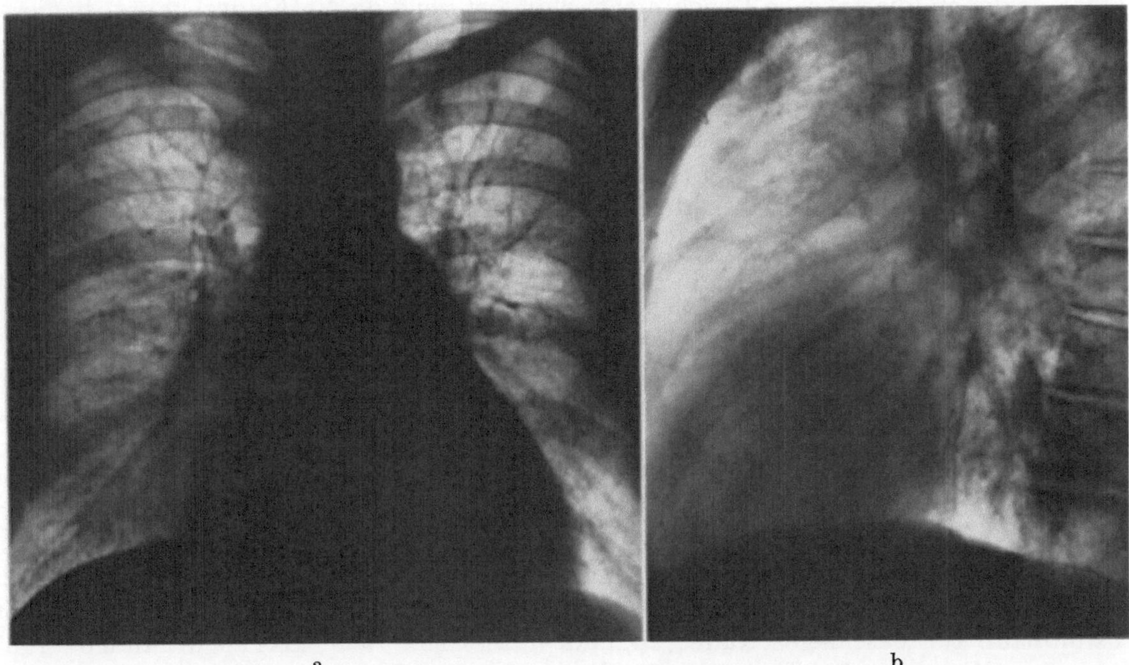

Abb. 98a u. b. Pulmonalinsuffizienz bei einem 44jährigen Patienten (K. Bi.). (a) Sagittale Herzfernaufnahme: Herz beiderseits, vor allem links verbreitert. Starke Vorwölbung des Pulmonalbogens. Dichte Hili. (b) Seitenbild: Herzhinterraum nicht eingeengt. Retrosternalraum ausgefüllt. Breitflächige Anlehnung der rechten Kammer. Bei dem Patienten bestand 3 Jahre vorher das gleiche Bild. Eine Klappenkorrektur mit Perikard war nur kurzdauernd effektiv

Röntgenbefunde. Röntgenologisch ist der Herzschatten durch die Dilatation des rechten Ventrikels in ausgeprägten Fällen nach beiden Seiten etwas vergrößert (Abb. 98a). Auffällig ist die deutliche Vorwölbung des Pulmonalbogens mit verstärkten Pulsationen. Die Pulmonalektasie kann erhebliche, tumorartige Formen annehmen. Auch die zentralen Lungengefäße sind erweitert und lassen oft ebenfalls Pulsationen erkennen, die kymographisch zu dokumentieren sind. Diese Pulsationen können zu differentialdiagnostischen Schwierigkeiten gegenüber dem Vorhofseptumdefekt führen.

In der Seitenaufnahme ist der Retrosternalraum durch die Ausflußbahn des rechten Ventrikels und die ektatische Pulmonalis verschmälert bzw. ausgefüllt (Abb. 98b) (SOSMAN, 1939; FORD u. Mitarb., 1956; MORTON u. STERN, 1956; SCHAUB u. BÜHLMANN, 1957; EMMRICH u. STEIM, 1958; BEYER u. RICHTER, 1954; LOOGEN u. KREUZER, 1964; BAYER u. Mitarb., 1967; HOLMES u. Mitarb., 1968; THURN, 1968; FRIEDBERG, 1972). Pulmonalklappenverkalkungen sind eine Rarität (GABRIELE u. SCATLIFF, 1970).

Herzkatheteruntersuchung. Bei der Herzkatheteruntersuchung sind die Drucke im kleinen Kreislauf in Fällen mit geringer Pulmonalinsuffizienz unauffällig. Bei hämodynamisch bedeutsamer Pulmonalinsuffizienz ist der Druck in der Pulmonalarterie am stärksten verändert. Der systolische Druck ist angehoben, der diastolische Druck kann bis auf den diastolischen Ventrikeldruck absinken (COLLINS u. Mitarb., 1960; LOOGEN u. KREUZER, 1946; BAYER u. Mitarb., 1967). Je schwerer die Pulmonalinsuffizienz ist, um so früher tritt diastolischer Druckangleich zwischen Pulmonalarterie und rechtem Ventrikel auf (NEMICKAS u. Mitarb., 1964). Die systolische Ventrikeldruckkurve zeigt bei bedeutsamer Pulmonalinsuffizienz eine verkürzte bzw. fehlende isometrische Kontraktion, der Steilanstieg der systolischen Kurve ist verkürzt oder fehlt (LOOGEN u. KREUZER, 1964). Als Ausdruck der relativen Pulmonalstenose kann eine geringe systolische Druckdifferenz zur Pulmonalarterie bestehen. Da bei suffizientem rechten Ventrikel trotz des erhöhten enddiastolischen

Volumens der enddiastolische Druck nicht erhöht ist, zeigt die Vorhofdruckkurve in diesen Fällen keine Besonderheiten (LOOGEN u. KREUZER, 1964).

Der Nachweis der Pulmonalinsuffizienz kann mit verschiedenen *Indikatorverdünnungsmethoden* durchgeführt werden. Hierbei wird der Indikator in die Pulmonalarterie injiziert und im rechten Ventrikel gemessen (BAJEC u. Mitarb., 1958; COLLINS u. Mitarb., 1959; SEIPEL u. Mitarb., 1969). Je größer der Abstand des Injektionsortes in der Pulmonalarterie von der Pulmonalklappe ist, bei der noch eine Regurgitation im Ventrikel festgestellt werden kann, um so stärker ist die Regurgitation (BAJEC u. Mitarb., 1958). Allerdings sind quantitative Auswertungen sehr problematisch (LOOGEN u. KREUZER, 1964; BAYER u. Mitarb., 1967). Außerdem ist zu berücksichtigen, daß der Injektionskatheter die Pulmonalklappe passieren muß, so daß eine geringe Klappeninsuffizienz durch Behinderung des Klappenschlusses nicht auszuschließen ist. Stärkere Regurgitationen können allerdings nicht durch den Katheter allein bedingt sein (HOLMES u. Mitarb., 1968; BARON, 1971c; BOGREN u. Mitarb., 1972).

Kontrastmitteldarstellung. Bei der Röntgenkontrastmitteluntersuchung mit Injektion in die Pulmonalarterie läßt sich die Regurgitation von kontrastmittelhaltigem Blut in den rechten Ventrikel darstellen. Dann erkennt man die erweiterte Pulmonalarterie und das vergrößerte diastolische Ventrikelvolumen. Die Katheterspitze darf aber nicht zu nahe am Pulmonalostium liegen, da sie sonst bei der Injektion leicht in die rechtsventrikuläre Ausflußbahn zurückschlagen kann (COLLINS u. Mitarb., 1960; BAYER u. Mitarb., 1967; HOLMES u. Mitarb., 1968; THURN, 1968; BARON, 1971c; BOGREN u. Mitarb., 1972).

Eine andere Möglichkeit ist die Injektion in den rechten Ventrikel. Bei erheblicher Insuffizienz kann ein Hin- und Zurückströmen des Kontrastmittels zwischen rechtem Ventrikel und Pulmonalarterie nachgewiesen werden (BARON, 1971c).

Mittels *intrakardialer Phonokardiographie* kann das Geräusch an der Pulmonalklappe lokalisiert werden (KELLY, 1965; BAYER u. Mitarb., 1967; HOLMES u. Mitarb., 1968).

Die *Prognose* der isolierten Pulmonalinsuffizienz scheint günstig. Einzelbeobachtungen über Jahrzehnte sind beschrieben worden (EMMERICH u. STEIM, 1958; FISH u. Mitarb., 1959; PRICE, 1961; LANEVE u. Mitarb., 1962; LOOGEN u. KREUZER, 1964; HOLMES u. Mitarb., 1968). Auch tierexperimentell wurden hämodynamisch schwerwiegende Pulmonalinsuffizienzen über einen Beobachtungszeitraum von 10 Jahren gut toleriert (ELLISON u. Mitarb., 1970). Über die Implantation von *Pulmonalklappenprothesen* ist bisher nur in seltenen Fällen berichtet worden (LOOGEN u. KREUZER, 1964; VELA u. Mitarb., 1969).

5. Multivalvuläre Herzfehler

Bei multivalvulären Herzfehlern sind mehrere Klappen meist durch den gleichen Prozeß, z.B. rheumatische Endokarditis, betroffen. Daneben besteht aber auch die Möglichkeit, daß ätiologisch unterschiedliche Prozesse beim gleichen Patienten die Fehlerkombination bestimmt haben. So kann ein Herz mit einem angeborenen Klappenfehler zusätzlich eine Endokarditis durchmachen, oder auf ein rheumatisches Klappenvitium kann sich eine bakterielle Endokarditis aufpfropfen, die noch weitere Klappen befällt. Bei den erworbenen Mehrklappenvitien sind bestimmte Kombinationen von Klappenerkrankungen besonders häufig, d.h. das gleichzeitige Vorkommen von Aorten- und Mitralfehlern sowie von Mitral- und Trikuspidalfehlern. Der gleichzeitige Befall von zwei anderen Klappen als in den angegebenen Kombinationen ist seltener, ebenso die gleichzeitige Beteiligung von drei Klappen. Ein Vier-Klappenfehler stellt eine Rarität dar (FUTCHER, 1911; GRAHAM u. Mitarb., 1951; EDSTRÖM u. GEDDA, 1954; GROSSE-BROCKHOFF u. ISEKEN, 1954; LÜTHY u. Mitarb., 1965; SCHÖLMERICH, 1965b; SAKAMATO u. Mitarb., 1968; VELA u. Mitarb., 1969; FRIEDBERG, 1972).

Bei einem multivalvulären Herzfehler steht oft der Fehler einer Klappe so sehr im Vordergrund, daß er die hämodynamischen, klinischen und röntgenologischen Befunde bestimmt. Hier sollen nur die Kombinationen besprochen werden, deren Symptomatik in mehr oder weniger erheblichem Maße durch die mehreren Fehler geprägt sind.

a) Mitral-Aortenfehler

Die Kombination zwischen einem Mitral- und Aortenklappenfehler ist häufig; etwa ein Viertel bis ein Drittel aller Patienten mit Mitralfehlern haben auch Aortenfehler (Soulié u. Chiche, 1950; Graham u. Mitarb., 1951; Edström u. Gedda, 1954; Grosse-Brockhoff u. Iseken, 1954; Olesen, 1955; Vela u. Mitarb., 1969). In dieser Gruppe ist die Kombination einer reinen Aortenstenose mit einem rheumatischen Mitralfehler relativ selten. Dies unterstützt die Vorstellung einer unterschiedlichen Ätiologie beider Fehler (s. Aortenstenose).

Hämodynamisch stellt die Kombination eines Aortenvitiums mit einem Mitralfehler eine erhebliche Belastung für das linke Herz dar. Daher ist die Kombination prognostisch sehr viel ungünstiger als ein isolierter Aorten- oder Mitralfehler. Bei vergleichenden Verlaufsbeobachtungen wurde eine doppelt so hohe Sterblichkeit festgestellt (Friedmann, 1936; Olesen, 1955; Anschütz u. Drube, 1956; Wilson u. Lim, 1957).

In Fällen mit einer hämodynamisch bedeutsamen *Aortenstenose und Mitralstenose* wird die Schwere der Aortenstenose oft überdeckt durch die im Vordergrund stehende Symptomatik der Mitralstenose. Hämodynamisch wird dies erklärt durch die geringe Füllung des linken Ventrikels infolge der verengten Mitralis und damit des kleinen Schlagvolumens und durch die zunehmende Lungenstauung bei Belastung.

Elektrokardiographisch findet man sowohl die Zeichen der Linksbelastung durch die Aortenstenose als auch Veränderungen, die auf die Mitralstenose zu beziehen sind: Vorhofflimmern und u.U. auch eine Rechtshypertrophie.

Röntgenologisch kann man bei dieser Kombination, sofern es sich um hämodynamisch bedeutsame Fehler handelt, in der Regel eher die Zeichen der Mitralstenose als die der Aortenstenose nachweisen. Man sieht also den vergrößerten linken Vorhof und die vermehrte Lungengefäßzeichnung, während die Druckbelastung und die dadurch bedingte Hypertrophie des linken Ventrikels weniger in Erscheinung tritt (Abb. 99). Ein wichtiges röntgenologisches Symptom, das auf die begleitende Aortenstenose hindeuten kann, ist die meist vorhandene Ektasie der aufsteigenden Aorta. Das sicherste Zeichen sind Kalkablagerungen im Bereich des Aortenostiums.

Die Kombination einer *Aortenstenose* mit einer *organischen Mitralinsuffizienz* ist selten. Wenn sie trotzdem oft diagnostiziert wird, so liegt das an der Nichtbeachtung der Tatsache, daß das Aortenstenosegeräusch nicht nur in die Karotiden, sondern über das „linksventrikuläre Feld“ auch zur Herzspitze fortgeleitet wird und dort gelegentlich sogar sein punctum maximum hat.

Daß diese Kombination so selten ist, mag auf die ungünstige hämodynamische Situation zurückzuführen sein. Der durch die Aortenstenose bedingte höhere Ventrikeldruck führt zu einer entsprechend stärkeren Mitralregurgitation (Bayer u. Mitarb., 1967; Reichek u. Mitarb., 1973).

Bei Kombination einer *Aortenstenose* mit einer Mitralinsuffizienz taucht nach dem Gesagten die Frage auf, ob es sich dann um eine *relative Mitralinsuffizienz* handelt. Sie tritt auf, wenn es bei einer Aortenstenose zu einer Dekompensation des linken Ventrikels kommt. Sicher zu entscheiden ist die Frage nur, wenn man bei einer Aortenstenose im Verlauf der Erkrankung ein zusätzliches systolisches Geräusch an der Herzspitze feststellt mit den übrigen klinischen Kriterien einer Mitralinsuffizienz. In anderen Fällen ist retrospektiv das Geräusch als der Mitralis zugehörend zu erkennen, wenn es im Verlauf einer stationären Behandlung und Rekompensation des linken Ventrikels verschwindet.

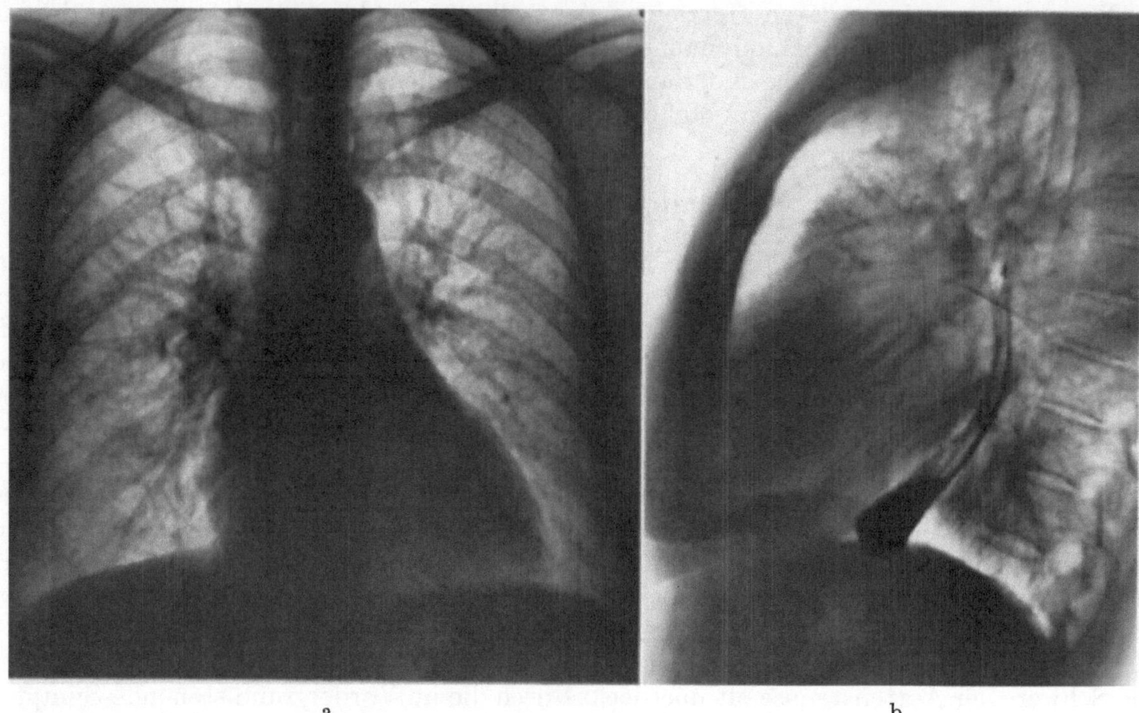

Abb. 99a u. b. Mitral- und Aortenstenose bei einer 48jährigen Patientin (A. Bo.). (a) Sagittale Herzfernaufnahme. Linksbetontes Herz. Verstrichene Herztaille. Doppelkontur am rechten Herzrand durch vergrößerten linken Vorhof. Breite Hili; verstärkte Lungengefäßzeichnung. (b) Seitenbild: Mäßige Vergrößerung des linken Vorhofs. Geringe Kalkablagerung im Bereich des Aortenostiums

Die Zuordnung eines an der Herzspitze hörbaren systolischen Geräusches bei Aortenstenose kann durch die gleichzeitige Registrierung der Karotispulskurve sowie des Geräusches an der Herzspitze und über der Aorta erfolgen. Das systolische Mitralinsuffizienzgeräusch beginnt nämlich mit dem I. Herzton, das systolische Aortenstenosegeräusch vom I. Herzton abgesetzt mit dem Steilanstieg in der Karotispulskurve.

Das Elektrokardiogramm kann zu dieser Differentialdiagnose nur wenig beitragen. Vorhofflimmern spricht allerdings für eine gleichzeitig bestehende Mitralinsuffizienz.

Der *Röntgenbefund* kann die Differentialdiagnose wesentlich erleichtern. Besteht aufgrund des Auskultationsbefundes der Verdacht auf die Kombination einer Aortenstenose mit einer Mitralinsuffizienz, so kann röntgenologisch eine hämodynamisch bedeutsame Mitralinsuffizienz mit größter Sicherheit dann ausgeschlossen werden, wenn eine nennenswerte Vergrößerung des linken Ventrikels und namentlich des linken Vorhofs fehlt. Bei der Kombination beider Fehler sind linker Ventrikel und linker Vorhof vergrößert. Meist findet man dann auch verstärkte Hilus- und Lungengefäßzeichnung, zumal es sich in solchen Fällen im allgemeinen um eine relative Mitralinsuffizienz bei dekompensiertem linken Ventrikel handelt. Die Aortenstenose zeigt sich in typischen Veränderungen an der aufsteigenden Aorta und durch Verkalkungen in den Aortenklappen (Abb. 100).

Die Kombination *Aorteninsuffizienz* und *Mitralstenose* wird oft beobachtet, allerdings bei eindeutigem Überwiegen der Mitralstenose. Wesentlich seltener ist dagegen, daß beide Fehler einen vergleichbaren Schweregrad haben. Für die Beurteilung des schweregradmäßigen Anteils muß man berücksichtigen, daß eine stärkere Mitralstenose die Symptome der Aorteninsuffizienz bis zu einem gewissen Grade kaschieren kann. Da die Mitralstenose bei körperlicher Belastung durch die bald auftretende Dyspnoe der limitierende Faktor ist, zeigt sich das Ausmaß der Aorteninsuffizienz oft erst nach Beseitigung der Mitralstenose.

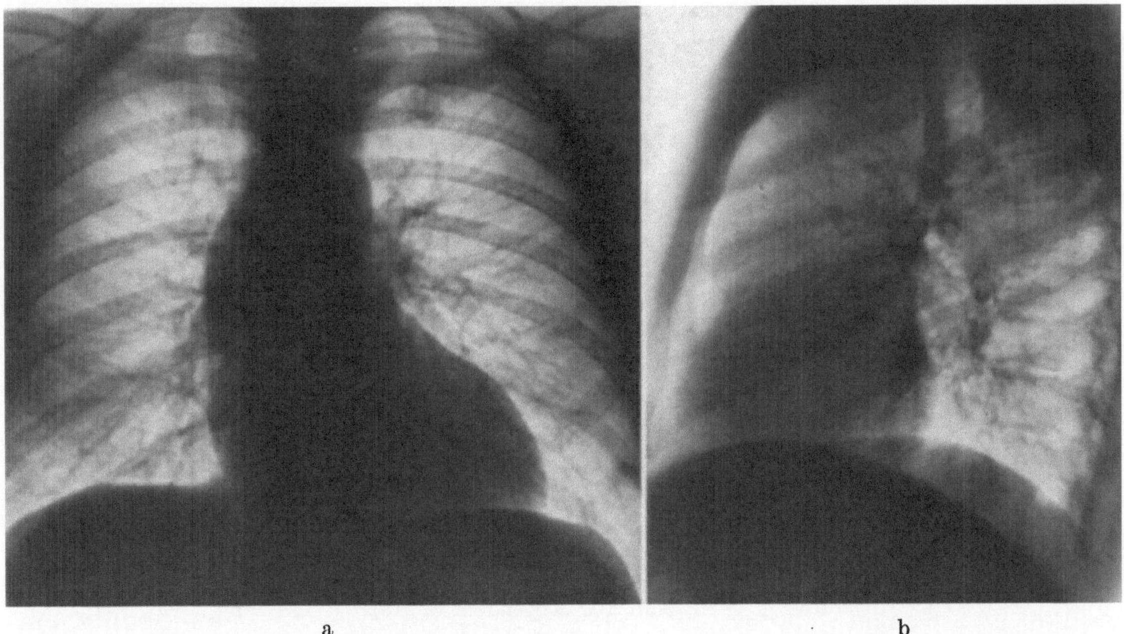

a b

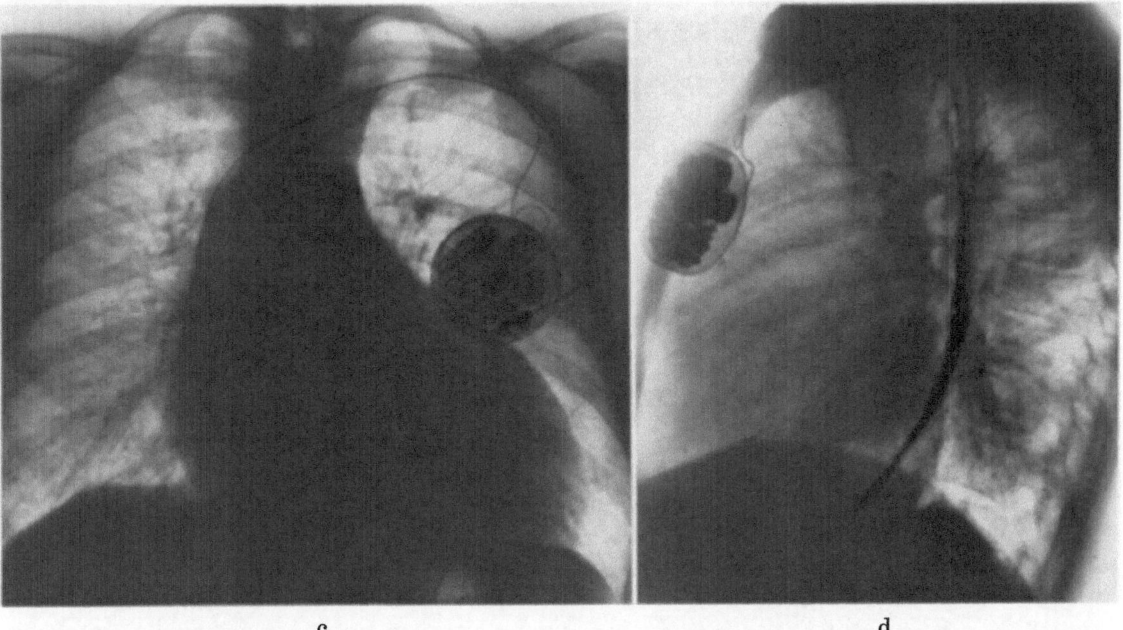

c d

Abb. 100a—f. Hochgradige valvuläre Aortenstenose bei einem 41jährigen Patienten (J. Ku.) mit späterer Ausbildung einer relativen Mitralinsuffizienz bei Links-Dekompensation, sowie Rückbildung der Sekundärsymptome nach Operation. (a) u. (b) Ausgangsbefund 1970; (a) Sagittale Herzfernaufnahme: Gering linksverbreitertes Herz mit verstärkter Rundung des linken unteren Herzbogens. Erhaltene Herztaille. Deutliche Dilatation der aufsteigenden Aorta. Hilus- und Lungengefäßzeichnung unauffällig, (b) Seitenbild: Geringe Einengung des Retrokardialraumes in Höhe des linken Ventrikels. (c) u. (d) 1974 nach akuter Linksdekompensation bei gleichzeitigem totalen AV-Block; (c) Sagittale Herzfernaufnahme: Herz beiderseits, vor allem links stark verbreitert. Herztaille verstrichen. Breites Gefäßband. Hilus- und Lungengefäßzeichnung nach bereits erfolgter konservativer Therapie wieder normal. Nebenbefund: Schrittmacher mit Elektroden, (d) Seitenbild: Retrokardialraum im ganzen eingeengt. (e) u. (f) 1975 nach Aortenklappen-Ersatzoperation; (e) Sagittale Herzfernaufnahme: Abnahme der Herzgröße und Wiederausbildung einer Herztaille. Ektasie der aufsteigenden Aorta wieder deutlich erkennbar. Hilus- und Lungengefäßzeichnung normal, (f) Seitenbild: Retrokardialraum nicht mehr eingeengt. Björk-Shiley-Klappe in Aortenposition

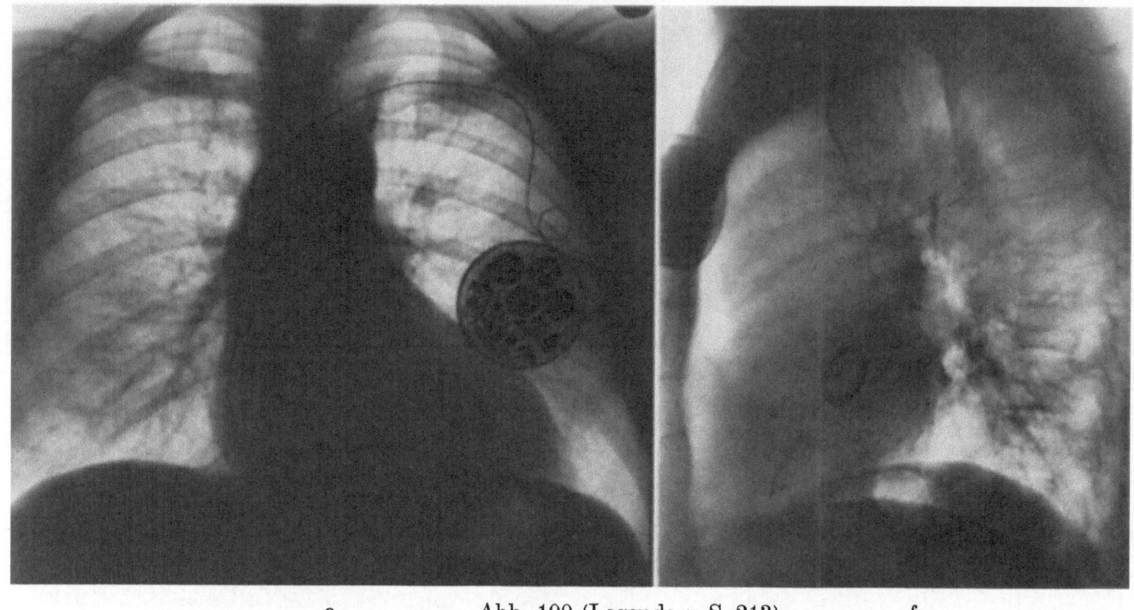

e Abb. 100 (Legende s. S. 213) f

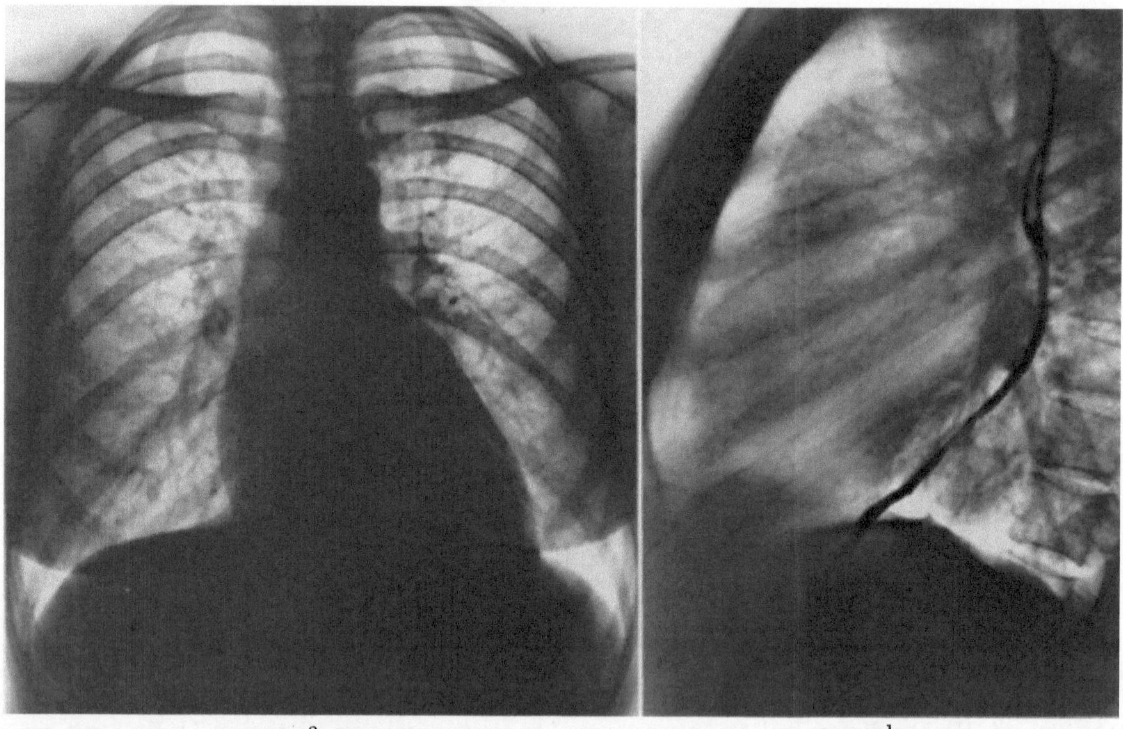

a b

Abb. 101 a—f. Mitralstenose und Aorteninsuffizienz bei einer 34jährigen Patientin (M. Schy.). (a) Sagittale Herzfernaufnahme. Linksbetontes Herz mit Verlängerung des linken unteren Herzbogens. Flache Vorwölbung im Bereich des linken Herzohres. Deutliche Ektasie der aufsteigenden Aorta. Mäßig verstärkte Lungengefäßzeichnung. (b) Seitenbild: Deutliche Einengung des Retrokardialraumes durch vergrößerten linken Vorhof. (c) u. (d) 6 Jahre nach Kommissurotomie der Mitralstenose: Klinisch und hämodynamisch gutes Operationsergebnis der Mitralstenose mit fast normalen Ruhedrucken im linken Vorhof. Aorteninsuffizienz des Schweregrades III. Keine Endokarditis nach der Operation der Mitralstenose. Indikation zum Aortenklappenersatz gegeben; (c) Sagittale Herzfernaufnahme: Links verbreitertes, aortenkonfiguriertes Herz. Geringe Ektasie der aufsteigenden Aorta. Gering verstärkte Lungengefäßzeichnung, (d) Seitenbild: Vorwölbung des linken Vorhofs in den Retrokardialraum weniger ausgeprägt als vor der Operation. Vergrößerung des linken Ventrikels. (e) u. (f) 4 Wochen nach Aortenklappenersatz; (e) Sagittale Herzfernaufnahme: Bereits jetzt deutliche Rückbildung der Herzgröße. Hilus- und Lungengefäßzeichnung nicht verstärkt, (f) Seitenbild: Einengung des Retrokardialraumes in Vorhofhöhe

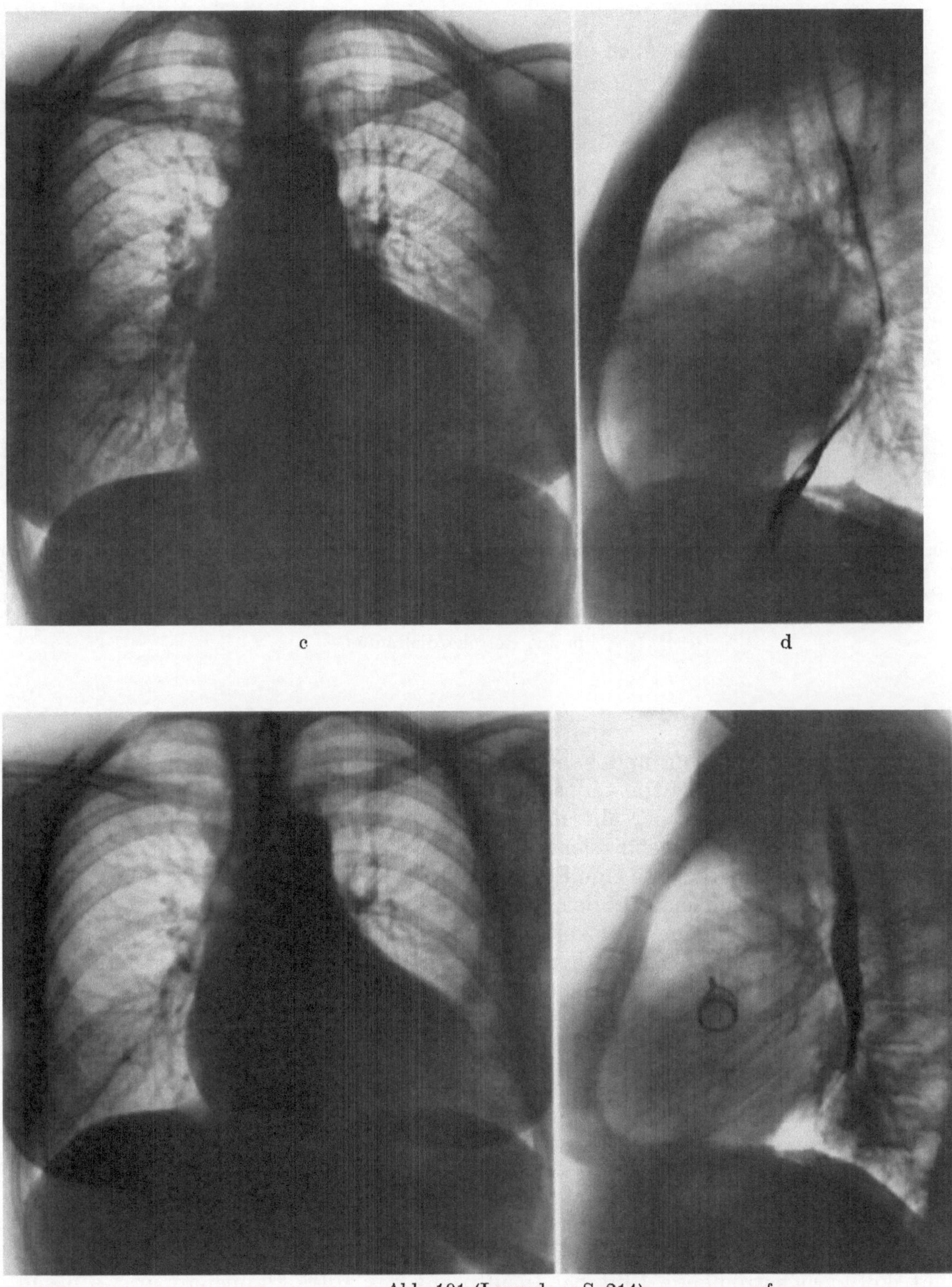

Abb. 101 (Legende s. S. 214)

Im allgemeinen kann man beide Fehler auskultatorisch ohne Schwierigkeiten abgrenzen, da die Charakteristiken der bei beiden Fehlern entstehenden diastolischen Geräusche unterschiedlich sind. Differentialdiagnostische Schwierigkeiten ergeben sich, wenn bei einer reinen Aorteninsuffizienz an der Herzspitze ein diastolisches Geräusch im Sinne eines Austin-Flint-Geräusches auftritt und bei Vorliegen einer Pulmonalinsuffizienz ein Graham-Steell-Geräusch zu hören ist.

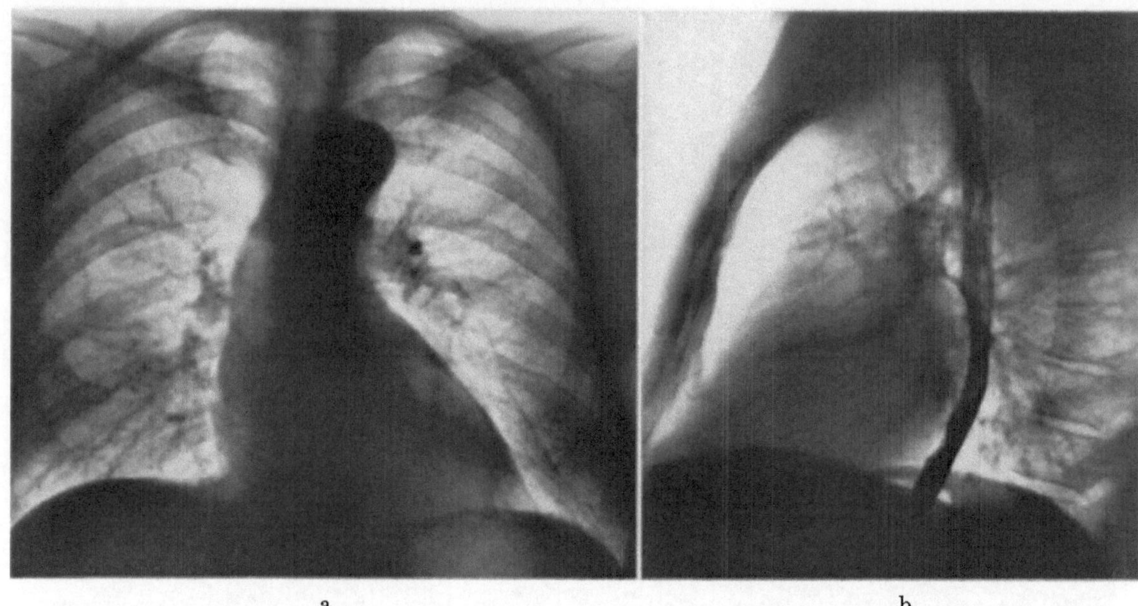

a b

Abb. 102a u. b. Aorten- und Mitralinsuffizienz des klinischen Schweregrades II bei einem 43jährigen Patienten (W. Str.). (a) Sagittale Herzfernaufnahme: linker unterer Herzbogen verlängert. Ektasie der aufsteigenden Aorta. Vorspringender Aortenknopf. Hilus- und Lungengefäßzeichnung unauffällig. (b) Seitenbild: Geringe Vorwölbung der hinteren Herzkontur sowohl im Bereich des linken Ventrikels als auch des linken Vorhofs in den Retrokardialraum

Röntgenologisch ist aufgrund hämodynamischer Überlegungen zu erwarten, daß sich beide Fehler – sowohl die Mitralstenose als auch die Aorteninsuffizienz – zu erkennen geben. Man wird also als Zeichen der Mitralstenose einen vergrößerten linken Vorhof sowie vermehrte Hilus- und Lungengefäßzeichnung, als Merkmale der Aorteninsuffizienz einen vergrößerten linken Ventrikel und eine Erweiterung der aufsteigenden Aorta sehen (Abb. 101). Darüber hinaus erkennt man bei der Durchleuchtung verstärkte Pulsationen an der Aorta und im Bereich des linken Ventrikels, nicht aber im linken Vorhof. Die Durchleuchtung erlaubt auch im allgemeinen eine Abgrenzung einer Aorten- von einer Pulmonalinsuffizienz, indem bei unklarem Basisgeräusch der Nachweis verstärkter Pulsationen an nur einer Schlagader (Aorta oder Pulmonalis) für die Insuffizienz der zugehörigen Klappe spricht. Klappenverkalkungen sind bei Insuffizienzen in der Regel nicht zu erwarten.

Die Kombination einer *Aorteninsuffizienz* mit einer *Mitralinsuffizienz* bedeutet in erster Linie für den linken Ventrikel, dann aber auch für den linken Vorhof eine Volumenmehrbelastung. Die Volumenmehrbelastung des linken Ventrikels resultiert einmal aus dem um das Pendelvolumen vergrößerten Einstromvolumen aus dem linken Vorhof, zum anderen aus dem diastolischen Rückfluß aus der Aorta (vgl. Abb. 80 a u. b). Die Volumenmehrbelastung des linken Vorhofs ergibt sich aus dem systolischen Reflux des Blutes vom linken Ventrikel. Darüber hinaus kann zusätzlich das diastolisch von der Aorta in den linken Ventrikel zurückströmende Blut bei Insuffizienz des Mitralklappenapparates bis in den linken Vorhof gelangen (diastolische Mitralregurgitation) (SHINE u. Mitarb., 1968; REICHEK u. Mitarb., 1973). Auskultatorisch ist die gleichzeitige Insuffizienz der Mitral- und der Aortenklappe gut zu diagnostizieren. Elektrokardiographisch imponieren die Zeichen der Linkshypertrophie und Schädigung. Häufig tritt Vorhofflimmern auf. Bei Sinusrhythmus ist als Zeichen der Vorhofüberdehnung ein P-mitrale nachweisbar.

Das *Röntgenbild* wird geprägt von der Schwere der jeweils bestehenden Fehler. Aortenektasie und Vergrößerung des linken Ventrikels sind Ausdruck der Aorteninsuffizienz;

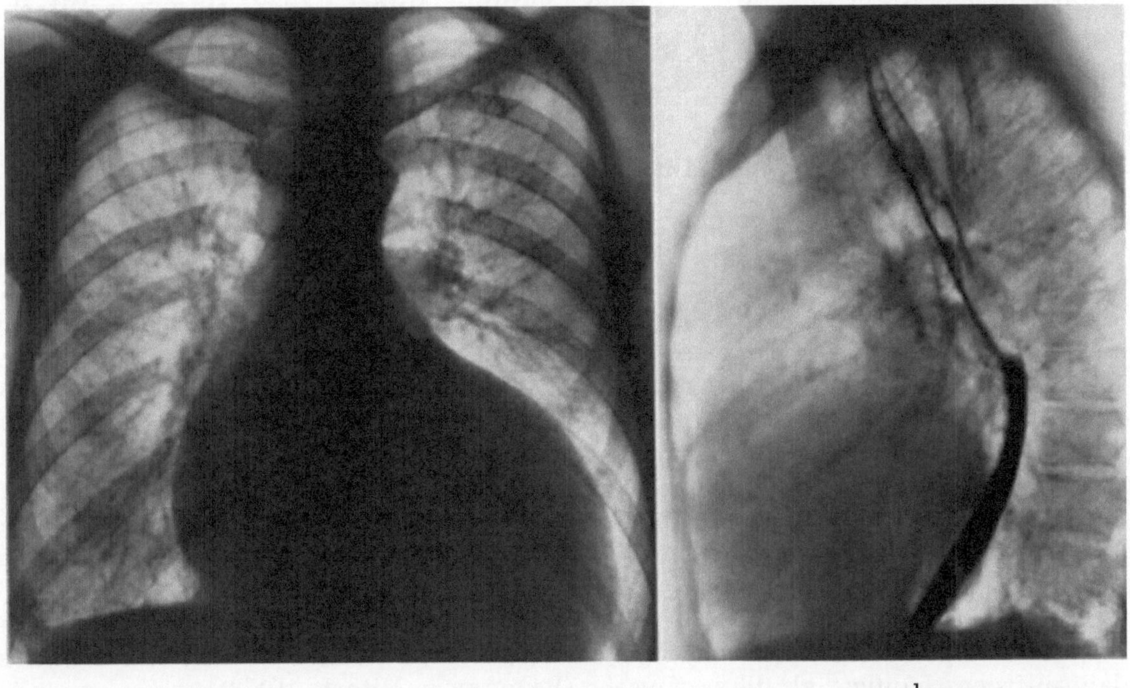

Abb. 103a u. b. Aorten- und Mitralinsuffizienz des klinischen Schweregrades IV bei einem 33jährigen Patienten (T. Le.). (a) Sagittale Herzfernaufnahme: Beiderseits stark verbreitertes Herz. Doppelkontur am rechten Herzrand durch vergrößerten linken Vorhof. Ektasie der aufsteigenden Aorta. Etwas dichte Hili beiderseits. (b) Seitenbild: Retrokardialraum sowohl im Ventrikel- als auch im Vorhofbereich eingeengt

Vergrößerung des linken Vorhofs und in schweren Fällen eine Lungenstauung weisen auf die Mitralinsuffizienz hin (Abb. 102 u. 103).

Kymographisch zeigen sowohl der linke Ventrikel und die Aorta als auch der linke Vorhof verstärkte Pulsationen. Klappenverkalkungen sind bei der reinen Aorteninsuffizienz und Mitralinsuffizienz selten (SHINE u. Mitarb., 1968; THURN 1968; ALEXANDER, 1970a).

Eine sichere *diagnostische Abklärung aller Kombinationen von Aorten- und Mitralfehlern* kann nur mittels *Herzsondierung* und *Röntgenkontrastmitteluntersuchung* erfolgen (TAUBMANN u. Mitarb., 1966; BAYER u. Mitarb., 1967; THURN, 1968; BARON u. Mitarb., 1971; REICHEK u. Mitarb., 1973). Methodisch gibt es dazu mehrere Möglichkeiten. Die Wahl des Vorgehens hängt in erster Linie von den in den Voruntersuchungen erhobenen Befunden ab.

So kann in einem Fall durch eine transseptale Herzkatheteruntersuchung ein Maximum an Information erreicht werden, in einem anderen Fall bietet das retrograde Vorgehen bessere Möglichkeiten; schließlich wird man nicht selten beide Methoden kombinieren müssen.

Therapeutisch kommt an der Aortenklappe beim Erwachsenen nur ein Klappenersatz in Frage. In Fällen mit „relativer“ Mitralinsuffizienz kann dieser Eingriff an der Aorta allein schon ausreichen, da sich die Mitralinsuffizienz spontan zurückbilden kann (AUSTEN u. Mitarb., 1967; SHINE u. Mitarb., 1968; ACAR u. Mitarb., 1969). Bei organischen Mitralklappenfehlern hängt es vom hämodynamischen und anatomischen Befund ab, ob eine Kommissurotomie sinnvoll ist oder eine Klappenprothese implantiert werden muß. Hierbei muß aufgrund der klinischen und hämodynamischen Befunde das nicht geringe Risiko dieses Eingriffs gegenüber der natürlichen Lebenserwartung abgeschätzt werden (LINDER

u. Mitarb., 1965; BIGELOW u. Mitarb., 1968; SHINE u. Mitarb., 1968; HENRY u. Mitarb., 1969; TERZAKI u. Mitarb., 1970; MIDELL u. Mitarb., 1972; BERENDT u. AUSTEN, 1973; BIRCKS, 1973).

b) Mitral-Trikuspidalfehler

Bei rheumatischen Herzerkrankungen kommt es häufig zu einem gleichzeitigen Befall der Mitral- und Trikuspidalklappe. Die Angaben über eine Trikuspidalbeteiligung bei Mitralklappenfehlern schwanken von 6% bis 50% (FUTCHER, 1911; STONE u. FEIL, 1933; COOKE u. WHITE, 1941; SMITH u. LEVINE, 1942; ACEVES u. CARRAL, 1947; GRAHAM u. Mitarb., 1951; SOULIÉ u. Mitarb., 1951; MCCORD u. BLOUNT, 1952; GROSSE-BROCKHOFF u. ISEKEN, 1954; LANGE u. MUNDT, 1954; OLESEN, 1955; SEPULVEDA u. LUKAS, 1955; BAILEY u. BOLTON, 1956; DELZANT u. Mitarb., 1968; VELA u. Mitarb., 1969). Es handelt sich hierbei in den meisten Fällen um eine Trikuspidalinsuffizienz bzw. ein kombiniertes Trikuspidalvitium mit überwiegender Insuffizienz. Die Kombination eines Mitralvitiums mit einer hämodynamisch bedeutsamen reinen Trikuspidalstenose ist sehr viel seltener (DRESSLER u. FISCHER, 1929; COOKE u. WHITE, 1941; SMITH u. LEVINE, 1942; SOULIÉ u. CHICHE, 1950).

Die *Trikuspidalinsuffizienz bei Mitralvitien* kann organischer oder funktioneller Natur sein. Die Ätiologie ist oft nicht sicher abzuklären. Wahrscheinlich ist die relative Trikuspidalinsuffizienz häufiger als die organische (REICHEK u. Mitarb., 1973).

Bei der klinischen Untersuchung fallen die gestauten und pulsierenden Halsvenen auf. Auskultatorisch ist neben dem Befund über der Mitralis parasternal ein hochfrequentes systolisches Geräusch zu hören, dessen Intensität in typischen Fällen die bekannte Atemabhängigkeit zeigt (s. Trikuspidalinsuffizienz). Dennoch kann das Geräusch fälschlicherweise auf eine Mitralinsuffizienz bezogen werden (URICCHIO u. Mitarb., 1958). Elektrokardiographisch liegen fast immer Vorhofflimmern sowie die Zeichen der Rechtsherzbelastung vor.

Röntgenologisch kann die Vergrößerung des rechten Vorhofs eine Verbreiterung des Herzschattens nach rechts bewirken. Die Vergrößerung des rechten Ventrikels führt in ausgeprägten Fällen zu einer Verbreiterung des Herzschattens nach links, auch wenn der linke Ventrikel etwa bei einer zusätzlichen reinen Mitralstenose nicht vergrößert ist. Die Elongation der rechtsventrikulären Ausflußbahn bewirkt eine Einengung des Retrosternalraums im Seitenbild. Durch das zusätzliche Mitralvitium ist der Retrokardialraum in Vorhofhöhe und bei einer bedeutsamen Mitralinsuffizienz auch in Ventrikelhöhe eingeengt. Entsprechend dem Mitralvitium sind die Zeichen der Lungenstauung nachweisbar (Abb. 104). Typisch für die hämodynamisch bedeutsame Trikuspidalinsuffizienz sind bei der Durchleuchtung oder im Kymogramm die Pulsationen der oberen Hohlvene (GROSSE-BROCKHOFF u. Mitarb., 1960; THURN, 1968; s. Trikuspidalinsuffizienz).

Eine begleitende *Trikuspidalstenose* bei einem *Mitralvitium* kann so hochgradig sein, daß durch die Verminderung des Herzzeitvolumens die zusätzliche Mitralstenose kaschiert wird (GROSSE-BROCKHOFF u. Mitarb., 1960). Auf der anderen Seite ist es unter Umständen schwierig, das diastolische Geräusch der Trikuspidalstenose vom Auskultationsbefund an der Mitralklappe sicher abzugrenzen (LAMBREW u. GOLDSMITH, 1961). Ein wichtiger klinischer Hinweis sind die gestauten Halsvenen. Im Elektrokardiogramm kann die gleichzeitige Belastung des rechten und linken Vorhofs zum P-kardiale führen. In den meisten Fällen liegt Vorhofflimmern vor.

Röntgenologisch fehlt im Gegensatz zur Trikuspidalinsuffizienz die Vergrößerung des rechten Ventrikels. Der rechte Ventrikel kann allerdings in Abhängigkeit von dem begleitenden Mitralfehler alle jene Veränderungen zeigen, auf die bei der Besprechung dieser Fehler hingewiesen wurde. Klappenverkalkungen sind in diesen Fällen meist nur an der Mitralis nachweisbar; Verkalkungen der Trikuspidalklappe stellen eine Rarität dar. Das

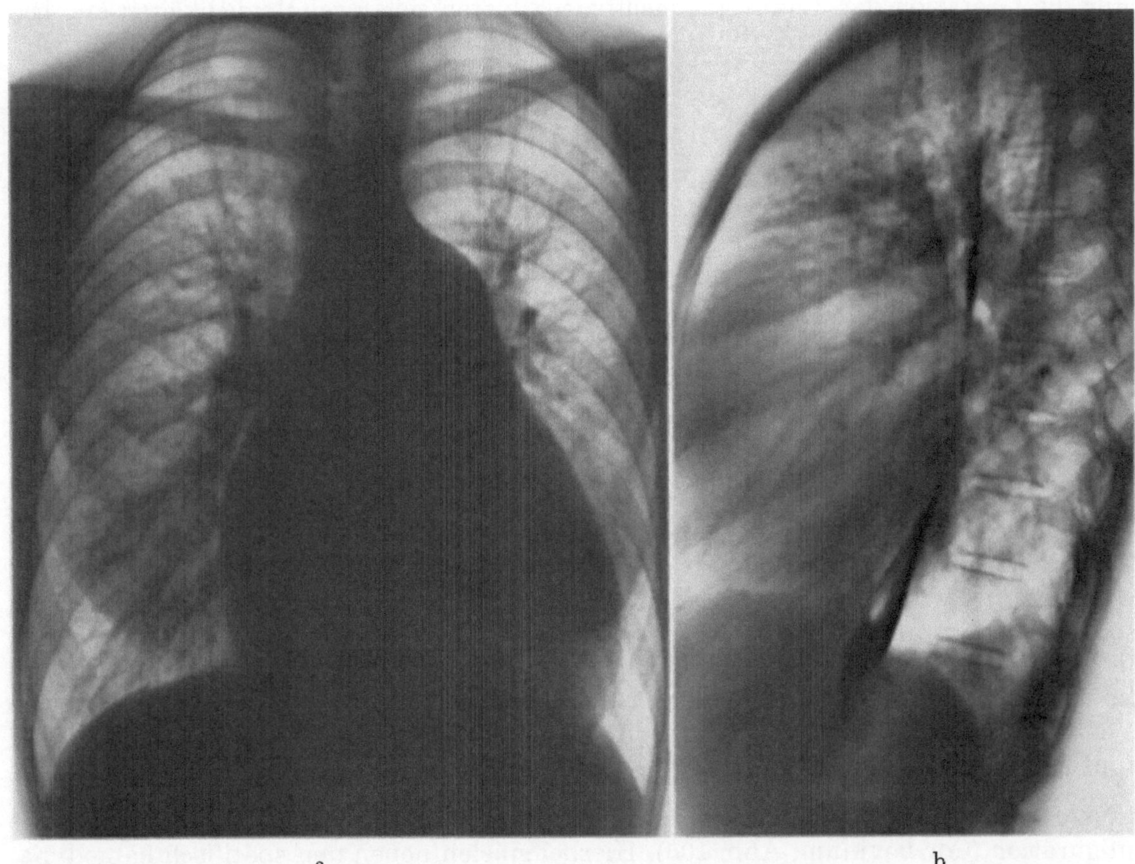

Abb. 104a u. b. Kombiniertes Mitralvitium und Trikuspidalinsuffizienz des klinischen Schweregrades III bei einer 19jährigen Patientin (U. Kö.). (a) Sagittale Herzfernaufnahme: Herz beiderseits vergrößert mit stark verlängerter Herzkontur. Starke Vorwölbung des Pulmonalbogens. Dichte Hili; verstärkte Lungengefäßzeichnung. (b) Seitenbild: Retrokardialraum im Vorhof- und Ventrikelbereich fast völlig ausgefüllt. Breitflächige Anlehnung des rechten Ventrikels an die Thoraxwand; dadurch Einengung des Retrosternalraumes

Röntgenbild allein gibt im allgemeinen keinen Hinweis auf das Vorliegen einer Trikuspidalstenose.

Zur Abklärung der *Kombinationen von Mitral- und Trikuspidalvitien* ist eine *Herzkatheteruntersuchung* erforderlich. Hierbei können durch die Rechtsherzsondierung der Stenose- bzw. Insuffizienzanteil der Trikuspidalis und durch zusätzliches transseptales Vorgehen der Mitralfehler erfaßt werden. Eine weitere Dokumentation der Mitral- bzw. Trikuspidalinsuffizienz ist durch Kontrastmittelinjektion in den rechten oder linken Ventrikel möglich, wobei zu beachten ist, daß der Katheter den Klappenschluß behindern kann, da er jeweils durch das AV-Ostium in den Ventrikel geführt wird (Brown u. Braimbridge, 1973; Simon u. Lichtlen, 1976). Bei Beachtung dieser Einschränkung ist im allgemeinen trotzdem eine approximative Beurteilung der Regurgitationsmenge möglich.

Therapeutisch ist beim gleichzeitigen Vorliegen eines Mitralfehlers mit Trikuspidalinsuffizienz in den meisten Fällen nur eine chirurgische Behandlung des Mitralfehlers (Kommissurotomie bzw. Klappenimplantation) erforderlich. Nach Rückbildung der pulmonalen Druckerhöhung wird dann auch die Trikuspidalinsuffizienz weniger wirksam (Braunwald u. Mitarb., 1966; Ben Ismail u. Mitarb., 1972). Die Frage, wann eine zusätzliche Trikuspidalinsuffizienz bei der Operation eines Mitralvitiums ebenfalls chirurgisch angegangen werden muß, ist präoperativ manchmal nicht sicher zu entscheiden. Die Einstellung der einzelnen kardiochirurgischen Arbeitsgruppen ist unterschiedlich.

Für die Operation der Trikuspidalinsuffizienz bieten sich zwei Möglichkeiten an: Die klappenerhaltende (KAY u. Mitarb., 1965; HENRY u. Mitarb., 1968; CARPENTIER u. Mitarb., 1971, 1974; GRODIN u. Mitarb., 1975; REED u. Mitarb., 1975; DEVEGA u. Mitarb., 1976) und die Klappenersatz-Operation (STARR u. Mitarb., 1966; BEYER u. Mitarb., 1976). Beide Verfahren sind nicht ideal (BARAGAN u. Mitarb., 1969; PLUTH u. ELLIS, 1969; ACAR, 1970; ASANO u. Mitarb., 1971; KIRKLIN u. PACIFICO, 1973; BIRCKS u. Mitarb., 1976; BREYER u. Mitarb., 1976; SEIPEL u. Mitarb., 1976; HAERTEN u. Mitarb., 1977). Bei erheblichen Trikuspidalstenosen ist eine Klappenkommissurotomie indiziert (CHESTERMAN u. WHITAKER, 1954; O'NEILL u. Mitarb., 1954; TRACE u. Mitarb., 1954; COBLENTZ u. Mitarb., 1955; DOGLIOTTI u. Mitarb., 1955; HOLLMAN, 1956; YU u. Mitarb., 1956; DERRA u. Mitarb., 1958; WALLACH u. ANGRIST, 1958; ELSHERIF, 1971). Hierbei resultiert praktisch immer eine Trikuspidalinsuffizienz (BAYER u. Mitarb., 1967).

c) Drei- und Vier-Klappenfehler

Bei gleichzeitiger Erkrankung von drei Klappen sind meist die Aorten-, Mitral- und Trikuspidalklappen befallen (FUTCHER, 1911; SMITH u. LEVINE, 1942; EDSTRÖM u. GEDDA, 1954; FRIEDBERG, 1972). Häufig handelt es sich um eine relative Trikuspidalinsuffizienz bei einem Aorten- und Mitralvitium mit pulmonaler Druckerhöhung. In solchen Fällen kann zusätzlich eine relative Pulmonalinsuffizienz beobachtet werden, die aber meist gegenüber den anderen Klappenfehlern hämodynamisch nicht ins Gewicht fällt. Solche Vier-Klappenvitien können auch durch die Kombination angeborener und erworbener Klappenfehler entstehen (SAKAMOTO u. Mitarb., 1968).

Röntgenologisch ist das Herz meist beiderseits erheblich verbreitert, ohne eine typische Konfiguration (Cor bovinum, Abb. 105). Hierbei spielen neben den spezifisch hämodynamischen Auswirkungen der Klappenfehler oft auch entzündliche und degenerative Myo-

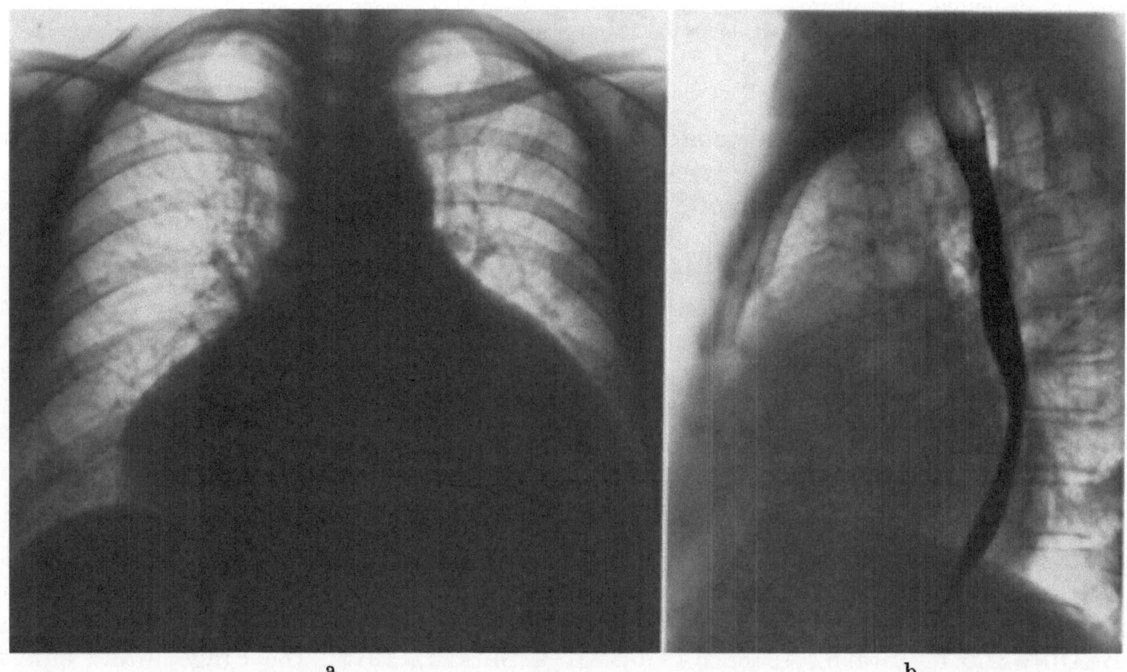

Abb. 105a u. b. Kombiniertes Mitralvitium, kombiniertes Trikuspidalvitium, kombiniertes Aortenvitium (klinischer Schweregrad IV) bei einer 54jährigen Patientin (A. Br.). (a) Sagittale Herzfernaufnahme: Beiderseits extrem vergrößertes Herz, sog. Cor bovinum. Verstärkte Lungengefäßzeichnung. (b) Seitenbild: Hinterer Herzrand überschreitet die vordere Wirbelsäulenbegrenzung. Starke Einengung des Retrosternalraumes

kardveränderungen eine Rolle. Außerdem ist zu berücksichtigen, daß bei dieser Kombination von Klappenfehlern schon frühzeitig eine Dekompensation des Herzens auftreten kann. Aorten- und Pulmonalbogen sind oft ektatisch. In der Seitenaufnahme ist der Retrosternalraum durch die Ausflußbahn des rechten Ventrikels und das Gefäßband verschmälert. Der Herzhinterraum ist sowohl in Vorhof- als auch in Ventrikelhöhe eingeengt. Die Zeichen der Lungenstauung bzw. pulmonalen Hypertonie sind meist deutlich ausgeprägt.

Eine endgültige Klärung ist nur mittels *Herzkatheteruntersuchung* des rechten und linken Herzens sowie *Röntgenkontrastmitteldarstellung* möglich.

Therapeutisch läßt sich die Implantation einer Klappenprothese in Aorten-, Mitral- und Trikuspidalposition trotz des hohen Operationsrisikos nicht umgehen, wenn alle drei Klappenfehler hämodynamisch bedeutsam sind (STARR u. Mitarb., 1966; BIGELOW u. Mitarb., 1968; HENRY u. Mitarb., 1969; MIDELL u. DE BOER, 1972; BERENDT u. AUSTEN, 1973; BIRCKS, 1973). An der Trikuspidalklappe wird man, wenn eben möglich, klappenerhaltend vorgehen.

Bei der röntgenologischen Kontrolle der Patienten mit mehrfachem Klappenersatz ist neben der Beurteilung der Herzgröße und der Lungenzeichnung die Ventrikelfunktion von Bedeutung (HIPONA u. Mitarb., 1965; RASTELLI u. Mitarb., 1966; PETERSON u. Mitarb., 1967; GLEICHMANN, 1971; BAIDYA u. Mitarb., 1972; BONCHEK u. Mitarb., 1975). Die Einzelheiten wurden schon bei den entsprechenden Klappenfehlern besprochen.

Stellvertretend für die große Zahl der Kombinationsmöglichkeiten von Mehrklappenprothesen seien abschließend einige Beispiele demonstriert (Abb. 106—110).

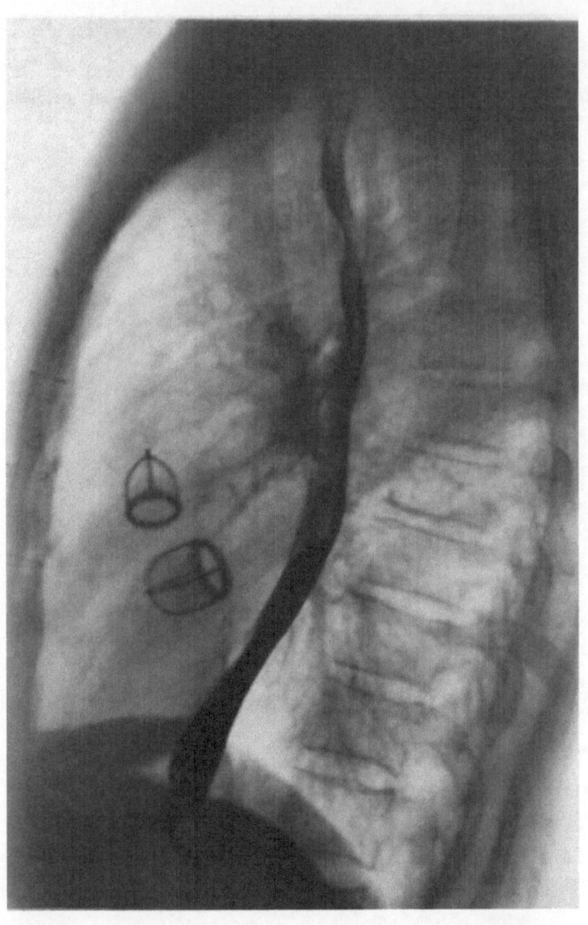

Abb. 106. Mitral- und Aortenklappenersatz bei einem 45jährigen Patienten (P. Kl.). Klappentyp: Starr-Edwards-Kugelklappen. In Mitralposition Größe M_2, in Aortenposition Größe A 9

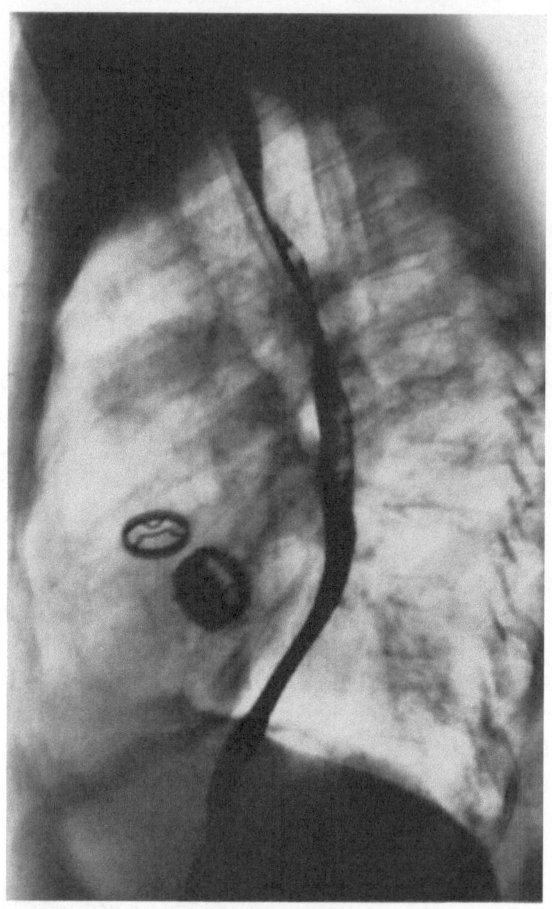

Abb. 107. Mitral- und Aortenklappenersatz bei einem 43jährigen Patienten (H. En.): Klappentyp in Mitralposition Starr-Edwards-Linsenklappe Nr. 2520, Größe M 4; in Aortenposition Björk-Shiley-Klappe Größe M 31

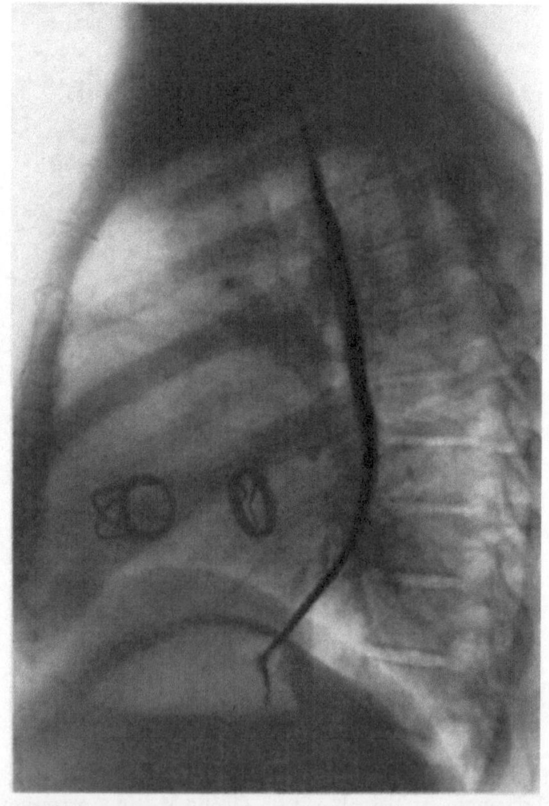

Abb. 108. Mitral- und Trikuspidalklappenersatz bei einer 41jährigen Patientin (E. Ru.): In Mitralposition (dorsal) Björk-Shiley-Klappe Größe M 27; in Trikuspidalposition Starr-Edwards-Ballprothese Größe M 3

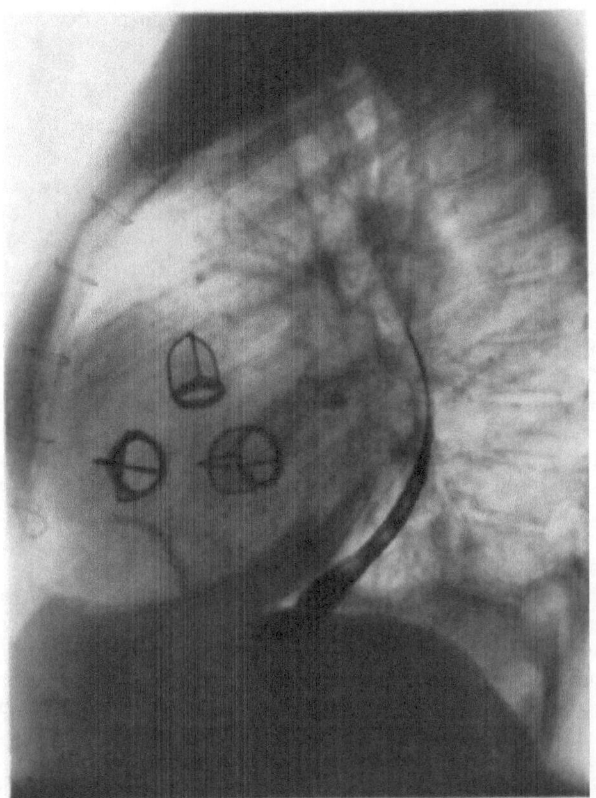

Abb. 109. Aorten-, Mitral- und Trikuspidalklappenersatz bei einer 40jährigen Patientin (A. Jä.): Starr-Edwards-Linsenklappe in Trikuspidalposition. Starr-Edwards Ballklappen in Mitral- u. Aortenposition Größen: Mitralklappe M 2, Aortenklappe A 9

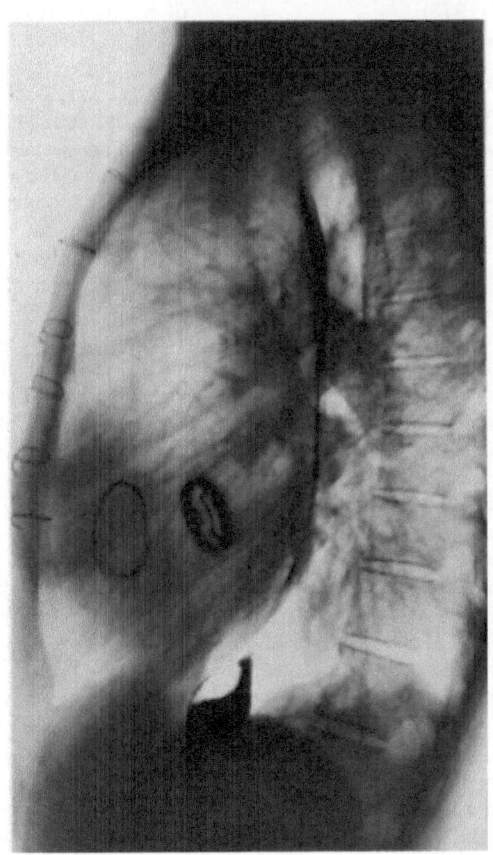

Abb. 110. Mitralklappenersatz (Björk-Shiley-Klappe) und klappenerhaltende Operation mit Carpentier-Ring an der Trikuspidalis bei einer 28jährigen Patientin (U. Schw.)

Literatur

ABELMANN, W. H., ELLIS, L. B., HARKEN, D. W.: Diagnosis of mitral regurgitation. An evaluation of clinical criteria, fluoroscopy, phonocardiogram, auricular esophagogram and elektrokymogram. Amer. J. Med. **15**, 5 (1953)

ABELSON, D. M., JAFFE, J., MURRAY, P. J.: Determination of cardiovascular velocities by Dopplercardiometry. I. The normal tracing and effects of age. Cardiovasc. Res. **5**, 535 (1971)

ABRAMS, H. L.: Present status of biplane cineangiocardiography. J. Amer. med. Ass. **184**, 747 (1963)

ACAR, J.: L'insuffisance tricuspidienne fonctionelle. Est-elle à opérer ? Presse méd. **78**, 1499 (1970)

ACAR, J., LEMANT, P., FANJOUX, J., GRIMBERG, D.: Insuffisance mitrale et valvulopathie aortique Coeur Med. intern. **8**, 449 (1969)

ACEVES, S., CARRAL, R.: The diagnosis of tricuspid valve disease. Amer. Heart J. **34**, 114 (1947)

AINGER, L. E.: Mitral and aortic valve incompetence in endocardial fibroelastosis. Diagnostic and hemodynamic significance. Amer. J. Cardiol. **28**, 309 (1971)

AINSWORTH, R. P., HARTMANN, A. F., AKER, U., SCHAD, N.: Tricuspid valve prolapse with late systolic tricuspid insufficiency. Radiology **107**, 309 (1973)

v. ALBERTINI, A.: Pathologie des Endokard. In: Das Herz des Menschen (W. BARGMANN, W. DOERR, Hrsg.), Bd. II. Stuttgart: Thieme 1963, S. 612

ALDERSON, G. L., BERNHARDT, H. E.: Candida endocarditis of the tricuspid valve. Report of a case. J. Amer. med. Ass. **224**, 517 (1973)

ALDOR, E., HEEGER, H.: Zur Gruppierung der hochgradigen Mitralinsuffizienz. Wien. Z. inn. Med. **49**, 19 (1968)

ALEXANDER, G. H.: Slit roentgenokymography of calcified aortic valves. J. Amer. med. Ass. **213**, 302 (1970a)

ALEXANDER, G. H.: The Heart and its action. Roentgenkymographic studies. St. Louis: W. H. GREEN, 1970b

ALEXANDER, R. S.: Transformation of the arterial pulse wave between the aortic arch and femoral artery. Amer. J. Physiol. **158**, 287 (1949)

ALI, N.: Pulsations of arm veins in the absence of tricuspid insufficiency. Chest **63**, 41 (1973)

ALLEN, P., ROBERTSON, R.: The significance of intermittent regurgitation in aortic valve prostheses. J. thorac. cardiovasc. Surg. **54**, 549 (1967)

ALTSCHULTE, M. D., BUDNITZ, E.: Rheumatic disease of the tricuspid valve. Arch. Path. **30**, 7 (1940)

AMPLATZ, K.: The roentgenographic diagnosis of mitral and aortic valvular disease. Amer. Heart J. **64**, 556 (1962)

AMPLATZ, K., ERNST, E., LESTER, R. G., LILLEHEI, C. W., LILLIE, A.: Retrograde left cardioangiography as a test of valvular competence. Radiology **72**, 268 (1959)

AMPLATZ, K., LESTER, R. G., ERNST, R., LILLEHEI, C. W.: Left retrograde cardioangiography: its diagnostic value in acquired and congenital heart disease. Radiology **76**, 393 (1961)

ANDERSON, F. L., TSAGARIS, T. J., TIKOFF, G., THORNE, J. L., SCHMIDT, A. M., KUIDA, H.: Hemodynamic effects of exercise in patients with aortic stenosis. Amer. J. Med. **46**, 872 (1969)

ANSCHÜTZ, F., DRUBE, H. C.: Über das Schicksal der Herzkranken mit erworbenen Klappenfehlern. Dtsch. Arch. klin. Med. **203**, 497 (1956/57)

ANSCHÜTZ, F., WIPPERFÜRTH, U.: Über die Abnahme und das zunehmende Alter von rheumatischen Herzklappenfehlern. Z. Kreisl.-Forsch. **61**, 385 (1972)

ARAM, S. S.: Atrial fibrillation and mitral regurgitation. Mt. Sinai J. Med. **37**, 241 (1970)

ARANI, D. T., CARLETON, R.: The deleterious role of tachycardia in mitral stenosis. Circulation **36**, 511 (1967)

ARAVANIS, C., MICHAELIDES, G.: Unusual cases of mitral regurgitation with loud and widespread murmur. Acta cardiol. (Brux.) **22**, 587 (1967)

ARAVANIS, C., MICHAELIDES, G., LAZARIDES, D.: Recurrence of mitral stenosis after commissurotomy. A phonocardiographic evaluation. Acta cardiol. (Brux.) **23**, 217 (1968)

ARBULA, A., THOMAS, N. W., WILSON, R. F.: Valvulectomy without prosthetic replacement. A lifesaving operation for tricuspid Pseudomonas endocarditis. J. thorac. cardiovasc. Surg. **64**, 103 (1972)

ARCILLA, R. A., AGUSTSSON, M. H., STEIGER, Z., GASUL, B.: An angiocardiographic sign of aortic regurgitation, its utilization for the measurement of regurgitant flow. Circulation **23**, 269 (1961)

ARGANO, B., LUISADA, A. A.: The phonocardiographic picture of aortic insufficiency. Chest **61**, 384 (1972)

ARIS, A., FAST, A. J., TECTOR, A. J., FLEMMA, R. J., LEPLEY, D.: A comparative study of ball and disc prostheses in mitral valve replacement. J. thorac. cardiovasc. Surg. **68**, 335 (1974)

ARNOLD, J. R., GHAHRAMANI, A. R., HERNANDEZ, F. A., SOMMER, L. S.: Calcification of annulus of tricuspid valve. (Observation in two patients with congenital pulmonary stenosis.) Chest **60**, 229 (1971)

ARVIDSSON, H.: Angiocardiographic observations in mitral stenosis. Acta Radiol., Suppl. **158** (1958)

ARVIDSSON, H., KARNELL, J.: Quantitative assessment of mitral and aortic insufficiency by angiocardiography. Acta Radiol. **2**, 105 (1964)

ASANO, K., WASHIO, M., EGUCHI, S.: Results of mitral valve replacement, with special reference to the functional tricuspid insufficiency Jap. Heart J. **12**, 507 (1971)

ASCHOFF, L.: Zur Myocarditisfrage. Verh. dtsch. path. Ges. **8**, 46 (1905)

ASHBURN, W. L., BRAUNWALD, E., SIMON, A. L., PETERSON, K. L., GAULT, J. H.: Myocardial perfusion imaging with radioactive-labeled particles injected directly into the coronary circulation of patients with coronary artery disease. Circulation **44**, 851 (1971)

AUSTEN, W. G., KASTOR, J. A., SANDERS, C. A.: Resolution of functional mitral regurgitation following surgical correction of aortic valvular disease J. Thorac. Cardiovasc. Surg. **53**, 255 (1967)

AUSTEN, W. G., SOKO, D. M., DESANCTIS, R. W., SANDERS, C. A.: Surgical treatment of papillary muscle rupture complicating myocardial infarction. New Engl. J. Med. **278**, 1137 (1968)

BABCOCK, K. B., JUDGE, R. D., BOOKSTEIN, J. J.: Acquired pulmonic stenosis. Circulation **26**, 931 (1962)

BACHE, R. J., FROMM, A. H. L., CASTANEDA, A. R., JORGENSEN, C. R., WANG, Y.: Late thrombotic obstruction of Starr-Edwards tricuspid valve prosthesis. Chest **61**, 613 (1972)

BACHE, R. J., JORGENSEN, R. C., WANG, Y.: Simplified estimation of aortic valve area. Brit. Heart J. **34**, 408 (1972)

BACHE, R. J., WANG, Y., JORGENSEN, C. R.: Hemodynamic effects of exercise in isolated valvular aortic stenosis. Circulation **44**, 1003 (1971)

BACHMANN, G. W.: Diagnostische Bedeutung quantitativer Plasmaproteinbestimmung bei Erkrankungen des Herzens. Herz Kreisl. **3**, 90 (1971)

BACHMANN, K., ZÖLICH, K. A., PFEILER, M.: Selektive Koronarangiographie bei erworbenen Herzklappenfehlern. Dtsch. Röntgenkongr. **52**, 29 (1971)

BACHOUR, G., KLEMPT, H. W., BENDER, F.: Mitralinsuffizienz und deren Differentialdiagnose im Abbild der Indikatorverdünnung nach peripher-venöser Injektion. Med. Welt **23**, 1371 (1972)

BAEDEKER, W., HENSELMANN, L., WIRTZFELD, A., SEIDENBUSCH, W.: Der Einfluß der Mitralkommissurotomie auf die reaktive pulmonale Hypertonie. Z. Kardiol. **62**, 396 (1973)

BAGGENSTOSS, A. H., TITUS, J. L.: Rheumatic and collagen disorders of the heart. In: Pathology of the heart and blood vessels (S. E. GOULD, Ed.). Springfield/Ill.: Thomas 1968 S. 649

BAHNSON, H. T., NEWMAN, E. V.: Diagnosis and surgical removal of intracavitary myxoma of the right atrium. Bull. John Hopkins Hosp. **93**, 150 (1953)

BAIDYA, M., HOLLINRAKE, K., YACOUB, M. H.: Changes in heart size after homograft replacement of aortic, mitral or both aortic and mitral valves. Brit. Heart J. **34**, 503 (1972)

BAILEY, C. P., BOLTON, H. E.: Criteria for and results of surgery for mitral stenosis. N.Y. State J. Med. **56**, 649 (1956)

BAILEY, C. P., LIKOFF, W.: Surgical management of aortic stenosis. Arch. intern. Med. **99**, 859 (1957)

BAIRD, R. J., LIPTON, J. H., LABROSSE, C. J., WIGLE, E. D., BIGELOW, W. G., HEIMBECKER, R. D., KEY, J. A.: An evaluation of the late results of aortic valve repair. J. thorac. cardiovasc. Surg. **49**, 562 (1965)

BAJEC, D. F., BIRKHEAD, N. C., CARTER, S. A., WOOD, E. H.: Localization and estimation of severity of regurgitant flow at the pulmonary and tricuspid valves. Mayo Clin. Proc. **33**, 569 (1958)

BALTAXE, H. A.: The current uses of coronary angiography. Radiol. Clin. Amer. **9**, 597 (1971)

BANDY, G. E., VOGEL, J. H. K.: Progressive congenital valvular aortic stenosis. Chest **60**, 189 (1971)

BANKS, T.: Tricuspid valve prosthesis and thrombotic obstruction. Chest **63**, 650 (1973)

BANKS, T., FLETSCHER, R., ALI, N.: Infective endocarditis in heroin addicts. Amer. J. Med. **55**, 444 (1973)

BANNISTER, R. G.: The risks of deferring valvotomy in patients with moderate mitral stenosis. Lancet **1960 II**, 329

BARAGAN, J., ESCHER, J., COBLENCE, B., MEHREZ, R., LENÈGRE, J.: Positive systolic venous pulse after replacement of the tricuspid valve by a Starr-Edwards ball valve prosthesis. Amer. J. Cardiol. **23**, 785 (1969)

BARCLAY, R. S., REID, J. M., STEVENSON, J. G., WELSH, T. M., MCSWAN, N.: Long-term follow-up of mitral valve replacement with Starr-Edwards prosthesis. Brit. Heart J. **34**, 129 (1972)

BARLOW, J., FULLER, D., DENNY, M.: A case of right atrial myxoma. With special reference to an unusual phonocardiographic finding. Brit. Heart J. **24**, 120 (1962)

BARLOW, J. B., POCOCK, W. A., MARCHAND, P., DENNY, M.: The significance of late systolic murmurs. Amer. Heart J. **66**, 443 (1963)

BARNHORST, D. A. OXMAN, M. A., CONNOLY, D. C., PLUTH, J. R., DANIELSON, G. H., WALLACE, R. B. and MCGOON: Isolated replacement of the mitral valve with the Starr-Edwards prosthesis. J. thorac. cardiovasc. Surg. **71**, 230—237 (1976)

BARON, M. G.: The angiocardiographic diagnosis of valvular stenosis. Circulation **44**, 143 (1971 a)

BARON, M. G.: Left anterior oblique view for evaluation of left atrial size. Circulation **44**, 926 (1971 b)

BARON, M. G.: Angiographic evaluation of valvular insufficiency. Circulation **43**, 599 (1971 c)

BARRATT-BOYES, B. G.: Surgical correction of mitral incompetence resulting from bacterial endocarditis. Brit. Heart J. **25**, 415 (1963)

BARRATT-BOYES, B. G., ROCHE, A. H. G., BRANDT, P. W. T., SMITH, J. C., LOWE, J. B.: Aortic homograft valve replacement. A long-term follow-up of an initial series of 101 patients. Circulation **40**, 763 (1969)

BARRETT, J. S., HELWIG jr., J., KAY, C. F., JOHNSON, J.: Cine-aortographic evaluation of aortic insufficiency. Unsuspected idiopathic aneurysmal dilatation of the aortic root as a possible indication of the Marfan syndrome. Ann. intern. Med. **61**, 1071 (1964)

BARTLE, S. H., HERMANN, H. J.: Acute mitral regurgitation in man. Hemodynamic evidence and observations indicating an early role for the pericardium. Circulation **36**, 839 (1967)

BASHOUR, T., LINDSAY, J.: Midsystolic clicks originating from tricuspid valve structure: A sequela of heroin-induced endocarditis. Chest **67**, 620 (1975)

BASS, N. M., SHARRATT, G. P.: Left atrial myxoma diagnosed by echocardiography, with observations on tumour movement. Brit. Heart J. **35**, 1336 (1973)

BASTA, L. L., LERONA, P. T., JANUARY. L. E.: Physical and radiologic examination of the lung in the evaluation of cardiac disease. Amer. Heart J. **90**, 255—264 (1975)

BATSON, G. A., URQUHART, W., SIDERIS, D. A.: Radiological features in aortic stenosis. Clin. Radiol. **23**, 140 (1972)

Bauer, A. E., Baum, S., Wallace, H. W., Blakemore, W. S., Zinsser, H. F.: The diagnosis of left atrial thrombus by cinangiography. Arch. Surg. **97**, 976 (1968)

Baxley, W. A., Kennedy, J. A., Feild, B., Dodge, H. T.: Hemodynamics in ruptured chordae tendineae and chronic rheumatic mitral regurgitation. Circulation **48**, 1288 (1973)

Bayer, O., Effert, S.: Über die räumliche Lage der R- und T-Vektoren bei Mitralvitien und ihre Beziehung zu den Druckverhältnissen im Lungenkreislauf. Verh. dtsch. Ges. Kreisl.-Forsch. **18**, 179 (1952)

Bayer, O., Grosse-Brockhoff, F., Loogen, F., Meessen, H.: Vergleichende klinische, pathophysiologische und pathologisch-anatomische Untersuchungen bei Mitralstenose. Arch. Kreisl.-Forsch. **26**, 238 (1957)

Bayer, O., Loogen, F., Vieten, H., Willmann, K. H., Wolter, H. H.: Der Wert des Herzkatheterismus und der Angiokardiographie bei der Diagnostik intra- und extrakardialer Tumoren. Dtsch. med. Wschr. **79**, 619 (1954a)

Bayer, O., Loogen, F., Wolter, H. H.: The mitral opening snap in the quantitative diagnosis of mitral stenosis. Amer. Heart J. **51**, 234 (1956)

Bayer, O., Loogen, F., Wolter, H. H.: Die Herzkatheterisierung bei angeborenen und erworbenen Herzfehlern 1. Aufl. 1954b; 2. Aufl. 1967, Stuttgart: Thieme

Bayer, O., Loogen, F., Wolter, H. H., Rippert, R., Augath, D., Beier, D.: Zur Pathyphysiologie und Klinik der Mitralstenose. I. Mitteilung: Hämodynamische Befunde bei 200 Patienten mit reiner oder überwiegender Mitralstenose. Arch. Kreisl.-Forsch. **21**, 383 (1954c)

Bayer, O., Wolter, H. H., Teige, I., Rippert, R.: Die Berechnung der Klappenöffnungsfläche stenosierter Herzklappen, demonstriert am Beispiel der Stenosen der Mitralis und Pulmonalis. Z. Kreisl.-Forsch. **41**, 926 (1952)

Beach, P. M., Bowman, F. O., Kaiser, G. A., Parodi, E., Malm, J. R.: Aortic valve replacement with frozen irradiated homografts: Long-term evaluation. Circulation, Suppl. **45/I**, 29 (1972)

Bean, W. B., Olch, D., Weinberg, H. B.: The syndrome of carcinoid and acquired valve lesions of the right side of the heart. Circulation **12**, 1 (1955)

Beck, B., Frank, H., Grosser, K. D., Schlepper, M.: Über den direkten Nachweis des Insuffizienzanteiles bei Mitralfehlern durch Indikatorverdünnungskurven. Verh. dtsch. Ges. Kreisl.-Forsch. **31**, 278 (1965)

Becker, A. E.: Cardiac complications of infectious endocarditis of the aortic valve. Europ. J. Cardiol. **1**, 467 (1974)

Behrendt, D. M., Austen, W. G.: Current status of prosthetics for heart valve replacement. Progr. cardiovasc. Dis. **15**, 369 (1973)

Belcher, I. R., Sommerville, W.: Systemic embolism and left auricular thrombosis in relation to mitral valvotomy. Brit. med. J. **1955/II**, 1000

Benaim, P., Binet, J.-P., Conso, J. F., Brauder, J., Welti, J. J.: Cure chirurgicale d'une insuffisance mitrale majeure par rupture de pilier provoquée par un infarctus myocardique. Arch. Mal. Coeur **63**, 1179 (1970)

Benchimol, A., Desser, K. B., Gartlan, J. L.: Bidirectional blood flow velocity in the cardiac chambers and great vessels studied with ultrasonic flowmeter. Amer. J. Med. **52**, 467 (1972)

Benchimol, A., Harris, C. L., Desser, K. B.: Noninvasive diagnosis of tricuspid insufficiency utilizing the external Doppler flowmeter probe. Amer. J. Cardiol. **32**, 868 (1973)

Benchimol, A., Matsuo, S.: Ejection time before and after aortic valve replacement. Amer. J. Cardiol. **27**, 244 (1971)

Bender, F.: Kerley-Linien bei Mitralklappenstenosen und Lungenembolie. Med. Welt **49**, 2931 (1967)

Bender, F., Schürmeyer, E., Gradaus, D., Reploh, H. D.: Die Diagnose primärer Herztumoren. Dtsch. med. Wschr. **96**, 1338 (1971)

Ben Ismail, M., Ben Hamida, H., Bousser, P., Daoud, M., Fourati, M., Ghiriani, M., Bareiss, P.: Insuffisance tricuspidienne et commissurotomie mitrale. Arch. Mal. Coeur **65**, 235 (1972)

Bentivoglio, L. G., Uricchio, J. F., Goldberg, H.: Clinical and hemodynamic features of advanced rheumatic mitral regurgitation. Review of sixty-five patients. Amer. J. Med. **30**, 372 (1961)

Ben-Zvi, J., Hildner, F. J., Javier, R. P., Fester, A., Samet, P.: Calcific aortic insufficiency. A review of 26 patients. Amer. Heart J. **89**, 278 (1975)

Beregovich, J., Reicher-Reiss, H.: Calcification of the tricuspid valve: Case report. Vasc. Surg. **7**, 200 (1973)

Berendt, D. M., Austen, W. G.: Current status of prosthetics for heart valve replacement. Progr. cardiovasc. Dis. **15**, 369 (1973)

Berndt, T. B., Hancock, W. E., Shumway, N. E., Harrison, D. C.: Aortic valve replacement with and without coronary artery bypass surgery. Circulation **50**, 967 (1974)

Berndt, T. B., Zarnstorff, W. C., Young, W. P., Rowe, G. G.: Aortic root size in aortic valve disease. Its measurement and significance. Amer. J. Cardiol. **29**, 809 (1972)

Bernhard, A., Magakis, G., Krug, Ä., Fischer, K.: Ergebnisse nach Aortenklappenersatz. Münch. Med. Wschr. **115** 754 (1973)

Bernhard, A., Niedermayer, W., Nordmann, K. J., Schaefer, J., Schwarzkopf, H. J., Sedlmeyer, I.: Cinekardiographie und Morphologie: Vergleich der Befunde bei Mitralklappenstenose. Verh. dtsch. Ges. Kreisl.-Forsch. **36**, 244 (1970)

Bernhard, A., Schäfer, J., Niedermeyer, W., Schwarzkopf, H. J., Krug, A., Nordmann, K. J., Sedlmeyer, I., Fischer, K., Thiede, A.: Indikation zur geschlossenen und offenen Korrektur der Mitralklappenstenose. Thoraxchirurgie **19**, 205 (1971)

Bernhard, A., Thiede, A., Müller-Hermelink, H. K., Krug, A., Fischer, K., Yankah, A. C.: Mitral valve replacement with autologous fascia lata. Results of morphologic examinations. J. thorac. cardiovasc. Surg. **65**, 94 (1973)

BERNSMEIER, A.: Die koronare Blutversorgung bei den Klappeninsuffizienzen des linken Herzens. Verh. dtsch. Ges. Kreisl.-Forsch. **31**, 51 (1965)

BERNSMEIER, A., NIEDERMAYER, W., NORDMANN, K. J., SCHAEFER, J., SCHWARZKOPF, H. J.: Vergleichende Untersuchungen über die Einschränkung der Klappenfunktion und Veränderungen der Haemodynamik bei der Mitralstenose. Klin. Wschr. **48**, 607 (1970)

BERNUTH, G. VON, TSAKIRIS, A. G., WOOD, E. H.: Quantitation of experimental aortic regurgitation by roentgen videodensitometry. Amer. J. Cardiol. **31**, 265 (1973)

BERTIN, R. I. A.: Treatise on the disease of the heart and great vessels. Philadelphia 1833

BEUREN, A. J.: Angeborene Herzklappeninsuffizienz. Verh. dtsch. Ges. Kreisl.-Forsch. **31**, 60 (1965)

BEVERUNGEN, W., DÜX, A.: Koronarsklerose bei erworbenen Herzfehlern. Fortschr. Röntgenstr. **105**, 605 (1966)

BEYER, A.: Die Bewegungsunschärfe intrakardialer Verkalkungen im Schichtbild als diagnostisches Hilfsmittel. Fortschr. Röntgenstr. **101**, 13 (1964)

BEYER, A., RICHTER, K.: Probleme der Röntgendiagnostik bei Pulmonalklappeninsuffizienz. Fortschr. Röntgenstr. **101**, 13 (1964)

BEYER, J., BRUNNER, L., KLINNERT, W.: Chirurgische Therapie und Ergebnisse bei erworbenen Tricuspidalfehlern. Thoraxchir. Suppl. 24/1, **4** (1976)

BIGELOW, J. C., HERR, R. H., WOOD, J. A., STARR, A.: Multiple valve replacement. Review of five years experience. Circulation **38**, 656 (1968)

BINET, J. P., DURAN, C. G., CARPENTER, A., LANGLOIS, J.: Heterologous aortic valve transplantation. Lancet **1965 II**, 1275

BING, R. J., BENNISH, A., BLUEMCHEN, G., COHEN, A., GALLAGHER, A., ZALESKI, E. J.: The determination of coronary flow equivalent with coincidence counting technique. Circulation **29**, 833 (1964)

BIRCKS, W.: Secondary operations for mitral insufficiency following surgery for mitral stenosis. J. cardiovasc. Surg. 8, 457 (1967)

BIRCKS, W.: Operative Behandlung erworbener Herzklappenfehler. Dtsch. Röntgenkongr. **52**, 14 (1971)

BIRCKS, W.: Erworbene Herzklappenfehler: Operative Möglichkeiten. Therapiewoche **23**, 24 (1973)

BIRCKS, W., BOSTROEM, B., GLEICHMANN, U., KREUZER, H., LOOGEN, F.: Electromagnetic measurements of flow through the aorta ascendens to judge the results of operation for aortic defects. Proceedings VIth cardiosurgical conference Bratislawa-Smolenic 1967

BIRCKS, W., GLEICHMANN, U., LOOGEN, F.: Mitralinsuffizienz durch stumpfes Thoraxtrauma. Z. Kreisl.-Forsch. **55**, 689 (1966)

BIRCKS, W., KRIAN, A., MEYER, J., SCHULTE, H. D., TOKUTSU, S., BOTH, A., HEARTEN, K.: Zur chirurgischen Behandlung der erworbenen Trikuspidalklappeninsuffizienz — Klappenersatz oder Anuloraphie? Thoraxchir. **24**, 286—290 (1976)

BIRCKS, W., LOOGEN, F.: Indikation zum Aortenklappenersatz im Licht der Operationsergebnisse. Langenbecks Arch. klin. Chir. **316**, 819 (1966)

BITTAR, N., SOSA, J. A., REID, E. A. S.: Left ventricular function during exercise in patients with pure mitral stenosis. Acta cardiol. (Brux.) **26**, 581 (1971)

BITTAR, N., SOSA, J. A.: Functional anatomy of the stenotic mitral valve. Brit. J. Radiol. **45**, 207 (1972)

BJÖRCK, G., AXÉN, O., THORSON, A.: Unusual cyanosis in a boy with congenital pulmonary stenosis and tricuspid insufficiency: Fatal outcome after angiocardiography. Amer. Heart J. **44**, 143 (1952)

BJÖRK, L., CULLHED, I.: Coronary arteriography in valvular heart disease. Acta med. scand. **185**, 531 (1969)

BJÖRK, L., LODIN, H.: Left heart catheterization with selective atrial and ventricular angiography in diagnosis of mitral and aortic valve disease. Progr. cardiovasc. Dis. **2**, 116 (1959)

BJÖRK, V. O.: Traumatic rupture of the tricuspid valves. Thoraxchirurgie **12**, 368 (1965)

BJÖRK, V. O., CULLHED, J.: Functional results with aortic ball valve prostheses (Starr-Edwards) followed for two to three years. Thorax **22**, 21 (1967)

BJÖRK, V. O., LODIN, H.: Left heart catheterization with selective left atrial and ventricular angiocardiography in diagnosis of mitral and aortic valvular disease. Progr. cardiovasc. Dis. **2**, 116 (1959)

BJÖRK, V. O., LODIN, H.: Value of simultaneous tomography in demonstrating calcifications of the cardiac valves. Acta radiol. (Stockh.) **1**, 29 (1963)

BJÖRK, V. O., LODIN, H., MALERS, E.: The evaluation of the degree of mitral insufficiency by selective left ventricular angiocardiography. Amer. Heart J. **60**, 691 (1960)

BJÖRK, V. O., MALERS, E.: Traumatic mitral insufficiency following transventricular dilatation for mitral stenosis. J. thorac. cardiovasc. Surg. **46**, 84 (1963)

BJÖRK, V. O., HENZE, A., JEREB, M.: Aortographic follow—up in patients with the Björk-Shiley aortic disc valve prosthesis. Scand. J. thorc. cardiovasc. Surg. **7**, 1 (1973)

BJURE, J., LIANDER, B., WIDINSKÝ, J.: Effect of exercise on distribution of pulmonary blood flow in patients with mitral stenosis. Brit. Heart J. **33**, 438 (1971)

BLAILOCK, Z. R., RABIN, E. R., MELNICK, J. L.: Adenovirus endocarditis in mice. Science **157**, 69 (1967)

BLAND, E. F., JONES, T. D.: Rheumatic fever and rheumatic heart disease. Circulation **4**, 836 (1951)

BLAND, E. F., WHEELER, E. O.: Severe aortic regurgitation in young people: a long term perspective with reference to prognosis and prosthesis. New Engl. J. Med. **256**, 667 (1957)

BLÖMER, H.: Auskultation des Herzens und ihre hämodynamischen Grundlagen. München: Urban & Schwarzenberg 1969

BLÖMER, H., HARLACHER, A., SO, C. S., KOLB, P., KIEFHABER, F.: Früh- und Spätergebnisse nach Mitralkommissurotomie. Bericht über 375 Operationsfälle. Münch. med. Wschr. **111**, 1722 (1969)

BLÖMER, H., KLINNER, W., KOLB, P.: Der Mitralöffnungston bei der Mitralinsuffizienz. Z. Kreisl.-Forsch. **50**, 888 (1961)

Blömer, H., Rudolph, W.: Das klinische Bild der Tricuspidalstenose. Münch. med. Wschr. **101**, 495 (1959)

Blömer, H., Delius, W., Sebening, H.: Natürlicher Verlauf bei Patienten mit Mitral- und Aortenklappenfehlern Z. Kardiol. **66**, 159—169 (1977)

Blondeau, M., Maurice, P., Lenègre, J.: Histoire naturelle du rétrécissement aortique calcifié non opéré. Arch. Mal. Coeur **62**, 1685 (1969)

Bloomfield, R. A., Lauson, H. D., Cournand, A., Breed, E. S., Richards, W. D.: Recording of right heart pressures in normal subjects and in patients with chronic pulmonary disease and various types of cardiocirculatory disease. J. clin. Invest. **25**, 639 (1946)

Blount, S. G., McCord, M. C., Mueller, H., Swan, H.: Isolated valvular pulmonic stenosis. Clinical and physiologic response to open valvuloplasty. Circulation **10**, 161 (1954)

Blumenberger, K.: Untersuchung der Dynamik des Herzens beim Menschen. Ergebn. inn. Med. Kinderheilk. **62**, 424 (1942)

Blumenberger, K. J.: Die Herzdynamik bei erworbenen Klappenfehlern. Verh. dtsch. Ges. Kreisl.-Forschg. **20**, 43 (1954)

Bogren, H. G., Picukaric, D., Carlsson, E.: Diagnosis of tricuspid and pulmonary valve insufficiency by cineangiocardiography. Act. radiol. Diagn. **12**, 497 (1972)

Bolooki, H., Kaiser, G.: Significance of cardiac function in surgical management of patients with valvular heart disease. Amer. J. Cardiol. **37**, 319 (1976)

Bolt, W., Forssmann, W., Rink, H.: Selektive Lungenangiographie. Stuttgart: Thieme 1957

Bolt, W., Knipping, H. W., Ludes, H.: Zur präoperativen Herzdiagnostik unter Berücksichtigung der Möglichkeiten der Isotopenchemie. Verh. dtsch. Ges. Kreisl.-Forsch. **20**, 102 (1954)

Bonchek, L. I., Anderson, R. P., Rösch, J.: Should coronary arteriography be performed routinely before valve replacement? Amer. J. Cardiol. **31**, 462 (1973 a)

Bonchek, L. I., Dobbs, J. L., Matar, A. F., Chappel, P., Starr, A.: Roentgenographic identification of Starr-Edwards prostheses. Circulation **47**, 154 (1973 b)

Bonchek, L. I., Starr, A.: Ball valve prostheses: Current appraisal of late results. Amer. J. Cardiol. **35**, 843 (1975)

Bonner, A. J., Sacks, H. N., Tavel, M. E.: Assessing the severity of aortic stenosis by phonocardiography and external carotid pulse recordings. Circulation **48**, 247 (1973)

Borman, J. B., Merin, G., Romanoff, H., Milwidsky, H.: Early open mitral valve surgery following arterial embolism. Thorax **25**, 325 (1970)

Boros, J. von: Die Diagnose der Tricuspidalklappenfehler. Z. Kreisl.-Forsch. **35**, 277 (1943)

Bory, M., Serradimigni, A., Poggi, L., Pinas, E., Audier, M.: Quelques réflexions à propos du jugulogramme. Arch. Mal. Coeur **60**, 1231 (1967)

Bostroem, B., Bircks, W., Kreuzer, H.: Elektromagnetische Durchflußmessungen der Aorta ascendens vor und nach Klappenersatzoperationen. Verh. dtsch. Ges. Kreisl.-Forsch. **36**, 80 (1970)

Both, A., Haeten, K.. Loogen, F., Lück, J., Opherk, D., Rafflenbeul, D., Krian, A.: Untersuchungen über den Einfluß des prothetischen Mitralklappenersatzes auf die Hämodynamik des kleinen Kreislaufs. Verh. dtsch. Ges. Kreisl.-Forsch. **41**, 361 (1975).

Böttcher, D., Corsini, G., Cowan, C., Bing, R. J.: Myocardiale Clearance für Rubidium-84 als Maß der Herzdurchblutung. Z. Kreisl.-Forsch. **58**, 706 (1969)

Bouchard, F., Bical, R.: Applications des courbes de dilution de colorant à l'exploration de la valve tricuspide. Arch. Mal. Coeur **62**, 1493 (1969)

Bousvaros, G. A., Stubington, D.: Some auscultatory and phonocardiographic features of tricuspid stenosis. Circulation **29**, 26 (1964)

Bouvrain, Y., Grèze, M., Lévêque, D.: Les insuffisances mitrales non rheumatismales. Ann. Cardiol. Angéiol. **23**, 53 (1974)

Bowers, D.: Pathogenesis of primary abnormalities of the mitral valve in Marfans syndrome. Brit. Heart J. **31**, 679 (1969)

Bowles, L. T., Hallmann, G. L., Cooley, D. A.: Open-heart surgery on the elderly: results in 54 patients fifty years of age or older. Circulation **33**, 540 (1966)

Boyed, A. D., Engelman, R. M., Isom, O. W., Reed, G. E., Spencer, F. C.: Tricuspid annuloplasty: five and one-half years' experience with 78 patients. J. thorac. cardiovasc. Surg. **68**, 344 (1974)

Brahms, O., Kleinesorg, H., Kochsiek, K., Voth, H.: Zur röntgenologischen Beurteilung der pulmonalen Hypertonie bei Mitralvitien. Klin. Wschr. **42**, 1005 (1964)

Bramwell, J., Gale, D. M., Pococh, W. A.: The results of mitral valvotomy in patients over the age of fifty years. S. Afr. med. J. **44**, 1053 (1970)

Bran, M., Denolin, H.: Les indications opératoires dans l'insuffisance mitrale d'origine rheumatismale. Ann. Cardiol. Angéiol. **23**, 61 (1974)

Brandenburg, R. O., McGoon, D. C., Compeau L., Giuliani, E. R.: Traumatic rupture of the chordae tendineac of the tricuspid valve. Amer. J. Cardiol. **18**, 911 (1966)

Brandt, P. W., Roche, A. H., Barrattaboyes, B. G., Lowe, J. B.: Radiology of homograft aortic valves. Thorax **24**, 129 (1969)

Brandy, G. E., Vogel, J. H.: Progressive congenital valvular aortic stenosis. Chest **60**, 189 (1971)

Braunwald, E.: Pathologic physiology of valvular regurgitation. Verh. dtsch. Ges. Kreisl.-Forsch. **31**, 36 (1965)

Braunwald, E., Awe, W. C.: Syndrome of severe mitral regurgitation with normal left atrial pressure. Circulation **27**, 29 (1963)

Braunwald, E., Goldblatt, A., Aygen, M. M., Rockoff, S. D., Morrow, A. G.: Congenital aortic stenosis. I. Clinical and hemodynamic findings in 100 patients. Circulation **27**, 426 (1963)

Braverman, I. B., Gibson, S. T.: The outlook for children with congenital aortic stenosis. Amer. Heart J. **53**, 487 (1957)

Brawley, R. K., Donahoo, J. S., Gott, V. L.: Current status of the Beall, Bjorck-Shiley, Braunwald-Cutter, Lillehei-Kaster and Smeloff-Cutter cardiac valve prostheses. Amer. J. Cardiol. **35**, 855 (1975)

BRAWLEY, R. K., MORROW, A. G.: Direct determinations of aortic blood flow in patients with aortic regurgitation. Circulation **35**, 32 (1967)

BRAWLEY, R. K., OLDHAM, H. N., VASKO, J. S., HENNY, R. P., MORROW, A. G.: Influence of right atrial pressure pulse on instantaneous vena caval blood flow. Amer. J. Physiol. **211**, 347 (1966)

BRECKENRIDGE, I. M., SINGH, M. P., BENTALL, H. H., CLELAND, W. P.: Fascia lata aortic valve reconstruction: Long term results in 33 patients. Thorax **26**, 388 (1971)

BREYER, R. H., MCCLENATHAN, J. M., MICHAELIS, L. L., MCINTOSH, C. L., MORROW, A. G.: Tricuspid regurgitation. A comparison of nonoperative management, tricuspid annuloplasty, and tricuspid valve replacement .J. thorac. cardiovasc. Surg. **72**, 867—870 (1976)

BRIGDEN, W., LEATHAM, A.: Mitral incompetence. Brit. Heart J. **15**, 55 (1953)

BRISTOW, J. D., MCCORD, C. W., STARR, A., RITZMANN, L. W., GRISWOLD, H. E.: Clinical and hemodynamic results of aortic valve replacement with a ball-valve prosthesis. Circulation Suppl. 29/I; 36 (1964)

BROADBENT, W. H.: Mitral stenosis. Amer. J. med. Sci. **91**, 57 (1886)

BROFMAN, B. L.: Right auriculoventricular pressure gradients with special reference to tricuspid stenosis. J. Lab. clin. Med. **42**, 789 (1953)

BROWN, A. H., BRAIMBRIDGE, M. V.: Spurious tricuspid regurgitation. Thorax **28**, 495 (1973)

BROWN, D. F.: Decreased intensity of closure sound in a normally functioning Starr-Edwards mitral valve prosthesis. Amer. J. Cardiol. **31**, 93 (1973)

BRUN, PH., GESCHWIND, H., PEPIN, J. F., LARDANI, H.: Etude cinéangiographique de l'insuffisance aortique. Arch. Mal. Coeur **59**, 1496 (1966)

BRUWER, A. F., ELLIS, F. H., KIRKLIN, J. W.: Costophrenic septal lines im pulmonary venous hypertension. Circulation **12**, 807 (1955)

BRYANT, L. R., TRINKLE, J. K.: Mitral valvotomy in the valve replacement area. Ann. Surg. **173**, 1024 (1971)

BUCHBINDER, N. A., ROBERTS, W. C.: Left-sided valvular active infective endocarditis. A study of forty-five necropsy patients. Amer. J. Med. **53**, 20 (1972)

BURCH, G. E., COLCOLOUGH, H. L.: Viral valvulitis. Amer. Heart J. **78**, 119 (1969)

BURCH, G. E., GIBS, T. D.: The role of viruses in the production of heart disease. Amer. J. Cardiol. **29** 231 (1972)

BURCH, G. E., GILES, T. D., COLCOLOUGH, H. L.: Pathogenesis of "rheumatic" heart disease. Critique and theory. Amer. Heart J. **80**, 556 (1970)

BURCH, G. E., DEPASQUALE, N. P., PHILLIPS, J. H.: Clinical manifestations of papillary muscle dysfunction. Arch. intern. Med. **112**, 122 (1963)

BURKE, G., HALKO, A., GOLDBERG, D.: Dynamic clinical studies with radioisotopes and the scintilation camera: IV. ^{99m}Tc-sodium pertechnetate cardiac blood-flow studies. J. nucl. Med. **10**, 270 (1969)

BURKE, G., HALKO, A., PESKIN, G.: Determination of cardiac output by radioisotope angiography and the image-intensifier scintillation camera. J. nucl. Med. **12**, 112 (1971)

BÜRSCH, J., SIMON, R.: Methodisch einfache Quantifizierung von Herzklappeninsuffizienzen durch videodensitometrische Kontrastmittel-Mengenmessung. Verh. dtsch. Ges. Kreisl.-Forsch. **38**, 317 (1972)

BUTTER, U., JATSCH, A., SCHETELING, E.: Möglichkeiten und Grenzen der kardiologischen Röntgendiagnostik mit einfachen Methoden bei Mitral- und Rezirkulationsvitien. Radiol. Diagn. (Berlin) **7**, 335 (1966)

BUTTLER, R., SCHMIDT-HABELMANN, P., SEBENING, F.: Mitralklappenersatz im Kindesalter. Münch. med. Wschr. **115**, 302 (1973)

CABOT, R. C.: Facts on the heart. Philadelphia: Saunders 1926

CACHERA, J. P., DROUIN, B., CARPENTIER, A., WITCHITZ, S., DUBOST, C.: Trois cas d'endocardite tricuspidienne à staphylocoque traitée par remplacement valvulaire prosthétique. Arch. Mal. Coeur **65**, 515 (1972)

CAHILL, N. S., BELLER, B. M., LINHART, J. W., EARLY, R. G.: Isolated traumatic tricuspid regurgitation: Prolonged survival without operative intervention. Chest **61**, 689 (1972)

CAIRNS, K. B., KLOSTER, F. E., BRISTOW, J. D., LEES, M. H., GRISWOLD, H. E.: Problems in the hemodynamic diagnosis of tricuspid insufficiency. Amer. Heart J. **75**, 173 (1968)

CALATAYUD, J. B., SAUNDERS, J. L., SCHULZ, K. J., MARANHAO, V., GOLDBERG, H.: P wave changes after open heart mitral commissurotomy for isolated mitral stenosis. Angiology **19**, 238 (1968)

CALAZEL, P., GERARD, R., DALAY, R., DRAPER, A., FOSTER, J., BING, R. J.: Physiological studies in congenital heart disease. XI. A comparison of the right and left auricular capillary and pulmonary artery pressures in nine patients with auricular septal defect. Bull. Johns Hopkins Hosp. **88**, 20 (1951)

CALDERON, J.: Cineangiographic diagnosis of aortic insufficiency. Angiology **18**, 723 (1967)

CALKINS, R. A.: Cerebral embolism. Review and current perspectives. Arch. intern. Med. **130**, 430 (1972)

CAMPBELL, M., KAUNTZE, R.: Congenital aortic valvular stenosis. Brit. Heart J. **15**, 179 (1953)

CAMPIONE, K. M., STEINER, S. H.: Analysis of precordial isotope dilution curves obtained after antecubital and intracardiac injection. J. nucl. Med. **9**, 630 (1968)

CAREY, J. S., PLESTED, W. G.: Immediate hemodynamic response to correction of cardiac valvular lesion. Ann. thorac. Surg. **13**, 311 (1972)

CARLSON, E., HARTMANN jr., A. F., KISSANE, M.: Ventricular septal defect with prolapsed aortic valve and outflow tract obstruction. Acta radiol. Diagn. **3**, 554 (1965)

CARMICHAEL, J. H. E., JULIAN, D. G., JONES, G. P., WREN, E. M.: Radiological signs in pulmonary hypertension. The significance of lines B of Kerley. Brit. J. Radiol. **27**, 393 (1954)

CARPENTIER, A., DELOCHE, A., DAUPTAIN, J., SOYER, R., BLONDEAU, P., PIWNICA, A., DUBOST, C.: A new reconstructive operation for correction of mitral and tricuspid insufficiency. J. thorac. cardiovasc. surg. **61**, 1 (1971)

CARPENTIER, A., DELOCHE, A., HANANIA, G., FORMAN J., SELLIER, P., PIWNICA, A., DUBOST, C.: Surgical management of acquired tricuspid valve disease J. Thorac. Cardiovasc. Surg. **67**, 53 (1974)

CARTER, M. G., WILSON, G. L., DOCK, D. S.: Correction of mitral stenosis and insuffiziency using cardiopulmonary bypass. Circulation **24**, 901 (1961)

CASTELLANOS, A., HERNANDEZ, F. A.: Angiocardiographic determination of the size of the left ventricular cavity in congenital aortic disease. Amer. J. Roentgenol. **100**, 299 (1967)

CAVES, P. K., PANETH, M.: Acute mitral regurgitation in pregnancy due to ruptured chordae tendineae. Brit. Heart J. **34**, 541 (1972)

CAVES, P. K., SUTTON, G. C., PANETH, M.: Nonrheumatic subvalvular mitral regurgitation. Etiology and clinical aspects. Circulation **47**, 1242 (1973)

CELLERINO A., ANDREONE, A., GAETINI, A.: Blood distribution through the lungs before and after mitral comissurotomy: A quantitative assessment by ^{131}I. J. cardiovasc. Surg. (Torino) **12**, 66 (1971)

CHAILLET, J. L.: Cineradiography of cardiac valves in man. Utrecht: van der Horst 1965

CHAIT, A.: Interstitial pulmonary edema. Circulation **45**, 1323 (1972)

CHANG, C. H.: The value of the lateral chest roentgenogram in the diagnosis of pulmonary venous hypertension. Radiology **92**, 117 (1969)

CHASNOFF, J., SILVER, A.: The coexistence of rheumatic and arteriosklerotic heart disease in patients over the age of 40 years. Amer. Heart J. **42**, 809 (1951)

CHEN, J. T. T., BEHAR, V. S., MORRIS, J. J., MCINTOSH, H. D., LESTER, R. G.: Correlation of roentgen findings with hemodynamic data in pure mitral stenosis. Amer. J. Roentgenol. **102**, 280 (1968)

CHENG, T. O.: Some new observations on the syndrome of papillary muscle dysfunction. Amer. J. Med. **47**, 924 (1969)

CHENG, T. O.: Late systolic murmur in coronary artery disease. Chest **61**, 643 (1972)

CHENG, T. O., BASHOUR, T., ADKINS, P. C.: Acute severe mitral regurgitation from papillary muscle dysfunction in acute myocardial infarction. Successful early surgical treatment by combined mitral valve replacement and aortocoronary saphenous vein bypass graft. Circulation **46**, 491 (1972)

CHESTERMAN, J. T., WHITAKER, W.: Mitral and tricuspid valvulotomy for mitral and tricuspid stenosis. Amer. Heart J. **48**, 631 (1954)

CHILDRESS, R. H., MAROON, J. C., GENOVESE, P. D.: Mitral insufficiency secondary to ruptured chordae tendineae. Ann. intern. Med. **65**, 232 (1966)

CHIPPS, H. D.: Aneurysm of the sinus of Valsalva causing coronary occlusion. Arch. Path. **31**, 627 (1941)

CHRISTIDES, C., CABROL, C and A., GUIRAUDON, G., MATTEI, M. F., LUCIANI, J., LEON, L., LLORT, M.: Réinterventions mitrales après échec d'annuloplasties. Causes et résultats. Arch. Mal. Cœur **65**, 953 (1972)

CLARK, W. S., KULKA, J. P., BAUER, W.: Rheumatoid aortitis with aortic regurgitation. An unusual manifestation of rheumatoid arthritis (including spondylitis). Amer. J. Med. **22**, 580 (1957)

CLARKE, M.: Calcific tricuspid incompetence in childhood. Brit. Heart J. **34**, 859 (1972)

CLAWSON, B. J.: Rheumatic heart disease. Analysis of 796 cases. Amer. Heart J. **20**, 454 (1940)

CLAWSON, B. J.: Relation of the "Anitschkow myocyte" to rheumatic inflammation. Arch. Path. **32**, 760 (1941)

CLAWSON, B. J., BELL, E. T., HARTZELL, T. B.: Valvular disease of the heart with special reference to the pathogenesis of old valvular defects. Amer. J. Pathol. **2**, 193 (1926)

CLAWSON, B. J., NOBLE, J. F., LUFKIN, N. H.: The calcified nodular deformity of the aortic valve. Amer. Heart J. **15**, 58 (1938)

CLEMENTS, A. B.: Isolated tricuspid stenosis of probable rheumatic origin. Amer. J. med. Sci. **190**, 389 (1935)

COBBS, B. W.: Clinical recognition and medical management of rheumatic heart disease and other acquired valvular disease. In: The Heart (J. W. HURST, R. B. LOGUE, Eds.). New York: McGraw-Hill 1970 S. 773

COBLENTZ, B., DUBOST, CH., LENÉGRE, I.: Rétrécissement mitral et rétrécissement tricuspidien traités avec succès par duble commissurotomie. Arch. Mal Cœur **48**, 648 (1955)

COELHO, E.: Physiopathologic study (clinical and experimental) of the tricuspid valve. Amer. J. Cardiol. **3**, 517 (1959)

COELHOE, E., AMRAM, S., VAGUEIRO, M. C., LUIS, A. S., MALTEZ, J., TOVARES, V. S.: Deterioration after mitral commissurotomy and restenosis. Cardiologia (Basel) **49**, 79 (1966)

COHEN, L. S., MASON, D. T., BRAUNWALD, E.: Significance of atrial gallop sound in mitral regurgitation. A clue to the diagnosis of ruptured chordae tendineae. Circulation **35**, 112 (1967)

COHN, K. E., HULTGREN, H. N.: The Graham-Steell murmur re-evaluated. New Engl. J. Med. **274**, 486 (1966)

COHN, L. H., MASON, D. T., ROSS, J., MORROW, A. G., BRAUNWALD, E.: Preoperative assessment of aortic regurgitation in patients with mitral valve disease. Amer. J. Cardiol. **19**, 177 (1967)

COLAPINTO, R. F., THORTINNSON, P. C., HOLMES, R. B.: Aortic insufficiency, a cineradiologic assessment. J. Cand. Ass. Radiol. **13**, 112 (1962)

COLEMAN, E. H., SOLOFF, L. A.: Incidence of significant coronary artery disease in rheumatic valvular heart disease. Amer. J. Cardiol. **25**, 401 (1970)

COLLINS, N. P., BRAUNWALD, E., MORROW, A. G.: Detection of pulmonic and tricuspid valvular regurgitation by means of indicator solution. Circulation **20**, 561 (1959)

COLLINS, N. P., BRAUNWALD, E., MORROW, A. G.: Isolated congenital pulmonic valvular regurgitation. Diagnosis by cardiac catheterization and angiocardiography. Amer. J. Med. **28**, 159 (1960)

Colman, A. L.: Isolated tricuspid valvular stenosis. Amer. J. Cardiol. **26**, 443 (1970)

Colvez, O., Alhomme, P., Samson, M., Guedon, J.: La pression de remplissage du ventricule gauche dans les grandes insuffisances aortiques: Ses relations avec l'allongement de la conduction auriculo-ventriculaire. Arch. Mal. Cœur **52**, 1369 (1959)

Conn, H. L., Heiman, D. R., Blakemore, W. S., Kuo, P. T., Langfried, S. B.: "Left heart" radiopotassium dilution curves in patients with rheumatic valvular disease. Circulation **15**, 523 (1957).

Cooke, W. T., White, P. D.: Tricuspid stenosis with particular reference to diagnosis and prognosis. Brit. Heart J. **3**, 147 (1941)

Corrigan, D. J.: Inquiry into the causes of bruit de soufflet and frémissement cataire. Lancet **1828–1829 II**, 1, 33

Corrigan, D. J.: On permanent of the mouth of the aorta, or inadequacy of the aortic valve. Edinb. med. J. **37**, 225 (1832)

Corvisart, J. N.: Essai sur les maladies et les lésions organiques du cœur et des gros vaisseaux. Paris: Migneret 1806

Cosby, R. S., Hedge, B., Amsden, N., Mayo, M.: A critical review of aortic stenosis. Amer. J. Cardiol. **9**, 203 (1962)

Cosh, J., Cates, J. E., Pugh, D. W.: Carcinoid heart disease. Brit. Heart J. **21**, 369 (1959)

Cottin, E., Saloz, C.: Un cas de retrecissement tricuspidien. Arch. Mal. Cœur **11**, 481 (1920)

Coulshed, N., Epstein, E. J., McKendrick, C. S., Galloway, R. W., Walker, E.: Systemic embolism in mitral valve disease. Brit. Heart J. **32**, 26 (1970)

Cowper, W.: Zit. n. Willius u. Keys, Cardiac Classics. Trans. No. 299, p. 1970, Phil. Trans. Royal Soc. London **5**, 215, 1703 (1809)

Cox, W. A., Fisher, G. W.: The place of closed commissurotomy in the treatment of rheumatic mitral stenosis. Ann. thorac. Surg. **6**, 253 (1968)

Craige, E.: Phonocardiographic studies in mitral stenosis. New Engl. J. Med. **257**, 650 (1957)

Craige, E., Hutchin, P., Sutton, R.: Impaired function of cloth-covered Starr-Edwards mitral valve prosthesis: Detection by phonocardiography. Circulation **41**, 141 (1970)

Craige, E., Millward, D. K.: Diastolic and continuous murmurs. Radiobiol. Radiother. **14**, 38 (1971)

Criley, J. M., Feldman, I. A., Meredith, T.: Mitral valve closure and the crescendo presystolic murmur. Amer. J. Med. **51**, 456 (1971)

Criley, J. M., Hermer, A. J.: The crescendo presystolic murmur of mitral stenosis with atrial fibrillation. New Engl. J. Med. **285**, 1284 (1971)

Criley, J. M., Lewis, K. B., Humphries, J. O., Ross, R. S.: Prolapse of the mitral valve: clinical and cineangiocardiographic findings. Brit. Heart J. **28**, 488 (1966)

Croxson, M. S., O'Brien, K. P., Lows, J. B.: Traumatic tricuspid regurgitation. Long-term survival. Brit. Heart J. **33**, 750 (1971)

Csonka, G. W., Litchfield, J. W., Oates, J. K., Willcox, R. R.: Cardiac lesions in Reiters disease. Brit. med. J. **1961 I**, 243

Curry, G. C., Elliott, L. P., Ramsey, H. W.: Quantitative left ventricular angiocardiographic findings in mitral stenosis. Detailed analysis of the anterolateral wall of the left ventricle. Amer. J. Cardiol. **29**, 621 (1972)

Dahl, J. C., Winchell, P., Borden, C. W.: Mitral stenosis. A long term postoperative follow-up. Arch. intern. Med. **119**, 92 (1967)

Daley, R., Mattingly, T. W., Holt, C. L., Bland, E. F., White, P. D.: Systemic arterial embolism in rheumatic heart disease. Amer. Heart J. **42**, 566 (1951)

Daley, R., McMillan, I. K. R., Gorlin, R.: Mitral incompetence in experimental auricular fibrillation. Lancet **1955/II**, 18

Dauphin, G., Dauphin, M.: Insuffisance aortique traumatique. Arch. Mal. Cœur **58**, 525 (1965)

Davies, G. M.: Systemic hypertension and rheumatic mitral valve disease. Brit. J. Dis. Chest. **60**, 148 (1966)

Davies, J. P. H.: A simple phonocardiographic formula for predicting atrial pressure in mitral stenosis. Brit. Heart J. **29**, 843 (1967)

Davies, L. G., Goodwin, J. F., Steiner, R. E., v. Leuven, B. D.: The clinical and radiological assessment of the pulmonary arterial pressure in mitral stenosis. Brit. Heart J. **15**, 393 (1963)

Davies, P., Bucky, N. L.: Tomography of calcified aortic and mitral valves. Brit. Heart J. **21**, 17 (1959)

Davies, R. H., Schuster, B., Knoebel, S. B., Fisch, C.: Myxomatous degeneration of the mitral valve. Amer. J. Cardiol. **28**, 449 (1971)

Davila, J. C.: Hemodynamics of mitral insufficiency: Observations from clinical and experimental surgery. Amer. J. Cardiol. **2**, 135 (1958)

Davis, J. M., Moss, A. J., Schenk, E. A.: Tricuspid candida endocarditis complicating a permanently implanted transvenous pacemaker. Amer. Heart J. **77**, 818 (1969)

DeBusk, R. F., Kleiger, R. E., Ebnother, C. L., Daily, P. O., Harrison, D. C.: Successful early operation for papillary muscle rupture. Chest **58**, 175 (1970)

Decker, A., Black, H., v. Lichtenberg, F.: Mitral valve restenosis. A pathological study. J. thorac. cardiovasc. Surg. **55**, 434 (1968)

Degenring, F. H.: Linksventrikuläre Herzmuskeldynamik und Kontraktilität bei reiner valvulärer Aorteninsuffizienz verschiedener Schweregrade. Untersuchungen an 16 Patienten und ein Vergleich mit 4 Patienten ohne Aortenvitium und Hypertonie. Arch. Kreisl.-Forsch. **64**, 215 (1971)

Degenring, F. H., Walther, H., Radeck, R.: Dynamik und Kontraktilität der hypertrophierten linksventrikulären Muskulatur bei reinen valvulären Aortenstenosen verschiedener Schweregrade. Vergleichende Untersuchungen an insgesamt 20 Patienten. Arch. Kreisl.-Forsch. **64**, 225 (1971)

Degeorges, M.: Diagnostic des insuffisances mitrales. Ann. Cardiol. Angéiol. **23**, 35 (1974)

DEGEORGES, M., CALISTI, G.: Les thromboses auriculaires gauches des valvulopathies mitrales. Signes clinques et radiologiques relevés sur 292 observations. Sem. Hôp. Paris **47**, 2941 (1971)

DEGEORGES, M., CARAMANIAN, M.: Nosologie et étiologie des rétrécissements aortiques calcifiés. Sem. Hôp. Paris **44**, 3298 (1968)

DEKKER, A., BLACH, H., v. LICHTENBERG, F.: Mitral valve restenosis. J. thorac. cardiovasc. Surg. **55**, 434 (1968)

DELZANT, J. F., FORMAN, J., MACHADO, G., CALISTI, G.: Insuffisance tricuspidienne fonctionnelle et organique. A propos de 60 cas études par cathéterisme et phonocardiographie intracavitaire. Arch. Mal. Cœur **60**, 305 (1968)

DEMANY, M. A., KAY, E. B., ZIMMERMAN, H. A.: An angiographic sign for the evaluation of the stenotic mitral valve. Amer. J. Cardiol. **18**, 843 (1966)

DEMANY, M. A., ZIMMERMAN, H. A.: Thrombosis of a mitral disc-valve prosthesis: Diagnostic importance of the absent opening click. Amer. Heart J. **80**, 816 (1970)

DENIS, B., GRUBIER, M., AVEZOU, F. C., MALZAC, F., MARTIN-NOEL, P., MICHAUD, P., LOIRE, R.: Rupture de cordage tricuspidien simulant une tumeur intra-ventriculaire droite. Arch. Mal. Cœur **68**, 887 (1975)

DENNIS, J. L., HANSEN, A. E., CORPENING, T. N.: Endocardial fibroelastosis. Pediatrics **12**, 140 (1953)

DERRA, E., GROSSE-BROCKHOFF, F., LOOGEN, F.: Beobachtungen bei 2 operierten Kranken mit Tricuspidalstenose. Langenbecks Arch. klin. Chir. **288**, 104 (1958)

DERRA, E., LOOGEN, F., VIETEN, H.: Schwierigkeiten der Röntgendiagnostik raumfordernder Prozesse der Vorhöfe des Herzens. Fortschr. Röntgenstr. **90**, 308 (1959)

DEUTSCH, E., GMAHL, E., SCHACHINGER, H., SIEDEK, H., WENGER, H.: Die Elektrokymographie. Z. Kreisl.-Forsch. **40**, 129 (1951)

DE VEGA, N. G., DE RÁBAGO, G., MORENO, T., FRAILE, J., AZPITARTE, J.: The surgical treatment of tricuspid valve disease. Our results in 190 cases treated by an original technique. Thoraxchir. Suppl. **24/1**, **12** (1976)

DEVERALL, P. B., OLLEY, P. M., SMITH, D. R., WATSON, D. A., WHITAKER, W.: Incidence of systemic embolism before and after mitral valvotomie. Thorax **23**, 530 (1968)

DIETLEN, H.: Die Röntgenuntersuchung von Herz, Gefäßen und Pericard. In: Lehrbuch der Röntgenkunde (Rieder, Rosenthal, Hrsg.). Leipzig: Barth 1913

DIETLEN, H.: Herz und Gefäße im Röntgenbild. Leipzig: Barth 1923

DIETLEN, H.: Die Röntgenuntersuchung von Herz Gefäßen und Pericard. In: Lehrbuch der Röntgenkunde (Rieder, Rosenthal, Hrsg.), 2. Aufl. Leipzig: Barth 1924

DIHLMANN, W.: Beitrag zur Pathogenese der Kerley-Septumlinien im Thoraxröntgenbild. Z. ges. inn. Med. **13**, 562 (1958)

DILLON, J. C., HAINE, C. L., CHANG, S., FEIGENBAUM, H.: Use of echocardiography in patients with prolapsed mitral valve. Circulation **43**, 503 (1971)

DIMICH, I., GOLDFINGER, P., STEINFELD, L., LUKBAN, S. B.: Congenital tricuspid stenosis. Case treated by heterograft replacement of the tricuspid valve. Amer. J. Cardiol. **31**, 89 (1973)

DOBEK, J., TYBORSKI, H.: Kritische Betrachtungen über die radiologische Beurteilung der pulmonalen Hypertonie bei Mitralstenose. Fortschr. Röntgenstr. **98**, 409 (1963)

DODGE, H. T., BAXLEY, W. A.: Left ventricular volume and mass and their significance in heart disease. Amer. J. Cardiol. **23**, 528 (1969)

DODGE, H. T., SANDLER, H., BAXLEY, W. A., HAWLEY, R. R.: Usefulness and limitations of radiographic methods for determining left ventricular volumes. Amer. J. Cardiol. **18**, 10 (1966)

DOERR, F., WOLF, R., BROCK, R., STORCK, U.: Zur Beurteilung der Lungendurchblutung mit Hilfe der Lungenszintigraphie. Fortschr. Röntgenstr. **106**, 34 (1967)

DOERR, W., GOERTTLER, K., NEUHAUS, G., LINDER, F., TREDE, M.: Pathologische Anatomie, Klinik und operative Therapie der konnatalen Aortenstenose. Ergebn. Chir. Orthop. **47**, **1** (1965)

DOGLIOTTI, A. M., ACTIS-DATO, A., WEISZ, R.: Einzeitige chirurgische Behandlung von Mitral- und Tricuspidalstenose. Mitteilung von 3 Fällen. Thoraxchirurgie **3**, 363 (1955/56)

DOLIOPOULOS, TH., BOUDIOUKOS, G.: Calcification of the left auricular wall in rheumatic mitral cardiopathy. (Report of three cases.) Acta cardiol. (Brux.) **27**, 654 (1972)

DOMANICH, A., KOENKER, R. J.: Dynamics of the normal jugular bulb pulsations and their changes in tricuspid regurgitation. Amer. Heart J. **82**, 252 (1971)

DONELLY, G. L., VANDENBERG, E. A.: Early systolic sounds in aortic valve stenosis. Brit. Heart J. **29**, 246 (1967)

DONZELOT, E., DE BALSAC, R. H., SAMUEL, P., BEYDA, E.: Life expectation of patients with mitral stenosis with and without operation. Brit. Heart J. **19**, 555 (1957)

DOTTER, C. T., GENSINI, G. G.: Percutaneous retrograde catheterization of the left ventricle and systemic arteries in man. Radiology **75**, 171 (1960)

DOTTER, C. T., LUKAS, D. S., STEINBERG, J.: Tricuspid insufficiency. Observations based on angiocardiography and cardiac catheterization in 12 patients. Amer. J. Roentgenol. **70**, 786 (1953)

DRACHLER, D. H., WILLIS, P. W.: Acquired right ventricular outflow tract obstruction. Amer. Heart J. **82**, 536 (1971)

DRESSLER, W., FISCHER, R.: Über Tricuspidalstenose. Ein Bericht über 30 autoptisch sicher gestellte Fälle. Klin. Wschr. **8**, 1267 (1929)

DRESSLER, W., RUBIN, R.: Complex shape and variability of the diastolic murmur of aortic regurgitation. Amer. J. Cardiol. **18**, 616 (1966)

DUBIN, A. A., MARCH, H. W., COHN, K., SELZER, A.: Longitudinal hemodynamic and clinical study of mitral stenosis. Circulation **44**, 381 (1971)

DUBOISSET, M., LIENARD, J., BENS, J. L., BERNASCONI, P.: Rupture de pilier de valve mitrale au cours de l'infarctus du myocarde. Press. Méd. **79**, 525 (1971)
DUBOST, C.: Evaluation of surgery for mitral valve disease. Amer. Heart J. **82**, 143 (1971)
DUCHAK, J. M., CHANG, S., FEIGENBAUM, H.: The posterior mitral valve echo and the echocardiographic diagnosis of mitral stenosis. Amer. J. Cardiol. **29**, 628 (1972)
DUGALL, J. C., PRYOR, R., BLOUNT, S. G.: Systolic murmur following myocardial infarction. Amer. Heart J. **87**, 577 (1974)
DU PLESSIS, L. A., CHESLER, E.: Surgery for severe rheumatic mitral regurgitation in children. J. thorac. cardiovasc. Surg. **58**, 730 (1969)
DUROZIEZ, P.: Du rétrécissement de la tricuspide. Gaz. Hôp. **41**, 310 (1868)
DUVOISIN, G. E., MCGOON, D. C.: The advantages and disadvantages of prosthetic valves for aortic valve replacement. Progr. cardiovasc. Dis. **11**, 294 (1969)
EDLER, I., HERTZ, C. H.: Ultrasound cardiogram in mitral valve disease. Acta chir. scand. **111**, 230 (1956)
EDLING, N. P. G.: Roentgentelevision study of cardiac calcification. Circulation **24**, 1407 (1961)
EDSTRÖM, G., GEDDA, P. O.: Investigation on the localisations and forms of some visceral anatomical lesions in rheumatic fever. Acta med. scand. **147**, 367 (1954)
EDWARDS, J. E.: Pathologic aspects of cardiac valvular insufficiencies. Arch. Surg. **77**, 634 (1958)
EDWARDS, J. E.: An atlas of acquired disease of the heart and great vessels. Vol. 1, p. 484. Disease of the valves and pericardium. Philadelphia: Saunders 1961
EDWARDS, J. E.: Mitral insufficiency resulting from "overshooting" of leaflets. Circulation **43**, 606 (1971)
EDWARDS, J. E.: Bacterial endocarditis and prosthetic valves. Circulation **47**, 3 (1973)
EFFERT, S.: Der derzeitige Stand der Ultraschallkardiographie. Arch. Kreisl.-Forsch. **30**, 213 (1959)
EFFERT, S., DOMANING, E.: Diagnostik intraaurikulärer Tumoren und großer Thromben mit dem Ultraschall-Echoverfahren. Dtsch. med. Wschr. **84**, 6 (1959)
EFFLER, D., MARCUS, F.: Mitralstenosis with coronary artery disease. Medical versus surgical management. Chest **63**, 1012 (1973)
v. EGIDY, H.: Über den Frequenzgehalt und die Amplitude von Mitralöffnungstönen bei wechselnden Vorhofdrucken. Z. Kreisl.-Forsch. **55**, 137 (1966)
EIE, A., SEMB, G., EFSKIND, L.: The appearance of rheumatic mitral stenosis in cineangiography related to surgical treatment. Scand. J. thorac. cardiovasc. Surg. **6**, 122 (1972)
EINERT, H. J.: Über die Beziehungen der Mitralöffnungszeit zur mittleren Geschwindigkeit des vorderen Mitralklappensegels im Ultraschallkardiogramm bei Mitralvitien. Z. Kreisl.-Forsch. **57**, 848 (1968)
EISENBERG, S., SUYEMOTO, J.: Rupture of a papillary muscle of the tricuspid valve following acute myocardial infarction. Circulation **35**, 88 (1964)
ELIOT, R. S., EDWARDS, J. E.: Pathology of rheumatic fever and rheumatic heart disease. In: The Heart (J. W. HURST, R. B. LOGUE, Eds.), p. 743. New York: McGraw-Hill 1970
ELKIN, M., SOSMAN, M., HARKEN, D. E., DEXTER, L.: Systolic expansion of the left auricle in mitral regurgitation. New Engl. J. Med. **246**, 958 (1952)
ELKINS, R. C., MORROW, A. G., VASKO, J. S., BRAUNWALD, E.: The effects of mitral regurgitation on the pattern of instantaneous aortic blood flow. Clinical and experimental observations. Circulation **36**, 45 (1967)
ELLIOTT, L. P., ELIOT, R. S.: Roentgenologic findings in conditions of the ascending aorta simulatinc aortic valvular insufficiency. Amer. J. Roentgenol. **97**, 390 (1966)
ELLIS, F. H., FRYE, R. L., MCGOON, D. C.: Results of reconstructive operation for mitral insufficiency due to ruptured chordae tendineae. Surgery **59**, 165 (1966)
ELLIS, L. B., HARKEN, D. E.: Closed valvuloplasty for mitral stenosis. New Engl. J. Med. **270**, 643 (1964)
ELLIS, L. B., BENSON, H., HARKEN, D. E.: The effect of age and other factors on the early and late results following closed mitral valvuloplasty. Amer. Heart J. **75**, 743 (1968).
ELLIS, L. B., HARKEN, D. E., BLACK, H.: A clinical study of 1000 consecutive cases of mitral stenosis two to nine years after mitral valvuloplasty. Circulation **19**, 803 (1959)
ELLIS, L. B., RAMIREZ, A.: The clinical course of patients with severe "rheumatic" mitral insufficiency. Amer. Heart J. **78**, 406 (1969)
ELLIS, L. B., SINGH, J. B., MORALES, D. D., HARKEN, D. E.: Fifteen-to-twenty-year study of one thousand patients undergoing closed mitral valvuloplasty. Circulation **48**, 357 (1973)
ELLISON, R. G., BROWN, W. J., YEH, T. J., HAMILTON, W. F.: Surgical significance of acute and chronic pulmonary valvular insufficiency. J. thorac. cardiovasc. Surg. **60**, 549 (1970)
EL-SHERIF, N.: Rheumatic tricuspid stenosis. A hemodynamic correlation. Brit. Heart J. **33**, 16 (1971)
EMMERICH, J., BÜCHNER, C., REINDELL, H., STEIM, H.: Angiokardiographische Untersuchungen über das Volumen des linken Ventrikels bei Druckbelastung (Aortenstenose). Fortschr. Röntgenstr. **104**, 759 (1966)
EMMERICH, J., STEIM, H.: Isolierte rheumatische Pulmonalklappeninsuffizienz. Münch. med. Wschr. **100**, 1993 (1958)
ENRIGHT, L. P., HANCOCK, E. W., SHUMWAY, N. E.: Aortic debridement: Long term follow-up. Surgery **69**, 404 (1971)
EPSTEIN, B. S.: The roentgenologic differentiation of rheumatic from nonrheumatic mitral valve calcification. Amer. J. Roentgenol. **44**, 704 (1940)
EPSTEIN, E. J., COULSHED, N., BROWN, A. K., DOUKAS, N. G.: The a wave of the apex cardiogram in aortic valve disease and cardiomyopathy. Brit. Heart J. **30**, 591 (1968)
ESCH, D., THURN, P.: Zur Pathogenese und diagnostischen Bedeutung der kostodiaphragmalen

Septumlinien bei der Mitralstenose. Fortschr. Röntgenstr. **87**, 7 (1957)
Esposito, M. J.: Focal pulmonary hemosiderosis in rheumatic heart disease. Amer. J. Roentgenol. **73**, 351 (1955)
Ettinger, P. D.: Hemodynamic effects of exercise in isolated valvular aortic stenosis. Circulation **45**, 1331 (1972)
Ettinger, P. O., Frank, M. J., Levinson, G. E.: Hemodynamics at rest and during exercise in combined aortic stenosis and insufficiency. Circulation **45**, 267 (1972)
Evans, W.: Mitral systolic murmurs. Brit. med. J. **1943 I**, 8
Evans, W., Short, D. S.: Pulmonary hypertension in mitral stenosis. Brit. Heart J. **19**, 457 (1957)
Fabian, C. E., Abrams, L.: Reflux through normal arortic valves. Invest. Radiol. **3**, 178 (1968)
Falcone, M. W., Roman, J. A., Roberts, W. C.: Silent mitral regurgitation complicating silent myocardial infarctions: Hemodynamic and morphologic documentation. Chest **62**, 226 (1972)
Fallen, E. L., Elliott, W. C., Gorlin, R.: Mechanisms of angina in aortic stenosis. Circulation **36**, 480 (1967)
Fallen, H., Dittrich, H., von der Emde, J., Rosellen, E., Lang, K., Just, H.: Akute Tricuspidalinsuffizienz infolge Sehnenfadenruptur. Münch. med. Wschr. **116**, 803 (1974)
Farrar, J. F., Gray, R. E.: The pulse of aortic stenosis during childhood. Brit. Heart J. **27**, 199 (1965)
Farrer-Brown, G., Tarbit, M. H.: The microvasculatur of heart valves in rheumatic heart disease. Amer. Heart J. **84**, 610 (1972)
Fassbender, H. G.: The incidence of rheumatic endocarditis. Amer. Heart J. **50**, 537 (1955)
Fassbender, H. G., Ruckes, J.: Endokarditische Restzustände und Klappenfehler. Virchow's Arch. path. Anat. **324**, 700 (1954)
Feder, W., Cherry, R. A.: External jugular phlebogram as reflecting venous and right atrial hemodynamics. Amer. J. Cardiol. **12**, 383 (1963)
Feigenbaum, H.: Clinical applications of echocardiography. Progr. cardiovasc. Dis. **14**, 531 (1972)
Feigenbaum, H.: Echocardiography, pp. 199—213. Philadelphia: Lea & Febinger, 1976
Feinendegen, L. E., Schicha, H., Becker, V., Vyska, K., Seipel, L.: Radiokardiographische Funktionsdiagnostik. Messung minimaler zentraler Transitzeiten (MTTs) mit Indium-^{113m} und der Gamma-Retina. Verh. dtsch. Ges. inn. Med. **77**, 438 (1971)
Feist, J. H., Magover, G. J.: In vivo behavior of artificial aortic and mitral valve prosthesis. Radiology **88**, 791 (1967)
Fenichel, N. M.: Arteriosclerotic aortic insufficiency. Amer. Heart J. **40**, 117 (1950)
Ferrer, M. I., Harvey, R. M., Kuscher, M. R., Richards, M., Cournand, A.: Hemodynamic studies in tricuspid stenosis of rheumatic origin. Circulat. Res. **1**, 49 (1953)
Figley, M., Haight, C., Sloan, H., Ellsworth, W., Meyer, J., Berk, M., Boblitt, D.: Coronary arteriography. Some physiologic observations during development of a controlled experimental study. Med. Bull. **28**, 237 (1962)
Finegan, R. E., Gianelly, R. E., Harrison, D. C.: Aortic stenosis in the elderly. Relevance of age to diagnosis and treatment. New Engl. J. Med. **281**, 1261 (1969)
Finnegan, J. O., Gray, D. C., MacVaugh, H., Joyner, C. R., Johnson, J.: The open approach to mitral commissurotomy. J. thorac. cardiovasc. Surg. **67**, 75 (1974)
Fish, R. G., Takaro, T., Crymes, T.: Prognostic considerations in primary isolated insufficiency of the pulmonic valve. New Engl. J. Med. **261**, 739 (1959)
Fishenfeld, J., Lamy, Y.: Laceration of the tricuspid valve by a pacemaker wire. Chest **61**, 697 (1972)
Fishman, N. H., Edmunds, L. H., Hutchinson, J. C., Roe, B. B.: Five year experience with Smeloff-Cutter mitral prosthesis. J. thorac. cardiovasc. Surg. **62**, 345 (1971)
Flamm, M. D., Braniff, B. A., Kimball, R., Hancock, E. W.: Mechanism of effort syncope in aortic stenosis. Circulation, Suppl. **36/II**, 109 (1967)
Fleischner, F. G., Abelmann, W. H., Buka, R.: The value of the atrial electrokymogram in the diagnosis of mitral regurgitation: Observations on patients with rheumatic mitral stenosis before and after mitral valvuloplasty. Circulation **10**, 71 (1954)
Fleming, H. A.: Ventricular septal defect and mitral regurgitation secondary to myocardial infarction. A case treated medically with long survival. Brit. Heart J. **35**, 344 (1973)
Fleming, H. A., Stovin, P. G. I.: Calcified right atrial mass. Report of a case and discussion of the differential diagnosis. Thorax **27**, 373 (1972)
Fleming, H. A., Wood, P.: The myocardial factor in mitral valve disease. Brit. Heart J. **21**, 117 (1959)
Fleming, J., Hamer, J.: Left ventricular volume in aortic stenosis measured by an angiocardiographic and a thermodilution method. Brit. Heart J. **30**, 475 (1968)
Fleming, J. S.: The assessment of failure in aortic stenosis from the diastolic movements of the left ventricle. Amer. Heart J. **76**, 235 (1968)
Fleming, J. S.: Evidence for a mitral valve origin of the left ventricular third heart sound. Brit. Heart J. **31**, 192 (1969)
Fleming, J. S.: Clinical experience with the Starr-Edwards aortic valve prosthesis. Amer. Heart J. **80**, 151 (1970)
Fleming, P. R., Gibson, R.: Percutaneous left ventricular puncture in the assessment of aortic stenosis. Thorax **12**, 37 (1957)
Fluck, D. C., Lopez-Bescos, L.: Calcified right atrial myxoma producing tricuspid incompetence. Proc. roy. Soc. Med. **61**, 33 (1968)
Ford, A. B., Hellerstein, H. K., Wood, C., Kelly, H. B.: Isolated congenital bicuspid pulmonary valve. Amer. J. Med. **20**, 474 (1956)
Forker, A. D., MacCallister, B. D., Giuliani, E. R., Osmundson, P. J.: Atypical presentations of patients with calcific aortic stenosis. Patients

with normal ECG and patients with associated systemic hypertension. J. Amer. med. Ass. **212**, 774 (1970)

Forrester, J. S., Diamond, G., Freedman, S., Allen, H. N., Parmley, W. W., Matloff, J., Swan, H. J.: Silent mitral insufficiency in acute myocardial infarction. Circulation **44**, 877 (1971)

Fortuin, M. J., Craige, E.: On the mechanism of the Austin-Flint murmur. Circulation **45**, 558 (1972)

Fournier, C., Gay, J., Gerbaux, A.: Évolution à long terme des insuffisances tricuspide non opérées après correction chirurgicale des valvulopathies mitrales et mitro-aortiques. Arch. Mal. Cœur **68**, 907 (1975)

Fowler, J. M., Somers, K.: Left ventricular endomyocardial fibrosis and mitral incompetence, a new syndrome. Lancet **1968** /I, 227

Frank, M. J., Casanegra, P., Migliori, A. J., Levinson, G. E.: The clincial evaluation of aortic regurgitation. With special reference to a neglected sign: the popliteal-brachial pressure gradient. Arch. intern. Med. **116**, 357 (1967a)

Frank, M. J., Nadimi, M., Hilmi, K. I., Levinson, G. E.: Measurement of mitral regurgitation in man by the upstream sampling method using continuous indicator infusions. Circulation **35**, 100 (1967b)

Frank, S., Johnson, A., Ross, J.: Natural history of valvular aortic stenosis. Brit. Heart J. **35**, 41 (1973)

Frankl, W. S., MacMillan, R., Smith, W. K.: Differential echocardiographic patterns in mitral regurgitation. Angiology **23**, 642 (1972)

Fraser, K., Turner, M. A., Sugden, B. A.: Closed mitral valvotomy. Brit. med. J. **1976**/II, 352—353

Fréteur, J. P., Baragan, J., Himbert, J., Lenègre, J.: Étude phonomécanographique de 44 cas opérés ou autopsiés de double souffles aortiques. Arch. Mal. Cœur **61**, 1057 (1968)

Friedberg, C. K.: Diseases of the heart, Philadelphia: Saunders 1966

Friedberg, C. K.: Erkrankungen des Herzens, Stuttgart: Thieme 1972

Friedenberg, M. J., Templeton, A. W., Parker, B. M.: Correlation of pulmonary artery diameter and pressure in mitral valve disease. Angiocardiographic study. Acta radiol. Diagn. **4**, 33 (1966)

Friedman, N. J.: Echocardiographic studies of mitral valve motion. Genesis of the opening snap in mitral stenosis. Amer. Heart J. **80**, 177 (1970)

Friedmann, R.: Einfluß der Herzklappenfehler auf die Lebensdauer. Z. klin. Med. **130**, 382 (1936)

Friedman, W. F., Modlinger, J., Morgan, J. R.: Serial hemodynamic observations in asymptomatic children with valvar aortic stenosis. Circulation **43**, 91 (1971)

Fuchs, W. A., Stampbach, O.: Angiokardiographie und Kineangiokardiographie bei Mitralinsuffizienz. Cardiologia (Basel) **44**, 325 (1964)

Futcher, T. B.: Tricuspid stenosis, with a report of five cases. Amer. J. Med. Sci. **142**, 625 (1911)

Gabriele, O. F., Scatliff, J. H.: Pulmonary valve calcification. Amer. Heart J. **80**, 299 (1970)

Gadermann, E.: Elektrokymographische Untersuchungen über das Verhalten der Herzpulsationen bei Mitralvitien. Verh. dtsch. Ges. Kreisl.-Forsch. **20**, 137 (1954)

Gall, F., Leutschaft, R., Bachmann, K.: Die offene Kommissurotomie der Mitralstenose an der Herz-Lungen-Maschine. Thoraxchirurgie **17**, 563 (1969)

Galloway, R. W., Epstein, E. J., Coulshed, N.: Pulmonary ossific nodules in mitral valve disease. Brit. Heart J. **23**, 297 (1961)

Gardner, F. E., White, P. D.: Coronary occlusion and mycocardial infarction associated with chronic rheumatic heart disease. Ann. intern. Med. **31**, 1003 (1949)

Garusi, G. F.: Tricuspid valve appearance in right selective angiocardiography. Cardiologia (Basel) **41**, 303 (1962)

Garvin, C. F.: Tricuspid stenosis: Incidence and diagnosis. Arch. intern. Med. **72**, 104 (1943)

Gasul, B. M., Arcilla, R. A., Fell, E. H., Lynfield, J., Bicoff, J. P., Luan, L. L.: Congenital coronary arteriovenous fistula; clinical, phonocardiographic, angiocardiographic and hemodynamic studies in five patients. Pediatrics **25**, 531 (1960)

Gattiker, K., Messmer, B. J., Rothlin, M., Senning, A.: Spätresultate nach offener Mitralklappenrekonstruktion. Schweiz. med. Wschr. **102**, 432 (1972)

Gee, S.: Auscultation and percussion. 4th Ed. London: Smith, Elder & Co. 1893

Gehrmann, G., Loogen, F.: Mechanische hämolytische Anämie nach Implantation künstlicher Aortenklappen. Dtsch. med. Wschr. **89**, 625 (1964)

Geill, T.: Calcification of left annulus fibrosus. Acta med. scand., Suppl. **138**, 153 (1950)

Gelland, M. L., Goodkin, L.: Roentgenographic demonstration of calcification of aortic cups in aortic stenosis. South. J. Med. **61**, 2065 (1961)

Gerami, S., Messmer, B. J., Hallman, G. L., Cooley, D. A.: Open mitral commissurotomy. Results of 100 consecutive cases. J. thorac. cardiovasc. Surg. **62**, 366 (1971)

Gerbode, F., Kerth, W. J., Puryear, G. H.: The surgery of non-rheumatic acquired insufficiency of the mitral valve. Progr. cardiovasc. Dis. **11**, 173 (1968)

Gianelly, R. E., Angell, W. W., Stinson, E., Shumway, N. E., Harrison, D. C.: Homograft replacement of the mitral valve. Circulation **38**, 664 (1968)

Gibson, R., Wood, P.: The diagnosis of tricuspid stenosis. Brit. Heart J. **17**, 551 (1955)

Giegler, L.: Untersuchungen zur klinischen Bedeutung der Vektorkardiographie bei Mitralstenose. Z. Kreisl.-Forsch. **60**, 763 (1971)

Gillmann, H., Loogen, F.: Beziehungen zwischen Schweregrad und klinischem Befund bei Aortenstenosen. Arch. Kreisl.-Forsch. **32**, 244 (1960)

Gilman, R. A., Lehman, J. S., Musser, B. G., Russel, R.: Mitral insufficiency. Its quantitation by cardiac ventriculography. J. Amer. med. Ass. **166**, 2124 (1958)

Gimenez, J. L., Soulen, R. L., Davila, J.: Prosthetic valve detachment: Its roentgenologic recognition. Amer. J. Roentgenol. **103**, 595 (1968)

GIMENEZ, J. L., WINTERS, W. L., DAVILA, J. C., CONNELL, J., KLEIN, K. S.: Dynamics of the Starr-Edwards ball valve prosthesis: A cinefluorographic and ultrasonic study in humans. Amer. J. med. Sci. **250**, 652 (1965)

GIULIANI, M. G., GOULD, L.: The pitfalls of the brachial arterial pressure curve in the evaluation of valvular aortic stenosis. Jap. Heart J. **10**, 467 (1969)

GIULIONI, E. R.: Mitral valve incompetence due to fail anterior leaflet: A new physical sign. Amer. J. Cardiol. **20**, 784 (1967)

GLANCY, D. L., EPSTEIN, S. E.: Differential diagnosis of type and severity of obstruction to left ventricular outflow. Progr. cardiovasc. Dis. **14**, 153 (1971)

GLANCY, D. L., FREED, T. A., OBRIEN, K. P., EPSTEIN, S. E.: Calcium in the aortic valve. Roentgenologic and hemodynamic correlations in 148 patients. Ann. intern. Med. **71**, 245 (1969a)

GLANCY, D. L., MARCUS, F. I., CUADRA, M., EWY, G. A., ROBERTS, W. C.: Isolated organic tricuspid valvular regurgitation. Causes and consequences. Amer. J. Med. **46**, 989 (1969b)

GLANCY, D. L., O'BRIEN, K. P., REIS, R. L., EPSTEIN, S. E., MORROW, A. G.: Hemodynamic studies in patients with 2M and 3M Starr-Edwards prosthesis: Evidence of obstruction to left atrial emptying. Circulation, Suppl. **39/I**, 113 (1969c)

GLANCY, D. L., STINSON, E. B., SHEPHERD, R. L., ITSCOITZ, S. B., ROBERTS, W. C., EPSTEIN, S. E., MORROW, A. G.: Results of valve replacement for severe mitral regurgitation due to papillary muscle rupture or fibrosis. Amer. J. Cardiol. **32**, 313 (1973)

GLEICHMANN, U.: Postoperative Röntgenbefunde erworbener Klappenfehler. Dtsch. Röntgenkongr. **52**, 16 (1971)

GLEICHMANN, U., KREUZER, H., LOOGEN, F., SEIPEL, L.: Das linksventrikuläre Doppler-Ultraschallkardiogramm. Z. Kreisl.-Forsch. **60**, 452 (1971)

GLEICHMANN, U., KREUZER, H., LOOGEN, F., WILKE, K. H.: Differentialdiagnostische Bedeutung des Apexkardiogramms bei Aortenfehlern. Z. Kreisl.-Forsch. **56**, 763 (1967)

GLEICHMANN, U., KREUZER, H., LOOGEN, F., WILKE, K. H.: Veränderungen der systolischen Welle des Apexkardiogrammes bei Mitralinsuffizienz. Z. Kreisl.-Forsch. **57**, 127 (1968)

GLEICHMANN, U., LOOGEN, F., WILKE, K. H.: Überschneidung von Ventrikelfüllung und Kontraktion im Apexkardiogramm bei Mitralinsuffizienz. Z. Kreisl.-Forsch. **56**, 641 (1967)

GLENN, W. W. L., CALABRESE, C., GOODYEAR, A. V. N., HUME, M., STANSEL jr., H. C.: Mitral valvulotomy. II. Operativ results after closed valvulotomy. A report of 500 cases. Amer. J. Surg. **117**, 493 (1969)

GLEW, R. H., VARGHESE, P. J., KROVETZ, L. J., DORST, J. P., ROWE, R. D.: Sudden death in congenital aortic stenosis. Amer. Heart J. **78**, 615 (1969)

GOLDSCHLAGER, N., PFEIFER, J., COHN, K., POPPER, R., SELZER, A.: The natural history of aortic regurgitation. A clinical and hemodynamic study. Amer. J. Med. **54**, 577 (1973)

GOLDSTEIN, S., KILLIP, III, T.: Comparison of direct and indirect arterial pressures in aortic regurgitation. New Engl. J. Med. **267**, 1121 (1962)

GOODENDAY, L. S., SIMON, G., CRAIG, H., DALBY, L.: Abnormal distribution of pulmonary blood flow in aortic valve disease. Brit. Heart J. **32**, 406 (1970)

GOODWIN, J. F.: Diagnosis of left atrial myxoma. Lancet **1963/I**, 464

GOODWIN, J. F., RAB, S. M., SINHA, A. K., ZOOB, M.: Rheumatic tricuspid stenosis. Brit. med. J. **1957/II**, 1383

GOODWIN, J. F., STEINER, R. E., LOVE, K. G.: The pulmonary arteries in mitral stenosis, demonstrated by angiocardiography. J. Fac. Radiol. (Lond.) **4**, 21 (1952)

GORDON, A. J., GENKINS, G., GRISHMAN, A., NABATOFF, A.: Tricuspid stenosis. Report of a case, with hemodynamic studies at tricuspid commissurotomy. Amer. J. Med. **22**, 306 (1957)

GORDON, A. J., KIRSCHNER, P. A., MOSCOVITZ, H. L.: Hemodynamics of aortic and mitral valve disease. New York-London: Grune & Stratton 1961

GORELICK, M. M., LENKEI, S. C., HEIMBECKER, R. O., GUNTON, R. W.: Estimation of mitral regurgitation by injection of dye into the left ventricle with simultaneous left atrial sampling: A clinical study of sixty confirmed cases. Amer. J. Cardiol. **10**, 62 (1962)

GORLIN, R.: Mechanism of signs and symptoms of mitral valve disease. Brit. Heart J. **16**, 375 (1954).

GORLIN, R.: Measurement of coronary flow in health and disease. Modern trends in cardiology. London 1961

GORLIN, R., GORLIN, S. G.: Hydraulic formula for calculation of the area of the stenotic mitral valve, other cardiac valves, and central circulatory shunts. Amer. Heart J. **41**, 1 (1951)

GORLIN, R., LEWIS, B. L., HAYNES, F. W., DEXTER, L.: Studies of the circulatory dynamics at rest in mitral valvular regurgitation with and without stenosis. Amer. Heart J. **43**, 357 (1952)

GORLIN, R., LEWIS, B. M., HAYNES, F. W., SPIEGL, R. J.: Factors regulating pulmonary "capillary" pressure in mitral stenosis. Amer. Heart J. **41**, 834 (1951)

GORLIN, R., ROLETT, E. L., YURCHAK, P. M., ELLIOTT, W. C.: Left ventricular volume in man measured by thermodilution. J. clin. Invest. **43**, 1203 (1964)

GOTSMAN, M. S., BECK, W., BARNARD, C. N., SCHRIRE, V.: Changes in chest radiography after aortic valve replacement. Brit. Heart J. **30**, 219 (1968)

GOTTSEGEN, G., WEESELY, J., ARVAY, A., TEMESVARI, A.: Right ventricular myxoma simulating pulmonic stenosis. Circulation **27**, 95 (1963)

GOULD, L., ETTINGER, S. J., LYON, A. F.: Intensity of the first heart sound and arterial pulse in mitral insufficiency. Dis. Chest **53**, 545 (1968)

GOULD, L., WEBER, D., SCHAFFER, A. I., O'CORNER, R. A.: Does atrial fibrillation lead to tricuspid insufficiency? Amer. J. Cardiol. **16**, 189 (1965)

GOULD, L., ZAHIR, M., DEMARTINO, A., GOMPRECHT, R. F., HAYT, D.: Extensive calcification of the tricuspid valve in rheumatic heart disease. Angiology **22**, 529 (1971)

de GRAFF, A. C., LINGG, C.: The course of rheumatic heart disease in adults. Amer. Heart J. **10**, 459 (1934)

GRAHAM, A. F., SCHROEDER, J. S., DAILY, P. O., HARRISON, D. C.: Clinical and hemodynamic studies in patients with homograft mitral valve replacement. Circulation **44**, 334 (1971)

GRAHAM, G. K., TAYLOR, I. A., ELLIS, L. B., GREENBERG, D. I., ROBBINS, S. L.: Studies in mitral stenosis. Correlation in the postmortem findings with the clinical course of the disease in 101 cases. Arch. intern. Med. **88**, 532 (1951)

GRAHAM, T. P., GOODRICH, J. K., ROBINSON, A. E., HARRIS, C. C.: Scintiangiocardiography in children. Amer. J. Cardiol. **25**, 387 (1970a)

GRAHAM, T. P., JARMAKANI, J. M., CANENT, R. V., ANDERSON, P. A.: Evaluation of left ventricular contractile state in childhood. Normal values and observations with a pressure overload. Circulation **44**, 1043 (1971)

GRAHAM, T. P., LEWIS, B. W., JARMAKANI, M. M., CANET, R. V., CAPP, M. P.: Left heart volume and mass quantification in children with left ventricular pressure overload. Circulation **41**, 203 (1970b)

GRANT, C., GREENE, D. G., BUNNELL, I. L.: Left ventricular enlargement and hypertrophy. A clinical and angiographic study. Amer. J. Med. **39**, 895 (1965)

GRANT, R. T.: After histories for ten years of a thousand men suffering from heart disease. Clin. Sci. **16**, 275 (1933)

GRAY, I. R., JOSHIPURA, C. S., MACKINNON, J.: Retrograde left ventricular cardioangiography in the diagnosis of mitral regurgitation. Brit. Heart J. **2**, 145 (1963)

GREMMEL, H., LOOGEN, F., VIETEN, H.: Kardiovaskuläre Befunde beim Marfan-Syndrom. Fortschr. Röntgenstr. **100**, 612 (1964)

GREMMEL, H., SCHULTE-BRINCKMANN, W.: Über den Wert von Herzfernaufnahmen zur Beurteilung von Herz- und Lungenveränderungen bei Mitralstenose. Arch. Kreisl.-Forsch. **37**, 199 (1962)

GRISHMAN, A., KROOP, I. G., STEINBERG, M. F., DACK, S.: Presystolic pulsation of the liver in absence of tricuspid disease. Amer. Heart J. **40**, 731 (1950)

GROEDEL, F. M.: Grundriß und Atlas der Röntgendiagnostik in der inneren Medizin und den Grenzgebieten. 1. Aufl. München: J. F. Lehmann 1909

GROEDEL, F. M.: Die Röntgendiagnostik der Herz- und Gefäßerkrankungen. Berlin: H. Meusser 1912

GROEDEL, F. M.: Grundriß und Atlas der Röntgendiagnostik in der inneren Medizin und den Grenzgebieten, 3. Aufl. München: Lehmann 1921

GROHME, S.: Befunde an operativ gewonnenen Herzklappen. Z. Kreisl.-Forsch. **60**, 100 (1971)

GRONDIN, P., LEPAGE, G., CASTONGUAY, Y., MEERE, C.: The tricuspid valve: A surgical challenge. J. thorac. Surg. **53**, 7 (1967)

GRONDIN, P., MEERE, C., LIMET, R., LOPEZ-BESCOS, L., DELCAN, J. L., RIVERA, R.: Carpentier's annulus and deVegas's annoulplasty The end of the tricupsid challenge. J. thorac. cardiovasc. Surg. **70**, 852—859 (1975)

GROSSE-BROCKHOFF, F., ISEKEN, G.: Zur Frage der Häufigkeit der Operationsindikation bei Mitralstenose. Pathologisch-anatomische Grundlagen. Z. Kreisl.-Forsch. **43**, 402 (1954)

GROSSE-BROCKHOFF, F., KAISER, K., LOOGEN, F.: Erworbene Herzklappenfehler. In: Handbuch der inneren Medizin. 4. Aufl., Bd. 9, Teil II. Berlin-Göttingen-Heidelberg: Springer 1960 S. 1288

GROSSE-BROCKHOFF, F., LOOGEN, F.: Angeborene Aortenstenose. Dtsch. med. Wschr. **86**, 417 (1961)

GROSSE-BROCKHOFF, F., LOOGEN, F.: Schweregrad der Aorteninsuffizienz und Operationsindikation. Dtsch. med. Wschr. **90**, 737 (1965)

GROSSE-BROCKHOFF, F., LOOGEN, F., SCHAEDE: Angeborene Herz- u. Gefäßmißbildungen. In: Hdb. Inn. Med. IV. Aufl., Bd. IX/2, S. 105. Berlin-Göttingen-Heidelberg: Springer 1960

GUERON, M., HIRSCH, M., BORMAN, J., APPELBAUM, A.: Isolated tricuspid valvular stenosis. J. thorac. cardiovasc. Surg. **63**, 760 (1972)

GÜNTHER, K. H.: Die hämodynamischen Charakteristika kombinierter Mitralklappenfehler und reiner Mitralinsuffizienzen unter besonderer Berücksichtigung der Pendelvolumina. Z. Kreisl.-Forsch. **57**, 609 (1968)

GUSTAFSON, A., EDLER, I., DAHLBÄCK, O., KAUDE, J., PERSSON, S.: Left atrial myxoma diagnosed by ultrasound cardiography. Angiology **24**, 554 (1973)

HADFIELD, G., GARROD, L. P.: Recent Advances in Pathology, p. 363. Philadelphia: Blakiston 1947

HAERTEN, K., BOTH, A., SEIPEL, L., LOOGEN, F., HERZER, J.: Hämodynamische Untersuchungen nach prothetischem Tricuspidalklappenersatz. Z. Kardiol. **66**, 170 (1977)

HAERTEN, K., BOTH, A., LOOGEN, F., BIRCKS, W.: Hemodynamics after mitral valve replacement with Starr-Edwards, Björk-Shiley, and Lillehei-Kaster prostheses. Circulation, Suppl. **53/54—II**, 181 (1976)

HAGER, W., KEVENHÖRSTER, K., MÜLLER, H.: Die isolierte valvuläre Pulmonalinsuffizienz. Cardiologia (Basel) **47**, 45 (1965a)

HAGER, W., WEGEHAUPT, R., ORTH, H. F., SCHLEY, G.: Die diagnostische Bedeutung des Intervalles Q-I. Herzton im Phonokardiogramm. 1. Mitteilung: Das Q-I-Intervall bei Normalpersonen, bei arterieller Hypertonie, bei Aortenklappenstenosen und bei Mitralstenosen vor und nach der Operation. Z. Kreisl.-Forsch. **54**, 1068 (1965 b)

HALL, P.: On the prognosis and natural history of acute rheumatic fever and rheumatic heart disease. Acta med. scand., Suppl. **362**, 169 (1961)

HALL, P., BJÖRCK, G., OHLSSON, N. M.: Roentgenological evaluation of the left atrium in early mitral stenosis. Acta med. scand. **169**, 313 (1961)

HALLERBACH, H.: Ergebnisse der Kontrastdarstellung der thorakalen Aorta. In: Theoretische und klinische Medizin in Einzeldarstellungen. Heidelberg: Hüthig 1967

HALMAGYI, D., ROBISECK, F., FELKAI, B., ZSOTER, T. IVANYI, J., TENYI, M., SZÜES, Z.: Studies on experimental tricuspidal insufficiency in dogs. Acta med. Acad. Sci. hung. 5, 347 (1954)

HAMBY, R. I., LEE, R. L., AINTABLIAN, A., WISOFF, B. G., HARSTEIN, M. L.: Cinefluorographic study of the aortic ball-cage prosthetic valve phonocardiographic, hemodynamic and angiographic correlations. Amer. J. Cardiol. 34, 276 (1974)

HAMER, J.: The vectorcardiogram in mitral valve disease. Brit. Heart J. 32, 149 (1970)

HAMILTON, W. F., DOWE, P.: An experimental study of the standing waves in the pulse propagated through the aorta. Amer. J. Physiol. 125, 48 (1939)

HAMMERMEISTER, K. E., DILLARD, D. H., KENNEDY, J. W.: Severe, intermittent mitral regurgitation in a Cross-Jones valve. Report of a case with angiocardiographic and hemodynamic observations. J. thorac. cardiovasc. Surg. 58, 575 (1969)

HAMMERMEISTER, K. E., MURRAY, J. A., BLACKMON, J. R.: Revision of Gorlin constant for calculation of mitral valve area from left heart pressure. Brit. Heart J. 35, 392 (1973)

HANANIA, G., PENTHER, P., GERBAUX, A., LENÈGRE, J.: L'insuffisance mitrale dans la myocardiopathie non obstructive. Arch. Mal. Cœur 65, 543 (1972)

HANCOCK, E. W.: Ejection sound in aortic stenosis. Amer. J. Med. 40, 569 (1966)

HANCOCK, E. W., COHN, K.: The syndrome associated with midsystolic click and late systolic murmur. Amer. J. Med. 41, 183 (1966)

HANSING, C. E., ROWE, G. G.: Tricuspid insufficiency. A study of hemodynamics and pathogenesis. Circulation 45, 793 (1972)

HANSON, J. S., IKKOS, D., CRAFOORD, C., OVENFORS, C. O.: Results of surgery for congenital pulmonary stenosis. Comparison of the transventricular and transarterial approaches. Circulation 18, 588 (1958)

HANUSCH, A.: Beitrag zur Lungenhämosiderose. Z. ges. inn. Med. 11, 57 (1956)

HARKEN, D. E., COLLINS, J. J.: Mitral valve replacement. Progr. cardiovasc. Dis. 11, 263 (1969)

HARKEN, D. E., ELLIS, L. B.: Recurrent symptoms after surgery for mitral stenosis. Amer. J. Cardiol. 26, 219 (1970)

HARMJANZ, D., KOCHSIEK, K., HEIMBURG, P., EMMRICH, J.: Die Mitralinsuffizienz mit normaler Druckhöhe und normalem Druckablauf im linken Vorhof bei großem Regurgitationsvolumen. Z. Kreisl.-Forsch. 55, 217 (1966)

HARTMAN, H.: The jugular venous tracing. Amer. Heart J. 59, 698 (1960)

HARTVEIT, F. M., WAALER, E.: The incidence of rheumatic stigmata in heart which are usually considered non-rheumatic. Acta path. microbiol. scand., Suppl. 148, 59 (1961)

HARVEY, R. M., FERRER, I., SAMET, P., BADER, R.A., BADER, M.E., COURNAND, A., RICHARDS, D. W.: Mechanical and myocardial factors in rheumatic heart disease with mitral stenosis. Circulation 11, 531 (1955)

HASHIMOTO, M.: Cineangiocardiographic assessment of mitral and aortic regurgitation. Jap. Circulat. J. 32, 1239 (1968)

HAUBRICH, R.: Über die miliare Lungenhämosiderose mit partieller Verknöcherung. Fortschr. Röntgenstr. 81, 440 (1954)

HAUBRICH, R.: Der heutige Stand der Elektrokymographie. Ergebn. inn. Med. Kinderheilk. 6, 640 (1955)

HAUBRICH, R., HECKMANN, K.: Röntgenkymographie. In: Handbuch der Medizinischen Radiologie, Bd. X/1. Berlin-Heidelberg-New York: Springer 1969

HAUCH, H. J., WENDE, U., NITSCHKE, M.: Spätergebnisse der Mitralvalvulotomie. Münch. med. Wschr. 108, 157 (1966)

VAN DER HAUWAERT, L. G., CORBEEL, L., MALDAGUE, P.: Fibroma of the right ventricle producing severe tricuspid stenosis. Circulation 32, 451 (1965)

HAWE, A., FREYE, R. L., ELLIS, F. H.: Late hemodynamic studies after mitral valve surgery. J. thorac. cardiovasc. Surg. 65, 351 (1973)

HAYS, F. B., BOGGAN, W. H.: Rupture of aortic valve cusp attachment due to aseptic medionecrosis of aorta: Case report with necropsy findings. Ann. intern. Med. 43, 1107 (1955)

HECKMANN, K.: Elektrokymographie. Berlin-Göttingen-Heidelberg: Springer 1959

HEEGER, H., POLZER, K.: Zur Hämodynamik der Tricuspidalinsuffizienz. Wien. klin. Wschr. 68, 601 (1956)

HEEGER, H., POLZER, K.: Die Tricuspidalinsuffizienz im Rheogramm und Venenpuls. Wien. klin. Wschr. 68, 757 (1956)

HEGGLIN, R., RUTISHAUSER, W., KAUFMANN, G., LÜTHY, E., SCHEU, H.: Kreislaufdiagnostik mit der Farbstoffverdünnungsmethode. Stuttgart: Thieme 1962

HEGGTVIET, H. A.: Syphilitic aortitis. Circulation 29, 346 (1964)

HEIDEL, W., HUTH, J. H., KUHLGATZ, G., WÜSTENBERG, P. W.: Das Schicksal der operierten und nicht operierten Patienten mit Mitralklappenstenose. Cardiologia (Basel) 51, 3 (1967)

HEIDENREICH, F. P., LEON, D. F., SHAVER, J. A.: A case of anomalous right coronary artery to right atrial fistula presenting as atipycal aortic insufficiency. Amer. J. Cardiol. 23, 453 (1969a)

HEIDENREICH, F. P., THOMSON, M. E., SHAVER, J. A., LEONARD, J. J.: Left atrial transport in mitral stenosis. Circulation 40, 545 (1969b)

HEIKKILÄ, J.: Mitral incompetence complicating acute myocardial infarction. Brit. Heart J. 29, 162 (1967)

HEINZ, N., LUCKMANN, E.: Die Formanalyse zentraler Venendruckkurven. II. Tricuspidalklappeninsuffizienz. Z. Kreisl.-Forsch. 60, 910 (1971)

HELLEMS, H. K., HAYNES, F. W., DEXTER, L.: Pulmonary "capillary" pressure in man. J. appl. Physiol. 2, 24 (1949)

HELLER, S. J., CARLETON, R. A.: Abnormal left ventricular contraction in patients with mitral stenosis. Circulation 42, 1099 (1970)

HEMLEY, S. D.: Mitral annulus calcification. Radiology 83, 464 (1964)

HEMLEY, S. D., SCHWINGER, A., HARRINGTON, L. A.: Calcification of the left auricle. Radiology **61**, 49 (1963)

HENRY, E., MONTIES, J. R., DEVIN, R., COURBIER, R., BAILLE, Y., JACQUENOUD, P.: Attitude chirurgicale dans les valvulopathies mitrotricuspidienne. Arch. Mal. Cœur **61**, 1290 (1968)

HENRY, E., MONTIES, J. R., BAILLE, Y., GOUDARD, A.: Resultats de la chirurgie à cœur ouvert des valvulopathies mitrales. Acta cardiol. (Brux.) **24**, 161 (1969)

HENRY, E. D., MONTHIES, J. R., BAILLE, Y., GOUDARD, A., JAQUENCOUD, P., SERRA, P.: Resultats de la chirurgie des polyvalvulopathies aquises. Arch. Mal. Cœur **62**, 1748 (1969)

HENZE, A.: Aortic valve replacement in patients over the age of sixty. Scand. J. thorac. cardiovasc. Surg. **8**, 1 (1974)

HERBERT, W. H.: Mitral insufficiency as a right ventricular afterload. Chest **60**, 98 (1971)

HERBERT, W. W.: Radiographic errors in the diagnosis of aortic insufficiency. Vasc. Dis. **2**, 87 (1965)

HEULIN, A., JOFFE, G., AUDOIN, J., DELARUE, F. GUILLEMOT, R., VACHERON, A., DIMATTEO, J.: Rétrécissement aortique calcifié et athérosclérose coronarienne. Arch. Mal. Cœur **66**, 1381 (1973)

HIGGS, L. M., GLANCY, D. L., O'BRIEN, K. P., EPSTEIN, E. S., MORROW, A. G.: Mitral restenosis: An uncommon cause of recurrent symptoms following mitral commissurotomy. Amer. J. Cardiol. **26**, 34 (1970)

HILDNER, F. J., JAVIER, R. P., COHEN, L. S., SAMET, P., NATHAN, M. J., YAHR, W. Z., GREENBERG, J. J.: Myocardial dysfunction associated with valvular heart disease. Amer. J. Cardiol. **30**, 319 (1972)

HILGER, H. H., WACKERBAUER, J.: Zur Diagnostik der Mitralinsuffizienz mit der unblutigen photoelektrischen Oxymetrie und Farbstoffverdünnungsmethode. Verh. dtsch. Ges. Kreisl.-Forsch. **31**, 265 (1965)

HILL, L., FLACK, M., HOLTZMANN, W.: Measurement of systolic blood pressure in man. Heart **1**, 73 (1909)

HILL, L., ROWLANDS, R. A.: Systolic blood pressure: (1) In change of posture, (2) in cases of aortic regurgitation. Heart **3**, 219 (1911)

HIMBERT, J., PENTHER, P., LENÈGRE, J.: La correction de l'insuffisance tricuspidienne dans la chirurgie à cœur ouvert des cardiopathies mitrales et mitro-aortiques. Arch. Mal. Cœur **60**, 1460 (1967)

HIPONA, F. A., LERONA, P. T., PAREDES, S.: Radiologic diagnosis of late complications associated with cardiac valve surgery in acquired heart disease. Radiol. Clin. N. Amer. **9**, 265 (1965)

HIPONA, F. A., LERONA, P. T., PAREDES, S.: Radiologic diagnosis of late complications associated with cardiac valve surgery in acquired heart disease. Radiol. Clin. N. Amer. **9**, 265 (1971)

HIRAOKA, K., OHKAWA, S., SUGIURA, M.: A clinicopathological study on the syphilitic aortic regurgitation in the aged. Jap. Heart J. **14**, 22 (1973)

HODAM, R., ANDERSON, R., STARR, A., WOOD, J., DOBBS, J., RAIBLE, D.: Further evaluation of the composite seat cloth-covered aortic prosthesis. Ann. thorac. Surg. **12**, 621 (1971)

HODGKIN, T.: Retroversion of the valves of the aorta. London med. Gaz. **3**, 433 (1828—1829)

HOFFMANN, G.: Nuklearmedizinische Funktionsdiagnostik in der Kardiologie, Angiologie und Pulmonologie. Internist **10**, 359 (1969)

HOFFMANN, L.: Besonderheiten der Endocarditis bei Drogenabhängigen. Dtsch. med. Wschr. **97**, 1827 (1972)

HOFFMEISTER, H. E., BRUNNER, L., KALBOW, K., SINHA, K., KONCZ, J.: Offene oder geschlossene Operation der Mitralstenose höheren Schweregrades? Thoraxchirurgie **20**, 38 (1972)

HOLLMAN, A.: Tricuspid valvotomy. Lancet **1956/I**, 535

HOLLMAN, A., HAMED, M.: Mitral valve disease with ventricular spetal defect. Brit. Heart J. **27**, 274 (1965)

HOLLMAN, A.: The anatomical appearance in rheumatic tricuspid valve disease. Brit. Heart J. **19**, 219 (1957)

HOLLOWAY, D. H., WHALEN, R. E., MCINTOSH, H. D.: Systolic murmur developing after myocardial ischemia or infarction. J. amer. med. Ass. **191**, 888 (1968)

HOLMES, J. C., FOWLER, N. O., KAPLAN, S.: Pulmonary valvular insufficiency. Amer. J. Med. **44**, 851 (1968)

HOLZER, J. A., KARLINER, J. S., O'ROURKE, R. A., PETERSON, K. L.: Quantitative angiographic analysis of the left ventricle in patients with isolated rheumatic mitral stenosis. Brit. Heart J. **35**, 497 (1973)

HOLZMANN, M.: Röntgenbefunde bei Tricuspidalfehlern. Fortschr. Röntgenstr. **46**, 14 (1932)

HONEY, M., GOUGH, J. H., KATSAROS, S., MILLER, G. A. H., THURAISINGHAM, V.: Left ventricular cineangiography in the assessment of mitral regurgitation. Brit. Heart J. **31**, 596 (1969)

HOPE, I.: A treatise on the diseases of the heart and great vessels. London: W. Kidd 1832

HORWITZ, L. D., MULLINS, C. B., PAYNE, R. M., CURRY, G. C.: Left ventricular function in mitral stenosis. Chest **64**, 609 (1973)

HUBBARD, T. F., DUNN, F. L., NEIS, D. D.: A phonocardiographic study of the apical diastolic murmurs in pure mitral insufficiency. Amer. Heart J. **57**, 223 (1959)

HUFNAGEL, C. A., CONRAD, P. W.: Calcified aortic stenosis. New Engl. J. Med. **266**, 72 (1962)

HUGENHOLTZ, P. G., WAGNER, H. R., SANDLER, H.: The in vivo determination of left ventricular volume. Comparison of the fiberoptic-indicator dilution and the angiocardiographic methods. Circulation **37**, 489 (1968)

HULTGREN, H. N.: Calcific disease of the aortic valve. Arch. Path. **45**, 694 (1948)

HULTGREN, H. N., HANCOCK, E. W., COHN, K. E.: Auscultation in mitral and tricuspid valvular disease. Progr. cardiovasc. Dis. **10**, 298 (1967/68)

HULTGREN, H. N., HUBIS, H., SHUMWAY, N.: Cardiac function following prosthetic aortic valve replacement. Amer. Heart J. **77**, 585 (1969)

HULTGREN, H., HUBIS, H., SHUMWAY, N.: Cardiac function following mitral valve replacement. Amer. Heart J. **75**, 302 (1968)

HUMPHRIES, J. O., McKUSICK, V. A.: The differentiation of organic and "innocent" systolic murmurs. Progr. cardiovasc. Dis. **5**, 152 (1962)

HURLEY, P. J., LOWE, J. B., BARRATT-BOYES, B. G.: Debridement-valvotomy for aortic stenosis in adults: A follow-up of 76 patients. Thorax **22**, 314 (1967)

HUSSAY, H. H., KATZ, S.: Infections resulting from narcotic addiction. Report of 102 cases. Amer. J. Med. **9**, 186 (1950)

HUTCHINSON, J. E., GREEN, G. E., MEKHJIAN, H. A., KEMP, H. G.: Aortic valve replacement combined with coronary bypass grafts. N.Y. St. J. Med. **73**, 1299 (1973)

HUTTER, A. M., DINSMORE, R. E., WILLERSON, J. T., DESANCTIS, R. W.: Early systolic clicks due to mitral valve prolapse. Circulation **44**, 516 (1971)

HYLEN, J. C.: Mechanical malfunction and thrombosis of prosthetic heart valves. Amer. J. Cardiol. **30**, 396 (1972)

HYLEN, J. C., JUDKINS, M. P., HERR, R. H., STARR, A.: Radiographic diagnosis of aortic-ball variance. J. Amer. med. Ass. **207**, 1120 (1969)

IKRAM, H., MAKEY, A. R., BLISS, B. P.: Genesis of diastolic sounds in mitral incompetence. Brit. Heart J. **31**, 762 (1969)

IONESCU, M. I., ROSS, D. N., DEAC, R. C., PETRILA, P. A., WOOLER, G. H.: Autologous fascia lata heart valves. Verh. dtsch. Ges. Kreisl.-Forsch. **36**, 20 (1970)

IRMER, W., KONRAD, R. M., ROTTHOFF, F.: Überblick über 1000 operierte Mitralstenosen. Langenbecks Arch. klin. Chir. **296**, 154 (1960)

ISHII, Y., MACINTYRE, W. J.: Measurement of heart chamber volumes by analysis of dilution curves simultaneously recorded by scintillation camera. Circulation **44**, 37 (1971)

ISRINGHAUS, H., STAPENHORST, K.: Zur chirurgischen Behandlung der Mitralstenose mittels geschlossener Kommissurotomie. Zugleich Beitrag zur Frage der offenen oder geschlossenen Operationsmethode. Herz-Kreisl. **8**, 559 (1976)

JACOBSON, G., SCHWARTZ, L. H., SUSSMAN, M. L.: Radiographic estimation of pulmonary artery pressure in mitral valvular disease. Radiology **68**, 15 (1957)

JACOBY, W. J., TUCKER, D. H., SUMMER, R. G.: The second heart sound in congenital pulmonary valvular insufficiency. Amer. Heart J. **69**, 603 (1965)

JANKER, R.: Knotige Knochenbildung der Lunge. Fortschr. Röntgenstr. **53**, 260 (1936)

JEFFERSON, K. E.: Thoracic aortography and cineradiography of the aortic valve. Symposion: Thoracic aortography. Brit. J. Radiol. **33**, 567 (1960)

JELINEK, V. M. J., McDONALD, I. G., HALE, G. S.: Haemodynamic basis for aortic valve replacement. Brit. Heart J. **36**, 69 (1974)

JENSEN, G., SIGURT, B.: Atrioventricular block in aortic insufficiency. Acta med. scand. **192**, 391 (1972)

JEREB, M., OLIN, C., LINDH, L. E.: Estimation of the degree of aortic regurgitation by means of densitometry. An experimental investigation. Acta radiol. diagn. **12**, 145 (1972)

JERESATY, R. M.: Ballooning of the mitral valve leaflets. Angiographic study of 24 patients. Radiology **100**, 45 (1971)

JHAVERI, S., CZONICZER, G., REIDER, R. B., MASSELL, B. F.: Relatively benign "pure" mitral regurgitation of rheumatic origin. A study of seventy-four adult patients. Circulation **22**, 39 (1960)

JOASSIN, A., EDWARDS, J. E.: Late cause of death after mitral valve replacement. Analysis of 36 cases. J. thorac. cardiovasc. Surg. **65**, 255 (1973)

JOHNSON, A. M.: Aortic stenosis, sudden death, and the left ventricular baroceptors. Brit. Heart J. **33**, 1 (1971)

JOHNSON, D. E., LIU, C. K., AKCAY, M. M., TABLIN, G. V.: Radiopulmonary cardiography for measurement of central mean transit time and its arterial and venous subdivisions. USAEC (Oak Ridge) **TID 7678**, 249 (1964)

JOHNSON, E. E., STOLLERMAN, G. H., GROSSMAN, B. J., McCULLOCH, H.: Streptococcal infections in adolescents and adults after prolonged freedom from rheumatic fever. 1. Results of the first 3 years of disease study. New Engl. J. Med. **263**, 105 (1960)

JOHNSON, L. M., PATTON, B. C., HOLMES, J. H.: Ultrasonic evaluation of prosthetic valve motion. Circulation, Suppl. **41—42/II**, 3 (1970)

JOHNSON, P. M., WOOD, E. H., PASTERNAK, B. S., JONES, M. A.: Roentgen evaluation of pulmonary arterial pressure in mitral stenosis. Radiology **76**, 541 (1961)

JOHNSON, M. L., HOLMES, J. H., SPANGLER, R. D., PATON, B. C.: Usefulness of echocardiography in patients undergoing mitral valve surgery. J. thorac. cardiovasc. Surg. **64**, 922 (1972)

Joint Report (AHA): The natural history of rheumatic fever and rheumatic heart disease. Circulation **32**, 457 (1965)

JOLY, F., VALTY, J., CARLOTTI, J.: Les bruits diastoliques auriculoventriculaires captes par le micromanomètre dans les insuffisances valvulaires pures du cœur gauche. Arch. Mal. Cœur **5**, 1722 (1965)

JONES, J. W., RACKLEY, C. E., BRUCE, R. A., DODGE, H. T., COBB, L. A., SANDLER, H.: Left ventricular volumes in valvular heart disease. Circulation **29**, 887 (1964)

JORGENS, J., BLANK, N., WILCOX, W. A.: The cinefluorographic detection and recording of calcification within the heart. Results of 803 examinations. Radiology **74**, 550 (1960)

JOSE, A. D., BERNSTEIN, L.: Mitral regurgitant flow and left ventricular function in patients with mitral valve disease. Circulation **26**, 1241 (1962)

JOSE, A. D., McGAFF, C. J., MILNOR, W. R.: The value of injection of dye into the left heart in the study of mitral and aortic valve disease by catheterization of the left heart. Amer. Heart J. **60**, 408 (1960)

JOSE, A. D., TAYLOR, R. R., BERNSTEIN, L.: The influence of arterial pressure on mitral incompetence in man. J. clin. Invest. **43**, 2094 (1964)

JOSEPH, S., SOMMERVILLE, J., EMANUEL, R., ROSS, D., ROSS, K.: Aortic valve replacement with frame-mounted autologous fascia lata. Long-term results. Brit. Heart J. **36**, 760 (1974)

JOYNER, C. R.: Echocardiography. Circulation **46**, 835 (1972)

JUDGE, T. P., KENNEDY, J. W.: Estimation of aortic regurgitation by diastolic pulse wave analysis. Circulation **41**, 659 (1970)

JUDGE, T. P., KENNEDY, J. W., BENNETT, L. J., WILLS, R. E., MURRAY, J. A., BLACKMON, J. R.: Quantitative hemodynamic effects of heart rate in aortic regurgitation. Circulation **44**, 355 (1971)

JUDSON, W. E., ARDAIZ, J., STRACH, T. B. J., JENNINGS, R. S.: Postoperative evaluation of prosthetic replacement of aortic and mitral valves. Circulation **28**, 744 (1963)

JUDSON, W. E., ARDAIZ, J., STRACH, T. B. J., JENNINGS, R. S.: Postoperative evaluation of prosthetic replacement of aortic and mitral valves. Circulation Suppl. **29/I**, 14 (1964)

KAINDL, F., KAUTEK-OGRIS, E., KOHN, P.: Zum zentralen und peripheren Druckpuls bei Aortenklappenstenosen. Wien. Z. inn. Med. **51**, 249 (1970)

KAINDL, F., KÜHBÖCK, J., PESCHL, L.: Zur Wertigkeit des Ultraschallkardiogramms bei der Diagnostik von Mitralvitien. Wien. Z. inn. Med. **46**, 274 (1965)

KAISER, K., THURN, P.: Beitrag zur Röntgenkymographie der Aorta. Fortschr. Röntgenstr. **77**, 28 (1952)

KALMANSON, D., VEYRAT, C., CHICHE, P.: Diagnostic par voie externe des cardiopathies droites et des shunts intra-cardiaques gauche-droite à l'aide du fluxmètre directionel à effet Doppler. Presse Med. **78**, 1053 (1970)

KALMANSON, D., DERAI, C., NOVIKOFF, N.: Le flux tricuspidien étudié chez l'animal et chez l'homme par cathétérisme vélocimétrique directionel. Arch. Mal. Cœur **64**, 854 (1971)

KALMANSON, D., VEYRAT, C., CHICHE, P.: Atrial versus ventricular contribution in determining systolic venous retourn. A new approach to an old riddle. Cardiovasc. Res. **5**, 293 (1971)

KAPLAN, M. A., PARKER, D. P., ARONOW, W., RESNICK, N.: Normal sinus rhythm in advanced mitral valve disease. Arch. intern. Med. **123**, 660 (1969)

KAPLAN, M. H., FRENGLEY, J. D.: Autoimmunity to the heart in cardiac disease. Amer. J. Cardiol. **24**, 459 (1969)

KASALICKÝ, J., HURYCH, J., WIDIMSKÝ, J., DEJDAR, R., METYŠ, R., STANĚK, V.: Left heart haemodynamics at rest and during exercise in patients with mitral stenosis. Brit. Heart J. **30**, 188 (1968)

KAUFMAN, P., POLIAKOFF, H.: Studies of the aging heart. The pattern of rheumatic heart disease in old age. Ann. intern Med. **32**, 889 (1950)

KAWASHIMA, Y., NAKANO, S., MANABE, H.: Tricuspid insufficiency. A study of hemodynamics. Jap. Circulat. J. **38**, 853 (1974)

KAY, E. B., RODRIGUEZ, P., HAGHIGHI, D., SUZUKI, H., ZIMMERMAN, H. A.: Mitral stenosis. Comparativ analysis of postoperative results following the closed and open operative approach. Amer. J. Cardiol. **14**, 139 (1964)

KAY, E. B., SUZUKI, A., DEMANEY, M., ZIMMERMAN, H. A.: Comparison of ball and disk valves for mitral valve replacement. Amer. J. Cardiol. **18**, 504 (1966)

KAY, J. H., MASELLI-CAMPAGNA, C., TSUJI, H. K.: Surgical treatment of tricuspid insufficiency. Ann. Surg. **53**, 162 (1965)

KEEFE, J. F., WOLK, M. J., LEVINE, H. J.: Isolated tricuspid valvular stenosis. Amer. J. Cardiol. **25**, 252 (1970)

KEENAN, T. J., SCHARTZ, M. J.: Tricuspid whoop. Amer. J. Cardiol. **31**, 643 (1973)

KEITH, T. A., FOWLER, N. O.: Closed mitral commissurotomy. Complications and their effect on survival. Chest **61**, 24 (1972)

KELLY, D. T.: Isolated congenital pulmonary incompetence. Brit. Heart J. **27**, 777 (1965)

KEMPMANN, G., SCHAUMANN, H.-J., HOPPENRATH, H.: Die Verkalkung des linken Vorhofs bei Mitralfehlern. Fortschr. Röntg. **122**, 42 (1975)

KENDALL, M. E., WALSTON, A., COBB, F. R., GREENFIELD, J. C.: Pressure-flow studies in man: Effect of atrial systole on ventricular function in mitral stenosis. J. clin. Invest. **50**, 2653 (1971)

KENNEDY, J. W., TWISS, R. D., BLACKMON, J. R., DODGE, H. T.: Quantitative angiocardiography: III. Relationships of left ventricular pressure volume and mass in aortic valve disease. Circulation **38**, 838 (1968)

KENNEDY, J. W., YARNALL, S. R., MURRAY, J. A., FIGLEY, M. M.: Quantitative angiocardiography. IV. Relationship of left atrial and ventricular pressure and volume in mitral valve disease. Circulation **41**, 817 (1970)

KERBER, R. E., ISAEFF, D. M., HANCOCK, E. W.: Echocardiographic patterns in patients with the syndrome of systolic click and late systolic murmur. New Engl. J. Med. **284**, 691 (1971)

KERLEY, P.: Radiology in heart disease. Brit. med. J. **1933/II**, 594

KERTH, W. J., SHARMA, G., HILL, J. D., GERBODE, F.: A comparison of the late results of replacement and of reconstruction procedures for acquired mitral valve disease. J. thorac. cardiovasc. Surg. **61**, 14 (1971)

KESTELOOT, H., VAN HOUTE, O.: On the origin of the telesystolic murmur precedet by a click. Act. cardiol. (Brux.) **20**, 197 (1965)

KEYS, I. R., SWAN, H. I., WOOD, E. H.: Dye dilution curves from systemic arteries and left atrium of patients with valvular heart disease. Mayo Clin. Proc. **31**, 105 (1956)

KHALAF, J. D., CHAPMAN, C. B., ERNST, R.: The cinefluorographic approach to the diagnosis of mitral regurgitation. Progr. cardiovasc. Diss **5**, 230 (1962)

KHICHA, G. J., BERROYA, R. B., ESCANO, F. B., LEE, C. S.: Mucomycosis in a mitral prosthesis. J. thorac. cardiovasc. Surg. **63**, 903 (1972)

KIEFER, H., BÜCHNER, C., REINDELL, H., STEIM, H.: Koronarangiographische Befunde bei Aortenstenose und Aortenisthmusstenose. (Korrelation zu anderen Untersuchungsergebnissen.) Z. Kreisl.-Forsch. **56**, 691 (1967)

KILLEBREW, E., COHN, K.: Observations on murmurs originating from incompetent heterograft mitral valves. Amer. Heart J. **81**, 490 (1971)

KILLIP, T., LUKAS, D. S.: Tricuspid stenosis. Clinical features in twelve cases. Amer. J. Med. **24**, 836 (1958)

KING, T. W.: An essay on the safety valve function in the right ventricle of the human heart and on gradations of this function in the circulation of warm blooded animals. Guy's Hosp. Rep. **2**, 104 (1837)

KIRKLIN, J. W., PACIFICO, A. D.: Surgery for acquired valvular disease II. New Engl. J. Med. **288**, 194 (1973)

KIRKLIN, J. W., WALLACE, R. B.: Surgical treatment of acquired valvular heart disease. In: The Heart (J. W. HURST, R. B. LOGUE, Eds.). New York: McGraw-Hill 1970 S. 893

KITCHIN, A., TURNER, R.: Diagnosis and treatment of tricuspid stenosis. Brit. Heart J. **26**, 354 (1964)

KITCHIN, A., TURNER, R.: Calcification of the mitral valve. Results of valvotomy in 100 cases. Brit. Heart J. **29**, 137 (1967)

KITTREDGE, R.-D., MCCORD, C. W.: Roentgenographic diagnosis of complications in heart valve replacements. Amer. J. Roentgenol. **107**, 392 (1969)

KJELLBERG, S. R., MANNHEIMER, E., RUDHE, U., JONSSON, B.: Diagnosis of congenital heart disease. Chicago: Year Book Publ. 1959

KJELLBERG, S. R., NORDENSTRÖM, B., RUDHE, U., BJÖRK, V. O., MALMSTRÖM, G.: Cardioangiographic studies of the mitral and aortic valve. Acta radiol. (Stockh.), Suppl. **204** (1961)

KLATTE, E. C., TAMPAS, J. P., CAMPBELL, J. A., LURIE, P. R.: The roentgenographic manifestations of aortic stenosis and aortic valvular insuffiency. Amer. J. Roentgenol. 88, 57 (1962)

KLEIN, W.: Phonokardiographische Diagnostik bei Patienten mit prothetischem Ersatz der Mitralklappe. Vergleichsuntersuchung von Kugel- und Diskusklappen. Z. Kreisl.-Forsch. **58**, 556 (1969)

KLEIN, W.: Zur quantitativen Mitralstenosediagnostik aus dem Ultraschallechokardiogramm. Z. Kreisl.-Forsch. **58**, 972 (1969)

KLEIN, W., MÜLLER, F.: Das Ultraschallkardiogramm in der Diagnostik der reinen Mitralinsuffizienz und des Insuffizienzanteiles kombinierter Mitralvitien. Z. Kreisl.-Forsch. **57**, 564 (1968)

KLINNER, W.: Die plastische Rekonstruktion der insuffizienten Mitralklappe. Thoraxchirurgie **16**, 563 (1968)

KLINNER, W.: Herzklappenersatz: Stand der chirurgischen Technik und ihre Ergebnisse bei Verwendung von Kunststoffprothesen. Verh. dtsch. Ges. Kreisl.-Forsch. **36**, 11 (1970)

KLINNER, W., BORST, H. G., SEBENING F., SCHAUDIG, A., SEIDEL, W., SCHMIDT-HABELMANN, P., MEISNER, H., STRUCK, E., DRAGOJEVIĆ, D., OELERT, H., BÜHLMEYER, K., RUDOLPH, W.: Chirurgie am offenen Herzen. Forum Cardiologicum. Mannheim: Boehringer 1968

KLOS, I.: Spontanruptur der Arteria pulmonalis bei Mitralstenose. Z. Kreisl.-Forsch. **58**, 860 (1969)

KLOSTER, F. E., BRISTOW, J. D., GRISWALD, H. E.: Cardiac output determination from precordial isotope-dilution curves during exercise. J. appl. Physiol. **26**, 465 (1969)

KLUGHAUPT, M., FLAMM, M. D., HANCOCK, E. W., HARRISON, D. C.: Nonrheumatic mitral insufficiency. Determination of operability and prognosis. Circulation **39**, 307 (1969)

KNIPPING, H. W., BOT, W., VALENTIN, H., VENRATH, H.: Untersuchung und Beurteilung des Herzkranken, 2. Aufl. Stuttgart: Enke 1960

KNOEBEL, S. B., MCHENRY, P. L.: Myocardial blood flow. Measurement by a coincidence counting system and single bolus of 84 Rb. Arch. intern. Med. **127**, 767 (1971)

KÖHLER, J. A., LANG, E., SCHMIDT, J.: Funktionelle Röntgenanatomie des künstlichen Aorten- und Mitralventils. Verh. dtsch. Ges. Kreisl.-Forsch. **31**, 260 (1965)

KORNER, P. I., SHILLINGFORD, I. P.: The quantitative estimation of valvular incompetence by dye diluation curves. Clin. Sci. **14**, 553 (1955)

KOSTIS, J. B., MOGHADAM, A. N.: Echocardiographic diagnosis of left atrial myxoma. Chest **58**, 550 (1970)

KÖTTGEN, U., CALLENSEE, W.: Statistische Untersuchungen zum kindlichen Rheumatismus. — Der Rheumatismus, Bd. 34. Darmstadt: Steinkopff 1959

KREITMANN, P., CAMOUS, J. P., SCHMITT, R., MARMET, B., DOR, V.: Résultats à moyenne échéance des commissurotomies et plasties mitrales à ciel ouvert. A propos de 50 cas Arch. Mal. Cœur **69**, 1261—1264 (1976)

KREMKAU, E. L., GILBERTSON, P. G., BRISTOW, J. D.: Acquired nonrheumatic mitral regurgitation: Clinical management with emphasis on evaluation of myocardial performance. Progr. cardiovasc. Dis. **15**, 403 (1973)

KRISHNAMURTHY, G. T., SRINIVASAN, N. V., BLAHD, W. H.: Pulmonary hypertension in acquired valvular cardiac disease: Evaluation by a scintillation camera technique. J. nucl. Med. **13**, 604 (1972)

KRISS, J. P., ENRIGHT, L. P., HAYDEN, W. G., WEXLER, L., SHUMWAY, N. E.: Radioisotopic angiocardiography. Wide scope of applicability in diagnosis and evaluation of therapy in disease of the heart and great vessels. Circulation **43**, 792 (1971)

KÜBLER, W., LOOGEN, F., VIETEN, H.: Röntgenologische Aspekte erworbener Herzklappenfehler. Radiologe **12**, 121 (1972)

KUHN, H., BREITHARDT, L. K., BREITHARDT, G., SEIPEL, L., LOOGEN, F.: Die Bedeutung des Elektrokardiogramms für die Diagnose und Verlaufsbeobachtung von Patienten mit kongestiver Kardiomyopathie. Z. Kardiol. **63**, 916 (1974)

KÜLBS, F.: Erkrankungen der Zirkulationsorgane. In: Handbuch der inneren Medizin (L. MOHR, R. STAEHELIN, Hrsg.). Berlin: Springer 1914

KUNAR, S., LUISADA, A. A.: Mechanism of changes in the second heart sound in aortic stenosis. Amer. J. Cardiol. **28**, 162 (1971)

KUNKEL, H. G., TAN, E. M.: Autoantibodies and disease. In: Advances in Immunology F. J. DIXON, J. H. HUMPHREY, Eds.), p. 351. New York: Academic Press 1964

LACY, W. W., GOODSON, W. M., WHEELER, W. G., NEWMAN, E. V.: Theoretical and practical requirements for the valid measurement by indicator-dilution of regurgitant flow across incompetent valves. Circulat. Res. **7**, 454 (1959)

LAENNEC, R. T. H.: De l'auscultation médiate, un traité du diagnostic des maladies des poumons et du cœur, fondé principalement sur ce nouveau moyen d'exploration. Paris: Brosson et Chaudé 1819

LAGERLÖF, H., WERKÖ, L.: Studies of the circulation in man. VI. The pulmonary capillary venous pulse pressure in man. Scand. J. clin. Lab. Invest. **1**, 147 (1949)

LAKIER, J. B., POCOCK, W. A., GALE, G. E., BARLOW, J. B.: Haemodynamic and sound events preceding first heart sound in mitral stenosis. Brit. Heart J. **34**, 1152 (1972)

LAMBREW, C. T., GOLDSMITH, E. I.: Tricuspid stenosis. Surg. Clin. N. Amer. **41**, 477 (1961)

LANCISI, J. M.: De motu cordis et aneurysmatibus. Rom 1728

LANEVE, S. A., UESU, C. T., TAGUCHI, J. T.: Isolated pulmonic valvular regurgitation. Amer. J. med. Sci. **244**, 446 (1962)

LANGE, J., MUNDT, E.: Die rechtsseitige Endocarditis des normal entwickelten Herzens. Arch. klin. Med. **201**, 476 (1954)

LANGE, R. L., HECHT, H. H.: Quantitation of valvular regurgitation from multiple indicator-dilution curves. Circulation **18**, 623 (1958)

LANSING, A. M.: Unusual radiologic sign of loose mitral valve prosthesis. Radiology **88**, 789 (1967)

LANSING, A. M., MASSIH, N., LEIGHT, L.: Mitral regurgitation and intramyocardial injection from the left heart catheterization. Amer. Heart J. **71**, 495 (1966)

LAUBRY, C., PEZZI, C.: Les rhythmes de galop. Paris: G. Doin (1926)

LAURIE, H. C.: Mitral valve disease and hypertension. Scot. med. J. **13**, 152 (1968)

LAVENDER, J. P., DOPPMAN, J., SHAWDON, H., STEINER, R. E.: Pulmonary veins in left ventricular failure and mitral stenosis. Brit. J. Radiol. **35**, 293 (1962)

LAYTON, C., GENT, G., PRIDIE, R., MCDONALD, A., BRIGDEN, W.: Diastolic closure rate of normal mitral valve. Brit. Heart J. **35**, 1066 (1973)

LEATHAM, A.: Systolic murmurs. Circulation **17**, 601 (1958)

LEB, G.: Die Bestimmung der effektiven Myokarddurchblutung mit Rubidium-84-chlorid und der Doppelkoinzidenzmethode. Wien. Z. inn. Med. **51**, 179 (1970)

LEE, S. J. K., JONSSON, B., BEVEGÅRD, S., KARLÖF, I., ASTRÖM, H.: Hemodynamic changes at rest and during exercise in patients with aortic stenosis of varying severity. Amer. Heart J. **79**, 318 (1970a)

LEE, S. J. K., ZARAGOZA, A. J., CALLAGHAN, J. C., COUVES, C. M., STERNS, L. P.: Malfunction of the mitral valve prosthesis (Cutter-Smeloff). Clinical and hemodynamic observations in three cases. Circulation **41**, 479 (1970b)

LEE, S. J. K., BARR, C., CALLAGHAN, J. C., ROSSALL, R. E.: Long-term survival after aortic valve replacement using Smeloff-Cutter prosthesis. Circulation **52**, 1132—1137 (1975)

LEHMAN, J. S., BOYLE, J. J., DEBBAS, J. N.: Quantitation of aortic valvular insufficiency by catheter thoracic aortography. Radiology **79**, 361 (1962)

LEIGHTON, R. F., PAGE, W. L., GOODWIN, R. S., MOLNAR, W., WOOLEY, C. F., RYAN, J. M.: Mild mitral regurgitation. Its characterization by intracardiac phonocardiography and pharmacologic responses. Amer. J. Med. **41**, 168 (1966)

LENDRUM, A. C., SCOTT, L. D. W., PARK, S. D.: Pulmonary changes due to cardiac disease with special reference to hemosiderosis. Quart. J. Med. **19**, 249 (1950)

LÉON, D. F., LÉONARD, J. J., LANCASTER, J. F., KROETZ, F. W., SHAVER, J. A.: Effects of respiration on pansystolic regurgitant murmurs as studied by intracardiac phonocardiography. Amer. J. Med. **39**, 429 (1965)

LEQUIME, J., DENOLIN, H., COURTOY, P., KENIS, J.: La dynamique circulatoire au cours de la sténose mitrale. Etude physio-pathologique. Acta cardiol. (Brux.) **8**, 353 (1953)

LEVIN, B.: On the recognition and significance of pleural lymphatic dilatation. Amer. Heart J. **49**, 521 (1955)

LEVIN, H. S., RUNCO, V., WOOLEY, C. F., RYAN, J. M.: Pulmonic regurgitation following staphylococcal endocarditis. An intracardiac phonocardiographic study. Circulation **30**, 411 (1964)

LEVIN, S., BALAGTAS, R., SUSMANO, A., EDWARDS, L., DAINAUSKAS, J.: Meningococcus endocarditis at the site of Starr-Edwards mitral prosthesis. Arch. intern. Med. **129**, 963 (1972)

LEVINE, F. H., COPELAND, J. G., MORROW, A. G.: Prosthetic replacement of the mitral valve. Continuing assessment of the 100 patients operated upon during 1961—1965. Circulation **47**, 518 (1973)

LEVINE, H. J., MCINTYRE, K. M., LIPANA, J. G., BING, O. H. L.: Force-velocity relations in failing and nonfailing hearts of subjects with aortic stenosis. Amer. J. med. Sci. **259**, 79 (1970)

LEVINE, N. D., ROCKOFF, S. D., BRAUNWALD, E.: An angiocardiographic analysis of the thickness of the left ventricular wall and cavity in aortic stenosis and other valvular lesions. Circulation **28**, 339 (1963)

LEVINE, S. A.: Clinical heart disease. Philadelphia 1951

LEVINSON, G. E., FRANK, M. J., SCHWARTZ, C. J.: The effect of rest and physical effort on the left ventricular burden in mitral and aortic regurgitation. Amer. Heart J. **80**, 791 (1970)

LEVINSON, G. E., STEIN, S. W., CARLETON, R. A., ABELMAN, W. H.: Measurement of mitral regurgitation in man from simultaneous atrial and arterial dilution curves after ventricular injection. Circulation **24**, 720 (1961)

LEVINSON, J. P., KINCAID, O. W.: Myxoma of the right atrium associated with polycythemia. Report of successful excision. New Engl. J. Med. **264**, 1187 (1961)

LEVY, M. J., EDWARDS, J. E.: Anatomy of mitral insufficiency. Progr. cardiovasc. Dis. **4**, 119 (1962/63)

LEVY, M. J., SIEGEL, D. L., WANG, Y., EDWARDS, J. E.: Rupture of the aortic valve secondary to aneurysm of the ascending aorta. Circulation **27**, 422 (1963)

LEWIS, M. G.: Idiopathic medionecrosis causing aorta insufficiency. Brit. med. J. **1965/I**, 1478

LEWIS, R. P., BRISTOW, J. D., GRISWOLD, H. E.: Exercise hemodynamics in aortic regurgitation. Amer. Heart J. **80**, 171 (1970)

LEWIS, R. P., BRISTOW, J. D., GRISWOLD, H. E.: Radiographic heart size and left ventricular volume in aortic valve disease. Amer. J. Cardiol. **27**, 250 (1971)

LEWIS, T.: Diseases of the heart. London: MacMillan 1933

LIBANOFF, A. J.: A hemodynamic measure of aortic regurgitation. Half-time of the rate of fall in aortic pressure during diastole. Cardiologia (Basel) **58**, 162 (1973)

LIBMAN, E.: Characterization of various forms of endocarditis. J. Amer. med. Ass. **80**, 813 (1923)

LIEDTKE, A. J., GENTZLER, R. D., BABB, J. D., HUNTER, A. S., GAULT, J. H.: Determinants of cardiac performance in severe aortic stenosis. Chest **69**, 192 (1976)

LIESE, G. J., BRAINARD, S. C., GOTO, U.: Giant blood cyst of the pulmonary valve: report of a case. New Engl. J. Med. **269**, 465 (1963)

LINDER, F., SCHMITZ, W., TREDE, M., WOLTER, H. H.: Bivalvulärer Herzklappenersatz bei kombinierten Mitral-Aortenfehlern. Münch. Med. Wschr. **107**, 749 (1965)

LINHART, J. W.: Hemodynamic consequences of pacing-induced changes in heart rate in valvular aortic stenosis. Circulation **45**, 300 (1972)

LINHART, J. W., HILDNER, F. J., SAMET, P.: Diastolic mitral regurgitation: A pitfall in the angiographic assessment of the mitral valve. Amer. Heart J. **81**, 439 (1971)

LINHART, J. W., TAYLOR, W. J.: The late apical systolic murmur. Clinical, hemodynamic and angiographic observations. Amer. J. Cardiol. **18**, 164 (1966)

LINHART, J. W., WHEAT, M. W.: Cineangiographic studies in patients with Starr-Edwards aortic valves. Circulation **35**, 343 (1966)

LINHART, J. W., WHEAT, M. W.: Myocardial dysfunction following aortic valve replacement. The significance of coronary artery disease. J. thorac. cardiovasc. Surg. **54**, 259 (1967)

LINZBACH, A. J.: Umbauvorgänge des Herzens bei Belastung durch Herzfehler. Verh. dtsch. Ges. inn. Med. **67**, 8 (1961)

LIPCHIK, E. O.: Carcinoid heart disease. N. Y. med. J. **64**, 2314 (1964)

LIPCHIK, E. O., SCHREINER, B. F., MURPHY, G. W., DEWEESE, J. A.: Angiographic evaluation of mitral valve stenosis. Use in selection of surgical approach. Radiology **86**, 839 (1966)

LISA, C. P., TAVEL, M. E.: Tricuspid stenosis. Graphic features which help in its diagnosis. Chest **61**, 291 (1972)

LITTLE, R. C.: The cardiodynamics of tricuspid insufficiency. Proc. Soc. exp. Biol. (N.Y.) **68**, 602 (1948)

LITTLE, R. C.: Effect of atrial systole on ventricular pressure and closure of A-V valves. Amer. J. Physiol. **166**, 289 (1951)

LITTLER, W. A., EPSTEIN, E. J., COULSHED, N.: Acute mitral regurgitation resulting from ruptured or elongated chordae tendineae. Quart. J. Med. **42**, 87 (1973)

LITTLER, W. A., MEADE, J. B., HAMILTON, D. I.: Acquired pulmonary stenosis. Thorax **25**, 465 (1970)

LIU, S.-M., ALEXANDER, C. S.: Complete heart block and aortic insufficiency in rheumatoid spondylitis. Amer. J. Cardiol. **23**, 888 (1969)

LIU, S. M., SAKO, Y., ALEXANDER, C. S.: Traumatic tricuspid insufficiency. Amer. J. Cardiol. **26**, 200 (1970)

LIVIERATO, S.: Sur les lésions traumatiques des valvules du cœur Arch. Mal. Cœur **26**, 298 (1933)

LOCHAYA, S., IGARASHI, M., SHAFFER, A. B.: Late diastolic mitral regurgitation secondary to aortic regurgitation: Its relationship to the Austin Flint murmur. Amer. Heart J. **74**, 161 (1967)

LOEW, D. E., HARKEN, D. E., ELLIS, L. B.: Valvular heart disease. Undiagnosed valvular involvement, concomitant coronary artery disease and systemic embolization. Amer. J. Cardiol. **30**, 222 (1972)

LOGAN, A., TURNER, R.: Mitral stenosis. Lancet **1953/I**, 1007

LOGAN, A., TURNER, R. W. D., KITCHIN, A. H.: Surgical treatment of mitral incompetence. Brit. Heart J. **29**, 1 (1967)

LÖHR, H. H., GREMMEL, H., LOOGEN, F., VIETEN, H.: Darstellung der Herzhöhlen, der Gefäßlumina und des Blutstromes In: Handbuch der medizinischen Radiologie, Bd. X, Teil 1, S. 314. Berlin-Heidelberg-New York: Springer 1969

LONDON, S. B., LONDON, R. E.: Production of aortic regurgitation by unperforated aneurysm of the sinus of Valsalva. Circulation **24**, 1403 (1961)

LOOGEN, F.: Die Röntgendiagnostik der Aortenfehler. Radiologe **1**, 19 (1961)

LOOGEN, F.: Restenosierung nach Mitralstenoseoperation. Thoraxchirurgie **10**, 180 (1962a)

LOOGEN, F.: Symptomatische Pulmonalstenose. Verh. dtsch. Ges. Kreisl.-Forsch. **28**, 326 (1962b)

LOOGEN, F.: Diagnostische Synopsis und Operationsindikation der Herzklappeninsuffizienz. Verh. dtsch. Ges. Kreisl.-Forsch. **31**, 215 (1965)

LOOGEN, F.: Rekonstruktion der Mitralklappe. Thoraxchirurgie **16**, 563 (1968)

LOOGEN, F.: Indikation zum Herzklappenersatz. Verh. dtsch. Ges. Kreisl.-Forsch. **36**, 1 (1970)

LOOGEN, F.: Röntgenologische Aspekte erworbener Herzklappenfehler. Dtsch. Röntgenkongr. **52**, 9 (1971)

LOOGEN, F.: Erworbene Herzklappenfehler. Diagnostik und Klinik. Therapiewoche **23**, 1 (1973)

LOOGEN, F., BAYER, O., WOLTER, H. H., SCHAUB, W.: Zur Pathophysiologie der Mitralstenose. II. Mitteilung: Vergleichende klinische und hämodynamische Befunde bei 200 Patienten mit reiner oder überwiegender Mitralstenose. Arch. Kreisl.-Forsch. **24**, 45 (1956)

Loogen, F., Bostroem, B., Gleichmann, U., Kreuzer, H.: Aortenstenose und Aorteninsuffizienz. Forum Cardiol. (Boehringer) **12** (1969)

Loogen, F., Bostroem, B., Karytsiotis, J., Kreuzer, H., Varvitsiotis, T.: Spätergebnisse von Pulmonalstenosen ohne Ventrikelseptumdefekt. Z. Kreisl.-Forsch. **53**, 164 (1964)

Loogen, F., Bostroem, B., Kreuzer, H.: Erfahrungen und Beobachtungen bei der transkutanen Punktion des linken Ventrikels mit Kontrastmittelinjektion. Z. Kreisl.-Forsch. **52**, 17 (1963)

Loogen, F., Bostroem, B., Kreuzer, H., Augath, D.: Zur Hämodynamik der Aorteninsuffizienz in der Diastole. (Zugleich ein Beitrag zur Entstehung des sog. Austin-Flint-Geräusches). Z. Kreisl.-Forsch. **54**, 406 (1965)

Loogen, F., Krelhaus, W., Seipel, L.: Kardial bedingte Bewußtseinsverluste. Med. Welt (N. F.) **26**, 432 (1975)

Loogen, F., Kreuzer, H.: Isolierte Pulmonalklappeninsuffizienz. Z. Kreisl.-Forsch. **53**, 1102 (1964)

Loogen, F., Lüdemann, U., Seipel, L.: Langzeitergebnisse nach Mitralkommissurotomie. Z. Kreisl.-Forsch **60**, 487 (1971)

Loogen, F., Mäurer, W., Seipel, L., Wilke, K. H.: Zur Bedeutung des spätsystolischen Geräusches über der Herzspitze. Dtsch. med. J. **21**, 669 (1970)

Loogen, F., Panayotopoylos, S.: Vorhofflimmern und Mitralfehler. Dtsch. med. Wschr. **88**, 19 (1963)

Loogen, F., Rippert, R., Vieten, H.: Angeborene Herz- und Gefäßfehler. Handb. Mediz. Radiologie Bd. X/4 (1967), 40

Loogen, F., Risler, T., Seipel, L.: Zur Frage der Embolieprophylaxe bei Mitralvitien mit Antikoagulantien. Dtsch. med. Wschr. **97**, 1845 (1972)

Loogen, F., Schaub, W.: Zur Klinik und Hämodynamik der Trikuspidalstenose. Dtsch. med. Wschr. **84**, 409 (1959)

Loogen, F., Seipel, L.: Zur prä- und postoperativen Emboliehäufigkeit bei Mitralstenose. Dtsch. med. Wschr. **92**, 1 (1967)

Love, W. D., Smith, R. O., Pully, P. E.: Mapping myocardial mass and regional coronary blood flow by external monitoring of ^{42}K and ^{96}Rb clearence. J. nucl. Med. **10**, 702 (1969)

Lowther, C. P., Turner, R. W. D.: Deterioration after mitral vavotomy. Brit. med. J. **1962/I**, 1002 u. 1027

Lucardie, S. M., Durrer, D.: The late systolic murmur. Arch. Kreisl.-Forsch. **53**, 174 (1967)

Luckmann, E., Hein, N., Kalmar, P., Rodewald, G., Rödiger, W.: Mitralinsuffizienz nach Klappenersatz durch autologe Fascia lata Klappe. Z. Kardiol. **62**, 389 (1973)

Lüthy, E.: Die Hämodynamik des suffizienten und insuffizienten rechten Herzens. Basel: Karger 1962

Lüthy, E., Kutscha, W., Rutishauser, W., Schau, H. D., Wirz, P.: Zur Pulmonalklappeninsuffizienz. Arch. Kreisl.-Forsch. **46**, 59 (1965a)

Lüthy, E., Rutishauser, W., Schau, H. D., Veraguth, U. P., Gander, M.: Farbstoff- und Kälteteste in der Diagnostik der Herzklappeninsuffizienz. Verh. dtsch. Ges. Kreisl.-Forsch. **31**, 207 (1965b)

Luisada, A. A.: Internal and external phonocardiography. Mitral stenosis, pulmonary hypertension, pulmonary and tricuspid insufficiency. Dis. Chest. **54**, 63 (1968)

Luisada, A. A., Fleischner, F. G.: Dynamics of the left auricle in mitral valve lesions. Fluorocardiographic study. Amer. J. Med. **4**, 791 (1948)

Luisada, A. A., Shah, P. M.: Controversial and changing aspects of auscultation. I. Areas of auscultation: A new concept. Amer. J. Cardiol. **11**, 774 (1963)

Luomanmaeki, K., Heikilae, J.: Estimation of the severity of aortic incompetence from prolongation of the left ventricular ejection time. Acta med. scand. **188**, 107 (1970)

Lutembacher, R.: Le rétréssissement mitral. Paris 1950

Luther, M., Czempiel, H., Ernst, M.: Die Perfusionsszintigraphie der Lungen in der Diagnostik von Herzfehlern. Teil 1: Mitralvitien. Med. Klin. **68**, 441 (1973)

Luther, M., Rastetter, J.: Hämolyse nach Implantation künstlicher Herzklappen. Z. Kardiol. **62**, 606 (1973)

Luxereau, P., Vasile, N., Lellouche, D., Acar, J.: Coronarographie et valvulopathies. Indications et résultats. Arch. Mal. Cœur **65**, 1299 (1972)

Lyle, D. P., Bancroft, W. H., Tucker, M., Eddleman, E. E.: Slopes of the carotid pulse wave in normal subjects, aortic valvular diseases, and hypertrophic subaortic stenosis. Circulation **43**, 374 (1971)

Lyngborg, K., Lindeneg, O., Mellemgaard, K.: Neue quantitative Methode zur Bestimmung mitraler Regurgitation durch kontinuierliche Infusion eines indifferenten Gases (Kr^{85}) in wäßriger Lösung. Verh. dtsch. Ges. Kreisl.-Forsch. **31**, 285 (1965)

Lyons, H. A., Kelly jr., J. J., Nusbaum, N., Dennis, C.: Right atrial myxoma. A clinical study of a patient in whom diagnosis was made by angiocardiography during life (surgical removed) Amer. J. Med. **25**, 321 (1958)

Machanda, S. C., Ramesh, L., Roy, S. B.: Haemodynamic effects of atrial pacing in rheumatic mitral stenosis. Brit. Heart J. **36**, 636 (1974)

Mackenzie, J.: Diseases of the heart. London: Oxford Univ. Press 1910

Mackenzie, J.: Principles of diagnosis and treatment of heart affections. London: Oxford Med. Publ. 1916

Magarey, F. R.: Pathogenesis of mitral stenosis. Brit. med. J. **1951/I**, 856

Magida, M. G., Streitfeld, F. H.: The natural history of rheumatic heart disease in the third, fourth, and fifth decades of life. Circulation **16**, 713 (1957)

Mahler, F., Hirzel, H., Bollinger, A., Schönbeck, M., Rutishauser, W.: Transkutane Registrierung der Strömungsgeschwindigkeit in der Vena jugularis mit Doppler-Strömungsdetektoren. Verh. dtsch. Ges. Kreisl.-Forsch. **37**, 377 (1971)

Mahringer, W., Hausen, W. J.: Ultrasound cardiogram in patients with mitral valve disc prostheses. Angiology **21**, 336 (1970)

Malcolm, A. D., Ahuja, S. P., Chamberlain, M. J.: Malfunction of tricuspid valve prosthesis shown by isotope angiocardiography. J. thorac. cardiovasc. Surg. **71**, 134 (1976)

Malers, E.: Selective left ventricular angiocardiography in the diagnosis of mitral insufficiency. Acta Soc. Med. upsalien **68**, 245 (1963)

Maloney, J. V., Cooper, N., Mulder, D. J., Buckberg, G. D.: Depressed cardiac performance after mitral valve replacement: A problem of myocardial preservation during operation. Circulation, Suppl. **52/I**, 3 (1975)

Manchester, J. H., Herman, M. V., Kemp, H. G., Amsterdam, E. A., Gorlin, R.: Prevalence of coronary atherosklerosis in valvular heart disease. Amer. J. med. Sci. **263**, 445 (1972)

Manhas, D. R., Hessel, E. A., Winterscheid, L. C., Dillard, D. H., Merendino, K. A.: Repair of mitral incompetence secondary to ruptured chordae tendineae. Circulation **43**, 688 (1971)

Marchand, P., Barlow, J. B., DuPlessis, L. A., Webster, I.: Mitral regurgitation with rupture of normal chordae tendineae. Brit. Heart J. **28**, 746 (1966)

Marious, L., Oedman, P.: Electrokymographic studies in aortic stenosis. Acta radiol. (Stockh.) **52**, 379 (1959)

Markowitz, M.: Eradication of rheumatic fever. An unfulfilled hope. Circulation **41**, 1077 (1970)

Markus, F. I., Ronan, J., Misanik, L. F., Ewy, G. A.: Aortic insufficiency secondary to spontaneous rupture of a fenestrated leaflet. Amer. Heart J. **66**, 675 (1963)

Maron, B. J., Ferrans, V. J., Roberts, W. C.: Myocardial ultrastructure in patients with chronic aortic valve disease. Amer. J. Cardiol. **35**, 725 (1975)

Marshall, H. W., Woodward, E., Wood, E. H.: Hemodynamic methods for differentiation of mitral stenosis and regurgitation. Amer. J. Cardiol. **2**, 24 (1958)

Marshall, R. J., Jones, J. E.: Isolated pulmonary valvular regurgitation complicated by thyrotoxicosis. Brit. Heart J. **26**, 572 (1964)

Martin, C. E., Hufnagel, C. A., de Leon jr., A. C.: Calcified atrial myxoma: Diagnostic significance of the "systolic tumor sound" in a case presenting as tricuspid insufficiency. Amer. Heart J. **78**, 245 (1969)

Martinez, E. C., Gilles, T. D., Burch, G. E.: Echocardiographic diagnosis of left atrial myxoma. Amer. J. Cardiol. **33**, 281 (1974)

Martland, H. S.: Syphilis of aorta and heart. Amer. Heart J. **6**, 1 (1930)

Marvin, R. F., Schrank, H. P., Nolan, S. P.: Traumatic tricuspid insufficiency. Amer. J. Cardiol. **32**, 723 (1973)

Mary, D. A. S., Pakrashi, B. C., Wooler, G. H., Ionescu, M. I.: Study with reflected ultrasound of patients with mitral valve repair. Brit. Heart J. **35**, 480 (1973)

Mason, D. T., Ashburn, W. L., Harbert, J. C., Cohen, L. S., Braunwald, E.: Rapid sequential visualisation of the heart and great vessels in man using wide-field scintillation camera, radioisotope-angiography following the injection of Technetium-99m. Circulation **39**, 19 (1969)

Massumi, R. A.: Factitious aortic regurgitation. Report of a case. Dis. Chest. **46**, 734 (1964)

Matin, P., Kriss, J. P.: Radioisotopic angiocardiography: Findings in mitral stenosis and mitral insufficiency. J. nucl. Med. **11**, 723 (1970)

Matsushita, S., Kuramochi, M., Kaneko, J., Kuramoto, K.: Right atrial myxoma mimicking pericarditis. Phonocardiographic and hemodynamic consequences of intracardiac tumor movement. Jap. Circulat. J. **32**, 1283 (1968)

Matteo, di, J., Heulin, A.: Les aspects évolutifs de l'insuffisance mitrale rhumatismale pure. Ann. Cardiol. Angéiol. **23**, 47 (1974)

Matteo, J., di, Vacheron, A., Picard, R., Courau, F., Kellershohn, C., de Vernejoul, P., Mestan, J.: Etude radiocardiographique de la circulation pulmonaire dans les cardiopathies mitrales. C.R. Acad. Sci. (Paris) **268**, 1972 (1969)

Matthews, A. W., Barritt, D. W., Keen, G. E., Belsey, R. H.: Preoperative mortality in aortic stenosis. Brit. Heart J. **36**, 101 (1974)

Maurer, H. J., Koch, U., Augath, D.: Änderung der Herzgröße nach Operation einer Mitralstenose. Z. Kreisl.-Forsch. **58**, 954 (1969)

Maurer, H. J., Lohmeyer, R.: Röntgenuntersuchungen von Mitralfehlern unter besonderer Berücksichtigung von Klappenverkalkungen (I u. II). Herz Kreisl. **2**, 387 u. 421 (1970)

Mäurer, W., Bircks, W., Gleichmann, U., Loogen, F.: Mitralinsuffizienz nach prothetischem Mitralklappenersatz. Z. Kreisl.-Forsch. **60**, 600 (1971)

Mäurer, W., Mertens, H. M.: Mitralinsuffizienz bei Marfan-Syndrom. Verh. dtsch. Ges. Kreisl.-Forsch. **36**, 247 (1970)

Mayow, J.: Tractatus Quinque (1674)

McAfee, J. G., Bioudetti, P.: Roentgenologic follow-up on 150 consecutive mitral commissurotomy patients. Amer. J. Roentgenol. **78**, 213 (1957)

McAllister, R. G., Friesinger, G. C., Sinclair-Smith, B. C.: Tricuspid regurgitation following inferior myocardial infarction. Arch. intern. Med. **136**, 95 (1976)

McCall, B. W., Price, J. L.: Movement of mitral valve cusps in relation to first heart sound and opening snap in patients with mitral stenosis. Brit. Heart J. **29**, 417 (1967)

McClure, J. A., Lacy, W. W., Latimer, P., Newman, E. V.: Indicator dilution in an atrioventricular system with competent or incompetent valves: A complete analysis or the behavior of indicator injected instataneously or continuously into either chamber. Circulat. Res. **7**, 794 (1959)

McCord, M. C., Blount, S. J.: The hemodynamic pattern in tricuspid valve disease. Amer. Heart J. **44**, 671 (1952)

McCord, M. C., Swan, H., Blount, S. J.: Tricuspid stenosis: Clinical and physiological evaluation. Amer. Heart J. **48**, 405 (1954)

McCredie, M.: Measurement of pulmonary edema in valvular heart disease. Circulation **36**, 381 (1967)

McDonald, L.: Natural history and indications for surgery in aortic valvar disease. Proc. roy. Soc. Med. **60**, 1015 (1967)

NOLAN, S. P., BOTERO, L. M., INOCENCIO, E. C., RAWITSCHER, R. E., LEE, R. J.: Detection of tricuspid valvular regurgitation with a catheter velocimeter. Circulat., Suppl. 43—44/I, 57 (1971)

NOLAN, S. P., DIXON, S. H., FISHER, R. D., MORROW, A. G.: The influence of atrial contraction and mitral valve mechanics on ventricular filling. A study of instantaneous mitral valve flow in vivo. Amer. Heart J. 77, 784 (1969)

NORDMANN, K. J., SCHÄFER, J., SCHWARZKOPF, H. J., BERNHARD, A.: Präoperative Diagnostik und Indikation zu verschiedenen Operationsverfahren bei der Mitralstenose. Thoraxchirurgie 21, 219 (1973)

NORRO, G., POTHUIZEN, L. M., ROOS, J. P.: Isolated tricuspid endocarditis. Acta cardiol. (Brux.) 24, 157 (1974)

OAKLEY, C. M., HALLIDIE-SMITH, K. A.: Assessment of site and severity in congenital aortic stenosis. Brit. Heart J. 29, 367 (1967)

O'BRIEN, K. P., HITCHCOCK, G. C., BARRATT-BOYES, B. G., LOWE, J. B.: Spontaneous aortic cusp rupture associated with valvular myxomatous transformation. Circulation 37, 273 (1968)

O'CONNEL jr., T. J., GEIGER, J. P., ARONSTAM, E. M.: Accelerated hemolysis following mitral valve replacement with the Davila prosthesis. Ann. thorac. Surg. 9, 44 (1970)

ÖDMAN, P., PHILLIPSON, J.: Aortic valvular disease studied by percutaneous thoracic aortography. Acta radiol. (Stockh.), Suppl. 172, (1958)

OH, W., HICKMAN, R., EMANUEL, R., MCDONALD, L., SOMMERVILLE, J., ROSS, D., ROSS, K., GONZALEZ-LAVIN, L.: Heart valve surgery in 114 patients over the age of 60. Brit. Heart J. 35, 174 (1973)

OLESEN, K. H.: Mitral stenosis. Copenhagen: Munksgaards 1955

OLESEN, K. H.: The natural history of 271 patients with mitral stenosis under medical treatment. Brit. Heart J. 24, 349 (1962)

OLESEN, K., SANDOE, E., GUDBJERG, C.: The higher incidence of valvular calcification in males than in females with mitral stenosis. Acta med. scand. 177, 7 (1965)

OLESEN, K. H., WARBURG, E.: Isolated aortic stenosis. The late prognosis. Acta med. scand. 160, 437 (1958)

OLIN, C.: Pulsatile flow studies of prosthetic aortic valve. Scand. J. thorac. Surg. 5, 1 (1971)

OLINGER, G. N., RIO, F. W., MALONEY, J. V.: Closed valvulotomy for calcific mitral stenosis. J. thorac. cardiovasc. Surg. 62, 357 (1971)

OLIVA, P. B., JOHNSON, M. J., POMERANTZ, M., LEVENE, A.: Dysfunction of the Beall mitral prosthesis and its detection by cinefluoroscopy and echocardiography. Amer. J. Cardiol. 31, 393 (1973)

OLIVER, G. C., GAZETOPOULOS, N., DEUCHAR, D. C.: Reversed mitral diastolic gradient in aortic incompetence. Brit. Heart J. 29, 239 (1967)

OLSSON, R. A., ROMANSKY, M. J.: Staphylococcal tricuspid endocarditis in heroin addicts. Ann. intern. Med. 57, 755 (1962)

O'NEILL, T. I. E., JANTON, O. H., GLOVER, R. P.: Surgical treatment of tricuspid stenosis. Circulation 9, 881 (1954)

ORESHKOV, V. I.: Q-1 or C-1 interval in the diagnosis of mitral stenosis. Brit. Heart J. 29, 778 (1967)

ORMOND, R. S., POZNANSKI, A. K.: Pulmonary veins in rheumatic heart disease. Radiology 74, 542 (1960)

ORMOND, R. S., DRAKE, E. J., GALE, H. H.: Angiographic study of the left atrium in mitral stenosis. Radiology 83, 277 (1964)

OSBORN, J. R., JONES, R. C., JAHNKE, E. J.: Traumatic tricuspid insufficiency. Hemodynamic data and surgical treatment. Circulation 30, 217 (1964)

OSMUNDSON, P. J., CALLAHAN, J. A., EDWARDS, J. E.: Mitral insufficiency from ruptured chordae tendineae simulating aortic stenosis. Mayo Clin. Proc. 33, 235 (1958)

PACIFICO, A. D., KARP, R. B., KIRKLIN, J. W.: Homograft for replacement of the aortic valve. Circulation, Suppl. 45/I, 36 (1972)

PADHI, R. K., KELLY, H. G., LYNN, R. B.: Intraatrial myxoma. Review of literature and report of a right atrial myxoma diagnosed preoperatively and successfully treated. Canad. J. Surg. 2, 414 (1959)

PADULA, R. T., ROGERS, W. H., RUKSKUL, A., CAMISHION, R. C.: In vivo cinephotographic analysis of the hydrodynamics of prosthetic cardiac valves. Surgery 68, 1018 (1970)

PANETH, M., O'BRIEN, M. F.: Transplantation of human homograft aortic valve. Thorax 21, 115 (1966)

PANNIER, R., CARLIER, J., DE GEEST, H., ENDERLE, J., ENGBERT, M., KILIMNIK, L., KREMER, R., LISIN, N., REINARDS, J., TIMMERMANS, G., VERMEULEN, R., VERSTRAETEN, J.: Résultats éloignés de la commissurotomie mitrale. Acta cardiol. (Brux.) 24, 1 (1969)

PANTRIDGE, J. F., MARSHALL, R. J.: Tricuspid stenosis. Lancet 1957/I, 1319

PAQUAY, P. A., ANDERSON, G., DIEFENTHAL, H., NORDSTROM, L., RICHMAN, H. G., GOBEL, F. L.: Chest pain as a predictor of coronary artery disease in patients with obstructive aortic valve disease. Amer. J. Cardiol. 38, 863 (1976)

PARISI, A. F., SALZMAN, S. H., SCHECHTER, E.: Systolic time intervals in severe aortic valve disease. Changes with surgery and hemodynamic correlations. Circulation 44, 539 (1971)

PARKER, E., CRAIGE, E., HOOD, W. P.: The Austin Flint murmur and the a wave of the apex cardiogram in aortic regurgitation. Circulation 43, 349 (1971)

PARTAIN, J. O., SYDNOR, J. B.: Non-surgical complete heart block associated with aortic stenosis: The importance of correct diagnosis. Amer. Heart J. 75, 180 (1968)

DE PASQUALE, N. P., BURCH, G. E., SUN, S. C., HALE, A. R., MOGABGAB, W. J.: Experimental Coxsackie virus B_4 valvulitis in cynomolgus monkeys, Amer. Heart J. 71, 678 (1966)

PAULIN, S.: Zur Angiokardiographie des linken Herzens. Fortschr. Röntgenstr. 96, 618 (1962)

PECH, H. J., WARNKE, D., MÜNSTER, W.: Vergleich der berechneten Mitralklappenöffnungsfläche mit dem angiokardiographisch ermittelten Volumen des linken Vorhofs bei Mitralstenose. Fortschr. Röntgenstr. **108**, 296 (1968)

PECH, H. J., MÜNSTER, W.: Zur Volumenbestimmung des linken Vorhofes durch Angiokardiographie. Cardiologia (Basel) **53**, 129 (1968)

PEERY, T. M., EVANS, J. M.: Brucellosis and heart disease. Chronic valvular heart disease following non fatal brucellosis. Ann. intern. Med. **49**, 568 (1958)

PENDERGRASS, E. P., LAME, E. L., OSTRUM, H. W.: Hemosiderosis of the lung in mitral disease. Amer. J. Roentgenol. **61**, 443 (1949)

PENNY, J. L., GREGORY, J. J., AYRES, S. M., GIANNELLI jr., S., ROSSI, P.: Calcified left atrial myxoma simulating mitral insufficiency. Circulation **36**, 417 (1967)

PENTHER, P., BENSAID, J., DELOCHE, A., BLONDEAU, P., LENÈGRE, J.: Risque des prothèses mitrales à disque métallique: le blocage du disque par une thrombose. Arch. Mal. Cœur **64**, 801 (1971)

PENTHER, P., BOURDARIAS, J. P., LENÈGRE, J.: Long-term prognosis after mitral annuloplasty for acquired mitral insufficiency. Clinical evaluation. Brit. Heart J. **32**, 427 (1970)

PERÄSALO, J., HEISKANEN, T.: Right heart, pulmonnary, and left heart blood volumes determined by analogue computer analysis of radiocardiograms in normal subjects and patients with mitral stenosis. Cardiovasc. Res. **5**, 260 (1971)

PERLOFF, J. K.: Clinical recognition of aortic stenosis. The physical signs and differential diagnosis of the various forms of obstruction to left ventricular outflow. Progr. cardiovasc. Dis. **10**, 323 (1968)

PERLOFF, J. K., HARVEY, W. P.: Clinical recognition of tricuspid stenosis. Circulation **22**, 346 (1960)

PERLOFF, J. K., HARVEY, W. P.: Auscultatory and phonocardiographic manifestations of pure mitral regurgitation. Progr. cardiovasc. Dis. **5**, 172 (1962/63)

PERLOFF, J. K., ROBERTS, W. C.: The mitral apparatus. Functional anatomy of mitral regurgitation. Circulation **46**, 227 (1972)

PERNOT, J. M., SOULIÉ, J., DONATIEN, Y., FACQUET, J.: L'insuffisance aortique du syndrome de MARFAN. Arch. Mal. Cœur **59**, 1518 (1966)

PETCH, M., SOMMERVILLE, J., ROSS, D., ROSS, K., EMANUEL, R., MCDONALD, L.: Replacement of the mitral valve with autologous fascia lata. Brit. Heart J. **36**, 177 (1974)

PETERSON, C. R., HERR, R., CRISERA, R. V., STARR, A., BRISTOW, J. D., GRISWOLD, H. E.: The failure of hemodynamic improvement after valve replacement surgery. Etiology, diagnosis, and treatment. Ann. intern. Med. **66**, 1 (1967)

PFEIFER, J., GOLDSCHLAGER, N., SWEATMAN, T., GERBODE, F., SELZER, A.: Malfunction of mitral ball valve prosthesis due to thrombus. Report of 2 cases with notes on early clinical diagnosis. Amer. J. Cardiol. **29**, 75 (1972)

PFISTER, C. W., PLICE, S. G., DODSWORTH, J.: The coexistence of rheumatic heart disease and myocardial infarction. Dis. Chest **37**, 240 (1960)

PHILLIPS, J. H., BURCH, G. E., DE PASQUALE, N. P.: The syndrome of papillary muscle dysfunction. Its clinical recognition. Ann. intern. Med. **59**, 508 (1963)

PINDYCK, F., PEIRCE II, E. C., BARON, M. G., LUKBAN, S. B.: Embolization of left atrial myxoma after transseptal cardiac catheterization. Amer. J. Cardiol. **30**, 569 (1972)

PIPKIN, R. D., BUCH, W. S., FOGARTY, T. J.: Evaluation of aortic valve replacement with a procine xenograft without long-term anticoagulation. J. thorac. cardiovasc. Surg. **71**, 179—186 (1976)

PITON, A., ALBOT, E., DERAI, C.: L'angiocardiographphie de l'insuffisance mitralc. Cœur méd. interne **1**, 365 (1962)

PITT, A., CUTFORTH, R. H., BENDER, H. W., O'NEAL HUMPHRIES, J., STIRLING, G. R., CRILEY, J. M., ROSS, R. S.: Intrapericardial cyst formation in constrictive pericarditis simulating tricuspid stenosis. Circulation **40**, 665 (1969)

PITT, A., PITT, B., SCHAEFER, J., CRILEY, J. M.: Myxoma of the left atrium: Hemodynamic and phonocardiographic consequences of sudden tumor movement. Circulation **36**, 408 (1967)

PLUTH, J. R., ELLIS, F. H.: Tricuspid insufficiency in patients undergoing mitral valve replacement. J. thorac. cardiovasc. Surg. **58**, 484 (1969)

POKORNY, D., STEINBACH, K., DOMANIG, E.: Langzeitergebnisse nach prothetischem Herzklappenersatz. Wien. Z. inn. Med. 53, 100 (1972)

POMERANCE, A.: Cardiac pathology and systolic murmurs in the elderly. Brit. Heart J. **30**, 687 (1968)

POMERANCE, A.: Ballooning deformity (mucoid degeneration) of atrioventricular valves. Brit. Heart J. **31**, 343 (1969)

POMERANCE, A.: Pathogenesis of aortic stenosis and its relation to age. Brit. Heart J. **34**, 569 (1972a)

POMERANCE, A.: Pathology and valvular heart disease. Brit. Heart J. **34**, 437 (1972b)

POPP, R. L., HARRISON, D. C.: Ultrasound for the diagnosis of atrial tumor. Ann. intern. Med. **71**, 785 (1969)

PORSTMANN, W., GEISSLER, W.: Die retrograde Katheterisierung des linken Ventrikels von der Arteria femoralis und der Arteria carotis communis dextra: Zwei sich ergänzende Methoden, ihre Indikationen und Ergebnisse. Fortschr. Röntgenstr. **91**, 14 (1959)

PORSTMANN, W., GÜNTHER, K. H., WIERNY, L.: Vergleichende Messungen der Mitralregurgitation mittels selektiver Farbstoffdilution und Röntgenkinematographie. Verh. dtsch. Ges. Kreisl.-Forsch. **31**, 270 (1965)

PREWITT, T. A.: Syphilitic aortic insufficiency. Its increased incidence in the elderly. J. amer. med. Ass. **211**, 637 (1970)

PRICE, B. O.: Isolated incompetence of the pulmonic valve. Circulation **23**, 596 (1961)

PRIEST, E. A., FINLAYSON, J. K., SHORT, D. S.: The X-ray manifestations of the heart and lungs of mitral regurgitation. Progr. cardiovasc. Dis. **5**, 219 (1962/63)

PRIOTON, J. B., THÉVENET, A., PELISSIER, M., PEUCH, P., LATOUR, H., POURQUIER, J.: Cardiographie ventriculaire gauche par cathétérisme retrograde percutané fémorale. Technique et premiers résultats. Presse Méd. **65**, 2 (1957)

PROBST, P., GOLDSCHLAGER, N., SELZER, A.: Left atrial size and atrial fibrillation in mitral stenosis: Factors influencing their relationship. Circulation **48**, 1282 (1973)

PROCACCI, P. M., SAVRAN, S. V., SCHREITER, S. L., BRYSON, A. L.: Prevalence of clinical mitral valve prolapse in 1169 young women. New Engl. J. Med. **294**, 1086 (1976)

PY, J., BARDET, A.: Phonocardiographie du rétrécissement mitral (I. u. II). Arch. Mal. Cœur **59**, 733 u. 917 (1966)

RAGHIB, G., JUE, K. L., ANDERSON, R. C., EDWARDS, J. E.: Marfans's syndrome with mitral insufficiency. Amer. J. Cardiol. **16**, 127 (1965)

RANGANATHAN, N., SILVER, D., ROBINSON, T. I., KOSTUK, W. J., FELDERHOF, C. H., PATT, N. L., WILSON, J. K., WIGLE, E. D.: Angiographic-morphologic correlation in patients with severe mitral regurgitation due to prolapse of the posterior mitral valve leaflet. Circulation **48**, 514 (1973)

RAPAPORT, E.: Natural history of aortic and mitral value disease. Amer. J. Cardiol. **35**, 221 (1975)

RASTELLI, G. C., KINCAID, O. W., KIRKLIN, J. W.: Heart size after isolated replacement of mitral or aortic valve. Mayo Clin. Proc. **41**, 217 (1966)

RAWKINS, M. D., MENDEL, D., BRAIMBRIDGE, M. V.: Ventricular septal defect and mitral regurgitation secundary to myocardial infarction. Brit. Heart J. **34**, 322 (1972)

RAZZAK, M. A., BOTTI, R. E., MACINTYRE, W. J., PRITCHARD, W. H.: Consecutive determination of cardiac output and renal blood flow by external monitoring of radioactive isotopes. J. nucl. Med. **11**, 190 (1970)

REALE, A., GOLDBERG, H., LIKOFF, W., DENTON, C.: Rheumatic tricuspid stenosis. Amer. J. Med. **21**, 47 (1956)

REED, E. G.: Surgical treatment of valvular heart disease. Part IV: Mitral valve surgery. A brief for closed valvuloplasty and repair in preference to prosthetic replacement. Amer. Heart J. **76**, 432 (1968)

REED, G. E.: Repair of mitral regurgitation. An 11 year experience. Amer. J. Cardiol. **31**, 494 (1973)

REED, G. E., BOYD, A. D., SPENCER, F. C., ENGELMAN, R. M., ISOM, O. W., CUNNINGHAM, J. N.: Operative management of tricuspid regurgitation. Circulation, Suppl. **54/III**, 96 (1975)

REICHEK, N., SHELBOURNE, J. C., PERLOFF, J. K.: Clinical aspects of rheumatic valvular disease. Progr. cardiovasc. Dis. **15**, 491 (1973)

REID, J. A., STEVENS, T. W., SIGWART, U., FULWEBER, R. C., ALEXANDER, J. K.: Hemodynamic evaluation of Beall mitral valve prosthesis. Circulation, Suppl., **45/I**, 1 (1972)

REID, J. V. O.: Auscultatory, pressure and flow phenomena in late systole. Amer. Heart J. **77**, 710 (1969)

REINDELL, H., WINK, K., BARMEYER, J., BLÜMCHEN, G., BUCHWALSKY, HEISS, H. W., JAEDICKE, W., KEUL, J.: Die funktionelle Röntgendiagnostik des Herzens. Internist **14**, 406 (1973)

REINHOLD, J., RÜDKE, U., BONHAM-CARTER, B. E.: The heart sounds and the arterial pulse in congenital aortic stenosis. Brit. Heart J. **17**, 327 (1955)

RENGGLI, J.: Die formale Analyse des Aortenpulses: diagnostische Bedeutung. Z. Kardiol. **63**, 155 (1974)

REPPERT, E. H.: Surgical treatment of valvular heart disease. Part I: Criteria for operability in rheumatic heart disease. Mitral valve lesions. Amer. Heart J. **75**, 838 (1968)

RICHTER, K., HOLSTEIN, J., GEISSLER, W.: Der diagnostische Wert einfacher Röntgenuntersuchungen bei Aortenstenosen. Fortschr. Röntgenstr. **98**, 255 (1963)

RIEHL, J.: Über das Verhalten des Venenpulses unter normalen und pathologischen Bedingungen. Z. exp. Path. Ther. **6**, 619 (1906)

RINKE, H., FROER, K. L., HALL, D., GOPPEL, L.: Die akute Mitralinsuffizienz durch Sehnenfadenabriß im UKG. Eine echokardiographische Analyse von 97 Mitralinsuffizienzen. Intensivmed. **14**, 27 (1977)

RIOS, J. C., MASSUMI, R. A., BREESMEN, W. T., SARIN, R. K.: Auscultatory features of acute tricuspid regurgitation. Amer. J. Cardiol. **23**, 4 (1969)

RITTER, M., KREUZER, H., KÜBLER, W., LOOGEN, F.: Häufigkeit von Kammerendteilveränderungen im Elektrokardiogramm bei Patienten mit Mitralstenose. Z. Kardiol. **63**, 1000 (1974)

RIVERO-CARVALLO, J. M.: Signo para el diagnostic de las insufficiencias tricuspideas. Arch. Inst. cardiol. Méx. **16**, 531 (1946)

RIVERO-CARVALLO, J. M.: El diagnostico de la estenosis tricuspidea. Arch. Inst. Cardiol. Méx. **20**, 1 (1950)

RIVIERE, L.: Opera medica universa, S. 638. Frankfurt 1674

ROBERTS, W. C.: The congenitally bicuspid aortic valve. Amer. J. Cardiol. **26**, 72 (1970a)

ROBERTS, W. C.: The structure of the aortic valve in clinically isolated aortic stenosis. An autopsy study of 162 patients over 15 years of age. Circulation **42**, 91 (1970b)

ROBERTS, W. C.: Anatomically isolated aortic valvular disease. The case against its being of rheumatic etiology. Amer. J. Med. **49**, 151 (1970c)

ROBERTS, W. C., BRAUNWALD, E., MORROW, A. G.: Acute severe mitral regurgitation secondary to ruptured chordae tendineae: Clinical, hemodynamic and pathologic considerations. Circulation **33**, 58 (1966)

ROBERTS, W. C., BUCHBINDER, N. A.: Right-sided valvular infective endocarditis. A clinicopathologic study of twelve necropsy patients. Amer. J. Med. **53**, 7 (1972)

ROBERTS, W. C., COHEN, L. S.: Left ventricular papillary muscles: Description of the normal and a survey of conditions causing them to be abnormal. Circulation **46**, 138 (1972)

ROBERTS, W. C., EWY, G. A., GLANCY, D. L., MARCUS, F. I.: Valvular stenosis produced by active infective endocarditis. Circulation **36**, 449 (1967)

ROBERTS, W. C., PERLOFF, J. K.: Mitral valvular disease. A clinicopathologic survey of the conditions causing the mitral valve to function abnormally. Ann. intern. Med. **77**, 939 (1972)

ROBERTS, W. C., PERLOFF, J. K., COSTANTINO, T.: Severe valvular aortic stenosis in patients over 65 years of age. A clinicopathologic study. Amer. J. Cardiol. **27**, 497 (1971)

ROBERTS, W. C., SJOERDSMA, A.: The cardiac disease associated with the carcinoid syndrome (carcinoid heart disease). Amer. J. Med. **36**, 5 (1964)

ROBIJNS, H., SPITAELS, S., WILLEMS, J., DE GEEST, H., KESTELOOT, H., JOOSSENS, J. V.: Prosthetic replacement of the mitral valve. A follow-up study. Acta cardiol. (Brux.) **27**, 347 (1972)

ROBIN, E., BELAMARIC, J., THOMS, N. W., ARBULK, A., GAGULY, S. N.: Consequences of total tricuspid valvectomy without prosthetic replacement in treatment of pseudomonas endocarditis. J. thorac. cardiovasc. Surg. **68**, 461 (1974)

ROBIN, E., THOMS, N. W., ARBULU, A., GANGULY, S. N., MAGNISALIS, K.: Hemodynamic consequences of total removal of the tricuspid valve without prosthetic replacement. Amer. J. Cardiol. **35**, 481 (1975)

RODEWALD, G., MOSTLER, B., KALMAR, P., GADERMANN, E., HARMS, H., HAUCH, H. J.: Mitralstenose — Intraoperative Indikationsfehler. Langenbecks Arch. Chir. **327**, 685 (1970)

RODNAN, G. P., BENEDEK, T. G., SHAVER, J. A., FENNELL, R. H. J.: Reiters syndrome and aortic insufficiency. J. amer. med. Ass. **189**, 889 (1964)

ROE, B. B., EDMUNDS, L. H., FISHMAN, N. H., HUTCHINSON, J. C.: Open mitral valvulotomy. Ann. thorac. Surg. **12**, 483 (1971)

RÖSLER, H.: Rechtsseitige mitgeteilte Hiluspulsation bei aneurysmatischer Erweiterung des linken Vorhofs. Fortschr. Röntgenstr. **40**, 1017 (1929)

ROGER, J. V., CHANDLER, N. W., FRAUCH, R. H.: Calcification of the tricuspid annulus. Amer. J. Roentgenol. **106**, 106 (1969)

ROGERS, M. A., CHAMBERS, R. J., GOTSMAN, M. S., WINSHIP, W. S.: Mitral valve replacement with mounted aortic valve homografts. Thorax **27**, 304 (1972)

ROLLESTON, H.: The history of mitral stenosis. Brit. Heart J. **3**, 1 (1941)

RONAN, J. A., STEELMAN, R. B., DE LEON, A. C., WATERS, T. J., PERLOFF, J. K., HARVEY, W. P.: The clinical diagnosis of acute severe mitral insufficiency. Amer. J. Cardiol. **27**, 284 (1971)

ROSE, A. G.: Pathology of the formalin-treated heterograft porcine aortic valve in the mitral position. Thorax **27**, 401 (1972)

ROSENMANN, E., LAUFER, A., MILWIDSKY, A., STERN, S.: Mitral restenosis. A pathological study. Path. Microbiol. (Basel) **26**, 158 (1963)

ROSS, D., YACOUB, M. H.: Homograft replacement of the aortic valve. A critical review. Progr. cardiovasc. Dis. **11**, 275 (1969)

ROSS, D. N.: Homograft replacement of the aortic valve. Lancet **1962 II**, 487

ROSS, D. N.: Biologic valves. Their performance and prospects. Circulation **45**, 1259 (1972)

ROSS, D. N., GONZALEZ-LAVIN, L., DALICHAU, H.: A-two-year experience with supported autologous fascia lata for heart valve replacement. Ann. thorac. Surg. **13**, 97 (1972)

ROSS, J., BRAUNWALD, E., MORROW, A. G.: Clinical and hemodynamic observations in pure mitral insufficiency. Amer. J. Cardiol. **2**, 11 (1958)

ROSS, R. S., CRILEY, J. M.: Contrast radiography in mitral regurgitation. Proc. cardiovasc. Dis. **5**, 195 (1962)

ROWE, C. J., BLAND, F. F., SPRAGUE, B. H., WHITE, D. P.: The course of mitral stenosis without surgery ten and twenty years perspectives. Ann. intern. Med. **52**, 741 (1960)

ROWE, G., CASTILLO, C., ALFONSO, S., MEYER, T., CRUMPTON, C.: Diagnostic cineangiocardiography. Vasc. Dis. **1**, 45 (1964)

ROWE, R. D., MITCHELL, S. C., KEITH, J. D., MUSTARD, W. T., BARNES, W. T.: Severe valvular pulmonary stenosis with normal aortic root. Immediate results of transarterial valvotomy, with notes on the clinical assessment of patients before and after operation. Canad. med. Ass. J. **78**, 311 (1958)

ROY, S. B., GOPINATH, N.: Mitral stenosis. Circulation, Suppl. **37—38/V**, 68 (1968)

RUBEIZ, G. A., NASSAR, M. E., DAGHER, I. K.: Study of the right atrial pressure pulse in functional tricuspid regurgitation and normal sinus rhythm. Circulation **30**, 190 (1964)

RUDOLPH, W., WICKLMAYER, M.: Die Koronardurchblutung bei Patienten mit Aortenstenose. Z. Kreisl.-Forsch. **58**, 135 (1969)

RUNCO, V., BOOTH, R. W.: Basal diastolic murmurs. Amer. Heart J. **65**, 697 (1963)

RUNCO, V., MOLNAR, W., MECKSTROTH, C. V., RYAN, J. M.: The Graham Steell murmur versus aortic regurgitation in rheumatic heart disease. Amer. J. Med. **31**, 71 (1961)

RUSER, H. R.: Langzeitbeobachtung von Mitralinsuffizienzgeräuschen. Z. Kardiol. **62**, 133 (1973)

RUSSELL, T., KREMKAU, E. L., KLOSTER, F., STARR, A.: Late hemodynamic function of cloth-covered Starr-Edwards prostheses. Circulation, Suppl., **45/I**, 8 (1972)

RUTISHAUSER, W., GANDER, M., WIRZ, P., ROTHLIN, M., LÜTHY, E.: Der Einfluß der Herzfrequenz auf die Hämodynamik des linken Ventrikels bei Patienten mit Aorteninsuffizienz. Cardiologia (Basel) **50**, 201 (1967)

SADONY, V.: Die infektiöse Prothesen-Endokarditis. Zur Problematik septischer Krankheitsbilder nach Verwendung alloplastischer Prothesen in der Kardiochirurgie. Thoraxchirurgie **20**, 60 (1972)

SAINANI, G. S., SZATKOWSKI, J.: Rupture of normal aortic valve after physical strain. Brit. Heart J. 31, 653 (1969)

SAINT-PIERRE, A., DUPONT, J. C., SILIE, M., PASSOT, E., PERRIN, A.: Les atteintes traumatic du cœur droit. A propos d'une observation avec insuffisance tricuspidienne et anévrysme ventriculaire droit. Arch. Mal. Cœur **67**, 1045 (1975)

SAKAKIBARA, S.: Operative indication for rheumatic heart disease reviewed from longterm result. Jap. Circulat. J. **32**, 1695 (1968)

SAKAMOTO, T., UOZUMI, Z., KAWAI, N., SAKAMOTO, Y., KATO, R., UEDA, H.: Quadrivalvular heart disease. An autopsied case with massive pulmonary regurgitation. Jap. Heart J. **9**, 303 (1968)

SALZER, J., WEINTRAUB, R., LOWER, R., ELDRIDGE, F.: Isolated tricuspid insufficiency: Report of a case with valve replacement. Amer. J. Cardiol. **18**, 921 (1966)

SALZMANN, C., SUTTON, G. C., CHATTERJEE, K., KERR, I. H., MILLER, G. A.: Assessment of homograft replacement of mitral valve by chest radiography. Brit. Heart J. **34**, 121 (1972)

SAMET, P., BERNSTEIN, W. H., CASTILLO, C.: Validity of indicator-dilution determinations of cardiac output in patients with mitral regurgitation. Circulation **33**, 410 (1966)

SANDERS, C. A., ARMSTRONG, P. W., WILLERSON, J. T., DINSMORE, R. E.: Etiology and differential diagnosis of acute mitral regurgitation. Progr. cardiovasc. Dis. **14**, 129 (1971)

SANDERS, C. A., HARTHORNE, J. W., DE SANCTIS, R. W., AUSTEN, W. G.: Tricuspid stenosis. A difficult diagnosis in the presence of atrial fibrillation. Circulation **33**, 26 (1966)

SANDLER, H., DODGE, H. T., HAY, R. E., RACKLEY, C. E.: Quantitation of valvular insufficiency in man by angiocardiography. Amer. Heart J. **65**, 501 (1963)

SANDMANN, W., SCHULTE, H. D., SEIPEL, L., KNIERIEM, H. J., BIRCKS, W.: Gestielter, verkalkter Tumor des rechten Vorhofes mit Zerstörung der Tricuspidalklappe. Thoraxchirgurgie **21**, 548 (1973)

SANNERSTEDT, R., VARNAUSKAS, E., PAULIN, S., LINDER, E., LJUNGGREN, H., WERKÖ, L.: Right atrial myxoma. Report of a case and review of the literature. Amer. Heart J. **64**, 243 (1962)

SANO, R., BURDINE jr., J. A.: Cardiac stroke volume measured using a scintillation camera with data processor. J. nucl. Med. **10**, 369 (1969)

SAPIRSTEIN, W., BAKER, G.: Isolated tricuspid stenosis. Report of a surgical treated case. New Engl. J. Med. **269**, 236 (1963)

SARNOFF, S. J., GILMORE, J. P., MITCHELL, J. H.: Influence of atrial contraction and relaxation on closure of mitral valve. Observations of effects of autonomic nerve activity. Circulat. Res. **11**, 26 (1962)

SCHÄFER, G. E., KOBER, G., VOLCK, G., BUSSMANN, W. D., KALTENBACH, M.: Die akute Herzinsuffizienz als Spätkomplikation nach prothetischem Klappenersatz. Intensivmed. **14**, 18 (1977)

SCHATTENBERG, T. T.: Echocardiographic diagnosis of left atrial myxoma. Mayo Clin. Proc. **43**, 620 (1968)

SCHAUB, F.: Klinik der subakuten bakteriellen Endokarditis. Cardiologia (Basel) **35**, 316 (1959)

SCHAUB, F., BÜHLMANN, A.: Isolierte rheumatische Pulmonalklappeninsuffizienz. Z. Kreisl.-Forsch. **46**, 320 (1957)

SCHELBERT, H. R., MÜLLER, O. F.: Detection of fungal vegetations involving a Starr-Edwards mitral prosthesis by means of ultrasound. Vasc. Surg. **6**, 20 (1972)

SCHEUER, J.: Ventricular dysfunction associated with valvular heart disease. Amer. J. Cardiol. **30**, 445 (1972)

SCHICHA, H., VYSKA, K., BECKER, V., SEIPEL, L., FEINENDEGEN, L. E.: Minimale kardiale Transitzeiten (MTTs) in der Herzdiagnostik. Messungen mit der Gamma-Retina und Indium-113 m. II. MTTs bei verschiedenen Herzklappenfehlern. Z. Kreisl.-Forsch. **60**, 947 (1971)

SCHILDER, D. P., HARVEY, W. P.: Confusion of tricuspid incompetence with mitral insufficiency. A pitfall in the selection of patients for mitral surgery. Amer. Heart J. **54**, 352 (1957)

SCHILDER, D. P., HARVEY, C. P., HUFNAGEL, C. A.: Rheumatoid spondylitis and aortic insufficiency. New Engl. J. Med. **255**, 11 (1956)

SCHLANT, R. C.: Altered cardiovascular function of rheumatic heart disease and other acquired valvular disease. In: The Heart (J. W. HURST, R. B. LOGUE, Eds.), p. 751. New York: McGraw-Hill 1970

SCHLESINGER, Z., KRAUS, Y., DEUTSCH, V., YAHINI, J. H., NEUFELD, H. N.: An unusual form of mitral valve insufficiency simulating aortic stenosis. Chest **58**, 385 (1970)

SCHLUGER, J., MANNIX, E. P., WOLF, R. E.: Auscultatory and phoncardiographic sign of ball variance in a mitral prosthetic valve. Amer. Heart J. **81**, 809 (1971)

SCHMIDT, H., SIGWART, U., GLEICHMANN, U., MERTENS, H. M., BORST, H. G., REIDEMEISTER, J. CH.: Die Hämodynamik der Lillehei-Kaster-Klappenprothese. Verh. dtsch. Ges. Kreisl.-Forsch. **41**, 364 (1975)

SCHMIDT, K. J., ZEITLER, E.: Möglichkeiten und Grenzen der Flächenkymographie in der Herzdiagnostik operativer Vitien bei Erwachsenen. Fortschr. Röntgenstr. **109**, 447 (1968)

SCHMITT, W., BRAUN, H., KINNER, H.: Ultraschall-, phono- und elektrokardiographische Untersuchungsergebnisse bei Patienten mit Mitralfehlern. Z. Kreisl.-Forsch. **56**, 939 (1967)

SCHMUTZLER, H.: Die Kreislaufdynamik der Mitralstenose unter konstanter Arbeit. Basel-München-New York: Karger 1969

SCHNEIDER, K. W., SCHMITT, W., BRAUN, H., VIERECK, H. J.: Vergleich von Herzkatheter und Ultraschallkardiogrammbefunden. Radiologe **12**, 137 (1972)

SCHÖLMERICH, P.: Konservative und operative Therapie erworbener Aortenklappenfehler. Internist **6**, 529 (1965a)

SCHÖLMERICH, P.: Biographische Aspekte entzündlicher Klappeninsuffizienz. Verh. dtsch. Ges. Kreisl.-Forsch. **31**, 165 (1965b)

SCHÖLMERICH, P., GEHL, H.: Herzschallstudien bei Lagewechsel. Über das Tonbild von Mitralstenosen und kombinierten Mitralfehlern im Zusammenhang mit einer orthostatischen Änderung der Kreislaufregulation. Z. Kreisl.-Forsch. **40**, 211 (1951)

SCHOENMACKERS, J.: Über Bronchialvenen und ihre Stellung zwischen großem und kleinem Kreislauf. Arch. Kreisl.-Forsch. **32**, 1 (1960)

SCHOENMACKERS, J., LINDENFELSER, R., REUL, H.: Pathogenese und pathologische Anatomie erworbener Herzklappenfehler. Radiologe **12**, 113 (1972)

SCHRIRE, V., ASHERSON, R. A.: Arteritis of the aorta and its major branches. Quart. J. Med. **33**, 439 (1964)

SCHRIRE, V., BARNARD, C. N.: Immediate and long-term results of mitral valve replacement with university of cape town mitral valve prosthesis. Brit. Heart J. **32**, 245 (1970)

SCHWAB, R. H., KILLOUGH, J. H.: The phonocardiographic differentiation of pulmonic and aortic insufficiency. Circulation **32**, 352 (1965)

SCHWARTZ, L. S., GOLDFISCHER, J., SPRAGUE, G. J., SCHARTZ, S. P.: Syncope and sudden death in aortic stenosis. Amer. J. Cardiol. **23**, 647 (1969)

SCHWEDEL, J. B., ESCHER, D. W., AARON, R. S., YOUNG, D.: The roentgenologic diagnosis of pulmonary hypertension in mitral stenosis. Amer. Heart J. **53**, 163 (1957)

SEGAL, J., HARVEY, W. P., HUFNAGEL, C.: Clinical study of one hundred cases of severe aortic insufficiency. Amer. J. Med. **21**, 200 (1956)

SEGAL, B. L., LIKOFF, W.: Late systolic murmur of mitral regurgitation. Amer. Heart J. **67**, 757 (1964)

SEGAL, B. L., LIKOFF, W., KASPER, A. J.: Silent rheumatic aortic regurgitation. Amer. J. Cardiol. **14**, 628 (1964)

SEIPEL, L., BOTH, A., GLEICHMANN, U., MÄURER, W.: Das Ultraschall-Doppler-Kardiogramm bei Aortenvitien vor und nach Implantation einer Klappenprothese. Verh. dtsch. Ges. Kreisl.-Forsch. **38**, 342 (1972a)

SEIPEL, L., BREITHARDT, G., BOTH, A., HAERTEN, K., SCHULTE, H. D.: Funktionsanalyse implantierter Tricuspidalklappenprothesen mittels Ultraschall-Doppler Technik. Thoraxchirurgie, Suppl. **76/I**, 51 (1976)

SEIPEL, L., GLEICHMANN, U., KREUZER, H., LOOGEN, F.: Ascorbinsäure als Indikator zum Nachweis kleinster Kurzschlüsse und Klappeninsuffizienzen. Erfahrungen bei 340 Patienten, teilweise im Vergleich mit der Thermoinjektionsmethode. Z. Kreisl.-Forsch. **58**, 946—953 (1969)

SEIPEL, L., GLEICHMANN, U., LOOGEN, F.: Das Ultraschall-Doppler-Kardiogramm bei rechtsseitigem flottierendem Vorhoftumor. Verh. dtsch. Ges. inn. Med. **78**, 1080 (1972b)

SEIPEL, L., GLEICHMANN, U., MÄURER, W., BREITHARDT, G.: Die Analyse der Blutströmung in den herznahen Venen und im rechten Herzen mit der Ultraschall-Doppler-Technik. In: Aspekte moderner Angiologie (Hrsg. K. W. Schneider), p. 103. Erlangen: Perimed 1975

SELMONOSKY, C. A., ELLISON, R. G.: Traumatic mitral incompetence: Case report. J. Trauma **12**, 632 (1972)

SELZER, A.: Cardiac valve replacement: An unanswered question. Amer. J. Cardiol. **37**, 322 (1976)

SELZER, A., COHN, K. E.: Natural history of mitral stenosis: A review. Circulation **45**, 878 (1972)

SELZER, A., KELLY, J. J., KERTH, W. J., GERBODE, F.: Immediate and long-range results of valvuloplasty for mitral regurgitation due to ruptured chordae tendineae. Circulation, Suppl. **45/I**, 52 (1972)

SELZER, A., KELLY, J. J., VANNITAMBY, M., WALKER, P., GERBODE, F., KERTH, W. J.: The syndrome of mitral insufficiency due to isolated rupture of chordae tendineae. Amer. J. Med. **43**, 822 (1967)

SENAC, J. B.: Traité de la structure du cœur, de son action, et des ses maladies. Paris: Briasson 1749

SENINGEN, R. P., CHEN, J. T. T., PETER, R. H., MORRIS, J. J., LESTER, R. G.: Roentgen interpretation of postoperative changes (clinical and hemodynamic) in pure mitral stenosis. Amer. J. Roentgenol. **113**, 693 (1971)

SENINGEN, R. P., BULKLEY, B. H., ROBERTS, W. C.: Prosthetic aortic stenosis. A method to prevent its occurence by measurement of aortic size from preoperative aortogram. Circulation **44**, 921 (1974)

SENNING, A.: Über den autoplastischen Aortenklappenersatz. Langenbecks Arch. klin. Chir. **316**, 790 (1966)

SENNING, A.: Aortenklappenersatz durch Fascia lata. Verh. dtsch. Ges. Kreisl.-Forsch. **36**, 33 (1970)

DE SEPIBUS, G., KRAYENBÜHL, H. P., WIRZ, P., GADIENT, A., RUTISHAUSER, W.: Der Einfluß der Herzfrequenz auf den Schweregrad der Mitral- und Aorteninsuffizienz. Schweiz. med. Wschr. **102**, 457 (1972)

SEPULVEDA, G., LUKAS, D. S.: The diagnosis of tricuspid insufficiency. Circulation **11**, 552 (1955)

SERRADIMIGNI, A., BORY, M., POGGI, L., AUDIER, M.: Le diagnostic de l'insuffisance tricuspidienne (raport des mécanogrammes). Presse Méd. **76**, 363 (1968)

SHABETAI, R., ADOPH, R. J., SPENCER, F. C.: Successful replacement of the tricuspid valve 10 years after traumatic incompetence. Amer. J. Cardiol. **18**, 916 (1966)

SHARMA, S. D., EASLEY, R. M., ZAROFF, L. I., GOLDSTEIN, S.: Mitral disc variance (Harken prosthesis). Amer. Heart J. **86**, 681 (1973)

SHAVER, V. C., BAILY, W. R., MARRANGONI, A. G.: Acquired pulmonic stenosis due to external cardiac compression. Amer. J. Cardiol. **16**, 256 (1965)

SHEAN, F. C., AUSTEN, W. G., BUCKLEY, M. J., MUNDTH, E. D., SCANNELL,, J. G., DAGGETT, W. M.: Survival after Starr-Edwards aortic valve replacement. Circulation **44**, 1 (1971)

SHELBOURNE, J. C., RUBENSTEIN, D., GOSHEN, R.: The significance of papillary muscle dysfunction in coronary artery disease. Clin. Res. **16**, 249 (1968)

SHELDON, W. H., GOLDEN, A.: Abscesses of the valve rings of the heart, a frequent but not well recognized complication of acute bacterial endocarditis. Circulation **4**, 1 (1951)

SHINE, K. I., SE SANCTIS, R. W., SANDERS, C. A., AUSTEN, W. G.: Combined aortic and mitral incompetence: Clinical features and surgical menagement. Amer. Heart J. **76**, 728 (1968)

SHORT, D. S.: Radiology of the lung in severe mitral stenosis. Brit. Heart J. **17**, 33 (1955)

SIDD, J. J., DERVAN, R. A., LELAND, O. S., SASAHARA, A. A.: Correlation of hemodynamic data and pulmonary angiography in mitral stenosis. Circulation **35**, 373 (1967)

SIEVERS, J., ARESKOG, N. H., STENPORT, G.: Right atrial myxoma with severe cyanosis. Cardiologia (Basel) 55, **55** (1970)

SIGGERS, D. C., SRIVONGSE, S. A., DEUCHAR, D.: Analysis of dynamics of mitral Starr-Edwards valve prosthesis using reflected ultrasound. Brit. Heart J. **33**, 401 (1971)

Sigwart, U., Reid, J. A.: Linksventrikuläre Funktion bei Mitralstenose. Z. Kardiol. **65**, 201 (1976)

Sigwart, U., Gleichmann, U., Schmidt, H., Borst, H. G.: Die Lillehei-Kaster-Klappenprothese. Bemerkungen zur Hämodynamik und Mechanik in vivo. Thoraxchir. **24**, 397 (1976)

Simberkoff, M. S., Isom, W., Smithivas, T., Noriega, E. R., Rahal, J. J.: Two-stage tricuspid valve replacement for mixed bacterial endocarditis. Arch. intern. Med. **133**, 212 (1974)

Simon, G.: The value of radiology in critical mitral stenosis—an amendment. Clin. Radiol. **23**, 145 (1972)

Simon, G., Liu, S. F.: Calcification of mitral valve annulus and its relations to functional valve disturbance. Amer. Heart J. **48**, 497 (1954)

Simon, H., Felix, R., Fricke, G., Esser, H., Assheuer, J., Winkler, C.: Durchblutungsverteilung der Lunge vor und nach Mitralklappenoperation. Verh. dtsch. Ges. Kreisl.-Forsch. **38**, 345 (1972)

Simon, H., Felix, R., Fricke, G., Kikis, D., Assheuer, J.: Durchblutungsverteilung in der Lunge bei Mitralvitien. Z. Kardiol. **62**, 936 (1973)

Simon, H., Krayenbuehl, H. P., Rutishauser, W., Preter, B. O.: The contractile state of the hypertrophied left ventricular myocardium in aortic stenosis. Amer. Heart J. **79**, 587 (1970)

Simon, R., Lichtlen, P.: Tricuspidalinsuffizienz bei Mitralvitien. Thoraxchir. **24**, 279, 1976

Singh, R., Schrank, J. P., Nolan, S. P., McGuire, L. B.: Spontaneous rupture of mitral chordae tendineae. J. Amer. med. Ass. **219**, 189 (1972)

Skelton, R. B. T., Corday, E.: Detection of valvular insufficiency by a platinum electrode technique. Amer. J. Cardiol. **11**, 373 (1963)

Skinner, N. S., Mitchell, J. H., Wallace, A. G., Sarnoff, S. J.: Hemodynamic consequences of atrial fibrillation at constant ventricular rates. Amer. J. Med. **36**, 342 (1964)

Sleeper, J. C., Orgain, E. S., McIntosh, H. D.: Mitral insufficiency simulating aortic stenosis Circulation **26**, 428 (1962)

Sloman, G., Jefferson, K.: Cine-angiography of the coronary circulation in living dogs. Brit. Heart J. **22**, 54 (1960)

Sloman, G., Wee, K. P.: Isolated congenital pulmonary valve incompetence. Amer. Heart J. **66**, 532 (1966)

Smith, G. H., Belcher, J. R.: Valvotomy in calcific mitral stenosis. Brit. Heart J. **32**, 198 (1970)

Smith, H. J., Neutze, J. M., Roche, A. H. G., Agnew, T. M., Barratt-Boyes, B. G.: The natural history of rheumatic aortic regurgitation and the indications for surgery. Brit. Heart J. **38**, 147 (1976)

Smith, J. A., Levine, S. A.: The clinical features of tricuspid stenosis. Study of trivalvular stenosis. Amer. Heart J. **23**, 739 (1942)

Smith, P. W., Cregg, H. A., Klassen, K. P.: Diagnosis of mitral regurgitation by cineangiography. Circulation **14**, 847 (1956)

So, C. S.: Bedeutung der Elektrokardiogramms für die Beurteilung von Herzfehlern. Med. Klin. **62**, 1396 u. 1439 (1967)

Sobbe, A., Thurn, P., Hilger, H. H., Düx, A., Schaede, A.: Die graduelle Beurteilung der Aortenklappeninsuffizienz im thorakalen Aortogramm. Fortschr. Röntgenstr. **108**, 434 (1968)

Sobol, B. J., Bottex, G., Emirgil, C., Gissen, H.: Valvular insufficiency occurring during cardiac catheterization. Amer. J. Cardiol. **14**, 533 (1964)

Soloff, L. A., Zatuchni, J., Fisher, H.: Visualization of valvular and myocardial calcification by planigraphy. Circulation **9**, 367 (1954)

Soloff, L. A., Zatuchni, J., Mark, G. E.: Relationship of left atrial volume to pulmonary artery and wedge pressures in mitral stenosis. Circulation **15**, 430 (1957a)

Soloff, L. A., Zatuchni, J. A., Mark, G. E., Stauffner, H. M.: Use of planigraphy in demonstration of calcification of heart valves and its significance. Amer. J. med. Sci. **234**, 213 (1957b)

Somerville, J., Ross, D., Ross, J. K.: Mitral valve replacement with stored inverted pulmonary homograft valve. Thorax **27**, 583 (1972)

Sosman, M. C.: Roentgenological aspects of acquired valvular heart disease. Amer. J. Roentgenol. **42**, 47 (1939)

Sosman, M. C., Wosika, P. H.: Calcification in aortic and mitral valves. With a report of twenty-three cases demonstrated in vivo by the roentgen ray. Amer. J. Roentgenol. **30**, 328 (1933)

Soulié, P., Agar, J., Grosgogeat, Y., Cartier, F., Vernant, P.: Les anévrysmes de sinus Valsalva. Arch. Mal. Cœur **57**, 481 (1964)

Soulié, P., Bouvrain, Y., di Matteo, I.: L'atteinte de la valvule tricuspide au cours du rétrécissement mitral. Arch. Mal. Cœur **44**, 687 (1951)

Soulié, P., Caramanian, M., Soulié, J.: Rétrécissement aortique calcifié. Anatomie pathologique. Arch. Mal. Cœur **62**, 1096 (1969)

Soulié, P., Caramanian, M., Heulin, A., Guérinon, J.: Le cœur dans l'endocardite infectieuse. Etude anatomique. Arch. Mal. Cœur **64**, 765 (1971)

Soulié, P., Chiche, P.: La double sténose aortique et mitrale. Presse Méd. **58**, 1062 (1950)

Soulié, P., Geschwind, H., Brun, P., Pepin, J. F.: Cinéangiocardiographie biplane. Application à la pathologie mitrale acquise. Arch. Mal. Cœur **56**, 1346 (1963)

Soulié, P., Perrotin, M., Cachera, J. P., Caramanian, M., Tadei, A., Dauptain, J.: Insuffisance mitral massive par rupture spontanée de pilier. A propos d'un cas opéré avec succès par mise en place d'un prothèse Starr-Edwards. Arch. Mal. Cœur **64**, 742 (1971)

Spain, D. M.: Association of gastrointestinal carcinoid tumor with cardiovascular abnormalities. Amer. J. Med. **19**, 366 (1955)

Spain, D. M.: Endocarditis. In: Pathology of heart and blood vessels (S. E. Gould, Ed.), p. 760. Springfield/Ill.: Thomas 1968

Spangnuolo, M., Kloth, H., Taranta, A., Doyle, E., Pasternack, B.: Natural history of rheumatic aortic regurgitation. Criteria predictive of death, congestive heart failure, and angina in young patients. Circulation **44**, 368 (1971)

SPENCER, F. C.: Surgery of the tricuspid valve. Cardiovasc. Clin. **3**, 301 (1971)

SPENCER, W. H., PETER, R. H., ORGAIN, E. S.: Detection of a left atrial myxoma by echocardiography. Arch. intern. Med. **128**, 787 (1971)

SPENCER, F. C., REPPERT, E. H., STERTZER, S. H.: Surgical treatment of mitral insufficiency secondary to coronary artery disease. Arch. Surg. **95**, 853 (1967)

SPRING, D. A., FOLDS, J. D., YOUNG, W. P., ROWE, G. G.: Prematur closure of the mitral and tricuspid valves. Circulation **45**, 663 (1972)

SPRING, D. A., ROWE, G. G.: Backward transmission of the left atrial v wave and premature pulmonary valve closure. Amer. Heart J. **81**, 327 (1971)

SRIVASTAVA, T. N., FLETCHER, E.: The echocardiogram in left atrial myxoma. Amer. J. Med. **54**, 136 (1973)

STANNARD, M., SLOMAN, J. G., HARE, W. S. C., GOBLE, J. A.: Prolapse of the posterior leaflet of the mitral valve. A clinical familial and cineangiographic study. Brit. med. J. **1967 III**, 71

STAROBIN, O. E., LITTMAN, D., SANDERS, C. A., TURNER, J. D.: Retrograde catheterization of the left ventricle and angiography in the diagnosis of mitral valve disease. New Engl. J. Med. **265**, 462 (1961)

STARR, A., HERR, R., WOOD, J.: Tricuspid valve replacement for acquired valve disease. Surg. Gynecol. Obst. **122**, 1295 (1966)

STARR, A.: Acquired disease of the tricuspid valve. In: Surgery of the chest (J. GIBBON, Ed.), p. 770. Philadelphia: Saunders 1969

STARR, I., AMBROSI, C., MANCHESTER, J. H., SHELBURNE, J. C.: Diagnosis of aortic stenosis from the carotid pulse and its derivative. Brit. Heart J. **35**, 1062 (1973)

STAUFFER, J., CURRY, J. C.: A correlation of roentgen and surgical findings in two hundred cases of rheumatic mitral valvular disease. Evaluation of cardiac chamber size, valvular calcification and pulmonary vessels. Amer. J. Roentgenol. **71**, 599 (1954)

STECKEN, A.: Das Röntgenbild erworbener und angeborener Herzfehler, Bd. 1. Berlin: Akademie-Verlag 1964

STEELL, G.: Murmur of high-pressure in pulmonary artery. Med. Chron. **9**, 182 (1888)

STEELL, G.: Text book on diseases of the heart. Manchester: Univ. Press 1906

STEELMAN, R. B., PERLOFF, J. K., COCHRAN, P. T., RONAN, J. A.: Congintal stenosis of the pulmonic and tricuspid valves: Clinical, hemodynamic and angiographic observations in a 20 year old woman. Amer. J. Med. **54**, 788 (1973)

STEELMAN, R. B., WHITE, R. S., HILL, J. C., NAGLE, J. P., CHEITLIN, M. D.: Midsystolic clicks in arteriosklerotic heart disease. A new facet in the clinical syndrome of papillary muscle dysfunction. Circulation **44**, 503 (1971)

STEIN, P. D.: Roentgenographic method for measurement of the cross-sectional area of aortic valve. Amer. Heart J. **81**, 622 (1971)

STEIN, P. D.: Assessment of calcific aortic stenosis by measurement of area circumscribed by calcium on plain film orifice-view roentgenograms. Chest **65**, 518 (1974)

STEIN, P. D., MUNTER, W. A.: New functional concept of valvular mechanics in normal and diseased aortic valves. Circulation **44**, 101 (1971)

STEINBACH, H. L., KEATS, T. E., SHELINE, P. D.: The roentgen appearance of the pulmonary veins in heart disease. Radiology **65**, 157 (1955)

STEINBERG, I.: Dilatation of the aortic sinuses in the Marfan syndrome. Roentgen findings in five new cases. Amer. J. Roentgenol. **83**, 302 (1960)

STEINER, R. E.: The roentgenology of pulmonary manifestations in mitral heart disease and left heart failure. Progr. cardiovasc. Dis. **2**, 1 (1959)

STEINER, R. E., JACOBSON, E., DINSMORE, R., PARIZEL, G.: Mitral regurgitation. Clin. Radiol. **14**, 113 (1963)

STEINHART, L., ENDRYS, J., DITE, B., SLEZÁK, P., PROCHAZKA, J., BELOBRADER, Z., KOSMAK, J., PETRLE, M.: The diagnostic contribution of the left heart angiocardiography for the preoperative assessment of mitral valvular disease. J. cardiovasc. Surg. **4**, 738 (1963a)

STEINHART, L., ENDRYS, J., SLEZÁK, P., PROCHÁZKA, J., KOSMÁK, I., BELOBRÁDEK, Z., PETRLE, M., FRANK, M.: Transseptale Lävographie bei Aortenstenosen. Fortschr. Röntgenstr. **99**, 761 (1963b)

STENDER, H. S., WAGNER, H. H., KAHLSTORF, J.: Die funktionelle Bewertung von Herz und Lunge durch das Röntgenbild. Münch. med. Wschr. **110**, 2923 (1968)

STEPHENSON, L. W., KOUCHOUKOS, N. T., KIRKLIN, J. W.: Triple valve replacement: Eight years experience. Amer. J. Cardiol. **37**, 175 (1976)

STERZ, H., KRAFT-KINZ, J., SAMEC, H., PETEK, W.: Möglichkeiten zur Beurteilung der Funktion künstlicher Herzklappen. Wien. Z. inn. Med. **51**, 23 (1970)

STEVENSON, J. G., KAWABORI, I., MORGAN, B. C., DILLARD, D. H., MERENDINO, K. A., GUNTHEROTH, W. G.: Rheumatic mitral regurgitation: The case for annuloplasty in the pediatric age group. Circulation, Suppl. **52/I**, 49 (1975)

STEWART, S., MASON, D. T., BRAUNWALD, E.: Impaired rate of left ventricular filling in idiopathic hypertrophic subaortic stenosis and valvular aortic stenosis. Circulation **37**, 8 (1968)

STINSON, E. B., CASTELLIONO, R. A., SHUMWAY, N. E.: Radiologic signs of endocarditis following prosthetic valve replacement. J. thorac. cardiovasc. Surg. **56**, 554 (1968)

STONE, C. S., FEIL, H. S.: Mitral stenosis. Clinical and pathologic study of 100 cases. Amer. Heart J. **9**, 53 (1933)

STORSTEIN, O., EFSKIND, L.: Aortic stenosis. Cardiologia (Basel) **49**, 259 (1966)

STORSTEIN, D., WAALER, E.: Rheumatoid spondylitis and aortic insufficiency. Acta med. scand. **165**, 125 (1959)

STOTT, D. K., MARPOLE, D. G. F., BRISTOW, J. D., KLOSTER, F. E., GRISWOLD, H. E.: The role of left atrial transport in aortic and mitral stenosis. Circulation **41**, 1031 (1970)

STROBER, W., COHEN, L. S., WALDMAN, T. A., BRAUNWALD, E.: Tricuspid regurgitation: A newly recognized cause of protein-losing enteropathy, lymphocytopenia and immunologic deficiency. Amer. J. Med. **44**, 842 (1968)

Stross, J. K., Willis, P. W., Kahn, D. R.: Diagnostic features of malfunction of disc mitral valve prostheses. J. amer. med. Ass. **217**, 305 (1971)

Stumpf, P.: Kymographische Röntgendiagnostik. Stuttgart: Thieme 1951

Stumpf, P., Weber, G. H., Weltz, H.: Röntgenkymographische Bewegungslehre innerer Organe. Leipzig: Thieme 1936

Sulayman, R., Mathew, R., Thilenius, O. G., Peplogle, R., Arcilla, R. A.: Hemodynamics and annuloplasty in isolated mitral regurgitation in children. Circulation **52**, 1144 (1975)

Sutton, G. C., Chatterjee, K., Caves, P. K.: Diagnosis of severe mitral regurgitation due to non-rheumatic chordal abnormalities. Brit. Heart J. **35**, 877 (1973)

Sutton, G. C., Craige, E., Grizzle, J. E.: Quantitation of precordial movement. II. Mitral regurgitation. Circulation **35**, 483 (1967)

Sutton, G. C., Wright, J. E. C.: Major detachment of aortic prostetic valves. Brit. Heart J. **32**, 337 (1970)

Taber, R. E., Lam, C. R.: Significance of atrial fibrillation and arterial embolization in rheumatic mitral valve disease. Circulation **22**, 821 (1960)

Tachovsky, T. J., Giulani, E. R., Ellis, F. H.: Prosthetic valve replacement for traumatic tricuspid insufficiency. Report of a case originally diagnosed as Ebstein's malformation. Amer. J. Cardiol. **26**, 196 (1970)

Taguchi, K., Sasaki, N., Matsuura, J., Uemura, R.: Surgical correction of aneurysm of the sinus of Valsalva. Amer. J. Cardiol. **23**, 180 (1969)

Takeda, J., Warren, R., Holzman, D.: Prognosis of aortic stenosis. Arch. Surg. **87**, 931 (1963)

Takekawa, S. D., Kincaid, O. W., Titus, J. L., DuShane, J. W.: Congenital aortic stenosis. Amer. J. Roentgenol. **98**, 800 (1966)

Talbert, J. C., Morrow, A. G., Collins, N. P., Gilbert, J. W.: The incidence and significance of pulmonic regurgitation after pulmonary valvulotomy. Amer. Heart J. **65**, 590 (1963)

Tallury, V. K., DePasquale, N. P., Burch, G. E.: The echocardiogram in papillary muscle dysfunction. Amer. Heart J. **83**, 12 (1972)

Tatooles, C. J., Gault, J. H., Mason, D. T., Ross, J.: Reflux of oxygenated blood into the pulmonary artery in severe mitral regurgitation. Amer. Heart J. **75**, 102 (1968)

Taubman, J. O., Goodman, D. J., Steiner, R. E.: The value of contrast studies in the investigation of aortic valve disease. Clin. Radiol. **17**, 23 (1966)

Tavel, E. M., Campbell, R. W., Zimmer, J. F.: Late systolic murmurs and mitral regurgitation. Amer. J. Cardiol. **15**, 719 (1965)

Taylor, R. R., Hopkins, B. E.: Left ventricular response to experimentally induced chronic aortic regurgitation. Cardiovasc. Res. **6**, 404 (1972)

Taylor, W. J., Thrower, W. B., Black, H., Harken, D. E.: The surgical correction of aortic insufficiency by circumclusion. J. thorac. Surg. **35**, 192 (1958)

Taylor, S. H., Galvin, M. C., Pakrashi, B. C., Tulpule, A. T., Ionescu, M. I., Whitaker, W.: Clinical and hemodynamic results of mitral valve replacement with autologous fascia lata grafts. Studies in patients with competent prostheses. Circulation **52**, 880 (1975)

Terzaki, A. K., Cokkinos, D. V., Leachman, R. D., Meade, J. B., Hallman, G. L., Cooley, D. A.: Combined mitral and aortic valve disease. American J. Cardiol. **25**, 588 (1970)

Teschendorf, W.: Lehrbuch der röntgenologischen Differentialdiagnostik. Bd. I: Erkrankungen der Brustorgane, 3. Aufl. Stuttgart: Thieme 1952

Thelen, M.: Lävokardiographische Untersuchungen zur Leistungsbeurteilung des linken Ventrikels. III. Aortenklappeninsuffizienz. Fortschr. Röntgenstr. **124**, 51 (1976)

Thomas, T. V.: Diagnosis of disrupted prosthetic valves. J. thorac. cardiovasc. Surg. **62**, 27 (1971)

Thompson, M. E., Shaver, J. A., Heidenreich, F. P., Leon, D. F., Leonard, J. J.: Sound, pressure and motion correlates in mitral stenosis. Amer. J. Med. **49**, 436 (1970)

Thurn, P.: Hämodynamik des Herzens im Röntgenbild. In: Lehrbuch der röntgenologischen Differentialdiagnostik, Bd. I. Stuttgart: Thieme 1956

Thurn, P.: Die röntgenologische Beurteilung der Leistungsfähigkeit des Herzens. Fortschr. Röntgenstr. **90**, 1 (1959)

Thurn, P.: Kymographie bei erworbenen und angeborenen Herzfehlern. Radiologe **7**, 259 (1963)

Thurn, P.: Kontrastmitteluntersuchung der Herzklappeninsuffizienz. Verh. dtsch. Ges. Kreisl.-Forsch. **31**, 195 (1965)

Thurn, P.: Erworbene Herzklappenfehler. In: Lehrbuch der Röntgendiagnostik, Bd. IV/I. Stuttgart: Thieme 1968

Thurn, P., Düx, A., Schaede, A., Hilger, H. H.: Selektive Lävokardiographie. In: Ergebnisse der medizinischen Strahlenforschung (H. R. Schinz, E. Glauner, A. Rüttimann, Hrsg.) Bd. I. Stuttgart: Thieme 1964

Thurn, P., Schaede, A., Hilger, H. H., Düx, A.: Zur perkutanen, retrograden thorakalen Aorto- und Laevokardiographie. Fortschr. Röntgenstr. **93**, 393 (1960)

Thurn, P., Schaede, A., Hilger, H. H., Düx, A.: Graduelle Beurteilung der Mitralklappeninsuffizienz im selektiven Laevokardiogramm. Fortschr. Röntgenstr. **96**, 37 (1962)

Thurn, P., Thelen, M.: Kontrastmitteluntersuchung bei erworbenen Herzklappenfehlern. Dtsch. Röntgenkongr. **52**, 11 (1971)

Thurn, P., Thelen, M.: Kontrastmitteluntersuchungen bei erworbenen Herzklappenfehlern. Radiologe **12**, 129 (1972)

Tillotson, P. M., Steinberg, J.: Roentgen features of rheumatic tricuspid stenosis. Amer. J. Roentgenol. **87**, 948 (1962)

Tobin, J. R., Rahimtoola, S. H., Blundell, P. E., Swan, H. J. C.: Percentage of left ventricular stroke work loss. A simple hemodynamic concept for estimation of severity in valvular aortic stenosis. Circulation **35**, 868 (1967)

TOONE, E. C., PIERCE, E. L., HENNIGAR, G. R.: Aortitis and aortic regurgitation associated with rheumatoid spondylitis. Amer. J. Med. **26**, 255 (1959)
TORI, G., GARUSI, G. F.: Left cardiac ventriculography by means of percutaneous catheterization of a femoral artery in the diagnosis of mitral insufficincy. Acta radiol. (Stockh.) **54**, 170 (1960)
TORRE, DE LA, A., LINHART, J. W., BARTLEY, T. D.: False aneurysm of the sinus Valsalva following aortic valve replacement. South. med. J. **6**, 40 (1969)
TOUTOUZAS, P., KOIDAKIS, A., VELIMEZIS, A., AVGOUSTAKIS, D.: Mechanism of diastolic rummple and presystolic murmur in mitral stenosis. Brit. Heart J. **36**, 1096 (1974)
TRACE, H. D., BAILEY, C. P., WENDKOS, M. H.: Tricuspid valve comissurotomy with one-year follow-up. Amer. Heart J. **47**, 613 (1954)
TRENT, J. K., ADELMAN, A. G., WIGLE, E. D., SILVER, M. D.: Morphology of a prolapsed posterior mitral valve leaflet. Amer. Heart J. **79**, 593 (1970)
TRICOT, R., VEBER, G., HOUEIX DE LA BROUSSE, J. M.: Étude critique des mécanogrammes de l'insuffisance mitrale. Ann. Cardiol. Angéiol. **23**, 39 (1974)
TRINKLE, J. K., EDELSTEIN, S. G., GOSHONIS, K. F.: Left atrial myxoma. Diagnosis and excision. J. thorac. cardiovasc. Surg. **61**, 756 (1971)
TSAGARIS, T. J., THORNE, J. L.: Effect of heart rate on hemodynamics in mitral stenosis. Amer. Heart J. **79**, 109 (1970)
TWEEDY, P. S.: The pathogenesis of valvular thickening in rheumatic heart disaese. Brit. Heart J. **18**, 173 (1956)
TYNAN, M., ABERDEEN, E., STARK, J.: Tricuspide imcompetence after the Mustard operation for transposition of the great arteries. Circulation, Suppl. **45/I**, 111 (1972)
TYRRELL, M. J., ELLISON, R. C., HUGENHOLTZ, P. G., NADAS, A. S.: Correlation of degree of left ventricular volume overload with clinical course in aortic and mitral regurgitation. Brit. Heart J. **32**, 683 (1970)
UEDA, H., SUGIURA, M., ITO, I., SAITO, Y., MOOROKA, S.: Aortic insufficiency with aortitits syndrome. Jap. Heart J. **8**, 107 (1967)
UENO, K., IIZUKA, H., OHKAWA, S. I., SUGIURA, M.: Two aged cases of mitral insufficiency due to spontaneous rupture of chordae tendineae. Jap. Heart J. **13**, 457 (1972)
ULMER, H., WOLF, D., SCHMITZ, W.: Traumatische Tricuspidalinsuffizienz im Kindesalter. Thoraxchirurgie, Suppl. **24/I**, 61 (1976)
UPSHAW, C. B.: Precordial honk due to tricuspid regurgitation. Amer. J. Cardiol. **35**, 85 (1975)
URICCHIO, J. F., BENTIVOGLIO, L., GILMAN, R., LIKOFF, W.: Tricuspid regurgitation masquerading as mitral regurgitation in patients with pure mitral stenosis. Amer. J. Med. **25**, 224 (1958)
URICCHIO, J. F., LEHMAN, J. S., LEMMON, W., FITCH, E. A., BOYER, R. A., LIKOFF, W.: New technics helpful in the study of regurgitant lesions of the cardiac valves. Amer. J. Cardiol. **4**, 686 (1959)
URSCHEL, C. W., COVELL, J. W., SONNENBLICK, E. H., ROSS, J., BRAUNWALD, E.: Myocardial mechanics in aortic and mitral valvular regurgitation: The concept of instantaneous impedance as a determinant of the performance of the intact heart. J. clin. Invest. **47**, 867 (1968)
VAISRUB, S.: Late systolic click syndrome. J. amer. med. Ass. **234**, 632 (1975)
VAQUEZ, H., BORDET, E.: Herz und Aorta. Klinisch-radiologische Studien. Dtsch. Übersetzung v. M. ZELLER. München: Thieme 1916
VAN DER VEER, J. B., RHYNEER, G. S., HODAM, R. P., KLOSTER, F. E.: Obstruction of tricuspid ball-valve prostheses. Circulation, Suppl. **43/I**, 62 (1971)
VELA, J. E., CONTRERAS, R., SOSA, F. R.: Rheumatic pulmonary valve disease. Amer. J. Cardiol. **23**, 12 (1969)
VENDSBORG, P., FAUERHOLDT HANSEN, L., OLESEN, K. H.: Decreasing incidence of a history of acute rheumatic fever in chronic rheumatic heart disease. Cardiologia (Basel) **53**, 332 (1968)
VIDNE, B., ERDMAN, S., LEVY, M. J.: Thromboembolism folowing heart valve replacement by prosthesis: Survey among 365 consecutive patients. Chest **63**, 713 (1973)
VIEUSSENS, R.: Traité nouveau de la structure et des causes du mouvement naturel du cœur. Toulouse: J. Guillemete **1715**
VINCENT, W. R., BUCKBERG, G. D., HOFFMAN, J. I.: Left ventricular subendocardial ischemia in severe valvar and supravalvar aortic stenosis. Circulation **44**, 326 (1974)
VYSKA, K., SCHICHA, H., BECKER, V., FEINENDEGEN, L. E.: Minimale kardiale Transitzeiten (MTTs) in der Herzdiagnostik. Messungen mit der Gamma-Retina V und Indium 113m. I. MTTs bei gesunden Personen. Z. Kreisl.-Forsch. **60**, 192 (1971)
WAGNER, H. N., RHODES, B. A.: Radioactive tracers in the diagnosis of cardiovascular disease. Progr. cardiovasc. Dis. **15**, 1 (1972)
WALDHAUSEN, J. A., LOMBARDO, C. R., MORROW, A. G.: Pulmonic stenosis due to compression of the pulmonry artery by an intrapericardial tumor. J. thorac. Surg. **37**, 679 (1959)
WALLACE, R. B.: Tissue valves. Amer. J. Cardiol. **35**, 866 (1975)
WALLACE, R. B., GIULIANI, E. R., TITUS, J. L.: Use of aortic valve homografts for aortic valve replacement. Circulation **43**, 365 (1971)
WALLACH, J. B., ANGRIST, A. A.: The frequency of tricuspid stenosis with particular reference to cardiac surgery. Chest **34**, 537 (1958)
WALPURGER, G., DANIEL, W., LIESE, W., DALICHAU, H., LICHTLEN, P.: Das Myxom des rechten Vorhofes als kardiale Notfallsituation. Diagnose anhand der M-mode- und Multiscan-Echokardiographie. Z. Kardiol. **64**, 1083 (1975)
WALSTON, A., PETER, R. H., MORRIS, J. J., KONG, Y., BEHAR, V. S.: Clinical implications of pulmonary hypertension in mitral stenosis. Amer. J. Cardiol. **32**, 650 (1973)
WATSON, T.: Principles and practice of physic. London 1843

WAXLER, E., KAWAI, N., KASPARIN, H.: Right atrial myxoma: Echocardiographic, phonocardiographic, and hemodynamic signs. Amer. Heart J. **83**, 251 (1972)

WEBB, W. R., ECKER, R. R., HOLLAND, R. H., SUGG, W. L.: Aortic aneurysm with aortic insufficiency. Repair without prosthesis. Amer. J. Cardiol. **26**, 416 (1970)

WEISS, A. N., MIMBS, J. W., LUDBROOK, P. A., SOBEL, B. E.: Echocardiographic detection of mitral valve prolapse. Circulation **52**, 1091 (1975)

WELCH, G. H. jr., BRAUNWALD, E., SARNOFF, S. J.: Haemodynamic effects of quantitatively varied experimental aortic regurgitation. Circulat. Res. **5**, 546 (1957)

WELLS, B.: The assessment of mitral stenosis by phonocardiography. Brit. Heart J. **16**, 261 (1954)

WENGER, N. K.: Rare causes of endocardial disease. In: The Heart (J. W. HURST, R. B. LOGUE, Eds.), p. 1185. New York: McGraw-Hill 1970.

WENGER, R.: Endokardfibrosen. Klinik, Therapie, Pathologie. Stuttgart: Thieme 1964

WERF, T. VAN DER: Quantitative estimation of valvular incompetence. Europ. J. Cardiol. **3**, 315 (1975)

WERKÖ, L.: Mitral Valvular Disease. Stockholm: Almquist & Wiksell 1964

WETZELS, E., HERMS, W.: Nierenembolie als Hochdruckursache bei Mitralvitien. Dtsch. med. Wschr. **84**, 23 (1959)

WEXLER, L., SILVERMAN, J. F., DEBUSK, R. F., HARRISON, D. C.: Angiographic features of rheumatic and nonrheumatic mitral regurgitation. Circulation **44**, 1080 (1971)

WHITAKER, W.: The diagnosis of tricuspid stenosis. Amer. Heart J. **50**, 237 (1955)

WHITAKER, W., LODGE, T.: Radiological manifestations of pulmonary hypertension in patients with mitral stenosis. Clin. Radiol. **5**, 182 (1953/54)

WHITE, A. F., DINSMORE, R. E., BUCKLEY, M. J.: Cineradiographic evaluation of prosthetic cardiac valves. Circulation **48**, 882 (1973)

WHITE, P. D.: Heart Disease. New York: MacMillan 1951

WHITTAKER, A. V., SHAVER, J. A., GRAY, S., LEONARD, J. J.: Sound-pressure correlates of the aortic ejection sound. An intracardiac sound study. Circulation **39**, 475 (1969)

WIELAND, C.: Über röntgenologisch nachweisbare Verkalkungen der linken Vorhofwand bei Mitralstenose. Fortschr. Röngenstr. **95**, 124 (1961)

WIGGERS, C. I.: Spezielle hämodynamische Gesichtspunkte experimenteller Herzklappenfehler. Verh. dtsch. Ges. Kreisl.-Forsch. **20**, 3 (1954)

WIGGERS, C. I., FEIL, H.: The cardio-dynamics of mitral insufficiency. Heart **9**, 149 (1921)

WIGLE, E. D., LABROSSE, C. J.: Sudden, severe aortic insufficiency. Circulation **32**, 708 (1965)

WILDER, R. J., MOSCOVITS, H. L., RAVITCH, M. M.: Transventricular and aortic angiocardiography and physiologic studies in dogs with experimental mitral and aortic insufficiency. Surgery **40**, 86 (1956)

WILDER, R. J., MOSCOVITS, H. L., RAVITCH, M. M.: Roentgen contrast diagnosis of experimental mitral and aortic insufficiency in dogs by transventricular injection and retrograde catheterization. J. thorac. cardiovasc. Surg. **33**, 147 (1957)

WILDER, R. M.: Staphylococcus bacterial endocarditis. Amer. J. Med. **23**, 325 (1957)

WILLERSON, J. T., KASTOR, J. A., DINSMORE, R. E., MUNDTH, E., BUCKLEY, M. J., AUSTEN, W. G., SANDERS, C. A.: Non-invasive assessment of drosthetic mitral paravalvular and intravalvular regurgitation. Brit. Heart J. **34**, 561 (1972)

WILLIAMS, B. T., JACOBS, R. R., ANDERSEN, M. N., SCHENK, W. G.: The effect of acute mitral insufficiency on hemodynamics of the left heart. Surg. Gynec. Obstet. **131**, 1148 (1970a)

WILLIAMS, B. T., WORMANN, R. K., JACOBS, R. J., SCHENK jr., W. G.: An in vivo study of blood flow patterns across the normal mitral valve. Thorac. cardiovasc. Surg. **59**, 824 (1970b)

WILLIAMS, M. J., DEEGAN, T.: ^{99m}Tc-labelled serum albumine in cardiac output and blood volume studies. Thorax **26**, 460 (1971)

WILSON, L. C., WILCOX, B. R., SUGG, W. L., PETERS, R. M.: Valvar regurgitation in acute infective endocarditis: Early replacement. Arch. Surg. **101**, 756 (1970)

WILSON, M. G.: Advances in rheumatic fever 1940—1961. New York: Harper & Row 1962

WILSON, M. G., LIM, W. N.: The natural history of rheumatic heart disease in the third, fourth and fifth decades of life. Circulation **16**, 700 (1957)

WILSON, W. J., AMPLATZ, K., EVERHART, F.: Cinefluorographic study of prosthetic cardiac valves. Radiology **88**, 779 (1967)

WINK, K., ROSKAMM, H., BÜCHNER, CH., LÖHR, G. W., REINDELL, H.: Die Hämodynamik bei einer Patientin mit Aortenisuffizienz vor und während Herzfrequenzerhöhung durch Elektrostimulation. Z. Kardiol. **63**, 95 (1974)

WINSBERG, F., GABOR, G. E., HERNBERG, J. G., WEISS, B.: Fluttering of the mitral valve in aortic insufficience. Circulation **41**, 225 (1970)

WINSBERG, F., MERCER, E. N.: Echocardiography in combined valve disease. Radiology **105**, 405 (1972)

WINTER, T. Q., REIS, R. L., GLANCY, D. L., ROBERTS, W. C., EPSTEIN, S. E., MORROW, A. G.: Current status of the Starr-Edwards cloth-covered prosthetic cardiac valves. Circulation, Suppl. **45/I**, 14 (1972)

WINTERS, W. L., GIMENEZ, J., SOLOFF, L. A.: Clinical application of ultrasound in the analysis of prosthetic ball valve function. Amer. J. Cardiol. **19**, 97 (1967)

WINTERS, W. L., HAFER, J., SOLOFF, L. A.: Abnormal mitral valve motion as demonstrated by the ultrasound technique in apparent pure mitral insufficiency. Amer. Heart J. **77**, 196 (1969)

WINTERS, W. L., RICCETTO, A., GIMENEZ, J., MCDONOUGH, M., SOULEN, R.: Reflected ultrasound as a diagnostic instrument in study of mitral valve disease. Brit. Heart J. **29**, 788 (1967)

WISE, J. R., WEBB PEPLOE, M., OAKLEY, C. M.: Detection of prosthetic mitral valve obstruction by phonocardiography. Amer. J. Cardiol. **28**, 107 (1971)

WOLFE, S. B., POPP, R. L., FEIGENBAUM, H.: Diagnosis of atrial tumors by ultrasound. Circulation **39**, 615 (1969)

WOLFSON, P. M., BASTA, L. L., SNOGRASS, R. P., KIOSCHOS, J. M.: Diastolic blood flow into the pulmonary artery in carcinoid disease. Amer. J. Cardiol. **33**, 685 (1974)

WOLTER, H. H.: Korrelationen zwischen Herzschall und Hämodynamik. Basel-New York: Karger 1963

WOLTER, H. H., BAYER, O., LOOGEN, F., RIPPERT, R.: Die sogenannte Pulmonalkapillardruckkurve und ihre Beziehung zur Druckkurve des rechten und linken Vorhofs. Cardiologia (Basel) **23**, 319 (1953)

WONG, M.: Diastolic mitral regurgitation. Haemodynamic and angiographic correlation. Brit. Heart J. **31**, 468 (1969)

WOOD, E. H., WOODWARD, E., SWAN, H. J. C., ELLIS, F. H.: Detection and estimation of mitral regurgitation by indicator-dilution technics. J. clin. Invest. **35**, 745 (1956)

WOOD, P.: An appreciation of mitral stenosis. Brit. med. J. **1954 I**, 1051 u. 1113

WOOD, P.: Aortic stenosis. Amer. J. Cardiol. **1**, 553 (1958)

WOOD, P.: Disease of the heart and circulation. London 1956

WOODWARD, E., SWAN, H. I. C., WOOD, E. H.: Evaluation of a method for detection of mitral regurgitation from indicator-diluation curves recorded from the left atrium. Mayo Clin. Proc. **32**, 525 (1957)

WOOLEY, C. F., KLASSEN, K. P., LEIGHTON, R. F., GOODWIN, R. S., RYAN, J. M.: Left atrial and left ventricular sound and pressure in mitral stenosis. Circulation **38**, 295 (1968)

WOOLEY, C. F., KLASSEN, K. P., LEIGHTON, R. F., GOODWIN, R. S., WHITE, R. P., RYAN, J. M., RIESER, G. F.: The left atrial pressure pulse of mitral stenosis in sinus rhythm. Amer. J. Cardiol. **25**, 395 (1970)

WOOLEY, C. F., BABA, N., KILMAN, J. W., RYAN, J. M.: Thrombotic calcific mitral stenosis. Morphology of the calcific mitral valve. Circulation **49**, 1167 (1974)

WRIGHT, J. T. M.: Prosthetic heart valves: Clinical requirements, disign and performance. Bio-Med. Engin. **7**, 160 (1972)

WRIGHT, P. W., MULDER, D. G.: Carcinoid heart disease: Report of a case treated by open heart surgery. Amer. J. Cardiol. **12**, 864 (1963)

YACOUB, M. H., LISE, M., BALCON, R.: Total occlusion of the left femoral artery by a calcium embolus from a heavily calcified aortic valve. Amer. J. Cardiol. **25**, 359 (1970)

YANG, S. S., MARANHAO, V., ABLAZA, S. G. G., GOLDBERG, H.: What happens to aortic regurgitation after mitral commissurotomy. Angiology **18**, 628 (1967)

YOUSOF, A. M., ENDRYS, G., STEINHART, L.: Effect of rapid timed injection in various phases of cardiac cycle on value of aortic regurgitation in man estimated by indicator dilution technique. Brit. Heart J. **34**, 325 (1972)

YU, P. N., HARKEN, D. E., LOVEJOY, F. W., NYE, R. E., MAHONEY, E. B.: Clinical and hemodynamic studies of tricuspid stenosis. Circulation **13**, 680 (1956)

YU, P. N., FINLAYSON, J. K., LURIA, M. N., STANFIELD, C. A., SCHREINER, B. F., LOVEJOY, F. W.: Indicator dilution curves in valvular heart disease: After injection of indicators into the pulmonary artery and the left ventricle. Amer. Heart J. **60**, 503 (1960)

YU, P. N., HARKEN, D. E., LOVEJOY, F. W., NYE, R. E., MAHONEY, E. B.: Clinical and hemodynamic studies of tricuspid stenosis. Circulation **13**, 680 (1956)

YUTAKA, H.: Determination of left atrial volume by angiocardiography. Jap. Circulat. J. **34**, 953 (1971)

ZAGER, J., SMITH, J. O., GOLDSTEIN, S., FRANCH, R. H.: Tricuspid and pulmonary valve obstruction relieved by removal of a myxoma of the right ventricle. Amer. J. Cardiol. **32**, 101 (1973)

ZAKY, A., NASSER, W. K., FEIGENBAUM, H.: A study of mitral valve action recorded by reflected ultrasound and its application in the diagnosis of mitral stenosis. Circulation **37**, 789 (1968)

ZDANSKY, E.: Röntgendiagnostik des Herzens und der großen Gefäße. Berlin-Göttingen-Heidelberg: Springer 1962

ZEH, E.: Die Diagnose der Tricuspidalinsuffizienz. Arch. Kreisl.-Forsch. **30**, 127 (1959)

ZENER, J. C., HANCOCK, E. W., SHUMWAY, N. E., HARRISON, D. C.: Regression of extreme pulmonary hypertension after mitral valve surgery. Amer. J. Cardiol. **30**, 820 (1972)

ZITNIK, R. S., GIULIANI, E. R.: Clinical recognition of atrial myxoma. Amer. Heart J. **80**, 689 (1970)

V. Die Kardiomyopathien

Von

H. Kuhn, F. Loogen, G. Breithardt, L. Seipel und W. Krelhaus

Mit 14 Abbildungen und 3 Tabellen

I. Einleitung

Die Kardiomyopathien (CM) fanden in den letzten Jahren zunehmende Beachtung. Bereits Ende des 19. Jahrhunderts beschrieben verschiedene Autoren Erkrankungen des Herzens, bei denen es sich nach heutiger Kenntnis der CM mit großer Wahrscheinlichkeit um idiopathische CM gehandelt hat (Münzinger, 1877; Bollinger, 1884; Kelle, 1892). Der Name ,,Kardiomyopathie" wurde offenbar erstmals von Brigden, 1957 verwendet. Er verstand darunter vor allem Erkrankungen des Herzens, die nicht durch eine Koronarsklerose bedingt waren (Brigden, 1957).

In der Literatur wurden Definition und Einteilung der CM bis in die jüngste Zeit in verwirrender Vielfalt angewendet. Der Titel ,,The cardiomyopathies, order from chaos" der von dem Pathologen Hudson, 1970 publizierten Arbeit charakterisiert diese Situation. Zum Teil kam es zu Definitionen des Begriffs CM mit völlig entgegengesetzter Bedeutung. Mit Ausnahme der hypertrophischen CM mit Obstruktion wurde weder ein einheitliches diagnostisches Vorgehen angewendet noch bestanden allgemein gültige Vorstellungen über die Beurteilung der Schwere der jeweiligen Erkrankung, der Therapie und Prognose. Publizierte Ergebnisse über Patienten mit CM waren meist nicht miteinander vergleichbar und beschränkten sich ganz überwiegend auf kasuistische Mitteilungen. Zusätzliche Verwirrung entstand dadurch, daß zur Bezeichnung von Myokarderkrankungen unbekannter Ätiologie, für die häufig das unverfängliche Wort CM angewendet wurde, noch eine Vielzahl anderer, häufig nicht exakt definierter Begriffe dienten, wie z.B. idiopathische Herzhypertrophie, Myokardose, essentielle Myokardiopathie, chronische Myokarditis, unklare Kardiopathie, Myodegeneratio cordis, idiopathische Kardiomegalie.

Es war zu einem großen Teil das Verdienst von Goodwin (1970), daß Prinzipien der Klassifikation der CM und klinische Merkmale dieser Erkrankungen in den letzten Jahren allgemein in der Literatur akzeptiert wurden.

II. Definition der Kardiomyopathien

Ausgehend von einem Vorschlag Goodwins (1970) bietet sich für den klinischen Gebrauch folgende in der Literatur heute weitgehend akzeptierte Definition der CM an (Kuhn *et al.*, 1972; Kübler *et al.*, 1973): Danach werden unter dem Begriff ,,CM" alle Erkrankungen des Herzmuskels verstanden, die nicht durch eine Koronarsklerose, eine Hypertonie des großen oder kleinen Kreislaufs oder durch ein Herzvitium bedingt sind.

III. Einteilung der Kardiomyopathien

Die Einteilung der CM erfolgt in idiopathische (primäre) und sekundäre CM. Die idiopathischen CM sind ätiologisch ungeklärt, den sekundären CM liegt eine bekannte Ursache zugrunde. Die CM lassen sich im wesentlichen in die in Tabelle 1 zusammengestellten Gruppen aufteilen (Kübler *et al.*, 1973; Loogen *et al.*, 1976b).

Tabelle 1

I. Idiopathische (primäre) CM (Ursache unbekannt)
   1. Hypertrophische CM (mit und ohne Obstruktion)
   2. Kongestive CM
   3. Obliterative CM
   4. Latente CM

II. Sekundäre CM mit folgenden Ursachen:
   1. Entzündliche Muskelerkrankungen
   2. Nutritiv toxische Störungen
   3. Metabolische Störungen
   4. Neuropathien und Myopathien
   5. Infiltrative Störungen
   6. Physikalische Störungen

1. Idiopathische (primäre) Kardiomyopathien

Innerhalb der idiopathischen CM werden die hypertrophischen CM mit und ohne Obstruktion von der kongestiven CM und der in Europa äußerst seltenen obliterativen CM unterschieden. Eine weitere Gruppe stellt die latente CM dar, die nach eigenen Untersuchungen in jüngster Zeit näher beschrieben wurde (Loogen *et al.*, 1976b und c; Kuhn *et al.*, 1977) (Tabelle 2).

a) Die hypertrophischen Kardiomyopathien

Die Erstbeschreibung der hypertrophischen CM mit Obstruktion (hypertrophische obstruktive Kardiomyopathie — HOCM) geht auf Schmincke (1907) zurück. Aufgrund der von ihm gefundenen pathologisch-anatomischen Veränderungen schloß er bereits auf die Pathophysiologie der Erkrankung. Auch die von Bernheim 1910 und von Davis, 1952 beschriebenen Fälle sind wahrscheinlich in dieses Krankheitsbild einzuordnen. Die Wiederentdeckung der Erkrankung erfolgte durch Brock (1957) und Teare (1958). Seither sind zahlreiche Arbeiten über die Erkrankung erschienen. Die erste umfassende klinische Beschreibung geht auf Braunwald *et al.* (1960) zurück. In dieser Monographie werden erstmals die für diese Erkrankung typischen Befunde bei der Kontrastmitteldarstellung des linken Ventrikels beschrieben.

Im amerikanischen Schrittum wird häufig statt der Bezeichnung HOCM die Bezeichnung idiopathische hypertrophische subaortale Stenose (IHSS) verwendet.

Die ersten Hinweise auf eine hypertrophische CM ohne Obstruktion (hypertrophische nicht obstruktive CM — HNCM) mit Beschreibung klinischer und funktioneller Merkmale gingen von Braunwald (1963) aus. Nach morphologischen und epidemiologischen Untersuchungen der letzten Jahre (Maron *et al.*, 1974) ist die HNCM der Gruppe der hypertrophischen CM zuzuordnen. Die HNCM ist streng von der noch zu beschreibenden kongestiven CM zu trennen, bei der ebenfallls ein Hypertrophieprozeß ohne Ausflußbahn-

Tabelle 2. Klassifikation der primären Kardiomyopathien mit Zuordnung charakteristischer ventrikulographischer und hämodynamischer Befunde

Klassifizierung der idiopathischen Kardiomyopathien

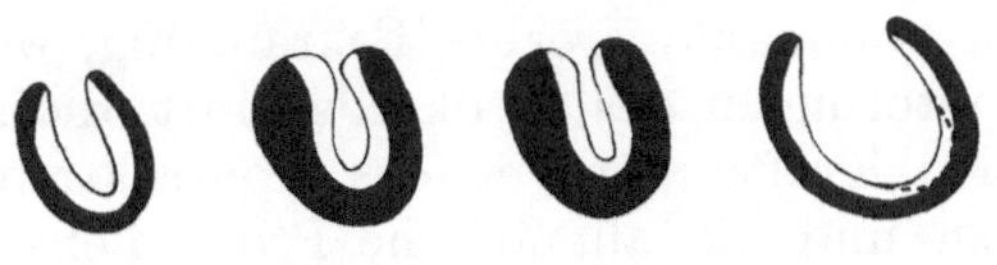

	LCM	HOCM	HNCM	CCM
EDV	N	N(↓)	N(↓)	↑
EF	N	N(↑)	N(↑)	↓
EDP	↑	↑(N)	↑(N)	↑(N)
Dehnbarkeit		↓(N)	↓(N)	N(↑)
Obstruktion	—	+	—	—
Wanddicke	N	↑	↑	N↑↓

Abkürzungen; LCM = latente, HOCM = hypertrophische obstruktive, HNCM = hypertrophische nicht ostruktive, CCM = kongestive Kardiomyopathie. N = Normalbefund, Pfeil nach unten = Abnahme, Pfeil nach oben = Zunahme des jeweiligen Werts. Symbole in Klammern: selten vorkommende Veränderungen; Obstruktion — + = Druckdifferenz zwischen linkem Ventrikel und Aorta fehlt bzw. ist vorhanden. EDV = enddiastolisches Volumen, EF = Ejektionsfraktion, EDP = enddiastolischer Druck des linken Ventrikels.

obstruktion vorliegt. Hierbei findet sich jedoch, im Gegensatz zu den hypertrophischen CM, wie noch näher zu beschreiben sein wird, eine zunehmende Dilatation der Ventrikel.

Pathologisch-anatomisch sind die hypertrophischen CM durch eine Hypertrophie des Ventrikelseptums und meist auch der freien Wand, vor allem des linken Ventrikels, charakterisiert (Tabelle 2). In den meisten Fällen besteht dabei eine überwiegende Hypertrophie des Ventrikelseptums; deshalb wird von verschiedenen Autoren in den letzten Jahren von der Krankheitsgruppe der asymmetrischen Septumhypertrophie (ASH) gesprochen (Epstein *et al.*, 1974; Shah, 1975). Führt der Hypertrophieprozeß zu einer subaortalen Einengung der Ausflußbahn des linken oder/und rechten Ventrikels mit meßbarer Druckdifferenz, so wird von einer hypertrophischen CM mit Obstruktion (HOCM) bzw. einer asymmetrischen Septumhypertrophie mit Obstruktion gesprochen. Ist diese Ausflußbahnobstruktion nicht nachweisbar, wird die Erkrankung als nicht obstruktive hypertrophische CM (HNCM) bzw. als asymmetrische Septumhypertrophie ohne Obstruktion bezeichnet.

Mikroskopisch findet sich bei der HOCM vor allem eine Fehlstrukturierung der Myokardzellen, die beispielsweise wirbelförmig-rechtwinklig oder sternförmig aufeinander zulaufend vorgefunden werden können und nicht die normalerweise vorhandene parallele Anordnung aufweisen (van Noorden *et al.*, 1971; Ferrans *et al.*, 1972). Nach neuesten

Untersuchungen von MARON *et al.* (1974) unterscheidet sich die HOCM von der HNCM durch ein prinzipiell verschiedenes Verteilungsmuster dieser Texturstörungen, derart, daß bei der HOCM die Fehlanordnung der Myokardzellen ganz überwiegend auf das Ventrikelseptum beschränkt ist, während sie sich bei der HNCM auch auf die freie Wand des Ventrikels ausdehnt.

α) Ätiologie

Die Ätiologie der hypertrophischen CM ist unklar. Nach neuesten Untersuchungen handelt es sich um eine genetisch bedingte, nach Ansicht einiger Autoren (EPSTEIN *et al.*, 1974) sogar autosomal dominant vererbte Erkrankung, wobei der genetische Defekt zu den genannten Texturstörungen des Myokards führt, die ihrerseits wiederum durch die gegenläufig ansetzenden Kräfte während des Kontraktionsvorgangs den Hypertrophieprozeß in Gang setzen und die allmähliche Progredienz der Erkrankung hervorrufen. Diese Befunde stützen sich vor allem auf das Ergebnis epidemiologischer Untersuchungen bei Patienten mit HOCM. Bei einem Großteil dieser Patienten (40—60%) fand sich eine familiäre Verbreitung der Erkrankung in Form einer echokardiographisch nachweisbaren Hypertrophie des Ventrikelseptums (CLARK *et al.*, 1973; EPSTEIN *et al.*, 1974; SCHWEIZER *et al.*, 1975). Im Gegensatz zu dieser Theorie steht die Überlegung, daß die Fehlanordnung der Myokardzellen sekundär durch einen aus unklaren Gründen in Gang gesetzten Hypertrophieprozeß hervorgerufen ist. Diskutiert wird in diesem Zusammenhang eine Fehlinnervation des Myokards durch das autonome Nervensystem. Erörtert wird vor allem eine genetische Störung, die sich an der Neuralleiste manifestiert. Klinische Hinweise liefert hierfür die Friedreichsche Ataxie, die relativ häufig mit einer hypertrophischen CM kombiniert sein kann (Lit. s. bei GOODWIN, 1974), ferner das kardiomyopathische Lentiginosis-Syndrom (POLANI und MOYNAHAN, 1972; KUHN *et al.*, 1977), das durch eine HOCM, eine Pigmentstörung der Haut in Form einer Lentiginosis, Kleinwuchs und ein vermindertes Intelligenzniveau charakterisiert ist. Gegen die allgemein verbreiterte Theorie der primären Anlagestörung der Myokardzellen spricht u.a. die Beobachtung, daß sich im systematisch untersuchten Resektionsmaterial des Ventrikelseptums bei Patienten mit HOCM in nur etwa 50% wesentliche Texturstörungen nachweisen ließen (KNIERIEM *et al.*, 1976).

β) Pathophysiologie der HOCM

Auffallendster Befund bei der HOCM ist die systolische, in der Regel subaortal gelegene Ausflußbahnobstruktion des linken Ventrikels. Mit dem Mechanismus dieser Obstruktion haben sich in den letzten Jahren zahlreiche Autoren befaßt. Weitgehend wird heute akzeptiert, daß eine systolische, echokardiographisch nachweisbare septalwärts gerichtete Bewegung des vorderen Mitralsegels mit der zunehmenden Einengung der Ausflußbahn einhergeht (EPSTEIN *et al.*, 1974). Ungeklärt ist jedoch, ob es sich hierbei um einen ursächlichen Faktor für die Obstruktion handelt oder nur um eine Begleiterscheinung.

Aus der funktionellen Natur der Stenose ergibt sich eine starke Variabilität der Druckdifferenz. Neben einer Zunahme der Stenose während der Ejektionsphase findet sich eine Abhängigkeit der Obstruktion vom Füllungszustand, von der Inotropie und vom Kontraktionsablauf des linken Ventrikels. So führen beispielsweise Nitropräparate oder ein Valsalvaversuch sowie positiv inotrop wirkende Substanzen und Sympatikomimetika zur Zunahme der Obstruktion, während negativ inotrop wirkende Substanzen oder Blutdrucksteigerungen eine Verminderung der Obstruktion bewirken. Die Abhängigkeit der Obstruktion vom Kontraktionsablauf läßt sich durch eine an verschiedenen Stellen ansetzende elektrische Stimulation mit daraus resultierendem geänderten Kontraktionsablauf nachweisen (LOOGEN *et al.*, 1976c).

Während systolisch die Ausflußbahnobstruktion im Vordergrund der hämodynamischen Veränderungen steht, findet sich diastolisch vor allem eine eingeschränkte Dehnbarkeit des linken Ventrikels mit entsprechender Füllungsbehinderung. Diese reduzierte Dehnbarkeit der Ventrikelmuskulatur während der Diastole dürfte bei der HNCM, bei der sich ein entsprechender Ausflußbahngradient während der Systole nicht nachweisen läßt, den ganz im Vordergrund stehenden Faktor der gestörten Ventrikelfunktion darstellen. Dementsprechend ist bei Patienten mit hypertrophischer CM der enddiastolische Druck im linken Ventrikel in der Regel erhöht.

Die übrigen Parameter der Ventrikelfunktion bei der HOCM zeigen entweder normale oder nur gering pathologische Werte in Ruhe, die auf eine im Vergleich zur Ausflußbahnobstruktion und zur Erhöhung des enddiastolischen Druckes nur gering reduzierte Pumpfunktion des gesamten Ventrikels hinweisen. So finden sich bei deutlicher Zunahme der Ventrikelwanddicke häufig ein normales enddiastolisches Kammervolumen und eine normale Ejektionsfraktion. Allerdings gibt es daneben Patienten mit — selten nur erheblich — verkleinertem Ventrikelvolumen und vergrößerter Ejektionsfraktion. Die maximale Volumenänderungsgeschwindigkeit ist in der Regel normal. Dies betrifft auch die regionalen Verkürzungsgeschwindigkeiten des Ventrikels (SPILLER *et al.*, 1975; LOOGEN *et al.*, 1976c; HERMAN *et al.*, 1975; MIRSKY *et al.*, 1974). Unter körperlicher Belastung wird die Störung der Funktion des linken Ventrikels besonders sichtbar; hierbei kommt es bei der Mehrzahl der Patienten zu einem zum Teil erheblichen Anstieg des Pulmonalarterien-Mitteldrucks. Mit Hilfe der minimalen Transitzeiten läßt sich nachweisen, daß eine Verzögerung des Blutstroms vor allem in den Vorhöfen stattfindet, was als Ausdruck der erschwerten Füllung der Ventrikel interpretiert werden muß (LÖSSE *et al.*, 1977).

γ) *Häufigkeit und Beschwerdebild*

Genauere Vorstellungen über die Häufigkeit der hypertrophischen CM gibt es bisher nicht. Dies liegt zu einem wesentlichen Teil daran, daß über Klassifizierung und Definition der CM erst in den letzten Jahren weitgehende Übereinstimmung erzielt wurde und die CM erst in jüngster Zeit eine zunehmende Beachtung fanden. Eine 1972 durchgeführte Umfrage in verschiedenen deutschsprachigen kardiologischen Zentren ergab beispielsweise für das Verhältnis der HOCM zu der kongestiven Kardiomyopathie (CCM) sehr unterschiedliche Werte, die zwischen 5:1 und 1:3 schwankte (KÜBLER *et al.*, 1973). Naturgemäß wurde mit zunehmender Beachtung der CM auch die Diagnose der hypertrophischen CM häufiger gestellt. Zur Orientierung mag gelten, daß beispielsweise die Diagnose einer HOCM an der I. Medizinischen Klinik B der Universität Düsseldorf in mehr als 200 Fällen gestellt wurde und zur Zeit etwa 30 Fälle pro Jahr diagnostiziert werden. Demgegenüber wurde die Diagnose einer HNCM insgesamt erst bei 20 Patienten gestellt. Hierbei handelt es sich jedoch nicht um Familienangehörige von Patienten mit bekannter HOCM. Auch in anderen kardiologischen Zentren stützen sich Mitteilungen über die HNCM, soweit sie nicht Familienangehörige von Patienten mit HOCM betrifft, nur auf wenige Fälle. Zählt man allerdings die asymmetrischen Septumhypertrophien, ohne klinische oder echokardiographische Hinweise für eine Obstruktion zur HNCM — diese Fälle werden vor allem bei Familienuntersuchungen von Patienten mit bekannter HOCM gefunden —, so sind diese wesentlich häufiger. Wie bereits im Abschnitt „Ätiologie" erwähnt, ist nach Untersuchungen verschiedener Autoren eine familiäre Verbreitung der hypertrophischen CM in Form einer asymmetrischen Septumhypertrophie bei etwa der Hälfte der Patienten anzunehmen. Bisher ist völlig unklar, ob es sich bei den Personen mit ASH, die in der Mehrzahl völlig beschwerdefrei sind, wirklich um Vorstadien einer HOCM handelt. Ferner fehlen bisher morphologische Untersuchungen, die die Frage beantworten könnten, ob bei derartigen Patienten mit ASH tatsächlich eine Hypertrophie der Muskelzellen in dem echokardiographisch verdickt gefundenen Ventrikelseptum vorliegt. Nach angiographischen Untersuchungen und Druckmessungen findet sich eine HOCM mit familiärer Verbreitung in etwa 10—20% der Fälle (LOOGEN et al., 1971; KOCHSIEK et al., 1971).

Eine HOCM findet sich vom Säuglings- bis zum Greisenalter und weist einen Gipfel im 3. und 4. Lebensjahrzehnt auf (Loogen et al., 1971; OAKLEY, 1974). Als Frühsymptom tritt bei der HOCM und — soweit die relativ wenigen Fälle bisher eine Beurteilung erlauben — auch bei der HNCM — am häufigsten eine Belastungsdyspnoe auf, gefolgt von pektanginösen Beschwerden, Schwindelanfällen oder Synkopen. Nicht selten zählen Synkopen sogar zu den ersten Symptomen der Erkrankung. Sie können unabhängig von körperlicher Belastung bei bis dahin beschwerdefreien Patienten auftreten. Herzrhythmusstörungen, insbesondere eine absolute Arrhythmie bei Vorhofflimmern, finden sich meist erst relativ spät und sind in der Regel Ausdruck einer bereits weit fortgeschrittenen Erkrankung (LOOGEN et al., 1971; STAPLETON et al., 1974; KRELHAUS et al., 1977).

δ) Klinischer Befund

Die Diagnose einer HOCM ist problemlos, wenn das Krankheitsbild in seiner charakteristischen klinischen Symptomatik vorliegt. Die mittels konventioneller unblutiger Untersuchungsmethoden gestellte Verdachtsdiagnose einer HOCM läßt sich durch invasive Methoden praktisch immer bestätigen.

Ein Leitsymptom ist das stets vorhandene systolische Geräusch, dessen punctum maximum in der Mehrzahl der Fälle im Bereich des 3.—5. ICR links parasternal oder im Bereich zwischen Herzspitze und dieser Region liegt. Im typischen Fall ist das systolische Geräusch deutlich vom 1. Herzton abgesetzt.

Bei der Palpation ist in der Regel ein hebender und verbreiteter Herzspitzenstoß nachweisbar. Nicht selten läßt sich auch systolisches Schwirren palpieren.

Einen wesentlichen Beitrag zur Sicherung der klinischen Verdachtsdiagnose leistet die Karotispulsschreibung und die Apexkardiographie. Die Karotispulskurve weist einen charakteristischen Doppelgipfel auf, dessen Tal in der Regel mit dem Geräuschmaximum zusammenfällt. Im Apexkardiogramm läßt sich dieser Doppelgipfel in der Regel ebenfalls nachweisen; zusätzlich findet sich als Ausdruck eines meist erhöhten enddiastolischen Drucks eine hohe a-Welle.

Soweit die wenigen Fälle von HNCM bisher eine als Regelfall geltende diagnostische Beurteilung zulassen, findet sich kein oder ein nur gering ausgeprägtes systolisches Geräusch. Die Karotispulskurve zeigt nicht den entsprechenden Doppelgipfel. Im Apexkardiogramm besteht jedoch, als Ausdruck des erhöhten enddiastolischen Drucks bzw. des erhöhten Drucks im linken Vorhof, eine überhöhte a-Welle.

Im Elektrokardiogramm findet sich bei der HOCM wie bei der HNCM in der Regel ein Sinusrhythmus. Vorhofleitstörungen sind selten. Atrioventrikuläre Überleitungsstörungen im Sinn eines av-Blocks 1. Grades kommen vor. Blockierungen höheren Grades sind eine Rarität. Ein Teil der Patienten zeigt eine verkürzte PQ-Zeit mit dem Bild eines WPW-Syndroms. Vorhofflimmern tritt in fortgeschrittenen Stadium der Erkrankung bei einem Teil der Patienten auf (KOCHSIEK et al., 1971; LOOGEN et al., 1971; STAPLETON et al., 1970).

Von großer diagnostischer Bedeutung ist der Nachweis abnormer Q-Zacken, die bei 20—50% der Patienten beobachtet werden. Sie sind als Ausdruck der starken Hypertrophie des muskulären Septumanteils aufzufassen. Möglicherweise spielt zusätzlich die interstitielle Fibrose mit veränderter Erregungsausbreitung eine Rolle. Elektrokardiographische Zeichen der Linkshypertrophie sind in etwa 70—80% aller Fälle nachweisbar (FRANK und BRAUNWALD, 1968; MERSCHWAM, 1969; LOOGEN et al., 1971). Bei einem Teil der Fälle findet sich auch eine biventrikuläre Hypertrophie im Elektrokardiogramm.

Dem Nachweis von Linkshypertrophiezeichen und abnormen Q-Zacken kommt für die klinische Verdachtsdiagnose einer HNCM besondere Bedeutung zu, da hier die zusätzlichen Veränderungen in der Karotispulskurve und bei der Auskultation fehlen.

Die echokardiographisch gestellte Diagnose einer HOCM stützt sich im wesentlichen auf den Nachweis einer asymmetrischen Septumhypertrophie und die systolische Vorwärtsbewegung des vorderen Mitralsegels (Lit. s. bei EPSTEIN *et al.*, 1974; ROSSEN *et al.*, 1974; SHAH *et al.*, 1971). Durch den Nachweis dieser Veränderungen ergibt sich ein weiterer wesentlicher Beitrag zur Sicherung der klinischen Verdachtsdiagnose einer HOCM. Da die klinische Diagnose bei den typischen Fällen einer HOCM allerdings ohne die Echokardiographie bereits zu stellen ist, ist diese Methode vor allem in Zweifelsfällen von Bedeutung. Außerdem ermöglicht die Echokardiographie auf breiterer Basis epidemiologische Untersuchungen, zum Beispiel bei Familienangehörigen von Patienten mit HOCM. Bei diesen wurde in hohem Prozentsatz eine asymmetrische Septumhypertrophie nachgewiesen. Ob dadurch allerdings Patienten selektioniert werden, die möglicherweise im weiteren Verlauf eine HOCM entwickeln, ist bisher noch unklar. Auch wenn in Zweifelsfällen der echokardiographische Befund für eine HOCM spricht, wird die Sicherung der Diagnose immer erst durch die genannten invasiven Maßnahmen mit direkter Druckmessung und Ventrikulographie erfolgen müssen.

Von einer echokardiographisch diagnostizierten asymmetrischen Septumhypertrophie wird gesprochen, wenn der Quotient Ventrikelseptumdicke: Dicke der gegenüberliegenden septumfreien Wand 1,2 überschreitet (EPSTEIN *et al.*, 1974; ROSSEN *et al.*, 1974; HANRATH *et al.*, 1975). Nach Untersuchungen anderer Autoren liegt eine asymmetrische Septumhypertrophie allerdings erst vor, wenn ein Quotient von 1,5 erreicht wird (ROELANDT, 1976).

Eine besondere Bedeutung dürfte der Echokardiographie für die Diagnostik der HNCM zukommen. Da hier infolge Fehlens einer Ausflußbahnobstruktion keine entsprechenden, für die HOCM typischen Veränderungen in der Karotispulskurve und im Apexkardiogramm registriert werden können, bietet die echokardiographische Bestimmung der Dicke des Ventrikelseptums und der gegenüberliegenden freien Wand des linken Ventrikels einen wertvollen Hinweis für die Diagnose (KÖHLER *et al.*, 1977). Es erscheint allerdings nicht gerechtfertigt, auf eine anschließende invasive Sicherung der Diagnose zu verzichten. Insbesondere bietet die invasive Technik die Möglichkeit, eine Obstruktion, gegebenenfalls nach Anwendung verschiedener Provokationsmaßnahmen, auszuschließen, die Höhe des enddiastolischen Drucks zu bestimmen und gegebenenfalls das Ausmaß einer begleitenden Mitralinsuffizienz zu beurteilen.

ε) *Röntgenbefund*

Die sagittale Herzfernaufnahme zeigt im allgemeinen bei den hypertrophischen CM keine charakteristischen Veränderungen. In etwa der Hälfte der Fälle von HOCM ist das Herz nicht vergrößert. Als verdächtig im Sinn einer HOCM findet man gelegentlich eine Vorbuckelung der linken Herzkontur unterhalb des linken Herzohrs, die auf das hypertrophierte Septum bezogen wird (Abb. 1). Sie kann aber auch Ausdruck der exzentrischen Ausflußbahnhypertrophie sein.

Die Bestimmung der Herzgröße auf der Herzfernaufnahme mit Hilfe des Herz-Thorax-Quotienten ergibt keinen Anhalt für das Ausmaß der Obstruktion (Abb. 2). In der Regel ist allerdings davon auszugehen, daß Fälle mit hochgradigen Stenosen öfter mit einer Herzvergrößerung kombiniert sind als solche mit geringer systolischer Druckdifferenz (LOOGEN *et al.*, 1971). Dies dürfte vor allem damit zusammenhängen, daß höhergradige Stenosen in der Regel bei fortgeschrittener Erkrankung bzw. bei bereits länger bestehender Erkrankung gefunden werden (Loogen *et al.*, 1976a). Die Beziehungen sind in Abbildung 2 dargestellt. Wesentlich ist, daß die Vergrößerung des Herzens nicht durch eine Zunahme des Ventrikelkavums bedingt ist, sondern Folge einer Zunahme der Septumdicke und der freien Wand des linken Ventrikels ist. Erst im fortgeschrittenen Stadium oder bei gleichzeitigem primären Befall des rechten Ventrikels ist die Herzvergrößerung auch durch eine Zunahme der Wanddicke des rechten Ventrikels hervor-

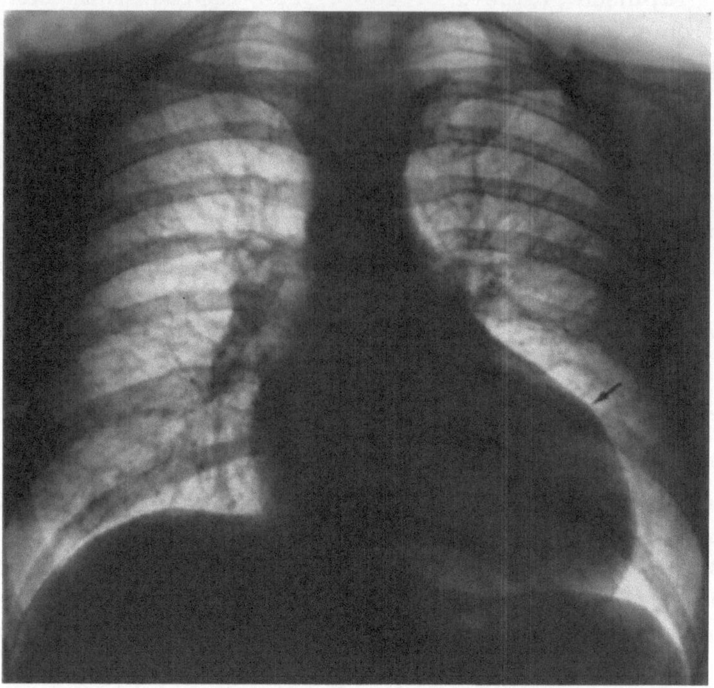

Abb. 1. HOCM bei einem 29j. Patienten. Druckwerte: Linker Ventrikel 142/10—20 mm Hg; Aorta 90/60 mm Hg. Sagittale Herzfernaufnahme: Herz stark nach links verbreitert. Gut erkennbare Vorbuckelung an der linken Herzkontur (→). Etwas dichte Hili

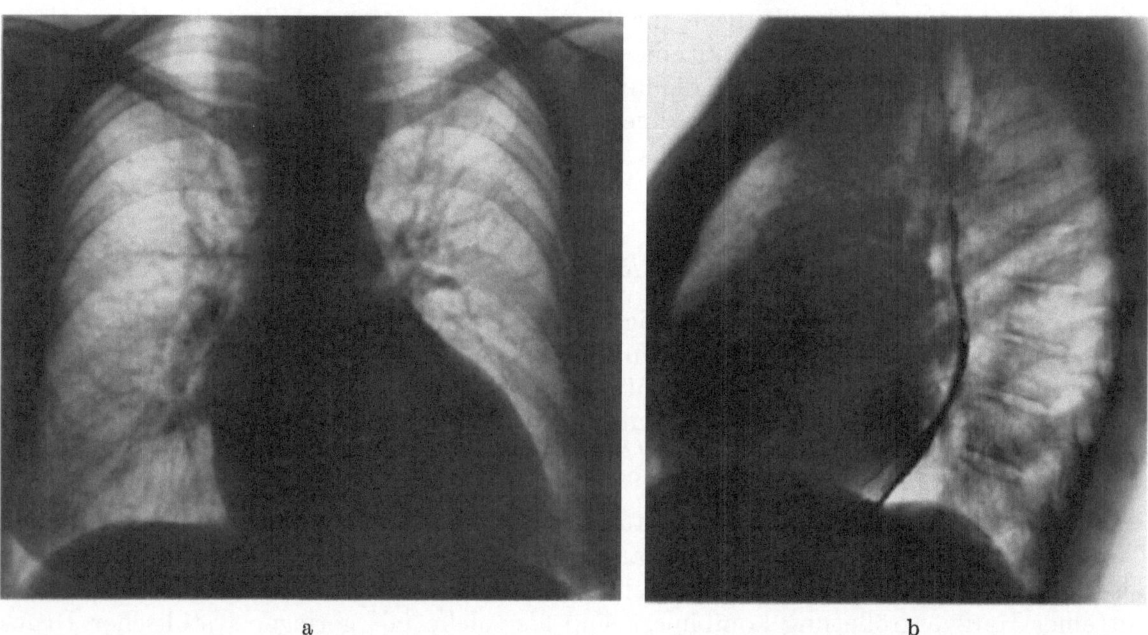

Abb. 2a—d. Unterschiedliche Herzgrößen bei 2 Patienten mit HOCM und gleich großen systolischen Druckdifferenzen. (a u. b) 14j. Patient. Systolische Druckdifferenz linker Ventrikel → Aorta 90 mm Hg. Gefäßband unauffällig. (a) Sagittale Herzfernaufnahme: Herz von normaler Größe und Form. Hilus- und Lungengefäßzeichnung nicht verstärkt. (b) Seitenbild: Geringe Verdrängung des Ösophagus in den Herzhinterraum in Höhe des linken Vorhofs. (c—d) 42j. Patientin: systolische Druckdifferenz linker Ventrikel → Aorta 95 mm Hg; Gefäßband unauffällig. (c) Sagittale Herzfernaufnahme: Herz deutlich nach links verbreitert mit leichter Vorbuckelung der linken mittleren Herzkontur. Vergrößerter linker Vorhof rechts randbildend. Hilus- und Lungengefäßzeichnung verstärkt. (d) Seitenbild: Einengung des Herzhinterraums, vor allem durch den vergrößerten linken Vorhof

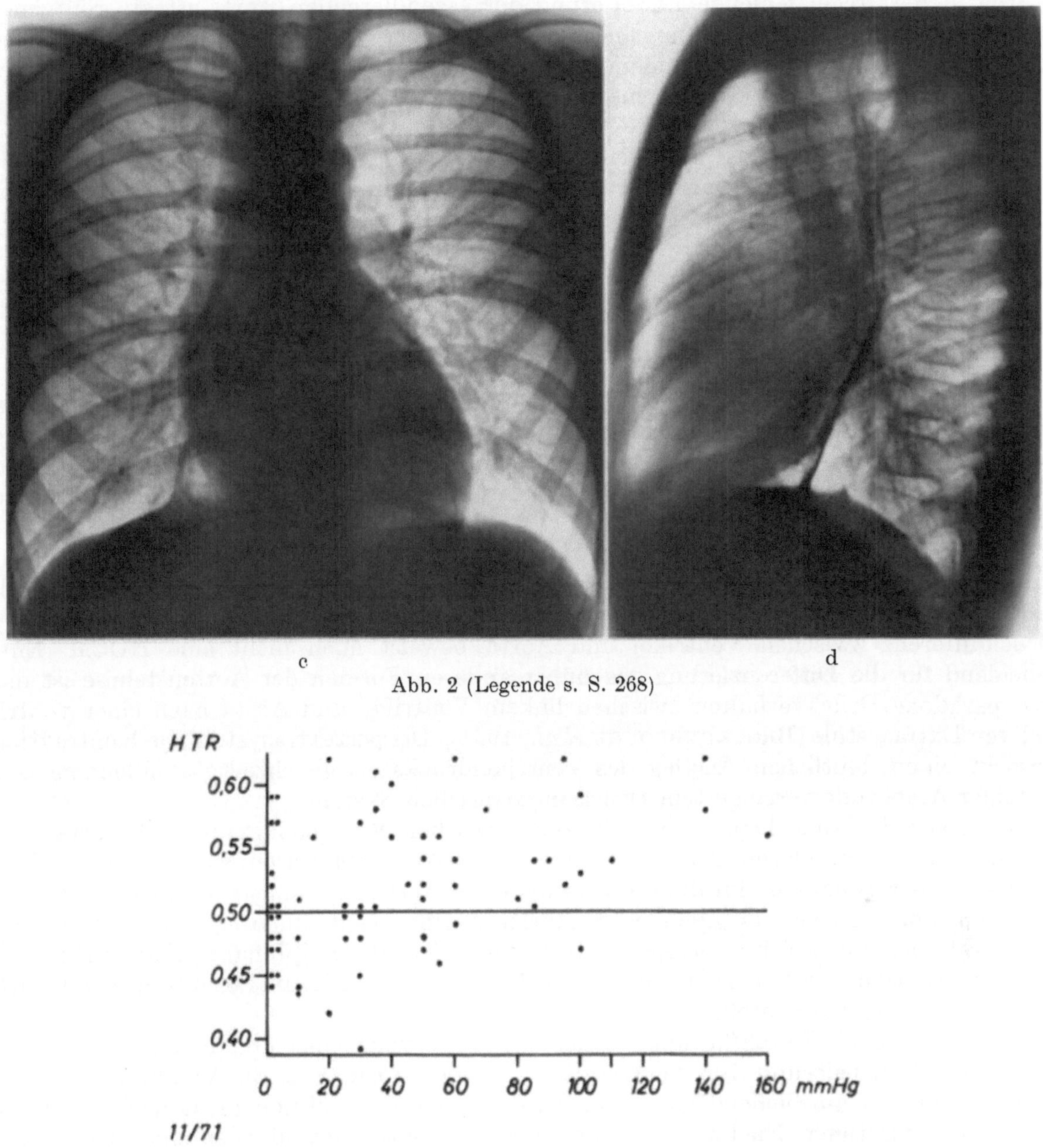

Abb. 2 (Legende s. S. 268)

Abb. 3. Beziehung zwischen Größe des Herzens und systolischer Druckdifferenz linker Ventrikel → Aorta. HTR = Herz-Thorax-Relation

gerufen. Bei längerer Verlaufsbeobachtung kann man somit eine zunehmende Vergrößerung des Herzens beobachten (vgl. Abb. 7a—d). Bei einem Teil der Fälle ist der linke Vorhof zusätzlich leicht- bis mittelgradig vergrößert (Abb. 2d). Diese Veränderung führt dann zur sog. Mitralkonfiguration. Sie wird einmal durch die Hypertrophie der Vorhofmuskulatur bei erschwerter Ventrikelfüllung und zum anderen durch eine begleitende Mitralinsuffizienz verursacht. Durch den vergrößerten linken Vorhof und linken Ventrikel kommt es zu einer Einengung des Herzhinterraums. Isolierte Vorwölbungen des linken Ventrikels oder Vorhofs in den Retrokardialraum sind selten. Als Folge der zunehmenden Linkshypertrophie kann es, auch ohne primäre Beteiligung des rechten Ventrikels, als Folge einer Verdrängung des rechten Herzens, zu einer Vergrößerung des Herzens nach rechts kommen.

Die in der Regel fehlende Erweiterung der aszendierenden Aorta ist ein röntgenologisch wichtiges Unterscheidungsmerkmal gegenüber der valvulären Aortenstenose (Freundlich *et al.*, 1967). Da zudem der Pulmonalbogen normalerweise nicht erweitert ist, weist das Gefäßband eine normale Breite auf und erscheint so im Vergleich zu der Herzgröße relativ schmal.

Die Hilus- und Lungengefäßzeichnung ist erst im fortgeschrittenen Stadium als Folge einer Lungenstauung vermehrt. Diese Lungenstauung resultiert aus einer zunehmenden Linksherzinsuffizienz, die durch eine Funktionsstörung des linken Ventrikels sowohl in der Systole als auch in der Diastole hervorgerufen ist (s. Abschnitt Pathophysiologie).

ζ) Herzkatheteruntersuchung

Zur Herzkathetheruntersuchung bei der Verdachtsdiagnose einer hypertrophischen CM gehört in der Regel eine Rechtsherzkatheteruntersuchung sowie eine Untersuchung des linken Herzens, entweder auf transseptalem Weg oder retrograd. In der Regel sind zwei Katheter gleichzeitig erforderlich, um simultan entsprechende Druckdifferenzen zu messen.

Die systolische Druckdifferenz kann sehr variieren. Bei 260 Fällen aus der Literatur wurde ein Durchschnittswert von 50 mm Hg berechnet (Loogen *et al.*, 1971). Im Einzelfall können Ruhewerte von über 200 mm Hg auftreten. Der Nachweis einer systolischen Druckdifferenz zwischen Ventrikel und Aorta beweist noch nicht eine HOCM. Entscheidend für die Differenzierung gegenüber anderen Formen der Aortenstenose ist das sog. paradoxe Druckverhalten zwischen linkem Ventrikel und Aorta nach einer ventrikulären Extrasystole (Brockenbrough *et al.*, 1961). Die postextrasystolische Kontraktion bewirkt einen deutlichen Anstieg des Ventrikeldrucks bei gleichzeitig abfallendem und in seiner Amplitude verringertem Druck im arteriellen System.

Läßt sich in Ruhe keine Druckdifferenz zwischen Ventrikelkavum und Aorta oder unmittelbar subvalvulärem Anteil des linken Ventrikels nachweisen, so sind verschiedene Provokationsmaßnahmen für die Induzierung einer Ausflußbahnobstruktion anzuwenden. Hierzu gehört das bereits geschilderte Auslösen einer ventrikulären Extrasystole oder die Verabreichung positiv inotroper Substanzen, wie z.B. Orciprenalin. Ferner läßt sich eine Obstruktion durch Verabreichung von Nitrokörpern, z.B. in Form von Amylnitrit, hervorrufen oder vermehren.

Läßt sich nach Durchführung verschiedener Provokationsmaßnahmen — wobei in der Regel die Auslösung von ventrikulären Extrasystolen und die Verabreichung von Orciprenalin als ausreichend angesehen wird — eine Obstruktion nicht nachweisen, so ist bei gleichzeitigem Nachweis einer verdickten Ventrikelwand oder eines verdickten Ventrikelseptums mittels Echokardiographie eine HNCM anzunehmen. Bedingung für die Diagnose einer HNCM ist, daß es technisch wirklich möglich war, den Spitzenbereich des linken Ventrikels zu sondieren, was manchmal nicht einfach ist. In einigen Fällen findet sich nämlich die durch die Obstruktion hervorgerufene Druckdifferenz nicht unmittelbar subaortal, sondern in Ventrikelmitte, in einzelnen Fällen erst relativ weit apikal.

Der enddiastolische Druck ist bei Patienten mit HOCM und HNCM in der Regel erhöht. Er betrug bei insgesamt 140 Patienten mit HOCM im Mittel 16 mm Hg, bei 12 Patienten mit HNCM im Mittel 15 mm Hg (Loogen *et al.*, 1976).

Die Drucke im kleinen Kreislauf sind auch bei hochgradigen linksventrikulären Ausflußbahnstenosen in Ruhe meist nicht erhöht. Durch die Hypertrophie des Ventrikelseptums kann zudem die Ausflußbahn des rechten Ventrikels eingeengt werden. Dann läßt sich eine rechtsventrikuläre Druckdifferenz nachweisen. Selten wird hierdurch eine hochgradige infundibuläre Pulmonalstenose vorgetäuscht (Grosse-Brockhoff und Loogen, 1962; Lockhart *et al.*, 1966; Perrotin *et al.*, 1971).

η) *Kontrastmitteldarstellung*

Im Gegensatz zu den uncharakteristischen Befunden im Röntgennativbild zeigt die Kontrastmitteldarstellung bei der HOCM typische Veränderungen. Sie ist daher von wesentlicher diagnostischer Bedeutung.

ϑ) *Ventrikulographie*

Die Kontrastmittelinjektion in den linken Ventrikel kann auf retrogradem oder transseptalem Wege erfolgen. Die retrograde Injektion ist in der Regel vorzuziehen, da hierbei die begleitende Mitralinsuffizienz besser beurteilt werden kann.

Die charakteristischen Veränderungen im Ventrikulogramm beruhen auf der Hypertrophie des Ventrikelseptums, der freien Ventrikelwand und der Papillarmuskeln (Abb. 4). Die Septumhypertrophie zeigt sich bei seitlicher Projektion in einer Einengung des Ventrikellumens im Bereich der Ausflußbahn von septal her. Sie wird besonders während der Systole deutlich (Abb. 4/4b). Der inferiore Anteil des Septums verläuft weitgehend parallel zum Zwerchfell und engt von kaudal her das Lumen ein. Die Ausflußbahn erscheint durch das hypertrophierte Septum nach hinten gedrängt. Dadurch kommt es zu einer Achsenknickung der linken Herzkammer (Abb. 4/4b). Während bei anderen Formen der Aortenstenose die Aorta eher eine Verlängerung der Ventrikelachse bildet, ist für die HOCM ein mehr oder weniger deutlicher Winkel zwischen der Ventrikel-Längsachse und der Verlaufsrichtung der Aorta typisch. Dies gilt nach bisherigen Beobachtungen ebenfalls für die HNCM.

Außer dem Septum ist auch die freie Wand des Ventrikels in der Regel erheblich verdickt (Abb. 4c u. d). BRAUNWALD *et al.* (1964) fanden Wandstärken zwischen 5,3—26 mm/m² Körperoberfläche. Die entsprechenden Werte von KOCHSIEK *et al.* (1971) betrugen 7—14 mm/m². Als oberer Normalwert für die freie Wand des linken Ventrikels kann ein Wert von 13 mm angenommen werden.

Durch die starke Hypertrophie des Ventrikelseptums und der Ventrikelwand kann das Ventrikellumen systolisch erheblich eingeengt werden (Abb. 4a u. c). Außerdem ist die innere Begrenzung des Kavums sehr unregelmäßig, da eine verstärkte Trabekelbildung und Verdickung der Papillarmuskeln bestehen. Diese können in einem Teil der Fälle ein hypertrophiertes Septum vortäuschen. Die Trabekularisierung kann zu Füllungsdefekten und Taschenbildungen führen.

Das Maximum der ventrikulographisch erkennbaren Einengung des linken Ventrikels ist häufig nicht identisch mit der Position des Katheters, an der die Druckdifferenz zwischen Ventrikelkavum und unmittelbar subaortalem oder aortalem Druck gemessen wird. Sie liegt häufig mehr basal. In typischer Weise ist die Obstruktion am besten im Seitenbild an einer konusförmigen Verengung der Ausflußbahn zu erkennen. In diesem Stenosebereich fällt eine Verringerung des Kontrasts während der Diastole auf (Abb. 4d). In einigen Fällen ist ventrikulographisch keine Einengung der linksventrikulären Ausflußbahn an der Stelle nachweisbar, wo eine entsprechende Druckdifferenz zu messen war. Die ventrikulographischen Unterschiede zwischen HOCM und HNCM sind oft erstaunlich gering.

Relativ häufig findet sich bei Patienten mit HOCM eine Mitralinsuffizienz. Für den Nachweis der Regurgitation in den linken Vorhof ist das Lävogramm von entscheidender Bedeutung (Abb. 4b). Als Ursache dieser Mitralinsuffizienz kommen verschiedene Möglichkeiten in Betracht. Ein Teil der Fälle zeigt anatomische Zerstörungen des vorderen Mitralsegels in Form einer Verdickung mit zunehmender Unbeweglichkeit, wobei als ursächlicher Faktor sowohl der diastolisch enge Kontakt zum hypertrophierten Ventrikelseptum als auch eine verstärkte mechanische Inanspruchnahme durch die subvalvuläre Ausflußbahnobstruktion erwogen wird (COOLEY, 1973). Die Mehrzahl der Fälle zeigt jedoch intakte Mitralklappen. In diesen Fällen kommt es in der Regel zu einer echo-

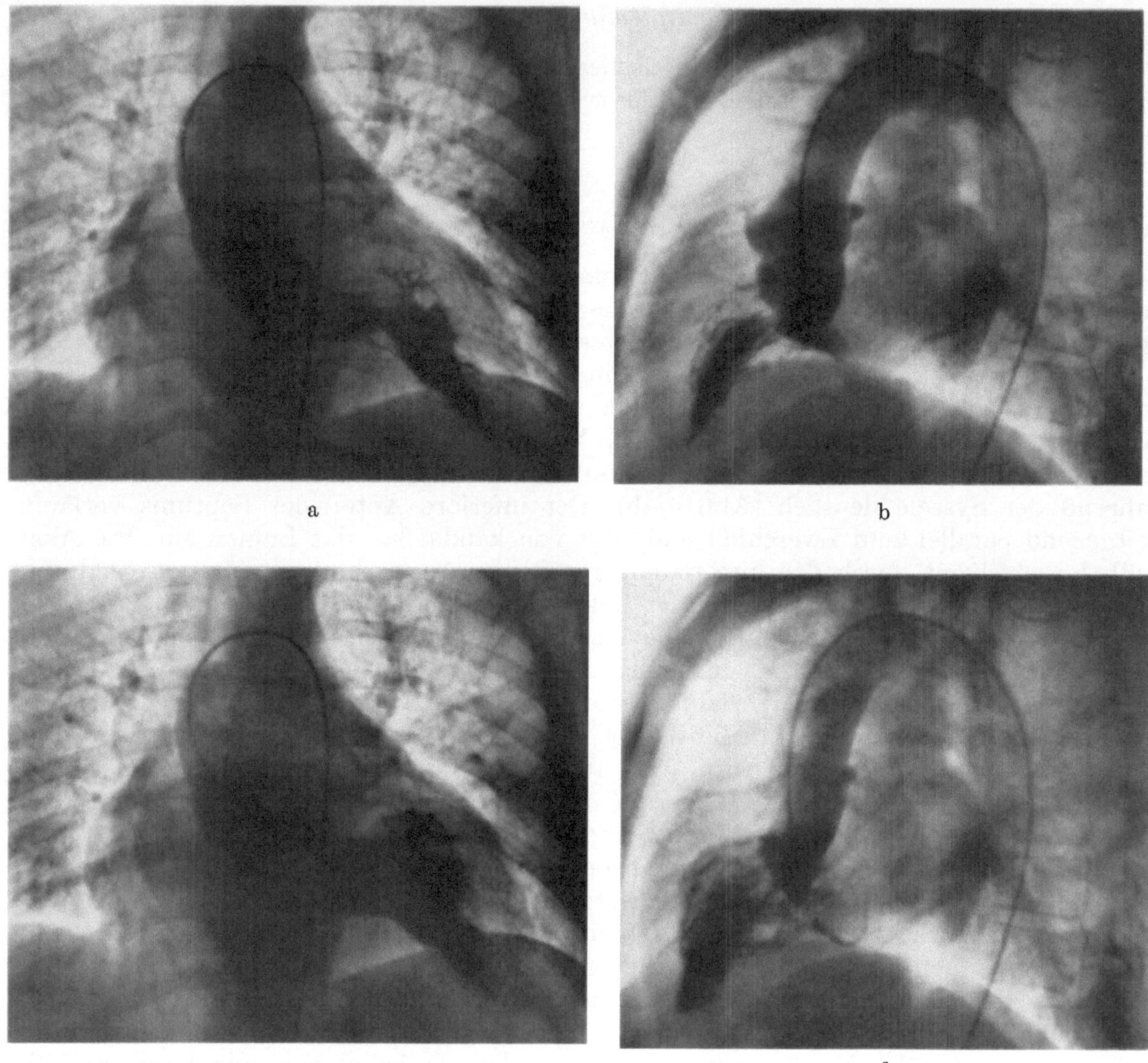

Abb. 4a—d. Ventrikulogramm bei einem 35j. Patienten mit HOCM: systolische Druckdifferenz linker Ventrikel → Aorta 50 mm Hg. (a u. b) Systolische Phase: (a) Sagittalbild: Starke Vorwölbung des hypertrophierten Septums mit Einengung der Ausstrombahn des linken Ventrikels. Kontrastmittelanfärbung des linken Vorhofs. (b) Seitenbild: Abknickung des systolisch kleinlumigen linken Ventrikels durch die Septumhypertrophie, so daß die Längsachsen des linken Ventrikels einerseits und seiner durch die Septumhypertrophie nach hinten verdrängten Ausstrombahn sowie der Aorta andererseits nicht — wie normalerweise — in der gleichen Richtung verlaufen (Achsenknickung um ca. 45°). Deutliche Kontrastmittelregurgitation in den linken Vorhof (Mitralinsuffizienz). (c u. d) Diastolische Phase. (c) Sagittalbild: noch deutliche Verdrängung der Ausstrombahn durch die Septumhypertrophie; starke Wandhypertrophie des linken Ventrikels und Verdickung der Trabekelmuskulatur. (d) Seitenbild: Wandhypertrophie besonders deutlich. Im Bereich der Obstruktion der Ausstrombahn geringere Kontrastierung durch die Hypertrophie

kardiographisch nachweisbaren Vorwärtsbewegung des Mitralsegels, die möglicherweise die Mitralinsuffizienz mitbedingt. Als Ursache der Vorwärtsbewegung wird ein mit zunehmender systolischer Obstruktion auftretender Venturi-Effekt diskutiert. Als weitere Möglichkeit wird eine Dysfunktion oder eine Verlagerung des vorderen Papillarmuskels im Verlauf der Erkrankung angenommen. Diese abnorme Bewegung des vorderen Mitralsegels während der Systole wurde angiographisch bereits Anfang der 60er Jahre festgestellt (Nordenstrom und Ovenfors, 1962). Echokardiographisch läßt sie sich in fast allen Fällen von HOCM nachweisen. Im Cine-Ventrikulogramm kann eine entsprechende

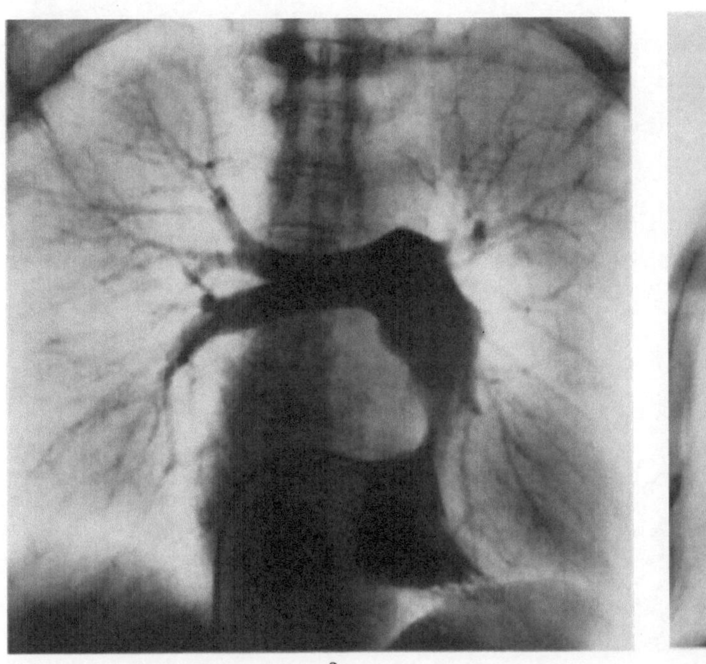
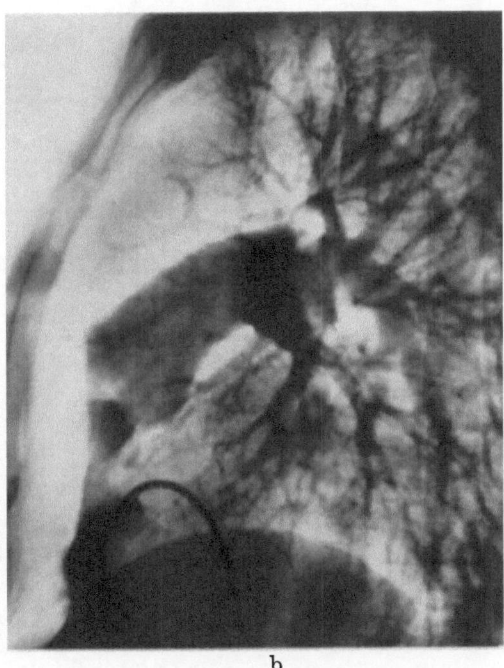

a b

Abb. 5a u. b. Dextrogramm bei einer 59j. Patientin mit HOCM, die vorwiegend den rechten Ventrikel betraf. Systolische Druckdifferenzen rechter Ventrikel → Pulmonalarterie 35 mm Hg; linker Ventrikel → Aorta 5 mm Hg. (a) Sagittalbild: deutliche Einengung der Ausstrombahn der rechten Kammer, die etwas nach rechts verdrängt erscheint. (b) Seitenbild: Einengung der Ausstrombahn des rechten Ventrikels, vor allem durch Hypertrophie des Ventrikelseptums

Vorwärtsbewegung des Mitralsegels während der Systole jedoch nur selten mit Sicherheit erkannt werden.

Die starke Septumhypertrophie kann auch bei der Kontrastmitteldarstellung des rechten Ventrikels zum Ausdruck kommen (Abb. 5). In einem Teil der Fälle wird hierdurch die Ausflußbahn der rechten Kammer konvex von medial her eingeengt und unter Umständen deutlich nach rechts verdrängt. Der rechte Ventrikel scheint in ausgeprägten Fällen dem Septum aufzuliegen.

ι) Koronarographie

Nach McAlpin *et al.* (1973) liegen bei der HOCM signifikant weitere Koronararterien vor als bei Normalpersonen. Dies betrifft jedoch nur die koronarographisch darstellbaren Gefäße. Nach Ferrans findet sich jedoch in etwa 30% der Patienten mit HOCM eine Erkrankung der angiographisch nicht darstellbaren kleinen Gefäße (sog. small vessel disease) (Ferrans, 1977). Dies erklärt möglicherweise die bei einem Teil der Patienten bestehenden heftigen pektanginösen Beschwerden. Zum Teil sind diese jedoch auch durch mitunter erhebliche koronarsklerotische Veränderungen der extramuralen Herzkranzgefäße bedingt. Grundsätzlich sollte bei allen Patienten mit HOCM und deutlicher Angina pectoris, bei denen eine operative Behandlung vorgesehen ist, vorher eine Koronarographie zum Ausschluß einer koronaren Herzerkrankung erfolgen.

Bei der Ventrikulographie stellten sich die Herzkranzarterien oft indirekt dar (Abb. 6). Diese Darstellung ermöglicht jedoch in der Regel keine differenzierte Beurteilung der Gefäße. Besondere Bedeutung kommt der Koronarographie für die Diagnose einer HOCM oder einer HNCM nicht zu.

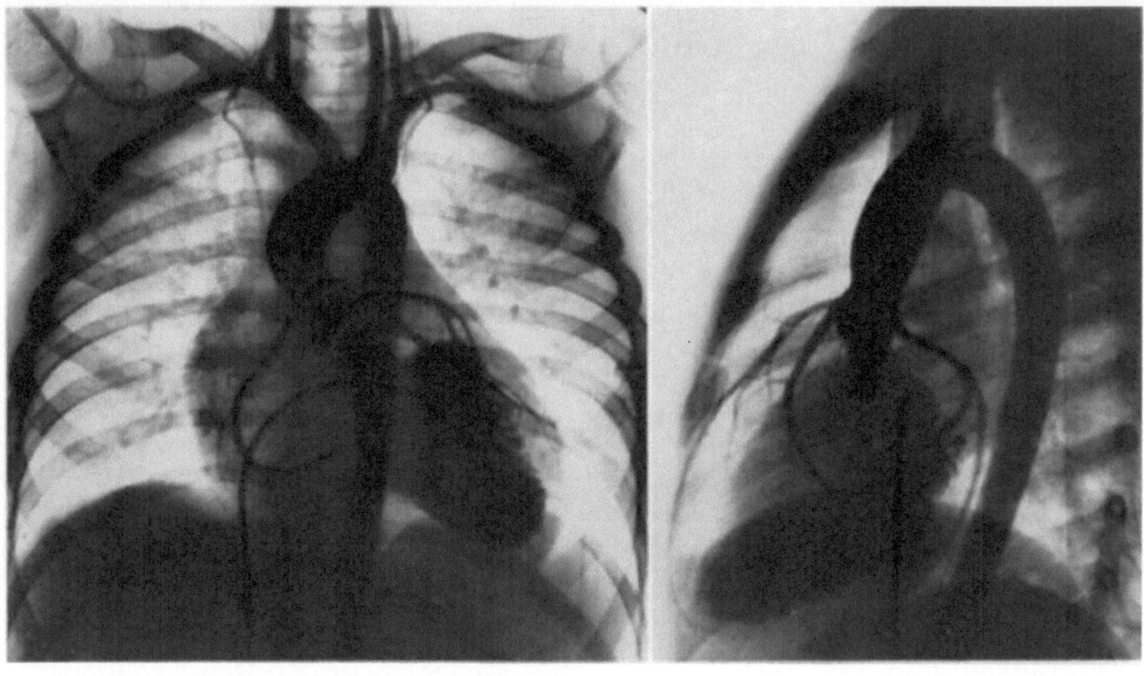

a b

Abb. 6a u. b. Ventrikulographie bei einem 14j. Patienten (gleicher Patient wie Abb. 2a u. b) mit HOCM. Besonders während der diastolischen Phase gute Darstellung der in Relation zum Alter und zur Herzgröße weiten Koronararterien. Man erkennt auch die starke Hypertrophie des linken Ventrikels und der Trabekelmuskulatur. (a) Sagittalbild. (b) Seitenbild

κ) Differentialdiagnose

In den typischen Fällen sind die klinischen Befunde der HOCM so charakteristisch, daß die Diagnose sicher gestellt werden kann. Aus alleiniger Sicht des Auskultationsbefundes kommen allerdings differentialdiagnostisch noch ein Ventrikelseptumdefekt oder eine Mitralinsuffizienz in Betracht. Liefern die Karotispulskurve und das Apexkardiogramm dann keine weiteren Hinweise, so läßt sich mittels der Echokardiographie ein weiterer Hinweis für oder gegen die Diagnose einer HOCM gewinnen. Der sichere Ausschluß eines Ventrikelseptumdefekts oder einer Mitralinsuffizienz wird in Zweifelsfällen jedoch nur mittels invasiver Katheterdiagnostik möglich sein.

Neben Ventrikelseptumdefekt und Mitralinsuffizienz muß die HOCM vor allem von einer valvulären und einer subvalvulären membranösen Aortenstenose abgegrenzt werden. Bei dieser Erkrankung fehlt die typische Veränderung in der Karotispulskurve sowie ein entsprechender Doppelgipfel im Apexkardiogramm. Auch der ventrikulographische Befund zeigt nicht die entsprechenden Veränderungen wie bei der HOCM. Sind jedoch die ventrikulographischen Befunde einer HOCM nachweisbar und findet sich gleichzeitig beispielsweise Kalkablagerung in Aortenklappenposition — oder aber findet sich echokardiographisch eine asymmetrische Septumhypertrophie —, so muß an die Kombination einer valvulären Aortenstenose mit einer HOCM gedacht werden.

λ) Therapie und Verlauf der HOCM

Statistisch verwertbare Ergebnisse über die Therapie und den Verlauf der Erkrankung liegen bisher lediglich bei Patienten mit HOCM vor. Im eigenen Krankengut wurden aus einem Gesamtkollektiv von über 200 Patienten bei 155 Patienten im Mittel über 6 Jahre Verlaufsbeobachtungen durchgeführt und mit Befunden anderer Autoren verglichen (Loogen *et al.*, 1976; Loogen und Kuhn, 1976; Krelhaus *et al.*, 1977; Kuhn *et al.*, 1977; Loogen *et al.*, 1977). Als therapeutische Möglichkeit sind heute unter den konservativen Maßnahmen vor allem die Verabreichung von Beta-Rezeptorenblokkern, in der Regel von Propranolol, anzusehen sowie als operative Maßnahme eine transaortale Myotomie und septale Myektomie (Morrow *et al.*, 1975; Schulte *et al.*, 1976). Neuerdings werden bei Patienten mit HOCM auch Kalzium-Antagonisten eingesetzt. Eine abschließende Beurteilung über diese Behandlung ist zur Zeit noch nicht möglich (Kaltenbach *et al.*, 1977).

In Übereinstimmung mit anderen Autoren ließ sich festellen, daß der Krankheitsverlauf der HOCM durch eine langsame Progredienz gekennzeichnet ist (Frank *et al.*, 1968); Goodwin, 1970; Shah *et al.*, 1974). Dabei kann der klinische Schweregrad über 10 Jahre und mehr unverändert bleiben. Die Beschwerden der Patienten können in vielen Fällen durch Verabreichung von Propranolol günstig beeinflußt werden. Im Gesamtkollektiv zeigt sich jedoch zwischen dem Verlauf der unbehandelten Patientengruppe und einer mit Propranolol behandelten Patientengruppe kein erheblicher Unterschied. Vergleiche der klinischen und hämodynamischen Kontrolluntersuchungsergebnisse von Patienten im eigenen Krankengut sprechen dafür, daß in der Mehrzahl der Fälle eine klinische Besserung mit einer Abnahme der Obstruktion, nicht aber mit einer Abnahme des enddiastolischen Ventrikeldrucks einhergeht.

Die günstigsten Ergebnisse fanden sich in der chirurgisch behandelten Gruppe. Der Anteil der gebesserten Patienten lag hier wesentlich höher als bei den nicht operierten Patienten. Bei postoperativen Kontrollkatheteruntersuchungen ließ sich bei den meisten Patienten keine Ruhedruckdifferenz mehr nachweisen. Ferner fand sich bei der ganz überwiegenden Zahl der Patienten im Gegensatz zu den nicht operierten Patienten eine Abnahme des enddiastolischen Drucks im linken Ventrikel. Diese am eigenen Krankengut erhobenen Befunde stehen in Übereinstimmung mit den Ergebnissen verschiedener anderer Autoren (Lit. s. bei Kuhn *et al.*, 1977).

Ein weiteres wesentliches Ergebnis nach operativer Behandlung der HOCM betrifft den Anteil der Todesfälle im Verlauf der HOCM. Beim Vergleich von operativ und konservativ behandelten Fällen zeigt sich, daß die Rate der Todesfälle bei konservativer Behandlung etwa 16%, bei operativer Behandlung nur 8% nach einer Beobachtungszeit von etwa 5,6 Jahren beträgt. Dieser Unterschied zeigt sich auch in kumulativen Überlebensraten, die nach Verlaufsbeobachtungen im eigenen Krankengut aufgestellt wurden. So betrug die Überlebensrate 6 Jahre postoperativ bzw. nach 5 Jahre dauernder Propranolol-Therapie in der operativen Gruppe 89%, in der Propranolol behandelten Gruppe 76%. Die Operationsletalität und die Rate der ernsthaften Komplikationen bei operativer Therapie beträgt, unter Berücksichtigung der Ergebnisse verschiedener Zentren während der letzten Jahre, nur etwa 3,5%.

Nach diesen Ergebnissen ist eine operative Behandlung der HOCM heute vor allem indiziert bei Patienten mit dem klinischen Schweregrad III, bei denen durch eine konservative Behandlung keine Besserung zu erzielen ist und bei Patienten mit dem Schweregrad IV. Bei Patienten mit dem Schweregrad II ergibt sich eine relative Operationsindikation in Anbetracht der besseren postoperativen Überlebensrate. Allerdings ist bei diesen Patienten die in einigen Zentren noch relativ hohe Operationsmortalität zu berücksichtigen (Lit. s. bei Kuhn *et al.*, 1977).

Nach dem Ergebnis katamnestischer Untersuchungen und systematischer Langzeit-EKG-Untersuchungen ist bei einem wesentlichen Teil der Patienten davon auszugehen, daß Herzrhythmusstörungen als Ursache für den plötzlichen Herztod vermutet werden müssen (Krelhaus *et al.*, 1977). Danach empfiehlt sich bei Patienten mit HOCM eine Langzeit-EKG-Kontrolle und gegebenenfalls eine antiarrhythmische Therapie. Entsprechende Langzeitergebnisse über den Effekt einer solchen Maßnahme liegen allerdings noch nicht vor.

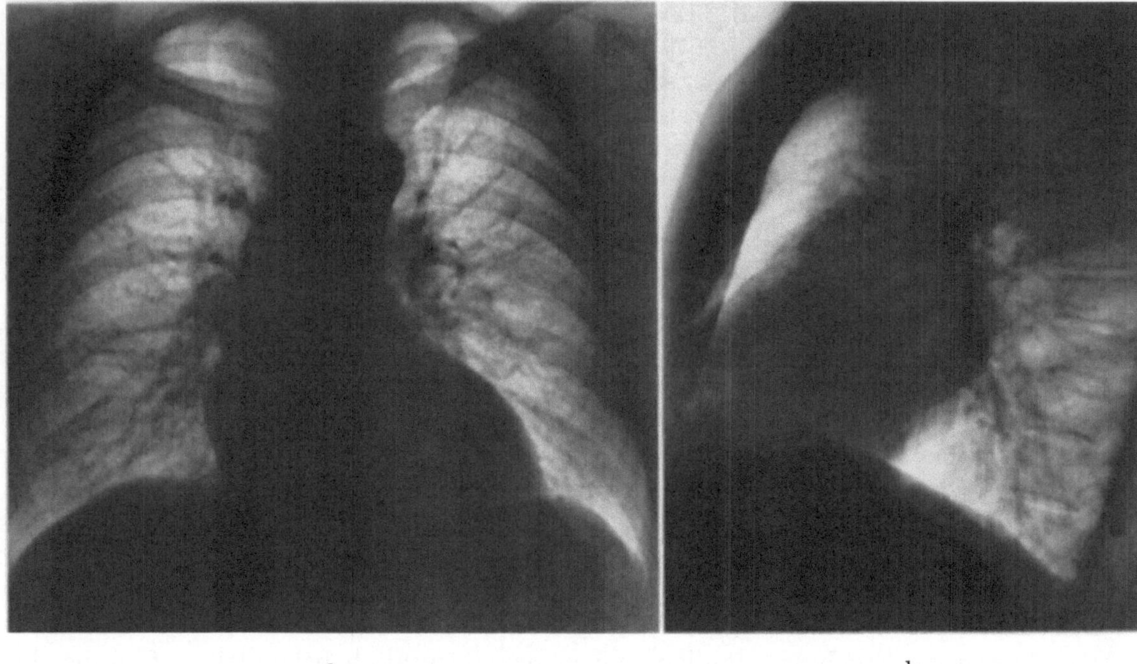

a b

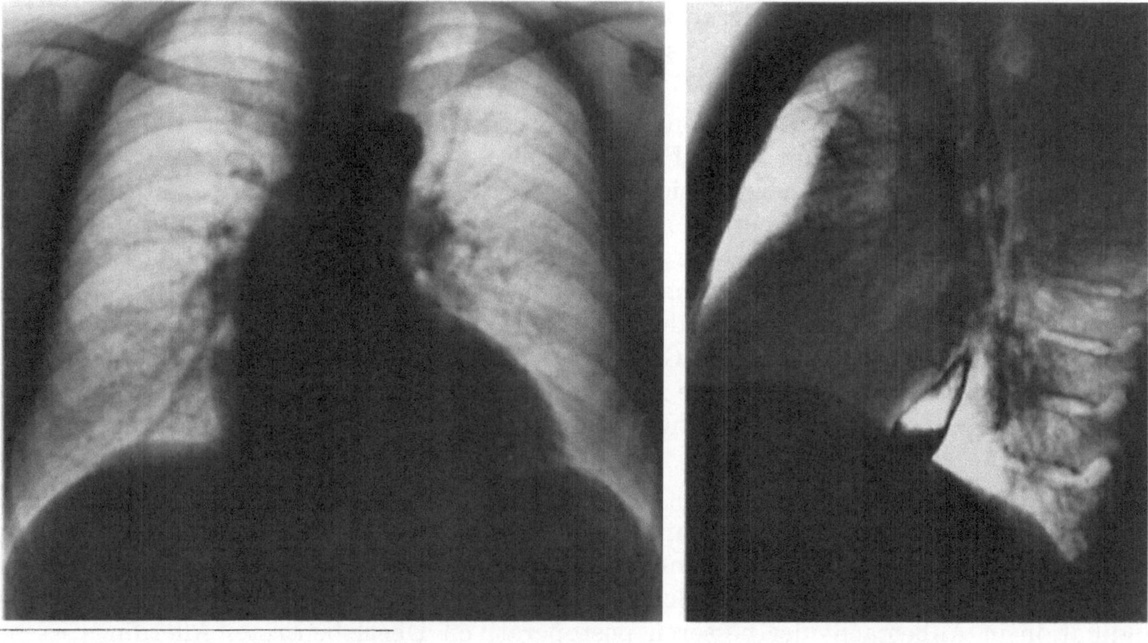

c d

Abb. 7a—f. Verlaufsbeobachung bei einem 50j. Patienten mit HOCM. (a u. b) Ausgangsbefund: systolische Druckdifferenz linker Ventrikel → Aorta 45 mm Hg. (a) Sagittale Herzfernaufnahme: gering nach links verbreitertes Herz mit Ektasie der aufsteigenden Aorta und dadurch angedeuteter Aortenkonfiguration; Hilus- und Lungengefäßzeichnung etwas verstärkt. (b) Seitenbild: geringe Einengung des Herzhinterraums auf Höhe des linken Vorhofs. (c u. d) Zustand 4 Jahre später: systolische Druckdifferenz linker Ventrikel → Aorta 140 mm Hg. (c) Sagittale Herzfernaufnahme: geringe Größenzunahme des Herzens; sonst unverändert. (d) Seitenbild: Herzhinterraum nicht eingeengt. (e u. f) Zustand 1 Jahr nach Operation: systolische Druckdifferenz linker Ventrikel → Aorta 0 mm Hg. (e) Sagittale Herzfernaufnahme: postoperativ deutliche Verkleinerung des Herzens; Aorta unverändert; Rückbildung der Lungengefäßzeichnung. (f) Seitenbild: Herzhinterraum nicht eingeengt

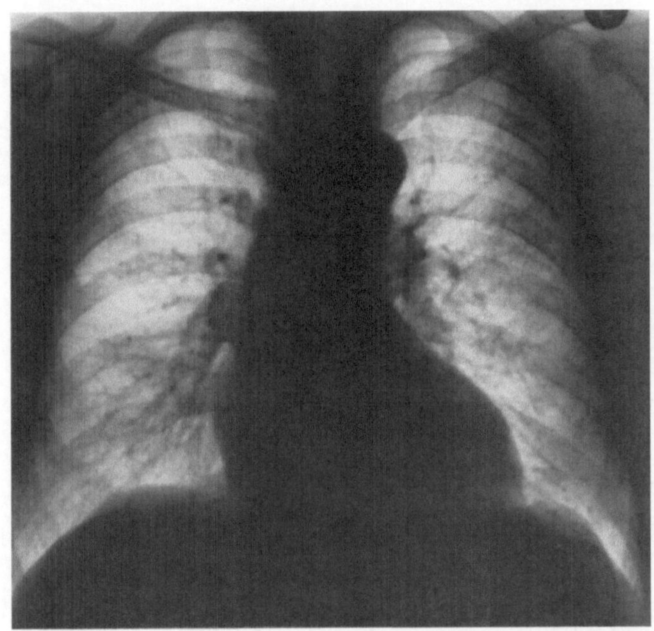

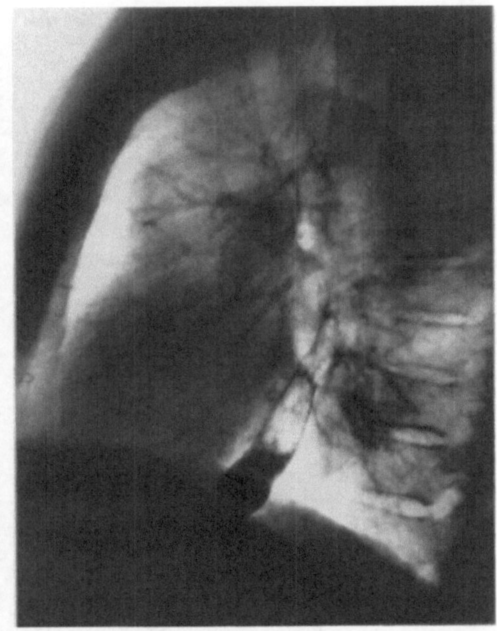

e f

Abb. 7 (Legende s. S. 276)

Über therapeutische Möglichkeiten bei der HNCM liegen bisher keine allgemein gültigen Vorstellungen vor. Von EPSTEIN *et al.* (1974) wurde berichtet, daß sie in einzelnen Fällen einen günstigen Effekt hinsichtlich des Beschwerdebildes nach Verabreichung von Propranolol gesehen haben. Dies kann durch Beobachtungen bei einzelnen Fällen im eigenen Krankengut bestätigt werden. Invasive Untersuchungen zur Objektivierung der therapeutischen Maßnahmen bei diesen Patienten liegen bisher jedoch nicht vor.

b) Kongestive Kardiomyopathie (CCM)

Während bei der HOCM Fragen nach der Art des klinischen Bildes, des diagnostischen und therapeutischen Vorgehens sowie der Verlaufsbeurteilung relativ übersichtlich geworden sind, ist die Situation bei der CCM grundsätzlich anders. Die zu Beginn des Kardiomyopathie-Kapitels genannten nachteiligen Konsequenzen der in der Literatur in verwirrender Vielfalt angewendeten Definitionen und Einteilungen der idiopathischen CM zeigen sich hier in bezug auf das diagnostische Vorgehen, die Verlaufsbeobachtung, die Therapie und die Prognose wegen des Fehlens allgemein gültiger, an größeren Patientenkollektiven gewonnener Befunde besonders deutlich.

Patienten mit der Symptomatik einer CCM nach dem Vorschlag GOODWINS (1970) einem eigenständigen klinischen Krankheitsbild zuzuordnen und entsprechende Erfahrungen an einem größeren, einheitlich untersuchten Krankengut zu gewinnen, erschien erforderlich, da es sich bei dieser Erkrankung offenbar um eine der häufigsten idiopathischen CM handelte, um eine Erkrankung, die vor allem jüngere Patienten befällt und durch eine zunehmende Herzinsuffizienz häufig zum Tod der Patienten führt. Daraus resultierte die Notwendigkeit einer scharfen diagnostischen und damit prognostischen Abgrenzung gegen alle anderen, auch mit einer Herzinsuffizienz einhergehenden Verlaufsformen einer Kardiomyopathie. Die Bezeichnung „congestiv" ist vom englischen Sprachgebrauch übernommen und beschreibt die im Verlauf der Erkrankung auftretenden Stauungserscheinungen.

Bis vor wenigen Jahren stützten sich klinische Erfahrungen bei Patienten mit Herzerkrankungen, die nach heutiger Kenntnis der Kardiomyopathien an einer CCM litten,

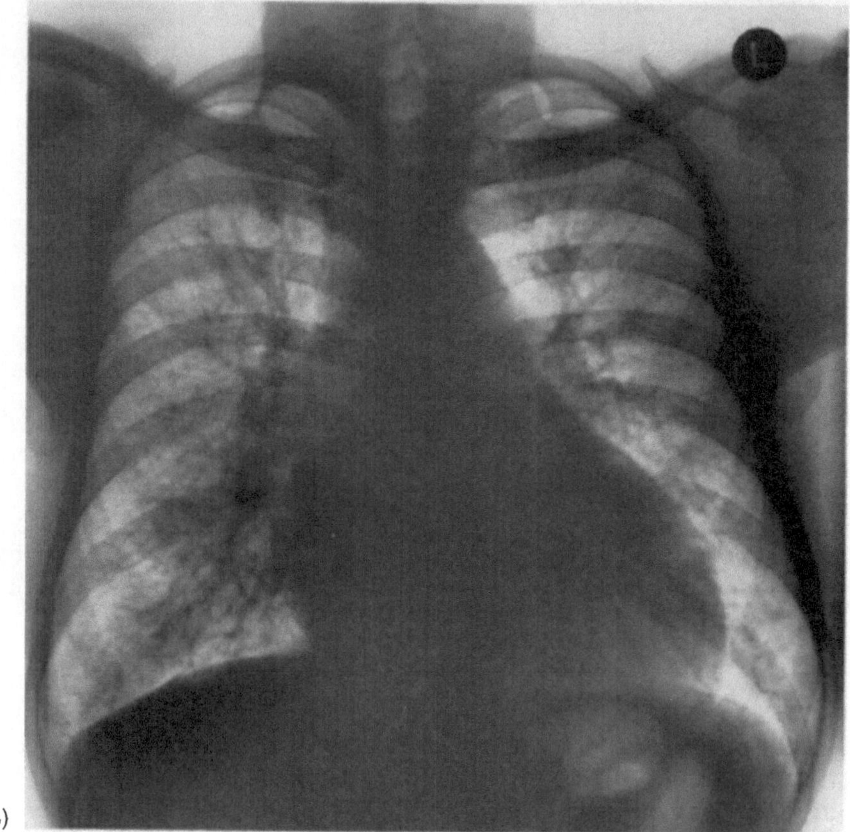
(a)

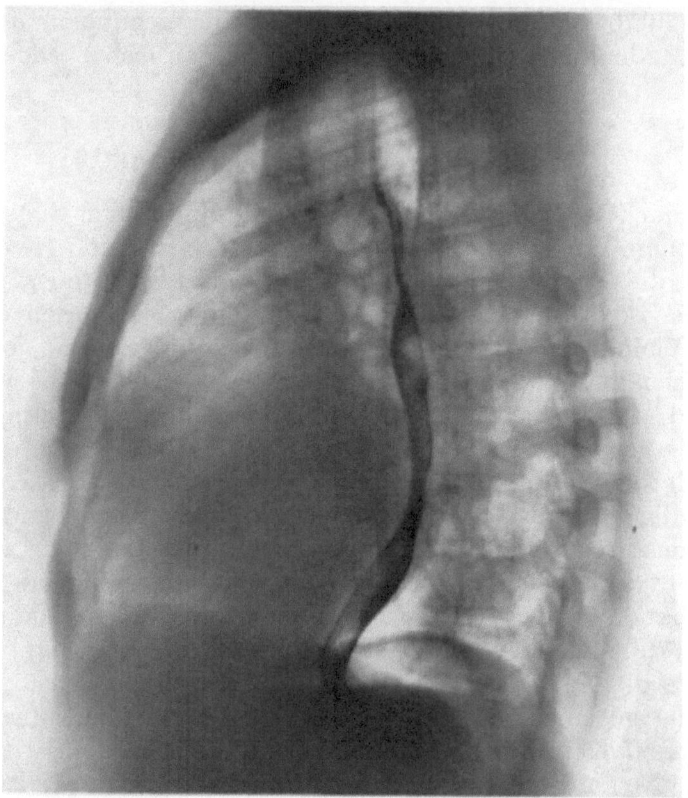
(b)

Abb. 8a u. b. Kongestive Kardiomyopathie bei einem 47j. Patienten. (a) Sagittale Herzfernaufnahme: beiderseits deutlich verbreitertes Herz; dichte Hili beiderseits. (b) Seitenbild: Einengung des Retrokardialraums sowohl im Bereich des linken Vorhofs als auch des Ventrikels unter Verdrängung des Ösophagus nach hinten

ganz überwiegend auf kasuistische Mitteilungen. Berichte über größere Patientenzahlen unter Berücksichtigung von Diagnose und Krankheitsverlauf waren sehr selten und stehen erst in den letzten Jahren von mehreren Arbeitsgruppen zur Verfügung (GOODWIN und OAKLEY, 1972; KUHN *et al.*, 1972, 1974; STAPLETON, 1974; OAKLEY, 1974; KUHN, 1975a; DELIUS *et al.*, 1976; LOOGEN und Kuhn, 1976; KÜBLER *et al.*, 1975; BREITHARDT *et al.*, 1977).

Pathologisch-anatomisch findet sich bei der CCM, im Gegensatz zu den hypertrophischen CM, eine Dilatation des Ventrikelkavums und zwar in der Regel sowohl des linken als auch des rechten Ventrikels. Als Folge der Ventrikeldilatation ist die Ventrikelwand in der Regel normal oder nur gering verdickt. Das Hergewicht ist vermehrt und liegt in der Regel zwischen 500 und 600 g. Das Endokard des linken und rechten Ventrikels ist stellenweise verdickt. Ferner finden sich postmortal in fast allen Fällen wandständige Thromben des rechten und/oder linken Ventrikels (GOODWIN, 1970; HUDSON, 1970; MCKINNEY, 1974).

Lichtmikroskopisch sieht man bei der CCM vor allem eine Hypertrophie der Herzmuskelzellen sowie eine interstitielle Fibrose. Ferner läßt sich stellenweise eine Verdickung des Endokards nachweisen. In einigen Fällen werden vereinzelt Rundzellinfiltrate gefunden, die als Folge von Herzmuskelnekrosen auftreten oder zu den terminalen Veränderungen der CCM gezählt werden (HUDSON, 1970; MCKINNEY, 1974).

Das elektronenmikroskopische Bild ist vor allem durch eine interstilielle Fibrose, eine Hypertrophie der Herzmuskelzellen, degenerative Veränderungen und eine stellenweise Desorientierung der Myofibrillen gekennzeichnet (FERRANS *et al.*, 1974; BREITHARDT *et al.*, 1974; KUHN, 1975a; KNIERIEM *et al.*, 1977; BREITHARDT *et al.*, 1977).

α) Ätiologie

Die Ätiologie der CCM ist bisher völlig unklar. Diskutiert werden immunologische Ursachen (DAS *et al.*, 1971; FOWLER, 1971; BOLTE, 1976), Virusinfekte (GRIST, 1972; BURCH *et al.*, 1972; FLETCHER *et al.*, 1968; ABELMANN, 1971), eine vorübergehende arterielle Hypertonie (DICKINSON *et al.*, 1972; GOODWIN, 1974) sowie der Alkohol (GOODWIN, 1974). Da normaler Alkoholkonsum, eine arterielle Hypertonie oder ein Virusinfekt allein bei Langzeitbeobachtungen nicht zu Veränderungen des Herzens im Sinn einer CCM führen, bietet sich die theoretische Möglichkeit an, daß primär eine eventuell angeborene Disposition des Myokards bzw. eine Myokardschwäche vorliegt, die durch Hinzutreten eines schädigenden Einflusses in Form von Alkohol, einer Hypertonie oder eines Virusinfekts zur Entwicklung einer CCM führen kann. Auffallend ist jedenfalls, daß sich bei einem Teil der Patienten mit CCM in der Anamnese eine vorübergehende arterielle Hypertonie findet oder ein Virusinfekt, der von einigen Patienten als Beginn der Erkrankung angegeben wird. Einziger bisheriger Hinweis dafür, daß der Beginn der Erkrankung bereits sehr früh liegen kann, liefern katamnestische Untersuchungen. Danach findet sich ein kompletter Linksschenkelblock, der bei einem großen Teil von Patienten mit CCM vorliegt, bis zu 22 Jahren vor klinischer Manifestation der CCM (KUHN *et al.*, 1977). Ebenso wie Virusinfekte, eine arterielle Hypertonie und Alkohol wird auch eine Schwangerschaft als sog. Risikofaktor einer kongestiven Kardiomyopathie diskutiert, wenn man von einer Veranlagung des Myokards zur Entwicklung einer kongestiven Kardiomyopathie ausgeht (s. Abschnitt Differentialdiagnose der kongestiven Kardiomyopathie).

β) Pathophysiologie der CCM

Im Gegensatz zur HOCM ist der Verlauf der CCM durch eine zunehmende Dilatation der Ventrikel gekennzeichnet. Die Dilatation ist erklärbar durch eine zunehmend höhere Vordehnung bei nachlassender Kontraktionsfähigkeit des Myokards. Es scheint jedoch nicht ausgeschlossen, daß außerdem eine pathologisch erhöhte diastolische Ventrikeldehnbarkeit die progrediente Dilatation der Ventrikel mitverursacht (MIRSKY *et al.*, 1974; LOOGEN *et al.*, 1976; SPILLER *et al.*, 1977).

Im Vordergrund der hämodynamischen Veränderungen der CCM steht, entsprechend dem klinischen Verlauf, ein zunehmend größer werdendes endsystolisches und enddiastolisches Ventrikelvolumen mit entsprechend reduzierter Ejektionsfraktion.

γ) *Häufigkeit und Beschwerdebild*

Ähnlich wie bei der HOCM gibt es bei der CCM keine genauen Vorstellungen über die Häufigkeit der Erkrankung. Wie bereits im entsprechenden Kapitel über die HOCM erwähnt, schwankten bei einer Umfrage in verschiedenen deutschsprachigen kardiologischen Zentren die Angaben über das Verhältnis der HOCM zur CCM zwischen 5:1 und 1:3 (KÜBLER *et al.*, 1973). Bei uns wurde die Diagnose einer CCM von März 1971 bis Januar 1977 in 112 Fällen gestellt. Die Dunkelziffer der Erkrankung dürfte sicherlich hoch sein. Häufigste Fehldiagnosen sind vor allem eine serologisch negative Myokarditis, eine chronisch rezidivierende Myokarditis, eine koronare Herzerkrankung bei Zustand nach Herzinfarkt oder eine Mitralinsuffizienz.

Die Erkrankung befällt vor allem jüngere Patienten. Das Maximum des Erkrankungsalters liegt zwischen dem 30. und 45. Lebensjahr. Die ganz überwiegende Anzahl der Patienten (etwa 90%) leidet zu Beginn der Erkrankung an Dyspnoe. Nur wenige Patienten (5—15%) geben an, daß die Erkrankung gleichzeitig oder isoliert mit Herzrhythmusstörungen oder pektanginösen Beschwerden begonnen habe. Bei etwa einem Drittel der Patienten finden sich Beschwerden, die durch Embolien im großen und kleinen Kreislauf hervorgerufen werden. Als Ausgangspunkt dieser Embolien müssen die bereits beschriebenen wandständigen Thromben beider Herzkammern angesehen werden.

δ) *Klinischer Befund*

Im Vordergrund des klinischen Bildes stehen in der Regel Zeichen der manifesten Herzinsuffizienz mit stauungsbedingt vergrößerter Leber, gestauten Halsvenen und Ödemen. Dabei kann das Krankheitsbild in Abhängigkeit vom Krankheitsstadium und medikamentöser Maßnahmen stark variieren, insbesondere wenn sich die Erkrankung in einer vorübergehenden Remissionsphase befindet.

Bei der Palpation findet sich häufig ein verbreiterter, oft bis an die laterale Thoraxwand reichender Herzspitzenstoß. Auskultatorisch findet man bei dem dekompensierten Patienten meist als Ausdruck einer relativen Mitralinsuffizienz ein leises systolisches Geräusch mit Punctum maximum über der Herzspitze, das in der Regel mit zunehmender Rekompensation verschwindet. Ferner besteht meist ein dritter, in einigen Fällen auch ein vierter Herzton.

Die Karotispulskurve sowie das Apexkardiogramm zeigen, im Gegensatz zur HOCM, formal keine charakteristischen Veränderungen.

Elektrokardiographisch findet sich bei der ganz überwiegenden Zahl der Patienten ein Links- oder ein überdrehter Linkstyp; häufig bestehen ferner ein Linksschenkelblock oder Linkshypertrophiezeichen (STAPLETON, 1970; BAHL und MASSIE, 1972; KUHN *et al.*, 1974). Wesentlich ist, daß sich in etwa 15% Infarktzeichen finden, die zur Fehldiagnose einer koronaren Herzerkrankung mit abgelaufenem Myokardinfarkt verleiten können (RUBLER *et al.*, 1973; KUHN *et al.*, 1974). Grundsätzlich kann davon ausgegangen werden, daß die Kombination eines Linksschenkelblocks oder von Linkshypertrophiezeichen im Elektrokardiogramm mit einer Herzvergrößerung im Röntgenbild, ohne Hinweis auf ein Herzvitium oder ein Aneurysma nach Myokardinfarkt den dringenden Verdacht einer CCM nahelegen.

ε) *Röntgenbefunde*

Ebenso wie bei den hypertrophischen CM fehlen bei der CCM charakteristische röntgenologische Veränderungen des Herzens auf der Herzfernaufnahme. Das Herz ist meist vergrößert. Als Folge der Dilatation beider Ventrikel, einschließlich der Vorhöfe, kommt es sowohl zu einer Vergrößerung des Herzens nach rechts wie nach links mit entsprechender Einengung des Herzhinterraums in Vorhof- und Ventrikelhöhe. Die Lungengefäße sind im Sinn einer chronischen Stauungslunge verändert. Mit zunehmender kardialer Dekompensation kann es zum Auftreten von Pleuraergüssen kommen (Abb. 9).

Der Herzthoraxquotient bei 57 eigenen Patienten betrug im Zeitpunkt der Diagnosestellung bei den nach einer mittleren Beobachtungszeit von 2 Jahren noch lebenden Patienten 0,566, bei den zu diesem Zeitpunkt bereits verstorbenen Patienten 0,591. Danach scheint eine ausgeprägte Herzvergrößerung für eine schlechte Prognose der Erkrankung zu sprechen.

Auch wenn die röntgenologische Konfiguration auf der Herzfernaufnahme keine besonderen diagnostischen Hinweise für die Diagnose einer CCM liefert, so ist dennoch der alleinige Nachweis eines allseits erheblich vergrößerten Herzens für die klinische Verdachtsdiagnose einer CCM von großer Bedeutung. Dies ist besonders dann der Fall, wenn eine akute Myokarditis, ein Perikarderguß, ein Aneurysma bei koronarer Herzerkrankung oder ein Herzvitium ausgeschlossen werden können; denn die CCM ist, neben den genannten Krankheiten, eine der wenigen Herzerkrankungen, die mit einer allseitigen erheblichen Vergrößerung des Herzens einhergeht. Wesentlich ist jedoch, daß ein normal großes oder ein nur gering vergrößertes Herz im Röntgenbild die Diagnose einer CCM nicht ausschließt, da beispielsweise der Beginn der Erkrankung oder eine vorübergehende Remissionsphase, die in etwa 20% der Fälle vorkommt, vorliegen können.

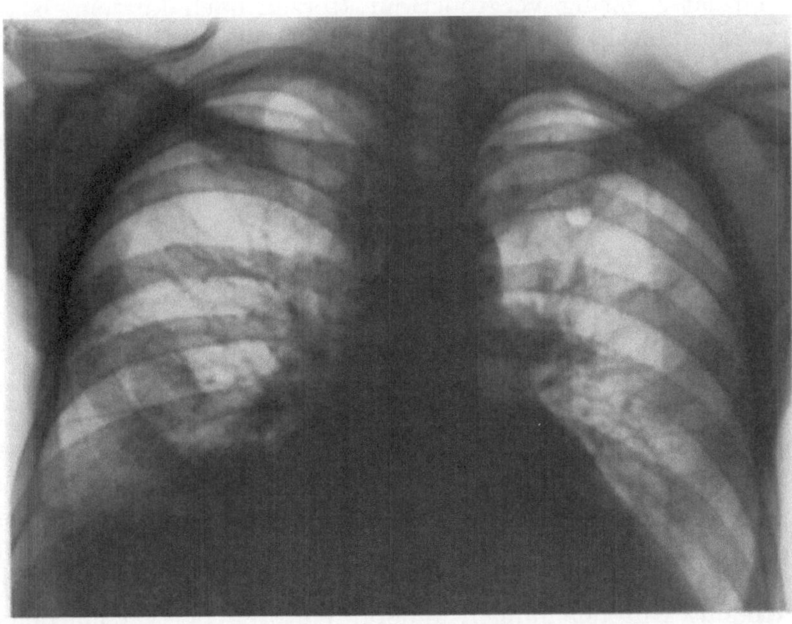

Abb. 9. Pleuraerguß in fortgeschrittenem Stadium einer kongestiven Kardiomyopathie bei einer 38j. Patientin: beiderseits stark verbreitertes Herz; dichte Hili, beidseitiger Pleuraerguß

ζ) *Herzkatheteruntersuchung*

Die Herzkatheteruntersuchung bei der CCM sieht eine Sondierung des rechten und des linken Herzens vor. Sie dient vor allem zum sicheren Ausschluß eines Herzvitiums und zum Nachweis der für die CCM charakteristischen Dilatation der Ventrikel. Druckdifferenzen zwischen linkem oder rechtem Ventrikel und Aorta bzw. Pulmonalarterie werden bei der CCM, im Gegensatz zu den hypertrophischen CM mit Obstruktion, nicht gefunden.

Der enddiastolische Druck des linken Ventrikels ist in der Regel als Ausdruck der zunehmenden Linksherzinsuffizienz mit zunehmender Vordehnung der Myokardfasern erhöht. Er liegt in größeren Kollektiven zwischen 15 und 25 mm Hg (GOODWIN, 1970; LOOGEN *et al.*, 1976).

Ein normaler enddiastolischer Druck im linken Ventrikel schließt die Diagnose einer CCM nicht aus. Ein normaler linksventrikulärer enddiastolischer Druck läßt sich beispielsweise in einer Remissionsphase oder nach kardialer Rekompensation mittels Diuretika nachweisen. Diese Patienten zeigen jedoch beispielweise bei Ergometerbelastung mit gleichzeitiger Messung des Pulmonalarterienmitteldrucks bei bereits geringen Belastungsstufen meist einen pathologischen Anstieg, als Ausdruck eines pathologischen Anstiegs des linksventrikulären enddiastolischen Druckes.

η) *Ventrikulographie*

Bei Kontrastmittelinjektion in den linken Ventrikel sieht man in der Regel eine deutliche Dilatation (Abb. 10). Im Cine-Ventrikulogramm erkennt man als Ausdruck der eingeschränkten Ejektionsfraktion nur geringe Wandbewegungen des gesamten Ventrikels. Aussparungen in der Kontur des linken Ventrikels sind suspekt auf wandständige Thromben. Die freie Wand des linken Ventrikels ist meist normal dick oder nur gering verbreitert (GOODWIN, 1970).

Nicht selten findet sich bei Patienten mit CCM gleichzeitig eine relative Mitralinsuffizienz. Diese ist besonders deutlich im Seitenbild des Cine-Ventrikulogramms zu erkennen und in seiner hämodynamischen Bedeutung am Ausmaß des regurgitierenden Kontrastmittels abzuschätzen.

Besonders im fortgeschrittenen Stadium der Erkrankung, nach eigenen Beobachtungen jedoch auch bei relativ gering vergrößertem Herzen nach kurzem Krankheitsverlauf, können ventrikulographisch feststellbare Hypo-, A- und Dyskinesien der Ventrikelwand beobachtet werden (KAZAMIAS und GANDER, 1973; LOOGEN *et al.*,1976; MATTHES *et al.*, 1976). Diese regionalen Störungen der Ventrikelkontraktion dürften den pathologisch anatomisch beschriebenen, z.T. flächenhaften Vernarbungen im Herzmuskel entsprechen (OLSEN, 1972; HUDSON, 1970).

ϑ) *Koronarographie*

Der koronarographische Befund bei den genannten Patienten mit regionalen Ventrikelkontraktionsstörungen sowie der koronarographische Befund bei den übrigen Patienten mit CCM zeigt keine Hinweise auf umschriebene Stenosierungen oder Wandveränderungen im Sinn einer Koronarsklerose. Lediglich bei älteren Patienten mit CCM können einzelne Wandunregelmäßigkeiten vorhanden sein. Finden sich stärkere Stenosen bei gleichzeitig jedoch erheblich vergrößertem Ventrikelvolumen ohne abgrenzbares Aneurysma, so wird man auch hier zumindest den dringenden Verdacht auf eine neben einer koronaren Herzerkrankung zusätzlich bestehende CCM äußern müssen.

Systematische Messungen bei Patienten mit CCM haben gezeigt, daß signifikant weitere Koronararterien vorliegen als in einem Normalkollektiv (KUHN, 1975). Der Vergleich der Werte mit Untersuchungen anderer Autoren bei verschiedenen Herzerkrankungen zeigt, daß lediglich bei Aortenvitien und hypertrophischen CM noch ähnlich weite Koronararterien gefunden werden können (MCALPIN *et al.*, 1973).

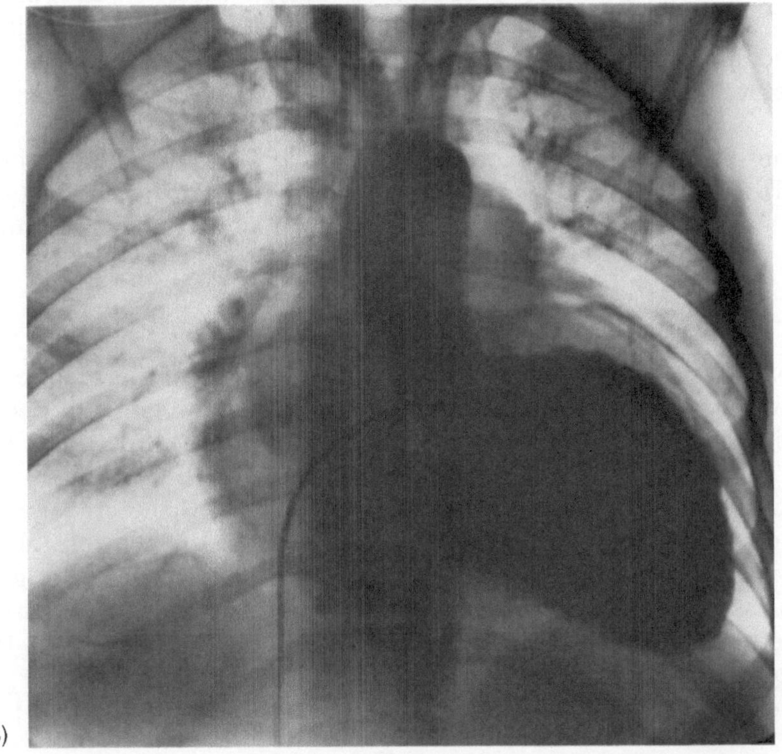

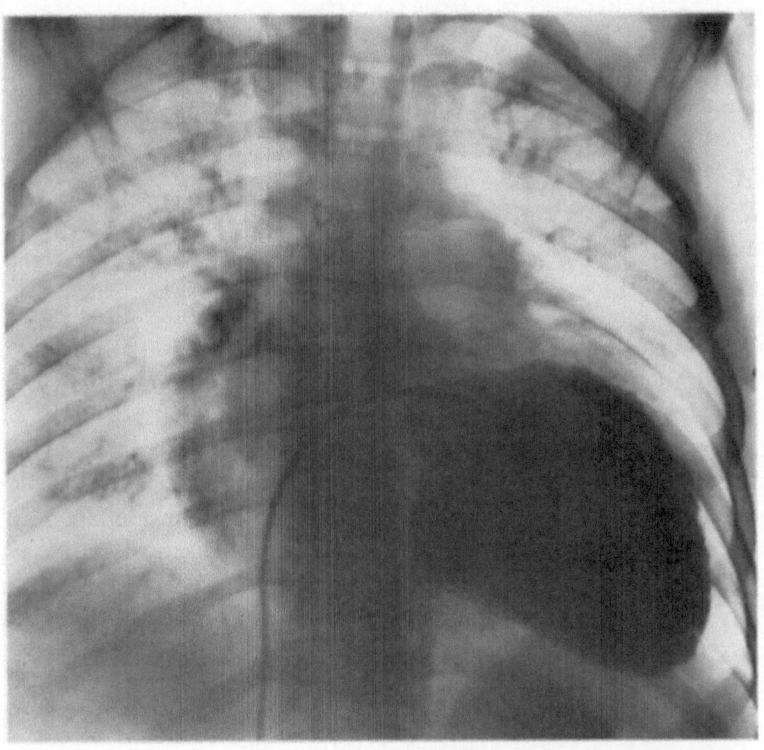

Abb. 10a u. b. Ventrikulogramm bei einem 37j. Patienten mit kongestiver Kardiomyopathie. (a) Systolische Phase. (b) Diastolische Phase. Nur geringe Größenänderung des Ventrikels. Flaue Kontrastmittelanfärbung des linken Vorhofs als Folge einer geringen relativen Mitralinsuffizienz

Im fortgeschrittenen Stadium der CCM sind die Koronararterien als Folge der erheblichen Ventrikeldilatation mit entsprechend eingeschränkter Ejektionsfraktion auffallend gestreckt und bewegungsarm. Kollateralgefäße ließen sich bisher im eigenen Krankengut in keinem Fall feststellen, was als Einwand gegen eine Myokardhypoxie angesehen werden kann.

Die wesentliche Bedeutung der Koronarographie bei der CCM liegt im Ausschluß einer koronaren Herzerkrankung, was vor allem bei nur mäßig vergrößerten Ventrikelvolumina von Bedeutung ist, sowie im Ausschluß einer möglichen Koronaranomalie.

ι) *Herzmuskelbiopsie*

Die transvenöse oder transarterielle endomyokardiale Katheterbiopsie des rechten oder linken Ventrikels gewann in den letzten Jahren zunehmend an Bedeutung. Die Biopsie erfolgt mit dem Konno-Bioptom (SAKAKIBARA und KONNO, 1962; KONNO *et al.*, 1971) oder mit dem Kings-Bioptom (RICHARDSON, 1975). In beiden Fällen wird mittels einer Zugvorrichtung am Ende des transkutan eingeführten Katheters eine kleine Zange bedient, mit der ein oder mehrere, in der Regel etwa 2—5 mg schwere Myokardstücke entnommen werden. Die Untersuchung des Myokards erfolgte nach bisherigen Mitteilungen lichtmikroskopisch, elektronenmikroskopisch, histochemisch, virologisch und zum Nachweis verschiedener Enzymaktivitäten (KONNO *et al.*, 1971; ALI *et al.*, 1973; OLSEN, 1974; BREITHARDT *et al.*, 1974; KUHN *et al.*, 1975a; KUNKEL *et al.*, 1977; ZEBE *et al.*, 1976; KNIERIEM *et al.*, 1977; PETERS *et al.*, 1975; BREITHARDT *et al.*, 1977; KUHN *et al.*, 1977).

Klinische Bedeutung hat bisher vor allem die kombinierte licht- und elektronenmikroskopische Untersuchung des Biopsiematerials erlangt (KUHN *et al.*, 1977b). Bei der CCM lassen sich insbesondere eine Hypertrophie der Herzmuskelzellen, degenerative Veränderungen, mitochondriale Veränderungen, eine myofibrilläre Desorientierung sowie eine interstitielle Fibrose nachweisen. Finden sich diese Veränderungen im Biopsiematerial, so läßt sich hierdurch ein zusätzlicher Beitrag zur Diagnose einer CCM liefern. Fehlen entsprechende elektronenmikroskopische Veränderungen, insbesondere die degenerativen Veränderungen und gleichzeitig die myofibrillären Veränderungen, so muß davon ausgegangen werden, daß der morphologische Befund nicht für die klinisch gestellte Diagnose einer CCM spricht, bzw. die Diagnose nicht stützt.

Durch semiquantitative Befundung des elektronenmikroskopischen Bildes und Korrelation der Befunde mit dem klinischen Verlauf der Patienten ließ sich ferner zeigen, daß sich damit eine Gruppe mit signifikant höherer Letalität von einer Gruppe mit geringerer Letalität abgrenzen ließ. Damit muß der endomyokardialen Katheterbiopsie für die prognostische Beurteilung der CCM eine wesentliche Bedeutung beigemessen werden. Von praktischer Bedeutung ist dies insbesondere bei Patienten mit kurzem Krankheitsverlauf, bei denen differentialdiagnostisch an eine Myokarditis gedacht werden muß. Weisen diese Patienten im elektronenmikroskopischen Bild bereits erhebliche Veränderungen auf, so muß mit einer hohen Mortalitätsrate und damit einer kongestiven Kardiomyopathie gerechnet werden. Ein weitgehend unauffälliger elektronenmikroskopischer Befund spricht jedoch nicht gegen eine kongestive Kardiomyopathie. Es kann sich um eine Remissionsphase, um das Anfangsstadium einer kongestiven Kardiomyopathie oder einen prognostisch besonders günstigen Verlauf der kongestiven Kardiomyopathie handeln (BREITHARDT *et al.*, 1977).

ϰ) *Differentialdiagnose*

Für die Differentialdiagnose der CCM kommen vor allem folgende Erkrankungen in Betracht:

1. Myokarditis,
2. koronare Herzerkrankung,
3. Mitralinsuffizienz,
4. Pericarditis constrictiva,
5. hypertrophische CM,
6. alkoholische CM,
7. Schwangerschafts-CM,
8. Aortenstenose,
9. Endomyokardfibrose,
10. Perikarderguß.

Ad 1: Myokarditis. Eine scharfe diagnostische Abgrenzung zwischen einer Myokarditis und einer CCM ist vor allem wegen der völlig unterschiedlich zu beurteilenden Prognose der beiden Erkrankungen erforderlich. So besitzt die akute Myokarditis prinzipiell eine sehr gute Prognose (Bengtson, 1972; Bergström *et al.*, 1970; Brunner und Rutishauser, 1970; Gerzen *et al.*, 1972; Levander-Lindgren, 1965), während die CCM eine hohe Letalität aufweist, wie im Kapitel ,,Verlauf" noch zu zeigen sein wird.

Nach den genannten Langzeituntersuchungen kann man also davon ausgehen, daß die Prognose der in der akuten Krankheitsphase nicht tödlich verlaufenden, akuten Myokarditis gut ist, d. h. daß es, im Gegensatz zu weit verbreiteten Vermutungen, nicht zu einer chronisch progredienten, manifesten Herzinsuffizienz wie bei der CCM kommt. Nach bisherigen Untersuchungsergebnissen schließt somit bereits der über ein oder mehrere Jahre nachweisbare entsprechende Krankheitsverlauf mit zunehmender Herzinsuffizienz eine Myokarditis praktisch aus.

Differentialdiagnostische Schwierigkeiten bestehen jedoch zwischen dem Verdacht einer akuten, blutchemisch und serologisch nicht erfaßbaren Myokarditis und dem raschen oder schubweisen Verlauf einer CCM. In dieser Situation sprechen die genannten elektrokardiographischen Veränderungen, wie Linksschenkelblock, Linkshypertrophiezeichen und das gleichzeitige Auftreten arterieller Embolien, für eine CCM. Eine weitere wichtige diagnostische Hilfe stellt nach den geschilderten Biopsieergebnissen die endomyokardiale rechtsventrikuläre Katheterbiopsie mit elektronenmikroskopischer Untersuchung des Biopsiematerials dar.

Ad 2: Koronare Herzerkrankung. Nach eigenen Untersuchungen klagen etwa 16% der Patienten mit CCM neben einer Dyspnoe über eine für eine koronare Herzerkrankung typische Angina pectoris, und ein Teil der Patienten zeigte elektrokardiographisch Zeichen eines abgelaufenen Myokardinfarkts. Ferner können — wie bei Beschreibung des ventrikulographischen Bildes bereits erwähnt — regionale Kontraktionsstörungen, wie Dys- oder Hypokinesien der Ventrikelwand, vorliegen. Diese Befunde legen die Differentialdiagnose einer koronaren Herzerkrankung nahe. Eine endgültige diagnostische Sicherung läßt sich nur durch den koronarographischen Befund herbeiführen. Zweifel an der Diagnose werden dort bestehen bleiben, wo einerseits große Ventrikelvolumina, aber keine Gefäßverschlüsse und Aneurysmen, vorliegen, andererseits jedoch Wandunregelmäßigkeiten der Koronararterien oder einzelne höhergradige Stenosierungen der Herzkranzarterien bestehen. In diesen Fällen wird zumindest der dringende Verdacht geäußert werden müssen, daß neben einer koronaren Herzerkrankung auch eine CCM vorliegen kann.

Ad 3: Mitralinsuffizienz. Mit zunehmender Dauer der CCM kommt es bei dem überwiegenden Teil der Patienten zum Auftreten eines systolischen Geräusches über der Herzspitze als Ausdruck einer relativen Mitralinsuffizienz. Der Befund kann klinisch so vordergründig sein, daß er als organisch bedingte Klappeninsuffizienz aufgefaßt wird. In Zweifelsfällen kann die Kontrastmittelinjektion in den linken Ventrikel eine differentialdiagnostische Klärung dadurch herbeiführen, daß man eine Diskrepanz zwischen dem stark vergrößerten Ventrikelvolumen und der relativ geringen Regurgitation feststellt. Auch der klinische Verlauf trägt zur Sicherung der Diagnose bei, da im Falle einer CCM das systolische Geräusch mit zunehmender Rekompensation wesentlich leiser wird oder völlig verschwinden kann.

Ad 4: Pericarditis constrictiva. Nach eigenen Beobachtungen und Mitteilungen in der Literatur (Goodwin, 1970; Hurst und Louge, 1974; Oakley, 1974; Stapleton, 1974) besteht in einigen Fällen von CCM, wie bei einer Pericarditis constrictiva, als Ausdruck einer Füllungserschwerung des rechten oder linken Ventrikels eine ausgeprägte Dip- und Plateaubildung im diastolischen Verlauf der Druckkurve. Nach Untersuchungen von RAMSEY *et al.* (1970) läßt sich hier durch Bestimmung der Perikarddicke mit Messung des Abstandes zwischen Koronararterienverlauf und äußerem Herzrand unter bestimmten Projektionsbedingungen die Diagnose einer Pericarditis constrictiva ausschließen oder zumindest sehr unwahrscheinlich machen. Einen weiteren Hinweis liefert das Ergebnis der Herzmuskelbiopsie mit Nachweis einer Endokardfibrose. Führen diese Maßnahmen diagnostisch nicht weiter, so wird in einigen Fällen die Durchführung einer Probethorakotomie mit Beurteilung des Perikards nicht zu umgehen sein.

Ad 5: Hypertrophische CM. Patienten mit hypertrophischen CM können im fortgeschrittenen Stadium der Erkrankung Zeichen einer Stauungsherzinsuffizienz aufweisen, so daß in Verbindung mit einem bei diesen Patienten auch vergrößerten Herzen im Röntgenbild der Verdacht einer CCM besteht. Der ventrikulographische oder echokardiographische Nachweis einer erheblichen Wandhypertrophie mit eher kleinem endsystolischen und enddiastolischen Ventrikelvolumen ist in diesen Fällen als wichtigstes differentialdiagnostisches Kriterium anzusehen, ferner im Fall einer HOCM der Nachweis einer entsprechenden Druckdifferenz zwischen Aorta und Ventrikelspitze.

Ad 6: Alkoholische CM. Im Rahmen dieses Beitrags kann die umfangreiche Problematik der alkoholischen CM nicht näher erörtert werden. Als gesichert darf heute angenommen werden, daß regelmäßiger hoher Alkoholkonsum beim Menschen zumindest als Risikofaktor einer chronisch progredienten Herzinsuffizienz anzusehen ist (Lit. s. bei KUHN *et al.*, 1976). Allgemein gültige Kriterien für die Diagnose einer alkoholischen CM liegen jedoch nicht vor. Im allgemeinen wird heute so verfahren, daß die Verdachtsdiagnose einer alkoholischen CM geäußert wird — und damit die Abgrenzung von der CCM geschieht —, wenn bei wesentlichem Alkoholkonsum eine Herzvergrößerung und pathologische EKG-Veränderungen vorliegen, bzw. das klinische Bild einer CCM mit wesentlichem Alkoholkonsum besteht.

Verlaufsbeobachtungen bei solchen Patienten haben gezeigt, daß es, im Gegensatz zur CCM, nach Absetzen des Alkoholkonsums zu einer völligen Remission der Erkrankung kommen kann, worin also ein wesentliches differentialdiagnostisches Kriterium zur CCM zu sehen ist. In diesen Fällen wird man „dazu neigen", die primäre Ursache der Herzinsuffizienz im Alkohol zu sehen. Allerdings liegen unseres Wissens bisher keine über längere Jahre gehenden Studien vor, die nachgewiesen haben, daß es bei dieser Remission bleibt und nicht nach mehreren Jahren, trotz einer Alkoholabstinenz, das Bild einer CCM wieder auftritt. In diesen Fällen wäre ein schubweiser Verlauf der CCM anzunehmen, der möglicherweise durch den Alkoholkonsum beeinflußt war.

Ad 7: Schwangerschafts-CM (post partum CM). Auch die Problematik der Schwangerschafts-CM kann in diesem Rahmen nicht ausführlicher besprochen werden. Ähnlich der Problematik bei der alkoholischen CM, stellt sich hier die Frage des sog. Risikofaktors bzw. des Exazerbierens einer bislang unbekannten CCM unter den Bedingungen der Schwangerschaft.

Klinisch entspricht das Bild der sog. Schwangerschafts-CM in der Regel dem der CCM mit dem anamnestischen und damit auch differentialdiagnostisch bedeutsamen Unterschied, daß die Herzinsuffizienz im letzten Trimenon der Schwangerschaft oder in den ersten Monaten nach der Schwangerschaft auftritt (sog. post partum CM). Nach Verlaufsbeobachtungen kann es bei diesen Patienten nach zunehmender kardialer Dekompensation zum Exitus kommen. Bei einem anderen Teil der Patienten bildet sich die Symptomatik weitgehend zurück, oder es bleiben Beschwerden im Sinn einer körperlichen Leistungsminderung (HURST und LOGUE, 1974; BURCH *et al.*, 1972).

Bei erneuter Schwangerschaft entwickelt sich jedoch bei einem Teil der Patienten wieder eine schwere Herzinsuffizienz mit Kardiomegalie, wobei der klinische Verlauf dann in der Regel wesentlich ernster ist (HURST und LOGUE, 1974; BURCH *et al.*, 1972; OAKLEY, 1974).

Ad 8: Aortenstenose. Patienten mit hochgradiger Aortenstenose können im terminalen Stadium der Erkrankung bei erheblicher Kardiomegalie im Röntgenbild eine massive Stauungsinsuffizienz und ein nur sehr leises systolisches Geräusch über der Aortenklappe aufweisen und damit klinisch das Bild einer CCM vortäuschen. Elektrokardiographisch kann ein identisches Bild mit Ausbildung von massiven Linkshypertrophie- und Linksschädigungszeichen bestehen. Die Ableitung einer Karotispulskurve sowie das Ergebnis der Herzkatheteruntersuchung erlauben aber eine zuverlässige diagnostische Beurteilung des Krankheitsbildes.

Ad 9: Endomyokardfibrose. In unseren Breiten (s. obliterative CM) kommt als Differentialdiagnose zur CCM vor allem die eosinophile Endokarditis LÖFFLER differentialdiagnostisch in Betracht (Lit. s. bei CHUSID *et al.*, 1975). Röntgenologisch kann das Herz bei der Endokarditis LÖFFLER, ebenso wie bei der CCM, vergrößert sein, mit entsprechenden Stauungszeichen der Lunge. Die Bluteosinophilie sowie eine Vermehrung der eosinophilen Granulozyten im Knochenmark ist als der wichtigste differentialdiagnostische Hinweis für das Vorliegen einer Endokarditis LÖFFLER anzusehen. Ferner unterscheidet sich das ventrikulographische Bild in der Regel wesentlich von dem einer CCM. Im Fall einer Endokarditis LÖFFLER findet sich meist ein obliteriertes Ventrikelkavum, so daß nur noch ein kleines Ventrikelkavum vorhanden ist (Abb. 16a u. b). Allerdings kann das Endokard so homogen verdickt sein, daß kein sicherer pathologischer ventrikulographischer Befund, mit Ausnahme einer verdickten Ventrikelwand, festgestellt wird.

Ad 10: Perikarderguß. Ähnlich wie eine Aortenstenose im terminalen Stadium, kann auch bei einem Perikarderguß zunächst eine CCM vorgetäuscht werden, indem sich eine Kardiomegalie im Röntgenbild mit entsprechenden klinischen Stauungszeichen und Zeichen der Lungenstauung auf der Herzfernaufnahme ohne Hinweis auf ein Herzvitium finden. Eine sichere Abgrenzung gegenüber der CCM wird in Zweifelsfällen durch den ventrikulographischen Befund und die Koronarographie, die eine genaue Abgrenzung der äußeren Herzkontur ermöglicht, erzielt. Ein entsprechender, besonders eindrucksvoller Fall ist in den Abb. 11a u. b dargestellt. Hier handelte es sich um eine 58 Jahre alte Patientin mit seit 10 Jahren bestehender Kardiomegalie, die mit der Frage einer CCM aufgenommen wurde. Wie der klinische Befund, die blutchemischen Untersuchungen sowie der ventrikulographische und koronarographische Befund ergaben, handelte es sich bei dieser Patientin jedoch um eine seit Jahren bestehende hochgradige Hypothyreose mit massivem Perikarderguß, der sich nach entsprechender Substitutionstherapie innerhalb weniger Monate völlig zurückbildete. Die ursprünglich bestehende erhebliche „Kardiomegalie" ging in eine normale Herzgröße über.

λ) *Therapie und Verlauf der CCM*

In Übereinstimmung mit Mitteilungen in der Literatur (GOODWIN, 1972; STAPLETON *et al.*, 1974; DELIUS *et al.*, 1976; KÜBLER *et al.*, 1975) ist die Prognose der CCM sehr ernst. So sind von 80 langzeitbeobachteten eigenen Patienten, bei denen seit 1971 die Diagnose einer CCM gestellt wurde, bis 1976 bereits 43 Patienten verstorben, das sind 54% (KUHN, 1975; LOOGEN und KUHN, 1976).

Die Erkrankungsdauer seit dem Auftreten einer Dyspnoe, dem in der Regel ersten Symptom, betrug im eigenen Krankengut bei den noch lebenden Patienten im Mittel $47{,}8 \pm 31{,}1$ Monate, bei den verstorbenen Patienten $41{,}7 \pm 30{,}1$ Monate. An Todesursachen fand sich in 70% der Patienten eine zunehmende kardiale Dekompensation, bei 20 Patienten trat ein plötzlicher Herztod ein, bei insgesamt 10% der Patienten konnten Embolien als Todesursache festgestellt werden. Eine Abhängigkeit der Letalitätsrate von einzelnen Altersgruppen fand sich nicht.

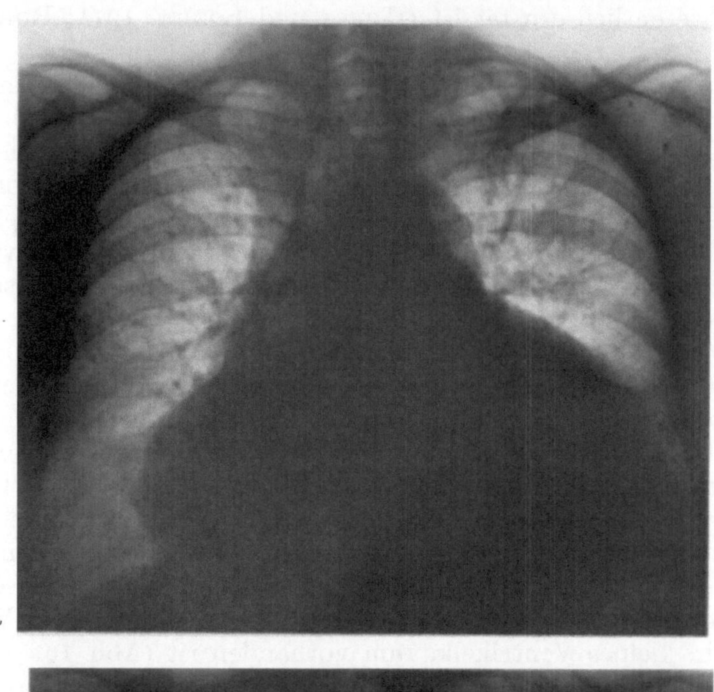

a

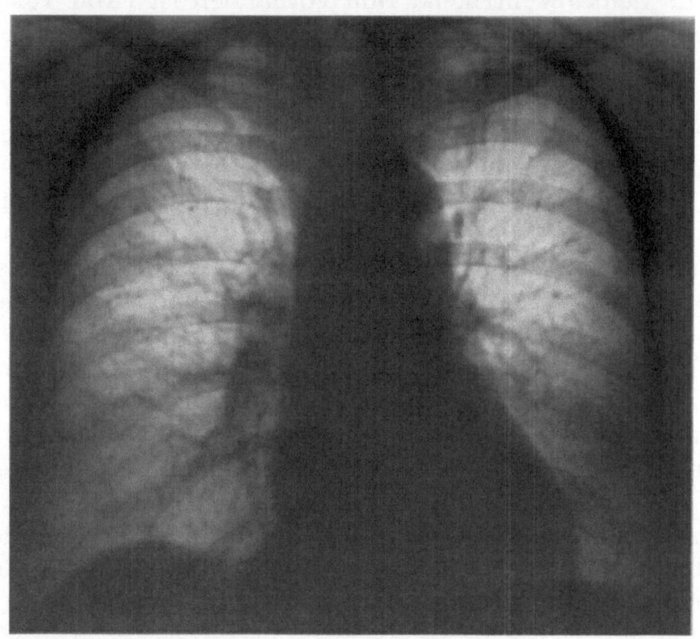

b

Abb. 11a u. b. „Großes Herz", vorgetäuscht durch Perikarderguß bei einer 58j. Patientin mit Hypothyreose (a) Vor Behandlung. (b) Nach Substitutionsbehandlung

Bei insgesamt 31 % der Patienten kam es während des Krankheitsverlaufs zu Embolien (Extremitäten, Gehirn, Lunge).

Wesentlich ist, daß es, in Übereinstimmung mit Mitteilungen anderer Autoren (OAKLEY, 1974; STAPLETON *et al.*, 1974), bei der CCM auch zu einem schubweisen Verlauf der Erkrankung kommen kann mit weitgehender Remission der Symptomatik und freien Intervallen von mehreren Jahren. Ein Teil der Patienten zeigt nur eine geringe Progredienz oder einen über viele Jahre stabilen Krankheitsverlauf. Der Gesamtanteil dieser Patienten mit relativ gutartigem Verlauf liegt bei etwa 35%. Die Bedeutung eines solchen Verlaufs für die Differentialdiagnose zur Myokarditis wurde bereits hervorgehoben, ebenso wurde auf die Möglichkeit hingewiesen, mittels der endomyokardialen Katheter-Biopsie und elektronenmikroskopischer Beurteilung des Biopsiematerials eine wesentliche Aussage über die Prognose der Erkrankung zu machen. Es läßt sich eine Gruppe von Patienten mit nur geringer Letalität (Vierjahresüberlebensrate 63%) von einer Gruppe mit hoher Letalität abgrenzen (Vierjahresüberlebensrate 18%; BREITHARDT *et al.*, 1977).

Elektrokardiographisch ist das Fortschreiten der Erkrankung vor allem durch ein zunehmendes Abdrehen des QRS-Hauptvektors nach links und eine zunehmende Verbreiterung des QRS-Komplexes charakterisiert, so daß es im Verlauf der Erkrankung zum Auftreten eines kompletten Schenkelblocks, vor allem eines Linksschenkelblocks kommen kann (KUHN *et al.*, 1974). Nach katamnestischen Untersuchungen kann ein typischer Linksschenkelblock jedoch bereits bis zu 22 Jahren vor Beginn erster kardialer Beschwerden bestehen (KUHN *et al.*, 1975b, LOOGEN und KUHN, 1977; KUHN *et al.*, 1977). Dieser Befund ist gleichzeitig der bisher einzige Hinweis dafür, daß der Beginn der CCM bereits viele Jahre vor der klinischen Manifestation der Erkrankung liegen kann. Ferner ist dieser Befund der bisher einzige Hinweis auf eine beginnende CCM. Besonders gefährdet sind möglicherweise Patienten mit Linksschenkelblock, bei denen elektronenmikroskopisch in der Herzmuskelbiopsie bereits ausgeprägte degenerative Veränderungen feststellbar sind (KUHN *et al.*, 1977).

Im eigenen Krankengut zeigte sich, daß die röntgenologische Kontrolle des Herzens weitgehend mit dem klinischen Verlauf korreliert. So fand sich mit zunehmender Progredienz der Erkrankung eine allmählich zunehmende und z.T. massive Vergrößerung des Herzens. Bei klinischer Besserung konnte dementsprechend eine Verkleinerung des Herzens, bei weiterer klinischer Verschlechterung wieder eine Vergrößerung des Herzens im Röntgenbild nachgewiesen werden (Abb. 13a u. b und Abb. 12a—c). Somit sind regelmäßige Kontrollaufnahmen des Herzens eine wesentliche Hilfe für die Beurteilung des Krankheitsverlaufs.

In therapeutischer Hinsicht ist man bisher bei der CCM weitgehend hilflos. Am wirksamsten im Sinn einer verzögerten Progredienz der Erkrankung hat sich weitgehende körperliche Schonung erwiesen. Wegen des gehäuften Auftretens arterieller Embolien empfiehlt sich die Einleitung einer Dauerantikoagulantienbehandlung. Entsprechende klinische Vergleichsuntersuchungen über die Wirksamkeit gibt es bisher jedoch nicht. Grundsätzlich sollte bei allen Patienten eine Digitalisierung, gegebenenfalls in Kombination mit einer diuretischen Therapie durchgeführt werden. Überzeugende Untersuchungen über den Wert einer Digitalisierung liegen jedoch bisher noch nicht vor. Auch die in jüngster Zeit durchgeführte Behandlung der CCM mit Betarezeptorenblockern bedarf noch Verlaufsbeobachtungen, um den Wert dieser Methode beurteilen zu können (WAAGSTEIN *et al.*, 1976).

Die Anwendung von Kortikosteroiden und Zytostatika erwies sich als völlig wirkungslos (WIGLE *et al.*, 1974). Vereinzelt wurde versucht, durch eine Perikardresektion eine größere Vordehnung der Muskelfasern zu ermöglichen und dadurch eine Zunahme der reduzierten Ejektionsfraktion zu erzielen. Überzeugende Erfolge haben sich jedoch nicht ergeben (WIGLE *et al.*, 1974).

Wie aussichtslos vielfach die therapeutische Situation ist, zeigt schließlich die Tatsache, daß bei Patienten mit CCM Herztransplantationen vorgenommen werden mußten. Fast die Hälfte der von SHUMWAY *et al.* operierten Patienten, bei denen eine Herztransplantation durchgeführt wurde, hatte eine CCM (RIDER *et al.*, 1975; HARRISON, 1976; STENSON *et al.*, 1967). Gelingt es, schwer dekompensierte Patienten mit CCM zu rekompensieren, so kann unter Einhaltung strenger körperlicher Schonung diese Rekompensation oft über mehrere Monate anhalten, in unserem Krankengut bis zu einem Jahr, im Fall eines schubweisen Verlaufs sogar bis zu mehreren Jahren (KUHN, 1975; STAPLETON *et al.*, 1974). Daraus geht hervor, daß im Stadium der kardialen Dekompensation alle Therapieversuche zur Verbesserung der Herzleistung indiziert sind, wie z.B. die Anwendung von Dopamin oder Glukagon, dessen Wirksamkeit wir in eigenen Versuchen nachweisen konnten (KUHN, 1975).

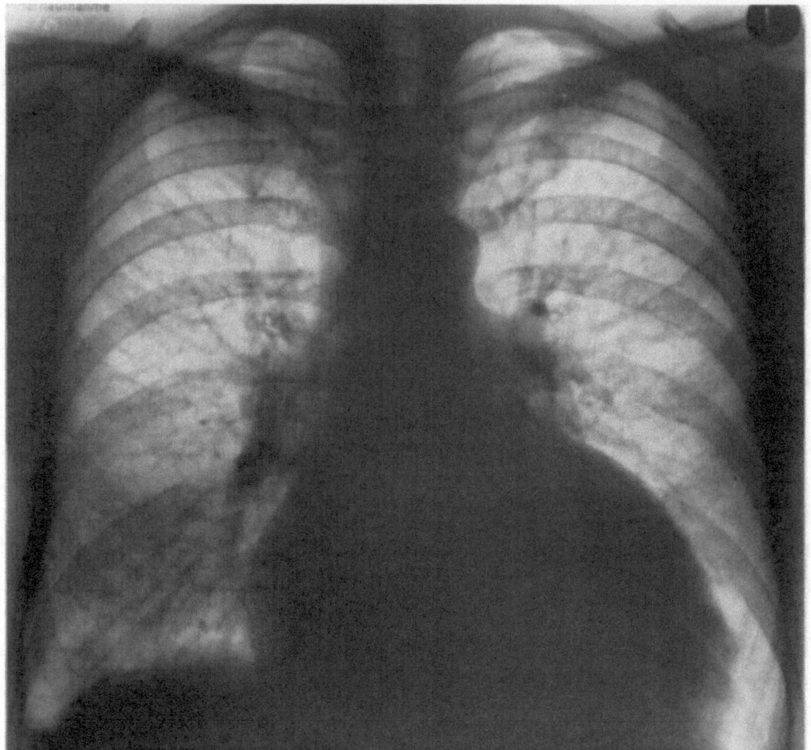

a

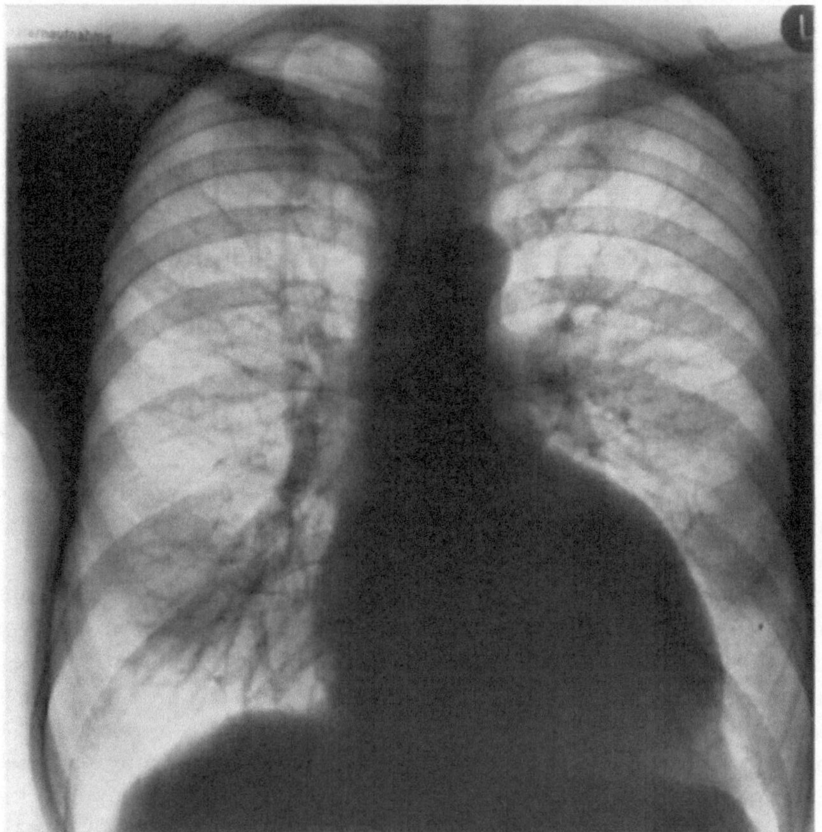

b

Abb. 12a—c. Verlauf einer kongestiven Kardiomyopathie im Röntgenbild bei einem 42j. Patienten. (a) Ausgangsbefund (1974): Herz beiderseits, vor allem nach links stark verbreitert; gestaute Hili, geringer Pleuraerguß rechts. (b) Nach Behandlung und klinischer Besserung (1975): eindeutige Größenabnahme des nach wie vor links-verbreiterten Herzens; geringere Hilusstauung. (c) Bei neuer klinischer Verschlechterung (1976) wieder starke Vergrößerung des Herzens und Zunahme der Hilusstauung, und zwar über den Ausgangsbefund hinaus (vergl. a)

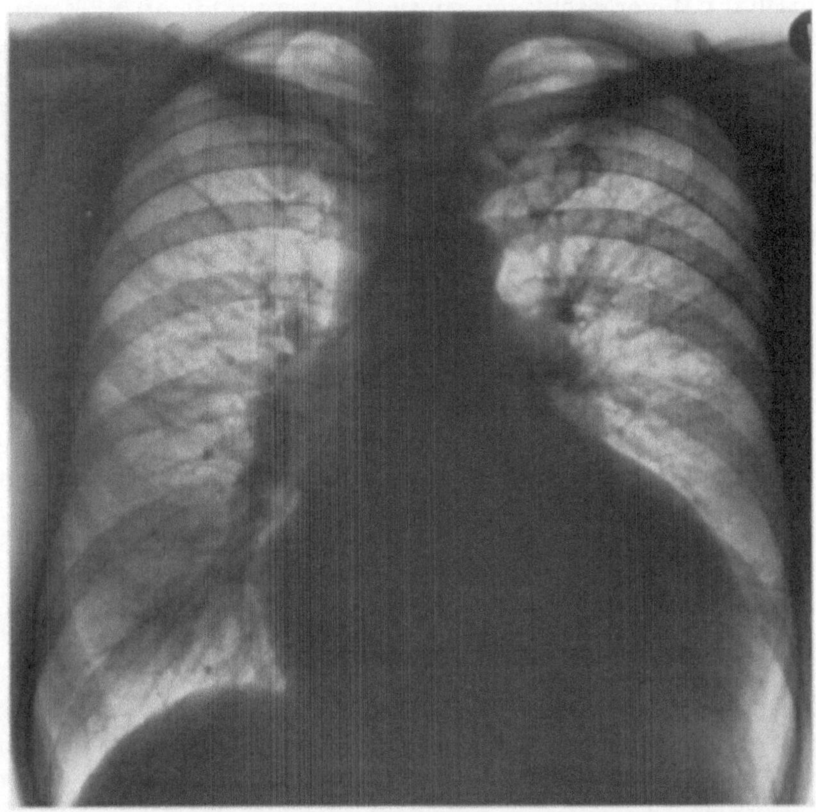

Abb. 12c

c) Obliterative Kardiomyopathie

Die obliterativen CM sollen in dieser Übersicht nicht näher besprochen werden (Lit. s. bei SHAPER *et al.*, 1968; McKINNEY, 1974). In der Gruppe der obliterativen CM sind die Endomyokardfibrosen zusammengefaßt, die in unseren Breiten extrem selten vorkommen, in einigen afrikanischen Ländern jedoch die häufigste Herzerkrankung überhaupt darstellen sollen. Bei diesen Erkrankungen findet sich häufig eine von der Herzspitze zur Herzbasis fortschreitende, mit einer zunehmenden Obliteration des Ventrikelkavums einhergehende Endokardverdickung, die erst sekundär auf das Myokard übergreift und häufig zur Schließunfähigkeit der Trikuspidal- und Mitralklappen führt. Dadurch wird im wesentlichen das klinische und röntgenologisch angiographische Bild geprägt. Im Angiogramm des rechten oder linken Ventrikels findet sich als Folge der zunehmenden Obliteration eine Unregelmäßigkeit der Ventrikelkontur mit Vorwölbungen und Ausziehungen. Im übrigen besteht als Ausdruck der Füllungserschwerung der Ventrikel eine Dip- und Plateaubildung im Verlauf der Druckkurve des linken oder/und rechten Ventrikels. Eine sichere Diagnose ist in der Regel nur operativ in Form einer Probekardiotomie zu stellen. Häufig ist eine Sicherung der Diagnose erst postmortal möglich. Die transvenöse endomyokardiale Katheterbiopsie liefert wesentliche Hinweise (SEKIGUCHI und KONNO, 1971). Es ist jedoch zu berücksichtigen, daß differentialdiagnostisch stets die CCM zu berücksichtigen ist, die ebenfalls mit einer herdförmigen Endokardverdickung des rechten oder/und linken Ventrikels einhergehen kann. Auch eine Dip- und Plateaubildung im Verlauf der Druckkurve der Ventrikel kann bei CCM vorkommen (s. Differentialdiagnose der CCM).

d) Die latente Kardiomyopathie (LCM)

Neben den Patienten mit hypertrophischer und kongestiver Kardiomyopathie findet sich eine weitere, bisher in der Literatur kaum beachtete Gruppe von Patienten mit meist uncharakteristischen pektanginösen Beschwerden, für deren Herzerkrankung latente (subklinische) CM vorgeschlagen wurde (LOOGEN *et al.*, 1976; KUHN *et al.*, 1977). Bei diesen Patienten findet sich, in Übereinstimmung mit Befunden anderer Autoren (HERMAN *et al.*, 1975), eine normale Ejektionsfraktion, eine normale Wanddicke und ein normales enddiastolisches Volumen des linken Ventrikels (KUHN *et al.*, 1977b). Als Ausdruck einer gestörten Ventrikelfunktion läßt sich jedoch ein in Ruhe oder in der Regel erst unter Belastung vorhandener erhöhter enddiastolischer Druck des linken Ventrikels nachweisen. Ob es sich dabei um Frühstadien einer CCM oder einer hypertrophischen CM handelt, ist noch ungeklärt. Bisherige eigene elektronenmikroskopische Untersuchungen des Myokards solcher Patienten, bei denen in der Mehrzahl gleichzeitig ein typischer kompletter Linksschenkelblock vorlag, zeigten deutliche pathologische Veränderungen der Myokardzellen, was die Zuordnung dieser Fälle zu den idiopathischen CM nahelegt. Der Verdacht, daß zumindest bei Patienten mit Linksschenkelblock und LCM das Frühstadium einer CCM vorliegt, wird durch die geschilderten katamnestischen Untersuchungen von Patienten mit CCM und Linksschenkelblock gestützt, bei denen sich ein Linksschenkelblock bis 22 Jahre vor klinischer Manifestation der CCM nachweisen ließ (Kuhn *et al.* 1977).

2. Die sekundären Kardiomyopathien

Die sekundären Kardiomyopathien (CM) sollen im Rahmen dieses Beitrages nicht ausführlicher besprochen werden. Eine eingehende Bearbeitung der zu den sekundären CM zu zählenden entzündlichen Herzmuskelerkrankungen erfolgt in diesem Band von GILLMANN und JUNGBLUTH.

In der Gruppe der sekundären CM werden alle CM mit bekannter Ursache zusammengefaßt, wobei die Beschreibung „mit bekannter Ursache“ relativ zu verstehen ist: d.h. in der Mehrzahl der Fälle handelt es sich um die Miteinbeziehung des Herzens in einen bekannten, generalisierten Krankheitsprozeß, ohne daß exakte Vorstellungen über die Pathogenese der Miterkrankung des Herzens in diesen Fällen vorliegen. Z. T. ist die Ätiologie der Herzerkrankung noch fraglich. Es besteht lediglich der dringende Verdacht auf eine entsprechende Ursache der Herzmuskelerkrankung, so beispielsweise bei der Alkohol CM und Schwangerschafts CM (s. Abschnitt Differentialdiagnose der CCM).

Quantitativ sind die sekundären CM im Vergleich zu den primären (idiopathischen) CM im Krankengut kardiologischer Zentren nur gering vertreten. Dies sagt natürlich nur wenig über ihre absolute Häufigkeit aus. Ihre Anzahl wäre wesentlich größer als die der idiopathischen CM, wenn generell, d.h. unabhängig von der klinischen Indikation, beispielsweise bei Patienten mit größerem Alkoholkonsum, mit Hyper- oder Hypothyreose oder anderen endokrinen Erkrankungen eine ausgedehnte nicht invasive oder invasive Diagnostik zum Nachweis einer gestörten Ventrikelfunktion oder einer Herzvergrößerung durchgeführt würde. Demgegenüber ist die Zahl der entzündlichen Herzmuskelerkrankungen, vor allem der durch Viren oder Bakterien hervorgerufenen Myokarditis sicherlich geringer als häufig angenommen wird. Dies liegt z.T. daran, daß die nicht selten als Myokarditis diagnostizierten idiopatischen CM heute abzugrenzen sind. Z. T. wird ferner die Diagnose einer Myokarditis oft gestellt, wo unter Beachtung strenger diagnostischer Kriterien lediglich die Vermutung einer entzündlichen Herzmuskelerkrankung gerechtfertigt erscheint. So reicht beispielsweise der Nachweis einer Herzdilatation bei einem Patienten mit Fieber und positivem Virustiter im Serum für die Diagnose einer Virusmyokarditis nicht aus. Entscheidend ist, ob bereits vor der fieberhaften Erkrankung eine Herzdilatation (die ja keineswegs klinisch evident dein muß) bestand. Im gewählten Beispiel könnte somit auch ein grippaler Infekt bei einem Patienten mit beginnender congestiver Kardiomyopathie vorliegen. Für die Beurteilung von EKG Veränderungen (Extrasystolen, Veränderungen der ST Strecke) als Ausdruck einer „Myokarditis“ oder

Tabelle 3. Sekundäre Kardiomyopathien

A. Entzündliche Herzmuskelerkrankungen durch:
  a) Bakterien (bakterielle Myokarditis)
  b) Viren (Virusmyokardiris)
  c) Protozoen (Chagas-Erkrankung, Toxoplasmose)
  d) Rickettsien (Fleckfiber)
  e) Mykosen (Candidosis, Sporotrichosis)
  f) Rheumatische Entzündung (rheumatische Myokarditis)
  g) Hyperergisch-allergische Erkrankungen (Postkardiotomie-, Postmyokardinfarkt-Syndrom)
  h) Kollagenosen: Dermatomyositis, Sklerodermie, Lupus erythematodes, Panarteriitis nodosa
  i) Sarkoidose

B. Herzmuskelerkrankungen infolge nutritiver und toxischer Störungen
  a) Alkohol (alkoholische Kardiomyopathie)
  b) Arzneimittel (Adrenalin, Isoproterenol, Reserpin, Emetin. Procainamid, Daunomycin, trizyklische Antidepressiva, Methysergid)
  c) Bakterientoxine
  d) Fehl- und Mangelernährung (Thiaminmangel = Beri-Beri-Herzerkrankung, Kobalt, Kwashiorkor-Herzerkrankung)

C. Herzmuskelerkrankungen bei metabolischen Störungen
  a) Glykogenspeicherkrankheiten (Glykogenose Typ II = Pompesche Erkrankung, Glykogenose Typ VII)
  b) Lipidspeicherkrankheiten (Refsum-Erkrankung, Niemann-Picksche-Erkrankung, Farby-Anderson-Erkrankung usw.)
  c) Mucopolysaccharidspeicherkrankheiten (Huntersche Erkrankung, Pfaundler-Hu er-Erkrankung, Sanfillipo-Erkrankung usw.)
  d) Speicherung von Elektrolyten: Hämochromatose
  e) Amyloidose
  f) Endokrine Erkrankungen (Hyper- und Hypothyreose, primärer Hyperaldosteronismus, Cushing-Syndrom, Phäochromozytom, Akromegalie, Hyperparathyreoidismus, M. Addison)
  g) Peri- (post) partum- oder Schwangerschafts Kardiomyopathie

D. Herzmuskelerkrankungen bei
  Neuropathien und Myopathien (progressive Muskeldystrophie, Friedreichsche Ata ie, myotonische muskuläre Dystrophie, Myositis, Myasthenia gravis)

E. Infiltrative Herzmuskelerkrankungen bei
  a) Primär-Tumoren (Rhabdomyome, Myxome, intramurale Fibrome, Sarkome, G fäßtumoren)
  b) Tumormetastasen
  c) Leukämieinfiltrationen
  d) Fettinfiltrationen

F. Physikalisch bedingte Herzmuskelerkrankungen durch
  a) Trauma (Commotio cordis, Stich-, Schnitt- und Schußverletzungen)
  b) Bestrahlung

eines „Zustandes nach Myokarditis" bzw. einer „chronischen Myokarditis" gelten entsprechende Überlegungen. Ihre Ätiologie ist nicht selten völlig unklar. Auch bioptische Untersuchungen des Herzmuskels sprechen für die Seltenheit der entzündlichen Erkrankungen (KUHN *et al.* 1977b).

Eine Zusammenstellung der sekundären CM ist in Tabelle 3 wiedergegeben. Die Angaben stützen sich auf verschiedene Mitteilungen in der Literatur sowie auf eigene Erfahrungen (FRIEDBERG 1971; KUHN, 1969; FOWLER, 1971; HUDSON, 1970; GROSSE-BROCKHOFF, 1971; SCHÖLMERICH, 1971; OAKLEY, 1974; KÜBLER *et al.*, 1972, NAUMANN *et al.* 1973; HURST und LOGUE, 1974). Es lassen sich 6 große Gruppen unterscheiden: 1. Entzündliche Herzmuskelerkrankungen, 2. Herzmuskelerkrankungen infolge nutritiver und toxischer Störungen, 3. Herzmuskelerkrankungen bei metabolischen Störungen, 4. bei Neuropathien und Myopathien, 5. infiltrative, und 6. physikalisch bedingte Herzmuskelerkrankungen.

Wichtigstes röntgenologisches Kriterium der entzündlichen Herzmuskelerkrankungen ist der unspezifische ventrikulographische Nachweis einer Dilatation der Herzkammern.

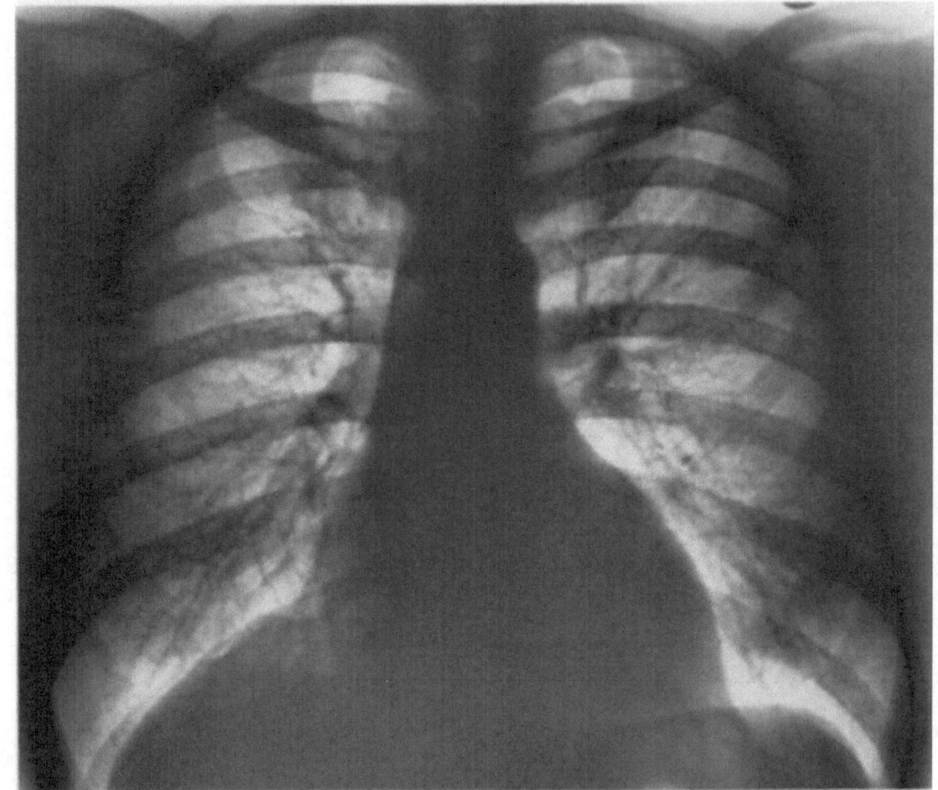
a

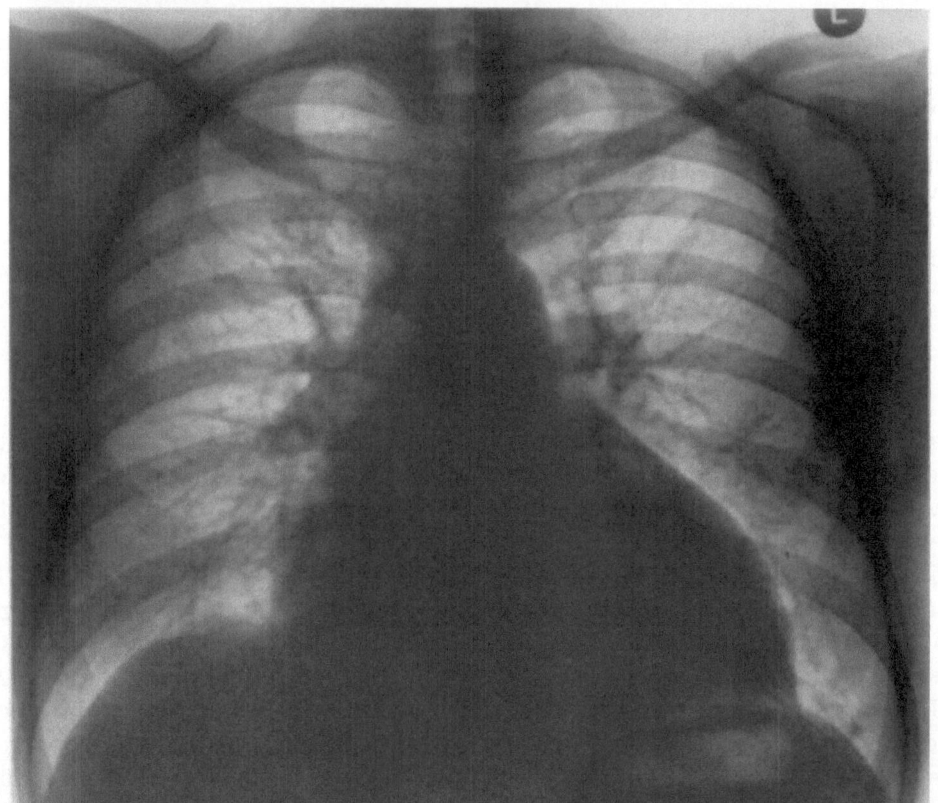
b

Abb. 13a u. b. Progredienz einer kongestiven Kardiomyopathie im Röntgenbild bei einem 33j. Patienten (a) Ausgangsbefund: Herz gering links verbreitert; unauffälliges Gefäßband; Hili und Lungengefäßzeichnung nicht eindeutig verstärkt. (b) Ein Jahr später: erhebliche Größenzunahme des Herzens nach links und rechts; dichte Hili

a

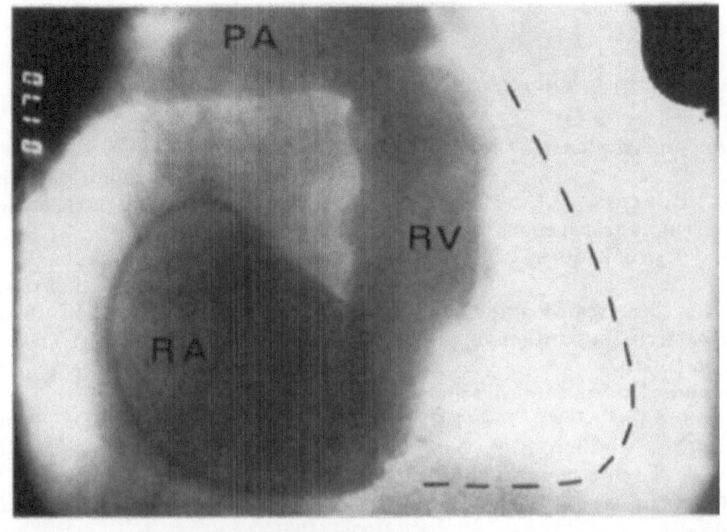

b

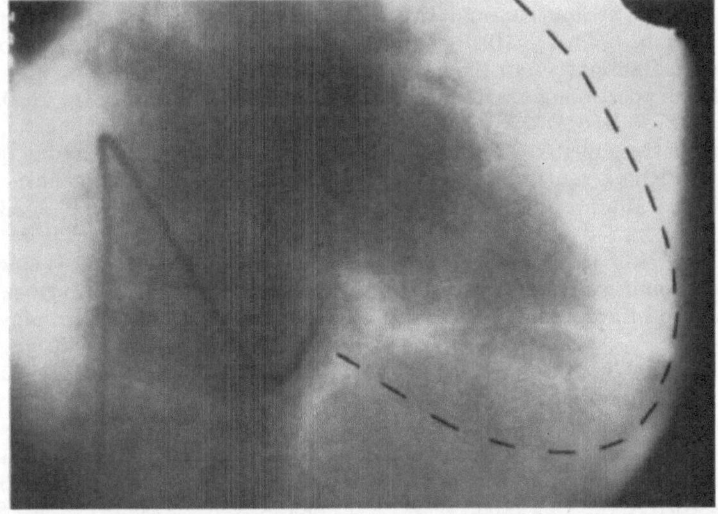

Abb. 14a u. b. Endokarditis eosinophilica Löffler bei einem 53j. Patienten. (a) Darstellung des rechten Vorhofs (RA), des rechten Ventrikels (RV) und der Pulmonalarterie (PA). Der rechte Ventrikel ist durch eine massive Ablagerung von Thromben mit Obliteration des Ventrikellumens nur noch als schlauchförmiges Kavum zu erkennen. (b) Darstellung des linken Ventrikels im Laevogramm. Erhebliche Verdickung der freien Wand. Diese Verbreiterung ist durch eine homogene Ablagerung von wandständigen Thromben mit Fibrosierung des Endokards vorgetäuscht. Mittels Herzmuskelbiopsie ließ sich an verschiedenen Stellen des rechten Ventrikels lediglich Thrombenmaterial gewinnen. Die Obduktion des inzwischen verstorbenen Patienten bestätigte die klinische Verdachtsdiagnose

Die gilt auch für die Alkohol CM, die Schwangerschafts CM (s. Abschnitt Differentialdiagnose der CCM) und die zum Teil für Herzmuskelerkrankungen bei verschiedenen Myopathien. Diese Vergrößerung der Ventrikel läßt sich meist bereits nicht invasiv mittels der Echokardiographie qualitativ erfassen. Bei anderen sekundären CM können jedoch normale oder sogar verkleinerte Ventrikelvolumina vorkommen, so beispielsweise bei der FRIEDREICHSCHEN Ataxie, der Akromegalie oder der Amyloidose, die das Bild einer idiopathischen hypertrophischen CM zeigen können. Spezifische röntgenologische Veränderungen der sekundären CM sind bisher noch nicht bekannt. Allgemein gültige Kriterien in Bezug auf Anamnese, klinischen Untersuchungsbefund, diagnostisches Vorgehen und therapeutische Möglichkeiten liegen in der Mehrzahl der seltenen sekundären CM nicht vor. Die klinische Kenntnis stützt sich meist auf kasuistische Beschreibungen weniger Fälle. Hier sei auf die genannte weiterführende Literatur verwiesen.

Literatur

zu 1. *Idiopathische (primäre) Kardiomyopathien*

ABELMANN, W.H.: Virus and the heart. Circul. **44**, 950 (1971).

ALI, N., FERRANS, V.J., ROBERTS, W.C., MASSUMI, R.A.: Clinical evaluation of transvenous catheter technique for endomyocardial biopsy. Chest **63**, 399 (1973).

BAHL, O.P., MASSIE, E.: Electrocardiographic and vectorcardiographic patterns in cardiomyopathy. Cardiovasc. Clin. **4**, 95 (1972).

BENGTSON, E.: Acute myocarditis and its consequences in Sweden. Postgrad. Med. J. **48**, 754 (1972).

BERGSTRÖM, K., ERIKSON, U., NORDBRING, F., NORDGREN, B., PARROW, A.: Acute non rheumatic myopericarditis, a follow up study. Scand. J. Infect. Dis. **2**, 7 (1970).

BERNHEIM, P.I.: De l'astolie veineuse dans l'hypertrophie du cœur gauche, par sténose concomitante du ventricle droit. Rev. méd. **30**, 785 (1910).

BOLLINGER, O.v.: Über die Häufigkeit und Ursachen der idiopathischen Herzhypertrophie in München, Dtsch. med. Wschr. **10**, 180 (1884).

BOLTE, H.D.: Cardiomyopathies related to immunological processes. In: G. RIECKER, J. F. GOODWIN, A. WEBER Myocardial Failure. Springer-Verlag 1976 (im Druck).

BRAUNWALD, E., AYGEN, M.M.: Idiopathic myocardial hypertrophy without congestive heart failure or obstruction to blood-flow. Amer. J. Med. **35**, 7 (1963).

BRAUNWALD, E., LAMBREW, C.T., ROCKOFF, S. D., ROSS, J., MORROW, A. G.: Idiopathic hypertrophic subaortic stenosis. A description of the disease based upon analysis of 64 patients. Circulation Suppl. **30/IV** (1964).

BRAUNWALD, E., MARROW, A.G., CORNELL, W.F., AYGEN, M.M., HILBISH, T.F.: Idiopathic hypertrophic subaortic stenosis: Clinical, hemodynamic and angiographic manifestations. Amer. J. Med. **29**, 924 (1960).

BREITHARDT, G., KNIERIEM, H.-J., KUHN, H., LOOGEN, F., GLEICHMANN, U.: Comparison of clinical data and ultrastructural findings in myocardial biopsy of patients with cardiomyopathy, in: Adaptability of cardiac muscle (F. KÖLBL Ed. Symposium of the European Section of the International Study Group for Research in Cardiac Metabolism) Prag 1974 Plenum Publishing London, New York (im Druck).

BREITHARDT, G., KUHN, H., KNIERIEM, H.-J.: Prognostic significance of endomyocardial catheterbiopsy in patients with congestive cardiomyopathy. In: M. KALTENBACH, F. LOOGEN, E. G. J. OLSEN (Ed.): Cardiomyopathies and Myocardial Biopsy, Springer-Verlag, Berlin-Heidelberg-New York (im Druck) 1977.

BRIGDEN, W.: Uncommon myocardial diseases, the non coronary cardiomyopathies, Lancet **2**, 1179 and 1243 (1957).

BROCK, R.: Functional obstruction of the left ventricle. Guy's Hosp. Rep. **108**, 221 (1957).

BROCKENBROUGH, E.C., BRAUNWALD, E., MORROW, A.G.: A hemodynamic technic for the detection of hypertrophic subaortic stenosis. Circulation **23**, 189 (1961).

BRUNNER, F.D., RUTISHAUSER, M.: Primäre Myocardkrankheit und infektiöse Myocarditis. Z. Kreislaufforsch. **58**, 1246 (1970).

BURCH, G.E., GILES, T.D.: The role of viruses in the production of heart disease. Amer. J. Cardiol. **29**, 231 (1972).

BURCH, G.E., GILES, T.D., TSUI, C.Y.: Postpartal cardiomyopathy. Cardiovasc. Clin. **4**, 270 (1972).

CHUSID, M. J., DALE, D.C., WEST, B.C., WOLFF, S.M.: The hypereosinophilic syndrome. Medicine **54**, 1 (1975).

CLARK, C.E., HENRY, W.L., EPSTEIN, S.E.: Familial prevalence and genetic transmission of idiopathic hypertrophic subaortic stenosis. New Engl. J. Med. **289**, 709 (1973).

COOLEY, D.A., LEACHMAN, R.D., WUKASCH, D.C.: Diffuse muscular subaortic stenosis. Surgical treatment. Amer. J. Cardiol. **31**, 1 (1973).

DAS, S.K., CALLEN, J.P., DODSON, V.N., CESSIDY, J. P.: Immunoglobulin binding in cardiomyopathic hearts. Circulation **44**, 612 (1971).

DELIUS, W., SEBENING, H., WEGMANN, N., OVERSOHL, K., WIRTZFELD, A., MATTHES, P.: Klinik und Verlauf der congestiven Cardiomyopathie ungeklärter Ätiologie. Dtsch. med. Wschr. **101**, 635 (1976).

DICKINSON *et al.* in SHAPER, 1972.

EPSTEIN, S.E., HENRY, W.L., CLARK, C.E., ROBERTS, W.C., MARON, D.J., FERRANS, V.J., REDWOOD, D.R., MORROW, A.G.: Asymmetric septal hypertrophy. Ann. Int. Med. **81**, 650 (1974).

FERRANS, V.J., MASSUMI, R.A., SHUGOLL, E.J., ALI, N., ROBERTS, W.C.: Ultrastructural studies on myocardial biopsies in 45 patients with obstructive or congestive cardiomyopathy. In: E. BAJUSZ and G. RONA (Ed.): Cardiomyopathies p. 231. München: Urban und Schwarzenberg (1974).

FERRANS, V.J., MORROW, A.G., ROBERTS, W.C.: Myocardial ultrastructure in idiopathic hypertrophic subaortic stenosis. Circulation **45**, 769 (1972).

FLETCHER, G.F., COLEMAN, M.T., FEORINO, P.M., MARINE, W.M., WENGER, N.K.: Viral antibodies in patients with primary myocardial disease. Amer. J. Cardiol. **21**, 6 (1968).

FOWLER, N.O.: Autoimmune heart disease. Circulation **44**, 159 (1971).

FRANK, S., BRAUNWALD, E.: Idiopathic hypertrophic subaortic stenosis. Clinical analysis of 126 patients with emphasis on the natural history. Circulation **37**, 759 (1968).

FREUNDLICH, I.M., MCMURRAY, J.T., LEHMAN, J.S.: Idiopathic hypertrophic subaortic stenosis. Amer. J. Roentgenol. **100**, 284 (1967).

GERZEN, P., GRANAT, A., HOLMGREN, B., ZETTERQUIST, S.: Acute myocarditis. A follow up study. Brit. Heart J. **34**, 575 (1972).

GLANCY, D.L., O'BRIEN, K.P., GOLD, H.K., EPSTEIN, S.E.: Atrial fibrillation in patient with idiopathic hypertrophic subaortic stenosis. Brit. Heart J. **32**, 652 (1970).

GOODWIN, J.F.: Congestive and hypertrophic cardiomyopathies. Lancet **1**, 731 (1970).

GOODWIN, J.F.: Prospects and predictions for the cardiomyopathies. Circulation **50**, 210 (1974).

GRIST, N.R.: Viruses and myocarditis. Postgrad. Med. J. **48**, 750 (1972).

GROSSE-BROCKHOFF, F., LOOGEN, F.: „Infundibuläre Pulmonalstenose" bei chronischer Myokardiopathie des linken Ventrikels. Dtsch. med. Wschr. **87**, 525 (1962).

HANRATH, P., SCHWEIZER, P., BLEIFELD, W., EFFERT, S.: Echocardiographisch-diagnostische Kriterien der idiopathischen hypertrophen subaortalen Stenose. Dtsch. med. Wschr. **100**, 1759 (1975).

HERMAN, M.V., GORLIN, R., KREULEN, T.H.: Ventriculographic classification of primary myocardial disease. In: Comparative pathology of the heart. Adv. Cardiol. **13**, 53 Basel **1975**.

HUDSON, R.E.: The cardiomyopathies: Order from chaos. Amer. J. Cardiol. **25**, 70 (1970).

HURST, J.W., LOGUE, R.B.: The heart arteries and veins, 3rd Edition, Mc. Grawhill, New York **1974**.

KALTENBACH, M.: Therapie der hypertrophischen obstruktiven Cardiomyopathie mit Calciumantagonisten. M. KALTENBACH, F. LOOGEN, E. G. J. OLSEN (Ed.): Cardiomyopathies and Myocardial Biopsy, Springer-Verlag, Berlin-Heidelberg-New York (im Druck) 1977.

KAZAMIAS, T.M., GANDER, M.P.: Left ventricular wall motion disorders, functional left ventricular aneurysms. Amer. J. Cardiol. **32**, 151 (1973).

KELLE, E.: Über primäre chronische Myocarditis. Dtsch. Arch. klin. Med. **49**, 442 (1892).

KNIERIEM, H.-J.: Electron microscopic findings in congestive cardiomyopathy. M. KALTENBACH, F. LOOGEN, E. G. J. OLSEN (Ed.): Cardiomyopathies and Myocardial Biopsy, Springer-Verlag, Berlin-Heidelberg-New York (im Druck) 1977.

KNIERIEM, H.-J., KUHN, H., BREITHARDT, G.: Correlation of clinical data and electromicroscopic findings of myocardial biopsies in congestive and hypertrophic cardiomyopathies. 7th European Congress of Cardiology, Amsterdam 1976, Abstract Nr. 586.

KOCHSIEK, K., LARBIG, D., HARMJANZ, D.: Die hypertrophische obstruktive Kardiomyopathie. Berlin-Heidelberg-New York: Springer 1971.

KÖHLER, E., KUHN, H., KRELHAUS, W., LÖSSE, B., LOOGEN, F.: Echocardiographische Befunde bei hypertrophischer nicht obstruktiver Cardiomyopathie. Verh. Dtsch. Ges. inn. Med. **1977** (im Druck).

KONNO, S., SEKIGUCHI, M., SAKAKIBARA, S.: Catheter-biopsy of the heart. Radiol. Clin., N. Amer. **9**, 491 (1971).

KRELHAUS, W., KUHN, H., LOOGEN, F.: Todesfälle bei hypertrophischer obstruktiver Myocardiopathie. M. KALTENBACH, F. LOOGEN, E. G. J. OLSEN (Ed.): Cardiomyopathies and Myocardial Biopsy, Springer-Verlag, Berlin-Heidelberg-New York (im Druck) 1977.

KÜBLER, W., KUHN, H., LOOGEN, F.: Zur klinischen Einteilung der Cardiomyopathien. Dtsch. med. Wschr. **97**, 1834 (1972).

KÜBLER, W., KUHN, H., LOOGEN, F.: Die Cardiomyopathien. Zschr. Kardiol. **62**, 3 (1973).

KÜBLER, W., ZEBE, H., TILLMANNS, D., ZEKL, G.: Die congestive Cardiomyopathie. Z. Kardiol. Suppl. **2**, 4 (1975).

KUHN, H.: Die congestive Kardiomyopathie — klinische und experimentelle Untersuchungen. Habilitationsschrift Düsseldorf 1975.

KUHN, H., BREITHARDT, L.-K., BREITHARDT, G., SEIPEL, L., LOOGEN, F.: Die Bedeutung des Elektrocardiogramms für Diagnose und Verlaufsbeurteilung von Patienten mit congestiver Cardiomyopathie. Zschr. Kardiol. **63**, 916 (1974).

KUHN, H., BREITHARDT, G., KNIERIEM, H.-J., LOOGEN, F.: Endomyocardial catheter-biopsy in heart diesdase of unknown etiology. M. KALTENBACH, F. LOOGEN, E. G. J.OLSEN (Ed.): Cardiomyopathies and Myocardial Biopsy, Springer-Verlag, Berlin-Heidelberg-NewYork (im Druck) 1977a.

KUHN, H., BREITHARDT, G., KNIERIEM, H.-J., LOOGEN, F., BOTH, A., SCHMIDT, W.A.K., STROOBANDT, R., GLEICHMANN, U.: Die Bedeutung der endomyocardialen Katheter-Biopsie für die Diagnostik und die Beurteilung der Prognose der congestiven Cardiomyopathie. Dtsch. med. Wschr. **100**, 717 (1975a).

KUHN, H., BREITHARDT, G., KNIERIEM, H.-J., SEIPEL, L., LOOGEN, F., BOTH, A., STROOBANDT, R.: Die Bedeutung des Elektrokardiogramms und der endomyocardialen Katheter-Biopsie für Diagnose und Verlaufsbeurteilung der congestiven Cardiomyopathie. Verh. Dtsch. Ges. inn. Med. **81**, 211 (1975b).

KUHN, H., HAENSCH, R., LÖSSE, B., JEHLE, J.: Hypertrophische obstruktive Cardiomyopathie und Lentiginosis. Dtsch. med. Wschr. 18, 679 (1977a)

KUHN, H., HUST, M.H., BREITHARDT, G., WIEBRINGHAUS, E.: Zur Frage der cardiodepressiven Wirkung geringer Mengen von Alkohol bei Normalpersonen und Patienten mit coronarer Herzerkrankung. Zschr. Kardiol. **65**, 1071 (1976).

KUHN, H., KNIERIEM, H. J., BREITENHARDT, G., LOOGEN, F: Zur klinischen Bedeutung der Herzmuskelbiopsie Verh. Dtsch. Ges. Inn. Med. 1977b (im Druck).

KUHN, H., KRELHAUS, LOOGEN, F.: Indication for surgical treatment of hypertrophic obstructive cardiomyopathy. M. KALTENBACH, F. LOOGEN, E. G. J. OLSEN (Ed.): Cardiomyopathies and Myocardial Biopsy. Springer-Verlag, Berlin-Heidelberg-New York (im Druck) 1977.

KUHN, H., KÜBLER, W., LOOGEN, F., GLEICHMANN, U.: Die congestive Kardiomyopathie. 119. Tagung der Rheinisch-Westfälischen Gesellschaft für Innere Medizin, Nov. 1972. In: Med. Welt **24**, 996 (1973).

KUNKEL, B.: Ultrastrukturelle Veränderungen bei Myocardiopathien. In: M. KALTENBACH, F. LOOGEN, E. G. J. OLSEN (Ed.) Cardiomyophaties and Myocardial Biopsy, Springer-Verlag, Berlin-Heidelberg-New York (im Druck) 1977.

LEVANDER-LINDGREN, M.: Studies in myocarditis IV. Late prognosis. Cardiologia (Basel) **47**, 209 (1965).

LOCKHART, A., CHARPENTIER, A., BOURDARIAS, J.P., BEN ISMAIL, M., OURBAK, P., SCEBAT, L.: Right ventricular involvement in obstructive cardiomyopathies: Hemodynamic studies in 13 cases. Brit. Heart J. **28**, 122 (1966).

LOOGEN, F.: Obstruktive Formen der Myokardiopathie. Verh. Dtsch. Ges. inn. Med. **77**, 273 (1971).

LOOGEN, F., KRELHAUS, W., KÜBLER, W.: Natural history of hypertrophic obstructive cardiomyopathy: Observations on 107 patients. In: E. BAJUSZ and G. RONA (Ed.): Cardiomyopathies, p. 629, München; URBAN und SCHWARZENBERG (1974).

LOOGEN, F., KRELHAUS, W., KUHN, H.: Verlaufsbeobachtungen der hypertrophischen obstruktiven Cardiomyopathie. Zschr. Kardiol. **65**, 511 (1976a).

LOOGEN, F., KUHN, H.: Classification and natural history of primary cardiomyopathies. In: G. RIECKER, J. F. GOODWIN, A. WEBER (Ed.): Myocardial failure. Springer-Verlag, Berlin-Heidelberg-New York 1977 (b) (im Druck).

LOOGEN, F., KUHN, H., KRELHAUS, W.: Follow up studies in patients with hypertrophic obstructive cardiomyopathy. M. KALTENBACH, F. LOOGEN, E. G. J. OLSEN (Ed.): Cardiomyopathies and Myocardial Biopsy, Springer-Verlag, Berlin-Heidelberg-New York (im Druck) 1977.

LOOGEN, F., KUHN, H., NEUHAUS, K.-L.: Störungen der Ventrikelfunktion bei Cardiomyopathien. Verh. Dtsch. Ges. Kreislaufforsch. **42**, 63 (1976c).

MARON, B.J., FERRANS, V.J., HENRY, W.L., CLARK, C.E., REDWOOD, D.R., ROBERTS, W.C., MORROW, A.G., EPSTEIN, S.E.: Differences in distribution of myocardial abnormalities in patients with obstructive and non obstructive asymmetric septal hypertrophy (ASH): Light and electronmicroscopic findings. Circulation **50**, 436 (1974).

MATTHES, P., DELIUS, W., SEBENING, H., WIRTZFELD, A., BLÖMER, H.: Das regionale Kontraktionsverhalten der linken Herzkammer bei kongestiver Cardiomyopathie. Dtsch. med. Wschr. **101**, 995—999 (1976).

MCALPIN, R.N., ABBASI, A.S., GROLLMANN, J.H., EBER, L.: Human coronary artery size during life. Diagn. Radiol. **108**, 567 (1973).

MCKINNEY, B.: Pathology of the cardiomyopathies. Butterworth London, p. 5, (1974).

MEERSCHAM, J. S.: Hypertrophic obstructive cardiomyopathy. Excerpta Med. Foundation Amsterdam (1969).

MIRSKY, I, COHN, F.P., LEVINE, J.A., GORLIN, R., HERMAN, M.V., KREULEN, T.H., SONNENBLICK, E.H.: Assessment of left ventricular stiffness in primary myocardial disease and coronary artery disease. Circulation **50**, 128 (1974).

MORROW, A.G., REITZ, B.A., EPSTEIN, S.E., HENRY, W.L., CONKLE, D.M., ITSCOITZ, S.B., REDWOOD, D.R.: Operative treatment in hypertrophic subaortic stenosis. Circulation **52**, 88 (1975).

MÜNZINGER, W.: Das Tübinger Herz. Arch. Klin. Med. **19**, 449 (1877).

NOORDEN, S. VAN, OLSEN, E.G.J., PEARSE, A.G.E.: Hypertrophic obstructive cardiomyopathy, a histological, histochemical and ultrastructural study of biopsy material. Cardiovasc. Res. **5**, 118 (1971).

NORDENSTROM, B., OVENFORS, C. H.: Low subvalvular aortic and pulmonic stenosis with hypertrophy and abnormal arragement of the muscle bundles of the myocardium. Acta Radiol. (Stockh.) **57**, 321 (1962).

OAKLEY, C.M.: Clinical recognition of the cardiomyopathies. Circulation Res. **34** and **35** Suppl. **2**, 152 (1974).

OLSEN, E.G.J.: Pathology of primary cardiomyopathies. Postgrad. Med. J. **48**, 732 (1972).

OLSEN, E.G.J.: Diagnostic value of the endomyocardial bioptome. Lancet I, **658** (1974).

PERROTIN, M., CARLOTTI, J., FACQUET, D., GAVELLE, P.: Rétrécissement aortique orificiel et anomalies de pression dans le ventricule droit. Cœur méd. intern. **10**, 143 (1971).

PETERS, T.J., BLOOMFIELD, F.J., OAKLEY, C.M.: Biochemical studies on biopsies from normal and diseased cardiac tissue. Postgrad. Med. J. **51**, 298 (1975).

POLANY, P.E., MOYNAHAN, E.J.: Progressive cardiomyopathic lentiginosis. Quart. J. Med. **42**, 162, 205 (1972).

RAMSEY, H.W., SBAR, W., ELLIOTT, L.P., ELIOT, R.S.: The differential diagnosis of restrictive myocardiopathy and chronic constrictive pericarditis without calcification—value of coronary arteriography. Amer. J. Cardiol. **25**, 635 (1970).

RICHARDSON, P.J.: Technique of endomyocardial biopsy—including a description of a new form of endomyocardial bioptome. Postgrad. Med. J. **51**, 282 (1975).

RIDER, A.K., COPELAND, J.G., HUNT, S.A., MASON, J., SPECTER, M.J., WINKLE, R.A., BIEBER, C.P., BILLINGHAM, M.E., DONG, E., GRIEPP, R.B., SCHROEDER, J.S., STINSON, E.B., HARRISON, D.C., SHUMWAY, N.E.: The status of cardiac transplantation, 1975. Circulation **52**, 521 (1975).

ROELANDT, J.R.: Practical Echocardiology, Research. Studies Press (1977)

ROSSEN, R.M., GOODMAN, D.J., INGHAM, R.E., POPP, R.L.: Echocardiographic criteria in the diagnosis of idiopathic subaortic stenosis. Circulation **50**, 747 (1974).

RUBLER, S., YUCEOGLU, Z.Y., KUNSTADT, D., GRISHMAN, A.: Cardiomyopathy simulating myocardial infarction. N.Y. State J. Med. 1, 1111 (1973).

SAKAKIBARA, S., KONNO, S.: Endomyocardial biopsy. Jap. Heart J. **3**, 537 (1962).

SCHWEIZER, P., HANRATH, P., BLEIFELD, W., EFFERT, S.: Echocardiographische Reihenuntersuchungen zur Frage der familiären Häufigkeit des asymmetrischen Septumhypertrophie. Zschr. Kardiol., Suppl. **2**, 13 (1975).

SEKIGUCHI, M., KONNO, S.: Diagnosis and classification of primary myocardial disease with the aid of endomyocardial biopsy. Jap. Circul. J. **35**, 737 (1971).

SHAH, P.M., ADELMAN, A.G., WIGLE, E.D., GOBEL, F.L., BURCHELL, H.B., HARDARSON, T., CURIEL, R., CALDAZA, C., OAKLEY, C.M., GOODWIN, J.F.: The natural (and unnatural) history of hypertrophic obstructive cardiomyopathy. Circul. Res. 35 and 35, suppl. 2, 179 (1974).

SHAH, P.M., GRAMIAK, R., ADELMAN, A. G., WIGLE, E.D.: Role of echocardiography in diagnostic and hemodynamic assessment of hypertrophic subaortic stenosis. Circulation **44**, 891 (1971).

SHAH, M.P.: IHSS-HOCM-MSS-ASH? Editorial Circulation **51**, 577 (1975).

SHAPER, A. G.: Seminar on cardiomyopathies, debate that congestive cardiomyopathy is really hypertensive heart disease in disguise. Postgrad. Med. J. **48**, 777 (1972).

SHAPER, A.G., HUTT, M.S.R., EDINGTON, G.M., SOMERS, K., FOWLER, J.M.: Cardiologie **52**, 20 (1968).

SPILLER, P., BRENNER, K., KREUZER, H., NEUHAUS, K.-L., NIESSEN, H.W.: Systolische Ventrikel- und Myocardfunktion bei hypertrophischer obstruktiver Cardiomyopathie. Z. Kardiol. Suppl. **2**, 8 (1975).

SPILLER, P., NEUHAUS, K.-L.: Störung der Ventrikelfunktion bei kongestiver und hypertrophischer obstruktiver Myocardiopathie. In: M. KALTENBACH, F. LOOGEN, E. G. J.OLSEN (Ed.): Cardiomyopathies and Myocardial biopsy, Springer-Verlag, Berlin-Heidelberg-New York (im Druck) 1977.

STAPLETON, J. F., SEGAL, J. P., HARVEY, W. P.: The electrocardiogram of myocardiopathy. Progress Cardiovasc. Dis. **13**, 217 (1970).

STAPLETON, J.F., SEGAL, J.P., HARVEY, W.P.: Clinical pathway of cardiomyopathies. Circul. Res. **34** and **35**, suppl 2, 168 (1974).

TEARE, R.D.: Asymetrical hypertrophy of the heart in young adults. Brit. Heart J. **20**, 1 (1958).

WAAGSTEIN, F., HYALMARSON, A., VARNAUSKAS, E., WALLENTIN, I.: Longterm follow up of beta-adrenergic receptor blockade in congestive cardiomyopathy. European Congress of Cardiology, Amsterdam 1976.

WIGLE, E.D., ADELMAN, A.G., FELDERHOF, C.H.: Medical and surgical treatment of the cardiomyopathies. Circul. Res. **34** and **35**, suppl. 2, 196. (1974).

zu **2**. *Die sekundaren Kardiomyopathien*

FRIEDBERG, C. K.: Symposium cardiomyopathy (Introduction) Circul. **44**, 935 (1971).

FOWLER, N. O.: Differential diagnosis of cardiomyopathies, Progr. Cardiovasc. Dis., **14**, 113 (1971).

GROSSE-BROCKHOFF, F.: Zur Klassifizierung, Ätiologie und Pathogenese der Myokardiopathien, Dtsch. Med. Wchschr. **96**, 659 (1971).

HUDSON, R. E. B.: The cardiomyopathies: Order from chaos, Amer. J. Cardiol. **25**, 70 (1970).

HURST, J. W., LOGUE, R. B.: The heart, Arteries and veins, 3rd. Ed., MC GRAWHILL, New York 1974

KÜBLER, W., KUHN, H., LOOGEN, F.: Die Kardiomyopathien, ihre Einteilung nach äthiologischen und klinischen Gesichtspunkten, Z. Kardiol. **62**, 3 (1973).

KUHN, E.: Hereditäre Myopathien, Ergebn. Inn. Med. Kinderheilk. **28**, 188 (1969).

KUHN, H., KNIERIEM, H. J., BREITHARDT, G., LOOGEN, F.: Zur klinischen Bedeutung der Herzmuskelbiopsie Verh. Dtsch. Ges. Inn. Med. **83**, (1977) im Druck.

NAUMANN, P., SCHMIDT, W. A. K., ROSIN, H.: Die Erreger entzündlicher Herzkrankheiten. Z. Kardiol. **62**, 1066 (1973).

OAKLEY, C. M.: Clinical recognition of the cardiomyopathies, Circul. Res. Suppl. II, **34** and **35**, 152 (1974).

SCHÖLMERICH, P.: Klinik der Myokarditis, Verhandl. Dtsch. Ges. Inn. Med. **77**, 335 (1971).

VI. Myokarditis

Von

H. Gillmann und R. M. Jungblut

Mit 5 Abbildungen und 1 Tabelle

In diesem Kapitel werden nur die rein entzündlichen Erkrankungen des Myokards (Interstitium und Parenchym) besprochen.

Die Herzmuskelschädigungen toxischer, degenerativer, ischämischer oder stoffwechselbedingter Genese werden wie die primären Kardiomyopathien gesondert abgehandelt.

1. Klinische Vorbemerkungen

Unter Myokarditis sind Entzündungen des Herzmuskels zu verstehen, die im Gefolge von Infektionen mit Bakterien oder Viren oder im Gefolge eines Befalls mit Parasiten auftreten oder im Rahmen einer allergisch-rheumatischen Erkrankung entstehen.

Parasitäre Erkrankungen des Herzens werden von SCHÖLMERICH in Bd. X/2b, Seite 65 dieses Handbuches dargelegt. Eine Sonderform der Herzmuskelentzündung bilden die Myokarditiden nach Radiatio. Sie sind Folge einer lokalen Einwirkung ionisierender Strahlen auf das Herz (STEWART u. FEJARDO, 1971) und können sich so als praktisch isolierte Form der Herzmuskelentzündung manifestieren. Auch sie werden in diesem Kapitel nicht berücksichtigt. Desgleichen sind in diesem Sinne toxische Myokarditiden unter hohen Dosen von Zytostatika zu nennen (APELBAUM, STRAUCHEN u. GRAW, 1976).

Die Myokarditiden werden heute im allgemeinen den sekundären Myokardiopathien zugerechnet (SCHÖLMERICH, 1960; GROSSE-BROCKHOFF, 1971; PERLHOFF, 1970; KÜBLER, KUHN u. LOOGEN, 1973; POCHE, 1977).

Nachfolgende Tabelle 1 von GROSSE-BROCKHOFF gibt einen Gesamtüberblick über die Myokardiopathien und erlaubt eine rasche Zuordnung der Myokarditis im großen klinisch, morphologisch, pathologisch-anatomisch und pathogenetisch so variablen Komplex der Myokardiopathien. Mit Modifikationen (u.a. KÜBLER u. Mitarb., 1973) findet die Aufstellung, wie sie in Tabelle 1 wiedergegeben wird, bis heute klinischerseits Anerkennung.

Die Diagnose einer Myokarditis kann nur aufgrund des klinischen Gesamtbefundes unter Berücksichtigung der Anamnese, nicht an Hand von Einzelsymptomen gestellt werden. Dabei ist zu fordern, das auslösende Agens zu benennen und die Entzündung des Herzmuskels in engem zeitlichen Zusammenhang mit der Infektionskrankheit zu bringen (KÜBLER u. Mitarb., 1973).

Wenn man von den akuten, im Verlauf einer Infektionskrankheit oder bei akutem rheumatischem Fieber auftretenden Formen absieht, bei denen die Diagnose einer Myokardbeteiligung relativ leicht sein kann, so ist die Myokarditis meist nur eine Verdachtsdiagnose, die aufgrund verschiedener und vieldeutiger Befunde (Symptome einer Herzinsuffizienz, Rhythmusstörung, Tachykardie, evtl. EKG-Veränderungen und Präkordialschmerzen, Herzvergrößerung mit Verkleinerung der Amplitude, Dilatation unter Belastung, Vergrößerung einzelner Herzabschnitte oder des ganzen Herzens) gestellt wird.

Unter der häufigen Pseudodiagnose eines „*Myokardschadens*" verbergen sich sowohl degenerative, stoffwechselbedingte, ischämische oder toxische Myokarderkrankungen als auch nicht erkannte myokarditische Prozesse, die eine ähnliche Symptomatik aufweisen können.

Tabelle 1. Einteilung der Myokardiopathien (Grosse-Brockhoff, 1971)

A. *Primäre Myokardiopathien*
1. Fibroelastose
2. Endomyokardfibrose
3. Familiäre Kardiomegalie
4. Idiopathische nicht obstruktive Myokardiopathien
5. Idiopathische obstruktive Myokardiopathien

B. *Sekundäre Myokardiopathien*
1. Myokardiopathien durch
   a) Bakterien
   b) Viren
   c) Parasiten
   d) Protozoen
   e) Rikettsien
   f) Mykosen
2. Myokarditiden bei
   a) rheumatischen Erkrankungen
   b) Lupus erythematodes
   c) Dermatomyositis
   d) Periarteriitis nodosa
   e) eosinophiler Myokarditis (Löffler)
   f) Wegenerscher Granulomatose
   g) Fiedlerscher Riesenzellmyokarditis
   h) Postkardiotomiesyndrom
3. Toxische Störungen
   a) Alkohol
   b) Kobalt
   c) Arsen
   d) Tetrachlorkohlenstoff
   e) Bakterientoxine
   f) Arzneimittel (u.a. Adrenalin, Orciprenalin, Reserpin, Emetin)
4. Nutritiv-metabolische Störungen
   a) Eiweißstoffwechselstörungen
   b) Thiaminmangel
   c) Eisenstoffwechselstörungen
   d) Amyloid
   e) Glykogenspeicherkrankheit
   f) Gargoylismus (v. Pfaundler-Hurler)
   g) Xanthomatose
   h) Gicht
   i) Hyper- und Hypokaliämie
   k) Hyper- und Hypothyreose
   l) Hyperinsulinismus
   m) primärer Hyperaldosteronismus
   n) Nebennierenrindeninsuffizienz
   o) Akromegalie
   p) Thymuserkrankungen
   q) Anämien
   r) Schwangerschaft
   s) Urämie — Coma diabeticum
5. Infiltrative Störungen
   a) Tumoren
   b) Sarkoid
   c) Leukämie
   d) Fettinfiltrationen
6. Myopathien und Neuromyopathien
   a) progressive Muskeldystrophie
   b) Friedreichsche Ataxie
   c) myotonische muskuläre Dystrophie
   d) Myositis
   e) Myasthenia gravis
7. Physikalische Einflüsse
   a) Trauma
   b) Bestrahlung

Die Diagnose einer Myokarditis ist am ehesten möglich, wenn die entzündlichen Prozesse auf die spezifische Muskulatur des Herzens (Sinus- und A.-V.-Knoten, Hissches Bündel, intraventrikuläres Reizleitungssystem) übergegriffen haben, da die hierdurch entstehenden Rhythmus- und Überleitungsstörungen sowie die intraventrikulären Reizleitungsstörungen elektrokardiographisch optimal faßbar und analysierbar sind.

Für die Erfassung entzündlicher Prozesse der Arbeitsmuskulatur des Herzens gibt es jedoch keine annähernd exakte Methode; nur die Verwertung aller klinischen Befunde (Herz- und Kreislauf in Ruhe und unter sowie nach Belastung, Temperaturkontrolle, Blutbild, Blutsenkung, Serum-Elektrophorese, Blutkulturen, Komplementbindungsreaktionen, Antistreptolysentiter) erlaubt die Diagnose.

Die Situation wird dadurch noch erschwert, daß bis auf die seltene primäre isolierte Myokarditis die entzündlichen Veränderungen des Herzmuskels ein Begleitbefund sind, die durch die Allgemeinsymptome der Grundkrankheit sowie die simultan ablaufende Beteiligung des Endokards und evtl. des Perikards überdeckt werden können. Untersuchungen mittels Katheterbiopsie und evtl. fluoreszenzserologische Untersuchungen des gewonnenen Materials lassen in bestimmten Fällen die Sicherung der Diagnose eindeutiger möglich erscheinen.

In vielen Fällen ist eine sichere klinische Unterteilung in akute, rezidivierende und chronische Formen der Herzmuskelentzündung nicht möglich, da eine Endokardbeteiligung mit nachfolgender Klappenläsion veränderte Druck- und Volumenverhältnisse innerhalb der einzelnen Herzabschnitte bewirken und daher Veränderungen der Herzgröße und der Herzaktionen nicht mehr allein auf myokarditische Prozesse zu beziehen sind. Chronisch myokarditische Prozesse können zudem in ein degeneratives Stadium einmünden. Die Dauer der akuten Myokarditis wird von PABST (1977) bei Erwachsenen mit 1—2 Monaten angegeben. Der Krankheitsverlauf ist bei Kindern kürzer. Nachuntersuchungen durch BENGSSTON u. LAMBERGER (1966) 5 Jahre nach überstandener Myokarditis ergaben bei 19% der Untersuchten EKG-Veränderungen in Ruhe und 30% unter Belastung.

Eine Herzvergrößerung bestand noch in 20% der Patienten, und über subjektive Symptome wurde noch in der Hälfte aller Fälle geklagt. Die Myokarditis bei Jugendlichen ist nicht selten die Ursache eines plötzlichen Todes (u.a. WENGER, 1976).

Jede Infektionskrankheit kann zu einer entzündlichen Myokardbeteiligung führen. Die Häufigkeitsangaben über Myokarditiden schwanken stark. Die Diagnose ist schwer zu stellen (u.a. WENGER, 1976), wenn man von der Diphtherie und der Chagas-Krankheit absieht. Dem eindeutigen pathologisch-anatomischen Bild der akuten Myokarditis steht ein klinisch wenig differenziertes Krankheitsbild gegenüber (PABST, 1977). Der Nachweis der Myokardschädigung und deren entzündliche Natur (STEIN, 1966) sind zu führen. Nach SAPHIR (1959) werden klinisch nur etwa die Hälfte bis ein Viertel aller Myokarditiden erkannt. Zudem ist die Entscheidung, ob es sich um eine infektiös-toxische oder durch Erregerbefall direkt entstandene Entzündung handelt, klinisch nicht möglich. Die Zahl der Myokarditiden ist insgesamt aber so gering, daß sich selbst der Pathologe dem Dilemma der Vielfalt der Einzelformen bei geringer Gesamtzahl (POCHE, 1977) gegenübersieht. Häufig wird die Diagnose nur pathologisch-anatomisch gestellt, da der Schaden so gering ist, daß er sich klinisch nicht manifestiert (FRIEDBERG, 1972).

Narben nach Überstehen einer entzündlichen Herzerkrankung werden bei Obduktionen in 5% diagnostiziert (DOERR, 1970). Sektionsstatistiken geben die Häufigkeit von Myokarditiden in Prozentzahlen von 2—10% an (SAPHIR, 1941; SCHÖLMERICH, 1960; DOERR, 1970, POCHE, 1977); im allgemeinen Gesamtkrankengut einer Klinik wird die Häufigkeit mit 0,02% (DE LA CHAPELLE u. KOSSMANN, 1954) bzw. 0,09% (GYDELL u. Mitarb., 1955) beziffert. Daß Statistiken aus Infektionsabteilungen größere Zahlen nennen (33% durch FINE u. Mitarb., 1950), erscheint nicht überraschend.

Während bei den akuten rheumatischen Infekten die primär myokarditischen Herzveränderungen im klinischen Erscheinungsbild bald hinter den sekundären Veränderungen zurücktreten, welche durch die endokarditisch ausgelösten Klappenfehler und ihren Einfluß auf Druck und Volumen in einzelnen Herzabschnitten bedingt sind, ist für die Diphtherie eine Frühmyokarditis (2.—3. Woche) oder eine Spätmyokarditis (3.—4. Woche) charakteristisch. Sie befällt neben der Arbeitsmuskulatur auch das Reizleitungssystem und heilt in den meisten Fällen innerhalb von Wochen bis Monaten völlig aus. Die Häufigkeit, mit der die Diphtherie eine Herzmuskelentzündung nach sich zieht, wird von KIENLE (1947) mit 53% angegeben und von SAYERS (1958) mit 10—25%. Die echten fokal-toxisch verursachten Myokarditiden (PARADE, 1939) werden in ihrer Häufigkeit oft überschätzt.

Die spezifischen luischen und tuberkulösen Myokarditiden verlieren, ähnlich wie die diphtherischen, unter den heutigen therapeutischen Möglichkeiten an Bedeutung. Tuberkulöse Myokarditiden waren jedoch auch in früheren Jahrzehnten selten (HÜBSCHMANN, 1928; ESCH u. GROSSE-BROCKHOFF, 1958). Bei 10165 Autopsien von Tuberkulösen sahen AUERBACH und GUGGENHEIM (1937) nur in 29 Fällen (0,28%) eine Myokarditis.

Die Myokarditiden der übrigen Infektionskrankheiten sind eine meist unspezifische Komplikation (GORE u. SAPHIR, 1947; POND u. HUMPHRESYS, 1952, HOLZMANN, 1952; HAKKILA, 1958, FRIEDBERG, 1972). Besonders genannt seien:

Keuchhusten (GLANZMANN, 1952), *Scharlach* (3,9 % von 3069 Erkrankungen, BENGSSTON u. Mitarb., 1951; nach klinischen Gesichtspunkten in 5—10 %, SCHÖLMERICH, 1960), *Meningokokkensepsis* und sonstige *Septikämien*, deren Zahl zwar Dank der Möglichkeiten der antibiotischen Therapie deutlich gesunken ist, mit deren Vorkommen jedoch auch heute gerechnet werden muß, wie der Bericht über einen 29 Jahre alten Mann zeigt (v. KURNATOWSKI u. Mitarb., 1977), der ohne Prodromie 3 Tage vor seinem Tode unter dem klinischen Bild eines Myokardinfarktes erkrankte und bei dem die Obduktion eine abszedierende Myokarditis aufdeckte.

Myokarditiden werden ferner bei *Salmonellosen* u. *Dysenterien* gesehen (u. a. SAPHIR, 1959). Ausgeprägte Herzinsuffizienzen sind allerdings selten (SCHÖLMERICH, 1960); *Fleckfieber* geht bis zu 50 % mit einer Myokarditis einher (GORE u. SAPHIR, 1947; FINE u. Mitarb., 1950); Pathogenetisch sind ebenso *Tracheobronchitiden* oder *Rocky-Mountains-Fieber* zu nennen.

Myokarditiden komplizieren in unterschiedlicher Häufigkeit Viruserkrankungen (ABELMANN, 1971; BOLTE u. HORT, 1975; SCHÖLMERICH, 1975; WITZLEB, 1976):

Influenza (auch Todesfälle durch Myokarditis sind beschrieben, COLTMAN, 1962); *Masern* (nach SCHÖLMERICH, 1960, nicht so selten wie zumeist angenommen); *Mumps* (4,8 % BENGTSSON u. ÖRNDAHL, 1954; bei Erwachsenen häufiger als bei Kindern; Todesfälle wurden beschrieben: KÜSTER u. SQUARR, 1974) sowie *Poliomyelitis* (12—100 % SCHÖLMERICH, 1960; BURGEMEISTER, 1962); *Mononukleosis infektiosa* (WENGER, 1977); *Primär atypische Pneumonien*; *Hepatitis epidemica* (GORE u. SAPHIR, 1947; BELL, 1971; Angaben über die Häufigkeit schwanken; 41 % bei KUPATS, 1957); *Röteln* (in ca. 20 % EKG-Veränderungen, WENGER, 1976); *Varicellen* (gewöhnlich mit Pneumonien einhergehend, WENGER, 1976) sowie *Pocken* (Variola) und vereinzelt sogar nach Pockenschutzimpfung (FINLAY-JONES, 1964).

Die Myokarditiden im Gefolge von *Coxsackie-Infektionen* haben eine Bedeutung, da sie prozentual häufig auftreten, eine klinische Symptomatik (Muskelschmerzen) aufweisen, mit einer hohen Sterblichkeit (bis zu 50 %) im Säuglingsalter belastet sind und bei Erwachsenen mit Dauerschäden (5—20 %) ausheilen (SCHÖLMERICH, 1975). 75 % der Patienten mit Coxsackie-B-Infektionen, die von KOONTZ u. RAY (1971) beobachtet wurden, hatten eine Herzvergrößerung im Röntgenbild. Die Coxsackie-B- und auch die Coxsackie-A-(A_2- und A_9-)Infektionen zeichnen sich dadurch aus, daß sie häufig zu Perimyokarditiden führen (ZÖLLNER u. LYDTIN, 1967). Bei SMITH (1970) hatten von 42 Patienten mit einer Coxsackie-B-Myokarditis 20 Perimyokarditiden. Wir konnten bei 18 Virusmyokarditiden Coxsackie-A in einem Fall, Coxsackie-B in zwei Fällen, Echo 28 in vier Fällen, Echo 30 und Influenza-Typ-A in drei Fällen diagnostizieren; 13 Fälle zeigten röntgenologisch nachweisbare Herzvergrößerungen, 8 einen Befund im Kymogramm, der im Sinne einer Myokarditis zu deuten war.

DOERR (1970) hält die infektiös-allergischen Myokarditiden in Deutschland wahrscheinlich für die häufigste Form der Herzmuskelentzündung. Als solche gelten die Myokarditiden, welche in zeitlichem Zusammenhang mit einer fieberhaften Allgemeininfektion von der dritten Krankheitswoche ab auftreten können.

Die Myokarditiden bei parasitären Erkrankungen durch Protozoen (Chagas-Erkrankung, Toxoplasmose, Malaria, Amöbiasis, Trypanosomiasis und Leishmaniasis sowie durch Würmer, Echinokokkose, Trichinose, Chistosomiasis u. a.) werden gesondert von SCHÖLMERICH in diesem Handbuch X/2b abgehandelt.

Bei jeder *Endocarditis fibroelastica* (LÖFFLER, 1936; LANGER, 1954), bei der entzündliche Veränderungen sehr stark und imponierend sind (DOERR, 1970), sowie bei jeder Perikarditis unterschiedlichster Genese („Außenschichtschaden" im EKG ist durch eine Myokarditis, nicht Perikarditis bedingt) sind zumindest lokale myokarditische Begleiterscheinungen vorhanden.

Eine prinzipiell andersartige Situation liegt bei der von FIEDLER (1900) erstmals beschriebenen akuten isolierten Myokarditis vor, da das klinische Bild nicht durch eine erkennbare Grundkrankheit oder begleitende Endo- und Perikardprozesse mitbestimmt wird. Diese Form der Myokarditis wurde inzwischen von zahlreichen Autoren beschrieben (FRENCH u. WELLER, 1942; MCKINLAY, 1948; WAUGH, 1952; GORE u. SAPHIR, 1947; SAPHIR, 1941; TEDESCHI u. STEVENSON, 1951; ANTES, 1955; BASTRUP-MANDSEN, 1951; BLANSHARD, 1953; CLAUSSADE u. NEIMANN, 1953; DE LA CHAPELLE, 1954; FREEMANN, 1955; NEUSTADT, 1953; GYDELL, 1955; GRENIER, 1958; VAN CREVELD u. DE JAGER, 1956; FRIEDBERG, 1959). Heute erscheint es sicher, daß bei der FIEDLER-Myokarditis keine nosologische Einheit vorliegt (FRIEDBERG, 1972; DOERR, 1970). Es steht zu vermuten, daß es sich lediglich um eine besondere Verlaufsform einer Virusinfektion handelt (PABST, 1977; SCHÖLMERICH, 1960). In Einzelfällen hält SCHÖLMERICH allerdings die Diagnose der Myokarditis-Fiedler (auch als isolierte, interstitielle, primäre idiopathische oder perniziöse Myokarditis bezeichnet) für berechtigt. Im Säuglings- und Kindesalter werden Coxsackie-Virusinfektionen (VAN CREVELD u. DE JAGER, 1956; GRENIER, 1958; THURNER, 1977), im Erwachsenenalter besonders im 3. Lebensjahrzehnt bei Männern (MARCUSE, 1947) Grippe-Virusinfektionen u.a. als auslösendes Moment für möglich gehalten, ebenso allergische Reaktionen auf Penicillin (WAUGH, 1952), Sulfonamide (FRENCH u. WELLER, 1942) und Seruminjektionen (MCKINLAY, 1948; NEUSTADT, 1953). Begleitende Infekte der Atemwege sind häufig (GRENIER, 1958; FRIEDBERG, 1972). Klinische Leitsymptome sind von der anfänglich nur geringgradig erhöhten Temperatur unabhängige Tachykardien, zunehmende Herzinsuffizienzerscheinungen ohne Anhalt für Herzklappenfehler, eine meist alle Herzabschnitte gleichmäßig erfassende Vergrößerung des Herzens und eine schmerzhafte Hepatomegalie.

Die Diagnose kann häufig nur per exclusionem gestellt werden. Die Krankheit ist prognostisch infaust und führt innerhalb von Wochen bis Monaten zum Tode.

Aufgrund der immer differenzierteren Herzdiagnostik werden die Fälle mit „idiopathischer Herzhypertrophie im Erwachsenenalter" selten. Falls alle diagnostischen Möglichkeiten erschöpft sind und kein Anhalt für entzündliche Prozesse des Myokards oder andersartige Ätiologie der Herzhypertrophie besteht, muß an das Vorliegen primärer Myokardiopathien gedacht werden (KÜBLER, KUHN u. LOOGEN, 1973; siehe auch KUHN, dieses Handbuch).

Herzmuskelveränderungen bei Lupus erythematodes (GROSS, 1940), Sklerodermie (WEISS, STEAD, WARREN u. BAILEY, 1943), Morbus Boeck (BATES u. WALSH, 1948; GHOSH u. Mitarb., 1972; FRIEDBERG, 1972), Amyloidose (LINDSAY, 1946; BRIGDEN, 1964; BUCHEM, 1966), Lipochondrodystrophie (LINDSAY, 1950), Friedreich Ataxie (MANNING, 1950), Myotonia atrophica (FRIEDBERG, 1972; HOLT u. Mitarb., 1964) und progressive Muskeldystrophie (BEAVANS, 1945; CANNON, 1967) sowie primär chronische Polyarthritis, die allerdings nach FRIEDBERG mit einer herdförmigen, nicht spezifischen interstitiellen Myokarditis einhergehen kann (LOBOWITZ, 1963; WEINTRAUB u. ZWAIFLER, 1963; SOKOLOFF, 1964; FRIEDBERG, 1972), haben vorwiegend degenerativen Charakter und sind Begleiterscheinungen des Grundleidens.

2. Röntgenbefunde bei den verschiedenen Myokarditiden

a) Die sekundären unspezifischen Myokarditiden mit und ohne Endokarditis

Die muskelmechanischen und hämodynamischen Rückwirkungen einer akut einsetzenden Funktionsstörung der kontraktilen Elemente des Herzmuskels sind:

1. Gefügedilatation,
2. verminderte Druckentwicklung mit dadurch bedingter verminderter Auswurfleistung und Stauung vor dem rechten und linken Herzen,

3. sekundäre Umformungen durch andersartige Reaktionen auf die sich primär bildenden Volumen- und Druckveränderungen,
4. verringerte oder aufgehobene Anpassungsfähigkeit und Leistungsreserve bei Belastungen,
5. bei infektiöser Genese Beeinflussung der unter Punkt 1.—4. genannten Faktoren durch zusätzliche infektiös bedingte Kreislaufveränderungen.

Ein für die Myokarditis typisches Röntgenbild gibt es nicht. Die röntgenologisch direkt oder indirekt nachweisbaren Symptome gehören zum Bilde der schweren akuten Myokarditis – sind aber nicht entzündungsspezifisch, da sie auch bei sonstigen akuten Funktionsstörungen des Myokards (toxisch, allergisch, durch plötzliche übermäßige Belastung bei unterschwelliger Schädigung) auftreten.

Die faßbare Vergrößerung der Herzsilhouette ist demnach stets Ausdruck einer schweren diffusen Myokarditis (SCHÖLMERICH, 1960). Klassisch zu nennende Herzvergrößerungen werden bei Diphtherie, rheumatischer Myokarditis sowie bei der Chagas-Krankheit beschrieben.

Leichte oder lokalisierte Entzündungen brauchen aufgrund der geringgradigen – kompensatorisch durch die nicht befallenen Muskelpartien abfangbaren – Funktionsschädigungen keinerlei röntgenologisch nachweisbare Erscheinungen auszulösen. Tachykardie und vermehrte Kontraktionsbewegungen können lediglich als hinweisendes Symptom dienen, wobei nach STEIN (1966) Tachykardien häufiger sind als Dilatationen des Herzens. In seltenen Fällen fehlt auch bei akuter schwerster und binnen kurzer Zeit zum Tode führender Myokarditis eine Herzvergrößerung (ZDANSKY, 1949; HOLZMANN, 1952; FRIEDBERG, 1959). Vorwiegend ist bei der Herzmuskelentzündung das linke Herz betroffen, jedoch wird auch Befall des linken und rechten Herzens beschrieben, was sich im Röntgenbild mit entsprechender Rechts- bzw. Linksverbreiterung des Herzens ausdrückt. Vorwiegend Rechtshypertrophien und entsprechende Insuffizienz sind möglich (KRIEBHUBER u. WENGER, 1965). Die Linksherzvergrößerung bzw. Insuffizienz zieht die Lungenstauung nach sich, die sich wiederum im Röntgenbild manifestiert.

Es liegt damit bei den Röntgenbefunden die gleiche unübersichtliche Vielfalt der Erscheinungsformen vor, wie sie bei der allgemeinen klinischen Symptomatik beschrieben wurde.

Lediglich der nicht präjudizierende Befund einer „myopathischen Herzkonfiguration“ mit relativ gleichmäßiger Vergrößerung der Herzhöhlen und entsprechender Dreiecksform oder Beutelform sowie stauungsbedingter vermehrter Lungenzeichnung kann also der röntgenologische Beitrag zur klinischen Diagnose einer Myokarditis sein (DIETLEN, 1908, 1909, 1923; DOUMER u. Mitarb., 1948; ZDANSKY, 1949; HOLZMANN, 1952; VIETEN, 1959). DIETLEN (1908, 1909) sowie ZDANSKY (1949) wiesen auf die Möglichkeit einer „latenten“ Dilatation hin, die erst bei Flachlagerung des Patienten in Erscheinung tritt. Auch die „Formlabilität“ (ZDANSKY, 1949) des Herzens bei respiratorischen und statischen Veränderungen des Zwerchfellstandes kann ein Hinweissymptom sein.

Bei der Durchleuchtung des Patienten fällt die Bewegungsarmut der Herzsilhouette auf. Die Verringerung der Bewegungsamplitude, nach STUMPF (1934 und 1936) besonders im Gebiet der Herzspitze, ist ein häufiger Befund bei myopathischem Herzen und kann flächenkymographisch durch Aufsplitterung, vorzeitige Medialbewegungen, laterale oder mediale Plateaubildung noch differenziert werden (ZDANSKY u. ELLINGER, 1933, 1934; HECKMANN, 1946; HOLZMANN, 1942); die Veränderungen sind aber nicht obligat oder für eine Myokarditis spezifisch. Auch eine auf Größen- und Bewegungsveränderungen der kymographischen Randzacken aufbauende Stadieneinteilung wie sie STUMPF 1934 versuchte, ist aufgrund der Vieldeutigkeit der Befunde nicht mit Sicherheit möglich.

Die Bewegungsamplitude kann bei akuter Dilatation bei gleichbleibendem Schlagvolumen so gering sein, daß kymographisch der Befund eines Ergusses im Herzbeutel vorgetäuscht wird (SCHELGEL u. SCHÖLMERICH, 1953).

Die folgenden Abbildungen zeigen Verlaufskontrollen von Virusmyokarditiden:

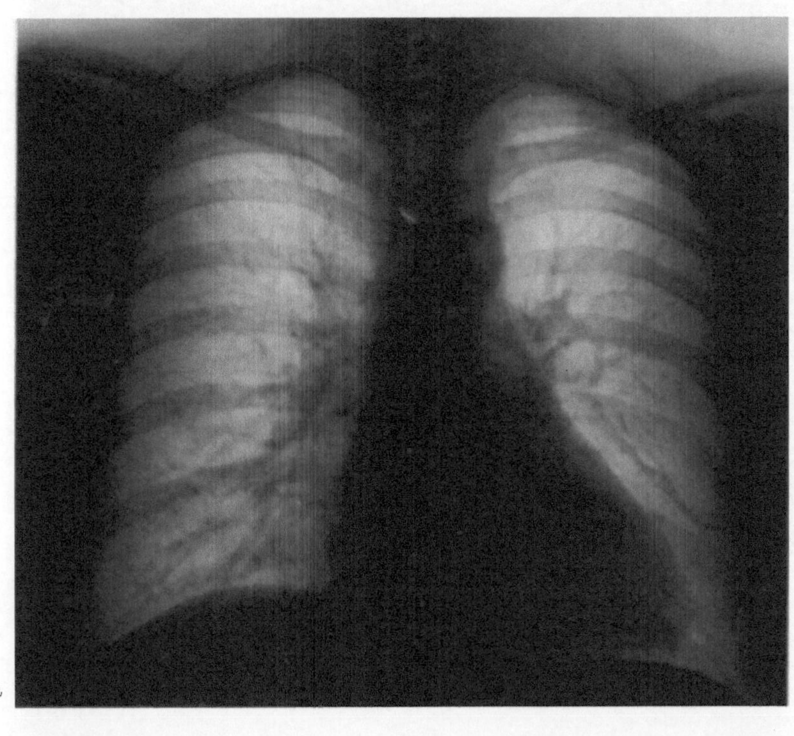

a

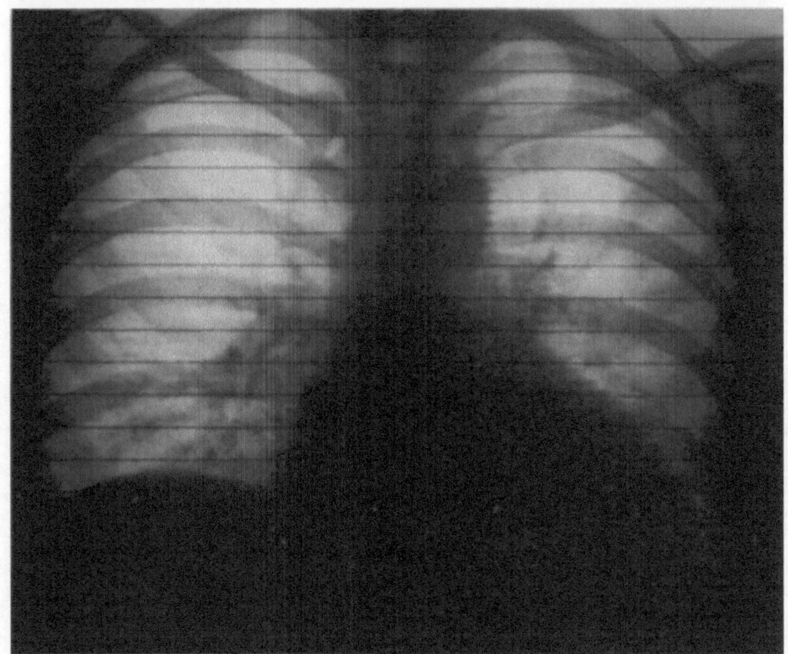

b

Abb. 1a u. b. Herzfernaufnahme p.a. und Kymogramm einer 32jährigen Patientin mit Coxsackie-A-Myokarditis

Abb. 1a gibt die Herzfernaufnahme einer 32jährigen Patientin mit Coxsackie-A9-Infektion wieder, bei der klinisch eine Myokarditis nachgewiesen wurde. Das Herz stellt sich bei normalem arteriellen Druck und Fehlen jeden Anhaltes für eine Endokardbeteiligung mit Klappendefekt deutlich linksverbreitert dar, die Lungenzeichnung ist verstärkt. Das Kymogramm (Abb. 1b) zeigt eine links-rechts laterale deutliche Bewegungseinschränkung mit Plateaubildung.

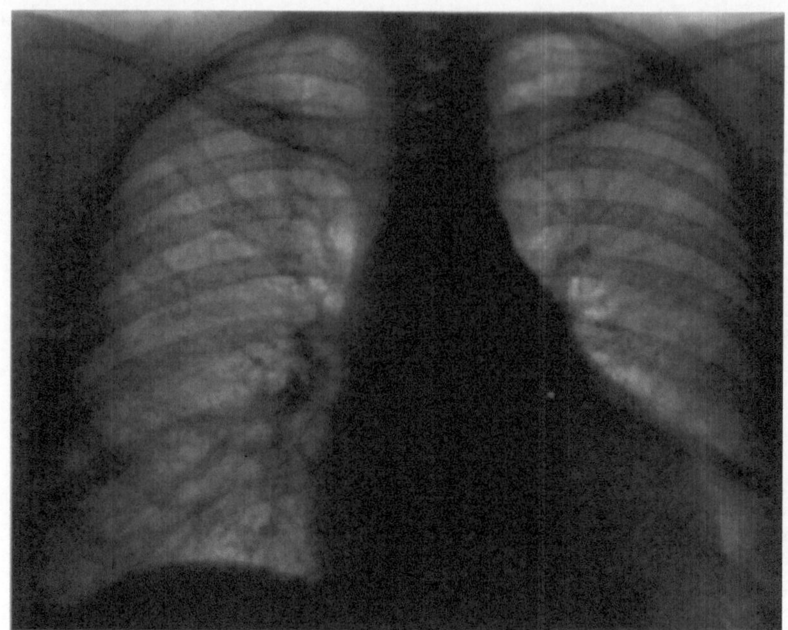

a

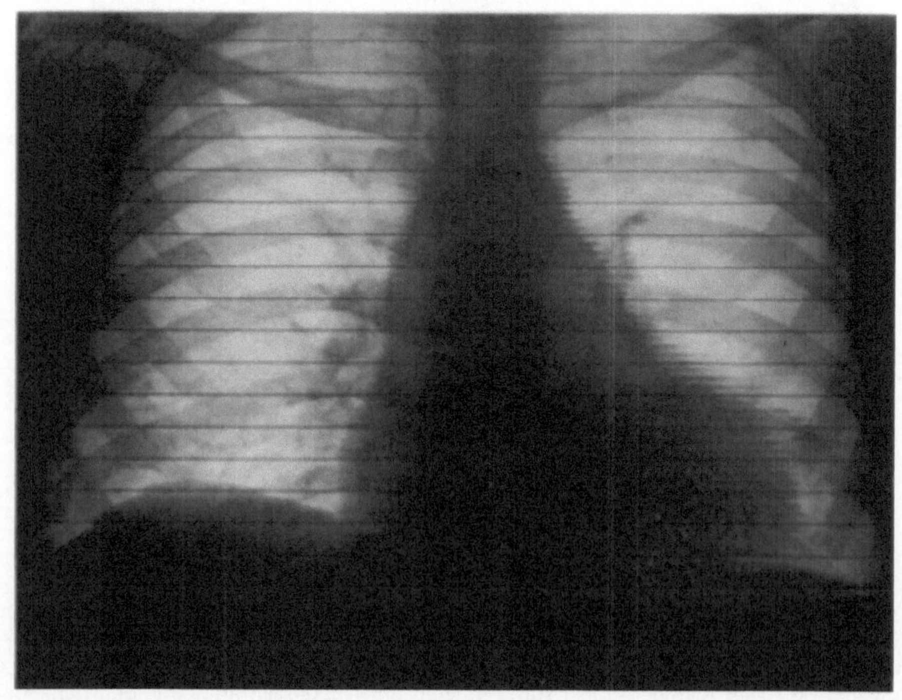

b

Abb. 2a u. b

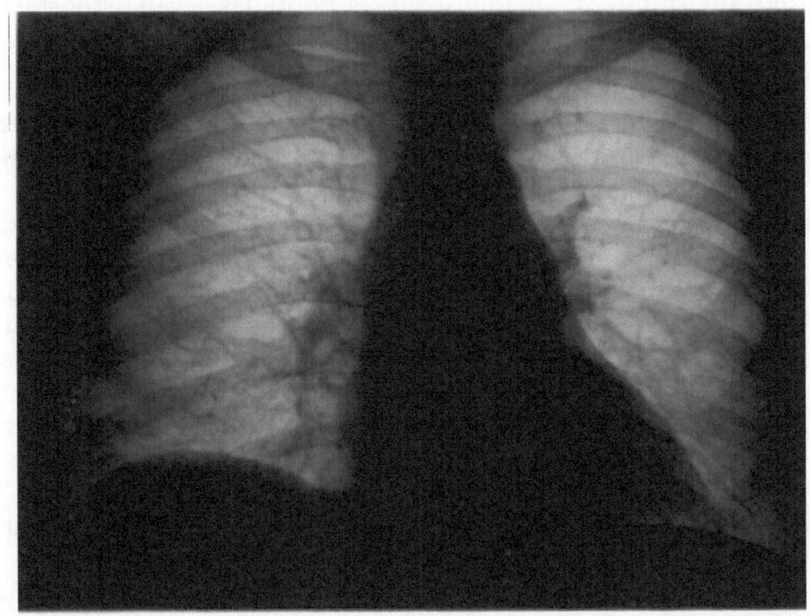

c

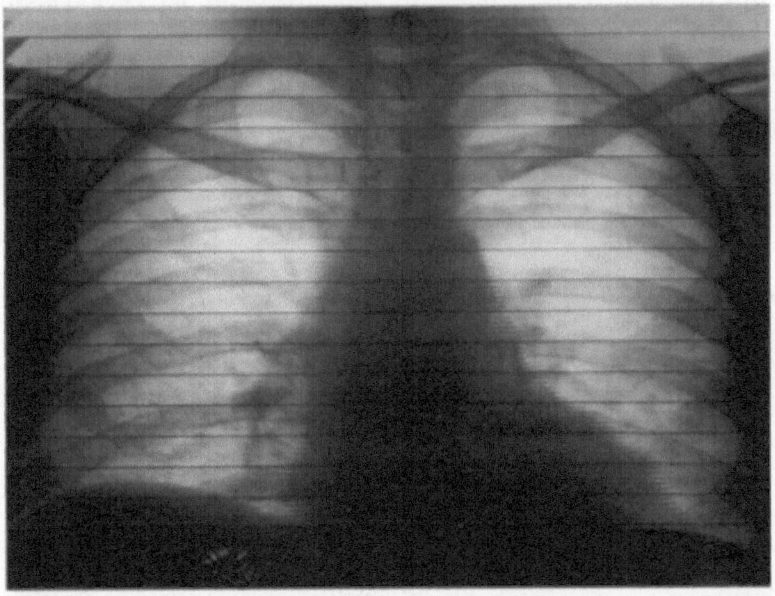

d

Die Abb. 2a—d zeigen den Verlauf einer Myokarditis (42jährige Patientin mit klinisch nachgewiesener Coxsackie-B-Myokarditis). Am 27. 1. ist das Herz links und rechts verbreitert (Abb. 2a), der Pulmonalbogen betont. Im Kymogramm (Abb. 2b) stellt sich eine deutliche Bewegungseinschränkung im Bereiche des linken und rechten Ventrikels dar. Nach 6 Wochen (10. 3.) zeigt das Herz nicht mehr die „myopathische" Kontur; es besteht eine geringe Linksverbreiterung und die schon vorher nachgewiesene leichte Betonung des Pulmonalbogens (Abb. 2c). Im Kymogramm (Abb. 2d) ist die in Abb. 2b gezeigte Bewegungseinschränkung nicht mehr nachweisbar. Auch klinisch ist die Patientin zu dieser Zeit geheilt (Normalisierung sämtlicher klinischer Befunde einschließlich der Blutsenkungsreaktion und des EKG).

Entscheidend für die Beurteilung der Röntgenbefunde bei Myokarditis ist die Verlaufskontrolle und die Korrelation zum klinischen Befund.

Im Frühstadium aller Myokardschäden, also auch der Myokarditis, können ebenso *vergrößerte Bewegungsausschläge* im Kymogramm beobachtet werden (Stumpf, 1934). Sie entsprechen dem bereits von Dietlen (1923) beschriebenen „erregten Aktionstyp".

ZDANSKY (1949) gab zur Differentialdiagnose dieses Befundes gegen orthostatisch bedingte schleudernde Bewegungsausschläge an, daß die myogen verursachte Bewegungsabnormität auch im Liegen nachweisbar sei.

Über systematische angiokardiographische Untersuchungen wird in der Literatur nicht berichtet. Angiokardiographien in der akuten Phase einer Herzmuskelentzündung sind sicher selten gemacht worden (SCHÖLMERICH, 1960).

Liegt bereits eine Vorerkrankung oder eine abnorme Belastung des Herzens vor bzw. entsteht durch gleichzeitige Endokarditis ein Klappendefekt, so wird die durch Myokarditis bedingte Functio laesa sich nicht gleichmäßig wie bei vorher ungeschädigtem Herzen auswirken. Dabei werden besonders die bereits vorgeschädigten, fehlbelasteten Partien des Herzmuskels betroffen. Dadurch können „aortale", „mitrale" und „tricuspitale" Verformungen resultieren oder ausgeprägter werden.

Entsprechende Veränderungen des Röntgenbefundes sind bei chronisch-rezidivierenden Myokarditiden zu erwarten, bei denen sich durch die gleichzeitige Endokardbeteiligung Herzklappenfehler bilden, die im Verlaufe der Erkrankung klinisch in den Vordergrund treten. Es ist dann nicht mehr mit Sicherheit festzustellen, wie groß der Anteil der myokarditischen Prozesse an der Gesamtveränderung des Herzbefundes ist.

Grundsätzlich ist die entzündungsbedingte Dilatation des Herzens reversibel, die Rückbildung einer Herzvergrößerung kann sogar für eine abgelaufene Myokarditis sprechen.

Retrospektiv ist die Diagnose der Myokarditis besonders schwer zu stellen, insbesondere wenn die zugrunde liegende Infektionskrankheit abgeheilt ist. Die Diagnose ist um so schwerer, als selten bleibende Herzschäden von Krankheitswert verbleiben und selten chronische Verlaufsformen der Myokarditiden beobachtet werden (HAUSS, 1956). Gelegentlich bleiben nach Überstehen einer Myokarditis diffuse Einlagerungen von Kalk im Myokard zurück (SCHÖLMERICH, 1974), die als Verkalkung nekrotischer Muskelfasern gedeutet werden (ZDANSKY, 1962).

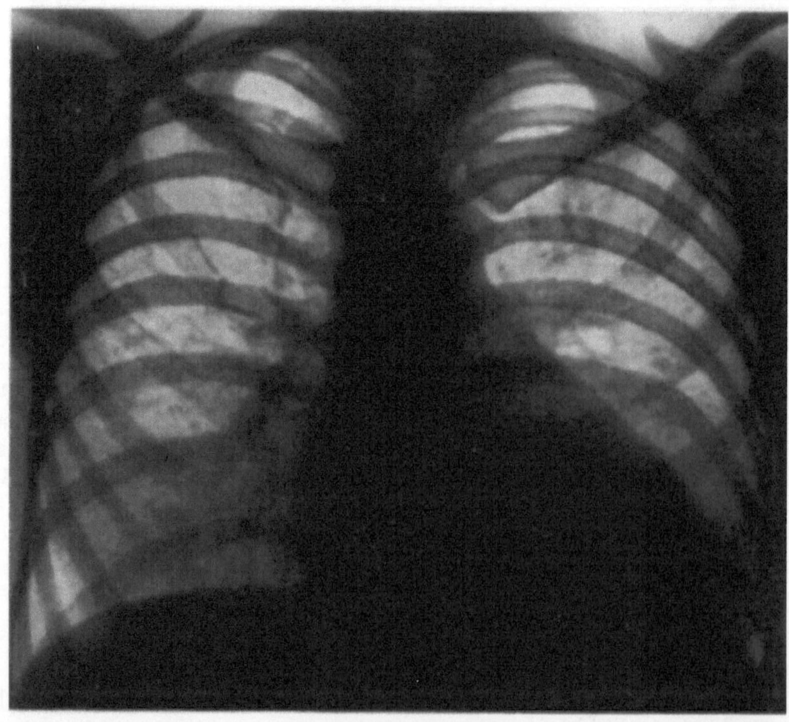

Abb. 3. „Myopathisches Herz" mit vermehrter Lungenzeichnung bei einer 26jährigen Patientin mit Viridans-Sepsis

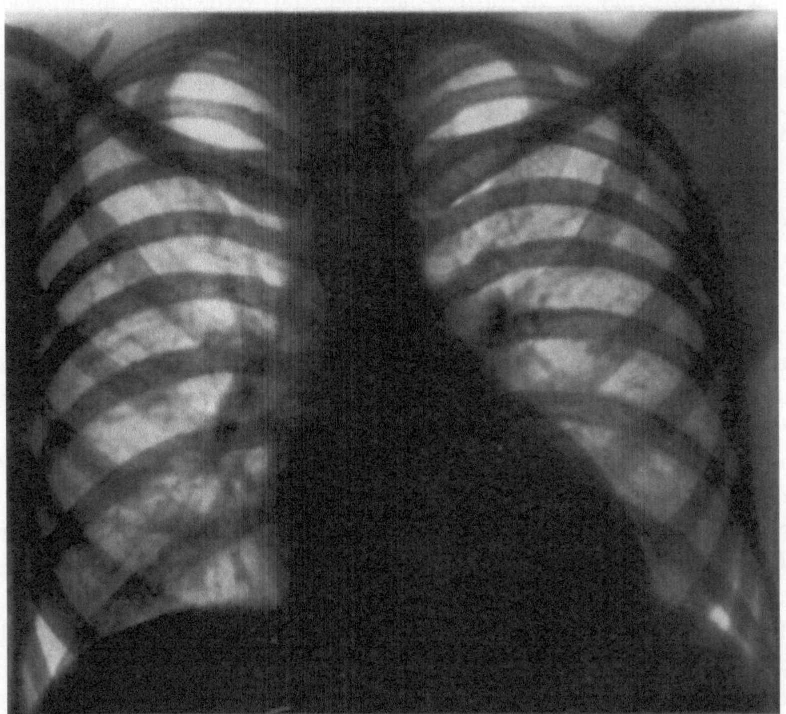

Abb. 4. Die gleiche Patientin 9 Wochen später, Verkleinerung des Herzschattens und weitgehende Normalisierung der Lungenzeichnung

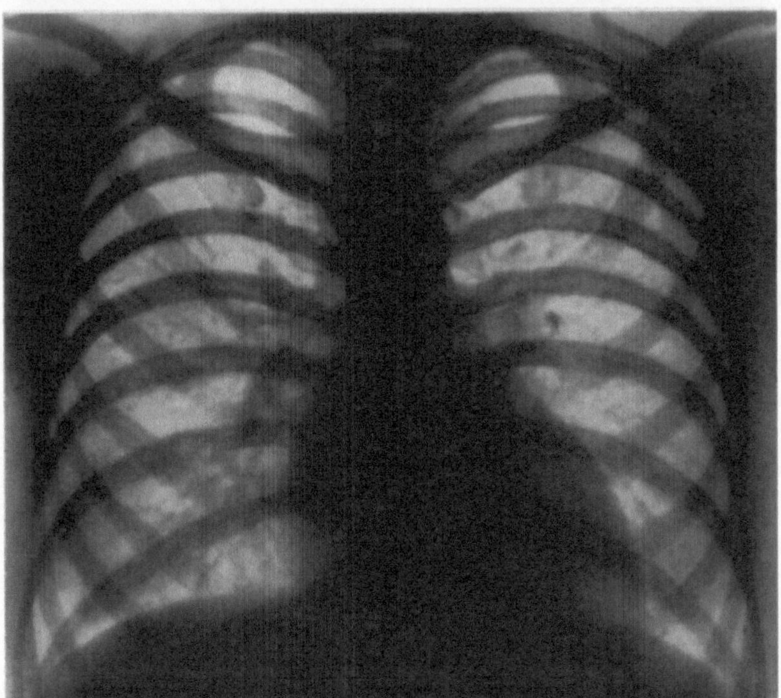

Abb. 5. Die gleiche Patientin wie Abb. 3 und 4. Rückbildung der myopathischen Herzkonfiguration. Durch Mitralstenose bedingte, beginnende Vergrößerung des linken Vorhofs

Die Abb. 3—5 zeigen die Röntgenbefunde einer 26jährigen Patientin im Verlauf einer akuten Viridans-Sepsis. Die Patientin hatte eine „leere" Anamnese, insbesondere bestand kein Anhalt für eine Herzerkrankung. 9 Tage nach einer Entbindung erkrankte sie hochfieberhaft. Hohe Temperaturen, Tachykardie, akute Herzinsuffizienzerscheinungen und Kreislaufkollaps, Linksverschiebung im Blutbild und hohe Blutsenkung, wiesen auf eine Sepsis mit Herzbeteiligung hin. In der Blutkultur konnte mehrfach Streptococcus-Viridans nachgewiesen werden.

Das 1. Röntgenbild (Abb. 3) zeigt ein „myopathisches Herz" mit vermehrter Lungenzeichnung. Unter der Behandlung mit anfänglich Reverin ®, später Penicillin (insgesamt 268 mega Penicillin) klangen die akuten Erscheinungen ab.

Das 9 Wochen später aufgenommene Röntgenbild (Abb. 4) zeigte eine Verkleinerung des Herzschattens. Auskultatorisch traten jedoch trotz der intensiven, durch Dekortin unterstützten Therapie die Zeichen einer endokarditisch bedingten Mitralklappenbeteiligung (vorwiegend Stenose) hervor. Das 4 Monate nach Einweisung angefertigte Röntgenbild (Abb. 5) ließ zwar eine weitere Verkleinerung der Herzsilhouette erkennen, zeigte jedoch nur eine durch die Mitralstenose bedingte Vergrößerung des linken Vorhofes mit Einengung des Herzhinterraumes. Der myokarditische Befund trat damit hinter dem endokarditisch bedingten Klappenbefund zurück.

b) Die akute, isolierte, primäre Myokarditis (Fiedler)

Da bei diesem Krankheitsbild endo- und perikarditische Erscheinungen fehlen, wird der Röntgenbefund allein durch die fortschreitenden myokarditischen Prozesse und die Stauungsinsuffizienz bestimmt.

Zumindest in den späteren Stadien der Erkrankung sind eine Dilatation und Hypertrophie des ganzen Herzens nachweisbar (einseitige Vergrößerungen sind selten), die manchmal extreme Ausmaße annehmen und zur Verwechslung mit einer Perikarditis führen können (Grenier, 1958).

Trotz des immer vergrößerten Herzgewichtes (500—700 g) kann das Herz in einzelnen Fällen jedoch auch bis in das Finalstadium eine normale Größe aufweisen (Hansmann u. Schenken, 1938).

3. Differentialdiagnose

Da die Myokarditis eine klinische und keine röntgenologische Diagnose ist, kann auch die differentialdiagnostische Klärung nur durch den klinischen Gesamtbefund erfolgen.

Röntgenbefunde, die im Sinne einer Myokarditis gedeutet werden können, sind daher nur in Verbindung mit den sonstigen klinischen Symptomen verwertbar. In differentialdiagnostischer Hinsicht müssen dabei alle nicht entzündlichen Myokarderkrankungen (toxische, degenerative, ischämische, nutritive, stoffwechselbedingte, durch Speicherkrankheiten und Allergie verursachte Myokardiopathien oder Funktionsänderungen bei abnormer Belastung und unterschwelliger Schädigung sowie alle primären Myokardiopathien) ausgeschlossen werden. Differentialdiagnostisch ist ebenso der Perikarderguß von Bedeutung. Der Perikarderguß ist eindeutig auszuschließen, bevor die Diagnose einer Myokarditis gestellt werden kann. Dazu wird auf das entsprechende Kapitel dieses Handbuches verwiesen.

Literatur

Abelmann, W. H.: Virus and the heart. Circulation 44, 950—956 (1971).

Antes, E. M.: Isolated myocarditis, case report and review of literature. J. Indiana med. Ass. 48, 137—145 (1955).

Appelbaum, F. R., Strauchen, J. A., Graw, R. G., Jr.: Acute lethal carditis caused by high-dose combination chemotherapy. Lancet No. 7950, 58—62 (1976).

Auerbach, O., Guggenheim, A.: Tuberculosis of the myocardium. Quart. Bull. Sea View Hosp. 2, 264—278 (1937).

Barry, M., Hall, M.: Familial Cardiomyopathie.Brit. Heart. J. 24, 613—624 (1972).

Bastrup-Madsen, P.: Isolated intertitial myocarditis. Acta paediat. (Uppsala) 40, 85—93 (1951).

Bates, G. S., Walsh, J. M.: Boeck's sarcoid; observations on 7 patients, one autopsy. Ann. intern. Med. 29, 306—317 (1948).

Bell, H.: Cardiac manifestations of viral hepatitis. J. Amer. med. Ass. 218, 387—391 (1971).

Bengsston, E., Lamberger, B.: Fife-year follow-up study of cases suggestive of acute myocarditis. Amer. Heart. J. 72, 751—763 (1966).

Bengsston, E., Örndahl, G.: Complications of mumps with special reference to the incidence of myocarditis. Acta med. scand. 149, 381—388 (1954).

Bevans, M.: Changes in musculature of gastrointestinal tract and in myocardium in progressive muscular dystrophy. Arch. Path. (Chicago) 40, 225—238 (1945).

Blanshard, T. P.: Isolated diffuse myocarditis. Brit. Heart J. 15, 453—455 (1953).

Burch, E., Phillips, J. H.: Methods in the diagnostic dilatation from pericardial effusion. Am. Heart. J. 64, 266—281 (1962).

Bolte, H. D., Hort, W.: Entzündliche Herzerkrankungen und Kardiomyopathien. In: Klinische Kardiologie. Heidelberg-New York: Springer 1975.

Brigden, W.: Cardiac amyloidosis. Prog. cardiovasc. 7, 142—150 (1964).

Buchem, F. S. P.: Cardiac amyloidosis. Acta cardiol. 21, 367—384 (1966).

Burgemeister, G.: Infektiöse Myokarditis im Kindesalter. Dtsch. Gesundheitswesen 18, 26—31 (1963).

Cannon, P. J.: The heart and lungs in myotonic muscular dystrophy. Amer. J. Med. 32, 765—775 (1967).

Chapelle, C. E. De la, Kossmann, Ch. E.: Myocarditis. Circulation 10, 747—765 (1954).

Claussade, L., Neimann, N.: L'asystolie aigueë essentielle du nourisson. Pédiatrie 8, 783—786 (1953).

Coltmann, C. A.: Influenza Myocarditis. J. Amer. med. Ass. 180, 204—211 (1962).

Creveld, S. van, Jager, H. de: Myocarditis in newborn caused by coxsackie virus; clinical and pathological data. Ann. Paediat. 187, 100—112 (1956).

Dietlen, H.: Orthodiagraphische Beobachtungen über Veränderungen der Herzgröße bei Infektionskrankheiten, bei exsudativer Perikarditis und paroxysmaler Tachykardie nebst Bemerkungen über das röntgenologische Verhalten der Pneumonie. Münch. med. Wschr. 1908, 2077—2083.

Dietlen, H.: Klinische Bedeutung der Veränderungen am Zirkulationsapparat, insbesondere der wechselnden Herzgröße bei verschiedenen Körperstellungen. Dtsch. Arch. klin. Med. 97, 132—164 (1909).

Dietlen, H.: Herz und Gefäße im Röntgenbild. Leipzig: Johann Ambrosius Barth 1923.

Doerr, W.: Allgemeine Pathologie der Organe des Kreislaufes. In: Handbuch der allgemeinen Pathologie, Bd. III/4. Berlin-Heidelberg-New York: Springer 1970.

Doumer, Ed., Merlen, J., Carlotti, J., Brux, J. de, Vericourt, E. R. de, Huret, Delmas, Marchal, G., Heim de Balsac, R., Gallavardin, L., Laubry, Ch.: Les myocardies. Arch. Mal Coeur 41, 481—543 (1948).

Esch, D., Grosse-Brockhoff, F.: Tuberkulose und Kreislauf. In: Ergebnisse der gesamten Tuberkulose- und Lungenforschung. Bd. 14. Stuttgart: Thieme 1958.

Fiedler, A.: Über akute interstitielle Myokarditis. Zbl. inn. Med. 21, 212—213 (1900).

Fine, J., Brainerd, H., Sokolow, M.: Myocarditis in akute infectious diseases. A clinical and electrocardiographic study. Circulation 2, 859—871 (1950).

Finlay-Jones, L. R.: Fatal myocarditis following vaccination against Smallpox. New Engl. J. Med. 270, 41—42 (1964).

Freeman, Z.: A case of Fiedlers myocarditis simulating pericardial effusion. Med. J. Aust. 42, 273—275 (1955).

French, A. J., Weller, C. V.: Interstitial myocarditis following clinical and experimental use of sulfonamide drugs. Amer. J. Path. 18, 109—121 (1942).

Friedberg, Ch. K.: Erkrankungen des Herzens. Stuttgart: Thieme 1959.

Friedberg, Ch. K.: Myokarditis und Myokarderkrankungen unklarer Genese. In: Erkrankungen des Herzens. Stuttgart: Georg Thieme 1972.

Ghosh, P., Fleming, H. A., Gresham, G. A., Stovin, P. G. J.: Myocardial sarcoidosis. Brit. Heart J. 34, 769—773 (1972).

Glanzmann, E.: Keuchhusten. In: Handbuch der inneren Medizin, Bd. I/2. Berlin-Göttingen-Heidelberg: Springer 1952.

Gore, I., Saphir, O.: Myocarditis, a classification of 1402 cases. Amer. Heart J. 34, 827—851 (1947).

Grenier, B.: Les myocarditis aigues primitives de l'enfant et les virus coxsackie. Paris: Masson & Cie. 1958.

Gross, L.: Cardiac lesions in Libman-Sacks disease, with consideration of its relationship to acute diffuse lupus erythematodes. Amer. J. Path. 16, 375—408 (1940).

Grosse-Brockhoff, F.: Zur Klassifizierung, Ätiologie und Pathogenese der Myokardiopathien. Dtsch. med. Wschr. 96, 659—663 (1971).

Gydell, K., Björck, G., Windblad, St.: Acute, fatal myocarditis. Clinical-pathological analysis of 15 cases of fatal myocarditis and some diagnostic and therapeutic considerations. Acta med. scand. **151**, 1—17 (1955).

Hakkila, J., Frick, H. M., Halonen, P. I.: Pericarditis and myocarditis caused by toxoplasma. Report of a case and review of the literature. Amer. Heart J. **55**, 758—765 (1958).

Hansmann, G. H., Schenken, J. R.: Acute isolated myocarditis. Report of case, with study of development of lesions. Amer. Heart J. **15**, 749—756 (1938).

Hauss, W.: Die Erkrankungen des Myokards. Klinik der Gegenwart, Bd. 2. München-Berlin: Urban & Schwarzenberg 1956.

Heckmann, K.: Symptome des Myokardschadens im Kymogramm. Wien. Z. inn. Med. **27**, 424—437 (1946).

Holt, J. M., Lambert, E. H. N.: Heart disease as the presenting feature in myotonia atrophica. Brit. Heart J. **26**, 433—436 (1964).

Holzmann, M.: Erkrankungen des Myokards, S. 2828 bis 2833 in H. R. Schinz, W. E. Baensch, E. Friedl u. E. Uehlinger, Lehrbuch der Röntgendiagnostik, 5. Aufl. Stuttgart: Thieme 1952.

Hübschmann, P.: Myokard. Pathologische Anatomie der Tuberkulose. Berlin: Springer 1928.

Kienle, F.: Diphtherische Herzkomplikationen. Art, Häufigkeit und Prognose. Stuttgart: Wissenschaftliche Verlagsanstalt 1947.

Koontz, C. H., Ray, C. G.: The role of coxsackie group B virus infections in sporadic myocarditis. Amer. Heart. J. **82**, 750—758 (1971).

Kriehuber, E., Wenger, R.: Zur Klinik der vorwiegenden Rechtsherzhypertrophie und Rechtsherzinsuffizienz bei Myokarditis. Arch. Kreislaufforsch. **46**, 227—231 (1965).

Kübler, W., Kuhn, H., Loogen, F.: Die Kardiomyopathien. Ihre Einteilung nach ätiologischen und klinischen Gesichtspunkten. Z. Kardiol. **62**, 3—22 (1973).

Kupats, H.: Über Veränderungen der Herzstromkurve bei der Hepatitis epidemica. Neue öst. Z. Kinderhk. **2**, 83—89 (1957).

Kurnatowski, v. H.-A., Sierra-Callejas, J. L., Henkel, W., Diederich, K.-W.: Fondroyant tödlich verlaufende Myocarditis durch Streptokokken der Gruppe B. Dtsch. med. Wschr. **102**, 439—441 (1977).

Küster, J., Squarr, H. U.: Zur Frage der Mumpsmyokarditis mit einem kasuistischen Beitrag. Med. Welt **25**, 759—761 (1974).

Langer, E.: Beitrag zur Endokarditis parietalis fibroplastica (Löffler). Verh. dtsch. Ges. Kreisl.-Forsch. **20**, 242—247 (1954).

Lebowitz, W. B.: Heart in rheumatoid arthritis (rheumatoid disease). Ann. intern. Med. **58**, 102 bis 123 (1963).

Lindsay, S.: Heart in primary systemic amyloidosis. Amer. Heart J. **32**, 419—437 (1946).

Lindsay, S.: Cardiovascular system in gorgoylism. Brit. Heart J. **12**, 17—32 (1950).

Löffler, W.: Endokarditis parietalis fibroplastica mit Bluteosinophilie. Ein eigenartiges Krankheitsbild. Schweiz. med. Wschr. **1936**, 817—820.

Manning, G. W.: Cardiac manifestations in Friedreichs' ataxia. Amer. Heart J. **39**, 799—816 (1950).

Marcuse, P. M.: Nonspecific myocarditis, analysis of series of 36 cases. Arch. Path. (Chicago) **43**, 602—610 (1947).

McKinlay, C. A.: Allergic carditis, pericarditis and pleuresy. Lancet **1948 II**, 61—65.

Neustadt, D. H.: Transient electrocardiographic changes simulating acute myocarditis in serum sickness. Ann. intern. Med. **39**, 126—131 (1953).

Pabst, K.: Die akute Myokarditis. In: Reindell, H. und H. Roskamm, Herzkrankheiten. Berlin-Heidelberg-New York: Springer 1977.

Parade, G. W.: Banale Angina tonsillaris und Herzmuskelerkrankung. Med. Klin. **35**, 269—272(1939).

Perloff, J. K.: The cardiomyopathies–current perspectives. Circulation **44**, 942—949 (1971).

Poche, R.: Die Pathologie der entzündlichen und metabolischen Myokardiopathien. In: Reindell, H., und H. Roskamm, Herzkrankheiten. Berlin-Heidelberg-New York: Springer 1977.

Pond, N. E., Humphreys, R. J.: Blastomycosis with cardiac involvement and peripheral embolization. Amer. Heart J. **43**, 615—620 (1952).

Saphir, O.: Myocarditis, a general review with an analysis of 240 cases. Arch. Path. (Chicago) **32**, 1000—1050 (1941).

Saphir, O.: Myokarditis. Amer. Heart. J. **57**, 639 bis 642 (1959).

Sayers, E.G.: Diphteric myocarditis with permanent heart damage. Ann. intern. Med. **48**, 146—157 (1958).

Smith, W. G.: Coxsackie B myocarditis in adults. Amer. Heart J. **80**, 34—46 (1970).

Schlegel, B., Schölmerich, P.: Röntgenkymographische und phonokardiographische Untersuchungen zur Haemodynamik des linken Vorhofs bei Mitralstenose. Z. Kreisl.-Forsch. **42**, 848—858 (1953).

Schölmerich, P.: Myokarditis und solitäre Myokardiopathien. In: Handbuch der inneren Medizin. Bd. IX/2. Berlin-Göttingen-Heidelberg: Springer 1960.

Schölmerich, P.: Differentialdiagnose intrakardialer Verkalkungen. In: Handbuch der Medizinischen Radiologie, Bd. X/2b. Berlin-Heidelberg-New York: Springer 1974.

Schölmerich, P.: Diagnostik und Verlauf der Virusmyokarditis. Internist **16**, 508—519 (1975).

Stein, E.: Diagnostik und Differentialdiagnostik der Myokarditis. Regensb. Jb. ärztl. Fortbild. **14**, 184—197 (1966).

Stewart, J. R., Fejardo, L. F.: Dose response in human and experimental radiatio induced heart disease. Radiology **99**, 403—408 (1971).

Stumpf, P.: Die Erscheinungsformen der Herzmuskelerkrankungen im Flächenkymogramm. Fortbildungslehrgang Nauheim 1934. Zit. nach Zdansky 1949.

Stumpf, P.: Kymographische Röntgendiagnostik. Stuttgart: Thieme 1951.

STUMPF, P., WEBER, H. H., WELTZ, G. A.: Röntgenkymographische Bewegungslehre innerer Organe. Leipzig: Thieme 1936.

TEDESCHI, E. G., STEVENSON, T. D.: Interstitial myocarditis in children. New Engl. J. Med. **244**, 352—357 (1951).

TESCHENDORF, W.: Lehrbuch der röntgenologischen Differentialdiagnostik der Brustorgane, 3. Aufl., S. 717—719. Stuttgart: Thieme 1952.

THURNER, J.: Die Virusmyokarditis. Med. Welt **28**, 1276—1281 (1977).

VIETEN, H.: Myokarditis in: H. OBERDALHOFF, H. VIETEN u. H. KARCHER, Klinische Röntgendiagnostik chirurgischer Erkrankungen, Bd. I. Berlin-Göttingen-Heidelberg: Springer 1959.

WARD, C.: Observations on the diagnosis of isolated rheumatic carditis. Amer. Heart J. **91**, 545—550 (1976).

WAUGH, D.: Myocarditis, arteriitis, and focal hepatic, splenic and renal granulomas, apparently due to penicillin sensitivity. Amer. J. Path. **28**, 437—447 (1952).

WEINTRAUB, A. M., ZVAIFLER, N. J.: Occurence of valvular and myocardial disease in patients with chronic joint deformity. Amer. J. Med. **35**, 145 bis 162 (1963).

WENGER, N. K.: Myocarditis. In: J. W. HURST, R. B. LOGUE, R. C. SCHLANT und N. K. WENGER, The Heart. 3. Aufl. New York-St. Louis-San Francisco: Mc Graw-Hill Book Company 1976.

WEISS, S., STEAD Jr., E. A.: WARREN, J. V., BAILEY, O.T.: Sleroderma heart disease, with consideration of certain other visceral manifestations of scleroderma. Arch. intern. Med. **71**, 749—776 (1943).

WITZLEB, W.: Virusbedingte Herzkrankheiten. Dtsch. Gesundh.-Wesen **31**, 1605—1611 (1976).

ZDANSKY, E.: Röntgendiagnostik des Herzens und der großen Gefäße, 2. Aufl. Wien: Springer 1949.

ZDANSKY, E.: Röntgendiagnostik des Herzens und der großen Gefäße. Wien: Springer 1962.

ZDANSKY, E., ELLINGER, E.: Röntgenkymographische Untersuchungen am Herzen. Fortschr. Röntgenstr. **47**, 648—661 (1933); **49**, 240—252 (1934).

ZÖLLNER, N., LYDTIEN, H.: Über ein gehäuftes Auftreten pathologischer Herzbefunde bei Coxsackie-Infektionen Erwachsener. Dtsch. med. Wschr. **92**, 2049—2055 (1967).

VII. Perikarditis

Von

H. Gillmann und R. M. Jungblut

Mit 47 Abbildungen

1. Anatomische und funktionelle Faktoren

Für die Beurteilung der durch Perikarditis und ihre Folgezustände ausgelösten röntgenologischen Veränderungen erscheinen folgende anatomische und funktionelle Eigenheiten des Perikards von Bedeutung:

1. Die ontogenetische Entwicklung des Herzens aus einem schlauchförmigen Organ führt dazu, daß die epikardialen Umschlagfalten mehrere Recessus an der Herzkrone bilden (Pernkopf 1937). Es sind die Recessus aorticus und pulmonalis rechts und links, die Recessus laterales (zwischen den Lungenvenen) und der Recessus dorsalis (zwischen linkem Vorhof und Pars dorsalis pericardii). Außer der Fixierung am Gefäßstamm besteht eine perikardiale Fixierung am Zwerchfell. Infolgedessen unterliegen die Ausweichmöglichkeiten des Perikards bei Volumenvergrößerung der Perikardflüssigkeit gewissen Gesetzmäßigkeiten. Durch unterschiedliche Dehnungsfähigkeit einzelner Perikardpartien und unterschiedliche Herzmuskelgröße können jedoch — innerhalb der gegebenen Grenzen — verschiedenartige Formen der Herzschattenvergrößerung entstehen. Auf Grund der Fixationspunkte und der Thoraxform bestehen die besten Ausweichmöglichkeiten des Perikards nach vorne oben (die Perikardhöhle reicht bis zur unteren Begrenzung des Arcus aortae!), nach links seitlich, links oben, links unten hinten und rechts seitlich.

2. Bei der Gefäßversorgung des Perikards sind sein parietales und sein viszerales Blatt gesondert zu betrachten.

a) Das parietale Blatt des Herzbeutels wird *arteriell* durch die Aa. pericardiocophrenicae und aus den Aa. thorac. int. versorgt. Es bestehen Anastomosen zu den Aa. bronchiales, diaphragmaticae und oesophagicae. Der *venöse* Abfluß erfolgt über die Vena azygos, die Vv. thymicae, thyreoideae inf. und periocardiophrenicae (Frey, 1939). Der *Lymphabfluß* aus dem parietalen Perikard wurde u. a. von Boit (1913) sowie Bradham u. Parker (1973) beschrieben. Nach Drinker u. Field (1931) geht der Lymphabfluß vorwiegend über basal im Fettgewebe liegende Lymphgefäße zum Mediastinum und den Hili vor sich. Die Bedeutung der Lymphgefäße für die Ausbreitung einer Infektion von den Hili bzw. den Lungen auf den Herzbeutel wurde schon früh erkannt (u. a. Brauer u. Fischer, 1929) und durch neuere Untersuchungen bestätigt (Servelle u. Mitarb., 1966).

Insgesamt ist das parietale Perikard ein relativ gefäßarmes Organ.

b) Das viszerale Perikard schließt sich nahtlos mit seiner Serosa dem parietalen Blatt an. Es ist mit dem Perikard identisch. Die *arterielle* Versorgung gewährleisten die Koronararterien. Die *venöse* Drainage besorgen Venengeflechte der subepikardialen Schicht. Der Hauptabfluß erfolgt über den Koronarsinus sowie die vorderen Herzvenen zum rechten Vorhof. Zwischen beiden Venensystemen bestehen Anastomosen (Miller, 1970).

Ein dichtes *Lymphgefäßsystem* drainiert den Herzmuskel vom Subendokard zum Subperikard. Lymphsammelgefäße treffen sich schließlich, um ein großes Gefäß zu bilden, welches das Herz an seiner Basis verläßt. Nach Rusznyak u. Mitarb. (1969) fließt die Lymphe des rechten und linken Herzens in zwei getrennten Lymphstämmen, die — bei großer Variabilität — wiederum in ein oder zwei Lymphknoten münden. Sie zitieren Wrublewski (1942), der in der fibrösen Schicht des Epikards ein ausgedehntes Lymphkapillarnetz nachweisen konnte. Die ableitenden Lymphgefäße verlaufen danach zu den vorderen mediastinalen, retrosternalen, bronchopulmonalen bzw. diaphragmalen Lymphknoten. Wenzel (1972) beschreibt in den Wandschichten des Herzens mehrere Lymphkapillarnetze. Im epikardialen Bindegewebe werden ein grobmaschiger und tiefliegender sowie ein unmittelbar subepikardialer Lymphkapillarplexus unterschieden. Das viszerale Perikard ist demnach reichlich mit Gefäßen versorgt. Experimentelle Untersuchungen wurden von Hollenberg u. Dongherty (1969) sowie Jacobs u. Mitarb. (1976) vorgelegt.

3. Auf Grund der unterschiedlichen Druck- und Wanddickenverhältnisse in den einzelnen Herzabschnitten reagieren die verschiedenen Anteile des Herzens unterschiedlich auf eine Erhöhung des Außendruckes. Der intrakardiale Druck beträgt im rechten Vorhof 5/1, im linken Vorhof 10/5, im rechten Ventrikel 30/0, im linken Ventrikel 120/2 mm Hg. Dementsprechend stuft sich die Empfindlichkeit.

4. Wesentliche Funktionen des Perikards sind:

a) Abgrenzung und Fixation des Herzens. Durch Fixierung am Gefäßstamm, Zwerchfell und unteren Sternumansatz ist eine weitgehende Lagekonstanz des Herzens bei Lageänderungen des Körpers gewährleistet. Ungehinderter Zufluß und Abfluß des Blutstromes sind damit gesichert. Diese Funktion ist besonders bei seitendifferentem Druck im Thorax, verdrängenden intrathorakalen Prozessen, unterschiedlicher Zwerchfellbewegung und extremen Atemexkursionen von Bedeutung. Einschränkend muß jedoch gesagt werden, daß unter normalen Umständen eine ausreichende Lagekonstanz des Herzens auch allein durch das umgebende elastische Lungengewebe sowie Gefäßstammfixierung und Zwerchfellbegrenzung möglich ist (MOORE u. SHUMACKER, 1953). Allerdings besteht bei perikardlosen Menschen durch die fehlende Abgrenzfunktion eine erhöhte Infektionsbereitschaft des Herzens bei herznahen entzündlichen Prozessen (SOUTHWORTH u. SUMMERS-STEVENSON, 1938).

b) „Gleitschiene" des Herzens. Durch die glatte Oberfläche des Epi- und Perikards und die Gleitfunktion der Perikardflüssigkeit ist die ungehinderte praktisch reibungslose Bewegung des Herzens möglich (BRAUER u. FISCHER, 1929).

c) Begrenzung der diastolischen Füllung. Die chirurgische Erfahrung, daß bei Perikardspaltung eine diastolische Vorwölbung des Myokards auftritt, läßt auf diese Begrenzungsfunktion des Perikards schließen (FELIX, 1922; SAUERBRUCH, 1925; ZENKER, 1955). Hierbei müssen jedoch 2 Faktoren berücksichtigt werden: Die Perikardspaltung erfolgt in Narkose und bei geöffnetem Thorax, also unter unphysiologischen Bedingungen. Die Perikarddehnbarkeit und damit die diastolische Begrenzungsfunktion ist abhängig vom Alter des Patienten und vom Zeitfaktor, d. h. sie nimmt mit zunehmendem Alter ab und ist unter akuten Dehnungszuständen relativ gering. So konnte WALLRAFF (1937) nachweisen, daß eine akute Dehnung des Perikards um etwa 22% möglich ist. Bei langsam einsetzender Herzvergrößerung oder langsam sich entwickelndem Perikarderguß ist der Herzbeutel jedoch weit über 30—40% dehnbar, ohne daß der Druck im intraperikardialen Raum unphysiologisch gesteigert würde. So können 3 Liter Perikardflüssigkeit bei langsamer Ergußentstehung ohne wesentliche Beeinflussung des Kreislaufs vorhanden sein.

2. Die Pericarditis acuta

a) Ätiologische und klinische Vorbemerkungen

Die Ursachen des Symptoms Perikarditis sind sehr vielfältig und können nicht röntgenologisch, sondern nur durch Anamnese und klinischen Gesamtbefund geklärt werden.

Es besteht eine Diskrepenz zwischen klinisch erfaßten und pathologisch-anatomisch nachgewiesenen Perikarderkrankungen, da die Mehrzahl der Fälle im fibrinösen Stadium ohne klinische Erscheinungen zur Ausheilung kommt. Auch Kliniker und Röntgenologe stimmen in der Beurteilung nicht ausreichend überein, wie ELKE (1964) demonstrieren konnte. Bei 15 von 40 untersuchten Kranken mit Herzbeutelergüssen wurde der Erguß klinisch und röntgenologisch nicht erkannt; wobei 10 Ergüsse allerdings weniger als 300 ml aufwiesen. Nur 16mal stellten Kliniker und Röntgenologe die Diagnose gleichzeitig. In den übrigen 9 Fällen gingen die Aussagen auseinander.

Die akuten klinischen Symptome der Perikarditis werden meist durch die Grunderkrankung verdeckt; die häufig nur geringgradigen und lokal begrenzten Verwachsungen führen nicht zu konstriktiven Prozessen und sind daher ebenfalls klinisch und röntgenologisch nicht faßbar.

Es gilt zu bedenken, daß selbst chronische Ergüsse gewöhnlich nicht Vorläufer der konstriktiven Perikarditis sind (SCHEUER, 1960). Andererseits ist die Diagnose eines rasch zunehmenden Ergusses, der nicht selten zur Tamponade führt, von außerordentlicher Bedeutung, da die Tamponade des Herzens zu den akuten Notzuständen gehört (LICHTENAUER u. SCHRÖDER, 1964), die zu einer sofortigen Druckentlastung zwingt (THEILE, 1972).

SALIVATHI (1939) stellte in einem Krankengut von 55699 Fällen in 0,25% eine Perikarditis fest, während er unter 3054 Sektionen in 6,1% Zeichen einer überstandenen Perikarditis vorfand. Die Angaben sind jedoch in der Literatur sehr unterschiedlich. So registrierten KEIL u. SCHISSEL (1953) unter 15000 Autopsien nur in 0,66% Residuen einer überstandenen Perikarditis.

Das männliche Geschlecht überwiegt mit 2:1 (SALIVATHI, 1949) bis 3:1 (SMITH u. WILLIUS 1932). Die Entzündung kann sich auf den intraperikardialen Raum beschränken, greift aber meist auf das äußere Blatt des Perikards über und führt zu Verwachsungen mit der Umgebung.

Die *Ursachen der Pericarditis* acuta sind sehr unterschiedlich. REEVES (1953) stellte zum Beispiel bei 91 analysierten Fällen folgende Genese fest: 39mal rheumatisch, 19mal pyogen, 11mal urämisch, 10mal spezifisch, 7mal tuberkulös, 3mal neoplastisch, 2mal kollagen. Bei 240 Patienten mit akuter Perikarditis ermittelten SODEMANN u. SMITH (1958) als häufigste Ursache (23%) eine akute, nicht-spezifische Entzündung, gefolgt von Urämien (17%) und pyogenen Infektionen (16%) sowie Myokardinfarkt (11%) und Rheumatismus (11%). Eine Tuberkulose lag in 7% vor. Nach SALIVATHI (1949) überwiegen in der Genese bis zum 10. Lebensjahr Pneumonien und Tuberkulose, in den mittleren Lebensaltern Rheumatismus, im höheren Lebensalter maligne Tumoren. STOLZ u. Mitarb. (1974) halten die Perikarditis bei Kindern in 61% für idiopathisch, virusbedingt oder rheumatisch verursacht.

1. Die *rheumatische Genese* wird in der Literatur mit 7 bis 48% angegeben (SCHÖLMERICH, 1962; ANSCHÜTZ u. MENDE, 1968). Die fibrinöse Form überwiegt bei dieser Ätiologie bei weitem die serofibrinöse Form. Es kommt zwar häufig zu Schwielenbildung, die Ausbildung einer konstriktiven Perikarditis ist jedoch seltener. Das akute rheumatische Fieber führt oft zur Miterkrankung von Myokard und Perikard. Dabei ist die Diskrepanz von Karditis (7 bis 8%) und Perikardbeteiligung (17,7 bis 51,4%), wie sie in der Literatur angegeben wird, auffällig (LOOGEN, 1966). Die Mitbeteiligung des Myokards im Sinne der Myokarditis kann die Diagnose eines Perikardergusses erschweren. Der Erguß ist nach LATHAM (1966) als Beweis für die rheumatische Genese der Myokarditis zu werten.

2. Die sogenannte *idiopathische* (oder kryptogenetische oder genuine oder benigne) Form (BARNES u. BURSHELL, 1942) hat eine sehr günstige Prognose. Plötzlicher Beginn und Ausheilung in wenigen Wochen sind charakteristisch. Die in den letzten 100 Jahren wechselnde nosologische Einordnung dieser Erkrankung wurde von CHRISTIAN (1951) beschrieben. MCGUIRE u. Mitarb. (1954) fanden bei 126 Fällen ein Durchschnittsalter von 35 Jahren (76% Männer). GROSS berichtet über ein vorwiegend jugendliches Krankengut. Eine Virusätiologie wird für wahrscheinlich gehalten (HAMM u. WILKE, 1965), zumal in etwa 55% katarrhalische Vorerkrankungen beobachtet werden (BRUGSCH u. HENNEMANN, 1952). Die Erkrankung läßt sich serologisch nicht erfassen. Für die Virusätiologie spricht nach GROSS eine familiäre Häufung und eine Begleitpankreatitis in 21% seiner Fälle.

Die Rezidivneigung liegt bei ca. einem Drittel der Fälle. Sie wird in der Literatur mit 37 bis 41% beziffert (GROSS, 1966; RIEDERER, 1969). Sogar Spätrezidive sind möglich. Die Diagnose kann nur per exclusionem gestellt werden. Der häufig sehr heftige substernale Schmerz und das kurzfristige Reiben sowie der — allerdings sehr selten hämorrhagische — Erguß lassen an einen Herzinfarkt denken. Die Klärung bringt das EKG. Die rheumatische Genese ist durch fehlende Myo- und Endokardbeteiligung sowie serologische Befunde auszuschließen. Ein Übergang in die Pericarditis constrictiva wurde beobachtet. STOLZE u. SCHILLING (1969) analysieren ausführlich die Befunde von zwei Männern und einer Frau mit idiopathischer Perikarditis, die innerhalb von 2 Jahren zur Behandlung kamen und bei denen operativ entzündlich schwielige Perikarditiden bestätigt werden konnten. Den Übergang von akuter idiopathischer in eine chronisch konstriktive Form beschreiben SCHAFFER (1961) und ROBERTSON u. ARNOLD (1965). Die Krankheitsdauer beträgt 2 bis 70 Tage, durchschnittlich 13 Tage (CARMICHAEL u. Mitarb., 1951).

3. *Tuberkulöse Genese.* Die Häufigkeit im allgemeinen Sektionsgut beträgt 0,3 bis 2,6% (MCLARREN-TODD, 1951). Sie kann als einzige klinische Manifestation einer tuberkulösen Erkrankung auftreten (LOOGEN, 1966). Zumeist tritt die tuberkulöse Perikarditis als Begleiterkrankung bei spezifischen Prozessen in der unmittelbaren Nachbarschaft des Herzbeutels (Lunge, Myokard, Lymphknoten) auf. ROONEY u. Mitarb. (1960) geben einen Überblick über die tuberkulöse Perikarditis, die nach ihren Angaben trotz intensiver Therapie noch mit einer Mortalität von ca. 40% behaftet ist (GREMMEL u. LÖHR, 1975, 20%; THEILE, 1972, ebenfalls 20%). Schleichender Beginn, zum Teil gekammerte chronische Ergüsse und vernarbende, häufig konstriktive Ausheilung mit Einlagerung von Kalksalzen in das verlötete, granulomatös verdickte Perikard (Panzerherz) charakterisieren diese Form der Perikarditis. Bei Einbeziehung der Koronararterien in das Vernarbungsgewebe ist mit zusätzlichen Durchblutungsstörungen des Herzmuskels zu rechnen.

4. Urämische Genese. Durch Dialysebehandlung und möglicher Nierentransplantation hat die Diagnose einer urämischen Perikarditis einen deutlichen Wertzuwachs erhalten; kann sie doch heute nicht mehr allein als Signum malum im Verlauf eines unabwendbaren Krankheitsausganges gelten. Die Diagnose erscheint wegen der Reversibilität zunehmend wichtig.

Eine urämische Perikarditis wird als letzte Manifestation einer chronischen Niereninsuffizienz, als fakultativ reversible Phase im Verlauf eines akuten Nierenversagens und als Komplikation im Ablauf eines Dialyseprogramms beobachtet (BROGARD u. ARNOLD, 1973). Die Pathogenese des Ergusses ist letztlich nicht geklärt; es kommen mehrere Ursachen in Frage; toxische, mechanische und infektiöse Faktoren müssen in Betracht gezogen werden. Selbst die Begleitperikarditis bei Vorliegen einer Myocarditis uraemica wird zumindest nicht für alle Fälle in Abrede gestellt. Bei der Mehrzahl der Erkrankten sahen BROGARD u. ARNOLD (1973) jedoch Serumharnstoffwerte über 250 bis 300 mg-%. Mit einer urämischen Perikarditis ist nach MOSIMANN u. PAUL (1966) bei Rest-N-Werten um 120-mg % zu rechnen. Bei etwa 10% der Urämieerkrankten tritt diese Form der Perikarditis als Begleitsymptom auf (SCHERPF u. BOYD, 1949). Von 125 Patienten mit terminaler Niereninsuffizienz hatten bei SKOV u. Mitarb. (1969) 40 (33%) einen Perikarderguß, davon entwickelten sogar 5 eine Tamponade. Die Diagnose der urämischen Perikarditis wurde bei 32 der 40 Patienten zu Lebzeiten gestellt. HARRIS u. Mitarb. (1975) geben sogar eine Häufigkeit von 30 bis 50% an. Die urämische Perikarditis muß als häufiger angenommen werden als sie bisher diagnostiziert wurde (BEAUDRY u. Mitarb., 1966; COHEN u. Mitarb., 1968). Betont zu werden verdient, daß nicht selten überraschend eine Tamponade auftritt. Auf Schwierigkeiten bei der Röntgendiagnostik des urämischen Perikardergusses weisen DIETRICH u. Mitarb (1974) hin, wenn sich bei retrospektiver Auswertung von 31 Patienten mit klinisch und/oder autoptisch gesicherter Perikarditis nur 4mal die Verdachtsdiagnose allein aus dem Röntgenbild (Größe und Form des Herzens sowie Kymogramm) stellen ließ. Allerdings fehlen Angaben über die Größe der Ergüsse.

5. a) Pericarditis epistenocardica nach einem Herzinfarkt ist in 10 bis 28% zu erwarten (KOSSMANN, 1952; REEVES, 1953; BECK u. Mitarb., 1977). VALERE u. Mitarb. (1976) sahen eine Perikarditis nach Herzinfarkt in 16% aller Fälle. Ein Einfluß auf die Mortalität ließ sich nicht nachweisen. Vorhofflimmern wurde mit 25% gegenüber 15% häufiger beobachtet. Die Ergüsse sind rein fibrinös, selten hämorrhagische Begleitergüsse. Seit Einführung der Antikoagulantienbehandlung wird jedoch eine Häufung der hämorrhagischen Form beobachtet (GOLDSTEIN u. WOLFF, 1951; SYNER, 1952; ROSE u. Mitarb., 1953; GREENFIELD u. DILLON, 1959) (s. auch Kapitel „Herzinfarkt" und Kapitel „Aneurysmen der Herzwand").

b) Eine Abgrenzung der Perikarditis nach Infarkt vom *Postmyokardinfarktsyndrom* (DRESSLER, 1962) erscheint geboten, da es sich bei diesem nach heutiger Kenntnis um eine Autoimmunerkrankung handelt. Es tritt Wochen bis Monate nach Myokardinfarkt auf; zum Teil mit anhaltendem oder rezidivierendem Fieber, Stenokardien und zum Teil mit pneumonischen Veränderungen, ohne daß im EKG und laborchemisch ein Anhalt für einen Reinfarkt besteht. Die Häufigkeit des auch Dressler-Syndrom genannten Krankheitsbildes wird mit 1 bis 5% beziffert (VALERE u. Mitarb., 1976, 1,7%). Reibegeräusche über dem Herzen fand DRESSLER selbst in 78%, und in 62% war im Röntgenbild ein Perikarderguß nachweisbar. Der Perikarderguß kann zu den ersten Symptomen gehören (MARKOFF, 1968).

6. Pericarditis traumatica (s. auch Kapitel „Verletzungen und Fremdkörper"). Jedes Trauma, das den Thorax getroffen hat, kann zu einer Perikarditis mit meist hämorrhagischem Erguß führen, wobei man unter traumatischer Perikarditis nicht das Hämoperikard verstehen sollte, welches nach Zerreißung von Gewebe auftreten kann, sondern den Erguß, der sich als Folge einer entstehenden Herzbeutelentzündung entwickelt (DERRA, 1959; GOODKIND u. Mitarb., 1960; CONNELLY u. BURCHELL, 1961; KISSANE u. ROX, 1961; HEBERER, 1968). Die Pericarditis traumatica kann sofort nach dem Trauma auftreten (BERG, 1971). Bei schneller Entwicklung kann es zu einer Herztamponade kommen. Ein Herzbeutelriß ist dabei möglich. Jede rasche Vergrößerung des Herzschattens im Röntgenbild nach einem stumpfen Thoraxtrauma erfordert aktives Vorgehen (GREMMEL u. VIETEN, 1966).

Zu den traumatischen Perikarditiden zählen auch die durch Fremdkörper im Herzbeutel oder seiner Umgebung auftretenden Ergüsse. Bemerkenswert erscheint dabei, daß diese Fremdkörper noch nach Jahren in der Lage sind, Herzbeutelentzündungen hervorzurufen (ZEFT u. MCINTOSH, 1965). Fremdkörper, wie Nadeln, können die Thoraxwand darüber hinaus langsam in Richtung Herzbeutel penetrieren (BERG, 1971) und zu Ergüssen Anlaß geben.

CRYNES u. HUNTER (1939) fanden unter 4107 Obduktionen 22 Fälle mit traumatischer Perikarditis, von denen ein Fall $2^1/_2$ Jahre überlebte. Eingehende Untersuchungen über die Myo- und Perikardbefunde bei nicht penetrierenden Traumen wurden von WARBURG (1938), PARMLEY u. Mitarb. (1958) sowie TILLMANN (1956) durchgeführt. Nach beiden Weltkriegen erfolgten statistische Untersuchungen über die Perikardbeteiligung bei Thorax- und Herzverwundungen (STEFFENS, 1936; BANSI, 1944; AMELUNG u. LUTHER, 1952). Differentialdiagnostisch muß bei posttraumatischer kardialer Tamponade auch an eine Ruptur des Zwerchfells mit Verlagerung von Eingeweiden in das Perikard gedacht werden (HANDLEY u. HAVILL, 1975).

Über die Pathogenese des posttraumatischen Herzbeutelergusses wird diskutiert. Autoimmunreaktionen erscheinen insbesondere bei Ergüssen in der Spätphase möglich. In diesem Sinne beschreiben MARCHEIX u. Mitarb. (1975) zwei Fälle von Perikarditis nach geschlossenem Thoraxtrauma. Sie deuten die Perikarditis als Immunreaktion, wobei sie vergleichend auf das Postinfarkt- und Postkardiotomie-Syndrom hinweisen.

7. Pericarditis haemorrhagica ist ein Begriff, der nur beschreibend markiert, daß der zu beobachtende Erguß blutig ist. Nicht zu verwechseln ist dieses Symptom mit dem Hämoperikard, also einer Blutung in den Herzbeutel jedweder Genese. Ursache der hämorrhagischen Perikarditis können tuberkulöse, sogenannte idiopathische Perikarditiden sein, ferner primäre und sekundäre Herztumoren sowie Perikardbeteiligung bei malignen Tumoren (SALIVATHI, 1949; WHITE, 1947, FRIEDBERG, 1959; HERRMANN u. Mitarb., 1952; SCHÖLMERICH, 1952; MCGUIRE u. Mitarb., 1954; GROSSE-BROCKHOFF u. SCHREIBER, 1955). Bei der Vielzahl der in Frage kommenden pathogenetischen Faktoren erhebt sich allerdings die Frage, ob es berechtigt ist, den symptomatischen Begriff der Pericarditis haemorrhagica als selbständige Form einer Perikarditis aufzuführen.

8. Pericarditis purulenta. Sie ist Begleitsymptom einer schweren Primärerkrankung und und entsteht

a) hämatogen bei Infektions- und septischen Prozessen
b) fortgeleitet aus der Nachbarschaft
c) bei septischer Myokarditis (NIKOLAJEW, 1937).

Praktisch sämtliche Erreger können eine eitrige Perikarditis hervorrufen. Die häufigsten Erreger sind Staphylokokken, Streptokokken und Pneumokokken. Seit Einführung der Sulfonamide und Antibiotika in die Behandlung ist die Prognose nicht mehr infaust; der Anteil der eitrigen Perikarditiden ist insgesamt erheblich zurückgegangen. In ihrem Gesamtkrankengut beziffern GROSS u. Mitarb. (1970) die eitrige Perikarditis mit 3% gegenüber 20 bis 30% in der Vorantibiotikaära.

Auch heute sind Herztamponaden möglich, die ein rasches Eingreifen über die Antibiotikamedikation hinaus notwendig machen (EHRICH u, Mitarb., 1975). In seltenen Fällen können Abzesse der Nachbarschaft des Herzbeutels in das Perikard penetrieren. So berichten u.a. IBARRA-PEREZ u. Mitarb. (1972) über 11 Amöbenabszesse bei Jugendlichen und Kindern, die von der Leber in das Perikard eingebrochen waren und sogar zur Herzkompression bzw. Tamponade geführt hatten. Bei 6 Kindern wurde die Diagnose erst postmortal gestellt. Die purulente Herzbeutelentzündung führt oft zur Verschwielung und Verkalkung. In ca. 5% ist mit einer Pericarditis constrictiva zu rechnen.

9. Perikarditiden nach Operationen am Herzbeutel oder dem Herzen treten zusammen mit Fieber, Pleuritis und Pneumonien auf. Das verzögert postoperativ beginnende Krankheitsbild erhielt den Namen Postkardiotomie- oder Postperikardiotomie-Syndrom. Schon die letztere Bezeichnung deutet an, daß zur Genese lediglich die Eröffnung des Perikards notwendig ist (GREMMEL u. LÖHR, 1975). Die postoperativen Perikarditiden sind pathogenetisch zusammen mit dem Dressler-Syndrom und manchen Fällen von posttraumatischen Ergüssen des Herzbeutels zu nennen (DRESSLER, 1962; MCGUINNESS u. TAUSSIG, 1962; RIEDERER, 1969; GOODKIND u. Mitarb., 1960).

10. Iatrogen entstandene Perikarditiden. Darunter sind Herzbeutelentzündungen zu verstehen, die durch ärztliche Maßnahmen zur Diagnostik oder im Rahmen einer Therapie auftreten. Sie sind in der Regel als unvermeidbar oder nicht vorhersehbar zu betrachten und müssen zum Beispiel als Nebenwirkung einer eingreifenden Therapie in Kauf genommen werden, wenn zu erwarten ist, daß Behandlungserfolg und mögliche Nebenwirkung in einem angemessenen Verhältnis zueinander stehen. Große chirurgische Eingriffe an Thorax und Herz setzen gewöhnlich präoperativ mit Risiken behaftete Untersuchungen voraus.

So ist durch die Einführung differenter Untersuchungsmethoden in die klinische Diagnostik wie Vorhof- und Ventrikelpunktion an einen hämorrhagischen Erguß als Komplikation (bei Tachykardie, Dyspnoe, obere und untere Einflußstauung, zentrale Venendruckerhöhung) zu denken, der bei Nichterkennung zu einer Herztamponade führen kann (GROSSE-BROCKHOFF u. LOOGEN, 1957).

Als besondere Formen der iatrogenen Perikarditis sind zu nennen:

a) Perikarditis nach Einbringen von Fremdstoffen (Medikamente, Kontrastmittel) in den Herzbeutel. So beschreiben DEL CORSO und RANGO (1969) einen Fall von akuter exsudativer Perikarditis nach Injektion von Kontrastmittel in den Herzbeutel bei einer Ventrikulographie.

b) Perikarditiden unter Chemotherapie. APPELBAUM u. Mitarb. (1976) berichten über Herzbeutelergüsse im Rahmen einer unspezifischen Herzmuskelzelläsion (Myoperikarditis), hervorgerufen durch hohe Dosen von Chemotherapeutika, die zur Vorbereitung einer Knochenmarkstransplantation verabreicht wurden. Sie sahen bei 4 von 15 Patienten mit hochdosierter Polychemotherapie — wobei für 4 Tage u. a. 45 mg/kg/die Zyklophosphamid gegeben wurde — 5 bis 9 Tage nach Therapiebeginn das Auftreten schwerer Krankheitsbilder mit Perikarderguß und tödlichem Ausgang. Über Toleranzdosen und Kardiotoxizität von Chemotherapeutika orientiert die Arbeit der genannten Autoren.

Auf die synergistische Wirkung von Zytostatika (u.a. Adriamycin) und die Strahlentherapie wiesen ELTRINGHAM u. Mitarb. (1975) hin.

c) Perikarditiden nach Strahlenbehandlung. Herz und Herzbeutel wurden lange als relativ strahlenresistent angesehen. So lehnt COTTIER (1966) in diesem Handbuch, Bd. II/2 die Möglichkeit eines Dauerschadens durch die Bestrahlung am Herzen weitgehend ab. Er belegt seine Aussage mit zahlreichen Zitaten aus der Literatur, Beobachtungen am Menschen und Tierexperimente betreffend (u.a. VAETH u. Mitarb., 1961). Dennoch erscheint eine Relativierung dieser Aussage notwendig, wie die zahlreichen Veröffentlichungen der letzten Jahre beweisen (KAGAN u. Mitarb., 1969; KAPLAN, 1972; MASLAND u. Mitarb., 1968; MARTIN u. Mitarb., 1975; MACLEOD u. Mitarb., 1969; GREENWOOD u. Mitarb., 1974; STEWART u. FAJARDO, 1971; CATTERHALL, 1960; PIERCE u. Mitarb., 1967; LANDBERG u. Mitarb., 1972; MORTON u. Mitarb., 1973; ELLIS, 1969; WINSTON u. Mitarb., 1969; MARKS u. Mitarb., 1973; GREEN u. Mitarb., 1977).

Nach Strahlendosen von 4000 RH in 4 Wochen muß nach LANDBERG u. Mitarb. (1972) mit einem Herzbeutelerguß gerechnet werden. Als Toleranzdosen für das Perikard werden von ihnen sowie von STEWART u. FAJARDO bei kleinvolumiger Bestrahlung 1850 ret und bei großvolumiger Bestrahlung 1500 ret angegeben. WINSTON u. Mitarb. benennen die *N*ominal *S*tandard *D*osis (NSD) mit 1800 ret für Gammabestrahlung des Kobalt-60[1]).

Es handelt sich um die von ELLIS (1969) inaugurierte normale Bindegewebstoleranzdosis gegenüber Strahlung, der *N*ominalen *S*tandard *D*osis; die NSD (ret) berücksichtigt Dauer der Bestrahlung, Höhe der applizierten Gesamtdosis und die Fraktionierung. Die Formel lautet: $NSD = D \times N^{-0{,}21} \times t^{-0{,}11}$. D = Gesamtdosis in rad, N = Zahl der Fraktionen, t = Gesamtdauer in Tagen.

Die Schwere des Ergusses ist nach STEWART u. FAJARDO (1971) von der eingestrahlten Dosis abhängig. Bei Beachtung der Toleranzgrenze ist in weniger als 5% mit leichten Perikarditiden zu rechnen.

Patienten mit Morbus Hodgkin neigen nach JOHNS u. WEDGOOD (1960) sowie PIERCE u. Mitarb. (1969) jedoch eher zum Perikarderguß, wenn dem Perikard benachbarte Lymphknotenregionen befallen sind. KYGAN u. Mitarb. (1972) beobachteten bei 109 Patienten, die zumeist über ein ventrales mediastinales Feld mit Gammastrahlen des Kobalt-60 bestrahlt wurden, 24mal einen Perikarderguß. Der Perikarderguß trat bei Mediastinalbefall 4mal häufiger auf. MARKS u. Mitarb. (1973) sahen bei 2 von 87 Patienten (4000 RH) eine Perikarditis. Sie diskutieren eine individuelle Sensibilität, die das Auftreten der Perikarditis zu beeinflussen vermag.

Die radiogenen Perikarditiden nehmen grunsätzlich den gleichen Verlauf wie Perikarditiden anderer Genese. Die Verläufe sind variabel. Eine Spontanheilung erscheint ebenso möglich wie das Auftreten des Ergusses nach freiem Intervall bis zu Jahren (STEWART u. Mitarb., 1967; HAAS, 1969). Auch ein sogenannter chronischer Perikarderguß ist nach Bestrahlung möglich.

Schließlich wird der Übergang in eine konstriktive Form beobachtet. Das Krankheitsbild vermag sich anscheinend zu verselbständigen und mit Eigendynamik abzulaufen. Tamponaden werden nicht selten beobachtet (MORTON u. Mitarb., 1973). In einer Literaturzusammenstellung wird von LAWSON u. Mitarb. (1972) über 43 Patienten mit radiogener Perikarditis aus dem englischen Schrifttum berichtet. Die Herzbeutelentzündungen traten zumeist nach Bestrahlung wegen Mammakarzinoms oder nach Mediastinalbestrahlung wegen eines Morbus Hodgkin auf. Von ihren 98 eigenen Patienten der Jahre 1968 bis 1970, die wegen eines Bronchial-Karzinoms mit 4500 bis 5000 rad bestrahlt worden waren — etwa 50% des Herzvolumens lagen im Bestrahlungsfeld — bekamen innerhalb eines Jahres 4% eine Perikarditis. Die Autoren betonen den Wert der Diagnose Herzbeutelerguß, da die Vergrößerung des Herzschattens und des Mediastinums nicht selten für ein Tumorrezidiv mit entsprechenden Konsequenzen gehalten wird.

---

[1] ret = *r*ad *e*quivalent *t*herapy ist analog rem.

Ausführliche Angaben liegen von KAPLAN (1972) über Komplikationen am Herzen nach Bestrahlung wegen eines Morbus Hodgkin vor. Sie ereignen sich nach Dosen über 3500 rad bei Applikation von 1000 bis 1100 rad/Woche. Ob niedrigere Dosen ausreichen, läßt sich nach KAPLAN nicht mit Bestimmtheit aussagen, da seine Population mit niedriger Dosis zu gering ist. Von 592 in einer Serie wegen Morbus Hodgkin mit 4000 bis 4400 rad in ca. 4 Wochen bestrahlten Patienten bekamen: 32 (5,4 %) eine Herzerkrankung, davon verliefen 16 klinisch asymptomatisch. Die Diagnose wurde auf Grund der Vergrößerung des Herzschattens im Röntgenbild diagnostiziert. 9 Patienten hatten eine geringe Symptomatik, die sich spontan besserte; 7 erkrankten schwer, von diesen 4 mit einer konstriktiven Perikarditis, die eine chirurgische Behandlung notwendig machte und 1 Patient verstarb (0,3 %).

Die Rate schwerer Nebenwirkungen erhöhte sich bei Wiederholungsbestrahlungen (41 Patienten) auf 19,5 % (8 Patienten). Von 5 schweren Erkrankungen verliefen 3 (7,3 %) letal. Nach STEWART u. FAJARDO (1971) ist bei Beachtung der Toleranzgrenze mit weniger als 5 % leichter Perikarditiden zu rechnen. Auch diese Autoren sahen bei Zweitbestrahlung des Mediastinums mit tumorwirksamen Dosen ein zunehmend hohes Risiko. Die Komplikationsrate wächst nach PIERCE u. Mitarb. (1969) schon bei der ersten Strahlenbehandlung, wenn vornehmlich über ein ventrales Feld auf das Mediastinum eingestrahlt wird, da eine höhere Dosis für das Herz resultiert. Sie wiesen bei 19 von 87 Patienten (21 %) einen Perikarderguß nach.

Bei 86 von GREENWOOD u. Mitarb. (1974) zumeist wegen eines Morbus Hodgkin bestrahlten Kindern entwickelten sich 8 Perikarditiden (nach 4 Monaten bis $3^2/_{12}$ Jahren). 3 Kinder verstarben an den Folgen der Bestrahlung. Bei der Sektion bestanden neben der Perikarditis Myokardfibrosen sowie Schwund der anterolateralen Papillarmuskeln und der Sehnenfäden der Mitralklappe. Die letzten Befunde erklären das Fortschreiten der Erkrankung nach anfänglicher Besserung der Symptomatik im Anschluß an die Perikardektomie.

MASLAND u. Mitarb. (1968) berichten über 3 chronische Ergüsse nach Bestrahlung des Mediastinums mit Gammastrahlen des Kobalt-60 (Gesamtdosen: 9600, 8050 und 6700 rad). Die Patienten erlagen der Progredienz ihres Grundleidens. Die Toleranzgrenze des Perikards wird mit 5000 rad auf der Ventralseite des Herzens angegeben. BYHARDT u. Mitarb. (1975) beziffern die Perikardergüsse nach Mantelfeldbestrahlung wegen eines Morbus Hodgkin (I-III) mit 28,9 % (24 von 83).

Der Erguß blieb bei 10 Patienten asymptomatisch. Nur in 4 Fällen kam es nicht zu einer Spontanheilung. Hier zwang ein chronischer Erguß zur Perikardektomie. Die applizierten Strahlendosen betrugen, berechnet auf die Mittellinie 4000 rad (1000 rad/Woche). Die durchschnittliche Perikarddosis errechnen sie mit 5325 rad (1823 ret), die mittlere „Herzdosis" mit 4625 rad (1558 ret).

11. Perikarditis bei Lupus erythematodes wird nach FRIEDBERG (1972) gelegentlich beobachtet; der Erythematodes dissiminatus sollte insbesondere bei Auftreten eines chronischen Perikardergusses in die differentialdiagnostischen Überlegungen mit einbezogen werden. In einer Studie (520 Patienten) von DUBOIS u. TUFFANELLI (1964) wird der Perikarderguß sogar in 30 % beobachtet. HEJTMANCIK u. Mitarb. (1964) geben seine Häufigkeit mit 17 % (142 Patienten) an (s. a. SCHÖLMERICH, 1962).

12. Seltene Formen:

a) Cholesterin-Perikarditis (BRAWLEY u. Mitarb., 1966; KINDRED u. Mitarb., 1969)
b) Allergische Perikarditis
c) Perikarditis bei Toxoplasmose (u. a. HAKKILA u. Mitarb., 1958).

JONES u. Mitarb. (1965) berichten über eine Perikarditis durch Toxoplasmose. Die Diagnose wurde durch Nachweis von Toxoplasma Gondii aus einem Halslymphknoten gestellt.

d) Coxsackie-Virus-Perikarditis (WEINSTEIN, 1957).

e) Tularämie-Perikarditis (MARSHALL u. ZIMMERMANN, 1957).

f) Perikarditis durch Echinokokkus.

An Hand von 6 Patienten berichten PEREZ-GOMEZ u. Mitarb. (1973) über Echinokokkusbefall des Herzens mit Auftreten von Perikarditiden und Ergüssen, die sogar zur Herztamponade führten.

13. Hydroperikard. Diese Erkrankung kann zwar im Röntgenbild die gleichen Erscheinungen auslösen wie eine Perikarditis exsudativa; sie gehört aber nicht zur Gruppe der eigentlichen Perikarditiden. Sie ist ein Begleitsymptom bei Myxödemherzen und stärkeren Störungen des Wasser- und Elektrolythaushaltes. Nach HEGGLIN (1966) darf die Verbreiterung des Herzschattens bei Myxödem nur nach Ausschluß eines Ergusses als myogen diagnostiziert werden, da in ca. einem Viertel der Fälle ein Hydroperikard nachweisbar ist, welches nach Therapie des Myxödems verschwindet (KERBER u. SHERMANN, 1975). Ungewöhnlich ist beim Myxödem die Herztamponade.

b) Röntgenbefunde bei akuter Perikarditis

α) Pericarditis sicca

Etwa 80% der akuten Perikarditiden (SCHÖLMERICH, 1962) gehen über das Stadium der rein fibrinösen Entzündungen nicht hinaus. Sie entziehen sich damit einer röntgenologischen Darstellung (HECKMANN, 1937; FREEDMANN, 1939), da weder Verformungen der Herzfigur noch diagnostisch verwertbare Bewegungseinschränkungen nachweisbar sind. Erst als Folgezustand sind eventuell geringgradige Verwachsungen des äußeren Perikardblattes mit dem umgebenden Gewebe zu erkennen. Der Übergang in eine lokale konstriktive Perikarditis ist äußerst selten.

β) Pericarditis exsudativa

Sobald neben der Fibrinabsonderung exsudative Prozesse eintreten und damit die normalerweise 30—50 cm³ betragende Perikardflüssigkeit erheblich vermehrt wird, sind röntgenologisch z.T. typische Veränderungen vorhanden. Ob Ergußmengen unter 250 ml beim Erwachsenen Einfluß auf die Herzsilhouette haben, wird allerdings von FRIEDBERG (1972) in Frage gestellt. Nach tierexperimentellen Untersuchungen (SOULEN u. Mitarb., 1968; MELLINS u. Mitarb., 1959) und Beobachtungen beim Menschen (STEINBERG u. Mitarb., 1958) sammelt sich der Erguß zuerst oberhalb des Zwerchfells, um sich anschließend bei zunehmendem Flüssigkeitsvolumen vorn und dann seitlich des Herzens zu verteilen. Selbst bei großen Ergüssen findet sich dorsal des Herzens wenig oder keine Flüssigkeit. Die Verteilung des Herzbeutelergusses wird mitbeeinflußt von der Bewegung der Zwerchfellkuppeln bei den Atemexkursionen und durch die Eigenbewegungen des Herzens sowie von den Druckverhältnissen in der Umgebung des Herzens (HECKMANN, 1963).

Folgende Faktoren verdienen bei der röntgenologischen Beurteilung Beachtung:

Durch abnormen Zwerchfellhochstand kann auch beim herzgesunden Patienten eine Ergußkonfiguration vorgetäuscht werden. Abb. 1 und 2 zeigen die Variabilität der Herzkontur.

Die zum röntgenologischen Nachweis notwendige *Ergußmenge* hängt von der Herzgröße bzw. der Herzoberfläche ab. Bei kleinen Herzen ist die erforderliche Minimalmenge gering, bei großen Herzen erheblich. Die Werte liegen zwischen etwa 300 und 500 cm³. (Eingehende Untersuchungen von WHITE u. CAMP, 1932.)

Die entstehenden *Formveränderungen* sind bedingt durch:

1. die normalen Fixationspunkte des Perikards;
2. die eventuell vorhandenen zusätzlichen Fixierungen durch vorhergehende Verwachsungen mit der Umgebung;

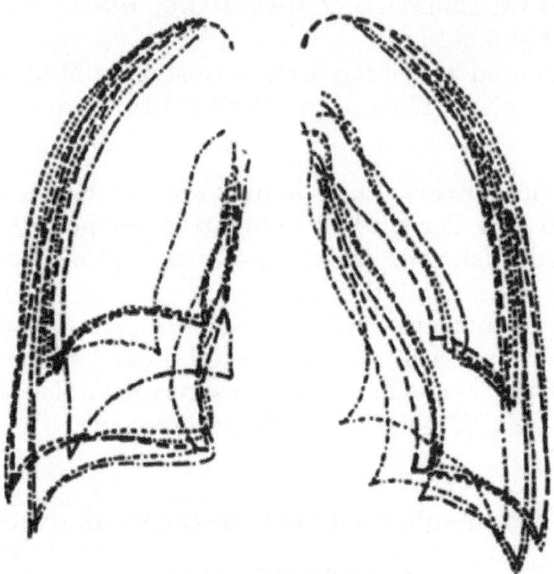

Die Verschiebung des Herzens bei der Inspiration und Exspiration im Stehen ———, Bauchlage -..-..-, Rückenlage ......, Rechtslage —.—.—., Linkslage —..—..—

Abb. 1. Durch unterschiedlichen Zwerchfellstand und unterschiedliche Körperlage bedingte Variation der Herzkontur (Skizzen von Herzfernaufnahmen eines 21 jährigen gesunden Mannes)

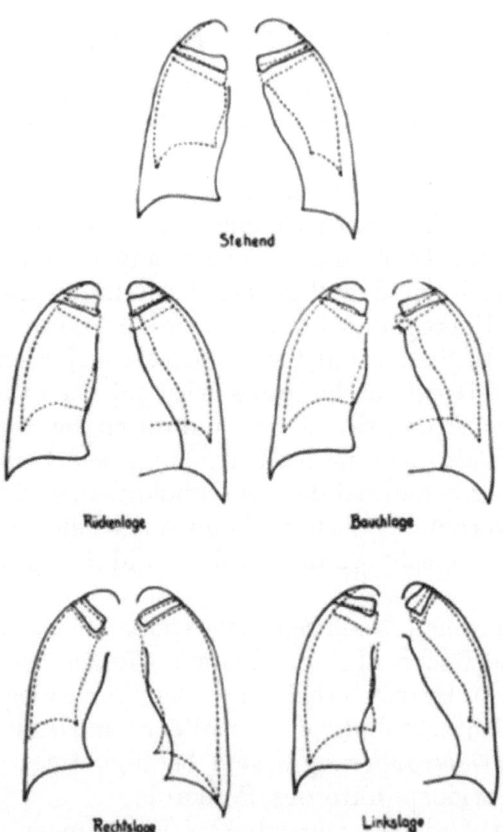

Abb. 2. Darstellung der in Abb. 1 gezeigten Variationsmöglichkeiten der Herzkontur

3. die relative Menge der Perikardflüssigkeit (Verhältnis der Flüssigkeitsmenge zur Herzgröße);

4. die Dehnungsfähigkeit des äußeren Perikards. Sie ist abhängig vom Alter des Patienten, von der Geschwindigkeit der Ausbildung des Perikardergusses (bei langsamer Ausbildung große Dehnungsfähigkeit, bei schneller Ausbildung geringe Dehnungsfähigkeit) und vom Stadium der Erkrankung. Bei Entwicklung des Ergusses wird der Turgor des Perikards prinzipiell höher sein als in der Phase der Rückbildung des Ergusses. Klinisch ist wichtig, daß die hämodynamischen Rückwirkungen — besonders auf die Füllung des rechten Ventrikels — um so größer sind, je gespannter der Erguß ist. Außerdem bestehen lokale Unterschiede durch eventuell vorher abgelaufene entzündlich vernarbende Prozesse.

Bei „schlaffen" Ergüssen (HECKMANN, 1937), d. h. bei geringgradigem Turgor des äußeren Perikardblattes, ist eine Ausladung der jeweils unteren Partien (rechts und links lateral sowie hinten kaudal), die deutliche Lageabhängigkeit aufweist, zu finden („Dreiecksform"). Je praller der Erguß, d. h. je größer der Turgor des äußeren Perikardblattes ist, desto kugelförmiger wird der Herzschatten. Der Herzzwerchfellwinkel ist dabei spitz. Die Tendenz zur Kugelform wird begrenzt durch die Fixationspunkte am Gefäßstamm und an der Zwerchfellauflage, so daß die „Bocksbeutelform" bzw. „Kürbisform" entsteht.

5. Die nach abklingendem Erguß bleibenden *Verwachsungen* im Herzzwerchfellwinkel werden bestimmt von dem Grad des Übergreifens der entzündlichen Prozesse auf die Umgebung und von der Kontaktfläche, die bei schlaffem aufliegendem Erguß größer sein wird als bei straffem gespanntem Erguß.

Die durch Perikarderguß bedingte *Beeinflussung der Herzrandbewegungen* ist abhängig von folgenden Faktoren:

1. Ursprüngliche Bewegungsmechanik der äußeren Herzmuskelbezirke.

2. Relative Menge des Ergußmantels (Relation zwischen Flüssigkeitsmenge und Herzgröße) (MARTIN u. SCHENK, 1960; KUHN, 1964).

3. Turgor des gedehnten Perikards (schlaffer oder praller Erguß nach HECKMANN, 1937). Bei „schlaffem" Perikard besteht eine deutliche Lageabhängigkeit, d. h. die Aufhebung der Bewegung ist besonders stark in den jeweilig abhängigen Partien, während in den oberen Anteilen der Herzmuskel wieder Kontakt mit dem Perikard bekommt und Doppelbewegungen, die kymographisch nachweisbar sind, auftreten (HECKMANN, 1937). Bei „prallem" Erguß entsteht eine Gesamtbewegungseinschränkung, die nur geringgradige Lageabhängigkeiten aufweist.

4. Ausdehnung des Ergußmantels. Bei gekammerten oder durch Verwachsungen begrenzten lokalen Ergüssen sind umschriebene, lageunabhängige Bewegungsveränderungen nachweisbar. An den jeweils oberen Ergußgrenzen können bei schlaffem Erguß Undulationsbewegungen vorhanden sein.

Die vielfältigen für Perikarderguß typischen röntgenologischen Veränderungen, wie sie von zahlreichen Untersuchern beschrieben wurden, sind bei Berücksichtigung der genannten Faktoren verständlich und lassen sich von den dargestellten Prinzipien ableiten (RÖMHELD, 1912; DIETLEN, 1913; PENDERGRASS, 1927; COLA, 1935; HECKMANN, 1937; FREEDMANN, 1939; WALLDEN, 1942; FENICHEL u. EPSTEIN, 1946; NAUMANN, 1946; ZDANSKY, 1949; PESCADOR, 1952; HOLZMANN, 1952; TESCHENDORF, 1952; STAUFFER u. Mitarb., 1960; STEINBERG, 1961; ZDANSKY, 1962; SCHÖLMERICH, 1962; HECKMANN, 1963 ELKE, 1964; THURN, 1968; ELLIS u. KING, 1973; GREMMEL u. LÖHR, 1975; GREEN u. Mitarb., 1977).

Im einzelnen können folgende Untersuchungsmethoden zur Diagnose beitragen:

Die *Herzfernaufnahme* gibt bei klinischem Verdacht oder im Verlauf einer Kontrolluntersuchung zumeist erste Hinweise auf einen Herzbeutelerguß. Dabei muß der Wert einer Thoraxaufnahme, die *vor* der Erkrankung aufgenommen wurde, betont werden. Zu beachten ist jede plötzliche Größen- und Formänderung des Herzschattens; insbesondere wenn Zeichen eines Linksherzversagens fehlen (ELLIS u. KING, 1973). Das „Pulmonalissegment" bedarf dabei der besonderen Aufmerksamkeit. Der Erguß läßt die Herztaille verstreichen. Nicht selten rundet sich der Herzschatten ab. Nach STOLZ u. Mitarb. (1974) ist das Verstreichen der Herztaille im Kindesalter auf dem Übersichtsbild des Thorax ein frühes Zeichen des Perikardergusses, welches der Kugelform deutlich vorausgeht. Die Herzzwerchfellwinkel werden mit Größerwerden des Ergusses spitz. Es entsteht die „Beutelform" des Herzens insbesondere bei rasch zunehmenden Ergüssen.

Auf der seitlichen Thoraxaufnahme engt sich der Herzvorderraum ein (ELLIS u. KING, 1973). Die Füllung des Recessus inferior posterior pericardii verbreitert den Herzschatten nach dorsal. Die Dreieckform des Herzschattens formt sich eher bei langsam wachsenden Ergüssen. Die Flüssigkeitsansammlung unter dem Herzen drängt den Herzbeutel nach unten und vermag die Magenblase von kranial einzudellen. Lagewechsel hat bei prallem

Die Abb. 3—7 zeigen die Röntgenbefunde bei einer sich langsam entwickelnden Perikarditis exsudativa wahrscheinlich tuberkulöser Genese (27jährige Patientin). Die Patientin gab bereits mehrere Monate vor der stationären Aufnahme Leistungsminderung und subfebrile Temperaturen an. Kurzluftigkeit und Herzstiche traten hinzu. Bei der stationären Aufnahme bestanden bereits klinisch und röntgenologisch die typischen Zeichen einer Perikarditis exsudativa (Abb. 3). Das Probepunktat war steril und zellarm (Leukozyten). Da rheumatische Begleiterscheinungen bestanden, erfolgte zuerst Behandelung mit Irgapyrin. Unter dieser Behandlung Zunahme des Ergusses (Abb. 4 und 5). Erst auf Behandelung mit Decortin und Tuberkulostatika erfolgte Rückbildung der röntgenologischen (Abb. 6 und 7) und klinischen Erscheinungen, so daß aus Verlaufs- und Behandlungserfolg auf eine tuberkulöse Genese geschlossen werden mußte.

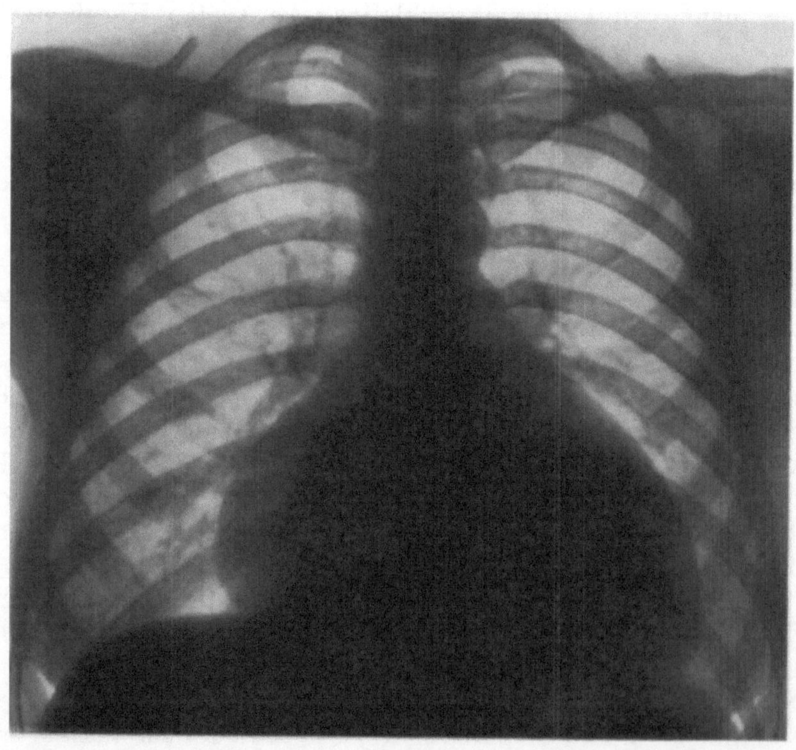

Abb. 3. Perikarditis exsudativia, wahrscheinlich tuberkulöser Genese, bei einer 27jährigen Patientin

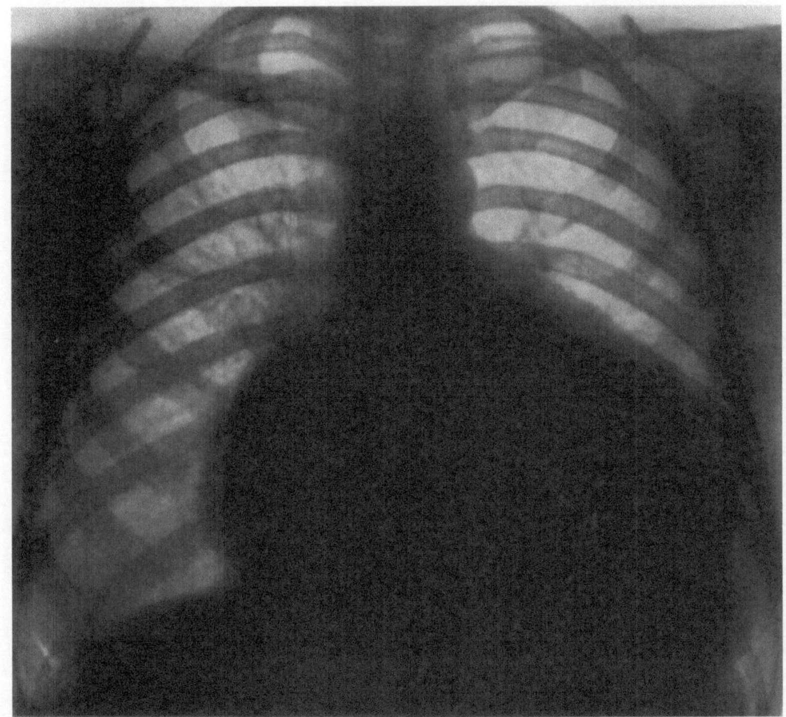

Abb. 4

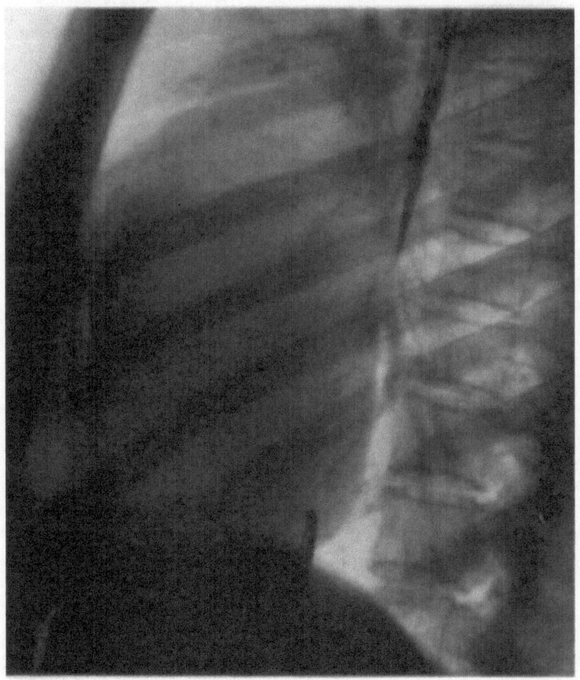

Abb. 5

Abb. 4 u. 5. Posterior-anteriore und seitliche Aufnahme der gleichen Patientin wie Abb. 3. Weitere Ausbildung des Ergusses, typische „Bocksbeutelform“ mit Vorwölbung in den Retrokardialraum

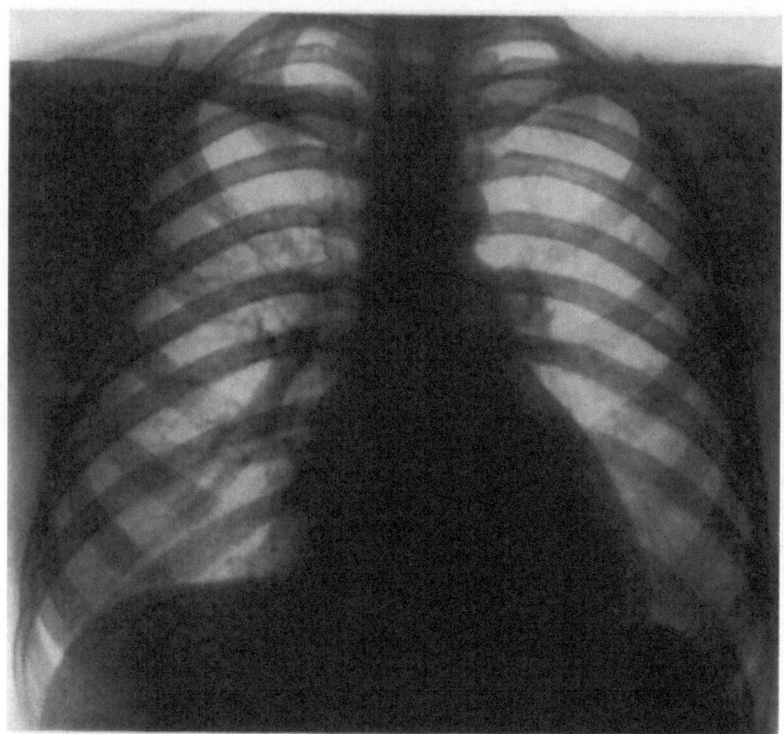

Abb. 6

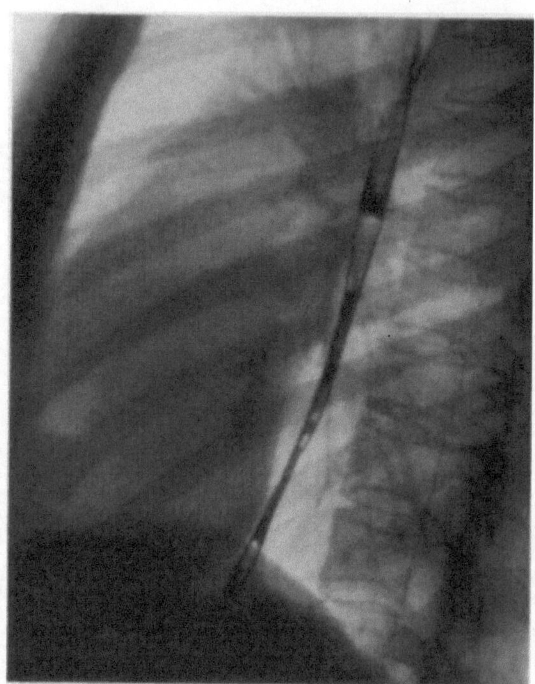

Abb. 7

Abb. 6 u. 7. Auf der posterior-anterioren und seitlichen Aufnahme nachweisbare Rückbildung des Perikardergusses unter Behandlung mit Decortin und Tuberkulostatika (Pat. wie Abb. 3—5)

Die Abb. 8 und 9 zeigen die typische Herzkonfiguration bei einer 58jährigen Patientin mit schlaffem, großem Erguß und Verdrängung des Oesophagus. Anamnese und klinischer Befund sprachen für rheumatische Ätiologie. Unter entsprechender Behandlung Rückbildung des Ergusses.

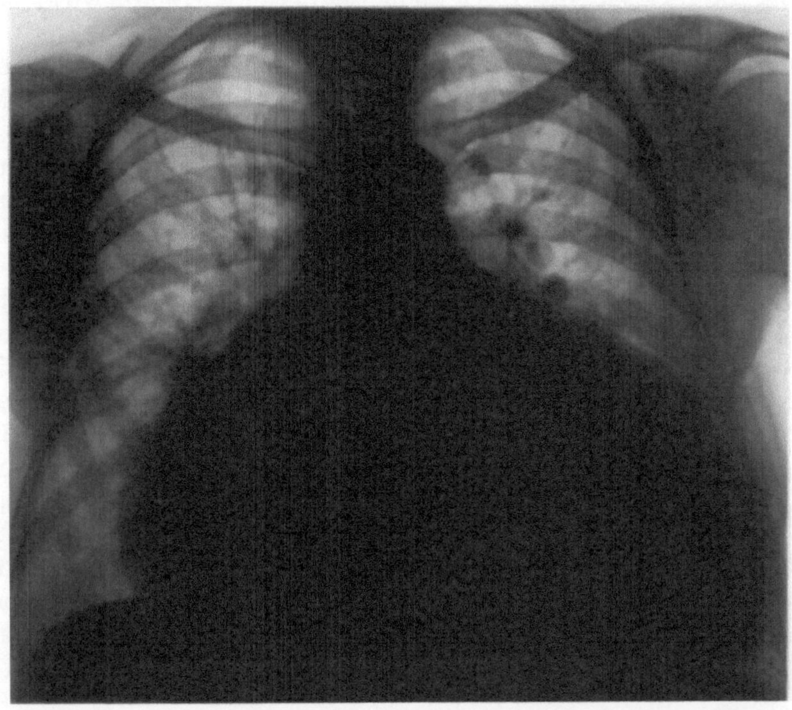

Abb. 8

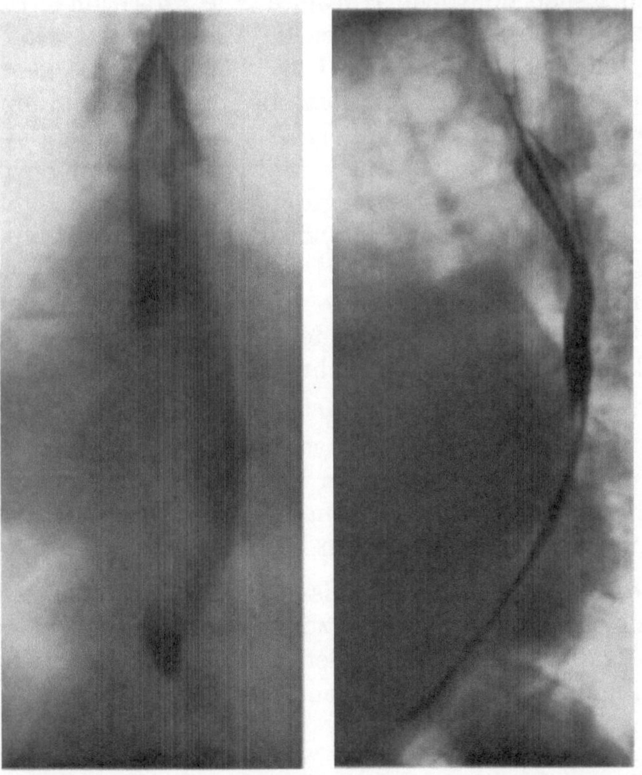

Abb. 9

Abb. 8 u. 9. Typische Herzkonfiguration bei einer 58jährigen Patientin mit schlaffem, großem Perikarderguß und dadurch bedingter Verdrängung des Oesophagus

Erguß nur wenig Einfluß auf die Herzsilhouette (Thurn, 1968), wirkt sich jedoch bei schlaffen Erguß aus (Elke, 1964).

Hämodynamisch wirksame Ergüsse des Herzbeutels ziehen Einflußstauung und entsprechende klinische Symptome (u. a. paradoxer Puls) nach sich (Piehl u. Mitarb., 1972). Im Röntgenbild sind die Verbreiterung des oberen Mediastinums durch die Vena cava cranialis und „leere Lungenfelder“ durch reduziertes Schlagvolumen infolge verminderter diastolischer Füllung erkennbar (Friedberg, 1972; Gremel u. Löhr, 1975). Von verschiedenen Autoren (Ellis u. King, 1973; Torrance, 1955; Kremens, 1955; Holt, 1947; Lane u. Carsky, 1968; Jorgens u. Mitarb., 1962) wird auf den Wert des subepikardialen Fettgewebes für die Diagnose der Pericarditis exsudativa hingewiesen. Es kann sich in sagittaler Projektion so abbilden, daß das parietale Perikard als linearer oder Kurvenschatten entlang dem linken Herzrand zur Darstellung kommt. Bekommt das subepikardiale Fettgewebe auf einer seitlichen Herzfernaufnahme vom ventralen mediastinalen Fettgewebe mehr als 2 mm Abstand, so muß nach Lane u. Carsky (1968) an einen Perikarderguß gedacht werden (65% bei 42 Fällen). Bei Kindern kann mit diesem Phänomen nur in ca. 14% gerechnet werden (Stolz u. Mitarb., 1974; Spooner u. Mitarb., 1977). Bei septischer Perikarditis fehlen nach Lane u. Carsky (1968) die Abhebung des subepikardialen Fettgewebes, was mit einer ödematösen Schwellung erklärt wird. Die Darstellung des perikardialen Streifens kann jedoch auch fehlen, wenn andere Strukturen, wie ventrale Lungenpartien und das Sternum, ihn überlagern. Probleme treten auch bei ungünstiger Zentrierung der Aufnahme sowie bei Asymmetrie des Thorax auf (Ellis u. King, 1973).

Unmittelbar vor jeder eingreifenderen weiteren Untersuchung ist zum Ausschluß eines Pleuraergusses die Anfertigung einer Thoraxaufnahme angezeigt (Turner u. Mitarb., 1966).

Die *Röntgendurchleuchtung* der Thoraxorgane bei Verdacht auf Perikarditis exsudativa bringt in vielen Fällen deutliche Hinweise. Die Pulsationen des Herzschattens sind vermindert (Cornell u. Rossi, 1968, geben 95% an); Friedberg (1972) und Desilets und Mitarb. (1966) meinen, daß bei der Durchleuchtung gelegentlich das Zeichen des „diastolischen Sprunges“ der Ventrikel (diastolic snap) zu erkennen sei.

Der Wert einer Beobachtung bewegungsarmer Herzränder ist für den Herzbeutelerguß mit einem Fragezeichen zu versehen, weil große Herzen gewöhnlich geringe Randbewegungen aufweisen und in der Regel große Outputs durch valvuläre Regurgitation oder große Shunts speziell auch bei Tachykardie oder Vorhofflimmern fehlen (Ellis u. King, 1973). Dazu zeigen Patienten mit Herzbeutelerguß an Stellen mit geringem Abstand von Herz und Herzbeutel kräftigere Pulsationen als in der Umgebung, wie das am bariummarkierten Ösophagus durch den enganliegenden linken Vorhof zu sehen sein kann. Nachteilig ist bei der Durchleuchtung auch ihre Subjektivität.

Das *Tomogramm* des Herzens wird gelegentlich für wichtig erachtet (Jorgens u. Mitarb., 1962). Es soll durch bessere Darstellung des subepikardialen Fettgewebes die Abgrenzung von parietalem und viszeralem Perikard ermöglichen.

Insgesamt erscheint diese Untersuchung im Verhältnis zu ihrem Aufwand und zu anderen Untersuchungen nur von geringem Nutzen.

Das *Ösophagogramm* verdient für die Diagnose der Perikarditis exsudativa Beachtung und zur differentialdiagnostischen Abgrenzung gegenüber der Herzinsuffizienz und zum Mitralvitium. Nach Heckmann (1963) ist der Herzbeutel bei schlaffem Erguß in der Lage, sich so nach dorsal und lateral auszudehnen, daß er im Seitenbild den am hinteren Herzrand fixierten Ösophagus überlappt.

Die allenfalls geringe Gesamtverlagerung des Ösophagus nach dorsal ist ein differentialdiagnostisch wichtiges Symptom zur Abgrenzung gegenüber einer Mitralstenose, bei der der Ösophagus umschrieben durch den linken Vorhof abgedrängt wird (Heckmann, 1963; Thurn, 1968).

Die *Flächenkymographie* gibt durch bessere Erfassung der Herzrandpulsationen zusätzlich diagnostische Hinweise (STUMPF, 1936, 1951; HECKMANN, 1937, 1963; BERNER, 1937; NAUMANN, 1946; HAUBRICH, 1963; FRIEDBERG, 1972; MELLINS u. Mitarb., 1959; HECKMANN u. HAUBRICH, dieses Handbuch, Bd. III 1967, Bd. 10 X/1 1969; SCHÖLMERICH, 1962; HEGGLIN, 1975). Im allgemeinen ist bei mittelgroßem Perikarderguß mit nur kleinen und bei großem Erguß mit aufgehobenen Randzacken im Kymogramm zu rechnen; jedoch gehen Größe des Ergusses und Höhe der Randzacken nicht immer parallel (HAUBRICH, 1963; HECKMANN, 1963). Einerseits darf von einem normalen Kymogramm nicht auf das Fehlen eines Perikardergusses geschlossen werden (u. a. GREMMEL u. LÖHR, 1975); andererseits beweisen niedrige oder sogar aufgehobene Zacken — entsprechend dem Durchleuchtungsbefund — nicht unbedingt den Erguß.

Gewöhnlich zeigen die Randzacken des Flächenkymogramms nach HECKMANN (1963) eine gleichmäßige Dämpfung, da die Vorhofwellen ausgelöscht werden, die Variabilität der Ventrikelbewegungen — zum Teil hervorgerufen durch die Lokomotionsbewegungen des Herzens — im Erguß aufhört und somit eine reine pulsatorische Volumenänderung vorliegt. Im Bereiche des Pulmonalissegments sind die Randbewegungen aufgehoben; die außerhalb des Perikards gelegene Aorta hat normal große Ausschläge. Gelegentlich wird eine Aufspaltung der Randzacken im Bereiche des linken Ventrikelbogens beobachtet.

Durch Lageänderung bedingte Bewegungsbeeinflussungen lassen sich bei schlaffem Erguß (Wiederauftreten oder Verstärkung der Herzrandpulsationszacken und Doppelzacken durch Undulationsbewegung) nachweisen. Eine erhebliche Diskrepanz zwischen ausgeprägten Aortenzacken und geringen Pulsationszacken des linken Ventrikels kann auf einen schlaffen Erguß hinweisen (BERNER, 1937).

Die Regelmäßigkeit der Randzacken als Ausdruck reiner Volumenänderung kann nicht als sicheres Zeichen gewertet werden, da sie auch bei vergrößertem Sportherzen beobachtet werden (REINDELL, 1949).

Daß gerade bei großen und prallen Ergüssen Randpulsationen wieder sichtbar werden können, erklärt HECKMANN (1963) damit, daß durch starke Rückstauung des Blutes durch Kompression von Hohlvenen und Vorhöfen das Ansaugen und Auspressen der Vorhöfe unwirksam wird und die Herzpulsationen wieder auf die Perikardoberfläche durchschlagen.

Die *Elektrokymographie* stellt gegenüber der Flächenkymographie insofern eine Verbesserung dar, als durch Mitregistrierung eines Bezugsystems (Elektro-Kardiogramm, Phonokardiogramm, Pulskurve) eine exakte zeitliche Zuordnung der einzelnen Phasen des Randbewegungsablaufes möglich ist (HENNY u. BOONE, 1945, 1947; LUISADA u. Mitarb., 1948; MORGAN, 1949; HECKMANN, 1952, 1963; HEYER u. BOONE, 1952; DACK u. PALEY, 1952; HAUBRICH, 1963). Durch Phasenanalyse können systolische Entleerungs- und diastolische Füllungsvorgänge von der Lokomotion des Herzens unterschieden werden. Diese Unterscheidung kann bei größeren Ergüssen differentialdiagnostisch wertvoll sein, da hierbei die Perikardbewegung weder durch die Aktion einzelner Herzabschnitte noch durch die Herzlokomotion, sondern allein durch die Volumenänderung bedingt ist. Auf die durch Dichteunterschiede bedingte Fehldeutungsmöglichkeit (bei geringen Dichteunterschieden werden kleine Zacken, bei großen Dichteunterschieden größere Zacken vorgetäuscht) wiesen SCHLEGEL und SCHÖLMERICH (1953) hin. Das Verfahren konnte sich bisher wegen fehlender Eichbarkeit und wegen dieser mangelhaften individuellen Einsatzbereitschaft nicht durchsetzen.

Angiographische Befunde und Herz-Katheterbefunde sind als sehr differente Methoden bei bestimmten Fällen zur differentialdiagnostischen Klärung angebracht (WILLIAMS u. STEINBERG, 1949; WOOD, 1950, 1953; BENGOA u. Mitarb., 1950; LEVY u. Mitarb., 1952; BESTERMANN u. THOMAS, 1953; ELLIS u. KING, 1973; PYLE, 1966; BARGON u. NOBBE, 1975; GOLDENBERG u. BROGDAN, 1968; GREMMEL u. LÖHR, 1975; FRIEDBERG, 1972;

BEDFORD, 1964; STEINBERG, 1968; KHAN u. Mitarb., 1973; STEINBERG u. ROTHBARD, 1964; SPITZ u. HOLMES, 1972; CORNELL u. ROSSI, 1968).

Die Technik bei der Darstellung der Herzhöhlen wird von LÖHR u. Mitarb. in diesem Handbuch, Bd. X/1, ausführlich abgehandelt.

Katheterlose Verfahren mit Injektion von positivem Kontrastmittel in die Venen (BARGON u. NOBBE, 1975; ELLIS u. KING, 1973; PYELE 1966) werden wegen ihres geringen Aufwandes und ihrer relativen Gefahrlosigkeit empfohlen. Sie sind bei ihrem Aussagewert bei Ergüssen um 200—300 cm^3 ebenso zuverlässig wie die Verfahren mit Radioisotopen (GOLDENBERG u. BROGDAN, 1968). Es genügen Kontrastmittelmengen von 30—80 cm^3, die von einigen Autoren in Seitenlage injiziert werden. Aus der Dicke des rechten Herzrandes (Normalmaß bei Erwachsenen bis 5 mm) kann auf das Vorliegen eines Herzbeutelergusses geschlossen werden. Ergußmengen um 100 cm^3 sind mit diesem Verfahren offensichtlich nicht zu diagnostizieren.

Als negatives Kontrastmittel, welches ebenfalls katheterlos i.v. appliziert wird, bietet sich als Gas wegen seiner geringen Toxizität und seiner großen Löslichkeit, Kohlendioxid (CO_2) an. Nach den ersten Arbeiten (u.a. OPPENHEIMER u. Mitarb., 1956; GROSSE-BROCKHOFF u. Mitarb., 1957; HÖFFKEN u. Mitarb., 1957) erschienen zahlreiche Veröffentlichungen, die sich mit der CO_2-Darstellung insbesondere des rechten Herzens befassen (SCATLIFF u. Mitarb., 1959; SPODICK, 1964; VIAMONTE, 1962; ADAMS u. Mitarb., 1968; PHILLIPS u. Mitarb., 1961; PAUL u. Mitarb., 1957; HEGGLIN, 1966; SOLOFF u. ZATUCHNI, 1957; ORMOND, 1970).

Dabei werden je nach Autor 50—100 ml reiner Kohlensäure zumeist in Linksseitenlage injiziert und nach 30 sec bis 1 min Röntgenaufnahmen des Thorax angefertigt (u. a. ORMOND, 1970; SOLOFF u. ZATUCHNI, 1957; PHILLIPS u. Mitarb., 1961). Die Diagnose sollte wegen einer möglichen Fehlbeurteilung nicht an Hand einer Einzelaufnahme gestellt werden (ADAMS u. Mitarb., 1968).

Die Variabilität der Abstände des rechten Vorhofes von der Lunge ist bei der CO_2-Darstellung des Vorhofs geradezu ein Kriterium für das Vorliegen eines Herzbeutelergusses. Eingehende Untersuchungen ergaben gute Übereinstimmung zwischen Röntgenbefunden, klinischen Daten sowie Befunden bei Autopsien (SCATLIFF u. Mitarb., 1959). Fehlinterpretationen erscheinen bei einem rechtsseitigen Pleuraerguß oder einer Verschwielung möglich (ORMOND, 1970). Ein rechtsseitiger Pleuraerguß führte auch bei einer vergleichenden Untersuchung an 31 Patienten (SHUFORD, u. Mitarb., 1966), die im Hinblick auf die Wertigkeit von CO_2- und Kontrastmitteldarstellung des Herzens angestellt wurde, in 5 Fällen zu Diskrepanzen, da sich bei der CO_2-Darstellung des rechten Vorhofes die Pleura parietalis der Lunge vom rechten Herzen nicht abgrenzen ließ. Außerdem wurde eine Ergußverlagerung im Herzbeutel bei Lagewechsel des Patienten diskutiert. Obwohl immer wieder die Gefahrlosigkeit der Untersuchungsmethode betont wird, wies VIETEN im Jahre 1956 bereits auf Komplikationsmöglichkeiten bei der CO_2-Angiokardiographie hin, und 1961 berichteten MEYERS u. JACOBSON über einen Todesfall nach intravenöser Injektion von 100 cm^3 CO_2. Als Kontraindikation nennen LÖHR u. Mitarb. (dieses Handbuch, Bd. X/1) Scheidewanddefekte des Herzens mit der Gefahr einer Großkreislaufembolie und ein schweres Lungenemphysem.

Die Katheterverfahren der Herzdarstellung haben sich heute im allgemeinen gegenüber den katheterlosen durchgesetzt. Aufnahmen werden in 2 Ebenen angefertigt. Durch die Lage des venösen Katheters läßt sich zudem die Größe des rechten Vorhofes und des rechten Ventrikels austasten und damit die innere Herzwand abgrenzen (BESTERMANN u. THOMA, 1953). Die Technik der venösen Herzkatheterisierung (LOOGEN u. GLEICHMANN) und die Darstellung der Herzhöhlen (LÖHR u. Mitarb.) sind in Bd. X/1 dieses Handbuches eingehend beschrieben. Kleine Kontrastmittelmengen von 10—20 ml können bei gezielter Darstellung des rechten Vorhofes zur sicheren Beurteilung ausreichen (u. a. BEDFORD, 1964; STEINBERG, 1968). Bei einmaliger schneller Injektion sollte eine Kontrastmittelmenge von 100 cm^3 nicht überschritten werden. Zur Abgrenzung eines

Herzbeutelergusses gegen dünnwandige Zysten bzw. Divertikel des Perikards und gegen ein Herzwandaneurysma ist die Angiokardiographie auch heute noch erforderlich.

Ein Herzbeutelerguß führt in der Regel zur Ausweitung des Zwischenraumes zwischen Ventrikel- oder Vorhofinnenwand und Außenkontur des Herzens. Die Kenntnis der normalen Wanddicke des Herzens ist für die Beurteilung Voraussetzung. GREMMEL u. LÖHR (1975) geben als Normwerte 3 mm für den rechten Vorhof, 3—5 mm für den rechten Ventrikel und bis zu 10 mm für den linken Ventrikel an. Damit kann sich eine gewisse Unsicherheit bei kleinen Ergüssen ergeben; zumal dann, wenn der Ventrikel sich kontrastarm darstellt (WILLIAMS u. STEINBERG, 1949).

Außerdem sammeln sich kleine Ergüsse zuerst unter dem Herzen, um sich dann nach vorn und nach beiderseits lateral auszudehnen und damit im Röntgenbild die Herztaille auszugleichen. Aus diesem Grunde unterstreichen STEINBERG u. Mitarb. (1958) den Wert einer Angiokardiographie mit Kontrastmittel. SPITZ und HOLMES (1972) sahen bei Angiokardiogrammen von 9 Patienten mit ergußbedingter Herztamponade eine Formänderung der inneren Lateralkontur des rechten Vorhofes in Form einer Konkavität anstelle der üblichen Konvexität. Die konkave Kontur war bei einfachen Ergüssen (4 Patienten) nicht zu sehen und fehlte auch bei konstriktiver Perikarditis (2 Patienten). Die Tamponade war subakut oder chronisch aufgetreten, und es bestanden relativ normale periphere Blutdruckverhältnisse. Es lagen jedoch eine zentrale Venendruckerhöhung, ein Pulsus paradoxus und eine Stauung der Halsvenen vor. Zur Untersuchung wurden 50—70 ml Kontrastmittel in die untere Vena cava superior oder in den rechten Vorhof (20—25 ml/sec) injiziert.

STEINBERG (1968) empfiehlt die Angiokardiographie bei Kranken mit einem Morbus Hodgkin im Falle einer Vergrößerung des Herzschattens zur differentialdiagnostischen Abgrenzung von Tumorwachstum und Herzbeutelerguß, da bei der Lymphogranulomtose ein Perikarderguß als unspezifische Reaktion auftreten kann.

BILGUTAY u. Mitarb. (1962) führten eine gezielte Doppelkontrastkardiographie mit 75% Kontrastmittel und 25% CO_2 mit endverschlossenem Katheter durch. Ob sich eindeutig bessere Untersuchungsergebnisse mit dieser Methode erbringen lassen, muß angezweifelt werden. Weitere Untersucher haben sich anscheinend dieser Methode nicht bedient.

KHAN u. Mitarb. (1973) lassen erkennen, daß trotz des Wertes, den auch sie der Kontrastmittelangiographie, der Darstellung der Herzhöhlen mit Kohlensäure sowie durch Isotopen und Ultraschall beimessen, quantitative Angaben über das Ergußvolumen nicht möglich sind. Sogar die Perikardiozentese wird als fakultativ ungenau angesehen, da sich ein Herzbeutelerguß so verteilen kann, daß er einer Messung nicht ohne weiteres zugänglich ist. Erst die Vermischung der Perikardflüssigkeit mittels eines in den Herzbeutel eingebrachten Katheters mit einer definierten Menge eines Indikators macht nach Angaben der Autoren die genaue Messung möglich. Sie führten die Untersuchung an 12 Patienten mit Indozyaningrün (Cardiogreen) durch.

Die *Kinematographie* mit der Bildverstärkertechnik soll beim Angiokardiogramm (mit CO_2 oder einem anderen Kontrastmittel) gegenüber der Einzelfilmtechnik wegen der besseren Erfassung schneller Bewegungsabläufe (z. B. diastolic snap) sowie der naturgetreuen Abbildung funktioneller Bewegungsfolgen für die Diagnose eines Perikardergusses von Vorteil sein (FRIEDBERG, 1972; SOULEN u. Mitarb., 1968; DESILET u. Mitarb., 1966).

TURNER u. Mitarb. (1966) berichten über 100 Untersuchungen bei 90 Patienten mit perikardialen Erkrankungen. Als Kontrastmittel wurde Kohlendioxid injiziert. Sie sahen bei Perikardergüssen eine Flüssigkeitswelle in einem verdickten schattengebenden Band. Die Herzpulsationen waren dabei ohne störenden Effekt. Fehlte die Flüssigkeitswelle bei verdicktem Schattenband, so konnte eine Verdickung des Perikards selbst diagnostiziert werden. Asymmetrie war kein verwertbares diagnostisches Zeichen; außer wenn es mit einer Abflachung einherging. In diesem Falle sprach der Befund für eine konstriktive Perikarditis.

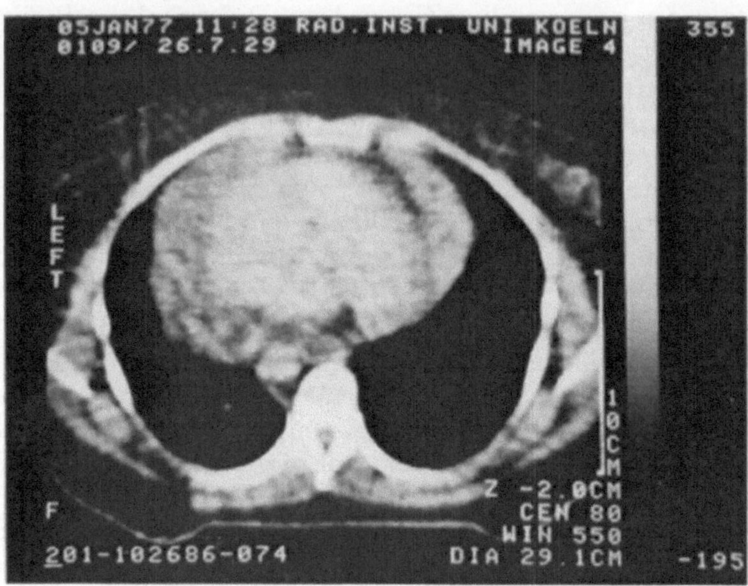

Abb. 10. Computer-tomographisches Bild eines 48jährigen Patienten mit einem Herzbeutelerguß (Prof. Dr. R. Friedmann, Direktor des Radiologischen Institutes der Universität Köln)

Die *axiale Computer-Tomographie* (Abb. 10) erleichtert die Diagnose eines Herzbeutelergusses. Alfidi u. Mitarb. (1975) konnten durch axiale Tomogramme ohne Schwierigkeit Lage und Größe eines Perikardergusses nachweisen.

Nuklearmedizinische Methoden wurden 1958 in die Herzdiagnostik eingeführt und bald zur Diagnose eines Herzbeutelergusses herangezogen. Als Radionuklide kommen in der Hauptsache ^{131}J, ^{125}J und ^{99}m Tc-Pertechnetat zur Anwendung. Die Diagnose eines Herzbeutelergusses kann gestellt werden durch Größenvergleich oder Vergleich der Querdurchmesser des kardialen mittels eines Scanners gewonnenen Blutpools mit dem Herzschatten einer Herzfernaufnahme oder durch eine kombinierte Aufzeichnung vom Blutpool des Herzens mit Lungen- und Leberscans, wobei sich der Erguß nach ca. 10 bis 15 min als aktivitätsfreies Band darstellt. Die Entwicklung der Gammaszintillationskamera und die Möglichkeit Gammaemission aus dem Körper großflächig und gleichzeitig zu erfassen, erlauben, einen radioaktiven Bolus nach intravenöser Injektion (Radioisotopenangiographie) bei seiner Wanderung durch das Herz und den kleinen Kreislauf fast photographisch verfolgen zu können (Kriss, 1969; Weiss u. Mitarb., 1972; Staab u. Patton, 1973; Polycyn u. Mitarb., 1966; Wilcox u. Mitarb., 1971; Wagner u. Mitarb., 1961; Winship u. Mitarb., 1970; Bonte u. Curry, 1969; Witcofski u. Bolliger, 1965; Triautafyllou u. Mitarb., 1972; Park u. Mitarb., 1972).

Ergüsse mit einem Volumen von ca. 300 ml sollen sicher — bei schlanken Herzen sogar von 200 ml — nachweisbar sein (Sklaroff u. Mitarb., 1964; Goldenberg u. Brogden, 1968; Rosenthal, 1964; Kriss, 1969). Bonte u. Curry geben 1969 einen Überblick über das Vorgehen und den Aussagewert der Angiographie mit Radioisotopen und der statischen Szintigraphie des Blutraums. Sie halten die Angiokardiographie mit Technetium ^{99}m für die Methode der Wahl zur Diagnostik der Perikardergüsse. Staab und Patton (1973) stellen Vergleiche über die Empfindlichkeit einiger Untersuchungsmethoden zum Nachweis eines Perikardergusses an. Sie selbst führen die Radioisotopenangiographie mit Technetium ^{99}m aus. Die Autoren kommen zu dem Schluß, daß zur Zeit keine Methode (CO_2-Darstellung, Echokardiographie, Kontrastmittelangiokardiographie) als dominierend bezeichnet werden kann und daß in schwierigen Fällen die Ergebnisse mehrerer Untersuchungen zur Diagnose herangezogen werden sollten. Chri-

STENSEN und BONTE (1968) halten eine Untersuchung mit Technetium-Pertechnetat gegenüber dem Echokardiogramm und der CO_2-Angiographie wegen der raschen Perfusion von Pertechnetat in den Herzbeutelerguß am unsichersten. Sie empfehlen daher zur Untersuchung ^{99}m Tc-HSA (Technetium-Human-Serum-Albumin). Ähnlich äußern sich GOLDENBERG und BROGDEN (1968), insbesondere bei Ergüssen um 200 bis 300 cm^3, sowie ELLIS und KING (1973). Letztere weisen jedoch auf vielversprechende Entwicklungen mit der Kameratechnik hin. Nach Experimenten an Hunden hält auch KRISS (1969) Echokardiogramm und CO_2-Untersuchungsmethode für genauer als die Messung des Blutpoolscans.

Als Vorteile der Radioisotopenangiographie können allgemein gelten, daß sich Blutpools des Herzens und der Herzbeutel relativ schnell ohne großen Eingriff aufzeichnen lassen; die Zirkulationsdauer ist meßbar, die Untersuchung kann in jeder Körperstellung ausgeführt werden und die Stahlenbelastung kritischer Organe ist niedrig. Als Ergänzung sei angeführt, daß mit markiertem ^{125}J-Fibrinogen auch der Nachweis einer akuten fibrinösen Perikarditis gelingen kann (WRAY u. Mitarb., 1973).

Die Echokardiographie — 1955 von EDLER eingeführt — nimmt heute bei der Diagnose der Herzbeutelergüsse einen festen Platz ein. Davon zeugen zahlreiche Arbeiten der letzten Jahre (u. a. JÄGER, 1973; ROTHMAN u. Mitarb., 1967; PATE u. Mitarb., 1967; ELLIS u. KING, 1973; KLEIN u. SEGAL, 1968; FEIGENBAUM, 1970; GOLDBERG u. Mitarb., 1967; FEIGENBAUM u. Mitarb., 1966; KERBER u. SHERMAN, 1975; HABIBZADEH, 1975; SOULEN u. Mitarb., 1968; LEMIRE u. Mitarb., 1976). FOLLATH (1976) zählt zu den wichtigsten Anwendungsmöglichkeiten des Ultraschalls die Echokardiographie bei Verdacht auf Vorliegen eines Perikardergusses. Neben der Sicherheit für die Diagnose, die mit 90% (CASARELLA u. SCHNEIDER, 1970) angegeben wird, besticht, daß sie ohne Aufwand und ohne wesentliche Belästigung sowie ohne jede Gefahr für den Patienten beliebig wiederholbar ausgeführt werden kann (FEIGENBAUM u. Mitarb., 1965; FRIEDBERG, 1972). Schwierigkeiten ergaben sich bei CASARELLA u. SCHNEIDER (1970) durch mitpulsierendes Perikard, lokalisierten Erguß, ungleichmäßige Ergußverteilung, durch Überlagerung mit extrakardialen Mediastinalstrukturen, linksseitigem Pleuraerguß sowie Eingeben eines zu starken oder zu schwachen Eingangssignals.

Wichtig bei der Durchführung der Echokardiographie erscheinen das Geschick und die Erfahrung der Untersucher (ELLIS u. KING, 1973). Kritisch äußern sich KRAINES (1966) und GOLDSCHLAGER u. Mitarb. (1967).

Die Abb. 11a—c zeigen die Herzfernaufnahme und die Ultraschall-Bilder des Herzens in der Längsachse (a) und der Querachse (b) des Herzens von einem 49 Jahre alten Mann mit terminaler Niereninsuffizienz 3 Tage vor seinem Tode. Bei der ante finem durchgeführten Punktion des Herzbeutels und bei der Sektion wurde insgesamt 600 ml eines hämorrhagischen Ergusses gewonnen. Es bestand Cor villosum (Herzgewicht 730 g, Kammerwanddicke links 17 mm, rechts 7 mm).

Das *Pneumoperikard*, zu diagnostischen Zwecken angelegt, gehört sicher mit zu den eindeutigsten und aussagekräftigsten Methoden zur Erkennung eines Ergusses im Herzbeutel. Es läßt an Hand des Röntgenbildes eine Beschreibung des Perikärds zu, erlaubt ohne Schwierigkeiten eine Kammerung des Ergusses zu diagnostizieren und ermöglicht eine Größenbestimmung des Herzens (SHAN u. Mitarb., 1972; FRIEDBERG, 1972). Neben Luft sind Instillationen von Kontrastmitteln möglich (MAURER u. MENDEZ, 1960). Fehlen einer Punktionsflüssigkeit schließt jedoch nach GREMMEL u. LÖHR (1975) den Erguß wegen einer möglichen Verklebung bzw. Kammerung nicht eindeutig aus. Außerdem erscheint die Methode mit einem größeren Risiko verbunden, das neben einem Hämoperikard, einer Verletzung der Koronararterie oder der Arteria thoracica interna einen Pneumothorax oder eine Infektionsausbreitung in die Umgebung des Herzbeutels einschließt. BURCH und PHILLIPS (1962) gingen der Frage nach, wie eine Herzdilation von einem Perikarderguß zu differenzieren sei und kamen zu dem Schluß, daß gerade bei den differentialdiagnostisch in Frage kommenden Erkrankungen die Punktion des Herzbeu-

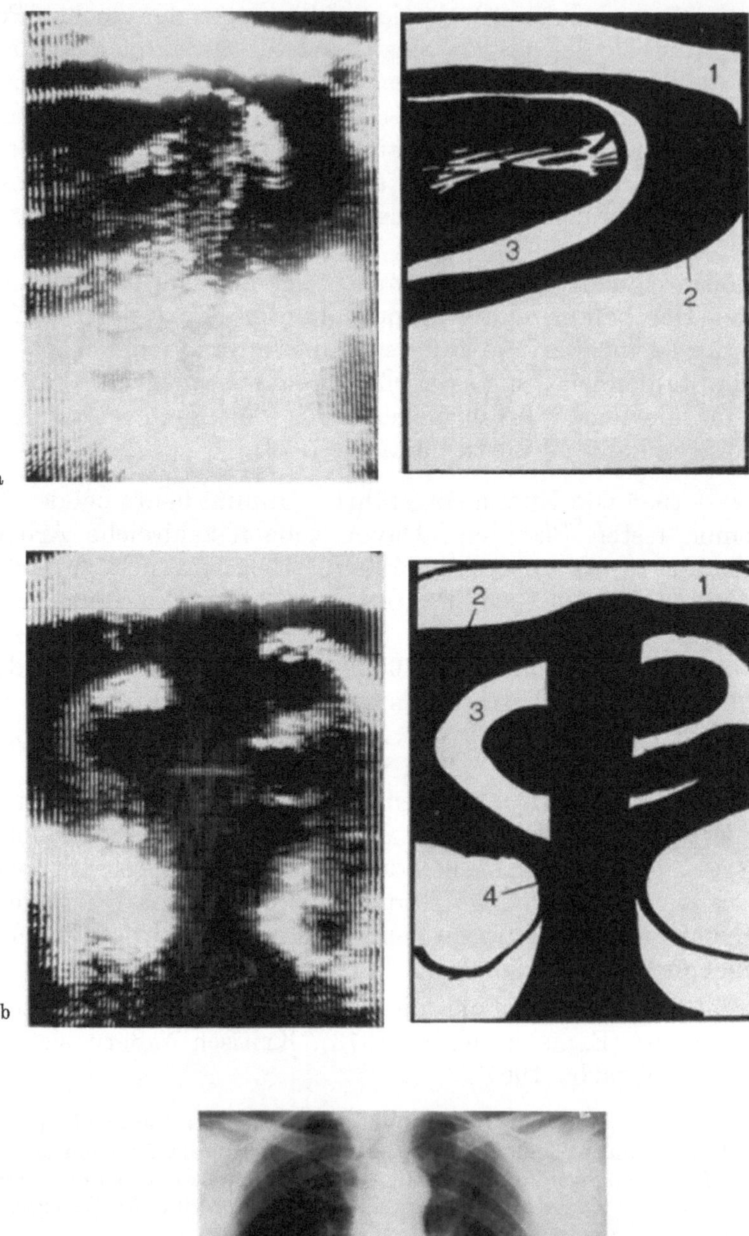

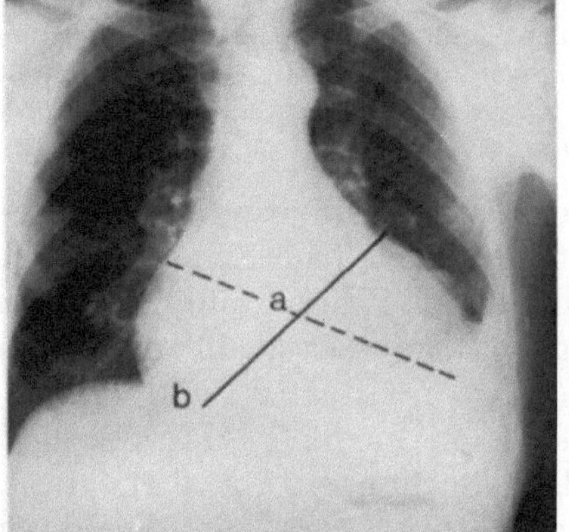

Abb. 11a—c

tels nicht ungefährlich ist, da das Myokard in diesen Fällen vulnerabler erscheint als gewöhnlich. Sie folgern, das Pneumoperikard zu diagnostischen Zwecken sei erst dann anzulegen, wenn sämtliche Untersuchungen zu keiner eindeutigen Aussage geführt hätten.

Die wesentliche Indikation zu den geschilderten Untersuchungen ist die differentialdiagnostische Klärung gegenüber einem Cor bovinum, falls die sonstigen klinischen Untersuchungsergebnisse diese Frage offen lassen.

Die Abb. 12—15 zeigen die Röntgenbefunde bei einem 14jährigen Jungen, der eine völlig leere Anamnese hatte und keinerlei Beschwerden angab. Durch Zufall wurde eine extreme Herzverbreiterung festgestellt. Blutdruck, Kreislaufregulation, EKG, Blutbild, Elektrophorese, Blutsenkung und Urinbefund waren völlig normal. Lediglich ein leises Systolikum war über der Herzspitze nachweisbar. Differentialdiagnostisch kam ein Cor bovinum ungeklärter Genese und ein schlaffer Perikarderguß, der sich jedoch sehr langsam gebildet haben mußte und zu keinen hämodynamischen Veränderungen führte, in Frage. Auffallend war bei Annahme eines Perikardergusses die normale BKS und das normale Blutbild. Abb. 12 zeigt den Röntgenbefund am 15. 7. 57. Die Herzrandbewegungen waren minimal. Zur Klärung wurde ein Herzkatheterismus durchgeführt (Abb. 13), der eine normale Herzgröße und keinen Anhalt für einen angeborenen oder erworbenen Herzfehler ergab. Die nun durchgeführte Punktion zeigte ein klares Punktat, spezifisches Gewicht 1015, Kultur steril, keine Tumorzellen. Das Pneumoperikard (Abb. 14) ließ auf eine Kammerung des Ergusses schließen. Die nun durchgeführte Operation (Prof. Dr. Derra) ergab das Vorliegen einer großen Perikardzölomzyste. (Abb. 15 Röntgenbefund nach der am 1. 8. 57 durchgeführten Operation.)

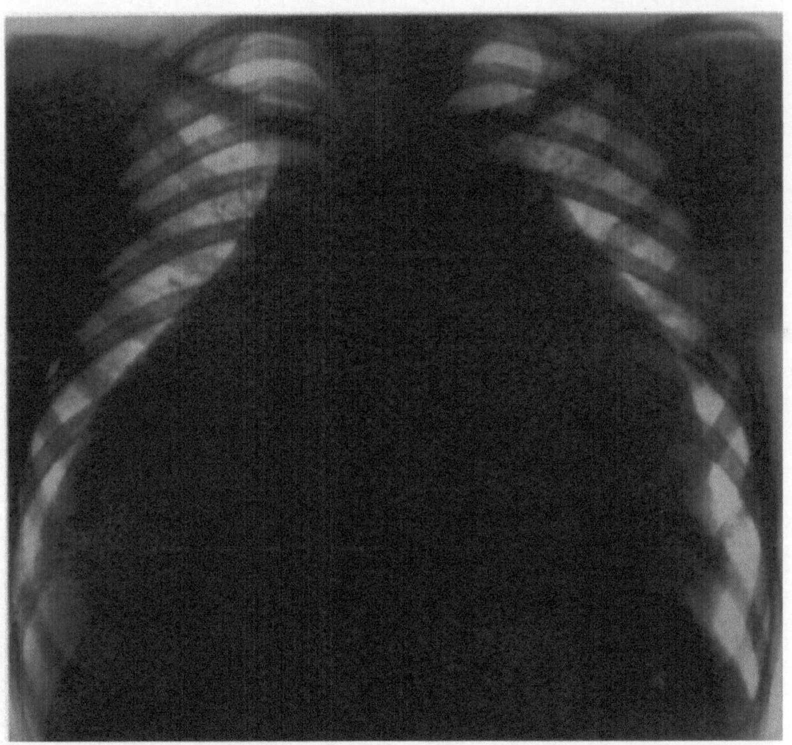

Abb. 12

Abb. 12 u. 13. Röntgenbefunde bei einem beschwerdefreien 14jährigen Jungen mit extremer Verbreiterung des Herzschattens. Verdachtsdiagnose: Perikarderguß. Operationsdiagnose: Perikardzölomzyste. Abb. 13 zeigt mit Hilfe des Herzkatheters, daß die Herzabschnitte nicht vergrößert sind und somit kein Cor bovinum vorliegt

---

Abb. 11 a—c. Herzfernaufnahme (c) eines 49 Jahre alten Patienten mit einem Herzbeutelerguß. Die Ultraschall-Bilder des Herzens in der Längsachse (a) und der Querachse (b) zeigen den breiten Ergußsaum, der das Myokard umgibt (1 ventrale Thoraxwand; 2 Perikarderguß; 3 Myokard; 4 Schlagschatten des Sternums)

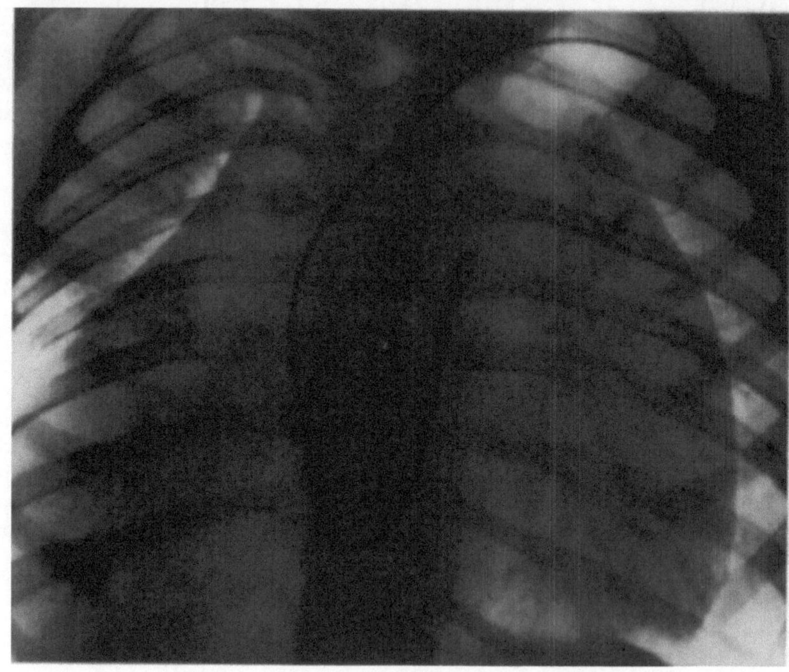

Abb. 13 (Legende s. S. 339, Abb. 12)

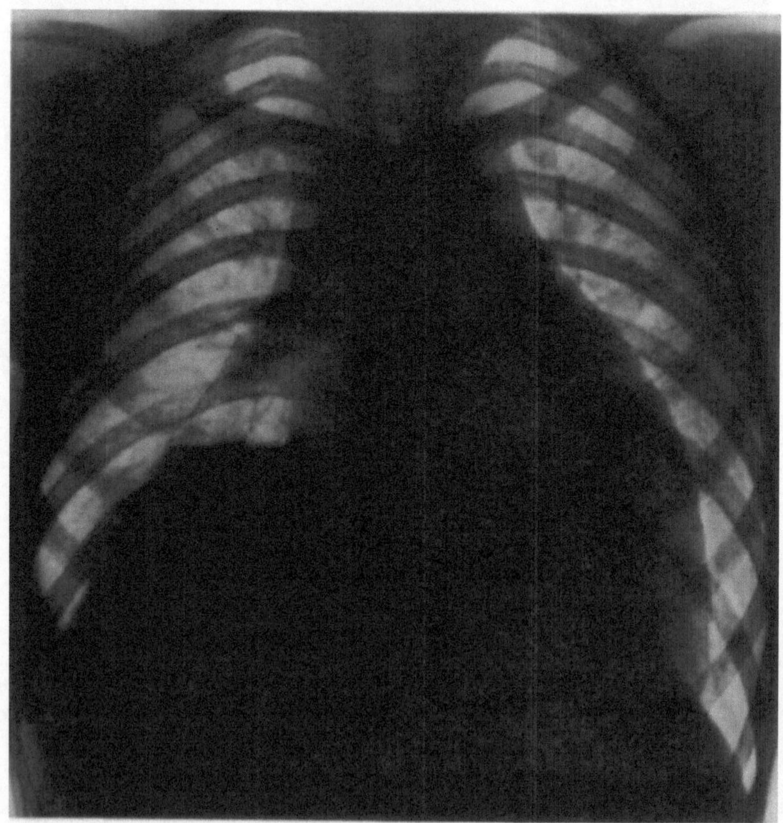

Abb. 14

Abb. 14. Pneumoperikard nach Ablassen eines klaren Ergusses. Die Aufnahme weist auf eine Kammerung des Ergusses hin, da der Spiegel nicht durchläuft.

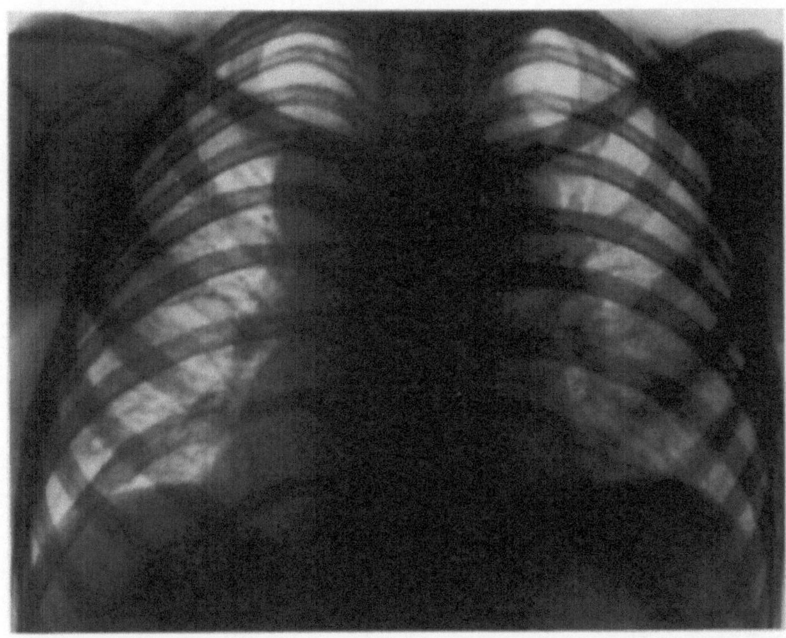

Abb. 15. Zustand nach Operation, die das Vorliegen einer Perikardzölomzyste ergab

c) Differentialdiagnose

In differentialdiagnostischer Hinsicht muß der große Perikarderguß (oder die große Perikardzölomzyste) gegenüber folgenden Herzerkrankungen abgegrenzt werden: Cor bovinum, akute Herzdilatation unterschiedlicher Genese, Perikarditis konstriktiva bei vergrößertem Herzen, Hämoperikard nach vorangegangenem Eingriff oder einem Trauma und Verlagerung von Netz oder Eingeweiden ins Perikard durch eine angeborene (WALLACE, 1977) oder traumatisch bedingte Zwerchfellücke zwischen Bauchhöhle und Perikard (HAIDER u. Mitarb., 1973).

Führen Anamnese und klinischer Gesamtbefund (EKG mit den typischen Zeichen des Außenschichtschadens, Pulsationen, Broadbentsches Zeichen, evtl. Reibegeräusche an den jeweils oberen Partien, die durch Lageänderungen daher beeinflußt werden, Temperatur, Blutbild, Blutsenkung, Begleiterkrankungen bzw. primäres Leiden) nicht zur differentialdiagnostischen Klärung, und reichen kymographische Bewegungsanalysen der Herzpulsationen, insbesondere der Nachweis der Lageabhängigkeit bei Ergüssen, nicht zur Sicherung der Diagnose aus, so sind Ultraschall-Echogramm, Kreislaufmessungen, Probepunktionen, Herzkatheter oder Angiokardiographie notwendig. Da erheblich dilatierte Herzen eine verstärkte Flimmerbereitschaft zeigen, wird die schonendste Untersuchung ein Ultraschall-Echogramm oder die Kreislaufzeitbestimmung sein. Diese kann evtl. mittels einer Radioangiokardiographie durchgeführt werden (u. a. KRISS, 1969).

Beim Perikarderguß ist im Regelfall, da ein Druckanstieg im Perikard vorliegt, wegen der Restriktion der diastolischen Füllung von Vorhöfen und Kammern, ein Anstieg des venösen Druckes und damit des Füllungsdruckes des rechten Herzens mit einer daraus resultierenden Verlangsamung der Kreislaufgeschwindigkeit zu erwarten (u. a. KUHN, 1964). Eine normale oder unwesentliche veränderte Kreislaufzeit kann nur bei vorwiegend chronischen Ergüssen ohne Drucksteigerung im Perikard angenommen werden (SCHÖLMERICH, 1960). Bei erheblichen Herzvergrößerungen oder Herzinsuffizienzerscheinungen ist die Kreislaufzeit konstant deutlich verlängert (u. a. BURWELL, 1951; FRIEDBERG, 1972). Kommt man damit nicht zum Ziel, so wäre eine Angiokardiographie durch Injektion

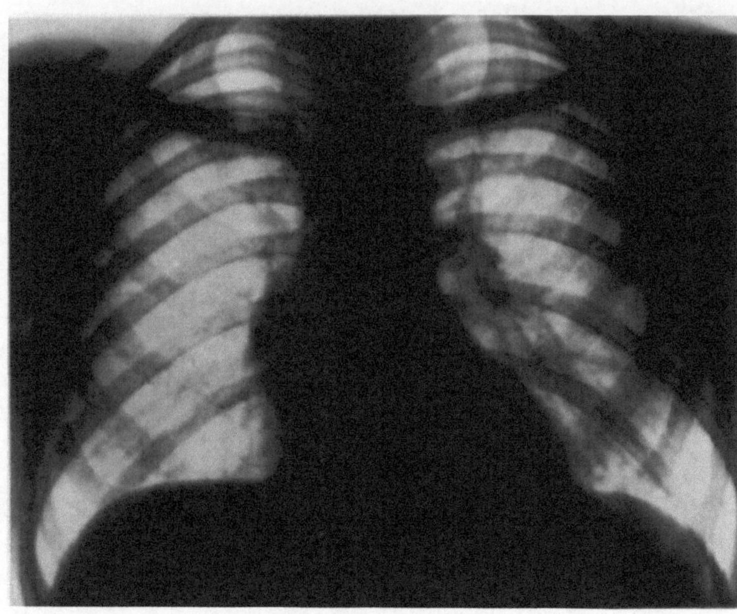

Abb. 16. Buckelartige Verschattung an der rechten oberen Herzkontur bei einem 32jährigen Patienten mit partieller Perikarditis

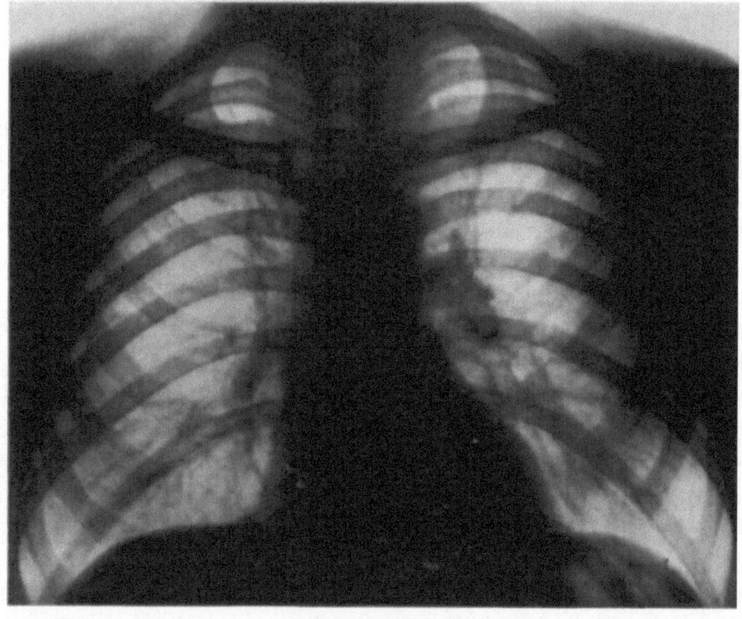

Abb. 17. Gleicher Patient wie Abb. 16. Rückgang der Erscheinungen unter antirheumatischer Behandlung

Die Abb. 16 und 17 zeigen die Bilder eines 32jährigen Patienten, der längere Zeit über unklare Herzsensationen klagte. Der Röntgenbefund wies eine buckelartige Verschattung auf, die sich der rechten Herzkontur anschloß. Das Herz war klinisch bis auf ein kurzzeitig nachweisbares perikarditisches Reiben o. B. Unter antirheumatischer Behandlung klangen Röntgenbefund und Beschwerden ab, so daß ein partieller Perikarderguß, der sich an eine Perikarditis sicca mit folgender vorwiegender Concretio pericardii angeschlossen hatte, angenommen werden darf.

von einem positiven oder negativen Kontrastmittel intravenös oder in die Vena cava cranialis anzuraten. Genügt auch diese Untersuchung nicht, so muß die Klärung durch Herzkatheter oder Probepunktion herbeigeführt werden.

3. Umschriebene Perikardergüsse

Die Terminologie für die mit dem Perikard in Verbindung stehenden begrenzten und Flüssigkeit enthaltenden Hohlräume ist sehr uneinheitlich. Ursache dafür sind sowohl unterschiedliche Auffassungen in Beziehung auf die Einordnung der Befunde als auch die Schwierigkeit oder Unmöglichkeit, ätiologisch und pathogenetisch unterschiedliche Befunde klinisch und röntgenologisch gegeneinander abgrenzen zu können. In vielen Fällen wird daher nur durch die Operation und durch makroskopische sowie histologische Untersuchungen eine Klärung möglich sein. So stehen bei der klinischen Verdachtsdiagnose Bezeichnungen wie Perikardzyste, Perikarddivertikel, Perikardhernie, Serosahernie, entzündliche Divertikel, abgesackte Perikardergüsse nebeneinander und sind z.T. als Synonyma aufzufassen. SPÜHLER bezeichnet z. B. einen Hohlraum, der allseitig durch eine Concretio pericardii abgeschlossen ist, als „entzündliches Divertikel", während es von anderen als Perikardzyste angesehen wird (KIENBÖCK u. WEISS, 1934; REITAN, 1938).

a) Abgekapselte Herzbeutelergüsse

Bleibt nach Abklingen einer Pericarditis exsudativa eine partielle Vergrößerung des Herzschattens bestehen, oder tritt unter den klinischen Zeichen eines Perikarditisrezidivs eine entsprechende Verschattung auf, so darf auf Grund dieser anamnestischen und klinischen Befunde auf einen abgekapselten Herzbeutelerguß, dessen Begrenzung durch eine Concretio pericardii bedingt ist, geschlossen werden. ESCHBACH (1939) schätzt die Häufigkeit dieser Form von abgekapselten Ergüssen auf 75 % aller Divertikel und Zysten. Bei gespanntem Erguß sind keine lageabhängigen Veränderungen vorhanden (FREEDMANN, 1939), bei schlaffem Erguß zeigt sich eine *Tropfenform.* Die Herzrandpulsation wird dem Erguß passiv mitgeteilt und ist um so deutlicher, je kleiner und praller der Erguß ist. Der Befund kann, je nach dem klinischen Gesamtbild, flüchtig sein oder in einen Dauerzustand übergehen.

Der abgekapselte Erguß ist nach ZDANSKY (1962) häufiger links als rechts anzutreffen und liegt dem Herzen ohne einheitliche Gestalt zu zeigen (breitbasig aufliegend, halbkugelig oder sogar polyzyklisch begrenzt) an. Sogar kalkdichte, schalenförmige Inkrustationen in der Wand der Kapsel sind möglich; atemabhängige Verformungen werden beschrieben. Die Diagnose ist durch das Röntgenbild allein nicht zu stellen und kann nur mit der Kenntnis der Anamnese vermutet werden. Zeigt ein sich vorbuckelnder Herzteil keine Pulsation, so sollte an einen gekammerten Erguß gedacht werden (HAUBRICH, 1963). Abgekapselte Ergüsse sind auch mit eingreifenden Untersuchungsmethoden wie der Angiokardiographie schwer zu erkennen.

b) Entzündliche und angeborene Perikarddivertikel

Es gibt keine sichere Trennung zwischen den eben beschriebenen abgekapselten Perikardergüssen und den „entzündlichen Perikarddivertikeln" (KIENBÖCK, 1929). Nach FRIEDBERG (1972) werden echte Divertikel des Perikards und abgekapselte Ergüsse Pseudozysten genannt. Perikarddivertikel heißen unterschiedlich große, flüssigkeitsgefüllte umschriebene Ausbuchtungen des Herzbeutels; sie stehen also mit dem Herzbeutel

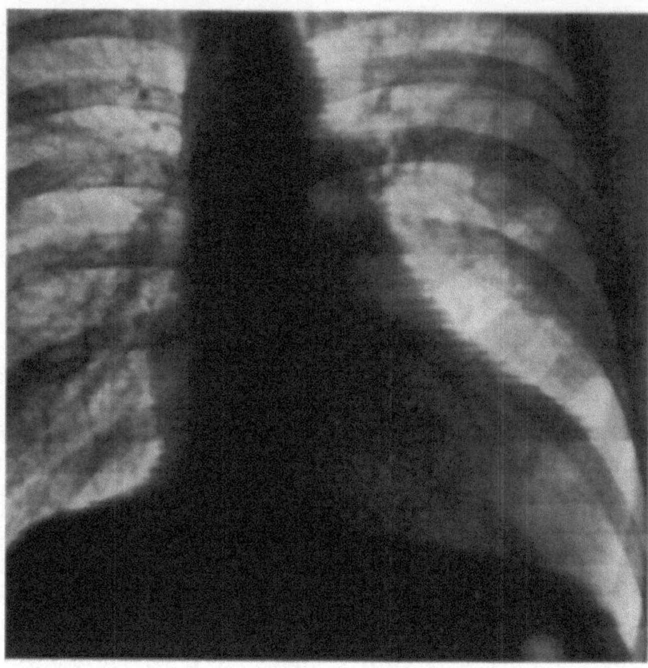

Abb. 18

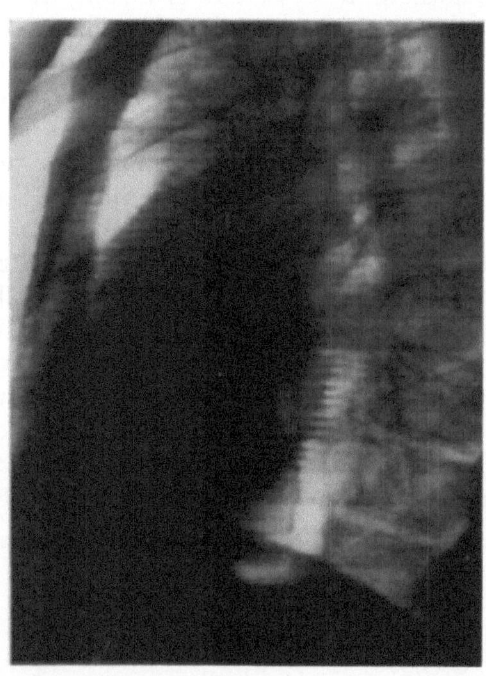

Abb. 19

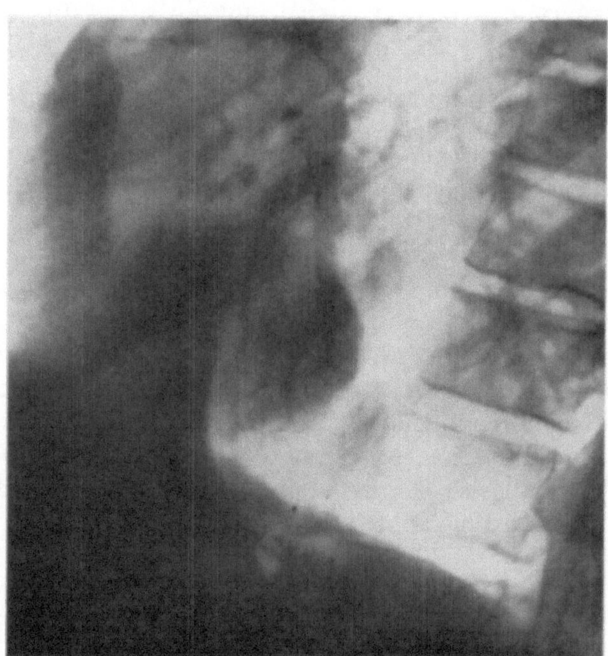

Abb. 20

Abb. 18—20. Großes entzündliches Perikarddivertikel links lateral bei einem 37jährigen Patienten. Abb. 18 zeigt in der posteroanterioren Aufnahme das Bild eines links lateral aufsitzenden Ergusses. Abb. 19. Seitliche Aufnahme. Die Herzwandbewegungen werden dem Erguß mitgeteilt. Abb. 20 zeigt die Verwachsungen auf Grund einer wahrscheinlich früher durchgemachten Perikarditis

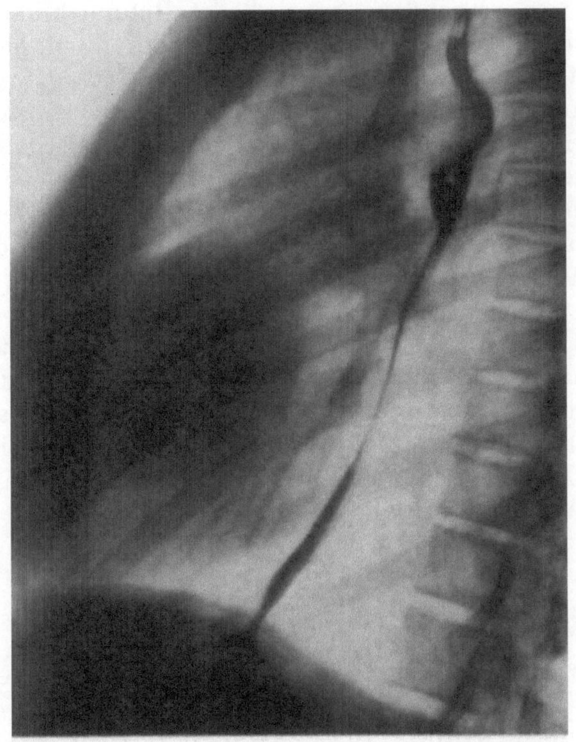

Abb. 21

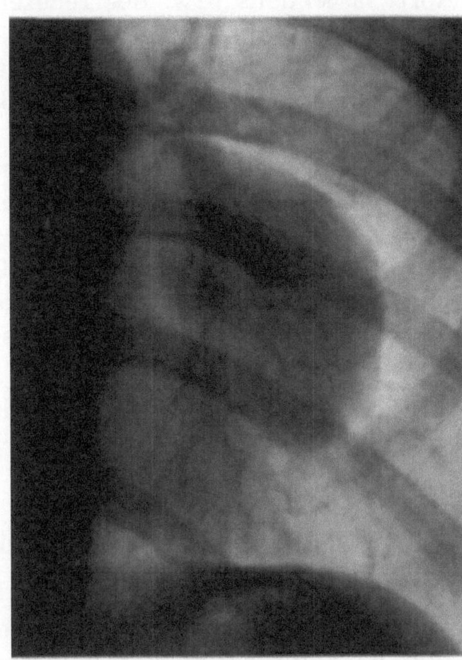

Abb. 22

Abb. 21 u. 22. 40jähriger Patient. Gestieltes, links lateral oben ansetzendes Perikarddivertikel bei sonst normalem Herzbefund und Beschwerdefreiheit. Konnatale Genese wahrscheinlich

Die Abb. 18—20 zeigen ein großes entzündliches Perikarddivertikel links lateral. Es handelt sich um einen 37jährigen Patienten, der 1943 Herzbeschwerden gehabt hatte. 1950 wurde bei einer Röntgenuntersuchung eine Herzvergrößerung festgestellt. 1955 bot sich bei der posteroanterioren Aufnahme (Abb. 18) das Bild eines links lateral aufsitzenden Ergusses. Die Herzrandbewegungen wurden dem Erguß mitgeteilt, wie auch auf der seitlichen Aufnahme (Abb. 19) zu erkennen ist. Abb. 20 läßt die Verwachsungen, wahrscheinlich durch eine 1943 durchgemachte Perikarditis bedingt, erkennen. EKG und sonstiger klinischer Befund waren normal.

Die Abb. 21—22 zeigen ein gestieltes, links lateral oben ansetzendes Perikarddivertikel bei einem 40jährigen Patienten mit sonst normalem Herzbefund. Die Anamnese war leer. Beschwerden haben nie bestanden, und der Röntgenbefund wurde bei einer Routineuntersuchung erhoben. Eine konnatale Genese ist bei diesem Fall wahrscheinlich.

in direkter Verbindung. In ätiologischer Hinsicht müssen für die divertikelartige Ausbuchtung sowohl entzündungsbedingte als auch angeborene Wandschäden des parietalen Perikards in Erwägung gezogen werden (LAUER, 1925; KIENBÖCK, 1929; KIENBÖCK u. WEISS, 1934; JANSSON, 1931; CUSHING, 1937; MAZER, 1946; HOLZMANN, 1952; MAIER, 1957). Bei gleichzeitigem Bestehen sonstiger angeborener Veränderungen, wie pleuroperikardiale Zysten, darf ein konnatales Perikarddivertikel als sicher angenommen werden (MAIER, 1957).

LILLIE u. Mitarb. (1950) führen sowohl angeborene Zysten als auch angeborene Divertikel auf eine Persistenz der ventralen Rezessus der primitiven Perikardhöhle zurück. Ausstülpungen des Perikards gehen meist von der rechten Herzkontur aus (u. a. ZDANSKY, 1962; FRIEDBERG, 1972), sind nur selten multipel, können gestielt sein und in seltenen Fällen Kalkeinlagerungen aufweisen (KIENBÖCK u. WEISS, 1934). HAAS (1939) hält den Übergang des Perikards auf die Gefäße für die Prädilektionsstellen der Pulsationsdivertikel (Basis der Aorta, obere und untere Cava, Lungenvenenansatz).

Liegt das Divertikel im Bereiche der Aorta ascendens, so muß der Befund klinisch gegen ein röntgenologisch und bewegungsmechanisch ähnlich erscheinendes Aneurysma der Aorta ascendens bzw. des rechten Sinus Valsalvae (HOLZMANN, 1952) abgegrenzt werden. Bei der halbkugeligen Verschattung muß in differentialdiagnostischer Hinsicht ferner an ähnliche Befunde bei Pleuritis mediastinalis anterior an Herz- und Perikardtumoren, Dermoidzysten, Teratome, Bronchialzysten und Thymome, Herzwandaneurysmen, Zwerchfellhernien, akzessorische Lungenklappen, Echinokokkuszysten des Herzbeutels, arteriovenöse Aneurysmen der Lungengefäße und an Lipome und Fibrome des Zwerchfells gedacht werden (GILLMANN, 1959; GREMMEL u. VIETEN, 1959; JUNGBLUT u. PASCHKE, 1968).

JANSSON (1931), später REITAN (1938) und KRAUTWALD u. Mitarb. (1953) machten auf den für Perikardzysten und Perikarddivertikel typischen Befund aufmerksam, daß die röntgenologisch nachweisbare Verschattung inspiratorisch *länglicher*, exspiratorisch rundlicher wird. SPÜHLER (1945) wies darauf hin, daß die Verschattung bei Inspiration kranialwärts gleitet. Angiokardiographie (LÖHR, 1952) und Pneumothorax (KRAUTWALD u. Mitarb., 1953) können zur differentialdiagnostischen Klärung beitragen.

c) Erworbene und angeborene Perikardzysten

Auch bei den Perikardzysten ist eine Unterteilung in erworbene und angeborene Formen möglich. Sie unterscheiden sich von den Divertikeln im Prinzip nur durch die fehlende Kommunikation zur Perikardhöhle (CUSHING, 1937; ESCHBACH, 1939; LÖHR, 1952; SCHÖLMERICH, 1960), sind aber von ihnen zu differenzieren (DARE u. CONRAD, 1954; KRÖPELIN u. Mitarb., 1971; FRIEDBERG, 1972). Zumeist werden Perikardzysten im Rahmen einer Routineuntersuchung entdeckt; pflegen dann jedoch eingehendere diagnostische Untersuchungen nach sich zu ziehen. Die Hartstrahlaufnahme zeigt bisweilen gegenüber den Divertikeln größere Transparenz (THURN, 1968). Form- und Größenvariationen bei Lagewechsel bzw. In- und Exspiration vermögen die Perikardzysten wie die Divertikel bei der Durchleuchtung zu zeigen. Diese Eigenschaft kann nur bedingt zur Abgrenzung gegenüber einem soliden Tumor herangezogen werden. Tomogramme bringen mitunter die Möglichkeit einer Separierung zu Gefäßen bzw. deren aneurysmatische Ausweitungen. Eingreifendere Untersuchungen (Pneumothorax, Pneumomediastinum, Pneumoperikard, Angiokardiographie) können z.B. zur differentialdiagnostischen Abklärung gegenüber Tumoren notwendig werden.

Klinisch wird in den meisten Fällen eine sichere Unterscheidung zwischen erworbenen und angeborenen Formen von Perikardzysten nicht möglich sein. Zysten kommen bis ins mittlere Lebensalter nicht vor (KLATTE u. YUNE, 1972) und bleiben, wenn sie beobachtet werden, oft für Jahre ohne Größenzunahme oder wachsen nur langsam.

PETERSON u. Mitarb. (1975) berichten über eine asymptomatische erworbene Perikardzyste 10 Jahre nach einer akuten Perikarditis. Die Zyste wurde durch Ultraschall als solche gegenüber einem soliden Tumor abgegrenzt und unter Durchleuchtungskontrolle punktiert. Die Größe der Zyste war nach Ablassen von 100 ml klarer Flüssigkeit und Eingeben von Luft und Kontrastmittel festzulegen. PETERSON u. Mitarb. (1975) halten die eindeutige Diagnose der Zyste für bedeutsam, da sich mit der Diagnose die Operation erübrigt. Eine Operation werde zumeist nur ausgeführt um nicht einen Tumor zu übersehen. KLATTE u. YUNE (1972) punktierten auf diese Weise zwei Perikardzysten und beobachteten die Patienten über 3 Jahre ohne Rezidiv.

LÖHR (1952) unterscheidet folgende Formen:

Erworbene *Perikardzysten:*

1. Nach Hämatomen innerhalb des Perikards (WRIGHT, 1936).
2. Zystische Entartung eines Herzbeutelsarkoms (PERLSTEIN, 1918).

3. Parasitäre Erkrankungen des Perikards wie Echinokokkuszysten (VOGT, 1951; HEILBRUNN u. Mitarb., 1963).

Angeborene Perikardzysten:

1. Zölomzysten.

Es liegt hierbei eine embryonale Fehlentwicklung mit dünnwandiger, flüssigkeitsgefüllter Zyste vor. Neben der Bezeichnung „Zölomzyste" (LAM, 1947) bestehen die Synonyma „dünnwandige Perikardzyste" und „kongenitale Perikardzyste". Auf die Schwierigkeiten, diesen Befund gegen eine Perikarditis exsudativa abzugrenzen, wurde bereits hingewiesen (vgl. S. 339—341 und Abb. 12—15).

2. Zystische *Lymphangiome.*

Es handelt sich um dickwandige Zysten, die Lymphozystennester, Blutgefäße und zum Teil Muskelfasern enthalten (YATER, 1931; LÖHR, 1952).

3. Bronchialzysten.

Sie stehen selten im Zusammenhang mit dem Perikard. GOMES u. HUFNAGEL (1975) beschreiben zwei eigene Fälle mit bronchogener Zyste im Perikard und berichten über 20 weitere in der Literatur.

4. Teratomzysten (JELLEN u. FISCHER, 1936; JUNGBLUT u. PASCHKE, 1968).

Auf die Diagnose und Differentialdiagnose der primären Blastome des Perikards (STEINBERG, 1961) wird an anderer Stelle eingegangen (vgl. Kapitel III, Band X/2b in diesem Handbuch).

4. Das Pneumoperikard

Ansammlungen von Luft im Perikard jedweder Genese nennt man Pneumoperikard. Kommt Luft in das perikardiale Gewebe selbst (z.B. durch gasbildende Bakterien), so bezeichnet man diesen Zustand als Pneumatose des Perikards. Ein Pneumoperikard kann spontan entstehen oder aus diagnostischen Gründen angelegt werden; fast stets ist ein Erguß vorhanden, so daß es sich zumeist um ein Seropneumoperikard oder sogar Pyopneumoperikard handelt. Die Diagnose kann bei Aufnahmen des Thorax im Liegen schwierig sein. In aufrechter Stellung stellt sich naturgemäß ein Spiegel ein. Die Luft drängt das parietale und das viszerale Perikard auseinander, so daß im allgemeinen die Abgrenzung zur Lunge durch einen Millimeter breiten Saum, den das parietale Perikard bildet, sichtbar wird. Bei schwieliger Perikarditis verdickt sich dieser entsprechend dem Umfang seiner Veränderungen. Im Stehen gehören neben der Spiegelbildung Undulationsbewegungen zu den typischen Befunden.

Ist der Luftsaum nur schmal, so kann man links in der Diastole einen raschen Anstieg des Flüssigkeitsspiegels neben dem Herzschatten sehen, während rechts — wegen des breiteren Flüssigkeitssaumes — nur eine verzögerte Bewegung erfolgt (ZDANSKY, 1962). Visköse Flüssigkeiten (Eiter) bewegen sich naturgemäß träger. Ergänzende Untersuchungen in Seitenlage des Patienten werden zur exakten Beurteilung des Perikards und evtl. bestehender Kammerungen Aufschluß geben und müssen daher empfohlen werden.

a) Das diagnostische Pneumoperikard (und das Oleoperikard)

Da die Kontur des parietalen Perikardblattes nur beim Pneumoperikard röntgenologisch sicher zu beurteilen ist, kann bei fraglichen Perikardprozessen entzündlicher, kongenitaler oder neoplastischer Genese die Anlage eines Pneumoperikards von differentialdiagnostischem Wert sein. Abb. 14 zeigte bereits ein Beispiel eines Pneumoperikards.

Da die Luftblase nur rechts nachweisbar war, konnte auf eine Kammerung des Ergusses geschlossen werden. Ausmaß des Ergusses gegenüber dem evtl. gleichfalls vergrößerten Herzmuskel, eine Kammerung des Ergusses und der Nachweis bestehender Perikardverwachsungen oder sogar eines Perikardtumors sind Befunde, welche durch Anlage eines Pneumoperikards erhoben werden können (Fenichel u. Epstein, 1946; Uhlenbruck, 1949; Holzmann, 1952; Hochrein u. Schleicher, 1959; Fuson u. Mitarb., 1967; Peterson u. Mitarb., 1975).

Aus therapeutischen Gründen (Vermeidung von Verwachsungen) wurden — anstatt der Luft — auch Ölplomben eingesetzt, das „antisymphysäre Oleoperikard" (Kux, 1949; Günther, 1952). Um die Ausdehnung etwa noch vorhandener Restergüsse röntgenologisch darstellen zu können, wurden auch Lipiodolfüllungen des Perikardsackes durchgeführt (Holzmann, 1952).

b) Das spontane Pneumoperikard

(s. auch Kapitel „Verletzungen des Herzens")

Das spontane Pneumoperikard ist ein seltenes Ereignis. 1925 wurden 73 Fälle von Rigler zusammengestellt. Als Ursachen kommen folgende durch Anamnese und klinisches Gesamtbild gegeneinander abgrenzbare Möglichkeiten in Frage:

1. Verletzungen unter gleichzeitiger Komplikation mit lufthaltigen Organen; so werden Pneumoperikarde nach Schußverletzung und nach Rippenbrüchen beschrieben (Tabar u. Mitarb., 1974; Westaby, 1977; Präuer, 1976).

2. Pleuropneumonien (Uhlenbruck, 1949),

3. durchgebrochene Lungenkavernen oder Lungenabszesse (Lynos u. Mitarb., 1949; Cvitanovic, 1951),

4. durchgebrochene Lungen- und Bronchialtumoren (Reeve, 1956),

5. durchgebrochene Ösophagus-, Magen- und Darmtumoren (Gigli, 1949; Cramm u. Robinson, 1971; Flöthner u. Mitarb., 1976),

6. Durchbruch benigner Ulzera (Meyer, 1948; Romhilt u. Alexander, 1965; Wegryn u. Mitarb., 1968; Pellegrini u. Cenni, 1972; Gossage u. Mitarb., 1976), evtl. sogar im Zusammenhang mit der Perforation eines gastrojejunalen Ulkus bei einem Zollinger-Ellison-Syndrom (Liu u. Mitarb., 1967) oder als Komplikation einer Hiatushernie (Monro u. Mitarb., 1974),

7. iatrogene Entstehung bei Anlegen eines therapeutischen Pneumothorax (Lind, 1954) oder einer Bülau-Drainage (Heberer, 1950); infolge Auftretens einer Fistel zwischen Ösophagus und Herzbeutel nach vorangegangener operativer Behandlung (Gremmel u. Mitarb., 1967); Anlegen eines diagnostischen Pneumothorax infolge einer Verbindung von Pleura- und Perikardraum (Patel u. Anand, 1960; Tabar u. Mitarb., 1972), Sternalpunktion (Ackerman u. Alden, 1958), Pneumenzephalographie (2 Fälle von Tsai u. Lee, 1974), einfache Zahnextraktion (Sandler u. Mitarb., 1975),

8. hyaline Membranen in der Neugeborenenperiode (Matthieu u. Mitarb., 1970; Shawker u. Mitarb., 1972), idiopathisches Atemnotsyndrom und Lungenhypoplasie bei Neugeborenen (Löhrer, 1972),

9. Perikarditis purulenta durch gasbildende Bakterien (Friedberg, 1959).

Differentialdiagnostisch kann das Krankheitsbild gegen Zwerchfellbrüche mit Hernierung des Magens (Brookes, 1953) oder des Dickdarms (Stein u. Mitarb., 1953) im Verlaufe einer Magen-Darm-Passage abgegrenzt werden.

5. Das Chyloperikard

Die Ansammlung von Chylus im Perikard läßt sich im Röntgenbild von einem Perikarderguß nicht differenzieren. Erst das Punktat gibt über die Zusammensetzung der Flüssigkeit Aufschluß. GROVES u. EFFLER (1954) beobachteten ein Chyloperikard nach tumoröser Ummauerung des Ductus thoracicus und Ableitung der Lymphe in das Perikard. Es gibt aber Fälle von Chyloperikard, deren Ursache nicht zu klären ist (MADISON u. LOGUE, 1954; CHAVEZ u. Mitarb., 1973). Letztere berichten über eine isoliert aufgetretene Chylusansammlung im Perikard bei einem 27 Jahre alten Mann, die asymptomatisch auftrat. Die Ursache wurde nicht gefunden. Die kaudale Lymphographie erbrachte den Nachweis einer Verbindung zwischen Ästen des Ductus thoracicus und dem Perikard. Der Chylus wurde durch Fensterung des Perikards abgeleitet. Innerhalb eines Beobachtungszeitraums von 8 Monaten zeigte sich kein Rezidiv.

6. Perikardverwachsungen

a) Ätiologische und klinische Vorbemerkungen

Ausmaß und Art der Verwachsungen zwischen den beiden Perikardblättern sowie der Verwachsungen des äußeren Perikards mit dem umgebenden Gewebe werden durch Art und Aktivitätsgrad der vorangegangenen akuten Perikardentzündung bestimmt (VOLHARD u. SCHMIEDEN, 1923; SCHMIEDEN, 1926). Es besteht die gleiche Vielfalt der ätiologischen Momente wie bei der akuten Perikarditis.

Der Großteil der im Sektionsgut nachweisbaren, meist begrenzten Perikardverklebungen hat vorher klinisch keinerlei Erscheinungen gemacht und war röntgenologisch nicht nachweisbar bzw. gegen eine Beeinflussung der Herztätigkeit durch sonstige Erkrankungen nicht abgrenzbar.

Von klinischer Bedeutung sind daher lediglich ausgeprägte adhäsive Prozesse, die zu Herzverlagerungen und Änderungen der Hämodynamik führen können, und die obliterierenden Perikarditiden mit Schrumpfungstendenz, d.h. die Perikarditis constrictiva mit und ohne Kalkeinlagerung.

Die meisten Untersucher stimmen darin überein, daß die tuberkulöse Genese am häufigsten ist (BLALOCK u. Mitarb., 1937; HARVEY u. WHITEHILL, 1937; FRIEDBERG, 1950), und die Schätzungen dieses Anteils gingen bis zu 80% (SELLORS, 1955). Im Durchschnitt werden etwa ein Drittel der Fälle als Tbc bedingt angesehen (Literaturübersicht bei ESCH u. GROSSE-BROCKHOFF, 1958; SCHÖLMERICH, 1960).

Die Möglichkeit einer rheumatischen Genese ist umstritten. Sie wird teils abgelehnt (WHITE, 1947) oder als unbedeutend hingestellt (FRIEDBERG, 1972), teils unter den Fällen mit bekannter Ätiologie als häufigste Ursache angesehen (PÄSSLER, 1933; HOCHREIN u. SCHLEICHER, 1959). MEESEN (1956) eruierte unter 118 Fällen 25mal eine rheumatische Genese. HEBERER (1950) hielt eine rheumatische Genese für selten, da die Perikarditis constrictiva nur in Ausnahmefällen mit einem rheumatischen Klappenfehler kombiniert ist (FRIEDBERG, 1959). Der gleichen Überzeugung ist LOOGEN (1965), bei dem unter 1456 Patienten seines eigenen Krankengutes, die wegen eines Mitralfehlers operiert wurden, nur 8 eine Perikarditis constrictiva hatten; wobei in 2 Fällen klinische Symptome bestanden. Lediglich 5 weitere Patienten hatten stärkere adhäsive Perikardveränderungen. Von 82 wegen einer konstriktiven Perikarditis operierten Patienten hatten wiederum nur 2 eine Mitralstenose und einer eine Trikuspidalinsuffizienz.

Als weitere Ursachen müssen folgende Möglichkeiten für eine Perikarditis constrictiva in Erwägung gezogen werden:

1. Zustand nach purulenter Perikarditis (CHAMBLISS u. Mitarb., 1951; HOCHREIN u. SCHLEICHER, 1959), insbesondere Pneumokokkeninfektion (WESTERMANN, 1944; FRIEDBERG, 1959) und Pleuraempyem (SALIVAHTI, 1949).

EHRICH u. Mitarb. (1975) berichten über einen Fall von akuter Staphylokokkenperikarditis mit Erguß und Konstriktion. Nach Punktion des Herzbeutels und Entfernung von 533 ml Flüssigkeit trat keine Besserung der Symptomatik einer Herztamponade ein, so daß eine konstriktive Perikarditis diagnostiziert werden mußte. Der Beginn der Erkrankung lag 7 Tage vor Einweisung, und die ersten Zeichen der Konstriktion traten 15 Tage nach Erkrankungsbeginn auf. Die Autoren sind der Meinung, daß die Kombination von Staphylokokkenerkrankung mit der Tendenz zur Produktion einer fibrotischen perikardialen Schale im Verein mit ungenügender intraperikardialer Antibiotikatherapie zu dieser raschen Ausbildung führte. Sie hielten die Antibiotikatherapie für ungenügend, weil die Antibiotikaspiegel des Blutes intraperikardial nicht erreicht werden.

2. Zustand nach infektiöser Mononukleose (WILSON u. Mitarb., 1961).

3. Zustand nach stumpfen Traumen (ADA u. Mitarb., 1950; GOLDSTEIN u. YU, 1965) mit traumatischem Hämoperikard (FRIEDBERG, 1959). Ein Panzerherz als Folge einer traumatischen Spätkardititis ist möglich, zumal wenn Perikardergüsse rezidivieren. Geringe Blutbeimengungen im Erguß begünsigen naturgemäß die Verschwielung, so daß von einer „Perikarditis constrictiva traumatica" gesprochen werden kann. RASARETNAM u. PAUL (1975) berichten über eine Perikarditis constrictiva nach einem nicht-penetrierenden leichten Trauma, das innerhalb von 24 Tagen, belegt durch klinische Daten, Elektrokardiogramm und Meßwerte bei Katheterisierung, entstand.

4. Zustand nach idiopathischer Perikarditis (CHAMBLISS u. Mitarb., 1951; BECK u. Mitarb., 1962).

5. Bei Perikardtumoren oder Fremdkörpern im Perikard (FRIEDBERG, 1959).

6. Zustand nach Radiatio (BROHET u. Mitarb., 1972; KAPLAN, 1972; MUGGIA u. CASSILETH, 1968; MACLEOD u. Mitarb., 1969).

7. Bei Lupus erythematodes (YURCHAK u. Mitarb., 1965). Diese Form der konstriktiven Perikarditis wird allerdings von FRIEDBERG (1972) als fraglich hingestellt.

8. Als Folge einer Infektion mit Histoplasma capsulatum, einem pathogenen Pilz, der im Gewebe kleine parasitäre Formen bildet (PICARDI u. Mitarb., 1976).

9. Bei Cholesterinperikarditiden (CREECH u. HICKS, 1955).

10. Ruptur einer Echinokokkuszyste (HALLIDAY u. Mitarb., 1963).

$^1/_4$ bis $^1/_3$ aller Fälle der Perikarditis constrictiva bleibt ätiologisch ungeklärt (HOCHREIN u. SCHLEICHER, 1959; SCHÖLMERICH, 1960).

Das Verhältnis Männer zu Frauen beträgt 3—5 zu 1 (SALIVAHTI, 1949; CHAMBLISS u. Mitarb., 1951; FRIEDBERG, 1959).

Die meisten Fälle treten zwischen dem 30. und 50. Lebensjahr auf (FRIEDBERG, 1972). Nach STOLZ u. Mitarb. (1974) ist die konstriktive Perikarditis im 1. Lebensjahrzehnt selten; wenn eine Perikarditis auftritt, muß in den meisten Fällen eine Tuberkulose als Ursache angenommen werden. Die Häufigkeit im allgemeinen Sektionsgut beläuft sich auf ca. 1‰ (HAMELMANN, 1962).

Die konstriktiven Perikarditiden entwickeln sich zumeist schleichend innerhalb eines Jahres nach überstandener Perikarditis. Bei GILMETTE (1959) waren es 28 von 62 Fällen; aber auch über akute Verläufe wird berichtet; so von RASARETNAM u. PAUL (1975) über einen Zeitraum von 24 Tagen. EHRICH u. Mitarb. (1975) sahen die Konstriktion sogar innerhalb von 15 Tagen nach Krankheitsbeginn. Der chronische Perikarderguß ist gewöhnlich nicht ein Vorläufer der konstriktiven Perikarditis (SCHEUER, 1960). Die konstriktive Perikarditis wird nicht selten — zumal bei Fehlen von Verkalkungen — fehldiagnostiziert. Die mittlere Verzögerung zwischen Symptom und endgültiger Diagnose beträgt etwa 2 Jahre (SCHÖLMERICH, 1960; SCHOLLMEYER, 1977).

Die Auswirkungen der Perikarditis constrictiva auf die Kreislaufmechanik werden durch das Ausmaß der mechanischen Behinderung der Herzaktion bestimmt. Die Schwielen des äußeren oder beider Perikardblätter (der Perikardraum ist nicht in allen Fällen obliteriert und kann zum Teil noch Restergüsse enthalten) können Dicken von 3 mm bis zu mehreren Zentimetern erreichen und wirken als unelastischer Panzer, der durch Kalkeinlagerungen, die sich in etwa $^1/_3$—$^1/_4$ der Fälle (FRIEDBERG, 1972) bilden, in seiner Rigidität noch verstärkt werden kann. Durch die raumbeengenden Verwachsungen wird die diastolische Entspannung gehemmt. Diese Bewegungseinschränkung führt zu folgenden Befunden:

1. Erschwerte und verminderte Füllung der Ventrikel mit dadurch bedingter Rückstauung vor rechter (großer Kreislauf) und linker (kleiner Kreislauf) Kammer und verringertem Schlagvolumen (ZDANSKY, 1933; SAWYER u. Mitarb., 1952; LYONS u. BURWELL, 1946; BURWELL, 1951; BAYER u. Mitarb., 1956; WILSON u. Mitarb., 1954; SCHÖLMERICH, 1960; LOOGEN, 1966; FRIEDBERG, 1972).

Das verringerte Fassungsvermögen der Kammern ist nach LOOGEN wahrscheinlich der hauptsächliche Faktor für die Reduzierung des Herzzeitvolumens. Jedoch ergaben seine Messungen zusammen mit KREUTZER u. BOSTROEM, daß das enddiastolische Volumen nicht in jedem Falle einer Pericarditis constrictiva verkleinert sein muß. Es wird daher auf eine fakultative Behinderung der Ventrikelkontraktion geschlossen.

2. Herzmuskelatrophie (HARVEY u. WHITEHILL, 1953; DINES, 1958). Von FRIEDBERG (1972) wird ein „,Myokardfaktor" als unzutreffend oder übertrieben abgelehnt, da eine normale Myokardfunktion wieder eintritt, sobald nach Operationen die mechanischen Faktoren, die eine diastolische Füllung der Ventrikel beeinträchtigen, beseitigt sind.

3. Erhöhtes diastolisches Druckplateau in den Herzkammern, das nach einem frühdiastolischen Druckabfall („protodiastolischer Dip") auftritt.

4. Verringerte bis aufgehobene Bewegungsamplitude der verschwielten Herzmuskelpartien.

Während eine Ummauerung des Vorhof-Venengebietes nur geringgradige hämodynamische Rückwirkungen hat, ist die Einengung der Ventrikel, die meist bds. in gleichem Maße vorliegt, klinisch entscheidend (BAYER u. Mitarb., 1956). Stauungsbedingte sekundäre Veränderungen der Leber — „Picksche Pseudoleberzirrhose" — (PICK, 1896) können das klinische Bild so beherrschen, daß Fehldiagnosen, die ein primär hepatogenes Krankheitsbild annehmen, möglich sind (HEINZ u. ABRAMS, 1957). Im Vordergrund des Krankheitsbildes kann auch ein Eiweißverlust-Syndrom stehen (KUMPE u. Mitarb., 1975; JIMENEC-DIAZ u. Mitarb., 1960).

NELSON u. Mitarb. (1975) berichten über die Heilung eines Kindes mit Eiweißverlust-Syndrom nach operativer Beseitigung der konstriktiven Perikarditis. TAKASHIMA u. TAKEHOSHI (1968) sahen einen Fall von Eiweißverlustgastroenteropathie im Verein mit einer konstriktiven Perikarditis. Als Ursache des gastroenteropathischen Eiweißverlust-Syndroms muß die Überschreitung der Transportkapazität des Ductus thoracicus durch vermehrt anfallende Lymphe (Leberzirrhose) und — wenn auch manchmal nur geringer — Einengung des Ductus thoracicus durch entzündliche Veränderungen des Herzbeutels sowie die Einflußstauung der Lymphe im Venenwinkel angesehen werden.

b) Röntgenbefunde bei Perikardverwachsungen

α) Accretio cordis

Als Accretio cordis wird die Verwachsung der Außenfläche des Perikards mit dem angrenzenden Gewebe bezeichnet. Da das umgebende Gewebe bis auf die vordere Thoraxwand elastisch ist, sind die Zeichen einer überstandenen Mediastino-Perikarditis bedeutungslos, falls sie nicht Hinweis auf eventuell vorhandene konstriktive Prozesse sind. Nur bei erheblichen Verziehungen des Herzens durch an knöcherne Teile des Thorax

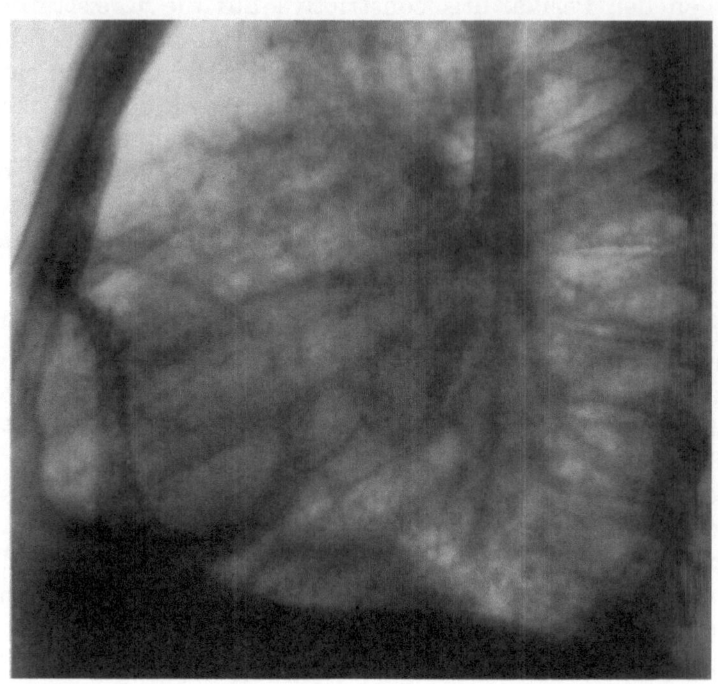

Abb. 23. 41jähriger Patient mit Accretio cordis am Sternum bei gleichzeitiger Perikarditis constrictiva calculosa

fixierte Narbenzüge kommt der Accretio auch ohne konstriktive Prozesse klinische Bedeutung zu, da bei gleichzeitiger Fixierung des Herzens an die dorsal liegenden Partien durch den beidseitigen Zug Herzerweiterungen entstehen. Durch Klappenfehler kann dieser Befund gleichsinnig beeinflußt werden, zumal wenn die bei Perikarditis immer vorhandene Außenschichtschädigung des Myokards tiefgreifender ist (HOLZMANN, 1952). Die Accretio kann auch rein mechanisch Beschwerdesymptome vom pektanginösen Typ auslösen, wie der nachfolgende Fall zeigt.

Abb. 23 zeigt das Seitenbild eines 41jährigen Mannes mit Accretio cordis an das Sternum und gleichzeitiger Perikarditis constrictiva calculosa erheblichen Grades. Klinisch bestanden Zeichen der Einflußstauung im großen und kleinen Kreislauf und eine systolische linksparasternale Einziehung. Phonokardiographisch war ein 3. Herzton nachweisbar. Der Druck im rechten Vorhof war mit 25/20 mm Hg deutlich erhöht, auch der „PC"-Mitteldruck lag mit 25 mm Hg oberhalb der Norm. Der Patient gab ziehende, mit der Herzaktion synchrone, substernale Schmerzen an, die im Beginnstadium der Erkrankung als schwere Angina pectoris bei Koronarsklerose gedeutet wurden. Bei der Operation (Prof. Dr. DERRA, Düsseldorf) wurde eine Fixierung des Herzens an das Sternum und ein zirkulärer Kalkring entlang der a.v.-Grenze, der vor allem den linken Vorhof tief einschnürte, und eine große, zusammenhängende Kalkplatte an der Hinterwand des Herzens festgestellt und entfernt. Nach der Operation hatte der Patient keinerlei pektanginöse Beschwerden mehr, so daß als Ursache dieses Symptoms Accretio und Concretio cordis angesehen werden können.

Eine Accretio cordis läßt sich auf Grund typischer röntgenologischer Befunde, die auf der narbigen Verbindung mit den Nachbarorganen beruhen, diagnostizieren:

1. *Relative Unbeweglichkeit* des Herzens bei seitlicher Lageänderung des Patienten (VAQUEZ u. BORDET, 1928). Dieses Zeichen ist jedoch unzuverlässig (DIETLEN, 1913; ZDANSKY, 1931; ASSMANN, 1949; SCHLEGEL u. HEBERER, 1953), zumal HECKMANN (1937, 1948) nachweisen konnte, daß sich das ganze Herzbett seitlich verschieben kann.

2. *Einschränkung der Sagittalverschiebung* des Herzens (ACHELIS, 1914), die von HECKMANN (1948) eingehend untersucht wurde. Die Verschmälerung des Retrokardialraumes in Rückenlage und die Verbreiterung in Bauchlage bleiben aus.

3. *Stufenbildung* an der Hinterwand und Adhäsionen an den Oesophagus, die zu Verziehungen führen können (ZDANSKY, 1933; FLEISCHNER, 1930; SAUERBRUCH, 1925; HECKMANN, 1948; HAUBRICH u. THURN, 1950).

4. *Unscharfe Herzränder* durch Verklebungen mit dem Lungengewebe (BELBENOIT u. BONTE, 1939).

5. *Dichte Verschattungen des Herzzwerchfellwinkels* (ZDANSKY, 1933).

6. *Ausziehungen des Perikards* (ZDANSKY, 1933).

7. Verziehungen bei tiefem In- und Exspirium (STUMPF, 1951). Bei kymographischen Untersuchungen sind diese *Änderungen der respiratorischen Herzbewegungen* besonders deutlich nachweisbar (HECKMANN, 1949).

8. *Systolisches Zwerchfellzucken* (SCHUR, 1933; ZDANSKY, 1939), das kymographisch bei querem Rasterverlauf deutlich nachweisbar ist (STUMPF, 1936; HECKMANN, 1938; HAUBRICH u. THURN, 1950; HOCHREIN, 1951). HAUBRICH u. THURN (1950) stellten jedoch fest, daß dieses Zwerchfellzucken in 6 % der Fälle auch ohne Hinweis auf eine abgelaufene Perikarditis vorkommt; ein Befund, der auch von HEUCK (1952) in 18 von 60 Fällen bestätigt wurde.

9. Bei erheblichen adhäsiven Prozessen an der Thoraxwand wird sowohl die *Bewegung des Brustkorbs* als auch die *Zwerchfellbeweglichkeit eingeschränkt*. Bei tiefem Inspirium kann sich der untere vordere Thoraxanteil nicht ausdehnen („gekreuztes Profil" von Wenckebach). Bei massiven Zwerchfellverwachsungen bestehen Einschränkungen der Zwerchfellbeweglichkeit der Pars cardiaca (ZDANSKY, 1962; HOLZMANN, 1952).

Diesen auf eine Accretio cordis hinweisenden Zeichen kommt nur in sehr ausgeprägten Formen eine klinische Bedeutung zu. Sie sind jedoch wichtig, da sie Hinweis auf eine gleichzeitig bestehende konstriktive Perikarditis geben können. In manchen Veröffentlichungen werden die genannten Zeichen in nicht ganz korrekter Weise der konstriktiven Perikarditis zugeschrieben.

β) Die Concretio cordis

Die Concretio cordis ohne Schrumpfungsprozesse. Die reine Concretio cordis ohne Schrumpfungsprozesse und Kalkeinlagerungen ist die häufigste Ausheilungsform der akuten Perikarditiden. Die Gleitfunktion des Perikards ist zwar teilweise oder ganz aufgehoben, klinische oder *röntgenologische Zeichen* sind jedoch *nicht nachweisbar*. Daraus resultiert die bereits beschriebene große Diskrepanz zwischen klinischer Diagnose und Sektionsbefunden.

Die Concretio cordis mit Schrumpfungsprozessen, d. h. die Pericarditis constrictiva. Die klinische Situation und röntgenologische Symptomatik ändern sich, sowie durch Schrumpfungsprozesse mechanische Behinderungen der Herzaktion eintreten. In hämodynamischer Hinsicht ist es dabei wichtig, ob lediglich lokale Schrumpfungsprozesse mit teilweiser Bewegungsbehinderung vorliegen, oder ob sich umfassende konstriktive Schwarten gebildet haben.

Sind nur begrenzte Teile des Herzens verschwielt, so kann die röntgenologische Diagnose Schwierigkeiten bereiten, da die nicht befallenen Partien kompensatorisch vermehrte Randbewegungen aufweisen (HECKMANN, 1948; HAUBRICH u. THURN, 1950; HOLZMANN, 1952).

Die lokalen Bewegungseinschränkungen sind nur bei entsprechendem Strahlengang bei der Durchleuchtung oder im Kymogramm nachweisbar. Sie werden allerdings auch zumeist nicht zu hämodynamischer Beeinträchtigung der Herzaktion führen. Sie müssen gegebenenfalls differentialdiagnostisch gegen lokale Myokardvernarbungen post infarctum, die zu keinem Aneurysma geführt haben (und daher keine paradoxe Bewegung aufweisen), abgegrenzt werden.

Sowie sich *konzentrische Schrumpfungsprozesse* ausbilden, entwickelt sich röntgenologisch der Befund eines bewegungsarmen Herzens mit den klinischen Zeichen der Einflußstauung. Der Röntgenuntersuchung ist die Aufgabe gestellt, neben der Diagnose den Umfang der Umpanzerung des Herzens festzulegen.

Das Röntgenbild zeigt meist eine kleine Herzsilhouette. CHAMBLISS (1951) stellte jedoch bei 52 Fällen 28mal eine Herzvergrößerung fest, so daß die Verringerung der Herzgröße allein, zumal bei begleitenden Vitien, nicht überbewertet werden darf. Tritt eine Verschwielung im Stadium der myogenen Dilatation mit gleichzeitiger Erweiterung des Herzbeutels ein (THURN, 1968) so kann eine bleibende Vergrößerung des Herzschattens resultieren. Bei mehr akuter Konstriktion ist auch die Kombination von Perikardverdickung und Perikarderguß zu berücksichtigen (HANCOCK, 1971; HURST, 1974).

Bei großen Herzen wiederum ist die Bewegungseinschränkung häufig differentialdiagnostisch nicht sicher zu verwerten, da sie auch ein Charakteristikum eines erheblich dilatierten Herzens mit geschädigtem Myokard sein kann. Da auch ein normal großes Herz infolge einer starren Verschwielung des Perikards möglich ist, sollte die Diagnose der konstriktiven Perikarditis, wie u.a. von THURN (1968) betont wird, nicht allein auf Änderungen der Herzkonfiguration gestützt werden, sondern es müssen die funktionellen Zeichen der Herzrandpulsationen Beachtung finden. Aber auch hier ist der Befund nicht beweisend, da normale Herzrandaktionen trotz Konstriktion beobachtet werden (HURST, 1974). Die Herzfernaufnahme, die heute in der Regel eine Aufnahme unter Hartstrahlbedingungen ist, bietet die Gewähr für eine umfassende Information. Darüber hinaus sind Aufnahmen in gezielten Schrägpositionen notwendig, die die Ausdehnung einer Verschwielung unter Umständen abzugrenzen vermögen. Tomogramme lassen sich zur genaueren Schwielenlokalisation einsetzen. Infolge der Einflußstauung weist die Röntgenuntersuchung im allgemeinen „leere Lungenfelder" auf. In etwa $^1/_3$ der Fälle besteht ein Pleuraerguß (SCHOLLMEYER, 1977). Durch Aszites kann ein Zwerchfellhochstand bestehen. Das obere Mediastinum wird durch Ausweitung der Cava cranialis in ca. 50% nach rechts verbreitert (SCHÖLMERICH, 1960). Häufig ist die Einengung des Retrokardialraumes kenntlich durch Verdrängung des Oesophagus nach dorsal. Außerdem ist eine Adhäsion möglich (SAUERBRUCH, 1925; HECKMANN, 1948).

Die genannten Schwierigkeiten bei der Diagnosestellung lassen den Schluß zu (HEINZ u. ABRAMS, 1957; SPODICK, 1964), daß das Röntgenbild bei der Pericarditis constrictiva nur in Verbindung mit dem klinischen Bild interpretiert werden darf.

Behinderung der Vorhofaktion oder Einschnürung der Cava inferior, soweit diese nicht 80—90% des Cavalumens beträgt (SCHLEGEL u. Mitarb., 1953), spielen in klinischer Hinsicht eine untergeordnete Rolle. Die Kontinuität des Blutzuflusses zu den Kammern bleibt auch ohne Vorhoffunktion gewahrt (BAYER u. Mitarb., 1956).

Einschnürungen des atrioventrikulären Ringes und Umpanzerung des linken Ventrikels können sich hämodynamisch wie eine Mitralstenose auswirken (WHITE, 1947; SCHLEICHER u. WIEGAND, 1949; SCHLEGEL u. Mitarb., 1953; PIETRUCHA, 1956; HOCHREIN u. SCHLEICHER, 1959). Bei Umpanzerung des rechten Herzens kann eine Trikuspidalstenose vorgetäuscht werden. Die differentialdiagnostische Abgrenzung dieser Befunde gegen echte zusätzliche Stenosen kann ohne eingreifende Untersuchungsmethoden (Katheterisierung, evtl. Punktion) unmöglich sein.

Ausmaß und Lokalisation der durch Perikardobliteration bedingten Bewegungseinschränkung ist durch *flächenkymographische Analysen* besonders gut erfaßbar (FETZER, 1933; STUMPF, 1936; HECKMANN, 1937; BERNER, 1939; SCHLEGEL u. Mitarb., 1953; HEINZ u. ABRAMS, 1957; SCHÖLMERICH, 1960; CORNELL u. ROSSI, 1968; THURN, 1968), zumal der Unsicherheitsfaktor der Lokomotion des ganzen Herzens, der bei sonstigen Herzfehlern besteht, weitgehend ausfällt. Die Aussage der Flächenkymographie läßt sich durch Änderung des Strahlenganges, also Aufnahmen in verschiedenen Drehstellungen, und durch wechselnde Rasterablaufrichtung verbessern. Danach kann zum Beispiel eine bevorzugte Ummauerung des rechten Ventrikels im 2. Schrägdurchmesser diagnostizierbar werden.

Das Kymogramm erlaubt somit im Einzelfall eine genauere Lokalisation der Schwielen oder der Panzer und gibt evtl. Hinweise auf die einzuschlagende Operationstechnik (SCHÖLMERICH, 1960). Wegen der starken Variabilität der Schwielen ist eine Regel für das Kymogramm nicht aufstellbar (HAUBRICH, 1963). Typisch erscheint jedoch die laterale diastolische Plateaubildung der Ventrikelbewegung als Ausdruck der erschwerten diastolischen Auffüllung. Die Ausprägung dieser diastolischen konstriktiven Hemmung erscheint unterschiedlich stark, ist aber obligates Bewegungssymptom (HAUBRICH, 1963). Es äußert sich in der Abstumpfung der Ventrikelzacken, die bis zu einem Plateau gedehnt sein kann und sogar einen Stillstand vorzutäuschen vermag (s. auch HAUBRICH u. HECKMANN in diesem Handbuch, Bd. III und Bd. X/1). HECKMANN (1948) stellte neben der diastolischen Hemmung, die zu einer lateralen Plateaubildung im Kymogramm führt, auch die systolische Hemmung — gleichschenklige spitze Bewegungen von kleiner Amplitude —, die schon von FETZER (1933) beschrieben wurde, als differentialdiagnostisch wichtiges Zeichen heraus. Allerdings weisen HECKMANN (1948) sowie später SCHÖLMERICH (1960) und HAUBRICH (1963) darauf hin, daß diese beiden Bewegungsformen auch bei schweren Myokardschädigungen gefunden werden können und daher nicht als absolut sichere Zeichen einer Perikardobliteration angesehen werden dürfen. Die Warnung vor der Überbewertung flächenkymographischer Befunde wurde auch von anderen Untersuchern ausgesprochen (FREEDMANN, 1937; STEHR, 1938; HECKMANN, 1948; HAUBRICH u. THURN, 1950; SCHÖLMERICH, 1960).

Ist durch flächenkymographische Untersuchungen eine relativ genaue Ausmessung der absoluten Pulsationsamplitude möglich, so liegt der Vorteil der *Elektrokymographie* in der exakten *Phasenanalyse*. Beide Untersuchungen ergänzen sich damit in ihrem Aussagewert.

Besonders in Hinsicht auf die präoperative Beurteilung kann die elektrokymographische Untersuchung ergänzende Aussagen machen (HENNY u. BOONE, 1945; LUISADA u. Mitarb., 1948; MORGAN, 1949; HECKMANN, 1952; SCHÖLMERICH, 1960; THURN, 1968; FRIEDBERG, 1974). Der Aussagewert wird jedoch durch die fehlende Eichbarkeit und die Abhängigkeit von der Empfindlichkeit des Systems sowie besonders durch die bei gleichzeitiger Accretio cordis vorhandene, unterschiedliche Dichte zwischen Herzwand und umgebenden Gewebe, die eine Bewegungseinschränkung vortäuschen kann, eingeengt. Durch den letztgenannten Faktor kann die Phasenanalyse, die zur Abgrenzung gegen die Lokomotion von HECKMANN (1952) angewandt wird, in ihrem Wert sehr beeinträchtigt werden. Das auch im Elektrokymogramm sehr gut zur Darstellung kommende diastolische Plateau (GILLICK u. REYNOLDS, 1950; HEYER u. BOONE, 1952; MCKUSICK, 1952; HAUBRICH u. THURN, 1954) kann, wie schon aus der Flächenkymographie bekannt war, auch bei Bradykardie mit langer diastolischer Pause (HAUBRICH u. THURN, 1954) sowie bei Mitralfehlern und Myokardfibrose vorkommen.

Die „lupenhafte Vergrößerung" des Elektrokymogramms erlaubt jedoch eine gewisse differentialdiagnostische Abgrenzung gegenüber diesen Befunden, da ein steiler protodiastolischer Anstieg mit plötzlichem Beginn des diastolischen Plateaus charakteristisch ist für die Pericarditis constrictiva (MCKUSICK, 1952; HAUBRICH u. THURN, 1954).

Der Wert einer *Angiokardiographie* bei konstriktiver Perikarditis wird unterschiedlich beurteilt. War die Durchführung bei der exsudativen Perikarditis unter differentialdiagnostischen Aspekten (Differentialdiagnose gegen Cor bovinum, Mediastinalprozesse, arteriovenöse Aneurysmen, Ventrikel-Aneurysmen) noch zu vertreten, so hat sie bei der Pericarditis constrictiva nur einen begrenzten Wert. Die Erweiterung der Hohlvenen, die Verdickung der Ventrikelwandung, die eventuelle Erweiterung der Pulmonalgefäße und die Fixation des Herzens an die vordere Brustwand sind zwar im Angiokardiogramm zu erkennen; Belastung des Patienten und diagnostischer Aufwand stehen jedoch in keinem Verhältnis zu den erzielbaren Ergebnissen (MCKUSICK, 1952; FIGLEY u. BAGSHOW, 1957; SCHÖLMERICH, 1960). Andere Autoren (HILGER u. Mitarb., 1962; THURN, 1968) halten hingegen die kombinierte Druckmessung im rechten und linken Herzen mit anschließender selektiver Lävokardiographie oder venöser Angiokardiographie für die sicherste Methode, zur präoperativen Beurteilung von Lokalisation und funktioneller Auswirkung einer Pericarditis constrictiva zu kommen und halten sie zur Abgrenzung gegenüber einer zusätzlich bestehenden Myokardinsuffizienz schweren Grades oder eines Mitralfehlers für wichtig. Auch STEINBERG u. HAGSTROM (1968) empfehlen bei restriktiver Perikarditis mit Erguß, insbesondere zur Abgrenzung gegenüber Herzmuskelerkrankungen, die mit einer Herzhöhlenvergrößerung einhergehen, das Angiokardiogramm. Ähnlich äußern sich DEUTSCH u. Mitarb. (1974). Sie grenzten die kongestive Kardiomyopathie durch das Angiokardiogramm gegenüber der Perikarditis constrictiva ab.

Als Befürworter einer Angiokardiographie bei Pericarditis constrictiva können SPODICK (1964), SOLOFF u. ZATUCHNI (1957), FOWLER (1974), DESILETS u. Mitarb. (1966) gelten. CORNELL u. ROSSI (1968) halten zwar die Angiokardiographie für nicht unbedingt erforderlich, geben aber zu erkennen, daß die Befunde der Angiokardiographie von Wert sein können. Sie raten zur Kinematographie, die auch von GOTSMAN u. Mitarb. (1974) in die Untersuchungen zur Abklärung der konstriktiven Perikarditis mit einbezogen wird und die diese Untersuchung, die sie an 60 Patienten mit konstriktiver Perikarditis ausführten, auf Grund der erhobenen Befunde empfehlen.

Die *Koronarographie* deckt wegen der vergrößerten Distanz zwischen der im Epikard verlaufenden Koronararterie zur angrenzenden Lunge zuweilen eine Perikardverschwielung auf (ELLIS u. KING, 1973; RAMSEY u. Mitarb., 1970); als primäres Diagnostikum erscheint die Koronarographie für die Pericarditis constrictiva ungeeignet.

Die Pericarditis constrictiva ohne Kalkeinlagerungen. Die für die Perikarditis constrictiva gemachten Ausführungen gelten sowohl für die Perikardobliteration ohne Kalkeinlagerungen als auch für die Perikarditis calculosa. Klinische und röntgenologische Leitsymptome sind die Bewegungseinschränkungen des Herzens. Während Kalkeinlagerungen den Hinweis auf gleichzeitige konstriktive Prozesse geben, fehlt dieses Symptom bei den obliterierenden Prozessen ohne Kalzifikation, und die erwähnten differentialdiagnostischen Schwierigkeiten sind daher bei dieser Form der Perikarditis constrictiva größer.

Nur durch Einbau des Röntgenbefundes in das klinische Gesamtbild kann die Diagnose gestellt werden.

Die Perikarditis constrictiva mit Kalkeinlagerungen (Perikarditis calculosa oder Panzerherz). Im allgemeinen treten Verkalkungen im abgestorbenen oder im Stoffwechsel stark herabgesetzten Gewebe auf. Die Verkalkung des Perikards bei der chronischen Entzündung ist daher als sekundäre Degenerationserscheinung im Sinne einer Komplikation aufzufassen (FRIEDBERG, 1972). Am geläufigsten ist dieser Vorgang bei der Tuberkulose, bei der die entstandenen Käsemassen Kalk aufnehmen und zu festen (Verkalkungen) oder bröckeligen (Verkreidungen) Gebilden werden.

Die tuberkulöse Genese der Kalkeinlagerungen in das Narbengewebe der konstriktiven Perikarditis wird auch heute noch als häufigste Ursache angenommen (STEHR, 1938; THURN, 1968; SCHÖLMERICH u. THEILE, 1973), wenngleich die Tbc-Genese der chronischen konstriktiven Perikarditis auf Grund feingeweblicher Untersuchungen mit ca. 17% angegeben wird (PAUL u. Mitarb., 1948). SCHLEGEL (zitiert nach SCHÖLMERICH, 1960) stellte bei 302 aus der Literatur zusammengestellten Fällen konstriktiver Perikarditis in 28% eine tuberkulöse Ursache fest (12% Rheumatismus, 14% andere Ätiologie und 46%(!) unbekannte Ätiologie). Verkalkungen werden ebenso bei konstriktiven Perikarditiden rheumatischer oder bakterieller Genese gesehen, und ein Vorkommen ohne nachweisbare Ursache bei sonst Gesunden (METHEWSON, 1955) oder bei Patienten mit negativem Tuberkulin- und positivem Histoplasminhauttest (BILLINGS u. COUCH, 1955) konnten beschrieben werden.

Wie häufig diese Kalkeinlagerungen vorkommen, ist nicht mit Sicherheit zu sagen, da es weitgehend eine Definitionsfrage ist, ab wann man von „Kalkeinlagerungen" spricht. Bei histologischer, makroskopischer und röntgenologisch-klinischer Untersuchung werden daher sehr unterschiedliche Ergebnisse gefunden. Da die Tuberkulose nach FRIEDBERG (1972) heute besser beherrscht wird, tritt sie als Ursache der Pericarditis constrictiva immer seltener auf. Setzt man eine tuberkulöse Genese mit einer Tendenz zur Kalkeinlagerung gleich — wozu man nur mit Einschränkungen berechtigt ist — so darf angenommen werden, daß etwa 20—30% der konstriktiven Perikarditiden zur Kalzifizierung neigen. WESTERMANN (1944) fand 15,6%, SALIVAHTI (1949) 18,2%, CHAMBLISS (1951) 28,2%, SCHÖLMERICH (1960) 31%. Bei sorgfältiger Suche lassen sich nach FRIEDBERG (1972) bei Perikarditis constrictiva in ca. 80% Kalkinkrustationen nachweisen. FOWLER (1974) gibt eine Häufigkeit von 40—50%, HEINZ u. ABRAMS (1957) ca. 50%, SCHOLLMEYER (1977) 50—60%, MEANY u. Mitarb. (1976) 50—70% an.

Die Röntgenaufnahmen bei Verdacht auf Perikarditis constrictiva erfordern Hartstrahltechnik, und die Untersuchung sollte in verschiedenen Projektionsrichtungen einschließlich einer subtilen Durchleuchtung erfolgen, um die genaue Lokalisation der Verkalkungen zu bestimmen. Nach SPODICK (1964) kann das Tomogramm und ein Pneumomediastinum von großem Nutzen sein und die Diagnostik bereichern. In differentialdiagnostischer Hinsicht ist es dabei wichtig, durch die Drehung bei der Durchleuchtung die Randständigkeit der Kalkschatten nachzuweisen. Die Verkalkungen erfassen meist das epi- und perikardiale Blatt und sind von teilweiser oder vollständiger Perikardobliteration und adhäsiven Prozessen begleitet. Trotz ausgedehnter Verkalkung kann jedoch das Lumen des Perikardsackes erhalten sein. Kalkummauerungen sind besonders günstig im zweiten Schrägdurchmesser und bei Strahlenverlauf in Richtung der anatomischen Längsachse des Herzens darzustellen. Ausmaß und Lokalisation können sehr stark variieren.

Prädilektionsstellen sind der Häufigkeit nach: Der Sulcus coronarius, die dem Zwerchfell zugewandte Fläche des rechten Ventrikels, die sternal gelegene Partie des rechten Ventrikels und der rechte Vorhof (MÜLLER, 1917; HOLZMANN, 1952; VIETEN, 1959; FRIEDBERG, 1972). Es sind diejenigen Herzabschnitte, an denen die Herzpulsation schon normalerweise am geringsten ist (u.a. ESCH u. GROSSE-BROCKHOFF, 1958; SCHÖLMERICH, 1960; HECKMANN, 1963). Die Verkalkungen des Perikards stellen sich sehr unterschiedlich dar. Meist sind sie plattenförmig oder als Spangen angeordnet zu erkennen; seltener sieht man Doppelschichten durch Verkalkungszonen im parietalen und viszeralen Anteil des Perikards. Die Dicke der Schichten kann 0,5 cm und mehr betragen. Einzelplatten können im Verlaufe der Erkrankung zu „Kettenpanzern" (RUMMERT, 1937) verschmelzen. Selbst eine Verknöcherung (ANDREWS u. Mitarb., 1948) kann gelegentlich beobachtet werden. Eine Verzahnung von Kalkschwielen mit dem Myokard sahen VON ELMENDORFF u. Mitarb. (1960) bei 46 von 115 Patienten, die in der chirurgischen Klinik der Universität Düsseldorf operiert wurden.

Aus den bereits erwähnten Gründen *darf auf Grund des Nachweises von Verkalkungen allein nicht auf das Ausmaß der obliterierenden Prozesse geschlossen werden.* Einerseits können gleichzeitig erhebliche Perikardobliterationen ohne nachweisbare Kalzifizierung bestehen, andererseits können isolierte Kalkplatten ohne jegliche hämodynamische Rückwirkung sein.

Es ist ausdrücklich hervozuheben, daß der Nachweis von Kalk bei Perikardverschwielung nicht identisch ist mit einer Konstriktion. Nach THURN (1968) werden ohne Konstriktion in 5—10% und mit Konstriktion über 50% Kalkinkrustationen diagnostiziert.

Klinisches Bild und röntgenologischer Nachweis des Ausmaßes und der Lokalisation der Bewegungseinschränkung sind wichtiger als das Hinweissymptom von Kalkeinlagerun-

gen, es sei denn, daß der Nachweis eines zusammenhängenden, die Ventrikelmuskulatur umgreifenden Kalkpanzers die Diagnose absolut sichert. Die folgenden Abbildungen zeigen einige Variationsformen der konstriktiven Prozesse mit Kalkeinlagerungen.

Abb. 24 zeigt den typischen Befund bei einem 46jährigen Patienten. Der Patient kam mit den Zeichen einer schweren „Rechtsinsuffizienz", die sich im Anschluß an eine 6 Monate vorher durchgemachte Pleuritis und Perikarditis exsudativa entwickelt hatte, zur Aufnahme. Die Verdachtsdiagnose einer Pericarditis constrictiva ließ sich durch Herzsondierung erhärten (Druck im rechten Vorhof 18/10 mm Hg, im rechten Ventrikel 25/10 mm Hg mit typischem protodiastolischem Dip, Druck in der Pulmonalarterie 25/15 mm Hg). Das Röntgenbild zeigte keine Kalkeinlagerungen, jedoch eine deutliche Bewegungseinschränkung im Bereich der linken und rechten Vorderwand. Die Diagnose einer Pericarditis constrictiva mit vorwiegendem Befall der vorderen atrioventrikulären Grenze ohne Kalkeinlagerungen wurde operativ bestätigt (Prof. Dr. DERRA, Düsseldorf).

Abb. 25 läßt eine bandförmige Kalkspange erkennen, die sich bei einem 28jährigen Patienten, der 5 Jahre vorher an einer Lungentuberkulose erkrankt war, über den rechten Vorhof und Ventrikel zieht. Sichere Zeichen einer oberen oder unteren Einflußstauung waren nicht nachweisbar. Der Herzkatheter zeigte jedoch die typischen Zeichen einer konstriktiven Perikarditis (Vorhofdruck rechts 15/6 mm Hg, Kammerdruck rechts 40/6 mm Hg, Pulmonalarteriendruck 40/5 mm Hg, in der Kammerdruckkurve der typische protodiastolische Druckabfall). Das p.a.-Kymogramm (Abb. 26) ließ die kompensatorisch verstärkte Randzackenbildung am linken Lateralrand erkennen, so daß auf Einbeziehung von Partien des linken Ventrikels in die konstriktiven Prozesse geschlossen werden durfte.

In Abb. 27 wird das Kymogramm einer 29jährigen Patientin wiedergegeben. Bei der Patientin hatten sich im Anschluß an eine schwere Angina tonsillaris die Zeichen einer oberen und unteren Einflußstauung, sowie eine Belastungsdyspnoe entwickelt. Sie wurde 5 Monate unter der Diagnose „dekompensierter Herzklappenfehler" (kombiniertes Mitralvitium mit vorwiegender Stenose) behandelt. Die Durchleuchtung ergab neben einer Vergrößerung des linken Vorhofes eine Bewegungseinschränkung des rechten und linken Ventrikels, die Röntgenaufnahme ließ wenige schollige, nicht konfluierende Kalkeinlagerungen im Bereich der Hinterwand und links lateral erkennen. Das Kymogramm (Abb. 27) zeigte neben der Vergrößerung des linken Vorhofes und dem verbreiterten Gefäßband eine erhebliche Bewegungseinschränkung rechts und das typische diastolische Plateau an der linken Herzkontur. Die Diagnose einer umfassenden konstriktiven Perikarditis mit geringgradigen Kalkeinlagerungen und durch die erschwerte Füllung des linken Ventrikels bedingter Vorhofvergrößerung wurde operativ (Prof. Dr. DERRA, Düsseldorf) bestätigt. Nach der Ausschälung bildeten sich sowohl die Zeichen der Einflußstauung als auch die Vorhofvergrößerung zurück.

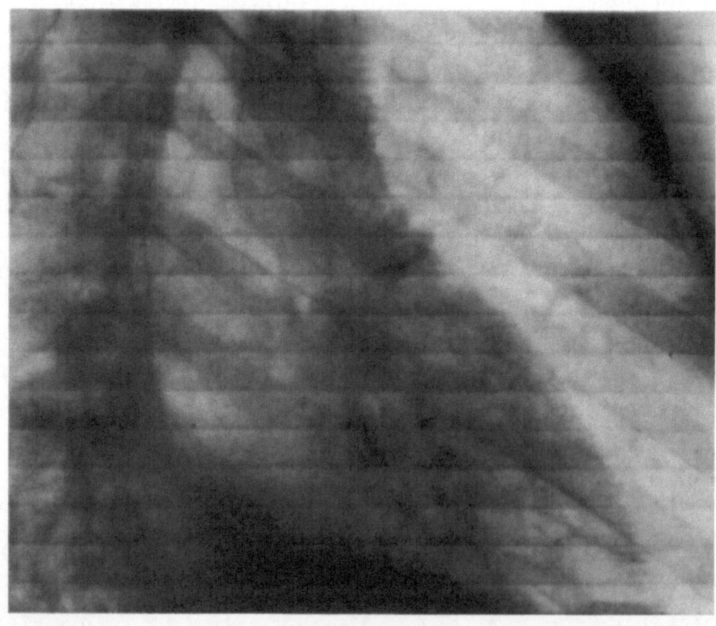

Abb. 24. Perikarditis constrictiva mit vorwiegendem Befall der vorderen atrioventrikulären Grenze bei 46jährigem Patienten

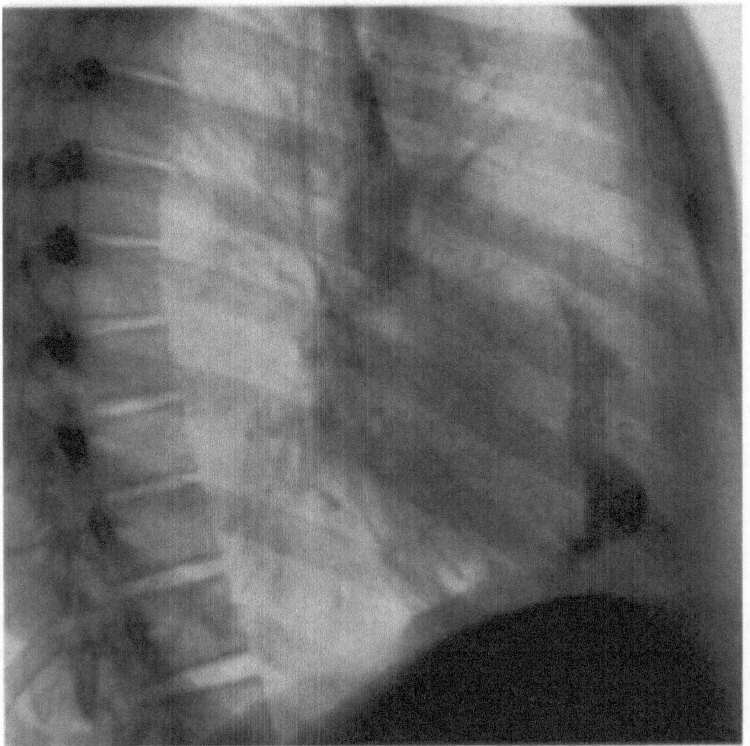

Abb. 25. Bandförmige Kalkspange, die sich über den rechten Vorhof und Ventrikel zieht, bei einem 28jährigen Patienten

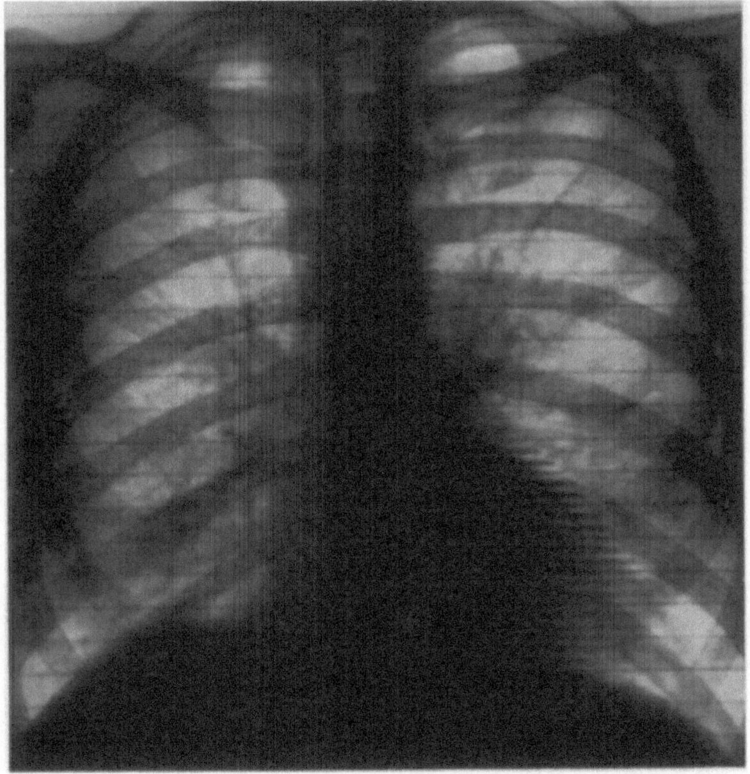

Abb. 26. Kymogramm des gleichen Patienten wie Abb. 25. Kompensatorisch verstärkte Zackenbildung am linken Lateralrand

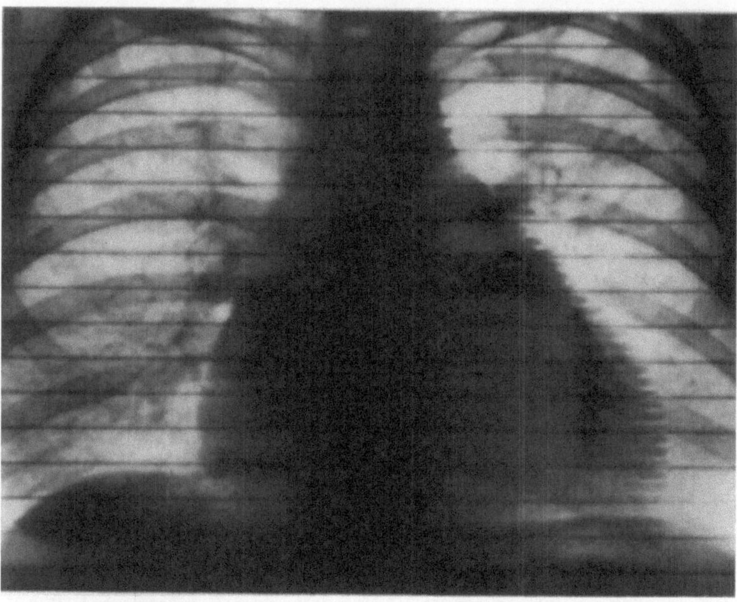

Abb. 27. Kymogramm einer 29jährigen Patientin mit Einflußstauung. Neben der Vergrößerung des linken Vorhofs und der Verbreiterung des Gefäßbandes erhebliche Bewegungseinschränkung rechts und das typische diastolische Plateau an der linken Herzkontur

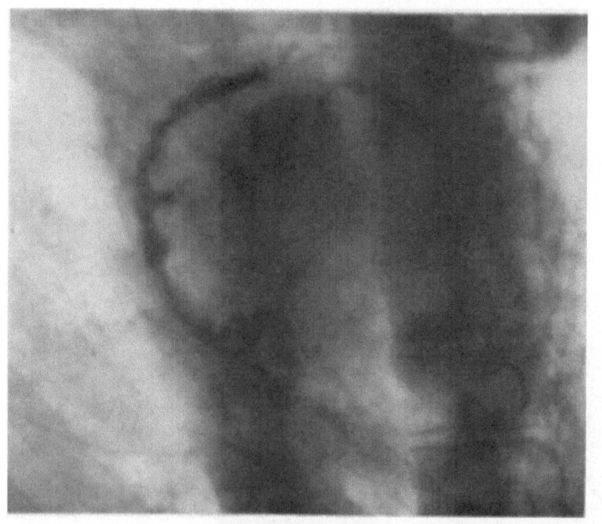

Abb. 28

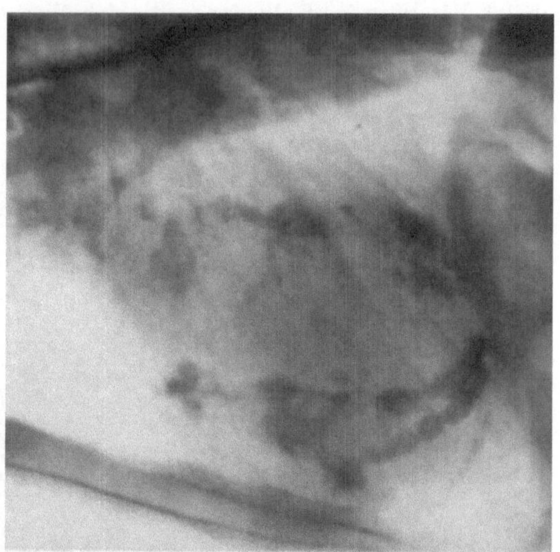

Abb. 29

Abb. 28 u. 29. 59jähriger Patient mit operativ gesichertem, starkem Schwielenpanzer mit erheblichen Kalkeinlagerungen besonders im Gebiet der atrioventrikulären Grenze

Die Abb. 28 und 29 zeigen einen bandförmigen Panzer vorwiegend im Bereich der atrioventrikulären Grenze bei einem 59jährigen Patienten mit Tbc-Anamnese. Der Patient bot das Bild einer schweren oberen und unteren Einflußstauung. Das ausgeprägte Broadbentsche Zeichen wies auf eine Accretio cordis hin. Schwere Stenokardien und der Kalkpanzer ließen auf zusätzliche Koronarinsuffizienzerscheinungen, die möglicherweise durch die konstriktiven Prozesse mitbedingt waren, schließen. Der Vorhofdruck rechts war leicht erhöht (9,5 mm Hg), der Druck im rechten Ventrikel betrug 15/5 mm Hg und zeigte den typischen protodiastolischen Druckabfall. Der Pulmonalarteriendruck betrug 15/9 mm Hg, der „PC“-Mitteldruck 9 mm Hg. Bei der Operation (Prof. Dr. Derra, Düsseldorf) zeigte es sich, daß die gesamte Ventrikelmuskulatur und Teile der beiden Vorhöfe von einem starken Schwielenpanzer mit erheblichen Kalkeinlagerungen, deren Ausmaß auf dem Röntgenbild nicht zu erkennen war, umgeben war.

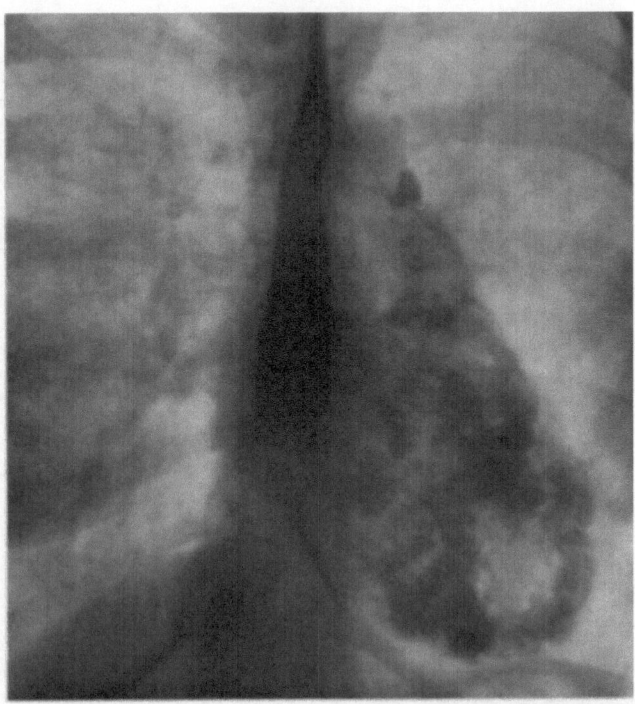

Abb. 30. 25jährige Patientin mit großflächigen, konfluierenden Kalkpanzern

Einen anderen Verkalkungstyp zeigt Abb. 30. Es handelte sich um eine 25jährige Patientin mit Typhusanamnese. Im Röntgenbild waren großflächige, konfluierende Verwachsungen, die besonders den linken Ventrikel umschlossen und in typischer Weise die Herzspitze frei ließen, nachweisbar. Klinisch imponierte der Befund als Mitralstenose mäßigen Grades, da die hämodynamische Situation bei einer derartigen Ummauerung des linken Ventrikels ähnlich wie bei diesem Klappenfehler ist. Operativ (Prof. Dr. DERRA, Düsseldorf) konnte der Kalkpanzer, der vorwiegend den linken Ventrikel und geringgradig auch den rechten Ventrikel an der Hinterwand umfaßte, vollständig entfernt werden.

Die Kombination von Panzerherz mit Pleuritis calcarea läßt mit großer Wahrscheinlichkeit auf Tbc-Genese schließen.

Abb. 31—33 zeigen die Bilder eines 50jährigen Patienten, der mehrfach an Pleuropneumonien spezifischer Genese erkrankt war und wegen zunehmender Kurzluftigkeit und den Zeichen der oberen und unteren Einflußstauung eingewiesen worden war. Der Patient ist längere Zeit unter der Diagnose dekompensiertes Mitralvitium behandelt worden. Der Röntgenbefund ergab außer einer Pleuritis calcarea vorwiegend rechts konfluierende Verkalkungen über beiden Ventrikeln, ein verbreitertes Gefäßband und eine Vergrößerung des linken Vorhofes. Die Hartstrahlaufnahmen (Abb. 32, 33) zeigen ein fast plastisches Bild des Kalkpanzers. Die Herzsonde ließ typische Druckabläufe erkennen (Vorhofdruck 25/15 mm Hg, Kammerdruck 50/15 mm Hg mit protodiastolischem Dip, Pulmonalarteriendruck 50/30 mm Hg).

Sowohl Röntgenbild als auch klinischer Befund und Sondenwerte ließen mit Sicherheit auf eine schwerste Bewegungseinschränkung beider Ventrikel schließen. Die Operation (Prof. Dr. DERRA, Düsseldorf) ergab eine Ummauerung des ganzen Herzens durch 1—$1^1/_2$ cm dicke Kalkplatten. Über den Vorhöfen war der Kalkpanzer hinten offen, so daß hier keine nennenswerte Einengung bestand. Bei der Perikardektomie entleerten sich aus den Kalkschalen verschiedentlich kleine Abszesse mit weißlich-rahmigem Eiter.

Durch umschriebene konstriktive Prozesse können erhebliche *Herzverformungen* entstehen, die auf Grund ihrer Abnormität auf Schrumpfungsprozesse hinweisen und meist keine differentialdiagnostischen Schwierigkeiten bieten.

Abb. 34 und 35 zeigen die Bilder eines 28jährigen Patienten mit leerer Anamnese. Fünf Jahre vor der Aufnahme begannen leichte Beschwerden, die sich in den letzten 3 Jahren erheblich verstärkten und auf Grund der Symptomatik (Kurzluftigkeit und Rechtsinsuffizienzerscheinungen) als Folge eines Mitralfehlers gedeutet wurden. Die p.a.-Aufnahme zeigte ein hochliegendes, durch eine lokale konstriktive Perikarditis abnorm gestaltetes Herz von „stehender Eiform". Auf der seitlichen Aufnahme (Abb. 35) war eine Kalkspange im Bereich des konstriktiven Prozesses zu erkennen. Die Operation (Prof. Dr. DERRA, Düsseldorf) ergab, daß Herzspitze und Hinterwand des Herzens in einen Schwartenpanzer mit Kalkeinlagerungen eingemauert waren.

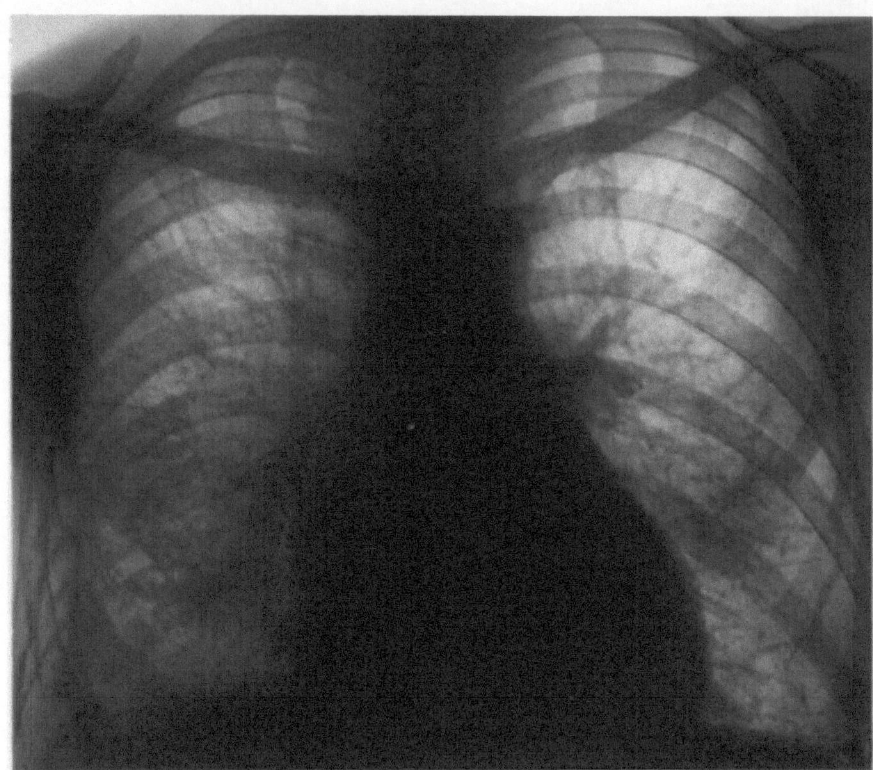

Abb. 31

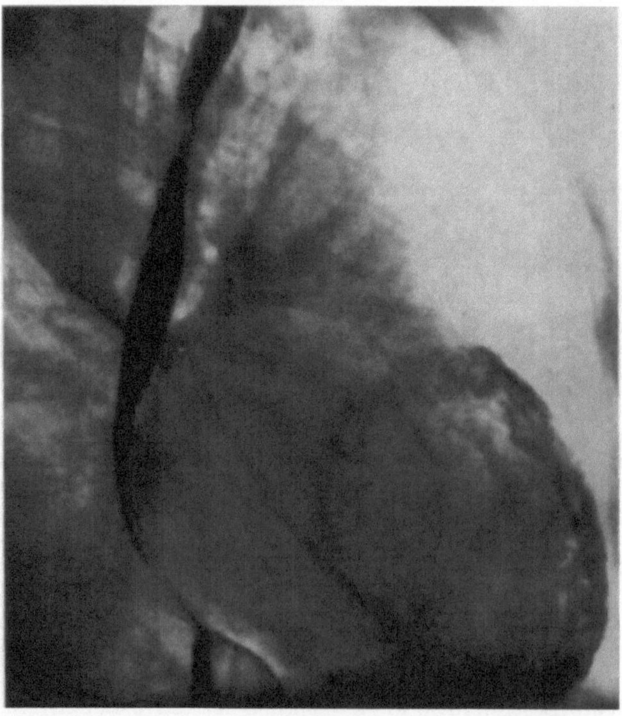

Abb. 32

Abb. 31—33. 50jähriger Patient mit Pleuritis calcarea und konfluierenden Verkalkungen über beiden Ventrikeln. (Bei der Operation fanden sich 1—1$^1/_2$ cm dicke Kalkplatten.) Erhebliche Vergrößerung des linke Vorhofs

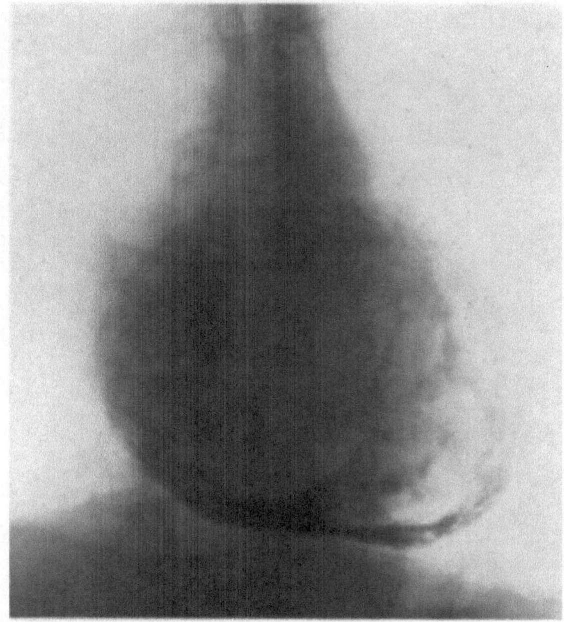

Abb. 33 (Legende s. S. 362)

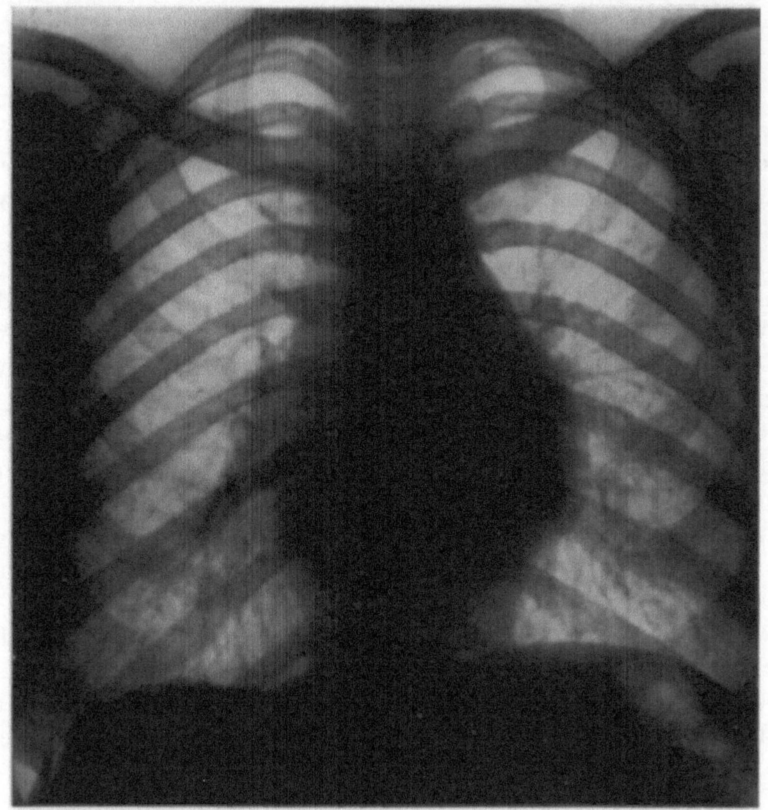

Abb. 34

Abb. 34 u. 35. 28jähriger Patient mit Herzdeformierung („stehende Eiform") infolge einer konstriktiven Perikarditis

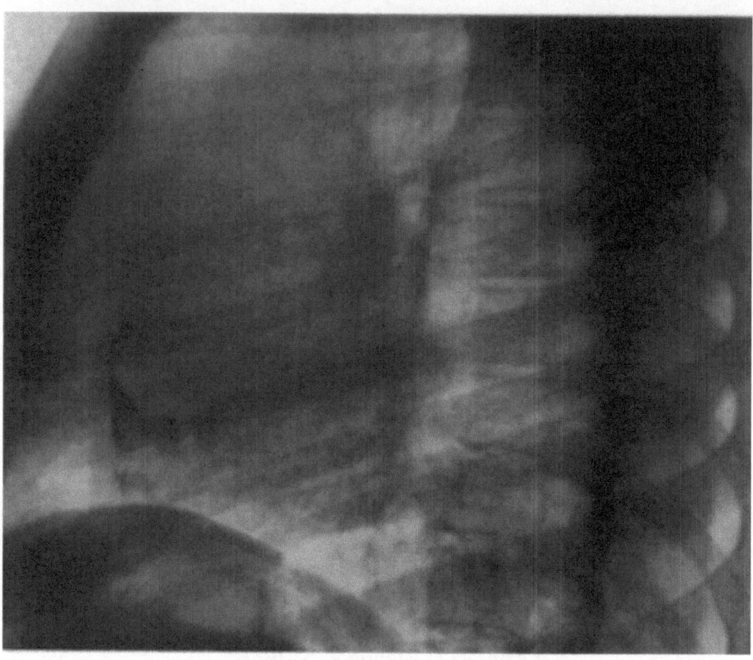

Abb. 35 (Legende s. S. 363)

Linker Ventrikel, linker und rechter Vorhof und Teile des rechten Ventrikels wurden entrindet. Die Freipräparierung der Herzspitze war sehr schwierig, da kaum lösbare Verwachsungen mit dem subepikardialen Myokard bestanden.

Postoperative Befunde. Da alle Krankheitssymptome der Pericarditis constrictiva durch die mechanische Behinderung der Herzfunktion (Einflußstauung und verringertes Schlagvolumen) bedingt sind und durch konservative Maßnahmen daher keine ursächliche Besserung erzielt werden kann, ist die operative Ausschälung des Herzens die Therapie der Wahl.

Hier kann nicht zu den verschiedenen Operationsverfahren und Erfolgsstatistiken Stellung genommen werden (SCHMIEDEN, 1924; SAUERBRUCH, 1925; BRAUER, 1929; SCHMIEDEN u. WESTERMANN, 1937; WESTERMANN, 1944; DERRA, 1948; ANACKER, 1949, 1950; ADA u. Mitarb., 1950; CHAMBLISS u. Mitarb., 1951; SCHLEGEL u. Mitarb., 1953; HARVEY u. WHITEHILL, 1953; ZENKER, 1955; MALHERBE u. BRINK, 1956; CHICHE u. Mitarb., 1957; ESCH u. GROSSE-BROCKHOFF, 1958; VIETEN, 1959). Für die Indikationsstellung läßt sich jedoch eine optimale Phase für operative Korrekturen festlegen: In dem Krankheitsverlauf der konstriktiven Perikarditis gibt es einen Zeitpunkt, in dem die hämodynamische Behinderung ein Maß erreicht hat, das den operativen Eingriff fordert. Neben dem klinischen Gesamtbild, dem röntgenologischen Untersuchungsergebnis und der dadurch aufgezeigten Lokalisation der Bewegungseinschränkung erlaubt die Venendruckmessung bzw. Herzsondierung mit Druckhöhen- und Druckverlaufsanalyse eine genaue quantitative Diagnose. Im Endstadium einer lange bestehenden Pericarditis constrictiva steigt durch die erhebliche Muskelatrophie sowie durch sekundäre Veränderungen, insbesondere schwere Leberschädigung, das Operationsrisiko erheblich an.

Der von seiner Ummauerung befreite, aber atrophische Herzmuskel kann den Ansprüchen der plötzlich normalisierten hämodynamischen Situation nicht mehr gerecht werden, und extreme *Herzdilatationen* mit akuten Insuffizienzsymptomen und Flimmerbereitschaft bzw. *Ventrikelaneurysmen* können sich entwickeln. — Zwischen diesen

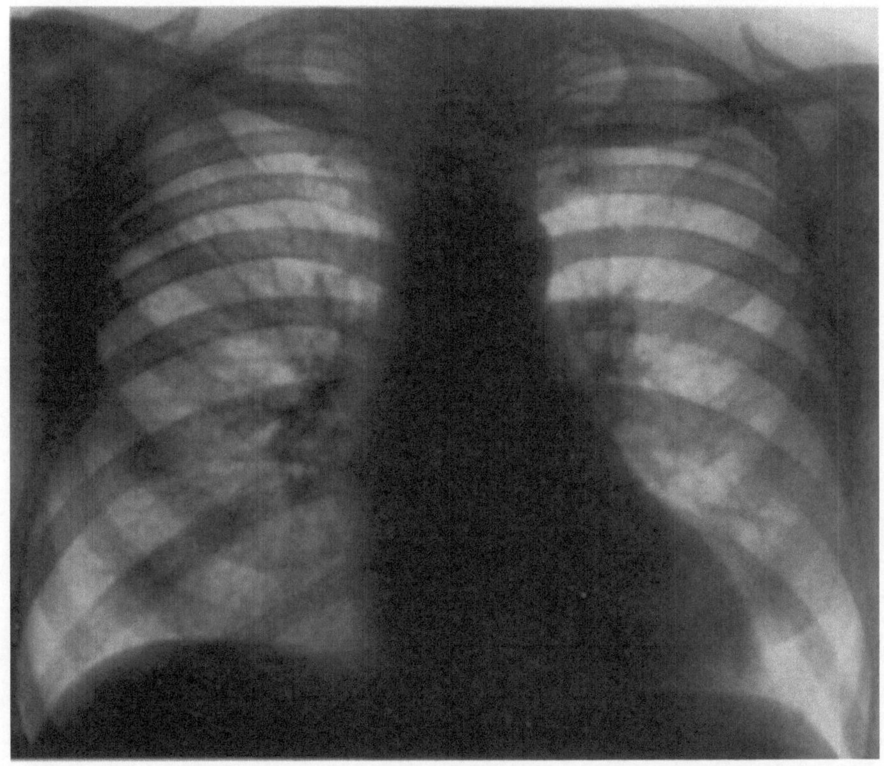

Abb. 36

Abb. 36—38. Präoperative Befunde mit Nachweis des Kalkpanzers und der Bewegungseinschränkung

beiden Punkten des pathophysiologischen Entwicklungsganges liegt die Phase der optimalen Operationsfähigkeit. Gleichzeitig bestehende Herzklappenfehler können die Entscheidung sehr erschweren, zumal die konstriktiven Prozesse, wie bereits erwähnt, in hämodynamischer Hinsicht Klappenfehler vortäuschen können.

Röntgenologisch ist der Operationseffekt durch die *verbesserte Herzpulsation*, die sich kymographisch durch *vergrößerte Randzacken* und *Verschwinden des diastolischen Plateaus* nachweisen läßt, faßbar. Der Fortfall der diastolischen Begrenzung führt ferner zu einer *Vergrößerung des Herzschattens* (HAUBRICH, 1952, SCHLEGEL u. Mitarb., 1953).

Differentialdiagnose. Sowohl in klinischer als auch in röntgenologischer Hinsicht können differentialdiagnostische Probleme auftreten.

Myokardfibrose. Eine sichere differentialdiagnostische Abgrenzung gegen eine Myokardfibrose ist nicht möglich (BAYER u. Mitarb., 1956). Bewegungsmechanik und

In Abb. 36—40 sind die prä- und postoperativen Befunde (Prof. Dr. DERRA, Düsseldorf) eines 54jährigen Patienten wiedergegeben, der unter den Zeichen einer schweren oberen und unteren Einflußstauung und einer mäßigen Lungenstauung zur Aufnahme kam. Abb. 36 zeigt die Kalkauflagerungen am linken Herzrand, eine mäßige Vorhofvergrößerung und Lungenstauung. Die Verkalkungszonen, die auch auf die anterior liegenden adhäsiven Prozesse übergreifen, sind auf der seitlichen Aufnahme (Abb. 37) gut zu erkennen. Das Kymogramm (Abb. 38) gibt die erhebliche Bewegungseinschränkung der vorderen Herzabschnitte wieder. $1^1/_2$ Monate nach der Operation — der klinische Befund hatte sich fast normalisiert — war auf der p.a.-Aufnahme kein Kalkschatten mehr nachweisbar, und die Zeichen der Lungenstauung hatten sich zurückgebildet (Abb. 39). Auf der seitlichen Aufnahme war eine Rückbildung der Vorhofvergrößerung festzustellen. Einige zarte Verschattungszonen waren an der Vorder- und Hinterwand noch nachweisbar (Abb. 40). Die Herzpulsationen waren bei der Durchleuchtung aber auch in diesem Gebiete normal. Die häufig noch postoperativ nachweisbaren kleinen Kalkschatten sind hämodynamisch ohne ernstere Bedeutung.

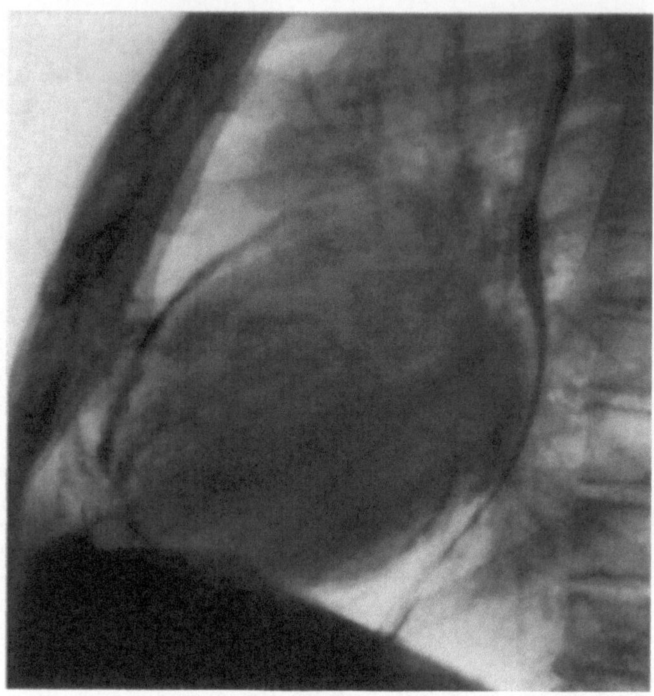

Abb. 37 (Legende s. S. 365)

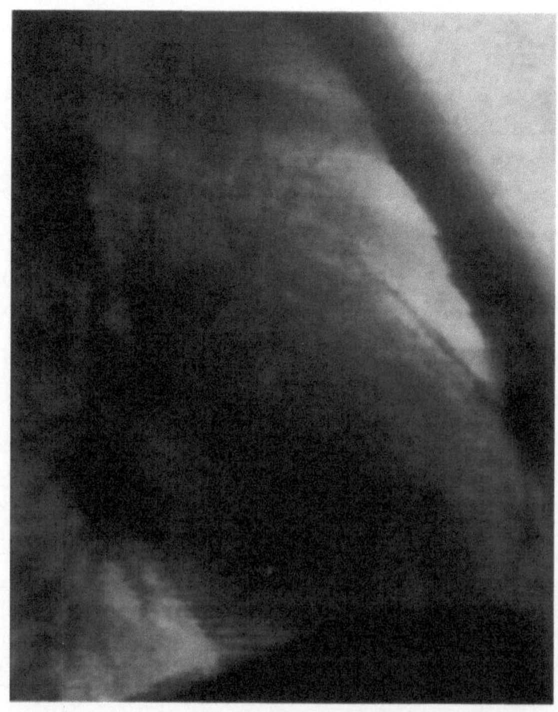

Abb. 38 (Legende s. S. 365)

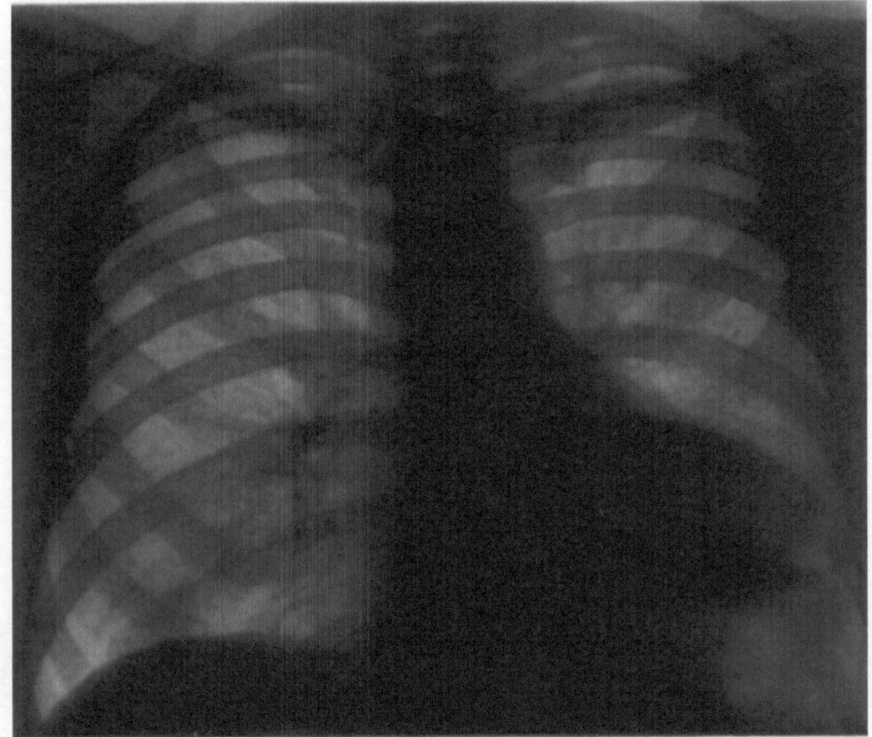

Abb. 39

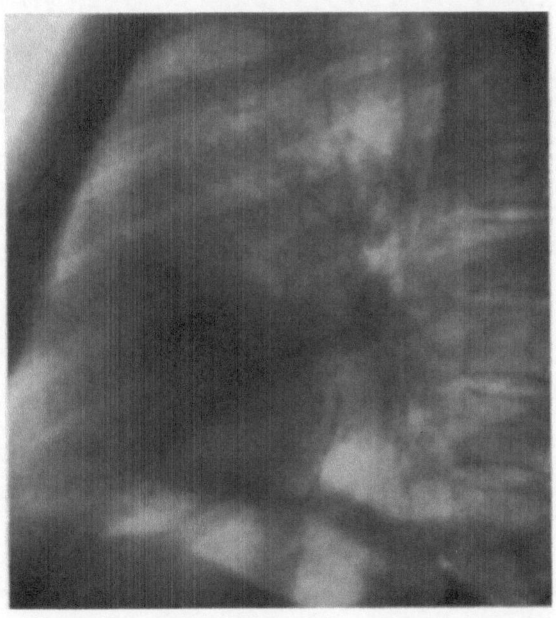

Abb. 40

Abb. 39 u. 40. Postoperative Befunde. Kalkspangen sind nur noch vereinzelt nachweisbar

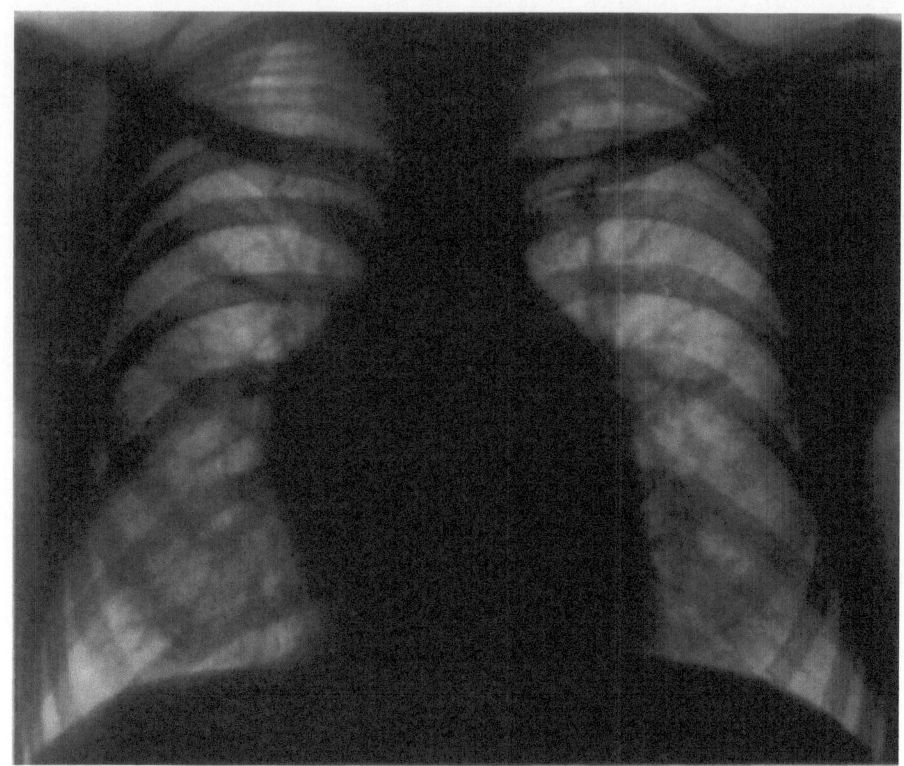

Abb. 41

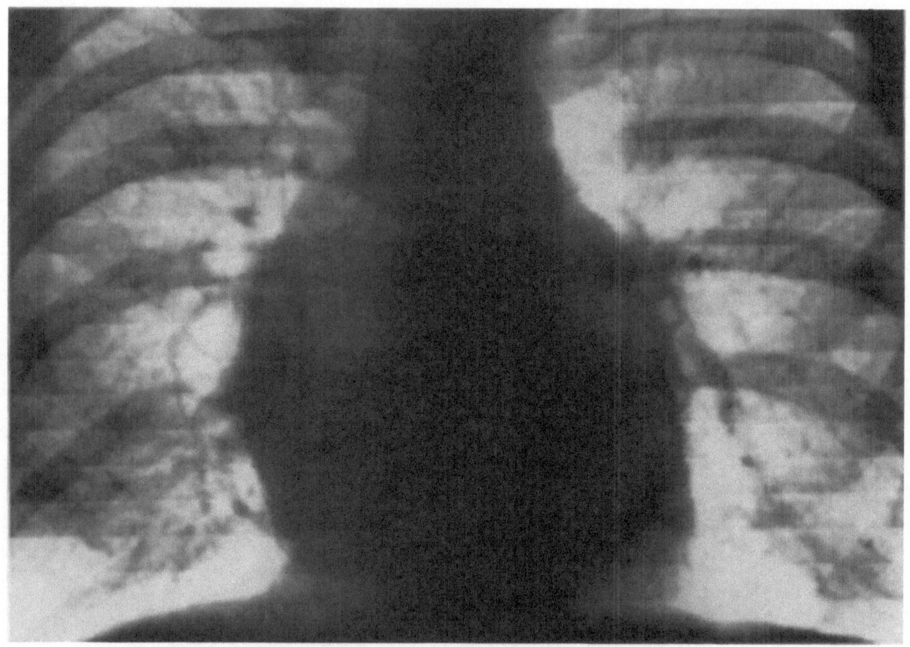

Abb. 42

Abb. 41 u. 42. Befunde bei einem 43jährigen Patienten mit konstriktiver Perikarditis und vorwiegender Einengung des linken Ventrikels und Vergrößerung des linken Vorhofs

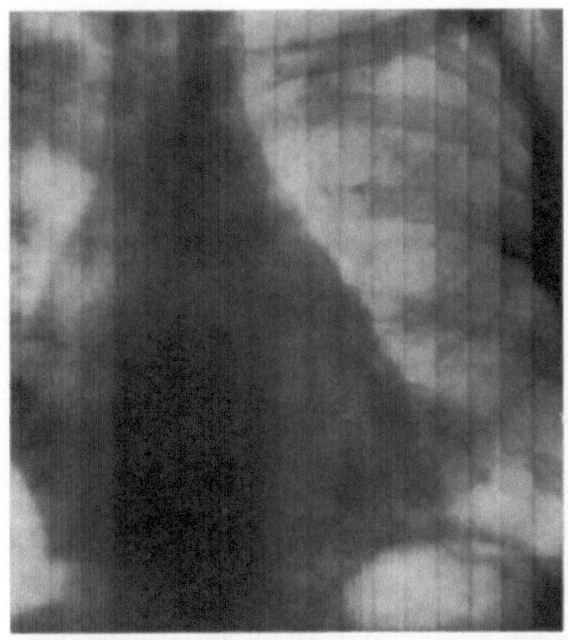

Abb. 43

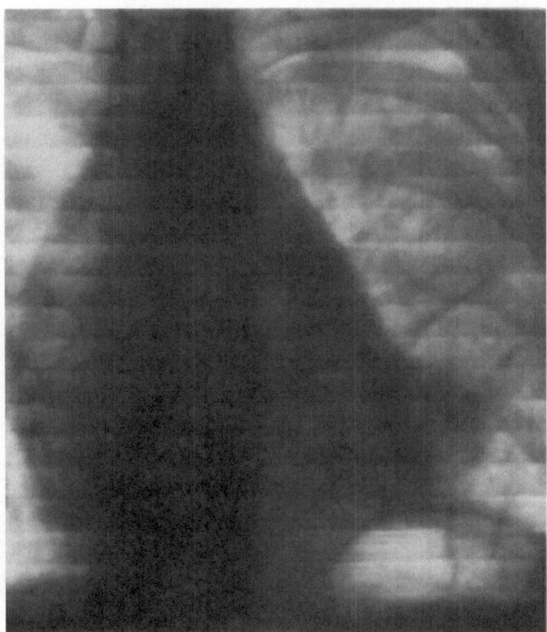

Abb. 44

Abb. 43 u. 44. Postoperative Befunde bei dem gleichen Patienten wie Abb. 41 und 42. Röntgenologischer Nachweis eines postoperativen, lokalen, am linken Ventrikel sichtbaren Verschattungsbezirks im waagrechten und senkrechten Rasterverlauf

In Abb. 41—44 wird der prä- und postoperative Befund bei einem 43jährigen Patienten gezeigt, der mit den Zeichen schwerster unterer und oberer Einflußstauung und mäßiger Lungenstauung eingewiesen wurde. Klinischer Befund und Röntgenbefund sprachen für das Vorliegen einer schweren mechanischen Behinderung beider Ventrikel durch eine konstriktive Perikarditis mit Kalkpanzer. Die Herzsondenwerte (Vorhof 27/18, Ventrikel 40/18, Pulmonalarterie 40/27 mm Hg, in der Ventrikelkurve ein typischer protodiastolischer Druckabfall) bestätigten den erheblichen Grad der mechanischen Behinderung des Einflusses und der diastolischen Erweiterung. Die a.p.-Aufnahme (Abb. 41) läßt die Einschnürung beider Ventrikel und die Vergrößerung des linken Vorhofes erkennen. Das Kymogramm (Abb. 42) zeigt die typische Verlaufsform. Postoperativ entwickelte sich linksrandständig eine Verschattung, die bei waagrechtem und senkrechtem Rasterverlauf (Abb. 43 und 44) herzsynchrone Pulsationen zeigte.

Differentialdiagnostisch muß hierbei an eine postoperative Perikardzyste (dafür spricht die Bewegungsmechanik) oder an ein postoperatives Herzwandaneurysma (dafür spräche der Operationsbefund, daß links lateral eine sehr schwer lösbare, mit der Muskulatur innig verbackene Verschwartung entfernt wurde) gedacht werden.

hämodyamische Änderungen sind derjenigen der Pericarditis constrictiva zu ähnlich. Geringere Druckhöhen im rechten Vorhof und in der Enddiastole im rechten Ventrikel bei unverhältnismäßig schwerem klinischem Befund können unter Umständen auf eine Myokardfibrose hindeuten (Nye u. Mitarb., 1957). Die Diagnose wird jedoch in den meisten Fällen erst während der Operation gestellt werden können. Eine Kalzifizierung des Perikards schließt nach Thurn (1968) die Myokardfibrose aus.

Auch eine *multiple Venenthrombose* (V. cave cran. und caudalis) kann unter den klinischen Zeichen einer Pericarditis obliterans verlaufen (Friedberg, 1972).

Kardiale Amyloidose und Hämochromatose. Eine eindeutige Differenzierung ist gegen die konstriktive Perikarditis nicht möglich, da sich die hämodynamischen Störungen der genannten Kardiomyopathien und der konstriktiven Perikarditis gleichförmig verhalten; insbesondere ist ihnen die Einschränkung der diastolischen Füllung gemeinsam (Gunnar u. Mitarb., 1955; Wassermann u. Mitarb., 1962; von Hoyningen-Huene, 1964; Meany u. Mitarb., 1976).

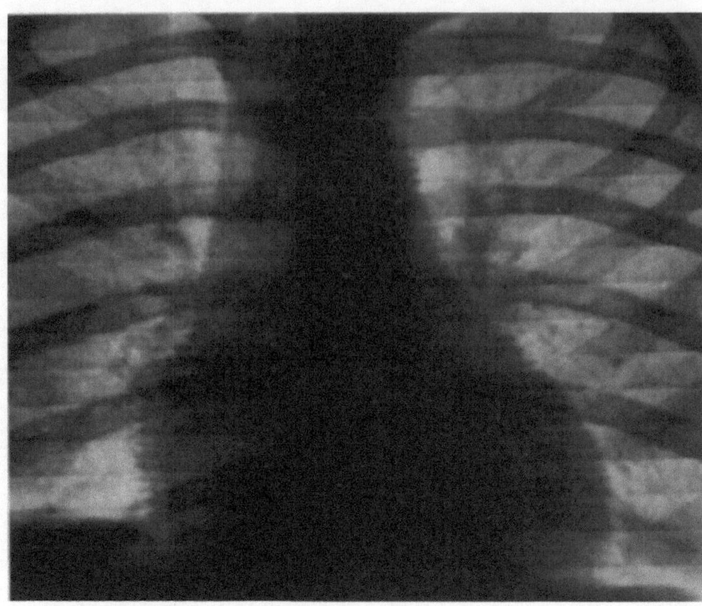

Abb. 45. Kymogramm einer 28jährigen Patientin. Bewegungseinschränkung am linken Herzrand durch operativ gesicherte Myokardfibrose

Abb. 45 zeigt das Kymogramm einer 28jährigen Patientin. Die Patientin hatte 3 Jahre vor der Einweisung eine Tbc-Meningitis und Pleuritis durchgemacht und 1 Jahr vor der Einweisung zunehmende Herzbeschwerden bekommen.

Anamnese und klinischer Befund (obere und untere Einflußstauung sowie Kurzluftigkeit), Katheterbefunde (Druck rechter Vorhof 24/13, rechter Ventrikel 32/9 mm Hg mit protodiastolischem Druckabfall, Pulmonalarterie 25/18 mm Hg) und EKG (terminale T-Negativitäten über den Brustwand-Ableitungen) sowie Kymogramm (erhebliche Bewegungseinschränkung mit diastolischem Plateau und Aufsplitterung) ließen an das Vorliegen einer Pericarditis constrictiva denken.

Bei der Operation (Prof. Dr. Derra, Düsseldorf) wurde eine Myokardfibrose ohne perikarditische Verwachsungen festgestellt.

Herzmuskelschwielen nach Herzinfarkt. Verschwielte Vorderwand-, anterolaterale- und posterolaterale Infarkte können die gleichen röntgenologischen und elektrokardiographischen Befunde auslösen wie umschriebene konstriktive Perikarditiden. Das Narbengewebe nimmt nur passiv an der Herzmuskelbewegung teil, und kymographisch ist eine deutliche Bewegungseinschränkung feststellbar. Ist im Elektrokardiogramm noch ein deutlicher R-Verlust nachweisbar, so ist die Diagnose eines überstandenen Herzinfarktes einfach. Da sich der R-Verlust bei kleineren Infarkten innerhalb Monatsfrist zurückbilden kann, ist das Elektrokardiogramm in manchen Fällen zur differentialdiagnostischen Klärung nicht zu verwerten. Klinischer Gesamtbefund (Fehlen der schweren venösen Einflußstauung), Anamnese (pektanginöse Beschwerden) und höheres Alter der Patienten können die Diagnose klären. Da eine umschriebene konstriktive Perikarditis ohnehin keine Operationsindikation darstellt, hat eine eventuelle Fehldiagnose keine entscheidende Bedeutung.

Verkalkte Herzinfarkte (Friedberg, 1959) können gegen perikarditische Kalkeinlagerungen durch die intramurale und umschriebene Lokalisation abgegrenzt werden. *Verkalkte Herzthromben* sind meist in der Nähe der Herzspitze lokalisiert und nicht randständig.

Verkalkte Herzkranzgefäße. Erhebliche *Koronarverkalkungen* können zwar in röntgenologischer Hinsicht mit perikarditischen Verkalkungen, die das Koronargebiet

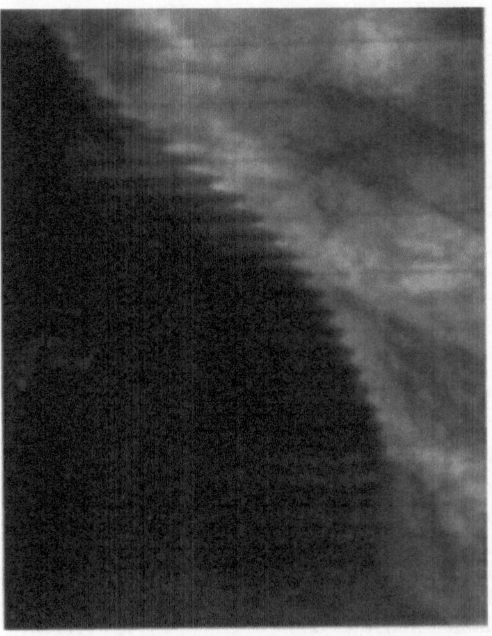

Abb. 46. 52jähriger Patient mit Bewegungseinschränkung am linken Herzrand durch Myokardvernarbung nach Herzinfarkt

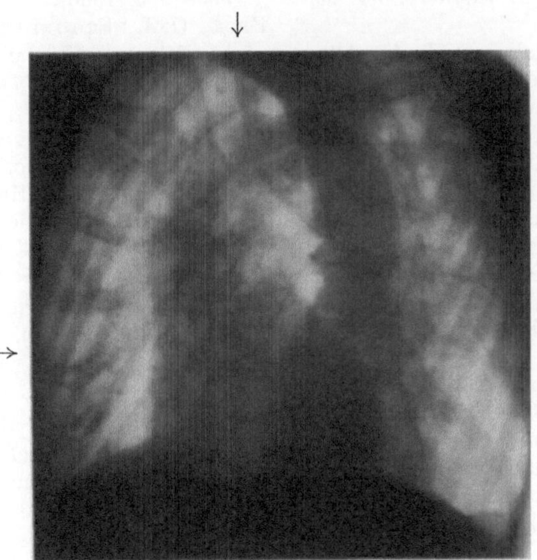

Abb. 47. Verkalkung der Aortenklappen bei Aortenklappenstenose (stereoskopisch gesichert)

In Abb. 46 wird das Kymogramm eines 52jährigen Patienten gezeigt, der 2 Jahre vor der Aufnahme einen anterolateralen Infarkt durchgemacht hatte. Der EKG-Befund hatte sich bis auf eine geringgradige T-Negativität in V 4—V 6 normalisiert, so daß ohne Kenntnis des vorhergegangenen Infarktes aus dem Röntgenbild auf eine lokalisierte konstriktive Perikarditis geschlossen werden konnte, zumal der Patient 10 Jahre vor der Aufnahme an einem schweren akuten Rheumatismus erkrankt war.

bevorzugen, verwechselt werden (HAUBRICH, 1952, HOLZMANN, 1952); die klinische Symptomatik ist aber meist so verschieden, daß kaum differentialdiagnostische Schwierigkeiten bestehen, es sei denn, daß beide Prozesse bei älteren Patienten gleichzeitig vorliegen (Abb. 28 und 29).

Ist eine Verkalkungszone bei sagittaler Projektion links oder rechts randbildend, so kann sie nicht durch Koronarverkalkungen bedingt sein, da bei diesem Strahlenverlauf keine größeren Koronargefäße randständig sind (HOLZMANN, 1952).

Klappenverkalkungen. *Verkalkungen der Mitral- oder Aortenklappe* können durch Aufnahmen in verschiedenen Strahlenrichtungen und kymographische Bewegungsanalyse der Kalkschatten gegen lokale perikarditische Verkalkungsprozesse abgegrenzt werden (s. Abb. 47). Stereoskopische Aufnahmen können dabei von Vorteil sein.

Angrenzende verkalkte Lymphknoten und Rippenknorpelverkalkungen. Sie können durch Lokalisation (Durchleuchtung, Aufnahmen in verschiedenen Projektionsrichtungen, Stereoskopie) von perikardialen Verkalkungen unterschieden werden. Die Abgrenzung gegen eine gleichzeitig bestehende verkalkte Pericarditis adhaesiva kann schwierig sein.

Literatur

ACHELIS, W.: Über adhaesive Perikarditis und über den Verlust der beim Übergang aus der horizontalen zur aufrechten Körperhaltung normalerweise eintretenden Vertikalverschiebung des Herzens. Dtsch. Arch. klin. Med. **115**, 419—464 (1914).

ACKERMANN, J. L., ALDEN, J. W.: Pneumopericardium following sternal bone marrow aspiration. Radiology **70**, 408—411 (1958).

ADA, A. E. W., JONES, O. R., SHEERAN, A. D.: Partial pericardectomy in a case of hemopericardium due to nonpenetrating trauma. J. thorac. Surg. **20**, 105—108 (1950).

ADAMS, D. F., BLANK, N., WEINTRAUB, R. A.: Alterations in cardiac motion due to the flotation effect of CO_2 in the right atrium in the presence of pericardial effusion. Radiology **91**, 261—264 (1968).

ALFIDI, R. J., HAAGA, J., MEANEY, TH. F., MACINTYRE, W. J., GONZALEZ, L., TARAR, R., ZELCH, M. G., BOLLER, M.: Computed tomography of the thorax and abdomen: A preliminary report. Radiology **117**, 257—264 (1975).

AMELUNG, W., LUTHER, H.: Interne Klinik der Herzsteckschüsse. Berlin-Göttingen-Heidelberg: Springer 1952.

ANACKER, H.: Das Röntgenbild nach Perikardektomie. Fortschr. Röntgenstr. **72**, 173—180 (1949/50).

ANDREWS, G. W. S., PICKERING, G. W., SELLORS, T. H.: The aetiology of constrictive pericarditis, with special reference to tuberculous pericarditis, together with a note on polyserositis. Quart. J. Med. **17**, 291—321 (1948).

ANSCHÜTZ, F., MENDE, E.: Die Karditis des akuten rheumatischen Fiebers im Jugend- und Erwachsenenalter. Dtsch. med. Wschr. **93**, 7—12 (1968).

APPELBAUM, F. R., STRAUCHEN, J. A., GRAW, R. G. jr.: Acute lethal carditis caused by high-dose combination chemotherapy. Lancet **7950**, 58—62 (1976).

ASSMANN, H.: Die klinische Röntgendiagnostik der inneren Erkrankungen, 6. Aufl. Berlin-Göttingen-Heidelberg: Springer 1949.

BANSI, H. W.: Herzbeutelbeteiligung bei Brustschüssen. Z. klin. Med. **144**, 1—20 (1944).

BARGON, G., NOBBE, F. P.: Transvenöse Kardiographie und Pulmonalisangiographie zur Differenzierung pathologischer Verschattungen im Mediastinum. Röntgen-Bl. **28**, 593—598 (1975).

BARNES, A. R., BURCHELL, H. B.: Acute pericarditis simulating acute coronary occlusion: report of 14 cases. Amer. Heart J. **23**, 247—268 (1942).

BAYER, O., GROSSE-BROCKHOFF, F., LOOGEN, F., WOLTER, H. H.: Die haemodynamischen Rückwirkungen der Pericarditis constrictiva im großen und kleinen Kreislauf. Z. Kreisl.-Forsch. **45**, 697—707 (1956).

BEAUDRY, C. B., NAKAMOTO, S., WOLFF, W. J.: Uremic pericarditis and cardiac tamponade in chronic renal failure. Ann. intern. Med. **64**, 990—995 (1966).

BECK, O. J., SCHUNDER, J., HOCHREIN, H.: Perikarditis nach Myocardinfarkt. Dtsch. med. Wschr. **102**, 559—563 (1977).

BECK, W., SCHRIRE, V., VOGELPOEL, L.: Splitting of the second heart sound in constrictive pericarditis with observations on the mechanism of pulsus paradoxus. Amer. Heart J. **64**, 765—778 (1962).

BEDFORD, D.: Chronic effusive pericarditis. Brit. Heart J. **26**, 499—512 (1964).

BELBENOIT, S., BONTE, G.: Les images radiologiques de tiraillement pericardique. J. Radiol. Electrol. **23**, 248—262 (1939).

BENGOA, J., TOBAR, A., VALENZUELA, E., YANES, U.: Angiocardiography in pericarditis. Rev. méd. Valparaiso **3**, 227—233 (1950).

BERG, E.: Traumatische Pericarditis durch Nadelstichverletzung. Münch. med. Wschr. **113**, 182—185 (1971).

BERNER, F.: Ein neues Röntgensymptom bei Herzbeutelerguß. Fortschr. Röntgenstr. **56**, 536—540 (1937).

— Die kymographische Untersuchung der Pericarditis calculosa. Langenbecks Arch. klin. Chir. **194**, 458—476 (1939).

BESTERMANN, E. M., THOMAS, G. T.: Radiological diagnosis of rheumatic pericardial effusion. Brit. Heart J. **15**, 113—120 (1953).

BILGUTAY, A. M., WINGROVE, R. C., LILLEHEI, C. W.: Double contrast left cardioangiographiy with the use of carbon dioxide. Surgery **52**, 77—87 (1962).

BILLINGS, F. T. jr., COUCH, O. A. jr.: Pericardial calcification and histoplasmin sensitivity. Ann. intern. Med. **42**, 654—658 (1955).

BINDER, L.: Beiträge zur Differentialdiagnostik des spontanen Pneumoperikard. Fortschr. Röntgenstr. **86**, 40—44 (1957).

BLALOCK, A., SANFORD, E., LEVY, S. E.: Tuberculous pericarditis. J. thorac. Surg. **7**, 132—152 (1937).

BOIT, G.: Über die Herzbeutelresorption. Bruns' Beitr. klin. Chir. **86**, 150—153 (1913).

BONTE, F. J., CURRY, TH. S.: Radionuclide scanning in the diagnosis of mediastinal masses. Sem. Roentgenol. **1**, 33—40 (1969).

BRADHAM, R. R., PARKER, E. F.: The cardiac lymphatics. Ann. thorac. Surg. **15**, 526—535 (1973).

BRAUER, L., FISCHER, H.: Die Herzchirurgie unter Berücksichtigung physiologischer Fragestellungen. In: Handbuch der normalen und pathologischen Physiologie, Bd. VII/2, S. 1877—1902. Berlin: Springer 1929.

BRAUER, L., FISCHER, H.: Herzbeutelfunktion und Herzbeutelerkrankungen unter Berücksichtigung der Rückwirkungen auf die physiologische Funktion. In: Handbuch der normalen und pathologischen Physiologie, Bd. VII/2, S. 1836—1876. Berlin: Springer 1929.

BRAWLEY, R. K., VASKO, J. S., MORROW, A. G.: Cholesterol pericarditis, considerations of its pathogenetic and treatment. Amer. J. Med. **41**, 235—248 (1966).

BROGARD, J. M., ARNOLD, P.: Perikarditis bei Niereninsuffizienz. Münch. med. Wschr. **115**, 1183—1187 (1973).

BROHET, C., ROUSSEAU, M., CHALAT, C., LAVENNE, F.: Pericardite constrictive postradiothérapeutique avec enteropathie exsudative. Acta cardiol. **27**, 736—748 (1972).

BROOKES, V. S.: Intrapericardial diaphragmatic hernia. Brit. J. Surg. **40**, 511—513 (1953).

BRUGSCH, TH., HENNEMANN, H. H.: Akute benigne Perikarditis. Z. ges. inn. Med. **7**, 673—680 (1952).

BURCH, G. E., PHILIPPS, J. H.: Methods in the diagnostic differentiation of myocardial effusion. Amer. Heart. J. **64**, 266—281 (1962).

BURWELL, C. S.: Some effects of pericardial disease on pulmonary circulation. Trans. Amer. Physiol. **64**, 74—79 (1951).

BYHARDT, R., BRACE, K., RUCKDESCHEL, J., CHANG, P., MARTIN, R., WIERNIK, P.: Dose and treatment factors in radiation related pericardial effusion associated with the mantle technique for Hodgkin's disease. Cancer **35**, 795—802 (1975).

D : CARLO, J., LINDQUIST, J. N.: Angiocardiographic observations of a patient with primary hemangiosarcoma of pericardium. Amer. J. Roentgenol. **63**, 360—362 (1950).

CARMICHAEL, D. B., SPRAGUE, H. B., WYMAN, S. M., BLAND, E. F.: Acute nonspecific pericarditis; clinical laboratory and follow up considerations. Circulation **3**, 321—331 (1951).

CASARELLA, W. J., SCHNEIDER, B. O.: Pitfalls in the ultrasonic diagnosis of pericardial effusion. Amer. J. Roentgenol. **110**, 760—767 (1970).

CATTERALL, M.: The effect of radiation upon the heart. Brit. J. Radiol. **33**, 159—164 (1960).

CHAMBLISS, J. R., JARUSZEWSKI, E. J., BROFMAN, B. L., FEIL, H.: Chronic cardiac compression (chronic constrictive pericarditis). A critical study of 61 operated cases with follow up. Circulation **4**, 816—835 (1951).

CHARKES, N. D., SKLAROFF, D. M.: Radioisotope photoscanning as a diagnostic aid in cardiovascular disease. J. Amer. med. Ass. **186**, 920—922 (1963).

CHAVEZ, C. M., RODRIQUEZ, G. R., CONN, J. H.: Isolated chylopericardium. Lymphographic findings and surgical treatment. Amer. J. Cardiol. **32**, 352—355 (1973).

CHEN, J. T. T., PETER, R. H., ORGAIN, E. J., LESTER, R.G.: The pitfalls in interpreting artificial pneumopericardium. Amer. J. Roentgenol. **116**, 91—96 (1972).

CHICHE, P., CARLOTTI, J., ACAR, J.: Etude sur le diagnostic de constriction dans les péricardites chroniques. Arch. Mal Coeur **50**, 585—616 (1957).

CHRISTENSEN, E. F., BONTE, J. F.: The relative accuracy of echocardiography, intravenous CO_2 studies and blood pool scanning in detecting pericardial effusion in dogs. Radiology **91**, 265—270 (1968).

CHRISTIAN, H. A.: Nearly ten decades interest in idiopathic pericarditis. Amer. Heart J. **42**, 645—651 (1951).

COHEN, M. B., GRAL, TH., SOKOL, A., RUBINI, E. M., BLAHD, W. H.: Pericardial effusion in chronic uremia. Arch. Int. Med. **122**, 404—407 (1968).

COLA, G.: Osservazioni radiologiche nelle pericarditi acuti e croniche (cardiofibrechia). Radiol. med. (Torino) **22**, 125—146 (1935).

CONNOLLY, D. C., BURCHELL, H. B.: Pericarditis: A ten year survey. Amer. J. Cardiol. **7**, 7—14 (1961).

CORNELL, A. H., ROSSI, N. P.: Roentgenographic findings in constrictive pericarditis: analysis of 21 cases. Amer. J. Roentgenol. **102**, 301—304 (1968).

DEL CORSO, P., DE RANGO, F.: Pericardite acuta de iniezione del mezzo di contrasto in cavo pericardico in corso di ventricolografia. Minerva cardioangiol. (Torino) **17**, 982—989 (1969).

COTTIER, H.: Phänomenologie der Strahlenwirkungen auf Organe und Organsysteme. In: Handbuch der Medizinischen Radiologie, Bd. II/2. Berlin-Heidelberg-New York: Springer 1966.

CRAMM, R. E., ROBINSON, F. W.: Pneumopericardium associated with gastric cancer. Gastroenterology **60**, 311—315 (1971).

CREECH, O. jr., HICKS, W. M.: Cholesterol pericarditis. Circulation **12**, 193—198 (1955).

CRYNES, S. F., HUNTER, W. C.: Traumatic rupture of the pericardium. Study of 22 cases with $2^1/_2$ year period of survival in one case. Review of literature. Arch. intern. Med. **64**, 719—746 (1939).

CUSHING, E. H.: Diverticulum of the pericardium. Arch. intern. Med. **59**, 56—64 (1937).

CVITANOVIĆ, M.: Ein Fall von spontanem Pneumoperikard im Laufe einer tuberkulösen Primärinfektion. Tuberculoza **3**, 53 (1951). Zit. nach SCHÖLMERICH.

DACK, S., PALEY, D. H.: Electrokymography. The ventricular electrokymogram. Amer. J. Med. **12**, 331—348 (1952).

DAVIDSON, J. D., WALDMANN, T. A., GOODMAN, D. S., GORDON, R. S. jr.,: Protein-losing gastroenteropathy in congestive heart failure. Lancet **1961 I**, 899—912.

Derra, E.: Zur Diagnose und Operationsindikation der schwieligen Herzbeutelentzündung. Dtsch. med. Rdsch. **9**, 335—338 (1948).
Derra, E.: Traumatische Schäden des Herzens und seines Beutels. In: Handbuch der Thoraxchirurgie, Bd. II/1, S. 1042—1133. Berlin-Göttingen-Heidelberg: Springer 1959.
Desilets, D. T., Grollman, J. H., MacAlpin, R. N.: Cineangiographic demonstration of diastolic snap in constrictive pericarditis. Radiology. **86**, 1056—1063 (1966).
Deutsch, V., Miller, H., Yahini, J. H., Shem-Tov, A., Neufeld, H. N.: Angiocardiography in constrictive pericarditis. Chest **65**, 379—387 (1974).
Dieterich, W. R., Leyda, H., Siewert, H., Buchali, K.: Zur radiologischen Diagnostik der urämischen Perikarditis. Z. Urol. **66**, 11—17 (1974).
Dietlen, H.: Röntgendiagnostik bei Erkrankungen des Perikards. Aus Rieder-Rosenthals Lehrbuch für Röntgenkunde. Leipzig: Johann Ambrosius Barth 1913.
Dines, D. E., Edwards, J. E., Burchell, H. B.: Myocardial atrophy in constrictive pericarditis. Proc. Mayo Clin. **33**, 93—99 (1958).
Dressler, W.: A postmyocardial infarction syndrome. J. Amer. med. Ass. **160**, 1379—1383 (1962).
Drinker, C. K., Field, M. E.: Absorption from the pericardial cavity. J. exp. Med. **53**, 143—150 (1931).
Dubois, E. L., Tuffanelli, D. L.: Clinical manifestations of systemic lupus erythematosus. J. Amer. med. Ass. **190**, 104—111 (1964).
Durant, T. M.: Negative (gas) contrastangiocardiography. Amer. Heart J. **61**, 1—4 (1961).
Edler, J.: Diagnostic use of ultrasound in heart disease. Acta med. scand. (Suppl.) **308**, 32—36 (1955).
Ehrich, D. A., Widmann, J. J., Abelmann, W. H.: Acute effusive-constrictive staphylococcal pericarditis. Chest **67**, 721—723 (1975).
Elke, M.: Zur Röntgendiagnostik des Hydroperikards. Schweiz. med. Wschr. **94**, 548—555 (1964).
Ellis, F.: Dose, time and fractionation: a clinical hypothesis. Clin. Radiol. **20**, 1—7 (1969).
Ellis, K., King, D. L.: Pericarditis and pericardial effusion. Radiologic and echocardiography diagnosis. Radiol. clin. N. Amer. **11**, 393—413 (1973).
v. Elmendorff, H., Gremmel, H., Niemann, F.: Klinik und Therapie des Panzerherzens. Bericht über 115 operierte Fälle. Arch. klin. Chir. **293**, 764—780 (1960).
Eltringham, J. R., Fajardo, L. F., Stewart, J. R.: Adriamycin cardiomyopathy: Enhanced cardiac damage in rabbits with combined drug and cardiac irradiation. Radiology **115**, 471—472 (1975).
Esch, D., Grosse-Brockhoff, F.: Tuberkulose und Kreislauf. In: Ergebnisse der gesamten Tuberkulose- und Lungenforschung, Bd. XIV, S. 207 bis 345. Stuttgart: Thieme 1958.
Eschbach, H.: Das chronisch entzündliche Perikarddivertikel. Dtsch. med. Wschr. **1939**, 840—843, 878—881.
Feigenbaum, H.: Echocardiographic diagnosis of pericardial effusion. Amer. J. Cardiol. **26**, 475—479 (1970).
Feigenbaum, H., Saky, A., Grabhorn, L. L.: Cardiac motion in patients with pericardial effusions. Circulation **34**, 611—619 (1966).
Feigenbaum, H., Waldhausen, J. A., Hyde, L. P.: Ultrasound diagnosis of pericardial effusion. J. Amer. med. Ass. **191**, 711—714 (1965).
Felix, W.: Anatomische, experimentelle und klinische Untersuchungen über den Phrenicus und über die Zwerchfellinnervation. Dtsch. Z. Chir. **171**, 282—397 (1922).
Fenichel, N. M., Epstein, B. S.: Clinical and roentgenologic diagnosis of pericardial effusion. Ann. intern. Med. **24**, 401—412 (1946).
Fetzer, H.: Die Anwendung der Röntgenkymographie in der Kreislaufdiagnostik. Ergebn. inn. Med. Kinderheilk. **45**, 485—530 (1933).
Figley, M. M., Bagshaw, M. A.: Angiographic aspects of constrictive pericarditis. Radiology **69**, 46—52 (1957).
Fleischer, F.: Fortschr. Röntgenstr., Kongreßheft zu **42**, 33 (1930). Zit nach Haubrich u. Thurn 1950.
Flöthner, R., Doenecke, P., Kopper, J., Bette, L.: Spontanes Pyopneumoperikard als Komplikation eines Magenkarzinoms. Med. Welt **27** (N. F.), 1883—1886 (1976).
Follath, F.: Die Echokardiographie. Möglichkeiten und praktische Bedeutung. Therap. Umschau **33**, 66—69 (1976).
Fowler, N. O.: Pericardial Disease In: The Heart (W. Hurst, Ed.). New York-St. Louis: McGraw-Hill 1974.
Freedmann, E.: The roentgenological diagnosis of cardiac compression due to pericardial scar. Amer. J. Roentgenol. **37**, 739—752 (1937).
Freedmann, E.: Inflammatory disease of the pericardium. Amer. J. Roentgenol. **42**, 38—46 (1939).
Frey, E. K.: Die Chirurgie des Herzens. Stuttgart: Ferdinand Enke 1939.
Friedberg, Ch. K.: Erkrankungen des Herzens. Stuttgart: Thieme 1959.
Friedberg, Ch. K.: Erkrankungen des Herzens. Stuttgart: Thieme 1972.
Fuson, R. L., Seim, D. L., Lester, R. G.: Intrapericardial mesothelioma: Interesting radiologic findings on pneumopericardium. Report of a case. Dis. Chest **51**, 554—556 (1967).
Gigli, G.: Pneumopericardio spontaneo. Settim. med. **37**, 474—476 (1949).
Gillik, G. F., Reynolds, W. F.: Electrokymographic observations in constrictive pericarditis. Radiology **55**, 77—84 (1950).
Gillmann, H.: Klinik der Mediastinalerkrankungen. Rhein. Westf. Tbc-Kongr., März 1959, Düsseldorf.
Gillmann, H., Grosse-Brockhoff, F., Loogen, F.: Zur Indikation und Technik der Katheterisierung des linken Herzens. Dtsch. med. Wschr. **1957**, 13—17.
Gilmette, T. D. M.: Constrictive Pericarditis. Brit. Heart J. **21**, 9—16 (1959).
Godberg, B. B., Osterum, B. J., Isard, H. J.: Ultrasonic determination of pericardial effusion. J. Amer. Med. Ass. **202**, 927—930 (1967).
Goldenberg, D. B., Brodgen, G. G.: A comparison of venous angiocardiography and radioisotope

heart scanning in the diagnosis of pericardial effusion. Amer. J. Roentgenol. **102**, 320—327 (1968).

GOLDSCHLAGER, A. W., FREEMAN, L. M., DAVIS, P. J.: Pericardial effusions and echocardiography; false results with ultrasound reflection method. New York J. Med. **67**, 1854—1858 (1957).

GOLDSTEIN, R., WOLFF, L.: Hemorrhagic pericarditis in acute myocardial infarction treated with bishydroxycoumarin. J. Amer. med. Ass. **146**, 616—621 (1951).

GOLDSTEIN, S., YU, P. N.: Constrictive pericarditis after blunt chest trauma. Amer. Heart J. **69**, 544—550 (1965).

GOMES, M. N., HUFNAGEL, C. A.: Intrapericardial bronchogenic cysts. Amer. J. Cardiol. **36**, 817—822 (1975).

GOODKIND, M. J., BLOOMER, W. E., GOODYER, A. V. N.: Recurrent pericardial effusion after nonpenetrating chest trauma. New Engl. Med. **263**, 874—881 (1960).

GOSSAGE, A. A. R., ROBERTSON, P. W., STEPHENSON, S. F.: Spontaneous Pneumopericardium. Thorax **31**, 460—465 (1976).

GOTSMAN, M. S., BAKST, A., LEWIS, B. S., MITHA, A. S., VAN DER HORST, R. L.: The cineangiocardiogram in constrictive pericarditis. Clin. Radiol. **25**, 491—496 (1974).

GREEN, B., ZORNOZA, J., RICKS, J. P.: Eccentric pericardial effusion after radiation therapy of left breast carcinoma. Amer. J. Roentgenol. **128**, 27—30 (1977).

GREENFIELD, J. C., DILLON, M. L.: Hemorrhagic pericardial effusion following myocardial infarction associated with a ventricular aneurysm. Amer. Heart J. **57**, 327—332 (1959).

GREENWOOD, R. D., ROSENTHAL, A., CASSADY, R., JAFFE, N.: Constrictive pericarditis in childhood due to mediastinal irradiation. Circulation **50**, 1033—1039 (1974).

GREMMEL, H., LÖHR, H. H.: Die akute Pericarditis. Radiologe **15**, 83—110 (1975).

GREMMEL, H., SCHULTE-BRINKMANN, W., VIETEN, H.: Röntgendiagnostik. In: Dringliche Thoraxchirurgie. Berlin-Heidelberg-New York: Springer 1967.

GREMMEL, H., VIETEN, H.: Röntgendiagnostik krankhafter Veränderungen des rechten Herzzwerchfellwinkels. Z. Tuberk. **117**, 114—134 (1961).

GREMMEL, H., VIETEN, H.: Stumpftraumatische Thoraxverletzungen. Röntgen-Blätter **19**, 65—75 (1966).

GROSS, R. H.: Die akute unspezifische, rezidivierende Perikarditis. Med. Klin. **61**, 342—345 (1966).

GROSSE-BROCKHOFF, F., KOCH, D., LOOGEN, F., ROTTHOFF, G., VIETEN, H., WILLMANN, K. H.: Kohlendioxyd als Kontrastmittel für die Röntgendarstellung des Herzens und der Gefäße. Fortschr. Röntgenstr. **86**, 285—291 (1957).

GROSSE-BROCKHOFF, F., SCHREIBER, H. W.: Angiosarkom des Herzbeutels. Z. Kreisl.-Forsch. **44**, 866—878 (1955).

GROWES, L. K., EFFLER, D.: Primary chylopericardium. New Engl. J. Med. **250**, 520—523 (1954).

GÜNTHER, R.: Das Oleoperikard nach Kux zur Verhütung von Herzbeutelverwachsungen. Medizinische **1952**, 690—691.

MCGUINNESS, J. B., TAUSSIG, H. B.: The postpericardiotomy syndrome. Circulation **26**, 500—507 (1962).

GUNNAR, R. M., DILLON, R. F., WALLYN, R. J., ELISBERG, E. J.: The physiologic and clinical similarity between primary amyloid of the heart and constrictive pericarditis. Circulation **12**, 827—832 (1955).

HAAS, J.: Symptomatic constrictive pericarditis developing 45 years after radiation theraphy to the mediastinum. Amer. Heart J. **77**, 89—95 (1969).

HAAS, L.: Diverticulum pericardii. Acta radiol. (Stockh.) **20**, 228—234 (1939).

HABIBZADEH, M. A.: Echocardiography in the diagnosis of pericardial disorders. Arizona Med. **32**, 273—279 (1975).

HAIDER, R., THOMAS, D. G. T., ZIADY, G., CLELAND, W. P., GOODWIN, J. F.: Congenital pericardio peritoneal communication with herniation of omentum into the pericardium: A rare cause of cardiomegaly. Brit. Heart J. **35**, 981—984 (1973).

HAKKILA, J., FRICK, H. M., HALONEN, P. I.: Pericarditis and myocarditis caused by toxoplasma: Report of a case and review of the literature. Amer. Heart J. **55**, 758—765 (1958).

HALLIDAY, J. H., JOSE, A. D., NICKS, R.: Constrictive pericarditis following rupture of a ventricular hyatid cyst. Brit. Heart J. **25**, 821—824 (1963).

HAMELMANN, H.: Die konstriktive Perikarditis und die Ergebnisse ihrer operativen Behandlung. Ergebn. Chir. **44**, 144—200 (1962).

HAMM, J., WILKE, K. H.: Akute idiopathische Pericarditis. Dtsch. med. Wschr. **90**, 1—8 (1965).

HANCOCK, E. W.: Subacute effusive-constrictive pericarditis. Circulation **43**, 183—192 (1971).

HANDLEY, D. V., HAVILL, J. H.: Diaphragmatic rupture with cardiac tamponade. Aust. N.Z. J. Surg. **45**, 155—157 (1975).

HARP, V. C., PEEKE, E. S.: Spontaneous pneumopericardium. Amer. Heart J. **37**, 134—141 (1949).

HARRIS, C. L., BENCHIMOL, A., DESSER, K. B.: Bacteroides pericardial effusion and cardiac tamponade in a patient with chronic renal failure. Amer. Heart J. **89**, 629—632 (1975).

HARVEY, R. M., FERRER, J., CATHCARDT, R. T., RICHARDS, D. W., COURNAND, A.: Mechanical and myocardial factors in chronic constrictive pericarditis. Circulation **8**, 695—707 (1953).

HARVEY, R. M., WHITEHILL, M. R.: Tuberculous pericarditis. Medicine **16**, 45—94 (1937).

HAUBRICH, R.: Röntgenkymographische Studie an operierten Panzerherzen. Acta radiol. (Stockh.) **37**, 543—553 (1952).

HAUBRICH, R.: Über die Kymographie bei Herzmuskel- und Herzbeutelkrankheiten. Radiologe **3**, 277—286 u. 287—295 (1963).

HAUBRICH, R., THURN, P.: Zur Röntgensymptomatologie der Perikardverschwielung. Fortschr. Röntgenstr. **73**, 288—298 (1950).

HAUBRICH, R., THURN, P.: Über das Elektrokymogramm der Perikardobliteration. Fortschr. Röntgenstr. **80**, 355—363 (1954).

HEBERER, G.: Zum Krankheitsbild des Pneumoperikards. Chirurg **21**, 174—177 (1950).

HEBERER, G.: Beurteilung und Behandlung von Verletzungen des Brustkorbes und der Brustorgane im Rahmen der Mehrfachverletzungen. Langenbecks Arch. klin. Chir. **322**, 268—284 (1968).

HECKMANN, K.: Die Symptome des Perikardergusses. Münch. med. Wschr. **1937**, 60—80.

HECKMANN, K.: Die Lageänderung des Herzens während der Pulsation im Flächenkymogramm. Fortschr. Röntgenstr. **55**, 319—333 (1937).

HECKMANN, K.: Die röntgenologische Diagnose der Perikardobliteration. (Die Herzbewegungen bei normalem und obliteriertem Perikard.) Röntgenpraxis **17**, 313—329 (1948).

HECKMANN, K.: Grundsätzliche Betrachtungen zur Elektrokymographie. Fortschr. Röntgenstr. **77**, 723—728 (1952).

HECKMANN, K.: Grundriß der Elektrokymographie. Stuttgart: Thieme 1952.

HECKMANN, K.: Die Perikarderkrankungen. In: Klinische Röntgendiagnostik innerer Krankheiten (R. HAUBRICH, Hrsg.). Berlin-Göttingen-Heidelberg: Springer 1963.

HEGGLIN, R.: Differentialdiagnose innerer Krankheiten. Stuttgart: Thieme 1975.

HEILBRUNN, A., KITTLE, C. F., DUNN, M.: Surgical management of echinococcal cysts of the heart und pericardium. Circulation **27**, 219—228 (1963).

HEINZ, R., ABRAMS, H. L.: Radiologic aspects of operable heart disease. IV. Variable appearance of constrictive pericarditis. Radiology **69**, 54—62 (1957).

HEJTMANCIK, M. R., WRIGHT, J. G., QUINT, R., JENNINGS, F. L.: The cardiovascular manifestations of systemic lupus erythematosus. Amer. Heart J. **68**, 119—130 (1964).

HENNY, G. C., BOONE, B. R.: Elcktrokymograph for recording heart motion utilizing the roentgenscope. Amer. J. Roentgenol. **54**, 217—229 (1945).

HENNY, G. C., BOONE, B. R., CHAMBERLAIN, W. E.: Electrokymograph for recording heart motion, improved type. Amer. J. Roentgenol. **57**, 409—416 (1947).

HERRMANN, G. R., MARCHAND, E. J., GREER, G. H., HEJTMANCIK, M. R.: Pericarditis, clinical and laboratory data of 130 cases. Amer. Heart J. **43**, 641—652 (1952).

HEUCK, F.: Röntgensymptome der Perikardverschwielung. Med. Klin. **1952**, 1293 (Sitzungsbericht).

HEYER, H. E., BOONE, B. R.: The present status of electrokymography. Amer. Heart J. **44**, 458—480 (1952).

HILGER, H. H., SCHAEDE, A., DÜX, A., THURN, P.: Zur Diagnostik, Differentialdiagnostik und Hämodynamik der Pericarditis constrictiva, der sog. idiopathischen Myocardhypertrophie und der Endocardfibrosen unter besonderer Berücksichtigung der Katheterisierung des linken und rechten Herzens sowie der selektiven Lävokardiographie. Arch. Kreisl.-Forsch. **38**, 260—299 (1962).

HOCHREIN, M.: Zur Beurteilung der schwieligen Perikarditis. Med. Klin. **1951**, 97—101.

HOCHREIN, M., SCHLEICHER, I.: Herz-Kreislauferkrankungen, S. 1027—1060. Darmstadt: Steinkopff 1959.

HÖFFKEN, W., JUNGHANS, R., ZYLKA, W.: Die Grundlagen der Pneumoradiographie des rechten Herzens mit Kohlendioxyd. Fortschr. Röntgenstr. **86**, 292—301 (1957).

HOLLENBERG, M., DOUGHERTY, J.: Lymph flow and ^{131}J-albumin resorption from pericardial effusions in man (Symposium). Amer. J. Cardiol. **24**, 514—522 (1969).

HOLT, J. F.: Epicardial fat shadows in differential diagnosis. Radiology **48**, 472—479 (1947).

HOLZMANN, M.: Erkrankungen des Herzens und der Gefäße. In: Lehrbuch der Röntgendiagnostik (SCHINZ, H. R., BAENSCH, W. E., FRIEDL, E., UEHLINGER, E., Hrsg.), 5. Aufl. Stuttgart: Thieme 1952.

VON HOYNINGEN-HUENE, C. B. J.: Systemic amyloidosis presenting as constrictive pericarditis. Amer. Heart J. **67**, 290—294 (1964).

IBARRA PEREZ, C., GREEN, L., JUAREZ, M. C., VARGAS, DE LA CRUZ, J.: Diagnosis and treatment of rupture of amebic abscess of the liver into the pericardium. J. thorac. cardiovasc. Surg. **64**, 11—17 (1972).

JACOBS, G., KLEINSCHMIDT, F., BENESCH, L., LENZ, W., UHLIG, G., HUTH, F.: Tierexperimentelle Untersuchungen des kardialen Lymphgefäßsystems. Thoraxchirurgie **24**, 453—467 (1976).

JAEGER, M.: Les epanchements pericardiaques. Therap. Umschau **30**, 574—580 (1973).

JANSSON, G.: Beitrag zur Röntgendiagnostik bei Perikarddivertikel. Acta radiol. (Stockh.) **12**, 50—57 (1931).

JELLEN, J., FISCHER, W. E.: Intrapericardial teratoma. Amer. J. Dis. Child. **51**, 1397—1402 (1936).

JIMENEZ-DIAZ, C., LINAZASORO, J. M., GARCIA, E., RAMIREZ-GUEDES, J.: Sobre la hipalbuminema en la pericarditis. Mecanismo y repercusiones. Estudios con proteinas marcadas de la rapidez de perdida y renovacion de la albumina del plasma. Rev. clin. espan. **77**, 252—256 (1960).

JONES, A., WEDGEWOOD, J.: Effects of radiation on the heart. Brit. J. Radiol. **33**, 138—158 (1960).

JONES, T. C., KEAN, B. H., KIMBALL, A. C.: Pericarditis associated with toxoplasmosis. Ann. intern. Med. **62**, 786—790 (1965).

JORGENS, J., KUNDEL, R., LIEBER, A.: The cinefluorographic approach to the diagnosis of pericardial effusion. Amer. J. Roentgenol. **87**, 911—916 (1962).

JUNGBLUT, R., PASCHKE, K. G.: Röntgendiagnostik teratoider Zysten des Mediastinums. Röntgen-Blätter **21**, 1—9 (1968).

KAGAN, A. R., HAFERMANN, M., HAMILTON, M., PIERCE, R., MORTON, D., JOHNSON, R.: Etiology, diagnosis and management of pericardial effusion after irradiation. Radiol. clin. (Basel) **41**, 171—182 (1972).

KAGAN, A. R., MORTON, D. L., HAFERMANN, M. D., JOHNSON, R. E.: Evaluation and management of radiation induced pericardial effusion. Radiology **92**, 632—634 (1969).

KAPLAN, H. S.: Hodgkin's disease. Cambridge, Mass.: Harvard University Press 1972.

KEIL, P. G., SCHISSEL, D. J.: Lesions of the pericardium. A review of a hundred cases. U.S. armed. Forces med. J. **3**, 725—732 (1952).

KERBER, R. E., SHERMAN, B.: Echocardiographic evaluation of pericardial effusion in myxedema. Incidence and biochemical and clinical correlations. Circulation **52**, 823—827 (1975).

KHAN, J., NEJAT, M., BLOOMFIELD, D. A.: The measurement of pericardial effusion volume. Chest **63**, 762—766 (1973).

KIENBÖCK, R.: Das entzündliche Perikarddivertikel. Fortschr. Röntgenstr. **40**, 389—418 (1929).

KIENBÖCK, R., WEISS, K.: Über das entzündliche Herzbeuteldivertikel. Fortschr. Röntgenstr. **50**, 442—445 (1934).

KINDRED, L. H., HEILBRUNN, A., DUNN, M.: Colesterol pericarditis associated with rheumatoid arthritis. Amer. J. Cardiol. **23**, 464—468 (1969).

KISSANE, R. W., ROSE, St. M.: Traumatic pericarditis. Amer. J. Cardiol. **7**, 97—101 (1961).

KLATTE, E. C., YUNE, H. Y.: Diagnosis and treatment of pericardial cysts. Radiology **104**, 541—544 (1972).

KLEIN, J. J., SEGAL, B. L.: Pericardial effusion diagnosed by reflected ultrasound. Amer. J. Cardiol. **22**, 57—64 (1968).

KOSSMANN, CH. E.: The ECG effects of myocardial and pericardial injury. Bull. N. Y. Acad. Med. **28**, 61—89 (1952).

KRAINES, R. L.: The Echocardiogram. New Engl. J. Med. **272**, 1035 (1966).

KRAUTWALD, A., RENGER, F., KUNZ, G.: Zur Diagnose des Perikarddivertikels. Dtsch. Gesundh.-Wes. **1953**, 509—518.

KREMENS, V.: Demonstration of the pericardial shadow on routine chest roentgenograms: New roentgen finding: Preliminary report. Radiology **64**, 72—80 (1955).

KRISS, J. P.: Diagnosis of pericardial effusion by radioisotope angiocardiography. J. Nucl. Med. **10**, 233—241 (1969).

KRÖPELIN, T., WEISS, M., OECHSLEN, D.: Röntgenologische Diagnose und Differentialdiagnose partieller Herzrandausbuchtungen. Med. Klin. **66**, 506—512 (1971).

KUHN, L. A.: Cardiodynamics of pericardial disease. J. Mt. Sinai Hosp. **31**, 382—395 (1964).

KUMPE, D. A., JAFFE, R. B., WALDMANN, T. A., WEINSTEIN, M. A.: Constrictive pericarditis and protein losing enteropathy. Amer. J. Roentgenol. **124**, 365—373 (1975).

KUX, E.: Das antisymphysäre Oleoperikard zur Prophylaxe der concretio cordis cum pericardio. Klin. Wschr. **1949**, 347—348.

LAHM, C. R.: Pericardial celomic cysts. Radiology **48**, 239—243 (1947).

LANE, E. J., CARSKY, E. W.: Epicardial fat: Lateral plain film analysis in normals and in pericardial effusion. Radiology **91**, 1—5 (1968).

LATHAM, B. A.: Pericarditis associated with rheumatoid arthritis. Ann. rheum. Dis. **25**, 235—241 (1966).

LAUER, W.: Zur Kasuistik der angeborenen Perikarddivertikel. Zbl. allg. Path. path. Anat. **36**, 353 bis 354 (1925).

LAWSON, R. A. M., ROSS, W. M., GOLD, R. G., BLESOWSKY, A., BARNSLEY, W. C.: Postradiation pericarditis. J. thorac. cardiovasc. Surg. **63**, 841—847 (1972).

LEMIRE, F., TAJIK, A. J., GIULIANI, E. R.: Further echocardiographic observations in pericardial effusion. Mayo clin. Proc. **51**, 13—18 (1976).

LEVISMAN, J. A., ABBASI, A. S.: Abnormal motion of the mitral valve with pericardial effusion: Pseudoprolapse of the mitral valve. Amer. Heart. J. **91**, 18—20 (1976).

LEVY II, L., FOWLER, R., JACOBS, H., LECKERT, J., IRION, J., ROSEN, I., CHASTAND, H.: Angiocardiographic confirmation of pericardial effusion. Amer. Heart J. **43**, 59—66 (1952).

LICHTENAUER, F., SCHRÖDER, H.: Thorakale Notzustände. Langenbecks Arch. klin. Chir. **308**, 499—511 (1964).

LILLIE, W., MCDONALD, J. R., CLAGETT, O. T.: Pericardial celomic cysts and pericardial diverticula. J. thorac. Surg. **20**, 494—504 (1950).

LIND, T.: Pneumoperikard als Komplikation bei der Pneumothoraxfüllung. Tuberk.-Arzt **8**, 295—296 (1954).

LIU, D. H., CRASTNOPOL, P., PHILLIPS, W.: Perforation of a gastrojejunal ulcer into the pericardium: Complication of Werner's disease (Zollinger-Ellison Syndrome). Arch. Surg. **94**, 294—298 (1967).

LÖHR, H. H., GREMMEL, H., LOOGEN, F., VIETEN, H.: Darstellung der Herzhöhlen, der Gefäßlumina und des Blutstromes. In: Handbuch der Med. Radiologie Bd. X/1, S. 314—488. Berlin-Heidelberg-New York: Springer 1969.

LOEHR, W. M.: Pericardial cysts. Amer. J. Roentgenol. **68**, 584—609 (1952).

LÖHRER, A.: Zur Pathogenese des Pneumoperikards beim Neugeborenen. Schweiz. med. Wschr. **102**, 1248—1251 (1972).

LOOGEN, F.: Pericarditis (Ätiologie und Pathophysiologie). Cardiologia (Basel) **48**, 302—317 (1966).

LUISADA, A. A., FLEISCHNER, F. G., RAPPAPORT, M. B.: Fluorocardiography (electrokymography). Amer. Heart J. **35**, 336—374 (1948).

LYONS, C. G.: Hydropneumopericardium. Amer. J. Roentgenol. **40**, 410—415 (1938).

LYONS, R. H., BURWELL, C. S.: Induced changes in circulation in constrictive pericarditis. Brit. Heart J. **8**, 33—46 (1946).

MADISON, W. M., LOGUE, B.: Isolated („Primary") chylopericardium. Amer. J. Med. **22**, 825—830 (1957).

MAIER, H. C.: Diverticulum of the pericardium. Circulation **16**, 1040—1045 (1957).

MALHERBE, L. F., BRINK, A. J.: Studien in der Diagnose und Behandlung bei Fällen von Perikarditis und Einengung der Herzhöhlen. S. Afr. med. J. **1956**, 509—514.

MARCHEIX, J. C., PONSONNAILLE, J., LEROUX, Y., GRAS, H.: Les pericarditis aigues a rechutes après transmatisme ferme du thorax. Ann. cardiol. angiol. **24**, 439—445 (1975).

MARKOFF, R.: Klinische Bedeutung des Dressler-Syndroms. Dtsch. med. Wschr. **93**, 627—633 (1968).

MARSHALL, B. W., ZIMMERMANN, S. L.: Tularemic pericarditis. Arch. intern. Med. **100**, 300—304 (1957).

MARTIN, J. W., SCHENK, W. G.: Pericardial tamponade. Amer. J. Surg. **99**, 782—787 (1960).
MARTIN, R. G., RUCKDESCHEL, J., CHANG, P., BYHARDT, R., WIERNIK, P.: Radiation related pericarditis. Amer. J. Cardiol. **35**, 216—220 (1975).
MASLAND, D., ROTZ, C., HARRIS, J.: Postraditaion pericarditis with chronic pericardial effusion. Ann. Intern. Med. **69**, 97—102 (1968).
MATHEWSON, F. A. L.: Calcification of the pericardium in apparently health people. Circulation **12**, 44—51 (1955).
MATTHIEU, J. M., NUSSLE, D., TORRADO, A., SADEGHI, H.: Pneumopericardium in the newborn. Pediactris **46**, 117—119 (1970).
MAURER, E. R., MENDEZ, F. L.: Diagnostic pneumopericardium. Dis. Chest **37**, 13—22 (1960).
MAZER, M. L.: True pericardial diverticulum. Amer. J. Roentgenol. **55**, 27—29 (1946).
MEANEY, E., SHABETAI, R., BHARGAVA, V., SHEARER, M., WEIDNER, C., MANGIARDI, L. M., SMALLING, R., PETERSEN, K.: Cardiac amyloidosis constrictive pericarditis and restrictive cardiomyopathy. Amer. J. cardiol. **38**, 547—556 (1976).
MEESEN, H.: Ätiologie und pathologische Anatomie der Pericarditis. Minerva cardioangiol. europ. **4**, 385—391 (1956).
MELLINS, H. Z., KOTTMEIER, P., KIELY, B.: Radiologic signs of pericardial effusion in experimental study. Radiology **73**, 9—16 (1959).
MEYER, H. W.: Pneumopericardium. J. thorac. Surg. **17**, 62—71 (1948).
MEYERS, H. J., JACOBSON, G.: Death following intravenous carbon dioxide angiocardiography. Radiology **77**, 295—296 (1961).
MCGUIRE, J., KOTTE, J. H., HELM, R. A.: Acute pericarditis. Circulation **9**, 425—442 (1954).
MCKUSICK, V. A.: Chronic constrictive pericarditis. Electrokymographic studies and correlations with roentgenkymography, phonocardiography and right ventricular pressure curves. Bull. Johns Hopk. Hosp. **90**, 27—41 (1952).
MCLARREN-TODD, R. M.: Tuberculous pericarditis. Arch. Dis. Child. **26**, 78—83 (1951).
MACLEOD, C., SCHWARTZ, H., LUTON, D.: Constrictive pericarditis following irradiation therapy. J. Amer. med. Ass. **207**, 2281—2282 (1969).
MILLER, A. J.: Some observations concerning pericardial effusions and their relationship to the venous and lymphatic circulation of the heart. Lymphology **2**, 76—78 (1970).
MOISMANN, P., PAULI, H. G.: Die urämische Pericarditis. Klin. Wschr. **44**, 738—745 (1966).
MONRO, J. L., NICHOLLS, R. J., HATELY, W., MURRAY, R. S., FLAVELL, G.: Gastropericardial fistula a complication of hiatus hernia. Brit. J. Surg. **61**, 445—447 (1974).
MOORE, TH. C., SHUMACKER jr., H. B.: Congenital and experimentally produced pericardial defects. Angiology **4**, 1—11 (1953).
MORGAN, R. H.: Electrokymography. Amer. J. med. Sci. **218**, 587—597 (1949).
MORTON, D. L., GLANCY, D. L., JOSEPH, W. L., ADKINS, P. C.: Management of patients with radiation induced pericarditis with effusion: A note on the development of aortic regurgitation in two of them. Chest **64**, 291—297 (1973).
MOSS, A. J., BRUHN, F.: The echocardiogram. An ultrasound technic for the detection of pericardial effusion. New Engl. J. Med. **274**, 380—384 (1966).
MÜLLER, E. F.: Perikarditische Verkalkungen. Fortschr. Röntgenstr. **25**, 231—243 (1917/18).
MUGGIA, F. M., CASSILETH, P. A.: Constrictive pericarditis following Radiation therapy. Amer. J. Med. **44**, 116—123 (1968).
NAUMANN, W.: Die Röntgendiagnostik der Herzbeutelentzündung. Dtsch. med. Wschr. **1946**, 237 bis 238.
NELSON, D. L., BLAESE, R. M., STROBER, W., BRUCE, R. M., WALDMANN, Th. A.: Constrictive pericarditis intestinal lymphangiectasia and reversible immunologic deficiency. J. Pediat. **86**, 548—554 (1975).
NIKOLAJEW, G. F.: Du role des abcés du myocarde dans la pathogénie des péricardites suppuréase. Presse méd. **1**, 926—928 (1937).
NYE, R. E., LOVEJOY, F. W., YU, P. N.: Clinical and hemodynamic studies of myocardial fibrosis. Circulation **16**, 332—338 (1957).
OPPENHEIMER, M. J., DURANT, T. M., STAUFFER, H. M., STEWART, G. H., LYNCH, P. R., BARRERA, F.: In vivo visualization of intracardiac structures with gaseous carbon dioxide; cardiovascular-respiratory effects and associated changes in blood chemistry. Amer. J. Physiol. **186**, 325—334 (1956).
ORMOND, D.: The radiological diagnosis of pericardial effusion using intravenous CO_2. J. Irish med. Ass. **63**, 448—450 (1970).
PÄSSLER, H. W.: Zur Entstehung und Behandlung der schwieligen Perikarditis. Dtsch. Chir. **241**, 359—376 (1933).
PARK, CH. H., MANSFIELD, C. M., OLSEN, J.: Use of simultaneous transmission emission scanning in the diagnosis of pericardial effusion. J. Nucl. Med. **13**, 347—348 (1972).
PARMLEY, L. F., MANION, W. C., MATTINGLY, T. W.: Nonpenetrating traumatic injury of the heart. Circulation **18**, 371—396 (1958).
PATE, J. W., GARDNER, H. C., NORMAN, R. S.: Diagnosis of pericardial effusion by echocardiography. Ann. Surg. **165**, 826—829 (1967).
PATEL, C. V., ANAND, A. L.: A fatal case of pneumopericardium; probably due to a patent pleuropericardial defect. Radiology **74**, 626—629 (1960).
PAUL, O., CASTLEMAN, B., WHITE, P. D.: Chronic constrictive pericarditis. A study of 53 cases. Amer. J. Med. Sci. **216**, 361—377 (1948).
PAUL, R. E., DURANT, T. M., OPPENHEIMER, M. J., STAUFFER, H. M.: Intravenous carbon dioxide for intracardiac contrast in the roentgen diagnosis of pericardial effusion and thickening. Amer. J. Roentgenol. **78**, 224—225 (1957).
PELLIGRINI, A. N., CENNI, L. J.: Gastric ulcer perforated into pericardium. J. Kansas Med. Soc. **73**, 363—364 (1972).
PENDERGRASS, E. P.: Value of X-ray examination in interpretation of heart lesions. Med. Clin. N. Amer. **10**, 1513—1559 (1927).
PERES-GOMEZ, F., DURAN, H., TAMAMES, S., PERROTE, J. L., BLANES, A.: Cardiac echinicoccosis: Clinical

picture and complications. Brit. Heart J. **35**, 1326—1331 (1973).

PERLSTEIN, I.: Sarcome of heart. Amer. J. med. Sci. **156**, 214—239 (1918).

PERNKOPF, E.: Topographische Anatomie des Menschen. Bd. I, 2. Hälfte, S. 353—360. Berlin u. Wien: Urban & Schwarzenberg **1937**.

PESCADOR, L.: Un nuevo signo radiologico del derame pericardial. Rev. esp. Cardiol. **6**, 89 (1952). Zit. nach SCHÖLMERICH.

PETERSON, D. T., ZATZ, L. M., POPP, R. L.: Pericardial cyst ten years after acute pericarditis. Chest **67**, 719—721 (1975).

PHILLIPS, J. H., BURCH, G. E., HELLINGER, R.: Use of intracardiac carbon dioxide in diagnosis of pericardial disease. Amer. Heart J. **61**, 748—755 (1961)

PICARDI, J. L., KAUFFMANN, C. A., SCHWARZ, J.: Pericarditis caused by histoplasma capsulatum. Amer. J. cardiol. **37**, 82—88 (1976).

PICK, F.: Über chronische, unter dem Bilde der Lebercirrhose verlaufende Perikarditis. (Perikarditische Pseudolebercirrhose.) Z. klin. Med. **29**, 385—410 (1896).

PIEHL, R., WILBRANDT, M. D., FREYLAND, U., FROTSCHER, U., MESSERSCHMIDT, W.: Der paradoxe Puls. Ein sicheres Symptom der Herzbeuteltamponade? Med. Welt **23**, 1334—1335 (1972).

PIERCE, R. H., HAFERMANN, M. D., KAGAN, A. R.: Changes in the transverse cardiac diameter following mediastinal irradiation for Hodkin's disease. Radiology **93**, 619—624 (1969).

PIETRUCHA, L.: Zur Diagnostik der Perikarditis. N.-Wdtsch. Ges. inn. Med. **1956**, 35—36.

POLYCYN, R. W., POTESHAM, N. L., GOTTSCHALK, A.: Isotope angiography with technetium-99 m and the scintillation camera. J. Nucl. Med. **7**, 374 (1966).

PRÄUER, H. W.: Oesophagokardiale Fistel mit Spannungspneumoperikard. Chirurg **47**, 74—76 (1976).

PYLE, R.: Diagnosis of Pericardial effusion by intravenous atriography. New Engl. J. Med. **275**, 816—818 (1966).

RAMSEY, H. W., SBAR, S., ELLIOTT, L. P., ELIOT, R. S.: The differential diagnosis of restrictive myocardiopathy and chronic constrictive pericarditis without calcification. Value of Coronary Arteriography. Amer. J. Cardiol. **25**, 635—638 (1970).

RASARETNAM, R., PAUL, A. T. S.: Constrictive pericarditis following mild non penetrating trauma. Aust. N. Z. J. Med. **5**, 57—62 (1975).

REEVE, R. S.: Pyopneumopericardium: Report of a case. Med. J. Aust. **1956 II**, 377—381.

REEVES, R. L.: The cause of acute pericarditis. Amer. J. med. Sci. **225**, 34—38 (1953).

REINDELL, H.: Diagnostik der Kreislauffrühschäden. Stuttgart: Ferdinand Enke 1949.

REITAN, H.: Beitrag zur Röntgendiagnose der Perikarddivertikel und der abgesackten Perikardexsudate. Fortschr. Röntgenstr. **58**, 195—213 (1938).

REJALI, A. M., MCINTYRE, W. J., FRIEDELL, J. L.: Radioisotope method of visualisation of blood pools. Amer. J. Roentgenol. **79**, 129—137 (1958).

RIEDERER, J.: Die idiopathische Perikarditis. Herz-Kreisl. **1**, 345—354 (1969).

RIGLER, L. G.: Pneumopericardium. J. Amer. med. Ass. **84**, 504—506 (1925).

ROBERTSON, R., ARNOLD, C. R.: Acute constrictive pericarditis. J. thorax Surg. **49**, 91—102 (1965).

RÖMHELD, L.: Röntgenbild des Perikards. Dtsch. Arch. klin. Med. **106**, 173—181 (1912).

ROMHILT, D. W., ALEXANDER, J. W.: Pneumopericardium secondary to perforation of benign gastric ulcer. J. Amer. med. Ass. **191**, 140—142 (1965).

ROONEY, J. J., CROCCO, J. A., LYONS, H. A.: Tuberculous pericarditis. Ann. intern. Med. **72**, 73—78 (1970).

ROSE, O. A., OTT jr., R. H., MAIER, H. C.: Hemopericardium with tamponade during anticoagulant therapy of myocardial infarct. J. Amer. med. Ass. **152**, 1221—1223 (1953).

ROSENTHAL, L.: Detection of pericardial effusion by radioisotope heart scanning. Canad. med. Ass. J. **90**, 447—451 (1964).

ROTHMAN, J., CHASE, N. E., KRICHEFF, J. J., MAYORAL, R., BERANBAUM, E. R.: Ultrasonic diagnosis of pericardial effusion. Circulation **35**, 258—364 (1967).

RUMMERT, O.: Über Perikardverkalkungen. Fortschr. Röntgenstr. **55**, 241—253 (1937).

RUSZNYAK, J., FÖLDI, M., SZABO, G.: Lymphologie. Stuttgart: Fischer 1969.

SALIVATHI, M.: A study of pericarditis in the light of a series observed in Finland. III. The clinical symptoms and signs of pericarditis and its prognosis. Ann. Med. intern. Fenn. **38**, 138 (1949). Zit. nach SCHÖLMERICH.

SANDLER, C. M., LIBSHITZ, H. J., MARKS, G.: Pneumoporitoneum, Pneumomediastinum and Pneumopericardium following dental extraction. Radiology **115**, 539—540 (1975).

SAUERBRUCH, F: Chirurgie der Brustorgane. Berlin: Springer 1925.

SAWYER, C. G., Burwell, C. S., Dexter, L., EPPINGER, E. C., GOODALE, W. T., GORLIN, R., HARKEN, D. E., HAYNES, F. W.: Chronic constrictive pericarditis. Amer. Heart J. **44**, 207—230 (1952).

SCATLIFF, J. H., KUMMER, A. J., JANZEN, A. H.: The diagnosis of pericardial effusion with intracardiac carbon dioxide. Radiology **73**, 871—883 (1959).

SCHAFFER, A. J.: A case of traumatic pericarditis with chronic tamponade and constriction. Amer. J. Cardiol. **7**, 125—129 (1961).

SCHERF, D., BOYD, L. J.: Klinik und Therapie der Herzkrankheiten und der Gefäßerkrankungen. Wien: Springer 1951.

SCHEUER, J.: Chronic idiopathic pericardial effusion with special reference to the development of constrictive pericarditis. Circulation **21**, 41—48 (1960).

SCHLEGEL, B., HEBERER, G.: Erfahrungen bei der röntgenologischen Diagnostik des verschwielten und verkalkten Perikards. Langenbecks Arch. klin. Chir. **274**, 139—158 (1953).

SCHLEGEL, B., SCHÖLMERICH, P.: Röntgenkymographische und phonokardiographische Untersuchungen zur Haemodynamik des linken Vorhofes bei Mitralstenose. Z. Kreisl.-Forsch. **42**, 848—858 (1953).

SCHLEICHER, I., WIEGAND, A.: Praktische Erfahrungen bei der Diagnose und Therapie der Concretio pericardii. Med. Klin. **1949**, 385—391.

SCHMIEDEN, V.: Über die Exstirpation des Herzbeutels. Zbl. Chir. **51**, 46—50 (1924).

SCHMIEDEN, V., FISCHER, H.: Die Herzbeutelentzündung und ihre Folgezustände. Ergebn. Chir. Orthop. **19**, 98—216 (1926).

SCHMIEDEN, V., WESTERMANN, H. H.: The operative management of fibrous constricting pericarditis. Surgery **2**, 350—358 (1937).

SCHÖLMERICH, P.: Die Klinik der Perikarderkrankungen. Med. Klin. **1952**, 1274—1279.

SCHÖLMERICH, P.: Erkrankungen des Perikards. In: Handbuch der inneren Medizin, Bd. IX. Berlin-Göttingen-Heidelberg: Springer 1960.

SCHÖLMERICH, P.: Klinik der Polyserositis mit Befall des Pericard. Regensburg. Jb. ärztl. Fortbild. **10**, 95—104 (1962).

SCHÖLMERICH, P., THEILE, U.: Perikarderkrankungen. In: Innere Medizin in Klinik und Praxis (H. HORNBOSTEL, W. KAUFMANN, W. SIEGENTHALER, Hrsg.), Bd. 1. Stuttgart: Thieme 1973.

SCHOLLMEYER, P.: Perikarderkrankungen. In: Klinik der Gegenwart, Bd. I. München-Berlin-Wien: Urban u. Schwarzenberg 1972.

SCHOLLMEYER, P.: Perikarditis. In: Herzkrankheiten (H. REINDELL ,H. ROSKAMM, Hrsg.). Berlin-Heidelberg-New York: Springer 1977.

SCHUR, M.: Probleme der adhaesiven Perikarditis. Wien. klin. Wschr. **1933**, 1091—1097.

SELLORS, H.: Traitement chirurgical des péricardites chroniques. Minerva cardioangiol. europ. (Torino) **7**, 130 (1955). Zit. nach SCHÖLMERICH.

SERVELLE, M., BOURRAIN, Y., TRICOT, R., SOULIE, J., TURPYN, H., FRENTZ, F., CORNU, C., NADIM, C.: Lymphatic circulation in constrictive pericarditis. J. cardiovasc. Surg. **7**, 182—200 (1966).

SHAWKER, Th. H., DENNIS, J. M., GAREIS, J. W.: Pneumopericardium in the newbarn. Amer. J. Roentgenol. **116**, 514—518 (1972).

SHUFORD, W. H., SYBERS, R. G., ACKER, J. J., WEENS, H. S.: A comparison of carbon dioxide and radioopaque angiocardiographic methods in the diagnosis of pericardial effusion. Radiology **86**, 1064—1069 (1966).

SKLAROFF, D. M., CHARKES, N. D., MORSE, D.: Measurement of pericardial fluid correlated with the J 131-Cholografin and JHSA heart scan. J. Nucl. Med. **5**, 101—111 (1964).

SKOV, P. E., HANSEN, H. E., SPENCER, E. ST.: Uremic pericarditis. Acta med. scand. **186**, 421—428 (1969).

SMITH, H. L., WILLIUS, F. A.: Pericarditis. Arch. intern. Med. **50**, 171—183 (1932).

SODEMAN, W. A., SMITH, R. H.: A re—evalution of the diagnostic criteria for acute pericarditis. Amer. J. med. Sci. **235**, 672—676 (1958).

SOLOFF, L. A., ZATUCHNI, J.: The definitive diagnosis of effusive or constrictive pericarditis. Amer. J. Med. Sci. **234**, 687—695 (1957).

SOULEN, R. L., LAPAYOWKER, M. S., CORTES, F. M.: Distribution of pericardial fluid: Dynamic and static influences. Amer. J. Roentgenol. **103**, 583—588 (1968).

SOULEN, R. L., LAPAYOWKER, M. S., GIMENEZ, J. L.: Echocardiography in the diagnosis of pericardial effusion. Radiology **86**, 1047—1051 (1966).

SOUTHWORTH, H., SUMMERS-STEVENSON, C.: Congenital defects of the pericardium. Arch. intern. Med. **61**, 223—240 (1938).

SPITZ, H. B., HOLMES, J. C.: Right atrial contour in cardiac tamponade. Radiology **103**, 69—75 (1972).

SPODICK, D. H.: Chronic and constrictive pericarditis. New York-London: Grune and Stratton 1964.

SPOONER, E. W., KUHNS, L. R., STERN, A. M.: Diagnosis of pericardial effusion in Children: A new radiographic sign. Amer. J. Roentgenol. **128**, 23—25 (1977).

SPÜHLER, O.: Das Perikarddivertikel. Schweiz. med. Wschr. **1945**, 120—124.

STAAB, E. V., PATTON, D. D.: Nuclear medicine studies in patients with pericardial effusion. Sem. Nucl. Med. **3**, 191—201 (1973).

STAUFFER, H. M., SOLOFF, L. A., ZATUCHNI, J. Z., CARTER, B.: Gas and opaque contrast in roentgenographic diagnosis of pericardial disease. J. Amer. med. Ass. **172**, 1122—1126 (1960).

STEFFENS, W.: Herzsteckschüsse. Beobachtungen durch fast 2 Jahrzehnte an 109 Schußverletzten des Weltkrieges. Leipzig: Thieme 1936.

STEHR, L.: Röntgenbeobachtung, Pathologie und Klinik des Panzerherzens. Z. klin. Med. **133**, 371 bis 394 (1938).

STEIN, J., COLMORE, H. P., GREEN, R. A.: Diaphragmatico-pericardial tear with intrapericardial herniation of the transverse colon. Radiology **60**, 417 bis 420 (1953).

STEINBERG, J.: Roentgenography of pericardial disease. Amer. J. Cardiol. **7**, 35—47 (1961).

STEINBERG, J.: Angiocardiography in diagnosis of pericardial effusion and pulmonary stenosis in Hodgkin's disease. Amer. J. Roentgenol. **102**, 619—626 (1968).

STEINBERG, J., VON GAL, H. V., FINBY, N.: Roentgen diagnosis of pericardial effusion: new angiographic observations. Amer. J. Roentgenol. **79**, 321—331 (1958).

STEINBERG, J., HAGSTROM, J. C. W.: Angiocardiography in diagnosis of effusive-restrictive pericarditis. Amer. J. Roentgenol. **102**, 315—319 (1968).

STEINBERG, J., ROTHBARD, S.: Roentgen features of sclerodermal pericarditis with effusion. Radiology **83**, 292—296 (1964).

STEWART, J. R., COHN, K. E., FAJARDO, L. F., HONCOCK, E. W., KAPLAN, H. S.: Radiation induced heart disease. Radiology **89**, 302—310 (1967).

STEWART, J. R., FAJARDO, L. F.,: Dose response in human and experimental radiationinduced heart disease. Radiology **99**, 403—408 (1971).

STOLZ, J. L., BORNS, P., SCHWADE, J.: The pediatric pericardium. Radiology **112**, 159—165 (1974).

STOLZE, Th., SCHILLING, W. H.: Zur Diagnostik der idiopathischen Pleuropericarditis. Radiologe **9**, 74—79 (1969).

STUMPF, P.: Röntgenkymographische Bewegungslehre der inneren Organe. Leipzig: Thieme 1936.

STUMPF, P.: Kymographische Röntgendiagnostik. Stuttgart: Thieme 1951.

SYNER, J. C.: Extensiv pericarditis complicating myocardial infarction. U. S. Armed Forces med. J. 3, 699—708 (1952).

TABAR, L., HERR, G., HABER, J.: Kongenitale Aplasie der linken Perikardhälfte. Fortschr. Röntgenstr. 116, 32 (1972).

TABAR, L., SOMOGYI, J., BÖHM, K.: Pneumoperikardium traumatischen Ursprungs. Fortschr. Röntgenstr. 121, 698—701 (1974).

TAKASHIMA, T., TAKEKOSHI, N.: Lymphographic evaluation of abnormal lymph flow in protein-losing gastroenteropathy secondary to chronic constrictive pericarditis. Radiology 90, 502—506 (1968).

TESCHENDORF, W.: Lehrbuch der röntgenologischen Differentialdiagnostik, 4. Aufl. Stuttgart: Thieme 1958.

THEILE, U.: Therapie der akuten Perikarditis. Dtsch. med. Wschr. 97, 568—569 (1972).

THURN, P.: Herzerkrankungen. In: Lehrbuch der Röntgendiagnostik (H.R. SCHINZ, W.E. BAENSCH, W. FROMMHOLD, R. GLAUNER, E. UEHLINGER, J. WELLAUER, Hrsg.), Bd. IV/1, S. 331—550. Stuttgart: Thieme 1968.

TILLMANN, A.: Autopsiebefunde nach stumpfen Herztraumen. Erfahrungen an 23 Fällen. Schweiz. med. Wschr. 1956, 648—650.

TORRANCE, D. J.: Demonstration of subepicardial fat as an aid in diagnosis of pericardial effusion or thickening. Amer. J. Roentgenol. 74, 850—855 (1955).

TRIANTAFYLLO, D., DOLIOPOULOS, Th., ZESTANAKIS, S., KORTESSIS, A., DASKALAKIS, E.: La contribution de la scintigraphie au diagnostic de la pericardite et de l'aneurisme cardiaque. Rev. med. Suisse rom. 92, 131—137 (1972). Zit. nach Zbl. Radiol. 103, 81—82 (1972/73).

TSAI, F. Y., LEE, K. F.: Pneumopericardium and pneumomediastinum: rare complications of pneumencephalography. Radiology 112, 95—97 (1974).

TURNER, A. F., MEYERS, H. J., JACOBSON, G., LO, W.: Carbon dioxide cineangiocardiography in diagnosis of pericardial disease. Amer. J. Roentgenol. 97, 342—349 (1966).

UHLENBRUCK, P.: Die Perikarditis. In: Die Herzkrankheiten (P. UHLENBRUCK, Hrsg.), S. 202—215 Leipzig: Johann Ambrosius Barth 1949.

VAETH, J. M., FEIGENBAUM, L. Z., MERRIL, M. D.: Effects of intensive radiation on the human heart. Radiology 76, 755—762 (1961).

VALERE, P. E., GUILLEVIN, L., TRICOT, R., Pericarditis und frischer Herzinfarkt. Münch. med. Wschr. 118, 1203—1206 (1976).

VAQUEZ, H., BORDET, E.: Radiologie du coeur et des vaisseaux. Paris: Baillère 1928.

VIAMONTE, M.: CO_2 angiocardiography: improved technique and results. Amer. J. Roentgenol. 88, 31—37 (1962).

VIETEN, H.: Neuere Untersuchungen über die Kontrastmitteldarstellung des Herzens und der großen Gefäße. Vortrag 38. Dtsch. Röntgenkongress, Berlin, 3. Okt. 1956. Ref. Fortschr. Röntgenstr. 86, (1957); Beiheft, S. 49—50.

VIETEN, H.: Die Perikarditis. In: Klinische Röntgendiagnostik chirurgischer Erkrankungen (H. OBERDALHOFF, H. VIETEN, H. KARCHER, Hrsg.), S. 236—239. Berlin-Göttingen-Heidelberg: Springer 1959.

VOGT, A.: Über den kymographischen Nachweis der herznahe gelegenen sekretgefüllten Echinococcuscyste. Fortschr. Röntgenstr. 74, 174—183 (1951).

VOLHARD, F., SCHMIEDEN, V.: Über Erkennung und Behandlung der Umklammerung des Herzens durch schwielige Perikarditis. Klin. Wschr. 1923, 5—9.

WAGNER, H. N., MCAFEE, J. G., MOZLEY, J. M.: Diagnosis of pericardial effusion by radioisotope scanning. Arch. Int. Med. 108, 679—684 (1961).

WALLACE, D. B.: Intrapericardial diaphragmatic hernia. Radiology 122, 596 (1977).

WALLDEN, L.: Über Röntgensymptome bei exsudativer Perikarditis. Uppsala Läk.-Fören Förh. 48, 133 (1942). Zit. nach SCHÖLMERICH.

WALLRAFF, J.: Der menschliche Herzbeutel, sein Bau und seine Bedeutung für den menschlichen Kreislauf. Gegenbaurs morph. Jb. 80, 355 (1937). Zit. nach SCHÖLMERICH.

WARBURG, E.: Subacute and chronic pericardial and myocardial lesions due to non-penetrating traumatic injuries. A clinical study. Kopenhagen: Munksgaard 1938.

WARE, G. W., CONRAD, H. A.: Pericardial coelomic cysts. Amer. J. Surg. 88, 918—921 (1954).

WASSERMANN, A. J., RICHARDSON, D. W., BAIRD, C. L., WYSO, E. M.: Cardiac hemochromatosis simulating constrictive pericarditis. Amer. J. Med. 32, 316—323 (1962).

WEGRYN, R. L., ZAROFF, L. J., WEINER, R. S.: Spontaneous tension pneumopericardium. New Engl. J. Med. 279, 1440—1448 (1968).

WEINSTEIN, S. B.: Acute benigne pericarditis associated with Coxsackie virus group B type 5. New Engl. J. Med. 257, 265—267 (1957).

WEISS, E. R., BLAHD, W. H., WINSTON, M. A., KRISHNAMURTHY, G. T.: Rapid diagnosis of pericardial effusion utilizing the scintillation camera. Amer. J. Cardiol. 30, 258—262 (1972).

WENCKEBACH. K. F.: Beobachtungen bei exsudativer und adhaesiver Perikarditis. Z. klin. Med. 1910, 402—420.

WENZEL, J.: Normale Anatomie des Lymphgefäßsystems. In: Handbuch der allgemeinen Pathologie, Bd. III/6, S. 89—148. Berlin-Heidelberg-New York: Springer 1972.

WESTABY, S.: Pneumopericardium and tension pneumopericardium after closed-chest injury. Thorax 32, 91—97 (1977).

WESTERMANN, H. H.: Die Ursachen der schwielig-schrumpfenden Herzbeutelentzündung und die Ergebnisse ihrer operativen Behandlung. Langenbecks Arch. klin. Chir. 205, 549—579 (1944).

WHITE, P. D.: Heart disease. New York: Mac Millan 1947.

WHITE, P. D., CAMP, T. D.: A comparison of orthodiagraphic and teleroentgenographic measurements of the heart and thorax. Arch. intern. Med. 6, 469—481 (1932).

WILCOX, F. W., RIPPLE, R. C., MC HENRY, M. M., EDGAR, W. H.: Full size scintiphotography in pericardial effusion diagnosis. J. Nucl. Med. **12**, 134—135 (1971).

WILLIAMS, R. G., STEINBERG, I.: The value of angiocardiography in establishing the diagnosis of pericarditis with effusion. Amer. J. Roentgenol. **61**, 41—44 (1949).

WILSON, D. R., LENKER, S. C., PATERSON, J. F.: Acute constrictive epicarditis following infectious mononucleosis. Circulation **23**, 257—260 (1961).

WILSON, R. H., HOSETH, W., SADOFF, C., DEMPSEY, M. E.: Pathologic physiology and diagnostic significance of the pressure pulse tracings in the heart in patients with constrictive pericarditis and pericardial effusion. Amer. Heart J. **48**, 671—683 (1954).

WINSHIP, W. S., PIETERSE, P. J., HOULDER, A. E., GOTSMAN, M. S.: Radioisotope cardiac pool scanning: Assesment of its value in clinical pratice. Amer. Heart. J. **80**, 3—10 (1970).

WINSTON, B. M., ELLIS, F., HALL, E. J.: The Oxford NSD calculator for clinical use. Clin. Radiol. **20**, 8—11 (1969).

WITCOFSKI, R. L., BOLLIGER, T. T.: The use of 99 m Tc pertechnetate in cardiac scanning. J. Nucl. Med. **6**, 555—559 (1965).

WOLFF, L., WOLFF, R.: Diseases of the pericardium. Ann. Rev. Med. **16**, 21—32 (1965).

WOOD, F. C.: Symposion on clinical medicine. Observations on pericardial disease. Med. Clin. N. Amer. **37**, 1639—1646 (1953).

WOOD, P.: Diseases of the heart and circulation. London: Eyre and Spottiswoode 1950.

WRAY, R., JEYASINGH, K., MAURER, B.: The diagnosis of akute fibrinous pericarditis using 125 J-labelled fibrinogen. Brit. J. Radiol. **46**, 217—219 (1973).

WRIGHT, A. D.: Calcified cyst of pericardium. Brit. J. Surg. **23**, 612—614 (1936).

YATER, W. M.: Cyst of pericardium. Amer. Heart J. **6**, 710—712 (1931).

YURCHAK, P. M., LEVINE, S. A., GORLIN, R.: Constrictive pericarditis complicating disseminated lupus erythematosus. Circulation **31**, 113—118 (1965).

ZDANSKY, E.: Zur Diagnose der Concretio und Accretio cordis. Fortschr. Röntgenstr. **44**, 48—60 (1931).

ZDANSKY, E.: Was leistet die Röntgenuntersuchung für die Diagnose der schwieligen Perikarditis? Wien. klin. Wschr. **1933**, 993—994.

ZDANSKY, E.: Röntgendiagnostik des Herzens und der großen Gefäße, 2 Aufl. Wien: Springer 1949.

ZDANSKY, E.: Röntgendiagnostik des Herzens und der Großen Gefäße. Wien: Springer 1962.

ZEFT, H. J., MCINTOSH, H. D.: Postpericardiotomy syndrome in a patient with a retained foreign body. Amer. J. Cardiol. **16**, 593—597 (1965).

ZENKER, R.: Das Ausmaß der Perikardresektion bei der schwieligen Perikarditis. Chirurg **26**, 158—161 (1955).

Namenverzeichnis — Author Index

Die *kursiv* gesetzten Zahlen beziehen sich auf die Literatur
Page numbers in *italics* refer to the references

Sachverzeichnis

(Deutsch — Englisch)

Bei gleicher Schreibweise in beiden Sprachen sind die Stichwörter nur einmal aufgeführt

Subject Index

(English — German)

Where English and German spelling of a word is identical, the German version is omitted